뇌과학과 철학

마음-뇌 통합 과학을 향하여

패트리샤 처칠랜드 지음
박제윤 옮김

뇌과학과 철학

마음-뇌 통합 과학을 향하여

패트리샤 처칠랜드 지음

박제윤 옮김

철학과현실사

Neurophilosophy :
Toward a Unified Science of the Mind-Brain
by Patricia S. Churchland

옮긴이의 글

1990년도에 저자로부터 허락받아 번역하기 시작한 것이 이제서야 책으로 출판하게 되었으니 대략 12년의 세월이 흘렀다. (번역을 마치고 출판사를 찾는 데 3년이 걸렸다.) 이렇게 늦어진 것은 번역에 게으름을 피우거나 흥미 없는 일을 억지로 한 때문은 결코 아니다. 이 일에만 전념할 수 없는 여건이 그렇게 만들었다. 아무튼 이런 점에 대해서 저자에게 미안하게 생각하는 동시에 약속을 지키게 된 것을 다행스럽게 생각한다. 틈틈이 번역할 때마다 한 줄 한 줄 읽어가면서 그 뜻을 헤아리는 일은 그 무엇과도 바꿀 수 없는 즐거움이었기에 이 작업을 중단할 수는 없었다. 이 책이 담고 있는 내용에 비추어볼 때, 생리학, 의학, 심리학 등을 제대로 공부한 경험이 없는 역자가 번역하겠다는 계획은 처음부터 무모한 작업이었다. 더구나 책을 온전히 읽지도 않은 상태에서 번역을 시도하였기 때문에 공부하면서 번역하고, 반대로 번역하면서 이 책을 읽어야 했다. 그렇지 않고서는 제대로 이해하며 읽기도 어려웠기 때문이다. 이제 와서 생각해 보면 처음부터 전체를 읽지 않고 번역을 시작한 것은 잘한 일이라고 생각한다. 아마 그렇지 않았다면 번역하는 즐거움보다 지루함이 더 했을 것이다. 마음이 편치 않은 일이 있을 때면 으레 이 책에 빠져들면서 세상살이의 고민을 잊을 수도 있었다.

현재 세계적으로 뇌과학에 대한 관심이 높아지고 있고, 한국에서도 역시 그렇다는 점에서 이 번역 작업이 한국에 도움이 될 만한 일이라고 생각했다. 이 책의 저자는 철학자는 물론 뇌과학 관련 과학자들에게도 도움이 되기를 바라는 마음으로 이 책을 썼으며, 역자 역시 같은 기대를 가지고 번역을 결심했다. 물론 일차적 목적은 역자 자신이 이 책에 대해 소상히 공부하고 싶었기 때문임은 말할 필요도 없다.

이 책에서 우리는 '지식이 무엇인지'에 대한 이해를 신경과학으로 접근할 수 있다. 나아가서 '미래 로봇을 어떻게 개발할 것인지' 그 방향을 전망해 볼 수 있다. 거미와 같은 작은 곤충들의 뇌는 상대적으로 그다지 많지 않은 신경세포를 가지고 있다. 그런 거미는 가는 거미줄에 매달려 정교하게 움직일 수 있으며, 생존을 위해서 무엇을 어떻게 해야 하는지 알고 있다. 반면에 현대 첨단 과학은 거미와 같이 정교하게 보행하는 기계를 만들어내기에 아직 능력 밖에 있다. 이 책은 그런 로봇 공학의 연구방향을 제시하는 내용을 담고 있다.

이런 이야기에 대해서 혹자는 다음과 같은 두 질문을 던질 수 있다.

"그렇다면 곧 인간처럼 생각하는 기계를 탄생시킬 수 있기라도 한가?"

"그렇지도 못한 곳에 많은 시간과 경비를 들여 연구하는 낭비를 어떻게 생각하는가? 더구나 거미 같은 것을 만들어 무엇에 쓰겠는가?"

이 점에 대해서 역자는 다음과 같은 대답을 하고 싶다.

"거미의 뇌가 그까짓 것이 아니다. 만약 우리가 거미처럼 움직이는 로봇을 만든다면 얼마나 다양한 곳에서 활용될지 상상해 보라."

우리가 파리 뇌와 같은 정도의 인공두뇌를 만든다고 가정해 보자. 여객기에 그런 인공두뇌를 담는다면 얼마나 안전한 비행기가 될지 짐작할 수 있다. 우리가 만약 새대가리 정도에 불과한 '학습하는 컴퓨터'를 개발한다면, 즉 유기체가 아니라 기계로서 그런 기능을 갖는 정도를 개발한다면, 그 기계가 인간에게 어떤 의미를 줄지 생각해 보라. 현재의 각종 산업현장에서 로봇들은 그런 능력이 없음에도 바로 생물이 아닌 까닭에 엄청난 능력을 발휘한다. 생물학적 한계를 극복하는 엄청난 동작 속도와 힘을 갖도록 할 수 있기 때문이다. 그래서 유기체와 유사한 초보적인 뇌를 개발하기만 해도, 그것은 유기체가 아닌 까닭에 생물학적 한계를 극복하는 가공의 능력을 가질 것이다. '새대가리' 정도의 학습하는 컴퓨터가 무서운 속도로 서로 정보를 주고받으며 폐기될 때까지 지루함이나 피로를 전혀 느끼지 않고 학습한다면, 그 새대가리는 더 이상 새대가리가 아닐 것이다. 이런 전망 자체가 '유용성'과 '경제성'에 대한 위의 두 질문에 대한 충분한 대답이 된다. 우리 지구인들이 어쩔 수 없이 앞으로 보게 될 다음과 같은 미래에 대해서 조금만 더 이야기해 보자. 그 기술을 보유한 기업과 그렇지 못한 쪽의 입장이 어떤 지배구조를 낳을지 쉽게 짐작할 수 있으며, 학습하는 기계를 개발한 국가와 그렇지 않은 국가 사이에 지식 종속 관계가 어떻게 형성될지 쉽게 짐작할 수 있다. 로봇 연구는 인간에게 편리함을 제공할 기계를 개발하는 것이라고 그저 낭만적으로 생각할 수만은 없으며, 그 이상의 무거운 의미를 지니고 있음을 인식할 필요가 있다.

다시 철학에 대한 이야기로 돌아가 보자. 언제나 그렇듯이 철학을 공부하는 기쁨은 마치 등산하는 기쁨과 비교될 만하다. 산을 오르기 전에 올려다보면 질릴 정도로 높아 보였던 산이 한 걸음 한 걸음 옮기다 보면 어느새 올려다 보였던 능선들이 발 아래로 내려다보인다. 주변에 펼쳐진 장관을 보면서 상쾌한 느낌과 흡족한 마음을 가지게 되는 것처럼, 처음에 이해하기 어려웠던 철학 책이 어느새 이해되기 시작했을 때, 세계에 대한 새로운 이해를 얻는 희열을 느끼게 마련이다. 이런 기쁨을 알기에 철학이란 산에 매일 오르지 않을 수 없어서 이 책을 번역하게 되었다.

역자가 이 책을 번역하는 데 이르게 된 가장 기본적인 철학적 질문은 다음과 같다.

"우리는 어떻게 과학을 발전시킬 수 있는가?"

이 책의 저자는 이 질문이 다음과 같은 여러 겹의 옷을 입고 있으며, 알몸을 보려면 다음과 같이 하나씩 그 옷을 벗겨볼 것을 시사한다.

"우리는 어떻게 지식을 확장시킬 수 있는가?"

"우리는 어떻게 생각할 수 있는가?"

"생각이 없어 보이는 동물이 어떻게 판단할 줄 아는가?"

"유기체가 어떻게 세계에 잘 적응할 수 있었는가?"

"유기체가 어떻게 진화할 수 있었는가?"

"유기체가 어떻게 움직일 수 있었는가?"

저자는 위의 질문들에 대해 역으로 대답을 하면 처음 질문에 대한 대답에 이를 수 있다고 시사한다. 그리고 과학과 철학을 넘나들면서 이해의 폭을 넓혀갈 때 그 대답을 얻을 수 있을 것이라고 한다. 역자는 이 책을 읽으며 느끼는 통쾌한 희열에 미소를 금할 수 없었다. 부디 이 책을 읽는 분들도 과학과 철학을 넘나들며 걷는 사색의 오솔길에서 미소 지어보길 기대한다.

이 책이 나오기까지 직접 혹은 간접으로 도움을 주신 많은 분들을 잊을 수 없다. 우선 지도교수이신 김영진 교수님(인하대학 철학과)께서는 이 책을 번역함에 있어 임하는 자세에 대한 가르침을 주셨다. 김영호 교수님(인하대학 철학과)은 이 책의 일부를 함께 읽고 오역을 바로잡아 주는 친절한 도움을 주셨다. 앞서 이야기한 바와 같이 역자는 공부를 해가며 이 책을 번역해야 했다. 우선 강의를 들을 수 있도록 배려해 주시고 전문적인 용어에 대해 조언을 해주신 분들은 다음과 같다. 서창국 교수님(인하대학 의학, 분자생물학 강의), 홍성웅 교수님(인하대학 전자공학, 컴퓨터 시스템 아키텍처 강의), 최상방 교수님(인하대학 전자공학, 컴퓨터 시스템 아키텍처 강의), 이종호 교수님(인하대학 전기공학, 신경망Neural Network 강의), 이영의 교수님(고려대학 철학과, 중앙대학에서 인지과학 강의). 그리고 이원택 교수님(연세대학 의학)은 해부학 관련 질문에 대해 친절한 답변과 전문용어를 검토해 주시고, 자신의 저서에서 일부 내용과 그림을 인용하도록 허락해 주셨다. 이외에도 가르침을 주신 모든 교수님들의 배려와 친절함에 깊이 감사드린다.

번역본을 읽고 오역이나 전문용어를 바로잡아 주신 분들로 김영건 교수님(서강대학 철학과), 이영의 교수님(고려대학 철학과), 여명숙 교수님(이화여자대학 철학과), 심상기 병원장님(신경생리학), 양성구 선생님(인하대학 생물학과)의 도움이 있었다. 그리고 채순진 선생님(숭실대 철학과)은 이 책 전체를 읽으면서 꼼꼼하게 점검해 주는 수고로움을 마다하지 않으셨다. 이희구 교수님(인하대학 영어영문학과)은 역자의 부족한 영어에 도움을 주었고, 김광수 교수님(서울대학 철학과, (주)부룩소 대표)의 관심과 격려에도 감사한다. 이외에 일부 원고를 읽어주거나 교정 등 여러 면에서 도움을 주신 분들로 공용현 교수님, 오성숙 선생님, 정기도 선생님, 전옥선 선생님, 정재정 선생님, 최두원 교수님께도 감사한다. 아울러 북갤럽 출판사 이용남 사장님께도 감사한다. 어색한 표현을 고쳐주는 것은 물론 오역을 발견하면 바로잡아 주었다. 끝으로 책으로 세상에 나오게 해준 출판사 철학과현실사에도 감사한다.

누구보다도 어려운 여건에서 언제나 말없이 응원하는 아내 고안나와 두 아들에게 고맙다는 말을 이 기회에 전하고 싶다. 또한 부족한 동생을 안타깝게 바라보시며 도움을 주고 계신 큰형님 박제현과 그 밖에 여러 형님들과 누님에게도 고개 숙여 감사한다.

끝으로 이 번역을 마치면서 돌아가신 엄마가 간절히 보고 싶어진다. 비록 이 책이 저서가 아닌 역서이지만 처음 책을 내는 시점에서 누구보다도 엄마에게 보여주고 싶은 마음 때문이다.

박 제 윤

서 문

나는 1970년대 중반 당시에 주류를 이루던 철학을 그대로 놔두고 봐줄 수 없었다. 대신 유망해 보이는 철학 방법의 새로운 물결이 눈에 들어왔다. 그 물결은 내가 보기에 '일상 언어'에 영합하지 않으면서 동시에 '언어 분석'(linguistic analysis)이란 전형적인 반-과학적 편견을 본격적으로 뒤집기 시작했다. 그런데 내가 지금도 상당히 이해하기 어려운 것으로, 그 새로운 물결에 흔들리던 여러 과학들은 '신경과학'(neuroscience)이 '마음의 본성'을 이해하기에 적절하지 않다고 보았다. 진실로 당시 최고의 과학조차 이상하고 기괴한 형태의 이원론(dualism)인 '이론 이원론'(theory dualism)을 추켜세우고 있었으며, 그 입장은 '신경과학'을 '심리학'과 '철학' 모두에 상당히 부적절한 이론이라 여기고 거부했다. 나는 유물론자(materialist)였고, 따라서 '마음'을 '뇌'라고 믿었다. 그래서 내가 만약 '우리들이 어떻게 볼 수 있으며', '어떻게 생각하고', '추론하며', '결정하는지' 알고 싶다면, 신경과학에 대한 폭넓은 이해가 필요하다고 확신하고 있었다. 따라서 신경과학에서 이미 밝혀진 것들이 인지 기능을 이해하는 데 도움이 될지 안 될지 구체적으로 알아보기로 결심했다. 처음에는 신경과학에 대해 이해 가능한 해변 언저리에서 조심스럽게 노를 저어보며, 조금씩 과감하게 멀리 나아가 보기도 하다가, 마침내 돛을 활짝 펼치고 말았다.

'신경계(nervous system)에 관해 무엇이 밝혀졌으며', '신경생물학자들이 그 지식을 어떻게 얻게 되었는지' 알게 되어 몹시 기뻐하던 와중에도, 명백히 다음과 같은 철학적 의문들이 계속해서 귓전을 맴돌았다. 우리가 마음-뇌에 관한 하나의 거대한 통합이론을 갖는 일이 가능할까? 그런 이론은 어떻게 생긴 것일까? 환원주의자 전략이 합당한 것일까 아닐까? 철학자로서 내 자신이 신경과학에 떠밀려 가는 것을 알면서도 철학을 그냥 놔두고 떠날 수 없다는 생각이 들었다. 왜냐하면 신경과학 연구에 관해서 묻게 되는 '멀리 넓게 바라보는' 의문들을 나는 기꺼이 철학적 질문으로 인식했기 때문이다. 더구나 그 의문들은 과학철학자들과 과학사 학자들이 지금까지 유익하게 다뤄왔던 것들에서 나왔기 때문이다. 한 학문의 연구 영역이 어디까지이며 그래서 다른 학문 연구가 어디에서 시작되어야 하는지는 이제 더 이상 문제가 되지 않는다. 학문들의 경계가 근본적으로 잘못 규정되어 있기 때문이다. 이 책은 '신경철학적 탐구'(neurophilosophical inquiries), 즉 신경과학으로 철학을 탐구한 결과물이다.

내가 알아야 할 화제들의 범위가 정해지자, 나는 어쩔 수 없이 신경과학자들의 도움에 기꺼이 의존해서 그 기획을 철두철미하게 추진했으며, 신경과학자들은 자신들의 연구를 설명하면서 그중 무엇이 왜 중요한지 내게 말해 주었고, 그 밖에 누구와 대화를 나누어야 하고 또 무엇을 읽어야 하는지도 충고해 주었다. 철학자로서 순전히 시간낭비일지 모른다고 생각했던 나의 가장 큰 염려는 기우에 지나지 않았다. 신경과학자들은 한결같이 지나치다 싶을 정도로 친절하게 설명해 주었으며, 내가 그들의 실험을 관찰하거나 참여하는 것도 허락했을 뿐만 아니라, 그 연구방법들에 대해 상세한 설명은 물론, 아예 커튼을 걷어내고 자신들의 연구 동기를 제공한 더 넓은 시야까지 보여주었다.

나는 이따금 신경과학자들이 근본적 논제들에 대해 서로 의견이 상당히 다른 것을 알게 되었다. 처음에는 은연중에 '신경과학자가 틀림없이 어떤 것이 무엇인지 정말 안다'는 생각에서 '그 과학자가 나에게 무엇이 진실인지 확인시켜 줄 것으로' 짐작했다. 그런데 나중에서야 나는 '무엇이 진실인지 내 스스로 판단해야 하며', '모든 신경과학자가 하는 방식, 즉 그 논제에 관해서 합당한 것일 수 있는 것들을 가능한 많이 추려내서, 그중에 가장 적당해 보이는 것으로 결정해야 한다'는 것을 깨달았다. 그런 방식으로는 분명히 모호한 결정을 내리겠지만, 이것이 내가 알고 있는 유일한 방식이다.

신경과학자뿐 아니라, 철학자, 심리학자, 컴퓨터과학자 등등 많은 분들의 친절과 배려가 없었다면, 이 책은 완성되지 못했을 것이다. 나는 특별히 래리 조단(Larry Jordan)에게 큰 빚을 졌으며 그분은 내게 신경생리학과 실험연구방법에 대한 기초를 가르쳐주었고, 유기체가 어떻게 움직일 수 있는지 생각하는 것이 본질적 문제임을 확신시켜 주었다. 또한 나는 루돌포 리나스(Rodolfo Llinás)에게 상당한 신세를 졌는데, 그분은 '실험적 이해'와 '이론에 대한 동기'를 독특하게 혼합하여, '신경생물학과 심리학을 크게 통합한 체계가 어떤 모습일지' 그리고 '알려진 실험 자료들이 그 체계 내에서 어떤 의미를 갖는지' 알 수 있게 해주었다. 같은 이유로 나는 프랜시스 크릭(Francis Crick)에게도 감사한다. 그분은 시각 영역 전체에 대한 포괄적 이해를 가지고 있었으며, 신경생물학의 이론적 문제들을 어떻게 해결해야 할지 알고 있어서, 나에게 기능적 문제들을 파악하도록 해주었다. 내가 보기에 리나스와 크릭은 그 누구보다도 신경과학을 세상에서 가장 흥미롭게 만들어주었으며, 결국 내 철학적 선입견에 불을 지피고, 그 선입견을 수정해 주기도 했다.

철학자들 중에서 첫 번째로 가장 큰 도움을 준 학자는 폴 처칠랜드(Paul M. Churchland)이며, 그는 처음부터 이 모험의 동반자였다. 특별히 그는 나에게 '과학'과 '과학철학'을 끌어들여 심리철학의 문제들을 다룰 필요성을 확신시켜 주었으며, 이것은 '의식', '인지', '주관적 경험' 등에 관하여, 그리고 마음-뇌의 통합 과학을 위해 필요한 일반적 체계에 관하여 아주 다른 생각을 갖도록 했다. 그는 시종 일관 철학적 문제들에 대해 자연주의적(naturalistic)으로 접근하려 했었고, 통속 심리학(folk psychology)에 대해 아주 회의적이었는데, 그의 태도가 나를 신경과학으로 향하도록 안내했다. 데넷(Dan Dennett)은 이루 말할 수 없을 정도로 영향을 주었는데, 그중에 하나가 우선 내가 이 책을 쓰도록 확신시켜 준 점이다. 더구나 원고를 여러 번 수정해 주어 실수를 바로잡아 주었다. 아마도 그 무엇보다도 그는 철학을 어떻게 해야 하는지 전형을 보여주었다. 또한 스티치(Stephen Stich)는 끝없는 용기와 충고를 주었으며, 그의 무자비할 정도의 냉철함은 대충 얼버무리지 못하게 해주었다. 펠드만(Jerry Feldman)은 원고를 주의 깊게 읽어주었고, 상당히 도움되는 비평과 충고를 주었다. 후커(Cliff Hooker) 역시 원고의 상당 부분에 대해서 나와 토론해 주었으며, 세기 말 이래의 철학 발달에 대한 그의 개론적 설명은 논점을 구성하도록 해주었다.

그 밖의 많은 다른 분들이 나에게 생각과 충고를 주었으며, 소중한 대화를 나누거나 혹은 원고의 중요한 부분을 읽고 교정을 해주었다. 특별히 그런 분들을 다음과 같이 언급한다. 테드 불록(Ted Bullock), 제프 포스(Jeff Foss), 돈 그리핀(Don Griffin), 알래스테어 한네이(Alastair Hannay), 스티반 하나드(Stevan Harnad), 켄 하일만(Ken Heilman), 돈 헤조그(Don Herzog), 제프리 힌턴(Geoffrey Hinton), 마슬 킨스번(Marcel Kinsbourne), 마르타 쿠타스(Marta Kutas), 마이클 가자니가(Michael Gazzaniga), 론 기어(Ron Giere), 리사 로이드(Lisa Lloyd), 버논 마운트캐슬(Vernon Mountcastle), 데이비드 올턴(David Olton), 안드라스 펠리오니스(Andras Pellionisz), 수산 체프스키(Susan Schefchyk), 마틴 세레노(Martin Sereno), 테리 세흐노프스키(Terry Sejnowski), 앨리슨 샬린스키(Allison Shalinsky), 애런 스미스(Aaron Smith), 마이클 스택(Michael Stack), 래리 바이스카란츠(Larry Weiskrantz), 크리스 우드(Chris Wood), 데이비드 집서(David Zipser) 그리고 스티브 주커(Steve Zucker). 또한 품위 있는 격려와 함께 출판의 기

뽑을 제공해 준 MIT 출판사(MIT Press)/브래드포드 북(Bradford Book)의 해리(Harry)와 베티 스탠턴(Betty Stanton)에게도 감사한다. 구스타브 자보(Gustav Szabo)는 표지를 도안해 주었는데, 주제에 맞춰 정확히 도안한 점에 감사한다. 끝으로 달린 스타크(Darlene Stack)가 보급을 서둘러주고, 매니토바(Manitoba)가 심한 눈보라 속에서 우리를 환대해 준 점에 대해서 감사한다.

재정적 지원으로 가장 큰 도움을 준 곳은 캐나다의 사회과학과 인문 연구회(Social Sciences and Humanities Research Council)이며, 수업에서 해방시켜 준 그 관대한 지원이 없었다면 이 출판 기획은 불가능했을 것이다(보조 410-81-0182, 451-83-3049). 또한 원고의 최종 단계에서 샌디에이고 주립대학(UCSD)의 지원에 감사한다(보조 RJ111-G, RK91G). 그리고 프린스턴(Princeton)의 고등연구재단(Institute for Advanced Study)에도 감사한다. 이 재단은 나에게 1982~1983년 동안 편안하게 작업을 할 수 있도록 해주었으며, 그 기간 동안 이 책의 대부분을 구성할 수 있었다. 나는 매니토바 대학(University of Manitoba)으로부터 특별한 도움을 받았는데, 모든 점에서 전례 없는 기획에 대해 많은 면에서 지원해 주었다.

1985년 La Jolla에서
Patricia Smith Churchland

차 례

제 1 부 기초 신경과학

제 2 부 과학철학의 최근 발전

제 3 부 신경철학(Neurophilosophy)의 전망

전체 개요

진화의 초기에 원시 습지로부터 꾸물대며 기어 나온 우리 조상들은 그 내부에 상당히 놀라운 발명인 흥분성 세포(excitable cell)를 간직하고 있었다. 그것은 이웃 세포로 미세한 전기 효과를 전달할 수 있으며, 유사한 흥분성 세포들끼리 집단적으로 적절히 흥분할 수 있어서, 유기체(생명체)를 움직일 수 있었다. 그럼으로써 먹이를 먹고, 도망하고, 싸우거나, 번식하는 일도 가능했다. 흥분성 세포들에 의해 외부 상황에 대한 정보를 전달받아 움직이는 피조물들은 그렇지 못한 피조물들에 비해 처음부터 유리한 생존 능력을 갖는다. 포식자들이 없는 곳으로 피하고 먹이를 잡아야 하는 유기체들은, 당연히 세계를 돌아다니며 세계에 대한 표상에 반응하는 세포를 가진 더 운이 좋은 유기체들에게 먹이가 될 운명에 놓인다. 유기체들은 자신들이 처한 상황마다 어떻게 행동해야 할지 행동목록을 복잡하게 늘려감에 따라서 환경을 표상하는 능력 또한 증가시켜 왔다.

우리들의 뇌는 '외부세계에 대한 풍부한 표상들을 선별적으로 어떻게든 담아낼 수 있는' 거대한 흥분성 세포 덩어리이며, 근육으로 하여금 기본적으로 먹이를 먹고, 도망하며, 싸움하고, 번식할 수 있게 하는 것은 물론, 공을 잡아내고, 바이올린을 연주하며, 이야기도 할 수 있게 한다. 또한, 다른 종들(species)의 뇌와 마찬가지로 인간의 뇌는 자신의 뇌와 타인의 뇌에 관한 정보를 가질 수 있긴 하지만, 그런 정보들을 분명하게 파악하지는 못한다.

사물들에 대한 '상식적 개념'이라는 편안한 동굴에서 비틀거리며 나온 인간의 뇌는 '태양'을 '신이 몰고 다니는 황금마차'가 아니라 '핵폭발'로, '지구'를 '네 모퉁이에서 불룩한 볼을 가진 아기 천사가 바람을 불어대는 평판(sheet)'이 아니라 '태양 주위를 달리는 구(ball)'로, 그리고 '심장'을 '영혼을 넣어 조리하는 가마솥'이 아니라 '혈액 펌프'로 표상해 내었다. 또한 우리는 자신의 뇌를 알려고 하며, 그것은 '뇌'가 '뇌'를 탐구하는 셈이다. 조금 더 구체적으로 말해서 태양이나 심장에 대한 탐구에서 방해받았던 것과 같은 많은 오해를 짊어지고 있긴 하지만, 다른 한편으로 그런 잘못에서 벗어날 수 있는 능력을 가지고 있으며, 또한 독자적으로 통찰하고 이해할 수 있는 능력을 가진 그런 뇌를 탐구하는 것이다.

위와 같은 맥락에서 특히 호기심을 불러일으키는 다음과 같은 문제들이 제기된다. "뇌를 어떻게 연구해야 하는가?" "뇌에 무슨 일이 일어나는지 어떻게 알 수 있을까?" "우리의 '상식적 개념들'이 앞으로 우리가 발견할 개념들과 어울릴 수 있을까?" 이런 질문들은 전통적으로 다음과 같은 철학적인 문제들과 관련된다. 예를 들어 "심리상태(mental states)는 뇌 상태(brain states)와 같은가?" "심리상태가 뇌 상태로 환원될 수 있는가?" "환원될 수 있는 것으로 무엇이 있는가?" "창발적(emergent)[1] 속성이 무엇이며, 그런 것들이 있기는 한 것인가?" "만약 창발적 속성이 있다면, 주관적 관점에서 무엇이 특별하다는 것인가?" "의식 경험이 생리학에 의해 이해될 수 있을까?" "표상(representation)이 무엇이며, 뇌가 외부세계를 어떻게 표상할 수 있는가?"

---

1) [역주] '마음'은 뇌의 작용으로 나타나는 현상이긴 하지만, 물질적인 뇌로 환원될 수 없는 기능, 즉 '창발적 속성'을 가지고 있다고 생각하는 많은 과학자들과 철학자들이 있다. 또한 마음이 '안 것들'은 객관적 물리적 세계가 아닌 주관적 세계에만 존재한다고 생각하는 철학자들도 있다. 그런 맥락에서 그들은 심리적 현상에 대한 연구는 뇌 해부학이나 신경과학에 대한 연구로부터 독립적인 탐구 영역을 갖는다고 주장한다(8장 참조).

위와 같은 철학적 질문들은 아주 일반적이고 폭이 넓다는 점에서 개괄적이다. 그렇지만 전통적으로 그런 질문들은 다음과 같은 경험적인 질문들과 아주 다르지 않다. "색깔을 어떻게 볼 수 있는가?" "뇌가 어떻게 학습하고 정보를 저장하는가?" "표상이 무엇이며, 뇌는 외부세계를 어떻게 표상하는가?" "인간의 뇌는 자신의 똑똑함보다 더 복잡해서 결국 스스로를 밝혀내지 못할 것인가?"

위의 질문들이 철학자들에게서 나온 것이든 혹은 신경과학자들에게서 나온 것이든 동일선상에서 일반적으로 탐구되어야 하며, 그중 어떤 질문들은 철학과 신경과학 모두에 뿌리를 내리고 있다. 어쨌든 그런 질문들은 같은 호기심에서 나온 것들이며, 어쩌면 그런 질문들이 각각 철학을 위한, 혹은 신경과학을 위한, 혹은 심리학을 위한 질문이라고 구분해서 생각하기보다는, '뇌와 마음' 또는 '마음-뇌'에 관한 질문이라고 단순하게 바라보는 것이 좋겠다. 사무실 공간과 급여를 염두에 두면 행정적인 구분을 할 수는 있겠지만, 그러한 구분이 연구방법을 규정하거나 (학문들 사이의) 연구 성과의 교환을 방해해서는 안 된다. 이것은 연구에서 분업이 없다고 주장하려는 것이 아니며(신경과학 내에서도 연구의 분업이 있다), 그런 분업이 근본적으로 방법론적 차이를 인정하지도 정당화하지도 않는다는 점을 주장할 뿐이다.

한때는 철학 문제들에 대해서 선험적으로(a priori) 대답해야 한다고 생각했던 적이 있었다. 여하튼 그런 대답은 순수한 이성으로, 즉 경험적 사실 탐구에 구속되지 않은 혹은 오염되지 않은 '사색'을 통해서 발굴되어야 했다. 선험적 대답이 경험 없이 확신을 주는 편리함이 있지만, 그 독단적 태도는 일반적으로 '반-지성적'이며 과학에 대해 조롱하는 태도를 보였다. 특히 '심리철학'의 경우 '신경과학'에 대해 그런 태도를 취했다. 그러나 1960년대에 콰인(Quine)의 저작 『말과 대상』(*Word and Object*)과 셀라스(Sellars)의 저작 『과학, 지각 그리고 실재』(*Science, Perception and Reality*)의 출판에 의해서 철학은 엄연히 경험과학의 연장선에 있으며, 철학적 의문들과 대답들이 경험과학의 문제들과 (정도의 차이일 뿐) 근본적으로 다른 것은 아니라고 생각하게 되었다. 이론이 관찰과 다를지라도 결국 관찰과 만나는 경우에만 주목을 받는다. 이따금 이론물리학처럼 이론과 관찰이 상당히 떨어져 있는 경우라도 틀림없이 만나는 경로는 있다.

(과학은 '실제 공간'이 '비-유클리드 공간'임을 발견할 수 없으며, '심리상태'가 '뇌 상태'라고 발견할 수 없다는 식으로) '과학은 이런 저런 것들을 발견할 수 없다'는 선험적 논변들은 단지 '상상될 수 있는 것이 무엇이고 상상될 수 없는 것이 무엇인지'에 의존해서 나온 일부 철학자들의 주장에 불과하다. 경험적 세계에 관해서 '상상할 수 있는 것이 무엇이며 상상될 수 없는 것'이 무엇인지는 경험적 세계에 대하여 '이미 이해하거나 믿고 있는 것'에 의존하기 때문에, '상상될 수 없다는 것'은 거의 모두 '무지와 유연하지 못한 상상력' 때문이라고 할 수 있다.

이 책이 확신하고 있는 바는 마음-뇌 기능의 비밀을 풀어줄 연구 전략으로 (철학, 인지심리학 그리고 인공지능 연구의 특징이라고 할 수 있는) '하향적(top-down) 연구 전략'과 (신경과학의 특징이라고 할 수 있는) '상향적(bottom-up) 연구 전략'은 각기 따로 추구되지 말아야 한다는 것이다. 오히려 두 가지 연구 전략들이 서로 유익하게 상호 영감을 불어넣어 주어, 두 연구 전략의 이론들 사이에, 모델들 사이에 그리고 방법론들 사이에 풍부한 공진화를 일으키게 하여, 서로 정보를 제공하고, 교정시키고, 고무시킬 것을 전망한다.

신경과학자는 '거대한 질문을 어떻게 파악할 것인지'에 대해서 그리고 (현장 연구를 추진하기 위한) '적절한 포괄적 체계'에 대해서 반드시 이해할 필요가 있다. 다시 말해서 만약 신경과학자들이 달콤한 맛에 빠져 사소한 것에 만족하거나, 혹은 막대한 인력을 들여 연구하면서 막다른 곳에 막혀 주춤거리지 않으려면, 자신의 연구에 대해 반드시 철학적으로 이해해야 한다. 반면에 철학자는 다음과 같은 문제, 즉 '표상이 세계와 어떻게 관계하는지', '표상이 본성적으로 명제적인지 아닌지', '유기체가 어떻게 학습하는지', '심리상태가 뇌 상태에 대해서 창발적인지 아닌지', '의식상태가 단일 종(kind)의 사태인지 아닌지(즉 의식상태가 물질적 상태로 설명될 수 없는 고유한 종인지 아닌지)' 등등의 문제에 대한 이론들을 지지하거나 거절하기 위해 '신경과학에 어떤 발전이 있는지' 꼭 이해할 필요가 있다. 만약 철학자들이 세계에 대한 '상식적 개념'이란 좁은 협곡 속에 갇히지 않으려면, 혹은 자신들의 독단에 빠져 자신들의 생각을 부풀리는 데 만족하지 않으려면, '신경과학이 무엇을 연구하는지' 반드시 알아야 한다.

이 책을 소개하면서 나는 마음-뇌에 관한 통합이론을 발달시켜 줄 상당히 일반적인 체계를 대략적으로 보여주고자 한다. 그 이외에 철학, 심리학 그리고 신경과학이 서로 영감을 불어 넣어줌으로써, 즉 하향적 연구와 상향적 연구가 서로 영감을 줌으로써 얻게 될 풍부한 결실과 흥분을 기대한다.

심리철학자들이 '뇌가 어떻게 작동하는지'에 관해 안다면 그들 연구에 적어도 도움이 될 것은 너무나 명백하다. 그런데 혹자는 신경계에 관한 '경험적 사실들'이 '심리철학 연구'에 적절하지 못할 수 있다고 말할지도 모른다. 게다가 다음과 같은 흥미로운 논박을 다시 내놓을 수도 있다. 예를 들어 이원론자들(dualists)의 주장처럼, '마음'은 '뇌'와 별개로 구분되는 존재이며, 따라서 뇌에 관한 정보는 마음에 대해서 그다지 많은 것을 가르쳐주지 못한다(8장). 혹은 비록 유물론(materialism)이 참이라고 할지라도, 심리상태에 대한 특징적 속성들은 뇌 상태에 대해서 창발적이다(8장). 신경과학적 발견들은 너무 자잘한 것들이라 큰 규모의 질문에 적절하지 않다. 혹은 신경과학은 방법론적으로 구조적 이론이라 규정할 수 있는 반면, 철학자들과 심리학자들이 (하향적 어떤 방법으로) 찾는 것은 심적 과정(mental process)의 기능적 특징이다(9장). 그들이 신경과학을 삐딱하게 바라보는 몇 가지 이유가 있다. 나는 그 이유들 모두가 명백하게 형편없이 틀린 것은 아니라 하더라도 하여튼 틀렸다고 생각한다. 나는 이런 논의들이 어떻게 틀렸는지도 보여주겠다.

반면에 신경과학자들이 (다음과 같은 질문을 던지고 대답하려는) 철학적 탐구로부터 도움을 받을 수 있다는 점 또한 명백하다. 환원(reduction)이 어떤 형태로 이루어질까? 현상들의 동일화(identifications)가 이루어질 수 있기 위해 어떤 조건들이 만족되어야 할까?[2] 일반적으로 우리들은 '표상한다'는 것을 어떻게 이해해야 할까? 마음-뇌 기능에 대한 통합 설명에 대한 전망을 어떻게 평가해야 할까? 언어와 세계는 어떻게 관련되는가? 많은 철학자들이 보기에는 신경과학자들은 더 크고 개괄적 질문에 대답하거나 자신들의 '지배하는 패러다임(governing paradigm) 총체'를 시험하는 연구의 중요성에 대해 거의 거들떠보지 않으며, 그저 보조금 계획서를 작성하고 안정적인 연구에 착수하고 싶어 한다고 생각한다.

또한 신경과학자들이 더 큰 규모의 질문에 관심을 가질 경우, '과학이 무엇인지'에 대해서 그리고 '이론', '의미' 그리고 '설명'의 본성에 대해서 지금은 아무도 믿지 않는 실증주의자들의 구시대적 발상에 관심을 두곤 한다는 지적도 있다. 나는 그런 잘못이 얼마나 많이 일어나는지 따져보려는 것은 아니며, 단지 철학자들이 분명히 그렇게 지적할 만한 어떤 사실적 근거가 있음을 지적할 뿐이다. 분명히 논리적 경험주의(logical empiricism) 전성기 이래에 '과학의 본성'에 대한 충분한 검토가 있었으며, 지난 두 세기 동안 과학사(history of science)와 과

2) [역주] 이 문장은 다음과 같은 의미로 이해된다. "같은 것들을 같은 것으로 알아보기 위해서 어떤 조건들이 만족되어야 하는가?" 또는 "우리가 무엇을 그것으로 알아볼 수 있기 위해 어떤 조건들이 만족되어야 하는가?" 다시 말해서 "우리는 세계를 어떻게 알아보는가?"

학철학(philosophy of science)에 대한 기초 작업이 충분히 이루어졌음을 알 필요가 있다.

그러므로 이 책을 쓰면서 내가 지속적으로 염두에 두고 있는 것은 '철학적 탐구'와 '철학적 통찰'을 일관성 있고 흥미롭게 보여주려는 것이며, 그렇게 해서 (깊은 이해를 줄 정도로) 충분히 상세한 설명을 주면서도 (고통스러울 정도의) 난해함으로 신경과학자들이 읽기를 포기하는 일이 없도록 깔끔하게 설명함으로써 '철학적'이란 말을 세계에 대한 나쁜 의미로, 즉 '편협하고 무지몽매하며 무딘' 뜻으로 이해되지 않도록 하겠다는 것이다. 그런 구체적인 철학적 논의는 꾸불꾸불한 복잡한 길로 들어서게 하기 십상이며, 따라서 주된 논의를 흩트리지 않고 유지하겠다는 내 의도가 형편없이 망가질 위험성도 있다.

가장 직접적으로 필요한 것은 '마음-뇌가 어떻게 작동하는지'에 대한 통합이론이다. '무엇을 표상하든 마음-뇌가 그것을 어떻게 표상하는지'에 관한 이론과, '행동의 계산 과정'에 관한 이론을 필요로 한다. 그런 이론을 고안하려는 총체적 노력은 신경생리학, 동물행동학 그리고 심리학을 포함한 모든 차원의 경험적 연구 성과에 따라 이루어져야 한다. 그뿐만이 아니라 '무엇이 이론으로 보일 수 있을지' 그리고 '마음-뇌 작용의 기초 원리들이 무엇일지'에 관련된 전(前)이론적(pre-theoretical) 육감에 영향받을 수 있다. 심지어는 '그런 연구 계획이 합리적일지 아닐지'에 관한 의견으로부터 영향받을 수도 있다.

궁극적으로 뇌에 대한 '통합이론', 즉 '모든 차원의 기술(description)을 통괄하는 이론'이 있어야 한다는 생각은 물론 오랜 시간 동안 우리들이 가지고 있었던 것이다. 그러나 그런 생각은 상당히 모호하면서도 막연한 상태로 남아 있었다. 사실 그런 생각은 과학이 오랜 시간에 걸쳐서 진보할 것이라는 막연한 이상에 불과한 명료하지 못한 개념이다. 결국 철학은 신경과학의 발달을 무시하는 경향이 있었고, 철저히 자신만의 길을 걸어왔다. 마찬가지로 신경과학자들도 철학자들이 '지식'과

'심리상태'의 본성에 대해 무엇을 말하는지 개의치 않고 연구해 왔다. 어느 쪽도 다른 쪽이 유용하다는 것을 발견하지 못했으며, 두 분야는 각기 상당히 독립적으로 발달하여 왔다. 서로 접촉하는 일이 거의 없었으며, 그래서 언제나 '심신 문제'에 대해서 일관성이 없는 언쟁을 지속해 왔다.

그러나 상황은 변하고 있다. 심리학과 컴퓨터 과학이 발달했을 뿐만 아니라, 신경과학과 철학 역시 발달했으며, 그로 인해서 두 분야는 공동 문제에 관심을 갖게 되었고, 공동 연구가 서로에게 유익하다는 점을 이해하기 시작했다. 첫째로 신경과학이 전체 뇌 기능의 기초원리에 관한 이론을 내놓기 시작했으며, 뇌가 어떻게 '표상하고', '학습하고', '행동을 일으키는지'에 관련한 의문에 대답을 내놓기 시작하는 시점에 도달했다. 둘째로 철학이란 신경과학자들의 연구로 대답될 수 없는 선험적 원리를 탐구하는 분야이므로 '철학자들만이 선험적 원리를 찾아낼 수 있다'는 견해를 많은 철학자들이 포기하게 되었다. 결론적으로 말해서 철학적 탐구에 신경과학과 심리학의 발견이 어떤 의미를 갖는지 재평가하게 된 것이다. 셋째로 심리학은 '기억'과 '시각'과 같은 특정한 심적 과정에 대한 우리 이해에 대해 더욱 깊이 연구하기 시작했으며, 그 연구는 '전통적 개념이 어느 정도 잘못 이해되었으며', '신경메커니즘의 기능이 어떻게 수행되는지' 깨우쳐주었다. 넷째로 컴퓨터 과학과 컴퓨터 네트워크 모델링에 대한 연구는 '정보처리', '표상' 그리고 '계산'에 대해 우리가 초기에 가졌던 개념들을 버리고 새로운 개념들을 가지게 해주었으며, 적어도 일반적 의미에서 내성적 사고 아래 '마음-뇌 과정'의 문제를 어떻게 설명해야 할지 가르쳐주었다.

'뇌가 어떻게 작동하는지'에 관한 '통합이론'을 기대하는 것이 불가능한 먼 이야기가 아닌 시대에 들어섰다. '신경 집단이 어떻게 기능하는지' 설명해 줄 이론을 찾고, 나아가서 '상위차원 기능'과 '하위차원의 신경 기능' 사이에 이론적 공유영역을 찾는 일은 이제 얼빠진 과학자들이나 하는 암담한 이야기는 아니다. '뉴런(neuron)이 무엇을 하며, 서로 어떻게 연결되어 있는지' 이해하지 않고 '뇌-행동 관계를' 이해할 수 있다고 기대할 수 없기 때문에, 처음부터 내가 가지고 있던 확신은 신경과학이 그 이론적 기획에 참여해야 한다는 점이다. 그런 나의 확신은 신경과학에 대한 연구를 통해서 더욱 깊어졌고, 그래서 내 철학 연구 방향을 재확인시켜 주었다. '뇌'와 뇌가 일으키는 '행동'을 이론화하는 일은 신경계(nervous systems)에 관한 세세한 사실들과 함께 커다란 개념적 체계 모두를 이해해야만 한다. 모든 차원의 과학적 분석을 통해서 뇌를 더 많이 알면 알수록, 뇌에 관한 더 좋은 이론적 발전이 이루어질 것이다. 따라서 넓은 의미로서 미시 이론(micro theory)과 거시 이론(macro theory), 즉 신경과학과 심리학의 공진화는 이 책 전체에 걸쳐 중요 방법론적 논제이다. 따라서 이 책은 철학과 신경과학을 상호적으로 소개하려는 의도를 가지고 있다.

더할 나위 없이 나는 이론으로 인정될 만한 신경과학을 소개하는 것으로 이 책을 시작하고 싶었다. 이론적 발달 초기 단계에서 그런 이상을 추구하기 어려웠던 것은 '이론적으로 관련된 것과 그렇지 않은 것이 무엇인지'에 대한 판단이 희미했기 때문이다. 즉 실험 결과에 대한 이론적 중요성을 평가해 줄 대담하고 당당하며 폭넓게 인정된 이론이 꼭 필요하지만, 신경과학 내에 뇌 기능에 대한 어떤 큰 규모의 이론도 아직 그런 자격을 갖추지 못했다. 이 말은 어떤 이론도 없다는 것을 의미하는 것은 아니며, 단지 쿤(Kuhn)의 의미에서 어떤 '지배하는 패러다임'도 없음을 의미한다. 따라서 한편으로는 '기초 신경생리학'과 '기초 신경해부학'을 일부 소개하는 것으로 시작해서, '신경학'과 '신경심리학'을 조금 들여다보고 나서, 신경계를 연구하는 데 이용된 몇 가지 '연구방법들'을 면밀하게 다루고자 한다.

나는 '신경과학'의 성과 중에서 상당히 많은 양의 연구 자료들을 남겨두어야 했던 점을 아쉽게 생각하면서도 다음과 같은 두 가지 기대를 갖는다. 즉 충분한 설명을 제공했기에, 이제 철학자들이 두려움 없이 신경과학에 대한 교재와 논평을 읽을 수 있으며, 10장에서 제시되는 새롭게 떠오르는 '이론체계'를 이해할 수 있을 것이라는 기대이다. 나는 그 이론체계를 '큰 규모의 뇌 기능 이론이 어떤 모습이 될지' 보여주는 예로 제시했지만, 동시에 지금까지 그 어떤 이론도 '지배하는 패러다임'의 자격을 얻지 못했음을 잘 인식하고 있다.

철학자들에게 신경과학을 소개함에 있어, 그들은 신경과학의 어떤 사실들이 전통적 철학 문제들을 제거시킬 수 있는지 자세히 안내받고 싶어 할 것이다. 나는 그런 방향에 맞춰 몇몇의 사례들을 제시하긴 했지만, 내 주된 논의의 초점은 뇌에 관한 모든 기술(description)에 들어맞는 '통합적 · 포괄적 이론'의 본성을 알아보려는 것이다. 만약 철학자들이 그런 질문에 대해 설명할 수 있게 된다면, 과학이 신경계에 관해 이미 알고 있는 지식은 무식한 수준이 아닐 것이다. 더구나 만약 10장에서 논의된 이론체계가 옳은 것으로 판결 난다면, 적어도 마음에 관한 일부 전통적 철학적 질문들은 마치 노병처럼 단지 사라질 뿐이며[3], 그 자리에 아주 다른 문제들이 나타날 것이다.

제 2 부에서 나는 신경과학자들에게 철학을 소개하려 하였으며, 주로 과학철학에서 다뤄지는 심리철학을 소개하였다. 철학자들은 마음-뇌에 대한 통합이론의 문제를 생각할 때 수많은 문제들을 제기한다. (예를 들어 우리가 잘 안다고 생각하는 '심리상태의 본성'이 무엇인지 설명하려는 이론은 어떤 것이어야 할지?) 일부 철학자들과 철학적 기질을 가진 신경과학자들이 보기에는 '마음-뇌에 대한 통합이론을 내놓는다'는 것은 도저히 도달할 수 없는 터무니없는 목표로 보일 수도 있다. 그 이유를 '심리학적 기술 차원의 설명'과 '단세포 차원의 설명' 사이에 커다란 개념적 차이가 있다는 인식에서 찾을 수 있다. 또 '표

3) [역주] "노병은 죽지 않는다. 단지 사라질 뿐이다"라는 맥아더 장군의 말을 빗대어 표현했다.

상'과 '계산'의 본성에 관한 뿌리 깊은 이론에서, 그리고 '이론간 환원의 본성을 잘못 이해한' 데에서도 그 이유를 찾을 수 있다.

이런 추상적 차원의 많은 논제들은 여전히 상당수가 논쟁 중이며, '관습적 지혜'는 아주 큰 연못에 떠 있는 작은 수련(lily pads) 다발과 같다.[4] 그러나 철학자들은 특정한 핵심 논제(예를 들어 비물리적 마음이 존재하는지 아닌지)에 대해 분명한 발전을 이루었으며, 그 발전으로 이 논의의 결과들이 명료하게 될 수 있다. 심리철학을 소개하는 이유는 부분적으로 그런 문제들을 명확히 하려는 것이며, 그래서 모든 종류의 '상식적 혼란'을 정화시키려는 것이다. 다른 이유는 신경과학자들에게 '그런 추상적 문제들이 어떻게 다가올 수 있는지' 하나의 조망을 보여주려는 것이다. 그 조망이 결코 완전한 대답은 될 수 없어도, 철학자들과 신경과학자들에 의해 형성된 (내가 보기에 살펴볼 가치가 있다고 생각되는) 견해이다. 그 견해는 다음과 같은 두 가지 뚜렷한 모습을 갖는다. 하나는 '우리 정신생활의 본성에 관한 어떤 확신조차도 궁극적으로는 수정될 수 있다'는 주장이며, 다른 것은 '일반적으로 과학에서 이론간 환원 이론'으로 표현된다. 이 두 모습은 마음-뇌에 대한 '통합이론'을 찾으려는 시도를 지지하며, 모든 기술(description) 차원에서 '이론들의 공진화'를 예견하게 한다.

그래서 신경과학과 관련된 철학적 논의는 '마음-뇌가 어떻게 작동하는지' 설명해 줄 통합이론의 본성과 가능성에 대한 문제를 포함한다. '이론간 환원 가능성'을 논의하면서 나는 일차적으로 신경과학에 초점을 맞추기보다는 다른 과학의 이론에 초점을 맞춰 논의를 시작하는 것이 바람직하다고 생각했다. 그래야만 하는 까닭은 신경과학이 상대적으로 젊기 때문에, 오랜 역사를 지닌 성숙된 이론들과 이론의 진화

---

4) [역주] 이 말은 다음과 같이 이해된다. "관습적 개념들은 우리가 과학이나 철학을 연구하는 데에 바탕이 되고 있어, 추상적 차원의 논제를 연구하는 데에 큰 어려움이 된다."

를 거듭한 다른 과학들을 냉정하게 조사해 봄으로써, 우리들이 직면한 문제 해결에 도움이 되는 유사점과 차이점을 분별할 수 있길 바라기 때문이다. 이론간 환원은 이론들의 역사적 진화의 모습이며, 따라서 실제 예들을 참조함으로써 이해할 필요가 있다.

앞서와 마찬가지로 나는 연구의 밑그림을 명확하게 인식하고 있으며, 다른 철학자들과 다른 방식으로 연구에 전념할 것이다. 나는 이번에도 다음과 같은 두 가지 기대를 갖는다. 즉 관련 과학이 철학적 의미와 일관되도록 하였으며, 신경과학자들이 당황하지 않고 관련된 철학적 문헌을 접할 수 있을 정도로 충분한 설명이 제시되었다는 기대이다.

제 1 부와 제 2 부는 서로 독립적 분야이며 본질적으로 각자의 역사를 가지고 있다. 그러나 두 분야에서의 기획이 '마음-뇌가 어떻게 작동하는지'에 대한 이론을 (단지 꿈이 아니라 현실로) 고안하려는 노력으로 모아지고, 제 3 부는 그 모아진 노력의 결실이다. 제 3 부에서 나는 신경과학의 '이론적 자격과 의미'를 논의하고, 새로운 이론들이 서로 관련된 세 가지 예를 보여준다. 이 부분은 '뉴런의 작용으로 몰 효과(molar effects)'[5]를 설명하기에 아주 적절한 '큰 규모의 이론적 체계'의 예를 보여주며, 동시에 철학 연구와 신경과학 연구가 통합되는 예를 보여준다. 이렇게 '신경생물학에 근거한 뇌 기능 이론'이 철학자들에게 흥미를 주는 큰 이유는 그 이론들이 '표상'과 '계산'을 규정할 '새로운 패러다임'의 토대를 가질 수 있기 때문이다. 만약 그렇다면, 그 예들은 '표상'과 '계산'을 오직 '심리학적 이론'에 의해서만 연구할 수 있다는 주장의 반례가 될 것이다.

'표상의 본성'이 무엇인지를 규정하는 것이 '우리가 어떻게 볼 수 있고', '목표물을 잡아낼 수 있고', 혹은 '문제를 해결할 수 있는지'를

---

5) [역주] 이 내용은 다음과 같이 이해된다. "개별 뉴런들이 집단으로 모여 어떤 효과를 발휘할 수 있는지".

설명해 줄 토대가 되는 까닭은 그것이 '우리가 그런 성취들에 대해서 심리학적 용어로 생각할 것인지 아니면 신경생물학적 용어로 생각할 것인지'를 대답해 줄 근거가 되기 때문이다. '표상의 작용 과정', 즉 '계산'에 대해서도 역시 같은 이야기가 통한다. '표상'과 '계산'에 관련된 문제들은 오랫동안 '마음의 작용 방식'에 관한 '철학적 이론'에서 핵심 논제이었으며, 이제는 '뇌의 작동 방식'에 대한 '신경생물학적 이론'의 중심 논제임이 분명하다. 제 3 부의 이론적 예들에 대한 나의 선택은 '우리가 표상한다'는 것이 무엇일지에 관해서 극히 전통적인 철학적 편견에 따라 이루어졌으며, 동시에 '뇌가 어떻게 표상하는지'에 대해 신경과학이 우리에게 상당히 많은 것을 가르쳐준 판단에 따라 이루어졌다.

분명히 내가 선택한 이론이 오직 '철학'과 '신경과학' 모두에게 영감을 가져다 줄 가능성이 있다고만 생각하지는 않는다. 그 이론들은 나의 상상력을 자극하기도 했다. 진실로 나는 그 실현 가능성이 충분히 있다고 생각한다. 실로 나는 실질적 이유, 즉 이만하면 충분한 논의가 이루어졌다는 생각에서 이 책을 끝내려 한다.

지금까지 나는 '철학과 신경과학의 상호 협력이 어떻게 가능한지'에 관심을 기울여 왔지만, 또한 '동물행동학'(ethology)과 관련된 '심리학적 과학연구들'(psychological sciences)에서도 그런 전망으로 바라볼 수 있는지 관심을 가지고 있다. 물론 이런 분야의 학문들도 '마음-뇌가 어떻게 작용하는지'에 대한 '통합이론'을 얻으려는 기획에 절대적으로 중요한 역할을 할 수 있다고 생각한다. 신경 메커니즘에 의해 무엇이 설명될 수 있는지 알고자 한다면, 행동 변수를 구체적으로 이해해야 한다. 예를 들어 심리학에 의해 제안된 인지적 · 하부-인지적 과정에 대한 이론들이 신경생물학 이론들과 공진화할 것으로 기대되며, 이런 이론들은 앞으로 발생할 이론간 환원의 예가 될 듯싶다.

그렇지만 나는 동물행동학과 심리학적 과학연구들을 다음과 같은 몇 가지 이유로 그다지 강조하지 않았다. 첫째, 마음-뇌에 대한 통합이론의 가능성을 대표적으로 반대해 온 입장은 그 주제가 아주 일반적이고 추상적인 사고를 요구한다는 점에서 전형적으로 철학적 논제이다. 만약 통합이론에 대한 탐구의 정당성을 방어해야 할 경우 나는 그런 반대 입장에 대해 철학적 대답을 내놓아야만 한다. 둘째, 비록 심리학적 과학연구들이 적절한 원리와 관련 자료들을 제시한다고 하더라도, '표상'과 '표상의 본성'에 대한 화제는 전적으로 철학적 문맥에서 논의되어 왔다. 게다가 심리학과 동물행동학에서의 연구가 불충분했으며, 이것 자체가 스스로 세 번째 이유인 동시에 실질적 이유이기도 하다. 즉 이 책은 이미 충분한 분량이다.

이제 '신경과학'과 관련된 '심리학적 과학연구'에서 상당히 많은 연구가 이루어질 것이라는 부푼 기대를 갖지 않을 수 없다. 그런 기대를 갖는 이유는 부분적으로 신경과학이 '과학'인 때문이며, 그 연구가 무지의 벽을 넘어 놀랍고도 새로운 발견을 주면서, 우주의 일부 모습이 어떻게 그럴 수 있을지 우리에게 가르쳐주기 때문이다. 그렇지만 또한 그 연구는 우주의 특정한 영역인 우리 자신을 직접 다루기 때문이기도 하다. 즉 우리를 우리 자신으로 만들어주는 두개골 속에 축적된 거대한 흥분성 세포 집단을 연구하기 때문이다. 솔직한 의미에서 우리는 '우리 자신이 무엇이며', '자신을 어떻게 이해해야 할지' 발견하는 중이다. 이런 질문은 본질적으로 고대인이든 현대인이든 혹은 배움이 없는 사람이든 학자이든 간에 누구라도 철학적으로 상당히 알고 싶어하는 부분이다.

제 1 부

기초 신경과학

1 장
신경계 과학의 역사적 개요

우리 뇌가 신비(mystery)로 남아 있는 한
뇌 구조가 반영된 우주 또한 신비로 남아 있을 것이다.
라몬 이 카할(Santiago Ramón y Cajal, 1898년경)

1. 서 론

만약 유기체(organisms)가 땅에 뿌리를 내리고 살아가는 것이라면, 운동과 관련된 생각이 없어도 무방하다. 그러나 움직이며 살아가는 것이라면 활동과 관련된 어떤 장치를 가져야 하며, 주변 상황에 적절하게 움직여야 한다. 예를 들어 단순한 원색류(protochordate) 멍게를 살펴보자. 갓 태어난 멍게는 엉성하게 유영하며 먹이를 구하다가 적절한 장소를 찾게 되면 그곳에 영구히 몸을 부착시킨다. 그렇게 정착한 뒤에는 더 이상 운동기관이 필요 없게 되므로, 그 장치를 먹어치워 영양을 보충한다.

동물이란 움직이는 것들이며, 그중에 어떤 것들은 놀라울 정도로 민첩하게 행동한다. 밤하늘을 나는 올빼미가 폴짝폴짝 뛰어가는 쥐를 보고 소리 없이 날아와 발톱으로 낚아채는 일을 어떻게 할 수 있을까? 두 유기체 모두 움직이고 있지만, 올빼미는 정확한 시점을 맞출 수 있어 땅에 곤두박질치거나 빈손으로 올라오는 일이 거의 없다고 한다. 유기체들은 어떻게 걸을 수 있으며, 속도를 바꾸어 장애물을 피해 걷는 일 또한 어떻게 할 수 있는가? 유기체의 신경계(nervous system)가 약물이나 질병, 혹은 내이(inner ear)의 외상(trauma) 등으로 변형되어 정상적으로 행동하지 못하는 경우를 생각해 보라. 그러면 우리들이 당연하게 생각했던 여러 자연스러운 현상들이 실상은 굉장히 복잡한 것들이었음을 짐작할 수 있다. 카나리아가 노래 부를 때 그 내부에서 무슨 일이 일어나는가, 그리고 늑대들이 사슴을 쓰러뜨리기 위해 어떻게 협력해야 하는지 배울 때 그 내부에서 무슨 일이 일어나는가? 우리들은 어떻게 사물을 보고, 듣고, 알아볼 줄 아는가?

신경세포인 뉴런(neuron)은 흥분성 세포로서, 감각말단(sensory periphery)에 있는 뉴런은 광자(photons) 혹은 진동 등에 의해 활성화되며, 운동말단(motor periphery)에 있는 뉴런은 근육수축을 일으킨다. 뉴런은 틈틈이 근육세포 수축을 조율함으로써 그 유기체를 움직이게 하여, 달아나고, 먹이를 잡는 등 신경계 밖의 세상을 적절히 다루도록 한다. 뉴런은 신경계의 기초 요소이며, 그 적응 동작(adaptive movement)의 문제를 진화로써 해결한다. 그렇다면 뉴런은 어떻게 작동하며, 흥분상태란 무엇일까? 뉴런이, 빛을 보거나 접촉을 느낄 경우와 같은, 서로 다른 효과들을 어떻게 만들어내는가? 뉴런이 어떻게 조화를 이루어 그 생명체가 세계 속에 번성하도록 하는가?

인간 신경계를 통제하는 '기능적 원리'를 이해하기 위해 우리의 뇌가 초보적 수준의 뇌로부터 진화해 왔음을 상기할 필요가 있다. 즉 우리의 뇌는 우리들을 위해 특별히 고안된 것이 아니며, 역사적 기원에 따르는 역량과 한계를 가지고 있다. 신경계가 그렇게 진화하도록 한 것은 합리성이 갖는 '본질적인 아름다움'이나 혹은 인지(cognition)에 따라다니는 어떤 '내재적 선(goodness)'이 아니며, 무엇보다도 동물들이 각자의 환경에 놓인 사건들을 (물론 다른 생명체에게 발생하는 사건들을 포함해서) 성공적으로 예측할 필요에서 비롯되었다(Dawkins and Krebs 1978, Llinás 출판 중). 인지의 기초 본성은 생명체들이 표상적 도식(representational schemas)의 축적을 통해 경쟁에서 더욱 유리한 예측을 가능하게 하는 재능을 얻고자 함에 있다. '표상적 구조' 그 자체는 알고 있는 운동을 수행하여야 하며, 존재 이유를 담고 있어야 한다.

따라서 신경계의 통제 원리에 대한 새로운 이론을 만들려는 사람들은 신경계가 환경 적응을 위해 진화해 온 것임을 유념하고 있어야 하며, 동시에 신경생리학이 어떻게 발전해 왔는지 그 역사적 배경 또한 이해해야 한다. 뇌는 너무 복잡하고 섬세하기 때문에 우리를 질리게 하여 그 비밀을 포기하게끔 하는 면이 있다. 지식이 어떻게 얻어지며, 상충하는 이론들이 어떻게 해소되고, 기술적 진보가 어떻게 실현되는지 등등을 이해하려면 현대 신경과학에 닻을 내리고 살펴볼 필요가 있다. 그 역사적 조망을 통해 우리들은 현재를 이해하는 데 꼭 필요한 기본 가정들을 파헤쳐 내어 꼼꼼히 검토할 수 있을 것이다. 이를 통해서 우리가 가장 확신하던 것들이 사실은 오해였으며, 어쩌다 그렇게 되었는지도 알게 될 것이다. 만약 우리들이 어느 곳으로 나아가야 할지 알고 싶다면, 지금 있는 곳까지 오게 된 과정을 반드시 알아야 한다.

나는 앞으로 신경생리학에서 역사적으로 비중이 큰 부분만을 간략하게 살펴볼 것이다. 그 역사적 개요는 불가피하게 아주 선별적으로 이루어질 것이며, 주로 신경계의 기초 구조 요소들(basic structural elements)이 무엇인지 알려줄 줄기를 따라갈 것이다. 또한 그 요소들의 작동 방식에 대해서도 약간 언급하겠다. 그러나 역사적으로 신경생리학이 어쩌다가 심리학적 기능들을 다루게 되었는지에 대해서는 뒤로 미루겠다.

2. 역사적 개요

갈레노스(Galen, B.C.200) 시기에는 수많은 신경계 해부학적 발견들이 육안으로 이루어졌다. 그리스 해부학자이며 의사이기도 했던 갈레노스는 운동이 근육 활동으로 일어나며, 근육 속에 있는 희끄무레한 줄이 왠지 중요하다는 생각을 했다. 그 줄은 바로 신경(nerves)을 가리키며, 신경은 실제로 축삭(axon) 다발 줄기를 포함하는 연결선이다. 갈레노스 가설에 따르면, 신경이 혼백(pneumata), 즉 심령(psychic pneuma)을 근육으로 전달하면 혼백이 근육을 부풀어오르게 하고, 그렇게 해서 동작이 이루어진다. 갈레노스의 개념에서 심령이란 날숨이나 공기였지만, 그렇다고 우리들이 지금 생각하는 것과 같은 물질은 아니었고, 생기(vital spirit)가 주입된 것이었다. 기계론(mechanism)과 생기론(vitalism)을 함께 끌어안는 곤경에도 불구하고, 갈레노스의 주장은 19세기 생물학자들과 해부학자들에 의해 신경계 작용이 충분히 밝혀질 때까지 정설로 인정되었다.

데카르트(1596～1650)는 비록 오해되는 면이 있기는 하지만, 신체 운동의 개념에 대해 갈레노스보다 일관성 있는 유물론자(materialist)였다. 데카르트는 태엽 장치인 시계와 정교한 분수대 장치의 기묘한 재주에 넋이 나가서, 신체란 비록 정교하고 섬세하긴 하지만, 하여튼 단지 기계일 뿐이라고 믿었다. 근육에 생기가 주입되어 움직인다는 갈레노스의 생각에 동의하면서도, 데카르트는 '생기'에 대해 다음과 같이 생각했다.

> 다름 아닌 물체(material bodies)이며, 그 한 가지 특색은 극히 작은 물체이고, 그것이 불꽃의 입자와 같이 매우 빠르게 움직인다는 점이다. (1649; Haldane and Ross 1911:336)

분명 데카르트의 '생기'는 결코 영적인(spiritual) 것은 아니었다. 그는 특히 반사작용에 대해 기계론적으로 말하고 싶어 했으며, 다음과 같은 '순간적' 행동을 보았다.

> 신체 일부는 … 영혼(soul)의 도움 없이 … 감각 대상에 의해서, 그리고 … 생기에 의해서 움직일 것이다. (1649; Haldane and Ross 1911: 339)

반사작용의 무의식적 본성을 인식했던 데카르트는 '눈 깜박임'을 그 증거로 제시하면서 아래와 같이 생각했다.

> 눈이 감기는 것은 영혼의 간섭에 의한 것이 아니며, … 우리 신체라는 기계는 손이 눈을 찌를 때 뇌에 다른 동작을 일으키도록 하는데, 뇌가 근육에 생기를 전도시켜 눈꺼풀을 감기게 한 때문이다. (1649; Haldane and Ross 1911:338)

이런 생각은 명백히 기계론적이라고 할 수 있다. 다른 곳에서 그는 반사작용의 인과적 연결을 같은 방법으로 설명하는데, 그의 가설을 그림으로 보여주는 예는 **그림** 1.1과 같다. 발의 피부가 불붙은 장작에 닿았다고 가정해 보라. 피부는 발에서부터 뇌까지 연결된 가는 실을 잡아당길 것이며, 그러면 그 실이 뇌 안의 기공을 당기고 열어, 영혼이 흘러 내려와 근육을 부풀려 운동을 일으킨다. 그의 관점에 따르면, 기계론적으로 설명할 수 없는 것은 인간의 '의도적 행동'인데, 그 경우에 이성적이며 비물질적인 '영혼'과 '의지'의 자유로운 활동이 요구되기 때문이다. 이상이 바로 신체라는 기계를 장엄하게 표현하는 전설적인 유령 이야기이다.

데카르트는 또한 다음과 같은 실로 충격적인 사실에 놀라워했다. 유기체들은 자신들의 근육과 감각기관으로부터 떨어져 있는 그 무엇, 즉

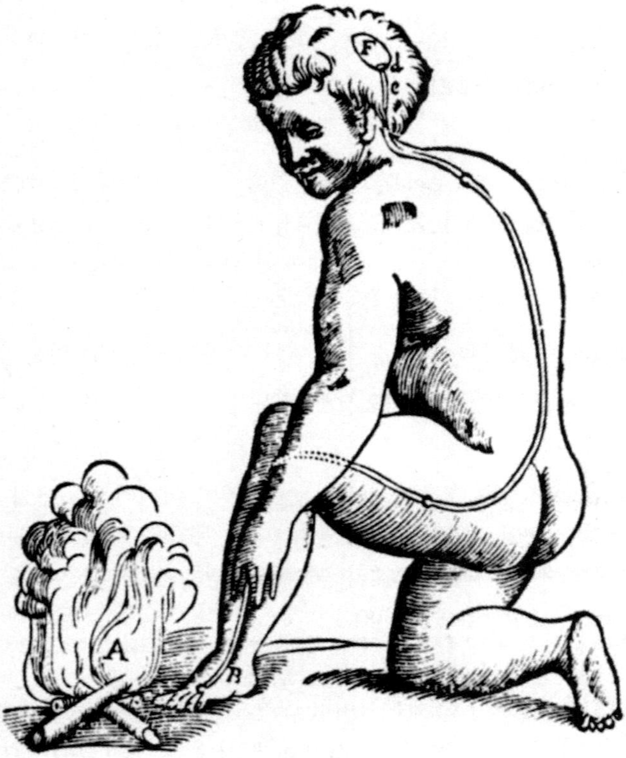

그림 1.1

반사운동을 일으키는 절차에 대한 데카르트의 설명. "… 불의 미립자들은 힘을 가지고 있어 그것에 닿은 피부로 옮겨가고, 그러면 그곳에서 연결된 가는 끈 cc를 잡아당기고, 동시에 이 끈은 다시 연결된 기공 de의 출입문을 당겨 연다. 그러면 구멍(cavities) 내부에 있던 생기(animal spirit)를 즉시 신경으로 흘려보내 근육에 들여보냄으로써 운동을 일으킨다. …" (Descartes 1664; Hall 1972:34)

뇌 덕분에 움직이듯이, 뇌로 자신들이 한 행동과 움직임을 지각할 수도 있다. 신경은 본질적으로 뇌로 메시지를 보내고 전달받는 연결선이다. 데카르트는 다음과 같이 말했다.

> 쉽게 입증될 수 있는 사실로 영혼은 신체에 영향을 미치는 것들을 느낄 수 있는데, 이것은 영혼이 신체의 구성원이기 때문이 아니라, 오직 뇌 안에 있기 때문에 가능한 것이다. 신경은 그 자체의 움직임에 의해서 신체에 접촉한 외부 대상들의 다양한 활동을 뇌로 전달한다. (1644; Haldane and Ross 1911:293)

데카르트 의견에 따르면, 우리들이 환상지(phantom limb)라는 기괴한 경우를 통해 알 수 있는 경우처럼 손의 통증을 마음으로 느낄 수 있는 것은 그 통증이 손에 있기 때문이 아니라 뇌에 있기 때문이라는 것이다(1644; Hnldane and Ross 1911:294). (흔히 있는 일로써 수족이 절단된 후에도 환자는 마치 절단된 사지가 여전히 거기에 있는 것처럼, 즉 명확한 위치와 방향이 있고, 전형적인 통증을 느낀다고 호소한다. 이따금 환상지는 사라지기도 하며 끊임없이 지속되기도 한다.)

다른 사람들은 그런 기계론적 개념을 확장하여 비의도적 행동과 함께 인간과 동물에게 흔히 있는 모든 행동을 설명하려 했으며, 심지어 인간의 이성적 행동도 기계론적으로 설명하려는 모험을 하기도 했다. 특히 라 메트리(La Mettrie)는 저서 『기계 인간』(*L'Homme machine*, 1748)에서 그 개념을 일반화시켜 인간과 동물 사이에는 어떠한 근본적인 차이도 존재하지 않는다고 주장하였다. 신경의 자극이 모든 행동, 즉 지능과 반사작용 모두를 설명할 수 있으리라 믿었다. 그러나 불행하게도 그 시기에는 그와 같은 급진적이고 이단적인 생각들을 허용할 준비가 되어 있지 않아서 성상파괴자(iconoclast)라는 가혹한 비난의 대가를 치러야 했다. 그는 성직자들에 의해 쫓겨다니다가 욕설을 들으며 프랑스에서 추방당했고, 마침내 자유로운 네덜란드에서조차 추방당했다. 결국 그를 받아준 곳은 볼테르(Voltaire)가 추방당해 머물고 있는 프러시아 왕국의 프리드리히 궁전이었다.

생기와 신체적 기능에 대한 기계론적 개념에서 데카르트는 의심할 바 없는 독불장군이었지만, 그는 자신의 생각이 어쩌면 틀릴 수 있으며 교회의 권위에 전적으로 복종한다는 끊임없는 탄원으로 단지 약간의 인정을 받을 수 있었다. 당시의 정설은 생기와 활력(vital forces)이 비물질적인 유령 같은 것이라고 천명해 왔으며, 신경의 활동에는 활력이 필요하다고 생각했다.

그럼에도 불구하고 '신경이 생기를 전달하는 도관'이라는 생각은 점차 그 설자리를 잃게 되었는데, 네덜란드의 위대한 생물학자 스왐머담(Jan Swammerdam, 1637～1680)에 의해서 특별히 주목할 만한 실험이 이루어졌기 때문이다. 한 실험에서 그는 개구리 다리 근육을 신경이 붙어 있는 채로 떼어내, 다른 사람들이 전에 생각했던 대로 신경을 꼬집거나 흥분시키면 근육이 수축되는지 알아보았다. 그는 그 실험을 통해 단지 신경의 기계적 변형이 근육 수축을 일으키기에 충분하다면, 동작을 위해 뇌로부터 '혼백'(pneuma)이 꼭 요구될 필요가 없으며, 보통의 물리적 속성들 역시 그 인과적 요인이 될 수 있다고 추론했다.

두 번째 설득력 있는 실험에서 스왐머담은 "근육이 움직이는 것은 근육에 혼백이 유입되어 부풀어오르기 때문이다"는 주장을 실험해 보았다(**그림** 1.2). 그는 깔끔한 방법을 이용하여 혼백 이론의 예상과는 달리 "신경 자극으로 근육이 수축되는 동안에 그 부피가 증가하지 않는다"는 사실을 발견하였다. 스왐머담은 물이 담긴 튜브를 연결한 밀폐 유리관에 근육을 담그고, 근육이 수축할 때 물방울이 한 방울이라도 넘치는지 관찰해 보았다. 그런데 전혀 없었다. 이 사실로부터 그는 근육의 모양이 변할 뿐 "신경을 통해 근육으로 흘러 들어가는 감지할 만한 부피 변화는 전혀 없다"고 추론했다(*Biblia naturae*, 1738 사후에

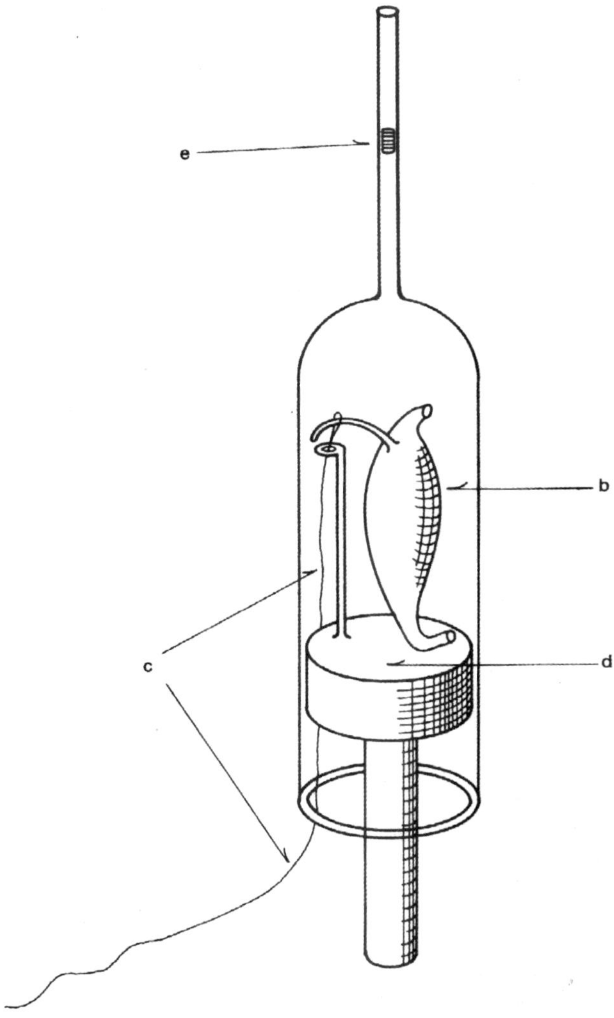

그림 1.2
근육이 수축하는 동안에 부피가 증가하는지 실험하기 위해 고안된 스왐머담의 실험장치. 가는 관 내부에 물방울 e가 있으며, 만약 근육 b가 기계적인 자극 c를 받아 수축하여 부피가 증가한다면, 물방울이 올라갈 것이다. (Swammerdam 1737~8)

출판됨). 다른 사람들은 이 실험에 대한 조잡한 대안 실험으로 살아 있는 피검자들의 팔을 물속에 담그고 근육을 수축시켜, 물이 밖으로 흘러나오는지 측정하기도 했다. 물론 그런 실험들이 모든 사람들에게 생기 가설을 포기하도록 확신시키지 못했지만, 신경과 근육의 물리적 속성에 대해 연구를 촉진시키는 면은 있었다.

1822년 마장디(Francois Magendie)에 의해 중요하게 진일보한 새로운 이해가 있었다. 동물에 대한 실험을 통해서, 척수(spinal cord)의 배측(dorsal: 등쪽) 신경근(nerve roots)은 말초로부터 척수로 감각정보를 전달하고, 척수 복측(ventral: 복부쪽) 신경근은 운동신호를 근육으로 전달한다는 것을 발견했다(**그림** 1.3). 신경의 분리된 기능에 대한 이 발견은 '신경계의 다른 부분에서 각기 다른 기능들이 수행된다'는 원리를 세우는 데 각별히 중요했다. (공교롭게도 이것은 사실 재발견에 불과하다. 과학 학회에 잘 알려지지 않았지만, 마장디의 실험으로부터 약 2천 년 전에 헤로필루스(Herophilus)와 에라시스트라투스(Erasistratus)가 이미 그 구분을 인식하고 있었기 때문이다.) 등쪽의 배근(dorsal roots)이 감각정보를 안으로 전달하고, 복부쪽의 복근(ventral roots)이 운동정보를 밖으로 전달한다는 이 일반적 규칙은 사실은 벨(Charles Bell)이 배근의 기능을 올바로 규정하지 못했음에도 불구하고(아래를 계속 읽어 보라), '벨-마장디 법칙'(Bell-Magendie law)으로 알려졌다.

벨(Charles Bell, 1774～1842)은 감각질(sensory quality)[1]에서 차이가 나는 원인을 실험적으로 연구한 선구자였다. 자신의 혀를 날카로운 바늘로 찔러보니 어떤 곳에서는 아픈 감각을 느낄 수 있었지만, 다른 곳에서는 단지 금속성 맛을 조금 느낄 뿐 어떤 통증도 느낄 수 없다는 것을 알아냈다. 자극들이 같았음에도 불구하고 그 결과는 현저하게 달랐으며, 이 사실은 벨로 하여금 그 차이가 신경이나 뇌에서 기인하는

1) [역주] '감각질'(sensory quality)이란 '생생하게 감각된 느낌 자체'를 가리키는 말이다.

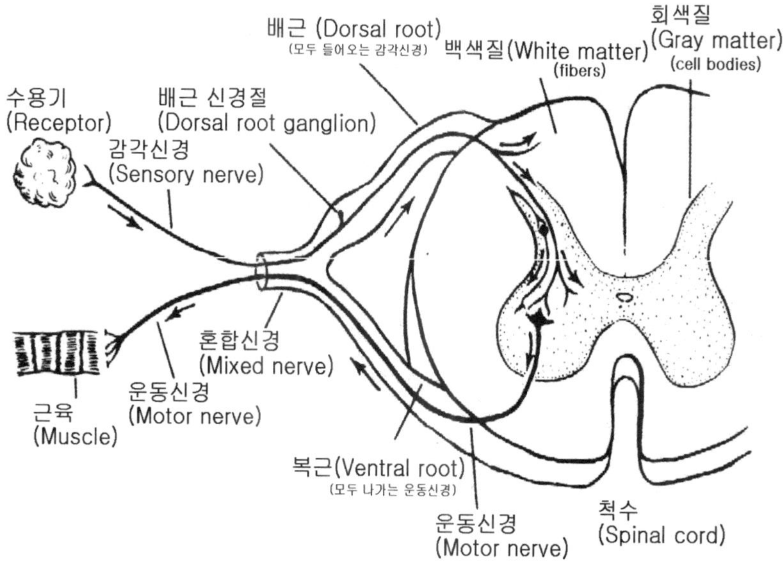

그림 1.3
척수(spinal cord)를 수평으로 절단한 모습을 보여주는 말단 신경기관. 구심성 섬유(afferent fibers)는 배근(dorsal root)을 통해 척수로 정보를 전달하고, 원심성 섬유(efferent fibers)는 복근(ventral root)을 통해 척수에서 근육으로 운동정보를 전달한다. (Tompson(1975). *Introduction to Physiological Psychology*. New York: Harper and Row.)

것이지 자극의 본성에서 기인하는 것이 아니라고 믿게 하였다. 그는 또한 안구 주위를 누름으로써 빛을 지각하는 것과 같은 효과를 만들어낼 수 있음을 알아내었다.

당시에 지배적인 견해로는, 망막과 같은 기관은 피부보다 더 민감하여 빛과 같은 민감한 진동을 감지할 수 있지만 피부는 그렇지 못하다고 생각했음에도 불구하고, '감각질은 본질적으로 자극의 본성에 의해 결정된다'고 생각했다. 벨뿐만 아니라 마장디도 그런 견해가 분명 틀렸다는 점을 알았으며, 마장디는 그런 점을 백내장 환자들을 치료하는 과정에서 더욱 극적으로 증명해 보여주었다. 그는 임상 진료에서 눈

속에 날카로운 바늘을 삽입하였는데, 바늘이 각막을 관통할 때 매우 고통스러울 것이라고 생각했지만, 과거 이론의 예측과 달리 탐침 바늘이 망막에 접촉할 때까지 통증을 유발하지 않는다는 것을 발견했다. 정말 아무런 통증도 일으키지 않았다. 대신에 빛 감각을 일으켰다.

뮐러(Johannes Müller, 1801～1858)는 마장디의 연구를 확장시켰다. '특수 신경에너지 법칙'으로 알려진 그의 연구 결과에 따르면, 개별 신경은 자신의 특별한 '에너지' 혹은 특질을 가지고 있으며, 따라서 각 신경은 하나의 결정된 종류의 감각만을 만드는 시스템의 일부이다. 뮐러는 감각 기관들을 철저히 조사하여, 다양한 방법으로 오직 한 감각만을 만들 수 있는지 알아보았다. 예를 들어 촉각이 기계적 영향, 화학적 영향, 열, 전류 그리고 (충혈과 염증에서) 혈액의 자극에 의해 일어날 수 있음을 발견했다. 뮐러의 결론에 따르면, 뇌가 '어떻게' 그리고 '무엇을' 표상하는지에 대한 이해에 변화가 있었다.

> 따라서 감각은 신체 '외부'의 특질과 상태를 의식으로 전도하는 작용이 아니며, 외부 원인에 의해 흥분된 '신경'의 특질과 상태를 의식으로 전도하는 작용이다. (1835; Clarke and O'Malley 1968:206)

이것은 일찍이 데카르트의 반성적 사고에 대한 메아리라고 할 수 있는데, '신경계가 외부세계를 어떻게 표상하는지'에 대한 우리의 이해에 주목할 만한 발전이 되기도 했다. 왜냐하면 어떤 의미에서 뇌는 신경의 효과를 재구성하며, 따라서 세계의 본성이 우리에게 '온전하게 주어지지' 않는다는 점이 분명해졌기 때문이다. 어느 정도 '세계'는 우리 '뇌의 산물'이다.

뮐러는 생물학 역사에서 현대 생리학의 아버지로 꼽히는 대표적 인물이다. 그는 놀라울 정도로 많은 논문을 썼던 인물로 19세부터 죽을 때까지 매 7주마다 한 편씩 썼을 정도였다. 그는 '조직학'(histology)을 포함하여, '발생학'(embryology), '운동 생리학', '태아 생애'(foetal life), '신경', '시각' 그리고 '척추동물과 무척추동물의 해부학'을 포함한 넓은 영역을 탐구하였다. 베를린에서 해부학과 생리학 교수로 있었으며, 대단히 많은 유명한 학자들이 그의 현명하고 영감 있는 지도 아래 연구를 시작하였다. 그런 반면에 그는 여전히 '생기'라는 비물질적 개념을 고수하였으며, 그것이 신경을 통해 측정할 수 없을 정도로 빠르게 나아간다고 믿었다. 그의 뛰어난 학생들 중에 하나였던 헬름홀츠는 풍부한 상상력과 커다란 포부를 가지고 그 생기론의 가정에 도전했으며, 결국 신경에서 임펄스(impulse) 전도 속도를 실제로 측정해냄으로써 세상을 놀라게 하였다.

헬름홀츠(Hermann von Helmholtz, 1821～1894)는 신경 효과의 원인에 대한 생각에서 완고한 유물론자였다. 물리학을 전공한 그는 '에너지 보존의 법칙'과 '그 법칙이 생물학에 주는 일반적 함축(implication)'에 대해 흥미를 느끼고 고무되었다. 그의 추론에 따르면, 만약 에너지 보존의 법칙이 옳다면 에너지가 변환될 뿐 창조되거나 파괴되지 말아야 하며, 따라서 스스로 작용하고 나서 사라지는 '활력'과 같은 것이 존재할 여지가 없었다. 따라서 그는 에너지 보존의 법칙이 살아있는 생명체에 적용될 수 있는지 알아보는 일에 착수했으며, 신체의 신진대사 과정과 근육에서 발생된 열 사이의 관계를 탐구하기 시작했다.

그는 '근육의 활동 중에 일어나는 변화'를 유기체가 흡수한 '영양분의 산화'로 단순하게 설명할 수 있음을 보여주는 것에서 출발하였다. 그래서 유기체의 생성에 필요한 모든 물리적 활동과 열이 일반적인 화학 반응들을 통해서 생산될 수 있음을 보여주었다. 에너지 문제에 관련해서, 신체가 어떤 '에너지 상태'를 다른 상태로 변화시키는 기계장치로 간주될 수 있음을 보여주었다. 따라서 신체에 '특별한 힘'이나 '생기'가 개입할 필요는 없었다. 물론 그 연구도 생기론에 결정타를 주지는 못했다. 왜냐하면 그는 단지 유기체의 에너지 출력을 에너지 입력과 관련해서 설명할 수 있음을 밝혔을 뿐, 어떻게 그렇게 되는지 설명하지는 못했기 때문이다. 그럼에도 불구하고 그의 연구방법과 세심한 관심은 기계론적 방법론에 대한 사람들의 태도에 영향을 주었고, 그가 사용한 물리학과 정량 분석은 폭 넓은 인정과 지지를 받았다.

그 다음으로 헬름홀츠는 "신경 임펄스(nerve impulse)는 측정 불가능한 속도로 움직인다"는 뮐러 주장을 실험하였다. 그의 방법은 우아할 정도로 단순하며 계량적이었다. 실험 대상이 된 신경의 서로 다른 위치를 자극하고 근육이 수축하는 데 시간이 얼마나 걸리는지 기록함으로써 신경 전도 속도를 측정하였다. 매우 놀랍게도 그 속도가 음속보다도 느리다는 사실이 발견되었다. 그는 표본에서 전도 속도가 단지 1초에 30미터라는 것을 계산해 내었다(**그림** 1.4).

그의 실험 결과는 사람들의 생각과 차이가 있었다. 왜냐하면 일반적으로 신경 효과는 순간적이라고 생각되었기 때문이다. 다시 말해서 어떤 물체에 닿는 순간 그 촉감을 느끼며, 손을 뻗으려고 마음먹는 순간 손을 뻗을 수 있다고 생각해 왔다. 모든 일들에 시간이 걸린다는 생각은 아주 충격적인 것이었다. 헬름홀츠의 아버지는 아들의 발견에 대한 자신의 생각을 다음과 같이 표현하였다.

> 처음 너의 연구 결과들을 보았을 때 나는 무척 놀랐다. 왜냐하면 나는 그런 생각과 그런 육체적인 해명에 대해 옳다기보다 임의적이라고 생각하기 때문이다. 깊이 생각해 보면 하나의 생생한 움직임은 육체적이면서 정신적인 것으로, 아브라함(Abraham: 유태인의 조상) 시기에 사라졌던 별이 지금도 보인다고 인정하는 만큼이나, 너의 견해에 나는 동의할 수 없다. (헬름홀츠에게 보내는 편지에서 Koenigsberger 1906: 67)

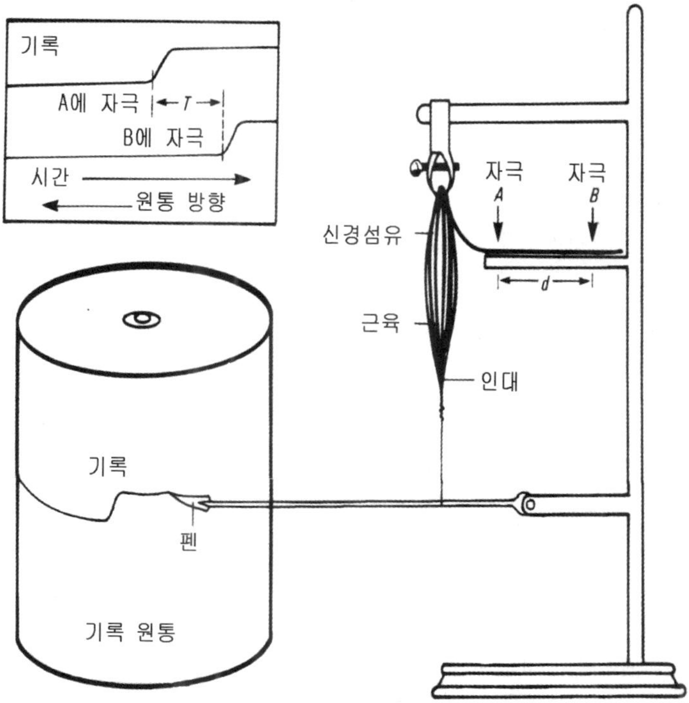

그림 1.4
헬름홀츠가 신경 임펄스 속도를 측정하는 데 이용했던 장치의 도식적 그림. 신경-근육 표본을 수직으로 세워, 근육이 수축하면 펜이 위로 당겨진다. 이렇게 해서 기록하는 원통에 표시를 남긴다. 헬름홀츠는 신경 지점 A를 자극했을 때보다 지점 B를 자극했을 때 근육이 늦게 움찔하는 것을 보았다. 실제 시간 차이 T를 측정하여, 임펄스 속도를 측정할 수 있었다. 그 속도는 (A에서 B까지의 거리) d를 (신경 A보다 B를 자극했을 때 근육이 늦게 움찔하는 데 경과된 시간) T로 나누어 얻어진다. (*Psychology* by Henry Gleitman. W. W. Norton and Co. Inc. Copyright ⓒ 1981 by W. W. Norton and Co., Inc. 허락으로 재인용)

뮐러의 또 다른 제자 레이몬드(Emil du Bois-Reymond, 1818～1896)는 "신경 효과는 사실 전기 현상이며, 전기 활동 파동이 신경을 통과한다"는 것을 증명해 보인(1843) 최초의 사람이다. 신경이 직류전기에 의해 흥분될 수 있다는 것은 널리 알려져 있었지만, '전기'가 정상적인 '신경 기능의 본질적 요소'라는 확신은 매우 중요한 사실이었고, 이 사실은 이후 생리학 연구에 기초를 확립시켜 주었다. 그 무렵에 '비물질적'이건 혹은 어떤 다른 '유동체'이건 간에 그것들이 신경 내부에 전달되어 신경 효과를 유발한다는 생각은 확실히 흥미를 잃게 되었다.

이제 질문의 방향은 '신경이 어떤 구성요소를 가지고 있으며', '그 구성요소들이 어떻게 전기적 효과를 발생시키는지'에 모아졌다. 기초 구성원이 뉴런, 즉 긴 섬유가 뻗어 나온 몸체를 가진 세포라는 생각이 서서히 나타나기 시작했지만, 그 가설은 몹시 받아들이기 어려운 것이었으며, 다양한 기술적 발견에 상당히 의존했다. 그 점에서 연구를 가로막는 상당히 많은 어려움이 있었다. 그중에 하나는 초기 현미경의 색수차(chromatic aberration)에 의한 인공산물 때문에 관찰이 방해를 받았으며, 그래서 신경 조직을 신뢰할 정도로 관찰할 수 있는 색수차 제거복합현미경(achromatic compound microscope)의 발전이 있을 때까지 그 연구는 불가능했다.

또한 다른 인공산물 문제도 연구를 방해했는데, 신경 조직이 올바르게 고정되지 않으면 변질되고, 새 표본과 오래된 표본 사이에 차이가 너무 심할 경우 오래된 표본들은 쓸모 없게 되었다. 물방울을 떨어뜨린 슬라이드는 삼투압의 변화로 세포를 급격히 변화시키기 때문에 피해야 한다는 사실은 아주 어렵게 알게 되었다. 더구나 지금 우리가 알고 있듯이 신경 조직은 세포들로 가득 차 있는데, 그중 일부는 뉴런이 아니라 연접된 아교세포들(glial cells)이다. 마침내 촘촘한 덤불 속에서 몇몇 세포들을 선택해서 보여줄 수 있는 정교한 염색법이 개발되었다(**그림** 1.5, **그림** 1.6). 매우 중요한 발전이긴 하지만, 염색은 고난

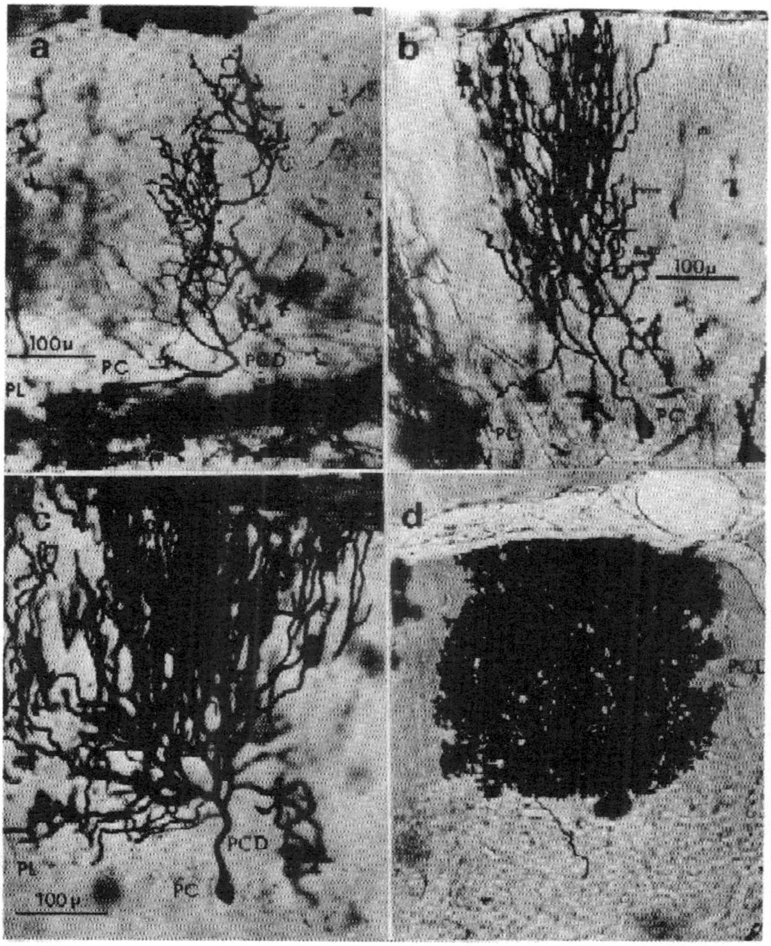

그림 1.5

소뇌피질(cerebellar cortex)의 (푸르키니에 세포 Purkinje cell) 신경, (a) 개구리, (b) 악어, (c) 비둘기, (d) 고양이. 골지(Golgi) 방식으로 염색. (Llinás and Hillman (1969). In *Neurobiology of cerebellar evolution and development*, ed. R. Llinás. Chicago: The American Medical Association)

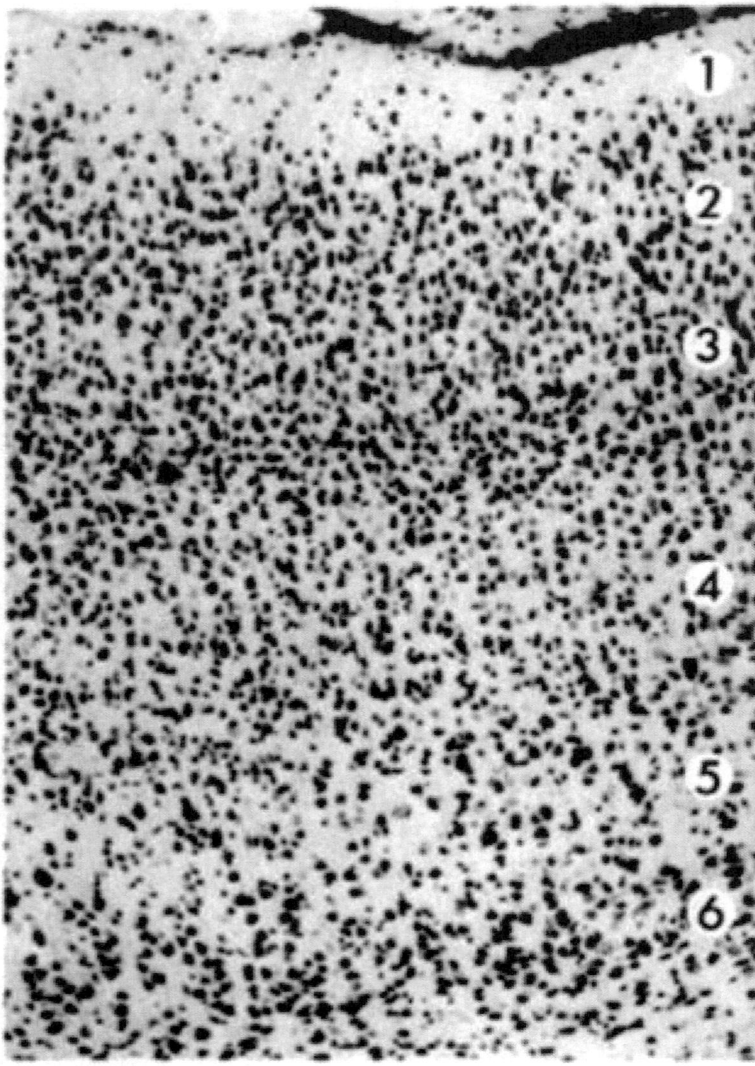

그림 1.6

밍크(mink)의 시각피질을 가로 절단한 뉴런의 현미경 사진. 크레실 바이올렛(cresyl violet: 니슬 염색 Nissl stain)으로 염색하였으며, 모든 뉴런의 세포체를 염색하였다. 여기에서 보여주는 피질은 약 1.2mm 두께이고, 명확한 여섯 층을 볼 수 있다. (S. McConnell and S. LeVay 양해를 얻어 인용)

도의 기술이었으며, 표본 염색 결과는 누구나 명확하게 판독할 수 있을 정도로 잘되지 않았다. 표본에 대한 관찰은 해석을 필요로 했으며, 종종 본 것이 무엇인지에 관한 논쟁이 벌어지곤 하였다. 결국 현미경상에서 전체 모양을 관찰할 수 있는 적혈구 세포와 달리 뉴런은 세포체(cell body, soma)에서 아주 먼 곳까지 가지를 뻗고 있다는 사실이 더디고 힘들게 발견되었다.

푸르키니에(Purkyně 1837)와 같은 조직학자들은 현미경을 통해 세포체를 보았으며, 다른 표본에서 우리가 오늘날 '축삭'(axon)이라고 부르는 길고 가느다란 섬유(fiber)를 관찰하였다. 그러나 사람들은 1838년에 레마크(Remak)가 축삭이 세포체의 연장일지 모른다는 의견을 과감히 표명하고 나서야 신경세포의 모양이 혈액세포와 근본적으로 다르다고 생각하기 시작했다. 그 사실은 결국 염색과 고정 방법이 발달함에 따라 분명히 밝혀졌다(Hannover 1840). 디이터스(Deiters 1865)는 카민 염색(carmine stain)과 새로운 고정 방법을 사용하여 최초로 세포체에서 뻗어 나온 매우 가늘고 정교한 수상돌기(dendrite)의 복잡한 수지상 구조를 관찰하였다. 그리고 관찰된 구조적 차이에 기초해서 '원형질 돌기'(protoplasmic process)인 수상돌기와 '신경 돌기'(nervous process)인 축삭을 구분했다.

그러한 일련의 발견들은 다음과 같은 질문을 낳았다. 뉴런들 사이의 연결이 어떻게 이루어지는가? 명백히 반사작용(reflex action)은 들어가는 '감각 작용'과 나오는 '운동 작용' 사이의 연결을 필요로 하였고, 마장디(Magendie)에 따르면 '감각 신경'은 '운동 신경'과 구분되는 연결선이었으므로, 어떤 종류의 연결이든 존재해야만 했다.

골지(Camillo Golgi, 1843~1926)는 뉴런들이 붙어 있거나 연결되어 있어야만 신경계가 제대로 작용할 수 있을 것이므로 신경계는 하나의 연속된 신경망(nerve net)이거나 망상체(reticulum)이어야 한다고 주장했다. 이러한 주장은 '망상체설'(Reticularist theory)로 알려졌다.

골지는 은(silver)을 이용한 새로운 염색법을 개발했는데, 그 발견은 특히 세포 관찰에 있어 중요한 방법으로 부상했다. 신경계 구성(organization)의 기본 원리를 이해하기 위해서는 필수적으로 무엇이 기본 구조인지를 알아야 했으므로, 연구자들은 전체 구조 속에서 하나의 세포만을 염색할 수 있는 방법을 절실히 필요로 했다. 골지에 의해 발견된 염색법은 몇 가지 주목할 만한 특징을 가지고 있었다. 그 방법은 검사하려는 조직에서 단지 몇 개의 세포만을 선택적으로 염색하였으며(1～10%), 그 선택된 세포들은 연구자들이 원하던 바로 그 모습으로 나타났다. 염료는 세포체와 수상돌기 그리고 축삭으로 스며들었으며, 이로 인해 연구자들은 최초로 기본적인 신경 단위를 관찰할 수 있었다. 골지 염색법은 더욱 강력하고 새로운 방법으로 신경계 탐구를 가능하게 만들었고, 골지 자신 역시 자신의 염색법과 주의 깊은 관찰을 통해 뉴런들 사이의 구조적 관계에 대한 문제에 몰두했다. 그는 확실히 축삭과 다르게 수상돌기는 연결되어 있지 않다고 결론을 내렸다. 또한 그는 수상돌기가 신경 기능보다 영양공급 역할을 할 것이라고 틀린 억측을 내놓기도 했는데, 그 이유는 표본에서 수상돌기가 혈관에 닿아 끝나는 것으로 보인다고 생각했기 때문이었다.

뉴런이 독립적 단위이며 연결된 집합체를 이루기 위해 붙어 있지 않다는 주장을 '신경원설'(neuron theory: 뉴런설)이라고 한다. 이런 주장은 현대 사람들이 듣기에 아주 이상할 것이다. 망상체주의자와 신경원주의자는 똑같이 뉴런들이 존재한다고 믿지만 뉴런들의 본성상 세포질끼리 붙어 있는지 혹은 분리된 단위로 있는지에 대해서만 다를 뿐이기 때문이다. 그런데 '뉴런'(neuron)이라는 말은 1891년 발다이어(Waldeyer)가 망상체설과 신경원설 논쟁에 대한 논문에서 채택하였으며, 그는 이것을 '독립적 세포'[2])란 의미로 사용하였다. 발다이어의 보

2) 'neuron'이란 말은 그리스어에서 기원하는데, 그리스인들은 이 말을 '신경'(nerve), 즉 '커서 보이는 줄'이란 뜻으로 사용했다. 그럼에도 그들은 이따금

고가 있기까지는 뉴런에 대한 지칭으로 여러 다양한 표현들이 사용되었으며, 사실상 그 학명은 혼용되고 있었다. 물론 이것은 당시 신경조직 해부에 대한 이해가 겨우 시작 단계에 있었다는 사실을 반영한다.

망상체주의자들이 가정했던 축삭 연결은 점차 찾을 수 없는 것으로 밝혀지게 되었다. 축삭 말단과 인접한 세포체나 수상돌기 사이의 간극이 매우 미세할 것이라는 점이 고려되었음에도 불구하고, 어떤 사람들(예를 들어, Held 1897)은 여전히 말단과 세포체가 결합되어 있는 것을 관찰했다고 발표했고, 당시로서 그것은 그리 놀랄 일은 아니었다. 골지 염색법은 지금까지도 매우 섬세하고 숙련된 솜씨를 요하는 방법이다. 그중에 하나는 염색이 끝나는 시점을 정확히 알아내려면 노련한 솜씨가 있어야 한다는 점이다. 염색을 너무 빨리 끝내 불완전했을 경우에는 신경 돌기에서 멀리 뻗어나간 끝까지 완전히 염색되지 않을 것이고, 자칫 끝내는 시점을 놓칠 경우에는 인접 신경 아교세포까지 염색될 수 있기 때문이다. 게다가 골지 염색한 표본을 그림으로 그릴 경우에 적지 않은 추측과 억측이 첨가되기도 하였으며, 특히 그 점은 초보자들로서 피하기 어려운 일이었다.[3] 따라서 단순히 골지 염색법을 이용한 현미경 관찰만을 통해서 망상체주의자들과 신경원주의자들 간의 불화가 깨끗하게 해결되기 어려웠다. 그들의 논쟁은 신경계의 근본적인 특성에 관한 것이었으므로 그 결과가 미칠 파장은 엄청난 것이었다. 또한 오랫동안 양 진영이 확보한 증거들은 두 입장 모두를 설명하는 것들이었으므로 한동안 논쟁의 열기는 식을 줄 몰랐다. 그런데 세기가 바뀔 즈음에 망상체주의자들의 가설은 점차 그 세력을 잃기 시작했고, 그쪽 진영에는 고집불통들만 남게 되었다.

이 말을 '힘줄'(tendon)이란 뜻으로 사용하기도 해서 혼란을 준다.

3) 보겐(James Bogen)이 내게 골지 염색법의 섬세함과 곤란함에 대해 일깨워주었고, 이에 대한 인식으로 망상체주의자들의 입장을 더욱 잘 이해할 수 있었다. 만약 그렇지 않았다면 이해하기 어려웠을 것이다.

뉴런의 발달과 퇴화에 관한 실험들은 뉴런의 독립성을 색다르게 보여주었다. 히스(Wilhelm His 1888)는 일련의 실험을 통해 배아 뉴런이 확실히 독립적 개체로부터 시작하여 축삭과 수상돌기를 뻗는 것을 관찰했다. 그러나 그 결과 신경 가지들이 붙어 있다는 증거는 나타나지 않았다. 히스의 실험과 비슷한 포렐(Forel 1887)의 실험을 통해서 밝혀진 바에 따르면, 세포체가 손상되었을 경우에는 그곳에 붙은 축삭들만이 퇴화하며, 역으로 축삭이 손상되었을 경우에는 전형적으로 그 세포체만 퇴화하는 징후를 보여주었다.

더구나 신경근 연결부위 근육 섬유가 특수하게 함몰된 구역에서 축삭들이 발견되었는데, 축삭이 근육 막을 뚫고 들어가 있지 않다는 것이 밝혀졌다(Kühne 1862). 이러한 사실은 축삭이 신경 신호를 근육에게 전달할 때 근육세포 자체와 직접 접촉하지 않고 근육에 효과만을 전달하여 근육을 수축시킨다는 점을 시사하기 때문에 매우 중요한 발견이 아닐 수 없었다. 드디어 골지 염색법을 뛰어나게 사용했던 라몬이 카할(Santiago Ramón y Cajal, 1852～1934)의 해부학적 연구에 의해 축삭에는 다른 세포막과 아주 가까운 곳에 종말 팽대부(terminal bulb)가 있으며, 다른 세포들과 붙어 있지 않다는 것이 드러났다. 라몬이 카할의 말을 보자.

> 이것(주장)은 간접적인 연결(anastomosis)을 부정하자는 것이 아니고, … 단지 ‘지금까지 그 연결을 본 적이 없다’는 점을 인정하고, 우리 의견에서 그 가정을 빼버리자는 것이다. (1888; Clarke and O’Malley 1968:112)

골지가 망상체에 대해 굳건한 확신을 가지게 된 분명한 이유는 ‘만약 뉴런들이 연결망을 형성하지 않는다면 뉴런의 신호전달 방법을 설명할 수 없으며, 그러면 결국 신경의 상호 작용을 설명하기 위해 낡은 생기론이 다시 고개를 들고 살아 나올 것이라는' 예측 때문이었다. 골지가 본 것과 같이 '협동된' 감각의 본성이 운동을 유발한다는 것은 신경들이 한 시스템의 일부라는 것을 의미하며, 이것은 곧 뉴런들이 개별 활동을 한다는 것에 대한 반박이기도 하다. 1906년 의학 노벨상을 수락하는 연설에서 그는 다음과 같이 밝혔다.

> 나는 신경계의 단독적 활동에 대한 생각을 쉽게 포기할 수 없었다. 만약 그 생각을 포기한다면 낡은 믿음에 동의하는 꼴이 되기 때문이다. (1908; Clarke and O'Malley 1968:96).

라몬 이 카할은 1888년 가장 앞장섰던 '신경원주의자'(neuronist)였으며, 동시에 '기계론자'이기도 했다. (그는 '생기론자들'을 '보기 Borghese 왕자의 자동차가 그 안에 들어 있는 말에 의해 추진된다'고 믿었던 당시의 시골 사람들에 비유했다.) 라몬 이 카할은 골지가 뉴런의 신호전달에 대해 염려했던 것에 무심하지 않았지만, '전기 유도가 뉴런들 사이의 정보전달을 잘 설명할 수 있다'는 추측만은 주장할 만한 것으로 생각했다. 밝혀진 바와 같이 그 추측은 틀린 것이었지만, 그럼에도 불구하고 뉴런들은 명백히 전기적 양태로 신호를 전달한다. 그러나 라몬 이 카할의 연구에 따르면, 뉴런들 사이의 정보전달은 고도로 복잡한 '생화학적 작용'에 의해 일어나며, 한 뉴런에서 다른 뉴런으로 정보 전달하는 것은 복잡한 '분자 활동'이다(2장 3절). 뉴런들이 분명한 단위들을 갖는다는 사실로부터 골지는 뉴런의 상호 작용을 밝혀내는 일이 엄청나게 어렵다고 예감했지만, 그럼에도 불구하고 최소한 세포들의 신호전달에 관련해서 어떤 신비로운 힘과 실체에 호소하겠다는 어두운 기대를 갖지는 않았다.

뉴런 연결의 본성에 관련해서 그들은 서로 이론이 달랐음에도 불구하고, 또한 그 논쟁을 통해 그들이 파악한 진홍빛 예측이 달랐음에도 불구하고, 라몬 이 카할과 골지는 1906년에 생리학과 의학으로 노벨상을 함께 수여했다. 뉴런들이 독립적 존재임을 확신했지만 라몬 이 카할은 그 실험이 아직 끝나지 않았음을 인식했다. 왜냐하면 시원찮은 현미경 검사 방법으로는 누구라도 섬유들을 끝까지 추적할 확신을 가질 수 없었기 때문이었다. 더구나 망상체주의자들의 생각이 만약 참이라면 골지의 생각이 문제를 쉽게 설명한다는 점에 동의했음에도, 라몬 이 카할은 망상체주의자들의 가설이 증거에 의해 뒷받침되지 않는다는 결론을 내렸다. 그에 의하면,

> 분석적 관점에서 볼 때, 연결된 그물망(network)을 형성하고 있는 모든 신경 중추들(nerve centers)이 운동신경과 감각신경들 사이를 중재한다는 생각은 아주 편리하며 경제적이다. 그런데 불행하게도 자연은 우리의 편리성과 통합성에 대한 지적 요구를 무시하는 듯하며, 기꺼이 그것도 아주 흔히 복잡성과 다양성을 선택한다. (1908; Clarke and O'Malley 1968:128)

또한 1906년에 셰링턴(C. S. Sherrington, 1857～1952)은 그의 대표적 저서인 『신경계의 통합 활동』(*The Intergrative Action of the Nervous System*)을 출판하였는데, 여기에서 그는 한 뉴런에서 틈새를 넘어 인접 뉴런으로 신호를 전달할 수 있게 하는 구조를 '시냅스'(synapse)라고 처음 표현했다. 뉴런 체계가 시냅스를 가진다는 그의 주장은 시냅스 연접(synaptic junctions)을 직접 관찰하고 나온 것은 아니며, 개(dog)의 단순 반사반응을 주의 깊게 연구한 결과 추론을 통해 얻어낸 것이었다.

그의 추론은 간결하고 신빙성이 있었다. 그는 동물의 반사궁(reflex arc) 길이(2feet)와 신경전도(nerve conduction) 속도(200feet/sec)를 알고 있었다. 이것은 만약 신경 섬유의 전도가 단지 한 가지 신호 전달

방식을 가진다면, 반응 잠복기는 약 10밀리 초(milliseconds)가 되어야 한다는 것을 의미한다. 그러나 그는 실제 반응 잠복기가 그보다 훨씬 긴 약 1초(1,000밀리 초)임을 발견했다. 따라서 그는 신경 섬유의 전도가 한 가지 방식으로 일어나는 것이 아니며, 신경 신호가 감각뉴런과 운동뉴런 사이의 틈새를 더 느리게 전달되어야 한다는 점을 추론해 내었다. 뉴런들 간의 신호 전달이 일어나는 이 특별한 구역은 '시냅스'로 알려지게 되었다.

이 시냅스 연접은 마침내 1950년대에 전자현미경을 통해 직접 관찰할 수 있게 되었다. 연구자들은 염색 처리 후 현미경 사진으로 얻은 마이크론(micron: 1/100만 미터) 단위로 단절된 조각들을 끈기 있게 연속적으로 이어 붙임으로써 세포막을 관찰하고 그 주변부를 추적할 수 있었다. 이를 통해 뉴런들 사이에 신호를 보내고 받는 특별한 구조가 있다는 점이 명백해졌다. 이러한 구조들은 전자현미경 사진에서 세포막에 검은 (전자밀도가 높은) 얼룩으로 나타났는데, 신호를 보내는 뉴런 쪽 얼룩 주변에 깔린 작고 둥근 소포(vesicles) 무리가 모여 있는 것도 관찰되었다. 뉴런들 사이 시냅스 틈새는 약 200옹스트롬(angstroms: 1/100억 미터)으로 측정되었다(**그림** 1.7).

망상체설이 거의 잊혀져갈 즈음에 전자현미경을 통해 (그 간극이 약 20옹스트롬이며 소포가 있는) 전형적인 모습과 다른 형태의 시냅스 연접이 발견되었다. 최근에서야 이것이 골지의 심장을 뛰게 했던 일종의 시냅스 연접임 밝혀졌다. 왜냐하면 (**그림** 1.8에서 볼 수 있듯이) 그 연접에는 한 뉴런과 다음 뉴런을 연결시켜 주는 작은 단백질 통로가 존재하기 때문이다(Furshpan and Potter 1959, Llinás, Baker, and Sotelo 1974). 그럼에도 그 발견이 망상체설의 승리를 선언하지 못했다. 왜냐하면 뉴런의 회로에서 단절이 존재한다는 것은 그 이론의 입장을 난처하게 만들었으며, 당시 연구의 압도적인 평가에 따르면 모든 신경계 내에 존재하는 뉴런이 '비록 뉴런들 사이에 서로 지속적이

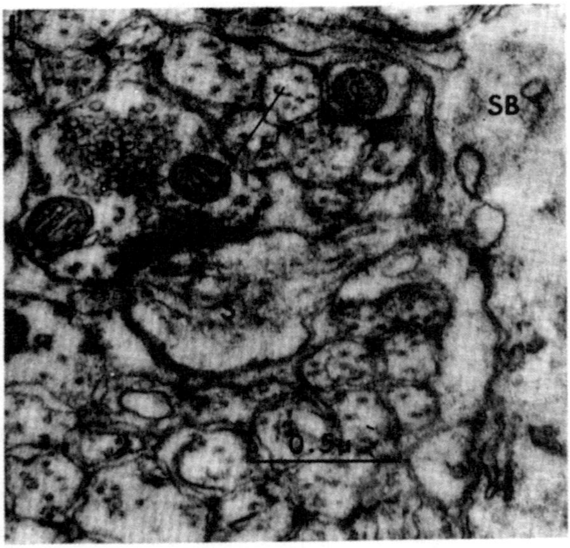

그림 1.7

고양이의 소뇌피질 내 두 세포 사이의 시냅스 연결 영역을 보여주는 전자현미경 사진. 시냅스전세포(presynaptic cell)는 평행 섬유(parallel fiber: PF)이며, 시냅스 후세포(postsynaptic cell)는 (S)로 표시된 푸르키니에 세포(Purkinje cell)의 수상돌기에 난 가지이다. 화살표는 시냅스를 가리킨다. 시냅스 전후 막의 틈새는 200 옹스트롬으로 떨어져 있다. 그 막들 아래와 틈새에 전자밀도가 높은 부분(electron-dense fuzz)과, 시냅스전세포 내의 시냅스 소포(vesicles) 무리에 주의하여 관찰한 것. (Llinás and Hillman(1969). In *Neurobiology of cerebellar evolution and development*, ed. R. Llinás. Chicago: The American Medical Association)

고 미묘한 신호전달이 이루어지기는 하지만' 단절되고 구별되는 '단위'(units)였기 때문이다.

신경계가 어떻게 동작하는지 이해하려면, 그 기초 기능 단위들을 발견해서, 그 단위들이 어떻게 작용하는지 밝혀내야만 하는데, 그런 연구에는 '구조적' 발견과 '기능적' 발견이 상호 의존하게 마련이다. 헬름홀츠가 신경에서 신호전도 속도를 측정한 시기와 전자현미경을 통해 뉴런의 미세구조를 처음 관찰한 시기 사이에는 백여 년의 간격이

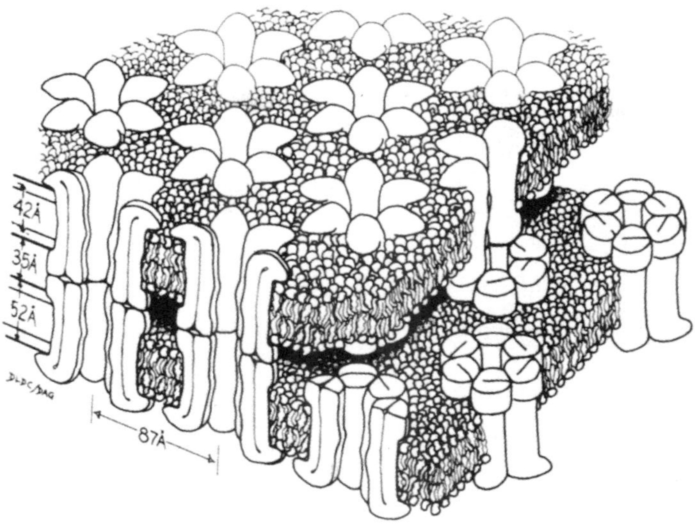

그림 1.8
전기 시냅스에 대한 도식적 그림. 두 세포 사이의 간격은 상대측 통로가 만나는 지점에서 연결된다. 단백질 단위로 구성된 통로들은 막을 확장시켜 Na^+와 K^+와 같은 작은 이온들을 교환할 수 있게 한다. (Nakowski et al. 1977)

있었다. 그동안 밝혀진 것은 뉴런이 고도로 전문화된 독특한 형태를 가지며, 신호전달을 가능하게 하는 세포 구조를 갖는다는 점이다. 그 신호전달의 본성에 대한 연구는 오징어 연구를 통해 심화되고 상당한 도움을 받았는데, 그것은 오징어가 특이할 정도로 직경이 크고 긴 축삭이 있는 운동뉴런을 가지고 있기 때문이었다. 은혜로운 오징어의 '거대한' 축삭은 어떻게 뉴런들이 신호를 전달하며 다른 뉴런들의 신호에 반응하는지에 관련한 복잡한 문제에 접근하게 해줄 첫 번째 참여자였다. 백여 년 간의 연구 결과로 우리들이 '뉴런 패러다임'(neuron paradigm)이라고 부를 만한 것이 성취되었으며, 그런 의미에서 그 후의 기초적 연구 방향은 뉴런에 맞춰줘야 한다는 생각이 넓게 퍼져 나갔다.

이상의 역사적 개괄을 통해서 나는 초기 신경과학의 몇몇 역사적 사건들만을 다루었으며, 점차 뉴런에 대한 연구로 초점을 좁혀 나갔다. 물론 동시에 강조되어야 할 것은, 뇌 속에서 수많은 기능들이 어떻게 구현되는지 알아내기 위해 상당한 노력이 있었다는 점이다. 뇌 속에 '여러 기능들이 어떻게 국소화되고(localized) 분산되어 있는지 (distributed)' 그리고 '신경조직이 어떻게 구성되어 있는지'에 관한 가설들이 탄생되었다. 예를 들어 뇌졸중이나 총상에 의한 손상과 같은 경우에, 뇌 손상의 행동 효과를 연구하는 신경학자들로부터, 신경계의 다양한 부위를 자극하고 신경신호를 기록하는 전기생리학자들로부터, 그리고 축삭 다발의 이동 경로와 회로를 연구하여 다른 부분과 뚜렷이 구별되는 뇌의 특정부위를 조사하는 해부학자들로부터 신경계의 유기적 구조의 특성들이 탐구되어 왔다. 이러한 연구들은 극히 중요했음에도 불구하고 상호적 '뉴런 집합체 패러다임'(neuronal ensemble paradigm)으로 발전하지 못했는데, 그 패러다임에서는 뉴런 집합체(neuronal ensemble)로 여겨야 할 것이 무엇이며, 그것이 어떻게 기능하는지에 관한 원리를 밝힐 수 있다는 기대를 갖게 한다. 1950년대에 이미 개별 뉴런의 구조와 기능에 대한 원리와 관련해서 일반적인 합의가 이루어졌지만, 반면에 수많은 기능들과 그 구현에 대해서는 아직 많은 이견과 난제들이 풀리지 않은 채로 남아 있었다. 신경과학의 역사에서 이러한 발달에 대한 논의는 4장에서 간략하게 다뤄질 것이다.

헬름홀츠의 연구에서부터 실험실에 전자현미경이 도입되기까지 백여 년 동안 신경과학을 꽃피울 만한 기초가 마련되었다. 정말로 화려하고 풍성하게 그리고 이따금은 몹시 난해한 방식으로 꽃을 피웠다. 역사를 외면한 지적 발견이 갑자기 나타날 수는 없다. 따라서 '뉴런 기능'과 '뉴런 조직'의 본성을 밝혀온 현대 인정받는 이론들을 계속 추적하는 일은 틀림없이 우리를 더 나은 길로 안내할 것이다.

참고도서

Brazier, Mary A. B. (1984). *A history of neurophysiology in the 17th and 18th centuries*. New York: Raven.

Clarke, Edwin, and C. D. O'Malley (1968). *The human brain and spinal cord: A historical study illustrated by writings from antiquity to the twentieth century*. Berkeley and Los Angeles: University of California Press.

Neuburger, Max (1897). *Die historische Entwicklung der experimentellen Gehirn- und Rückenmarksphysiologie vor Flourens*. Stuttgart: Ferdinand Enke Verlag. (English translation by Edwin Clarke (1981). *The historical development of experimental brain and spinal cord physiology before Flourens*. Baltimore: The Johns Hopkins University Press.)

Rose, Clifford F., and W. F. Bynum (1982). *Historical aspects of the neurosciences*. New York: Raven.

2 장
현대 뉴런 이론

자연선택이 어떤 일을 성취했는지 알려면 유기체 내의 실제 구조가
어떤 기능을 갖는지 알아야만 한다. 그 이유는 간단하다.
자연선택이 우리보다 똑똑하기 때문이다.
크릭(F. H. C. Crick, 1985)

1. 서 론

마음-뇌(mind-brain)가 어떻게 작용하는지 알고 싶다면 필히 신경계의 기초 요소인 뉴런에 대해 가능한 한 많이 알아야 한다. ‘뉴런의 수’와 ‘뉴런들 사이의 연결 수’, 그리고 (아마 가장 중요한 것으로) ‘뉴런의 신호처리(events) 시간’의 한계는 ‘지각’, ‘기억’, ‘학습’ 그리고 ‘감각운동조절’(sensorimotor control)의 모델 개발에 중요한 제한 사항이 될 것이다. 예를 들어 실리콘 칩(silicon chip)의 신호처리가 **나노 초**(10^{-9}초, nanosecond) 단위에서 일어나는 데 반해서, 뉴런의 신호처리는 **밀리 초**(10^{-3}초, millisecond) 단위에서 일어난다는 시간적인 문제로부터 제기되는 제한을 곰곰이 생각해 봐야 한다. 뇌 신호처리는 실리콘 신호처리에 비해 대단히 느리지만, 그럼에도 지각재인과제(perceptual recognition tasks)를 수행하는 경주를 한다면, 뇌가 컴퓨터를 비교할 수 없을 정도로 멀리 따돌릴 수 있다. 뇌는 일상적으로 지

각인지과제에 필요한 어떤 일을 100～200밀리 초 내에 마칠 수 있는데 반해서, 거대한 재래식 컴퓨터는 그보다 훨씬 간단한 일을 수일 걸려야 처리할 수 있다. 이 사실은 곧 뇌가 지각인지를 수행하지만, 그 지각인지가 수백만 단계의 순차처리로 이루어질 수 없음을 의미한다. 그러기에는 시간이 충분하지 않기 때문이다. (이 점에 대해서는 10장에서 더 상세히 논의될 것이다. Feldman 1985 참조.)

또한 주목해야 할 것은 뉴런이 가소성(plasticity)을 갖는다는 점이다. 즉 뉴런의 정보에 관련한 부분이 성장하고 퇴화한다. 한 마디로 역동적(dynamic)이다. 뉴런의 가소성은 거추장스러운 것도 사소한 것도 아니다. 가소성은 뉴런이 정보처리의 유닛(unit: 단위)으로 기능하기 위해 필수적이다. 이런 사실은 인지능력의 본성을 이해하기 위한 '모델'과 '이론'을 탐구하려는 이론화 작업에서 우리가 고려해야 할 사항이다. 더구나 '뉴런의 수'와 '그 연결 수'의 한계 그리고 '가소성'에 대한 고려는 다음과 같은 방식으로 이론적 중요성을 갖는다. 학습과 기억 모델은 모든 그 복잡한 과정을 연결에서 찾아야 하며, 뉴런 자체에 대한 연구에서는 거의 찾을 수 없으며, 분명히 그 모델은 신경계가 가진 것보다 훨씬 많은 유닛들을 가정해야만 한다는 점을 알게 될 것이다. 비록 많다고 할지라도, 뉴런의 수와 그 연결들이 유한하다는 점은 실현 가능한 모델 방향을 가르쳐준다(Feldman and Ballard 1982).

끝으로 뉴런과 그 작동방식이 모든 신경계 전체에서 본질적으로 동일하다는 사실을 아는 것이 중요하다. 우리의 뉴런과 달팽이, 벌레 그리고 거미의 뉴런들은 근본적으로 유사하다. 척추동물과 무척추동물 사이에 차이점이 있지만, 그 차이점은 압도적인 유사성에 비하면 아무것도 아니다. 심지어 우리의 신경화학물질조차 대양 바닥을 기어다니는 가장 미천한 유기체의 신경화학물질과 근본적으로 유사하다.

그 점을 여기서 지적하는 것이 우리가 탁월하다고 우쭐하는 허영심을 꺾으려는 데에 있지 않으며, **진화된** 우리의 모든 인지적 축복과 능력들이 아무리 놀라운 것일지라도 갑자기 나타날 수 없음을 상기하자는 것뿐이다. 이 사실은 인간의 인지와 동물의 인지가 단절되어 있다고 암시하는 어떤 모델도 적절하지 않음을 의미한다.

또한 만약 우리가 사고와 감각기제와 같은 기능 밑에 존재하는 정보처리의 본성을 이해하고자 한다면, 우리 이론은 뉴런들이 실제로 조화를 이루는 방식을 고려해야 하며, 우리는 '뉴런 자체'와 '다른 뉴런들과의 연결' 그리고 '뉴런들의 연결 형태'에 관해 깊이 알아야 한다. 바로 그런 점이 방법론적으로 가장 중요하게 고려되어야 할 사항이다 (**그림** 2.1).

신경계는 정보처리 기계이며, 그것이 어떻게 유기체로 하여금 '학습하고', '기억하고', '볼 줄 알고', '문제를 해결할 수 있으며', '어린 새끼를 돌보며', '위험을 인지하는지' 등등에 대해 이해하고자 한다면, 필히 그 기계 자체를 구성하는 기초 '요소'(element) 차원과 그 요소로 형성된 '구성'(organization) 차원 모두를 이해해야 한다. 따라서 이 장에서는 뉴런의 '구조'와 그 '작동 방식'을 살펴보고자 한다.

2. 신경계의 세포 구성요소

인간의 뇌 무게는 약 3파운드(약 3kg)이며 그 크기는 대략 3파인트 (pint=gallon: 약 4.5*l*) 정도이다. 뇌 속에는 뉴런이 약 10^{12}에서 많게는 10^{14}까지 있다고 알려져 있으며, 이는 단지 추정에 불과하다. 몸이 휴식하고 있는 동안 신경계는 신체 전체에서 소모하는 산소 중에 약 20퍼센트를 사용하는데, 이것은 뇌의 무게가 신체 전체의 무게에서 단지 2퍼센트에 불과하며, 골격근, 신장, 간 등의 다른 기관들도 동시에 산소를 사용해야 한다는 점을 고려해 볼 때 상당한 비율이 아닐 수 없다. 중추신경계(central nervous system: CNS)는 뇌와 척수로 구성되었

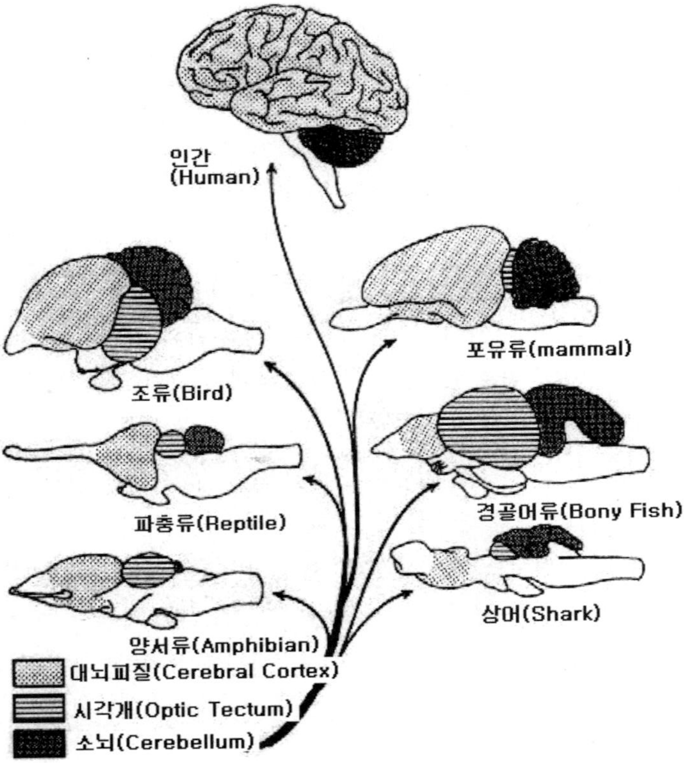

그림 2.1
중요 뇌 영역의 연관된 발달을 보여주는 척추동물들의 뇌 외측(lateral) 모습. 뇌 크기를 일정한 비율로 그리지 않았다. (Northcutt(1977). *McGraw-Hill Encyclopedia of Science and Eechnology*. New York: McGraw-Hill에서 수정 인용)

으며, 말초신경계(peripheral nervous system: PNS)는 근육을 지배하는 신경섬유(fibers)나 피부의 감각수용기(sensory receptors)와 같이 뇌와 척수로부터 뻗어나간 모든 신경구조들을 포함한다. 망막은 중추신경계의 일부로 간주된다(**그림** 2.2).

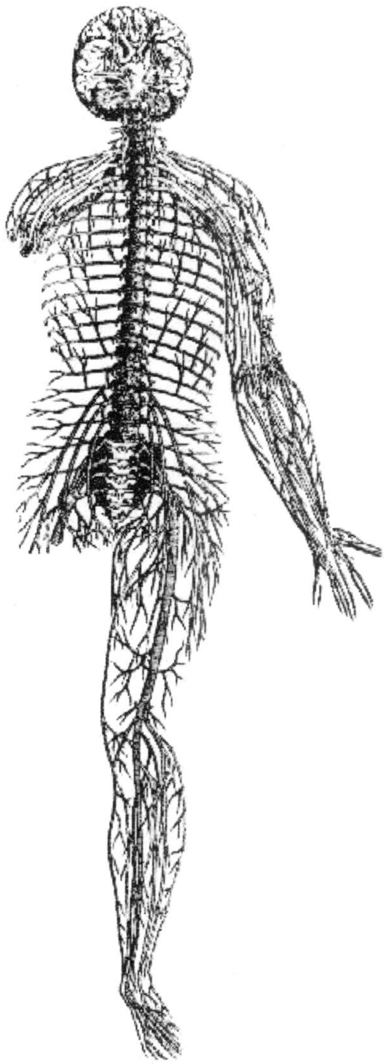

그림 2.2
베살리우스(Vesalius 1543)의 그림으로 뇌와 척주(spinal column)를 볼 수 있으며, 몸통(trunk)과 사지(limbs)로 뻗은 말초 신경들이 사람 모습의 윤곽을 나타내고 있다. (Saunder and O'Malley 1950)

뉴런(Neuron)

뉴런은 기초 신경 요소이며, 세포체(soma, cell body)와 세포체에서 뻗어 나온 **돌기**(processes, projections)[1]로 구분된다. 세포체는 세포의 중추부위로 핵(nucleus)과 RNA(리보 핵산)를 포함하고 있으며, 단백질 생산 구조를 가지고 있다. 여기서 생산된 단백질은 복잡한 축삭수송(axonal transport)에 의해 축삭 아래쪽으로 이동된다. 돌기는 **축삭**(axon)과 **수상돌기**(dendrite)로 구별되지만, 모든 뉴런이 그 모두를 가지고 있는 것은 아니다. 축삭은 원칙적으로 출력 장치이며, 수상돌기는 주로 신호를 받아 통합하는 역할을 한다. 피부에 있는 일부 감각뉴런들은 단지 축삭만을 가지고 있으며, 후각엽(olfactory lobe)에 있는 뉴런들은 수상돌기만을 가지고 있다. 일반적으로 하나의 축삭이 세포체로부터 뻗어나가, 그 끝을 향해 넓게 가지를 만든다. 그에 비해서 수상돌기는 흔히 세포체로부터 밀집된 가지모양으로 뻗어나간다(**그림** 2.3). (또한 **그림** 1.5 참조.) 여러 종류의 뉴런들에서 수상돌기는 '**가시**'(spine: 극)라고 하는 짧은 가지들로 온통 휩싸여 있으며, 그것들은 다른 뉴런들과 접촉하는 지점이 된다.

뉴런의 크기는 다양하지만 가장 큰 것일지라도 아주 작다. 사람의 신경계에서 수상돌기는 직경이 약 0.5마이크론(micron)이며, 운동뉴런 세포체의 직경은 약 20~70마이크론이다. 가장 큰 축삭의 직경은 약 20마이크론이며, 어떤 것은 척수만큼 긴 것도 있다. 뉴런들의 유형은 아주 다양하며, 어떤 것들은 그 다양한 기능에 알맞게 전문화된 모습을 보여준다. 오징어는 상대적으로 큰(대략 직경이 1밀리미터) 축삭의 운동뉴런을 가지고 있는 것으로 밝혀졌다. 오징어의 커다란 축삭은 그

1) 'process'란 말은 일반적으로 사건의 연결에 적용하여 사용하기 때문에, 구조에 적용하여 사용하는 것이 이상하게 들릴 수 있다. 그렇지만 이것은 표준말이며, 나는 앞으로 신경생리학적 의미로 이 말을 사용할 것이다. (역자는 이 말을 '돌기'라고 번역하며, 뇌와 심리적 사건에 관련된 사용에서는 '과정'이라고 번역하고, 컴퓨터 기능에 관련해서는 '처리'라고 번역한다.)

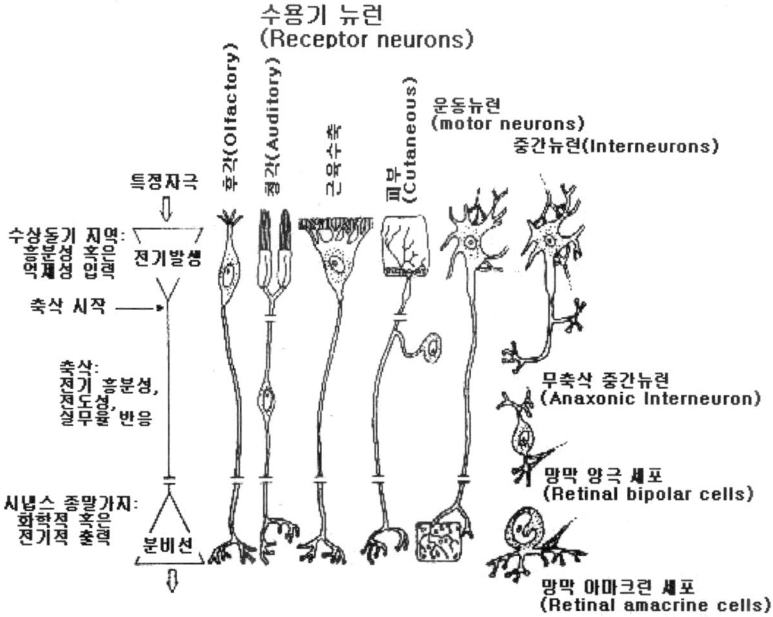

그림 2.3

구심성(afferent, incoming) 뉴런, 원심성(efferent, outcoming) 뉴런, 중간뉴런(interneuron)의 기능적이며 구조적인 특성을 보여주는 여러 기초 뉴런들. 이 그림을 보면 적어도 축삭을 가진 뉴런의 경우 기능 면에서 구조를 파악할 때 세포체 위치보다 '임펄스(impulse)[2] 출발 지점에 주목하는 것이 합당하다'는 생각을 보여준다. (Bodian 1967에서 수정)

크기로 인해서 탐침 전극을 꽂을 수 있어 축삭의 전기적 성질을 탐구하는 일을 가능하게 했다(Hodgkin and Huxley 1952). (그 성질에 대해서 2장 3절에서 논의될 것이다.)

영장류의 신경계는 출생 시기에 앞으로 갖추게 될 모든 뉴런들을

2) [역주] 많은 수상돌기로 입력된 자극은 통합되어 축삭을 통해 출력되는데, 이때 실무율(all-or-none), 즉 격발하거나 하지 않거나 둘 중에 하나로 반응한다. 이것은 마치 컴퓨터 회로가 2가(on/off)로 신호를 전달하는 것과 같다.

실질적으로 이미 가지고 태어난다. 후각계(olfactory system)만은 예외로 출생 후에도 계속 발생한다. 출생 후 몇 년 동안 특히 축삭과 수상돌기의 성장이 수상돌기의 가시(극)와 마찬가지로 왕성하게 일어난다. 그런데 그 왕성한 성장 중에도 초기 유아에서 발생한 뉴런 중에 많은 수의 세포가 사멸하는데, 초기 뉴런 집단의 15~85퍼센트가 수명을 마친다. 이것은 계획된 죽음으로 보이며, 정상적인 유아 뇌의 발달에 중요한 과정으로 보인다. 그렇지만 그런 세포 사멸이 왜 일어나며, 그 추려내는 원리가 무엇인지 정확히 이해되지 않고 있다(3장 참조). 그 밖에 일상적으로 **'죽음의 사신'**(grim reaper death)이라고 불리는 40세 이후 성인의 뇌에서 하루에 약 천여 개의 뉴런들이 죽는 일이 일어난다. 그래서 통계적으로 상당한 정도의 세포 결핍이 일어난다. 그렇지만 생존한 뉴런들의 수상돌기가 성장하여 그 빈자리를 메운다. 뇌가 그렇게 잘 처리하는 것은 뇌가 가소성을 가지고 있음을 가리킨다.

시냅스는 뉴런들 사이의 신호전달 지점이라고 할 수 있으며, 그곳에서 돌기들은 세포체나 다른 뉴런의 돌기들과 고도로 전문화된 준-영구적 접속을 이루는 것으로 보인다(**그림** 1.7, **그림** 1.8). 일반적으로 신호전달은 시냅스 접속에서만 일어난다고 짐작되고 있으나, 확실하게 밝혀진 것은 아니다. 세포막이 시냅스를 갖지 않으면서도 아주 근접할 경우 그 지점에서 약한 신호를 전달할 수 있기 때문이다. 대개는 축삭이 다른 뉴런의 수상돌기 혹은 세포체에 시냅스를 이루지만, 다른 축삭에 시냅스를 이루는 경우도 있으며, 어떤 경우에는 수상돌기가 다른 수상돌기 혹은 세포체에 시냅스를 이루는 경우도 있다. 뉴런들 각각에 대한 시냅스의 수는 아주 다양한데, 포유동물의 운동뉴런에는 어림잡아 5,000개이고, 인간 소뇌피질에 있는 푸르키니에 세포 하나에 대략 90,000개나 된다(**그림** 2.4). 총체적으로 인간의 신경계에는 다소 규모의 차이가 있겠지만 대략 10^{15}개 정도의 연결이 있을 것으로 추정된다.

뉴런은 기능적으로 '감각뉴런'(sensory neurons), '운동뉴런'(motor

neurons), '중간뉴런'(interneurons)으로 분류된다. 감각뉴런은 빛이나 기계적인 변화와 같은 물리적 신호를 전기 신호로 바꿔 전달한다. 운동뉴런은 수축하는 근육에 닿아 있다. 중간뉴런은 감각뉴런과 운동뉴런 사이에 있는 그 외의 모든 뉴런들을 망라한다. 뉴런에는 아주 다양한 유형들이 있으며, 세포의 크기, 축삭의 길이 그리고 수상돌기의 독특함으로써 그 유형이 크게 구분된다(그림 2.4). 하등 동물에서는 전문화를 거의 찾아볼 수 없으며, 무척추동물에서는 세포의 돌기가 축삭과 수상돌기로 나눠지지 않는 것을 보면, 수상돌기는 축삭보다 나중에 생겨난 것으로 보인다.

신경아교(Neuroglia)

신경조직은 뉴런으로만 구성된 것이 아니며, '신경아교'라고 불리는 특별한 보조 세포들을 가지고 있다. 1856년 루돌프 비르코프(Rudolf Virchow)가 이것들을 뉴런에서 처음 구분해 냈다. 그는 그것을 뉴런들을 고정시키는 일종의 아교로 생각했기 때문에 접착물질인 '아교'(glue)를 의미하는 말 'glia'로 'neuroglia'라는 말을 만들었다. 알려진 바에 따르면 신경아교는 접착성을 가지고 있지 않지만, 그 역할은 주목할 만하다. 아교세포(glial cell)의 한 가지 유형인 슈반 세포(Schwann cell)는 말초세포(peripheral cell)의 축삭돌기를 감싸서 신경 임펄스(nervous impulse)가 더 빠르게 전달되도록 하는 절연수초(insulating sheath: 절연피복) 역할을 한다. 희소돌기아교세포(oligodendrocytes)는 중추신경계(CNS)의 축삭을 위해 같은 역할을 수행하는데, 그렇게 형성된 수초를 마이엘린(mye1in)이라고 한다. 수초로 씌어지는 발달 과정은 주로 유아기에 일어나며, 사춘기에 접어들면 줄어들게 된다. 그런데 대뇌피질의 어떤 부분에서는 40세까지 수초로 씌워지는 일이 지속된다(그림 2.5, 그림 2.6).

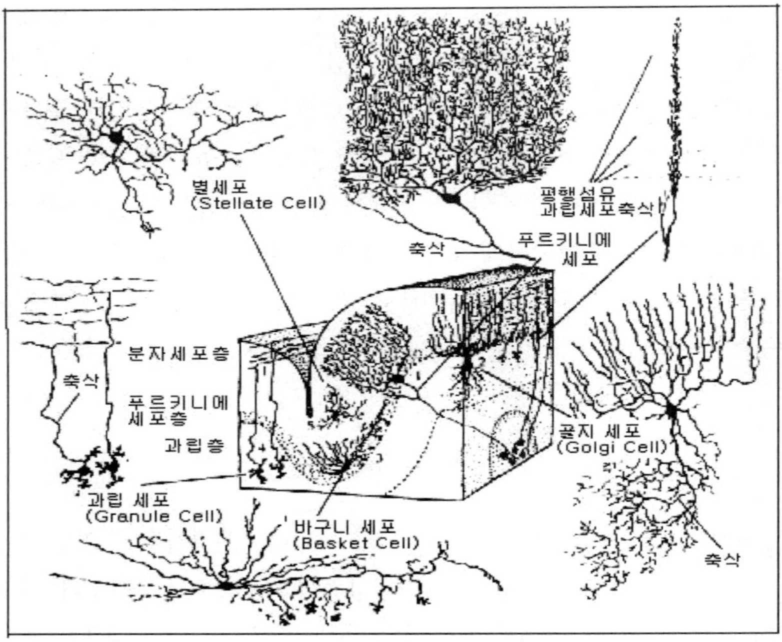

그림 2.4
여러 유형의 뉴런들. 인간의 소뇌(cerebellum)에 10^{10}개의 세포가 있으며, 다섯 가지 유형만이 존재한다. 각 유형들의 '모양', '가지 뻗는 패턴', '연결 패턴' 그리고 '위치' 등이 모두 독특하다. 다른 두뇌와 비교해서 소뇌의 위치를 보려면 **그림** 2.1과 **그림** 3.1을 보라. (Kuffler, Nicholls, and Martin(1984). *From Neuron to Brain*. 2nd ed. Sunderland, Mass.: Sinauer)

척추동물의 모든 뉴런이 마이엘린으로 씌워지는 것은 아니지만, 마이엘린은 척추동물에만 있다. 계통학적으로 오래된 뉴런인 (피부에 분포하여 통증에 대한 정보를 전달하는) C-섬유(C-fibers)는 마이엘린으로 씌워져 있지 않다. 뉴런과 아교세포의 결합은 아주 다양한데, 어떤 경우에 축삭은 단지 인접 아교세포들의 틈에 끼여 있을 뿐이다. 어떤 신경아교는 차단막과 같은 기능(별아교세포 astrocytes에서)과 필터와 같은 기능(뇌실막 세포 ependymal cells에서)을 하기 때문에 뉴런을 혈

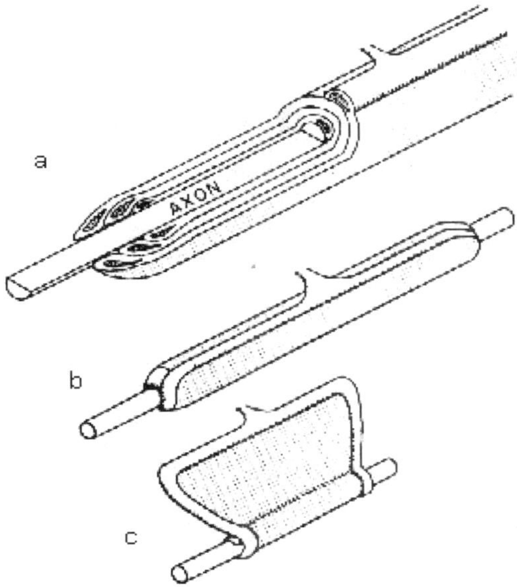

그림 2.5
(수초로 둘러싸인) 유수축삭(myelinated axon)의 모형도. (a) 마이엘린 일부를 잘라내어 안쪽의 층을 보여준다. (b) 마이엘린 수초(myelin sheath)를 이루는 아교세포(glial cell)가 축삭의 한 부분을 완전히 감싼 것을 보여준다. (c) 축삭 일부와 아교세포를 풀어놓은 모형도. (Hirano and Dembitzer 1967에서 수정)

액으로부터 차단하지만 자신의 특별한 영양 공급을 차단하지는 않는다. 그리고 다른 아교세포들, 즉 포식세포(phagocytes)나 청소세포(scavengers)와 같은 기능을 하는 미세아교세포(microglia)는 죽은 뉴런과 쌓인 노폐물을 청소하는 기능을 한다. 뉴런의 기능이 너무 휘황찬란하여 아교세포들은 별로 주목을 받지 못했다. 수적으로 뉴런들보다 약 10배나 많은 아교세포들은 신경계 기능에 중요하지만, 그 기능에 대해서는 이제 막 연구에 의해 밝혀지기 시작했을 뿐이다. 분명히 아교세포의 퇴화는 (마이엘린 수초로 감싼 슈반 세포와 희소돌기아교세포의 경우에서) 정상적인 감각운동조절에 치명적으로 손상시킨다.

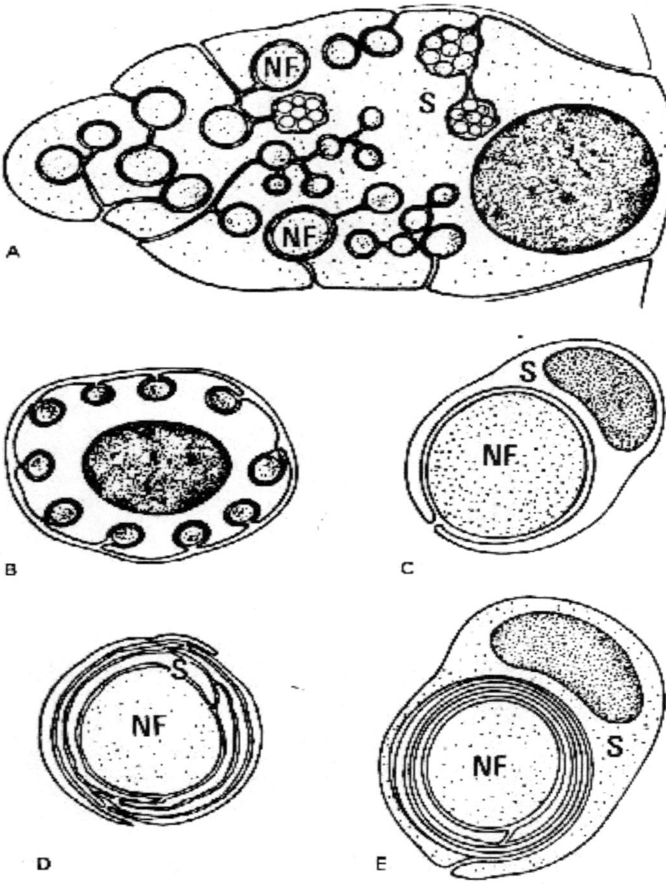

그림 2.6
수초(sheath)가 신경 섬유를 둘러싸는 다양한 모습을 보여주는 도식적 그림. (A) (거머리에서) 커다란 아교세포가 축삭을 하나씩 혹은 여러 개를 동시에 둘러싼다. (B) (척추동물의 말초 신경계에서) 작고 획일적인 신경 섬유들이 아교세포막(glial cell membrane)에 둘러싸일 수 있다. (C) (곤충의 말초 신경계에서) 큰 신경 섬유가 하나의 아교세포에 의해 둘러싸인다. (D) (곤충에서) 큰 신경섬유가 다층의 아교세포에 의해 둘러싸이기도 한다. (E) 척추동물의 말초신경을 감싸는 마이엘린(myelin)은 규칙적인 나선형을 이루며 압축된 특징을 갖는다. (Bunge 1968에서 수정 인용) 약어: NF(nerve fiber), S(sheath)

다발성 경화증(multiple sclerosis)[3]은 탈수초성 질환(demyelinating disease) 중의 하나이다. 마이엘린으로 둘러싸인 축삭 다발이 있는 곳의 조직은 세포체의 덩어리이나 수상돌기가 모여 있는 곳의 선명한 회색(혹은 홍색) 색조보다 더 밝게 보인다. 백색질(white matter)과 회색질(gray matter)의 차이를 만드는 것은 마이엘린 때문이며, 축삭에만 마이엘린으로 씌워져 있다. 신경 조직의 단면에서 그 색깔의 차이는 육안으로 쉽게 구분된다(**그림** 2.7).[4]

수용기(Receptors)

수용기가 특별히 관심을 끄는 점은 수용기가 감각하는 자극 범위가 바로 우리가 세계에서 느끼는 한계이기 때문이다. 수용기는 세계와 두뇌 사이의 인터페이스(interface: 접속장치)이며, '우주가 어떤 모습이며, 우리가 우주에 대해 무엇을 진실이라고 받아들이는지'에 대한 우리들의 개념은 '말초신경에서 세포들이 반응하는 특성'과 불가피하게 관련된다. 이것이 바로 특정 물리적 자극에 반응하는 수용기의 특성에 대한 실험에서 마장디(Magendie) 그리고 나중에 뮐러(Müller)에게 충격을 준 점이다. 이것이 바로 어쩌면 철학에서 인식론(epistemology)의 한계, 즉 '세계에 대한 우리의 접근은 언제나 **중재된** 접근(즉 신경계를 통한 접근)'이라고 인정해야 할 한계라고 칸트(Kant)가 깊이 고심하고 해명하려 했던 근원일 것이다. 결국 인간의 신경계는 물리적인

---

3) [역주] 다발성 경화증은 중추신경계의 탈수초화에 의해, 즉 아교세포가 파괴되어 생기는 질환으로 그 원인이 밝혀지지 않았다. 신경로에 따라서 신체 쇠약, 운동 실조, 지각 이상, 언어 장애, 시각 장애 등 여러 신경증상으로 나타난다. 동양인에게는 시력 장애가 가장 흔하게 일어난다. (이원택 · 박경아. 『의학신경해부학』. p.340 참조.)

4) 예를 들면, 만약 당신이 어린 양을 도살해서 그 척주(vertebral bone) 틈새에서 부드러운 흰색 조각의 척수(spinal cord)를 분리해 내어 깔끔하게 절단한다면, 백색질로 둘러싸인 (중심 위치에 대충 나비 모양의) 회색질을 볼 것이다.

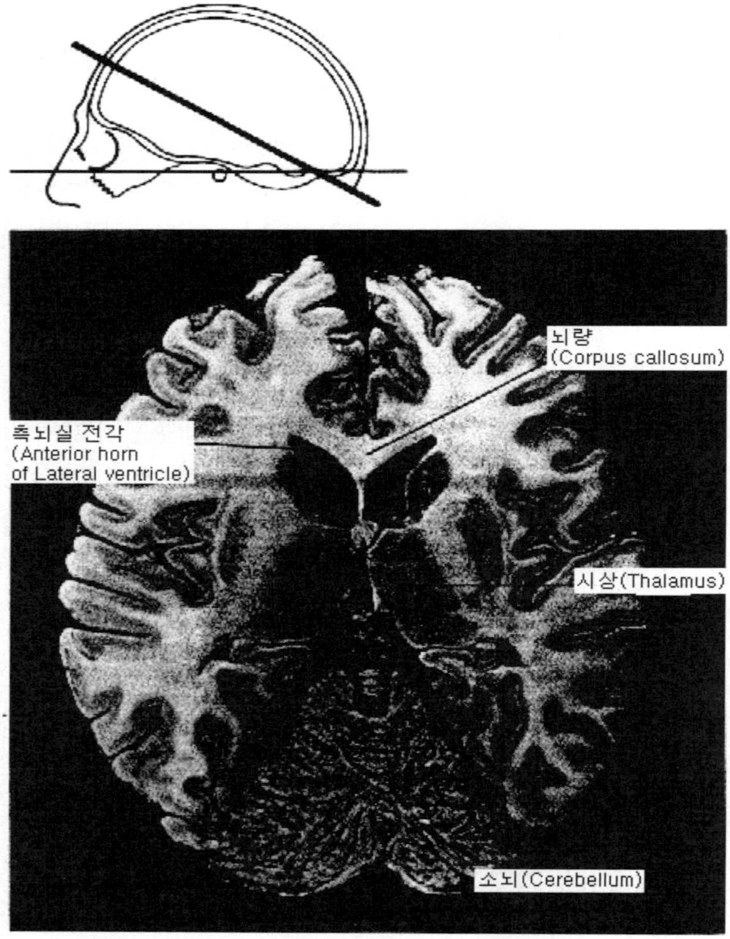

그림 2.7

평면에서 20도 기울어진 인간 뇌의 단면. 대뇌피질(cerebral cortex)은 외부 표면의 주름을 따라 회색 외피(gray rind)로 보인다. 소뇌피질(cerebellar cortex) 또한 소뇌 백색질(white matter)의 깊은 주름을 따라 외피도 보인다. 뇌량(corpus callosum)은 유수신경섬유(myelinated nerve fibers)로 구성되어 있어서 백색으로 보인다. 시상(thalamus)은 거대한 세포체 덩어리이며, 회색으로 보인다. (Matsui and Hirano(1978). *An Atlas of the Human Brain for Computerized Tomography*. Copyright ⓒ Igaku-Shoin, Tokyo/New York)

것이므로 그 물리적 한계와 물리적 작동방법을 갖는다. 칸트의 주장에 따르면, 우리들은 세계가 '우리에게' 나타나는 대로만, 즉 세계가 '우리에게' 보이는 대로만 알 수 있을 뿐이며, 따라서 그것들이 세계 자체의 모습은 아닐 것이다(6장 참조). 내가 눈을 뜨고 나를 바라볼 때도, 마치 어느 동물이 세계를 실재 그대로 있다고 보는 경우처럼, 세계를 보는 것이다. 그러나 내가 보는 것은 '세계가 있는 방식'에 의존할 뿐만 아니라, '나의 시각 수용기'가 세계에 있는 좁은 범위(0.4-0.75마이크론 범위의 전자기파, 즉 가시광선의 범위)의 속성들에 반응하는 방식과 함께, '내 두뇌'가 그 반응을 조작하도록 되어 있는 방식에 의존한다.

신경계는 넓은 범위의 물리적 요소들을 감지하기 위해 전문화된 수용기로 진화해 왔다. 우리의 감각기관을 다섯으로 나눈 고전적인 구분은 상당히 터무니없는 구분이라고 할 수 있다. 우리들에게는 '미각', '후각', '청각', '시각', '촉각' 등에 대한 수용기만이 있는 것이 아니며, 잡다한 다른 것들에 대한 수용기들도 있기 때문이다. '머리의 위치 변화를 감지하는 고유감각수용기(proprioceptors)', '긴장을 느끼는 근육과 힘줄의 역학 수용기', '내장의 팽창과 폐의 긴장에 대한 수용기', '동맥에서 산소 농도를 감지하는 경동맥 내의 수용기' 등등이 있다. 그러므로 감각에 대한 고전 분류학은 불완전할 뿐만 아니라 불명료하기까지 하다. 예를 들면 '촉각'(touch)이라는 범주는 비분별 촉각(light touch),[5] 성적 감각(erotic sensation), 무게 감각, 진동, 다양한 온도 감각, 그리고 폭 넓은 다양한 통각을 모두 합친 개념이다.

우리들은 자신들이 느끼는 지각 세계 내에서 만족할 수도 있지만, 우리들이 전혀 알 수 없는 깜깜한 세계에 다른 동물들은 풍부한 감수성을 가지고 있다는 사실을 알게 된다면 충격을 받지 않을 수 없다.

---

5) [역주] 촉각 부위와 강약을 명확히 구분할 수 있는 촉각을 '분별성 촉각'(discriminative touch)이라 하며, 느낄 수는 있으나 명확히 구분할 수 없는 촉각을 '비분별성 촉각'(crude or light touch)이라 한다.

벌은 자외선을 감지할 수 있고, 뱀은 적외선 범위 내의 전자기파를 감지하는 소공(pits)을 가지고 있으며, 파리는 회전력 측정기를 가지고 있고, 수생 척추동물인 물고기는 측선 기관(lateral-line organ: 옆줄)에 의해 물 흐름을 감지할 수 있고, 비둘기는 지구 자장에 방향을 맞추는 강자성체(ferromagnet)를 가지고 있으며, 상어는 낮은 주파수(0.1-20 Hz) 전자장을 몸에 익혀 이용할 수 있고, 전기어(electric fish: 발전어)는 고주파(50-5,000Hz) 전류를 감각할 수 있다. 대양 깊은 곳에 잠수한 인간에게는 고요한 침묵만이 있겠지만, 전기어에게 물속의 세계는 많은 전자기 현상들로 보이고, 전자기 위치탐지(electrolocation)와 전자기 통신(electrocommunication)을 이용하여 커다란 혜택을 본다(Bullock, Orkand, and Grinnell 1977). 인간에게 지각된 세계는 다른 어느 유기체에 의해 지각된 세계와도 동일하지 않으며, 단지 진화를 통해 얻은 전문화된 수용기에 의해 감지할 수 있는 좁은 차원의 세계일 뿐이다(그림 2.8).

심지어 아주 단순한 유기체에서도 전문화된 수용기를 발견할 수 있다. 해파리는 소화와 번식을 위한 기관으로 득을 보기에는 하급의 진화 단계에 있지만, 복잡한 눈과 (중력, 가속도, 그리고 진동을 감지하는 기관인) 평형낭(statocytes)을 가지고 있다. 해파리도 자신의 움직임을 알려줄 수용기를 갖추어야 하는 까닭은, 자신의 생존이 움직임에 달려 있기 때문이다. 만약 어느 유기체가 멋진 소화기관을 가지고 있다고 해도, 자신의 움직임을 확인하여, 먹기에 좋은 것을 확보하고 섭취하지 못한다면, 그 소화기관은 결코 자신에게 득이 되지 못한다. 이것을 보면 유익한 운동 방향을 결정할 줄 아는 복잡한 수용기를 갖는 일이 진화의 초기 발달 단계라고 이해되며, 다른 한편으로 '행동 목록의 복잡성'과 '중추 신경조직의 전문화' 사이에 상호관계가 있고, 다른 한편으로 '수용기의 전문화'와 '복잡한 감각기관의 발달' 사이에도 관련이 있다고 이해된다(Bullock, Orkand, and Grinnell 1977).

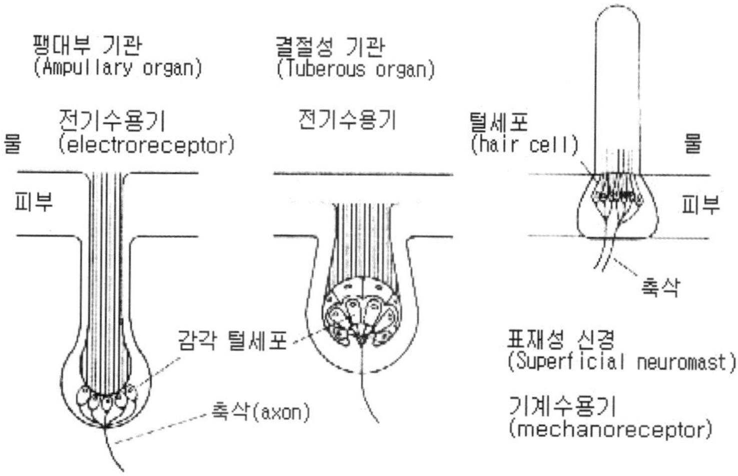

그림 2.8
어류의 측선 기관(lateral line organ: 옆줄)에서 발견되는 다른 두개의 전기수용기와 기계수용기의 모형도. (Dijkgraaf 1967 and Szabo 1974를 수정)

3. 뉴런이 어떻게 작동하는가?

기초 전자 효과

뉴런은 분명 신호전달 장치이다. 신호를 받아서, 통합하고, 보내기 때문이다. 정확히 뉴런이 그 일을 어떻게 하는지는 아주 복잡한 설명을 필요로 하며, 그 신비스러움이 이제 막 밝혀지기 시작했다. 이에 관한 기본적인 이해를 얻으려면 우선 다음 네 가지 서로 중복된 문제를 이해할 필요가 있다. (1) 세포외부와 세포내부 유동액 속의 **이온**(ion), (2) 세포막 사이의 **전위차**(voltage difference), (3) 특정 유형의 이온에 대해 차단-막(cross-membrane) 통과를 조절하도록 전문화되고 세포막에 분포하는 **단일이온채널**(single ion channel), (4) 그 이온채널 문을 열어 이온들이 세포막을 통과하도록 갑작스럽게 문을 여는 단일

이온 채널의 **전압-감도 변화**(voltage-sensitive change).

세포막은 세포 내의 세포질(cytoplasm)과 세포 밖의 세포외부 유동액을 구분하는 신비로운 얇은 막(sheet)이다. 세포막에는 특정 목록들만의 통과를 조절하도록 전문화된 (균일하지 않은) 작은 구멍들이 뚫려 있다. 세포 내부와 세포 외부 유동액 모두는 이온을 포함하고 있으며, 그 이온들은 전자를 얻거나 잃음으로써 양극과 음극으로 대전된 분자 혹은 원자들로 구성된다. 그 기초 전기 화학적 작용을 이해하려면 두 부류의 이온에 대해 알 필요가 있다. 세포 내부에 농축된 유기이온(organic ion)은 음극으로 크게 대전되어 있고, 세포 내부와 외부에 농축된 무기이온(inorganic ion)은 체계적으로 그 농도가 변화된다.

뉴런 안에 있는 커다란 유기이온은 세포막을 통과할 수 없으며, 그 **순전하량**(net charge)은 음극인데, 세포막을 통과한 이온들을 분산시키는 효과를 낸다. 왜냐하면 그 **음극 대전 이온**과 균형을 이루기 위해 **양극 대전 이온**이 세포 내부로 모여들려고 하기 때문이다. 뉴런의 작용에 대한 설명에 필요한 무기이온들은 칼륨(potassium, K^{+}), 나트륨(sodium, Na^{+}), 칼슘(calcium, Ca^{++}) 그리고 염소(chloride, Cl^{-}) 등등이 있다.

일정 음극 대전물로 인한 높은 내부 농도는 양이온(cation)의 정량에 따라 정확히 차감된다. 이 역할은 주로 칼륨(K^{+})이 하는데, 세포막이 나트륨(Na^{+})이나 칼슘(Ca^{++})보다 칼륨(K^{+})을 훨씬 더 잘 투과시키기 때문이며, 이것은 세포막에 있는 나트륨-칼륨(소듐-포타슘) 펌프가 칼륨(K^{+})을 끌어들이고 나트륨(Na^{+})은 퍼내기 때문이다. 그래서 칼륨(K^{+})은 세포 내부에 그리고 나트륨(Na^{+})과 칼슘(Ca^{++})은 세포 외부에 농축된다(**그림** 2.9, **그림** 2.10). 세포가 자극되면, 예를 들어 전류나 특별한 화학물질에 의해 자극되면 나트륨(Na^{+})과 칼슘(Ca^{++})에 대한 세포막의 투과성이 변한다. 세포막의 투과성에 대한 변화는 전적으로 단일 이온 채널의 구조적인 변화로 일어난다.

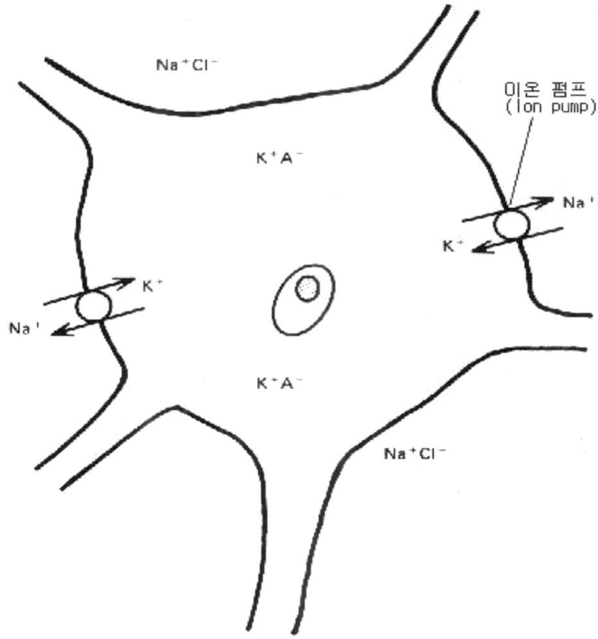

그림 2.9
유기이온 A^-(ATP)와 K^+이 세포 안에 농축되고 Na^+과 Cl^-이 세포 밖에 농축되는 것을 보여주는, 뉴런 세포체(neuron soma)의 도식적 그림. 세포막에 있는 나트륨-칼륨 펌프(sodium-potassium pump)는 나트륨(Na^+)을 방출하고 칼륨(K^+)을 끌어당긴다. (Shepherd(1983). *Neurobiology*. New York: Oxford University Press)

세포막 내부의 전위가 낮다는 것은 무엇을 말해 주는가? 근본적으로 유기 음이온(organic anion)은 세포막을 가로질러 내부로 들어올 수 있는 양이온들 중에 오직 칼륨(K^+)과 함께 한다는 사실을 주목할 필요가 있다. 칼륨(K^+)은 낮은 칼륨(K^+) 농도 구역으로부터 높은 칼륨(K^+) 농도 구역으로 움직이므로 **'농도경사'**(concentration gradient)를 올라간다고 말할 수 있는데, 그렇게 되는 것은 내부의 음이온이 칼륨(K^+)을 끌어당기기 때문이다. 따라서 세포 내부와 외부 사이의 **'전기**

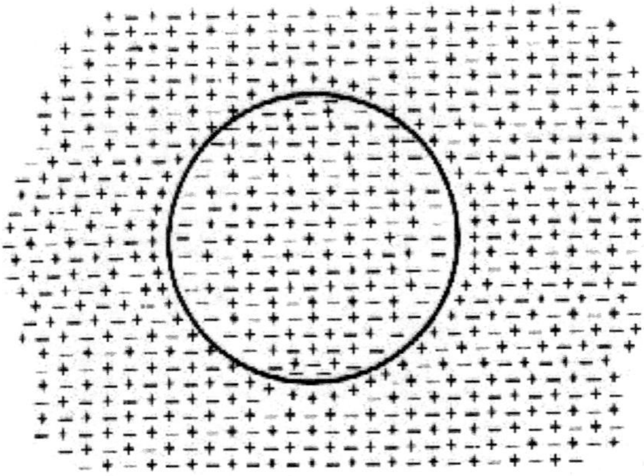

그림 2.10
세포막 안쪽을 따라 음극 대전이 집중되고 바깥쪽을 따라 양극 대전이 집중된 것을 보여주는 뉴런 단면의 도식적 그림. (Koester(1981). Ch. 3 of *Principles of Neural Science*, ed. E. R. Kandel and J. H. Schwartz, pp.27-35. Copyright ⓒ 1981 by Elsevier Science Publishing Co., Inc. 출판사 허락을 받아 인용)

경사'(electrical gradient)는 내려가게 된다. 이 두 경사가 서로 힘의 균형을 이루게 되면(즉 칼륨이 전기적인 힘에 이끌려 내부로 들어가려는 힘과 칼륨농도 차이에 의해 외부로 나가려는 힘이 균형을 이루면), 칼륨(K^+)이 세포막 내부로 들어가는 순운동(net movement)을 정지하게 되는데, 이 경우에도 농도경사로 인해 여전히 칼륨(K^+)을 붙들려는 전기력이 작용하며 이것을 계산할 수 있다. 이 계산 수치가 세포막 사이의 **칼륨전위**(electrical potential)이다. 예를 들어 일부 뉴런에서 칼륨(K^+)에 대한 (칼륨의 순운동이 없는) 평형전위(equilibrium potential)는 －70밀리볼트(mv)이다. 이 기전력(electromotive force)은 대전의 평형을 이루려는 힘이며, **전위**는 기전력의 전압(volts) 측정치이다. 따라서 뉴런 안의 유기음이온은 칼륨(K^+)을 약 －70mv의 기전력으로 칼륨(K^+) 농도경사를 끌어올리려는 작용을 한다. 정지된 뉴런에서 세포막 사이의 실제 기록된 '전압'은 **'휴지전위'**(resting potential)라고 하며, 이것을 실험에서 측정한 전압도 칼륨(K^+)에 대해 계산된 전위와 꽤 근사치인 것을 확인할 수 있다.

비록 －70mv가 하찮은 전압처럼 보이겠지만, 사실 이 전압이 뉴런 환경에서는 거대한 힘이다. 즉 세포막의 두께가 단지 50옹스트롬(angstrom: 1/1억 센티미터)인 것을 감안할 때, 만약 그 두께가 1센티미터일 경우 140,000볼트에 해당한다. 이 정도의 전자장은 분명 거대분자(macromolecules)에 대해 쌍극자모멘트(dipole moment)로 강한 효과를 미칠 수 있으며(**그림** 2.15 참조), 단일채널은 거대분자로 구성된 것으로 보인다(Neher and Stevens 1979).

지금까지의 이야기를 종합하면, 세포막이 이온들마다 다른 투과성을 갖기 때문에, 세포가 안정된 경우 세포막 사이의 전압, 즉 세포막 외부에 비해 내부는 음극으로 대전된다(휴지전위). 대부분 이 전압은 세포 외부의 전압에 대한 세포내부의 전압으로 주어지며, 음극 밀리볼트(예를 들어 －70mv 혹은 －55mv)로 표시된다(**그림** 2.11). 그래서 세포막은 분극(polarization)되고, 뉴런의 신호전달 기능은 세포막 분극의 조절된 변화에 의존한다. 따라서 이 논의의 다음 단계는 어떻게 뉴런이 전위 변화를 일으킴으로써 외부세계로부터 다른 세포로 그리고 근육과 선(gland: 분비선)으로 정보를 전달하는지 알아보는 일이다. 뉴런의 흥분과 신호발생에 대한 설명은 다음과 같다. 단일채널의 분자구조에 전압이 변화되면, 채널 유형에 따라서 나트륨(Na^+) 혹은 칼슘(Ca^{++})이 순간적으로 유입되는 일이 발생한다(Kuffler, Nicholls, and Martin 1984).

시냅스 전위(Synaptic Potentials)

뉴런의 수상돌기와 세포체는 수많은 시냅스 연결을 이루고 있으며, 수상돌기 가지나 세포체의 여러 곳에서 1밀리 초(millisecond) 내에 수천 개의 신호를 받는다(**그림** 2.12). 들어오는 신호는 전문화된 세포막

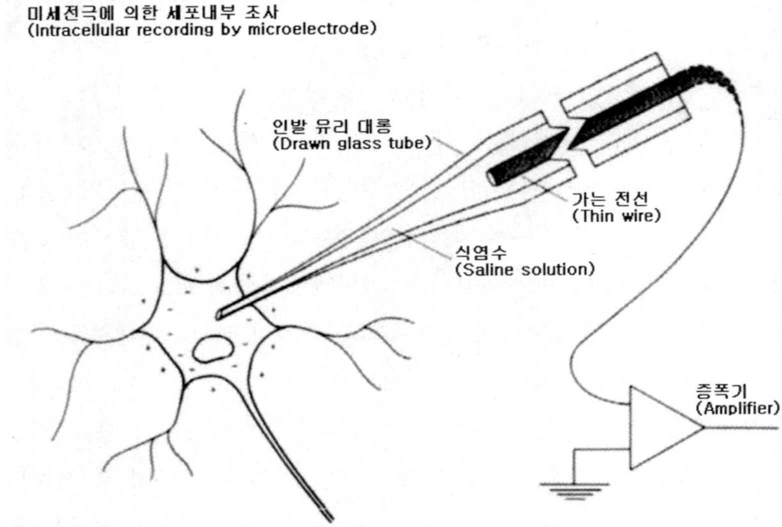

그림 2.11
세포막 사이의 전위 차이를 측정하기 위해 고안된 실험을 보여주는 도식적 그림. 전극은 그 끝이 0.1마이크로미터(micrometer)보다 가는 유리 모세관이며 내부를 식염수로 채웠다.

부위에 화학적 활동을 일으키며, 그 결과 세포막의 휴지전위가 변한다. 시냅스에 들어오는 신호에 의해 유도된 휴지전위 변화를 '시냅스 전위'(synaptic potential)라고 한다.

임의의 세포막에서 시냅스후 반응은 −70mv에서 −60mv의 세포막 전위 감소로 나타난다. 세포막의 탈분극(depolarization)은 주로 나트륨(Na^+) 혹은 칼슘(Ca^{++})의 순간 유입을 허락하는 세포막의 투과성 변화에 의해 발생한다. 이 시냅스 변화로 시냅스후 반응은 −70mv에서 −80mv의 세포막 전위(membrane potential) 증가로 나타날 수 있는데, 이런 유형의 세포막 전위 효과를 '과분극'(hyperpolarization)이라 하며, 염소(Cl^-)의 유입과 칼륨(K^+)의 방출 혹은 이 모두의 작용으로 발생할 수 있다(**그림** 2.13).

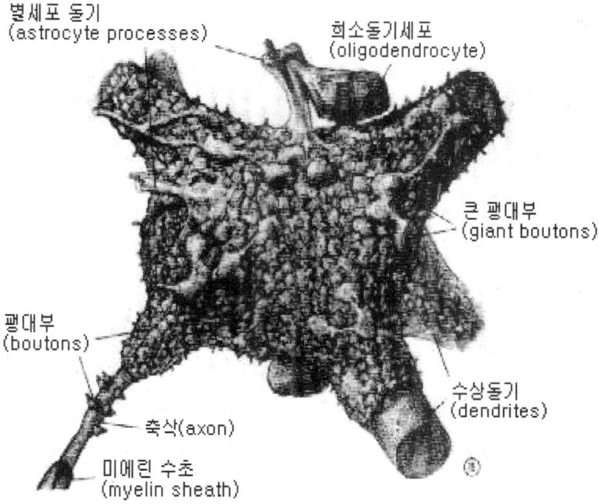

그림 2.12
운동뉴런 표면의 시냅스 종말 팽대부(synaptic end bulbs(boutons)). (Poritsky 1969)

시냅스 전위는 순간적으로 발생하며, 정지전위에서 세포막의 투과성 상태는 재빨리 복원된다. 시냅스 전위 크기는 자극하는 사건에 반응하여 열리는 단일채널 수에 직접적으로 관계되며, 따라서 자극 주변부에 있는 단일채널의 밀집도와 관련한다. 즉 나트륨(Na^{+}) 채널의 수가 많으면 많을수록 탈분극 자극 후 나트륨(Na^{+}) 채널이 열릴 가능성이 더 높아진다(Kuffler, Nicholls, and Martin 1984). 임의의 위치에서 큰 자극은 오직 그 자극이 영향을 미칠 수 있는 많은 수의 단일 채널이 있기만 하면, 작은 자극에 비하여 더 큰 진폭의 전위를 발생시킬 것이다.

세포막을 통과하는 이온의 순운동으로 전류가 만들어지고, 그 전류는 세포막을 따라 중심위치에서부터 퍼져나가 거리가 멀어지면 감소하게 된다. 이런 전류의 이동은 세포질의 저항, 세포막의 저항 그리고 수상돌기의 직경과 같은 많은 요소들의 영향을 받는다. 또한 많은 수

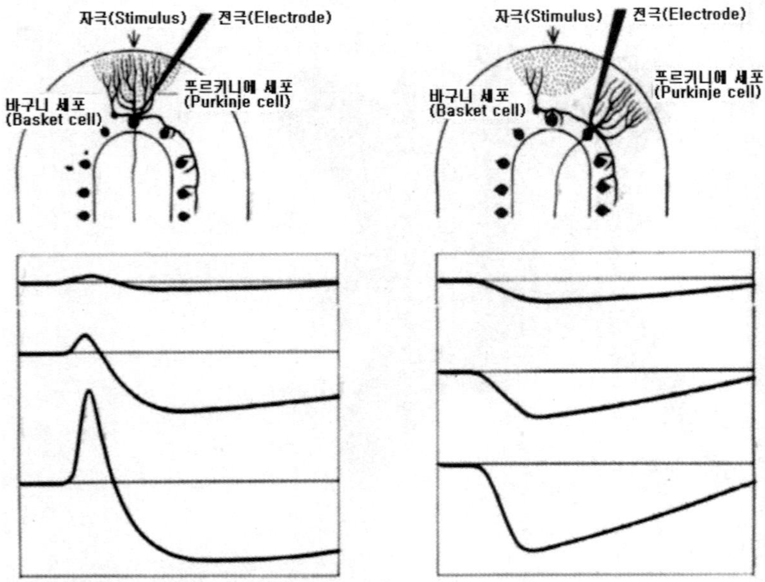

그림 2.13
자극 주변부에서 푸르키니에 세포(Purkinje cell)의 세포체는 간단히 탈분극(위로 휘어짐)되며, 그 정도는 자극 강도와 관련된다. 푸르키니에 세포 외부의 선택된 지역은 활성화된 바구니세포(basket cell)의 축삭으로부터 억제 입력을 받아 순간적으로 과분극(아래로 휘어짐)된다. (R. Llinás의 양해를 얻어 인용)

의 시냅스 전위가 짧은 시간에 근접 위치에서 일어나기 때문에, 시냅스 전위들이 서로 어떻게 작용하는지 의문이 제기된다.

수상돌기의 세포막이 특정한 지점에서 탈분극되는 경우를 가정해 보자. 전류가 퍼져나감에 따라서 전류는 조금 전에 같은 장소에서 발생된 전류와 상호 작용하거나, 다른 장소에서 다른 시간에 발생된 전류와 상호 작용할 것이다. 만약 세포막의 과분극 위치와 탈분극 위치가 가까우면 두 효과는 서로 상쇄되는 경향을 가지며, 세포막의 탈분극 위치끼리 가까우면 그 효과는 배가될 것이다. 따라서 전류의 상호 작용이 더해지면 더 큰 탈분극이 만들어내거나, 과분극될 경우 탈분극이 억제될 것이다. (즉 그 효과가 반대이면 탈분극을 방해하거나 상쇄된다.) '시냅스 전위의 진폭'은 채널의 밀집 정도, 자극의 크기 그리고 자극 합산으로 결정되기 때문에 **'등급전위'**(graded potential)라고 한다. 이런 점에서 앞으로 보게 될 **활동전위**(action potential)와 대비된다.

이렇게 세포체와 수상돌기에서 시냅스 전위의 복잡한 혼합과 합산에 의해 정보처리가 이루어진다고 짐작된다. 물론 어떻게 그럴 수 있는지에 대한 복잡한 설명을 아직 밝혀내지 못하고 있다. (그렇지만 이 문제를 설명하는 이론적 논의를 10장에서 보여준다.) 그럼에도 불구하고 '수상돌기에 가해지는 자극의 상대적 위치', '신경섬유들 직경의 크기', '이온채널들의 밀집도', '에너지의 가용성' 등등이 신호를 합산하는 총체적 역할을 할 것이라는 점은 뻔하다. 짐작되는 바와 같이 만약 수상돌기의 성장과 시냅스 발생(synaptogenesis)이 학습에 관련된다면, 우리가 알아야 할 것은 그 놀라운 전위들의 혼합이 어떻게 정보를 표현하는가 하는 점이다.

만약 탈분극 전위와 과분극 전위가 합산된 전류가 축삭소구(acton hillock) 세포막을 '격발 수준'(약 10mv)으로 탈분극하기에 충분하게 되면, 그 세포는 크고 극적인 출력을 낼 것이다. (축삭소구는 축삭이 세포체에서 뻗어 나오는 곳이다.) 그런 조건이 되면 축삭은 축삭소구로부터 종말 팽대부(terminal bulbs)로 분극하는 신호, 즉 임펄스를 전달한다. 그 전형적인 축삭의 작동구조는 다음과 같다. 시냅스 전위의 탈분극이 세포막 전위를 격발 수준까지 끌어올려 축삭에서 **임펄스**(impulse)를 만들게 하기 때문에 이것을 **'흥분성** 시냅스후 전위'(excitatory postsynaptic potentials: EPSPs)라고 한다. 반면에 과분극 전위(hyperpolarizing potentials)는 임펄스의 발생가능성을 감소시키는 경향을 갖기 때문에, **'억제성** 시냅스후 전위'(inhibitory postsynaptic potentials: IPSPs)라고 한다(**그림** 2.14).

활동전위(Action Potentials)

축삭은 가늘고 긴 돌기로 불과 몇 밀리미터에서 (경우에 따라서는) 1미터가 넘는 경우도 있다. 메시지(message)가 축삭의 한쪽 끝에서 다른 쪽 끝으로 전달되기 위해서는 도중에 소멸하지 말아야 하며, 그 끝에 처음과 같은 메시지가 전달되어야만 한다. 그 원거리 전달 능력은 축삭 세포막을 따라 나트륨(Na^+) 채널의 밀집도가 증가됨으로써 가능하다. 나트륨(Na^+) 채널은 전압-감응성(voltage-sensitive)을 갖도록 전문화되어 있어, 탈분극되면 순간적으로 채널들이 나트륨(Na^+)의 통제를 중단한다. 그러면 세포 내로 나트륨(Na^+)이 급속히 유입되어 전기경사와 농도경사를 낮추게 된다(**그림** 2.15). 이에 관련된 연구에서 각 채널들이 약 1~2피코 암페어(picoamps: 10^{-12}A)의 평균채널전류를 가지며, 평균 0.7밀리 초(msec) 동안 개방된다는 사실이 밝혀졌다(Sigworth and Neher 1980). 채널 밀집도가 충분히 높으면, 1밀리 초 내에 세포막 통로를 지나가는 전류가 상당한 정도가 되며, 채널들이 전압에 민감하게 반응하여, 그 자체로 특수한 자발적 증폭(self-amplifying) 효과를 일으킨다.

들어오는 신호들이 약 10mv로 축삭소구 세포막을 탈분극시켜, 나트륨(Na^+) 이온들이 세포 내부로 들어오면, 세포 내부의 나트륨(Na^+) 전류는 축삭 세포막에 있는 다른 나트륨(Na^+) 채널들에 전이를 일으켜, 더욱 많은 나트륨(Na^+)을 세포 안으로 끌어들이게 되어, 세포막이 더욱 탈분극되고, 그러면 더 많은 나트륨(Na^+) 채널이 더 많은 나트륨(Na^+) 유입을 일으킨다. 그래서 자발적 폭발 효과(self-generating explosive effect)가 발생한다. 초기 탈분극 전류가 충분하여 나트륨(Na^+) 순유입이 칼륨(K^+) 이온 유출보다 클 경우, 그 양성피드백(positive feedback)은 갑자기 큰 나트륨(Na^+) 유입을 일으킨다. 실제로 세포막을 통과하는 이온들의 수는 아주 적지만, 세포막 극성을 대략 −70mv에서 대략 +55mv로 극적으로 변화시키기에 충분하다

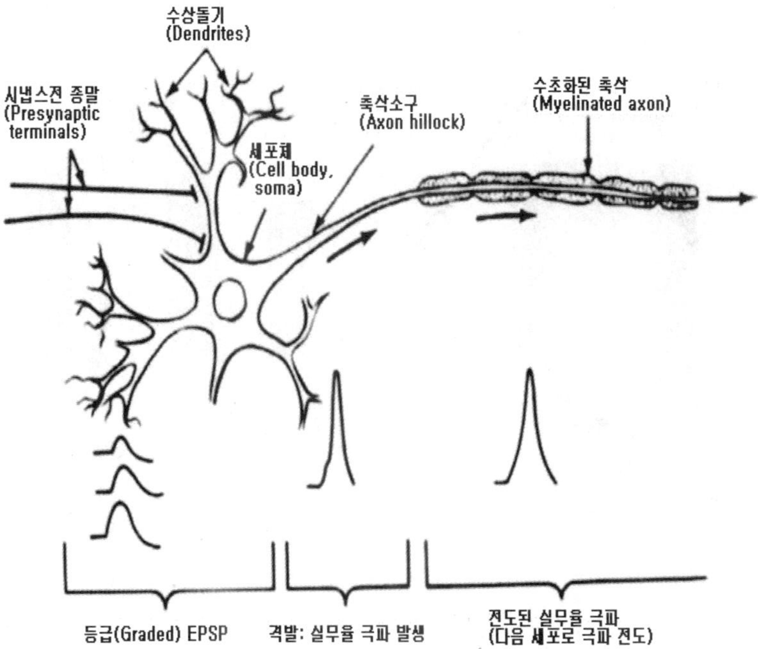

그림 2.14
운동뉴런(motor neuron)에서 임펄스 발생(impulse initiation)의 신호처리를 보여주는 모형도. 수상돌기와 세포체는 등급 흥분성 시냅스 전위(excitatory synaptic potentials: EPSPs) 혹은 억제성 시냅스 전위(inhibitory synaptic potentials: IPSPs)에 반응한다. 이 활동전위는 축삭소구(acton hillock)에서 격발되어, 축삭을 따라 감소됨이 없이 전달된다. 이 그림에서 IPSPs는 보여주지 않았다. (Thompson (1967). *Foundations of Physiological Psychology*. New York: Harper and Row)

(Kuffler, Nicholls, and Martin 1984).

평균채널개방시간이 단지 0.7밀리 초에 불과하기 때문에 임의의 세포막 채널에서 나트륨(Na^+)에 대한 투과성의 합산 증가는 아주 순간적으로 일어난다. 세포막 전위가 －70mv에서 ＋55mv로 역전되기 때문에 나트륨(Na^+) 전도는 갑자기 비활성화되며, 칼륨(K^+)은 세포 밖으로 이동하고, 그렇게 해서 휴지전위로 복원된다. 따라서 10mv로 탈

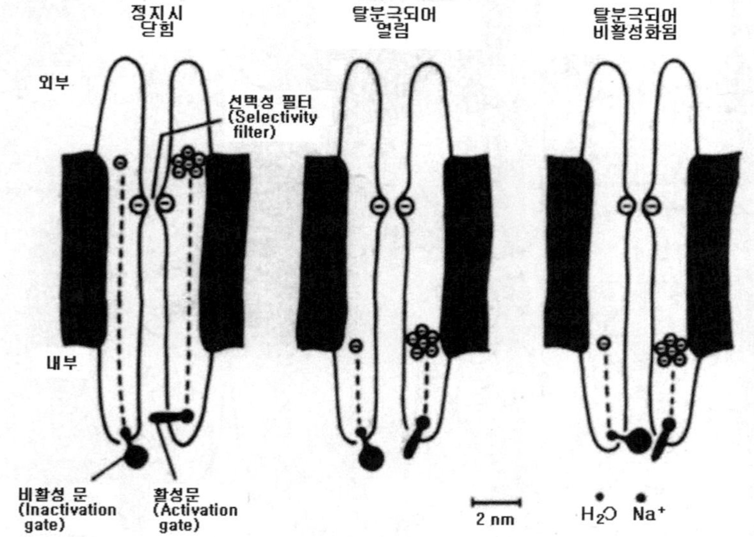

그림 2.15
생화학 전자현미경과 전자생리학적 정보에 따라 (축척에 의해) 도식적으로 그린 전압-감응성 나트륨 채널(voltage-sensitive sodium channel). 이온의 선택은 세포막 바깥 표면 가까이 음극 대전체가 정렬되어 발생된 압축으로 일어난다. 안쪽 표면 근처의 활성문(activation gate)은 세포막 밖에서 안으로 음극 대전체가 이동함으로써 열린다. 비활성문(inactivation gate)은 채널의 내부 입구를 저지하여, 활성문이 닫히지 않도록 한다. 물분자와 수화 나트륨 이온(hydrated sodium ion)을 축척대비로 그렸다. (Kuffler, Nicholls, and Martin(1984). *From Neuron to Brain*. 2nd ed. Sunderland, Mass.: Sinauer를 수정)

분극되면, 세포막 투과성에 전압-감도 변화의 일시적 연속동작이 일어난다. 즉 나트륨(Na^+) 투과성이 갑자기 증가하면, 나트륨(Na^+) 투과성이 갑자기 비활성화되어, 결국 외부 칼륨(K^+) 전류가 증가한다(그림 2.16). 이런 세포막 사건들의 정확한 시간 연속동작을 '뉴런 임펄스'(neuron impulse)라고 하며, 임펄스를 발생하는 세포막의 능력은 흥분에 의해 유발된다. (이것은 단지 세포막 사건들의 연속동작을 단순화한 해석이다. Llinás 1984a 참조.)

이 임펄스 또한 '**활동전위**'(action potential)라 하며, 여기에서 수정 '활동'(action)이란 자극에 의해 세포막 분극이 크게 발생하여 충분히 탈분극시킨다는 것을 뜻한다. 만약 우리가 축삭 내부에 기록할 전극을 삽입하고 그 전극을 오실로스코프(oscilloscope)에 연결하면, 임펄스에 의해 만들어진 모양이 스크린 상에서 극파(spike)로 나타나기 때문에, '임펄스'를 '극파'라고 부르기도 한다(**그림** 2.16).

세포막에서 나트륨(Na^+)이 투과되는 짧은 순간 동안 관련 부위의 세포막 사이 전위는 내부 나트륨(Na^+) 전류의 연속동작과 같은 엄청난 변화를 일으킨다. 그 전류는 세포막을 따라 퍼져나가며, 세포막 인접 부위에서 탈분극을 일으키고, 이어서 그곳의 나트륨(Na^+) 채널이 나트륨(Na^+) 이온 유입을 허락하는 형태적 변화를 일으킨다. 그래서 그 인접 부위에 나트륨(Na^+) 이온 유입을 허락하는 변화가 발생하며, 이런 활동은 축삭 세포막 길이를 따라 계속된다(**그림** 2.16). 따라서 축삭에서 극적인 사건은 국지적인 극파를 만드는 것으로 끝나지 않는데, 이것은 활동전위가 축삭소구에서 만들어질 때 퍼져나가는 전류가 인접 세포막 줄기를 따라 탈분극하기 때문이며, 그러면 다시 활동전위가 만들어지고 인접 세포막 줄기를 따라 탈분극하는 식으로 계속된다.

이렇게 탈분극과 재분극 파동은 축삭소구 격발 구역(trigger zone)으로부터 축삭을 따라 이동한다. (그 파동은 역방향으로 이동할 수도 있으며, 실험실에서 그렇게 하도록 할 수 있었다. 그렇지만 조작되지 않은 뉴런에서는 그렇지 않다.) 전달신호는 축삭을 따라 내려가는 중에 변화되지 않는데, 파동의 진폭이 이동 중에 감소하지 않기 때문이다. 하나의 극파가 발생하면, 인접한 세포막이 그 시작점 이상으로 탈분극하고, 연이어 격발하는 식으로 섬유 끝까지 진행된다. 격발하는 동안에 축삭은 다시 격발하지 않는데, 이것을 '불응기'(refractory period: 복구기간)라고 부른다(**그림** 2.16). 혹자는 이것을 고무총에 비유해서 고무총을 사격하고 나면 다시 장전하고 고무줄을 당겨 에너지를 재충

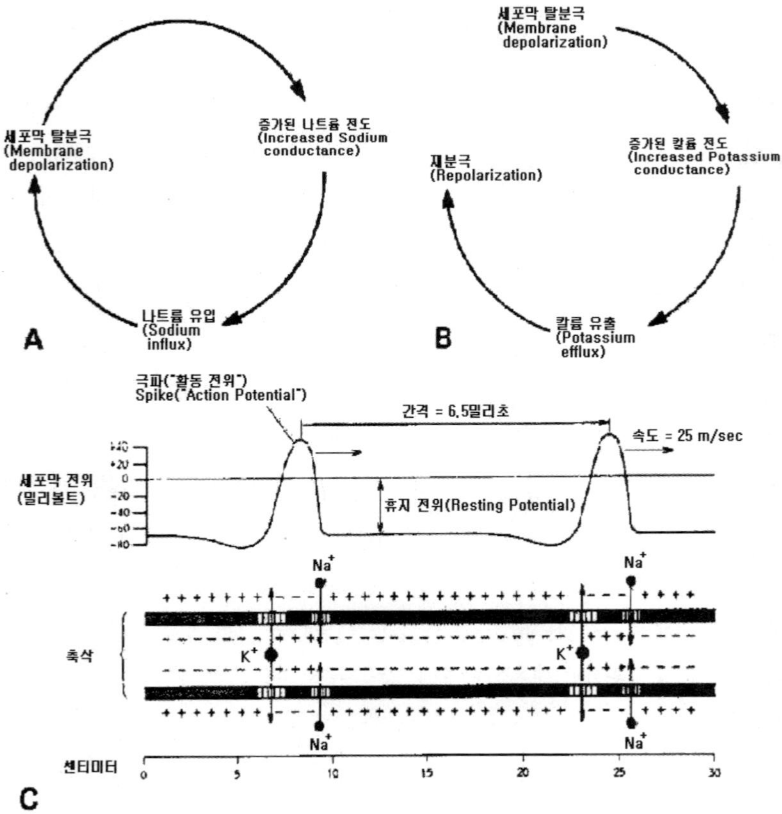

그림 2.16

(A) 세포막의 과도한 역치탈분극(threshold depolarization)에 의해 발생된 양성피드백 효과(positive feedback effect). (B) 세포막 휴지전위 복원. (C) 축삭을 따라 일어나는 신경 임펄스 전도. 전위의 큰 변화는 나트륨 이온의 작은 유입으로 일어나며, 나트륨 이온이 전압-감응성 나트륨 채널을 열어 더욱 전위를 변화시킨다. 세포막 휴지전위는 나트륨 채널이 비활성화됨으로써 복원되고, 칼륨 이온들이 유출되도록 칼륨 채널이 개방된다. 이런 사건들의 연속동작이 축삭소구에서 시작하여 축삭을 따라 계속 일어난다.

전하는 기간과 같이 비유하기도 한다. 단일채널이 재배열되고, 나트륨 (Na^{+})이 펌프로 배출되고, 뉴런 세포막이 다시 전기적 평형을 얻어야만 하기 때문이다.

신경계에 부과된 시간제약의 중요성을 모델링에 적용해서 말하자면, 뉴런에 따라 차이가 있지만, 한 극파의 경과시간은 약 0.2~0.5밀리 초이며, 이런 점은 어느 뉴런이라도 격발 주파수(spiking frequency)에 상한선이 있음을 의미한다. 사람의 뉴런은 1초에 500번 격발한다. 대략적인 계산으로도 극파 하나는 약 1밀리 초 걸린다고 말할 수 있다. 그렇다면 만약 한 지각재인과제(perceptual recognition task)에 약 100밀리 초 걸린다고 볼 때, 입력과 출력 사이에 기껏해야 100단계의 정보처리절차가 있어야 한다. 그러므로 모델링 실험에서 1만 내지 1백만 단계로 처리되는 일은 실제로는 단지 몇 단계로 끝나는 일이다.

1952년에 호지킨(Hodgkin)과 헉슬리(Huxley)가 전기생리학(electrophysiology)에 기초해서 뉴런을 설명하려 하였지만, 최근까지 뉴런의 전기생리학적 속성에 대한 기초 구조가 이해되진 않았다. 뉴런의 본성을 이해하는 데 가히 혁명이라고 할만한 정도로(Junge 1981, Kuffler, Nicholls, and Martin 1984 참조) 연구자들은 극파와 시냅스 전위와 같은 기초 분자생물학적 속성들을 세포막의 기초 분자생화학으로 환원하기 시작했다. 좀 더 엄밀히 말해서 '활동전위, 시냅스 전위, 불응기 등등과 같은 전자생리학적 이론으로 설명된 것들'을 '분자생물학으로 기술된 단일채널 전류'와 '단일채널 거대분자 조직에 관한 역학(kinetics)'으로 환원시킨 것이다. 이것은 분명 의미 있는 발전이라고 할 수 있는데, 신경생리학과 생화학 사이의 환원적 연결을 부풀리기 시작했기 때문이다. 만약 우리들이 '행동'을 '신경생리학'에 기초해서 설명할 수 있다면(아래를 보라), 우리는 일반적이고 통합적 체계로 '신경계 기능의 본성'을 설명해 줄 개념적 윤곽을 틀림없이 보게 될 것이다(Llinás 1984a).

또한 주목해야 할 것은 '뉴런'(neuron)이라는 말을 일반적으로 사용하긴 하지만 실제로는 뉴런의 서로 다른 유형들이 대단히 많으며, 결코 전형적인 뉴런 형태는 없다는 점이다. 뉴런들 간에 '세포막 속성', '채널 밀집도' 그리고 '채널 속성들'이 다른 만큼 그것들은 서로 다른 기능을 가질 것으로 생각된다. 더구나 리나스(Llinás 1984a)가 강조한 바와 같이 단지 나트륨(Na^+), 칼슘(Ca^{++}) 그리고 칼륨(K^+) 전도만이 있는 것이 아니다. 예를 들어 세포체에는 '전압-의존 칼륨(K^+) 전도'는 물론 '칼슘(Ca^{++}) 의존 칼륨(K^+) 전도'와 '빠른 일과성 칼륨(K^+) 전도' 또한 발견된다. 특정 뉴런에 있는 수많은 '전압-의존 이온 전도'는 10배나 더 많을 수도 있다.

일반적으로는 수상돌기는 격발하지 않는다고 알려져 있지만, 리나스의 1970년대 중반 연구 결과에 따르면(Llinás and Hess 1976), 소뇌에서 푸르키니에 세포에 격발하는 수상돌기가 있는 것이 발견되었다(**그림** 2.17). 그 이후로 수상돌기 격발이 해마(hippocampus)와 척수의 뉴런은 물론 폭 넓은 범위의 중추신경계(CNS) 뉴런에서 발견되고 있다. (좀 더 깊은 논의를 Llinás 1984a에서 참조.) 그런가 하면 짧은 축삭을 가진 망막(retina)의 아마크린 세포(amacrine cell)는 전혀 격발하지 않는다. 그래서 격발 여부로 뉴런 돌기를 구분하는 기준은 무너졌다. '무격발 축삭'(nonspiking axon)과 '격발 수상돌기'(spiking dendrite)가 모두 존재하기 때문이다.

파동의 진폭은 큰 변동이 없어 자극에 따라 크게 증가하거나 감소하지 않는다. 극파 **주파수**(frequency)를 수정함으로써 또는 과분극하는 전류와 탈분극하는 전류를 결합하여 특정한 임펄스 **패턴**을 만들어 냄으로써 신호변화를 유도할 수도 있다. 종종 뉴런은 (어쩌면 나트륨 혹은 칼슘의 내부 유출에 의해서 외부로 탈분극을 유도하지 않는 격발인) 자발성 격발(spontaneous spiking)을 적은 비율로 보여주며, 이 격발 비율은 탈분극하는 전류에 증가하고 과분극하는 전류에 의해 감

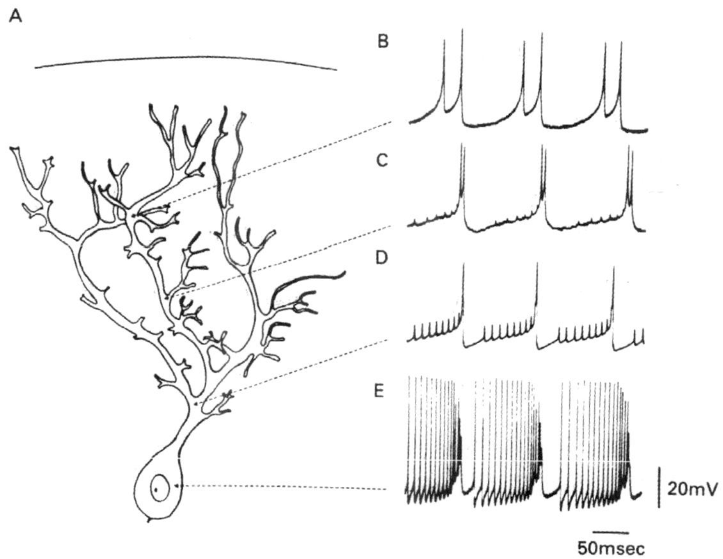

그림 2.17

(A) 푸르키니에 세포에서 나트륨과 칼슘 활동전위. (B) 긴 간격으로 활동전위를 생성시키는 수상돌기의 탈분극, (E) 높은 주파수 나트륨 활동전위로 만들어지고 일과성 과분극에 따라나오는 칼슘 활동전위에 의해 정기적으로 중단되는 세포체 탈분극, (C)와 (D)는 세포체로부터 탈분극한 수동적인 전파 효과를 표현한다. (Llinás and Sugimori 1980)

소한다(그림 2.18, 그림 2.19).

뇌가 왜 그렇게 많은 에너지를 소모하는지 이제 분명하다. 뉴런들은 정보를 받고 보내기 위해 필수적인 이온 경사를 지속적으로 유지해야 한다. 만약 하나의 뉴런이 약 1초 동안에 천 개의 탈분극 신호를 다루어야 한다면, 그리고 1초에 수백 번의 극파를 만들어내야 한다면, 그 에너지 소모는 엄청날 것이다. 진화가 만들어낸 에너지 절약 장치는 바로 마이엘린이다. 그 절약 방법은 다음과 같다. 아교세포가 축삭을 둘러싸게 되면 하나의 활동전위로부터 탈분극하는 전류가 축삭을 따라 더 멀리 옮겨가고, 에너지가 집약된 활동전위는 더 넓은 간격으로

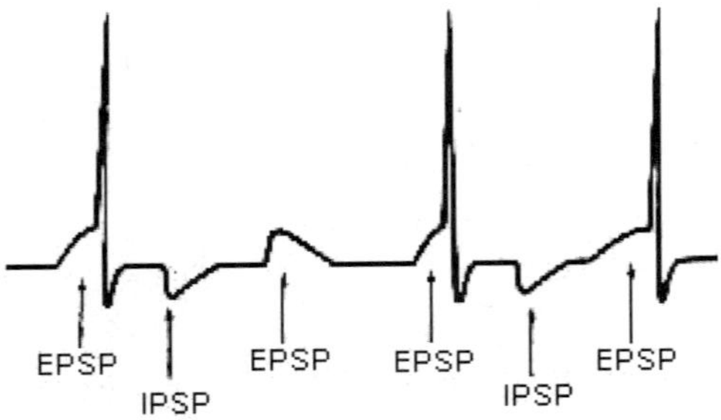

그림 2.18
평소 무반응이었던 세포에서 흥분성과 억제성 시냅스 전위(EPSPs와 IPSPs)의 상호 작용. 여기에서 보여주는 각각의 시냅스 전위는 많은 시냅스전 뉴런들의 동시적 활동에 의해 흔히 발생한다. (Kandel(1981a). Ch. 7 of *Principles of neural Science*, ed. E. R. Kandel and J. H. Schwartz, pp.63～80. Copyright ⓒ 1981 by Elsevier Science Publishing Co., Inc. 출판사의 허락을 얻어 인용)

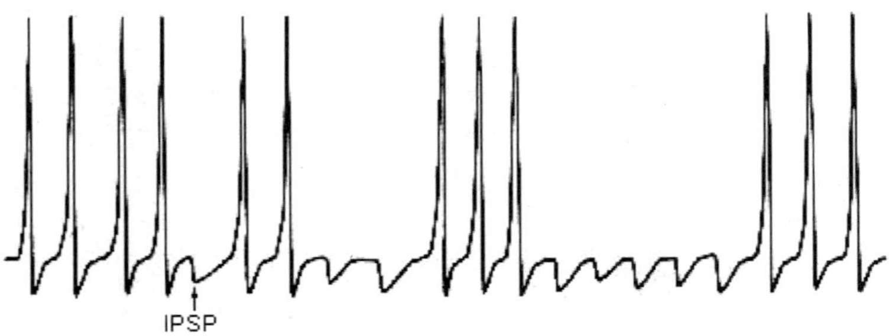

그림 2.19
자발적으로 활동하는 뉴런 격발 패턴에 변화를 보여주는 억제 역할. (Kandel (1981a). Ch. 7 of *Principles of neural Science*, ed. E. R. Kandel and J. H. Schwartz, pp.63～80. Copyright ⓒ 1981 by Elsevier Science Publishing Co., Inc. 출판사의 허락을 얻어 인용)

일어나게 된다. 이것을 극파가 긴 보폭으로 축삭을 따라 뛰어넘는다는 의미에서 '**도약전도**'(saltatory conduction)라고 한다(**그림** 2.14).

돌돌 말린 슈반세포(Schwann cells)는 줄에 매달린 소시지처럼 말초

섬유에 매달려 있으며, 그 활동전위는 슈반세포들 사이에 드러난 세포막, 즉 랑비어 마디(nodes of Ranvier)에서만 발생한다. 인간의 운동뉴런에서 수초가 잘 발달된 큰 축삭은 1초에 130미터까지 임펄스를 전도할 수 있지만, 수초가 발달되지 않은 섬유는 훨씬 느려서 1초에 약 0.5미터로 임펄스를 전도한다. 이런 것들이 뉴런 내에 신호를 전파하는 것과 관련된 요소들이며, 하나의 뉴런으로부터 다른 뉴런으로 신호를 보내는 데에는 그 이상의 일들이 있다.

뉴런 통합(Neural Integration)

뉴런들을 서로 연결하는 두 가지 기초 유형은 전기시냅스(electrical synapses)와 화학시냅스(chemical synapses)이다. 전기시냅스는 다시 두 유형으로 나눠지는데, 우선 (1) **자기장전위**(field potentials)를 만드는 것으로, 신호를 보내는 뉴런과 신호를 받는 뉴런이 아주 근접해 있어 한 뉴런 내에 흐르는 전류가 인접 뉴런에 자기장 변화를 유도하는 것이 있고, 다른 하나는 (2) **간극 연접**(gap junctions)을 이루는 것으로 한 뉴런의 축삭이 매우 가는 단백질 관을 통해 다른 뉴런의 축삭이나 수상돌기와 연결을 이루는 경우이다(**그림** 1.8). 그 관은 극히 가늘어서 Na^+ 혹은 K^+와 같은 아주 작은 이온들만을 전달하며, 이런 이온들의 전달로 뉴런들 사이에 신호 전달이 이루어진다.

한동안 전기시냅스들이 오직 원시신경계(primitive nervous system)에만 있다고 믿어졌고, 포유류의 중추신경계(CNS)에서는 그 존재를 찾기 어려웠음에도 불구하고, 지난 십여 년 동안의 연구를 통해 해마세포에서 그리고 소뇌의 돌출된 하올리브핵(inferior olive) 세포에서 전기 접합부를 발견했다(Llinás, Baker, and Sotelo 1974). 그렇다면 이제 다음과 같은 호기심 어린 질문을 하게 된다. 전기적으로 연결된 신경세포들이 신경계에서 어떤 특별한 기능을 하는가?

화학적으로 연결된 신경세포들과 전기적으로 연결된 신경세포들의 차이점은, 전기적으로 연결된 뉴런에서 시냅스 지연(synapse delay)(아래 참조) 없이 동시적으로 시냅스 격발이 일어난다는 가설이다. 양성 피드백(positive feedback)에 수반하는 동시성은 전형적으로 중추신경계(CNS)의 다양한 구조에서 규칙적 패턴을 만드는 데 중요한 역할을 하는 것으로 보인다(Bower and Llinás 1983, MacVicar and Dudek 1980). 하올리브핵 세포의 경우 전기 접합부는 소뇌의 푸르키니에 세포 덩어리가 동시에 격발하도록 지원할 것이다. 푸르키니에 세포들이 주로 감각운동조절을 지원하므로, 뉴런 집단이 동시에 규칙적 패턴으로 격발하는 것은 감각운동을 조절하는 뉴런 조직에 대한 기초 원리를 설명해 줄 듯하다(Llinás 1984b, 1984c).

화학시냅스(**그림** 1.7, **그림** 2.20)에 대한 연구는 오징어의 거대한 시냅스를 통해 심층적으로 이루어졌으며, 시냅스 종말에서 '칼슘(Ca^{++}) 이온'과 '칼슘(Ca^{++}) 채널'이 중요한 역할을 한다고 알려졌다(Llinás 1982). 탈분극하는 파동이 축삭 종말 팽대부에 도달하면 전압-감응성 칼슘(Ca^{++}) 채널이 열린다.

그러면 칼슘(Ca^{++}) 이온이 세포 내부로 들어가 신경전달물질을 담고 있는 미량의 소포로 하여금 전문화된 구역에 있는 외부 세포막에 접촉하게 한다(Heuser and Reese 1972). 소포막이 세포막과 접촉하면, 신경전달물질이 축삭과 인접한 뉴런 돌기 사이의 외부 공간으로 나온다. 그렇게 되면 일부 신경전달물질이 방출되어 시냅스 간극을 지나 신호를 받는 세포, 즉 시냅스후 세포막의 전문화된 부위에 결합한다(**그림** 2.21, **그림** 2.22).

신호가 시냅스 종말에 도착해서 시냅스후 전위를 발생시키기까지의 시간을 '**시냅스 지연**'(synapse delay)이라고 한다. 이것은 (1) 칼슘(Ca^{++}) 채널이 열리고, (2) 소포가 시냅스 세포막에 접촉하여 신경전달물질을 내놓고, (3) 신경전달물질이 시냅스 간극으로 발산되는 세 가지의 지연 요인을 갖는다. 시냅스 지연의 실제 시간은 대략 1밀리 초

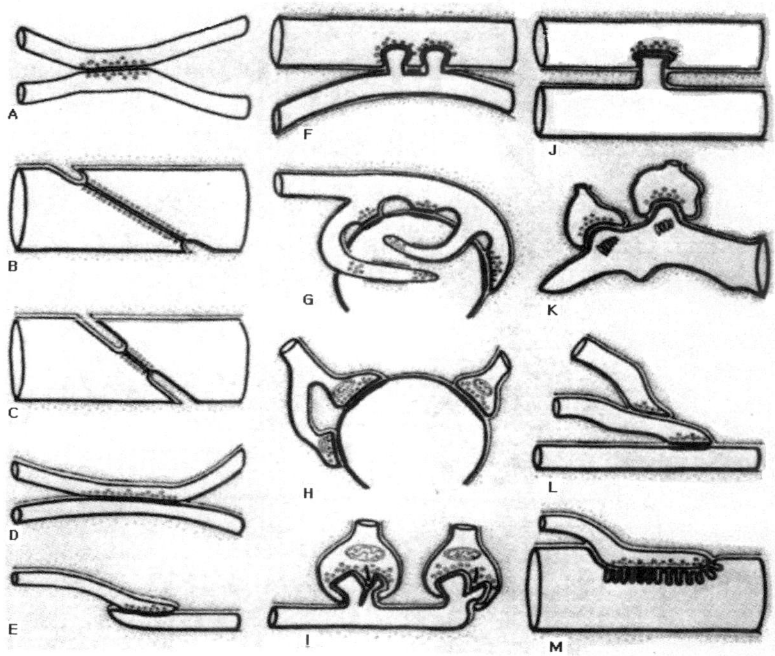

그림 2.20

전자현미경으로 드러난 여러 가지 시냅스 형태들. (A) 해파리에서 축삭-축삭 시냅스. (B) 어느 방향으로든 전기적 전이가 일어나는 지렁이의 중격 시냅스(septal synapse). (C) (B)와 유사한 갑각류 시냅스(crustacean synapse). (D) 무척추동물에서 전형적인 스치는 축삭-축삭 시냅스. (E) 무척추동물에서 수상돌기에 닿는 축삭 종말. (F) 거대 섬유 속으로 삽입된 시냅스후 운동섬유를 갖는 갑각류의 거대 섬유-운동뉴런 시냅스. (G) 척추동물 뇌 세포의 전형적인 축삭 분지-세포체 시냅스 (H) 척추동물에서 전형적인 특정 뉴런들의 축삭 분지의 종말 팽대부. (I) 척추동물 망막의 시냅스후 전문화와 원추세포종말과 신경절세포의 수상돌기 사이의 리본 시냅스(ribbon synapse). (J) 오징어에서 별세포 신경절의 거대섬유들 사이의 시냅스전 섬유 속으로 삽입된 시냅스후 섬유들의 거대 섬유 시냅스. (K) 척추동물에서 시냅스후 전문화를 이룬 대뇌피질 수상돌기로부터 (축삭-수상돌기) 연결된 가시 시냅스. (L) 시냅스전 억제를 허용하는 연속 시냅스. (M) 척추동물 골격근에서 발견된 시냅스후 홈을 가진 전문화된 신경근 종말. (Bullock and Horridge(1965). *Structure and Function in the Nervous Systems of Invertebrates*. W. H. Freeman and Co. Copyright ⓒ 1965)

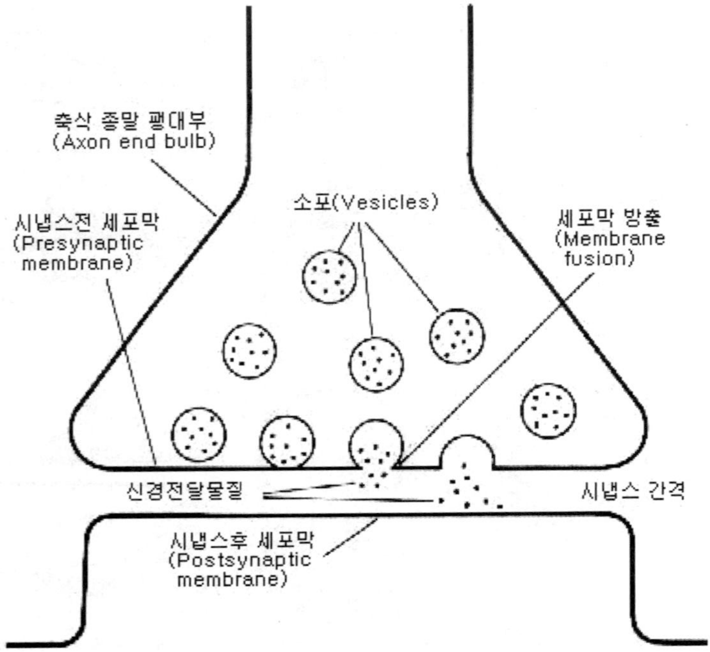

그림 2.21
소포막이 종말 팽대부막(end bulb membrane)에 접촉하여 신경전달물질(neuro-transmitter)을 방출(시냅스 소포 세포외유출)하는 현상을 보여주는 도식적 그림.

이며, 그 복잡한 과정을 생각해 볼 때 놀라울 만치 짧다고 할 수 있다 (Llinás 1982).

신경전달물질은 그것을 전달하는 장치와 수용하는 장치의 성격에 따라서 탈분극(EPSP)하기도 하며 과분극(IPSP)하기도 한다. 그러면 앞서 언급한 바와 같이 신호를 받는 세포에서 전류가 혼합되어 통합이 이루어진다. 연구에 따르면 사용되지 않은 신경전달물질은 파괴되어 그 조각들이 시냅스전 세포막으로 회수되어 다시 사용할 수 있도록 하며, 어떤 경우에는 근처에 있는 아교세포로 회수되기도 한다. 시냅스후 수용기에 흡수된 신경전달물질이 지속적으로 그 효과를 발휘

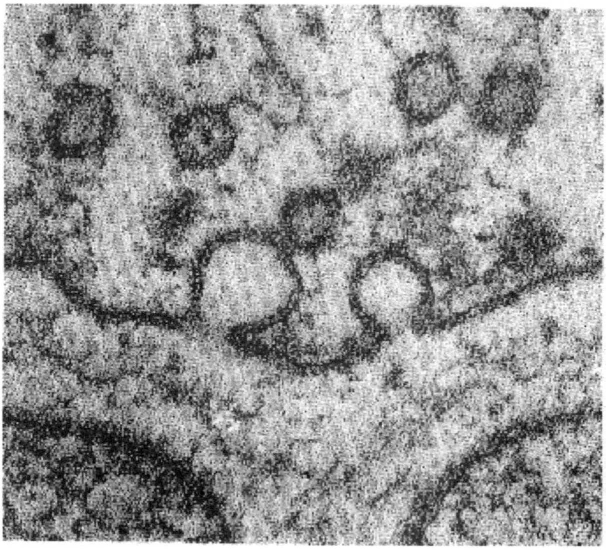

그림 2.22
신경전달물질이 방출됨으로써 시냅스 소포가 어떻게 세포막에 접촉하는지 보여주는 전자현미경 사진. (Dr. John E. Heuser of Washington University School of Medicine, St. Louis, Mo. 에 의해 만들어진 현미경 사진)

하지 않도록 하려면, 흡수된 전달물질이 효소활동(enzymatic activity)에 의해 빠르게 분해되어야 한다.

만약 전기 연결장치를 가지는 뉴런의 기능이 '동시성'이라면, 화학 시냅스로 연결되는 신경시스템이 갖는 기능은 무엇일까? 아마 그 대답은 신호의 **증폭**일 것이다. 작은 축삭이 커다란 세포체로 전달한 전류는 미미하여 영향력이 없을 수 있다. 그렇지만 만약 축삭 신호가 종말 팽대부에서 수많은 신경전달물질 분자들을 내놓게 만들고 이것이 세포막 간극을 넘어 시냅스후 세포막의 관련 지역을 탈분극시킨다면, 그 전달받은 신호는 결코 사소하다고 할 수 없을 것이다. 이런 방식으로 뉴런의 종말 팽대부에 주어진 칼슘(Ca^{++}) 전류는 다른 세포막을 효과적으로 탈분극시킬 수 있다. 따라서 뉴런은 아마도 관련 신경계의 필요에 따라 전기적 혹은 화학적으로 연결될 것이다.

지금까지 살펴본 바와 같이 칼슘(Ca^{++})은 시냅스 신호 전달을 위해 아주 중요한 역할을 하며, 일부 뉴런에서는 수상돌기 격발이 칼슘(Ca^{++})에 의존한다. 더구나 칼슘(Ca^{++})은 배아 뉴런의 격발에 영향을 주어, 배아 뉴런 끝에 있는 성장원추(growth cone)에 중요한 작용을 한다는 것이 밝혀졌다. 이렇게 칼슘(Ca^{++})의 다양한 역할들로 인하여 시냅스 연결이 더욱 긴밀하게 된다는 생각과 시냅스와 성장원추에서의 칼슘(Ca^{++}) 통합기능을 보고 리나스(Llinás 1979, 1982)는 시냅스 종말이 변형된 성장원추라는 가설을 세웠다. 그의 생각은 개념을 통합하는 놀라운 능력을 보여준 것으로, 다음과 같은 간결한 해석을 추론하도록 만들었다. 발달과정에서 칼슘(Ca^{++})은 소포막과 뉴런막이 접촉하도록 함으로써 성장원추에 새로운 세포막 추가를 하게 되고, 성장한 후에는 뉴런의 성장이 억제되어, 시냅스 신호에 의해 세포막 내부에 만들어진 새로운 세포막은 그대로 있지 않고 재활용될 것이다(Llinás and Sugimori 1979).

화학시냅스에서 신호전달은 여러 다양한 영향에 민감하게 반응하며, 이런 민감한 반응이 특정한 조건 아래에서 신경계에 유리함을 제공한다(Cooper, Bloom, and Rath 1982, Snyder 1980). 신호전달은 시냅스전 세포막으로부터 방출된 신경전달물질 양의 변화, 신경전달물질이 회수되는 양과 회수 효율성의 변화, 신호를 내보내는 세포 내에 신경전달물질 합성의 변화, 수용기의 수, 그리고 신호전달물질을 받는 수용기 세포 내에 반응하는 화학물질의 변화 등등에 따라서 영향받는다.

아마 **기억**의 가장 단순한 형태는 다음과 같을 것이다. 뉴런이 시냅스전 종말에 도달하는 높은 임펄스로 인하여(강직자극 tentanus), 뉴런 내부에 칼슘(Ca^{++}) 농도가 증가되면, 더 많은 신경전달물질이 유출되고, 그 결과 시냅스후 세포막의 응답 패턴이 변화된다. 이 변화는 그 자체가 흥분성 시냅스후 전위(EPSPs)의 진폭 증가를 지속시킨다(**그림**

2.23). 이런 현상을 '강직 자극후 증강'(post-tetanic potentiation)이라고 하며, 그 변화는 수십 분 또는 (세포에 따라서) 한 시간 동안 지속되는 경우도 있다. 전자현미경의 출현으로 수용기를 셀 수 있게 되었는데, 시냅스 수는 나이와 자극 정도에 따라 증가하는 것을 주목할 필요가 있다. 특히 높은 주파수의 자극에 대해 주변의 시냅스가 재빨리 활동하는 것을 볼 수 있으며, 이것은 기억에 대한 더 깊은 설명을 암시한다(Lee et al. 1980). 또한 어떤 화학물질들은 특정한 신경전달물질로 작용하지 않고, (시냅스후 전위를 실제로 유도하지 않으면서) 시냅스후 뉴런의 민감도(sensitivity)에 영향을 미치는 신경조절자(neuro-modulators)로 기능한다는 점이 관심을 끈다.

시냅스 변화가 행동의 변화(가소성)를 어떻게 일으키는지 설명해 줄 가장 탁월한 발견 중에 하나는, 칸델과 그의 연구원들(Kandel 1979, Hawkins and Kandel 1984)이 밝혀낸 것으로서, 아플리시아(sea hare, *Aplysia Californica*: 군소)(**그림** 2.24 참조)에서 칼슘(Ca^{++}) 전류 변화에 따라 방출된 신경전달물질 양의 변화가 '습성화'(habituation)와 '민감화'(sensitization)에서 중요한 역할을 한다는 점이다. (그 예에 대해서는 다음 절에서 더욱 상세하게 논의된다.)

화학시냅스는 여러 화학물질에 의해 수정될 수 없는 취약함도 가지고 있어서, 어떤 유기체들은 (그런 화학물질을 마치 무기처럼 사용할 수 있게) 신경독물(neurotoxins)을 생산하는 능력을 갖도록 진화하기도 했다. 뱀의 독인 알파-벙갈로독소(alpha-bungarotoxin)는 마치 아마존 원주민들이 독화살에 사용하는 큐라레(curate)처럼 근육의 특별한 수용기에 결합하여 떨어지지 않는다. 이 작용은 신경전달물질인 아세틸콜린(acetylcholine)이 시냅스에 결합하는 것을 방해하여, 근육수축을 일으키는 탈분극 전류를 만들어낸다. 그 결과 근육을 무기력하게 만든다. 흔히 식중독을 일으키는 보툴리누스 독소(Botulinus toxin) 역시 근육마비를 일으키는데, 이것은 시냅스전 세포막에 아세틸콜린이 방출

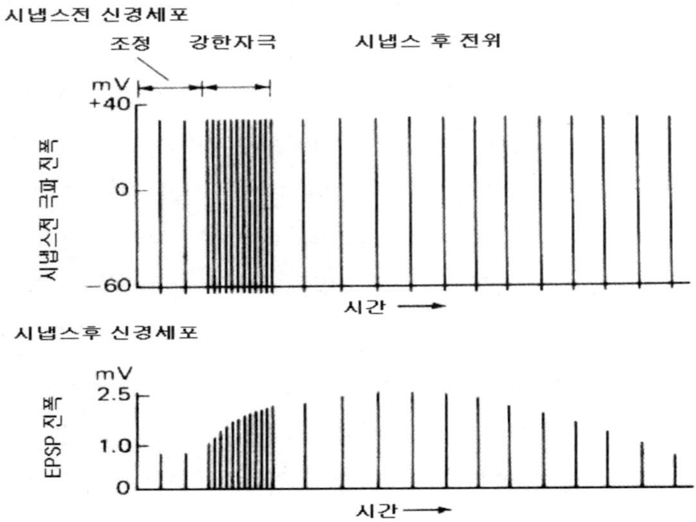

그림 2.23
강직 자극후 증강 전위(post-tetanic potential): 시냅스전 뉴런과 시냅스후 표적 세포(target cell)로부터 동시에 기록했음. (장시간 동안 일어나는 신호처리를 보여주기 위해 시냅스전 전위와 시냅스후 전위를 (압축하여) 각각 단순한 선으로 나타냈다. 실험 동안에 시냅스전 뉴런은 1/sec의 자극에 약 1/mv의 시냅스후 전위(PSP)를 생산한다. 시냅스전 뉴런이 5/sec의 비율로 몇 초 동안 자극하면, 이 강화시기 동안 시냅스 후 전위(PSP)의 크기가 증가한다. 몇 초의 강화시기 후에 시냅스전 뉴런은 1/sec의 조정 격발률로 되돌아간다. 그런데 이것이 낳은 시냅스후 전위(PSP)는 몇 분 동안 촉진을 지속하며, 어떤 세포에서는 수시간 동안 지속되기도 한다. (Kandel(1981b). CH. 8 of *Principles of Neural Science*, ed. E. R. Kandel and J. H. Schwartz, pp.81～90. Copyright ⓒ 1981 by Elsevier Science Publishing Co., Inc. 출판사 허락을 받아 인용)

되는 것을 막아 마비를 일으킨다. 이 경우에 수용기는 가용상태이지만 그 수용기에 결합할 아세틸콜린이 없어서 근육이 마비되는 것이다. 검은과부거미(black widow spider)의 독은 시냅스전 세포막의 방전을 증가시켜 근육세포가 과도하게 자극되도록 하며, 그 결과 근육이 굳는 경련을 일으킨다.

비록 인간의 신경계는 독주머니를 갖도록 진화되지 못했지만, 실험실에서 특정 신경화학물질을 합성할 수 있으며, 뉴런들이 신경전달물질 전달 과정에 직접 개입할 수 있게 되었다. 신경약리학(neuropharmacology)은 뉴런에 영향을 주는 화학물질을 연구하여, 신경계의 질병을 효과적으로 처방하는 방법을 밝혀내기에 이르렀다. 치료에 직접적으로 관련되는 만큼 신경약리학은 신경과학 영역에서 더욱 거대한 분야로 성장해 왔다. 특히 다음 세 가지 발견이 사람들의 관심을 끌었다.

첫째 발견은 1950년대에 이루어졌는데, 어떤 약물은 많은 환자들에게 정신병 증상을 감소시키며, 비록 완전히 정상적인 생활까지는 아니지만 적어도 수용소 밖으로 나갈 수 있도록 했다. 그 약물들은 난폭하게 구는 환자를 진정시키고, 환각증상을 없애주며, 사고 장애(disorder of thought)를 개선시킨다. 정신분열(schizophrenia)은 사람들을 황폐하게 하는 흔한 정신질환이며, 치료약 개발은 사회적으로 중요한 의미가 있다. 약물을 이용하여 정신질환을 치료할 수 있다는 생각은 당연히 사람들로 하여금 정신질환에 대한 새로운 인식과 함께 예방 지식을 주기도 했다.

둘째 발견 역시 1950년대에 이루어졌는데, 진전마비(몸을 떠는 신체마비: shaking palsy)로 알려진 파킨슨병(Parkinson's disease)에 대한 치료를 가능하게 했다. 파킨슨병은 근육이 굳고 떨림이 오며 (환자가 원하는 동작을 잘하지 못하는) 운동마비 증세를 보인다. 부검을 통해 밝혀낸 바에 따르면, 파킨슨병에 걸린 환자의 뇌는 신경전달물질인 도파민(dopamine)의 수치가 비정상적으로 낮았으며, 도파민을 생산하는 뉴런(흑질 substantia nigra)이 많이 있는 뇌 운동영역(motor area)이 퇴화되는 것을 보여준다. 이를 통해서 도파민 결핍이 파킨슨병의 근본적인 원인이며, 환자에게 (뇌 안에서 도파민으로 전환되는) 엘-도파(L-dopa) 약물을 투여하면 운동기능 장애가 완화될 것이라고 생각하게 되었다. 그 생각은 실험에서 완전하진 않지만 상당한 정도 성공을 거두었으며, 엘-도파는 이제 파킨슨병 증상을 감소시키는 약으로 사용된다. 이것 역시 중요한 발견으로 생각되는 것은 지금도 파킨슨병으로 수많은 사람들이 고통을 받고 있기 때문이다. (파킨슨병 치료에 대한 최근의 발달에 관련된 논문으로, Larsen and Calne 1982 참조.)

셋째 발견은 1970년대 후반에 있었던 것으로, 신경계가 아편 같은 물질인 내인성 아편제(endogenous opiates)를 만들어내고 이용한다는 것을 보여주었다(Hughes et al. 1975). 내인성 아편제로 최소한 다섯 가지 이상이 있다고 알려져 있으며, 그중 세 가지는 엔돌핀(endorhins: 마취제)으로 분류되고 두 가지는 엔케팔린(enkephalins: 진통제)으로 분류된다. 이 발견으로 고통을 어떻게 감소시킬 수 있으며, 기분조절을 어떻게 하는지 알게 되었지만, 그럼에도 다음과 같은 많은 의문들이 제기되었다. 뇌에서 아편제가 어떤 역할을 하는가? 우리가 내인성 신경안정제(endogenous tranquilizers)와 내인성 항우울제(endogenous antidepressants)[6]를 찾아낼 수 있을까? 정신질환은 이런 화학물질들의 균형이 어긋남으로써 발생하는 것인가? 우리가 자신의 화학물질에 중독될 수 있는가?

시냅스 신호전달에 특정한 역할을 하는 신경화학물질에 대한 탐구는 단지 세포 차원에서 어떤 일이 일어나는지 알아보기 위해서만 중요한 것이 아니다. 세포 차원에서의 화학적 신호처리(chemical event)는 뇌가 하는 역할을 심리학적 차원에서 어떻게 기술할 것인지 규정하는 일에서도 중요한 영향을 미치기 때문이다. 이런 관점은 마음-뇌를 통합하는 과학에 반대하는 사람들에게도 중요한 의미를 갖는데, 그

6) 벤조디아제핀(benzodiazepines: 안정제 화합물) 수용체들(예를 들어 Valium과 Librium)이 뇌에서 발견되었으며(Braestrup and Nielsen 1980에 논의), 뇌에서 작용하는 펩타이드(peptide)는 벤조디아제핀 수용체에 작용하여 불안감(anxiety)을 증가시킨다(Ferraro, Guidotti, Conti-Tronconi, and Costa 1984).

까닭은 그들이 마음을 '판명한(distinct) 실체'라고 믿거나, 혹은 심리적 속성들이 '창발적'(emergent)이라고 믿거나, 적어도 심리학적 이론들이 신경생물학적 이론으로 '환원되지 않는다'고 믿기 때문이다.[7) (7～9장을 보라.) 신경약리학이 그런 견해들에 대해서 틀렸음을 결정적으로 증명해 보일 수는 없지만, "뇌 상태와 심리상태가 그렇게 많이 다르며, 따라서 구별해야 한다"는 논제를 무너뜨릴 수는 있을 것이다. **자아**(self)란 해골 속에 감춰진 생물학적 덩어리가 아니라고 주장하는 형이상학적 확신을 조금씩 부식시킬 것이며, 적어도 마음을 과학적으로 연구할 수 있다는 주장을 거부하는 사람들에게 위의 약리학적 반증들을 증명하도록 하는 부담을 줄 수 있을 것이다. 따라서 나는 **그물망**(networks) 내의 뉴런들에 대한 간단한 예를 보여준 후에 신경약리학 입장에서 내 생각을 더 깊이 개진하겠다.

단순한 회로 모형도

뇌가 무엇을 하는지 이해하기 위해서는 감각말초(sensory periphery) 뉴런과 운동말초(motor periphery) 뉴런 사이의 연결을 이해하는 것이 필수적이다. 다시 말해서 뉴런들이 어떻게 회로를 이루어 정보전달시스템을 구축하는지 이해해야만 한다. 신경그물망은 극도로 복잡하기 때문에, 감각 입력과 행동 출력 사이의 뉴런 연결이 단순한 사례를 연구하는 것은 입력-출력 효과가 어떻게 이루어지는지 알아보기 위해서, 그리고 정보처리 모델을 발전시키기 위해서 거쳐야 할 중요한 단계이

7) [역주] '우리 의식을 우리가 확연히 구분할 수 있다'는 의미에서 마음이 '판명한'(distinct) 것으로 구분되는 실체라고 생각한 철학자들(실체 이원론: 데카르트)이 있으며, 그렇지 않다고 하더라도 적어도 마음은 '물질과 구분되는 독특한 속성을 가진다'는 의미에서 '창발적'(emergent)이라고 생각하는 철학자들(속성 이원론)도 있고, 최소한 마음이 물질로 설명될 수 없으므로 심리학 이론이 신경생물학 이론으로 설명될 수 없다고 주장하는 많은 철학자들(환원 불가론)이 있다.

다. 무척추동물 연구를 통해 행동패턴에 따른 회로에 대해 약 20여 가지가 알려졌다. 예를 들면 거머리와 가재의 수영과 메뚜기의 보행에 대한 연구가 있으며, 아플리시아에서 '물 쏘기', '알 낳기', '아가미주름 수축하기', '습성화'(habituation),[8] '민감화'(sensitization)[9] 등등과 같은 수많은 행동 패턴에 대한 연구들이 있다(Bullock 1984).

단순한 '습성화'와 '민감화'를 뉴런에 기초해서 더욱 상세히 설명하기 위한 가히 혁명적이라고 할 수 있는 신경생물학적 발견의 예가 있다(**그림** 2.24). 아플리시아는 뉴런의 회로를 통해서 행동하며, 흡수관에 자극을 주면 아가미주름을 수축하는데, 여기에 약한 자극을 주면 '습성화'가 일어나고, 머리에 고통스러운 자극을 주면 '민감화'가 일어난다. 이 실험에서 '습성화'는 반복적이고 약한 자극에 대한 반응의 감소로 나타나며, '민감화'는 고통스러운 자극을 받고 난 후에 약한 자극에 대해서도 반응이 강화되는 것으로 나타난다.

아플리시아에서 흡수관의 감각말초로부터 아가미주름의 운동말초까지 연결된 회로는 아주 단순하며, **그림** 2.25에서 그 모형도를 볼 수 있다. 이 그림에서 흡수관을 자극하는 24개의 감각뉴런 중 하나는 아가미주름을 자극하는 뉴런과 직접 시냅스 연결을 이룬다. (실제 6개의 운동뉴런 중에 단지 하나만을 그렸다.) 흡수관의 감각뉴런과 아가미주름 근육의 운동뉴런 사이의 연결은 단지 하나의 시냅스가 입력과 출력을 중재하기 때문에 '**단일시냅스**'(monosynaptic)라고 한다. 아플리시아는 감각 축삭의 가지에 의해 형성된 제 2의 연결 통로를 가지고 있는데, 이것은 감각뉴런과 운동뉴런 사이에 있으면서 촉진하는 중간뉴런를 통해 연결되기 때문에 '이중시냅스'(disynaptic)라고 한다.

---

8) 자극이 반복적으로 제시되는 경우 그 자극에 대한 반응의 강도가 약해지는 경우.

9) 자극이 반복적으로 제시되는 경우 그 자극에 대한 반응의 강도가 강해지는 경우.

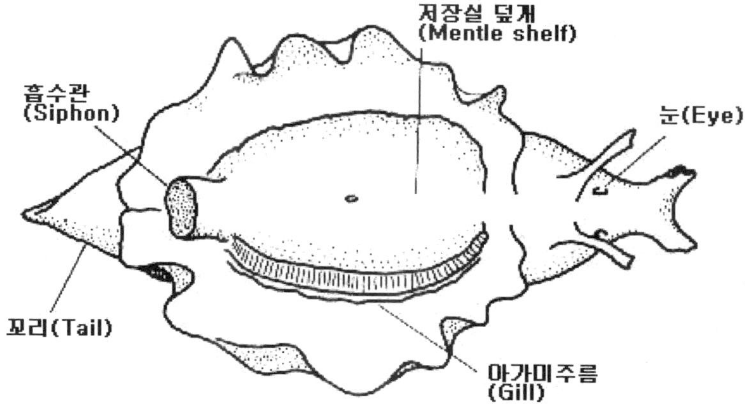

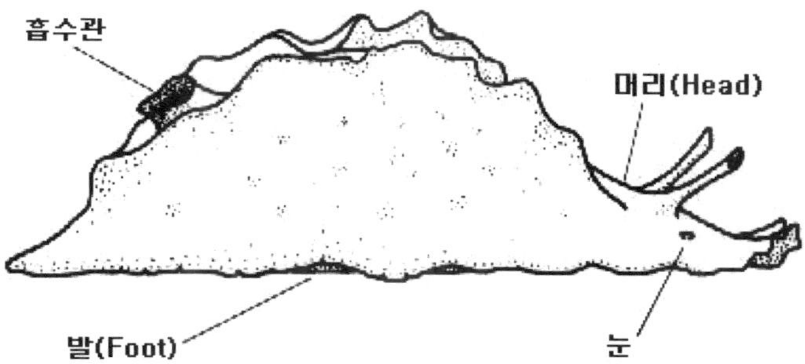

그림 2.24
아플리시아(sea hare, *Aplysia Californica*)의 위와 옆모습. 저장실덮개(mantle shelf)를 자극하면, 아가미주름(gill)이 수축한다.

'습성화' 실험에서, 아플리시아 흡수관에 바닷물을 주사기로 쏘는 약한 자극을 반복해서 여러 번 주었더니 아가미주름 수축이 감소하는 반응을 보였다. 간단히 말해서 칸델(Kandel)과 그의 동료들이 발견한 추론은 다음과 같다. '습성화'를 실험하는 동안에 감각뉴런 종말 팽대부에 내부 칼슘(Ca^{++}) 전류가 감소하여, 그 결과 시냅스 연접에서 신경전달물질의 분출이 감소되었고, 운동뉴런이 더 적게 탈분극하여, 아가미주름 근육이 조금 수축되었다.

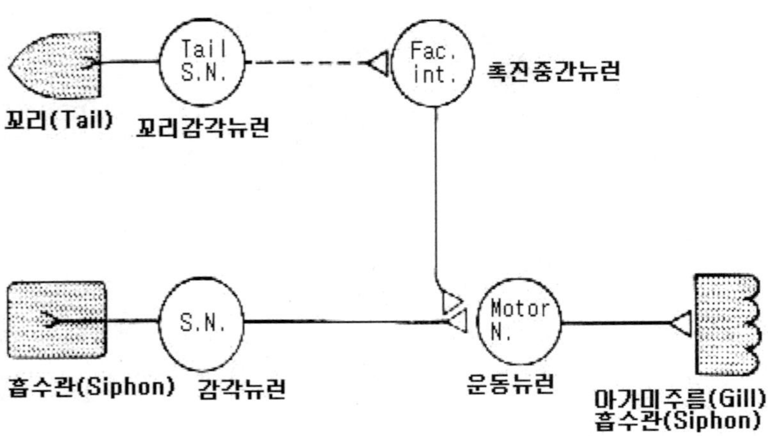

그림 2.25
아플리시아 아가미주름과 흡수관을 수축하는 반응에 대한 부분적 신경회로와 그 회로의 변화. 흡수관에 연결된 기계감각뉴런들(mechanosensory neurons)은 아가미주름과 흡수관의 운동뉴런들에 흥분성 시냅스 연결을 이룬다. 꼬리 감각뉴런들은 촉진성 중간뉴런들(facilitator interneurons)을 자극하여, 흡수관 감각뉴런들의 시냅스전 촉진을 이룬다. (Hawkins and Kandel(1984). In *Neurobiology of Learning and Memory*, ed. G. Lynch, J. L. McGaugh, and N. M. Weinberger. New York: Gulford)

'민감화'는 대충 그 반대로 작용한다. 칼슘(Ca^{++}) 전류가 증가하고, 그래서 시냅스 간극에 신경전달물질이 더 많이 방출된다. 그런데 이런 효과를 내려면 촉진성 중간뉴런(facilitatory interneuron)의 개입이 요구되며, 중간뉴런의 축삭은 감각뉴런(시냅스전 촉진성)의 종말 팽대부에 닿는다(**그림** 2.25). 꼬리가 강하게 자극되면, 촉진성 중간뉴런은 세로토닌(serotonin)을 방출하고, 그러면 네 단계의 화학적 신호처리가 이루어진다. (1) 감각뉴런 종말 팽대부에 순환 일인산아데노신(AMP: adnosine nomophosphate) 정도가 높아지면, 그 결과로 (2) (순환 AMP-의존 단백질 키나아제 kinase) 효소(enzyme)가 증가하며, 결국 (3) 개방되는 칼륨(K^{+}) 채널 수는 감소하고, 마침내 (4) 개방되는 칼슘

(Ca^{++}) 채널 수가 증가한다.

'민감화'에서처럼 '고전적 조건화'(classical conditioning)[10]에서도 촉진성 중간뉴런의 역할을 필요로 한다. 그 경우 조건화는 훨씬 복잡한데, 신경 시스템이 민감해질 특정 자극을 선별하기 위해서는 조건자극(conditioned stimulus: CS)과 무조건자극(unconditioned stimulus: UCS)을 구분할 단속시점이 아주 중요하기 때문이다. 조건자극(CS)과 무조건자극(UCS)이 일시적으로 지속될 경우 후자의 경우에 감각뉴런 내에 칼슘(Ca^{++}) 전류가 높아지는데, 어떻게 그렇게 되는지 아직 알지 못한다.

'습성화', '민감화' 그리고 '고전적 조건화'와 같은 형태의 가소성은 비교적 작은 일련의 특정 세포 신호처리에 의해서 일어난다고 보이며, 이것을 통해 호킨스와 칸델(Hawkins and Kandel 1984)은 다음과 같은 암시를 가지게 되었다. 틀림없이 일반적인 뉴런에 대한 '기초원리'가 있을 것이며, 그런 점에서 여러 다양한 형태의 행동 가소성(변화)은 기초 뉴런 신호처리 패턴의 조합으로 설명할 수 있을 것이다(**그림 2.26**). 그들의 주장에 따르면 아마도 '연합학습'(association learning),[11] '기억소멸'(extinction) 그리고 '자극 일반화'(stimulus generalization)[12]와 같은 다른 양태의 가소성들 또한 세포사건들을 연결함으로써 환원적 설명을 얻어낼 수 있을 것이다. 호킨스와 칸델은 이런 가설에 기초하여 여러 종류의 가소성에 대한 실험 평가모델을 보여주었다.

뉴런 덩어리가 서로 결합하여 어떻게 복잡한 효과를 낼 수 있는지 **그림 2.27**의 회로를 살펴보자. 그 회로는 '대비강화'(contrast enhancement)를 설명하는 모델이다. 연구된 모든 유기체에서 감각뉴런은 전

---

10) 동물들이 반사적 반응으로 학습하는 경우. 4장 주 1)에서 설명.

11) 동물들이 행동적으로 두 가지 조건이 주어질 경우, 그 두 조건 사이에 연관성을 학습하거나 한 조건은 다른 조건의 원인이라고 학습하게 된다.

12) 이전에 학습한 것과 유사한 자극에 반응하는 경우를 말한다.

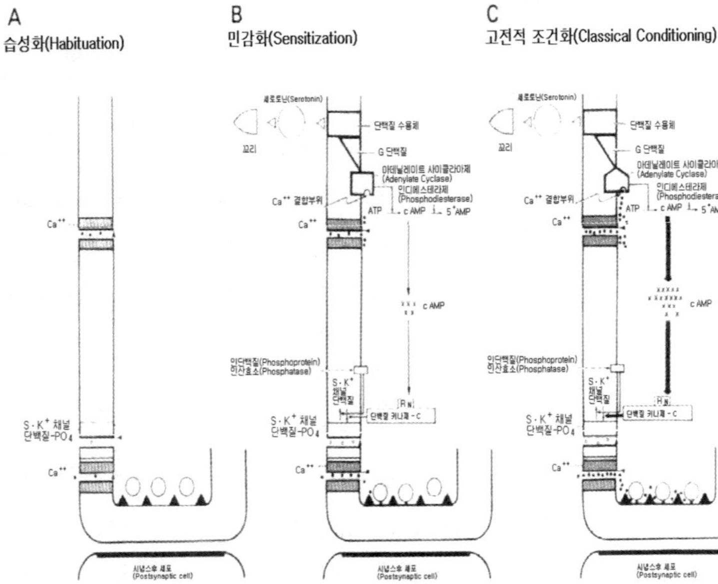

그림 2.26

아플리시아가 습성화(habituation), 민감화(sensitization) 그리고 고전적 조건화(classical conditioning)에서 아가미주름과 흡수관 수축 반응을 보여주는 세포의 동작구조. (A) 습성화 : 흡수관 감각뉴런(그림에서 시냅스전 세포)의 반복 자극이 그 감각뉴런(닫힌 통로로 표현된)에서 Ca^{++}채널 비활성화가 연장되므로, 각 활동전위 동안 Ca^{++}유입이 감소되며, 전달물질 방출이 감소된다. (B) 민감화 : 꼬리 자극이 cAMP와 단백질 인산화(protein phosphorylaion)를 포함하는 절차를 거쳐 흡수관 감각뉴런에서 K^{+}채널 비활성화가 연장되므로, Ca^{++}유입이 증가되어 전달물질 방출이 증가된다. (C) 고전적 조건화 : 만약 흡수관 감각뉴런의 활동전위가 꼬리 자극보다 앞서 일어나면, 꼬리에 대한 자극이 흡수관 감각뉴런에서 전달물질 방출 촉진을 증폭시킨다. 이런 효과는 활동전위 동안 감각뉴런으로 들어가는 Ca^{++}에 의해 아데닐 사이클라아제(adenyl cyclase)라는 '기폭제' (priming) 때문에 일어나고, 그 결과 아데닐 사이클라아제는 꼬리 자극에 의해 활성화되어 더 많은 cAMP를 만든다. (Hawkins and Kandel(1984). In *Neurobiology of Learning and Memory*, ed. G. Lynch, J. L. McGaugh, and N. M. Weinberger. New York: Gulford)

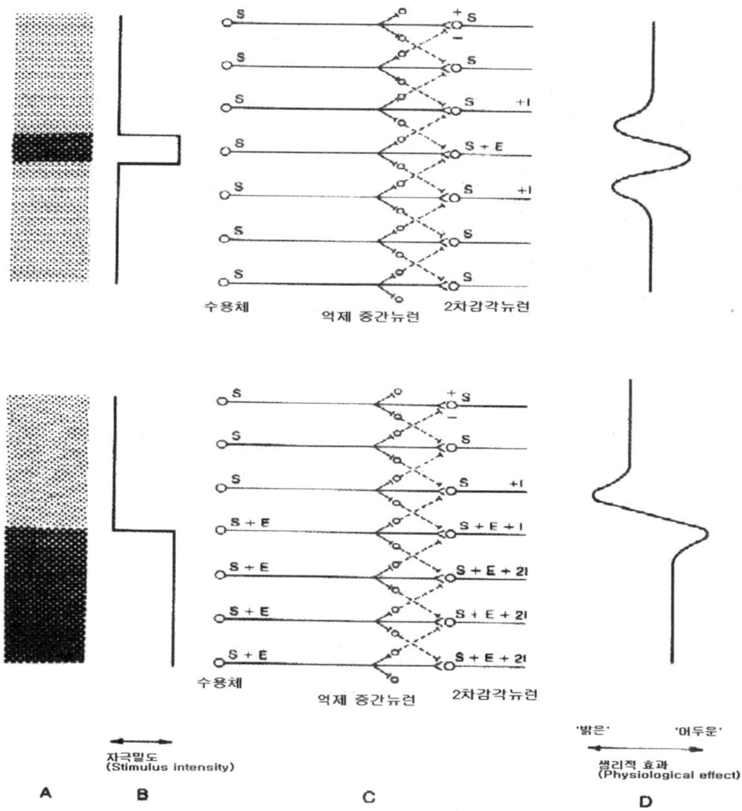

그림 2.27

외측 억제(lateral inhibition). (A) 눈에 보이는 시각영역을 표현하는 각진 모서리의 균일한 회색 영역의 패턴. (B) 각 영역 내에 물리적 밀집의 균일성을 강조하는 (수직의) 공간적 영역에 대한 (수평의) 밀집 정도로 구분되는 자극. (C) 중간뉴런에 의해 상호 억제성 연결을 갖는 수용기 그물망(network)과 2차 뉴런(second-order reurons). 수용기 자극(S)의 동시적 활동은 빛에 의한 흥분효과(E)를 유발한다. 그 그물망은 2차 뉴런으로 하여금 단독적 억제(I) 또는 이중적 억제(2I)에 의해 감소된 흥분효과(E)and/or에 의해 유발된 자극활동(S)로 나타나게 한다. (D) 우리 감각과 동등한 출력은 수용기 자극(S)에 의한 배경보다 더 검거나 더 밝게 구분된다. 그런 조정은 아마 **그림** 2.28에서 보여주는 마하 띠(Mach bands)의 예를 잘 설명할 것이다. (Bullock, Orkand, and Grinnell(1977). *Introduction to Nervous Systems*. W. H. Freeman and Co. Copyright ⓒ 1977)

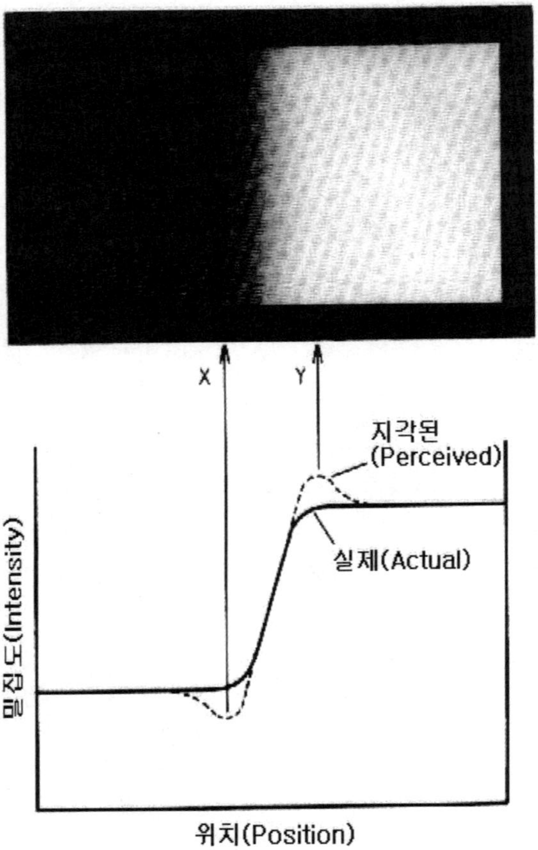

그림 2.28
사진에서는 오른 쪽에서 왼쪽으로 빛이 점차 감소되지만, Y에서는 밝은 띠로 그리고 X에서는 검은 띠로 나타난다. 이것이 마하 띠 패턴(Mach band patterns)이다. (Cornsweet(1970). *Visual Perception*. New York: Academic Press에서 수정한 그림)

형적으로 측부가지(collaterals: 축삭 가지 axon branches)를 중간뉴런과 연결하여 주변의 감각뉴런에 억제효과를 보낸다는 점이 발견된다. 이것을 '외측억제'(lateral inhibition)라고 하며, 이것은 신경조직 구성에서 흔히 볼 수 있는 것으로 망막, 피부, 후각상피(olfactory epithelium) 그리고 미각상피(gustatory epithelium)에서 발견된다. 외측억제 회로의 효과는 강하게 자극되는 뉴런과 근처의 자극되지 않은 뉴런과의 대비를 강화하는데, 자극된 세포가 높은 비율로 격발하고 억제된 세포는 기준보다 낮은 비율로 격발하기 때문이다. 망막에서 그런 효과를 내는 배열은 '마하 띠'(Mach band)라고 알려진 지각효과를 나타낸다고 믿어진다. 이것을 **그림** 2.28에서 쉽게 볼 수 있다. 밝은 영역과 어두운 영역 사이의 경계 영역을 보여주는 마하 띠는 실제 얻을 수 있는 빛의 밀도보다 더 심한 변화를 보여준다.

이 가설적 회로에서 '대비 강화'가 어떻게 일어나는지 **그림** 2.27에서 관찰할 수 있다. 모든 세포들은 나름대로의 기본 격발률을 가지고 있으며, 빛에 의해 자극된 세포는 격발률을 증가시키고, 억제 뉴런은 시냅스후 세포의 격발률을 특정 양만큼 감소시킨다. 자극 밀도가 증가되는 경계 영역에 있는 세포를 생각해 보자. 그 세포가 자극에 의해 흥분되면 기본 격발률보다 높게 격발할 것이며 그래서 가까운 이웃 세포들과 신경연결을 이루고 있는 억제성 중간뉴런들을 흥분시킬 것이다. 그 이웃 세포들 중에 하나는 빛 자극에 영향을 받지 않아서 억제성 중간뉴런에 의해 감소된 기본 격발률을 가지게 되고, 반면에 다른 쪽의 세포들은 빛 자극에 흥분됨에도 불구하고 경계 영역에 있는 세포들보다 훨씬 낮은 격발률을 보일 것이다. 왜냐하면 이 세포는 흥분된 이웃 세포들로부터 양쪽에서 억제 자극을 받을 것이기 때문이다. 그래서 자극을 받는 경계 영역에 있는 세포들은 이웃 세포들에 의해서 오직 한쪽에서만 억제되기 때문에 가장 높은 격발률을 보일 것이다. 비록 뉴런 그물망이 어떻게 상호 작용하여 '대비 강화'를 만들어내는지 (지나치다 싶을 정도로) 단순한 도식적 설명을 하고 있기는 하지만, 적절히 연결된 단순한 유닛들로부터 복잡한 효과가 어떻게 유도될 수 있는지 보여주고 있다.

이러한 단순한 회로는 뉴런들이 어떻게 연결되어 정보처리하고, 학습 그물망을 구성하는지 기초적인 예를 보여주려는 것일 뿐이다. 그렇지만, 이것을 통해서 '신경계의 구조와 신경생리학적 속성들을 반드시 이해해야 한다'고 신경생물학자들이 왜 주장하는지 분명히 납득할 수 있다. 그 까닭은 '외부세계'와 '내부 신경계 세계'에 대한 복잡한 '표상'을 어떻게 창출하는지 그리고 뉴런들의 상호 연결된 많은 층들에 의해서 수행되는 '계산'의 본성을 이해하는 데에 신경생리학적 속성들이 핵심적인 실마리를 제공하기 때문이다. 3장에서 나는 신경 그물망 기능의 본성에 관한 이론을 구성하는 데 특별히 의미가 있다고 믿어지는 몇 가지 신경계의 '구조적' 속성들에 대해 조금 더 이야기하겠다. 그리고 10장에서는 신경해부학과 신경생리학으로부터 나온, 혹은 적어도 고무되었다고 보이는 몇 가지 이론적 발달에 대해 논의할 것이다.

맺는말

신체의 모든 '세포'는 세포막을 분극시킬 수 있으며, 따라서 탈분극과 재분극할 수 있는 능력을 가지고 있지만, '뉴런'은 다음과 같은 두 가지 점에서 특히 다르다. 하나는 뉴런의 단일채널 배열은 뉴런으로 하여금 스스로를 조정하고 체계화시켜 분극하는 능력을 개발한다는 점이며, 다른 하나는 뉴런들이 그물망 속에 결합되어 있다는 점이다. 그 결과 뉴런들은 세계에 대한 특징들을 표상할 수 있으며, 그 특성에 따라서 근육 움직임을 조정할 수 있다.

그 기초 원리는 극도로 단순하지만, 동시에 변화무쌍하다. 복잡성이 증가한다는 것은 본질적으로 같은 유형을 갖는 기초 요소들을 추가하는 일에 불과하다. 다시 말해서 편형동물의 뉴런과 인간 뇌의 뉴런은 기능적인 면에서 같은 원리로 작동한다. 그렇다고 해서 인간 뇌의 능력이 단지 편형동물의 신경절(ganglia)을 잔뜩 뭉쳐놓은 덩어리에 불과하다는 생각은 아니다. 전기회로와 관련해서 놀라운 점은 요소를 추가한다는 것이 단지 시스템을 크게 확장하는 것만을 의미하지 않고, 색다르고 놀라운 방법으로 그 시스템의 능력을 변화시키는 것이다. 감각뉴런과 운동뉴런 사이에 뉴런들을 끼워 넣는 진화 단계는 혁명적이다. 그로 인해서 뉴런들이 세계에 대한 기초 표상을 세우는 일이 가능하며, 그 표상들은 학습을 통해서 지속적으로 개선된다. 중간뉴런들의 밀집 덩어리가 진화를 거치며 증식되면, 그에 따라 세계에 대한 내적 표상이 증진될 것이며, 다양한 차원의 가소성들은 수많은 가지를 뻗어내며 다양한 능력을 만들어낼 것이다.

4. 신경전달물질과 그 밖의 신경화학물질

단순히 생각한다면, 신경계는 신경전달물질로 사용할 단 두 가지 화학물질만을 생산해도 충분할 것 같아 보인다. 뉴런을 흥분시키거나 억제시키는 작용으로 족하기 때문이다. 그렇지만 이렇게도 해보고 저렇게도 해보면서 조금씩 개선해야 하는 '자연'의 속성상 그런 기대는 어긋날 수밖에 없다. 신경계를 돌아다니는 활동물질은 적어도 40가지가 넘게 발견되었으며, 앞으로 더 많은 신경전달물질들이 발견될 것이라는 점 또한 거의 확실하다. 그 물질들이 모두 뇌에서 어떤 일을 할까? 자연은 그렇게 다양한 것들을 생산하는 사치스런 낭비를 해야 하는가? 아니면 신경전달물질들이 그렇게 다양한 만큼 그 기능들 또한 다양한 것일까?

이 질문이 특히 우리의 관심을 끄는 점은 그 신경전달물질들 중에 어떤 것들은 신경 활동을 약화시키거나 강화시키고 혹은 방해하기도 하며, 더구나 꽤 지속적으로 뚜렷한 심리 효과를 주기도 하는 약물이라는 사실이다. 어떤 약품은 환각을 일으킬 수 있고, 다른 것은 환각을 감소시킬 수 있으며, 어떤 것은 도취에 의해 기분을 전환시킬 수 있고, 다른 것은 좌절감, 불안감 그리고 절망감을 낳을 수도 있다. 또 어떤 것은 각성을 높이고, 다른 것은 안정감을 찾게 할 수 있으며, 어떤 것은 건망증을 유발하기도 하고, 다른 것은 기억을 촉진시킬 수도 있으며, 어떤 것은 고통을 증가시키고, 다른 것은 과음과 과식을 유발할 수 있으며, 꼴사나운 성적 행동을 유발할 수도 있다. 이런 약물들은 주로 뇌에서 시냅스 연접을 변화시키고, 신경계를 간섭할 수단을 제공하므로, 우리들이 뇌의 다양한 부분들에 대한 이해를 하도록 도와줄 것으로 기대된다.

다양한 내인성(endogenous) 신경화학물질들은 뇌에서 아무렇게나 분산되지 않는다. 첫째, 데일의 법칙(Dale's law)으로, 특정 뉴런은 오직 한 가지 신경전달물질만을 결합하고 방출한다. 그러자면 그 뉴런은 각각의 신경전달물질에 적합한 여러 수용기들을 가지고 있어야 한다. 그 법칙은 일반적으로 성인의 뉴런에 적용되며, 어린아이의 성장하는 뉴런에는 적용되지 않는다고 알려져 있다. 만약 특정 뉴런이 전형적인 신경전달물질로 도파민을 방출한다면 그 세포는 도파민성(dopaminergic)으로 분류되며, 만약 아세틸콜린을 방출한다면 콜린성(cholinergic)으로 분류되는데, 이것은 다른 신경전달물질들에 대해서도 마찬가지이다.

특정 신경전달물질을 가진 뉴런에 대한 몇 가지 연구방법이 고안되었다. 예를 들어 특정 신경화학물질을 형광 처리함으로써 연구자들은 그 물질이 농축된 뇌 부위를 볼 수 있으며, 그로 인해서 그 물질을 방출하는 뉴런의 위치를 알 수 있다. 실험에서 도파민은 '흑질'(substantia nigra)이라는 뇌 영역과 중뇌외피(midbrain tegmentum)에 농축되는 것이 관찰되었다(**그림** 2.29). 그중 일부 뉴런들은 전뇌(forebrain)로 신경연결하고 있으며, 그곳에서 기분을 통제하기 위한 어떤 역할을 한다고

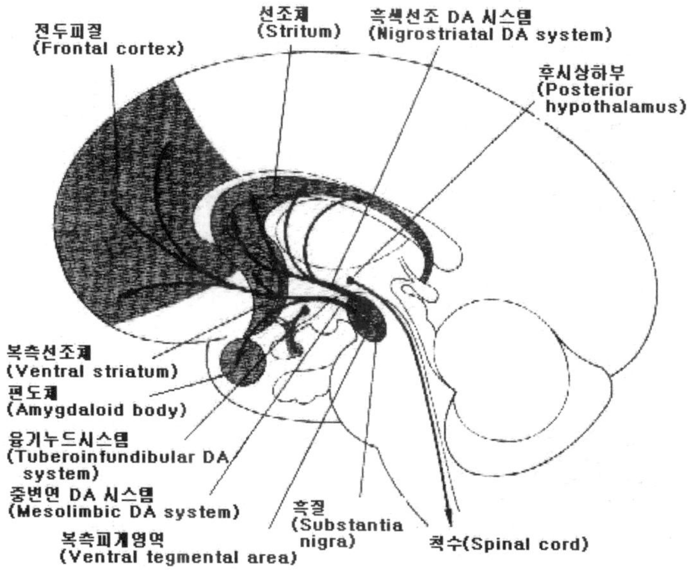

그림 2.29
흑색선조 도파민시스템(nigrostriatal dopamine system)은 흑질(substantia nigra)에서 출발해 선조체(striatum)의 중심 배측(dorsal part)으로 연결된다. 이 시스템에 손상을 입으면 파킨슨증후군을 유발한다. 복측피개영역(ventral tegmental area)은 중변연-도파민시스템(mesolimbic dopamine system)으로 올라가서 복측선조체(ventral striatum)로 연결되고, 편도체(amygdaloid body), 전두엽(frontal lobe)으로도 연결되며, 경우에 따라서는 전뇌기저영역(basal forebrain areas)에까지 연결된다. 융기누두 시스템(tuberoinfundibular system)은 하수체(pituitary)의 중엽(intermediate lobes)과 근위정중융기(nearby median eminence: 근위하수체) 그리고 척수로 뻗은 후시상하부(posterior hypothalmus)의 도파민뉴런으로 연결된다. (Heimer(1983). *The Human Brain and Spinal Cord*. Copyright ⓒ 1983 by Springer-Verlag)

생각되었다. 그렇지만 도파민은 그 영역에서만 발견되는 물질은 아니며, 적은 양이지만 척수를 포함하여 여기저기에서 쉽게 발견된다.

특정 신경화학물질들이 오직 특정한 경로에서만 발견될 것이며, 그 영역의 기능이 잘 밝혀질 것으로 기대된 적이 있었지만, 그런 기대는 좌절되었다. 예를 들어 통증 정보를 전달하는 엔케팔린(enkephalins:

내인성 마취제)이 고통에 반응하는 곳에서만 발견된다면 그런 기대를 가질 수 있겠지만, 그렇지 않았다. 비록 엔케팔린이 특정 지점에 농축된다고 하더라도(즉 농축된 위치를 안다고 해서), 그 지점이 통각계(nociceptive system)를 지배하는 화학물질이 나오는 지점으로 예상된 곳은 아니었다. 예를 들면 엔케팔린은 왕새우(spiny lobster: 대하)의 일차 광수용기(primary photoreceptors)에서도 발견되었다. 그리고 엔돌핀은 거머리, 거미, 새우, 쥐 그리고 원숭이 등등에서 폭넓게 발견된다는 점을 주시할 필요가 있다.

현재로서는 뇌에서 발견되는 화학물질과 신체에서 발견되는 호르몬(hormones)을 분명히 구분하지 못하고 있다. 그리고 내분비계(endocrine system)에서 선(glands: 분비선)의 분비물 펩티드(peptides)와 시냅스 종말의 분비물 펩티드를 구분했던 과거 기준은 이제 무너지고 말았다. 모든 말초 펩티드 호르몬, 예를 들어 장 펩티드인 콜리시스토키닌(gut peptide cholecystokinin)과 성호르몬인 에스트라디올(estradiol)이 뇌에서 발견되었으며, 처음에는 뇌에서만 발견된다고 믿었던 펩티드, 예를 들어 베타-엔돌핀(β-endolphin)은 신경계 외부에서도 발견되었다(Rehfeld 1980).

더구나 신경전달물질 각각이 시냅스후 뉴런에서 단지 흥분이나 억제 효과 중 한 가지만의 기능을 갖는다는 가정도 틀렸다. 적어도 세로토닌(serotonin)이란 신경전달물질은 아플리시아에서 시냅스후 뉴런을 흥분시키거나 혹은 수용기 구조에 따라 억제를 일으키기도 한다. 이런 융통성은 신경전달이 갖는 일반적인 특성이라고 짐작되나, 아직 그 까닭을 밝혀내지 못했다(Paupardin-Tritsch and Gerschenfeld 1975).

비록 40여 개 정도의 물질들이 시냅스 연접에 특별한 신경효과를 일으킨다고 알려졌지만, 지금까지 단지 11개만이 신경전달물질로 인정되었다. 어떤 물질이 신경전달물질로 판정되기 위해서는, 다음 네 조건을 만족시켜야 하기 때문이다. (1) 시냅스전 뉴런에서 합성되어야만 하며, (2) 시냅스전 종말에서 방출되어야만 하고, (3) 흥분성 시냅스 전위(EPSPs)과 억제성 시냅스 전위(IPSPs)를 일으키는 것으로 확인되어야만 하고, (4) 활동되고 나서 사라지는 장치를 가지고 있어야만 한다(**그림** 2.30).

신경화학물질이 위의 네 조건을 모두 갖추기 극히 어렵기 때문에 오늘날까지 단지 11개만이 신경전달물질로 밝혀졌으며, 많은 다른 것들은 일부 조건만 맞기 때문에 그것들이 신경전달물질인지는 아직 유보된 상태이다. 신경전달물질은 아세틸콜린(운동뉴런에서 흥분성 물질로 방출되며, 중추신경계와 같은 다른 뉴런에서도 방출), 도파민(지금까지 억제성 물질로 발견), 노에피네프린(노아드레날린 noradrenalin이라고도 함), 세로토닌, GABA(ɣ-aminobutyric acid라고도 하며, 역시 억제성 전달물질) 등등이 있다(**표** 2.1, **표** 2.2).

그런데 엄밀히 말해서 모든 억제성 전달물질들이 같은 인과 작용을 하는 것은 아니다. 예를 들어 노에피네프린은 세로토닌보다 더 길고 느리게 작용한다(Taylor and Stone 1981). 어떤 신경화학물질들은 전달물질 효과를 조절하는 조정자 역할을 한다고 생각되며, 어떤 신경전달물질들은 표준 수용기에서처럼 전압감도 채널에서도 작용한다는 증거가 발견되기도 했으며, 따라서 그 영향을 받는 뉴런들의 반응 또한 다양한 방식으로 나타난다(Nicoll 1982). 중간뉴런들의 신호전달은 미묘하고 복잡하여 '흥분-억제' 양태로만은 설명할 수 없을 정도이며, 우리는 이제 겨우 어떤 종류의 화학물질들이 무엇을 하는지 이해하는 문턱에 들어섰다고 할 수 있다(Taylor and Stone 1981, Dismukes 1980).

다양한 신경화학물질들에 대한 '분자구조', '위치', '합성', '방어 장치', '강화 장치' 등등과 관련하여 세세한 것들이 밝혀지고 있지만, '그 물질들이 무엇을 하며, 그 물질들을 조작하면 어떤 심리 효과가 나타나는지'와 같은 포괄적인 '이론'에 접근하기까지는 아직 할 일이 많다. 코카인(cocaine)은 노에피네프린이 수용기에 결합하는 것을 방해

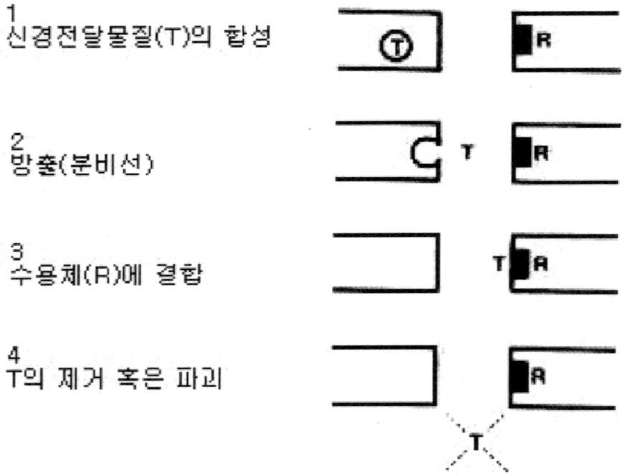

그림 2.30
시냅스 전달의 생화학적 네 단계: (1) 신경전달물질(T)의 합성, (2) 시냅스 간극으로 전달물질 방출, (3) 시냅스후 수용기에 전달물질 결합, (4) 신경전달물질의 제거 혹은 파괴. (Schwartz(1981). Ch. 10 of *Principles of Neural Science*, ed. E. R. Kandel and J. H. Schwartz, pp.106～120. Copyright ⓒ 1981 by Elsevier Science Publishing Co., Inc. 출판사 허락을 받아 인용)

하며, 시냅스 간격에 노에피네프린을 잔류시켜 그 효과가 계속 작용되도록 한다는 것이 밝혀졌지만, 도취감(euphoria)을 어떻게 만들어내는지는 전혀 알지 못한다.

이론의 부재는 그리 놀랄 일도 아니다. 첫째, 뇌가 하는 일에 대해 상세하게 훨씬 더 많이 알 때까지, 그리고 노아드레날린성(noradrergic) 뉴런이 더 큰 이론에 어떻게 맞아떨어지는지 알 때까지는 단지 코카인이 만들어낸 하나의 사례를 가지고 앞으로 많은 것들을 알게 될 것이라고 함부로 기대하지 말아야 한다. 둘째, 뉴런들의 구조가 어떤 일을 하는지 기술할 더 높은 차원의 개념을 알 때까지 우리들은 분자 차원의 기술과 물질보다 큰 차원의 기술 사이의 틈새를 메워줄 수단을 갖지 못할 것이다. 그 비밀은 단지 배배 꼬인 신경화학물질의 상

표 2.1

정전신경전달물질(Canonical transmitter substances)

Acetylcholine	ɣ-Aminobutyric acid(BABA)
Dopamine	Blycine
Norepinephrine	Glutamate
Epinephrine	Aspartate
Serotonin	Taurine
Histamine	

출처: Feldman and Quenzer(1984). *Fundamentals of Neuropsycho- pharmacology.*

표 2.2

신경활동성 펩티드(Neuroactive peptides)

장관-뇌 펩티드(Gut-brain peptides)
- vasoactive intestinal polypeptide(VIP)
- cholecystokinin octapeptide(CCK-8)
- substance P
- neurotensin
- methionine enkephalin
- leucine enkephalin
- insulin
- glucagon

시상하부-방출 호르몬(Hypothalamic-releasing hormones)
- thyrotropin-releasing hormone (TRH)
- luteinizing hormone-releasing hormone (LHRH)
- somatostatin (growth hormone release-inhibiting factor, SRIF)

뇌하수체 펩티드(Pituitary Peptides)
- adrenocorticotropin (ACTH)
- β-endorphin
- α-Melanocyte-stimulating hormone (α-MSH)

기타
- angiotensin II
- bradykinin
- vasopressin
- oxytocin
- carnosine
- bombesin

출처: Snyder(1980). Brain peptides as neurotransmitters. *Science* 209:976～983.

세한 분자구조를 밝혀낸다고 알 수 있는 것이 아니지만, 그 상세한 구조들에 대해 알지 않고서는 더구나 알 수 있는 것도 아니다(Miczek, Thompson, and Shuster 1982, Mayer 1975, Cooper, Bloom, and Roth 1982 참조).

신경이완제(Neuroleptics)

진료의 중요성으로 인해서 항정신성약물(antipsychotic drugs: 뉴런에 작용하기 때문에 '**신경이완제**' neurolepetics라고 부른다)은 집중적인 연구 대상이 되어 왔다. 정신분열증(schizophrenia)을 치료하기에 클로르프로마진(chlorpromazine: 정신분열진정제)으로 가장 잘 알려진 페노티아진(phenothiazines)은 광범위하게 이용되어 이미 약 5천만 명의 환자들에게 처방되었다. 대략 10년 동안 그 약물이 중추신경계에 어떤 영향을 주는지 (즉 심리적 효과를 정확히 알지 못하는 상태에서) 분명히 알지 못한 상태로 이용되었으며, 따라서 주로 행동으로 드러나는 효과만을 위해 처방되었다. 리브리움(Librium)과 발리움(Balium)이란 (상표로 팔리는) 항불안제(antianxiety) 역시 여전히 그렇게 이용되고 있다(Kolata 1979a).

최근의 연구를 보면 페노티아진이 도파민 수용기 부위를 차단하며, 그 증거가 행동은 물론 세포 수준에서도 확인되고 있다. 유리체(vitro)에 대한 연구에 따르면, 클로르프로마진은 도파민 수용기에 결합하지만, 그 결합이 노르에피네프린 교체를 지속적으로 증가시킨다. 클로르프로마진의 치료가 도파민 결합과 관련하여 일으키는 부작용으로, 그 진정제 처방을 지속적으로 받은 환자는 경우에 따라서 파킨슨병을 앓고 있는 환자와 유사한 (운동)증세로 발전하기도 한다는 점이다. 반면에 도파민 수용기를 자극하는 암페타민(amphetamine: 각성제)은 '암페타민 정신병'(amphetamine psychosis)을 유발할 수 있어, 약한 정신분열증세를 가진 환자를 급성 정신질환 증세로 발전시킬 수 있다.

(Feldman and Quenzer 1984 참조.)

페노티아진(즉 클로르프로마진)은 그 자체로 신경 효과를 완전히 없앤다기보다는 단지 뇌를 진정시키거나 안정시킬 가능성이 크다. 그 가능성이 완전히 해명되지 않은 시점에서 여기에 반대되는 증거가 바르비투르산염(barbiturates)과 같은 진정제와 신경이완제에 의한 효과를 비교하는 가운에 발견되었으며, 그 둘은 확실히 구분된다. 비록 신경이완제가 정신분열증을 위한 치료약으로 널리 인정받지 못하고 있지만, 특별한 효과가 있기 때문에 치료약은 물론 그 질병에 대한 예방법을 발견할 수 있을 거라는 낙관론을 탄생시켰다.

한때는 도파민과 관련해서 자연스럽게 다음과 같은 가설이 제기되기도 했다. 만약 신경이완제가 도파민을 중화시킨다면, 아마도 정신분열증은 중추신경계에 도파민의 양이 과도한 경우와 같이 도파민성 뉴런의 기능부전으로 발생할 것이다. 그래서 정신분열증은 '과-도파민'(hyper-dopamine)이라고 할 수 있다. 지금까지 이 가설을 입증하려는 노력은 성과를 거두지 못하고 있으며, '그 단순한 해답은 이미 풀린 것과 다름없다'고 흥분했던 지난날의 기대는 '아마도 신경생물학에서 더욱 포괄적인 이론을 얻게 되면 언젠가 풀릴 것'이라는 상당히 온건한 믿음으로 바뀌었다.

도파민 과잉이 정신분열증의 근본 원인인지 아닌지는 아직 밝혀진 것이 아니며, 심지어 도파민성 뉴런이 범인이라고 추측하긴 해도 여러 원인이 있을 수 있다. 뉴런이 과도하게 활동해서 너무 많은 도파민을 내놓을 수도 있지만, 도파민을 합성하는 장치가 비정상적으로 왕성할 수도 있으며, 혹은 비정상적으로 기능불능일 수도 있고, 또 시냅스후 뉴런이 도파민에 과도하게 민감해졌기 때문이거나, 너무 많은 수용기가 만들어지기 때문일 수도 있다. 이 모든 가능성들은 병세를 감소시킨다고 입증된 클로르프로마진에도 똑같이 적용된다. 물론 클로르프로마진이 도파민 전달에 변화를 주기 때문에 도파민성 뉴런을 우선 의

심하게 하는 점이 있지만, 그런 사실로 도파민성 뉴런이 바로 원인이라고 장담할 수 없다. 효소 장애와 같은 상부의 어떤 생화학적 부적절함이 하부 여러 요소들 중에 하나가 그 원인이라고 단정 지어줄 가능성을 보여주지 않기 때문이다. 더구나 복잡한 심리적 요소들이 화학적 혼합물의 균형을 바꿔줄 수도 있으며, 심지어 그 반대로 그 혼합물의 변화가 심리적 상태에 영향을 미칠 수도 있다. 그러므로 '정신분열증', '임상 우울증'(clinical depression), '성격 이상자'(sociopathy) 등등에 대한 만족스러운 설명은 생물학적이면서도 동시에 심리적인 설명을 필요로 한다(Kety 1978).

그럼에도 불구하고 여전히 희망을 갖게 하는 점은 그 여러 가능성들이 결국은 '경험적'이며 '시험 가능'하다는 것이다. 그리고 정신분열증이 '죄의식', '부끄러움', '좌절' 등등과 같이 엄격한 심리적 요소들로 인해 발생되는 병이 아니라 파킨슨병이나 당뇨병과 같은 유전적인 질병이라는 증거가 나타나고 있다. 그 첫째 증거가 페토티아진 치료 효과와 심리치료와 같은 다른 치료 기술들과의 비교로부터 나왔다. 일반적으로 아주 심각한 중증 환자에 대해서는 약물치료가 심리적 치료, 즉 플라시보(placebos: 심리효과용 거짓 약)보다 훨씬 효과적이며, 심리치료와 플라시보를 함께 조치한 경우가 더 효과적이라고 생각된다(Davis and Garver 1978). 비교적 약한 증세의 환자들에 대해서는 분명하지 않다.

둘째 증거는 정신분열 환자의 부검이나 3차원 영상기술(5장에서 설명)을 이용한 실험을 통해 환자의 뇌와 정상인 뇌 사이에 체계적인 차이가 발견된다는 점이다. 예를 들어 만성 정신분열 환자의 뇌실(ventricles)은 전형적으로 크고 전뇌(forebrain)의 활동 정도가 상당히 감소된다. 또한 정상적인 피검자와 만성 정신분열 환자는 대뇌혈류(cerebral blood flow) 공급에서 차이가 나며, 뇌파전위기록장치(electroencephalograph)로 측정된 뇌 전기적 활동에서도 차이가 있고, 양전자방출 X선 단층촬영으로 측정된 뇌의 포도당 흡수패턴에서도 차이가 난다(Ingvar 1982, Buchsbaum et al. 1982, Buchsbaum et al. 1984). (이 기술에 대한 설명은 5장을 참조.) 이런 발견들이 정확히 무엇을 의미하는지 분명하지 않지만, 다른 새로운 문제를 제기하고 있다.

셋째 증거는 정신분열증이 가계 유전에 의한 것으로 짐작케 하는 유력한 보고가 있다. 한 연구에 의하면, 만약 일란성 쌍둥이(monozygotic twin) 중 한 명이 정신분열증이면 다른 한 명도 정신분열증이 될 확률이 45퍼센트이다. 보통 사람들에게서 정신분열증 발병률은 대략 1퍼센트이다. 덴마크에서 입양된 어린이에 대한 보고에 따르면 이 질병이 유전적이라는 의심을 증가시킨다(Kety et al. 1975). 다른 연구도 있었다. 정신분열 환자인 부모로부터 태어난 어린이가 정상적인 부모에 의해 양육된 경우와 그 반대 상황(정상적인 부모에 의해 태어났지만 정신분열증에 걸린 부모에 의해 양육된 어린이)을 비교한 경우하고, 정상적인 부모에게서 태어나고 정상적인 부모에 의해 양육된 경우를 비교하였다(Wender, Rosenthal, and Kety 1974). 그 결과는 유전적 효과가 있었음을 알려준다. 첫째 집단은 약 18퍼센트 정신분열증세를 보였으며, 반면에 둘째 집단과 셋째 집단에서의 정신분열증세 발병률은 모두 약 10퍼센트였다(정신분열증세를 신체유전 질병으로 보는 논문 모음으로 Henn and Nasrallah 1982를 참조).

가계의 역사와 정신분열에 대한 연구 결과로써 '정신분열증이 유전된다'는 가설은 비록 그 자료에 대한 실험 및 해석과 관련해서 논란의 여지가 있긴 하지만 옳다고 생각된다. 정신분열에는 환경적인 요소도 분명히 관련되기 때문에 정신분열증이 유전적 요소에 의해서만 일어난다고 누구도 주장할 수 없지만, 분명히 유전이 그 질병에 인과적 역할을 하고 있다. 그렇지 않다면 일란성 쌍둥이에서 첫째 아이가 정신분열이면서 둘째 아이가 정신분열일 가능성이 45퍼센트가 아니라 100퍼센트가 될 것이기 때문이다. 이런 점에서 정신분열증은 페닐케톤요증(phenylketonuria: PKU: 유아기에 지적 장애를 일으키는 질병)과 같을 수 있는데 이 퇴행성 장애는 효소 결핍으로 일어나며, 뇌에서 페닐알라닌(phenylalanine)의 수치가 올라간다. 이 질병은 페닐알라닌을 포함하는 단백질이 풍부한 식사를 하는 사람들에게 발병하지만, 육식을 제한하면 발병하지 않는다(Rosenberg 1980). 이것을 보면 특정한 환경 조건들이 정신분열증세를 유발시키며, 그 요소들이 제거되면 유전인자들은 질병을 크게 감소시키는 것을 보여준다. 예를 들어 정신분열증세의 부모에게서 양육되는 것이 상대적인 환경 조건으로 작용했다고 보인다.

어쩌면 문제가 상당히 복잡해질 수 있다. 정신분열증이라는 단일 장애로 분류된 것이 실은 서로 관련 없는 수많은 유형의 질병일지도 모르며(Crow et al. 1982), 비록 여러 유형의 정신분열증이 유전적 요소를 갖는다고 할지라도 그 전달 양태와 유전 외적 요소들이 규정되어야 한다. 염두에 두어야 할 것으로 산필리포 증후군(Sanfilippo's syndrome)과 같은 유전적인 질병은 임상적으로 하나의 증세를 보여주지만, 구분되는 두 유전자 중에 하나에 의해서 나타날 수도 있는데, 현 시점에서 우리들은 단지 정신분열에 대해서만 알고 있을 수도 있다(관련된 논문으로, Buchsbaum and Haier 1978 and Crowe 1982를 참조).

정신분열증을 신경화학적 질병으로 이해하려는 시도에 대한 이런 논의는 산재해 있는 현대의 발달단계들 중 단지 하나만을 그것도 피상적으로 건드렸을 뿐이다. 그리고 정신분열증만이 유일하게 연구되고 있는 것은 아니다. 예를 들면 '우울증 질환'(depressive disorder), '치매'(dementias), '실독증'(dyslexia) 그리고 '수면 질환'(sleep disorder) 등등이 유전학적 연구와 신경화학적 연구를 통해 결실을 맺을 수 있는 것들이다(그 예로 Whitehouse et al. 1982를 참조). 이런 범주에 드는 것은 비단 정신질환만이 아니다. 예를 들어 운동 시스템을 포함하는 여러 질병들(파킨슨병, 헌팅턴무도병 Huntington's chorea 그리고 근무력증 myasthenia gravis) 또한 신경화학적 연구를 통해 상당한 성과를 얻을 수 있는 예가 된다(Spokes 1981). 좀 더 폭넓은 논의를 보려는 독자는 참고도서 목록에서 추천하는 연구들을 찾아보라.

직접적으로 뇌를 변화시킬 수 있어서, 뇌 질환으로 인한 끔찍스런 결과를 줄일 수 있는 이 발견은 사회적으로 상당한 중요성을 가진다. 뇌 질환은 만연해 있으며, 인구통계학에서 알 수 있듯이 노인의 수가 지속적으로 증가하고 있어서, 파킨슨병이나 알츠하이머병과 같은 질환에 걸릴 환자의 수 또한 증가추세에 있다. 뇌 질환으로 인한 사회적·개인적 비용은 엄청나며, 우리가 그 원인이 되는 일부 조건들을 실제로 이해해서 다룰 수 있을 가능성 또한 점차 증가하고 있다. 이런 맥락에서 파킨슨병을 치료하는 새로운 기술이 발전되고 있으며, 그 기술이 특히 다른 질환에도 폭넓게 적용될 것이 뻔하기 때문에, 중요한 도덕적 쟁점이 되고 있다는 점을 지적할 필요가 있다.

그 쟁점은 다음과 같다. 신경조직 이식에 대한 연구 결과로써 쥐 뇌의 특정 영역에서 축출한 배아 뉴런을 다른 쥐 뇌의 같은 영역에 이식했더니 그것이 신경계의 기능 요소로써 작용한다는 사실이 밝혀졌다. 따라서 쥐 배아의 흑질에서 축출한 뉴런을 흑질에 장애가 있는(흑질의 파괴로 신경전달물질이 결핍된) 다른 쥐 뇌에 삽입했더니 계속 생존했으며, 도파민을 생산하기 시작했다. 따라서 뇌 손상이 있는 쥐가 겪는 도파민 결핍증이 어느 정도 개선되었으며, 운동 장애 또한 완전하진 않지만 감소되었다. (뉴런은 혈관으로부터 직접 영양분을 공급받지 않고 아교세포를 통해서 공급받는) '혈뇌장벽'(blood-brain barrier)으로 인해서, 뇌가 면역 시스템으로부터 독립되어 있는 관계로 (뇌 이식으로 발생된 외부 침입 세포에 대한 면역 시스템에 대해) 거부증세가 거의 없는 것으로 나타났다. 이런 면역학적 특성이 쥐 실험에서 증명되었음에도 불구하고 영장류 뇌 역시 같은 성질을 가지고 있어 외부 뉴런을 수용할 수 있을지는 아직 알지 못하고 있다(Barker and Billingham 1977).

지금 이 연구는 파킨슨병을 가진 인간의 뇌에 배아 뉴런을 삽입하는 시술을 할 가능성이 있다. 이 시술은 엘-도파(L-dopha)로 치료하는 것보다 훨씬 바람직하다. 왜냐하면 뇌는 도파민을 지속적으로 필요로 하지만 약에 의한 처방은 간헐적이며, 그 약을 장기 복용한 파킨슨병 환자들은 (정신성 증후군으로 발전할 가능성이 있어) 일부 운동 결핍이 재발할 수 있고, 그 약의 효능이 감소하기 때문이다. 쇠약해진 뉴런들을 건강한 뉴런들로 교체하는 것은 크나큰 발전이다. 이제 그와 유사한 방법으로 췌장(pancreas)에서 축출한 배아 세포를 이식하는 방법으로 당뇨병(diabetes)에 대한 치료가 이루어질 수 있으며, 해마(hippocampus)의 뉴런들을 교체함으로써 알츠하이머병을 가진 환자를 도울 수 있다. 해마에 이식된 배아 뉴런들은 이식된 뇌에서 돌기(projections)를 형성하며, 놀랍게도 시냅스로 기능하는 것을 보여준다. 물론 아직 연구 단계에 불과하지만 말이다(Bjorklund and Stenevi 1977 and 1984, Freed 1983).

가장 효과적인 이식 세포는 배아 세포인데, 만약 인간에게 이식한 세포가 동물 배아가 아닌 인간 배아로부터 축출한 것이 밝혀진다면, 도덕적 논란이 일어날 만하다. 지금까지 어떤 인간 배아 세포도 신경 이식에 사용되진 않았으며, 파킨슨병을 앓는 인간 뇌에 이식되는 실험에는 환자 자신의 부신수질(adrenal medulla)에서 추출한 세포가 이용되었다(Bjorklund and Stenevi 1984). 이 실험은 그 효과를 거의 보지 못했지만, 인간 배아 세포는 훨씬 큰 효과를 볼 수 있다는 믿음을 주었다. 여기에서 제기되는 질문은 다음과 같다. '유산된 인간 배아로부터 얻은 뉴런 조직을 이용하는 것이 허락될 수 있는가?' 이 논의와 관련해서 낙태의 도덕적 정당성이 인정된다면, 알츠하이머병과 같은 심각한 질병의 폐해를 줄이기 위해 배아 세포가 이용될 수 있는가?

위 논란은 만약 어느 똑똑한 신경생물학자가 조직배양으로 원하는 세포를 생산하는 방법을 발견한다면 어느 정도 빗겨갈 수 있을지도 모른다. 그렇지만 그럼에도 불구하고 개념적인 문제로 관심을 돌려보면, 인간 영혼이 상실배(morula)에도 들어 있다고 믿는 사람들이 조직배양기 안에 있는 배아 뉴런에 '혼이 들어 있다'는 생각에서 조직배양도 비도덕적임을 지적할 수 있다. 신경과학자들은 오용될 여지가 있다는 점에서 논란을 일으킬 수 있는 실험을 하는 데에 신중해야 한다. 따라서 합리적이며 미신이 개입되지 않은 판단을 할 수 있도록 사람들을 어떻게 교육시켜야 하는지에 관한 더 깊은 사회적·정치적 논란이 제기된다. (유물론 materialism과 이원론 dualism에 대해서 7장과 8장의 논의를 보라.) 하여튼 인간 배아 뉴런을 이식함으로써 파킨슨병과 알츠하이머병과 같은 장애를 치료하는 데에 얼마나 효용성이 있는지 실험적 연구를 계속할 필요는 있다.

비록 이런 문제들이 복잡하게 얽혀 있지만, 이 책에서 더 논의하지 않으려고 한다. 나는 단지 문제를 제기하는 것으로 그치고자 하는데, 사람들은 이 문제에 대해 자연스럽게 관심을 가지고 있고, 한편으로는 인간 배아 이용에 대한 논란이 가까운 장래에 입법화될 것으로 보이기 때문이다. 인간 배아 이용에 관한 논란은 실천적으로 중요한 의미를 가지며, 신경과학자와 철학자 사이에 협력이 꼭 필요한 부문이다. 나는 이 논란에 대해 선험적(a priori) 대답이 있을 것이라고 생각하지 않으며, 더 많은 경험 정보를 가질수록 더 나은 결론이 내려지리라고 말할 수 있을 뿐이다.

정신분열증과 같은 질병이 지니는 생물학적 요소에 대해 우리들의 이해가 깊어진다면 상당히 다른 국면을 맞을 수도 있다. '미친 병'에 대한 이해가 16세기에서 18세기까지도 흔히 생각되었던 '악마지배 이론'에서 프로이트(Freud)에 의해 주창되고 20세기에 폭넓게 적용된 '심리분석 이론'으로 발전되었고, 현재는 '생화학 이론'으로 발전되었으며, 이 이론은 단지 임상적 접근만이 아니라 우리의 일상 개념에까지 끼어들었다.

정신분열증과 같은 질병이 이제 생화학적 용어로 기술될 수 있고, '미친 것'과 마찬가지로 '제정신'에 대해서도 그렇게 될 수 있을 것이다. 다시 말해서 '정서', '기분', '욕망' 그리고 '인지발달'과 '인지기관'에 대해서도 생화학으로 설명할 수 있다는 기대이다. 만약 미친 사람의 '욕망', '두려움', '편향성'과 '성향'이 뇌의 신경화학물질의 기능으로 어느 정도 설명된다면, 제정신인 사람에게서도 마찬가지일 것이다. 이런 맥락에서 '심리학 이론'과 '신경과학 이론'의 '통합'에 관한 폭넓은 문제가 제기되며, '환원가능성'에 대한 문제도 제기된다. 이런 문제들은 철학적이고 신경과학적 논의를 필요로 하기 때문에 8장에서 10장의 논의로 미루겠다.

성과 신경화학물질

유기체에서 신경화학물질들은 '생식'과 '생식에 관련된 행동패턴'을 '심리적'으로 통제하는 역할을 담당한다. 특정 스테로이드(steroids), 즉 생식선 호르몬(gonadal hormones)은 암수 결정에 중요하다. 최근까지만 해도 생식선 호르몬은 중추신경계(CNS)에 관여하지 않는다는 가정이 폭넓게 인정되었지만, 현재는 뇌의 특정 영역에서 생식선 호르몬이 발견되었으며, 그 호르몬의 지시에 따라 뇌의 남녀 차이가 발생한다는 것이 알려졌다(McEwen et al. 1974, Pfaff and McEwen 1983).

자연선택이라는 관점에서 보면 성(sex)은 이로운 것이다. 성은 유전물질을 혼합할 기회를 제공함으로써 다양성을 극대화하기 때문이다. 유성생식(sexual reproduction)을 위해서는 동종이형(dimorphism: 암수 두 형태)을 가져야 하며, 모든 포유류를 포함한 많은 동물들에서 서로 다른 '생식기관'과 '신체적 특징'은 물론 '행동'에 있어서도 동종이형을 보여준다. 행동의 동종이형, 즉 암수의 행동이 다르기 때문에 각자는 분명히 서로를 적절한 짝으로 인식하고, 짝짓기 시기가 적절함을 안다. 또한 분명 성공적으로 번식할 수 있는 장소를 확보해야 한다. 부모의 양육 행동 또한 (종족보존을 위해) 유리하게 작용하여 많은 동물들의 뇌는 '둥지 만들기', '새끼 키우기', '포식자로부터 보호하기' 등등을 위한 타고난 성향을 갖는다.

정상적으로 성장한 동물에서 (쥐와 말이 잘 알려진 예인데) 수컷의 안드로겐(androgen)과 암컷의 에스트로겐(estrogen)이라는 생식선 호르몬이 생식행동(reproductive behavior)을 유발한다. 반면에 성장 초기 유기체 내에 생식선 호르몬이 나타나면 알 수 없는 어떤 영향을 미친다. 성장 초기에는 호르몬으로 인해 뇌가 자신의 성에 맞게 자라도록 한다. 그래서 성장 초기 유기체의 뇌가 암수를 가지게 되고 나면, 성장한 후에 호르몬을 지속적으로 유입한다고 해도 이미 뇌에 작용된 그 변화를 바꾸지는 못한다.

XY염색체(chromosome) 쌍을 가진 유기체는 유전적으로 수컷이며,[13)] 성장 초기에 테스토스테론(testosterone: 남성호르몬)이 고환(testes)에서 만들어져 신체로 방출된다. 방출된 남성호르몬은 생식선의 성장에 영향을 미치며, 일부는 중추신경계에 도달하기도 하는데, 특정 뉴런들이 테스토스테론에 극도로 민감해지는 성 결정 시기에 뇌 기관에 변화를 일으켜 중추신경계를 '남성화시킨다.' 성 결정 시기는 종에 따라 다르다. 대부분의 동물에서는 변화가 배아 단계에서 나타나고 사람의 경우 임신 3～4개월에 일어난다고 한다. 쥐의 성 결정 시기

13) 이 말은 '수컷이 X와 Y 염색체를 가지고 암컷은 두 X염색체를 가지는' 포유류에 대해서 참이다. 그렇지만 조류의 경우에는 암컷이 이형-성(heterogametic) (XY)을 가지며, 수컷이 동형-성(homogametic) (XX)을 갖는다. 어떤 파충류에서는 새끼의 성이 유전적으로 결정되지 않고 알을 배양하는 모래의 온도와 같은 환경 요소에 의해서 결정된다. 악어거북(snapping turtle: 북미산 거북)의 경우에 만약 어미가 모래 안이나 위에 알을 낳아 그곳의 온도가 섭씨 20도 아래로 지나치게 낮거나 섭씨 30도 이상으로 지나치게 높아지면, 그 알들은 암컷이 되고, 만약 그 온도가 그 사이에 있게 되면 수컷이 된다.

는 출생 후 수일에 걸쳐 일어난다.

테스토스테론이 유입되기 전에 '뇌'는 양성가능성(bipotential), 즉 수컷 또는 암컷이 될 수 있다. 이 말은 '뇌의 성'(brain sex)이 단순히 '유전적 성'(genetic sex)의 문제가 아님을 의미하며, 이 둘은 분리될 수 있다. '유전적 수컷'이 '암컷의 뇌'를 가질 수 있으며, '유전적 암컷'이 '수컷의 뇌'를 가질 수 있기 때문이다. 소위 '자연의 실험'이란 것이 이런 분리 방식에 대해 다음과 같은 결과를 보여준다. '프리마틴'(freemartin)은 수컷 쌍둥이와 함께 태어난 '유전적' 암송아지를 말한다. 그 송아지는 임신할 수 없으며, 암소보다는 수소에 가까운 행동을 보여준다. 수컷과 암컷의 신경기관 사이에 어떤 차이가 있는지 설명하는 뇌의 미세구조 연구가 있기 전부터 프리마틴 현상은 암송아지가 쌍둥이 수송아지와 함께 태아 내에서 같은 환경을 가짐으로써 암컷의 뇌가 남성화될 수 있음을 시사했다. 인간의 경우 '유전적 남성'이 '안드로겐 불감증'이라고 하는 병으로 여성의 성 기관을 지닌 남성이 될 수 있다(Ehrhardt and Baker 1974).

성 결정 시기에 테스토스테론을 제거한 수컷 쥐는 수컷의 생식행동(올라타기, 삽입행위)을 보이지 않고, 암컷의 생식행동을 보이는데, 이것을 척주전만(lordosis: 암컷의 몸짓으로 엉덩이를 올려 등 휘는 동작)의 횟수로 측정할 수 있다. 이런 동물에서는 성 결정 시기 이후에 테스토스테론을 조치해도 올라타기를 하지 않는다. 성 결정 시기에 테스토스테론에 노출된 암컷은 남성화되어 성장 후 수컷 행동을 보이고 척주전만 지수(lordosis quotient)도 낮은데, 에스트로겐을 투여해도 잘 회복되지 않는다. 성장하는 뇌에는 남성호르몬 유입이 꾸준히 일어나는 것으로 보인다.

'올라타기'나 '삽입행위'와 같은 행위를 수컷 생식행위 항목이며 척주전만을 암컷의 생식행위 항목이라고 한다면, '뇌의 성'은 성호르몬의 조정을 통해서 결정된다고 생각된다. 언급된 항목들은 분명히 다소 제한적이며, '치장 행태', '새끼 돌보는 행동', '노래하기', '적당한 장소에 둥지 만들기' 등등과 같은 다른 행동항목들도 고려할 필요가 있다.

수컷과 암컷의 특징적인 행동항목들을 결정한다는 것은 대단히 어려운 일이며, 개척 단계의 연구자들은 관습적이며 조잡한 묘사를 하기 마련이다. 인간에게 동물 연구가 얼마나 적용될 것이며, 남성화와 여성화의 특징적 행동항목들을 어떻게 다듬고 교체해야 할 것인지, 그리고 그런 연구가 어떻게 비-생식행동에 대한 연구까지 확장될 수 있을지는 앞으로 남겨진 연구과제이다. 하여튼 다음과 같은 점을 강조하고 싶다. 상당히 제한된 남성화와 여성화의 행동항목들을 놓고 보면 성장 시기의 뇌에 테스토스테론이 방출되면 성장 후의 행동항목들에 결정적 영향을 미치며, 또 성호르몬에 노출됨으로써 특정 생식행동을 일으키는지 여부를 결정할 수 있다. 또한 뇌가 여성화되는 일이 분명히 있으며, 이것은 여성의 뇌가 단순히 남성호르몬을 받지 못한 결과는 아니다(Goy and McEwen 1977, Feder 1984).

테스토스테론이 정확히 뇌에 어떤 일을 하며, 뇌가 남성화될 경우 신경 구조와 기관에 어떤 영향이 있는가? 쥐 연구를 통해서 테스토스테론이 시상하부(hypothalamus), 전시각영역(pre-optic area), 편도(amygdala), 중뇌(midbrain) 그리고 척수 등에 집중됨을 알 수 있다. 이런 영역에는 에스트라디올(estradiol: 여성호르몬)에 적합한 단백질 수용기를 갖는 뉴런들이 있다. 테스토스테론 분자가 이런 세포로 들어가면, 에스트라디올로 전환되어 수용기에 결합하는 것을 보여준다. 이런 단백질 호르몬 쌍(즉 남성호르몬과 여성호르몬)이 세포핵으로 옮겨가면, 유전자와 상호 작용하여 단백질 합성 프로그램에 영향을 미친다(그림 2.31, 그림 2.32).

역설적으로 테스토스테론이 여성호르몬인 에스트라디올로 전환되면서도 그 여성의 뇌를 남성화시킨다. 그렇다면 발달하는 여성에서 흔히 만들어지는 에스트라디올 자체는 왜 뇌를 남성화하지 않을까? 태아의

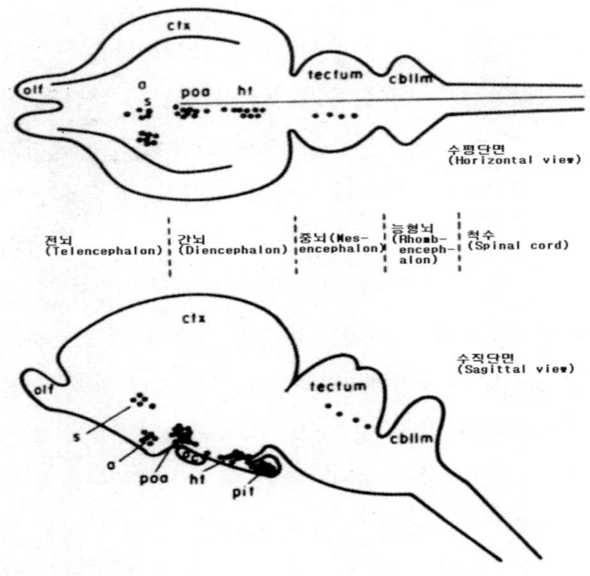

그림 2.31
지금까지의 모든 척추동물 연구에서 공통적으로 보여준 에스트라디올과 테스토스테론이 집중된 뉴런의 위치를 보여주는 '일반화한 척추동물의 뇌'에 대한 개략적 그림. 위의 그림은 수평 단면을 보여주며, 아래 그림은 수직 단면을 보여준다. 검은 점은 스테로이드 집중 세포 집단을 표시한다. 약어: a, amygdala(편도); cbllm, cerebellum(소뇌); ctx, cortex(피질); ht nuclei in hypothalamus(시상하부핵); oc, optic chiasm(시각교차); olf, olfactory bulb(후각망울); pit, pituitary(뇌하수체); poa, pre-optic area(전시각영역); s, septum(중격). (Morrell and Pfaff 1981)

간(liver)에서 방어 단백질(protective protein), 즉 알파태아단백질(alpha-fetoprotein)을 만들어 혈액에 있는 에스트로겐과 결합함으로써, 에스트로겐이 뇌척수액으로 들어가는 것을 방지하여 뇌에 도달하지 못하기 때문이다. 반면에 테스토스테론은 그렇게 결합하지 않기 때문에 방해받지 않고 자유롭게 자신의 길을 찾아 뇌에 도달한다. 어린 암컷 쥐의 뇌에 직접 에스트라디올을 투여하면 수컷에서 보여주는 특정한 남성화 행동이 유발되는지 알아보는 실험이 있었다. 실험 결과는 유전적

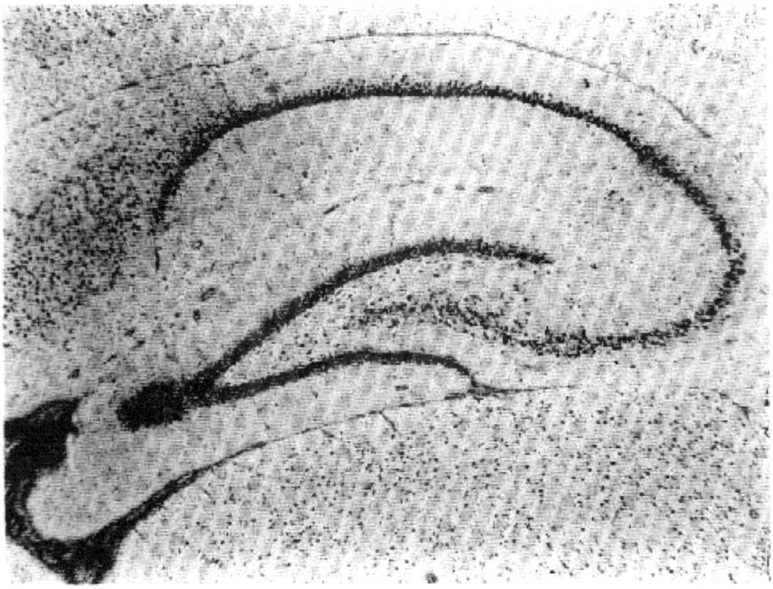

그림 2.32
쥐의 해마(hippocampus) 내의 스테로이드 호르몬 수용기(steroid-hormone receptor). 방사능으로 처리한 스테로이드를 투여하여 얻은 사진. (John Gerlach and Bruce McEwen의 양해를 얻어 인용.)

암컷의 뇌가 남성화되는 것으로 나타났다(McEwen 1976, McEwen et al. 1974).

엄밀히 말해서 '호르몬-단백질 쌍'(남성의 테스토스테론과 여성의 에스트로겐)이 단백질 합성을 위한 '유전 프로그램'에 어떤 영향을 미치는지 아직 밝혀지지 않았지만, 신경전달물질 생산과 관련이 있다고 짐작된다. 헤리티지와 스툼프(Heritage and Stumpf 1980)는 '호르몬-회수 세포'(hormone-sequestering cells)와, 도파민과 노르에피네프린(부신수질 호르몬)과 같은 신경전달물질을 방출하는 '뉴런' 사이에 유사성을 발견하였다.

한편 뉴런의 가지(arborization)와 연결 패턴이 수정될 가능성에 관한 연구가 진행되고 있다. 토란-올러랜드(Toran-Allerand 1978)의 발견에 따르면, 유리체(vitro)의 호르몬-감각뉴런에 에스트라디올을 투여하면 수상돌기와 축삭이 왕성하게 성장하는 반응을 보여준다. 라이스만과 필드(Raisman and Field 1973)는 수컷 쥐 뇌의 전시각영역(pre-optic area)에서 선명한 시냅스 연결 패턴을 발견했다. 만약 유전적 수컷 쥐들에게서 성 결정 시기에 테스토스테론을 제거하면, 전시각영역의 시냅스 연결이 암컷 패턴과 유사한 특징을 보여주었다. 이 증거는 암컷과 수컷 뇌가 회로와 연결에서 서로 다른 패턴을 갖는 것이 테스토스테론에 의한 결과임을 분명히 보여준다.

수컷 쥐와 암컷 쥐의 뇌가 형태적으로 서로 다른 것은 육안으로도 알 수 있다. 고르스키(Gorski et al. 1978)의 발견에 따르면, 염색 처리한 수컷 뇌의 시상하부 근처에서 크고 잘 발달된 세포핵을 볼 수 있으며, 암컷의 뇌에서는 훨씬 작고 흩어진 패턴을 볼 수 있다(**그림** 2.33). 이 점에 관련해서 다소 의혹이 제기된다고 하더라도, 적어도 암수 뉴런의 형태적 차이가 행동에서 동종이형을 설명할 것이라는 점만은 분명하다. 단편적인 설명들이 조금씩 보태짐에 따라, '스테로이드-감각뉴런'과 '생식행동' 사이의 관련에 관한 연구는 고무적인 결과를 내놓기 시작했다. 예를 들어 조류의 종들마다 조금씩 다른 수컷의 짝짓기 발성(vocalizations)은 스테로이드와 결합하도록 전문화된 뉴런의 핵과 관련한다. 노테봄(Nottebohm)이 카나리아 뇌에서 발견한 것으로, 한 쌍의 전뇌핵(forebrain nuclei)[14)]은 수컷에서 크고, 암컷에서는 작았는데, 그 크기는 테스토스테론을 이용할 수 있도록 의도적으로 조작될 수 있다(**그림** 2.34) (Nottebohm 1981, DeVoogd and Nottebohm 1981). 예를 들어 카나리아는 수컷만이 울새(songster)를 가지고 있는데, 노테봄의 연구에 따르면, 잘 발달된 신경핵(nuclei)은 카나리아가

14) 과선조 복측(hyperstraitum ventrale)과 꼬리 부분(pars caudale(HVc)) 그리고 원시선조의 신경핵 부리쪽(robust nucleus of the archistriatum(RA)).

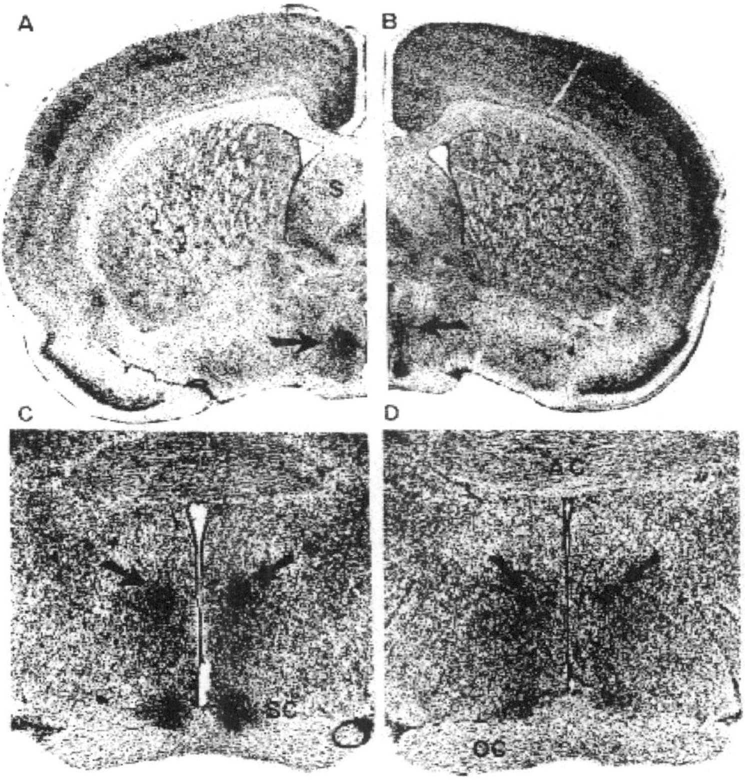

그림 2.33
쥐의 수컷(A와 C)과 암컷(B와 D)의 뇌에서 볼 수 있는 차이. 조직을 티오닌(thionin)으로 염색했으며, 세포체 내의 산성 구조물(acidic structures)이 염색되었다. 화살표는 시상하부에 있는 중간전시각핵(medial pre-optic nucleus)을 가리키는데, 수컷에게 더 밀집된 것으로 뚜렷하게 구별된다. (R. A. Gorski 1979b)

노래를 학습하고 부를 수 있기 위해서 필수적이다. 거세된 수컷은 '노래조절 신경핵'을 상실하여 노래를 부르지 못했으며, 암컷의 난소를 제거하고 테스토스테론을 조치하였더니, (수컷만큼 아름답지는 않지만) 노래조절 신경핵이 성장하여 노래를 부를 수 있었다. 그와 유사한 결과를 코니쉬와 구르네이(Konishi and Gurney 1982)의 지브라 되새

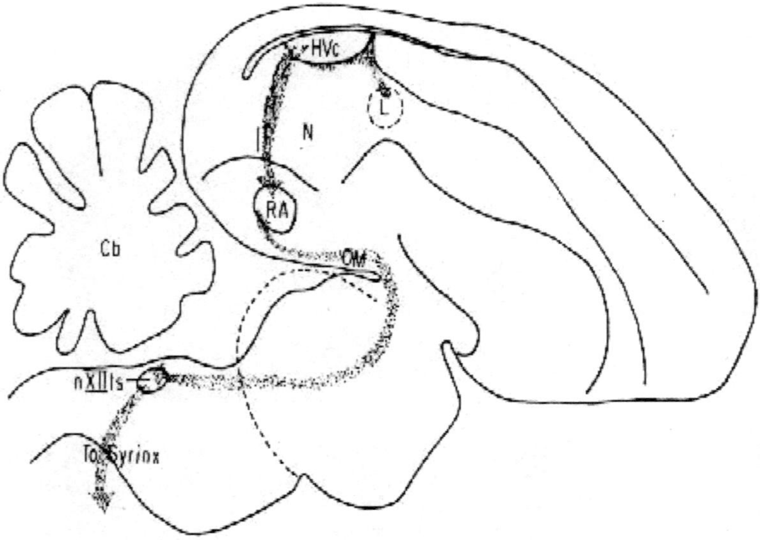

그림 2.34
성장한 수컷 카나리아 뇌의 수직 단면도. HVc와 RA는 노래조절에 기여하는 두 전뇌핵(forebrain nuclei)이다. 꼬리신선조체(caudal neostriatum: N)의 청각 돌기(auditory projection)인 L은 배측 HVc에 늘어선 영역 끝에 섬유를 연결시키는데, 짐작건대 청각 정보(auditory information)를 가리킴으로써 노래 항목들(song repertoire)을 학습할 수 있다. nXII는 설하핵(hypoglossal nucleus)의 중간꼬리이며, 기도관(trachea and syrinx)의 근육을 지배하는 운동신경에 의해 형성된다. Cb는 소뇌(cerebellum)이다. (Nottebohm 1981)

류(zebra finches)에 대한 연구, 파인(Fine et al. 1982)의 진주복어(oyster toadfish)에 대한 연구, 그리고 켈리(Kelley 1980)의 개구리에 대한 연구에서 찾아볼 수 있다.

그렇다면 인간의 뇌는 어떤가? 인간들도 성별에 따른 뇌의 차이가 있을까? 현재 인간 뇌에 성적 동종이형이 있는지 없는지는 의심조차 되지 않고 있으며, 다만 인지 능력에서 어떤 차이가 있는지 그리고 행동 차원에서 어떤 차이를 보여줄지가 문제시되고 있는 상황이다. 앞으로의 연구는 본질적으로 성호르몬이 결합하는 뇌의 특성과 뇌의 성적 발달 내지 성숙 절차를 관련시켜 탐구하는 방향이 될 것이다. 성은 명백히 기초적인 것이라서, 비록 생식활동의 겉으로 보이는 작은 특징들에 대한 조정은 가능하겠지만, 예를 들어 '인간', '피그미침팬지'(pygmy chimpanzees), '붉은털원숭이'(rhesus monkeys), '짧은꼬리원숭이'(macaque monkeys)에서 암컷들이 발정기가 아닌 시기의 수태와 같은 작은 변화는 일으킬 수 있겠지만, 그렇다고 구조가 바뀌는 근본적 변화는 있을 수 없다. 인간의 내분비학(endocrinology)에 대한 임상적 연구를 통해 밝혀진 바에 따르면, "인간과 다른 동물들이 모두 뇌의 성적 구별을 가지고 있다"는 가설이 틀리기는커녕 확신을 주고 있다.

이미 언급했듯이 유기체가 안드로겐 불감증이란 조건에 놓이게 되면 자신이 만들어낸 테스토스테론을 활용하지 못한다. '유전적 암컷'에게는 아무런 효과를 미치지 못하겠지만, 안드로겐 불감증이 된 '유전적 수컷'은 형질적으로 암컷이 되며, 암컷의 성적 행동을 보일 것이다. 인간 여성에게 부신선(adrenal gland) 기능의 유전적 결함이 있게 되면, 비록 몸속에는 여성 생식기관을 가지지만 외부 형태는 남성화한다. 이런 여성들은 남성화된 행동, 즉 '선호하는 친구가 다르고', '싸울 때에는 난투극을 잘 벌이며', '강한 힘을 쓰는' 등등의 남성적 행동을 보인다. 이런 경향은 외과 수술로 남성의 성기를 제거하고 호르몬 교체 치료를 해서 여성화시켜 준다고 하더라도 지속되는데, 그럼에도 대부분은 이성애(heterosexual)를 가진다(Ehrhardt and Baker 1974).

기능의 측성화(lateralization: 뇌의 좌우 기능이 전문화되는)에 대한 연구에 따르면, 남자와 여자 어린이 사이에 반구 전문화(hemispheric specialization) 차이로 인한 행동 차이가 나타나는 것을 볼 수 있는데, 이것은 남자 어린이 뇌가 여자 어린이 뇌보다 훨씬 더 측성화되기(좌우 뇌의 기능이 분업화되기) 때문이라는 생각을 갖게 한다(Witelson 1976, Waber 1976). 골드만(Goldman)과 그녀의 연구원들(1974)은 붉은털원숭이의 전두엽 피질(prefrontal cortex)에 손상을 주어 성의존 효과(성에 따라서 공간 식별력이 다른)를 발견했다. 수컷 원숭이는 어른이든 새끼든 전두엽 피질에 손상을 주는 실험에서 공간 식별력이 낮아지는 것을 보여주었지만, 암컷의 경우에는 오직 어른 원숭이만 영향을 받았다. 이 실험 결과는 공간 식별력에 필요한 인지 처리를 담당하는 전두엽 피질의 성장 시기에 동종이형이 생긴다는 것을 짐작하게 한다. 그리고 출생 전의 암컷이 안드로겐에 노출되는 경우 그 차이가 발생하지 않았다. 인간 뇌량(corpus callosum)의 꼬리부분(caudal (real) portion)에서 해부학적 차이가 있음이 발견되었다. 즉 여성이 남성보다 크고 두툼하게 되는 경향을 가진다(de Lacoste-Utamsing and Holloway 1982). 그렇지만 이것이 심리학적 기능에 어떤 영향을 미치는지는 아직 밝혀지지 않았다.

대부분 남성의 뇌가 남성화되는 정도에 차이가 있으며 여성의 뇌 또한 다양하게 여성화되는데, 어떻게 '인지적 능력', '정서적 반응', '사회적 상호활동' 등등에서도 차이를 보여주는지는 경험적으로 접근해야 할 문제이다. 그 차이가 (남성화되는 행동이 무엇이며 여성화되는 행동이 무엇인지에 관련해서) '현재 북부 아메리카 사람들에게 적절한 기준으로' 제시된 것은 어쩌면 당연한 일인지도 모른다. 그러나 기묘한 신경 형태학적 차이가 '어떤 특정한 문화가 반영된' 미신을 다시 불러들이지 말아야 한다. 경쟁적으로 스포츠를 즐기며 친구들과 술집에 드나드는 것을 남성다운 행동으로 규정하고, 여성의 행동을 레이스 치장이나 어린아이에게 자장가를 불러주는 것으로 규정하는 '통속적 이야기'는 분명 경험적 연구에서 참인 것처럼 오용되지 말아야 한다.

행동학적 연구는 너무나도 중요하지만, 유용한 자료가 통속 사회학의 기존 속설들을 확인시킬 것이라고 가정해서는 안 될 것이다. 심지어 영장류에서조차 아주 다양한 방식으로 성적 동종이형의 행동을 보여주는 사회적 구조가 있다. 예를 들어 하마드리아스 개코원숭이(haa-madryas baboon)는 새끼 돌보는 일을 암컷이 맡으나(Kummer 1968),

명주원숭이(marmoset)는 모유를 먹이는 일 말고는 새끼 돌보는 일을 암수가 나누어 맡으며(Jolly 1972), 바르바리 짧은꼬리원숭이(Barbary macaque)는 무리의 모든 수컷들이 새끼 돌보는 일을 함께 맡기도 한다. 오랑우탄은 독신으로 생활하며, 짧은꼬리원숭이는 일부일처(monogamous)로 짝을 맺고, 하마드리아스 개코원숭이는 일부다처(harems)이며, 아누비스 개코원숭이(Anubis baboons)는 난잡한 짝짓기(promiscuous)를 하기도 하고, 바르바리 짧은꼬리원숭이는 암컷이 적당한 수컷 여럿과 차례로 짝짓기를 하기도 한다.

암컷에게서 보이는 경쟁심(시기심)은 '종의 기능', '사회적 구조', '침입자의 성', '식량과 적정한 수컷의 이용가능성' 등등과 관련되어 보이며, 경쟁심이 없다면 종족을 유지하기도 어려울 것이다. 성적으로 동종이형은 일부다처(polygynous)를 갖는 종에서 두드러진 현상이지만, 그렇다고 이것이 인간에 대해서 무엇을 말해 준다고 생각하는 것은 너무 성급하다(Hrdy 1981, Krebs and Davies 1978).

인간의 성적 동종이형을 연구하기 어려운 점은 객관성 때문이다. 왜냐하면 가설을 확증시켜 줄 사실들을 선별적으로 연구하기 쉬운 (치명적인) 경향이 있기 때문이다. 허술한 과학은 나쁜 과학이며, 선별적 연구 역시 그렇다. 그런 만큼 문화와 교육이 기존의 굳어진 경향에 어느 정도로 작용할지는 경험적으로 탐구해야 할 문제이지, '문화적으로 선택한 인류학'에 의해서 혹은 '종족 선택적 행동학'으로 설명할 문제는 아닐 것이다. 모든 사회적 행위가 고착된 것이 아니라면 우리가 선택한 교육과 문화적 덮개는 우리가 가치를 두는 것, 즉 도덕의 문제이다. 모든 면을 고려해 볼 때, 내 생각으로는 '성적 차이'에 대해서 '신경형태학적'으로 연구해야 한다고 생각한다. 물론 분명히 대중들은 우리들의 열정을 꺾으려고 할 것이다. 그래도 알지 못하는 것보다는 아는 것이 나을 것이다.

참고도서

Akil, Huda, S. J. Watson, E. Young, M. E. Lewis, H. Khachaturian, and J. M. Walker (1984). Endogenous opioids: Biology and function. *Annual Review of Neuroscience* 7:223~255.

Bjorklund, Anders, and Ulf Stenevi (1984). Intracerebral neural implants: Neuronal replacement and reconstruction of damaged circuitries. *Annual Review of Neuroscience* 7:279~308.

Bullock, T. H., R. Orkand, and A. Grinnell (1977). *Introduction to nervous systems*. San Francisco: W. H. Freeman.

Cooper, J. R., F. E. Bloom, and R. H. Roth (1982). *The biochemical basis of neuropharmacology*. 2nd ed. New York: Oxford University Press.

DeVoogd, T. J., and F. Nottebohm (1981). Sex differences in dendritic morphology of a song control nucleus in the canary: A quantitative Golgi study. *Journal of Comparative Neurology* 196:309~316.

Reder, H. H. (1984). Hormones and sexual behavior. *Annual Review of Psychology* 35:165~200.

Hawkins, Robert D., and Eric R. Kandel (1984). Steps toward a cell-biological alphabet for elementary forms of learning. In *Neurobiology of learning and memory*, ed. G. Lynch, J. L. McGaugh, and N. M. Weinberger, 385~404. New York: Guilford.

Henn, Fritz A., and Henry A. Nasrallah, eds. (1982). *Schizophrenia as a brain disease*. New York: Oxford University Press.

Iverson, Leslie L. (1979). The chemistry of the brain. *Scientific American* 241/3:134~149.

Iverson, Leslie L., and Martin M. Rosser (1984). Human learning and memory dysfunction: Neurochemical changes in senile dementia. In *Neurobiology of learning and memory*, ed. G. Lynch, J. L. McGaugh, and N. M. Weinberger, 363~369. New York: Guilford.

Kandel, Eric, and James H. Schwartz, eds. (1981). *Principles of neural science*. New York, Amsterdam, Oxford: Elsevier/North-Holland.

Shepherd, Gordon M. (1983). *Neurobiology*. New York: Oxford University Press.

3 장
기능 신경해부학

마음을 이해하는 것이 우리의 허영심이 기대하는 만큼 혹은
우리의 지성이 두려워할 만큼 복잡하지 않아 보인다.
리나스(Rodolfo Llinás, 1986)

1. 서 론

뇌가 어떻게 작용하는지 알려면, 뇌의 기초 단위인 뉴런의 본성은 물론 뉴런 집단이 어떻게 '조직'되어 있는지 알아야 하며, 또한 그 집단적 '활동'이 어떻게 하여 유기체가 세계에 번성할 수 있도록 하는지도 알아야 한다. 신경과학 외부에서 바라보는 상식적 시각에서 보면, 신경계는 마치 끝없이 아무렇게 뻗어 있는 가시덤불처럼 뒤엉켜 있어, 도저히 그 형상을 알 수 없을 것처럼 보인다. 따라서 '가시덤불형상 뇌 설계 이론'(bramblescape theory of brain design)에서 보면, 뇌가 어떻게 작용하는지 밝혀내는 일은 도무지 불가능해 보인다. 너무 많은 수의 뉴런과 너무 많은 가지 그리고 너무 많은 가시(thorns)를 가지고 있기 때문이다.

그렇지만 가시덤불형상 이론은 지극히 소박한 생각이 아닐 수 없다. 신경계가 그렇게 복잡하다고 할지라도, 신경해부학자들은 신경계가 결

코 뒤죽박죽이 아니라 아주 잘 정렬된 것임을 발견하고, 그 구조에서 상당한 규칙성을 찾아내고 있기 때문이다. 새로운 기술들이 개발되고, 더 많은 것들이 밝혀짐에 따라서, 새로운 차원의 구조적 조직의 모습이 드러날 것이다. 만약 유전 물질들이 신체의 어느 다른 기관보다도 뇌 형성에 더 많이 관여한다는 것이 사실이라면(Bantle and Hahn 1976), '뇌가 하는 일이 무엇이며', '그 일을 어떻게 처리하는지'를 밝혀줄 이론은 뇌 자체에 대한 물리적 조직이어야 한다. 그런 점에서 우리 자신은 설명되어야 할 대상이며, 따라서 뉴런들이 스스로를 설명하는 것임을 이해할 필요가 있다.[1)]

생리학(physiology)과 해부학(anatomy)은 상호보완 관계이다. 왜냐하면 생리학이 더 많은 과학 지식을 줄수록, 더 많은 구조적(해부학적) 자료들이 나타날 것이며, 그러면 다시 새로운 기능적(생리학적) 이해가 탄생하게끔 연구가 진행되기 때문이다. 더구나 '구조'와 '기능' 사이의 구분은 기본적으로 종(kinds)에 대한 근본적 구분은 아니다. 어떤 개념이 '하는 일'을 기술할 경우에는 '기능적'이라고 할 수 있으며, 그 일을 장치 내의 '어떤 단위'가 수행하는지 규명할 경우에는 '구조적'이라고 할 수 있다. 하여튼 그 구분은 상대적이라서, 개념이 한 차원에서는 (구조적인 단위들에 의해 수행되는) '기능'을 규정하면서, 동시에 더 높은 조직적 차원에서는 (더 높은 차원의 기능적 개념들에 대한) '구조'를 규정하는 개념이 될 수도 있다. 그리고 더 낮은 차원을 분석하는 경우에는 그 '구조적' 단위들이 (상대적으로 더 낮은 기능을 수행하는 단위들에 대한) '기능'을 설명할 것이다. 크리스튼슨과 그 연구원들(Christensen et al. 1980)은 "… 한 신경과학자에게 역학(mechanism)인 것이 다른 신경과학자에게 현상학(phenomenology)일

---

1) [역주] 우리는 '자신'이 주체가 되어 무엇을 생각한다고 여기지만, 사실 정확히 말해서 '뇌'가 생각을 하는 것이다. 그러므로 '뇌에 대해서 어떻게 이해할 것인가'의 문제는 '뇌가 뇌에 대해 이해하려는' 것임을 명심해야 한다.

수 있다"(p.342)고 했다. 그렇다고 상대성으로 인해서 '구조'와 '기능' 사이의 구분이 쓸모 없다는 이야기는 아니다. 단지 그 구분이 너무 많은 형이상학적 부담을 짊어지지 말아야 함을 의미할 뿐이다(좀 더 깊은 논의는 10장에서 참조).

나는 여기에서 신경기관을 다섯 차원, 즉 '신경로'(pathways), '층판'(laminae), '국소 대응도'(topographical maps),[2] '피질원주'(columns), '신경계 발달'로 나누어 언급하고자 한다. 이들 다섯 차원 각각의 경우에 대해서 나는 단지 몇 개의 예를 들어 그 기관의 특징을 설명하려 한다. 신경계 기관에 대한 더욱 완벽한 소개를 원한다면, 이 장의 끝에 있는 참고도서 목록을 보라. 그 밖에 다른 서열 차원, 즉 '외측억제'(lateral inhibition)나 '중심주변조직화'(center-surround organization)[3] 같은 것에 대해서는 이 책에서 언급하지 않을 것이다. 우선 나는 독자를 입문시키기 위해 자세한 설명을 첨가한 그림과 함께 인간 뇌의 중요 해부학적 구분을 소개하려 한다.

---

2) [역주] 'topographical map'이란 용어를 우리말로 어떻게 번역해야 할지 적지 않은 고심을 했으며, 여러 분야의 학자들로부터 조언을 구해야 했다. 뇌의 감각피질 영역과 운동피질 영역에는 신체의 감각과 운동 부위에 상응하는 일종의 '기능분포도'가 존재한다. 이것을 '신체 국소 기능에 대응한다'는 점에서 간단히 '국소 대응도'라 번역했다. (3장 5절의 자세한 설명과 **그림** 3.15, **그림** 3.19, **그림** 4.6 참조.)

3) [역주] 저자가 설명하지 않겠다는 내용이 무엇인지 궁금하여 이원택 교수(연세대학교)에게 문의하였다. 다음은 그 대답이다.
"'외측억제'(lateral inhibition)란 어떤 신경원 또는 신경세포 집단이 주위의 신경원 또는 신경세포 집단을 억제하는 것을 말합니다. 대뇌피질이나 망막의 신경원집단은 기본적으로 외측억제를 하는 원주형의 구조(피질원주 cortical column)로 구성되어 있습니다. 외측억제의 결과로 어떤 신경원 또는 신경원 집단이 활성화되면 주위의 신경원은 억제되어 보통 동심원의 구조로 가운데는 활성화, 주변부는 억제되는 형태로 나타나는데 이를 '중심주변조직화'(center surround organization)라고 합니다."

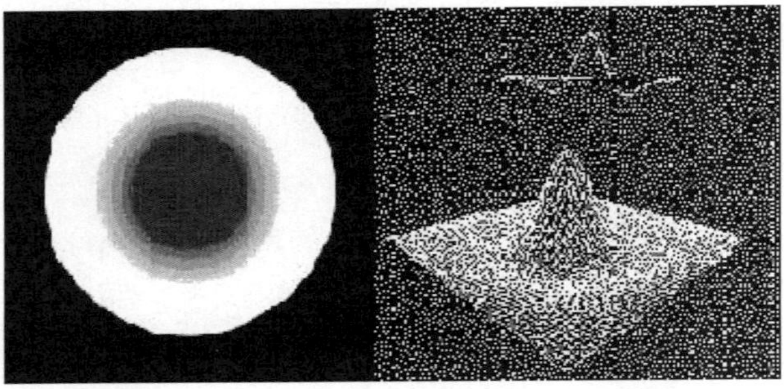

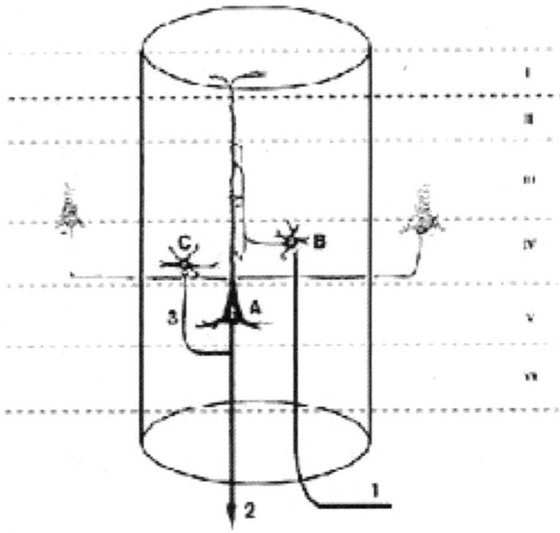

A 피라미드 세포(pyramidal cell) 1. 구심섬유(afferent fiber)
B 흥분성 과립세포(excitatory granular cell) 2. 원심섬유(efferent fiber)
C 억제성 과립세포(inhibitory granular cell) 3. 원심섬유 곁가지(collaeral fiber)

피질원주(cortical column)의 신경회로. 가장 간단한 회로를 대략적으로 나타내었다. 특수시상피질섬유(specific thalamocortical fiber)인 구심섬유는 주로 IV층에 있는 중간신경원인 과립세포(granular cell)를 흥분시키며, 이 IV층에 있는 세포는 흥분성인 소극별신경원(spiny stellate cell)으로 원심신경원인 피라미드 세포를 흥분시킨다. 이 원심신경원은 곁가지를 통해 바구니세포(basket cell)와 같은 주변의 억제성 과립세포(inhibitory granular cell)를 흥분시켜, 주위의 피질원주를 억제한다.

2. 중요 해부학적 구분

뇌에 대한 전통적인 해부학적 구분은 주로 육안으로 쉽게 관찰할 수 있는 특징에 근거해서 다섯으로 나누고 있다(**그림** 3.1). (1) 대뇌반구(cerebral hemispheres)를 구성하는 '전뇌'(종뇌: telencephalon), (2) 시상(thalamus)과 시상하부(hypothalamus)를 구성하는 '간뇌'(diencephalon), (3) '중뇌'(mesencephalon, midbrain), (4) 소뇌(cerebellum)와 교뇌(pons)를 구성하는 '후뇌'(metencephalon), 그리고 (5) 이따금 '수뇌'(myelencephalon)라고 불리기도 하는 '연수'(medulla oblongata)가 있다.[4] 이 구분을 지금도 사용하고 있지만, 신경계가 어떻게 작용하며 신경계가 어떻게 진화하는지, 그리고 신경계가 어떻게 성장하는지 알게 되면 더 나은 기능적 분류 방식이 나타날 것이다.

인간의 대뇌반구는 아주 크고(**그림** 2.1) 심한 굴곡을 이루는데, 이것은 확장된 **피질막**(cortical sheet)이 (여성이 출산 가능한) 태아의 작은 두개골 내에 충분히 들어갈 수 있도록 접히기 때문이다. 뇌 주름의 틈새를 '**고랑**'(sulcus)이라고 부르며, 고랑들 사이의 능선을 '**이랑**'(gyrus)

---

4) [역주] 뇌의 큰 외형적 구분 위치를 보여주는 그림. (이원택 · 박경아. 『의학 신경해부학』. 1996. 저자의 허락을 받아 인용.)

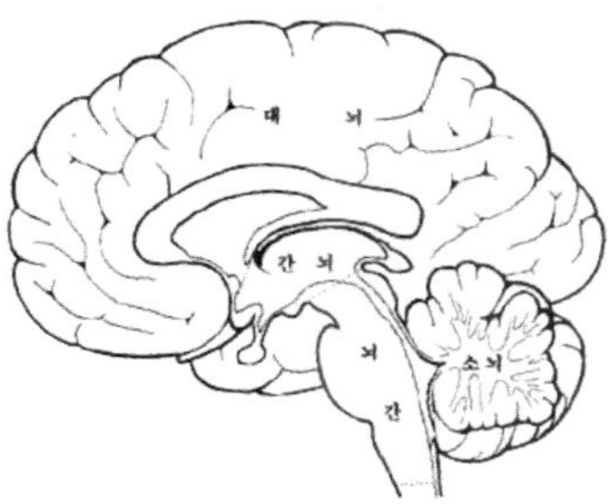

대뇌(cerebrum)
간뇌(diencephalon)
소뇌(cerebellum)
뇌간(brain stem)

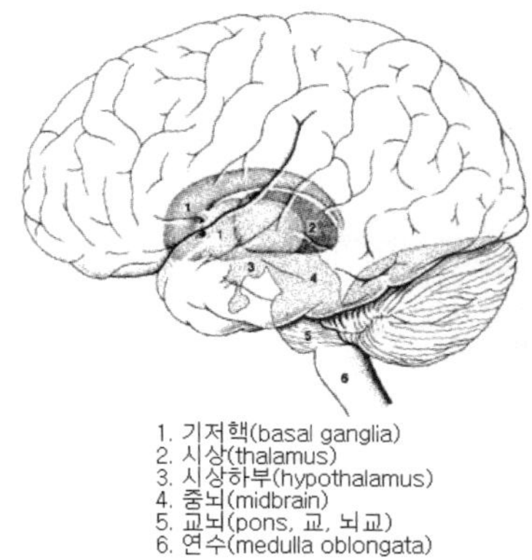

1. 기저핵(basal ganglia)
2. 시상(thalamus)
3. 시상하부(hypothalamus)
4. 중뇌(midbrain)
5. 교뇌(pons, 교, 뇌교)
6. 연수(medulla oblongata)

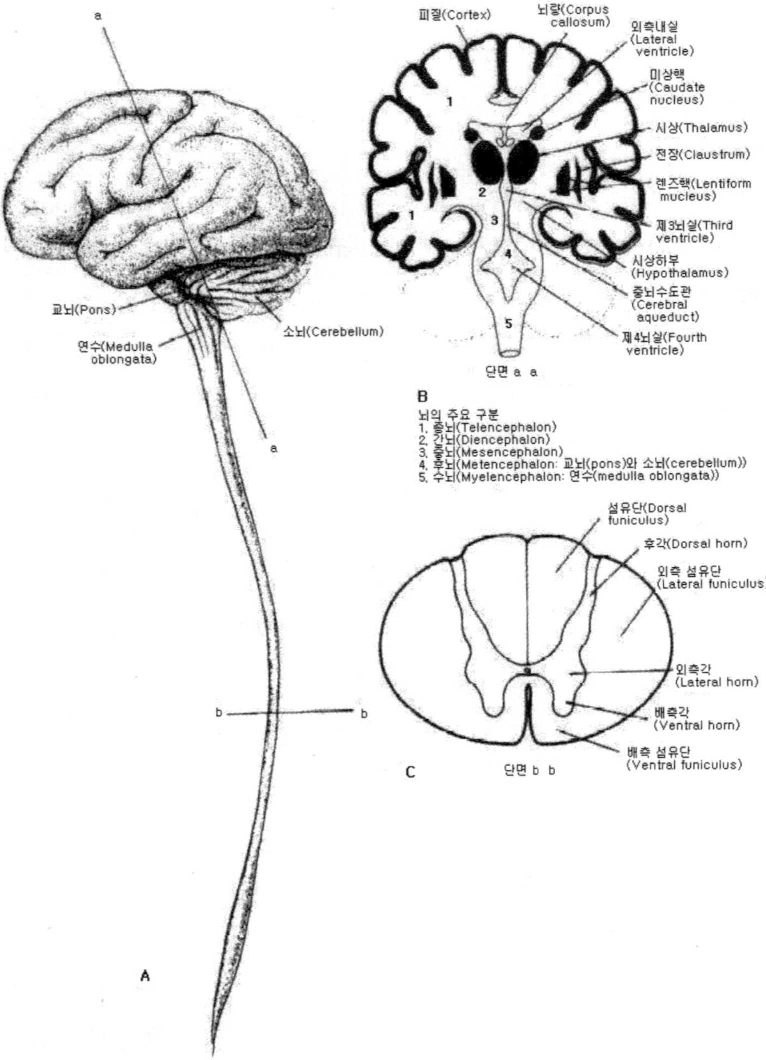

그림 3.1

중추신경계(central nervous system)는 (A) 뇌(brain)와 척수(spinal cord)로 구성된다. 회색질(gray matter)과 백색질(white matter)은 (B) 뇌와 (C) 척수 절단면 그림에 보여주는 것처럼 나누어져 있다. (Heimer(1983). *The Human Brain and Spinal Cord*. Copyright ⓒ 1983 by Springer-Verlag)

이라고 부른다. 대뇌반구 표면을 '대뇌피질'(cerebral cortex)이라고 하며 약 2밀리미터 깊이(**그림** 3.2)까지를 말하고, 그 아래는 **백색질 신경로**(white-matter tracts), 즉 신경섬유 다발로 구성된다. 뇌에서 가장 잘 알려진 것이 어쩌면 뇌량(corpus callosum)일 것인데, 이것은 좌우 대뇌반구(hemisphere)를 연결한다. 백색질(white matter)과 회색질(gray matter)의 차이를 설명하자면, 회색질은 주로 세포체와 수상돌기로 구성되어 있어 포름알데히드(formaldehyde: 방부제)로 처리하면 회색으로 보이는 반면에, 백색질은 주로 마이엘린으로 둘러싸인 축삭으로 이루어져 희게 보인다.

대뇌반구에서 큰 고랑과 이랑을 기준으로 해부학적으로 조금 더 상세하게 **대뇌엽**(lobes)을 구분할 수 있다(**그림** 3.3).[5)] 이보다 더 상세한 기준이 브로드만(Brodmann 1909)에 의해 제안되었는데, 그는 세포구조(cytoarchitectural)에 근거해서 뇌를 50 영역으로 상세하게 나누었다(**그림** 3.4, 그의 방법에 대한 설명은 3장 4절에서 참조). 브로드만 숫자는 지금까지 대뇌피질영역을 가리키는 방법으로 흔히 사용되고 있

5) [역주] 해부학적으로 외부에서 보이는 대뇌의 깊은 고랑을 중심으로 전두엽(frontal lobe), 두정엽(parietal lobe), 후두엽(occipital lobe), 측두엽(temporal lobe)으로 구분되며. 대뇌 안쪽 면에도 고랑과 이랑을 가지고 있는데, 이곳이 변연엽(limbic lobe)이다.

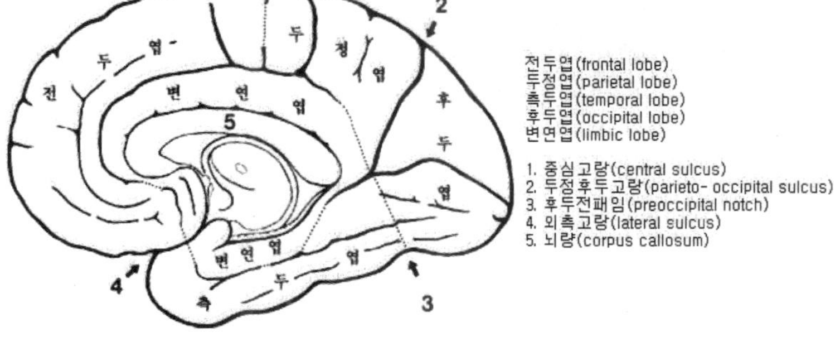

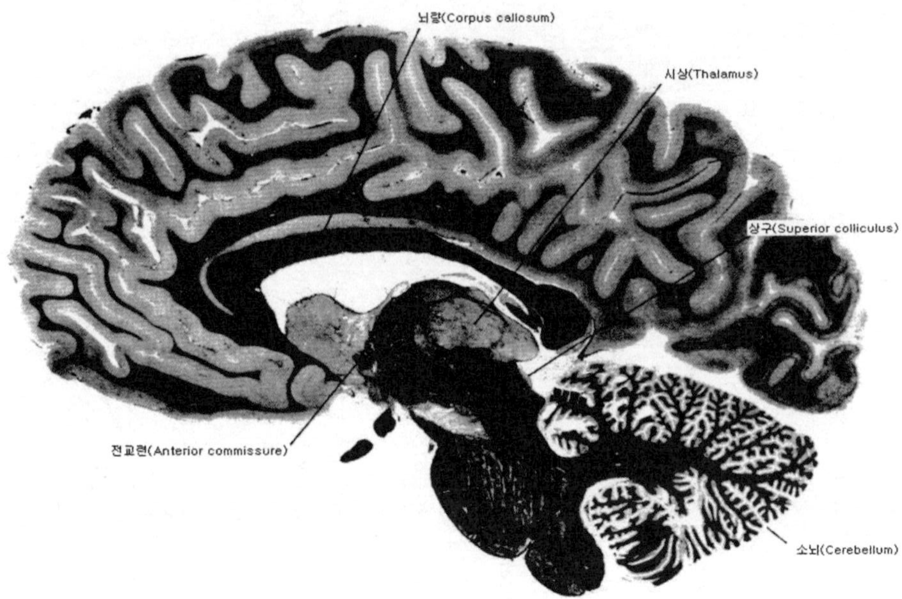

그림 3.2
인간 뇌의 수직 단면. 염색하여 백색질(white matter: myelin)은 검게 보이고, 회색질(gray matter: cell bodies)은 밝게 보인다. (Van Hoesen and Reimann from the Yakovlev Collection의 사진. Heimer 1983. *The Human Brain and Spinal Cord*. Copyright ⓒ 1983 by Springer-Verlag에서 재인용)

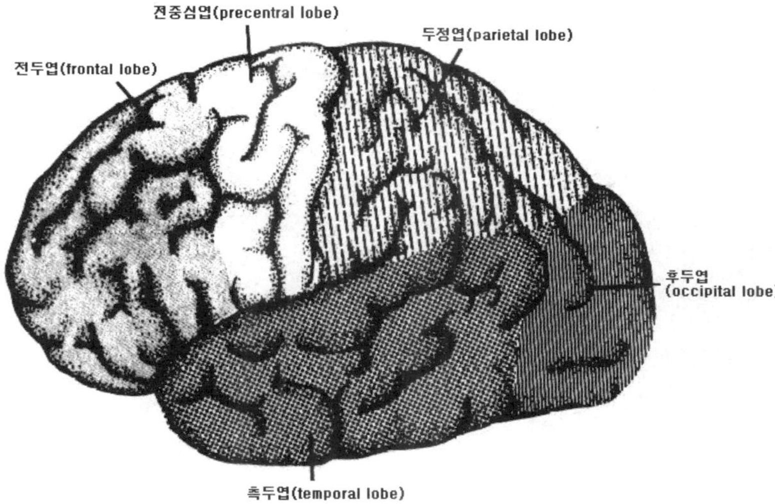

그림 3.3
큰 고랑과 이랑에 의한 뇌의 주요 구분. (Thompson(1975). *Introduction to Physiological Psychology*. New York: Harper and Row.)

으며, 그중에서 특히 17번과 18번은 나중에 생리학자들에 의해서 아주 중요한 기능적 차이가 있음이 밝혀지기도 했지만, 이제는 새로운 번호 체계가 요구된다(그림 3.5).

나중에 설명할 내용과 관련되어 중요한 피질하 회색질 구조는 해마(hippocampus)와 편도(amygdala)를 포함하고 있으며, 이것들은 측두엽(temporal lobe) 안쪽에 있는데, 발생학적으로 원시 뇌에 해당된다(그림 3.5). 피질하 회색질 구조 중에 특히 해마는 기억과 관련하여 심도 있는 연구가 진행되고 있다(4장과 5장 참조). 다른 피질하 회색질 구조로 기저핵(basal ganglia)이 있는데, 이것은 운동조절에 중요한 역할을 담당한다.

간뇌의 일부인 시상(thalamus) 역시 피질하 회색질 구조에 포함된다. 시상은 마치 계란과 같이 생겼으며, 상호 보완적인 좌우 반쪽으로

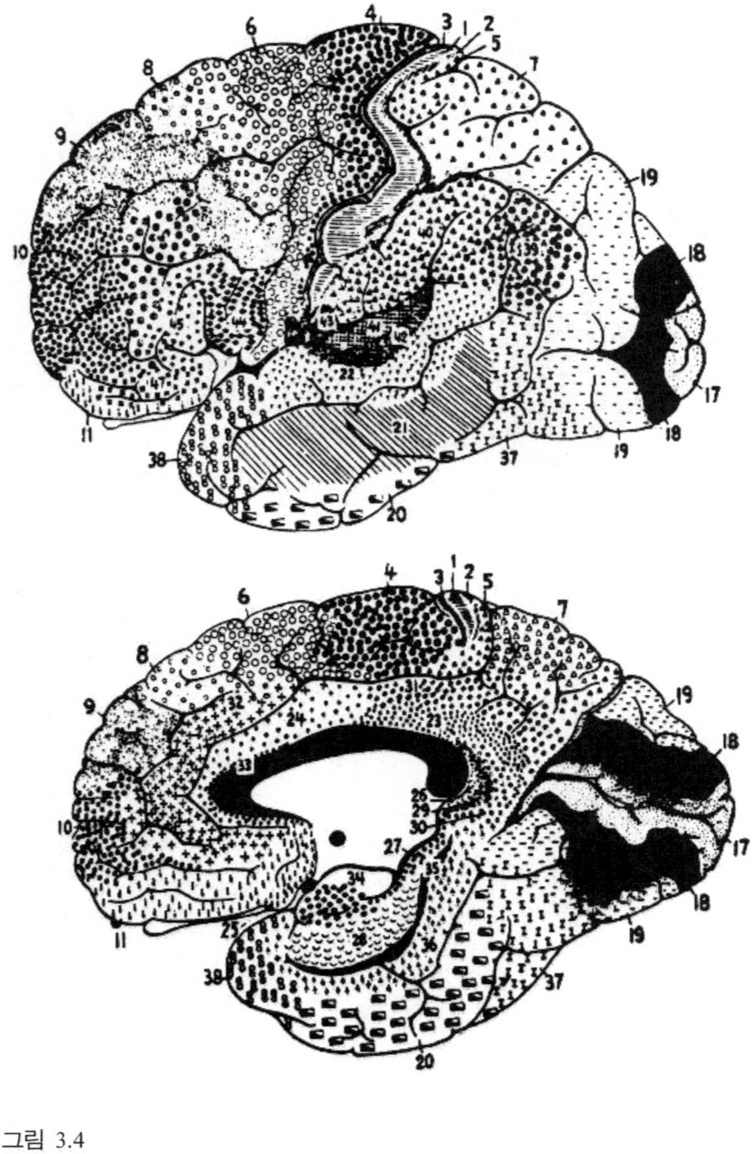

그림 3.4
세포구축학적(cytoarchitectural) 기준에 의한 대뇌피질의 브로드만(Brodmann 1909) 영역.

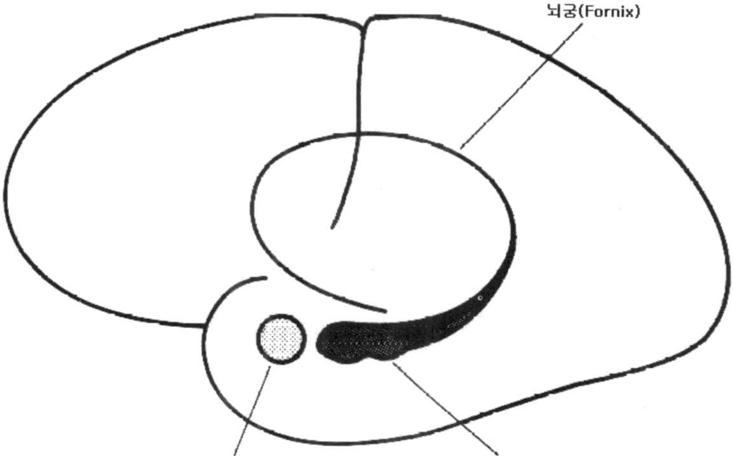

그림 3.5
뇌가 투명하다는 가정에서 그린 그림으로 뇌 내부의 깊은 위치에서 해마(hippocampus), 편도체(amygdaloid) 그리고 뇌궁(fornix)을 볼 수 있다. (Heimer(1983). *The Human Brain and Spinal Cord*. Copyright ⓒ 1983 by Springer-Verlag)

나누어져 있으며 뇌 안의 뇌처럼 인식되기도 한다. 시상은 중요한 신호 종합 센터라고 할 수 있으며, 후각 신경로(olfactory tract)를 제외한 모든 감각 신경로(sensory tract)가 이곳으로 연결되는데, 감각신호가 처리되기 전에 이곳에 모아져 대뇌의 관련 피질영역으로 보내진다. 시상의 뚜렷한 구조로 **외측무릎핵**(lateral geniculate nuclei: LGN)이 있으며, 그 핵[6])은 시상 양쪽 후미에 각기 하나씩 위치해 있다. 외측무릎핵은 망막으로부터 대량의 돌기를 받아들여, 대뇌피질의 특정 영역으로 대량의 돌기를 뻗는다.

중뇌는 신호를 종합하는 다양한 구조를 포함하고 있어 들어오는 신

6) [역주] '핵'(nuclei)이란 전형적으로 세포체와 수상돌기가 잘 분화된 덩어리를 말하며, 외부 피질을 껍질로 비유할 경우 내부 덩어리라고 할 수 있다.

호와 나가는 신호를 전달하는 센터라고 할 수 있다. 그리고 몇 개의 뇌신경(cranial nerves)이 눈동자 움직임을 조절하도록 하는 연결지점이기도 하다. 배측(dorsal side: 등쪽)에서 대뇌를 들어올리면 두 쌍의 덩어리를 볼 수 있는데, 그중에 **상구**(superior colliculus)는 시각반사에 중요한 역할을 담당하며, **하구**(inferior colliculus)는 들어오는 청각신호를 종합한다. 수면을 유도하고, 꿈을 꾸게 하며, 보행을 조절하는 일에 참여하는 뉴런의 산재성 조직(diffuse feltwork), 즉 **그물 형성체**(reticular formation)는 중뇌의 중요한 역할이라고 할 수 있지만, 시상과 연수(medulla)도 이 일에 관련한다. 또한 중뇌에서 발견되는 핵들(nuclei) 중에 안구운동 신경(oculomotor nerve)을 담당하는 핵이 있으며, 치아(teeth), 안면(face) 그리고 부비동(sinuses)으로부터 구심성 정보(afferent information)를 전달하는 삼차신경(trigeminal nerve)의 핵이 있고, 꿈꾸는 중에 '꿈 상관 운동'을 억제하기 위해 운동조절을 억제하는 핵도 있으며,[7] 퇴화되면 파킨슨병을 일으키는 핵인 흑질(substantia nigra)도 있다.

후뇌의 중요한 해부학적 구조로 '소뇌'와 '교뇌'가 있다. 인간과 다른 영장류에서 깊은 틈새를 만들고 있는(**그림** 3.2 참조) 소뇌는 운동조절을 중재하며, 세포의 구조와 연결이 상당히 규칙적이라는 점에서 특히 관심을 끈다. 이 점에 대해서는 10장에서 이론 신경생물학 내에 가설을 설명하는 예를 통해 더욱 상세히 논의될 것이다. 연수(medulla)는 심장박동과 호흡과 같은 생명유지 기능을 조절하는 핵을 가지고 있으며, 안면(facial), 와우(cochlear), 그리고 전정(vestibular) 신경을 포함한 더 많은 뇌신경을 조절하는 곳이기도 하다. 연수는 척수로 연결되며, 척수는 척주(spinal column)를 따라 아래로 연장된다. 척수는 대부분의 운동조절을 지배하는 원심성 신경로와, 감각신호를 전달하는

7) [역주] 대개 사람들은 꿈속에서 도망치려고 아무리 애써도 실제로 손과 발이 움직이지는 않지만, 간혹 꿈을 꾸면서 실제로 몸동작을 하는 경우도 있다.

구심성 신경로를 포함한다. 또한 뇌로부터 입력신호를 받지 않은 다양한 반사행동, 예를 들어 비교적 단순한 무릎반사는 물론 고양이의 부드러운 율동적 운동과 같은 훨씬 복잡한 일에 관여하는 연결선(신경로)을 포함한다.8)

뇌 구조 안쪽 깊은 곳에 있는 뇌실(ventricles)은 뇌척수액(cerebrospinal fluid: CSF)으로 채워진 내강(cavities)이다. (**그림** 2.7, **그림** 3.6 참조.) 뇌척수액은 '맥락얼기'(choroid plexus)라고 하는 뇌실의 특화된 구조에서 만들어지며, 소량의 뇌척수액이 뇌실(ventricle: 제4 뇌실)로부터 소뇌 근처에 열려 있는 외측구(lateral aperture)를 통해 흘러나와, 보호막(protective sheath)인 경질막(dura) 내부에 담겨 뇌를 감싸 보호하는 역할을 한다. 태아전 발달 동안에 중뇌수도관(cerebral aqueduct)이 차단되면 뇌실에 과도한 뇌척수액이 축적되게 되어, 뇌실을 비정상적으로 확장시켜서 결국 수두증(hydorcephalus)을 일으키는 원인이 된다.9)

---

8) [역주] 신경 경로를 보여주는 그림. (이원택 · 박경아. 『의학신경해부학』. 1996.)

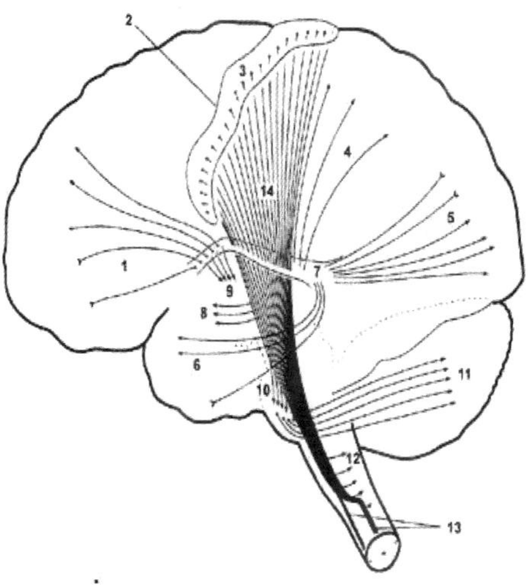

대뇌피질의 투사섬유(projection fibers)

1. 전시상방사(anterior thalamic radiation)
2. 중심고랑(central sulcus)
3. 중심전이랑(precentral gyrus)
4. 중심시상방사(central thalamic radiation)
5. 시각방사(optic radiation)
6. 청각방사(auditory radiation)
7. 내섬유막(internal capsule)
8. 피질선조섬유(corticostriate fiber)
9. 피질시상섬유(corticothalamic fiber
10. 피질교뇌섬유(corticopontine fiber)
11. 교뇌소뇌섬유(pontocerebellar fiber
12. 피질뇌간로(corticobulbar tract)
13. 피질척수로(corticospinal tract)
14. 피질원심섬유(corticofugal fibers)

3. 경로(Pathways)와 신경로(Tracts)

만약 깃털이 당신의 손등을 건드리면 감각뉴런이 그 사건을 감지함으로써 당신은 깃털의 특유한 감각을 느낄 수 있다. 말초신경으로부터 오는 이 신호는 어디로 보내져 마침내 느낌을 알게 되며, 그 접촉한 위치를 알 수 있는 것일까? 만약 당신이 머리를 돌리는 동안에도 사물에 눈을 맞추려고 한다면, 머리의 움직임을 보완하기 위해 당신의 눈은 계속 움직여야만 한다. 이런 추적을 가능하게 하는 것은 어느 회로일까?

이런 질문에 대답하기 위해 신경해부학자들은 말초신경으로부터 들어오는 뉴런 경로(neuron pathways)와, '척수'와 '뇌 내부의' 뉴런 경로를 찾아왔다. 초기 연구는 다음 두 가지 기술에 의존해서 이루어졌다. (1) 특수 염료를 주사하여 뉴런을 염색하거나, (2) 뉴런에 손상을 주

---

9) [역주] 뇌실을 중심으로 살펴본 뇌 구조의 그림. (이원택 · 박경아. 『의학신경해부학』. 1996.)

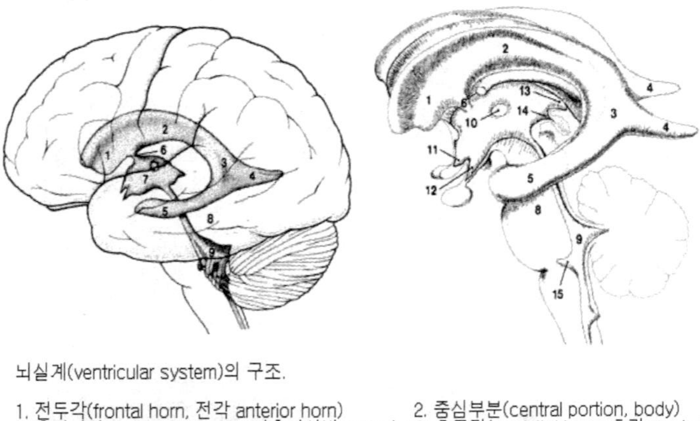

뇌실계(ventricular system)의 구조.

1. 전두각(frontal horn, 전각 anterior horn) 2. 중심부분(central portion, body)
3. 측면삼각(collateral trigone, 외측뇌실방 atrium) 4. 후두각(occipital horn, 후각 posterior horn)
5. 측두각(temporal horn, 하각 inferior horn)
6. 몬로공(formanen of Monro, 뇌실간공 intervertebral foramen)
7. 제3뇌실(3rd ventricle) 8. 중뇌수도관(cerebral aqueduct, 대뇌수도)
9. 제4뇌실(4th ventricle) 10. 시상간접합부(interthalamic adhesion, 시상간교)
11. 시각상오목(supraoptic recess, 시삭상와) 12. 깔때기오목(infundibular recess, 누두와)
13. 송과선상오목(suprapineal recess, 송과상와) 14. 송과선오목(pineal recess, 송과체와)
15. 외측오목(lateral recess, 외측와)

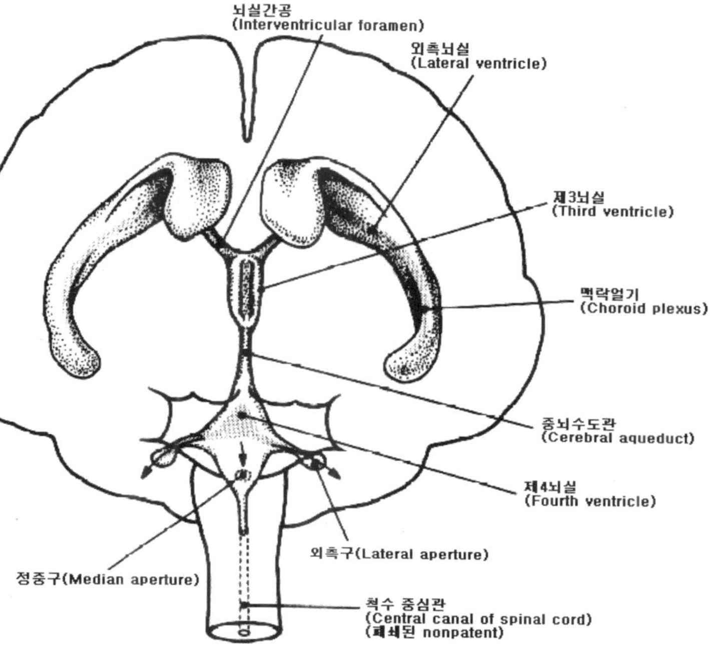

그림 3.6
뇌실. 뇌 전면에서 뇌가 투명하다는 가정에서 뇌척수액(cerebrospinal fluid: CSF)으로 채워진 해면영역(carvernouse areas)을 보여주는 그림. 세 개의 작은 구멍, 정중구(median aperture)와 두 외측구(lateral apertures)를 통해서 뇌척수액은 뇌와 뇌 보호막 사이의 좁은 공간으로 흘러나간다. (Angevine and Cotman(1981). *Principles of Neuroanatomy*. New York: Oxford University Press)

어 시간이 지남에 따른 뉴런 돌기 퇴화 경로를 추적하는 것이다. 간혹 손상된 뉴런과 시냅스후 연결을 이룬 뉴런이 그 손상에 대한 위축 반응을 보여주는 경우에는 더 멀리까지 경로를 추적할 수 있기도 하다.[10)]

---

10) [역주] 신경로 추적방법은 방향에 따라 둘로 구분되는데, 세포체로부터 축삭종말을 추적하는 방법을 전행성 추적방법(anterograde tracing)이라 하고, 축삭종말에서 세포체를 추적하는 방법을 역행성 추적방법(retrogrde tracing)이라 한다. (이원택 · 박경아. 『의학신경해부학』. 1996. p.128.)

최근에 개발된 기술은 방사선 동위원소로 표시한 아미노산(amino acids)을 뉴런에 노출시켜, 그 아미노산을 단백질과 결합시킨 후에 그 물질을 (축삭 전달에 의해) 축삭 줄기를 따라 이동시키는 일이 가능해졌다. 방사선 동위원소로 표시된 물질은 시냅스 연접을 지나게 할 수 있어서, 시냅스후 뉴런을 그 방사선 표시 물질에 노출시키는 일도 가능하며, 이것을 축삭 말단에까지 이르게 할 수도 있다. 양고추냉이 과산화효소(horseradish peroxidase)는 특이하게 그 반대 방향으로 이동하는데, 그 효소를 축삭 종말에 뿌리면 역행전달 시스템(retrograde system)에 의해서 축삭에서 세포체로 거슬러 올라가며 뉴런 전체의 모든 분지로 확산된다. 이 두 기술을 이용하면 (경로를 동시에 두 길로 표시해 줌으로써) 관찰자는 한 덩어리의 뉴런 속에 있는 돌기의 모습을 볼 수 있다. 이런 기술들은 신경계의 경로 조직을 그림으로 나타내는 일에 말할 수 없을 정도로 도움을 준다. 또한 한쪽에서 전기 자극을 주면 다른 쪽에서 기록이 되는 '전기 자극 방법'은 '해부학적 방법'과 연결 지어 이용되기도 한다(Heimer and Robards 1981).

다양한 방법을 이용한 결과 중추신경계에 감각신호와 운동신호가 전달되는 경로에 대해 상당히 많은 것들이 발견되었다. 물론 인간의 경우 다른 동물보다 다소 덜 완성된 것이며, 가장 최근에 작성된 것이라 할지라도 많은 결함이 있기는 하지만, 지금까지 성취한 몇몇의 연구 결과를 알아보기 위한 예로 청각시스템(auditory system)의 경로 그림을 살펴보자(**그림** 3.7). 다소 부족한 점이 있긴 하지만 이 그림은 뇌간의 '청각신경섬유 교차(cross-over)'와 함께 청각 신경과 대뇌피질 사이의 '시냅스 연접' 네 곳을 보여준다. 신체감각 시스템(somatosensory system)은 아주 다른 두 경로를 가지고 있다(**그림** 3.8). 그중에 섬유띠 시스템(lemniscal system)은 털의 움직임, 섬세한 촉감, 심부압력(deep pressure) 그리고 팔다리 위치 등등을 포함한 다양한 감각 지각에 관여한다. 그 시스템은 척수까지 명확히 밝혀진 경로를 가지며,

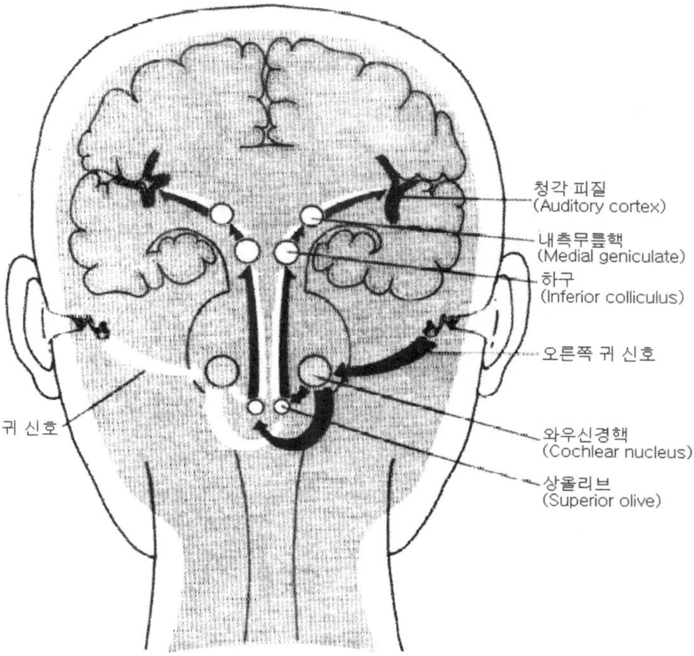

그림 3.7
귀로부터 청각피질로 연결되는 경로. 두정엽 단면을 뇌 뒤쪽에서 본 그림. (Lindsay and Norman(1977). *Human Information Processing*. 2nd ed. New York: Academic Press)

시상의 특정 영역에 시냅스를 이루고, 다시 대뇌피질영역으로 뻗는다.

척수시상 시스템(spinothalamic system)은 주로 통증 자극과 온도를 신호로 바꿔 전달한다. 그 경로는 척수의 다른 공간을 통해서 시상으로 연결되며, 다시 대뇌피질로 뻗는다.

전정시각반사(vestibulo-ocular reflex: VOR)는 유기체가 머리를 움직이는 동안에 가능한 한계 내에서 표적을 부드럽게 추적하게 해준다. 이 반사작용 회로에서 중요한 부분은 내이(inner ear)의 전정 기관(vestibular apparatus)이 있는데, 내이에 있는 수용기 뉴런은 삼반규관

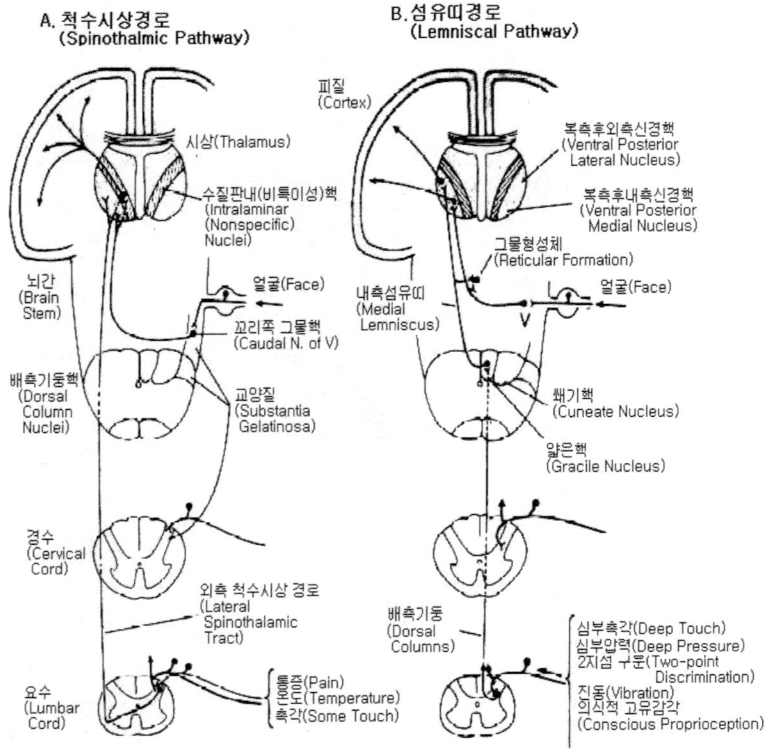

그림 3.8
신체감각 시스템(somatosensory system)의 구심성 경로(ascending pathways). (Shepherd(19830. *Neurobiology*. New York: Oxford University Press)

(semicircular canal) 안의 유동액의 가속을 감지하여, 뇌간 내의 전정핵(vestibular nuclei)으로 보내며, 이것은 다시 시각운동 신경절로 보내어, 외부안구근육(extraocular muscles)이 눈동자를 움직이게 한다(**그림 3.9**). 전정 기관의 '수용기 뉴런'과 눈동자 운동을 조절하는 '안근'(ocular muscles) 사이에 오직 세 개의 시냅스 연결이 있을 뿐이다. 이것이 바로 전정시각반사 시스템인데, 이 시스템은 우리가 망치를 들 경우 무게를 느끼면서 팔 근육에 힘을 쓰도록 하는 방식과는 다르게

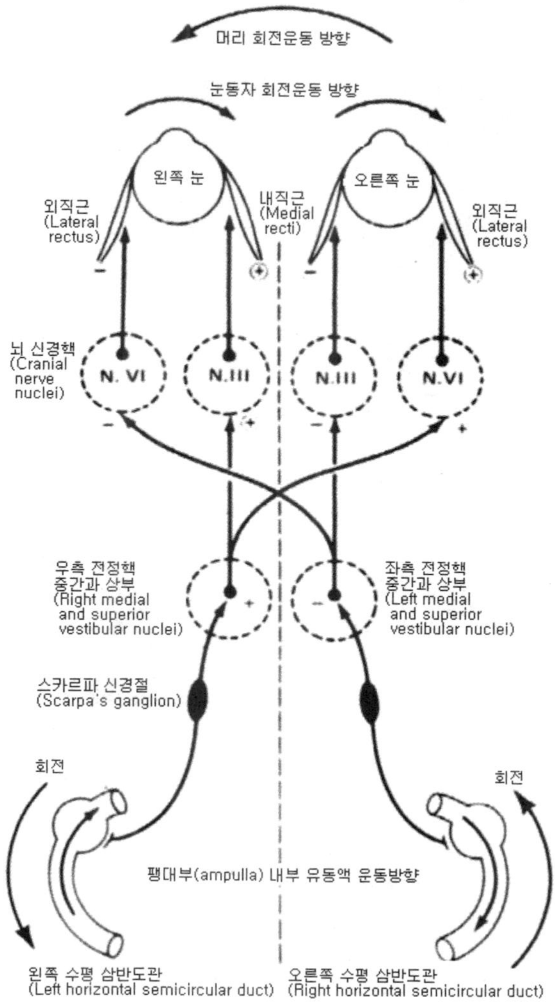

그림 3.9

전정시각반사궁(vestibulo-ocular reflex arc)을 임의적 위치로 나타낸 도식적 회로도. 개별 경로를 따라 격발률이 증가(+)하거나 감소(−)하는 것을 볼 수 있다. (J. P. Kelly(1981b). Ch. 35 of *Principles of Neural Science*, ed. E. R. Kandel and J. H. Schwartz, pp.406~418. Copyright ⓒ 1981 by Elsevier Science Publishing Co., Inc. 출판사로부터 허락을 받아 인용)

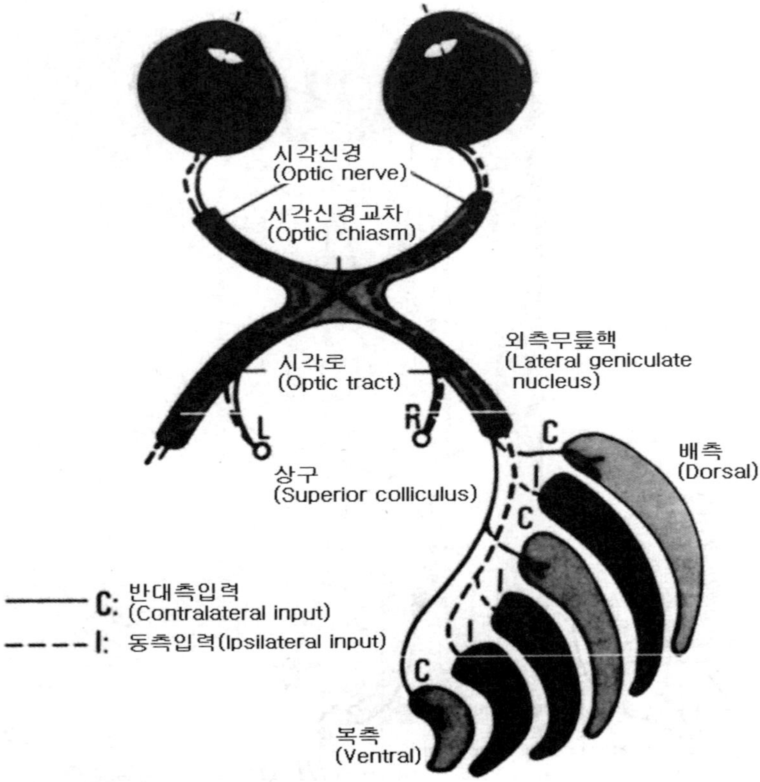

그림 3.10
망막으로부터 위로 상구(superior colliculus)와 외측무릎핵(lateral geniculate nucleus)에 투사(projection). (J. P. Kelly 1981a의 그림을 수정)

작용한다, 즉 시각근육은 외부 부하에 대해 힘을 쓰도록 되어 있지 않다. 이런 사실은 특별히 탐구되어야 할 것이다.11) 전정시각반사 시스템이 어떻게 작동하는지를 설명하는 이론은 10장에서 보여줄 것이다.

11) [역주] 근육에 무게를 감지하는 수용기가 있어서 물건을 들어올리면서 느껴지는 무게에 따라 적절히 힘을 조절할 수 있다는 것은 곧 피드백 시스템을 가지고 있음을 의미한다. 반면에 전정시각반사는 그런 피드백 시스템을 가지고 있지 않으면서도 정확한 조절이 가능하다.

(그렇지만 사실 전정시각반사 시스템이 전적으로 그런 회로 내의 신호에 의해서만 조절되는 것은 아니다. 소뇌와 같은 다른 기관으로부터 영향을 받기 때문이다.)

시각 시스템(visual system)은 두 경로를 가지고 있는데, (1) 망막으로부터 상구(superior colliculus)를 통해서 대뇌피질로 연결되는 것과, (2) 망막으로부터 외측무릎핵(lateral geniculated nucleus: LGN)을 통해서 대뇌피질로 연결되는 것이다. 두 번째 경로가 바로 본질적으로 인간이 시각을 경험할 수 있게 하는 것이며, 첫째의 상구 경로를 통해 전달되는 신호는 맹시력 환자(blindsight patients)가 지각 판단할 수 있는 바탕이 된다(5장 참조). 각각의 눈동자로부터 섬유띠(fibers)를 연결하는 시각 신경(optic nerve)은 시각교차(optic chiasm)에서 나눠지며, 이 섬유띠의 절반은 반대쪽으로 연결되고 나머지 절반은 같은 쪽으로 연결된다. 그 결과 왼쪽 시각영역을 나타내는 (오른쪽 망막반구 hemiretina에서 시작된) 모든 섬유띠는 오른쪽 대뇌반구로 연결되며, 오른쪽 시각영역을 나타내는 (왼쪽 망막반구에서 시작된) 모든 섬유띠는 왼쪽 대뇌반구로 연결된다(**그림** 3.10). 처음 시냅스 연결은 외측무릎핵에서 이루어지며, 이곳의 섬유단은 망막의 발생 영역에 따라 각기 다른 층판(laminae)으로 연결된다. 영장류의 경우, 오른쪽 눈으로부터 연결된 섬유띠는 5번, 3번, 2번 층판을 지배하며, 왼쪽 눈으로부터 연결된 섬유띠는 6번, 4번, 1번 층판을 지배한다. ('층판'에 대해서는 다음 절에서 언급하겠다.) 외측무릎핵에서 출발한 섬유띠는 질서 정연하게 대뇌피질에 있는 특정 피질층(layer)에 연결된다. 아주 많은 섬유들이 뇌의 브로드만 영역 17, 또는 일차시각피질(primary visual cortex), 또는 선조피질(striate cortex)로 연결되며, 반대로 대뇌피질에서 외측무릎핵으로 거대한 상호 연결을 이룬다.

전통적 개념에서 보면 시각 처리과정은 계층을 이루고 있어서, 외측무릎핵에서 나온 정보는 위로 여러 차원들을 통과하여 일차시각피질로 전달되고, 다시 통합피질(association cortex)로 전달되는데, 각 차원마다 더 추상화되고, 교차통합(cross-modal)된 후에 해석된다. 간단히 말해서 이런 연속적 차원들은 각각 더 추상적인 유형을 축출하는 특성을 갖는다. 예를 들어 명암에 반응하는 세포로부터 위로 올라가, (특정 시각영역에서의) 특정 방향의 빛 윤곽에 반응하는 세포로, 그리고 (다양한 시각영역에서의) 빛 윤곽에 반응하는 세포로, 그리고 다시 (모퉁이와 모서리) 윤곽의 변화에 반응하는 세포로 전달되면서 더욱 추상적인 유형을 축출해 낸다는 생각이다(Hubel and Wiesel 1965, 1977). 그래서 더 높은 차원에 '손'이나 '같은 유형의 얼굴'에 선택적으로 반응하는 세포들이 있다는 것이며, 이것은 자극의 크기나 위치와 상관없이 작용한다는 것이다(Gross, Rocha-Miranda, and Bender 1972, Desimone et al. 1984). 마침내 그런 식의 논리는 우리로 하여금 할머니 모습에 반응하는 세포가 별도로 있는 것처럼 '반응조건이 더욱 추상적이며 복잡한 세포들이 있다'는 추측을 하게 했다. 이것이 바로 그 유명한 '할머니 세포 가설'(grandmother cell hypothesis)이다(Barlow 1972).

그러나 이제는 이런 전통적인 개념이 실질적으로 상당히 수정되어야 할 것으로 인정되고 있다(Merzenich and Kaas 1980, Stone and Dreher 1982, Stone 1983). 여기서 짚고 넘어가야 할 것은 '망막에서 출발한 신경절세포들 사이에 구조적이고 기능적인 차이가 발견된다'는 점이며 '그 차이는 최근에 관심을 끄는 투사 시스템을 체계적으로 뒷받침하고 있다'는 사실이다. 이 사실은 직선적인 **순차적 조직**(sequential organization)이라고 믿었던 것이 실제로는(혹은 추가적으로) 명확히 구분되는 세 흐름의(**그림** 3.11) 다양한 **병렬적 조직**(parallel organization)이라는 가설이 나타나게 했다. 망막신경절세포는 세 유형으로 나눠지는데, 이것을 간단히 'X섬유', 'Y섬유', 'W섬유'로 부른다. 이 세 유형은 망막에서 각기 다른 '수용영역속성', '반응속성', '전도속

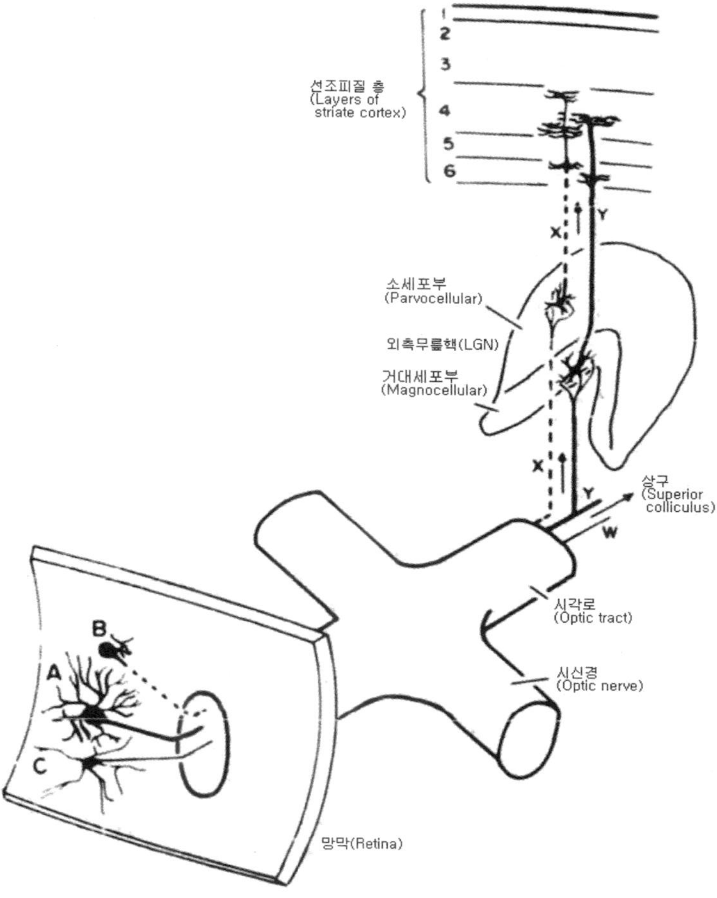

그림 3.11
원숭이에서 망막으로부터 피질로 연결되는 경로의 병렬조직을 보여주는 도식적 그림. 형태적으로 분류되는 세 종류의 망막신경절세포를 볼 수 있다. 생리학적으로 세포 A와 세포 B에는 신경절세포 Y와 X가 대응부위이며, 세포 C에는 신경절세포 W가 대응부위인 것을 보면, X와 Y는 외측무릎핵(LGN)으로 투사하고, W와 Y는 상구(이 그림에서는 보이지 않음)로 투사한다. X는 외측무릎핵의 상위(소세포 parvocellular) 층판(laminae)으로 연결되며, Y는 낮은(거대세포 magnocellular) 층판으로 연결된다. 그 후 각각의 활동은 선조피질(striate cortex, 영역 17)로 전달되어 각기 다른 층판으로 연결되고, 각기 다른 부위의 피질 세포를 자극한다. (Stone and Dreher 1982)

도', '출발위치'를 갖는데, 각각은 서로 다른 투사패턴으로 외측무릎핵에 투사하며 (그리고 W와 Y는 상구로 투사하며), 종국에는 선조피질로 투사한다.

전통적 개념을 일부 뒷받침하는 것으로, 브로드만 영역 17(**그림** 3.4 참조)에 있는 많은 세포들은 고도로 특수한 사건에 반응한다는 사실이 휴벨과 위셀(Hubel and Wiesel 1977)에 의해 발견되었다. 예를 들어 동물에게 '수직막대 불빛'을 보여주었더니 '특정 피질원주'에 있는 세포들이 크게 반응하였으며, 수직에서 '기울어진 각도로' 수직막대 불빛을 보여주었을 경우에는 '여러 원주'에 있는 세포들이 모두 크게 반응하였다. 선조피질에 있는 세포들은 불빛 윤곽 변화에 크게 반응하였다. 게다가 휴벨과 위셀은 그들이 '복합세포'(complex cells)라고 부르는 세포들이 어떻게 일련의 단순세포(simple cells)로부터 받은 입력을 규합할 수 있는지, 그리고 어떻게 '초복합세포'(hypercomplex cells)들이 복합세포로부터 받은 입력을 규합할 수 있는지 밝혀냈다. 이 특성추출 가설(feature-extraction hypothesis)은 바로 기본 가설이 되고 말았다. 이 가설은 다음과 같은 가혹한 실험을 견뎌야 했다. 영역 17의 손상은 곧 일차시각 피질의 특징추출 구조에서의 손상을 의미하므로, 이 영역에 손상을 입은 동물은 틀림없이 패턴인식(pattern recognition)이 불가능할 것이다.

놀랍게도 스프라그(Sprague), 벌루치(Berlucchi) 그리고 그 연구원들에 의한 거듭된 실험은 한결같이 그 가설을 지지하지 않았다. 영역 17과 18에서의 손상은 예리한 시각을 무디게 할 뿐, 패턴인식 능력 자체를 소멸시키지 않았으며, 심지어 새로운 패턴인식에 대한 학습능력에도 손상을 주지 않았기 때문이다(Sprague et al. 1977, Berlucchi and Sprague 1981). 반면에 선조외부 영역(extrastriate areas)의 손상이 패턴인식을 손상시키는 것으로 나타났다. 분명히 이 실험은 특선피질영역이 패턴인식에 독립적으로 기여한다는 것을 의미하는 것이며, 이런 신경해부학적이고 신경생리학적인 발견으로, 그들은 시각에서 병렬처리 모델(parallel-processing model)을 주장했다. 그런 병렬 구조에 의해 수행될 것 같은 기능적 원리들이 무엇인지 아직 명료하지 않지만, 몇몇의 가능성들에 대해 10장에서 생각해 볼 것이다.

또한 최근의 발견들은 고전적 계층 개념에 대한 문제점을 보여준다. 망막을 표현하는 피질영역의 세포들이 만들어내는 국소 대응도(topographic map)는 단지 한두 개가 아니며, 피질에는 수많은 국소 대응도가 존재한다는 사실의 발견이다. 국소 대응도에 대해서는 어차피 다음 절에서 설명하려 했던 것이며, 그 설명을 하면서 다중 대응도(multiple map)의 의미에 대해서도 검토할 것이다.

끝으로 경로를 분류하는 또 다른 분류 기준이 있다. 축삭 다발에서 발견되는 신경화학물의 성격에 따라서 신경로를 구분하는 방법이 그것이다. 예를 들면 청색반점(locus coeruleus)은 뇌간의 작은 핵인데, 이곳으로부터 뻗은 축삭은 노르에피네프린(norepinephrine)을 방출한다(**그림** 3.12). 이 축삭이 관심을 끄는 까닭은 모든 대뇌피질과 척수 그리고 소뇌를 관통하기 때문이다. 이 특이하게 폭넓게 뻗는다는 사실로 인하여, 아마도 청색반점 시스템이 일종의 조절 역할을 담당한다는, 즉 뇌 전체에 주의집중(attentional)과 각성(arousal) 상태를 조율한다는 추측을 하게 했다. 도파민을 분사하는 축삭과 세로토닌을 분사하는 축삭이 어느 것인지 조금씩 밝혀진 결과, 청색반점의 축삭은 경우에 따라서 '도파민 시스템'이었다가 '세로토닌 시스템'이 되기도 하는 것이 밝혀졌다(**그림** 2.29). 경로에 대한 신경화학물질 분류 방식이 다른 분류 방식과 어느 정도 합치될지는 아직 미지수이다.

나는 이 절에서 신경로와 경로에 관해 단지 알려진 것들을 개략적으로 살펴보았다. 그렇지만 이것으로도 "뇌 구조를 이해하는 일은 뇌 기능에 대한 이론을 산출하기 위해 필수적이다"는 내 주장을 뒷받침하기에 충분하다고 믿는다(이 장의 뒤에 선별한 참고도서 목록 참조).

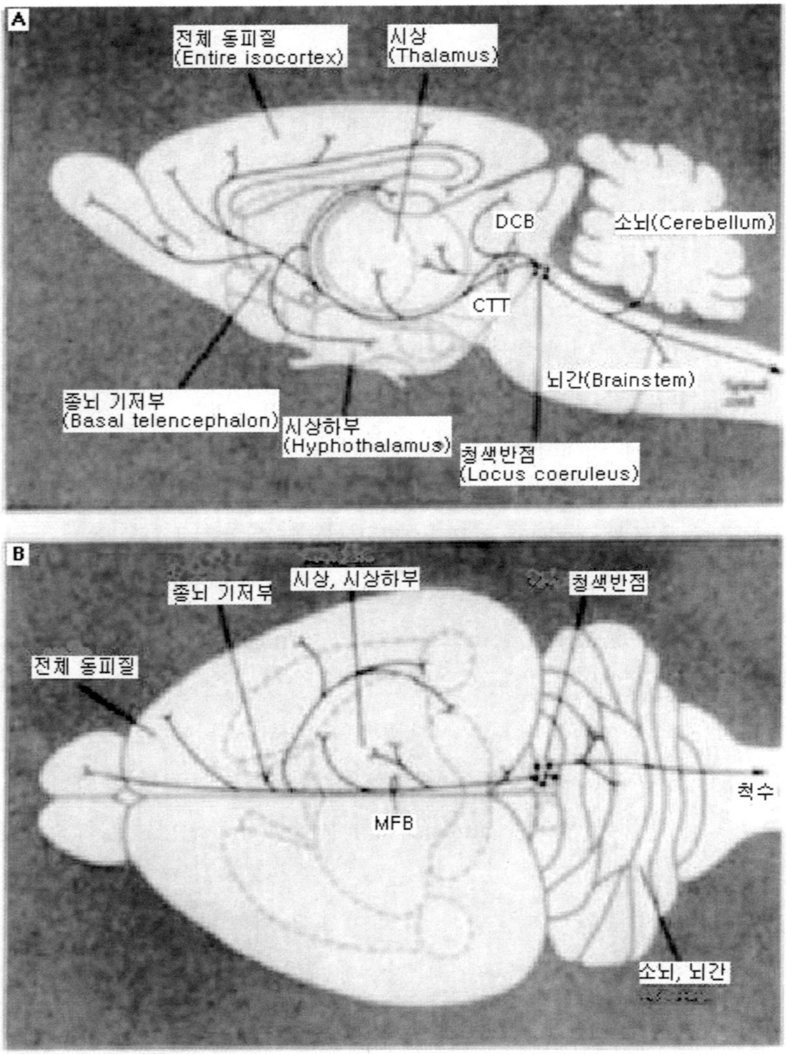

그림 3.12

청색 반점의 노르에피네프린 시스템(Locus coeruleus norepinephrine system) (Angevine and Cotman(1981). *Principles of Neuroanatomy*. New York: Oxford University Press)

4. 피질(Cortex)의 층판 구조(Laminar Structure)

대뇌반구 피질이 일정한 신경조직 판이 아니며, 여섯 겹의 층판(layer, laminae)으로 구성되어 있다는 것은 익히 알려져 있다. 이런 사실은 해부학적으로 각 층마다 세포 유형들을 분리하고 돌기들을 분리해서 관찰한 결과이다(**그림** 3.13, **그림** 1.6 참조). 피질 층판 구조에 대한 관찰은 염색 기술의 발전으로 가능했는데, 예를 들어 가장 위 층판(1층판)에서는 세포체를 거의 찾아볼 수 없으며, 5층판은 수많은 피라미드 세포(pyramidal cells)를 가지고 있고, 반면에 4층판은 피라미드 세포를 전혀 가지고 있지 않음을 확인할 수 있다.

각 층판 단면에서 볼 수 있는 이런 피질 모습은 여러 영역에서 일정하게 나타나는 것은 아니다. 예를 들어 운동피질(motor cortex)과 감각피질(sensory cortex)에 대한 비교에서 흥미로운 점을 관찰할 수 있다. 운동피질의 5층판은 두툼하며 커다란 피라미드 세포로 꽉 채워져 있지만, 4층판은 상대적으로 얇고 5층판의 세포로 연결되는 수입섬유(incoming fibers)를 드물게 발견할 수 있을 뿐이다. 신체감각 피질(somatosensory cortex)에서는 그 반대 양상을 보인다.[12] 브로드만(Brodmann)은 이런 세포조직의 특징에 기초해서 대뇌피질을 소위 브로드만 영역이라고 하는 50개의 구역으로 구분했다(**그림** 3.4 참조).

이런 층판 조직이 갖는 기능적 의미는 무엇일까? 지금까지 그 대답이 묘연하긴 하지만, 틀림없이 그럴 만한 이유가 있을 것이라는 확신을 가지게 하는 증거들이 발견되고 있다. 예를 들어 피라미드 세포는 원심성 세포이며, 특정한 층에서 특정한 영역으로 질서정연하게 투사한다는 사실이 발견되었다(**그림** 3.14). 3층판의 피라미드 세포는 뇌량

---

12) [역주] 운동피질 세포는 주로 층 III과 층 V에 분포하며, 감각피질 세포는 주로 III층판과 IV층판에 분포한다. (이원택 · 박경아. 『의학신경해부학』. 1996. p.713 참조.)

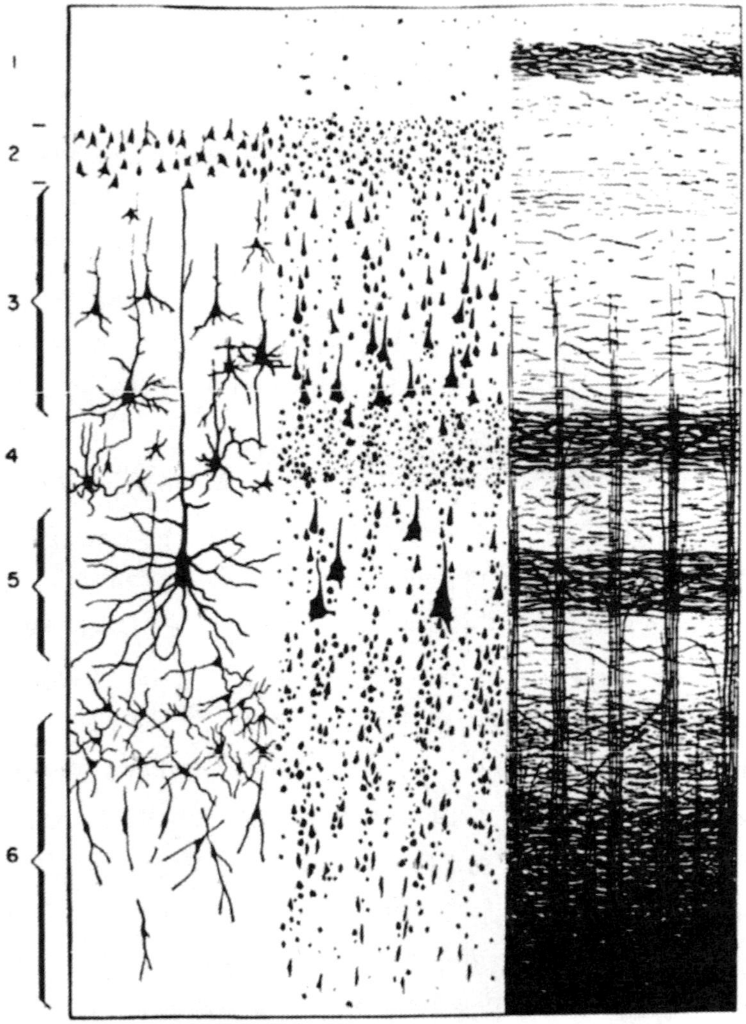

그림 3.13

각 대뇌피질 층판의 성질을 보여주는 일반적 도해. 세 가지 염색 방법을 이용해서 얻은 그림이다. 왼쪽은 골지(Golgi) 염색 방법, 중앙은 니슬(Nissl) 염색 방법, 오른쪽은 바이게르트 수초염색(Weigert myelin stain)을 이용했다. (Ranson and Clark(1959). *The Anatomy of the Nervous System*. 10th ed. Philadelphia: Saunders)

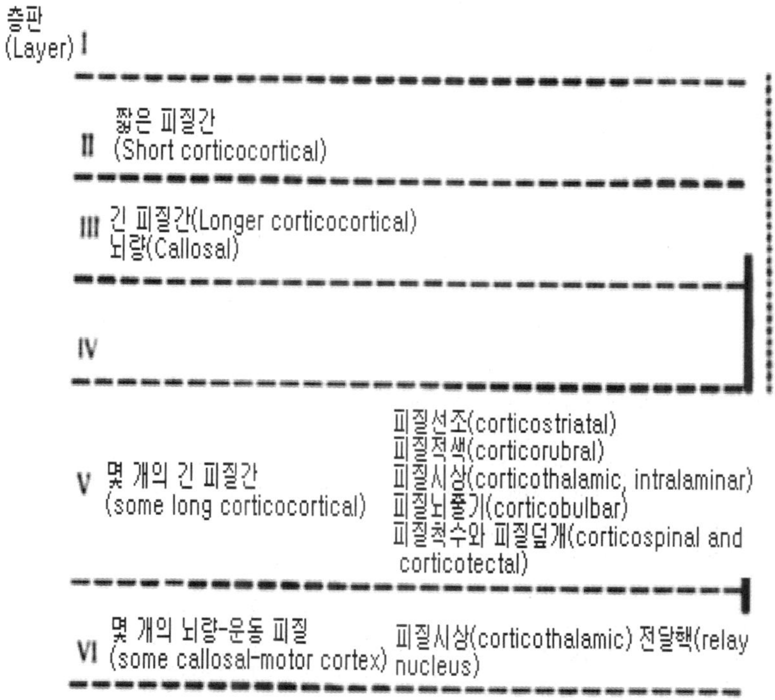

그림 3.14
원숭이에서 원심성 (피라미드) 피질 세포의 세포체 층 분산(laminar distribution). 오른쪽 수직선은 시상에서 감각피질로 연결하는 영역(굵은 선)과 피질 간 구심성 연결 영역(점선)을 가리킨다. 일차감각 영역 이외의 영역에서 시상섬유(thalamic fibers)는 IV층판으로 연결되지 않는다. (Jones(1981). *In The Organization of the Cerebral Cortex*, ed. F. O. Schmitt et al. Cambridge, Mass.: MIT Press)

연결, 즉 좌우 대뇌반구 피질이 뇌량을 통해 서로 대칭적으로 연결되어 있지만, 5층판의 피라미드 세포는 단지 척수와 상구로 연결된다. 구심성 섬유 역시 질서정연한 연결 양태를 갖는데, 시상으로부터 뻗는 섬유는 대부분 층판 중간층으로 연결되며, 뇌량 섬유와 구심성 동측피질 섬유(incoming ipsilateral cortical fibers)는 그 섬유가 뻗어 나온 층과 같은 층으로 연결된다.[13] 망막에서 뻗어 나온 각각의 세포집단은 외측무릎핵(LGN)의 특정한 층에 투사하며, 외측무릎핵 세포는 브로카 영역 17과 18의 특정 층으로 연결된다(**그림** 3.11). 최상위 층은 세포체를 거의 가지고 있지 않지만, 훨씬 많은 수상돌기가 수평 연결을 이루고 있다. 이것은 신경발생 발달에서 가장 마지막 단계이며, 계통발생학적으로도 아주 최근에 발생한 것이다.[14)]

대뇌피질 이외의 구조 역시 층판 조직을 보여준다. 상구, 소뇌, 시상, 후각엽 그리고 해마 등 모두는 계층화 원리(stratification principle)를 따르고 있다. 피질은 수평적 계층화 이외에 고도로 발달된 수직적 조직을 이룸으로써, 좁은 원주 집합체(cylindrical aggregation) 내에 신경세포들이 풍성하게 상호연결을 할 수 있게 한다. 층판 조직이 포개져 만들어진 원주 조직(columnar organization)에 대해서는 다음에 논의될 것이다.

---

13) [역주] 대뇌 내측면(왼쪽)과 수평단면(오른쪽)에서 관찰한 교련섬유(commissural fibers).

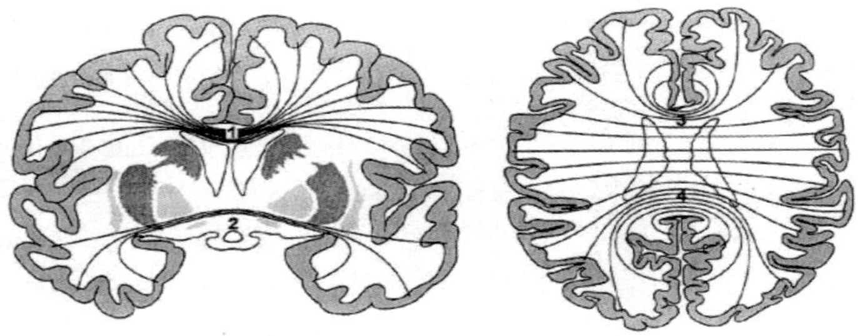

1. 뇌량(corpus callosum) 2. 전교련(anterior commissure)
3. 작은집게(forceps minor) 4. 큰집게(forceps major)
(이원택 · 박경아. 『의학신경해부학』. 1996. p.168.)

14) [역주] 계통발생학적으로 해마는 가장 오래된 원시피질(archicortex)이며, 후각엽(olfactory lobe)은 오래된 구피질(paleocortex)인데, 이들에게서는 여섯 층판 구조를 볼 수 없다. 이것을 '이형피질'(alloocortex)이라고 한다. 동형피질(isocortex), 즉 여섯 층판구조인 신피질(neocortex)은 파충류에서 보여주기 시작하며, 포유류에서 많아지고, 사람에서 그 절정을 이룬다. (이원택 · 박경아. 『의학신경해부학』. 1996. p.706 참조)

이런 체계성이 강하게 암시하는 바는, 층판 조직이 뇌 기능 문제에 대한 설명을 제공한다는 점이다. 즉 뇌가 정보처리에서 사용하는 몇 가지 경제원리는 바로 그 정교한 계층화를 통해서 성취된다(Van Essen and Maunsell 1983). 엄격히 말해서 그 문제 해결의 답이 무엇인지 아직 분명하지는 않다. 이 논의에 대한 이론 문제는 더 많은 차원의 규칙들이 발견될 때까지 미뤄두는 것이 좋을 것이다. 그 까닭은 다양한 차원의 규칙들이 독립적 문제들에 대한 '개별적 해답'을 줄 것으로 기대되기보다는 특정한 기능적 문제에 대한 '종합적 해답'을 줄 것이기 때문이다(10장 참조).

5. 신경계의 국소 대응도(Topographic Maps)

신경계 조직에 관련해서 가장 큰 기대를 주는 발견은, 많은 신경계 구조들이 '국소 대응도'의 원리를 따르며, 이것은 말초신경에서의 인접 세포들 사이의 관계가 동일 투사계 내의 다른 위치에 있는 신경세포 배열에서도 그대로 유지된다는 것이다.[15] 감각 말초신경 뉴런들이 일종의 수용판(receptor sheet)을 형성한다고 생각해 보면, 그 판에 변형된 모습들은 많은 중추신경계 영역에 표현(표상)된다고 보아야 할 것이다.[16] 국소 대응도 조직의 '기능적 원리'가 무엇이든 그것은 틀림없이 잘 작동되어야 한다. 왜냐하면 다른 구조와 마찬가지로 대뇌피질

---

15) [역주] **그림** 3.11에서와 같이 망막의 감각 세포는 외측무릎핵의 특정 영역으로 투사하고, 이어서 피질의 특정 영역으로 투사한다. 이 투사 구조를 잘 관찰해보면, 감각 세포의 공간적 구조가 그대로 피질의 공간적 구조에 반영되고 있는 것을 알 수 있다. 다시 말해서 망막에서 감각한 세포의 공간적 위치가 대뇌피질의 공간적 위치에 반영됨으로써, 마치 대뇌피질이 일종의 공간적 안구를 가지고 있는 것과 같다.

16) [역주] 이 말은 다음과 같이 이해된다. "손가락에 느껴진 감각은 뇌의 여러 국소 대응도, 예를 들어 감각피질과 운동피질 등등에 표현될 것이다."

의 넓은 범위에 걸쳐 그런 대응도가 아주 많기 때문이다. 새로운 연구는 이에 관련된 더 많은 것들을 속속 밝혀내고 있다.

국소 대응도의 '기능적 원리'가 무엇인지 이론적 밑그림을 그리려면, 우선 신경계의 국소 대응도의 모습을 충분히 밝혀내야 한다. 그리고 그 대응도 배열을 알아내려면, 우선 '신경해부학적 연구'가 있어야 하며, 이것은 다시 '전자생리학적 기술'의 발전을 필요로 한다. 감각신경계를 연구하는 기본적인 방법은 말초신경을 자극해서 수용기 세포로부터 (알아내려는) 피질영역의 신경세포들을 찾아 기록하는 것이며, 운동신경계의 연구는 중추신경을 자극해서 그 효과를 추적 기록하는 것이다. 주로 고양이와 원숭이가 이 연구에 이용되는데, 두 종들 사이의 차이점이 흥미롭다. 반면 인간의 대뇌피질 배열에 대한 연구는 실험에 대한 의학적 정당화가 이루어지지 않은 관계로 밝혀진 것이 거의 없다. 그럼에도 불구하고 국소 대응도가 인간 뇌에 적용되는 일반적 조직 원리라는 신뢰할 만한 증거들이 있다(특별히 5장과 Penfield and Roberts 1959 참조).

망막국소 대응도(Retinotopic Maps)

지금까지 살펴본 바와 같이 망막신경절세포(retinal ganglion cells)는 외측무릎핵(LGN)으로 연결되어 6개의 층판(laminae)에 정확히 정렬된다. 또한 지금까지 발견된 바에 따르면, 각각의 층판 세포들은 망막의 국소 표상(topographic representation)을 나타내도록 정렬된다. 다시 말해서 인접 신경세포들은 인접 수용영역(receptive field)을 갖는다. 실제로 망막의 공간적 관계는 뉴런들의 공간적 조직에 그대로 적용된다. (세포들의 수용영역은 관련 신경세포에 최대로 반응하는 시각영역이다.) 더구나 외측무릎핵의 여섯 대응도가 모두 시각국소 레지스터(visuotopic register)에 있으며, 그래서 외측무릎핵을 관통하는 수직섬유(perpendicular)는 각각 특정 망막영역들로 연결된다. 이것은 영장류의 피질 시각영역에서 수행되는 입체시각 기능(stereoscopic functions)을 갖는다고 알려져 있다(Allman 1977).

상구 또한 층판 구조를 이루고 있으며, 수많은 중심 층들은 관련 말초신경과 대응한다. 가장 위층은 망막국소 대응도이며, 가장 아래층은 운동 대응도(motor map)로 보인다. 상구의 운동 대응도에서 임의의 위치를 자극하면, 그 망막국소 대응도의 수직세포가 자극되고, 이어서 이 세포의 수용 범위 위치로 눈동자가 움직여 맞춰진다. 그런 식으로 눈동자를 재빨리 움직여 말초 시각, 즉 망막이 표적을 바라보게 한다. 즉 일종의 '시각지배반사'(visual grasp reflex)라고 할 수 있다. 이런 사실은 운동 대응도가 곧 외부안구근육(extraocular muscles) 운동공간을 나타내는 표상(표현)임을 암시한다(10장 참조).

외측무릎핵의 서로 다른 신경세포 집단은 선조피질의 특정한 층판으로 연결된다. 시각정보를 어떻게 처리하여 지각을 만들어내는지에 대한 고전적 개념에 따르면, 오직 선조피질만이 분명한 시각국소 대응도를 갖는다. 다른 시각반응영역들은 특별하지 않고 더 많은 해석이 주어진다고 생각되었으며, 이따금 '심리피질'(psychological cortex)로 인정되기도 했다. 반면에 선조피질은 계층적으로 볼 때 더 기초적인 차원을 처리한다고 믿어졌다. 그런데 뜻밖에도 선조피질에서 다양한 망막국소 대응도들이 발견되었다. 캘리포니아기술재단의 올맨(Allman)과 그의 연구원들의 연구에 따르면, 올빼미원숭이 대뇌반구 피질 좌우 각각에 16개씩의 시각영역(단일양태영역 mono-modal areas)이 발견되었다. 놀랍게도 그것들 중에 약 10개는 고도로 잘 정렬되어 망막을 완벽하게 표현한다. 나머지 7개도 다양한 정도의 국소형태(topography)를 표현한다(**그림** 3.15). 심지어 '심리적 피질'도 망막국소 조직을 가지고 있음이 밝혀졌다. 하여튼 이런 문제에 대한 연구가 어느 정도 완성되긴 했지만, 지속적 연구를 통해서 좀 더 많은 시각국소 영역들(visuotopic areas)이 발견될지도 모른다.

한편, '국소 조직'(topographic organizations)이 갖는 기능적 특징에 대해 중요하게 짚고 넘어가야 할 점은 망막국소 대응도가 왜곡된다는 점이다. 예를 들어 어떤 영역은 다른 영역에 비해서 시각영역의 중심 부위를 더 크게 표상하며, 다른 곳에서는 시각영역이 분리되기도 하고, 다른 대응도 주변을 둘러싸기도 한다(그림 3.15). 이런 조직적 왜곡을 어떻게 해석해야 할 것인지는 아직 밝혀내지 못했다. 그렇지만 올맨(Allman 1977)의 주장에 따르면, 일차시각영역(V-I)과 이차시각영역(V-II)에서 시각영역 중심부 표상이 확장되고, 이차시각영역(V-II)의 둘러싸는 모양은 입체시각 영상(stereoscopic vision)을 얻도록 진화된 결과라는 추측이다. 같은 맥락에서 메르제니히(Merzenich)와 카스(Kaas)는 다음과 같은 관찰결과를 얻었다.

> 표상에서 이런 역할 분담은 (이차시각영역 V-II와 등외측시각영역 DL과 같은) 이차원 표상이 (인접한 일차시각영역 V-I이나 중측두시각영역 MT와 같은) 일차원 변환을 둘러쌈으로써 왜곡을 최소화하면서 경계면을 일치시킨다. 또한 이 정렬은 짝을 이루는 표상들 사이에 가까운 상호연결을 가능하게 한다. (1980:26)

또한 시상과 시각 자극에 반응하는 다양한 피질영역들 사이에, 상구와 시각피질영역 사이에, 그리고 한 피질영역과 다른 피질영역 사이에 거대한 상호 연결이 기능적으로 적절하게 이루어져 있다. 더구나 그 연결은 고도로 조직화되어 있다. 예를 들어 피질내투사(intracortical projections)는 전형적으로 2층판에서 일어나며, 반대쪽 반구로의 투사는 3층판의 아래 부분에서 일어나는 점 등을 볼 수 있다(그림 3.14 참조).

시각 시스템의 다른 특징으로 외측무릎핵의 신경세포가 선조피질의 특별한 층에 연결될 때에 양쪽 눈에서 나오는 신호를 교대로 번갈아 가면서 연결되며, 피질뉴런에 '안구우성띠'(ocular dominance bands)라

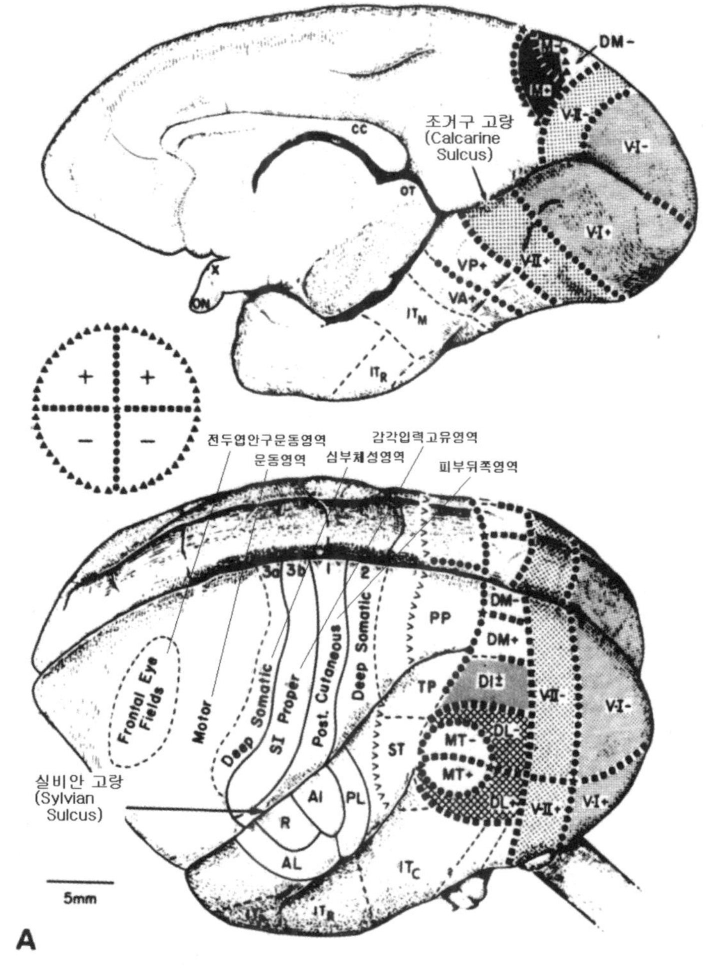

그림 3.15

(A) 올빼미원숭이의 피질에서 16개의 망막국소 대응도(retinotopic maps)가 발견되었다. 위의 그림은 복내측(ventromedial) 모습을 보여주며, 아래의 그림은 등외측(dorsolateral) 모습을 보여준다. 왼쪽에 시각영역에 대한 경계표시가 있으며, 이 표시를 시각피질 표면 위에 겹쳐 나타냈다. (+)는 4분원 표상의 위를 나타내고, (−)는 4분원의 아래를 나타낸다.

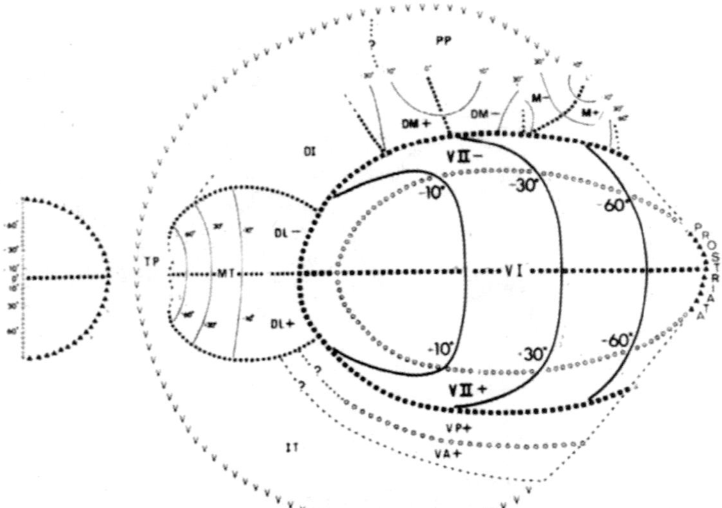

B

그림 3.15 (연속)

(B) 올빼미원숭이의 왼쪽 반구의 시각피질을 펼친 도식적 그림. 위 그림에서 보여주는 것과 같이, 펼쳐진 시각피질은 대략적인 반구 표면을 나타낸다.

약어: AI(일차청각영역: first auditory area), AL(전외측청각영역: anterolateral auditory area), CC(뇌량: corpus callosum), DI(배외측시각영역: dorsolateral visual area), DM(배내측시각영역: dorsomedial visual area), IT(하측두시각피질: inferotemporal visual cortex) [c(꼬리쪽: caudal), m(내측: medial), r(부리쪽: rostral), p(극: polar)] M(내측시각영역: medial visual area), MT(중측두시각영역: middle temporal visual area), ON(시신경: optic nerve), OT(시각덮개: optic tectum), PL(후외측청각영역: posterolateral auditory area), PP(후벽측시각피질: posterior parietal visual cortex), R(부리쪽청각영역: rostral auditory area), ST(상측두시각영역: superior temporal visual area), TP(측두벽측시각피질: temporo-parietal visual cortex), VA(복측전시각영역: ventral anterior visual area), V-I(일차시각영역: first visual area), V-II(이차시각영역: second visual area), VP(복측후시각영역: ventral posterior visual area), X(시각교차: optic chiasm). (Allman (1982). Reconstructing the evolution of the brain in primates. In *Primate Brain Evolution*, ed. E. Armstrong and D. Falk. New York: Plenum. Based on Allman and Kaas 1971.)

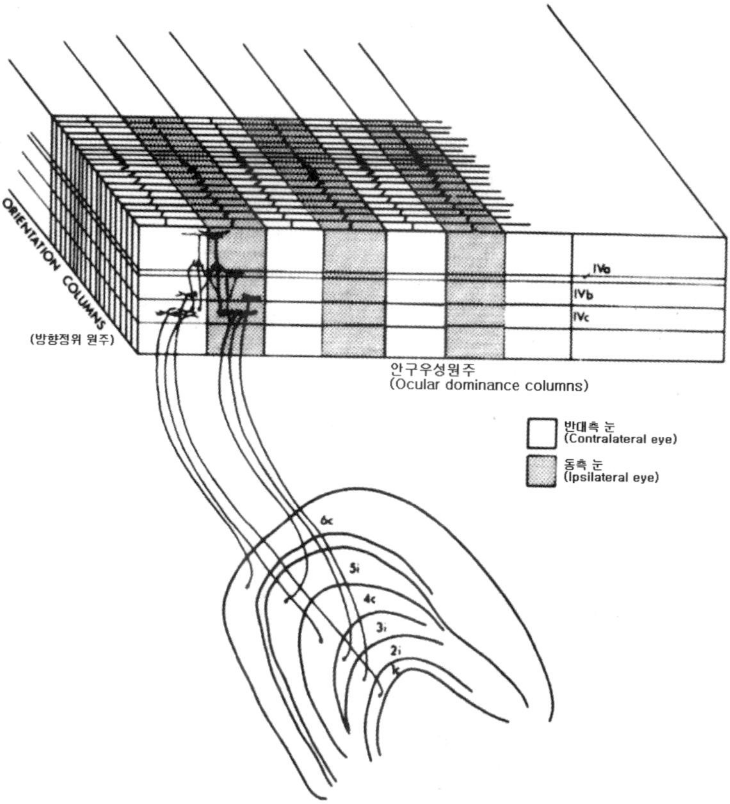

그림 3.16
짧은꼬리원숭이에서 일차시각피질을 공식화한 원주조직의 도식적 그림. 임의의 방향정위 원주(orientation columnar)(판 slab) 세포는 특정한 방향으로 들어오는 자극에 선별적으로 반응한다. 외측무릎핵에서 서로 다른 층의 뉴런들은 피질 4층 판으로 연결되며, 중간뉴런은 그 효과를 수직과 (어느 정도) 수평 방향으로 분산시킨다. 방향정위판(orientation slab)에 대해서 오른쪽 직각 방향은 안구우성원주(ocular dominance columns)이며, 오른쪽이든 왼쪽이든 어느 눈으로부터 받는 구심성(afferent)을 정리하는 역할을 담당한다. 추측컨대 임의의 원주에 있는 뉴런은 오른쪽이든 왼쪽이든 어느 한쪽 눈의 자극에 의해서도 작동될 것 같다. (Hubel and Wiesel 1972)

는 것을 만들어낸다(Hubel, Wiesel, and LeVay 1977)(그림 3.16). 전-전두피질(prefrontal cortex)로 연결되는 섬유에서 유사한 종류의 띠가 발견되었는데, 그곳 주고랑(principal sulcus)으로 연결되는 섬유들과 반대측 반구의 상응 영역에서 나오는 섬유들이 띠를 이루고 있으며, 그들 사이에 극간 연결을 이룬다(Goldman-Rakic 1981). 선조피질에 연결되는 '안구우성띠'는 근본적으로 삼차원적 시각을 만드는 것으로 추측된다. 고양이와 원숭이 실험에서 배아의 중요한 시기에 한쪽 눈을 봉합하면 그 눈을 표현(표상)하는 띠의 폭이 심각한 정도로 감소한다. 만약 그 눈썹의 봉합을 풀어주고 다른 쪽 눈썹을 봉합하면, 그 중요한 시기가 지난 후에 빈약했던 피질 띠가 정상 폭에 가깝게 확장된다.

영장류 피질에 존재하는 다원적 망막국소 대응도의 발견은 상당히 중요한 의미를 주지만, 지속적인 연구를 통해 (지금까지 알려진 것보다 분명하지 않은) 다른 대응도가 발견될 여지는 남아 있다. 그 대응도들이 어떤 기능을 하는지 아직 정확히 밝혀내지 못했다. 뇌는 왜 그런 대응도들을 가지고 있으며, 그런 대응도들을 가지고 작동해야 하는 것일까? 크릭(Francis Crick)이 대화 중에 말한 것과 같이, 우리들은 대응도들의 이용을 밝혀내야 할 우리 논리가 잘못 인도되지 않도록 주의해야 한다. 하여튼 뇌 안에는 대응도를 바라볼 어느 누구도 존재하지 않는다. 다시 말해서, 이 대응도는 누군가에 의해 읽히고 이끌려가는 것이 아니며, 그 논리가 무엇이든 그 자체의 논리일 뿐이다.[17]

와우국소 대응도(Cochleotopic Maps)

귀의 한 구조인 와우(cochlea)는 전문화된 막(membranes)에 유동액(fluid)과 기관들(organs)을 가진 일종의 둥글게 말린 관이다. 중이

17) [역주] 우리들은 자신의 어떤 '생각'을 '의식'할 수 있다. 그런 점에서 '의식'은 자신의 뇌를 종합적으로 지배하는 무엇으로 여길 수 있다. 그렇지만 사실 뇌 안에 자신의 생각을 지켜보며 조절하는 어떤 다른 것은 없다.

(middle ear)에 있는 구조 덕분에 공기 중의 어떤 변화가 와우 유동액(cochlea fluid)의 파동 패턴으로 변환되고, 전문화된 수용세포에서 전기신호로 전환된다(**그림** 3.17). 그 신호는 청각경로를 따라 대뇌피질까지 전달되며, 그 활동 결과로 우리들이 소리를 들을 수 있다. (청각 시스템에 대한 기초적 소개로 Lindsay and Norman 1977가 있고, 자세한 내용은 Uttal 1977 참조.)

와우 구조를 보면, 높은 주파수 음성이 와우 기저에 있는 수용기 세포를 자극하고, 점차 낮은 주파수 음성들은 와우 축을 따라 나열된 세포들을 자극하며, 가장 낮은 주파수 음성은 와우 꼭지에 있는 수용세포를 자극하도록 되어 있다. 주파수 스펙트럼의 이웃관계는 청각 신경의 축삭 나열(axonal layout)에 그대로 적용되며, 따라서 1500Hz의 특정한 주파수에 반응하는 뉴런은 1600Hz와 1400Hz의 주파수에 반응하는 뉴런들 사이에 있을 것이다.[18] 이웃관계를 유지하는 것은 와우국소 대응도(cochleotopic map) 혹은 '음성국소 대응도'(tonotopic map)인데, 소리 주파수에 반응하는 뉴런들의 질서 정연한 대응(mapping)은 피질로 연결하는 각각의 시냅스 위치, 즉 와우핵(cochlear nuclei), 상구올리브핵(superior olivary nuclei), 하구핵(inferior colliculi), 시상의 내측무릎핵(medial geniculate nuclei), 그리고 청각피질의 다양한 영역에 그대로 유지된다(**그림** 3.7). 이 각각의 통합 신경핵들은 분명한 자료-특징적 정보(source-specific information)를 가진 뉴런들을 통합하는 영역들을 가지고 있는 것으로 보아, 이것은 단순한 순차처리 시스템(serial processing system)이 아니라, 광범위한 병렬처리 시스템(parallel processing system)이라고 할 수 있다.

---

18) 뉴런들 각자는 선호하는 소리 주파수, 일명 '특징적' 혹은 '최선의' 주파수를 가지고 있어, 이 주파수에 대해 뉴런들은 아주 희미한 소리에도 극도로 반응한다. 만약 데시벨(decibel: 소리 크기)을 높여주면, 뉴런들은 약간 높거나 낮은 음성에도 잘 반응한다.

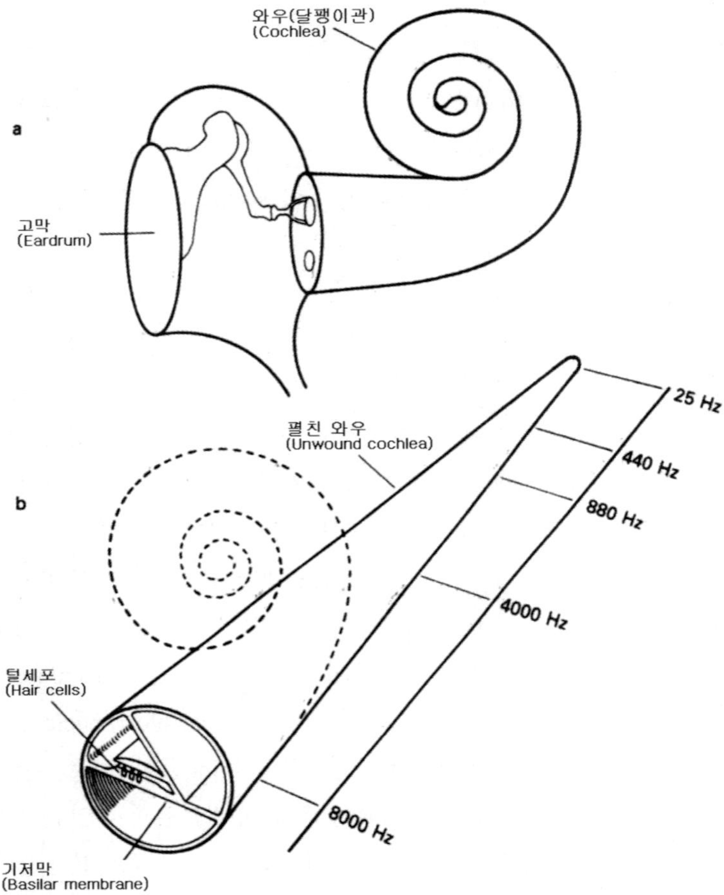

그림 3.17

(a) 고막에 대한 와우 위치를 보여주는 이 그림은 와우 기저(base)에 음향에너지(acoustic energy)를 기계적으로 전달하고 있는 것을 보여준다. 이런 특별한 정렬은 임피던스(impedance: 파동의 높이와 폭의 비)를 맞춰줌으로써, 대기의 가스 매개물(공기)로 전해진 진동을 와우의 고밀도 액체 매개물(유동액)로 효과적으로 변환시킨다. (b) 펼쳐진 내이(와우)를 보여주는 그림이다. 내부 막을 따라 좁아지는 지점들은 기계적으로 특정한 주파수에 공명된다. 특정 공명 지점에서의 막 움직임은 그곳의 털세포(hair cell)를 자극함으로써, 음향주파수가 공간적으로 신경계에 입력된다. (Von Békésy 1960에 근거해서 그렸다.)

짧은꼬리원숭이(macaque monkey)의 측두피질(temporal cortex)에는 최소한 6개의 분명한 와우국소 대응도가 있으며, 올빼미원숭이 측두피질에는 4개의 와우국소 대응도가 있는데, 각각은 나름대로의 시상뉴런에 대한 속성과 자료(source)를 가지고 있다(Merzenich and Brugge 1973) (**그림** 3.18). 인간의 측두피질에 얼마나 많은 수의 와우국소 대응도가 있는지 아직 알려지지 않지만, 다른 영장류에 비추어 생각해 볼 때, 대뇌반구 각각에 6개 이상일 것이다. (하다못해 어떤 동물은 상구 내에라도 어느 정도의 청각국소 대응도를 갖는다.) 그렇지만 각 영역마다 어떤 기능들을 가지고 있으며, 정확히 그 기능이 무엇인지 분명히 알려져 있지 않다. 또한 하구로부터 전해진 소리표상은 위로 올라가면서 좌우로 확산된다. 예를 들어 오른쪽 귀의 신경세포에 감지된 소리는 좌우 반구 모두에 반영된다. 이렇게 해서 몇 개의 '양이분별기'(binaural comparators)는 두 귀로부터 오는 정보를 통합하여 음원(sound sources)의 위치를 파악할 수 있다.

신체국소 대응도(Somatotopic Maps)

손의 감각수용기(sensory receptor)는 아주 작은 접촉, 압력, 진동, 온도 그리고 통증을 느끼게 하며, 손의 위치와 관절의 위치를 알게 해준다. 수용기 뉴런들은 각각의 특징에 맞게 반응하며, 투사계(projection system)의 상위 뉴런들에 의해 유일성(modality uniqueness)[19]이 유지된다.

말초 뉴런들 각각은 나름대로 수용영역을 가지고 있어서, 피부의 특정한 곳을 살짝 건드리는 접촉과 같은, 해당 뉴런이 선호하는 자극을 받으면 민감하게 반응한다. 말초 뉴런들의 수용영역의 크기는 다양하

19) [역주] 감각 뉴런들이 저마다 다른 느낌을 감지하는 시스템을 가지고 있으며, 이 신호들이 투사계를 통해서 대뇌피질로 전달되는 과정에서 각자의 느낌들은 구별된 상태를 그대로 유지한다.

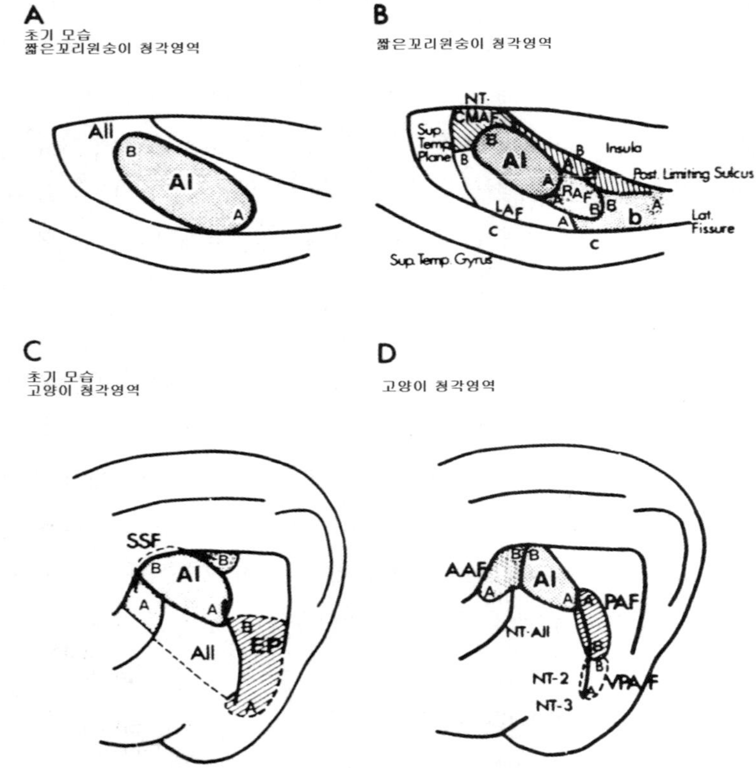

그림 3.18

원숭이와 육식동물에서 청각피질 조직을 보여주는, 전통적인 그림(A, C)과 최근의 그림(B, D). 이 두 그림에서 와우 꼭짓점(A)과 기저(B)는 와우국소 조직(cochleotopic organization)이 표현하는 영역이다. 전통적인 그림에서는 단지 일차(AI)와 이차(AII) 시각영역만이 표시되었다. 나중에 일차시각영역은 수정되었으며, 구조음성적(architectonic), 전기생리학적(electrophysiological) 특성에 의해 5개의 청각영역이 추가로 표시되었다. 약어: LAF(외측청각영역: lateral auditory field), AAF(전청각영역: anterior auditory field), PAF(후청각영역: posterior auditory field), VPAF(내후측청각영역: ventroposterior field), RAF(부리외측청각영역: rostrolateral field), NT(비-국소 영역: nontopographic), NT-CMAF(꼬리내측청각영역: caudomedial auditory field). 영역 A와 B는 상측두면(superior temporal plane)의 표면과 상측두이랑(superior temporal gyrus)의 배외측면(dorsolateral surface)에서 볼 수 있다. (Merzenich and Kaas 1980)

며, 손가락 피부의 섬유띠 시스템(lemniscal system) 뉴런들의 수용영역의 크기는 등 피부 뉴런들의 수용영역보다 훨씬 작다. 때문에 손 감각이 등 감각보다 정확한 느낌을 전달한다. 넓은 지각영역에 적은 수의 뉴런이 있는 경우보다, 좁은 수용영역에 많은 수의 뉴런들이 있는 경우에 더 높은 지각 정확성을 얻을 수 있기 때문이다.

감각말초로부터 얻은 정보를 나르는 뉴런들은 시상영역으로 연결되는데, 시상에는 뉴런들이 신체국소 표상(somatotopic representation)을 할 수 있도록 배열되어 있다. 시상영역은 피질의 선별된 영역으로 연결되며, 다시 피질에서 아주 질서정연하게 상호 투사(reciprocal projections)가 이루어진다. 그리고 피질에서의 뉴런들은 신체부분의 인접관계를 그대로 유지하며 대응도를 구성한다. 물론 언제나 그런 것은 아니다. 집게손가락에 자극을 주어 반응하는 뉴런들은 엄지손가락에 반응하는 뉴런들과 가운데 손가락에 반응하는 뉴런들 사이에 있지만, 엄지발가락에 반응하는 뉴런이나 두피에 반응하는 뉴런들과는 멀리 떨어져 있다. 이런 구성은 '감각 표면', '근육' 그리고 '관절'에 대해서도 피질에 신체국소 대응도를 만든다. 따라서 일반적으로 섬유띠 시스템(lemniscal system)에서는 신체감각 피질(somatosensory cortex) 뉴런들과 신체가 정확히 대응하는 구성을 보여준다. 반면에 척수시상 시스템(spinothalamic system)은 다른 영역들로 투사하므로, 그 대응도는 엉성하고 정확하지 않다. 그렇다면 척수시상 시스템의 뉴런들은 더 큰 수용영역을 가질 것이며, 이곳의 개별 뉴런들은 자극들의 종류에 따라 다른 반응을 보일 것이다.

초기 연구에서는 '일차감각영역(SI)과 더 작은 영역인 이차감각영역(SII)'의 주요 신체감각 대응도만을 밝혀냈으며, 최근 연구에서는 중심고랑 뒤 영역에서 더욱 완성된 신체국소 대응도를 밝혀냈다(**그림 3.19**). 올빼미원숭이와 짧은꼬리원숭이의 좌우 대뇌반구 각각에 6개의 신체국소 대응도가 있음이 이미 밝혀졌지만, 아직 연구가 완결된 것은 아니다. 피질의 신체국소를 나타내는 영역들은 특정 하부감각유형들(submodalities), 즉 관절위치, 피부자극(cutaneous stimulation), 혹은 심체성(근육) 지표(deep somatic parameters) 등등을 위해 전문화되어 있다. 그런 대응도들은 동일 구조로 단순하게 구성된 것이 아니며, 신체 대응도 영역들 사이에 중요한 차이점이 있다. 그 차이점은 '연결하는 섬유들의 시작점', '투사섬유들이 끝나는 지점', '수용영역' 그리고 '뉴런들의 반응 속성들'과 같은 변수들에 따라 다르게 나타난다. 망막국소 대응도나 와우국소 대응도처럼 인간의 대뇌피질은 적어도 이미 탐구된 종들(species)의 경우와 마찬가지로 많은 수의 신체국소 대응도를 가지고 있을 것이다. 그리고 신체감각 정보처리를 위해서는 시각의 경우와 같이 고전적인 순차처리 모델(sequential model)이 병렬처리 모델(parallel model)로 수정되어야 할 것이다(Kaas et al. 1981).

대응도 왜곡을 주도하는 하나의 원리는 특정 신체영역을 표현하는 뉴런들의 수에 근거한다. 특정 대응도의 경우 손이나 입술과 같은 신체영역들은 다른 영역에 비해 더 잘 표현되는데, 이런 신체영역은 수용 뉴런들의 밀도가 높고, 수용 영역은 작아야 하기 때문이다. 어느 말초영역이라고 할지라도 자극에 반응하는 피질의 양은 거의 일정하다(Sur, Merzenich, and Kaas 1980). 이것은 다음과 같은 사실을 의미한다. 많은 수의 뉴런들이 분포된 신체부위에는 더 좁은 수용 영역을 가진 뉴런(수용기)들이 있으며, 더 작은 수의 뉴런들이 있는 신체 부위에는 더 넓은 영역을 가진 뉴런(수용기)들이 있어야 한다. 따라서 피질 대응도에서는 손가락을 표현하는 영역이 몸통을 표현하는 영역보다 더 넓다.

반면에 다른 왜곡들에 대해서는 그리 간단하게 설명되지 않는다. 예를 들어 올빼미원숭이에는 손을 대응도로 표현하는 영역 3b와 영역 1 사이에 상당한 차이를 보여주는데, 영역 3b의 대응도는 영역 1의 대응도보다 털이 없는 피부에서 훨씬 넓은 표현 영역을 가지며, 손등에 대

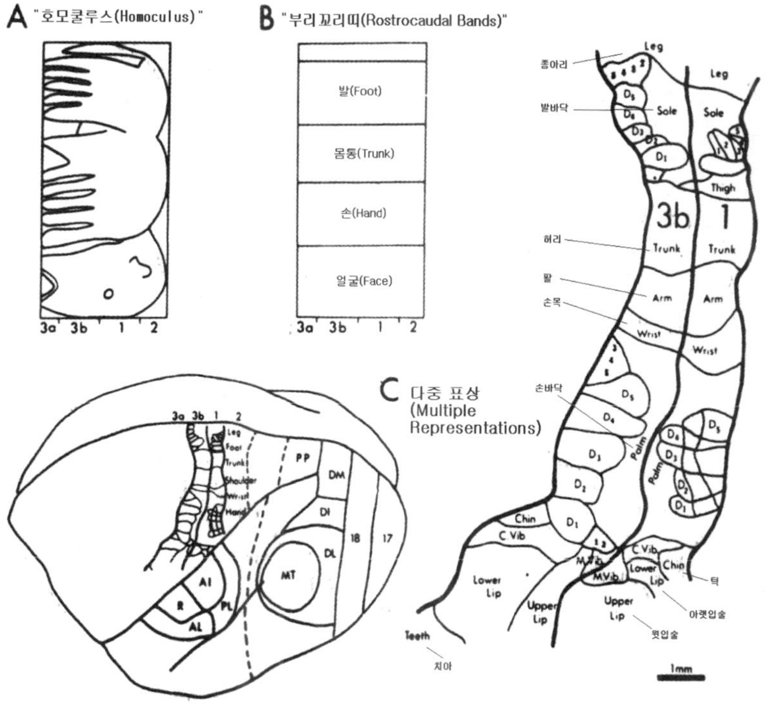

그림 3.19

원숭이의 일차감각 피질(SI: 후중심두정 신체감각 피질 postcentral parietal somatosensory cortex)의 조직을 나타내는 세 개념적 그림과 올빼미원숭이의 두 피부표상을 나타내는 상세한 그림. (A) 전통적인 개념은 단일 신체표현이 네 조직 영역을 가지고 있음을 보여준다. (B) 전통적인 개념에 대한 수정으로 신체부위 전체 조직영역이 띠 형태로 표현되었다. (C) 이 그림에서 일차감각피질(SI) 영역이 다중 표현들을 가지고 있음을 보여준다. 영역 3b와 영역 1에서 두 피부표상의 특징이 뇌의 배외측 모습 왼쪽 아래에 보여주며, 더 자세한 모습을 오른쪽에 보여준다. 신체국소 대응도들이 망막국소 대응도이나 청각국소 대응도와 관련되는 것으로 보인다. 임의의 신체부분에 의해 자극되는 피질 부분들이 선으로 나누어져 있다. 손가락을 나타내는 영역이 열거되었다. 오른쪽 그림에서 더욱 자세한 내용을 볼 수 있다. 약어: C. vib(chin vibrissae: 턱수염), M. vib(mandi- bular vibrissae: 아래턱수염). (Kaas et al. 1981)

한 표현력이 분리되어 있다. 그 이유가 무엇인지, 그리고 신체감각 정보처리를 위해 이것이 어떤 의미를 갖는지 아직 묘연하기만 하다. 그렇지만 대응 관계가 뉴런 집합체를 설명해 줄 대답을 가지고 있다는 직감을 억누르지는 못한다.

운동 시스템(Motor System)의 대응도

감각영역에서와 마찬가지로 운동피질(영역 4) 또한 국소적으로 조직되어 있으며, 피질의 인접 영역들은 근육의 인접 영역들과 연결을 이루고, 그런 국소 배열은 척수의 운동 전달 영역에서도 그대로 유지된다. 운동피질에서 손가락과 혀는 다리를 나타내는 피질영역보다 더 넓은 영역을 갖는데, 이것은 더 높은 밀도의 운동뉴런을 갖기 때문이다. 운동영역(영역 4) 바로 앞에 있는, 영역 6 역시 비록 작기는 하지만 국소 배열을 가지고 있다. 앞서 언급한 바와 같이, 상구 역시 층판 모양으로 조직되어 있으며, 그중에 한 층은 안구 움직임을 조절하기 위해 외부안구근육 활동을 지배하는 국소 표상(표현)을 갖는다. 감각상피(sensory epithelia)에 대응도를 구성하는 피질과 함께 운동조직에 대한 연구가 심도 있게 이뤄짐에 따라 덜 명확하고 추상적인 운동 대응도들이 전혀 예측 밖의 지역에서 발견될 여지가 있음은 별로 이상한 일이 아니다(Asanuma and Rosen 1972, Schiller and Stryker 1972, Robinson 1972).

6. 수직 피질원주(Vertical Columns)

지금까지 살펴본 것처럼 피질은 수평으로 정렬되어 있다. 한편 1930년대에 로렌트 데 노(Lorente de Nó)에 의해서 이루어진 연구에서, 피질이 수직 차원으로도 배열되어 있음이 밝혀졌다. 구체적으로 말해서 약 0.5에서 1.0밀리미터의 폭을 갖는 원주 같은 덩어리에 세포들이 모여 있다. 이 원주는 입력-출력 관계를 가지고 있는 특유한 국소 회로(local circuitry)라고 할 수 있다(그림 3.20) (Szentágothai 1975, 1979, Mountcastle 1979, Goldman-Rakic 1981).

그 원주들의 기능에 대해 잘 알려지지 않았지만, 원주 내에 뉴런들이 집결해 있는 까닭은 시상이나 반대측 반구의 대응영역(homologous area) 혹은 다른 대뇌피질영역과 같이, 어느 초점구역(focal zone)으로부터 뻗은 축삭들이 공동으로 연결되는 지점인 것만은 분명하다. 그래서 존(Jones 1981)은 이 덩어리들을 '점상종지구역'(punctate zones of terminations)이라 했다. 시상에서 뻗는 섬유들의 경우 한 초점구역에 연결하는 시상섬유들이 갖는 감각유형(modality)과 공간적 속성은 그 지대의 다른 층판에 있는 뉴런의 경우에도 어느 정도 같다. 좀 더 간단히 말해서 왼쪽 무릎 위의 압력과 같은 정보를 전달하는 시상 섬유띠는 주로 신체감각 피질의 한정된 영역으로 연결되고, 개개의 좁은 수직 피질원주 내의 뉴런들은 '반응속성'(response properties)과 '수용영역'(receptive field)에 따라 다르다.

마운트캐슬(Mountcastle 1957)은 신체감각 피질의 단일세포에 대한 연구에서 전극을 수직으로 삽입하였더니 '세포들이 하나의 공동 수용영역', '외부 자극을 받아들이기 위한 공동 형태(common profile)', '세포들이 반응하는 공동 하부감각유형(common submodality)' 등을 가지고 있음을 우연히 발견했다. 그리고 전극을 비스듬히 삽입한 실험을 통해서 '독특한 여러 하부감각유형들', 즉 '독특한 수용영역'과 '독특한 채택 형태'를 가지고 있는 '단위들'(units)을 확인하였다. 마운트캐슬은 이것이 수평축을 움직여 비스듬히 침투시킨 전극이 뇌의 기능모듈(modules)의 수직 영역을 관통하기 때문이라고 결론지었다. 좀 더 구체적으로 말하자면 이 결론은 원주조직(columnar organization)이 2차원 배열을 가지고 있음을 의미한다. 신체표면을 나타내는 원주들은 한 축(X)을 따라 배열되어 있고, 이것과 직각 축(Y)을 따라 특별한 하

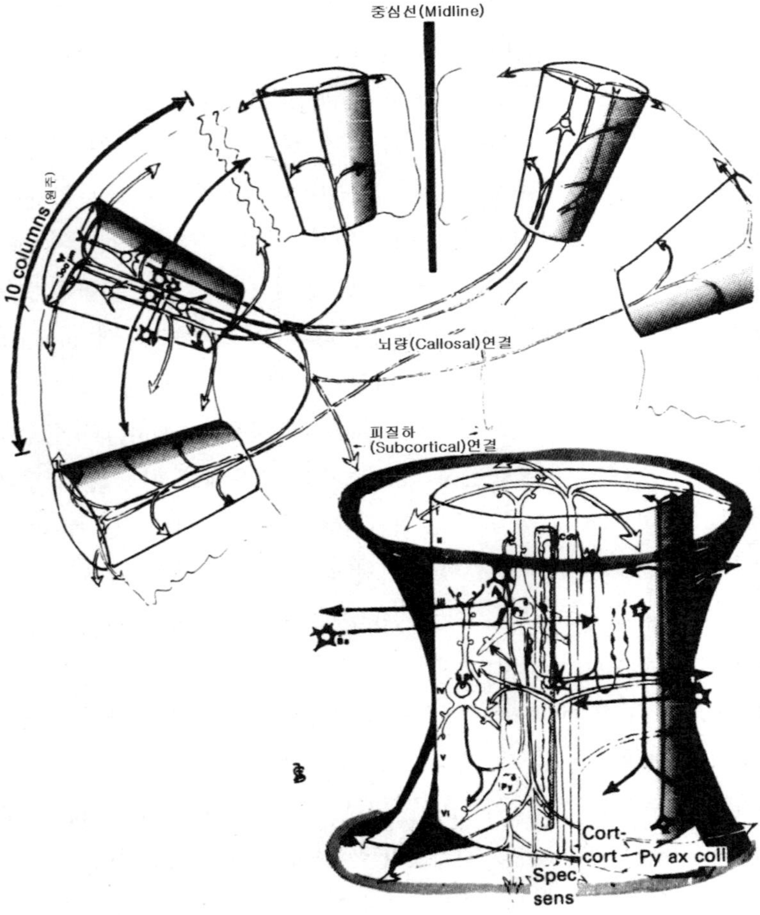

그림 3.20
유사하게 상호 연결된 원주들의 조직원리를 보여주는 도식적 그림. 원주 각각은 직경이 150-300마이크로미터(micrometers)이며 대략 5,000개의 세포들을 포함한다. 원통형 원주 하나를 오른쪽 아래에 상세하게 보여주는데, 그 안에 대표적인 흥분성 피라미드 세포(excitatory pyramidal cells) 몇 개를 윤곽선으로 나타냈고, 수평으로 넓게 활동하는 억제중간뉴런(inhibitory interneurons) 몇 개를 검은 선으로 나타냈다. 원주내분지(intracolumnar arborization) 패턴과 함께 흥분성과 억제성 층판형성(stratification)으로 인해서, 표면과 기저가 넓고 중간 지역이 좁은 모습을 보인다. (J. Szentágothai의 허락을 받아 인용)

부감각유형을 나타내는 원주들이 배열되어 있다(**그림** 3.21).

선조(일차시각)피질에 대한 유사한 연구에서, 휴벨과 위셀(Hubel and Wiesel, 1968)도 원주조직에 대한 증거를 발견했다. 앞에서 언급했던 것처럼 특정 세포의 원주들은 선별적으로 특정한 복합 자극에 반응하도록 조율되어 있다고 설명했다. 이 원주들은 대략적으로 안구우성띠(ocular dominance bands)에 대해 직각으로 배열되어 있으며, 역시 2차원적 배열을 보여주고 있다. 아사누마(Asanuma 1975)는 운동피질에서 원주 모듈을 발견하였고, 다른 사람들(Sousa-Pinta 1973, Merzenich and Brugge 1973)은 피질의 와우국소 대응도가 구성된 영역(cochleotopic mapped area)에서 원주조직을 발견했는데, 이것들 역시 2차원 배열을 이루고 있었다. X축을 따라 배열된 원주들은 같은 주파수에 반응하는 동일주파수띠(isofrequency bands)를 만든다. 그 띠와 거의 수직으로 Y축을 따라 배열된 원주들은, 양 귀로 들어오는 반응을 종합하거나 또는 동측반응(ipsilateral response)을 억제함으로써, 양쪽 귀로 들어오는 소리의 방향을 파악한다(**그림** 3.22). 이런 조직은 소리나는 위치를 놀라울 정도로 민감하게 파악한다. 양쪽 귀로 들어온 음파가 동일한 주파수일 경우 음원의 위치를 결정하는데 두 귀의 차이점이 이용된다. 동일주파수원주(isofrequency columns)와 양이(耳)신호처리원주(binaural processing columns)의 상호교차로 인하여 그와 같은 위치파악이 용이하게 이루어진다(Suga 1977) (원주 조직에 관한 일반적 논의는 Mountcastle 1979 참조).

피질의 수평 층판(planar laminae)이 수직 피질원주(vertical columns)와 교차한다는 가설을 논의하는 이 시점에서 주목해야 할 것은 섬유들이 초점으로 연결된다는 점이다. 게다가 그런 원주형 집합체가 틀림없이 피질 정보처리의 기초 단위라는 가설에 신뢰를 더해 주는 생리학적 특성들에 대한 발견이 있었다. 특히 (작은 가시를 가진) 한 유형의 중간뉴런으로 채워진 원주형 집합체 내에 **흥분성 수직연결**(excitatory

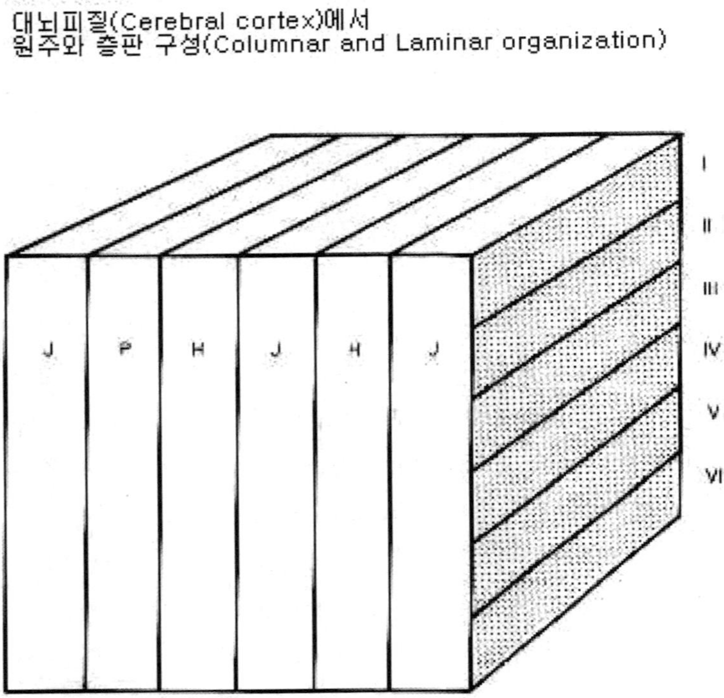

그림 3.21
신체감각 피질(somatosensory cortex)의 원주 조직(columnar organization)이 생리학적으로 밝혀졌다. 각각의 원주는 특정한 하부감각유형(submodality)을 갖는다. 이 그림의 보기에서 관절(J), 압력(P), 털(H) 등의 자극을 보여준다. (출판사의 허락을 받아 Kandel(1981c)에서 재인용. Ch. 17 of *Principles of Neural Science*, ed. E. R. Kandel and J. H. Schwartz, pp.184～198. Copyright ⓒ 1981 by Elsevier Science Publishing Co., Inc. Based on Mountcastle 1957)

vertical connections)이 발견되었고, 또한 원주의 경계에 있는 뉴런들과 이웃 원주의 세포들 사이에서 **억제성 연결**(inhibitory connections)이 발견되었다(**그림** 3.23).

흥분성 중간뉴런은 집합체의 입력과 출력에 관여한다. 흥분성 중간뉴런은 수입시상섬유들(incoming thalamic fibers)과 시냅스 접촉을 이

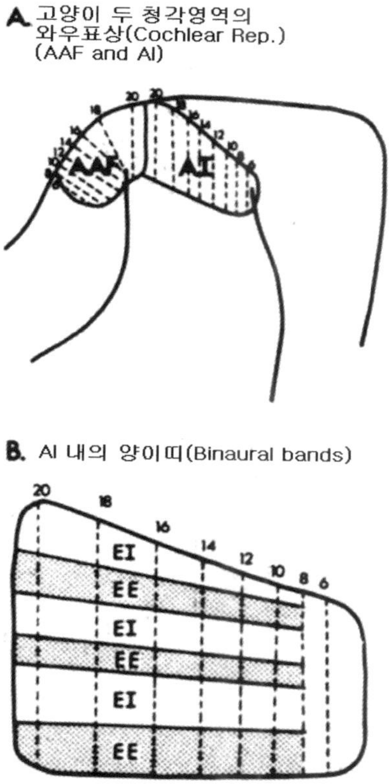

그림 3.22

(A) 고양이 두 청각영역(AAF와 AI)의 와우국소 표상(cochleotopic representation)을 나타낸 그림. 숫자는 와우 정점(cochlear apex)으로부터 측정된 와우감각상피(cochlear sensory epithelium)를 따라 그린 위치를 나타낸다. (B) AI의 내부 조직을 보여주는 도식적 그림. 이 그림에서 수평으로 연속된 영역은 양이띠(binaural bands)의 다양한 기능을 보여주며, 수직으로는 그 영역에 대한 동일주파수 경계이다. 임의의 양이띠에서 볼 때 모든 뉴런들은 양쪽 귀의 자극에 의해 흥분되거나(EE bands), 혹은 반대측 귀의 자극에는 흥분되고 동측 귀의 자극에는 억제된다(EI bands). 그림의 오른쪽 부분인, AI의 가장 낮은 주파수 영역은 그 내부양이조직(internal binaural organization)을 설명할 수 있을 정도로 충분히 연구되지 않은 영역이다. (Merzenich and Kaas 1980)

루며, 수직으로 원주 집합체를 따라 축삭 가지를 뻗어서, 여러 층판의 출력 피라미드 세포들과 시냅스를 이룬다. 이렇게 회로를 이룸으로써 원주들이 바로 입력-출력 모듈(input-output modules)이 된다는 가정은 납득이 간다. 원주집합체 내의 구심성 세포들과 원심성 세포들에 대한 감각유형 특성(modality specificity)과 수용영역특성(receptive field specificity)에 대해서 알려진 바에 따르면, 이것들 사이에 있는 골지유형 II(Golgi type II)세포와 바구니세포(basket cells)는 잡음(noise)을 줄이며 신호(signal)에 초점을 맞추는 기능을 하는 것으로 보인다.[20]

더구나 '원주의 출력이 구획화된다(compartmentalized)'는 증거들이 속속 드러나고 있다. 전-전두피질(prefrontal cortex)에 대한 연구에서 골드만(Goldman-Rakic 1981)은 대뇌피질 원주로부터 한 꾸러미의 섬유들이 나와서 다른 피질의 원주로 연결되는 것을 보았으며, 신체감각피질과 시각피질의 경우처럼 전두피질 역시 원주 조직으로 이루어진 것을 보았다. 또한 그녀와 연구원들은 전-전두피질로부터 해마로 뻗는 특정한 투사경로가 해마 내의 특정한 원주로 연결되는 것도 발견했다(Goldman-Rakic 1984).

원주 집합체 자체는 마운트캐슬(Mountcastle 1979)이 '거대원주'(macrocolumns)라고 말한 더 큰 단위들을 구성할 수 있다. 이런 큰 단위들의 구분은 뉴런들의 정적이거나 동적인 속성들에 의해 결정되는데, 예를 들어 시각피질에서 (뉴런을 자극하는 시각영역 내의) 안구특성(ocularity)과 위치 등이 포함된다고 생각해볼 수 있다. 큰 단위와 그 큰 단위를 구성하는 모듈들이 외부 연결(extrinsic connection)을 이룬다는 연구 결과는 큰 범위의 기능들이 뇌 속에 '불연속적으로 위치해 있다'고 하기보다는 '분산되어 있다'는 관찰을 지지하고 있다. 또한 거

20) 다른 유형의 중간뉴런들도 있지만, 그 생리학적 특성에 대해 거의 알려진 바가 없다. 중간뉴런과 그 기능에 대한 그리고 원주 집합체의 입력-출력 모듈에 대한 간단한 논의는 Jones 1981에서 보라.

대원주(macrocolumn) 내의 특정한 모듈이 거대원주 밖의 다른 모듈과 특별한 외부 연결을 이룬다는 증거가 제시되기도 했다. 마운트캐슬은 다음과 같이 말한다.

> 거대한 존재인 전체 모듈 집단(set)은 하부집단(subset)으로 나누어지며, 그 하부집단 각각은 특별한 연결패턴으로 다른 거대한 존재 내의 하부집단과 연결된다. 몇 개의 거대한 존재를 구성하는 모듈 집단은 분산시스템으로 규정할 수 있다. (1979:37)

원주집합체들이 이런 외부 연결을 이룬다는 사실로부터 미시원주(microcolumn)는 임의의 거대원주(macrocolumn)에 속하면서 동시에 수많은 분산시스템을 구성한다고 말할 수 있다. 또한 이런 사실은 뇌의 국소 절개수술이 개별적 기능 자체를 파괴하기보다는 '대략적으로 그 절개된 부위의 크기에 비례한 정도로' 그리고 '그 능력을 지원하는 구조의 일반적 중요성에 비례한 정도의' 기능 저하를 보여주는 이유를 설명해 준다(Mountcastle 1979).

원주 집합체들이 다른 원주 집합체들에게 무엇을 말하는지, 즉 원주들 사이에 어떤 정보를 주고받는지에 관하여 많은 것들이 발견될 것이며, 그런 정보는 의심할 여지없이 뇌를 거대한 병렬정보처리 시스템으로 이해하는 데에 그리고 뇌 안에 수많은 차원의 조직에서 무슨 일이 일어나는지 이해하는 데에 핵심적이다. 예를 들어 집합체들 사이의 (들어오고 나가는) 연결에서 약 80퍼센트는 다른 피질뉴런들과 이루어진다는 사실은 아주 중요한 의미를 던져준다. 피질뉴런들이 다른 뉴런들에게 그렇게 많이 정보를 왜 교환해야 하는지 그리고 그 메시지의 본성이 무엇인지는 의심할 바 없이 복잡한 그 계산적 구조가 더 자세히 이해됨에 따라서 분명히 드러날 것이다.

만약 누군가가 피질을 일종의 얇은 막으로 생각한다면, '경로', '층

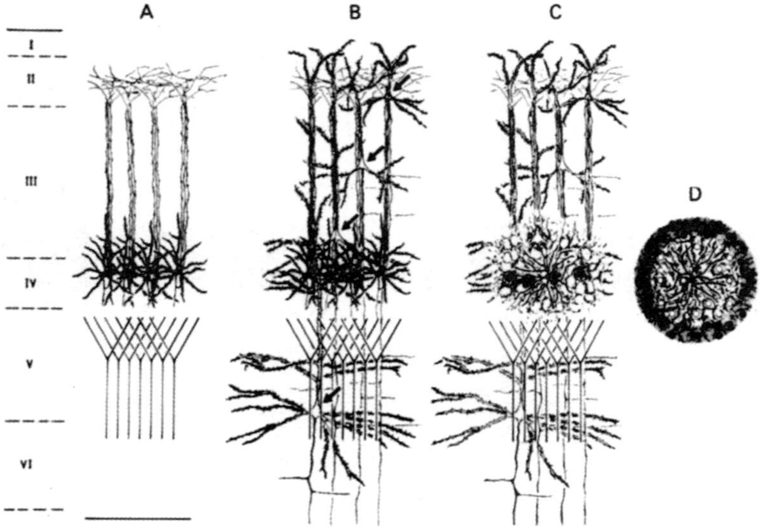

그림 3.23
시상피질 섬유(thalamocortical fibers) 묶음에 근거해서 가정한 입력-출력 원주(input-output columns)를 보여주는 도식적 그림. 입력이 초점으로 집중되는 성질은 시상피질 시냅스(thalamocortical synapses)를 만들고 (A) 수직축삭(vertical axons)을 갖는 작은 가시세포(spiny cells)에 의해 피질 두께 모든 곳에서 유지된다. (B) 모든 층에서 피라미드 세포에 시냅스를 이룸으로써 수직축삭들은 입력원주이면서 동시에 출력원주가 된다. 입력 집중 성질은 억제성으로 추정되는 골지(Golgi) II세포에 의해 이루어지며, (C) 시상 시냅스(thalamic synapses)를 만들고 (검은 점으로 표시한) (D) 시상입력지대(thalamic input zone) 주변에서 약하게 흥분된 작은 가시세포를 억제하도록 한다. 왼쪽 아래의 막대 길이는 대략 500마이크로미터이다. (Jones(1981). In *The Organization of the Cerebral Cortex*, ed. F. O. Schmitt et al. Cambridge, Mass.: MIT Press)

판', '대응도' 그리고 '원주' 등을 다루기 위해 개념을 조율해야 할 것이다. 조금 더 정확히 말하자면, 피질은 여러 층의 얇은 판(sheet)이 겹쳐진 것이며, 그 여러 층의 판들은 질서정연한 수직 연결을 이루고 있는데, 그 질서 정연한 수직 연결을 통해서 국소형태에 대응하도록 되어 있으며, 그 판은 고도로 전문화된 원점(orgins)과 투사(projections)를 갖는 세포로 구성된 것으로 생각할 수 있다. 그렇게 많은 구성 목적들이 있다는 것을 보면서 사실상 '뇌의 계산과 표상 능력'에 대한 비밀을 풀려면 그 '기능적 구조'를 이해해야만 한다는 결론에 도달하게 된다.

7. 뉴런 발달

성장한 유기체의 뇌는 눈에 띄게 질서정연한 조직을 보여주지만, 놀라운 사실은 그 구조를 지배하는 그 어떤 지성도 존재하지 않는다는 사실이다. 뇌는 배아(embryo) 발달과정 초기에 상피세포(epithelial cells)로부터 발생한 몇 개의 세포로부터 출발하여 자연스럽게 성장한다. 최근의 신경생물학적 연구는 신경계의 발생이 그렇게 질서정연한 패턴을 가질 수 있는 이유가 무엇이며, 그 발달 통제 원리들을 밝혀내는 일이 왜 그렇게 어려운지 설명해 주고 있다(**그림** 3.24).

예를 들어 성장한 원숭이 척수 내의 운동뉴런을 생각해 보자. 첫째, 배아 내에 있는 운동뉴런을 만들어내는 조상세포(causal ancestor)를 '전구세포'(precursor cell) 혹은 '신경모세포'(neuroblast)라고 하는데, 운동뉴런은 이 전구세포에서 출발하여 유사분열을 통해 변화한다. 그런 변화로 인하여 운동뉴런 내부에는 기계수용기(mechanoreceptor)의 속성이나 푸르키니에 세포의 속성 내지 다른 유형 세포들의 속성들과 다른 운동뉴런만의 독특한 속성을 가지게 된다. 둘째, 운동뉴런은 발생 지점으로부터 척수의 오른쪽으로 자리를 옮긴다. 그리고 그 연결을 성장시키는 과정에서 수상돌기들이 퍼져 나가 올바른 뉴런들과 접촉하여 올바른 회로를 형성하며, 축삭은 척수로부터 빠져 나와, 배측각(dorsal horn)이 아닌, 복측각(ventral horn)으로 올바른 경로를 통과하면서 자신의 길을 찾아 나간다. 그렇게 해서 운동뉴런은 근육에까지 이른다. 좀 더 정확히 말해서, 만약 그 축삭이 배외측(dorsolateral)으로

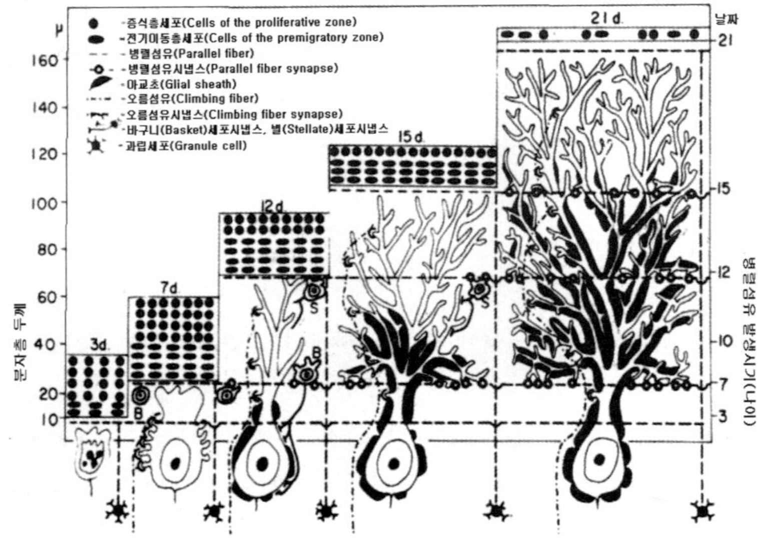

그림 3.24
푸르키니에 세포(Purkinje cell)의 성장과정과 그 분자층(molecular layer)의 변화 과정에서 발생하는 중요 사건들을 보여주는 도식적 그림. 왼쪽에서 오른쪽으로 원주 내의 병렬섬유들의 성장과정을 추적해 보면 다음과 같은 현상들을 관찰할 수 있다. 7일 된 섬유는 시냅스를 만들지 못하지만, 12일 된 것은 바구니세포(basket cell)와 시냅스를 만들고, 12일부터는 시냅스의 수가 급격히 증가한다. 마찬가지로 12일된 병렬섬유(parallel fiber)는 시냅스를 만들지 못하지만, 15일이 되면 별세포(stellate cell)와 시냅스를 이룬다. 오름섬유(climbing fiber)가 자리를 바꾸고 성장하는 모습을 푸르키니에 세포 왼쪽 옆에 표시했다. (Altman 1972)

통과할 경우 사지근육(limb muscles)으로 신경연결하며, 복내측(ventromedial)로 통과할 경우에는 중축근육(axial muscles)으로 신경을 연결한다. 척수 내의 다양한 신경세포집단(neuronal pool)은 신경연결을 이루기 위하여 전문화된 근육섬유들을 선택적으로 찾아냄으로써, 놀랍고도 신비스럽게 그 연결 통로를 찾는 일을 해낸다는 증거가 있다.

모든 다른 뉴런들 역시 그와 같은 비범한 능력을 갖는다. 예를 들어 망막신경절세포(retinal ganglion cell)는 신경절세포 나름대로의 모양과 반응 속성을 갖는데, 발생(origin) 위치로부터 망막의 가장 높은 층으로 위치를 옮겨, 망막 내의 올바른 세포와 수상돌기 연결을 이룬 다음에, 자신의 길을 찾아 길게 뻗어 외측무릎핵으로 경로를 연결하며(그 연결 섬유가 비측nasal 섬유인지 아니면 측두temporal 섬유인지에 따라서 외측무릎핵을 통과하거나 통과하지 않는다), 이어서 외측무릎핵의 적절한 위치를 찾아 망막국소 대응도(retinotopic map)를 그리도록 연결을 이루며, 마침내 그 밖에 다른 위치로 투사하는 뉴런들과도 적절한 연결을 이룬다. 이따금 잘못 연결되는 경우도 있지만, 그런 뉴런들은 발달과정에서 제거된다. 어떻게 잘못을 인식하고 잘못된 뉴런들이 왜 생존하지 못하는지 그 이유는 아직 밝혀지지 않았다.

격발 뉴런들(spiking neurons)의 전기생리학적 속성들 역시 독특한 진화과정을 갖는다. 초기 단계에서 이런 세포들의 격발은 칼슘전류(calcium current)에 의해 일어난다. 다음 단계의 격발은 칼슘과 소듐(sodium) 성분 모두에 의해 일어나지만, 점차 소듐 성분이 많아지며 칼슘 성분은 줄어든다. 이런 생리학적 연속동작은 아직 충분히 설명되지 못하고 있지만, 적어도 그것이 신경발생의 중요한 특징이며 학습에 대한 설명에 특별히 중요한 의미를 갖는다고 말할 수는 있다(Llinás and Sugimori 1979, Llinás 1984a, 1984c).

선택적 세포 사멸(selective cell death) 후에 세포들이 무성하게 증식하는데, 이것은 뉴런들의 발달과정에서 전형적으로 나타나는 양태로 보인다. 뉴런들의 구조에 따라서, 발생 신경세포 집단의 세포들 중에 15퍼센트에서 85퍼센트가 선택적 죽음으로 제거된다고 알려져 있다. 어떤 경우(병아리)에는 시각피질에서 척수로 투사하는 전체 경로(track)가 성장 후에 사멸한다. 이런 선택의 원리가 무엇인지 아직 이해되고 있지 않지만, 기능적 참여가 중요한 요인이라고 짐작되고 있다. 기능적으로 부지런한 뉴런들은 게으른 뉴런들보다 더 많은 영양을 섭취할 수 있어서 더 튼튼해진다는 이야기이다. 다시 말해서 "일한 자만이 먹을 수 있다"는 원리인 것 같다(Cowan 1979, Truman 1984).

그 이외에도 어떤 집단에서는 어린 뉴런들의 세포돌기들(축삭과 수상돌기들)이 화려하게 만개하였다가 대규모로 움츠러든다. 예를 들어 성장한 유기체에서 각각의 근육세포들은 대개 운동뉴런 축삭에 의해 자극된다. 신경발생 초기에 많은 축삭들은 임의의 근육세포들과 접촉하고 나서 계속되는 발달 단계에서 하나를 제외한 나머지 모든 축삭들이 움츠러들게 되는데, 이는 아마 일종의 경쟁 때문인 것 같다. 일단 선택이 이루어지고 난 다음에는 몇몇 세포에서 증식 과정이 회복되는 것처럼 보인다.

정상적인 신경발생 과정에 개입함으로써 원인 인자들(causal agents)에 대해 생각해 볼 필요가 있다. 스페리(R. W. Sperry)에 의해 개척된 특별한 기술, 즉 여분의 관절을 이식하거나, 시신경을 자르고 눈을 회전시킨 후에, 그에 따른 '신경 연결의 본성'과 '유기체의 행동'에 대한 연구가 있었다. 스페리의 연구에 따르면, 병아리 배아 시기에 여분의 다리 싹(extra leg bud)을 정상적인 다리 옆에 이식했더니 운동뉴런이 신경을 연결하였다. 특히 정상적으로 신체에 신경을 연결한 운동뉴런들이 신경을 연결하였다(Sperry 1963). 개구리를 이용한 실험에서 시신경을 절단하고 안구를 180도 회전시켰더니 망막신경절 축삭들이 새로 뻗었지만, 그 축삭들은 원래의 축삭 경로를 따라서 시각덮개(optic tectum)로 돌아가는 것을 보여주었다. 그 결과 그 개구리는 눈이 감지한 파리와는 180도 반대 방향으로 뛰는 행동을 보여주었다.

이런 계통성(systematicity)은 뉴런들이 어느 곳으로 가지를 뻗어야 하고 무엇과 결합해야 할지를 결정해 줄 몇 가지 원칙이 있음을 암시해 준다. 스페리는 성장하는 뉴런들과 결합할 조직 사이에 '화학적 친화력'(chemical affinity)이란 것이 존재한다는 가설을 세웠고, 몇 가지 증거들은 그 견해를 뒷받침해 준다. 연결 전의 뉴런들은 서로 다른 돌기들 중에서 자신의 세포막(membranes)을 알려주는 단백질 표시

(protein labels)를 가지고 있으며, 그 덕분에 접합될 뉴런들을 만날 수 있고 인식할 수도 있는 것이다(Cowan 1979). 신경계는 대단히 알기 어려울 정도로 복잡하기 때문에, 뉴런 발생에 영향을 주는 화학 요소들과 다른 장치들에 대한 많은 것들이 아직 밝혀지지 않은 채 남아 있다(신피질 neocortex의 발달과정에 대한 논의는 Rakic 1981 참조).

이미 앞서 본 바와 같이, 눈을 멀게 하는 봉합시술을 받으면 안구우성띠(ocular dominance bands)의 폭은 그 관련 피질영역에서 활동하지 못하게 된다. 그 실험이 의미하는 바는 피질의 조직(organization)이 자극에 의존하는 가소성을 가지고 있으며, (발생적으로 부여된 요소 이외에) 환경에 영향받을 여지도 있다는 점이다. 그 조직 양태가 유전 프로그램에 얼마나 의존하며, 그 의존 방법이 무엇인지 연구되고 있으며, 이런 질문에 관련해서 중요한 발견이 콘스탄틴-파톤과 그녀의 연구원들(Martha Constantine-Paton and her colleagues 1981)에 의해서 이루어졌다.

그 배경 설명은 다음과 같다. 개구리의 시각덮개(optic tectum)가 시각처리구조이며, 개구리 뇌의 대뇌피질은 시각에 전혀 중요한 역할을 담당하지 않는다. (인간의 상구 superior colliculus는 해부학적으로 개구리의 시각덮개에 해당된다.) 포유류에서 망막섬유(retinal fiber)가 시각 편측영역(visual hemifield)에 따라서 정렬되는 투사[21]와 달리, 개구리의 망막투사는 단지 망막에 따라서만 정렬되는 것을 보여준다. 다시 말해서 오른쪽 눈에서 뻗는 모든 섬유들은 왼쪽 시각덮개(optic tectum)로 투사하고, 왼쪽 눈에서 뻗는 모든 섬유들은 사실상 오른쪽 시각덮개로 투사한다. 따라서 개구리 시각덮개에 있는 안구우성띠(ocular dominance bands)는 전혀 교차하지 않는다. 이런 관찰로부터 콘스탄틴-파톤은 다음과 같은 의문을 가졌다. 만약 개구리의 뉴런발생 초기의 뇌에 세 번째 눈을 이식한다면 시각덮개의 구성이 어떻게 될

21) [역주] **그림** 3.10 참조.

까? 실험은 올챙이의 발달하는 원시눈세포(eye primordium)를 떼어내어 다른 올챙이의 정상적인 두 눈 사이에 이식하는 방식으로 이루어졌다(**그림** 3.25). 일단 그 올챙이가 성장하여 개구리가 된 후에 방사성 물질로 표시한 아미노산을 눈에 주사하여 눈에서 뻗는 섬유들의 경로를 추적하였다. 더구나 망막이 빛에 자극되는 동안에 시각덮개의 특정 영역을 추적 기록함으로써, 그 섬유들의 전기생리학적인 투사 속성을 검사할 수 있었다.

이 실험에서 여분의 눈에서 뻗은 망막섬유들은 마치 정상적인 망막섬유들처럼 한쪽 혹은 다른 쪽의 시각덮개로 길을 찾아 연결한다는 점을 첫 번째로 알 수 있었다. 즉 오른쪽 눈에서 뻗는 섬유들은 모두 왼쪽 시각덮개로 연결하고, 왼쪽 눈에서 뻗는 섬유들은 모두 오른쪽 시각덮개로 연결하는 것이 관찰되었다. 두 번째 발견으로 여분의 눈으로부터 뻗은 섬유들과 정상적인 눈으로부터 뻗은 섬유들은 시각덮개의 같은 자리를 두고 서로 경쟁한다는 점이다. 결과적으로 눈의 발생에 따라 정렬된 시각덮개 세포들의 띠(bands)는 '포유류 시각피질에서 보여주는 안구우성띠를 상기시켜 줄 정도로' 서로 교차하였다는 충격적인 사실이 관찰되었다. 전체 망막국소 대응도는 그 띠-패턴으로 구성되었는데, 다소 서로 얽힌 모습을 보여주었다. (두 눈이 갖는 시각영역에 여분의 눈이 자리를 잡기 위해서 충분하지 않은 동일구조 내에서 경쟁한 때문이다.) 그런데 실질적으로 여분의 눈은 파리를 잡는 행동에 방해가 되었다. 이것은 시각덮개에 있는 망막국소 대응도가 한 시각영역의 표상을 충실히 반영하지 못하기 때문일 것이며, 운동성 연결이 이런 이상한 배열과 적합하지 않기 때문일 것이다(Constantine-Paton and Law 1982).

띠(bands)와 대응도(map)의 형성을 콘스탄틴-파톤은 두 기제로 설명했다. 첫째, 망막축삭(retinal axons)과 시각덮개 조직(tectal tissue) 사이에 일반적으로 어떤 화학적 친화력이 작용하며, 그 덕분에 망막섬유

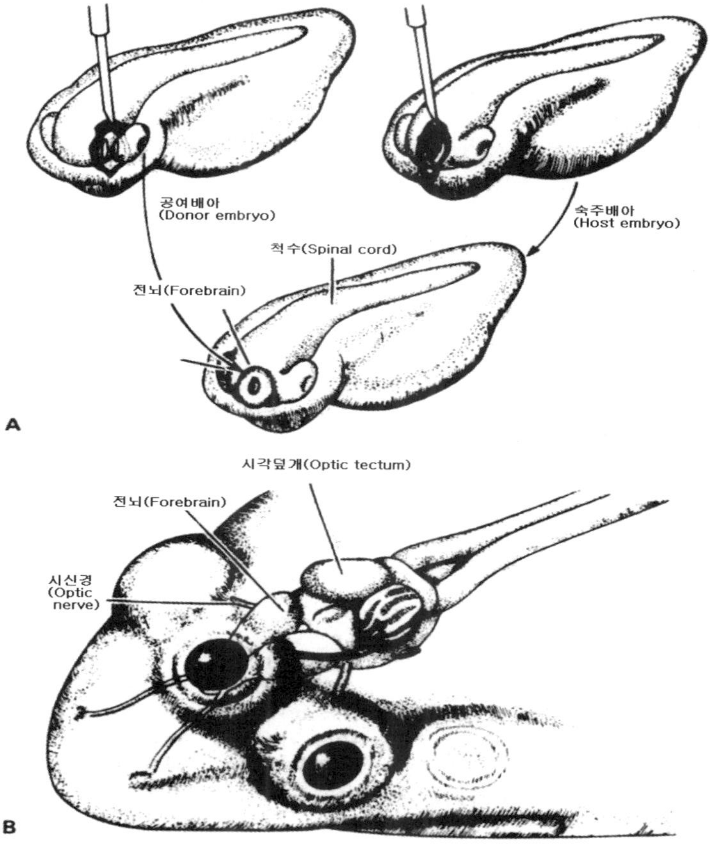

그림 3.25
(A) 세눈박이 개구리를 만들기 위한 수술 절차를 보여주는 그림. 한 개구리 배아(embryo)에서 원시눈세포(eye primordium)를 적출하고 다른 배아 개구리에 이식하기 위해 피부를 제거하여 이식할 공간을 만들었다. 세포를 이식할 당시 각 배아의 크기는 약 3밀리미터이며, 전뇌에 구멍을 내어 원시 눈세포를 이식했다. (B) 성장한 세눈박이 개구리는 머리의 올바른 위치에 두 정상적인 눈을 가지며, 정상적인 눈의 앞에 머리 위쪽으로 세 번째 눈을 가지고 있다. 이 실험에서 실험된 개구리의 약 4분의 3은 세 번째 눈이 정상적인 눈과 경쟁하면서 축삭을 뻗어 한쪽의 시각덮개에 종지하는 것을 보여주었다. (Constantine-Paton and Law (1982). *The development of maps and stripes in the brain*. Copyright ⓒ 1982 by Scientific American, Inc.)

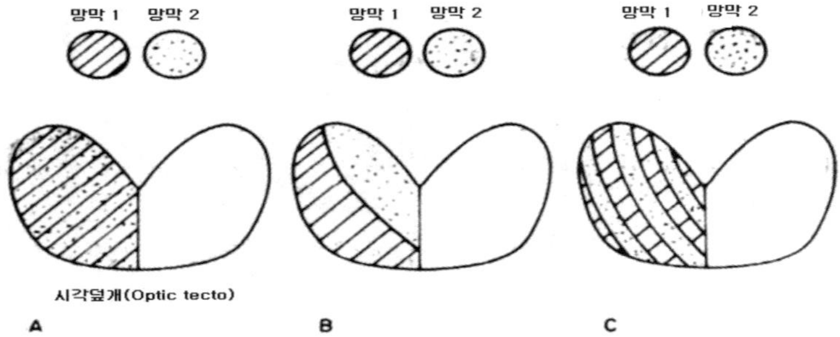

그림 3.26
두 눈의 망막 1과 망막 2로부터 뻗는 망막신경절세포들(retinal ganglion cells)이 한 시각덮개엽(tectal lobe)에 신경을 연결할 경우 띠 형성(banding)을 보여주는 도식적 그림. (A) 두 눈에서 뻗은 섬유들이 시각덮개 한쪽에 완전히 중첩되었다. 망막신경절세포가 오직 한쪽 시각덮개 세포에만 친화력을 가지고 시각덮개 대응도(retinotectal map)를 만드는 경우이다. (B) 두 망막에서 뻗는 투사(projection)가 한쪽 시각덮개 판의 부분을 점유하는 여러 가능한 모습들 중의 하나. 신경절세포 축삭들이 한쪽 시각덮개 판으로부터 할당된 신호를 받을 경우, 망막신경절세포체(retinal ganglion-cell bodies)의 가장 인접한 이웃관계를 유지하도록 정렬된다. (C) 서로 얽혀서 연결된 띠 모습. 각각의 망막으로 뻗는 신경절세포가 시각덮개의 특정한 영역에 서로 연결을 극대화하고, 망막세포체의 가장 인접한 이웃관계를 유지하도록 정렬된 경우이다. (Constantine-Paton(1981). In *The Organization of the Cerebral Cortex*, ed. F. O. Schmitt et al. Cambridge, Mass.: MIT Press)

들이 시각덮개의 바로 그 위치로 뻗는다. 다시 말해서 다른 시각덮개 영역과 별로 다르지 않은데도 시각덮개의 특정 영역으로만 섬유들은 연결한다. 일단 섬유들이 일반 영역에 정확히 도달하면, 두 번째 기제가 시각덮개 세포 조직을 정교하게 만든다.

이 추가 장치 덕분에 세포들은 이웃 세포들과 서로 적절히 기능할 수 있다. 대략적으로 말해서 함께 반응하는 세포들은 함께 생활한다. 기본적으로 그 설명은 단순하다. 망막섬유들과 시각덮개 세포 사이의 시냅스 연결이 증가하는 것은 그 망막섬유로부터 오는 신호가 다른 망막섬유들로부터 오는 신호들과 관련될 경우이며, 그 상호관계는 섬유들이 망막의 같은 장소에서 시작될 경우에 가장 잘 유지된다. 시각덮개 세포들은 신호들의 강한 상호관계가 만족될 경우에 시냅스 연결을 강화하는 면이 있다. 그렇게 해서 이웃들과의 관계가 유지될 것이며, 그렇지 못한 것들은 쇠약해질 것이다. 그렇게 시각덮개의 뉴런들은 점진적으로 대응도를 정교하게 만들어 안구우성띠(eye-dominance bands)를 서로 얽히게 한 것이다(그림 3.26). 이런 내용을 구체적으로 파악해 내고, 다시 이에 대한 실험을 한다는 것은 물론 간단한 일이 아니다.

이 연구에 대한 탁월한 해석은 (포유류에서 피질 조직의 한 차원인) 안구우성띠가 유전에 의하기보다는 공간을 차지하기 위한 뉴런들의 경쟁을 지배하는 원리들에 의해 구성된다는 주장이다. 개구리 DNA는 분명히 안구우성띠를 형성하기 위한 유전적 암호를 정하지 못하지만, 시각덮개 공간을 차지하기 위해 섬유들이 경쟁을 할 경우 안구우성띠를 형성할 것이다.

신경계가 몇 개의 배아 선조 세포들(precursor cells)로부터 발달하여 어떻게 완전히 다르며, 전문화되었으며, 개선된 뉴런 기계로 발달하는지 이해되기 시작했다. 이런 지식은 '어떻게 뇌가 학습하고', '어떻게 세계를 표상하며', '실제로 어떤 종류의 일을 배우는지', 다시 말해서 '뇌 안에서 어떤 조절을 하며' 그리고 '어느 정도의 자율을 가지고 있는지' 설명해 줄 이론을 만드는 데 중요한 역할을 할 것 같다. 뉴런의 배열이 간결한 조직으로부터 시작한다는 것을 이해함으로써 우리들은 뇌 기능에 대한 근본적 원리를 이해할 수 있을 것이다. (뉴런 발달에 대한 간결하고 탁월한 소개는 Cowan 1979 참조. 그리고 논문 모음집으로 Patterson and Purves 1982를 참조.)

8. 무척추동물에 관련해서 한 마디

이 장에서 논의의 초점은 주로 척추동물 신경계에 관한 것이지만, 무척추동물의 신경계가 빈약할 정도로 간결하다는 점에서 특별히 주목된다. 무척추동물의 신경계는 간결한 이유로 신경계 구조를 알아낼 수 있고, 따라서 그 기능도 설명 가능하다는 점에서 특별히 연구되고 있다. 특히 거머리(leech), 즉 히루도(Hirudo)와 군소(sea hare), 즉 아플리시아(Aplysia)와 같은 동물의 신경계는 아주 간단하며, 그다지 많지 않은 뉴런을 가지고 있다. 거머리는 모두 합해서 고작 14,000개의 뉴런을 가지고 있지만(아플리시아는 약 20,000개의 뉴런을 갖는다), 그 행동의 현란함은 놀랍다. 더구나 무척추동물은 연구할 만한 다른 가치가 있다. 무척추동물을 미시적 차원에서 보면, 그 뉴런들 각각이 놀라울 정도의 구조적 일치를 보여준다. 예를 들어 거머리는 머리에서 꼬리에 있는 뇌까지 21개의 신경절(ganglion)을 가지고 있으며, 각 신경절의 신경세포집단(neuronal pool)은 정확히 판에 박은 듯이 정형화되어 있다. 그런 면에서 모든 뉴런들은 '모양', '크기', '축삭 가지', '위치', '생화학물질', '연결패턴', '전기생리학적 속성' 그리고 '기능'에서 아주 정확하게 일치한다(**그림** 3.27).

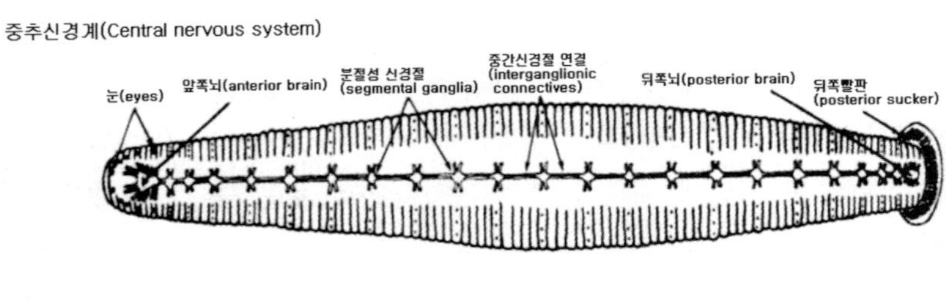

그림 3.27
거머리에서 머리쪽 뇌와 꼬리쪽 뇌 그리고 그 사이에 분절된 신경절을 보여주는 도식적 그림. (Weisblat and Kristan 1985)

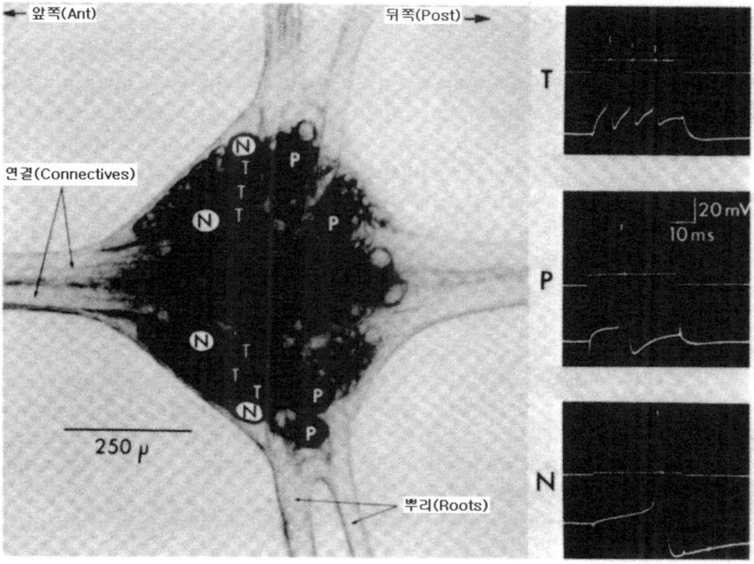

그림 3.28
복측(ventral) 방향에서 본 분절된 신경절과 동일세포들(identified cells)의 활동전위(action potentials). 표시된 세포들은 T, P 그리고 N 기계감각 세포들이며, 이것들은 피부의 접촉, 압력 그리고 해로운 기계적 자극에 반응한다. (오른쪽) T, P, N 세포들의 활동전위에 대한 세포간 기록은 미세전극을 통해 탈분극전류(depolarizing current)를 흘려보냄으로써 유도되었다. T세포는 탈분극이 유지되는 동안에 빠르게 반복적으로 격발하고, N세포는 자발적으로 격발하여 아래로 크게 내려가는 모양을 보여준다. (Nicholls and Baylor 1968)

예를 들어 모든 거머리 내에서 압력에 반응하는 뉴런은 다른 뉴런들과 비교해서 같은 위치에 있는 분절된 신경절(segmental ganglia)에서 발견되며, 정확히 동일한 형태를 가지고 있고, 반드시 같은 격발 모습을 보여주는 등등의 동일성을 보여준다(**그림** 3.28). 이렇게 개별 뉴런들이 되풀이될 경우 '동일뉴런'(identified neurons)이라고 한다. 전체 신경계 내에 이렇게 상대적으로 작은 수의 뉴런들 때문에, 히루도의 '수영'(Stent and Kristan 1981)과 아플리시아의 '습관화'와 '감각화'(Kandel 1979)와 같은 행동패턴에 대한 전체 생리학적 근거를 밝히는 일이 가능하다. 히루도의 분절성 반신경절(segmental hemiganglion)마다 대략 200개의 뉴런들이 있으며 그중에 약 20에서 30퍼센트 정도가 동일뉴런들이다.

9. 결 론

이와 같은 맥락에서 보면, 이론적 기질을 가진 누구라도 다음을 인정할 것이다. 이제 우리들은 뇌 기능에 대한 이론을 만들어낼 제한 사항들은 물론 이론적 상상력에 불을 지펴줄 불씨를 발견할 수 있다. 이제 신경해부학적 정보는 뇌 기능의 원리를 밝혀줄 이론을 육성할 정도로 풍족한 것 같다. 최소한 뇌 연구에 관련해서 회의적이었던 사람들마저 자신들이 엉성한 개념에 근거하고 있었으며, 그 구체적인 사례들은 그들의 편견이 뒤죽박죽이었음을 밝혀줄 것임을 직시해야 한다.

기능신경해부학(functional neuroanatomy)이라는 넓은 주제 아래 분류된 연구 분량은 방대하여, 그중에서 단일 항목에 대한 연구 결과만이라도 요약한다는 것이 그렇게 쉬운 일은 아닐 것이다.[22] 더구나 우리가 아는 규칙들은 부분적으로 (그것을 밝혀내기 위해 우리들이 사용하는) 연구방법(techniques)에 의존하며, 만약 우리들이 적절한 연구방법을 갖는다면 더 많은 규칙들을 밝혀낼 수 있을 것이다. 또한 우리가

22) 꼭 있어야 할 것이지만 아직 없는 것은 아주 세세한 정도로 모든 해부학적 자료들을 완전히 요약한 정리이다. 그런 정리는 매주 컴퓨터를 통해서 '표준화된 용어', '관련도서목록' 그리고 '컴퓨터 네트워크 접속주소' 등등이 업데이트 되어야 한다. 그렇게 된다면 만약 누군가 영역 MT의 층판 4 내부와 외부에 대한 모든 관련 자료를 알고자 할 경우에 빠르게 쓸 만한 정보들을 찾아낼 수 있을 것이다. 이상적으로 컴퓨터 그래픽 반주처럼 보여줄 수 있다면, 그 자료에 대해 시각적으로 표현할 수도 있을 것이다. 사실상 자료들은 수많은 학술지와 책을 통해서 유포되고 있지만, 해부학자들조차도 현재 있는 모든 해부학적 정보들에 친숙하지 않다.

아는 규칙들은 부분적으로 뇌 기능을 규정할 이론체계에 의존하며, 그 이론체계는 실험을 지도하고 자극할 것이다. 수많은 설명들 중에 가장 강한, 즉 합당한 이론이 있고 난 다음에야 규칙들이 발견될 수 있다. 신경계에 대한 신경해부학과 신경생리학에 관해 그렇게 많이 안다고 해도, 지금 우리들에게 필요한 것은 '그 자료들을 함께 이끌어줄', '새로운 질문을 던져줄', 그리고 '인식론적 질문에 대답해 줄' 뇌 기능에 대한 '이론'이다. 신경과학 내의 이런 이론에 관련된 최근의 논의를 10장에서 탐구하게 된다.

참고도서

Barr, Murray L. (1974). *The human nervous system: An anatomical viewpoint*. 2nd ed. New York: Harper and Row.

Cowan, W. Maxwell (1979). The development of the brain. *Scientific American* 241/3:112～133.

Heimer, Lennart (1983). *The human brain and spinal cord: Functional neuroanatomy and dissection guide*. New York: Springer-Verlag.

Heimet, Lennart, and Martine J. Robards, eds. (1981). *Neuroanatomical tract-tracing methods*. New York: Plenum.

Magistretti, Pierre J., John H. Morrison, and Floyd E. Bloom, eds. (1984). Nervous system development and repair. *Discussions in Neurosciences* 1/2 (special issue).

Merzenich, M. M., and J. H. Kaas (1980). Principles of organization of sensory-perceptual systems in mammals. *Progress in Psychobiology and Physiological Psychology* 9:1～42.

Schmitt, F. O., F. G. Worden, G. Adelman, and S. G. Dennis, eds. (1981). *The organization of the cerebral cortex*. Cambridge, Mass.: MIT Press.

Spitzer, Nicholas C., ed. (1982). *Neuronal development*. New York: Plenum.

4 장
상위기능: 초기 연구

나는 가장 발달된 신경계가 어떠할 것이라고 상상조차 할 수 없다.
단지 그것이 더 낮은 차원의 신경계로부터 발달했으며, 그 저급한
신경계가 분명 인상(impressions)과 동작을 표상한다는 것만은 안다.
후링스 잭슨(J. Hughlings Jackson, 1975)

1. 서 론

신경계에 대한 연구방법들을 이해하지 못한다면, 신경계에 대한 어떤 주장에 대해 제대로 평가하거나 이해할 수 없을 것이다. 신경계 연구방법에 대한 이해가 있어야 '도파민이 신경전달물질인지 아닌지' 그리고 '대뇌 좌반구가 언어를 담당하는 전문화된 기관인지 아닌지' 판단할 수 있기 때문이다. 그렇지 않다면 단지 '신념'이나 혹은 성취된 과학의 '권위'에 쉽게 의존하는 것이 된다. 그런 점에서 앞장에서 언급한 방법들에 대한 결정, 즉 단순성이나 공간을 고려한 그리고 기초신경과학 수준에서 성취된 결과들을 가지고 내렸던 결정들은 유감스럽게도 피상적이라 할 수 있다. 그럼에도 '상위기능'(higher functions)에 대한 논의를 위해 불가피하게 연구방법을 선택해야만 했다. 상위기능에 대한 '신경심리학'(neuropsychology) 연구가 아직 상당히 진행중인 관계로, 엄밀히 말해서 상위기능으로서 '뇌가 어떤 역할을 하는

지' 정확히 알려진 것은 거의 없다. 또한 상위기능 자체에 대해 확신을 줄 만한 운동학(kinematics) 이론과 동역학(dynamics) 이론[1]도 아직 없다. 따라서 현 시점에서 우리들이 의지할 만한 든든한 권위는 아직 없는 셈이다.

언제나 그렇듯이 제안된 가설들 중에 문을 통과하는 것은 극히 드물며, 종종 다른 여러 방법들은 서로 상충하는 혼란스런 결과들을 산출하기도 한다. 더구나 그 결과들을 어떻게 해석할 것인지는 더욱 문제가 되기 마련이다. 그런 배경에서 '상위기능에 대한 분류학'은 그 자체가 틀리거나 빈곤한 이론일 가능성이 높다. 더구나 연구자들은 종종 자신들의 불충분한 데이터를 부풀리기도 한다. 그리고 '상위기능'과 '뇌'에 대한 인기 있는 밑그림이 종종 '대뇌반구전문화'[2]라는 인기 있는 설명으로 묘사되곤 했지만, 그런 설명은 마치 확증된 가설인 양 오인된 '추측들'과 신경심리학적으로 확고한 진리인 것처럼 위장된 수많은 '빈약한 추정들'로 가득 차 있을 뿐이다.

그런 설명들 중 그 어느 것도 상위기능을 연구하는 '신경심리학'을 소홀히 보지 않아야 한다. 왜냐하면 그 문제가 극히 어려울 뿐만 아니라, 많은 연구방법들이 아직 미성숙 상태에 있으며, 그 어느 분야라도 인기를 얻으려는 자가 있어 울타리, 제한, 단서, 금지사항 등으로 면밀히 보호된 곳으로부터 가설을 끌어내어 사실을 왜곡할 수 있기 때문

1) [역주] 두 용어를 자동차의 움직임을 설명하는 경우에 비유해 보자. 운동학적으로 '엔진의 작동', '변속기의 변속', '동력전달장치의 차동장치' 그리고 '브레이크의 구조' 등등을 설명하는 이론이 필요하다. 반면에 동역학적으로는 '열에너지의 효율성 계산', '회전 운동하는 물체의 원심력 계산', '축의 비틀림 작용에 대한 응력 계산', '마찰력 계산', '유압 계산' 등등을 설명해 줄 이론이 필요하다. 따라서 여기에서 '운동학(kinematics) 이론'이란 '뇌의 구조적인 이론'을 지칭하고, '동력학(dynamics) 이론'이란 '뇌의 기능적인 이론'을 지칭하는 것으로 이해하면 되겠다.

2) [역주] 어느 쪽 대뇌반구가 어떤 기능을 담당하는지 설명하려는 연구방법. 상세한 내용은 5장 2절 참조.

이다.[3] 그렇다고 신경심리학 연구를 전적으로 무시하자는 이야기는 아니다. 수수께끼의 조각을 맞출 수 있는 중요한 자료들이 속속 드러나고 있기 때문이다. 하여튼 신경심리학 문제들을 팔짱만 끼고 서서 바라본다고 해결되지는 않는다.

지금까지 뇌의 상위기능에 대한 연구는 주로 '뇌의 특정 부분이 무슨 일을 수행하거나 관여하는지', 그리고 '뇌 전체가 어떤 일을 하는지'를 결정하는 문제에 관심을 가졌다. 신경심리학을 지지하는 (가장 우세한) 연구 이데올로기는 (뇌 기능들을 **분류**하고 그 기능들 사이의 상호관계를 이론적으로 정립하려는) 심리학 이론이 '뇌의 일부 영역이 특정한 기능을 한다고 주장하는' 뉴런 대응 가설들(neural mapping hypotheses)에 보조를 맞추어야 한다는 것이었다. 그 뇌 기능에 대한 분류 결과에 따라 신경생리학자들은 뇌가 어떤 일을 **어떻게** 하는지 파악해 낼 수 있기 때문이다.

이런 연구 이데올로기가 추천받을 만하지만, 현재의 신경심리학은 상당히 미흡하다. 그 주된 이유는 다음과 같다. '상위기능에 대한 일반적인 범주들(categories)이 무엇인지' 결정하는 일은 '경험적으로 이론을 만드는' 일과 깊이 관련되어 있는데, 그야말로 우리들은 '뇌가 **어떤 상위 능력**을 가지고 있는지' 아직 이해하지 못하고 있으며, '관습적 범주들은 속담과 같은 것을 가지고 자연(Nature)을 설명하려 드는 것과 유사하다'는 증거가 드러나고 있다. 우리들은 '실제로 뇌가 어떤 일을 하는지' 그리고 '실제로 뇌가 어떤 인지능력(cognitive capacities)과 하부인지능력(subcognitive capacities)을 갖는지' 명백히 선험적으

3) [역주] 학문을 발전시키는 일은 많은 제약들로 인해 곤란을 겪을 수밖에 없다. 예를 들어 남에게 공개하지 않으려는 장벽으로 인해서 상세한 정보교환이 어렵고, 각종 자격기준에 의해 연구의 기회가 제한되어 있으며, 지적 재산권 보호에 의해 함부로 남의 지식을 이용할 수 없고, 남의 지식을 함부로 인용조차 하지 못한다. 그런 중에서도 평판을 얻고자 하는 학자들은 남의 연구성과를 도용하기 십상이므로 더욱 공개를 꺼리게 된다.

로(a priori) 알 수 없다. 우리들은 뇌의 상위기능에 대해서도 경험적 세계를 탐구하는 방식으로 알아내야만 한다. 이 주제에 대해서는 제2부의 철학적 논의에서 충분히 다룰 것이지만, 방법론적으로 신경심리학이 왜 그렇게 어렵다는 것인지 대략 알도록 지금 이 문제를 짚고 넘어가는 것이 좋겠다.

심리학적 기능에 대한 신경해부학적 기제(substrates)[4)]를 찾아내기 위해 초기 신경심리학자들은 종종 교만스럽게 '똑똑함'(cleverness)이나 '근면함'(diligence)과 같은 성격적 기질들을 끄집어내어, 그 똑똑함과 근면함이 작용되는 장소로 똑똑함과 근면함에 대한 신경기관(neural center)을 가정하기도 했다. 더욱이 최근에는 '언어 구현'(speech production)과 '명시적 기억'(declarative memory) 같은 다른 능력들을 규정하는 범주를 끄집어내기도 했으며, 아직도 다른 학자들은 '분석적 능력'과 '전체적 혹은 종합적 능력' 사이의 일반적 구분을 제안하기도 한다. 그렇지만 그런 범주 체계를 제공하고, 신경 기제에 대한 연구를 안내해 줄 심리학 이론이 무엇일까?

현재로서는 그런 심리학 이론이 '막 태어나려는 상태에 있다'고 대답할 수 있을 뿐이다. 우리가 필요하지만, 아직 가지고 있지 못한 (확신을 주는 유력한) 이론, 즉 '기초 인지능력'이 무엇인지, 그 인지능력에 대한 낮은 차원의 근거를 제공해 줄 '하부인지능력'이 무엇인지, 입력과 출력 사이에 중재하는 '정보처리의 본성'이 무엇인지, 그리고 다양한 차원의 구성에 사용되는 '표상들의 본성'이 무엇인지 설명해 줄 이론이다. 물론 이론화의 출발점은 현대 물리학이 통속 물리학(fork physics)으로부터 출발했던 것처럼 통속 심리학(fork psychology)이었다(6장과 7장 참조). 따라서 우리의 통속 심리학적 개념에 따라 우리가 '기억을 가지며', '의식을 가지고', 어떤 기억들은 시간이 지나면

4) [역주] 뇌의 기초 기능을 담당하는 해부학적 기본 구조.

'희미해지며', 반복 연습하면 '오래 기억되고', 한 가지에 대한 회상은 '다른 관련된 것들을 연상시킨다'는 등등으로 생각해 왔다. 짐작건대 우리가 '기억'에 대해 통속 심리학적 개념을 가지고 있는 관계로 뇌 내부에 기억을 하게 하는 어떤 하나의 통합된 과정과 구조가 있을 것으로 기대하기 쉽다.

심리학자들과 신경과학자들이 지금 잘 알고 있는 바와 같이 통속 심리학은 우리에게 그다지 큰 도움이 되지 못한다. 더구나 그 기초 범주들에 대한 구분마저 상당히 수정되어야 한다. 심리학자들에 의해 이루어진 '기억'에 대한 연구에서 많은 행동 자료들이 드러났는데, 그 자료들에 따르면 통속 심리학적 기초 개념들을 '확장하고' '새로 규정하게' 하는 면이 있다. 예를 들어 두 종류의 기억, 즉 짧은 시기 동안에 정보를 저장하는 단기기억(short term memory)과 영구적으로 저장하는 장기기억(long term memory)이 있다고 주장되어 왔다. 그런데 지금까지 가정된 그런 능력들은 본질적으로 '행동적 용어'로 이해되었지, 그 밑에 근거하는 인지적이고 하부인지적인 (잘 규명된) '내적 과정의 용어'에 의해 이해되지 않았다.

심지어 그렇게 명확히 지적된 공준들(postulations: 기초 가정들)조차 (즉 실제로 그 두 능력이 구분되는지조차) 연구자들은 서로 의견을 달리한다. 왜냐하면 그 가정된 기억의 특징들이 '회상되는 내용들의 기능에 따라서', '경험한 일의 종류에 따라서', '기억 방법에 따라서', 그리고 '피검자(사람)에 따라서' 아주 다르게 나타나기 때문이다(Craik 1984). 또한 연구자들은 '그 두 종류의 기억 사이에 연습버퍼(rehearsal buffer: 임시기억장치)와 같은 제 3의 인자가 있는지'(Atkinson and Shiffrin 1968), '그 여러 조직들이 서로 어떻게 관련되는지', '사람들이 기억하거나 망각하는 경우에 하부인지과정이 어떻게 일어나는지' 등등에 대해 서로 의견을 달리한다. 더구나 기억이란 자명한 '하나'의 과정이 아니다. 자유로운 회상(free recall)은 지시된 회상(cued recall)

과 다른 결과를 보여주며, 또 지시된 회상은 재인 검사(recognition test)에서 다른 결과를 보여준다(Craik and Lockhart 1972, Squire and Cohen 1984). 게다가 동물들에 대한 세심한 연구에서, '일 기억'(working memory)과 '지시적 기억'(reference memory)[5]을 구별하기 어렵고(Olton, Becker, and Handelmann 1979), '공간적-지도 기억'(spatial-map memory)과 '비공간적 기억'(nonspatial memory)을 구분하기 어렵다(O'Keefe and Nadel 1978)는 주장이 제기되었다.

신경심리학자들에 의해 발견된 몇 가지 자료들은 놀랍게도 관습적 가정들을 상당히 부정하므로 기억에 대한 몇 가지 기초 가정들이 근본적으로 수정되어야 함을 시사한다. 그 예로 아주 심각한 기억상실증(amnesic) 환자를 생각해 보자. 그 환자는 매일 보는 의사를 기억할 수 없고, 아침에 무엇을 먹었는지, 혹은 그 날 조금 전에 방문한 친척들을 기억하지 못한다. 그런데도 그 환자는 아주 복잡한 어떤 일을 배울 수 있다. 예를 들어 거울에 비쳐 읽기(mirror reading: 좌우가 뒤집힌 글씨 읽기)를 어떻게 하는지 혹은 **그림** 4.1에서 보여주는 하노이 탑 퍼즐(Tower of Hanoi puzzle)을 어떻게 푸는지 배울 수 있다. 물론 그 환자는 전에도 이 퍼즐을 했거나 그 퍼즐을 풀었다는 것을 기억하지 못한다(Milner, Corkin, and Teuber 1968, Squire and Cohen 1984). 더구나 뇌 손상 이전에 일어난 사건들에 대한 그 환자들의 기억(즉 역행성 기억 retrograde memory)은 아주 정상적이다. 심리학적 기능들에 대한 범주체계가 문제가 되는 것은 '기억상실증 환자들이 어떤 것들을 여전히 학습할 수 있으며', '어떤 것들을 배울 수 없는지', '그들이 왜 특정한 것들을 기억하며 다른 것들은 그렇지 않은지' 등등

5) [역주] 전통적으로 기억을 능력 면에서 '무엇을 할 줄 아는' 기억과 '대상에 대한' 기억으로 나누어 구분했다. 전자는 말을 할 줄 알거나 자전거를 탈 줄 아는 '수행적 기억'인데 이것의 특징은 그것을 어떻게 하는지 말로 설명하기 어렵다는 점이다. 후자는 어떤 사건이나 사물에 대한 '명시적 기억'이라고 할 수 있는데 그것에 대해서는 말로 설명이 가능하다는 특징을 갖는다.

을 규명해 줄 그 어떤 원리를 내놓지 못한다는 사실이다. 지금까지 어떤 확고한 이론도 그 두 능력들의 본성에 대해 규명하지 못하고 있다.

첫째, 만약 명확히 그 두 능력들이 실제로 존재한다면 다음과 같이 구분될 수 있어야 할 것이다. 한 능력은 '**방법을 아는**'(knowing how) 일에 기여하므로 운동기술(skills) 습득과 관련하며, 다른 능력은 '**무엇을 아는**'(knowing that) 일에 기여하므로 인지정보 습득과 관련한다. 그렇지만 그런 구분은 가능하지 않다. '하노이 탑 퍼즐을 푸는 학습'은 '자전거를 타는 학습'처럼 단지 운동기술만을 습득하는 것이 아니기 때문이다. 그 학습에도 역시 우리가 '지성'(intelligence)이라고 말하는 어떤 것이 요구된다.

그 학습이 인지적 차원을 갖는다는 점을 인정한다면, 학습을 인지적/비-인지적 구분에 기초해서 설명해서는 안 될 것이다. 그렇다면 진짜 근본적이고 걱정스러운 점은 다음과 같은 질문이다. 인지적 과정(process)을 인지적 과정이게끔 하는 것이 무엇인가? 기술(skill) 습득을 위해 어떤 과정이 필요하며, 무엇이 행동을 지성적이게 하는가? (10장 참조.) 기억상실증 연구가 그렇게 호기심을 자아내게 하는 까닭은 중증 기억상실증 환자의 학습에 대해 체계적으로 알지 못한 때문이다. 기억상실증 환자들의 기억에 대해 지금까지 발견해 온 것들을 분류하면 그들이 그 밖에 다른 무엇을 기억할 수 있으며, 무엇을 배울 수 없을지 '예측할 방법'이 없다. 결국 우리들은 그들의 학습 능력이 어떻게 가능한지 아직 모르고 있는 셈이다(Warrington 1979).[6)]

---

6) 신경심리학자들(Squire and Cohen 1984)은 이 현상을 보고 '명시적(declarative) 기억'과 '절차적(procedure) 기억'을 구분할 것을 제안했다. 여기에서 '명시적'이란 어느 정도 의식적인 앎을 가질 수 있는 것을 말하며, '절차적'이란 그렇지 않은 것을 말한다. 그런데 원숭이를 이용한 동물 모델 연구에서(Zola- Morgan 1984) 이런 두 능력의 구분과 어울리지 않는 결과를 얻었지만, 원숭이들은 말 그대로 아무 것도 '말하지' 못했으므로, 그 구분에 대한 편견은 여전히 기억상실증 환자들이 '기억할 수 있는 것'과 '기억할 수 없는

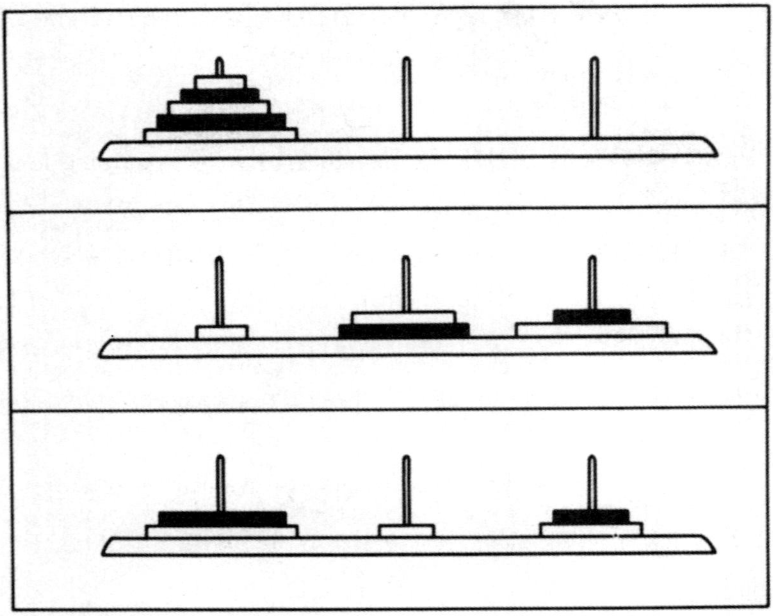

그림 4.1
기억상실증 환자들의 인지기술 습득(cognitive skill learning)을 시험하는 데 이용된 하노이 탑 퍼즐(Tower of Hanoi puzzle). 이 퍼즐을 풀기 위해서 피검자는 판 위의 블록 다섯 개를 오른쪽 못으로 옮겨야 한다. 옮기는 규칙으로 한 번에 꼭 한 원판만을 움직여야만 하며, 큰 원판을 작은 원판 위에 옮길 수 없다. 가장 좋은 방법으로 원판을 31번 움직여야 한다. 그림에서 중간이 가장 해답을 얻을 수 있도록 정렬한 모습을 보여주며, 아래 것은 정답으로 가는 과정이 아닌 정렬을 보여준다. (Squire and Cohen(1984). In *Neurobiology of Learning and Memory*, ed. G. Lynch, J. L. McGaugh, and N. M. Weinberger. New York: Guilford)

'학습'과 '기억'은 인지에서 중심 위치에 있으므로, 그에 대한 범주들이 수정되거나 새로 분류된다면, 상위기능에 대한 이론적 전망은 엄청난 변화를 겪게 될 것이다. 학습이란 일반적 범주는 이미 다양한 종

것'들에 대한 분류로 인정되고 있다. 이럴 정도로 그 구분은 본질적으로 '이론이 내재된 범주'라기보다는 '행동에 대한 분류'라고 해야 할 것이다. (9장 4절 참조.)

류의 과정들로 분해되었으며, 진정 '학습'(learning)이란 용어는 이제 다소 이론적 무게가 덜 실린 '가소성'(plasticity)이란 용어로 흔히 교체 사용되고 있다.

이미 명확한 현상으로 믿어지는 신경계 가소성의 종류로는 '습성화'(habituation), '민감화'(sensitization), '고전적 조건화'(classical conditioning),[7] '조작적 조건화'(operative conditioning),[8] '각인행동'(imprinting),[9] '습관형성'(habit formation), '강직자극후증강'(post-tetanic potentiation), '모방학습'(imitation), '노래학습'(song learning)(새에서), '메스꺼운 음식을 피하는 일견 학습(one-shot learning)', '인지적 대응'(cognitive mapping) 등등이 있으며, 좀 더 상위차원 현상으로 '같은 부류의 사람들에 대한 학습', '말하기 학습', '읽기 학습', '사회적 기술(social skill) 학습', '수학적 기술 학습', '더 효율적으로 배우는 학습', '혈압 낮추기 학습', 그 밖에 아직 알지 못하는 어떤 학습 등등이 있다. 이런 학습들이 공통적인 혹은 개별적인 어떤 장치들을 가지고 있는지, 그리고 실제로 얼마나 많은 명확한 과정들이 존재하는지, 아직 밝혀지지 않았다. 그 어느 것이라도 '인지적'인 것과 '비-인지적'인

---

7) [역주] 파블로프(Pavlov)가 주장했으며, 소나 개에게 '훈련 없이' 먹이를 주는 것만으로도 타액(침)을 흘리는 무조건 반응(unconditioned response)을 보이는 경우와, 먹이를 주면서 종소리를 들려주면 '학습에 의해' 그 소리만 듣고도 타액(침)을 흘리는 반응을 보이는 조건 반응(conditioned response)이 있다. 그 반응을 증가시키는 과정을 '고전적 조건화'라고 한다.

8) [역주] 스키너(Skinner)에 의해 연구되었으며, 고전적 조건화는 수동적이지만 대부분의 동물들의 행동은 능동적이다. 능동적 행동을 학습을 통해 강화할 경우, 예를 들어 먹이를 통해서 개에게 훈련시키는 경우 혹은 부정확한 행동이나 부정적 행동에 대해서 처벌이나 무시하는 방식으로 훈련시키는 경우를 '조작적 조건화'(operative conditioning) 혹은 '도구적 조건화'(instrumental conditioning)라 한다.

9) [역주] 로렌츠(Lorenz)가 발견한 것으로, 오리는 생전 처음 본 물체를 쫓아다니는 본능적 행동을 보인다. 그 행동은 유기체가 생전 처음 본 어미로부터 보호받기 위한 본능적 행동으로 추정된다.

것에 대한 구분을 **경험적으로 정당화시켜 줄** 무엇이 있는지, 만약 있다면 대략적으로라도 우리들의 생각을 확증시켜 줄 수 있을지조차 역시 아직 알지 못한다.

'의식'과 마찬가지로, '기억', '학습' 그리고 그 밖에 '다른 상위기능들'에 대한 연구로부터 다음과 같은 이론적인 문제가 제기될 것이다. 만약 심리학적 (기능적) 분류가 잘못 정의된 것이라면, 그 기능들에 대한 신경기층을 찾는 연구 역시 잘못된 것이다. 분명히 놀랄 만한 자료들이 심리학과 신경과학에서 발견되고 있지만, 정확하게 그 자료들을 신경생물학적 '능력', '표상' 그리고 '과정'으로 어떻게 해석할 수 있을지 아직 모른다.

개별적이고 구체적인 실험 결과로부터 한 걸음 물러서서 우리가 알고 싶어 하는 것은 다음과 같은 의문들에 대한 대답이다. '인간과 다른 동물들이 어떻게 학습하는지', '무엇이 그들을 똑똑하게 하는지', '그들이 어떻게 계획을 세우고 문제를 해결하는지', '그들이 기억한 것을 어떻게 회상하고 잊는 것인지', '그들마다 각기 다른 개성을 갖는 것은 뇌가 어떻게 다르기 때문인지', '그들이 자기의식을 어떻게 가질 수 있는지', 끝으로 '의식이란 무엇인지' 등등이다. 그런데 그 질문들이 올바른 질문인지조차 확신할 수 없게 만드는 또 다른 어려움에 우리가 직면해 있는데, '정서', '명시적 기억', '절차적 기억', '학습' 그리고 '의식' 등등과 같은 범주들이 하나의 **자연종**(natural kind)인지, 아니면 서로 별개의 현상들을 잡다하게 모아 놓은 것에 불과한 것인지, 즉 '기억'에 대한 신경기층을 찾는 일이 마치 '자수정', '다이아몬드', '호박' 그리고 '진주'와 같은 보석들을 통합하는 어떤 원리를 찾고 있는 것과 같은 일은 아닐지 우리는 확신할 수 없기 때문이다.

보석들의 속성과 습성에 대한 자연법칙이 없다는 점에서 '보석'은 자연종을 형성하지 못한다. '보석'이란 그 본성에 의해서가 아니라 사회적 편이에 의해서 묶인 **우연종**(accidental kinds)이기 때문이다. 마찬가지로 상식적 이론(즉 통속 심리학)이 아주 오해된 것이라서, 다시 말해서 그 분류가 왜곡되어 있는 까닭에 우리의 질문 방식이 탐구를 가로막고 있는 것은 아닐까? (이 문제는 7장과 10장에서 더욱 상세하게 논의될 것이다.)

이 시점에서 마주치는 또 다른 어려움은 우리들이 위의 의문들에 대한 대답을 얻어낼 때까지 '어떤 이론조차 갖지 못할 수 있다'는 두려움이다. 마치 '재산'이나 '주식'의 증식처럼 '이론' 습득 역시 이미 '가진 자'에게만 한정된 것일지도 모른다. 그렇다면 시작한다는 것 자체부터가 극히 어렵다는 이야기가 된다. 왜냐하면 심리학적 기능들과 그것들이 서로 어떻게 관련되는지 설명해 줄 이론들이 없다면, 무엇을 찾아야 할지 오직 극히 빈약한 육감에만 의존해야 하기 때문이다. 물론 그와 같은 딜레마(dilemma)는 일반적으로 과학에서 흔히 있는 일이며, 성공적인 어느 과학이라도 영웅적이고 고집불통의 독자 노력으로 얻어낸 성과이기 마련이다. 오랫동안 지켜온 이론의 관점에서 내려본다면, 그 등정은 어이없을 정도로 무모한 것이다. 예를 들어 지금은 '현대 화학이론'이 너무도 분명하고 옳다고 생각되겠지만, 잘 알고 있듯이 그 이론이 인정되기 위해서는 '연금술 이론'과 '상식'이란 뿌리 깊은 확신과 명백해 보였던 가정들을 폭풍처럼 뒤집어엎어야 했다. 즉 초기 단계에서는 '자명한' 것에 고심하는 것으로 보이므로 터무니없고 못마땅하다고 생각되었지만, 끈질기게 물고 늘어져 자력으로 얻어낸 성과였다.

따라서 나는 현재 인지신경생물학(cognitive neurobiology)이 '전-이론적'(pretheoretical: 아직 인정된 이론으로서의 자격을 갖지 못한) 상황에 있다고 해서 그 분야의 연구가 포기되어야 한다고 생각하지는 않는다. 오히려 인지신경생물학과 심리학에서 나타날 이론은 특별히 관심을 끈다고 생각한다. 그것이 개척 이론인 까닭에 분명히 오류 덩어리 상태로 출발할 것이며, 이론적으로 상당히 무모한 시도가 될 것이다. 나는 '심리학'이 '신경과학'의 발견에 앞서 그 이론을 개척해 낼 것으로 전망하지는 않는다. 그보다는 '심리학'과 '신경과학'이 서로 협력하고, 공진화해야 새로운 이론체계가 나올 수 있으리라 생각한다.

이제 '기술'과 '방법'에 대한 중요성을 강조해야 할 필요가 분명해졌다. 범주체계 그 자체가 고안되고 수정되어야 한다는 점에서 어떤 범주체계라도 우리에게 안전한 배경 가정을 제공하지 못하며, 결국 우리들이 '자료들을 어떻게 얻었는지'부터 알아야 그 자료들이 무엇을 의미하는지 이해할 수 있을 것이며, 그 범주들이 수정되어야 하는지 어떤지도 알 수 있을 것이다.

이런 반성은 다른 문제, 즉 '상위기능들에 대한 이론의 진화'에 관련된 문제와 '신경과학과 심리학 사이의 관계'에 관련된 문제들을 제기하며, '통속 심리학의 자격과 의미'에 관련된 아주 일반적인 문제들을 제기한다. 그 문제들은 6장과 10장에서 집중적으로 다뤄진다. 그렇지만 이에 관련해서 잠시 다음을 소개할 필요가 있다.

신경과학이 발전함에 따라서 그 분야 내의 전문 분야들이 특별한 이름을 가지게 되었다. '신경학'(neurology)이란 용어는 한때 신경계 연구를 담당했지만, 1930년대에 정신의학(psychiatry)에서 분리되어서, 지금은 주로 '임상신경학'(clinical neurology)이란 뜻으로 사용되고 있으며, 이 분야는 비정상적인 인간 신경계에 대해 연구한다. 따라서 신경학자들은 대개 의사들(medical doctors)이며, 병원에서 근무한다. '신경심리학'(neuropsychology)은 더 최근에 사용된 용어이며, 1949년에 헤브(D. O. Hebb)에 의해 (그의 저작에서) 처음 사용되었다. '신경심리학'은 전형적으로 인간의 뇌와 행동에 대한 연구를 지칭하며, '임상신경학'보다 연구의 폭이 넓다고 할 수 있다. 신경심리학자들은 대개 박사학위 소지자들이며 보통 대학의 심리학과나 생리학과에서 근무한다. 이따금 '생리학적 심리학'(physiological psychology)이란 말이 사용되기도 하지만, 이 말이 경우에 따라서는 동물의 뇌와 행동에 대한 연구를 포함하기도 하므로 조금 부적절한 용어라고 생각한다.

신경생물학자(neurobiologist)는 전형적으로 인간이 아닌 종에서 뇌와 행동의 관계를 연구하지만, '신경생물학자'와 '신경생리학자'(neurophysiologists)들의 연구 영역을 구분하긴 사실상 어렵다. 물론 자신들이 '신경생물학자'이며, 심리학 분야에 종사하는 연구자들과 다르다고 주장하는 사람들도 있다. 그리고 일부 심리학자들은 자신들을 '심리생물학자'(psychobiologists)라고 내세우면서, 다른 신경심리학자나 평범한 심리학자와 다르다고 주장하기도 한다. 나는 '인지신경생물학'(cognitive neurobiologist)이란 용어를 넓게 사용하여, 그 연구 영역을 '인지적' 문제와 관련해서 '신경과학'의 성과에 의해 알 수 있는 범위로 규정한다. 분명히 말하건대 나의 이 구분은 그다지 엄밀한 것이 아니며, 따라서 일반적 신경과학이 진화되면 더욱 정연한 구분이 나올 수도 있을 가능성을 열어놓는다.

끝으로 이 단원은 하나의 개론이라고 하기에 부족한 면이 있다. 그 부족한 면을 메우기 위해 4장 끝에 선정된 참고도서 목록에 신경심리학의 개론적인 도서들을 소개한다. 나아가서 그 책들은 내 관심, 즉 '마음-뇌 통합이론에 대한 전망'과 관련해서 시사하는 바가 있는 것 혹은 '신경과학과 심리학의 공진화적 전략의 중요성을 지적하는' 것들을 주로 선발했다. 그렇지만 이 영역에 관련된 문헌들이란 무한히 많다고 할 수 있으며, 분명 나는 내 지식의 한계로 인해 빠뜨린 것도 많을 것이다. 바라건대 특정한 방법들과 선택된 결과들에 대한 논의를 간략히 제공함으로써 독자들이 그 문헌들에 대해 더욱 풍부하고 폭넓은 시각을 미리 가질 수 있기 바란다.

2. 대뇌 전문화와 자연발생 뇌 손상

'신경마비'(paralysis)나 '반신불수' 혹은 '돌발성 언어 곤란'과 같은 갑작스런 행동결핍(behavior deficits)에 대한 고대의 관찰 기록들이 남아 있다. 뇌졸중(stroke)은 혈관이 막혀 뇌의 특정 영역에 혈액이 공급되지 못하거나, 혈관이 터져서 혈액 공급이 중단되어 발생한다. 혈액 공급이 중단되면 산소 공급이 중단되고, 산소 공급이 중단되면 신경세포가 금방 죽게 된다. 뇌졸중은 고령의 나이에 흔히 발생하며, 뇌졸중 후에 일어나는 '행동결핍'은 산소 부족으로 '손상된 뇌 영역'과 관련이 있다. (즉 뇌졸중으로 손상된 뇌의 영역에 따라서 행동결핍의 종류가 달라진다.) 뇌졸중 환자에 대한 연구는 뇌 '기능 전문화'에 대한 중요한 정보를 얻는 방법으로 이용되었으며, 최근에도 이것을 알아보는 여러 방법들 중의 하나로 이용되고 있다. 그럼에도 불구하고, 그런 행동결핍에 대한 연구는 원인이 잘 밝혀지지 않기 때문에 초기에 의사들은 행동결핍에 대한 연구에서 많은 혼란을 겪어야만 했다.

그중 하나는 행동결핍이 '뇌졸중'뿐만이 아니라 '종양', '외상', '전염성 질병', '퇴행성 신경질병'(즉 파킨슨병 Parkinson's disease, 혹은 다발성 경화증 multiple sclerosis), '정신병'(정신분열증 schizophrenia) 그리고 '신경유전적 장애'(헌팅턴무도병 Huntington's chorea) 등등에 의해서도 발생한다는 점이다. 그래서 초기 의사들로서는 자신들의 환자들이 보여주는 잡다한 증상들에서 패턴을 찾아내기 극히 어려웠을 것이다. 더구나 그 경우들을 비교하는 것으로는 아주 근소한 차이만을 발견할 수 있기 때문에, 철저하고 표준화된 실험이 이루어질 수 없었다. 그래서 아주 최근까지의 신경학적 진단은 거의 대부분 암흑 속에서 직관적으로 이루어져 왔다. 예를 들어 '뇌졸중에 의한 신경마비'가 '종양으로 인한 신경마비'인지, '병아리 콩(chick-pea)을 지나치게 많이 먹어 생긴 신경마비'(갯완두중독: lathyrism)인지, '발작성 신경마비'

(hysterical paralysis) 혹은 '탈수초성 질환(demyelinating disease)에 의한 신경마비'인지 분명하게 구별될 수 없었다. 더구나 신경마비나 종양과 같은 신경계 장애는 종종 개인에 따라 차이를 보여주는데, 이따금은 포착하기 어렵고, 어떤 경우에는 그렇지 않기도 했다. 그러니 질병에 대한 개별적 원인들을 구별해 내는 일은 차지하고라도, 가능한 원인들의 목록을 작성하는 것조차 그리 만만한 일이 아니었다.

뇌졸중으로 인한 언어 장애는 흔히 있는 일로서, 뇌혈관이 갈라지는 방식과 관련이 있다(**그림** 4.2, **그림** 4.3). 중간대뇌동맥(middle cerebral artery)은 전뇌에 영양분을 공급하며, 따라서 좌측중간대뇌동맥에 혈액의 흐름이 멈추면 종종 언어상실 혹은 **실어증**(aphasia)이 발생한다. 지금까지 알려진 바에 따르면, 전두엽 피질(frontal cortex)과 언어산출(speech production)을 연결시킨 최초의 사람은 갈(Franz Joseph Gall, 1758～1828)이었다. 그는 주로 골상학(phrenology) 혹은 그가 명명한 '두개관찰'(cranioscopy)에 대한 연구가로 기억되고 있으며, '미친 놈'이란 그에 대한 평판이 정교한 '해부학자'이며 '국소화주의자'(localizationist)의 개척자란 명성을 가려 버렸다.

갈은 다른 사람들보다 뛰어난 절개 기술이 있었으며, 가능한 많은 뇌에 대한 부검을 했으며, 이를 통해서 죽기 전 환자들의 '재능', '성향', '체질' 등등을 기록했다. 그는 뇌가 영혼을 지원하는 덩어리가 아니라, 여러 '기관들'(organs)로 나누어지며, 어떤 부위가 손상되면 행동에 장애가 발생한다고 확신했다. 그는 뇌 국소화(localization)에 대해 다음과 같이 말했다.

> 그러나 완전하게 '동일한 단일 기관'이 '아주 다른 현상'을 보여줄 수 있고, '다양하고' '이질적인 도덕 성향과 지적 능력'을 뚜렷하게 보여준다고 생각할 수 없다. (1812; in Clarke and O'Malley 1968:477)

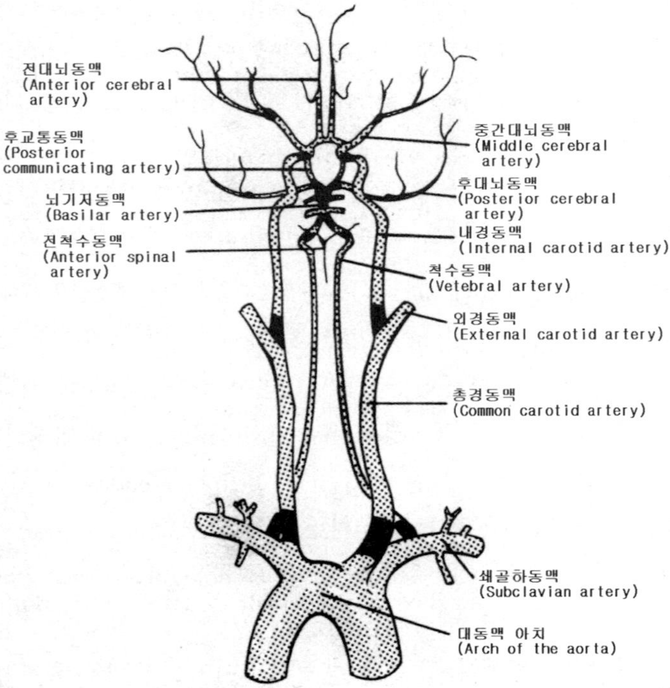

그림 4.2
뇌혈관을 보여주는 그림. 진한 부분은 대뇌혈관에서 동맥경화(arteriosclerosis)로 흔히 장애가 발생하는 부위를 보여준다. (McDowell(1979). In *Textbook of Medicine*, ed. P. B. Beeson, W. McDermott, and J. B. Wyngaarden. Philadelphia: Saunders)

골상학은 "재능이나 체질이 최상으로 발달하려면 관련 뇌 센터가 최상으로 발달되어야 한다"는, 즉 "커진 뉴런 덩어리가 두개정(cranial cap) 쪽으로 성장하기 때문에 머리에 융기가 생기게 되고, 이것이 두개골의 모양에 반영된다"는 갈의 믿음에서 시작되었다. 예를 들어 그는 성욕이 소뇌(cerebellum)의 기능이라고 생각하고서, 머리 뒤쪽 하부에 ('타오르는 욕구'를 드러내는) 돌출부를 만져보고 알 수 있다고 생각했다(그림 4.4).

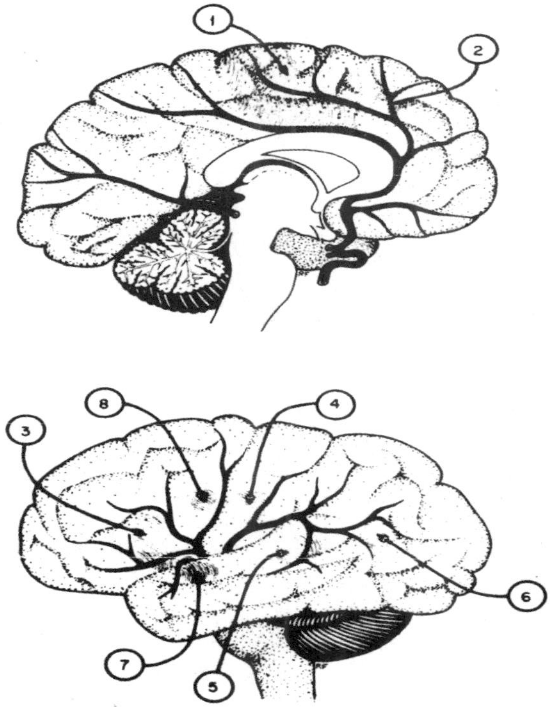

그림 4.3
언어와 말에 영향을 미치는 손상 부위를 나타낸 그림. (1) 보조운동영역(supplementary motor area)에 봉입시술(inclusion)을 할 경우, 전두두정영역(fronto-parietal region)과 뇌량(corpus callosum)에서 일시적 말을 하지 못하는 부위. (2) 양쪽 반구의 보조운동영역. 자극을 주면 지속적 말이 중단되며, 반복적 비자발성 발성이 일어난다. 손상되면 말의 '시작', '지속', '중단' 등에서 비정상적이 된다. (3) 브로카 영역(Broca's area). 손상되면 전형적으로 '문법불능증'(agrammatism), '불명료한 발음'(poor articulation), '쓰기장애'(abnormal writing) 등을 일으킨다. (4) 손상되면 입술의 운동신경장애(apraxia)를 일으켜 전체적으로 말을 하지 못하게 한다. (5) 손상되면 음성인지(phonetic hearing)를 할 수 없게 된다. (6) 손상되면 이성적으로 말하지 못하며, 논리적이고 문법적인 이해에 장애를 준다. (7) 손상되면 '단어 귀머거리'(word deafness)와 중증 '운동성 실어증'(motor aphasia)을 일으킨다. (8) 전기자극을 주면 말이 이상하게 반복되는(보속증) 영역이다. (Gazzaniga(1975). In *Handbook of Psychobiology*, ed. M. S. Gazzaniga and C. Blakemore. New York: Academic Press)

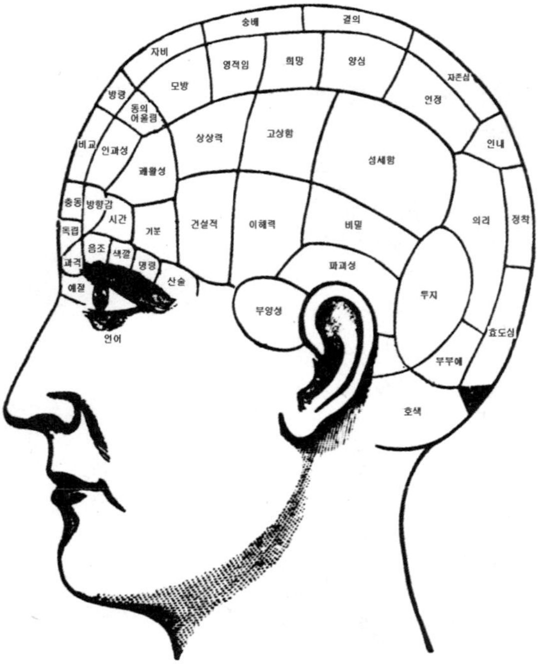

그림 4.4
스푸르츠하임(Spurzheim)의 도식에 따른 여러 능력들에 대한 골상학적 위치를 나타낸 그림. (Clarke and O'Malley 1968에서 재인용)

이 융기는 갈에게 영광이면서도 좌절이기도 했다. 그와 그의 추종자들, 특히 스푸르츠하임(Spurzheim)은 종종 조롱거리의 대상이 되기도 했는데, '성격'과 '두개골의 융기'를 서로 관련시키려는 열정이 지나친 나머지 자신들의 주장을 냉정하게 시험하지 못했던 것이 부분적인 이유이다. 그들을 가장 혹독하게 비평했던 사람으로는 플로렌스(Pierre Flourens, 1784～1867)를 꼽을 수 있을 것인데, 플로렌스는 병아리와 비둘기에 대한 장애연구에 의해서 '융기이론'(bumps theory)뿐만 아니라, (뇌 영역에 따라 다른 기능을 갖는다는) '국소화 이론'에 대해서도 이의를 제기하고, "지적 기능들이 대뇌에 넓게 퍼져 있다"는 주장을 했다(Flourens 1824). 당시는 신경학 역사에서 두 가설이 지배하던 시기였으며, 한쪽은 '국소화주의자(localizationist) 가설'이며 다른 쪽은 '전체론적(holistic) 가설'이었다.

혹독한 비평에도 불구하고, 뇌 전문화(brain specialization)라는 일반적 원리는 골상학이 분쇄되고 나서도 여전히 건재했으며, 점차 인정받게 되었지만, 안타깝게도 갈의 이름은 잊혀지게 되었다. 부요일아드(Bouillaud, 1796～1875)와 오뷔르탱(Auburtin, 1825～1893)은 '전두엽'(frontal lobes)과 '말하기'를 관련지어 설명하려 하였으며, 사체실험에서 부요일아드는 갈의 관찰을 확인했다. 오뷔르탱의 한 환자는 자살을 시도했다가 단지 두개골의 뚜껑만을 날리고 그 아래 뇌는 온전했다. 오뷔르탱은 그 사람에게서 놀라운 사실을 확인하고 1861년 파리의 인류학회(Société d'Anthopologie de Paris)에 다음과 같이 보고하였다.

> [그 환자에게] 질문을 하면서 커다란 주걱 날을 전두엽(anterior lobes)에 올려놓았더니, 가벼운 압력을 가했는데도 갑자기 말을 중단하였으며, 말하고 있던 한 단어를 둘로 나눠 발음했다. 그리고 그 압력을 제거하자마자 다시 말하는 능력이 복원되었다. … 약하고 조심스런 압력은 뇌의 일반적 기능에 영향을 주지 않았으며, 전두엽에 가한 압력은 단지 말하는 능력만을 중단시켰다. (1861; in Clarke and O'Malley 1968:492～493)

브로카(Paul Broca, 1824～1880)는 우연히 오뷔르탱의 보고를 듣고서, (상관없는 어떤 이유로) 회생할 수 없다고 기대되는 언어 상실(speech loss) 환자를 함께 실험했다. 그 환자의 사체실험에서 대뇌 좌측반구의 제 2와 제 3의 전두뇌이랑(frontal convolutions)이 파괴된 것을 보았다(**그림 4.5**) (Broca 1861). 그런데 그 뇌까지 해부한 것은 아니었으며, 뇌 외부 육안 검사에서 전두뇌이랑뿐만 아니라 뇌의 넓은

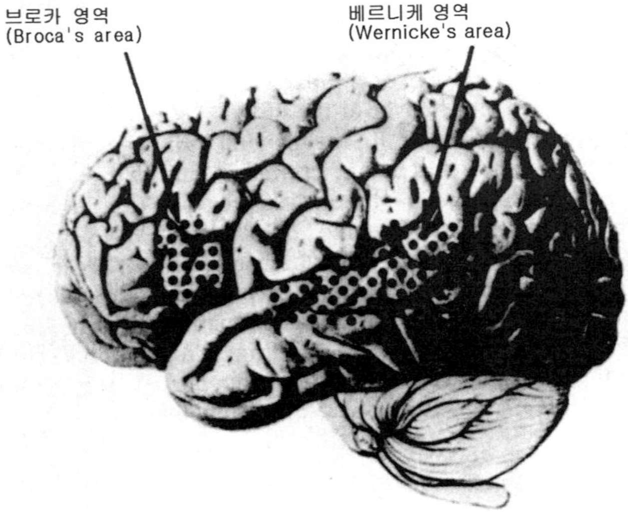

그림 4.5
브로카 영역과 베르니케 영역. (Blakemore(1977). *Mechanics of the Mind*. Cambridge: Cambridge University Press)

영역에서도 큰 손상을 보여주었기 때문에, 그 부검은 논란이 되었다. 그렇지만 주저함이 없이 브로카는 22명의 환자들에 대한 조심스런 실험을 계속했는데, 언어 상실은 전두뇌이랑의 우측이 아니라 단지 **좌측**에만 관련된다는, 더구나 그것도 본질적으로 오직 말을 하는 능력에만 관련될 뿐 이해 능력에는 관련되지 않는다는 주장을 했다(Broca 1863).

그 자료는 브로카가 탐구한 영역이 고도로 특성화되어 있음을 함축하는(imply) 것으로 보였다. (그렇지만 그런 특성화를 어떻게 해석해야 할 것이며, 뇌 국소 구조의 특성화에 대하여 무엇을 함축하는지에 대한 많은 의문이 제기되었으며 지금도 그런 의문들이 여전히 남아 있다.) 문제의 영역을 '브로카 영역'(Broca's area)이라고 부르게 되었으며, 언어생산 결핍에 의한 언어장애 유형에 대해서도 일반적으로 '브로카 실어증'(Broca's aphasia)이라고 불리고 있다. 그의 이름을 담고 있는 이 장애가 정확히 그 영역의 손상으로 일어난 것인지 아닌지는 확인되지 않았지만(Mohr 1973, Zangwill 1975) 흔히 그렇다고 짐작하고 있다. 이 연구와 관련된 문제로, 자연발생적인 뇌 손상은 아주 드물게 일어나며, 있다고 해도 브로카 영역만 손상되기보다 더 넓은 뇌 피질 영역의 손상이 있기 마련이라는 점과, 외과 수술로 브로카 영역을 들어내도 언제나 영구적 실어증을 유발하지 않는다는 점이다.

1874년에 베르니케(Carl Wernicke)는 언어와 관련된 두 번째 중요한 부분이 있으며, 그것이 첫째와 둘째 측두뇌이랑(temporal convolutions)에 있다는 주장을 담은 논문을 출판했다(그림 4.5). 그는 일부 환자들의 언어 결핍이 언어를 '표현하지' 못하기 때문이 아니라 '이해하지' 못하기 때문이라는 것을 관찰했다. 브로카 실어증을 가진 환자들과 달리 이런 환자들은 종종 유창하게 말을 했지만, 일관성이 없고 무의미하게 단어들을 주절대는 것이었다. 그 환자들은 단순한 지시에도 따르지 못했으며, 자신들이 보거나 느낀 것을 설명하지 못했고, 자신들이 어떤 결함을 가지고 있음을 이상하게도 의식하지 못하는 것 같았다.

베르니케는 이런 증상을 '감각성 실어증'(sensory aphasia)이라고 했으며, '베르니케 실어증'(Wernicke's aphasia)이란 말은 넓은 범위의 '이해 결핍'을 가리키는 말이 되었다. 베르니케는 자신이 지적한 영역이 '언어이해'를 위한 센터이며, 브로카 영역에 섬유다발로 연결을 이루고 있어서, 그 경로의 단절로 일어나는 제 삼의 특유한 언어 장애를 '전도성 실어증'(conduction aphasia)이라고 불렀다. 이런 환자들은 언어를 이해하며 자신들의 결함을 알고 있지만 허튼 소리를 유창하게 한다. 메리(Marie)와 헤드(Head)와 같은 비평가들은 그 증세들을 딱 잘라서 묶을 수 있을지, 혹은 그 증상들에 대한 손상 부위를 구분할 수 있을지 의문을 제기했지만, 베르니케는 읽기와 쓰기를 관장하는 부위가 있으며, 그 부위의 손상이 독서불능증(alexia)과 필기불능증(agraphia)을 유발한다고 확신했다.[10)]

그렇지만 국소화주의자들이 발견한 것이 정확히 무엇이며, 그들의 발견이 정확히 무엇을 의미하는가? 명백히 그 자료들에는 몇 가지 난점을 가지고 있는데, 자연적으로 뇌 손상을 입은 환자의 경우 손상 범위와 영역이 저마다 아주 다양하고,[11)] 언어 장애가 있는 환자들에게서 행동 장애만 보여주는 경우는 거의 없기 때문이다. 불과 수년 전까지만 하더라도 환자들이 살아있는 동안에 그 손상 부위를 알아내는 것은 불가능했으며, 사후 부검할 경우에 추가 손상이 일어나는 경우도 있었다(Smith 1984).

더구나 해석의 문제도 있었다. 갈은 '언어를 담당하는 기관'을 심장이나 간과 같은 모델로 생각했으며, 그래서 따로 떨어져 분리된 것으로 생각했다. 전반적으로 심리학적 기능들에 대해서 '대뇌피질 전문화 모델'로 바라보는 태도는 명백히 "지성적 기능이나 기억에 뇌 전체가 다양한 정도로 관련된다"는 증거와 상충한다. 국소화 이론에 반대해서 1892년에 골츠(Goltz)는 대뇌피질이 제거된 동물들이 걸어 다니거나 반응할 수 있으며, 피질하 구조들(subcortical structures)이 기억과 자발적 운동에 개입하며, 뇌졸중이나 충격으로 입은 장애가 부분적으로라도 종종 회복되는 경우가 있다는 사실을 발견했다. (피질이 제거된 후에 유지되는 기능에 대해서, Kolb and Whishaw 1984 참조.)

영국 신경학자인 잭슨(Hughlings Jackson)은 상충하는 자료를 조화시키려 시도했다. 잭슨이 1864년에 관찰한 바에 따르면, 손상된 구역마다 각기 다른 증상을 보이며, 증상마다 어느 정도 손상된 위치와 관련이 있다. 따라서 그는 '국소'(local)란 말을 불분명하게 이해할 필요

---

10) 여기에서 '손상'(lesion)이란 뉴런의 정상적인 기능을 감소시키는 신경조직에 대한 피해를 말한다. 예를 들어 손상은 머리에 대한 '외과수술', '질병', '종양', '혈관이상', '약물', '압력', '타격' 등등에 의해 일어날 수 있다.

11) 이 문제는 Kolb와 Whishaw(1980)가 논문 "the n = 1 studies"에서 제기했다.

가 있다고 주장했다. 예를 들어 일차시각피질(primary visual cortex)에 대한 손상은 전형적으로 '실명'(blindness)을 유발하지, '귀머거리'나 '중풍' 혹은 '실어증'을 일으키지는 않는다. 잭슨이 특히 관심을 가진 것은 간질(epilepsy)인데, 많은 간질 환자들에 대한 면밀한 관찰을 통해서 그 증상이 특별한 신체 부위에 국한된다는 것을 찾아냈다. 예를 들어 한 환자는 신체의 한쪽 측면에서만 경련(spasms)을 일으키며, 그럴 경우에 손가락이 저려오면서 시작된 발작(seizures)은 팔로 퍼지고 이어서 다리로 내려간다. 동시에 잭슨은 대뇌피질의 한 부위를 잘라내도 눈에 띄는 어떤 장애가 발생하지 않는다는 것을 알았다.

잭슨은 신경계 기능에 대한 스펜서(Herbert Spencer)의 '진화론적 개념'[12]에 깊은 영향을 받아서, 뇌는 여러 특징을 나타내는 감각운동 표상(sensorimotor representation)을 가지며, 복잡성과 정교함을 늘릴 수 있는 '계층적으로 구성된 일련의 통합시스템'이라고 생각하게 되었다. 따라서 그는 '부분적 기관 가설'(discrete organs hypothesis)과 '전체론적 가설'(holistic hypothesis) 사이의 충돌을 조화시키기 위해, '기관이론'(organ theory)이 지지하는 '정확한 범위'의 경계선을 불분명한 것으로 교체하는 동시에, 다양한 계층의 다양한 곳에서 다중 표상(multiple representation)이 있다고 주장하였다. 이런 주장은 신경계에 역할 분담이 있다는 내용을 함축했지만, 그 역할은 여러 번 중복되거나 불분명하게 중첩되어 있어, 부분적으로 겹쳐지도록 전문화되어 있고, 더구나 역할의 분담으로 인해서 손상이 있을 경우 재구성되는 잠

12) 스펜서는 다음과 같이 주장한다.
"만약 어떤 '조직(organization)'이 있다면, 그 조직이 담당하는 '생리학적 역할 분담'이 있어야만 할 것이며, 모든 조직들이 그 역할 분담을 담당한다. 그래서 우리가 어느 '실례를 보여줄 수 있거나' 혹은 '어느 개념을 형성할 수 있는' 생리학적인 혹은 그 밖에 다른 어느 '역할 분담'은 있을 수 없지만, 특별한 장소에 어느 특별한 종류의 '활동을 집중적으로 담당하는 것'으로서의 역할 분담은 있다고 보아야 한다." (Spencer 1855:611)

재력을 갖게 되었다. 잭슨의 가설에 따르면 상위차원의 구조가 파괴되면 따라서 더욱 복잡한 행동은 상당히 손상되겠지만, 더 낮은 차원의 구조가 온전한 한에서는 더 단순한 '하위차원'의 행동은 그대로일 수 있다.

뇌 기능을 이해하기에 풍부하지만 미성숙한 이 개념 체계는 많은 신경학자들에게 상상력을 주었으며, 지금까지 연구를 안내하고 그 연구결과를 해석할 강력한 개념이 되어 왔다. 이 개념은 '신경조직(nervous tissue)에 어느 정도 전문화가 있다'는 생각을 지지하면서도, '기능에 여유가 있으면서 회복이 가능하다'는 생각도 지지한다. 이 개념은 진화론적 생각을 강조하면서도 엄격한 국소화주의자의 신조와 다르다는 점에서 지속적인 영향력을 가지게 되었다.

신경학 역사에서 관심을 끌게 하는 많은 경우들이 있지만, 그중에서도 게이지(Phineas Gage)의 경우는 전두엽이 '성격'에 어떤 특별한 역할을 담당한다는 생각을 갖게 했다. 게이지는 1848년에 버몬트(Vermont)에서 철로를 까는 선로건설 현장의 십장이었는데, 그가 구멍에 다이너마이트를 설치하고 있을 때, 스파크가 발생해서 다이너마이트가 점화되어, 다짐 봉이 날아올라 게이지 머리의 좌측 전두엽 부근을 관통했다. 그는 몇 분 후에 의식을 차리고 말을 할 수 있었으며, 상처가 회복된 후에 장화를 신고 마을로 내려갔으므로 분명히 완전한 회복을 한 것으로 보였다. 그런데 그의 친구들은 "그는 전혀 게이지가 아니다"라고 말했다. 그의 성격이 전혀 다르게 변했기 때문이었다.

신의 있고, 인자하며, 신중한 성격이었던 게이지는 이제 격하고, 조급하며, 충동적이고, 저속하며, 무지막지한 '동물적 성향'을 드러냈다(Harlow 1868). 그는 과거의 직업으로 복직할 수 없어서, 서커스 출연으로 먹고살았다. '전두엽조직의 파괴와 충격적인 성격 변화의 관련성'에 대한, 그리고 다른 영장류에 비해서 인간은 더욱 고도로 회절(굴곡)되고(convoluted) 발달된 '전두엽이 전체적인 뇌 기능에서 하는 역할이 무엇인지'에 대해 당연히 호기심을 자극했다.

전두엽 기능에 관한 어떤 정보는 선택된 신경조직 조각들을 외과적으로 제거하고 나서 그 결과를 기록한 동물 절제수술 연구로부터 얻은 것이다. 비안키(Leonardo Bianchi, 1848~1927)의 연구가 특히 훌륭했는데, 그는 원숭이의 전두엽 절제수술에 대한 관찰을 아래와 같이 보고했다.

> [그것이] 단독으로 지각을 방해한다고 하기보다는, 성격을 분열시키고, 표상들을 차례로 나열하거나 종합할 수 없게 만들었다. (1895; in Clarke and O'Malley 1968:544~545)

그는 또한 '정신적 품격'(psychic tone)을 상실하는 것을 보았는데, 외과 수술을 받은 동물들은 '의욕', '호기심' 그리고 '환경에 대한 무반응'을 보였다. 하여튼 1960년대까지 동물의 전두엽 손상에 대한 좀 더 깊은 체계적 연구가 이루어지지 않았다. 물론 인간의 전두엽 손상에 대한 자료 역시 전혀 없었다. 1940년대에 와서 외과의사인 프리맨(Walter Freeman)과 왓츠(J. W. Watts)는 정신병 환자들에 대한 뇌엽절리수술(labotomies)을 전파했으며, 그 치료에 따른 행동 효과가 연구되기 시작했다(Kolb and Whishaw 1980, Valenstein 1973). 일반적으로 전두엽 대뇌피질이 지성을 담당하는 부위라고 짐작되어 왔음에도 불구하고, 1939년에 헤브(Hebb)는 전두엽 외과수술을 한 간질 환자의 IQ가 감소하지 않았다는 것을 밝혀냈고, 나중에 뇌엽절리수술 환자에게서 그 결과를 확인했다(Hebb and Penfield 1940). 실험절차가 개선됨으로써, 전두엽 환자들이 '계획을 세우고 행동하는 데 결함을 가지며', '상투적이며 완고한 행동 패턴을 보여주는 경향이 있다'는 것이 분명해졌다. (간단한 서평을 보려면 Milner and Petrides 1984를 참조하라.)

유용하긴 하지만 자연발생으로 손상된 뇌에 대한 연구는 극히 제한적이다. 콜브(Kolb)와 비쇼(Whishaw)가 관찰(1980:92)한 바와 같이 뇌 손상은 적어도 세 가지 아주 다른 행동 효과를 일으킨다. 즉 (1) 기능 상실(loss), (2) 기능 해제(release: 통제불능), (3) 기능 분열(disorganization)이다. 그래서 이미 언급된 문제들에 추가해서, '뇌 손상과 행동 결핍 사이의 관계를 어떻게 설명할 것인지' 혼란스런 문제가 제기되며, '손상 부위가 간결하게 규정되고 행동결핍이 잘 규정된다고 하더라도 여전히 의문이 남는다. "만약 A가 손상된 영역이며, 그 영역이 손상된 환자가 더 이상 Y를 수행할 수 없다면, A가 Y의 센터이다"라고 간단히 직선적으로 추론할 수 있는가? 여러 가지 이유로 그 대답은 분명 "아니다"이다.

영역 A는 기능 Y의 '필요조건'이지만, 그 센터가 '필요충분'(necessary and sufficient)조건으로 Y를 함축하지 못하기 때문이다. 더구나 영역 A의 손상은 Y에 관련된 다른 뇌 영역을 침범할 수 있으며, 그럴 경우 A 자체는 Y에 대한 필요조건도 충분조건도 되지 못한다. 어떤 작은 손상이 뇌의 다른 기능들을 파괴할 수 있으며(Heilman and Valenstein 1979), 그런 2차적이고 불명확한 원인에 의한 결과('기능해리' diaschisis라고 불리는)로 행동결핍이 일어날 수 있다는 사실이 알려졌다. 끝으로 Y에 대한 어떤 센터도 존재하지 않을 수 있을 가능성이 있다. (손상 자료들을 해석하는 문제에 대한 일반적인 논의를 위해, Kolb and Whishaw 1980, Smith 1984 참조.)

이 마지막 상황에 대한 예가 1892년 데저린(Déjerine)이 밝힌 한 유명한 보고서에서 찾아볼 수 있다. 그의 한 환자는 아침에 일어나서 자신이 말할 수도 이해할 수도 있지만 읽을 수 없다는 것을 알았다. 그는 쓸 수 있었지만, 그가 쓴 것조차 분명하게 읽을 수 없었다. 게다가 그 환자는 오른쪽 시각영역(visual field)에서 시력을 상실하였다. 이런 증상을 현재에는 (필기불능증 agraphia 없는) '독서불능증'(alexia)이라고 하거나, 혹은 그냥 '언어맹'(word blindness)이라고 한다. 만약 우리들이 선별적으로 저하된 모든 기능들에 대한 센터들을 추론해 낼 수 있다면, 데저린의 환자가 '읽기 센터'란 곳에 손상을 입었다고 결론을 내릴 수 있을 것이다. (데저린 자신은 이런 결론을 내리지 않았으며, 오히려 '독서불능증'을 '실어증'의 한 종류로 생각했다.)

그렇지만 이런 결론 역시 몇 가지 이유로 의심스럽다. 첫째, 인류학적 고려에 의하면 읽기는 인류가 '진화하고 난' 훨씬 후에 나타난 문화적 성과라는 지적이다. (따라서 뇌피질의 손상과 직접적인 관련이 있다고 보기 어려운 측면이 있다.) 둘째, 읽기는 시각 능력과 언어 능력을 필요로 하며, 순수한 독서불능증 환자에 대한 부검 실험은 시각피질과 뇌량 양쪽에서의 손상을 전형적으로 보여주기 때문에, 데저린의 환자는 아마도 뇌의 언어 관련 영역과 시각 영역 사이의 단절 때문이라는 생각(Geschwind 1965, Sperry and Gazzaniga 1967)이 더 납득될 만하다. (필기불능증이 배제된 독서불능증에 대한 더 많은 것을 Vignolo 1983에서 참조.)

앞서 언급한 단순한 추론 도식에 의하면, 센터들의 기괴한 목록, 예를 들어 '종교적 광신주의를 억제하는 센터'와 같은 것을 만들어낼지 모른다는 점이다. 왜냐하면 측두엽의 특정 영역 손상은 이따금 환자들에게 종교적 열광을 갖게 하기 때문이다. '명령에 따라 움직이게 하는', '언어를 멈추지 못하게 하는', '저주하고 맹세하는 것을 금지하게 하는' 등등에 대한 센터에다가, 갈의 골상학 범주에 따른 마구잡이식의 본성에 대한 센터까지 우리들을 따라다니며 성가시게 할 수도 있다.

뇌 손상에 따른 결과를 해석하는 일이 생각보다 복잡한 것일 수 있다. 왜냐하면 기능이 자주 그리고 적어도 부분적으로 일정한 시간이 지나면 회복되는 일이 있기 때문이다. 그렇지만 그 회복의 정도는 환자에 따라서 다양하며, 예측을 불허한다. 이것은 기능 국소화에 관련한 가설들이 쓸모없는 것임을 의미하지 않으며, 그 가설들이 전적으로 복잡한 해석의 문제를 안고 있다는 맥락에서 세워져야 한다는 것을 의미한다.

케르테츠(Andrew Kertesz)는 손상 자료들을 해석하는 기준으로 다섯 가지를 내놓았다. 그에 따르면, 어떤 기능이 다음과 같은 조건에서 영역의 손상과 관련을 가진다고 말할 수 있다.

(1) 동일한 기능 장애가 언제나 그 손상에 따라 나온다.
(2) 동일한 장애가 다른 독립적 손상에 의해 유발되지 않는다.
(3) 그 장애가 표준화되고 의미 있는 방법에 따라 측정된다.
(4) 그 손상 위치가 객관적으로 정확하게 결정된다.
(5) '발병으로부터의 경과시간', '나이', '발병원인' 등등의 '생물학적 변수'가 조절된다. (1983a:18)

조절 장애로부터 '그 결핍이 뇌 손상의 결과가 아니다'라는 증거가 있기만 해도, "만약 A가 손상된 영역이고, 그 환자가 더 이상 Y를 할 수 없다면, A는 Y를 위한 장치이다"라는 단순한 도식이 오류라고 폭넓게 인식될 것이며, 신경학 문헌에서 "A는 Y를 위한 **장치**이다"라는 형식으로 쓰인 표현들은 대부분 포기하게 될 것이고, "A가 기능 Y를 일으키는 **요소**이다", 혹은 "A가 기능 Y에 **관련**된다"라는 기술 형식을 선호하게 될 것이다. '뇌의 특정 영역과 특정한 기능 사이를 어떻게 연결시킬 것인지 고려해야' 할 뿐만 아니라, '뇌 기능에 대한 실제적인 범주들이 무엇인지를 고려해야' 한다는 점에서, 그런 주장들은 분명히 상당한 주의가 요망된다. 그래서 신경학자들이 애써 이해하려고 해야 할 것은 온전한 뇌의 '기능'에 대한 본성이다. (19세기의 측성화 가설 lateralization hypotheses[13])의 역사에 대한 논의를 Harrington 1985에서 참조하라.)

---

13) [역주] 여기에서 '측성화가설'은 좌뇌와 우뇌가 각기 다른 기능으로 전문화되었다는 가설이다.

3. 전기자극에 의한 뇌의 대응도 확인

신경이 전기적 속성을 갖는다는 사실이 발견되자 신경계의 특정 영역을 전기로 직접 자극하여 특정 효과를 이끌어내는지 알아볼 수 있는 가능성이 생겼다. 전기자극을 이용하여 신경계를 연구하려는 최초의 중요한 실험은 독일 생리학자인 히지그(Eduard Hitzig, 1838～1907)와 프리치(Gustav Theodor Fritsch, 1838～1927)에 의해 이루어졌는데, 그들이 사용했던 방법은 훌륭했으며, 나중에도 중요하게 이용되었다.

그 실험이 훌륭했던 점은 뇌 자체에 통증 수용기(pain receptor)가 없어 통증을 전혀 느끼지 않기 때문에 일반 마취제를 사용함으로써 실험 결과를 뒤죽박죽으로 만들 염려가 없었다는 점이다. 우선 히지그와 프리치는 머리 뒤에 간단히 전극을 대어보고 전류가 흐르면 눈동자가 움직인다는 것을 관찰했다. 그래서 대뇌는 전기 흥분성을 지닌다는 추측을 가지고 두개골을 열어 좀 더 직접적으로 뇌를 조사하기로 결정했다. 개(dog)의 두개골 일부를 제거한 후, 드러난 대뇌피질에 전극을 대고 아주 약한 전류로 그 조직을 자극해 보았다.

1870년에 출판된 보고서에서 그들은 다음과 같은 주장을 했다. 대뇌피질의 특정 영역을 자극함으로써 특정 근육을 수축시키게 했고, 해당 근육과 관련된 영역은 작았으며, 여러 마리의 개들을 실험해도 동일한 수축이 일어나는 것을 관찰했고, **우측**대뇌반구에 있는 관련 피질 영역의 자극으로 신체 **좌측**에 있는 근육 수축이 발생했다. 그들은 실험 결과를 공고하게 하기 위해서 운동피질에 대한 대략적 대응도(map)를 그려보았으며, 이것은 '근육'이 중심고랑(central sulcus) 바로 앞에 있는 피질 뇌이랑(cortical convolution), 즉 '운동피질'로 알려진 영역과 관련되는지 보여주었다.

다른 피질영역들 또한 전기로 자극하면 운동을 유발할 수 있기 때문에 히지그와 프리치는 자신들의 자극실험 결과를 절제수술 연구와 연결 지어서 '다른 영역들에 대한 파괴가 활동에 영향을 주지 않지만', '중심전뇌이랑(precentral convolution)에 대한 파괴는 사지(limb)를 약하게 하며', '이따금 간헐적 마비를 일으키고', '서툴고 어눌한 동작을 일으킨다'는 것을 밝혀냈다. 전문화 영역을 알아보기 위해서 이 두 방법을 얽어매는 것은 중요한데, 왜냐하면 자극실험 연구는 '다중 계층 감각운동 표상'이란 잭슨의 가설을 확증시켜 줄 것 같았기 때문이다. 즉 뇌의 넓은 영역은 운동 표상(motor representation)과 관련되며, 단지 어떤 좁은 영역만이 정교하고 복잡한 동작을 위한 것 같아 보이기 때문이다. 운동영역들이 밝혀질 수 있는 것은 특정 운동이 일정한 전기자극에 의해 발생하며, 또한 그 영역을 제거하면 운동 장애를 보이기 때문이다.

페리어(David Ferrier, 1843～1928)는 히지그와 프리치의 기술을 정교하게 다듬어서 영장류에 대한 실험을 했으며, 역시 '자극'과 '절제수술'을 결합하여 특정 영역이 특정 근육의 운동을 위해서 전문화된다는 생각을 알아보았다. 그는 운동피질을 더욱 분명하게 밝히면서 이것을 '운동센터'(motor center)라고 명명하면서, 이 자료를 국소화주의자 이론을 지지하는 증거로 삼았다(Ferrier 1876).

인간에 대한 첫 번째 전기자극 실험은 미국의 신시내티(Cincinnati)에서 1874년 바트로우(Roberts Bartholow)라는 한 내과의사가 그의 가정부 메리 래퍼티(Mary Rafferty)에게 하였는데, 그 가정부는 두개골 암(cancer)으로 피부와 두개골 뼈가 부식되어 뇌 일부가 드러나게 되었다. 바트로우는 그녀의 뇌에 전극을 삽입하여 경련과 감각을 유도할 수 있었다. 예를 들어 좌측 대뇌의 자극으로 오른쪽 팔과 다리 근육 수축을 유도했다. 이 실험에서 메리가 그녀의 오른 팔과 다리에서 아주 강한 불쾌한 느낌을 가져서 불평하곤 했다고 하는(Bartholow 1874) 내용을 읽자면 섬뜩한 느낌이 든다. 바트로우는 진료나 치료 목적이 아닌 기술을 환자에게 사용한 것에 대해 주위로부터 비난을 받았으며, 결국은 의료계에서 추방되어 괴로움을 당했다. 그렇지만 그의 작업은 인간의 뇌도 전기로 자극되면 동물실험에서 보여준 것과 비슷한 효과를 낸다는 것을 보여주었다.

페리어는 영장류에 대한 연구로 인해 인간에게서도 역시 운동피질이 자발적 운동에 중요한 역할을 한다고 믿었으며, 자연적 손상과 간질에 대한 기록 모두 동물 연구 결과와 일치한다고 믿었다(Ferrier 1890). 이런 주장은 증거가 결여된 비약이지만, 그 증거는 흥미를 주었다. 연구자들은 진료에 대한 정당화 없이 전기자극 실험을 위한 피검자로 사람을 이용하는 일에 당연히 주저했고, 더 상위기능을 알아보기 위해 인간에게 이런 대응도 확인 연구방법(mapping technique)을 적용할 가능성은 펜필드(Wilder Penfield)가 대단히 소중한 진료 도구와 이론적 돌파구를 내놓을 때까지 상당히 중지되어 있었기 때문이다. 이에 대해서는 5장 4절에서 자세히 다루겠다.

동물의 운동피질과 감각피질에 대한 더욱 정교하고 구체적인 실험은 셰링턴(C. S. Sherrington, 1875～1952)과 그룬바움(A. S. F. Grünbaum)[14]에 의해 이루어졌다. 그들은 피질에 대한 대응도 연구를 발전시켰을 뿐만 아니라 전기자극 방법의 어려움과 한계를 지적하는데, 그 중 일부는 지금도 쓸모가 있다(**그림** 4.6). 그들은 피질의 어떤 영역은 특정한 시간에 자극될 경우 그 지점과 이웃 피질의 반응 특징이 달라진다는 것을 발견했다. 반응을 촉진하거나 역반응(관절을 펼치게 하던 것이 구부러지게 하는)을 일으키기도 하며, 어떤 경우에는 함께 다른 동작을 유발하기도 한다. 전기자극으로 결정된 '영역들의 경계'는 '언제 그곳이 자극되는지'에 따라서 기능이 달라질 수 있다. 그룬바움과 셰링턴은 운동영역을 논의하면서 다음과 같이 유감스럽게 말했다.

---

14) Grünbaum은 1915년에 자신의 이름을 Leyton으로 바꿨다.

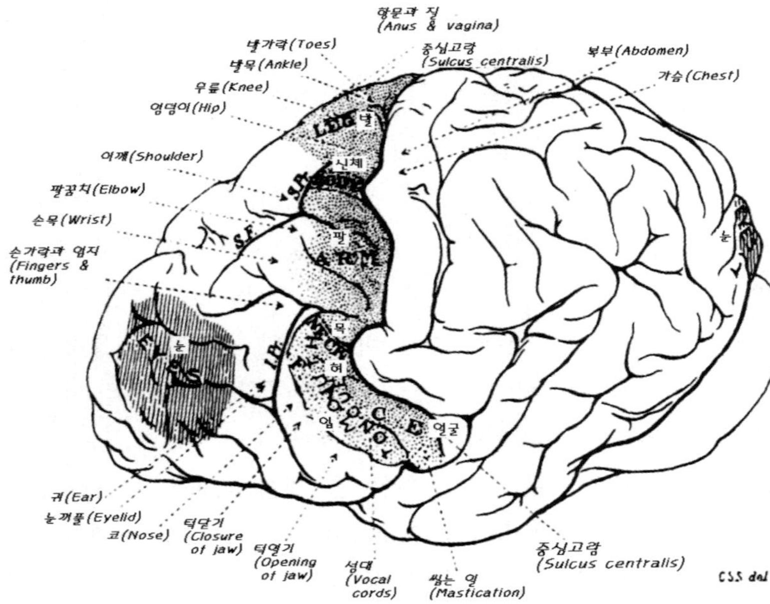

그림 4.6
그룬바움과 세링턴(Grünbaum and Sherrington 1902)에 의해 침팬지 뇌의 운동영역에 대한 대응도 확인(mapping)을 보여주는 그림. (Clarke and O'Malley 1968의 그림 128에서 재인용)15)

> 그래서 만약 뒤에서 앞으로 연속해서 피질 지점들을 자극함으로써 앞의 경계가 정해진다면, 앞에서 뒤로 가면서 지점들을 자극하는 경우 영역 경계는 훨씬 앞쪽에서 발견된다. (Leyton and Sherrington 1917; in Clarke and O'Malley 1968:523)

다시 말해서 앞에서 뒤로 실험을 할 경우와 뒤에서 앞으로 실험을 할 경우에 그 결과가 달라진다. 따라서 피질에서의 시간경과(time

15) [역주] 운동호문쿨루스(motor homunculus), 일차운동영역(MI)에서 신체국부형태 배열(somatotopical arrangement)을 나타낸 그림(Penfield and Rassmusen 1950). (이원택 · 박경아. 『의학신경해부학』. 1996. 저자의 허락을 받아 인용)

course)가 위치를 결정하는 데에 무시될 수 없다. 그룬바움과 셰링턴의 주장에 따르면, 운동피질은 불안정하며 이러한 운동피질의 '기능적 불안정성'은 대뇌피질의 일반적 특징이다. 이 주장에 의해 정확하고 고정된 그리고 시간-독립적 경계를 규정하는 국소화 가설은 무너지고 말았다. (5장 4절을 참조. 최근의 전기자극 기술의 발달에 대한 논의는 Mateer 1983에서 참조.)

참고도서

Adams, R. D., and M. Victor (1981). *Principles of neurology*. 2nd ed. New York: McGrawHill.

Galaburda, Albert M., and Marek-Marsel Mesulam (1983). Neuro-anatomical aspectss of cerebral localization. In *Localization in neuro-psychology*, ed. A. Kertesz, 21～61. New York: Academic Press.

Harrington, Anne (1985). Nineteenth-century ideas on hemisphere differences and "duality of mind." *Behavioral and Brain Sciences* 8/4: 617～659.

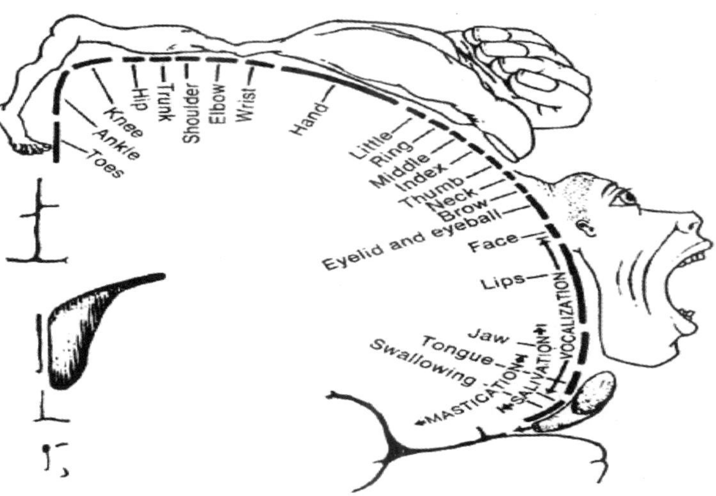

Hecaen, Henri, and Martin L. Albert, eds. (1978). *Human neuropsychology*. New York: Wiley.

Heilman, Kenneth M., and Edward Valenstein, eds. (1979). *Clinical neuropsychology*. New York: Oxford University Press.

Kolb, Bryan, and Ian Q. Whishaw (1980). *Fundamentals of human neuropsychology*. San Francisco: W. H. Freeman.

Mateer, Catherine A. (1983). Localization of language and visuospatial functions by electrical stimulation. In *Localization in neuropsychology*, ed. A. Kertesz, 153～183. New York: Academic Press.

Valenstein, Elliot S. (1973). *Brain control*. New York: Wiley.

5 장
상위기능: 신경심리학과 신경학

기술적이고 방법론적인 어려움 이외에, 일반적으로 '상위기능'이라
불리는 피질 활동의 여러 모습들에 대한 연구에서
가장 실질적인 어려움이 있는 까닭은
어쩌면 대부분의 신경과학 분야에 확실한 이론체계가 없기 때문일 것이다.
코완(W. Maxwell Cowan, 1981)

1. 서 론

뇌 손상(lesion) 연구와 전기자극 연구로부터 나온 결과는 뇌 조직이 '엄격한 국소화 모델'(strict localization model)이나 '전체론적 모델'(holistic model)과 같은 모습으로 구성되어 있지 않음을 확인시켜 준다. 여기서 '전체론적 모델'이란 활동 **영역**(area)보다는 활동 **정도**(degree)가 그 중요 변수가 되는 모델을 말한다. 엄격한 국소화 가설은 수많은 임상 연구와 실험 연구 모두에서 무너졌다. 예를 들어 원숭이를 이용한 실험에서 글리스와 콜레(Glees and Cole 1950)는 (자극 연구를 통해) 엄지 동작을 나타내는 운동피질 영역을 파악하고, 그 영역을 외과적으로 절제하여 엄지를 마비시킨 후에, 시간을 두고 원숭이가 마비에서 벗어나는지 관찰하였다. 그랬더니 원숭이는 엄지의 운동기능을 회복했다. 글리스와 콜레는 관련 피질 영역에 대해 재실험해 보았다. 앞선 실험에서 절제 주변부 세포들을 전기자극 했을 경우 엄지를

움직이지 못했지만, 이제는 엄지를 다시 움직일 수 있었는데, 그 세포들을 또 제거했더니 원숭이는 다시 엄지를 움직이는 능력을 회복했다. 라슐리(Lashley 1933, 1937)의 이 같은 연구는 '기능에 따른 피질의 전문화가 결코 존재하지 않음'을 보여줄 뿐만 아니라 기능에 대한 엄격한 국소화 역시 의심하게 한다.

반면에 임상 연구와 실험 연구 모두에서 뇌 손상으로 아주 특이한 효과가 일어난다는 것이 발견되었다. 해마(hippocampus)가 손상된 원숭이는 공간 학습 장애를 보여주며(Olton, Becker, and Handelmann 1979), 해마, 편도(amygdala) 그리고 측두엽(temporal lobe) 등에서 양측손상(bilateral lesions)을 입은 사람은 심각한 선행성 기억상실증(anterograde amnesia)을 보여준다(Scoville and Milner 1957).

피질의 특정 영역에 대한 특성을 설명하기 위해 킨스번과 워링턴(Kinsbourne and Warrington 1964)이 환자 W.K.씨에 대해 심도 있게 연구한 '색상인지불능증'(color agnosia)에 대해 살펴보자. W.K.씨는 '시각반응영역'과 '언어를 지원하는 영역'의 **경계 영역**에 있는 '좌측 후두엽 피질'(posterior cortex)에 고국한성(아주 부분적인) 손상을 입었다. 그 환자 상태가 안정되었을 때 실험이 이루어졌는데, 오직 색깔 표상에 대해서만 장애를 보여주었다. 그는 사물들의 색깔을 올바로 말할 수 없을 뿐만 아니라, 호명한 색깔에 해당하는 사물들을 집어내지도 못했다. 게다가 '하늘', '나무' 혹은 '신호등'의 색깔을 올바로 알아보지도 못했다. 놀랍게도 '흰색', '회색' 그리고 '검은색'에 대해서는 올바로 분별해 냈다. 그는 신호등 불빛이 '녹색'이나 '빨강'이라고 말할 수 있었지만, 이런 반응은 어쩌다 맞추는 것이었다. 반면에 천 조각들의 색깔을 짝 맞추거나 나열하는 데에는 전혀 문제가 없었고, 두 샘플 색깔이 같은지 다른지를 말할 수 있었고, 하늘 색깔을 **말하는** 경우에 우연히 맞췄던 그가 하늘을 '녹색'으로 그린 그림을 보고 하늘색이 틀리다고 말할 수 있었다. 따라서 색깔에 대한 그의 '비-언어적 표상'은 온전했지만, 색깔에 대한 '언어적 표상'을 '비-언어적 표상'과 **연결**시키지 못하는 것 같았다. 그는 자신의 장애를 인식하지 못했다. 킨스번과 워링턴이 관찰한 바에 따르면, "자신의 언어에서 잘못을 골라낼 수 없는 감각 실어증(sensory aphasic) 환자처럼 자신의 잘못을 전혀 알지 못해서 주저하지 않고 색깔 이름을 잘못 말했다."(p.299)

또 다른 예로 킨스번과 워링턴(1963a)이 연구한 환자 B.부인에 대해 생각해 보자. 부검을 통해 밝혀진 바에 의하면, 그녀는 '하측두엽'(inferior temporal lobe)과 '후두엽'(occipital lobe)의 **경계 영역**에 작은 손상이 있었다. 그녀의 임상 상태는 상당한 선별적 장애를 보였는데, 그녀는 보여준 것을 하나씩 부분적으로 지각할 수는 있지만 그것을 **전체**로 지각하지는 못했다. 예를 들어 짧은 시간 동안 몇 개의 기하학적 형태를 보여주었더니 대개 **왼쪽** 것만을 잘 말할 수 있지만, 그 전체 모습에 대한 동시적 지각을 거의 하지 못했다. 충분한 시간을 줄 경우에는 그림의 다른 모습도 알아볼 수 있었다. 단어를 보여주었더니 각각의 글자들만을 말할 수 있었고, 단어 전체를 읽지는 못하였다. 그런데 각 글자를 큰 소리로 읽어줄 경우 단어를 구성해 낼 수 있었고, 그 단어 전체를 알아볼 수도 있었다. 이런 결함은 시각 장애나 일반적 지적 저하(intellectual deterioration)를 동반하지 않으며, 동시적 형태 지각(form perception)에서만 나타난다.

(4장에서 언급된) 데저린(Déjerine 1892)의 환자처럼 B.부인은 받아쓰기할 수 있지만, 써놓은 문장을 베끼거나 읽을 수 없었다. 킨스번과 워링턴의 주장에 따르면, 만약 오직 독서불능증(alexia)만을 겪는 다른 환자들에게 독서뿐 아니라 비언어적 형태 지각을 실험한다면, B.부인과 같이 동시적 형태 지각을 포함하여 더욱 일반적인 장애를 보여줄 것이다. 이 능력의 본성에 대해 더 깊이 있는 설명이 앞으로 분명 나타날 것이다. 그러나 이 임상 사례와 함께 이와 유사한 많은 다른 예들은 '제한된 뇌 영역'에서의 '기능 특이성'을 보여주는 것으로 전체

론적 가설을 꺾어버리고 말았다.

'뇌가 어느 정도 전문화되어 있다'는 것은 임상 연구나 자극실험 연구를 통해서 분명히 드러나지만, 적어도 1950년까지는 특정 영역에 대한 **과제 특이성**(task-specificity)이 '폐', '심장' 혹은 '신장'과 같은 조립선 상의 분절 혹은 신체 특정 부분이 갖는 **과제 기여**(task-dedication)란 모델로 이해되진 않았다. 국소화주의자와 반-국소화주의자 사이의 치열한 논쟁은 대체로 '뇌가 어떻게 조직화되어 있기에, 특정한 손상에 대해서는 기능을 (부분적으로) 회복할 수 있지만 다른 손상에 대해서는 회복할 수 없는지, 그리고 신경 조직에서 "전문화"란 말이 무엇을 의미하는지'에 관한 문제로 옮겨갔다. 이 질문에 대해서는 '일차시각피질', '신체감각 피질', '운동대'(motor strip) 등에 관련지어 대답하기 어렵지만, '연합피질'(association cortex) 같은 **중간 영역**에 대해서는 더욱 대답하기 어렵다. 코완(Cowan 1981)은 이 문제에 대해 다음과 같이 간결하게 요약했다.

> 우리들은 대부분 연합영역(association area)의 반응을 직접 실험하는 방법을 갖지 못한 것만이 아니다. 이런 영역들에 대해서 어떤 형태의 질문을 던져야 하는지도 알지 못한다. (p.xviii)

대뇌 조직과 상위기능의 관계를 밝혀내기 위하여 '임상 행동 연구'를 포함하여 '신경발생학'(neuroembryology)과 '신경해부학'(neuroanatomy) 등 많은 분야의 연구가 있었다. 나는 이 장에서 '임상 행동 연구'에 초점을 맞추겠다.

가장 유력하고 흥미를 주는 분야는 '두 대뇌반구가 기능적으로 서로 다르게 전문화되어 있는지'에 관한 연구이다. 이 연구는 종종 간질 환자에게서 대뇌반구를 연결하는 교련들(commissures)을 외과적으로 절단함으로써 발견할 수 있었던 신경학적 사실들에 의해 고무되었다.

시술을 받은 환자들은 뇌 조직에 관한 소중한 정보를 제공했는데, 그들의 인지 활동에서 발견된 미묘한 분열(disunity) 역시 '의식의 통일(unity)', '자아의 통일', '조절'(control), '의도적 행동과 비의도적 행동이 본질적으로 어떻게 다른지' 등에 관한 철학적 문제를 제기하였다. 따라서 나는 5장 2절과 3절에서 측성화(lateralization) 연구에 초점을 맞출 것이며, 4절에서는 반구 내의 기능을 알아내는 연구방법들을 논의하고, 5절에서는 '상위기능'과 그 상위기능에 대해 '우리가 알고 있는 것들'에 대해 관련된 철학적 편견을 일소할 몇 가지 신경학적 자료들에 대해 간단히 요약하겠다.

2. 기능의 반구 측성화에 대한 분리뇌(Split-Brain) 연구

연구방법

두 대뇌반구 사이의 가장 두드러진 연결은 '큰대뇌교련'(great cerebral commissure) 혹은 '뇌량'(corpus callosum)이라는 (뉴런들 사이에) 정보를 전달하는 두꺼운 막이다. 그리고 추가 연결 교련으로 '전교련'(anterior commissure), '후교련'(posterior commissure), '고삐교련'(habenular commissure), '해마교련'(hippocampal commissure) 등이 있으며, 중뇌(midbrain)와 뇌간(brain stem)이 분리되어 있지 않기 때문에 그 구조에 따른 정보전달 경로 역시 있을 것이다(**그림** 5.1) (**그림** 2.7, **그림** 3.2 참조).

임상적 상황은 다음과 같다. 약이 듣지 않을 정도로 중증인 환자들은 발작이 통렬하고 빈번하게 일어나기 때문에 정상적인 생활이 불가능하다. 간질을 연구하는 신경학자들에게는 발작이 간질 병소(epileptic focus)에서 손상되지 않은 영역으로 확산되는 것으로 보였고, 그래서 만약 전기급성발작(electrical storm)이 간질성 반구에서 정상 반구로 퍼져 나가는 것을 막을 수 있다면 발작을 감소시킬 수 있다는 생각을

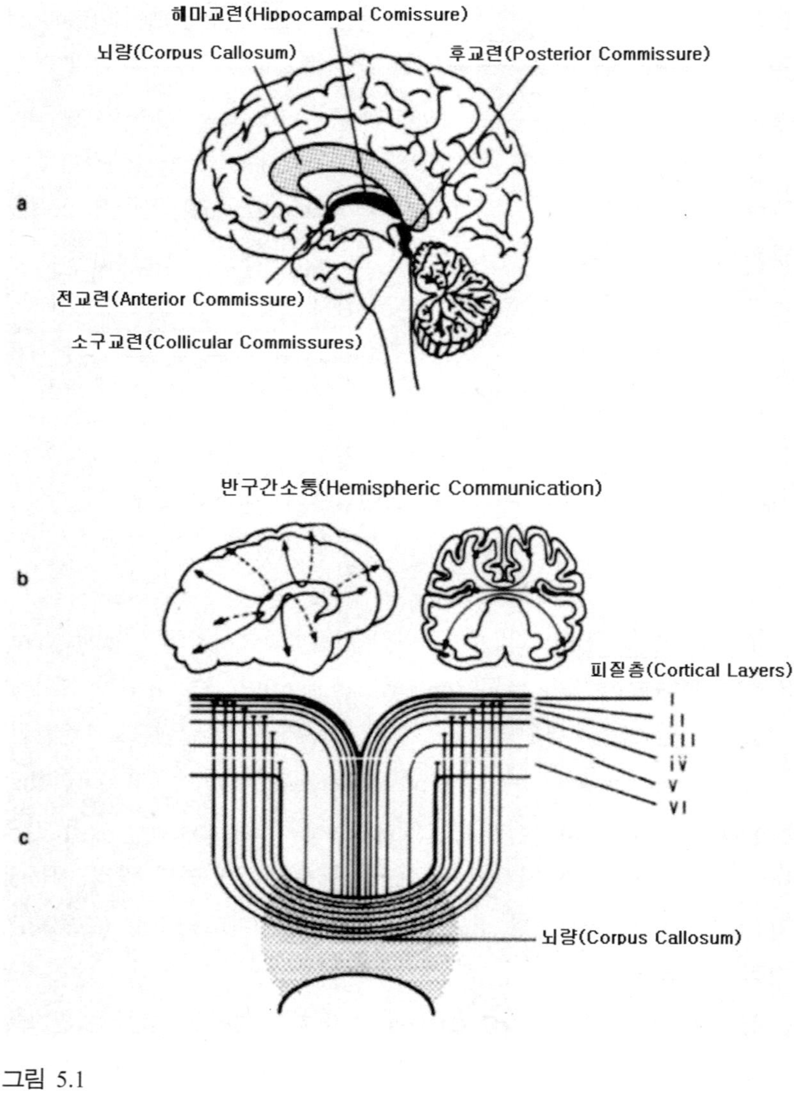

그림 5.1

(a) 시상단면(sagittal section)에서 본 인간 뇌의 주요 반구간연결(interhemispheric connections) 위치. (b) 반구간섬유(interhemispheric fibers) 대부분이 두 반쪽 뇌의 상응 영역(homologous area)으로 연결된다. (c) 게다가 반구간섬유 대부분은 반대쪽 반구에서 나와서 피질 층판(cortical laminae)으로 연결된다. (Gazzaniga and LeDoux(1978). *The Integrated Mind*. New York: Plenum)

하게 되었다. 그렇다면 뇌량을 절단하여 확산이 일어나지 않게 할 수 있을 것이다. 그 외과적 시술을 1940년대에 반 바게넨(William van Wagenen)과 헤렌(R. Yorke Herren)이 최초로 시도하였는데, 임상적 성공을 거두지는 못했지만, 놀랍게도 환자에게 그다지 손상을 주지도 않았다. 반 바게넨은 항상 '전교련'을 절단하지 않았으며, 따라서 언제나 뇌량을 모두 절단한 것은 아니다.

이 커다란 섬유 덩어리들이 뇌 내부에서 어떤 역할을 담당하는지에 대해 부심하고 있었던 연구자들은 동물에서 뇌량절개(callosal section) 효과를 연구하기 시작했으며, 1950년대에 로날드 마이어스(Ronald Myers)와 로저 스페리(Roger Sperry)는 고양이 뇌의 한쪽 반구가 특정한 일을 수행하도록 훈련시키면서 다른 쪽 반구는 이것을 모르게 할 수 있음을 발견했다. 그들은 그 실험에서 교련만이 아니라 시신경교차(optic chiasm)까지 절단했는데(그림 5.2), 그렇게 해서 오른쪽 눈에 들어오는 모든 정보들이 왼쪽 반구로 가고, 그 반대로 왼쪽 눈에 들어오는 모든 정보들이 오른쪽 반구로 가도록 했다. 따라서 한쪽 눈을 안대로 가림으로써 한쪽 반구만 시각 자극에 반응하도록 했다. 이것은 놀라운 성과였는데, 이 사실은 '대뇌 쌍(cerebral pair)의 통일(unity)'된 반응이 '상위차원의 통합 원리'에 의해 일어나는 것이 아니라, '두 반구가 같은 정보를 받는지 못 받는지'에 따른다는 것을 함축하는 것으로 보였으며, '진화는 왜 신경계에 두 인지처리시스템을 갖는 낭비를 했는지' 의문이 제기되기도 하였다.

반 바게넨의 시술 과정을 개선하여 1960년대에 조세프 보겐(Joshph Bogen)과 페터 보겔(Peter Vogel)은 간질 환자에 대한 교련절개(commissurotomy)를 다시 시도했으며, 이번에는 분명한 임상 효과를 보았다. 대략 20명이 넘는 환자들에게 교련절개시술을 했으며, 이 시술에서 전교련은 물론 모든 뇌량이 제거되었다(Bogen, Fisher, and Vogel 1965). 이 환자 집단은 캘리포니아기술재단의 스페리와 그 연구원들에 의해서 지속적으로 그리고 치밀하게 연구되었다. 이 연구에 의하면 교련절개시술이 결정적이고도 놀라운 결과를 보여주었으며, 나아가서 그 결과가 고양이에서 얻었던 초기 실험 결과와 무관하지 않다. 이 방법을 1970년대에 다트머스 의대(Dartmouth Medical School)의 도날드 윌슨(Donald Wilson)은 조금 다르게 이용했다(Wilson et al. 1977). 윌슨의 방법에서는 수술이 두 단계로 나누어 이뤄졌으며, 전교련은 그대로 남겨두었다. 이 실험군은 '**동부 실험군**'(Eastern series)이라고 알려지게 되었다. 반면 (교련 전체를 제거한) 처음 실험군은 '**캘리포니아 실험군**'(California series) 혹은 '보겐 실험군'(Bogen series)이라고 불렸다.

단절효과

위의 연구 성과로 인하여, (적절한 조건을 만들면) 두 반구의 인지 활동 사이에 명확한 단절을 확인할 수 있다는, 다시 말해서 각각의 반구는 자신만의 활동과 통일 혹은 온전함을 가지고 있다는 사실이 명백하게 밝혀졌다. 반구의 단절효과가 어떻게 해서 일어나는지 그 실험 과정이 이미 잘 알려진 관계로 여기에서는 아주 요약된 설명만을 하겠다(**그림** 5.2) (Gazzaniga and LeDoux 1978, Levy-Agresti and Sperry 1968, Sperry 1974).

시각정보가 한쪽 반구로만 보내지도록 실험 조건을 만들고, '그 정보가 다른 쪽 반구에서도 이용되는지' 알아보았다. 예를 들어 피검자는 중심점을 응시하고 대략 200밀리 초 동안 한쪽 망막 반시야(visual hemifield)로만 신호가 순간적으로 비춰지도록 순간노출기(tachistoscope)를 사용했다(**그림** 5.3). 마이어스와 스페리의 고양이 실험과 달리, 이 환자는 온전한 시신경교차(optic chiasma)를 가지고 있어서 시각정보가 두 반구 모두로 갈 수 있으나, 신호를 한쪽 망막 반시야에만 보여줌으로써 그 신호가 단지 실험자의 한쪽 대뇌반구로만 들어가도

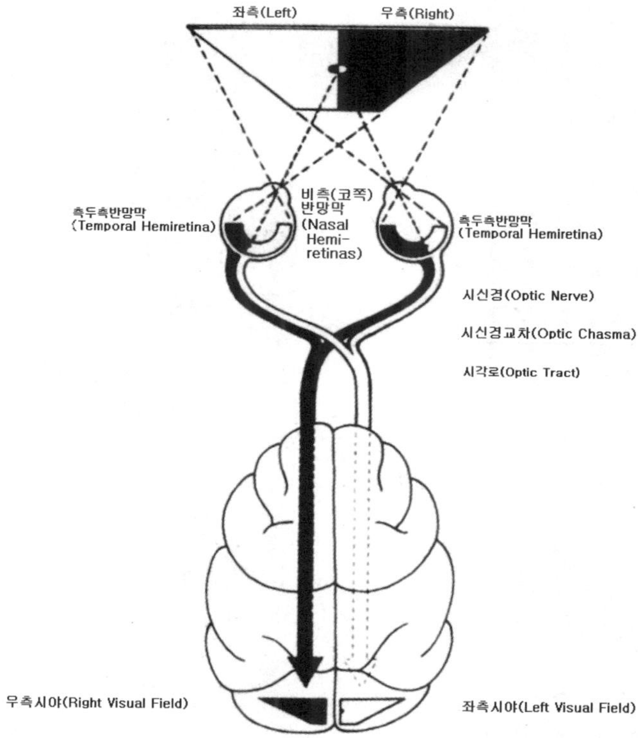

그림 5.2
망막의 오른쪽 시각 영역의 정보는 대뇌 좌반구로 들어가고, 망막의 왼쪽 시각영역의 정보는 대뇌 우반구로 들어간다. 각각의 눈에 보여준 정보는 양쪽 반구에 동일하게 투사된다. 정보가 오직 반구 한쪽으로만 투사되도록 하기 위해서 피검자는 중심선을 응시하도록 하고, 시각자극은 순간적으로 주어졌다. (Gazzaniga and LeDoux(1978). *The Integrated Mind.* New York: Plenum)

록 했다.

만약 단어 '스푼'(spoon)을 우반구에만 순간적으로 비추고 피검자가 본 것을 말하도록 하면 그는 '아무것도 보지 못했다'고 대답하지만, 만약 왼손을 천 밑으로 넣어 보여준 대상을 더듬어 집어 보라고 하면 보았던 것을 왼손으로 집는다. 분명히 '우반구'가 본 것을 알고 있어

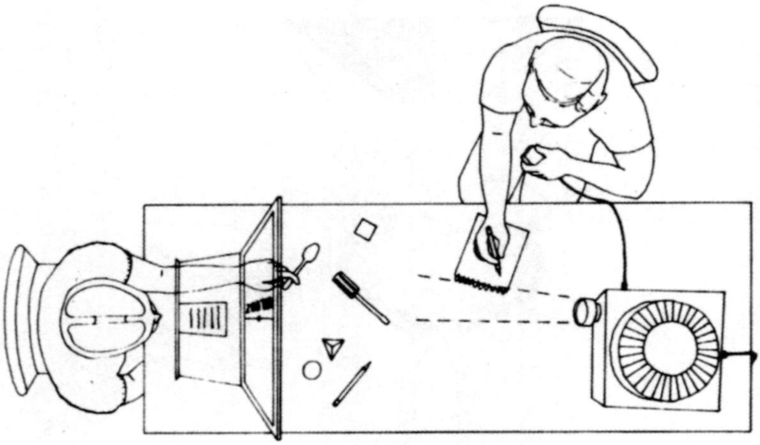

그림 5.3
시각과 입체인지기능(stereognostic functions)이 측성화된 것을 알아보기 위한 기초 실험 장치. 이 실험에서 피검자는 시각적으로 우반구에 제시된 대상을 왼손으로 더듬어 집는다. (Gazzaniga and LeDoux(1978). *The Integrated Mind*. New York: Plenum)

서, 그 정보에 '왼손'이 반응하는 것이다. 반면에 유창한 언어를 구사하게 하는 좌반구는 아무것도 알지 못하여, 피검자는 '아무것도 보지 않았다'고 대답한다.

다른 실험(Levy, Trevarthen and Sperry 1972)에서 피검자가 중심점을 응시하도록 하고, 합성된 얼굴(키메라 chimeric) 모습을 순간적으로 비췄다. 일반적으로 그 피검자는 좌반구에 비쳐진 그림에 상응하는 대답을 했고, 피검자가 본 사람을 가리키라고 했을 때 (우측 혹은 좌측) 손으로 우반구에 비쳐진 그림에 상응하는 그림을 가리킬 수 있었다(**그림** 5.4). 이 실험에서 주목해야 할 것은 불완전한 모습을 완전한 것으로 이해하는 완성(completion) 현상 때문이다. 어떤 얼굴이나 모습의 반쪽만 각 반구로 전해지기만 해도, 각 반구는 (불완전한 모습이 아닌) 전체의 완성된 모습을 본다. '어떻게' 그리고 '왜' 그림이 채워지는지 우리는 아직 알지 못한다.

그 단절효과(disconnection effect)를 연구하면서 연구자들은 반구의 다른 전문화에 대한 증거도 찾아낼 수 있게 되었다. 그런데 이 문제를 다루기 전에 단절효과에 대해서 그리고 단절효과가 자아 통일(unity of self)과 조절 통일(unity of control)에 대해서 함축하고 있는 '암묵적 가정들'을 간결하게 검토해 볼 필요가 있다.

사람들은 흔히 자신에 대해 '유일하고' '통일되며' '일관된' 자아(self)를 떠올리게 마련이다.[1)] 그런 관습적 개념 아래에 실상은 '다양하고' '분리될 수 있는' 어떤 것들이 있으며, 이런 것들 사이의 정합성(coherence)은 어쩌면 '자아의 내재적 정합성'보다는 '입력과 출력의 정합성'이나 혹은 '해부학적 연결성'과 연관이 있는 듯하다. 이러한 가능성은 분리뇌에 대한 연구를 통해서 밝혀질 것이다. 척 보기에도 이

---

1) [역주] 우리는 '자아'를 어떻게 규명할 수 있겠는가? '나'는 그리 길지 않은 검은 머리를 가지고 있고, 키는 보통 키에, 콧날은 비교적 오뚝한 편이고, 초등학교와 고등학교는 어디를 다녔고, 아무개의 아버지이고 등등으로 규정할 수 있다. 그런데 만약 내 머리색을 파란색으로 염색하면 내가 아닌가? 만약 다른 학교를 다녔다면 내가 아닌가? 도대체 무엇이 나를 나이게 만드는가? 나의 '실체'는 무엇인가? 이것은 전통적으로 서양 철학자들을 혼란스럽게 했던 실체(substance)에 관련된 문제이다. 아리스토텔레스(Aristotle) 이래 '주어는 실체를 가리키고, 술어는 그 속성을 가리킨다'는 믿음이 있어 왔다. 그런데 술어가 가리키는 속성들을 모두 제거하고 주어가 가리키는 것으로 무엇이 남겠는가? 이 점에서 칸트(Kant)는 "실체란 무(無)이다"라는 대답을 내놓기도 했으며, 러셀(Bertrand Russell)은 '주어도 속성을 가리키는 술어에 불과하다'는 생각에서 술어논리(predicate logic)를 발전시켰다(박제윤. "기술이론에 있어서 존재론적 의미". 1988 참조). 또한 비트겐슈타인(Wittgenstein)은 실체에 관한 철학적 문제가 문법 형식에서 비롯된 허위 문제이므로, 대답할 가치조차 없다고 했다.

그렇지만 여전히 궁금한 것은 '나를 나이게 하는 것이 무엇이며, 여러 속성들을 어떻게 통일하여 나로 인식할 수 있는지'의 질문이다. 패트리샤는 '나' 즉 '자아'라는 개념에 문제가 있음을 지적하고, 이제 신경과학적 실험 자료를 토대로 위 질문에 대한 해답을 보여줄 실마리를 찾아야 한다고 생각한다.

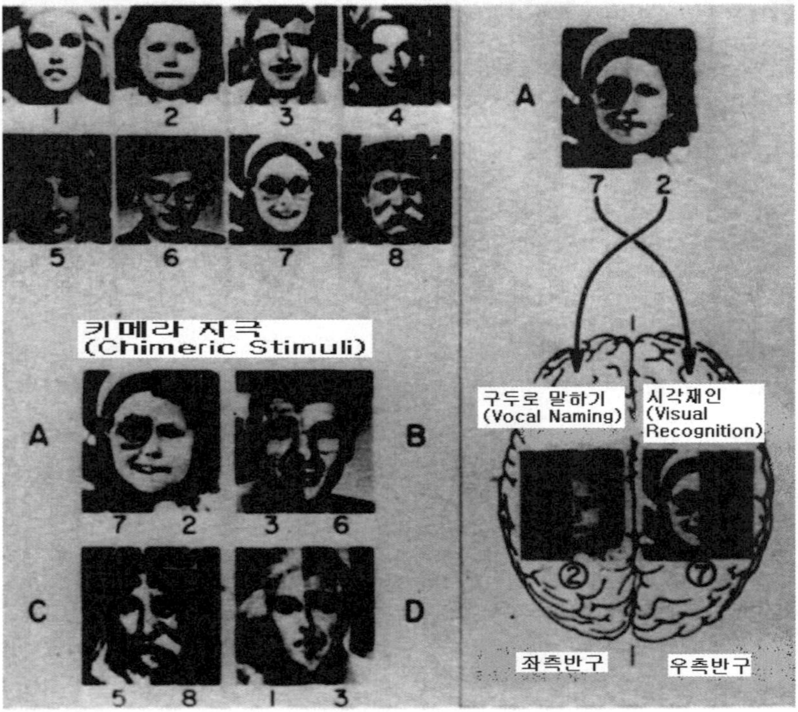

그림 5.4
두 반구에 의한 동시적 얼굴 지각 실험. 오른쪽 그림: 분리뇌 피검자(split-brain subject)에게 나타난 키메라 자극(chimeric stimulus) 투사를 나타낸 도식적 그림. 말로 가리켜보라고 할 경우 분리뇌 피검자는 2번을 지적하지만, 왼손으로 가리키게 하면 보였던 얼굴이 7번이라고 대답한다. 그리고 어느 경우에도 보인 얼굴이 전체 모습이라고 보고한다. (Levy, Trevarthen, and Sperry 1972)

런 생각은 놀랄 만하다.

분리뇌 피검자들의 독서 연구(reading studies)를 다시 생각해 보면 피검자들의 내적 생활(inner life)에 대해 궁금하지 않을 수 없으며, 그래서 '만약 내 뇌가 양분된다면 **나에게** 어떤 일이 생길 것인가?'와 같은 질문을 하게 한다. 분명히 이것은 신장을 제거하는 경우와는 다르겠지만, 어떻게 달라질 것인지 분명하지 않다. 교련절개시술을 받은 피검자에서 분명히 단절효과를 볼 수 있다. 분명히 그렇다. 그렇지만 관찰하기 어려운 관계로 불가피하게 다음과 같이 추론하기 쉽다. 우리들은 단지 하나를 가지고 있지만, 그 피검자들은 무언가 두 개를 가질 것 같다. 그렇지만 그 두 개가 무엇일까? 짐작컨대 '두 마음(mind)'일까, 아니면 '두 영혼(soul)' 혹은 '두 자아(self)', '두 인격(person)', '두 의식 센터(center of consciousness)', '두 인지 센터(center of cognition)', '두 조절 센터(center of control)', '두 의지(will)', 아니면 무엇일까? 이런 범주들은 서로 어떻게 관련되어 있을까? 예를 들어 만약 하나 이상의 '인지 센터'를 갖는다면, 하나 이상의 '조절 센터' 혹은 '의식 센터'를 갖는 것을 의미하는가? 혹은 하나 이상의 '마음'을 갖는 것일까? 온전한 뇌를 가진 우리들과 분리뇌 피검자들이 이런 것들 중에 어느 것을 갖는지 어떻게 알 수 있을까? 분명한 것은 우리가 이런 질문에 대답할 충분한 이론체계를 가지고 있지 못하다는 것이며, 그 단절효과를 잘 설명하려면, 그 결과를 전-과학적(prescientific: 미완된 과학적) 가정들에 억지로 맞추려 하기보다는 그 결과를 이해할 수 있게끔 뇌에 관해 더 많은 것을 찾아내야 한다는 점이다. (우리들의 통속 심리학적 fork psychological 편견에 대한 수정 문제는 8장과 9장에서 충분히 논의될 것이다.)

이원론자들은 이 문제를 해석하는 데에 특히 어려움을 가질 것이다. 왜냐하면 '단절효과'와 자신들의 '마음'이나 '영혼'이란 개념, 즉 신경계와 인과관계를 갖는 '비물리적 실체'를 어떻게 (일치시켜) 설명할 수 있을지 문제가 되기 때문이다. 물론 어떤 이원론자는 그 결과를 보고 이원론을 포기할 이유를 가질 수도 있지만, 만약 데카르트주의자의 개념을 포기할 수 없다면, 그는 그 '단절효과'와 '마음이 비물리적 실체라는 자신의 가정'을 일관성 있게 설명해 줄 해석을 찾아내야 한다. (유물론 materialism과 이원론 dualism에 대한 실질적 논의를 8장에서 참조하라.)

이원론자들의 딜레마를 더욱 분명히 보여주기 위해서, 이원론자 개념에서, 자아(혹은 '마음' 또는 '당신이 가진 무엇')가 **내재적 통일**(intrinsic unity), 즉 뇌를 구성하는 해부학적 혹은 생리학적 조직에 의한 통일이 아닌, '정신적 실체의 본성에 기인하는 내재적 통일'을 갖는다는 주장에 대해 생각해 보자. 진정 그(단절효과) 실험은 '뇌가 죽은 후에도 자아가 생존한다'고 믿는 이원론자에게 중대 사안이 아닐 수 없다. 이원론자의 주장에 따르면, 뇌는 완전히 못쓰게 되어 버릴 수 있지만 영혼이 불멸하기 때문이다.

따라서 이원론자는 '해부학적 단절'을 '자아 통일'에 관련시키지 않기 위해서 궁리를 해서 "정상적으로 모든 사람은 두 마음을 갖는다"(Puccetti 1981)거나 "양분된 뇌를 가진 환자라도 결코 하나 이상의 마음을 가질 수 없다"(Eccles 1977)고 주장해야만 한다. 단적으로 말해서 두 대안 중에 어느 것을 선택하더라도 교련절개시술은 자아 통일에 대해서 달라질 것이 없다. 하여튼 어느 경우의 선택도 그 대가를 지불해야 한다.

첫째 견해는 '개인의 두개골(skull)이 두 인격(혹은 두 마음)을 갖는다'는 것을 함의하고(entail),[2] 그러면 '하나의 자아는 **자아**가 아닌' 것이 된다. 둘째 견해는 '한쪽(우측) 반구의 능력과 복잡성을 경시하는' 것으로, 그래서 '다른 쪽 반구가 의식을 표현하는 특징을 갖게 되어', '두 반구 중에 하나(우반구)는 의식과 자기본위(selfhood)를 가질' 기대를 부정하는 결과가 된다.

하여튼 걱정되는 점은 몇몇의 분리뇌 환자들은 좌반구에서 언어 능력을 가질 뿐만 아니라 '우반구에서 이해와 표현에 대한 더욱 뛰어난

---

2) [역주] 논리적 용어에 있어, 'p가 q를 함축한다(imply)'에서 '함축하다'는 'p가 q의 의미를 담고 있다'는 정도의 느슨한 의미로 사용되는 반면, 'p가 q를 함의한다(entail)'에서 '함의하다'는 'p로부터 q가 연역된다'는 논리적 엄밀성과 필연성을 갖는 의미로 사용된다. J. L. 오스틴. 김영진 역. 『말과 행위 — 오스틴의 언어철학, 의미론, 화용론』. 제4강의 참조.

능력을 보여준다.'(다음 절 참조) 그 경우의 사례는 앞의 추측에 상반된 사례가 될 것이며, 그럼에도 '단지 좌반구만이 의식을 갖는다'고 고집하는 것은 독단처럼 보인다. 이원론자들은 그 (분리뇌 환자들에 대한) 현상을 납득시키지 못하며, 마음의 본성이 비물리적임을 과학적으로 입증하지도 못하기 때문에, 그 어느 입장도 '우리의 상식체계가 이론적으로 너무 허술해서 교련분리효과에 대한 적절한 해석을 주지 못한다'는 가능성을 인정할 각오가 되어 있지 않은 것이다.

이원론자들이 '상식 개념으로부터 그럴싸한 해석을 억지로 이끌어내려 한다'는 것 역시 '상식 개념 체계가 실제로 얼마나 부적절하며', 마찬가지로 '이원론 자체가 얼마나 부적절한지' 보여준다고 할 수 있다. 단절 현상은 상식(즉 우리들의 전통적 개념)에 어울리지 않으며, 우리들이 확고한 해석을 내릴 수 있는 이론적 근거도 가지고 있지 않다는 증거가 될 것 같다. 게다가 이원론자들의 일부 해석들은 분명히 모호하며, 일부 추론들은 명백히 아둔해 보인다는 점에서, '우리가 해야 할 것들'보다 '우리가 하지 말아야 할 것들'이 무엇인지 더 쉽게 드러난다. 예를 들어 (정상적인 경우에도) 문법에 맞는 문장을 만들어내고 이해하는 경우의 과정처럼 '의식하지 못하는 (상당히 복잡하고 영리한) **인지**과정'이 있다[3]는 충분한 증거가 많이 있다. 아주 똑똑한 (일을 척척 해내는) 과정은 사색만으로 알 수 있는 것이 아니다. 따라서 다음과 같이 추론할 수 없다.

"만약 인지 모듈(modules)이 둘이라면, 의식 센터도 둘이다."

다시 언급하지만 '말 못하는 어린아이', '귀머거리', '실어증' 그리고 '많은 동물들'도 어느 정도 의식(consciousness)을 가지고 있다는 충분

3) [역주] 우리는 문법에 맞게 문장을 구성하여 말을 하지만, 말을 하는 중에 그것을 의식하지는 못한다.

하고 분명한 증거가 있기 때문에(Patricia S. Churchland 1983) (충분한 논의를 하지 않았다고 해서) 다음과 같이 짐작해서는 안 된다.

"만약 x가 언어를 사용하지 못한다면, x는 의식을 가지고 있지 않다."

그런데 유기체가 의식을 가지기 위해서 혹은 유기체가 하나 이상의 의식 센터를 갖기 위해서 어떤 조건을 만족해야 할까? 돌고래의 한쪽 반구는 이따금 잠을 자는데, 이런 사실은 돌고래가 '조절', '의식' 혹은 '인지' 등의 센터를 우리보다 많이 가지고 있음을 의미할까? 분명히 인간도 자신의 믿음과 욕망을 이따금 알지 못하는 경우가 있기 때문에, 자아 통일이 정보의 '완전한 연결'을 요구하는 것은 아니라고 볼 수 있으며(Stich 1978, Nisbett and Ross 1980), 그렇다면 자아의 통일을 위해서 얼마나 많은 연결과 통합이 필요하겠는가? '분리뇌 환자들'은 '분리된 개성을 가진 사람들'과 그렇게 다른 것일까? '센터' 혹은 '모듈'(module)을 말할 수 있는 근거는 무엇일까? 이것은 (선험성에 상반된) '경험적'으로 대답해야 할 질문인 것이다. ('의식'이란 개념이 수정될 필요가 있다는 좀 더 깊은 논의는 9장을 참조하라.)

마음-뇌에 관해서 더 많이 알게 될 때까지 이런 문제들에 대한 대답은 조급한 마음이 들더라도 기다려야만 할 것 같다. 사실상 '마음', '자아', '인격', '영혼'은 차치하고, '의식 센터' 혹은 '조절 센터'란 개념들마저 이론적으로 아주 잘못 규정된 까닭에, 우리들이 이런 것들을 무엇으로 여겨야 할지 알지 못하게 된 것이다. '인지', '의식', '주의' 등등에 관한 심리학적이고 신경과학적 이론이 없는 관계로 우리들은 본질적으로 '의식 센터' 혹은 '그 유사한 것'을 추측으로만 인정할 뿐이다.

우리들이 인정하고 있는 것이 무엇인지 알 때까지 분리뇌 환자들이 가지고 있는 것처럼 보이는 어떤 둘 중 하나를 우리들이 가지고 있다고 인정하거나 확신 있게 말하지 말아야 한다. 마치 '혈액 성분'에 관해서 그리고 '그 성분이 유기체들마다 어떻게 다른지'에 대해서 설명할 이론을 갖기 전에 혈액형이 있음을 인정하려 드는 것은, 그리고 칸토(Cantor) 이전에, 즉 건전한 집합이론을 갖지 않은 상태에서 하나 이상의 무한집합이 있는지 어떤지 결정하려 드는 것은 허공에 대고 주먹질하는 것과 같다. 미래의 역사가들이 '지금 우리들이 분리뇌 피검자들이 수많은 자아를 가지고 있는지 어떤지 논란을 벌이는 것'을 '과거 19세기에 생물학자들이 생기(vital spirit)를 가지고 있는 것이 각각의 유기체인지 아니면 유기체 일부인지, 그리고 둘로 잘라진 지렁이 일부가 각자의 방향으로 꿈틀거리며 나아가서 각자의 생활을 살아갈 경우에 대해 논란을 벌이는 것'과 유사하다고 생각하면서 흥미롭게 바라볼지도 모를 일이다. 내가 특별히 분리뇌 효과를 중요하게 생각하는 것은 '의식 센터'와 '자아'와 같은 우리의 친근한 개념들이 흔히 우리들이 짐작하는 것과 달리 경험적으로 정당화되지 못한다는 점을 시사하기 때문이다. (이 문제에 대한 더 많은 논의를 다음에서 참조하라. Patricia S. Churchland 1983, Dennett 1978b, 1979, Griffin 1984 그리고 Puccetti 1981에 대한 주석서.)

측성화에 대한 단서

만약 두 반구가 서로 다른 능력을 가지고 있다면, 분리뇌 피검자들의 반구를 개별적으로 자극했을 경우 당연히 그 차이를 보여주는 증거들이 행동으로 나타나야 한다. 그러면 '좌우 반구의 능력 차이'가 무엇일지 그리고 '그 본성'이 무엇일지 탐구할 수 있을 것이다. 그 가능성에 대한 초기 연구 결과는 '좌반구는 우반구가 갖지 못한 언어적 능력을 가지고 있으며', '우반구는 좌반구보다 상위의 특정한 비언어적 기술, 즉 면식 재인(facial recognition)과 공간조작 기술(manipulospatial skills)을 가지고 있다'는 사실을 보여주는 것 같았다.

전자와 유사한 후자의 가설이 참인 것처럼 보이지만, 연구가 진전됨에 따라서 문제가 훨씬 복잡하다는 것이 드러났으며, 새로운 방법들을 동원해서도 이론을 탄생시키지는 못했다. 이 두 가설 이외에 '두 반구들이 서로 다른 전문화를 갖는다'는 생각을 지지하는 다른 주장들은 '연구방법', '통계적 분석', '집단표본', '해석' 등등에 대한 논란에 빠져들었다. 그런 중에 '우반구가 음악적 능력과 특정한 정서에 반응하도록 전문화되었다'는 가설이 있다.

마찬가지로 분명하지 않은 몇 가지 가설들이 있는데, 예를 들면 '우반구는 상상력과 창의력을 가진 반면, 좌반구는 분석적이고, 따지기 좋아하고, 단조롭다'는 가설이 있고, '동양 사상의 음양(陰陽)에 해당하는 나름의 신경 장소(neural home)가 좌우 반구에 있다'는 가설이 있으며, '한쪽 반구(대개 좌반구)가 다른 쪽 반구보다 초자아(superego)의 지배를 더 받는다'는 가설도 있다. 공항 잡지매점에 전시된 책들 중에는 '태만해진 반구에 기분 전환시켜 주는 치료목적의 운동'을 설명하는 책도 있으며, '우반구가 주도권을 갖도록' 제의하는 책들도 있다. 그렇지만 이런 측성화에 대한 가설들 중 가장 분명하고 그래서 그 연구 결과에 우리가 실질적으로 동의할 수 있는 가설, 즉 '언어적 기술은 좌반구에 측성화되어 있다'는 가설에서 출발하는 것이 좋겠다.

특별히 고안된 실험에서 '분리뇌 피검자는 두 반구의 언어수행이 비대칭적이다'는 점을 분명히 보여주었다. 특히 좌반구는 질문에 대해 말로 대답할 수 있게 하지만, 우반구는 그렇지 못했다(Gazzaniga, Bogen, and Sperry 1962, Levy-Agresti and Sperry 1968). 이런 사실은 '좌반구 손상'과 '언어 결핍' 사이의 상호관계를 보여주는 신경학적 실험들을 확인시켜 줄 것 같았다. 그렇지만 우반구가 '발화의 운동조절'에만 지장을 주는지, 아니면 더 넓게 '표현 능력'에 지장을 주는지, 또는 언어를 '이해하고' 언어 표현을 '조작하는 능력'에 지장을 주는지, 또는 언어로 '생각하는 능력'에 지장을 주는지, 또는 언어 '생성(productive) 능력'을 떨어뜨리는 더 '깊은 의미로 규정될 어떤 능력'

에 지장을 주는지 등등을 결정할 필요가 있다. 다음과 같은 질문들이 있다. 마음속으로 언어로 생각할 경우에 좌반구에서 처리(process)되고 우반구에서는 처리되지 않는 것일까? 우반구는 어떤 면에서 언어의 기초 과정에 기여할까? 만약 우반구가 표상적 매개물로 언어를 사용하지 않는다면 무엇을 이용할까? 역할 분담에 대한 진화론적 근거가 무엇이며, 다른 동물도 언어수행에서 비대칭성을 보여줄까?

캘리포니아 실험군(모든 교련을 단절한) 환자들에 대한 실험에서 그 어느 경우도 '말하기'와 '쓰기' 능력이 우반구에서 나온다는 증거가 나오지 못했으므로, '우반구가 언어 표현 능력을 갖지 않는다'고 결론을 내릴 수 있겠다. 따라서 문제는 우반구 언어 이해의 본성과 범위이다. 캘리포니아 실험군의 피검자들은 매우 제한적이긴 하지만 우반구에서 중요한 언어 이해를 보여준다. 우반구는 '그림'과 '단순하고 구체적인 명사'를 연결 지었지만, '복잡한 명사나 동사'에 대해서는 능력이 떨어졌다. 단어를 큰소리로 말했더니, 왼손으로 그 단어에 대응하는 사물을 집을 수 있었다. 그렇지만 이런 증거를 들어서 틀림없이 우반구가 '지시한 일을 이해한 정도만큼이라도' 언어를 이해한다고 주장하기 어렵다. 왜냐하면 그 시각 실험은 언제나 '말로 설명하면서' '반복적으로' 이루어졌기 때문이다.

'미소'라는 글자 단어를 순간적으로 보여주었을 때 좌반구는 미소를 만들어낼 수 있었지만, 우반구는 그렇게 하지 못했다. 그럼에도 불구하고 말로 '왼손으로 주먹을 쥐라고 하거나 왼팔을 들라고' 지시할 경우에는 따라할 수 있었다.4) 더구나 우반구는 이름을 '운율로 말하면' 그림을 맞추지 못했고, '단수'와 '복수' 혹은 '과거'와 '현재'를 구분하지 못했으며, 그리고 문장(구문)에서 '주어'와 '목적어'를 구별하지도 못했다. 한 이론에 따르면 우반구의 이런 제한된 능력은 '우반구와 좌

4) [역주] 좌측 손을 움직이는 것은 우반구의 지시에 따라서 움직인 것이므로, 지시한 내용을 우반구가 이해했다고 생각할 수밖에 없다.

반구의 언어 이해 방식이 다르기' 때문이며, 이것은 '우반구가 시각 혹은 청각 자극과 질적으로 동일한 언어적 기호(linguistic symbol)를 이용하기' 때문이라는 주장이 있다(Levy 1982).

우반구가 언어와 관련되어 있음을 부정하는 것은 너무 강한 주장일 것이다. 왜냐하면 (우반구 지배를 받는) 왼손이 단어에 일치하는 사물을 가리키거나 집을 수 있으며, 우반구에 "원숭이가 무엇을 많이 먹지?"라고 질문하면, 왼손이 플라스틱 과일이 들어 있는 가방을 뒤적여서 바나나를 끄집어내는 반응을 보인다. 하여튼 순간노출 실험방법이 좌반구에 유리한 방법이라서 실험 결과를 현혹시켰을 수 있으며, 따라서 우반구가 순간노출기 검사에서 보여준 것보다 더 많은 능력을 가지고 있을 수도 있다. 자이델(Zaidel 1975)은 '만약 단어가 더 긴 시간 동안 제시된다면 우반구의 이해 성취가 개선될 수 있을' 가능성을 실험했다. 그래서 그는 특별한 콘택트렌즈(Z 렌즈)를 고안했는데, 그 렌즈는 망막 절반에만 빛을 차단하여 망막반구(hemifield)의 반쪽에 대한 정보를 제한하고, 그래서 대뇌반구의 반쪽 정보도 제한하도록 고안되었다. 이 방법으로 자이델은 순간노출 실험방법보다 긴 시간 살펴볼 수 있도록 하면서도 한쪽 대뇌반구의 시각자극을 차단할 수 있었다(그림 5.5).

Z 렌즈에 의한 일련의 실험에 기초해서 자이델은 캘리포니아 실험군(모든 교련을 단절한)의 분리뇌 피검자 우반구에서 중요한 언어적 이해를 보고했다. 우반구에 살펴볼 시간을 주었더니 더 복잡한 이해 능력을 보여주었으며, 정상적 10대들처럼 행동하였고, 글자를 모아서 단어를 만들 수 있었으며, 동사를 포함한 많은 단어들을 인식할 수도 있었다. (즉 동사와 행동에 대한 그림을 짝 맞출 수 있었다.) 그렇지만 이상하게도 우반구에 '미소'(smile)라는 요구가 시각적으로 제시되었을 때, 전혀 '반응'이 없었다. '파란색 원이나 붉은색 삼각형을 집으시오'와 '녹색 원을 파란색 삼각형 위에 놓으시오'와 같은 명령을 피검

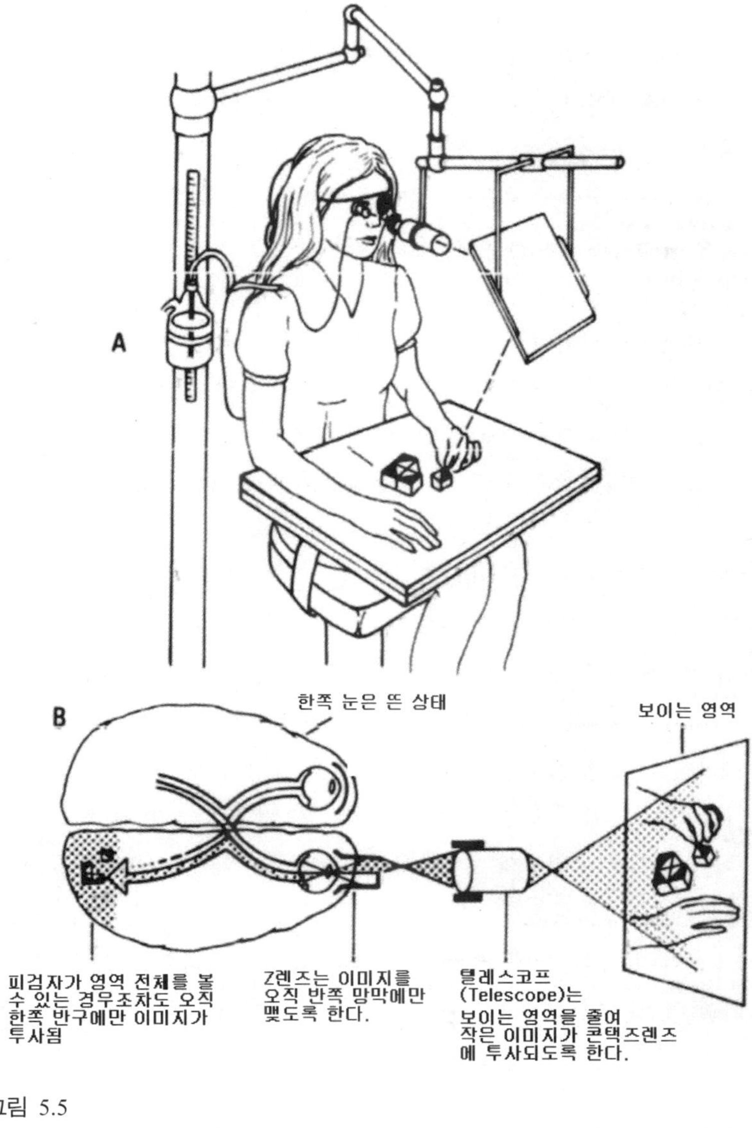

그림 5.5

Z 렌즈 실험장치는 환자들이 한쪽 반구에 측성화된 시각영역을 갖도록 한다. 한쪽 눈을 안대로 가리고 다른 쪽 눈 망막의 절반으로만 이미지(image)가 투사된다. (Springer and Deutsch(1981). *Left Brain, Right Brain*. W. H. Freeman and Co. Copyright ⓒ 1981. Adapted from Zaidel 1978)

자들이 '수행'하게 하는 구체적 사례 검사(Token Test)에 따르면, 구문 수행(syntactic performance)에서 여전히 열등했다.

이 실험은 '언어(언어 운동조절과 이해, 언어 과제)는 좌반구에 측성화되어 있다'는 이론을 상당히 혼란스럽게 만들었다. 일부 연구자들은 '언어 능력이 좌우 반구에 다양한 정도로 측성화되어 있으며, 좌반구가 언어 운동조절 능력에서 우월하긴 하지만, 이해력은 지금까지 생각해 온 것과 달리 더 많이 양분되어 있다'는 이론을 선호하게 되었다. 어쩌면 오직 좌반구만이 운동조절에 관여하는 것이 아닐 수도 있다. 왜냐하면 좌반구가 손상된 실어증 환자들이 이따금 선서문을 말할 수 있고, 잘 알고 있는 노래를 부를 수 있으며, 구절을 반복 암송할 수 있기 때문이다. 그 실례로 한 직장과전문의(proctologist)가 있었는데, 그는 심한 실어증 환자이지만 이따금 장애 없이 조제약 H의 사용에 반대하는 자신의 종교적 비평을 설교할 수 있었다. 그의 그런 언어수행의 '자동적' 본성은 그 언어수행이 '의도적' 언어처럼 보이기보다는 '반사적' 반응처럼 보인다는 것을 함축하지만, 이 시점에서 그런 주장을 강하게 하기에는 문제되는 것들이 허술하게 정의되어 있다.

자이델의 실험 결과는 첫 번째 연구가 증명해 보였던 것보다 우반구가 더 많은 언어 능력을 가지고 있음을 가리켜 주며, 이런 차이는 처음 실험에서 우반구의 수행 목록이 실험 절차를 위해 인위적으로 작성되었음을 말해 준다. 그러나 자이델의 실험도 결코 논란의 여지가 없는 것이 아니다. 과연 Z 렌즈 실험이 빛을 절대적으로 한쪽 반구에만 제한하였는지 여부가 의문시된다. 더구나 자이델의 실험 결과는 본질적으로 단지 2명의 분리뇌 환자(L.B.씨와 N.G.씨)에 근거하고 있으며, 가자니가(Gazzaniga)의 캘리포니아 실험군의 6명 피검자들 중에 L.B.씨와 N.G.씨가 포함되었으며, 나머지 다른 네 환자들에게서는 우반구의 언어 기능에 대한 증거를 명백히 제시하지 못했다(Gazzaniga 1983). 따라서 L.B.씨와 N.G.씨 표본을 가지고 일반화한 것은 잘못일 수 있으며, 더욱이 동부 실험군(일부 교련을 단절한) 환자들에 대한 연구에서 28명의 환자들 중 오직 3명만이 우반구에서 언어 이해를 갖는 것으로 드러났다(Gazzaniga 1983). 우반구의 언어 이해 능력에 대한 범위와 본성에 대한 문제는 점차 복잡해졌으며, 논쟁이 뜨거워졌다.

그런 상황에서 다른 복잡한 문제들이 불거졌다. 피검자에게 문제가 명확하게 주어졌는지 여부에 대해 상세히 검토되었는데, 손 움직임에서 표준적인 반대측(다른 쪽 contralateral) 조절은 물론 '동측(같은 쪽 ipsilateral) 간섭'도 있을 수 있기 때문이다. 피검자에게 '큰소리로' 지시가 전달되면, 양쪽 반구에서 받게 되고, 그러면 '좌반구가 왼손 움직임을 일으킬' 수도 있다. 따라서 우반구의 언어 이해를 보여주었던 초기의 실험들은 아마도 자극을 제시하는 방법이 잘못되어 오해를 일으켰을 수 있다.

이런 잘못을 피하기 위한 기무라(Kimura 1967)의 청각자극을 이용한 방법은 바람직해 보였다. 청각계(auditory system)에는 각 귀로부터 반대측 반구로 가는 주요 투사경로가 있으며, 또한 작지만 동측 투사경로도 있다(**그림** 3.7). 일상적으로 한쪽 귀로 들어간 메시지(message)는 두 반구 모두로 전달된다. 기무라의 주장에 따르면, 각 귀로부터 전달된 메시지들이 서로 경쟁하기 때문에, 반대측 경로로 들어온 메시지는 통과되고, 동측 경로로 들어온 작은 메시지는 차단된다. 그러므로 청각 메시지가 한쪽 반구에만 선별적으로 전달되기 위해서는 필수적으로 각 귀로 다른 메시지가 들어와야 한다. 이 실험 장치에서 피검자는 헤드폰을 쓰고 각 귀로 **동시에** 서로 다른 메시지를 제시받는다. 각 귀로 경쟁하는 메시지를 제시하여 비대칭성을 시험하는 기무라 방법을 '이원청취'(dichotic listening)라고 부른다.

비록 이 이론이 일반적으로 받아들여지고, 이원청취 방법이 측성화 연구에서 분리뇌 피검자는 물론 정상 피검자에 대해서도 폭넓게 이용되고 있긴 하지만, 이따금 '동측 메시지도 들어간다'는 증거가 나타나기 시작했다. 고든(Gordon 1980)은 캘리포니아 실험군의 분리뇌 피검자에 대한 연구에서 왼쪽 귀에 이원적으로 제시된 명령이 좌반구에 도달하는 것을 발견했다. (종종 이 방법으로 얻은 결과에 대해 주의가 요망된다.)

우반구의 능력이 더욱 상세히 탐구됨에 따라, 분리뇌 피검자의 좌반구가 어떤 다른 일을 하고 있을 경우, 우반구는 "천장을 가리켜라"와 같이 이원적으로 제시된 명령에 적절한 행동으로 반응을 보인다(Gordon 1980)는 것이 발견되었다. 서로 다른 명령을 두 반구로 보내는 한 실험에서 왼쪽 팔은 우반구가 시키는 대로 천장을 가리키는 행동을 했지만, 오른쪽 팔은 좌반구의 명령에 따라 테이블을 긁었다. 그래서 초기 실험에서 "미소 지어라"는 요청에 우반구가 반응 못했던 것은 우반구가 '이해'하는 데 실패했기 때문이 아니라, 운동 능력에 간여하는 뇌간 메커니즘(brain stem mechanism)에 좌반구의 조절과 같은 다른 요소들 때문일지도 모른다고 추론될 수 있다.

우반구 손상 환자들에 대한 임상 연구는 '정상인의 경우 우반구가 언어에 관련해서 어떤 역할도 하지 않는다'는 가설에 대해서 단지 애매하게 지지할 뿐인데, 몇몇의 실험은 장애를 보고하고 있지만, 다른 실험에서는 '우반구 손상 환자'와 '대조군' 사이 언어수행에서 어떤 뚜렷한 차이점도 발견할 수 없었기 때문이다. 예를 들어 일부 신경학자들(Critchley 1962, Gainotti et al. 1983, Gardner et al. 1983)은 상당히 섬세한 실험을 통해서 우반구 손상 환자들에서 뚜렷한 언어 장애를 발견할 수 있다고 주장한다. 그런 환자들은 분명하게 대화에서 자발성(spontaneity)이 감소하며, 적당한 단어를 찾는 데에서 주저함과 막힘을 보이고, 정의하고 풀어 쓰는 일에 곤란을 보인다. 더구나 농담의 요지를 파악하는 데 어려움을 갖고, 은유와 이중의 뜻을 갖는 말에 둔감하며, 우화를 요약하거나 간단한 이야기를 말하는 데 곤란을 겪는다. (Myers and Linebaugh 1981 참조.) 반면에 이와 대비되는 브룩쉬어와 니콜라스(Brookshire and Nicholas 1984)의 실험에서는 우반구 손상 환자들이 대조군과 같이 문단의 논점을 잘 요약해 낼 수 있음을 보여주었다.

우반구 손상 환자들이 보여준 언어 장애는 좌반구 손상 환자들이 보여준 장애와 분명히 같지는 않으며, 이런 임상적 상황이 더 잘 정의될 때까지 '언어가 엄격히 좌반구의 작용이다'는 주장은 미뤄두는 것이 가장 바람직하다. 우반구가 정확히 어떤 역할을 하는지 분명하지 않은 것처럼, 정확히 어떤 인지적(cognitive), 하부인지적인(subcognitive) 기능들이 언어수행을 지원하며, 그 기능들의 장애에 대해서 우리가 무엇을 실험해야 할지도 잘 알지 못하고 있다. 지금 우리가 가지고 있는 '언어 이론'은 '인간들이 넓은 범위의 언어적, 인지적 성취를 얻어냄으로써' (우반구와 좌반구에 대한 좀 더 깊은 능력을 규정하게 될 기념비적 성과가 나타나기 전에) 쇠퇴할 것으로 보인다. (특별히 Gardner et al. 1983 참조.)

비록 드물긴 하지만 성인에 대한 좌반구절제술(left hemispherectomy)이 종양을 치료할 목적으로 이루어져 왔다. 이 시술에 대한 첫 번째 보고에서 졸링거(Zollinger 1935)는 좌반구절제술을 받은 환자가 언어수행을 다소 회복하였고 말 지시에 따를 수 있었다는 관찰을 보고했다. 보다 최근에 버클룬드와 스미스(Burklund and Smith 1977)는 2명의 오른손잡이 환자에게 좌반구절제술을 시행하였는데, 그 환자들은 종양이 우반구에 침투하여 사망할 때까지 언어 능력이 꾸준히 점진적으로 증가하였다. 이 두 환자 모두 언어 능력에서 아주 비슷하고 분명한 회복을 보여주었다. 예를 들어 한 환자는 수술 후 한 달이 지나서 "네"와 "아니요"라고 적절하게 대답할 수 있으며, 간호원에게 "성냥 있어요?"라고 질문을 하기도 했다. 수술 후 5개월에는 셈이나 주중에 날짜를 세는 데에 틀리지 않았고, 8개의 문장을 완성해서 단지 두 문장만 틀렸다. 그는 자발적으로 언어를 이끌어내는(자발성) 데에는 한계가 있었지만, 다른 언어 능력들은 놀랄 만했다.

명백히 그런 환자들에게 우반구는 무언증(alinguistic)은 물론 벙어리도 아니었으며, (2년 이상 생존하지 못했지만) 그 언어 회복 모습을 보면 언어 능력이 지속적으로 개선될 가능성이 있다고 생각하게 했다. 이런 실험 자료들이 좌반구 손상에 대한 신경학적 자료들과 전혀 어울리지 않기 때문에 설명이 요구되었다. 스미스(Smith 1966, 1972)는 다음과 같은 흥미로운 제안을 했다. 좌우 반구 모두 온전할 경우 좌반구가 지배와 조절을 담당하고 우반구는 언어를 억제하도록 서로 복잡한 협력관계를 유지한다. 이런 관계는 좌반구 조직(tissue)이 있는 한에서는 지속되지만, 좌반구절제술 혹은 뇌량절제수술을 받게 되면 그 효과가 감소하거나 소멸하여, 우반구가 언어수행에 어느 정도 참여하게 된다. 스미스의 가설은 처음에 전통적 의견에 의해 조롱거리가 되었지만, 현재에는 시험해 볼 만한 가설로 중요하게 취급되고 있다(Sperry 1982).

"브로카 영역이 손상되면 언어를 완전히 상실한다"는 낡아빠진 격언은 모어(Mohr 1973)와 장윌(Zangwill 1975)의 임상적 관찰에 의해 의심받게 되었다. 그들은 브로카 영역을 포함한 조직이 외과적으로 절제된 몇 명의 성인 환자들에게서도 특이한 언어 능력을 보았다. 그 환자들은 모두 오른손잡이였다. 대략 수술 후 한 달이 지나 그들은 말도 잘하고 질문에 대답도 하였다. "난쟁이가 무엇입니까?"라고 질문하면, 한 환자는 "어린이는 계속 성장하여 정상적인 어른이 되며, 난쟁이도 성장한 어른이 될 수 있습니다"라고 대답하였다(Zangwill 1975). 다른 관점에서 보면, 피검자들은 종양이 커지기 전에 양쪽 반구에(양측성) 언어표상(bilateral language representation)을 가졌던 것은 아닌지 의심할 수 있으며, 어이없게도 의사들은 자신들이 어떤 신경 영역을 제거했는지 잘못 파악했을 수도 있다. 이런 사례들은 분명히 '브로카 영역의 손상이 브로카 실어증을 일으킨다'는 가설에 대해 문제를 제기하지만, 언어기능이 좌반구의 다른 영역에서 담당할 수도 있기 때문에 우반구 언어 능력에 대한 증거는 되지 못한다.

분리뇌 실험에 대한 표준적 설명은 자연히 예외 사례와 여러 편차에 의해 얼룩지지 않은 깔끔한 선물꾸러미, 즉 명확한 자료목록과 방법론 그리고 병력(personal histories)을 내보이려고 고군분투한다. 따라서 시골 농산물들이 상점의 진열장에 옮겨질 때에 으레 지방색이 빠지듯이, (실험 결과로부터 이론을 이끌어내는) 실제 연구에서는 (이론에) 부적절한 실험 결과들이 언제나 무시되기 마련이다.

예를 들어 가자니가(Gazzaniga)의 20년 회고록(1983)에서, 그리고 스페리(Sperry)가 노벨상 수상연설(1982)에서 인정했던 것처럼, 실제로 분리뇌 피검자들의 능력들에 실질적으로 개별적 차이가 있지만, 일반적 설명에서는 크게 언급되지 않았다. 그들은 일반화(generalization)를 찾았던 까닭에 연구자들은 개별적 차이를 간과하는 경향이 있지만, 분명히 차이는 있었다. 표준적 설명은 '분리뇌 환자들 대부분이 우반구에 제시된 자극은 물론, 심지어 단순한 지각 짝 맞추기 검사(perceptual matching test)에서조차 전혀 어떤 실질적 반응도 보이지 않았다'는 사실을 빠뜨리고 있었다. 다른 피검자들(졸링거 환자들)은 다소 미숙한 언어 이해를 할 수 있었으며, 게다가 어떤 환자들(장월의 환자들)은 숙달된 정도라고 할 만한 이해능력을 보여주기도 했다. 게다가 그 표본의 크기는 작고(즉 불과 몇 명의 피검자를 실험하고 일반화했으며), 모든 분리뇌 피검자들은 신경학적 병리(neurological pathology)인 간질병을 앓고 있었다.

더구나 "우반구가 더 많은 언어 능력을 가질수록 공간조작 수행(manipulospatial tasks)과 같은 다른 일도 더 잘한다"(Gazzaniga and Smylie 1984)는 충분한 증거도 보고되었다. 단순한 짝 맞추기 검사에서조차 어떤 언어 능력도 보여주지 못하는 환자들은 우반구가 '구성적이고 공간적인 수행'에서 (좌반구보다) 우월하지 않음을 분명히 보여준다. 어떤 반응도 보이지 않는 환자들은 그다지 관심을 끌지 못했으며, 결국 우반구 무반응 피검자들은 심도 있는 연구 대상이 되지 못했다. 그들이 비전형적(실험 표본)인 때문일까? 그렇지만 어느 피검자가 전형적 모습인지 우리는 아직 알지 못한다.

동부 실험군(Eastern series)의 두 환자는 우반구가 언어 '이해'뿐만이 아니라 '표현'에 대해서도 놀라울 정도의 정교한 능력을 가지고 있음을 보여주었다(Gazzaniga and LeDoux 1978, Gazzaniga 1983). 그들은 이런 점에서 특이하며, '어려서 일어난' 좌반구 신경학적 손상이 양측에서의 언어 표상 능력을 가지게 하였고, 따라서 전형적이 아니라고 여겨졌다. 그럼에도 불구하고 분리뇌 피검자 P.S.씨와 V.P.씨에 대한 연구를 살펴봄으로써 도움을 줄 만한 두 가지 질문이 있다. 첫째는 '우반구가 일으킨 행동에 대해 좌반구가 어떻게 일관성 있게 설명하고 협력할 수 있는지' 하는 의문이고, 둘째는 '우반구가 언어 능력을 발휘할 때 인지 능력까지 갖는 것인지' 하는 의문이다.

분리뇌 환자의 좌반구는 자신이 의도하지 않은, (좌반구가 접속할 수 없는) 우반구가 의도한 행동에 대해서 (행동 이전이든 이후든) 어떻게 생각할까? 그 대답은 아주 흥미로운데, 좌반구가 자신에 의해 일어나지 않은 행동을 보고, 그것이 어떻게 일어나는지 어리둥절해 하거나, 그것을 설명하기 위해 의도적으로 이야기를 꾸며내는 '의식 과정'에 들어가는 것으로 보이지 않기 때문이다. 오히려 좌반구는 자신의 사물에 대한 도식(scheme of things)만으로 그 행동을 자연스럽게 받아들였고, 의식적 당황함이 없이 정합적(coherent)이고 납득할 만한 설명을 진지하게 해냈다. 다음의 예를 생각해 보라.

'눈이 쌓인 장면 사진'을 '우반구'에 순간적으로 보여주고, '닭발 사진'을 '좌반구'에 순간적으로 보여주었다. 그런 다음에 여러 사진들을 피검자 앞에 늘어놓고 순간적으로 보았던 그림에 가장 잘 어울리는

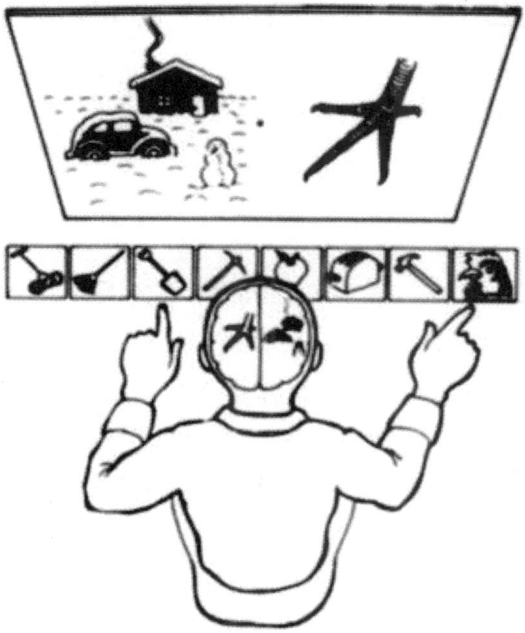

그림 5.6
동시에 서로 다른 두 개의 인지적 일을 각 반구에 하나씩 따로 제시하는 데 이용된 방법. 좌반구는 본 것(닭발)을 짝 맞추도록 요청되고, 반면에 우측 반구는 본 것(눈이 내린 장면)에 대해 짝 맞추도록 했다. 각각의 반구가 반응한 후에 피검자에게 그 행동을 설명하도록 했다. (Gazzaniga and LeDoux(1979). *The Integrated Mind*. New York: Plenum)

사진 한 장을 각각의 손으로 고르도록 했다(**그림 5.6**). 이 실험에서 P.S.씨는 '왼손'으로 눈이 쌓인 장면에 어울리는 것으로 삽을 골랐으며, '오른손'으로는 닭발에 어울리는 것으로 닭 머리를 골랐다. 그 선택한 이유를 설명해 보도록 했더니, 언어에 더 능숙한 반구(좌반구)가 다음과 같은 반응을 보였다. "간단해요. 닭발은 닭과 어울리고, 닭 우리를 청소하려면 삽이 필요하거든요."[5] 좌반구는 자신이 사용할 수

5) [역주] 우반구에 보여준 '눈이 쌓인 장면 사진'에 대한 설명은 제외되었다. 다

있는 자료를 이용하여 왼손 행동의 의미를 만들었는데, 그 반응은 자연스럽고 정합적이었다.

P.S.씨는 자신의 수술을 알았고, 따라서 자신의 반구가 분리되어서 서로 독립적으로 행동할 수 있다는 것을 알고 있었다. 또 그의 좌반구 내지 어쩌면 그의 우반구까지도 이런 것들을 알고 있었다고 해두자. 그렇지만 좌반구가 "왼손이 무엇을 하는지는 내 책임이 아니다", "우반구가 왼손을 조절한다", (가장 중요한 것으로) "내가 왜 삽으로 왼손을 뻗었는지 모르겠다"라는 식으로 반응하지 않는다는 점을 주시하라. 좌반구는 왼손의 행동이 마치 자신에 의해 일어난 듯이 반응한다.

따라서 놀라운 점은 P.S.씨의 좌반구가 이미 알고 있었다고 하더라도 '왼손의 행동'을 '우반구가 행동한 무엇으로' 설명하지는 않는다는 사실이다. 심지어 우반구의 능력에 대해서 알려주어도 좌반구는 그 행동을 설명하는 데에서 마치 '그 행동이 좌반구 혼자서 의도한 무엇으로' 주장한다. 경우에 따라서 좌반구는 우반구에 의해 동기화된 행동을 자신의 '사물에 대한 도식'으로 통일해 낸다. (더 많은 예의 논의는 Gazzaniga 1986에서 참조하라.)

이런 꾸며댐은 자연스럽고, 혼란을 주지 않으며, 적절하게 이루어지는 것 같으며, 그 피검자가 의식적으로 꿰어 맞추고 있다는 그 어떤 증거도 없다. 다른 교련절개시술 피검자들도 꾸며댐으로써 역설을 해소하려는 강한 경향을 보여준다(Gazzaniga 1983 and 1985). 이것은 뇌가 자신 세계의 의미를 만들기 위해 이용하는 이론체계에 어긋나는 이상한 자료나 이상한 생각을 받아들이지 않는 것 같아 보인다. '신체 일부가 자신의 의도와 상관없이 행동한다'는 자료는 좀 더 그럴싸한 가설을 추구하는 건강한 뇌에 의해서 언제나 거절될 것이다. 앞뒤가 안 맞는 생각은 '뇌의 세계 표상시스템' 내에서 설자리를 얻지 못할

시 말해서 '눈을 치우는 데 삽이 적당하다'고 대답하지 않았다.

것이다. 왜냐하면 뇌가 세계를 구성하는 기초 원리들과 일관성을 유지해야 하기 때문인데, 그런 표상을 받아들이게 되면 참담한 파멸을 맞게 되기 때문이다.[6)]

세계에 의미를 부여하는 일은 아마도 뇌가 하는 그 어떤 일 못지않은 기초적인 기능일 것이며, 표상 시스템의 본성과 그 구성 원리들은 경험적으로 탐구될 수 있다(Gardner et al. 1983). 더구나 전혀 다른 분야의 실험을 살펴보면 '선택', '기분', '판단' 등등에 대한 설명은 '대부분' 내성(introspection)에 의해 이루어지기보다는 이론에 의해 이루어진다는 증거가 나타났다(Nisbett and Ross 1980). 흥미롭고 고무적인 사실은 '분리뇌 환자들에 대한 연구 결과', '사회심리학의 연구 결과' 그리고 '수정 유물론(revisionary materialism)을 제시하는 철학적 이론'이 의견의 일치를 보인다는 사실이다(Patrica Churchland 1983).

하나의 관심은 다른 관심을 유발한다. 분리뇌 연구의 진정한 가치는 그 연구가 '뇌의 해부학적 조직(anatomical organization)을 밝혀 줄' 것이라는 기대보다는 '뇌의 **인지적 조직**(cognitive organization)을 밝혀 줄' 것이라는 기대에 있다. 결국 (뇌졸중 환자, 와다 검사 Wada tests(5장 3절 참조) 등의) '신경학적 연구'는 측성화에 관한 분리뇌 연구만큼 많은 것들을 알려주었다고 말할 수 있다. 분리뇌 환자들에서 다음과 같은 것들을 기대할 수 있다. 예를 들어 '언어 능력이 우반구의 인지 능력에 어떤 기여를 하는가'(지금까지의 증거는 그다지 도움이 되지 않는다는 점을 시사한다. Gazzaniga and Smylie 1984), '두 반구들이 정보처리 자료를 두고 서로 서로 경쟁하는가'(그런 것 같다. Holtzman and Gazzaniga 1982), '정보에 대한 뇌량병렬 전달(paracallosal transfer)이 있는가, 있다면 그 특성이 무엇인가'(있다고 생각

6) [역주] 만약 유기체가 자신의 관찰에 대해서 일관성 있게 설명할 수 있는 능력을 상실한다면, 그 유기체는 생존에 필요한 이론적 배경 지식을 갖지 못함으로써 자연에서 도태될 것이다.

하며 아주 간단한 것 같다), '반구의 더 심층적인 능력이 무엇일까' 그리고 '주의, 기억 등등의 본성은 실제로 무엇인가'이다.

이 시점에서 나는 분리뇌 연구로부터 얻은 결과들에 대해 산뜻하고 간결한 결론을 내리고 싶지만, 그 복잡함 때문에 그럴 수 없다. 측성화와 관련하여 분리뇌 연구와 관련된 신경학적 연구로부터 나타난 가장 무난한 결론은 다음과 같다. '좌반구'는 '언어운동조절'이 뛰어나며 일반적으로 '우반구'보다 '이해'에 있어서 탁월하다. 우반구는 '공간조절수행'에서 좌반구를 능가한다. 좌반구는 언어에 대해 측성화되어 있는가? 그 대답은 '측성화되었다'란 말이 무엇을 의미하는지에 달려 있다(Allen 1983 참조). 만약 그 의미를 단지 '많은 뇌에서 좌반구가 우반구보다 언어수행에서 뛰어나다'라고 규정한다면, 언어는 정말로 좌반구에 측성화되어 있다. 만약 그 의미가 '우반구가 언어 능력에서 결코 중요하지 않다'거나 '우반구가 정상적인 언어처리에서 아무런 역할도 하지 못한다', 또는 '좌반구의 신경조직이 언어 **능력**을 위해 전문화되었지만, 우반구의 신경조직은 그렇지 않다'라고 규정된다면, 그 주장은 아직 **미결**(sub judice)이다. 뇌 탐구에서 눈에 띄는 자료들과 기술들이 풍부하지만, 정확하게 그것들을 어떻게 정의할 수 있는지는 심히 혼란스런 상태이다.

3. 반구 측성화에 대한 신경심리학적 연구방법

와다 검사(Wada test, 아미탈 실어증 검사 Amytal aphasia test)

수술에 앞서 말의 운동조절이 어느 쪽에 측성화되어 있는지 알아보기 위해 와다(J. Wada)는 좌측이나 우측의 경동맥(carotid artery)에 바르비투르산 소듐 아미탈(barbiturate sodium amytal: 마취제)을 주사하는 방법을 고안했다. 참고로 좌경동맥은 좌반구에 혈액을 공급하고 우경동맥은 우반구에 혈액을 공급한다(**그림** 4.2, **그림** 4.3). 그 약물은 신경활동을 억제하는 효과를 가지며, 따라서 한 번에 한쪽 반구에만 선별적으로 약을 투여함으로써, 한쪽 반구만 마취시키고 다른 쪽 반구는 활동 상태에 있게 할 수 있었다(Wada 1949, Wada and Rasmussen 1960).

와다 검사를 간단히 설명하자면, 한쪽 경동맥 속으로 주사바늘을 삽입한 상태에서, 환자는 두 팔을 들게 하고, 100부터 거꾸로 셋씩 줄이면서 수를 세는 언어수행(verbal task)을 하게 한다. 약물이 경동맥 안으로 투여됨에 따라서 비-활동적이 되는 반구의 반대측 팔이 내려오고, 말이 중단되는 것은 그 반구가 운동조절을 지배하고 있다는 확실한 증거로 생각되었다. 예를 들어 환자가 오른손잡이이고 아미탈(amytal)이 좌경동맥에 주사되는 경우를 가정해 보자. 좌반구의 활동이 억제되고, 오른팔이 내려가면서 틀림없이 말이 중단될 것이다. 그 때에 환자에게 노래를 흥얼거리도록 하거나, 판별을 하도록, 혹은 우반구의 능력이라고 판단된 어떤 종류의 말을 시켜볼 수 있을 것이다.

이 검사 방법을 발전시킨 몬트리올 신경학 연구소(Montreal Neurological Institute)의 관찰에 따르면, 오른손잡이의 약 90퍼센트와 왼손잡이의 70퍼센트는 좌반구가 측성화되어 말하는 것을 보여준다. 그 나머지 무리들 중 일부는 좌반구가 측성화되어 말을 하였으며, 일부 왼손잡이들은 양측성 운동조절로 말을 하는 등 뒤섞여 있었다(Rasmussen and Milner 1977). 그 집단에 대한 검사 결과를 막연하게 일반화하기 전에 이 모든 검사는 신경학적 환자인 간질병 환자에 대해서만 이루어졌음을 상기할 필요가 있다.

와다 검사를 자세히 살펴보면, 나트륨 아미탈이 두 반구 각각의 능력을 탐구하는 완벽한 방법이라고 생각될 수 있는데, 그 검사 방법이 마치 취소할 수 있는 대뇌반구절제술(hemispherectomy)처럼 보이기 때문이다. 그렇지만 그런 생각은 여러 가지 이유에서 오해이다. 비록 그 검사가 소중한 임상적 도구이며 정확한 이론적 자료를 제공하긴 하지만 상당히 제한적이기 때문이다.

약물과 검사 절차상의 위험 때문에 검사는 가능한 짧게, 즉 검사 대상인 환자들의 위험에 상응하는 정보를 얻는 정도에서 멈추어야만 한다. 짧은 시간 동안 무언가 더 많은 자료를 얻을 수 있다면 좋겠지만, 검사 시간은 대개 2분에서 6분을 넘지 말아야 했다. 이 말은 곧 우반구의 미묘한 언어 이해에 대해 구체적인 검사가 가능하지 않음을 뜻한다. "어느 반구가 말의 운동조절을 지배하는가?"와 같은 엉성한 의문에 대한 대답을 얻어낼 수는 있겠지만, 더 긴 검사 시간이 필요한 정교한 질문에 대해서는 답을 얻어낼 수 없었다.

검사 과정의 위험을 의식하지 못했던 나는 한때 내 좌경동맥에 와다 검사를 하는 것이 가능한지 물었던 적이 있다. 내 목적은 단순했는데, '비-활동 좌반구를 갖는다는 것이 어떤 것일지' 알고 싶었고, 단지 우반구 활동만으로도 여전히 '앎', '경험', '사고' 등등을 가질 수 있는지 알고 싶었기 때문이다. 내 우반구가 잠시 벙어리가 되긴 하겠지만, 일단 아미탈이 소멸되고 나면, 우반구는 좌반구로 기억을 보낼 수 있을 것이며, 그러면 좌반구가 그 경험을 보고할 수 있을 것으로 생각했기 때문이다. 그리고 물론 검사 동안에 내 의식 상태에 관련해서 "예" 혹은 "아니요"로 대답될 질문, 예를 들어 "당신은 무슨 일이 일어나고 있는지 평소와 같은 방식으로 아느냐?"라는 질문이 제시될 수 있다고 기대했다.

많은 신경학자들에 따르면 나의 그런 계획은 무모한 것이었다. 첫째, 단지 과학 발전을 위해 정상인에게 실험하기에는 검사 과정이 위험하다고 한다. 드물게 경동맥 벽에서 조각이 떨어져 나와 혈관을 막을 수 있기 때문이다. 둘째, 검사 동안 내가 어떤 상태였을지 나중에 알 수 없을 것이라고 들었는데, 전형적으로 환자들은 어느 반구가 억제되든 상관없이 검사 중에 일어난 일에 대해 어리둥절해하고 거의 회상하지 못하기 때문이다. 브라이언 코브(Bryan Kolb)의 설명에 따르면, 환자들은 질문에 대해 횡설수설하는 경향이 있으며, 한쪽 팔이 마비되는 것과 같은 뚜렷한 것들조차 회상해 내지 못했다. 심지어 그 검사 동안의 기분과 느낌에 대한 설명도 연구자들이 관찰한 행동과 일치하지 않았다.

예를 들어 검사 동안에 눈물을 찔끔거리고 두려워했던 사람이 행복감을 느꼈다고 회상했다. (환자들이 회상하는 것이 거의 없으므로) 그것을 분명히 설명하긴 어렵겠지만, "좌반구에 대한 검사가 우반구에 어떤 영향도 미치지 않을 것이다"는 내 가정은 분명히 소박한 것이었다. 일부 환자들에게서는 아미탈이 다른 반구로 약간 누출될 가능성이 있다. 실제로 환자들 중 약 절반은 혈관조형술(angiography: 방사선비-투과성 염료를 주사하여 혈관시스템 vascular system을 추적하는 방법)에서 혈관교차경로를 가지고 있으며, 그렇지 않은 환자들도 아미탈이 다른 반구로 소량 누출될 가능성이 있다.

따라서 와다 검사를 받는 것은 상당히 혼란스럽고 회상하지 못하는 점에서 갑자기 심하게 취하는 경우와 거의 유사하다. 더구나 실험 동안에 우반구가 획득한 정보를 좌반구에 전해진다고 하더라도, 그 정보는 (뇌 전체 혹은 각각의 반구가 세계의 의미를 파악하기 위해 이용하는) 통일 원리에 매우 안 맞는 것이어서, 좌반구는 (분리뇌 환자의 좌반구가 할 수 있는 것보다 더 많이) 그 일치하지 않는 정보들을 통합하지 못하기 때문에, 그 일치하지 않는 자료들을 거부하거나 횡설수설하게 된다.

그 연구가 간단치 않음을 보여주는 것으로, 와다 검사를 이용한 다른 일련의 실험 결과를 살펴볼 필요가 있다. 킨스번(Kinsbourne 1971)은 오른손잡이 실어증 환자 3명이 어느 정도 잔여 언어 능력을 가지고 있는 경우에 대해서 보고했다. 예를 들어 첫째 환자는 하나의 단어를 말하거나 사물의 이름을 말할 수 있었고, 둘째 환자는 큰소리로 읽을 수 있었으며, 셋째 환자는 자기가 들은 단어를 따라서 말할 수 있었다. 이런 환자들에게 와다 검사를 했더니, 잔여 언어 능력을 위한 운동조절은 명백히 우반구의 능력에 의한 것이었다. 다시 말해서 우측 경동맥에 아미탈을 주사한 경우 말과 발음이 완전히 멈추었지만, 좌측 경동맥에 주사한 경우에는 그렇지 않았다.

정상 뇌에 대한 연구

임상 연구를 통해서 만들어진 가설들을 보완할 목적으로 신경심리학자들은 신경학적으로 정상인 피검자들의 뇌에서 기능적 비대칭성(functional asymmetry)을 탐구할 방법을 고안하려 했다. 적절한 실험방법을 찾는 문제는 그렇게 만만치 않았는데, 왜냐하면 온전한 뇌량이 한 반구로부터 다른 쪽 반구로 정보를 전달함으로써 실험 목적을 방해할 것이 뻔한데도, 자극이 한쪽 반구에만 나타나도록 측성화하는 방법이 필요하기 때문이다. 그런데 측성화된 순간노출에서 (피검자는 중심점에 시선을 고정하고, 한쪽 혹은 다른 쪽 망막반구에 200밀리 초보다 짧은 자극이 순간적으로 제시되었더니) 정상적인 피검자들은 '수행 비대칭성'(performance asymmetry)을 보여주었다. 특별히 오른쪽 시각 망막반구(visual hemifield)에 순간적으로 제시된 단어들은 왼쪽 시각 망막반구에 순간적으로 제시된 단어들보다 더 잘 알아보는 것 같았다.

이 실험으로부터 다음과 같은 생각을 추론하게 되었다. '직접 자극된' 반구는 '뇌량을 경유하여 자극된' 반구보다 더 유리하며, 그 자극이 언어적인 것일 경우 좌반구가 '수행 비대칭성'으로 나타나게 될 것이다. 직접 자극된 반구가 왜 유리한지는 아직 설명되지 않고 있지만, 수행 비대칭성은 명백히 확고한 현상이며, 순간노출 실험방법은 지금도 뇌 기능의 비대칭성을 알아보기 위해 폭넓게 이용되고 있다.

수행 비대칭성에 기초해서 정당화된 연구방법을 적용하여, 더 많은 수행 비대칭성들이 반구 기능의 비대칭성을 반영할 것으로 짐작되었다. 언어 능력에 대한 비대칭성을 알아보기 위한 실험으로 단어들이 순간적으로 제시되었고, 비언어적 수행에서 비대칭성을 알아보기 위해 얼굴 사진과 점이나 모양들의 배열들이 이용되었다. 전체적으로 후자가 전자보다 비대칭성을 덜 보여주는 것 같았다.

이원청취 형태(dichotic listening configuration) 역시 정상인 피검자들에게 폭넓게 이용되어 왔다(Kimura 1967). 그 배경 이론은 다음과 같다. 실험 **항목들**을 두 귀에 동시에 제시하면 반대측 반구로 들어가고(동측 통로 ipsilateral channel는 더 적게 억제된다. 5장 2절 참조), 직접 정보를 받은 반구는 간접으로 정보를 받는 반구보다 어느 정도 유리할 것이다.

이 경우에 대해서도 앞서와 같이 추론해 볼 수 있다. 왼쪽 귀로 들려온 언어자극은 오른쪽 귀로 들려온 언어자극보다 명확하지 못할 것 같다. 그래서 그 자극은 (거의 한쪽 반구에만 전달되는 정도로) 측성화 효과를 갖는다고 짐작할 수 있다. 만약 단어들이 두 귀에 동시에 제시되면, 대부분의 오른손잡이 피검자들은 왼쪽으로 제시된 단어들보다 오른쪽으로 제시된 단어들을 더 잘 알 것이다. 이것을 '우측청각우세'(right ear advantage: REA)라고 한다. 아마 멜로디(melodies)에 대해서는 좌측청각우세(left ear advantage: LEA)를 보일 것이다. 수행 비대칭성 때문에 틀림없이 직접 정보를 받는 것이 선호될 것이며, 그래서 만약 반구가 직접 받은 정보에 익숙해지면, 수행 비대칭성이 발생할 것이다. 결국 그 실험방법 뒤에 이와 같은 이론이 있었다.

측성화된 순간노출 제시와 이원청취검사는, 비록 다른 실험방법들도 있었지만, 정상적인 뇌 기능 측성화를 연구하는 주요한 수단이다. 이원청취검사는 다른 사물들을 피검자 손에 올려놓고, 나중에 그 사물들을 시각적으로 알아보게 하는 실험으로 발전했다(Witelson 1976). 그 검사에서 왼쪽 손이 우월하게 되었다는 것을 알게 되었다고 하자. 그런데 이런 실험방법이 얼마나 유용하며, 그래서 이 실험방법이 뇌에 대해 무엇을 보여줄까?

가장 좋은 실험방법들조차 심각한 문제점들로 인해서 혼란을 주는데, 그중 몇 가지를 여기에 간단히 소개하려 한다. 스프링거와 더취(Springer and Deutsch 1981)가 지적한 바에 따르면, 와다 검사는 오른손잡이의 약 95퍼센트 언어 산출이 좌반구에 측성화되었으며, 그들의 약 80퍼센트만이 우측청각우세를 보여주었고, 70퍼센트는 우측시각영역우세를 보여주었다는 점이다. 우측청각우세(REA)의 개별 피검자가 오른쪽 귀에 제시된 **모든** 단어들을 정확하게 알거나, 왼쪽 귀에 제시된 경우에는 **전혀 알지 못하는** 경우는 없다. 그와 달리 그 피검자는 오른쪽 귀에 제시된 단어 중 약 75퍼센트를 올바르게 알아보고, 왼쪽 귀에 제시된 단어 중 50퍼센트를 알아보았다(Berlin 1977). 따라서 '우세함'이란 통계적인 것이지 절대적인 것이 아니다. 왼쪽 귀로 들어온 단어들을 알아보았을 때 이것이 우반구의 이해로 해석될 수 없으며, 대신에 뇌량을 가로질러 정보의 전달이 이루어졌다고도 설명될 수 있기 때문이다.

이런 해석상의 유연성은 그 실험방법에 대한 정당성을 위태롭게 할 것 같다. 더구나 비록 순간노출검사와 이원청취검사 결과가 동일한 능력을 측정하게끔 의도되었더라도, 두 검사 결과가 서로 관련되었다고 할 수 없다. 오른손잡이 대부분은 우측청각우세보다 좌측청각우세를 보여주며, 일부는 우측시각영역보다 좌측시각영역에서 단어를 더 잘 알아본다. 한 사람의 피검자에 대한 개별 실험 결과도 안정적이지 않은데, 이런 사실에 상응해서 뇌가 불안정한 조직을 갖는다고 일반적으로 이해되진 않겠지만, 피검자가 한 주일은 우측청각우세를 보여주고 다음 주일은 좌측청각우세를 보여줄 수도 있다.

신경학적으로 온전한 피검자의 행동연구에만 매달림으로써 신경학적인 증거를 확보하지 못한 상태에서, 대뇌 조직에 관한 가설을 세우는 것은 특히 위험하다. 예를 들어 1976년 레비(Levy)와 리이드(Reid)는 논문에서 "왼손잡이 사람들의 필기 자세를 보면 어느 반구가 언어를 지배하는지 알 수 있다"는 주장을 했다. 좀 더 구체적으로 말해서 몇몇 왼손잡이 피검자들은 '역필기자세'(inverted handwriting posture)를 취했으며(이 경우 연필을 쥔 왼손이 오른손과 같은 방향을 취하기 위해 갈고리 모양을 한다), 일부는 '바른필기자세'(straight posture)를 취했다. 이 가설에 따르면, 바른필기자세를 한 피검자들은 언어가 우반구에 측성화되며, 역필기자세를 한 피검자들은 언어가 좌반구에 측성화된다는 것이다. 다른 측성화 목록들에 이용된 (왼손잡이이면서 온전한 신경계를 가진) 피검자들에 대한 행동 연구들이 이 가설에 동참할 것처럼 보인다. 예를 들어 '후커들'(hookers)은 '우측청각우세'이기 쉽고, '푸쉬어들'(pushers)은 '좌측청각우세'이기 쉽다. 관련 연구들 사이의 상호관계는 인상적이며(그렇지만 McKeever 1979를 참조하라), 강건하고 신뢰할 만한 규칙성이 발견된 듯이 보였다. 그 결과 상당한 관심을 불러일으켰고, 행동 연구하는 연구자들이 자신들의 개체군을 분류하였다.

그렇지만 그런 가설들이 신경계 환자들에 의해서 더 직접적으로 실험되었을 때 지리멸렬하고 말았다. 4명의 왼손잡이 환자들에 대한 아미탈 실험에서 볼피, 시드티스, 가자니가(Volpe, Sidtis and Gazzaniga 1981) 등은 바른필기자세를 가진 세 환자 모두 언어가 좌반구에 측성화된 것을 발견했으며, 네 번째 환자는 역필기자세를 가졌는데, 언어가 우반구에 측성화된 것을 알았다. 이것은 모두 레비와 레이드의 기대에 정반대이다. 와다 검사 결과가 그 가설이 예상한 것과 상반된다는 점에서, 비록 신경학적으로 온전한 피검자를 대상으로 얻은 행동목록들에서 신뢰할 만한 상관성이 있었지만 그 가설은 틀린 것이다. 상당한 신뢰성과 확고함으로 인해서, 바로 그 상관성을 찾는 것 자체가 분명 방법론일 수도 있다. 과연 어떤 목록들이 신뢰할 만한 상관성을 보여줄 수 있을까?

끝으로 그런 실험 결과들의 의미에 대해 다음과 같은 골치 아픈 문제들이 제기된다. 실험 결과들이 '뇌의 능력이 측성화되었다'는 것을 알려줄까? 혹은 단지 '한쪽 반구가 그런 능력들을 지배한다'는 것을 가르쳐줄까? 그리고 여기에서 '지배한다'는 것이 정확히 무엇을 의미하는가? 혹은 그 실험 결과들이 한쪽 반구가 다른 쪽 반구보다 특정한 일의 수행에서 더욱 효과적임을 보여줄까? 정확히 문제의 그 능력이 무엇일까? '우측청각우세(REA) 정도'가 반영하는 것이 '측성화 정도', 혹은 '교련전달(commisural transfer)의 비효율성' 정도, 아니면 다른 무엇일까? (Berlin 1977 참조.) '수행 비대칭성'이 이따금은 '관심집중 편향'(attentional bias)의 특이체질을 드러내는가(Kinsbourne 1974, 1982), 혹은 '청취와 관찰의 전략(방법)'에서 특이체질을 드러내는가(Springer 1977), 아니면 아직 알 수 없는 '변수들'에 의해 체질이 다름을 드러내는가? 만약 우리가 정상 뇌에 대한 이런 연구로부터 모든 것을 알게 된다면, 우리가 앞으로 발견할 수 있는 정도가, 실험에서 오른손잡이 피검자들의 70퍼센트가 좌반구에 순간노출된 단어들의 60퍼센트를 올바르게 알아보고, 우반구에 순간노출된 단어들은 40퍼센트를 알아본다는 식에 불과한 것은 아닐까? (또한 Marshall 1981 참조.)

자극에 대한 '행동 비대칭성'(behavioral asymmetry)을 보고하는 수많은 문헌들은 그런 상상을 흔들고 다녔고, 이 글이 쓰인 이후에도 그런 문헌들은 두 배로 늘어났다. 놀라지 않을 수 없는 것은 이런 실험 결과 수집이 이론을 실험할 목적보다는 '결과물들을 확실히 얻을 수 있다'는 점에서, 그리고 '실험할 수 있는 대학생들을 쉽게 접할 수 있다'는 사실과 '실험이 상대적으로 단순하다'는 사실에 유혹되어 무작위-자료-수집 잔치판이 벌어진 것이다. 한편으로 '이원청취모델'과 '측성화된 순간노출제시' 실험의 매력은 신경학적으로 온전한 피검자들을 이용할 수 있다는 점이다. 말하자면 그런 실험은 동물의 절제 시술보다 그다지 어렵지 않았으며, 최소한의 실험장치로 가능했다. 그런 실험방법은 신경과학에서 하는 것 치고 쉬운 것이다.

한편 지금까지 연구자들에게 무조건 비대칭성을 찾는 일이 허락되었으며, 어느 비대칭성이든 모든 것들이 보고할 만한 것이었음을 주시할 필요가 있다. 만약 당신이 비대칭성을 찾는 일에 열심이라면, 비대칭성의 예 하나를 얻기 위해서 자극 집단을 계속 바꿔가면서 찾아볼 수도 있다. 왜냐하면 가능성이란 말 그대로 끝이 없기 때문이다. 더구나 문헌의 양(수집된 자료들)이 증가함에 따라서, 비대칭성들은 문헌에 이미 보고된 다른 자료들에 적절한지 아닌지에 따라 더욱 보고할 가치가 있게 된다. 문헌에서 어느 것이 중요한지 아닌지 결정하는 시도는 걷잡을 수 없기에, 언젠가 스티반 하나드(Stevan Harnad)가 내게 말한 것처럼 가장 좋은 방법은 모든 허접쓰레기가 날아가고 나서 무엇이 진짜 알맹이이며 가치가 있는 것인지 알게 될 때까지 수십 년 기다리는 일일 것이다.

관찰된 '수행 비대칭성'을 일으키는 더 깊은 능력들을 규명하려는 노력에서(Levy-Agresti and Sperry 1968, Bradshaw and Nettleton 1981), 반구들은 명확한 처리 전략 내지 양태(styles)를 가지고 있어, 서로 다른 부호(code)와 서로 다른 양식(modes)으로 작동한다는 주장이 있었다. 엄밀히 말해서 좌반구는 순차적(sequential)인 방식으로 처리하는 분석적 처리장치(analytic processor)이며, 따라서 시간적 순차처리(temporal sequencing)에 전문화되어 있고, 반면에 우반구는 종합적(synthetic), 즉 게슈탈트(Gestalt: 통일적)이고 전체론적(holistic) 양태로 처리하는데, 이것은 순차적이라기보다 병렬적(parallel)인 때문이며, 공간적 정보를 처리하도록 전문화되어 있다고 주장되었다. 간단히 말해서 좌반구는 '분석적-시간적 처리장치'이며, 우반구는 '종합적-공간적 처리장치'라는 주장이다.

여러 능력들에 대해서 더 깊게 규명하려 한다는 점은 가상하지만, 이런 가설들은 전혀 진리에 근접하지 못한다고 할 수 있다. 첫째, '분석적 과정이 무엇인지'에 관한 어떤 이론도 없으며, 명백히 누구도 '전체론적(holistic) 혹은 전체적(global)인 과정이 무엇일지'에 대해서 최소한이라도 알고 있는 사람이 없기 때문이다. '좌반구가 언어 기술에 전문화되고' '우반구가 면식 재인(facial recognition)에 전문화된 것'이 사실이라고 할지라도, 결코 '좌반구에 기초하는 신경 메커니즘들이 언어 구조같이 생겼다거나', 혹은 '우반구에 기초하는 신경 메커니즘들이 우리가 얼굴을 재인할 경우 내성적으로 아는 것과 같은 과정을 갖는다'는 사실이 따라 나오지는 않는다. 면식 재인이란 내성적으로 생각해 보면 전체가 한 덩어리의 사건인 것 같아 보이긴 하지만, 뇌의 관점에서 보면, 즉 그 과정이 망막 개별 세포의 흥분으로 출발하는 점을 생각해 볼 때 거의 그럴 것 같지 않다(Allen 1983 참조). 둘째, 반구를 '시간'과 '공간'으로 양분한다는 것이 아무래도 의도적이라고 생각되는데, 많은 지각 문제와 운동 문제가 분명히 두 변수 모두를 포함한다(Morgan 1981, McKeever 1981).

또한 그런 가설들과 함께 방법론적인 문제도 쉽지 않다. '전체적 처리장치'가 작동하고 있음을 어느 검사 방법으로 알 수 있겠는가? 혹은 '분석적 처리장치'가 작동하고 있음을 어느 실험이 보여줄 것인가? 이런 가설들은 너무 모호하여 여기에서 소개할 필요가 없을 정도이지만, 염려되는 바는 임의의 '수행 비대칭성' 밑에 '기초하는 작용들을 어떻게 기술할 것인지'에 따라서, 수행 비대칭성이 '전체론적 과정'이나 '분석적 과정'을 보여주는 것으로 이해될 수 있다(특별히 Marshall 1981 참조). '수행 비대칭성'이 '반구가 다르기 때문이다'고 추론하고, 이어서 '처리양태가 서로 다르기 때문이다'고 추론하는 것은 명백히 순환논증의 오류이다.7)

7) [역주] '실행 비대칭성'이란 좌우반구가 각기 다른 역할을 담당한다는 주장이며, 이것이 '두 반구의 역할이 다르기 때문'이라는 설명은 논증의 자격을 갖지 못한다. 또한 그것이 '처리양태가 다른 때문'이라는 설명 역시 논증일 수

더구나 '뇌가 시간과 공간을 따로 처리한다'고 가정하는 것은 분명히 받아들이기 어려운 주장이다. 우리가 아는 바에 따르면, 뇌는 시간-공간을 통합 처리하기 때문이다. (10장을 참조. 또한 Pellionisz and Llinás 1982 참조.) 현 단계에서 진정 그 가설은 실체(substance)를 부여하여 실재(reality)를 찾도록 암시를 주긴 하지만,[8] 도움이 되기보다는 잘못 인도할 가능성이 많다. '진화론적 연구'와 '비교신경해부학'은 '더 깊은 능력들과 (그 밑에 기초하는) 신경 처리의 본성을 이해하기 위해서' 그리고 '어떻게 역할을 분담하는지 이해하기 위해서' 중요하다고 생각된다. 인간의 '수행 비대칭성 연구'는 비록 흥미롭기는 하지만, 아마도 너무 복잡한 작용으로 인해서 더 깊은 문제들을 잘 설명하기 어렵기 때문에 나온 결과일 것이다. (최근의 문헌들에 대한 요약과 측성화 연구에서 개념적 문제에 대한 논의를 Allen 1983에서 참조하라.)

요 약

이 단원에서 여러 방법들에 대한 설명이 피상적인 요약으로 되어 있긴 하지만, 그것들을 특별히 언급해야 했던 의도는 '실험 자료가 의미하는 것이 무엇인지' 설명하려면 '그 자료를 어떻게 얻었는지' 알아야 한다는 원리에 따르기 위한 것이었다. 이런 탐구에서 방법들의 복잡함과 함정을 강조한 것은 중요하며, '실험 자료'와 그 자료에 근거한 '해석들'은 그 '방법'만큼이나 훌륭하다. 만약 '수행 비대칭성'이

없다. 왜냐하면 '순환적'이기 때문이다. 즉 자신이 설명하려는 것을 다른 표현으로 말만 바꾼 것에 불과하기 때문이다.

8) [역주] 철학적 용어를 풀어서 다음과 같이 다시 말할 수 있다.
"이 가설은 좌우반구가 각기 다른 (분석적, 종합적) '능력'을 가지고 있다는 주장을 하고 있는데, 그 능력이란 다름 아닌 형이상학적 '실체'(substance)라고 할 수 있다. 그래서 그 능력이 발휘되는 뇌의 '하부구조' 혹은 '기제'가 무엇인지, 즉 그 실체에 대한 '실재'(reality)가 무엇일지 찾게 하는 면이 있다."

신경 영역들마다의 다른 능력들 때문이라기보다 실험 진행에서 인위적으로 만들어졌음이 밝혀진다면 끔찍스러운 문제가 아닐 수 없다. 신경 영역들의 각 능력들은 직접 실험될 수 없는 관계로 '다른 영역에서 다른 능력들에 대한' 그리고 '정보들이 들어오고 나가는 장소에 대한' 가정과 함께 행동으로부터 추론할 수밖에 없다. 그런데 만약 이런 가정들이 확실하지 않은 것이라면 그 추론은 상당히 휘청거릴 것이다. 그래서 대부분의 그런 가정들 역시 여전히 확증을 필요로 한다.

어떤 '실험방법'을 신뢰하게 하는 것은 그것을 뒷받침하는 '확증된' 뇌 기능에 대한 이론이지만, 현 단계에서 우리에게 필요한 것은 뇌 기능에 대한 이론을 **얻을** '실험방법'인 것이다. 그래서 '진보'는 느리지만, 확실하고 잘 성취된 조각처럼 보이는 것들조차 지속적으로 재조정 내지 개정 혹은 수정하면서 조금씩 이루어질 것이다. 비록 내가 이 단원에서 언어 능력들만을 전적으로 다루긴 했지만, 공간조작 능력(manipulospatial capacities)과 같은 비언어적 능력들을 설명할 때에도 비슷한 어려움과 문제들이 있을 것이다. 아마도 더욱 다루기 힘든 많은 문제들이 '정서적', '음악적' 그리고 '수학적' 능력들의 측성화를 설명하려는 가설들을 둘러싸고 있을 것이다. (좋은 논의를 Springer and Deutsch 1981, Kolb and Whishaw 1980, Allen 1983, Bryden 1982에서 참조.)

4. 반구 내 기능 국소화 연구방법

전기자극에 의한 대응도 확인(Electrical Stimulation Mapping)

히지그(Hitzig)와 프리치(Fritsch)의 초기 연구 이래로 기능에 따른 뇌 영역들을 구분하기 위해 뇌에 직접 전기를 자극하는 것은 분명 좋은 방법이었으며, 1940년대에 간질발작 병소를 절제해야 할 환자에 대해 언어영역에 대한 피질을 조사할 수단으로 이용될 수 있었다. 이 방법을 이용하여 외과의사들은 수술에 앞서 피질의 어느 영역이 언어에 관여하는지 결정할 수 있어서 어느 영역을 남겨두어야 할지도 알 수 있었다. 몬트리올 신경학 연구소(Montreal Neurological Institute)에서 펜필드(Wilder Penfield)와 그의 연구원들에 의해 발전된 이 방법은 임상뿐만 아니라 이론적으로도 그 중요성이 인정되었다(Penfield and Roberts 1959).

그 시술은 두개골 판(flap)을 열고 피질 표면에 직접 전극을 꽂게 되는데, 환자는 개두술(craniotomy) 중에 국소마취로 편안하면서도 의식이 있는 상태이다. 환자가 특별한 언어과제(verbal task)를 수행하는 동안 펜필드는 약한 전류를 이용하여 뇌의 선별된 영역을 자극하고, 관찰자는 그 효과를 기록한다. 대개 환자들에게 그림을 보여주고, 사물들의 '이름을 말하거나', '수를 세거나', '읽거나' 혹은 '쓰도록' 한다. 그런 중에 '언어 중단', '망설임', '올바른 단어를 찾지 못함' 혹은 '이름 잘못 말하기'와 같은 간섭이 발생하면, 그 자극 위치를 피질의 언어영역으로 여기고 표시한다. 언어 자체는 결코 전기자극에 의해 발화되지 않지만, 경우에 따라서 ('오', '아') 모음이 나오게 할 수 있다. 또한 이 연구방법은 피질의 감각과 운동영역의 '대응도 확인'(mapping)에 이용되기도 한다.

이 연구 결과는 '어느 피질영역이 언어 기능을 위해서 전문화되었다'는 가설을 부인한다. '언어수행의 중단'과 '이름 잘못 말하기'는 예측했던 곳, 즉 브로카 영역에서 일어나기도 했지만, 후두 구역(posterior zones)과 베르니케 영역에서 일어나기도 했는데, 이곳은 최신 이론에 의하면 언어 이해에 관여한다고 가정되고 있는 영역이다. 또한 상부(superior) 혹은 보조(supplementary) 운동영역에서도 간섭효과가 확인되었다. (**그림** 3.4의 브로드만 영역 6을 참조하라.) 더구나 간섭이 일어나는 지역은 기대보다 훨씬 넓었고, 피질의 언어영역은 사람에 따라서 다양하게 나타났다. 이런 점에서 '브로카 영역이 언어를 담당하며 베르니케 영역이 이해를 담당한다'는 주장은 너무 단순한 생각인 것 같다.

좀 더 최근에 이 기술은 오제만(George Ojemann)과 그의 연구원들에 의해 정교하게 개선되었는데(Ojemann 1983, Mateer 1983), 그들은 '언어 자체의 간섭'에 대한 실험 외에, '구안동작(orofacial movements) 흉내내기',[9] '단기기억'(short-term memory), '음소 확인'과 같은 '언어에 관련된 행동 간섭'을 찾아보았다. 충격적이며 상당히 독립적인 결과들을 아주 많이 발견했다.

예를 들어 특별한 위치를 자극했더니 다른 기능에 대해서는 간섭이 일어나지 않지만, '이름 말하기'에 지속적으로 간섭이 일어났으며, 반면에 약 0.5센티미터 떨어진 곳에서는 이름 말하기의 간섭효과가 전혀 발생하지 않았다. 어느 위치의 자극으로 오직 '구안 흉내내기'가, 다른 위치에서는 '단기기억'만이, 또 다른 위치에서는 일부 다른 기능들의 결합하지 못하는 것으로 확인했다. '그리스어'와 '영어' 두 언어를 구사하는 한 환자에서 언어기능에 대한 '위치 확인'이 특별히 두드러졌는데, 어떤 한 위치에서는 '영어로 이름을 말하기'가, 근처 위치에서는 '그리스어로 이름 말하기'만을 중단시켰다(**그림** 5.7).

임의의 개인에게 자극으로 특정 기능을 중단시키는 위치는 실험 기간 동안에 변하지 않았으며, 수개월에 걸쳐 시간을 연장하여 실험해도 다소 미묘한 변화가 있긴 하지만 상당히 안정적이라는 증거들이 나타났다. '기능을 중단시키는' 위치는 개인에 따라서 변화를 보이며, 그래서 '이름 말하기'가 중단되는 자리는 사람마다 정확히 같은 장소라고 할 수는 없었다. 오제만은 특별한 언어 기능들에 참여하는 피질 구역들이 어쩌면 원주 형태(columnar fashion)로 구성될 것이라는 제안을

9) [역주] '구안동작 흉내내기'란 말하는 '상대방의 입 모양을 보면서 따라하기'를 말한다.

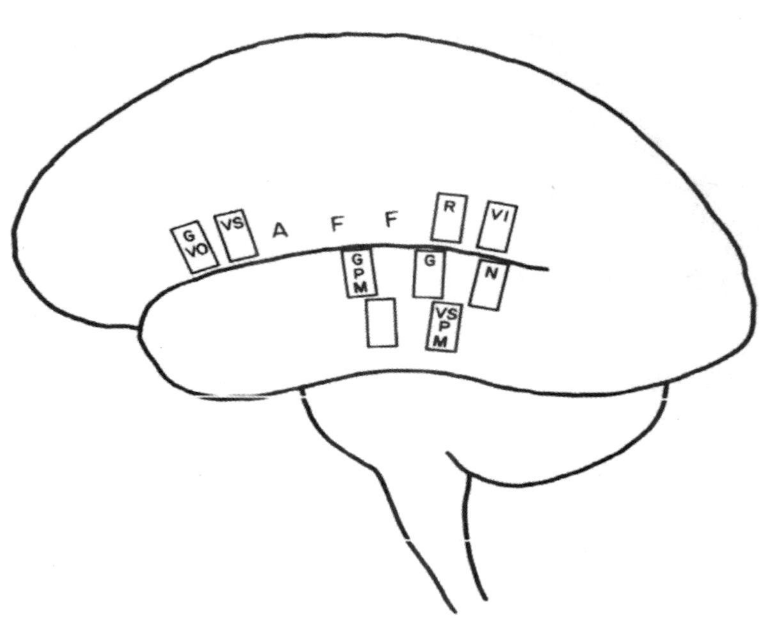

그림 5.7
영어와 그리스어 두 언어를 사용할 줄 아는 30세 된 여성의 피질 아홉 군데에 언어가 관련된 여섯 가지 기능에 대한 자극 분포도 작성. 자극한 각각의 위치들을 사각형으로 나타냈으며, 사각형 안의 기호들은 그 위치에서 유도된 중요한 오류를 나타냈다. 약어: N(영어로 이름 말하기), G(그리스어로 이름 말하기), R(읽기), VI(기억을 입력하는 동안 자극에 의한 언어 단기기억), VS(저장 시기라고 추측되는 기간 동안에 자극에 의한 기억), VO(검색 시기에 자극에 의한 기억), P(음소 확인), M(구안동작(orofacial movement) 흉내내기) A(언어중단 위치), F(구안동작과 감각을 일으킨 위치) (Ojemann 1983)

내놓았다(3장). 이 실험은 측성화가설들을 개선하고 호소력 있게 만들어주었다.

또한 오제만과 그의 연구원들은 시상(thalamus)의 특정 영역을 자극했을 때 간섭효과를 연구했는데, '이름 말하기의 오류', '지속적인 이름 잘못 말하기', '단기기억에 대한 미묘한 효과' 등을 발견했다. 분명히 피질하 메커니즘(subcortical mechanism)은 언어가 하는 일을 이해하는 데에 중요하다. 또한 다른 피질하 영역들(subcortical areas)도 언어적인 일에 관여한다는 것이 발견되었으며(Naeser et al. 1982), 그래서 피질 구조가 모든 것을 설명해 줄 것이라는 생각은 금세 설자리를 잃고 말았다.

비침습적(Noninvasive) 연구방법10)

한 공상과학소설의 모험담에서 스트레인지피시(Strangefish) 박사는 기묘한 기술을 이용하여 한 장치를 만들었는데, 그 장치를 우리 영웅(주인공)의 머리 가까이 대면 그 영웅이 가진 '두려움', '계획', '은밀한 생각' 등 모든 것을 알아낼 수 있다. 지금까지 발명된 것이 그런 정도로 완전히 기적적인 것은 아니지만, 지난 십여 년 동안에 두개골을 열지 않고도 '뇌'와 '그 활동'을 볼 수 있는 새로운 장치를 만들어 냈다. 실제로 이 장치에 활용된 방법 중 일부는 기적에 가깝고, 이 장치는 실용적으로나 이론적으로 상당히 중요한 의미를 주었다. 이 장치를 이용함으로써 '수술 전에 종양을 찾아내고', '수술위치를 결정하고', '조건을 바꾸면 활동을 변화시키는 뇌의 영역을 분별해 내고', '특정 영역의 비정상 여부를 알아내는' 등등이 가능하게 되었기 때문이다.

스트레인지피시 박사의 공상적 기계와 달리 이 장치가 뇌의 생각과 계획을 읽을 수는 없지만, 뇌 활동을 '강화하는 영역'과 '억제하는 영역'들을 알 수 있게 했으며, 신경과학의 다른 분야에서 얻은 정보와 더불어 이 실험 결과는 국소화 가설과 임상 진단에 대한 정보를 주었다.

뇌파검사(Electroencephalograph: EEG) EEG는 1929년 한스 버거(Hans Berger)에 의해 처음 이용된 단순한 장치로, 전극을 두피(scalp)에 대고 그 효과를 기록하는 것이다(**그림** 5.8). 만약 출력을 증폭하여

---

10) [역주] '비침습적 연구방법'이란 절개수술 없이 뇌의 기능을 연구하는 방법을 말한다.

그래프 종이에 선으로 나타나게 하면, 뇌의 어떤 특징을 나타내는 신뢰할 만한 파동 패턴이 얻어진다(**그림** 5.9). 이 방법은 간질성 발작 동안 아주 분명한 패턴들을 얻을 수 있어서 지금도 진단에 이용되고 있다.

EEG는 '태아의 귀먹음'을 진단하고, '뇌사의 기준'을 확립시킨 점에서 임상적으로 중요한 도구이다(Kelly 1981). 또한 이를 이용해서 수면 중인 뇌의 본성에 대해 혁명적인 발견을 할 수 있었다. EEG를 이용해서 연구자들은 '수면 중에 뇌 활동이 규칙적 패턴의 뇌파 형태를 반복적으로 나타낸다'는 것을 관찰했다(**그림** 5.10). 표면적인 기준에 따르면, 수면이란 하나의 '수동적' 일을 하는 상태로 흔히 짐작되는데, 이런 추측을 하게 된 것은 신경활동이 감각적으로 더욱 진정된 때문으로 여겨진다. 그런데 신경활동이란 관점에서 보면, 뇌의 수면상태란 일정한 유형의 단일 상태가 아니라, (EEG에서 다른 패턴으로 측

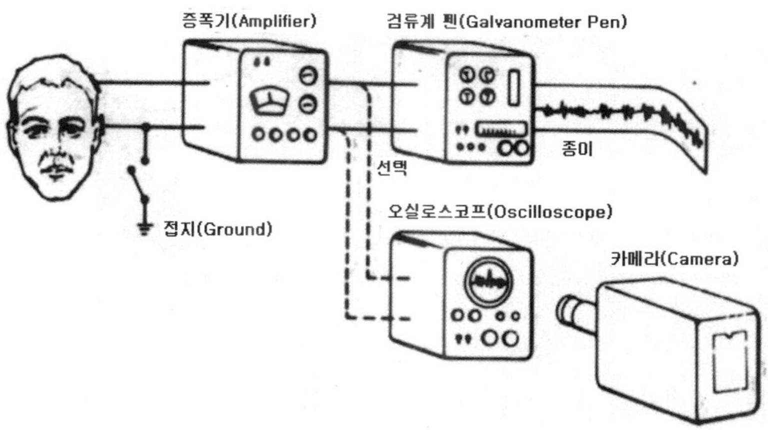

그림 5.8
EEG(뇌파검사) 기록시스템의 도식적 그림. 두피전극은 뇌 활동에 의한 전압변화를 기록하며, 귀 위의 전극은 접지된다. 뇌로부터 받은 신호는 증폭되어 기록계(polygraph)나 오실로스코프(oscilloscope)에 나타난다. (Thompson(1967). *Foundations of Physiological Psychology*. New York: Harper and Row)

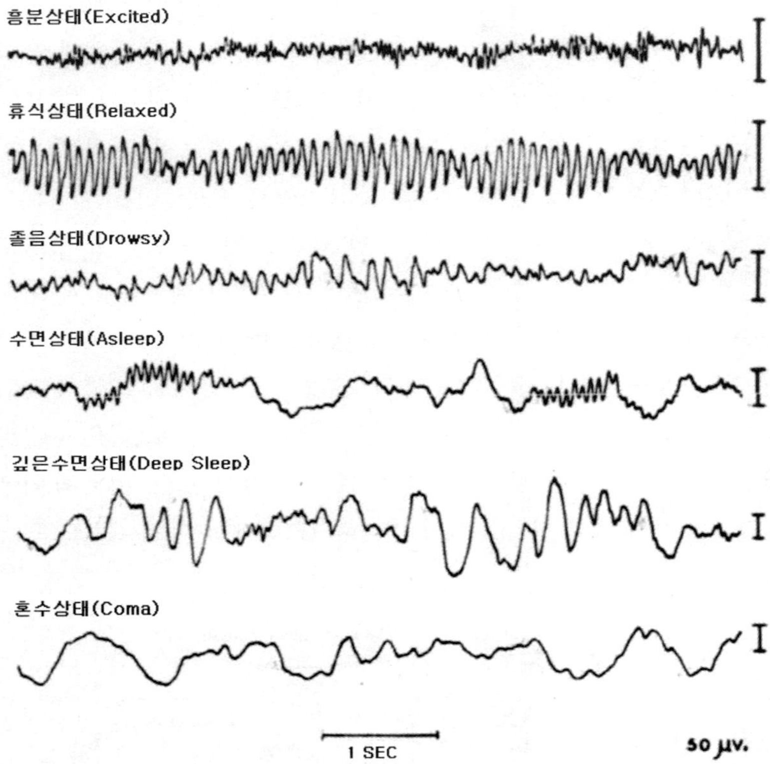

그림 5.9
의식 상태가 변화하는 동안의 EEG 기록. (Penfield and Jasper(1954). *Epilepsy and the Functional Anatomy of the Human Brain*. Copyright ⓒ 1954 by Little, Brown and Co.)

정되는) 적어도 서로 다른 네 종류의 상태를 포함하며, 그래서 '수면'이란 '신경 메커니즘에 의해 몇 가지 방식으로 일어나는 활동'이라고 밝힌 점은 흥미롭다.

1단계(단계 1)는 명확한 '파동형태'와 '일련의 행동지표들'로 구별될 수 있는데, '심장박동과 혈압이 증가하고', '위장 운동이 중단되며', '근육긴장도가 감소'하며, **빠른 안구운동**(rapid eye movement: REM)

때문에 쉽게 관찰할 수 있는 '외부안구근육(extraocular muscles) 활동' 등등이 포함된다. 또한 중안근(middle eye muscles)의 활동도 있다.

아세린스키와 클라이트만(Aserinsky and Kleitman 1953)은 전형적으로 '시각 꿈'(visual dreaming)이 REM 수면 동안에 일어난다는 것을 발견하였으며, 비록 한때는 꿈이 대부분 REM 시기에 일어나는 것으로 생각된 적도 있었지만, 지금은 분명히 (덜 시각적이며 깨어 있는 경우에 더 가까운 것으로 여겨지는) '정신활동'(mentation)과 유사한 꿈들은 다른 단계에서도 일어난다고 알려져 있다(Foulkes 1966). 그렇지만 '다른 단계의 수면에서 깨어났을 경우'보다 'REM 수면에서 깨어났을 경우'에 꿈을 회상할 확률이 높다. 나머지 세 단계(단계 2, 단계 3, 단계 4)는 파동형태의 패턴으로 알아볼 수 있기도 하지만, 수면자가 깨어날 가능성으로도 알아볼 수 있으며, **'느린 안구운동**(non-rapid eye movement: NREM) **수면**'으로 분류된다.

수면자가 야간에 시간적으로 보여주는 수면의 단계적 패턴은 그 차례와 지속시간에서 상당히 표준적이다(**그림** 5.10). 관심을 끄는 것은 REM 기간이 매 주기(cycle)마다 늘어난다는 점이다. 파동형태는 꿈의 **내용**에 관해 아무것도 알려주지 않지만, '정서적이고 시각적 활력은 꿈의 뒤로 갈수록 커진다'는 몇 가지 증거가 있다.

REM 수면은 NREM 수면과 교대로 나타나며, 처음 수면이 시작된 후에는 약 5분에서 10분 간 지속되지만, 매 주기마다 증가한다. 단계 4 수면 기간은 수면 주기의 약 중간쯤에서 멈추며 단계 2가 증가한다. 개인의 수면에서 관찰할 수 있는 이런 체계성과 더불어 분명한 패턴이 또 있다. 예를 들어 태아에서는 REM 수면시간이 많고(출생 후 50퍼센트, 2세에서 30～35퍼센트, 약 10세가 되면 25퍼센트), 성인인 경우 중년까지 REM 수면 비율이 뚜렷하게 증가하지만, 60세 이후에는 다시 급격히 감소한다. 단계 4 수면은 미숙아 상태에서부터 지속적으로 감소하여, 노년기에는 완전히 사라진다. 이와 유사한 수면단계를

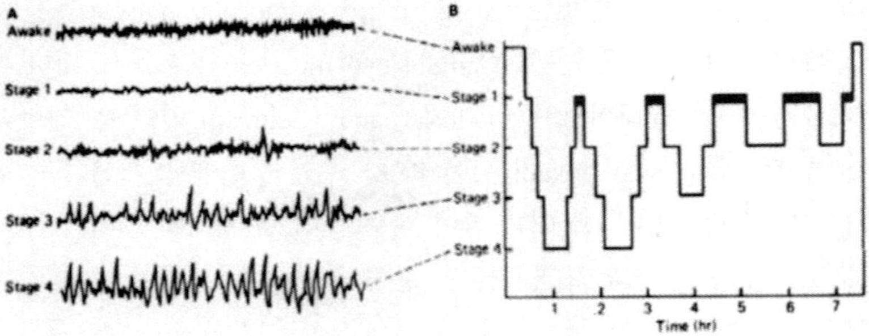

그림 5.10
(A) 깨어 있을 경우와 수면 중인 다양한 단계에서 EEG 기록. 제시된 기록은 모두 30초 동안의 것이다. 낮은 전압으로 빠른 활동을 보여주는 가장 위의 것은 깨어 있는 뇌의 기록이다. 그 다음에 차례로 보여주는 4개는 느린 파동으로 점차 깊어지는 non-REM(느린 안구운동) 수면 단계들을 보여준다. '단계 1 REM(빠른 안구운동) 수면'은 '단계 1 non-REM 수면'과 단지 안구운동과 안근(eye muscle) 수축에 관련된 부가적 데이터에서만 차이가 난다. (B) 야간에 젊은 어른에서 나타나는 전형적인 단계의 수면 패턴. REM 수면의 소요 시간을 진한 선으로 나타냈다. 처음 REM 시기는 대부분 짧아서 약 5분에서 10분이지만, 반복되면서 강화되는 경향이 있다. '단계 2 non-REM 수면' 시간은 '모든 non-REM 시기'의 전 범위에서 증가된다. (D. D. Kelly(1981). Ch. 40 of *Principles of Neural Science*, ed. E. R. Kandel and J. H. Schwartz, pp.472~485. Copyright ⓒ 1981 by Elsevier Science Publishing Co., Inc. 출판사로부터 허락을 받아 인용)

인간이 아닌 영장류에서도 관찰할 수 있는데, 작은 설치류와 조류에서도 REM은 물론 NREM 단계 4를 관찰할 수 있다.

명백히 뇌는 REM 수면의 할당량을 결국 유지한다. 예를 들어 정상 피검자에게서 REM 수면을 박탈하면, 다음 밤에 REM 수면 반동(rebound)이 나타난다(Clemes and Dement 1967). 다시 말해서 REM 단계가 더욱 자주 그리고 길게 지속된다. REM 수면 박탈이 길면 길수록 그 반동도 더 길게 나타난다. REM 수면 박탈은 '자극과민성'(irritability)과 상관관계가 있고, '성적 행동을 증가'시키는 것 같지만, 지금까지 '인지적 분열'(cognitive disintegration)과 같은 것을 일으킨다는 어떤 확고한 증거도 없다.

정신병 환자들이 수면장애를 자주 불평함에 따라 '정신병적 장애가 수면 주기와 그 특징적 단계를 비정상적으로 만들 가능성이 있다'는 생각에서 나온 한 연구 방향이 있었다. 특히 처음 REM 수면 기간이 비정상적으로 시작되는 환자들에게 만성적 우울증(choronic depression)이 있다는 제안이 있었다(Kupfer and Foster 1972, 1975). 또한 '수면-깨어남'의 주기에 변화를 줌으로써, 예를 들어 환자에게서 REM 수면 기간을 줄이면 (내인성 endogenous이지만 반응성 우울증 환자 reactive depressives가 아닌) 우울증 환자들의 증세를 어느 정도 누그러뜨릴 수 있다는 증거가 있다(Pflug and Tolle 1971, Vogel et al. 1975).

뇌가 REM 수면 동안 무엇을 하는지, 혹은 NREM 단계 동안 무엇을 하는지 아직 알지 못하며, 나아가서 (REM 중에 그리고 정신활동 mentation으로서) '꿈꾸는 것'이 '뇌의 경제에 어떤 기능적 역할을 갖는지' 아니면 '그 자체로 아무 소용없는 부차적 산물에 불과한지'는 아직 확실치 않다. 유용할 역할을 한다는 입장에서 로프와그, 무지오, 디멘트(Roffwarg, Muzio and Dement 1966)는 '꿈이 중추신경계(CNS)를 자극하여 성장을 촉진한다'는 주장을 하기도 했다. 크릭과 미치슨(Crick and Mitchison 1983)은 '꿈이 중요한 체계운영 기능(housekeeping function)을 가지며', 중추신경계에 노이즈(noise)를 줌으로써, '중요 정보를 담고 있는 신호(signal)가 아닌' 의미 없는 노이즈에 의해 활성화된 인지패턴을 (망각절차에 따라) 추려내는 일을 한다고 생각했다. 이런 생각은 실험적으로 확인되고 있으며, 주베 가설(Jouvet's hypothesis: 아래에 언급됨)과 같은 다른 많은 가설들과도 일치하긴 하지만, 그런 생각이 타당한 것인지 말하기에는 아직 이르다고 할 수 있다.[11] 하여튼 REM 발생이 규칙적으로 일어나며 REM이 박탈된 피검

11) 크릭-미치슨(Crick-Mitchison) 이론이 현상학적으로 호소력이 없어 보이는 점

자에게서 REM 반동이 일어나는 것을 보면, 틀림없이 뇌가 REM 단계로 들어갈 때 무언가 필요한 일을 하는 것이며, 그래서 뇌는 단지 게으름 피우거나 빈둥거리는 것이 아니며, (뜨개질을 마칠 때) 소매 단이 풀릴 것을 염려하여 끝맺음을 하는 것[12]도 아니다. 전통적 개념에서 보면 수면은 빈둥거리는 것으로 생각하기 쉽지만, 뇌의 경제라는 관점에서 보면 결코 그런 것이 아니다.

이 시점에서 중요하게 짚고 넘어가야 할 것으로 유기체들은 수면 중에 포식자들로부터 공격당하기 쉽기 때문에, REM 수면 중 운동을 금지시키는 (뇌간 brain stem에 있는) 메커니즘을 켜놓아 꿈에 의한 동작을 막아야 한다(Jouvet 1967). 그런 장치를 제거한 고양이의 경우 REM 수면 기간에 잘-통합된 동작(well-integrated movement)[13]을 보여주며, 튀어 나가고, 탐색하고, 으르렁거리고, 몸을 치장하는 등등 평상시의 행동을 보였다.

꿈의 기능에 관한 주베 가설에 따르면, 적어도 하등동물의 유기체는 깨어 있을 때의 실제 상황에 대비해서 수면 동안에 중요한 운동조절 패턴을 연습한다고 한다. 이 연습은 뇌간이 운동 메커니즘의 출력을

은 꿈 내용에 대해 규칙성을 언급하지 않기 때문이다. 예를 들어 (적어도) 청년기의 많은 꿈들이 성적 본성을 가지며, 이것을 '실험하는' 꿈에서 사람들은 청년기에서부터 계속해서 무수한 변이(variation)를 보여준다는 식으로 말이다. 프로이트(Freud) 이론은 다른 바탕에서 호소력을 가지고 있지 못하지만, 이런 논점에서는 어느 정도 설득력을 가진다. 하여튼 크릭-미치슨 가설에 대해 지지하는 입장으로, 우리 뇌가 '망각하는' 절차를 갖지 않으면 연결주의자 모델은 이내 과중한 부담을 감내해야 한다는 주장(Hopfield, Feinstein and Palmer 1983)도 있다.

12) [역주] 수면은 뇌가 낮에 활동하면서 경험한 내용들을 기억으로 잘 보관하도록 정리하는 작용이란 추측.

13) [역주] 동물이 여러 가지 동작을 하기 위해서는 '잘-통합된 동작'을 필요로 한다. 예를 들어 걷는 동작을 위해서는 네 다리가 적절한 속도와 순서 그리고 힘의 강약 등을 조율해서 몸의 균형을 유지해야만 한다.

금지시킴으로써 안전하게 이루어질 수 있다. '수면 중에 망각기능을 갖는다'는 크릭-미치슨(Crick-Mitchison)의 주장과 달리, 주베 가설은 '꿈의 패턴은 유전적으로 프로그램 되어 있으며', '운동조절을 강화하고 능률적으로 만드는 것이 그 목적'이라고 상상한다.

최근의 30여 년 간 수면과 꿈에 대한 연구는 우리가 가지고 있었던 수면의 본성에 대한 개념에 충격을 줄 정도로 혁명적이었다. 과거에 '수면'이란 본질적으로 '수동적'이며 크게 보아서 '균일한 사건'(homogeneous affair)이라고 생각했던 것이 이제 '조직화'(organization)와 '역동성'(dynamic)을 가진 것으로 비쳐졌으며, 이것은 과거의 개념을 부인하게 한다. 더구나 수면을 연구하는 사람들은 '다른 종류의 의식 상태가 있는지 어떤지', 즉 지금까지 우리들이 이해하고 있던 것과 다른 방식 혹은 '다른 차원의 의식'이 있는지 의문을 품게 되었다. 게다가 만약 다양한 수면 단계 동안에 인지적 재구성(cognitive reorganization) 혹은 통합(consolidation)이 일어난다면, 이는 인지 활동에서 (적어도 깨어 있는 상태의) '의식의 본성과 기능이 무엇일지'에 관한 문제를 더 제기하게 된다. 대략적으로 한 사람의 일생 중에 3분의 1은 잠들어 있는 셈인데, 그렇다면 아마도 뇌가 감각 입력(sensory input)과 운동 출력(motor output)을 생략하면서도 중요하고 다양한 인지 활동을 하고 있는 것 같다. 철학적으로 말해서 수면과 꿈에 대한 연구는 다음 두 가지 면에서 흥미로운데, 심리학적이고 신경과학적인 연구 결과로서 '(수면이란) 통속적 개념을 무너뜨려 새로 구성하는' 사례가 되면서도, '의식이 무엇일지'에 관련한 전통적 물음과도 관련되기 때문이다. (7장과 9장을 참조하라.)

지금까지 EEG에 대한 논의는 기록된 파동형태에 대한 신경 기반(neural basis: 뇌파 발생 기제)의 문제를 제기하지 않은 채 진행되어 왔는데, 이제 이 문제를 거론해야겠다. 간결한 대답부터 한다면 아직 그 신경 기반을 이해하지 못하고 있다는 것이다. 휘갈겨 쓰듯이 기록된 뇌파기록은 기능적으로 중요한 역할을 하는 뉴런 집합체의 '활동전위 통합'을 보여준다고 기대하기도 했지만, 지금까지 그런 기대를 확증시켜 줄 실험 결과는 없다. 불록, 오르칸드, 그린넬(Bullock, Orkand and Grinnell 1977)이 특별히 주목한 바에 따르면, '활동전위'에 의한 효과는 물론, 세포 및 세포외 활동으로 일어난 '느리게 변화하는 전위'에 의한 효과도 상당히 있을 것이라고 한다.

더구나 뉴런들은 무리 지어 있으므로 '일부 영역 효과(field effects)는 무력화되고', '일부 효과는 증폭되며', '일부 효과는 간섭되는' 등등이 일어날 수 있을 것이다. 뇌파를 이용하는 이런 실험방법에 대한 더 깊은 비판 중에 하나로 우드(C. C. Wood)는 (출판되지 않은 저작에서) 아래와 같은 비평을 내놓았다.

> 개별 뉴런 집단 활동이 거대전위(macropotential) 기록에 분명히 나타날지 안 나타날지는 '활동세포와 세포집단의 기하학', '시냅스 활동패턴', '시간적 · 공간적 동기화(synchronization)의 정도', '기록 전극과 활동 피질 사이의 공간적 관계' 그리고 '다른 뉴런 집단에서 동시에 나타나는 활동의 양과 형태'에 의존한다.

두피에서 기록되는 거대전위를 제대로 파악하려면, 아주 적게라도 신경세포 피질 자체로부터의 영역전위(field potential)를 기록할 필요가 있다. 더구나 수많은 관련 세포들로부터 세포 내의 기록을 필요로 할 것이며, 따라서 이제 이 연구방법은 점차 운신의 폭이 좁아지게 되었다. 또한 기록된 활동성이 전체적으로나 부분적으로라도 '**기능적으로 중요한 뉴런 집합체**' 때문인지 아닌지는 확실하게 증명되지 않았음을 명심하라. 그러나 수면과 꿈에 대한 앞선 논의로부터 'EEG 결과는 쓸모없는 것으로' 귀결되지 않으며, 그 임상적 유용성이 거대전위의 전기 발생에 대한 의문이 해결될 때까지 기다려야 하는 것은 아니다.

그렇지만 뇌파기록을 이론적으로 이해하기 위해서는 'EEG 기록이 해부학적이고 생리학적인 관점에서 무엇을 의미하는지 이해되지 않았다'는 것을 아는 것은 중요한 일이다. 특별히 이 결말은 '유발전위'(evoked potential) 연구를 위해 중요하다. (다음을 참조하라.)

사건관련 전위(Event-Related Potentials: ERPs) 사건관련 전위(ERP: '유발전위' evoked potential라고도 한다)는 노이즈를 걸러내고 신호를 유지하기 위해서 일련의 EEG 시기를 정하고(예를 들어 60 내지 100 또는 500) 그 평균을 냄으로써 얻어진다. 손가락 끝에 특정한 전압 자극을 피검자들에게 반복해서 주면서, 그 파동패턴을 EEG로 기록하고, 마침내 이 기록들의 평균값을 컴퓨터로 계산한다(**그림** 5.11). ERP 파동은 결국 수많은 시도에 의한 평균값을 대표로 나타낸 것이다.

ERP에 대한 관심은 '특정한 파동형식'이 마음-뇌에서 일어난 '특정한 유형의 인지과정' 및 '하부인지과정'과 관련될 수 있으며, 그 확인된 관련에 기초해서 그 과정의 '본성'을 탐구할 수 있을 가능성으로부터 제기되었다(Kutas and Hillyard 1984). 그런 가능성이 제안되었을 때 인지심리생리학(cognitive psychophysiology)의 분명한 전략은 'ERP 효과를 통해서 인지과정을 탐구하자'는 것이었다.

ERP는 규정에 따라서 '자극이 주어지고 40밀리 초까지 발생한 파동패턴'인 초기성분(early component)과 '40밀리 초 이후 발생한 파동패턴'인 후기성분(later component)으로 구분된다. 그 성분들은 '피크잠복기'(peak latency)로 (예를 들어 100밀리 초) 표시된다. 극성(polarity)이 '포지티브'(positive)인 경우 전형적으로 기록에서 하향곡선으로 나타나고, '네거티브'(negative)인 경우 전형적으로 상향곡선으로 나타난다. 그래서 'P300'이란 자극이 제시되고 300밀리 초 후에 발생한 포지티브, 즉 하향곡선인 파동이며, 'N100'이란 자극이 제시되고 100밀리 초 후에 발생한 네거티브, 즉 상향곡선인 파동이다.

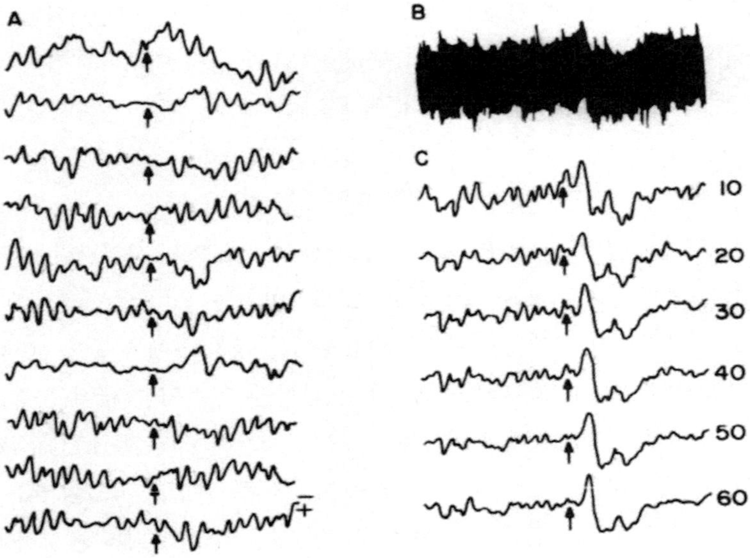

그림 5.11

EEG 자료(electroencephalographic data)에 적용한 신호평균처리 절차를 보여주는 그림. (A) 단일 시도. 피검자의 두정(vertex)에서 기록한 원래 그대로의 EEG 단편들. 원래 그대로의 기록에는 자극에 대한 반응 패턴이 뚜렷하지 않은 것을 보라. (B) 60개 정도를 중첩해서 그렸다. 중첩된 모습이 넓은 폭으로 나타나서 유발된 반응 모습을 확실하게 보여주지만 구체적인 모습을 알아보긴 어렵다. (C) 같은 자료들을 연속적으로 평균을 내어 그린 모습들로, 10번씩의 시도를 누적하며 그렸다. 뇌파전위기록 모습이 점차 분명해지는 것을 볼 수 있다. (Donchin (1975). In *International Symposium on Signal Analysis and Pattern Recognition in Biomedical Engineering*, ed. G. F. Inbar. New York: Wiley)

일부 ERP 결과들이 뚜렷하게 나타난다. 예를 들어 전기자극을 손가락에 지속적으로 주면 약 31밀리 초 후에 나타나기 시작하는 파동형태가 있는데, 그 크기는 전압 크기의 함수로 나타난다(그림 5.12). 만약 그 자극이 의식적으로 알 수 있을 정도로 클 경우에는 N100이 기록된다. 또한 피검자가 양손에 자극을 받으면서 오직 한 손에만 **관심을 가지면**, 후기성분에 분명한 차이가 (P100, P470으로) 발생한다.

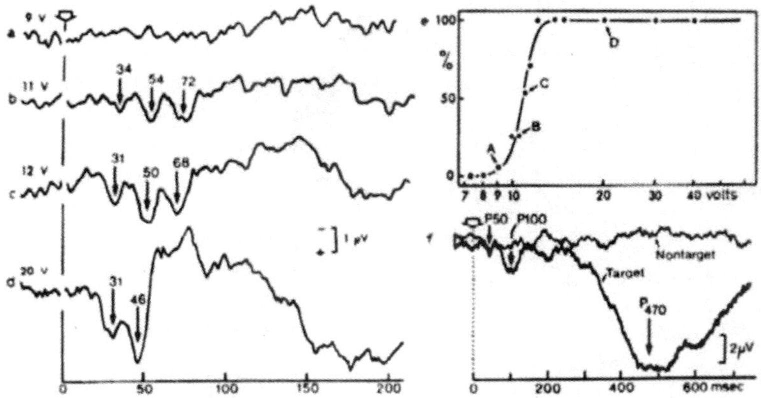

그림 5. 12
미약한 자극으로 발생한 '의식적 감각과 신체감각 유발전위'(sensation evoked potential: SEP). (a)~(d)는 정상적인 성인의 왼손 셋째 손가락에 전기파동(electric pulse)을 (0.1msec 지속으로) 준 SEP. 이 SEP는 반대측 두피 두정점(contralateral parietal scalp focus)으로부터 측정하고, 300번의 시도 후 평균 내었다. (윤곽선 화살표가 가리키는) 수직선에 시간을 나타낸 자극전압은 각각 9V(a), 11V(b), 12V(c) 그리고 20V(d)였다. 시간은 횡선을 따라 msec로 나타냈고, 전압은 1μm의 눈금 단위로 나타냈다. 검은 화살표는 초기 양성 감각유발전위(SEP) 성분을 나타내며, 미약한 자극에 대한 잠복기 변화를 보여준다(b, c). 9V의 자극에서는 어떤 SEP도 나타나지 않는다(a). (e) 많은 수의 같은 시도가 기획된 까닭에 피검자가 알아채는 각각의 비율(세로좌표, 퍼센트)은 손가락 자극전압(횡선, 전압)과의 함수로 나타냈다. 문자들은 (a)~(d)에 상응하는 SEP 기록임을 보여준다. (f) 일련의 무작위 자극을 주고, 선택된 관심 전형(paradigm)에서 한 손의 집게손가락에 (자극을 피검자가 인식하는) 한계치 부근의 전기자극에 대한 SEP는 다른 네 손가락에 비해 빠른 (평균 무작위 주파수가 150/분) 주파수로 나타난다. 두 개의 중첩된 선들 중에 하나(진한 선)는 '실험부위(targets)를 의식한 상태'에서 나타난 동일 자극에 대한 SEP이며, 다른 선(가는 선)으로 나타난 SEP는 피검자가 다른 손에 자극을 알아보는 동안에 '실험부위를 의식하지 못한(nontargets) 상태'에서 나타난 동일 자극에 대한 SEP이다. 초기 P50 SEP 성분은 차이를 보이지 않지만, 큰 진폭의 P100과 P470 성분은 실험부위 의식 여부에 따라 다르게 나타났다. (J. E. Desmedt, J. Debecker, and D. Robertson(1979). In *Cognitive Components in Cerebral Event-Related Potentials and Selective Attention*, ed. J. E. Desmedt. Basel: Karger)

관심에 따라서 반응하는 초기와 후기 성분 사이에 보이는 이런 차이점은 분명하다. 초기성분은 자극과 관련되는데, 피검자가 관심을 집중하든 안 하든 그리고 심지어 피검자가 마취된 경우에도 주파수가 거의 변조되지 않기 때문에, 이 초기성분을 '외인성 성분'(exogenous component)이라 부른다. 반면에 'P300'과 같은 후기성분은 일반적으로 내부 조건에 민감하므로 '내인성 성분'(endogenous components)이라 부른다(Sutton et al. 1967).

큰 진폭의 P300은 틀림없이 소위 괴짜 전형(oddball paradigm)이라 할 정도로 나타난다. 피검자는 텔레비전 스크린 앞에 앉아서 질문을 받도록 하고, 두 범주의 대상들이 제시되는데, 한 범주의 대상들은 80퍼센트로 제시되고, 다른 범주의 대상들은 단지 20퍼센트로 제시된다. 예를 들어 대상들은 붉은색(80퍼센트)과 푸른색(20퍼센트)으로 제시되었다. 피검자는 특정 범주의 대상들을 세도록 요구된다. 피검자들에게 '기대되지 않은 자극'이 제시될 경우에 큰 진폭의 P300 파동이 나타났으며, '기대되지 않을수록' 더 커다란 P300 진폭이 나타난다(Duncan-Johnson and Donchin 1977). 이 '괴짜 전형'은 여러 가지 시도에서도 나타났는데, 그 범주들은 남성 대 여성, 정치인 대 연예인 등과 같이 상당히 추상적으로 제시되었다(Kutas, McCarthy and Donchin 1977). 또한 기대했던 자극이 제시되지 않을 경우에도 P300 성분을 만들어낼 수 있었다(Picton et al. 1974). 게다가 "그 소년이 계란과 시멘트를 먹었다"와 같은 의미론적으로 이상한 문장은 큰 진폭의 N400 성분을 만든다는 점이 발견되었다(Kutas and Hillyard 1980).

예를 들어 P300 성분은 무엇을 의미하며, 그 자료를 어떻게 해석해야 할까? P300 성분이 마음-뇌의 정보처리와 관련하여 무엇을 말해줄 수 있을까? 여기에서 지배적인 전략은 'P300 성분'(혹은 다른 파동 형태들)의 존재와 특정한 '심리학적 상태나 과정'을 연관시키자는 것이다. ERP 연구자들은 P300이 유발될 수 있는 이런 일련의 조건들을 정교하게 함으로써, 그리고 또한 그 결과들을 조사함으로써 그 과정에 관련된 가설을 찾아낼 수 있다는 희망을 가졌다(Donchin et al. 1983). 이런 기반에서 P300은 '의사결정을 함' 또는 '세계-모델을 업데이트함(update)' 또는 '놀라움' 등등을 나타낸다는 가설이 나오기도 했다.

그렇지만 그런 생각이 가지고 있는 위험은 하나의 파동형태를 유발하는 조건이 어쩌면 아주 뒤범벅이라서 그 파동이 어떤 단일(unitary) 기능을 나타낸다고 볼 수 없을 가능성이 있다. 뇌파검사가 임의의 파동형태를 보여주는 동안에 정보처리 기능이 '큰 집단'으로 수행되며, 그 집단의 구성원인 처리 과정들이 때때로 다른 경우를 생각해 볼 수 있다. 예를 들어 수많은 다양한 조건들에 따라 달라지기 때문에, 이제 수많은 연구자들에 의해서 소위 우연적 '네거티브 변조'(negative variation)라는 '한 파동형태'가 적절한 조건에서 분명히 유발됨에도 불구하고 '어떤 대응하는 단일 기능도 가지고 있지 않다'고 생각되기에 이르렀다. 정말 어떤 내인성 성분에 대해서도 (그 파동형태로 확실히 말할 수 있는) 단일 정보처리 기능이 무엇인지 아직 밝혀낸 것은 없다. 심지어 P300이 어떤 내인성 성분을 갖는지에 대한 철저하고도 창의적인 연구가 있었지만 결국 아무 것도 밝혀낸 것이 없다.

ERP를 '종합하고' 그것을 '가치 있게 여기는' 것에 대해서 회의적인 사람들이 가장 문제삼는 것은 '해석'이다. 간단히 말해서 문제는 '그 파동형태들이 무엇을 의미하는지' '전기발생'이나 혹은 '상위차원의 기능적 과정' 안에서 이해되지 않는다는 점이다.

거대전위(macropotentials)를 미시전위(micropotentials)로 어떻게 설명할지 우리들이 알지 못한다는 것을 EEG에 대한 토론에서 이미 알아보았다. ERP는 여러 EEG에 대한 평균값이므로 EEG가 갖는 해석의 문제점을 그대로 안고 있다. 1초 동안의 기록이 특정한 심리학적 내지 신경생리학적 처리과정을 드러내는 것으로 주장되는 만큼, ERP 연구에 더욱 중요할 것이다. ERP로부터 말할 수 있는 모든 것들 중 일부 기록들은 정보처리 실행과 전적으로 상관없을 수도 있다. 또한 중요한 특징들을 축출하기 위해 고안된 바로 그 '평균 내는 연구방법들'이 경우마다 일어나는 '심리학적 과정(psychological process) 혹은 신경 처리(neuronal process)의 중요한 차이점들을 실제로 드러내는지' 지금까지 확인되지 않고 있다. 만약 ERP에 대한 해부학적이고 생리학적 기제를 이해하지 못한다면, 평균 내는 연구방법이 '노이즈에서 신호를 축출한다'는 가정은 단지 희망에 불과하다. (ERP 측정으로부터 신경계에 관한 정보를 추론하는 것에 관련해서 제기되는 문제에 관한 구체적 논의를 Wood and Allison 1981에서 참조하라.)

신경 기제의 본성이 초기성분의 경우에 더 잘 이해될 수 있다. 그 초기성분들이 말초신경으로부터 오는 신호전달과 결부된다는 증거가 있으며, 동물실험과 장애연구들은 그런 결과를 집중적으로 내놓고 있다. 그렇지만 P300과 같은 내인성 성분에 대해서 누구도 신경 기제가 무엇인지 설명해 줄 잘 구성된 이론을 내놓지 못하고 있다. 심지어 그 효과가 피질활동 때문이라고 짐작할 수도 없다. 왜냐하면 예를 들어 시상 활동(thalamic activity) 또한 그 기록(P300)에 영향을 미칠 수 있기 때문이다. 피질 표면으로부터 직접 기록한다면 그 선택의 폭을 좁혀줄 수 있겠지만, 여전히 그 효과에 대한 원인을 밝혀주지는 못할 것이다.

유발전위 연구에 대한 방법론적 정당성이 미시차원의 '신경과학'과 거시차원의 '심리학' 사이의 틈새를 메워줄 것이라는 가정에서, 유발전위 연구 자료에 대한 신경 기제의 문제를 집고 넘어가야 하겠다. 만약 그렇지 못하다면 (ERP 그래프에서) 그래프 상의 피크와 굴곡이 (신경세포 집합체에 의해 수행된) 정보처리의 명확한 단계로 설명되지 못할 것이기 때문이다.

만약 내인성 ERP를 '신경 기제'와 관련시키는 데 어려움이 있다면, 역시 내인성 ERP를 거시차원의 '정보처리 기능'과도 관련시키기 어려울 것이다. 앞서 언급한 바와 같이 '파동형태'를 특정한 '인지적 혹은 하부인지적 과정'과 그럴듯하게 관련시킬 수 있도록 '파동형태 유발 조건들'에 대해 알아내는 것이 바로 문제이다. 더욱 어려운 문제는 '파동형태' 자체의 '개별성'(individuation: 개별적 특성) 문제이다. 즉 '언제 P300 혹은 P500이 나타날지' 어떻게 말할 수 있을까? 내가 보기에 성분의 개별성(하나만 있는지, 있다면 그것이 무엇일지)은 결코 그 기록의 '물리적 특성'에 근거하지 않으며, '해석 덩어리'를 포함하는 일이 빈번하다.

파동형태에 대해 '시간적으로 정의하는 것'은 그다지 정교하지 않으며, 그 '시간'을 개별성 기준으로 삼기엔 다소 유동적인 어려움이 있다. 예를 들어 돈친(Donchin et al. 1983)의 주장에 따르면, P300은 대략 250~900밀리 초 사이 어느 곳에서도 발생할 수 있으며, 심지어 운동반응 후에도 발생할 수 있다. 그의 주장에 따르면 P300 발생이 더 늦춰질 수 있으며, 그것을 구별해 내는 일은 훨씬 어렵고 복잡하다고 한다. 그런데다가 연구자들마다 의견이 서로 다를 수 있어서 한 연구자가 'P300이라고 말한 것'을 다른 실험실의 다른 연구자는 '진짜 (다른 심리학적 과정을 나타내는 전적으로 다른 파동인) P450이라고 주장할' 수도 있다. 300밀리 초 표시에서 얼마나 큰 편차를 문제시해야 할까? 만약 900밀리 초의 파동형태가 300밀리 초에서 발생한 파동형태와 같은 유형이라고 생각한다면, 이것을 결정해 줄 기준은 무엇일까? 그것들이 틀림없는 '동일 과정'이라고 우리가 확신하게 되는 이유는 무엇인가? 진정 성분들은 부분적으로 서로 겹쳐질 수 있어서, 그것이 '임의의 피크가 특정 성분을 나타내는 것인지 아닌지' 그리고 '그것들이 다른 실험 시도에서 나온 것과 같은 것인지 아닌지' 결정하는 일을 더욱 복잡하게 만들 수 있다.

'시간적으로 나타낸 모습'과 '다른 요소들'(그래프기록 모양을 포함한)로 개별성 결정(individuation decision)을 할 수도 있다. 어떤 연구자들은 '파동 발생 조건들'과 '전극을 부착하는 두피의 위치'를 (개별성 결정에) 이용하고자 한다. 실제로 그래프 기록 모양 역시 확실하지 않은데, 연구자들이 쉽게 지적하듯이 휘갈겨 그린 듯한 모습들 모두가 관련된 차이점을 표시하는 것은 아니며, 더구나 파동들은 다양한 모양의 진폭을 갖기 때문이다. 휘갈겨 그린 모습들 중에 어떤 부분을 중요한 성분으로 여겨야 할까? 그런데, 역시 그 질문에도 정확히 대답할 수 없는 까닭은 그 '발생 조건들'과 '시간측정'이 성분과 관련되어 있기 때문이다. '파동 발생 조건들'이 달라지고 '시간측정'도 달라진다면, 어떤 모습들이 중요한지 알 수 없을 것이다.

문제는 이러한 기준들 중에 어느 것도 홀로 설 수 없다는 것이며, 그래서 다른 것들로부터 온전하게 독립적이지 않다는 점이다. 생리학적 차원이나 혹은 그 상위차원에서 적어도 하나의 안전한 기반이라고 할 만한 기준을 갖지 않는다면, 추론은 순환성(circularity)에 빠질 것이다. 어떤 기록이 'P300'임을 보여주는지 혹은 '다른 어떤 P'임을 보여주는지에 대해서 실험실마다 일치된 의견이 없으며, 이 문제는 '시간적인 고려'나 '파동의 모양' 혹은 '파동 발생 조건들'에 의해서 해결되지 않을 것이며, 그 기초적인 개별성 논제가 어느 정도 해결될 수 없다면, 마찬가지로 '파동 형태'와 '정보처리의 제 단계'를 관련시키려는 기획 역시 명백히 해결될 수 없을 것이다.

반면에 만약 '시간측정'이 결정적 요인이라면, 그리고 한 파동이 P300으로 여겨지게끔 300밀리 초에 반드시 피크를 만든다면, 큰 혼란이 일어날 것이다. 왜냐하면 '그렇게 규정된 파동'과 '단일 심리학적 과정' 간의 상호관계가 성취될 가능성이 전혀 없기 때문이다. 그러면 유연하게 생각할 필요가 있다. 그러나 만약 이런 '파동들'에 대한 시간적인 설명이 결코 정확할 필요가 없다고 생각된다면, 그 개별성 문제는 쟁점이 될 것이다.

반면에 P300과 같은 파동이 어떤 심리학적 과정과 관련되는지 밝혀내려 할 경우, 상호 의존적 기준에 의해 어쩔 수 없는 순환성이 극렬히 드러난다. 실제로 P300이 발생하긴 하지만 '800밀리 초에 발생했다'거나, 또는 '그 진폭이 작다'거나, 혹은 '파동 발생 조건이 표준에 어긋난다'거나, 또는 '성분들이 중첩된다'고 말함으로써 신뢰할 수 없는 자료들을 일치시키려는 일이 종종 일어날 수 있다. 거꾸로 말해서 '파동 발생 조건이 표준에 어긋난다'거나, 또는 '그 모양이 옳지 않다'거나, 또는 '그 시간이 옳지 않다'거나 해서 '결코 P300이란 것은 실제로 없다'라고 말하게 될지도 모를 일이다. 나는 이런 논박이 ERP 연구에 전형적으로 적용된다고 지적하려는 것은 아니며, 단지 그런 일이 분명히 이따금 일어날 수 있고, 그래서 개별성에 대한 독립적 기준이 없는 상태에서 원리적으로 그 (실험자료들의) 불일치를 해소하기가 얼마나 어려운지 지적할 뿐이다.

이런 방법론적 곤란에도 불구하고 ERP 연구는 그 추종자들이 당당하게 지적하듯이 '정상적이고' '깨어 있으며' '행동하는' 인간의 뇌 활동에 대해 자료를 얻는 유일한 '비침습적' 방법이기 때문에 폭넓은 지지를 받고 있다. 분명히 그런 고려사항들을 만족시키는 연구방법은 퍽 바람직하며, 따라서 실험 절차를 정교하게 하고 그 자료들에 대해 수학적 분석을 더욱 잘 드러내기 위한 시도들이 있었다. ERP 자료는 비록 일부 방법론적인 문제를 해명하지 못한 점이 있었지만, 심리학과 신경과학의 연구방법을 이용한 결과들과 결합하여 유용하게 활용될 수 있다. 그 가장 좋은 예가 바로 힐야드(Hillyard)와 그의 연구원들의 '유도된 주의집중'(directed attention)에 관련된 연구라고 할 수 있다.

힐야드가 탐구한 ERP에 대한 기초적인 사실에 따르면, 초기성분은 '유도된 주의집중'에 민감하지 않으며, 반면에 후기성분은 민감하다. N100은 '피검자가 무엇에 관심 갖는 중임을 반영하는' 첫째 성분이며, 변함 없는 양태를 보여준다. 힐야드의 통찰에 따르면, N100에 관련된 자료, 예를 들어 그것이 어떤 자극 매개변수(stimulus parameters)에 민감한지, 혹은 속성들의 특정한 조합이 똑같은 N100의 모습을 보이는지 아닌지는 인지 심리학의 (아래에 설명할) '초기선택 이론'(early selection theory)과 '후기선택 이론'(late selection theory) 사이의 논란을 판정해 줄 듯이 보였다. 이런 목적을 위해 N100이 있다면 그것이 어떤 단일 기능을 명시하는지 설명해야 하는 문제가 제기된다.

대략적으로 말해서 '초기선택 이론'을 선호하는 사람들(예를 들어 Broadbent 1970, Treisman 1969)은 단순한 물리적 속성에 기초한 자극들에 대하여 초기선택이 있으며, 오직 선택된 자극들만이 후속 처리(subsequent processing)에서 충분히 분석된다는 것이다. 이 모델에서 초기 **'자극'** 선택은 후에 **'반응'** 선택으로 이어진다. 반면에 '후기선택 이론'(예를 들어 Norman 1969)에 따르면, 자극들은 선택되기 전에 충분히 분석된다. 가용한 행동 자료(초기선택)는 어느 이론에 대해서도 결정적으로 빗겨가지 않기 때문에, 힐야드와 그의 연구원들은 '초기선택이 발생하는지 아닌지를 알려줄' ERP 자료를 제공할 실험을 고안하려 했다.

그 실험(Hansen and Hillyard 1983)에 대한 발상은 '두 속성 자극이 표적자극(target stimulus)으로 인정할 만한 올바른 속성 조합을 만드는지에 따라 N100에 얼마나 큰 차이를 드러내는지 측정한다'는 것이었다. 피리 소리로 자극을 주었고, 그 속성을 소리의 '음조'(pitch)와 '위치'(location)로 결정했다. 피검자들은 '왼쪽'에서 들리는 '높은 음'에 집중하도록 했다. 이에 대해 표적자극 소리는 오랫동안 제시되었다. 대략적으로 말해서 이 실험이 찾는 문제는 다음과 같다. 만약 소리가 '틀린' 위치에서 난다면, 그것이 다른 속성, 즉 음조의 처리에 영향을 미치는가? N100에 대한 한센과 힐야드의 분석에 따르면, 그런 경우에 음조에 대해서 N100이 민감하든 아니든 영향을 미치며, '후기선택이론'의 주장처럼 '그 속성들은 독립적으로 충분히 분석되지 않는다'는 것을 암시하는데, 선택된 자극들이 충분히 처리된다는 점만은 분명했다. (Hillyard et al. 1984를 참조하라. 그리고 ERP 연구와 인지 이론에 대한 평가를 Kutas and Hillyard 1984에서 참조하라.)

5. 영상 연구방법

컴퓨터 단층촬영(Computerized Axial Tomography: CT Scanners)

컴퓨터 단층촬영(CT scanning)의 원리는 X선 발생원과 X선 감지기를 마주보게 설치하고 이것을 머리 주위로 회전시키며 촬영하고, 컴퓨터를 이용하여 뇌의 X선 불투명도 변화를 우리가 볼 수 있는 형태로 재구성하는 것이다. 이 방법은 한 차원 혹은 한 장의 사진(cut)에 하나의 '뇌 절단면 X선 사진'(즉 '단층촬영')을 보여준다. 다른 사진을 얻으려면 다른 차원에서 이 작업을 반복하면 된다. 그런 다음에 그 뇌의 비정상 여부를 알아보기 위해서 정상 뇌의 영상과 대조하면 된다.

이 시스템은 컴퓨터의 도움으로 뇌를 시각적으로 볼 수 있게 한 개척자라고 할 수 있으며, 이 영상 시스템이 소중한 기술혁신을 이루긴 했지만, 진단 도구로서는 상당히 한계가 있는 것도 사실이다. 종양(tumor)과 같은 비정상적인 것을 보려면 정상 조직의 속성들과 다른 흡수 속성들(absorption properties)을 보여주어야 하지만, 언제나 그렇지는 못하다. 비정상 조직은 심각한 단계가 될 때까지 CT 단층촬영에서 쉽게 발견되지 않는다. 즉 작은 종양들은 놓치기 쉽고, 다발성 경화증(multiple sclerosis)과 같은 탈수초성 질환들(demyelinating diseases)은 발견되지 않는 경우가 더 흔하다. 게다가 신체가 방사선에 노출되기 때문에 빈번한 촬영은 피해야 한다. 반면에 CT 영상진단기(CT scanner)는 이용하기 단순하며, (아래서 언급될) PET 진단기보다 훨씬 가격이 싸다.

대뇌혈류(rCBF: Cereberal Blood Flow) 연구

대뇌영역의 혈류는 해당 지역 뉴런의 신진대사와 관련하며, 이것은 다시 뉴런의 활동 정도와 관련된다는 가정에서 이 연구방법이 개발되었다. 따라서 만약 뇌의 어떤 구역(zones)에서 수행 기능 활동이 다르게 나타난다면, 그 기능이 작동하는 시간 동안 그 구역에 공급되는 혈액 양이 다르게 나타날 것이다. 이 연구방법은 혈류의 영역별 차이를 보여줄 방법을 찾아내야 했다. 그 해답은 혈액을 방사능 추적자(보통 크세논 xenon 133)로 표시함으로써 해결되었다. 이것은 뇌에 해를 주지 않으면서 빠르게 씻겨나가며, 그 추적자에서 방출된 전자기방사선은 뇌 외부의 장비에 의해 감지될 수 있다. 결국 구역별 혈류의 변화는 더 많은 크세논 133이 집중됨으로써 감지될 것이다. 그러면 컴퓨터가 그 자료를 시각적 형태로 전환하는데, 집중 정도를 색깔로 나타냄으로써 대뇌혈류의 구역별 차이가 생생한 영상으로 변환된다. 기준선을 확보하기 위해서 우선은 정상 뇌의 휴식 패턴(resting pattern)을 알 필요가 있으며, 그래서 피검자가 특정한 일을 하면 휴식 상태로부터 이탈되는 정도를 관찰할 수 있다.

뇌가 하는 일에 관련된 화려한 뇌 이미지를 대뇌혈류(rCBF) 연구방법으로 만들어낼 수 있었다. 피검자가 말을 하는 동안에 측두엽과 전두엽의 좌뇌반구는 물론 운동피질과 신체감각 피질(somatosensory cortex)의 '후두-입 영역'(larynx-mouth areas)[14]이 특별히 밝게 빛났다. 흥미롭게도 거의 우반구 동측영역(homologous areas) 또한 다소 덜 하긴 하지만 역시 밝게 빛났다. 피검자가 '침묵으로 독서할' 경우, '소리 내어 독서할' 경우, '의도적인 동작을 할' 경우 등등에 따라서 각기 다른 패턴이 나타났다(Lassen, Ingvar, and Skinhoj 1978). 임상적으로나 이론적으로 흥미 있는 것은 정상인과 정신분열증 환자 사이

14) [역주] 신체감각 피질의 입을 감각하고 운동하는 영역. 4장 주 15) 참조.

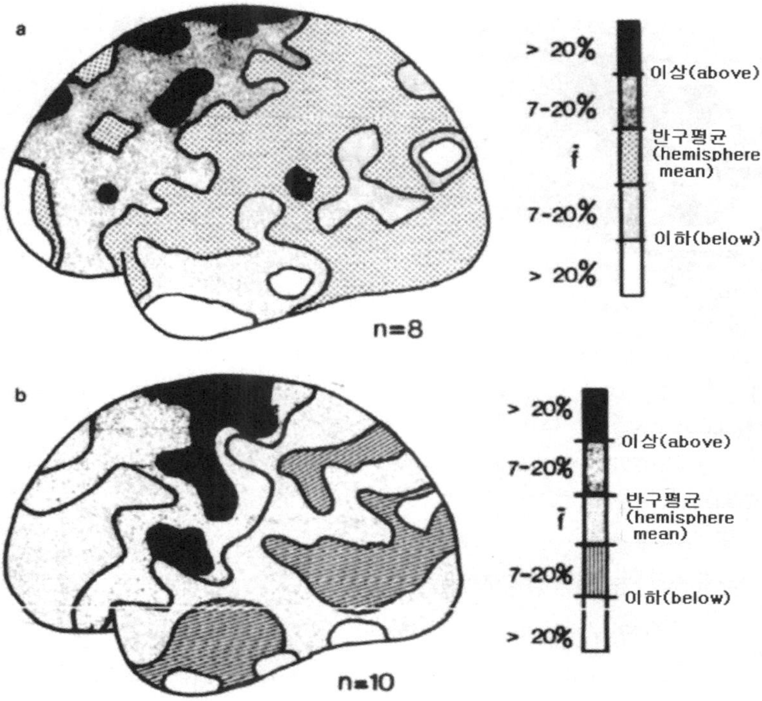

그림 5.13
정상 집단(a)와 (대부분 알츠하이머인 경우의) 기질성치매(organic dementia) 환자 집단(b)에서 동맥 내(intra-arterial) 크세논(xenon) 133 주입방법으로 얻은 대뇌혈류(rCBF) 분포도. 정상 집단과 기질성치매 환자에 대한 대뇌혈류 분포도에서 과전두(hyperfrontal) 영역과 두정후측두(parieto-occipito-temporal) 영역의 차이를 주목하라. 상대적 혈류는 우측에 제시한 비율에 따라 구획되었다. (Ingvar 1982)

에 그리고 정상인과 기질성치매(organic dementia) 환자 사이에 대뇌혈류(rCBF) 분포에서 그 차이를 보인다는 점이다(그림 5.13, 그림 5.14).

이 연구방법을 이용한 공간적 해상도는 1센티미터이며, 시간적 해상도는 약 2분 정도이므로, 이 한계를 넘어 발생하는 변화는 검사되지 않는다.

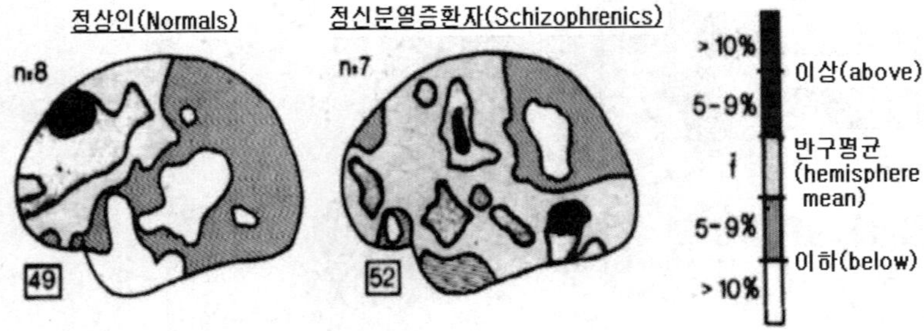

그림 5.14
8명의 정상인과 7명의 '중증 정신병적 만성 정신분열증 환자들'에 대한 휴식기의 대뇌혈류 분포도. 양 집단에서 '평균 반구 혈류 비율'(각각 49와 52 ml/10g/0.1min)이 같게 나타나는 점을 주시하라. 그렇지만 혈류 분포도는 다르다. 정신분열증 환자들은 전두영역(frontal regions)에서 낮은 혈류를 보이며, 후두중심영역(postcentral regions)에서 높은 혈류를 보인다. (Ingvar 1982)

양자-방사능 단층촬영(Positron-Emission Tomography: PET Scanner)

대뇌혈류 연구방법이 활동적 뇌 모습을 보여주긴 하지만, 다양한 차원에서 '뇌가 어떤 일을 하는지' 위에서 아래로 내려가면서 전체적으로 뇌의 생생한 모습을 볼 수 있다면 더 좋을 것이다. 그 한 방법으로 X선 단층촬영 기법을 이용하여 (뉴런의 유일한 에너지원인) 포도당(glucose)에 방사능 불소(flourine 18)로 표시하면, 이 불소가 스스로 포도당 분자로 스며들어 세포 속까지 신진대사 경로를 추적할 수 있으며, 이 방법은 대뇌혈류 연구방법에 비해 더 자세한 신진대사 과정을 알 수 있다. 불소 18 원자가 소멸되면서 양자(positron)를 방출하고, 이어서 이것이 전자(electron)와 상호 작용하여, 감마선(gamma ray)이 방출되는데, 이것을 신체 외부의 센서로 감지할 수 있다. 신경세포의 신진대사 활동이 더 활발할수록, 더 많은 양자-표시 포도당이 요구되며 따라서 더 많은 감마선이 방출된다. 컴퓨터는 감마선 측정 분포에 기초해서 위에서 아래로 내려가면서 다양하고 분명한 뇌의 신진대사 활동이 컬러 사진으로 나타나도록 영상을 재구성할 수 있다.

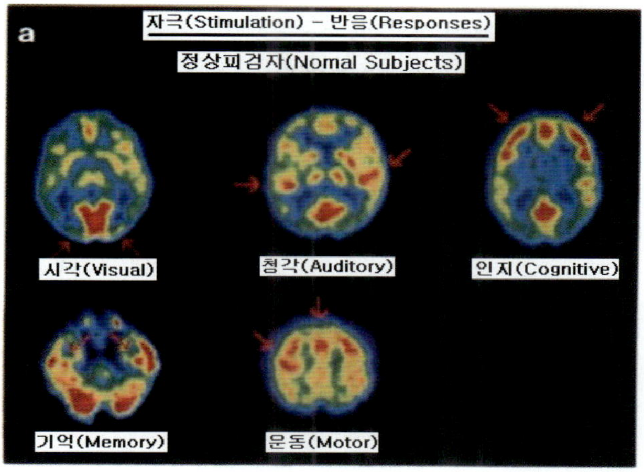

그림 5.15
정상 피검자들의 PET 연구에서 입증된 기능 신경해부학. (추적자로 2-deoxy-2[^{18}F] fluoro-D-glucose(FDG)를 사용했다.) 색깔 기준은 micromolecules/minute/100gram 단위로 나타냈으며, 범위는 2(진한 자주색)에서 45(붉은색)까지 나타낸다. 그래서 높은 활동 영역은 붉은색으로 나타나고 낮은 활동 영역은 푸른색으로 나타난다.
(a) 전 영역에서 활성화된 자극 변화를 보여주는, 시각자극은 일차시각피질(화살표 부위) 전 범위를 (조절대비 27.6±6.5퍼센트로) 활성화한다. 청각자극은 (조절대비 17~25퍼센트 증가로) 반응하며, 이 반응 영역은 크기에서는 대칭이지만 측두피질(temporal cortex) 가로단면(화살표)의 분포에서는 비대칭이다. 화살표가 전두피질(frontal cortex)의 활동을 가리키는 것처럼, 인지 수행(cognitive task)의 이미지는 자극에 대한 수동적 지각보다는 특정한 과제에 개입하는 곳의 반응을 나타낸다. 언어적 청각자극으로부터 얻은 정보를 기억하는, 기억 수행(memory task)은 (해마, 해마부위) 근심측두피질(mesial temporal cortex) 양측을 활성화시킨다. 우측 손의 손가락 연속동작에 대한 운동 수행(motor task)은 (아래쪽 화살의) 좌측운동대(left motor strip)와 보조운동피질(supplementary motor cortex)의 양측을 활성화시킨다.
(b) 청각자극은 신진대사 반응이 '그 내용에 따라서' 그리고 드물게는 피검자가 그 과제를 수용하는 데 이용한 '전략에 따라서' 다르게 나타난다. (귀는 막고, 눈은 뜬 채로) 휴식하는 동안에는 포도당 이용이 좌우 대뇌에 대칭으로 나타났다. 왼손잡이 피검자에 대한 구두(vobal) 청각자극은 뚜렷하게 좌반구에서 신진대사를 비대칭으로 (왼쪽>오른쪽 = 5~16퍼센트) 활성화시키는 반면에, 비구두(nonvobal) 청각자극(음악)은 뚜렷하게 우측 반구를 (16~27퍼센트) 활성화시킨다. 동시에 언어와 음악으로 자극을 주면 양측 반구가 동시에 활성화된다(Mazziotta et al. 1982).

(c) 피검자에게 연속적으로 음악곡조를 들려주고 나서, 하나의 연속 음악곡조가 다른 연속 음악곡조와 어느 부분에서 다른지 말해 보도록 한 경우, 포도당 이용 패턴은 피검자가 이용하는 전략에 관계한다. 시각 이미지 전략을 사용한 사람은 좌측 반구에서 뚜렷한 비대칭을 보였으며, 이 전략을 사용하지 않은 사람은 우측 반구에서 최고의 활동을 보였다. 음색 실험은 피검자가 복잡한 음조와 유사한지 다른지를 비교하도록 했는데, (화살표의) 우측 반구에서 포도당 이용이 (조절대비 22퍼센트로) 지속적으로 증가했다. (Phelps and Mazziotta 1985. 미국과학진흥재단의 양해로 인용)

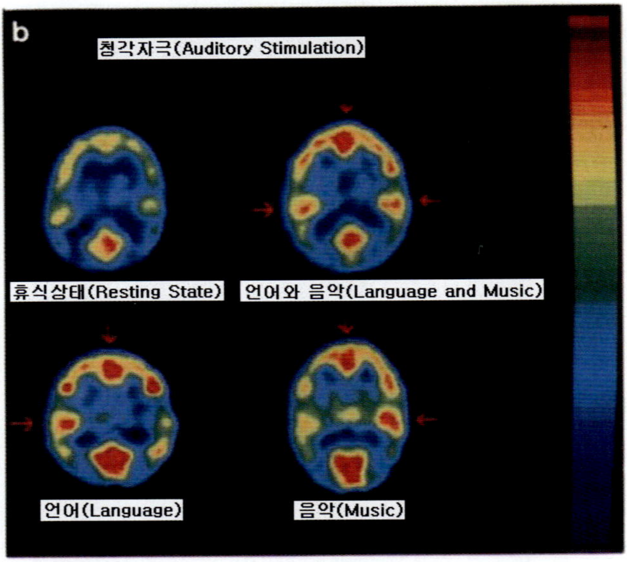

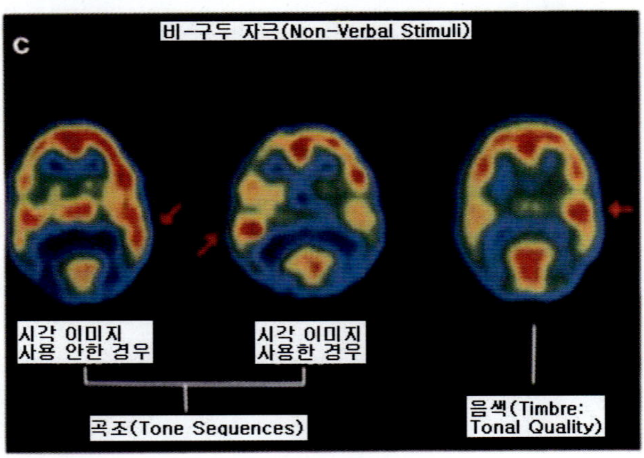

12개의 사진이 동시에 만들어지고, 피질 표면은 물론 뇌 깊은 곳에서 일어나는 신진대사의 변화가 간단히 드러난다. 그 공간적 해상도는 대개 1센티미터이지만, 원리적으로는 방출감지기의 주사선을 증가시켜 훨씬 정교하게 할 수 있다. 임상적으로 이 기계는 CT 촬영에 비해서 '알츠하이머병', '종양', '간질' 그리고 '중풍'을 진단하는 데 훨씬 정교하다. 그렇지만 기계의 가격이 비싸다(Ter-Pogossian, Raichle, and Sobel 1980, Sokoloff 1981).

PET 촬영을 이용하면 뇌의 어느 영역이 어떤 기능을 위해 전문화되었는지 알려줄 수 있어 그 중요성이 상당히 크다. 예를 들어 미쉬킨, 언거레이더 그리고 맥코(Mishkin, Ungerleider and Macko 1983) 등이 이 연구방법을 이용하여 '눈먼' 원숭이와 '눈뜬' 원숭이의 피질활동을 비교하였다. 눈먼 원숭이의 특정 영역에서 포도당 활용이 감소되었으며, 따라서 이 영역이 시각정보처리에 개입한다고 가정되었다. 이 가정을 별도로 실험하기 위해서 '전자 시뮬레이션', '뇌파기록', '뇌 손상 연구', '염료 주입방법' 등등 다른 방법으로 얻은 결과와 비교하였다. 이런 결과들을 종합하면 해부학적 가설들을 확증할 것 같다.[15)]

PET 촬영은 뇌가 하는 일을 들여다볼 수 있는 창과 같으며, 이를 이용하여 우리들은 '피검자가 마음속으로 어떤 수행(생각)을 하는지' 그 기능을 뇌 활동의 차이로 들여다볼 수 있다. 예를 들어 '수학을 하는지', '대화를 회상하고 있는지', '시각적 이미지를 이용하여 음악적

---

15) 소코로프(Sokoloff)와 그의 연구원들에 의해 개발된 한 특별한 추적자 연구방법에 관련해서 약간 논란이 있다. 소코로프 연구방법은 2탈산소포도당(2-deoxy-glucose), 즉 포도당의 아날로그 양을 이용하므로 이 연구방법에 대한 기초생화학적·생리학적 가정들에 관련된 문제가 제기된다. (Fox 1984와 Raichle and Ter-Pogossian 1984의 반박 논문을 보라.) 이 논란은 아직 정착되지 않았으며, 여하튼 이 논란은 2-deoxy-glucose 추적자에만 관심을 갖는데, 사실 이 문제는 PET 촬영에 이용될 수 있는 추적자 연구방법에만 관련된 것이 아니다.

음조를 분석하고 있는지', 아니면 '시각적 이미지를 이용하지 **않고** 음악적 음조를 분석하고 있는지' 등등의 차이를 볼 수 있다. 정상 피검자에 대한 연구에서 펠프스와 마치오타(Phelps and Mazziotta 1985)는 그런 심리학적 상태와 관련된 포도당 흡수 패턴을 발견함으로써 '심리학적 상태 내용'과 '채택된 인지 전략'의 차이점이 PET 촬영 영상에 반영될 수 있도록 했다(**그림** 5.15). PET로 파악된 모습이 심리상태의 미묘한 변화와 얼마나 정교하게 관련되는지는 아직 단정할 수 없으나, 해상도와 연구방법을 개선함에 따라서, 신경부위와 상당히 긴밀한 상관관계를 찾아낸다면, 기능 신경해부학의 획기적 진보일 것이라는 점이 바로 우리들의 희망이다. 이 연구방법은 그 한계까지 이르지 못했다(즉, 더욱 발전될 여지가 남아 있다). 이 PET 촬영 연구방법의 중요한 어려움은 가격이다. 이 연구는 강력한 컴퓨터, 필요한 동위원소(isotopes)를 만들어내기 위한 사이클로트론(cyclotron: 원자파괴를 위한 이온가속장치) 그리고 이런 장비들을 운영할 연구진을 필요로 하기 때문이다.

핵자기공명 영상(Neclear Magnetic Resonance(NMR) Imaging)

핵자기공명(NMR) 영상은 CT 촬영보다 훨씬 좋은 영상을 얻어낼 수 있으며, 방사능 물질과 이온화 방사선을 이용하지 않아도 된다는 장점을 갖는다. NMR로 영상을 얻을 수 있는 비결은 원자핵이 가진 특성을 이용하는 것이다. 원자핵이 홀수의 미립자를 가질 경우 그 핵이 회전하고 그래서 자석과 같이 움직이는 성질을 이용하는 것이다. 수소(hydrogen)와 (큰 원자량을 갖는 것으로) 인(phosphorus)은 그런 핵을 가진 원자들이다. 그런 핵을 가진 물질이 자기장(magnetic field)에 놓이면 핵의 회전축이 바뀌는데, 자석 성질을 가진 핵은 스스로 자력선에 일렬로 방향을 맞춘다. 일단 그렇게 조직화되면, 그 핵들은 새로운 방향을 가리키게 되고, 원래 상태로 재빨리 돌아가게 할 수도 있다.

이런 조작으로 정보를 얻을 수 있는 까닭은 핵이 원래 상태로 재빨리 돌아가면서 에너지를 방출하게 되며, 그 에너지 방출을 모니터링해서 영상을 재구성할 수 있기 때문이다. 즉 '수소'가 '집중된' 혹은 '분산된' 이미지를 재구성할 수 있다.

이 생각은 수소(H)와 인(P)과 같은 물질들이 '조작될 수 있으며, 그것도 선별적으로 조작될 수 있고, 신체에 홀수로 분사되어 있는' 핵을 가지고 있다는 사실을 이용한 것이다. 물론 수소는 물과 지방질(lipids)에 포함되어 있고, 그 부드러운 조직 속에 미미한 수소 양의 차이를 NMR 영상으로 볼 수 있다. 그래서 정상 뇌와 종양이나 다른 손상을 가진 뇌의 차이를 볼 수 있다. 이 영상을 통해 해부학적 정보를 얻을 수 있을 뿐만 아니라, 이론가에게 특히 관심을 끄는 것으로 신진대사의 생생한 모습 역시 얻을 수 있다는 장점이 있다. 인(P)은 삼인산아데노신(adenosine triphosphate: ATP)에 포함되어 있으며, ATP는 모든 신진대사 처리를 위해 에너지를 공급하는 에너지-저장 분자이며, 뉴런 내부에 있다. ATP는 신진대사 활동이 가장 큰 영역에 집중되며, 따라서 더 많은 인(P)의 집중은 신경계의 어느 부분이 특정한 기능에 참여하고 있는지에 대해 단서를 제공한다.

NMR 영상 연구방법은 아직 발전 중에 있으며, NMR에 열광적인 연구자들은 이것이 진료에 CT 촬영 대신 사용될 뿐만 아니라, 이 장비가 더 정교하게 됨에 따라서 신경생리학과 신경심리학에서의 가치는 더욱 높아질 것이다.[16] (여기에 관련된 좋은 소개로 R. Edelman 1984를 참조하라.)

---

16) [역주] 이 책에서는 NMR을 소개하고 있지만, 날로 발전하는 기술에 의해 현재는 'fMRI'(functional Magnetic Resonance Imagnation)라고 부른다. 뇌가 특정 기능을 수행하는 (거의) 순간적인 뇌 혈류 변화를 촬영하여 영상을 만들 수 있기에 앞에 '기능'(f)이란 말이 첨가되었다. 이 장치를 이용한 연구는 현재 매우 인기 있는 연구방법이 되었다.

6. 신경학적 연구 사례

'신경계가 어떻게 조직되어 있는지' 그리고 '그 신경계가 어떻게 행동을 유발하는지'에 관해 전망을 줄 수 있는 우선적인 분야는 '임상신경학'(clinical neurology)이다. 이것은 PET 촬영과 방사선사진촬영과 같은 장치들이 나오기 오래 전부터 그랬다. 아마도 '지식', '추상적 생각' 그리고 일반적으로 '상위기능'에 기여하는 것이 뇌라고 가정하는 철학자들이 신경학 분야를 공부하면서 놀라는 점은 '특정한 신경학적 질병이 얼마나 빈번하게 운동 장애를 포함하는지' 하는 점이다. 심지어 '인지 결핍'이 뚜렷한 경우에 전형적으로 '운동 장애'를 동반한다. 이렇게 뇌의 많은 부분이 운동조절에 관여한다는 '진화론적 고려'와 '신경생리학적 자료들'에 힘입어, 뇌는 '주로' 지식습득을 위한 장치이며, '부차적으로' 감각운동조절을 위한 장치라는 가정에 대해 의심하게 한다. (10장을 참조하라.)

따라서 신경학 연구로부터 나온 '이론'의 가치는 '우리들이 가진 관습적(규약적) 가정들을 제거할' 가능성을 제시한다는 점이다. 또한 그런 연구는 '신경계 조직'에 대한 이해와 '유연한 행동 아래 엄청나게 복잡한 신경 기계가 있다'는 생각을 갖게 한다.

몇 해 전에 나는 위니펙(Winnipeg)의 건강과학센터(Health Sciences Centre)에서 신경학 협의회에 정규적으로 참석했는데, 목요일 아침마다 당혹스럽고 놀라운 사실에 집중해야 했다. 지금도 아주 또렷하게 그 첫 환자를 기억할 수 있다. 그 환자는 의과대학에서 명예 퇴직한 교수였는데, 뇌 심층부에서 뇌졸중을 일으켜 아마도 변연계 구조(limbic structures)에 어떤 영향이 있었으며, 자주 이상하게 울었다. 그의 얼굴이 갑자기 슬픔에 잠기면서 눈물이 뺨에 흘러내렸으며, 그의 몸은 흐느낌으로 들썩이곤 했다. 그를 보기 전 신경학자는 '우는 행위'가 "평온한 감정으로 유발되지 않으며, 일상적 사건에 의해 시작되지 않는다"고 설명했다. 그 환자는 슬픔을 느끼지 않았고, 우는 경우 느낌을 갖지 않았지만, 연기로 그런 것은 아니었으며, 이 점을 그의 행동에서 확신할 수 있었다. 전적으로 확신하는데 누구라도 '그토록 비통하게 울면서도 비탄을 느끼지 않는다'는 것이 거의 불가능하다고 생각한다.

그 환자에게 울고 난 후는 물론 우는 동안에도 물어보았는데, 그는 비록 눈물을 흘리면서도 그 행동과 느낌이 전적으로 상관없는 것이라고 일관되게 설명했으며, 격분한 것을 잘 알고 있다는 제스처로 머리를 가리켰다. 우리와 마찬가지로 그 자신에게도 그렇게 우는 행동은 상당히 미스터리였다. 나의 상식에 의하면, 그 피검자가 속이려고 들지 않고서야 '슬픈 느낌'과 '슬픈 행동' 사이에 분리란 있을 수 없다. 정말로 나는 그런 일이 있을 수 없다고 믿는 철학자들을 안다. 그렇지만 사실이 그랬고, 그래서 내 상식적 가정에 치명타가 날아든 것이다.

나는 대답을 찾기 위해서 신경학 문헌을 샅샅이 뒤지기 시작했지만, 내 혼란은 전혀 감소되지 않았으며, 매주 목요일마다 우리의 상식 체계는 충격을 받았다. 우리 상식체계 내에서는 '앎', '추론함', '자아 통일', '인지능력의 연결', '개념과 믿음의 연결' 등등을 생각한다. 정상적인 뇌에서는 상식체계의 불충분함이 가려질 수 있지만, 손상된 뇌에서는 그 (상식체계란) 이론의 불충분함이 드러난다.

계속해서 기가 막히는 문제는 내가 관찰한 것을 신경학적으로 어떻게 이해해야 하는가 하는 점이다. 그런 자료들은 '통속 심리학(folk psychology)이 실제로 얼마나 결함이 많은 것인지' 그리고 '우리가 뇌에 대해 알고 있는 인지 능력 밑에 있는 더 깊은 능력들을 얼마나 알지 못하고 있는지' 납득시키기에 적절한 것으로 보인다. 예를 들어 '합리성의 본성' 혹은 '자아의 통일'에 대해 우리가 인정하고 있는 '철학적 원리'가 아주 연약한 것이었음이 드러난다. 따라서 끊임없이 신경학을 들여다보게 한다. (통속 심리학과 그 불충분함에 대한 더 깊은 논의는 8장과 9장에서 참조하라.)

아래 보여주는 예들은 실천적으로는 물론 이론적으로도 철학자들과 신경과학자들에게 '신경학 연구의 중요성을 인식시켜 줄' 몇 가지 사례들이다. 여느 큰 병원에서 근무하는 신경학자라면 누구라도 다음과 같은 사례들을 한 번 이상 볼 수 있을 것이다. 앞으로 이야기할 내 설명이 너무 단순하기 때문에 독자들은 '환자들마다 특정한 유형의 장애와 그 행동 징후가 상당히 다양할 수 있다'는 점을 염두에 두어야 한다. 증후군(syndrome)에 대한 설명은 비정상 행동이 빈번히 발생하는 분야를 골랐다.

안면인지불능증(Facial Agnosia)

이따금 우반구(RH) 손상은 환자에게 얼굴을 인식하는 능력을 상실하게 하는데, 그 결과 환자는 자신의 가족들을 포함해서 유명한 사람들의 얼굴은 물론 심지어 사진 속에 있는 자신의 얼굴까지 알아보지 못하는 경우가 있다. 그 환자는 정상적 시각을 가지며, 그래서 대상을 쉽게 인식하고 알아볼 수 있다. 이것은 대체로 단일 장애일 경우가 많으며, 환자는 사람들을 알아보기 위해 다른 단서를 이용한다. 예를 들어 안경이나 모자를 보고서 자신의 아내임을 알아보며, 그런 것들을 다른 사람이 쓰고 있게 하면 그 사람을 자신의 아내라고 판단한다.

최근의 발견에 따르면, 얼굴을 알아보지 못하는 환자에게 그 기능장애(dysfunction) 발생 이전에 친숙하였던 얼굴 사진을 보여주면 상당한 '피부전위 전도'(electrodermal skin conductance)를 보여주지만, 친숙하지 않은 얼굴 사진에 대해서는 그와 같은 반응을 보이지 않았다(Tranel and Damasio 1985). 또 어떤 환자는 새로이 보는 얼굴에 대해서도 피부 반응을 보였다. 이 실험 자료는 이 환자들이 얼굴 재인(face recognition)을 위한 생리학적 바탕이 손상되지 않았음을 보여준다. 비록 그 환자들이 정보를 '의식'하지는 못했다고 하더라도 말이다.

부분적으로 이 경우가 말해 주고 있는 것은 (오직 얼굴을 알아보는) '개별 종의 재인'이 ('찻잔', '개', '나무' 등등에 대한 재인을 도와주는) '일반적인 인지 수행'과 같지 않다는 점이다. 그래서 무언가 특별한 설명이 요구되는 중요한 질문은 '그것(얼굴 재인 능력)이 무엇이며', '동일종의 개별 대상들(individuals)을 재인하는 특별한 메커니즘을 갖도록 진화된 까닭이 무엇인지'에 관한 것이다.[17] 자신이 아닌 남을 개별자로서 알아보는 능력은 곤충들(예를 들어 귀뚜라미)을 포함해서 다른 많은 종에서도 발견되기 때문에, 여기서 제기되는 의문은 사회적 관계에 대한 뇌의 표상이 무엇이며, 그것이 어떻게 진화했는가 하는 점이다.

시각인지불능증(Visual Agnosia)

한편 시각에 이상이 없는 환자가 일상의 사물들을 알아볼 수 없지만, 만약 그들이 그 사물들을 '만져보거나' '듣거나' 혹은 '냄새를 맡도록' 한다면, 그것이 무엇인지 말할 수 있는 경우가 있다. 그 환자들은 확신에 차서 자신들이 본 사물들에 대해 그림으로 그려 보일 수 있음에도 그것이 무엇인지 말할 수는 없다. (**그림** 5.16 참조.) 이따금 이 증후군은 (색깔을 알아보는 능력이 없는) 색상인지불능증(color agnosia)과 안면인지불능증(facial agnosia) 그리고 경우에 따라서는 독서불능증(alexia)을 가진 환자들에게서 함께 발견되며, 대개는 17번과 18번 외부 시각피질 영역이 손상되었다. 이런 경우들로부터 얻은 자료들은

---

17) [역주] 우리가 눈앞에 보이는 것을 보고 늑대나 여우 혹은 고양이가 아닌 '개'로 알아볼 수 있는 것은 어떤 능력 때문일까? 철학자들은 우리가 무엇을 그것으로 알아보기 위해서는 이미 개념적 지식을 가지고 있어야 한다고 생각해왔다. 즉 개별자(individuals, particular)를 알아보기 위해서는 '보편자'(universal, 즉 보편개념)를 알고 있어야 한다는 것이다. 그런데 우리는 어떻게 개념을 얻었는가? 우리는 어떻게 새로운 지식을 얻을 수 있는가? 이제 그 실마리를 풀 단서를 이 책에서 보여준다. (11장 참조.)

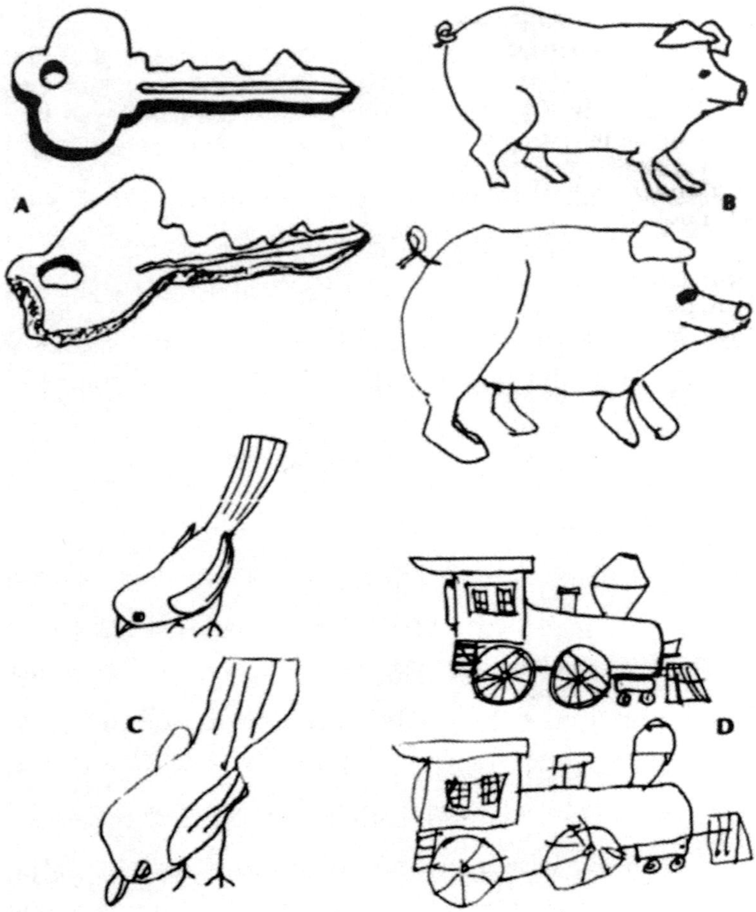

그림 5.16
시각인지불능증(visual agnosia) 환자가 선으로 그린 복사. 그리기 전에 그 환자는 어느 항목도 알아볼 수 없었고, 그림을 그리고 난 후에 그는 자신이 그린 것에 대해 다음과 같이 말했다. (A) "난 아직도 모르겠어." (B) "개나 다른 동물일 수 있을까?" (C) "해변의 그루터기일 수 있을까?" (D) "마차나 차(car) 같은 것. 큰 차가 작은 차한테 끌려가네." (Rubens and Benson 1971)

'감각모듈(sonsory moduales)의 특성과 구조'를 결정하는 데, '기초적 처리과정의 앞뒤에서 어떤 일이 벌어지는지'를 결정하는 데에 도움을 준다. (그 도움에 대해서는 Marr 1982를 참조하라.)

맹시력(Blindsight)

시각시스템에 대한 해부학적 연구를 통해서 선조피질(striate cortex: 일차시각피질 primary visual cortex)은 외측무릎핵(lateral geniculate nucleus)으로부터 상당한 양의 신경세포 돌기를 받아들인다는 사실이 밝혀졌고, 이 영역은 시각정보를 처리하는 첫 번째 영역으로 폭넓게 인정되었다. 선조피질이 손상되면 완전한 맹인이 된다고 생각되었으며, 이에 대한 실질적 증거가 발견되기도 했다. 그럼에도 불구하고, 선조피질이 제거된 원숭이의 경우 놀라운 잔여 시각능력을 보여준다는 사실이 발견되었다(Weiskrantz and Cowey 1967). 원숭이들은 심지어 선조피질 전체가 제거된 경우에도 크게 손상된 주변부를 조작하여, 2차원적 패턴들을 판별해 낼 수 있었다. 또한 '주무릎선조시각경로'(major geniculostriate visual pathway) 이외에 틀림없이 '제 2의 시각경로'가 있어야만 한다는 것이 분리뇌 피검자들에 대한 연구를 통해 암시되었다(Trevarthen 1970). 따라서 선조피질 손상 후 잔여시각능력을 설명하려면, '상구(superior colliculus)를 통과하는 정보 전달 경로가 있으며, 이곳을 통해 뇌가 시각 판별할 정보를 얻는다'는 가설이 제기되었다(**그림** 3.10, **그림** 3.11).

당연히 위의 원숭이 연구가 제기한 의문은 '선조피질이 손상된 사람의 경우에도 정상에 버금가는 잔여시각능력이 발견될 수 있을지' 하는 것이었다. 1974년에 바이스크란츠 연구진(Weiskrantz et al.)은 환자 D.B.씨에 대해 그들이 발견한 사실을 발표했는데, D.B.씨는 진료 목적으로 우반구에서 상당한 양의 선조피질을 제거하는 수술을 겪어야 했다. 그 수술 결과 그는 양쪽 눈의 좌측시야(left visual field)[18]를 볼 수 없게(일명 동측성 반맹 homoymous hemianopia) 되었다.[19] 다시 말해서 표준 임상 검사 결과와 자신이 한 표현에 따르면, D.B.씨는 '좌측시야 맹인'이었다.

잔여시각능력에 대한 실험이 이루어졌을 때, D.B.씨는 아무것도 볼 수 없다고 확언하였으며, 따라서 그가 대답한 것은 단지 추측인지 물어보았다. 이 실험에서 그는 주변의 조잡한 특징에 비추어 판별할 수 있었고, 그것도 상당히 정확하게 해냈다. 그 실험에서 제시된 제시물이 너무 작지 않고 제시 시간이 대략 650밀리 초보다 짧지만 않으면, 불빛의 수직 막대와 수평 막대를 그리고 O 모양과 X 모양을 똑바로 구별해 냈다. 또한 자신의 **맹시야**(blind visual field)에서 불빛점이 빛나고 있는 위치를 아주 정확하게(29/30, 30/30 등등의 정확성으로) 지적할 수 있었다. 그가 '의식적으로' 시각정보를 이용할 수 없었음에도 불구하고 D.B.씨의 '추측'은 단지 추측이 아니었으며, 그는 시각정보를 이용하여 판단했던 것이다.

인간을 실험 대상으로 한 이 첫째 실험에 이어서, 그 결과를 확증할 목적으로 다른 실험이 있었는데, 그 실험에서는 실험 절차와 통제를 정교하게 하여 '여분의 시야'(visual field)가 (맹시야에 보인) 시각 자극을 받을 가능성을 배제하였다. 페레닌(Perenin)과 제너로드(Jeannerod)는 한쪽 반구에서 시각피질을 완전히 제거한 6명의 피험자를 실험하였으며(1978), 그들은 잔여시각능력에서 D.B.씨와 비슷하였다. D.B.씨처럼 그들은 자신들의 '맹시야'에서 시각표적을 지적하는 데에 그리고 삼각형이나 원형과 같은 동일발광패턴(equiluminant pattern)을 알아보는 데에 놀라울 만치 정확했다. 반면에 **전무릎**(pregeniculate: 시각교차

18) [역주] 'visual field'(시야)란 말에서 'field'는 '망막에 보이는 범위'를 가리키며, 앞서 사용한 'area'(영역)란 말은 '뇌의 피질 부위'를 가리키는 말로 구분된다.

19) 정형화된 임상 진단에 근거해서 보면 좌측시야(left visual field)에 여분으로 생각되는 몇 개의 아주 작은 조각들이 사실 있었다.

chiasmatic) 손상으로 맹인이 된 두 피검자의 경우에는 이 판별실험에서 운으로 맞추는 정도 이상 해낼 수 없었다. 이 대비는 중요한 의미를 갖는데, 그런 곳의 손상이 망막으로부터 다른 어느 곳으로 가는 정보를 차단하기 때문이며, 따라서 '주무릎선조시각경로'와 가정되는 '두 번째 시각경로' 모두가 끊긴 것으로 생각되었다.

'제 2의 시각경로' 가설은 여전히 쟁점이 되고 있으며, 어떤 연구자들은 '맹시력(blindsight) 현상'이 '손상되지 않은 부분의 시각영역에 산발적 빛이 들어옴으로써' 혹은 '여분의 선조피질 조각에 의해서' 설명될 수 있을 것이라고 보기도 한다. (Campion, Latto, and Smith 1983 그리고 그 주석서들을 참조하라.)

맹시력의 경우는 수많은 이유로 관심이 가는데, 그중에 하나는 피험자들이 주변 환경의 특징에 대해 시각적으로 설명하고 있지만, 그들이 시각 경험에 근거해서 그럴 수 있는 것은 아니라는 점이다. 즉 피험자들은 '불빛점이 어디에 있는지'에 대한 어떤 시각적 앎을 갖지 못하는 것 같은데도 그 위치를 말할 수 있다. 이따금 그 피험자들은 '따끔거리거나' 혹은 '먼 거리의 (사격의) 섬광'과 같은 느낌을 갖는다고 인정하긴 하지만(Richards 1973), 그런 경험은 시각적 경험이 아니다. 놀라운 사실은 자신의 시각적 앎을 부정하는 피험자일지라도 자신의 맹시야에 원이나 사각형이 있는지 어떤지를 계속해서 바르게 지적하거나 혹은 결정한다는 점이다.

그 정도의 정교한 행동은 피험자가 부분적으로라도 '알고 있었음'을 함축하며, 만약 피검자가 불빛 위치를 체계적으로 보고하면, 그 피검자가 틀림없이 자신이 판단할 시각 경험을 갖는다고 인정하는 것이 무난할 듯싶다. 실험 결과는 분명히 이런 가정에 대해 의심하게 하지만, 앎에 관해서 대체적으로 동의하는, 즉 '만약 안다면, 그가 알고 있다는 것을 안다'는 가정을 포기함으로써 피해 갈 수 있겠다. 다시 말해서 우리는 다음 두 명제 모두를 가정할 수 없다. (1) 만약 누군가 세계에 대한 현재의 어떤 특징을 관찰해서 보고할 수 있다면(충분조건), 그는 그것을 경험한 것이다. (2) 만약 자기가 경험한 것을 알고 있다면(필요충분조건으로), 그는 그것을 경험한 것이다.

비록 맹시력 연구로부터 얻은 결과를 생각해 보면, 그중에서 어느 가정을 버릴 것이며, 어느 가정을 수정할 것인지, 혹은 위 양자 모두를 수정해야 할지 분명하진 않지만, 우리들이 가지고 있는 '앎'이란 '어떤 종류의 상태'라는 개념을 수정할 필요가 분명히 있다. 물론 이 문제와 관련된 다른 실험 결과도 있다. 예를 들어 임상적 경우들과 별개로 신호감지이론(signal detection theory)은 '누군가가 무엇을 경험했는지 아닌지'는 사람들이 흔히 희망하듯이 '그 사진'이나 '그대로의 사건'에 의해서 밝혀질 것이 아님을 분명히 보여준다(Swets, Tanner, and Birdsall 1964). 철학적 관점에서 보면, 이것은 우리로 하여금 개념적 수정을 하게 하는 경험적 발견의 한 실례이다. (Patricia S. Churchland 1980a, 1983; 그리고 7장과 8장을 참조하라.) 다음 경우는 이에 대한 추가적인 실례가 된다.

실명거부증(Blindness Denial)

소위 안톤증후군(Anton's syndrome)이라는 실명거부증은 간혹 갑작스런 피질성 실명(cortical blindness)으로 발생한다. 임상 설명에 따르면 그런 환자들은 '볼 수는 없지만', 어떤 이유로 인해서 장애를 인식하지 못하고, 자신들이 볼 수 있다는 믿음을 고집한다. 그 환자에게 시각결함이 있는지 없는지 묻게 되면, 불빛이 너무 흐릿했다고 불평하면서 자신들의 시각은 매우 정상이라고 말하곤 한다. 가구에라도 부딪힐 경우 실명거부증 환자들은 전형적으로 둘러대곤 하는데, 그럴 때면 주변에 물건들이 너무 많이 놓여 있고 그것들이 형편없다는 등등을 주장한다. 무엇을 보았는지 물으면, 다시 둘러대는데, (의사가 네 손가락을 펼쳐 보이면) 두 손가락이라고 대답하며, (의사는 넥타이를 매고 있지 않지만) 의사의 넥타이가 갈색이라고 대답하며, (간호원이 없었지만) 2명의 간호원이 있다고 대답하곤 한다. 그 둘러대는 말이 그 상황에 적절하기 때문에, 환자가 '고의적으로 그렇게 꾸며댄다거나' 혹은 단지 '뻔뻔스럽게 아닌 척한다'는 증거를 발견할 수 없다.

시각로(optic tract)나 혹은 시상(thalamus)에서 시각피질로의 투사에 손상이 발생할 경우 그런 거부증은 나타나지 않으며, 오직 시각피질이 손상된 경우에만 나타난다. 그런 장애가 왜 발생하는지는 분명하지 않으며, 기껏해야 그 환자가 상실한 능력을 들어 그 증후군을 새롭게 기술할 수 있을 뿐이다. 킨스번(Kinsbourne 1980)에 따르면, 대뇌 손상으로 분석기(analyzer)에 고장을 일으킨 (분석기의 출력을 보면 시각입력이 없음을 알 수 있는데) 환자는 '시각입력이 없음'을 알지 못한다. 자신의 실명을 인정하는 다른 실명 환자와 달리 거부증 환자들은 '손동작에서 새로운 보정' 기술을 획득하지 못하며, 말을 더듬어 둘러대며 고집부리는 경향이 있다.

비슷한 증후군을 '우반구두정(RH parietal) 손상'과 '좌측신체마비'(left-sided paralysis) 환자에서 찾아볼 수 있다. 그들은 종종 자신들의 마비 증세를 부정하며, 자신들이 꽤 정상적으로 움직일 수 있다고 고집한다. 마치 실명거부증 환자들처럼 자신들의 행동을 완고하게(그렇지만 편안하게) 둘러댄다. 그 마비 환자들에게 자신들의 사지(limbs)가 마비되었다고 가르쳐주면 혼란스러워하며 성을 낸다.

이런 거부증은 '일반적인 착란'(confusion)이나 '지능저하'(intellectual deterioration)로 혹은 '허세 부림'으로 설명될 수 있다는 제안은 사실 그럴 법하지 않은 생각이다. 비색(Bisiach) 연구진이 (출판되지 않은 저작에서) 보고한 바에 따르면 거부증은 기능별로 나눠진다. 예를 들어 어떤 환자는 실명(blindness)을 부정하지만, 부전실어증(dysphasia: 대뇌장애 실어증)이나 반신불수(hemiplegia)는 인정한다. 더구나 '착란'은 전형적으로 거부증에만 한정되며, 그 이외의 문제에는 상당히 현실적이며 명쾌하기까지 하다.

피질이 아니라 척수가 손상된 환자는 전형적으로 자신의 무력함을 알고 그것을 부정하지 않는다는 점을 주시하라. 또한 유사한 패턴 중의 하나는 착각성 실어증(jargon aphasia)을 가진 환자로, 두정영역과 측두영역에 손상을 입은 환자이다. 브로카 실어증(Broca's aphasia)을 가진 환자와 비교해서, 그 환자들은 자신들의 장애를 알지 못하는 경향이 있다. 다른 점에서는 지능적으로 손상되지 않았음에도 불구하고, 그들은 '자신들의 말이 이해되지 못하고, 의사소통이 성공적이지 못함'을 완전히 알아채지 못한다. 일반적으로 인정되는 바에 따르면, 이 거부증 증후군은 변연계 구조의 손상과 관련이 있으며, 피질만 손상된 경우에는 발생하지 않는다고 한다. 그 환자의 (평소의) 병전 성격(premorbid personality) 역시 하나의 원인이 될 수도 있을 것이다. 그렇다고 '거부증 증후군이 일종의 정신병이다'라는 뜻은 아니다. (특별히 Weinstein and Kahn 1955, Kinsbourne and Warrington 1963b를 참조하라.)

이 거부증 증후군이 관심을 끄는 것은 이런 사례들이 우리들의 일반적 가정, 즉 만약 '자신의 팔을 볼 수 없고 움직일 수 없다면 그 자신이 그 사실을 (반드시) 알 수 있다'는 가정, 그리고 만약 '이해할 수 없는 대화를 한다면 그 자신이 의미전달을 하지 못하고 있음을 즉각적으로 알 것이다'는 가정에 이의를 제기하기 때문이다. 이제 이런 상식적 가정들은 문제가 있어 보이며, 그래서 실명거부증과 다른 거부증 증후군은 '안다는 것'이 무엇인지에 관한 상식적 개념이 수정되어야 함을 시사한다. 좌우측 반구 단절(disconnection), 편측무시증(hemineglect)(다음에 설명) 그리고 맹시력(blindsight)과 같은 '앎'에 관련된 다른 경우들과 함께, 이 거부증 증후군은 우리로 하여금 '의식'에 관련된 상식적 개념으로부터 물러서게 하며, '의식'의 조건과 차원에 대해 우리들이 뇌 연구로부터 배워야 할 것이 많이 남아 있음을 시사한다.

(나는 이것에 대해 8장과 Patricia S. Churchland 1983에서 더 깊게 논의한다.)

이런 실험 결과를 가지고, 실명거부증으로 어려움을 겪는 환자들에 대한 임상적 특징을 말하자면 다음과 같다. "그 환자들은 실명했지만, 그들은 자신들이 실명했다는 것을 알지 못한다." 그런데 몇몇의 철학자들이 나에게 제시한 바에 따르면, 이 경우는 틀림없이 잘못 기술된 것이라고 주장한다. 왜냐하면 '의식'이란 개념의 필연적 특징은 다음과 같기 때문이라는 것이다. 즉 누군가 '의식을 가지고 있는 한', 그리고 전적으로 '판단을 내릴 수 있는 한', 만약 그가 시각경험을 갖지 못한다면, 그는 시각경험을 가지고 있지 못함을 알 것이며, 그 역도 성립한다. 한 마디로 말해서 당신이 장님인지 아닌지 당신 자신이 모를 수는 없다는 것이다. 물론 나는 그 경우가 잘못 기술될 수 있음을 인정하며, 나는 경험을 어떻게 서술해야 정확한 것이 될 수 있을지도 이해 못하고 있다. 그렇지만 그 경우가 잘못 기술되었음을 '선험적으로' 알 수 있다는 의견에 나는 동의할 수 없다. 내 견해로는 '의식' 개념에 대한 '필연적 특징'이 무엇인지는 실명거부증이란 현상에 의문을 제기한 '경험적' 가정에 근거해서 주장되어야 한다. 그리고 그 가정이 지탱될 수 있는지 없는지도 오직 경험적 사실만이 결정할 수 있다.

편측무시증(Hemineglect)

'편측무관심'(hemi-inattention)이라고도 부르는 편측무시증(반쪽무관심)은 대체적으로 우측두정손상(right parietal lesion)과 관련되며, 변연계 구조 내지 그물형성체(recticular formation)의 손상으로 일어나는 증후군이다. 심할 경우에 환자들은 손상된 부위의 반대측(contralateral) 편측공간(hemispace)의 사건을 무시하고 알지 못하는 것 같다. 그 환자들은 오직 신체의 오른쪽에만 옷을 걸치고 씻으며, 접시에 놓인 오른쪽 음식만을 먹고, 한 페이지에서 오른쪽만을 읽고, 그림에서도 오른쪽만을 그린다. 그 페이지를 우측 편측공간 쪽으로 완전히 밀어놓을 경우에도, 역시 그 환자는 그 페이지의 오른쪽만을 읽는다(**그림** 5.17). 자신의 신체 바로 앞을 가리켜보라고 하면, 그 편측무시증 환자는 자신의 우측 절반공간의 중앙을 가리키는 경향이 있다.

그렇지만 이런 환자들은 좌측 시각영역에 시각 장애를 가지고 있지 않으며, 때때로 좌측 절반공간의 자극에 반응하기도 하나, 일반적으로 그들은 이 공간을 마치 없는 것으로 단순히 무시한다. 이따금 자신들의 왼쪽 팔이나 다리에 대해 그것이 누구의 것이며 혹은 왜 자신의 침대에 놓여 있는지 물을 경우 자신들이 그 소유주임을 부정하기도 한다. 정도가 덜한 경우에는 마지못해서 자신이 소유주임을 인정하긴 하지만, 그 사지를 마치 대상처럼 취급한다. 이따금은 좌측 사지의 고통을 우측에서 느끼는 것처럼 보고하기도 한다.

크리칠리(Critchley)는 한 환자가 자신의 왼쪽 팔에 다음과 같이 이야기하는 것을 보고했다. "너 개자식아! 이건 영혼도 없는 형편없는 놈이다. 이건 날 졸졸 따라다닌다. 이것은 내가 독서할 때에도 날 방해해. 내 얼굴까지 손이 올라오기도 하고, 휘둘러지기도 한다."(1979: 118) 이런 현상에 대해서 역시 관심이 가는 점은 '편측무시증 환자들이 왼쪽 얼굴의 이미지를 판독하지 못할 수 있다'는 사실 때문이다. 비색과 루자티(Bisiach and Luzzatti 1978)는 환자들에게 잘 알려진 밀라노(Milan)의 광장을 마음 속으로 그려보라고 요청하면 그들은 '우측 편측공간'에 대해서는 마치 자신이 그 광장을 마주 대하고 있듯이 상상하여 상세하게 말할 수 있었지만, '좌측 편측공간'에 대해서는 설명하지 못했다. 그렇지만 그 환자들은 (왼쪽 절반공간에 대한) 기억을 가지고 있었다. 왜냐하면 그 환자들에게 다른 방향에서 그 광장을 접근하는 상상을 하게 하면, 이번에는 정확하게 그 빠뜨렸던 부분을 기술할 수 있었기 때문이다. 그렇지만 이번에도 역시 그 우측 편측공간만이었다.

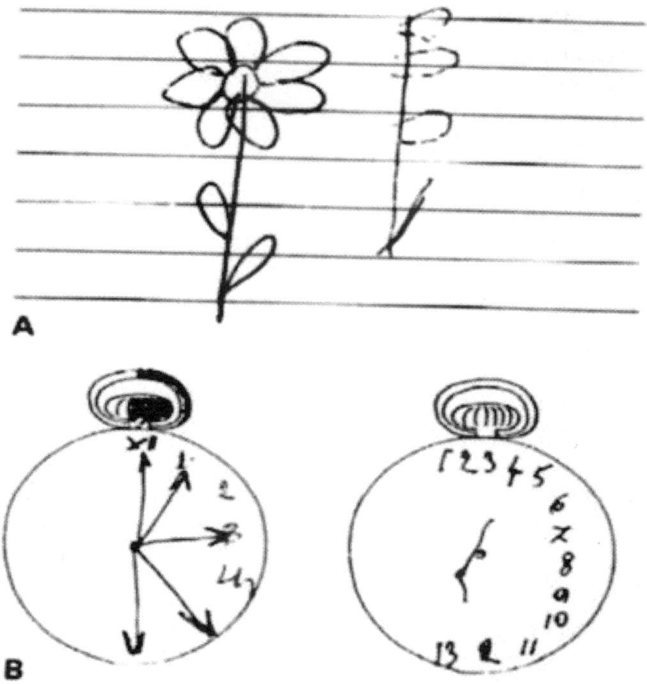

그림 5.17
(A) 연구원이 왼손으로 데이지 꽃을 그리고, 편측무시증(hemineglect) 환자가 오른 손으로 그 꽃을 그렸다. (Heilman et al.(1983). In *Localization in neuropsychology*, ed. A Kertesz. New York: Academic Press.) (B) 편측무시증 환자에게 시계 면을 채워 그리라고 해서 그린 그림. (Bisiach et al. 1981)

우반구 손상을 입은 귀머거리 환자에 대한 연구에서 설크 연구소(Salk Institute)의 클리마(Klima), 벨루기(Bellugi)와 그 연구원들은 놀랍고 상당히 역설적인 많은 발견을 이뤄냈다(Bellugi, Poizner, and Klima, 앞으로 출판될 예정). 그 환자들은 모두 미국식 수화언어(American Sign Language)에 능숙했고, 수화가 본질적으로 공간시각 기술(visuospatial skills)을 포함하며, 수화할 줄 하는 귀머거리 환자들은 말할 줄 아는 환자들처럼 '장애'와 '손상 부위'에서 동일한 관련을 보여준다는 사실이 밝혀졌다. 말하자면 귀머거리 환자들은 좌반구 손상으로 실어증 증후군(aphasic symptoms)을 보였으며, 우반구 손상으로 공간시각 결함을 보여주었다. 그런데 좌측 편측무시증(left hemineglect) 환자들의 경우 수화하고 이해하는 능력에 어떤 일이 일어날까? 그런 환자들도 의사소통을 목적으로 왼쪽 절반공간을 이용할 수 있을까?

그 대답은 복잡하면서도 놀라운 것이었다. 우선 '공간'이 '수화'에서 중요한 역할을 담당한다는 점을 아는 것이 중요한데, 어휘 차원(lexical level)에서 신호를 달리해야 하며, **형태 차원**(morphological level)에서 억양을 주어야 하고, **구문 차원**(syntactic level)에서도 신호를 달리해야 한다. 구문 차원을 예로 들면, 대화 중에 명사가 도입되면 수평면 상의 임의의 지칭 지점과 관련지어야 하며, 그 다음에는 그 지점을 수화로 가리키면서 대명사로 지칭해야 한다. "그가 그녀를 따라갔다"에서 동사로 규정된(주어와 목적어가 가리키는) 대상들 사이의 관계는 공간적 관계와 지정된 지점들 사이의 운동방향으로 규정될 것이다(Klima and Bellugi 1979).

이제 벨루기(Bellugi), 포이즈너(Poizner) 그리고 클리마(Klima)에 의해 실험된 '편측무시증 수화 피검자'들 중 한 사람에 대해 생각해 보자. 그 환자의 방을 서술해 보도록 했을 때, 그녀는 그 모든 가구들을 그녀의 우측 편측영역(right hemifield)에 쑤셔 넣었다. '사각형'에 대해 수화로 표시하도록 했더니, (사각형의) 좌변을 빼먹었다. 이 놀라운 실험 결과에도 불구하고, 그녀는 지속적으로 수화의 구문을 위해서는 좌측 편측영역을 아주 정상적으로 사용한다. 그리고 상대방이 수화로 양쪽 편측영역을 사용한 신호들에 대해 그녀는 정상적으로 이해한다. 공간이 구문의 표현을 위해서 사용될 경우 그 피검자는 공간을 어느 정도 알 수 있고, 지점들 사이의 적절한 공간관계를 알 수 있지만, 마치 방을 기술할 경우처럼 공간을 직접 표현해야 할 경우에는 공간에 대한 표현은 반쪽으로 잘려진다.

설득력 있는 이론(Heilman 1979)에 따르면 '편측무시증은 방향 맞추는 메커니즘(orienting mechanism)의 결함'이다. 다른 주장에 따르면 '환기시키는 메커니즘(arousal mechanism)의 결함'이다(Kinsbourne 1977). 그렇지만 비색(Bisiach)과 루자티(Luzzatti)에 의해서, 그리고 벨루기(Bellugi), 포이즈너(Poizner) 그리고 클리마(Klima)에 의해서 이끌어진 이 연구는 공간 표현이 중요하게 개입된다는 것을 시사하고 있기는 하다. 어쨌든 우리가 주의집중(attention)의 본성과 기능에 대해 아주 조금밖에 이해하고 있지 못한 관계로 위 이론들은 단지 시작에 불과하다. 관련된 현상들과 더불어, 편측무시증은 '주의집중', '앎' 그리고 '의식'을 위한 '뇌 메커니즘'에 대한 중요한 문제를 제기하며, '신체 도식'에 관하여 혹은 뇌가 틀림없이 가지고 있을 '신체-내-공간표상'에 관해 중요한 문제를 제기한다. 또한 그 이론들은 현상론적 접근과 주관적 관점이 결코 최종의 결말은 아니며, '앎', '의식' 그리고 '주의집중'의 본성을 이해하려는 우리 노력의 시작일 뿐임을 다시 한 번 강조한다.

계산하는 괴력(Calculating Oddities)

일상적인 사람들이 셈하고, 즉 수학적 계산을 수행하며, 복잡한 등식을 푸는 능력은 놀랍다. 경우에 따라서 계산 능력에서 뛰어난 발달이 있기도 하는데, 그렇게 되면 복잡한 수학 계산을 머리로 상당히 빠르게 수행할 수 있다. 계산 잘하는 신동은 자폐성 증후군을 보이기도 하며, 미친 경우(백치석학: idiots savant)도 있으며, 그들의 능력은 상당히 제한될 가능성이 높다(Sacks 1985).

크리칠리(Critchley 1979)는 몇 명의 심각한 지진아가 탁월한 계산 능력을 가지고 있는 것을 보고하였다. 유명한 예로 플러리(Fleury)는 '파괴성 둔치'(destructive imbecile: 파괴성 치우)인데, 465,484,375의 3입방근(= 775)을 13초만에 구하고 날짜에 관해 신동과 같은 능력을 가지고 있지만, 기하학의 기초도 파악하지 못한다.

그런 몇 명의 신동들은 여러 달 동안 신문지상에 머릿기사로 장식되기 마련이지만, 반면에 심각한 지진아이기도 하다. 계산 잘하는 신동은 또한 스리니바사 라마누잔(Srinivasa Ramanujan)[20)]의 경우처럼 수학적 천재이기도 하다는 점이 놀랄 만하지만, 일반적인 지적 능력은 형편없고 오직 계산 능력만이 특출할 경우 이것이 수학적 능력에 관련해서 무엇을 함축하는지 알 수 없다. 어떻게 그 수학적 능력들이 다른 지적 능력들과 무난하게 통합될 수 있을까? 그 수학적 능력들이 어떻게 발달한 것일까? 그 수학적 능력들이 지진아의 뇌에서 그렇게 탁월하게 발달할 수 있는 것은 왜일까? 그런 발달이 어쩌면 다른 능력을 대가로 지불하고 나타날 수 있었던 것은 아닐까?

이따금 뇌졸중 환자들은 전혀 셈을 할 수 없어서, 수열에 대한 의미, 두 숫자 중 어느 것이 큰지, 어떻게 셈을 하는지, 어떻게 수를 동일하게 하는지 등등에 대한 모든 능력을 상실하곤 한다. 어떤 환자는 곱셈을 할 수 있지만 덧셈을 할 수는 없다. 이런 현상이 실어증(aphasia), 독서불능증(alexia) 혹은 단기기억(short-term memory) 결함 등과 함께 일어날 경우, 수학불능증(anarithmia)은 부차적인 것이 되지만, 이따금 단일 장애를 보이기도 한다.

수학적 개념들에 대한 무능력은 타고난 것일 수 있으며, 다른 지적 결함에 언제나 수반되는 것은 아니다. 내 관심을 끄는 특별히 주목할 만한 사람이 있다. 그 사람은 비범할 정도의 지적 능력을 가지고 있지만, 어려서부터 숫자를 파악하는 능력에 문제가 있어서, 가장 단순한

20) 하디(G. H. Hardy 1940)는 다음과 같이 회상한다.
"나는 그를 한 번 만난 적이 있는데, 그때 그는 퍼트니(Putney)에 아파서 누워 있었다. 나는 택시번호 1729번을 탔고, 내 생각엔 그 숫자가 그저 그런 숫자이며, 불길한 징조가 아니길 바란다고 말했다. 그가 '아니요'라고 대답했다. '그것은 아주 재미있는 숫자예요. 그 숫자는 두 가지 다른 방식으로 2의 세제곱의 합으로 표현되는 가장 작은 숫자입니다'라고 말했다."

계산을 하지도 못한다. 그는 하나에서 열까지의 숫자를 알아보기는 하지만, 그 숫자들의 의미를 알지는 못하며, 본질적으로는 의미 없는 기호를 배우는 것과 같다.

그는 자신을 아주 부유하게 만들어주는 나름대로의 비범한 보완책을 가지고 있지만, 숫자에 대한 무지는 상당히 수치심을 주는 것이었다. 그 사람은 자신의 약점을 너무나도 잘 알고 있기에 자신이 요구하는 계산을 할 회계사를 고용했고, 한 회계사만을 신뢰하는 것이 위험하다고 보았기 때문에 여러 회계 회사에게 검토를 맡겼다. 총계(잔고)를 계산하는 문제를 위해, 자신의 아내로 하여금 유리병에 비료나 씨앗을 채워 그 높이에 색으로 선을 긋도록 했다. 이런 비범한 머리를 써서 숫자 없는 삶을 성공적으로 살 수 있었으며, 남들이 가지고 있는 계산하는 능력을 이용하였다. 그는 지적인 면에서 백치의 정반대여서 단지 산술만 못하는 것으로 보였다. 이런 사실은 잘못 기술될 수 있는데, 왜냐하면 관찰자에게 발견되지 않거나 혹은 일상적 실험에서는 찾을 수 없는 미묘한 장애가 있을 수 있기 때문이다(McCloskey, Caramazza, and Basili 출판 예정).

'뇌가 무엇을 하는지' 그리고 '뇌가 어떻게 구성되어 있는지' 우리들의 이해와는 상반되는 무수한 경우들이 있다. 다음과 같은 사실을 어떻게 설명할 수 있을까? 일부 수두증(hydrocephalic) 환자들 중에 뇌실(ventricles)이 확장하여 두개강(cranial cavity)의 90퍼센트 이상을 점유하면서도 IQ는 평균 이상이며 대학 학점도 좋은 경우가 있었다(Berker 1985).[21] 환자의 시각 경험이 뇌졸중에 의해서 정상적 경험의 좌우가 뒤바뀐(mirror image) 경우가 있는데(거울에 비친 경우처럼),

21) 뇌실(ventricles)은 뇌척수액(cerebrospinal fluid)으로 채워진 내강(cavities)이다(**그림** 3.6). 이따금 그 강과 연결된 관이 막혀서 뇌척수액이 밖으로 빠져나오지 못하고 계속 모이게 되면 뇌실벽에 압력을 가한다. (앞의 3장 2절을 보라.)

그는 오직 거울을 통해서만 독서를 할 수 있으며, 서명도 거울에 비추어 쓰며, 야구에서는 홈에서 3루로 그리고 2루로 이어서 1루로 뛰어서 홈으로 돌아오게 되며, 도로에서도 왼쪽으로 운전을 시도하는 경우에, 도대체 뇌에 어떤 변화가 일어난 것일까? 그 경우는 우리에게 공간 표상의 본성에 대해 무엇을 설명해 줄까? 이 사실은 한 사람의 신체-내-공간에 대한 뇌의 표상을 어떻게 설명해 줄 것인가?(Heilman et al. 1980)

신경학 연구는 일찍이 뇌에 대한 놀라움을 제공해 주며, 계속 사람들의 관심을 끌고 있다. 새로운 영상 기술이 나타남에 따라서 '손상된 부위'를 '수행 장애'와 관련시켜 설명할 수 있는 길이 열렸는데, 이것은 상당한 가치가 있다. 예를 들어 만약 우리들이 알츠하이머병(Alzheimer's disease: 노인성치매 senile dementia)을 특정 영역의 퇴화와 관련지어 설명할 수 있고, 그러한 퇴화가 신경전달물질의 결핍과 관련지어 설명할 수 있는 발견을 이뤄낸다면(Perry and Perry 1982), 우리들은 그 질병을 일으키는 파괴를 막거나 역전시킬 연구에 착수할 수 있을 것이다. 더구나 내가 처음에 언급했던 바와 같이 신경학적 연구는 '마음의 본성이 무엇인지'에 대한 우리의 '직관들', '가정들' 그리고 '공통의 진실들'을 흔들어대고 자리를 박탈시킬 가능성을 가졌다는 점에서 또한 실질적으로 중요하다. 자리가 박탈된 직관들은 새로운 이론에 자리를 넘겨줄 것이며, 신경학적 연구가 호기심을 자극시켜서 (뇌 내부의) '이론제작 장치'를 가동시킬지도 모를 일이다.

7. 결 론

이 단원에서 논의된 어떤 연구방법도 뇌의 상위기능들이 '어느 곳에서 어떻게 운영되는지' 확실히 말해 줄 수단을 우리에게 제공하지 못한다. 그 어떤 경험적 절차도 완벽하지 못하며 결점을 가지고 있다.

그럼에도 불구하고 각각은 그 나름대로 유용하며, 명확한 실험적 절차들로부터 얻은 실험 결과들이 천천히 공동의 가설로 출현할 것이라는 희망을 준다. 따라서 인간 연구는 동물 연구와 연합해야 하며, 임상적 연구는 정상인에 대한 연구와 연합해야 하고, 손상 뇌에 대한 실험 결과는 (자극하고 기록하는) 전기생리학적 탐구로부터 얻은 결과와 연합해야 하며, 그리고 그것들은 다시 해부학적 정보, 행동 실험 결과 (ERPs, PET 스캔, 순간노출기와 반응시간 연구 등등), 신경발생학적 (neuroembryological) 실험 결과 등등과 연합해야 한다. 화이트만 리처드(Whitman Richards 1983:461)는 다음과 같이 간결하게 말했다.

> 그렇게 많은 심리신경학적 실험들이 결함을 가지고 있다면 왜 그렇게 애쓰는가? 불완전한 방식으로 행동을 연구하게끔 우리들 대부분에게 동기를 부여한 한 가지 이유는, 우리들의 불완전성이 언제나 한 실험을 다른 실험으로부터 구별하며, 그렇게 해서 기초 메커니즘들에 대한 이해에 근접해 가기 때문이다.

참고도서

Bryden, M. P. (1982). *Laterality: Functional asymmetry in the intact brain*. New York: Academic Press

Feindel, W., R. S. J. Frackowiak, D. Gadian, P. L. Magistretti, and M. R. Zalutsky, eds. (1985). Brain metabolism, and imaging. *Discussions in Neurosciences* 2/2 (special issue).

Galambos, Robert, and Steven A. Hillyard, eds. (1981). *Electrophysiological approaches to human cognitive processing*. (Based on a work session of the Neurosciences Research Program, 1981.) *Neurosciences Research Program Bulletin* 20:141～265.

Gazzaniga, Michael S., and Joseph E. LeDoux(1978). *The integrated mind*. New York: Plenum.

Hecaen, Henri, and Martin L. Albert, eds. (1978). *Human neuropsychology*. New York: Wiley.

Kertesz, Andrew, ed. (1983). *Localization in neuropsychology*. New York: Academic Press.

Kolb, Bryan, and Ian Q. Whishaw (1980). *Fundamentals of human neuropsychology*. San Francisco: W. H. Freeman.

Mendelson, Wallace B., J. Christian Gillin, and Richard Jed Wyatt (1977). *Human sleep and its disorders*. New York: Plenum.

Perecman, Ellen, ed. (1983). *Cognitive processing in the right hemisphere*. New York: Academic Press.

Squire, Larry R., and Nelson Butters, eds. (1984). *Neuropsychology of Memory*. New York: Guilford.

Thompson, Richard F. (1975). *Introduction to physiological psychology*. New York: Harper and Row.

제 2 부

과학철학의 최근 발전

6 장
서론과 역사적 개요

어떤 제 1 철학도 없다.[1)]

콰인(W. V. O. Quine, 1969)

1. 서 론

신경과학 영역 내에서 한 차원의 일반성(generality) 문제는 불가피하게 상위차원과 하위차원의 일반성 문제를 제기한다.[2)] 예를 들어 망

1) [역주] 전통적으로 서양철학자들이 '철학'을 '제1철학'이라고 했다. 철학을 그렇게 호칭했던 이유는 철학이 여타 학문들 위에서 그 학문들에 대한 정당성을 제공한다고 생각했기 때문이었다. 철학(philosophy)을 가리키는 다른 말로 '형이상학'(Metaphysics)이란 용어는 아리스토텔레스의 한 저작 이름에서 처음 사용되었으며, '물리학 다음에 공부할 것'이라는 뜻을 가졌다. 그 이름이 의미하듯이 서양철학은 전통적으로 '여타 학문들의 통합 원리를 제공하겠다'는 의도를 가지고 있었다. 그러나 콰인은 이제 철학이 여타 학문들보다 높은 위치에 있지 않다고 주장한다. 따라서 콰인이 "어떤 제1철학도 없다"라고 한 말은 "철학이 모든 학문들에 대한 통합 원리를 제공할 수 있는 메타(meta) 학문이 아니다"라는 뜻으로 이해하면 된다.

2) [역주] '일반성'이란 '법칙성'이란 말과 바꿔 써도 크게 문제될 것이 없다. 따라서 이 문장을 아래와 같이 이해하면 된다.
"신경과학 내에서 한 차원을 설명하는 이론 혹은 법칙을 탐구하려면, 어쩔

막이 어떻게 작용하는지 알려면, 눈의 간상체(rods)와 추상체(cones)의 미세 구조에 대한 탐구는 물론 생화학 내지 물리학적 탐구에까지 내려가야 하며, 역으로는 뇌의 시각외피(visual cortex)의 뉴런 구조와 기능에 대한 탐구에까지 올라가야 한다. 이렇게 우리 앞에 풀어 헤쳐진 실타래를 따라가다 보면 훨씬 거대한 일반성 문제와 마주치게 된다. 뇌는 형태와 색깔에 대해 시각적 인식을 어떻게 가지며, 까마귀와 물을 어떻게 인식하는가? 우리는 어떻게 볼 수 있는가? 이런 질문에 대해 어떻게든 대답할 수 있을 거라는 확신은, 그 질문이 더욱 넓어지고 일반화되고 점차 추상화됨에 따라 그만 퇴색하고 만다. 호기심의 실타래가 굴러가는 곳을 따라가다 보면 안개 속에 어렴풋이 드러나는 거대한 질문에 이르게 된다. 우리들은 과연 인간 행동을 포함하여 동물 행동에 대한 과학을 발전시킬 수 있을까? 그런 과학에서 신경과학의 역할은 무엇일까? 신경과학과 심리학이 어떻게 통합될 수 있는가?

탐구 기획의 모습과 성격은 상·하위 차원의 문제에 대해 매일 이뤄지는 성과에 따라 새롭게 전망될 것이다. 따라서 다른 모든 분야의 과학자들처럼 신경과학자들도 경우에 따라 자신들의 패러다임을 뛰어넘어 그 전망을 따라가야 하며, 그 전망과 정합성(coherence)을 이루는 연구방향에 대해 깊이 고려해야 한다. 다시 말해서 신경과학자들도 철학적으로 사고해야 한다.

자연철학(natural philosophy), 즉 학문(science)의 여명기에 사람들은 '현상'(appearance)과 '실재'(reality)가 다르다는 점에 매혹되었다. 자신의 믿음과 관찰을 가지고 참으로 믿었던 것이 다른 사람들의 믿음과 관찰을 동원하면 거짓으로 보였기 때문이다. 초기 철학자들이 보기에 '사물들이 나타나 보이는' 까닭은 더 깊은 '실재'가 있기 때문이며, 그 실재는 시야에 가려져 있어 관찰 가능한 현상과 근본적으로 다

수 없이 상위차원인 심리학과 하위차원인 신경생물학의 이론이나 법칙을 이해해야 한다."

른 것이었다. 그들은 '실체', '변화', '운동', '불' 등등의 본성에 대한 반성을 통해 '더 깊은 실재'와 '어떻게 그 실재가 직접 지각되지 못하는지' 대답한 이론을 내놓았다. 예를 들어 (꽃을 피우고 벌이 윙윙거리는) 세계가 표현하는 복잡한 혼동을 보고, 고대 그리스 철학자 데모크리토스(Democritus, B.C.460～370)는 현상 아래 있는 실재란 다름 아닌 '원자'와 '진공'이라고 주장하였다. 원자들이 조화된 방법으로 서로 함께 맞물린다는 가정에서, 실체들이 현상적으로 다르게 보이는 것은 기초 원자들의 모양이 다르고 조합 구성이 다르기 때문이다. 인간 역시 우주에 존재하는 만물과 같이 원자들로 구성된 집합체이다. 비록 그 작용을 알 수 없고 그 구성이 단순하지는 않겠지만, 하여튼 그럴 것이다. 그렇다면 마음이란 근본적으로 물질적이며, 마음의 놀라운 능력 역시 물질 구성의 놀라운 기능으로 인식되었다.

어린 시절에 가졌던 현상과 실재 사이의 불일치를 회상해 보면, 고대 학자들이 그렇게 깊이 사고했던 느낌을 다시 가져볼 수 있다. 바람이 부는 날 밤에 구름 옆을 스쳐 달리는 달을 바라본 기억을 회상해 보라. 물론 움직이는 것은 달이 아니라 구름이라는 것을 나중에 알게 되었지만, 그 관찰을 회상해 보라. 당신은 그것을 어떻게 알았는가? 포플러나무 꼭대기로 달의 위치를 기준하고서 3분 동안만 바라보고 무엇이 움직였는지 지켜보아라. 이렇게 바라본 관찰은 앞의 것과 상충한다.

지구는 커다란 구(sphere)이며 태양 주위를 돈다는 사실을 처음 들었을 때 놀랐던 일을 회상해 보자. 당신은 그것을 어떻게 아는가? 중력이론과 뉴턴 역학이론을 들어 다소 장황하게 대답할 수 있겠지만, 그 다음에도 계속 질문이 이어질 수 있다. 당신은 그것을 어떻게 알았는가? B.C. 3세기에 아리스타쿠스(Aristarchus)는 태양이 우주의 중심이며, 지구를 포함한 행성들이 태양 주위에 원을 그리며 돈다는 태양중심설을 제안했다. 그는 지구에서 달과 태양까지의 거리를 계산하여 자신의 주장에 대한 이론적 근거를 끌어냈으며, 그 근거로부터 세 행성의 상대적 크기를 대충 계산해 냈다. 태양은 지구보다 엄청나게 크기 때문에 하늘을 가로지르는 태양의 일주는 단지 현상에 불과하며, 실제로 움직이는 것은 태양보다 지구라고 생각했던 것이다.

그의 계산은 인정받을 만했지만 지구가 어떻게 움직이는지 설명할 수 없었다. 왜냐하면 지구를 따라 다니며 밀어주는 것이 없기 때문이다. 당시 지배적이었던 아리스토텔레스 이론에 따르면, 물체가 계속 운동하려면 지속적인 힘이 가해져야 한다. 게다가 왜 무한히 먼 경우가 아니고서는 별의 시차(stellar parallax)를 관측할 수 없는지 설명해 내지 못했으며, 보조가설(additional hypothesis)은 기이하고 우습기까지 했다. 이런 것들이 그의 이론에 대한 훌륭한 반박 거리가 되었으며, 아리스타쿠스의 추측이 당시 지배 이론(즉 아리스토텔레스 이론)에 맞지 않았기 때문에 널리 인정받지 못했다. 나중에 그의 추측이 옳았음이 밝혀지지만, 관련 역학이론의 뒷받침이 없었기에 어느 누구도 그 가치를 알아볼 수 없었다. 관찰만으로 이론의 가치를 결정하지 못하며, 관찰에 대한 해석은 확증된 관련 이론을 필요로 한다.

만약 현상들을 '주어진' 것으로 받아들일 수 없다면, 실제 세계에 관한 진리를 어떻게 얻어낼지 혼란에 빠지게 된다. **주어진**, 즉 **확실한** 것으로 인정할 수 있는 것은 무엇이며, 우리는 더 많은 지식을 얻기 위해 어떤 방법을 이용하는가? 이런 것들이 바로 인식론(epistemology), 혹은 지식론(theory of knowledge)을 이끌어온 문제들이며, 우주에 관하여 그리고 우주가 어떻게 작용하는지에 관하여 더 많이 알수록, 지식 획득에 관련하여 더 많이 이해할 수 있었다.

탐구 대상이 운동의 본성이나 지구의 본성이 아니라 마음의 본성이라고 가정해 보라. 마음의 본성과 구조 그리고 심적 과정의 '실재' 역시 '현상'과 다르지 않을까? 만약 다르다면, 우리 내부의 심리상태(mental states)와 과정(process)에 대해 신경과학과 실험심리학이 (우리가 직관적으로 생각하는 방식보다) 더 심오하고 근본적으로 다르게 기술할 수 있음을 의미한다.

그리고 인식론 그 자체는 어떨까? '뇌가 어떻게 지식을 획득하는지'에 관한 경험적 이론 없이 살아 있는 유기체에서의 지식의 본성을 설명할 수 있을까? 그럴 수 없다면 지식의 본성과 지식 획득의 본성에 관련된 이론들을 신경과학과 경험적 실험심리학 이론으로 제한하는 것이 바람직하지 않은가? 현대 북미 과학철학과 심리철학의 협동 작업으로부터 나온 한 관점에 따르면, 마지막 질문에 대한 대답은 "그렇다"이다. 그 대답을 이해하기 위해 현대 학문의 성과를 역사적으로 돌아볼 필요가 있다.

철학사란 복잡하고 화려한 주단과 같아서 나는 오직 나에게 의미 있는 이론으로 인도해 줄 하나의 실만을 따라가려 한다. 학구적인 문헌 조사를 하겠다는 것이 아니며, 논의할 철학자들의 사상에 관해 조사하겠다는 것은 더욱 아님을 역시 강조한다.[3] 철학사를 간결하게 살펴보겠다는 내 의도는 단순하다. 궁극적으로 최근 과학철학의 발달사를 명확히 보여주려는 것이다. 그러자면 우선 인식론에 관해 언급해야 하고, 현대 인식론의 기원에 대해 언급해야 한다. 따라서 철학사를 잠시 돌아볼 필요가 있다. 솔직히 말해서 철학사에 대한 내 접근은 독단적이고 편협하다. 나는 과학과 철학 내에서 현재 상황을 분명히 밝히는 데 필요한 것만을 다룰 것이다.

---

3) 이런 단서가 결코 나에게 도움이 되지 않음을 잘 알고 있다. 간단히 말해서, 나는 많은 세세한 것들을 무시함으로 해서 일부 역사가나 다른 학자들을 화나게 할 수 있다. 철학자들은 자기 전공 분야의 역사에 대해 각별히 예민하며, 심지어 시험하려 들기도 한다. 그리고 어떤 이들은 모든 미묘한 차이도 중요시 여긴다. 하지만 내 결심은 다음과 같다. 지나친 단순화에 대한 역사가들의 지적을 감수하면서도, 더 넓은 구도에서의 역사를 함께 생략할 것이다. 이런 나의 선택은 분명하다. 그 보완으로 각 장의 말미에 참고독서 목록을 소개하겠다.

2. 초기 인식론

플라톤(Plato, B.C.429 ~ 347)

플라톤의 생각에 따르면 '실재'란 결코 물리적 감각(sensibilia)의 세계에서 찾아볼 수 없으며, 비물리적 지성(intelligibilia)의 세계에서만 찾아볼 수 있는 것이다. 지성의 세계에는 '수학적 존재'나 그 밖에 '비물리적 사고의 존재들'이 거주한다. 감각할 수 있는 세계를 외면하고 오직 지성의 비물리적 대상들을 숙고해 봄으로써만 진정한 앎을 얻을 수 있다. '지식' 모델은 수학이 제공하며, 어떻게 지식을 얻게 되는지 수학을 통해 이해할 수 있다.[4] 물리적 세계를 통해서는 단지 '속견'(opinion)이나 '믿음'만을 얻을 뿐이며, 결코 실재에 대한 '지식'(knowledge)을 얻을 수는 없다. 순수한 숙고란 이성적 영혼의 온전한 작용이며, 영혼 그 자체는 물리적 신체와 독립해서 존재할 수 있는 비물리적 실체이다. 그의 이론은 정신적인 것과 물질적인 것이라는 두

---

4) [역주] 플라톤은 소크라테스의 제자이기도 하지만, 동시에 피타고라스학파 사람으로 알려져 있다. 그는 자신이 설립한 학교 '아카데미아'에서 기하학을 가르쳤다. 짐작컨대 당시에 기하학을 가르치기 위해서는 도형들을 모래판 위에 막대기로 대충 그리면서 아래와 같이 설명했을 것이다.
"내가 그린 원의 도형은 완전히 둥글지 않지만, 완전한 모습이 무엇인지 너희들은 알지? 자, 이 원의 모습이 완전히 둥글다고 가정하고 내 다음 설명을 들어 보라."
그는 위와 같이 설명하면서 아래와 같은 질문을 했을 것이다.
"눈에 보이는 둥근 원은 단지 완전한 실재를 닮은 것일 뿐 실재의 모습은 아니다. 그런데 도대체 한 번도 본 적이 없는 완전한 원의 모습을 나와 너희들은 어떻게 알았을까? 그리고 도형을 모르던 너희들도 삼각형이 무엇인지 몇 번만 가르쳐주면 이내 알아채는 이유는 무엇인가?"
영혼이 불멸한다는 당시의 상식적 믿음에 근거해서 그는 다음과 같은 결론을 내린다.
"우리들의 영혼이 태어나기 전에 완전한 '이데아의 세계'에서 거주한 적이 있어, 도형의 완전한 모습을 보았기 때문이다. 그래서 지금은 잊고 있지만 몇 번만 내가 너희들에게 가르쳐(상기시켜)주면 이내 기억해 낼 수 있다."

가지 다른 실체를 주장하기 때문에 **실체 이원론**(substance dualism)으로 알려져 있다.

한편에서 보면, 플라톤의 이론은 지나치게 극단적이다. 인정할 만한 관찰들을 환영(illusory observations) 같은 것들과 어떻게 구별해야 할지, 그리고 신뢰할 만한 경험적 이론을 그렇지 못한 경험적 이론과 어떻게 구분해야 할지 규명하지 못하는 어려움에 직면해서, 그는 그 모든 경험적인 것들을 단지 현상에 불과하므로 규명할 필요가 없다고 치부해 버렸다. 오로지 지성의 활동만이 지식에 이르는 플라톤의 오솔길이었다. 그의 입장이 극단적이긴 하나 그 주제에 대한 확신은 놀라운 생명력을 가지고 지금까지 살아 있다. 특히 정신의 특별한 본성에 관한 논의로서, 다양한 형태의 이원론을 위한 논의로서, 정신 그 자체를 특별히 인정하기 위한 논의로서, 그리고 심리학이 신경과학으로 환원 불가능하다는 논의를 위해서도, "마음이 지식과 숙고의 대상으로서 비물리적 지성의 세계를 가진다"는 생각은 수많은 변장된 모습으로 재현되어 왔다. (7장과 8장 참조.)

플라톤은 전형적인 반자연주의자(antinaturalist)로서, "정신은 사실 뇌의 작용이므로 플라톤이 진리로 인도한다고 믿었던 순수 이성을 포함한 마음-뇌의 본성을 찾아내려면 어쩔 수 없이 경험과학을 이용해야만 한다"는 현대 자연주의자(naturalist)들의 논의에 분명히 반대된다. 이러한 플라톤의 견해에 가장 큰 침식 작용을 일으킨 것은 경험과학 자체의 성과였으며, 그 침식 작용은 르네상스부터 거대한 규모로 일어나기 시작했다.

데카르트(Descartes, 1596 ~ 1650)

암흑기가 지나고 과학이 부활하면서, '어떻게 참된 경험적 앎을 획득할 수 있는지' 혹은 '참된 앎과 겉으로만 지식처럼 보이는 것을 어떻게 구분할 수 있는지' 밝혀내려는 시도가 나타났다. 데카르트는 날카로운 호기심으로 행성들의 움직임과 살아 있는 생명체의 반사행동과 같은 다양한 현상들을 설명하기 위한 경험적 이론을 세우기도 했다(1장 2절 참조). 또한 그는 '허위 믿음'과 '참된 지식'을 구별하는 방법을 마련해야 했는데, 이를 위한 첫째 전략으로 '확실하게 인정되는 것으로 무엇이 있을지' 찾아보았다.

그에게 가장 확실한 것은 자신이 '생각하고', '느끼고', '의심한다'는 사실이었다. '사고'(thought)와 '외부 실재'(external reality)가 대응하는지 어떤지 확신할 수 없지만, '사고' 자체는 **내적 실재**(inner reality)에 대한 의심할 수 없는 확실한 증거라고 믿었다. 영혼과 그 영혼이 갖는 내용은 스스로 자명하며, 영혼은 자성(self-examination)에 의해서, 즉 내성을 통해 자신을 알 수 있다. 데카르트는 "나는 생각한다, 고로 존재한다"(Cogito ergo sum)는 명제가 거대한 지식 구조물의 기초가 될 것으로 믿었다.

'실재'와 '현상'의 구분은 영혼이 갖는 지식 그 자체에는 적용되지 않는다. 왜냐하면 '마음'과 마음이 갖는 '내용'에 관련한 문제에서, '마음에 실재적인(real) 것들'이 실재하기(real) 때문이다.[5] 데카르트는 기초를 확립하고 나서 건축하는 방법을 확립해야 했다.[6] 그가 단언하길

5) [역주] 나는 내가 무엇을 알고 있는지 알고 있다. 따라서 마음이 알고 있는 '내용'은 실재적이다. 이런 관점에서 마음이 아는 내용에 대해 '현상'과 '실재'가 다르지 않다고 데카르트가 생각했다고 해석된다.

6) [역주] 데카르트는 유클리드 기하학이 가장 완벽한 학문적 자격과 체계를 갖추고 있다고 생각했다. 그 이유는 유클리드 기하학이 자명한 공준들(postulates)과 엄격한 계산규칙인 공리들(axioms)로부터 연역적으로 체계화되어 있기 때문이다. 따라서 모든 다른 학문들도, 심지어 자신의 철학 체계조차 그와 같은 방식을 따라야 한다고 생각했으며, 자신의 철학적 기초로써 "나는 생각한다. 고로 존재한다(나는 생각하고 있음에 있어 스스로 자명하다)."는 명제를 찾았던 것도 바로 그 자명한 공준을 얻기 위한 것이었다. 유클리드 기하학과 같은 공리적 체계는 후대의 학자들이 따라야 할 원칙이 되었으며, 뉴턴의 역학에 관한 저서, 『자연철학의 수학적 원리』(*Mathematical Principles of Natural Philosophy*) 역시 유클리드 기하학과 같은 공리적 체

이성적 영혼은 이미 그 방법을 알고 있다. 왜냐하면 이성적 영혼은 관념들의 구조와 원리들을 내재적으로 확립하고 있으며, 자명한 것과 자명하지 못한 것을 구분할 수 있기 때문이다. 결국 **이성적**(rational) 영혼은 본유 표상(innate representations)의 도식을 가지고 있으며, '논리학 원리'가 곧 그 역학적 원리(즉 영혼의 생각 원리)이다.

데카르트는 플라톤과 같이 실체 이원론자였으며, '영혼'은 송과선(pineal gland) 연결을 통해 일차적으로 '신체'와 인과적 상호 작용을 하는 비물리적 실체라고 생각했다(1장 참조). 존재론(Ontology)은 '무엇이 존재하는가'와 관련하므로, 데카르트의 존재론 내에는 '물질적인 것'과 '판명한(distinctive) 정신적인 것' 모두가 존재하는 것 같다. 판명한 정신적 실체에 대한 근본 원리는 적어도 부분적으로 추론과 사고의 복잡성에 대한 그의 반성으로부터 나왔다. 추론에서 규칙을 따르는 경향, 수학에서 추상적인 무한히 많은 것을 생각하는 능력, 행동에 앞서 숙고하며 기쁨을 억제하는 능력, 이 모든 것들로부터 데카르트는 '마음에 관련해서 전적으로 유일한 어떤 것이 있다'는 암시를 받았다. 이러한 능력들은 실로 엄청나게 놀라운 것이어서, 단지 물리적 실체의 능력이라고 보기 어렵다고 생각하였다. (이원론에 대한 더 많은 논의는 8장 참조.)

데카르트는 과학(당시에 불리던 명칭으로 자연철학natural philosophy)과 개인의 내적 이해의 도식 양쪽에 걸쳐 체계를 세우고 또 규명하려 했다는 점에서 현대 철학의 아버지로 여겨지기도 한다. 또한 '표현의 본성'과 '표현들 간의 관계의 본성'에 대한 초기 인지이론(cognitive theory)을 발달시켰다고 볼 수도 있다. "우리 지식은 하나의 구조물과 같으며, 그 기초는 의식의 내용으로 되어 있고, 그 위에 정

계로 저술되었다. 그러나 그런 공리적 체계화의 이상은 현대과학에서 비유클리드 기하학, 괴델의 불완전성 이론, 아인슈타인의 특수상대성이론의 출현과, 철학에서 일상 언어 분석학자들의 등장 이후 포기되었다.

당화된 내용들이 쌓여 있다"는 생각은 최근까지 지배적으로 인정되어 온 인식론이었다. 이런 생각은 "의식 내용은 내성에 의해서만 오류 없이 인식될 수 있다"는 견해와 더불어 철학과 과학에서 매우 강력한 전통을 이루었다. "마음은 본유 관념들을 가지고 있으며, 바로 그 본유 관념들로 인해 우리는 선험적으로 세계의 본성에 대한 지식을 얻을 수 있다"는 데카르트주의자들의 가정은 경험주의자들에 의해 뭉개지고 말았다.

고전적 경험주의(Classical Empiricism)

지식의 본성, 즉 '지식의 축적'과 '그 한계' 그리고 '그 논리를 지배하는 원리'는 경험주의자들의 탐구 주제가 되었다. 18세기에 로크(John Locke), 버클리(George Berkeley), 흄(David Hume)과 19세기에 밀(John Stuart Mill), 콩트(Auguste Comte) 등이 특별히 역사적으로 기억된다. 그들이 명백히 한 목소리로 말하진 않았지만, 경험주의 인식론의 중심 논제를 아래와 같이 간단히 축약할 수 있다.

우리가 알 수 있는 지식은 두 종류인데, (1) 경험 세계의 본성(사실적인 것들)과 (2) 관념들 사이의 관계들(논리적이고 수학적인 것들)이다. 첫 번째는 경험적 영역에 관한 명제이고, 두 번째는 '분석적'(analytic) 영역에 관한 명제이다.

위의 구분법에 따라서 진리의 종류 또한 '필연적 진리'(necessary truth)와 '우연적 진리'(contingent truth) 둘로 구분된다. 참인 분석명제는 필연적 진리이며, 그 명제에 대한 부인은 필연적으로 거짓이고, 그 둘은 서로 모순관계를 갖는다. 예를 들어 "삼각형 내각의 합은 180도이다"라는 명제는 기하학의 필연적 진리이고, 이 문장에 대한 부인은 필연적으로 거짓이다. "총각은 결혼하지 않은 남자이다"라는 명제는 단순히 언어적으로 **필연적** 진리(즉 정의에 의해 참)이나, 세계가 존재하는 방식의 사실적 진리가 아니다. 반면에 참인 경험적 명제는 단지

우연적으로만 참이다. 그것은 '세계가 어떻게 존재하는지'에 따라서 참이 된다. 따라서 우연적 사실에 의존하는 것이다. 그 참은 언어적 정의에 의해 결정될 성질의 것이 아니다. 세계는 그렇지 않을 수도 있기 때문이다. 즉 그 명제는 거짓일 수도 있다. 예를 들어 피에르 투르도(Pierre Trudeau: 캐나다 수상)는 사실상 대머리였지만, "피에르 투르도는 대머리가 아니다"라고 말한다고 해서 본질적으로 모순은 아니다.

대략적으로 말해서 경험주의자들은 "우리가 아는 기초 영역 각각에 적절한 유형의 추론이 있다"고 주장한다. 사실적 문제로서 '관찰'과 '경험적 추론'이 있으며, 수학과 같이 분석적인 '추상적(선험적 apriori) 추론'이 있다. 데카르트와 합리주의자들에 반대하여 경험주의자들은 선험적 추론이 '세계', 즉 '공간', '시간', '실체', '존재', '인과'(causation), '마음의 본성' 등등에 대한 진리를 드러낼 수 없다고 주장한다. 그들의 주장에 따르면 세계는 '사실'에 관련된 문제이고, 따라서 '경험적 탐구'의 문제라는 것이다.

경험주의자들이 외치는 함성은 오직 '관찰'과 '경험적 추론'만이 우리를 '사실적 지식'으로 인도할 수 있다는 것이다. '수학적 지식'과 '기하학적 지식' 그리고 '논리적 지식'에는 '선험적 추론'이 적절하며, 실험적 확증은 부적절하다.[7] 달리 지식에 이르는 길이 없으므로 경험주의자들의 견해에 따르면, 선험적 추론에 의해서 경험적 영역을 안내하려는 시도는 진실한 지식에 도달하지 못하고 단지 지식의 환영에 이르게 할 뿐이다. 흄은 그 점을 가장 신랄하게 꼬집었다.

> 우리들이 이런 원리들에 설득되어 도서관으로 간다면 어떤 파괴를 해야 할까? 만약 우리의 손에 신성이나 스콜라 철학자의 형이상학에 관한 책을 들게 된다면, 다음과 같이 반문해 보라. **그것이 양**(quantity)

7) 밀(Mill)은 위의 경험적 원리들에 대해서 예외적이었다. 그는 심지어 수학의 원리들까지도 그 핵심을 살펴보면 경험적이라고 생각했기 때문이다.

> 과 수(number)에 관한 어떤 추상적 추론을 담고 있는가? 아니다. 그것이 사실이나 존재들에 관한 어느 경험적 추론을 담고 있는가? 아니다. 그렇다면 그것을 아궁이 속에 던져라. 왜냐하면 그것은 궤변이나 환상을 담고 있는 것에 불과하기 때문이다. (Hume 1748; in Selby-Bigge 1894:165)

경험주의자들은 마음속으로, '인정될 만하고 가치 있는 발견'을 '단순한 공론'으로부터, 그리고 '성인들이나 신학자들의 권위적 평결'로부터 구별할 수 있는 어떤 방법을 규정하고 싶어 했던 것이 분명하다. 경험주의자들이 꿈꿔 온 것은 관찰의 확실성을 굳건히 하고, 그 기초위에 귀납에 의해서 축조되는 건전하고 단단하며 거대한 경험적 지식의 점진적 구조물을 건설하겠다는 의도이다. 그러한 거대한 지식의 구조물에 참여할 수 있는 진술들만이 **직접 관찰에 의해서**, 혹은 이미 정당화된 다른 진술들로부터 **추론에 의해서** 정당화된다. '관찰 진술문'은 **엄격히 말해서** '관찰된 것들을 기술하는 진술들'만을 의미하며, 명백히 '관찰될 수 있는 것을 넘어서지 않는 진술들'만을 의미한다고 좁게 규정할 수 있다. 따라서 그 해석에 따르면, "책상 위에 레몬이 하나 있다"는 진술은 관찰로 여겨질 수 없다. 왜냐하면 레몬나무에서 얻어진 것이 아니거나, 입에 넣으면 신맛을 내지 않거나, 눌렀을 때 그 안에 (상처에 떨어뜨리면 쓰라린) 즙을 갖지 않으면, 그리고 썩을 수 있지 않으면, 레몬이 아니기 때문이다. 그러나 그러한 속성들 중에 어느 것도 말 그대로 진실하게 내가 지금 앉아서 내 눈으로 볼 수 있는 것은 아니다.

엄격히 말해서 경험주의자들은 다음과 같이 주장할 것이다. 내가 관찰한 것은 타원형이고, 내 시야에 노란색으로 보이는 것일 뿐이며, 과거의 경험에 비추어 내 앞에 레몬이 있다고 나는 **추론**할 뿐이다. 그들이 볼 때 내가 직접 경험한 것은 외부세계에 있는 대상들이 아니라,

'노란색', '맛', '통증', '냄새' 등등의 현상적인 속성들에 불과하다는 것이다. 그런 것들은 세계와 감각이 상호 작용한 결과로 **주어진** 감각의 생생한 자료들이다. 따라서 그렇게 명백히 주어진 자료들만이 **'감각자료'**(sense-data)라고 할 수 있다.

그러나 이제 매우 곤란한 문제가 제기된다. 감각자료와 외부세계가 어떻게 관계하는가? 내적 표상들은 외부세계에 있는 대상들과 유사한가? 로크의 견해에 따르면, 중요한 유사성이 있으며, 우리가 실재의 본성을 안 것은 바로 실재와 표상들 사이의 유사성 덕분이다. 이런 견해를 **'소박한 실재론'**(native realism)이라고 한다. 어떤 경험주의자들, 예를 들어 버클리(Berkeley)는 소박한 실재론에 첨예한 난제들이 있음을 바로 보았다. 특별히 감각자료가 실재에 대한 유일한 접근 통로라고 한다면 유사성에 대한 주장은 결코 정당화될 수 없으며, 사변보다 나을 것이 없다. 다시 말해서 실재에 직접 접근할 수 없다면, 어떻게 우리는 실재의 본성에 관한 주장을 정당화할 수 있겠는가? 버클리는 외부 대상에 관한 우리의 온전한 '개념'은 '마음'이 제공한 감각자료에 부과된 일종의 '구성물'로 생각하는 것이 더 그럴듯하다고 보았다. 이런 관점에서 속칭 '외부 실재'라고 하는 것은 다름 아닌 '일련의 실제적이고 가능한 감각자료들'에 불과하다. 이 견해를 **'관념론'**(idealism)이라고 한다.

관념론은 전형적으로 최후 방편처럼 보이지만, 좀 더 분명히 말해서 '외부 실재가 그 감각자료들을 일으킨다'는 가정과, '감각자료들의 특징적 차이는 그 지각된 실재의 차이에 대응한다'는 가정에 의지하고 있다. 간단히 말해서 우리는 결과를 가지고 그 원인을 추론할 수 있어야 한다. 흄은 이러한 대안을 체계적으로 면밀히 살펴보았으나, 그런 기대는 무너지고 말았다. 첫째, 만약 감각자료가 직접적으로 실재와 비교될 수 없다면, 그것들이 과연 충실하게 실재를 반영하는지 아닌지 어떻게 알 수 있겠는가? 흄이 물었던 것은 설령 우리 마음이 외부세계가 감각기관에 미친 **결과**를 관찰했다고 하더라도, 우리가 어떻게 그 결과를 낳은 **원인**의 본성에 관한 참된 이해에 도달할 수 있겠는가 하는 점이다.8) 만약 우리가 경험이라는 매개를 통해서 실재에 접근하는 것이 불가능하다면, 외부세계에 관한 우리의 믿음에 대한 '정당화'도 불가능할 것이다. 연역적 정당화란 적절하지 못한 것 같고, 그렇다고 귀납적 정당화도 그 원인들을 관찰함이 없이는 시작해 볼 수도 없고, 게다가 관찰이란 항시 우리가 관찰해야 하는 그 원인들에 대한 **결과**일 뿐이다. 둘째, 흄은 경험론에 곤혹스런 질문을 던진다. 원인과 결과에 대한 '경험적 추론' 그 자체가 어떻게 정당화될 수 있겠는가? 연역적으로? 그것은 불가능하다. 왜냐하면 귀납적 논의의 결론들은 그 전제들로부터 연역적으로 끌어낼 수 있는 것이 아니기 때문이다. 경험적 추론에 의해서? 이것은 흄이 지적하듯이 순환적인 논증이 된다.

하나의 해석에 따르면, 흄은 순수한 자연주의자(unqualified naturalist)였다. 그의 관점에 따르면, 우리의 표현과 지식 대부분이 논리학적 원리에 의해 통제되거나 구성된 것이 아니며, 만약 우리가 인지적 영역을 이해하려 한다면, 그 **인과적** 요소를 설명해 줄 다른 (비논리적) '원리들'을 찾아보아야 한다. 예를 들어, 우리는 감각자료가 충실히 실재를 반영한다고 '인과적으로' 가정하게 되어 있지만, 그 실재란 '인간의 마음이 작용하는 방식'에 대한 오직 하나의 양태, 즉 경험적으로 탐구 가능한 양태일 뿐이라는 주장이다. 이것이 흥미를 끄는 이유는 '인지가 근본적으로 (언어처럼) 논리적이라고 가정하는' 마음에 관한 과학의 적절성에 대한 비판을 함축하기(imply) 때문이다. '마음이 어

---

8) [역주] 대상이 마음에 미친 결과, 즉 감각 내용을 우리가 충분히 안다고 할 수 있겠지만, 여전히 우리는 그 감각 내용을 준 원인, 즉 외부세계에 대한 접근은 불가능하다. 다시 말해서 결과만을 가지고 그 원인을 추적하는 것이 불가능하다. 결과와 함께 원인도 이미 알고 있어야 그 연결을 설명할 수 있을 것이다. 그러나 경험론이 갖는 난점은 단지 결과만을 알 수 있다고 주장하면서도, 한편으로는 그 원인을 추적할 수 있다는 기대를 갖는 데 있다.

떻게 표상하는지' 그리고 '표상이 어떻게 변형되고, 재구성되는지'를 이해하려면, 실제로 마음의 작용을 지배하는 인과 원리에 대한 과학적 탐구가 필수적으로 요구된다. (마음은 '논리적 기계'와 같다는 생각에 대한 현대적 비판주의는 9장과 10장에서 논의될 것이다.)

경험주의자 인식론에 대한 흄의 중요한 공헌은 경험주의자 원리가 갖는 의미를 날카롭고 냉정하게 파헤쳐 낸 것과 함께 경험주의자 체계 내에서 제기되는 깊고 다루기 까다로운 문제들을 찾아냈다는 것이다. 그 문제점으로 인해서 후대 사상가들은 자신들이 가지고 있었던 생각들, 즉 '과학은 감각적 경험에 의해 주어진 확실한 절대적 정초를 가져야만 한다', '귀납만이 경험적 정당성을 위해 유용하고 유일한 원리이다', '언어적 진리와 사실적 진리 사이에 엄격한 구분이 있다', '마음은 내성을 통하여 그 본성을 알 수 있다' 등등의 생각들을 포함한 상당한 이론체계를 포기하지 않을 수 없게 되었다. 그러한 수정들을 하게끔 만든 중요한 진전이 임마누엘 칸트(Immanuel Kant)에 의해서 이루어졌다.

칸트(Kant, 1724 ~ 1804)

('뇌'라 칭하고 싶지만) '마음'에 의해 매개됨이 없이 있는 '실재 그대로'를 어떻게 마음이 복사해 낼 수 있는지 문제라면, 칸트는 (흄에게 동의하여) '해결할 수 없다'고 했다. 모든 지식은 마음에 의해 그리고 잡다한 요소들에 의해 매개되며, 그 요소들은 입력되는 것에 어떤 구조와 구성을 부여한다. 관찰 그 자체는 마음의 범주라는 렌즈를 통해서 포착되었기에 '있는 그대로'가 결코 아니며, 우리 자신 내부에서 일어나는 것에 대한 관찰 역시 그렇다. 요즘 말로 바꿔 말하자면, 모든 관찰은 '개념화되고', '정교하게 처리되거나', 혹은 '이론이 개입되며', 그렇게 하도록 뇌는 진화했고, 획득한 지혜는 그 이론을 제공한다 (7장 참조).

칸트는 마음이 사용하는 범주가 선험적(a priori)이라고 생각했고, 마음과 뇌를 동일시하지 않았지만, 현대적 문맥에서 각별히 흥미로운 점은 '마음이 갖는 자신에 대한 지식'도 중재된 것이라는 그의 통찰에 있다. 만약 그러하다면, 데카르트 주장에도 불구하고, 마음이 자신에 대해 투명하지는 못한다. 다시 말해서 '내성적(반성적) 의식'도 마음이 작용하는 방식에 대해 진리를 산출하지 못할 수 있다.9)

칸트가 보았듯이 내적 대상과 과정에 대한 우리 지식이 외부 대상이나 과정에 대한 지식보다 더 직접적이지 않다. 이것은 내성에 근거하는 믿음들이 인식론적으로 특별히 신성한 것이 아님을 의미한다. 즉 내적 세계에 관한 믿음이 외부세계에 대한 믿음과 전혀 다른 발판 위에 서 있지 않으며, 더 혹은 덜 정당화되어야 할 것도 아니다. 내적 표상이라고 결코 어떤 특권을 갖는 것은 아니며, 내적 세계가 외부세계보다 훨씬 더 분명한 것도 아니다. 내적 진리가 외적 진리보다 더 '주어진'(자명한) 것이 아니다. 그럼에도 불구하고 칸트는 마음의 작용이

---

9) [역주] 앞서 지적된 바와 같이, 우리는 '자신의 생각'을 의식할 수 있다. 이것이 '스스로'의 생각이라는 점에서 데카르트는 우리가 '자명하고 확실하게' 알 수 있다고 했다. 그러나 칸트는 이것마저 의식의 틀인 '범주'에 의해 굴절되지 않을 수 없다고 했다. 칸트의 이런 지적을 처칠랜드는 반-환원주의에 대한 논박의 발판으로 삼는다. 반-환원주의자들은 '우리가 마음을 직관적으로 명확히 인식할 수 있다'는 생각에서, 마음의 '존재'를 전제한다. 그러나 처칠랜드는 우리가 '직관적으로' 인식한 마음이 사실은 '개념에 의해 중재된' 것이며, 따라서 현대 신경생물학 이론을 받아들인다면 '마음'이란 '상식적 개념'이 새로운 '과학적 개념'으로 바뀔 수 있다는 주장이다. 나아가서 마음의 존재가 제거될 여지도 있다는 주장이다. 즉 미래의 과학에 의해 '마음은 없다'는 결론이 내려질 수도 있다.

그리고 많은 이원론자들은 '마음이 어떻게 작용하는지'를 마음의 반성만이 밝혀낼 수 있으며, 따라서 과학의 연구 대상이 아니라고 주장한다. 그렇지만 마음이 중재된 것이라는 칸트 주장을 받아들이면, 마음이 밝혀내는 '마음의 작동 원리'가 틀린 것일 수 있어서 차라리 과학 연구에 의해 밝혀내는 것이 바람직할 수 있다.

적어도 '알 수 있는' 것이라는 점에서 철학적 반성이야말로 그런 지식에 대한 핵심적 특징을 산출할 수 있다고 확신하였다.

칸트에 의해 고무되었던 후대의 철학자들, 특히 신칸트학파들은 심리학적 탐구가 마음의 작용을 배우는 데 적합하며, 그런 연구는 마음의 작용에 대한 선험적 진리를 얻으려 하기보다 경험적 원리들을 밝혀내야 한다고 주장하면서, 칸트보다 더 자연주의적 접근을 시도했다. 그러나 그 학파의 생각은 철학자들 사이에 인기가 없었다. 왜냐하면 19세기 논리학자들(특히 예를 들어 프레게)은 논리학 법칙들이 경험에 의존한다는 생각을 딱 질색으로 여겼기 때문이다. 그 반심리주의 명제의 핵심은 다음과 같다. 합리성이란 본질적으로 논리 법칙들에 의해 확증되며, 그 논리 법칙들에 대한 '타당성'은 결단코 마음의 작용에 대한 '경험적 참'에 비교될 정도가 아니다. 논리 법칙들은 '사람들의 마음이 어떻게 작용하는지' 고려할 필요 없이 그리고 '정신 작용이 얼마나 자주 그 법칙을 어기는지' 고려할 필요 없이 '보편적'으로 그리고 절대적으로 참이다. 즉 논리 법칙들은 선험적 진리이다. 논리학과 나아가서 마음의 논리적 작용에 이처럼 특별한 지위를 주는 신조는 영미 심리철학에 강력한 영향을 주었다. 명백히 만약 누구라도 '정신적 표상은 문장 같은 것'이고, '문장의 연결사들(and, or, not, if-then)을 논리학 법칙들에 대한 확증'으로 규명하려는 인지이론을 갖게 된다면, 마음과 그 과정에 대한 대부분의 탐구는 선험적이라고 가정하는 경향을 갖게 될 것이다.

'내성적 지식이 인식론적으로 결코 우월하지 않다'는 칸트학파의 논제는 (파이어아벤트와 같은) 후대 철학자들에게 우리의 내적 생활을 이해하기 위한 전체 개념 체계가 교체될 수 있는 가능성으로 나타났을 때, 가히 혁명적인 반향을 불러일으켰다. 만약 자신에 관한 믿음이 개념으로 중재된다면, '개념들이 그 작용에 적합한지' 그리고 '외부세계에 대한 믿음이 과학에 의해 개선되는 것처럼 내적 세계에 관한 믿음도 과학에 의해 개선될 수 있을지' 의문이 항시 제기될 수 있다. 이것은 칸트 자신이 채택했던 견해와 다르다고 하더라도 적어도 그에 의해 고무된 견해였다.

퍼스(Peirce, 1839 ~ 1914)

복잡하고 풍부한 칸트 생각으로부터 많은 줄기가 갈라져 나왔는데, 그중 한 줄기가 관념론이다. 관념론이 지지하는 개념은, '세계가 다름 아닌 마음의 구성물이며 오직 심적 실재(mental reality)만이 유일하게 존재한다'는 것이다. 다른 또 하나의 줄기는 내가 더 관심을 갖는 것으로 미국의 실용주의와 관련한다. 퍼스(Charles Sanders Peirce)는 환상적인 실용주의 개척자였다. 그는 관념론자들이 '알 수 없는 어떤 실재'를 상정한 것을 형이상학적 바보짓이라고 생각했다. 대신에 그는 '유일한 실재는 과학이 발견한 실재뿐이며, 자연에 관한 **진리**는 탐구의 **한계점**에서 과학이 자연에 대해 말해 주는 것'이란 견해를 채택했다. 이상적으로 말해서 완결된 과학은 실재에 대한 참된 기술(description)이며, 그 이외의 어떤 다른 진리나 실재는 없다. 따라서 그는 요즈음 우리가 말하는 **'과학적 실재론자'**(scientific realist)였으며, 그에게 과학의 완결성이란 일종의 이상화된 개념이었다. 비록 우리가 그 목표에 실제로 도달하지 못할지라도, 우리가 나아가야 할 방향이다.

퍼스 주장에 따르면, 현상과 실재의 '구분' 자체가 과학이 진화함에 따라 더욱 분명하게 점진적으로 '진화'한다. 현상과 실재의 구분은 오직 과학 내에서만 나눠질 수 있으며, 과학 밖에 있는 형이상학적 관점에 의해서 나눠질 수 없다. 나아가서 만약 우리들이 어떤 지식을 이해하거나 획득하려고 한다면, 그 지식을 알고 있는 '사람'과 '공동체'까지 과학적 방법으로 탐구할 대상으로 삼아야 하며, 그런 탐구에서는 '철학'을 비롯하여, '생리학', '심리학', '과학사', '사회학' 등등 어떤 관련된 과학이라도 이용해야만 한다. 이런 점에서 퍼스는 흄과 신칸트학파보다 훨씬 앞선 자연주의자였다.

첨가해서 말하자면, 퍼스는 역학과 과학적 방법론에 관해 예민하고 섬세한 이해를 가졌다. 그는 **'조야한 귀납'**(crude induction)과 **'계량적 귀납'**(quantitative induction) 그리고 **'질적 귀납'**(qualitative induction)을 구분했다. 조야한 귀납이란 일상적으로 하는 거친 일반화를 말하는데, 예를 들어 "모든 들쥐들은 굴을 판다"와 같은 것이다. 계량적 귀납이란 우리가 요즈음 '확률이론'(probability theory)과 '통계적 추론'(statistical reasoning)이라고 칭하는 것을 말한다. 질적 귀납은 한 가설을 제안하고 나서, 실험을 통해 그 가설이 틀렸는지 어떤지 알아보는 것을 말한다. 엄격한 경험적 시험을 거친 가설은 생물학적 진화에 비유해서 가장 잘 적응된 것이라 할 수 있으며, 그래서 더 넓은 과학 시험무대에서 승인을 얻게 되면 그 가설이 가장 참인 것이 된다. 우리는 혹독한 시험에 견디는 가설을 공인하고 보존한다. 반면, 그렇지 못한 것들은 잊혀지고 폐기된다. 이런 방식으로 통합되고 일관성이 있는 과학 이론은 진화하여, 점차 진리에 접근해간다.

퍼스를 괴롭혔던 한 문제가 여기에서 각별히 주목할 만하다. 인공지능(artificial intelligence: AI) 연구가 봉착했던 문제인 목록검색 문제(indexing problem)와 멀게 관련된 것으로 프레임(정보의 단위) 문제(frame problem: 9장에 논의)와도 유사하기 때문이다. 퍼스의 문제는 다음과 같다. 과학자가 어떤 현상에 대한 설명을 찾으려고 할 때에는 **무한히** 많은 가설들이 제기될 수 있다. 그럼에도 심리학적 사실에 비추어 보면, 과학자의 추론은 그 전체 범위를 검토하지 않고 단지 한 줌의 적절하고 그럴듯한 가능성에만 제한된다. 어떻게 인간 뇌는 적절한 가설들만을 낚을 수 있는가? 어떻게 뇌는 수많은 부적절한 생각들을 심지어 의식조차 하지 않고 거절하도록 장치되어 있는가?

어떤 특정한 (관찰 혹은 실험 결과의) 나열(array)이 주어졌을 때 마음-뇌가 적절한 가설을 선택할 수 있다는 것은 놀라운 일이다. 그런데 어떻게 모든 가능성을 미리 검토해 보지 않고 단지 적절한 가설만을 번개처럼 떠올리는가? 퍼스는 '진리를 향해 방향성'을 갖게 하는 어떤 메커니즘이 있을 것이라는 생각에 감각적으로 몰입해 들어갔지만, 반면 그런 생각이 만족스럽지 못하고 혼란스런 생각임을 침울하게 인식하기도 했다.

그는 다른 실용주의자 제임스(William James, 1842~1910)와 더불어 당시 신봉되었던 가정, 즉 '과학, 일반적으로 말해서, 지식은 그 기초가 확실해야 한다'는 생각에 의혹을 갖기 시작했다. 칸트 입장에 동의해서 우리의 감각 경험은 해석된 경험이며, 그렇다면 그 감각경험의 '확실성'은 단지 주입된 해석에 불과하다. 더구나 범주와 개념들이 '생득적'일지라도 이것이 진리를 보증하지는 못한다. 왜냐하면 범주들이 생득적이지만 세계에 대해 틀릴 수 있으며, 해석이란 단지 자신을 지지하는 경험적 증거나 다름없기 때문이다. 어쨌든 제임스는 과학이 진보한다는 견해를 가지고 있었지만, 이 견해를 감각적 확실성이나 혹은 이성적 확실성이라는 기초에 근거해서 주장하진 않았다. 이렇게 가히 혁명적이라 할 만한 실용주의 사고는 아마 시대에 앞선 것이다. 하여튼 영국과 대륙 철학자들에게 그들은 성급한 양키로 보였을 것이고, 그들의 사고는 쿤(Kuhn)과 콰인(Quine), 파이어아벤트(Feyerabend), 핸슨(Hanson) 그리고 다른 후대의 과학철학자들의 저작이 있기 전까지 철학계에서 인정받지 못하고 있었다. 그러던 중 다른 중요한 발전이 있었다. 즉 '새로운 논리학', '새로운 의미이론', 그리고 과학을 **과학**으로 만들어준 것이 무엇인가를 이해하려는 '논리실증주의자들(logical empiricists)의 시도'가 있었다.

프레게(Frege, 1848~1925)와 러셀(Russell, 1872~1971)

프레게(Gottlob Frege)는 현대 수리논리학(mathematical logic)을 창안한 인물이다. 그의 논리학은 경험주의 철학자들에게 깊은 영향을 미쳐서 '과학의 정당화 구조를 찾아내려는' 기획을 하도록 용기 주었고, 일반적으로 인식론에도 깊은 영향을 주었다. 앞으로 살펴보겠지만 그런 영향 중 어느 정도는 반자연주의자들의 주제를 지지하는 면이 있기도 해서, 인식론과 마음의 본성에 접근하려는 자연주의자들의 용기를 잃게 하기도 했다.

프레게와 후기 러셀(Bertrand Russell), 그리고 그의 동료 화이트헤드(A. N. Whitehead)는 아리스토텔레스의 고전 삼단논법 논리학과는 비교할 수 없을 정도로 강력하고 설득력 있는 새로운 논리학 이론을 창안했다. 그 논리학 이론은 문장을 기호화하는 방법과 문장 내의 논리적 구조를 기호화하는 방법을 제공하였으며, 게다가 문장들 사이의 중요한 관계를 표기하는 방법을 제공하였다. 한 문장을 다른 문장들로부터 증명해 보일 수 있는 엄격한 수학적 표기 방식을 제공하였고, 공리들(axioms)과 규칙들(rules) 그리고 정리들(theorems)에 관한 논리적 체계를 구성하게 했다. 나중에 타르스키(Tarski 1944)는 한 논리체계 내에서 문장들의 진리를 수학적으로 표기하는 방식을 제공하였다. 더 이상의 구체적인 지적이 필요 없을 정도로 쉽사리 다음과 같이 말할 수 있다. 기호의 '구조'와 그 구조 사이의 '관계'에 대한 표기는 하나의 **거대한 체계**를 이루었으며, 그 구조와 관계들 그리고 그 구조 내에서 다뤄지는 방법들은 수정처럼 명료하였다.

논리학은 갑자기 원시 상태에서 현대 문명 세계로 뛰쳐나왔다. 일부 고색창연한 문제들이 이 새로운 논리학을 이용한 분석으로 사라졌으며, 알 수 없었던 신비로운 문제들은 다룰 수 있는 문제로 바뀌었다. 러셀과 화이트헤드는 그 논리학을 이용하여 진정 장관이라고 할 만한 일을 하였는데, 수학 전체가 논리학과 집합론으로 환원될 수 있음을 보여주었다. 비록 그 환원이 불길한 문제를 안고 있었다고 하더라도, 한 영역의 지식과 진리가 명백히 더 기초 영역의 다른 것으로 '환원될 수 있다'는 논증은 심히 중대한 것이었다. 이것은 수학과 논리학 그리고 언어에 관한 사람들의 사고를 바꾸어 놓았다. 수학 추론과 과학 추론은 '일반적으로' 그것들 사이에 지탱하고 있는 문장들과 논리 관계들로 기술될 수 있다는 생각을 하게 했다. 그리고 이것은 경험론(논리 경험론)에 다음과 같은 새로운 삶을 주었다. **과학 전체는 물론 심지어 인간의 인지 체계**(cognitive system)**까지도, 수학이 체계화되는 것과 같은 방식, 즉 논리학에 의해 체계화될 것**이라는 환상을 주었다.

흄과 같은 초기 경험주의자들은 마음의 내용을 관념이라고 생각했었고, 인지를 설명하기 위하여 다양한 메커니즘을 가정할 필요가 있었는데, 그중 하나가 관념들 간의 연합이었다. 이런 생각은 많은 곤란에 봉착했는데, '관념들'(ideas)에 대한 정의가 엉성하다는 점과 관념들의 연합이 제한된 역할밖에 갖지 못하며 어떤 경우에는 잘 설명되지 못한다는 지적이었다. 수리논리학이 만발하자 어떤 철학자들은 이 논리학적 관점을 심리철학에 적용시키기 시작했다. 그들은 어쩌면 '표상'이 '문장' 모형으로 맞춰지고 '문장들 사이의 관계들'은 '논리학'으로 규정될 수 있을 거라고 생각하기 시작했다.

아주 간단히 말해서, '마음'은 본질적으로 '문장으로 작용하는 논리적 기계'라고 생각할 수 있었다. 게다가 확증이론(confirmation theory), 귀납논리(inductive logic), 결정이론(decision theory), 계산 가능성 이론(theory of computability)의 놀라운 발전을 포함한 논리학 발전은 그런 시도에 풍성한 결실을 부각시키는 듯했다(Hempel 1945, Boolos and Jeffrey 1974). 더욱이 잘 정의된 논리적 개념의 본성과 그 체계의 엄격성은 논리 체계를 기계에 적용시킬 수 있을 거라는 암시를 주었다.

언어학(Chomsky 1965), 심리학(Neisser 1966)과 함께 계산 가능성 이론(Church 1936, Turing 1937a, b)으로부터 나온 발상은 (지금은 흔하고 구현 가능한) 마음의 '표상'과 '계산'을 위한 컴퓨터 은유를 탄생시켰다(Fodor 1975). 어느 정도 이야기가 앞선 감이 있지만, 하여튼 컴퓨터 은유의 기원을 알아보기 위해, 그리고 왜 그 은유가 그렇게 폭넓게 수용되었는지를 이해하기 위해 새로운 20세기 경험론에 대해 간결한 설명이 필요하다.

3. 논리적 경험주의

여러 시대적 요인들을 통해 논리적 경험주의(logical empiricism)의 발달은 이해할 수 있다. 첫째, 과학자들과 과학에 흥미를 가졌던 철학자들은 대륙과 영국의 관념론[10)]을 그냥 놔두고 볼 수 없었다. 그들 대부분은 관념론을 단적으로 쓸모없고 혼동된 것이며, 형이상학적 허위로 가득 찬 것으로 보았다. 둘째 요소는 '기계물리학'과 '전자역학' 그리고 '열역학'으로 통합하려는 고전적인 기대, 즉 물리학이 거의 완결된 수준이 될 것이라는 예측의 붕괴였다. 특수상대성이론과 양자이론은 과거 이론을 대체한 강력한 이론이었으며, 물리학에 대한 새로운 가능성을 보여주었다. 다윈(Darwin)이 이룩한 혁명은 생물학에서 진정한 과학을 가능하게 하는 듯했고, 생리학에서 헬름홀츠(Helmholtz)와 파블로프(Pavlov)의 업적 또한 대단한 관심을 불러일으켰다. 과학이

---

10) 물론 관념론에 대한 해석은 분분하다. 그러나 그들의 공통된 견해는 근본적인 실재가 물질이 아니라 마음이라는 주장이다. 더구나 관념론은 전형적으로 마음의 작용을 인과적으로 이해될 수 있다는 견해와 대립적 입장에 있다는 점에서 반자연주의라 할 수 있다. 19세기 관념론자들 역시 그 입장을 유지했으며, 그 입장은 경험이 단지 주어진 것이 아니라 일종의 발생적 범주와 내성을 포함한다는 칸트의 견해에서 기원한다. 마음은 경험에 수동적이기보다 능동적으로 개입한다는 주장이며, 그 주장은 '우리의 지각이 지각되는 외부의 대상과 아주 유사하다'는 소박한 실재론자의 입장에 대립한다. 헤겔(Hegel)은 19세기 후반 관념론의 대표적 위치에 있었다. 1920년대 영국의 관념론자로는 맥타거트(J. M. E. McTaggart)가 있었다. 그는 시간과 공간, 물질의 비실재성에 대해 신비스럽게 썼다. 그것은 특히 과학에 친숙한 철학자들이 공격적으로 비웃기 위해 발견한 주제이다.

시각기능과 학습 작용 등을 설명해 낼 수 있을 것으로 보였으며, 일반적으로 사람이 어떻게 동작하는지도 설명할 수 있을 것처럼 보였다. 그리하여 과학과 그 발전의 본성, 과학의 방법론과 그 정당성, 과학 법칙과 그 설명의 본성에 관한 반성이 불가피하게 제기되었다. 셋째, 프레게와 러셀의 논리학은 과학을 논리적으로 **체계화**할 수 있을 가능성을 시사했다. 즉 이론과 증거 사이에, 법칙과 사례들 사이에, 그리고 기초와 상부구조 사이에 논리적 관계를 설명할 수 있을 것 같았다.

논리적 경험주의를 태동시킨 활력의 대부분은, 세기 말 비엔나(Vienna)에서 과학자와 과학철학자들이 시작한 운동, 즉 논리실증주의(logical positivism) 때문이었다. 논리실증주의는 응집력이 있는 운동으로서 1928년 마흐(Ernst Mach)의 정규 모임(비엔나서클 Vienna Circle로 알려진)에서 출발했다. 그 모임은 형식적으로 1938년에 해체되었으며, 한 운동으로서의 논리실증주의는 종결되었다. 과학과 지식이 뒤엉킨 이론을 내세우는 논리적 경험주의가 그 계승자이며 철학과 과학 내에서 그 영향은 지대한 것이었다. 논리적 경험주의는 대략 1970년까지 허약하고 미미하게 성장했지만, 그것의 새로운 계승자가 임무를 이어받았다. 비록 논리실증주의 중심 원리가 대부분 교체되었다고 할지라도, 과학에 대한 열정과 과학적으로 정당화된 이론에 대한 '열망'과, 미신과 종교 그리고 형이상학적 주절댐에 관한 어느 정도의 '의심'은 여전히 지속되고 있었다.

논리적 경험주의 논제

논리적 경험주의자들이 출발에서부터 가지고 있었던 관점은 '일련의 과학적 믿음들의 체계를 현대 형식논리학으로 기술하는 일이 가능하다'는 것이었다. 그렇지만 논리적 경험주의자들은 훗날 '과학'이란 개념을 모든 지식에까지 확장하여 **지식 일반**의 구조와 체계에 관한 이론을 발달시켰다. 감각으로 전해진 것이 '관찰'이며, 이것은 '관찰문장'을 산출한다. 관찰의 순수한 감각 특성은 '감각자료'로 지칭된다. 주장되는 바에 따르면, 관찰문장들은 일반적으로 과학과 지식에 기초적인 '확실성'을 제공한다. 어떤 이들은(Russell 1924과 Carnap 1928의 초기 저작) 오직 감각자료 문장들만이 진정한 과학의 기초가 될 수 있다고 믿었다. 다른 이들(Neurath 1932와 Carnap 1950의 후기 저작)은 시·공간적으로 특정 지점을 가리킬 수 있는, 즉 '계량적으로 기술되는' 물리학적 문장들을 과학의 기초로 삼았다.

감각자료 문장은 틀릴 수 없다고 생각되었다. 즉 경험자가 잘못 알 수 없는 문장이며, 경험자의 판단이 틀릴 수 없는 문장이다. '과연 어떻게 감각자료 문장들을 구성시킬 수 있는지'에 대해서는 다소 이견이 없지 않았지만, 카르납의 초기 생각인 **'생생한 느낌'**(eigenpsychische: 사적 경험의 최소 기술, 예로 '여기에 지금 붉음' 혹은 '여기에 지금 아픔')이 폭넓은 지지를 받았다. 예를 들어 "그 대야에 물이 가득하다"와 같이 우리가 흔히 관찰문장이라 부르는 것은 생생하고 확실한 감각자료 문장으로 생각되지 않았으며, 오히려 더욱 확고한 감각자료 문장들로 정당화되어야 할 것으로 생각되었다. '논리적 진리'와 '정의적 진리' 또한 틀릴 수 없는 것들인데, 마음이나 실재의 본성 때문이 아니라, 그것들이 언어적 관습을 표현하기 때문이다. 비트겐슈타인(Wittgenstein 1922)이 지적했듯이, 그런 진리란 동어반복(tautologies)이며 내용이 없는 것들이다. 그 밖의 것들은 정당화되기 위해서 궁극적으로는 감각자료 문장에 의존하는 사실적 진술들이다. 만약 사실적 진술들이 그 기초들과 올바른 논리적 관계를 갖는다면 정당화되며, 그렇지 못하다면 아니다.

논리적 경험주의자들의 주된 동기는 '제멋대로의 사색'으로부터, '형이상학적 태도'로부터, '혼란스런 언어로 제시되면서도 철학적 지혜로 분류되는 헤픈 감상'으로부터 '우주의 본성에 관해 진실들을 제공하는 진정한 과학'을 구별할 수 있는 근본적인 차이점을 밝히겠다는 것이었다. 그들의 공격 목표는 '시간', '공간' 그리고 '물질'이 비실재적이라고 주장하면서 '정신'에 대해서는 지나치게 많이 언급했던 관념론자들이었다. 그 전략은 한 체계 내에서 모든 단편적 지식들이 완전한 정당성을 갖는 하나의 지식체계를 세워보겠다는 것이었다. 기초 감각자료 문장들을 가지고 있는지, 혹은 개별적 시·공간 지점을 지적하는 물리적 문장들을 가지고 있는지에 따라서 과학을 허위 위장자들(pretenders)로부터 구별하겠다는 커다란 목표는 모든 논리적 경험주의자들이 함께 가졌던 생각이었다. 현대 논리학과 그 논리학을 이용한 언어 분석은 진정한 과학적 명제들에 대한 정당화의 신임을 특징짓는 방법을 제공하였다.

정당화(justification)에 대한 설명은 그 체계 내에서 단순하며, 상세한 설명은 뒤로 미루겠다. 간단히 말해서 '가설은 (초기 조건들 initial conditions과 그 가설들로부터 연역되는) 관찰문장에 의해서 시험된다'는 생각이다. 따라서 그 관찰이 명시된 조건 아래서 일어나는지 아닌지 경험적으로 결정할 수 있다는 것이다(Hempel 1965). 그러한 시험에 통과된 가설들은 확증된 것이라 생각되었다. 이런 정당화를 '**가설연역적 정당화**'(hypothetic-deductive justification)라고 한다. 왜냐하면 시험되는 것은 '가설'이며, 그 가설과 시험 조건을 기술하는 진술들로부터 새로운 관찰 결과가 '연역'되기 때문이다.

설명이론(theory of explanation)은 정당화이론과 꼭 맞아 떨어졌으며, 이것 역시 새로운 논리학을 이용했다. 한 현상은 그 사건이 주어진 환경에서 일반적인 양태로 나타난다고 이해될 때 비로소 설명된다. 즉 한 '현상'의 출현은 명시된 조건에서 그 양태의 사건이 규칙적으로 나타날 것이라고 기술하는 '일반화'로부터 **연역**될 수 있을 때에 비로소 그 현상이 설명된다고 말할 수 있다는 것이다. 구리 봉이 왜 팽창되었는지를 우리는 아래와 같은 방식으로 설명한다.

(1) 구리가 가열되면 팽창한다. (법칙적 일반화 nomological generalization 혹은 법칙)
(2) 이 봉은 구리이다. (초기 조건)
(3) 이 봉은 가열되었다. (초기 조건)
(4) 이 봉은 팽창되었다. (피설명항 explanandum)

첫 문장 (1)은 발견된 자연법칙을 명시하고 있으며, (2)와 (3)은 주어진 특정 조건들을 명시한다. (4)는 앞의 세 항으로부터 논리적으로 따라나온다고 할 수 있으며, (1)부터 (3)까지가 주어지면 명백히 (4)에 기술된 상황이 기대된다. 이런 방식으로 '특정 구리 봉이 왜 팽창되었는지' 설명된다. 더 복잡한 예의 경우는 더 많은 일반화들을 포함할 것이고, 주어진 조건들의 목록도 훨씬 많을 것이다. 그리고 이제 '일반적으로 구리를 가열하면 구리가 왜 팽창하는지' 설명해야 할 경우를 생각해 보자. 그 경우에 이 진술문은 '피설명항'이 될 것이며, 이 피설명항은 금속들에 관한 다른 '일련의 법칙들', '원자구조', '열' 등등으로부터 연역될 것이다.

법칙과 주어진 조건들의 목록이 화려하고, 법칙들이 복잡하며, 주어진 조건들이 아무리 정교하다고 하더라도 그 기초 설명 형식은 불변이다. 과학자들은 자신들의 설명에서 언제나 그 전체 구조를 밝히는 데 어려움이 없을 것이며, '명백한' 구절들을 생략할 수도 있겠지만, 원리적으로는 어느 설명이라도 그 일반적 틀에 맞춰야 한다. 스미스가 왜 지나치게 등이 굽었는지 설명하기 위해, "그의 등뼈 관절이 세 달 전에 어긋났다"고 간단히 말할 수 있다. 그러나 이것은 등뼈 관절이 어긋나고 두 달이 지나면 등이 과도하게 굽는다는 누구나 아는 상식적 지식 덕분에 그렇게 간단한 언급으로 설명이 되는 것이다. 그렇지 않다면 결코 그와 같은 간단한 언급을 설명이라고 할 수 없을 것이다. 등뼈 관절이 왜 규칙적으로 연결되어 있는지를 설명하자면, 등뼈의 굴절과 수직 조절기능에 관한 법칙(일반화)들의 더 깊은 체계적 설명들을 도입할 필요가 있게 되며, 이번에는 "등뼈 관절이 어긋나면 등이 과도하게 굽게 된다"는 것은 피설명항이 될 것이고, 이것 자체가 일련의 선택된 일반화들로부터 다시 연역될 수 있다. 어떤 설명의 연쇄 고리에서는 마치 우리가 자신의 무지의 벽에 부딪쳤을 때처럼 그 요구되는 설명들을 감당할 수 없는 경우도 있다. (E. Nagel 1961, Hempel 1965 참조.)

'법칙'이나 '법칙 유사 규칙들'을 기술하는 일반화들을 **'법칙적 일반화'**(nomological generalization)라고 부르며, 어떤 현상을 설명하기 위한 논리적 조건으로, 그 현상을 기술하는 문장이 법칙적 일반화와 주어진 조건들로부터 논리적으로 **연역되기** 때문에 이 모델을 **'연역 법칙적 설명이론'**(deductive-nomological theory of explanation)이라 부른다. 하나의 현상을 설명할 때, 신뢰할 수 없는 '직관'이나 '명석하고 판명한 관념들' 같은 것들을 넘어 더 진보하였을 때, 그 이론은 위대한 성취를 이룬다.

그 개념의 나머지를 맞추는 일이 의미이론인데, 그 본질적 특징은 사이비 과학으로부터 진정한 과학을 구분하려는 것이었다. 감각자료 문장들이 원초적으로 '의미'를 가지고 있는 만큼, 그 의미는 생생한 감각자료(raw sense-data) 그 자체에서 얻어지며, 반면에 다른 문장들은 의미를 파생적으로 갖는다. 엄격히 말해서 이와 같은 방식으로 의미를 획득하지 못하는 문장들은 비록 의미를 갖는 것처럼 보일지라도 무의미하다. **의미검증이론**(verification theory of meaning)(Carnap 1932, Schlick 1936)에 따르면, 어떤 문장의 의미는 그 문장에 대한 검증 방법이다. 이는 감각자료 문장의 의미란 감각자료들임을 말한다. 다시 말해서 문장의 의미가 참이라고 한다면 어느 누구도 관찰할 수 있는 경험적인 결과(즉 참이었다면 누구든 관찰할 수 있었던 그런 결과)로부터 결정된다. 이 이론을 달리 설명하자면, 어떤 문장의 의미란 직접적이든 파생적이든 **경험적** 내용의 함수이다.

그 이론에 따르면, 궁극적으로 물리학이나 그 밖의 다른 분야의 이론의 표현들(예를 들어 '전자', '힘의 장'과 같은 것들)마저 감각자료라고 주장을 해야만 하는 입장에 서게 된다. 그러나 심지어 당시에도 '어떻게 그 의미가 획득될 수 있을지' 의문시되었다. 논리적 경험주의자들은 그 의문이 '그런 용어들의 의미를 (특정한 조건에서 얻을 수 있는) 관찰 결과와 관련하여' 해결될 것으로 생각했다. 즉 어떤 장치를 조작하면(윌슨 안개상자와 이온가속기 등) 관찰 가능한 현상들(윌슨 안개상자 안의 흰 궤적)이 나타날 것이다. 그렇다면 의미는 적절한 관찰들을 낳은 '조작'과 동등하게 된다. 심리학과 생리학 분야에서 조작적 정의에 관련하여 지금도 들려오는 고함과 외침 소리는, 이론적 표현들이 갖는 의미를 관찰문장이라는 기반에 환원시키려는 시도에서 나왔다. 한 표현을 '조작할 수 있다'는 것은 곧 **그 의미**에 대해 경험적 조건, 즉 '어떤 조건 아래 그 표현이 기술하는 현상이 관찰될 것이다'는 가능성을 규정하는 것이다.

당연한 결과로 의미이론 역시 어휘들과 문장들을 두 개의 명확한 창고에 정리할 수 있는 의미 있음의 기준을 가지고 있었다. 의미 있는 문장들이란 어떤 방법으로든 감각적 증거에 의해 검증될 수 있는 것이었다. '검증 가능하지 않은' 문장들은 혹시 의미를 갖는 것처럼 보인다고 하더라도, 이 기준에 의해 '의미 없는' 것으로 생각되었다. 만약 어느 문장이 아무런 경험적 결과도 갖지 않는다면, 그리고 만약 그 참과 거짓이 세계 속에서 겪게 될 경험에 비추어 어떤 차이도 없다면, 비록 그 문법적 구조로 인하여 의미 있는 것처럼 치장하고 있더라도 그 문장은 내용이 없다. 관념론자들의 문학에로 떨어지는 문장들은 의미 없음의 정신병원에 보내야 할 본보기로 자주 거론되었다. 즉, "무(無)는 없음이다", "절대자는 절대 존재이다" 등등의 문장들에 대해서 논리적 경험주의자들이 참을 수 없어했던 점은 충분히 이해될 만하다.

하지만 그들 자신 또한 문제를 가지고 있었다. 그들이 경애하는 이론적 표현의 의미가 기초 관찰로 환원될 수 없다면, 그 표현들 또한 의미 없는 것으로 던져버려야 할 위기를 맞게 된다. 이것은 목욕물과 함께 어린애까지 쏟아 버리는(쥐 잡자고 장독 깨는) 전형적인 경우가 될 것이다. 이런 결과가 의미이론에 대한 희망을 버리게 했을 것이다. 우리가 앞으로 6장 4절에서 보게 되겠지만 논리적 경험주의자들은 바로 그 점에서 커다란 좌절을 겪었다.

환원(reduction)은 그들이 집중적으로 노력했던 초점이었다. 왜냐하면 논리적 경험주의자들은 전형적으로 과학은 '통합되고 일관성 있는 지식체계'를 구성해야 한다는 입장을 취했기 때문이다. 궁극적으로 그들이 주장하는 바는 화학 같은 과학은 물리학과 같은 더 기초적인 과학으로 환원될 수 있다는 것이다. 논리적 경험주의자들의 그러한 프로그램 아래에서 과학철학자들은 '환원이란 무엇인가' 그리고 '환원되기 위해 만족되어야 할 조건들이 무엇인가'에 관한 엄밀한 이론을 찾아내려고 노력했다. 이런 노력이 철학자들로 하여금 '고전 열역학'과 '통계역학' 사이의 관계, 그리고 '화학'과 같은 일반적인 분야와 '물리학'과 같은 더욱 기초적인 분야 사이의 관계를 설명할 수 있게 하였다.

이런 노력은 또한 통합 과학을 위한 조건과 그 전망에 관련된 논의의 장을 마련했다(Oppenheim and Putnam 1958). 이 논의의 중심 논제는 "환원이란 일차적으로 이론들 사이의 관계이며 부차적으로는 현상들 사이의 관계이다"(Nagel 1961)라는 생각이었다. 이 통찰력은 대단히 중요하였는데, 왜냐하면 이런 생각은 '환원'을 사물들과 속성들 사이의 난처한 **형이상학적** 관계로 상정하려는 경향을 무산시켰으며, 앞으로 살펴보게 되겠지만, 수리논리학적 방법을 동원한 환원 가능성을 낳았기 때문이다.

이론들이 신뢰하는 현상들의 범위를 드러내므로, 어떤 현상이 환원된다 함은 이론들이 서로 특별한 방식으로 관계되어 있음을 보여준다.

조금 더 상세히 말해서, 어떤 이론이 환원되었을 경우에 '환원된 이론이 갖는 법칙들'은 환원하는 이론이 갖는 더 기초적인 법칙들과 **'교량원리'**(bridge principles)라는 각별히 연결된 진술들로 **논리적으로 연역 가능하다**는 주장이다. 다시 말해서 우리들은 그 교량원리들을 통해서 환원된 이론 내에서 기술된 어떤 존재와 속성들이 사실상 환원하는 이론 내의 존재와 속성들이었음을 알게 된다.

그 좋은 예가 바로 '열역학 법칙'을 '통계역학 법칙'으로 환원하는 것이다. 이 경우 교량법칙들은 어떤 기체가 '특정 온도를 가짐'은 '평균 분자운동에너지를 가짐'과 같은 속성임을 규정한다. 간단히 말해서 고전 열역학에서의 '보일-찰스 법칙'(Boyle-Charles law)은 통계역학 법칙으로부터 연역될 수 있다. 만약 '기체 압력'이 '튀어나오는 분자들의 반사운동'으로서 해석된다면, 'P = μRT/V'라는 식이 바로 나온다. 이렇게 고전 기체 법칙이 환원된 일은 과학에서 어떻게 환원이 진행되는가에 대한 패러다임으로 권장되었고, 그 기대는 '모든 과학'이 거대한 통합체 내에 하나씩 그에 대응하는 동등한 진술들에 맞추는 교량원리들로 인하여 결국 '물리학'으로 환원될 것이라는 생각을 낳았다.

요약해서 말하자면, 논리적 경험주의는 과학과 인간 지식에 관한 거대하고 일관성 있으며 엄격한 청사진을 제시하였다. 우리가 보았듯이 그 이론은 '설명의 본성', '의미의 본성', '정당화의 본성', '환원의 본성', '지식의 기초에 관한 본성'과 '어떻게 그 기초 위에 구조물을 세울 수 있을지' 그리고 끝으로 '어떻게 과학이 사이비 과학으로부터 구별될 수 있을지'에 대한 설명을 포함했다. 이런 논의들은 결국 모든 과학을 통합하겠다는 광대한 구상에 대한 강렬한 열망으로 모아졌으며, 그 통합 원리를 제공했던 것은 본질적으로 논리학이었다(Hooker 1975). 수리논리학은 그만큼 엄격함을 위한, 그리고 논의들을 종합하는 수단이었으며, 나아가서 난감한 개념들을 제한하는 방법을 제공하였다. 깔끔하고 대담했던 논리적 경험주의는 엄청난 호소력을 가졌다.

4. 논리적 경험주의에 무슨 일이 일어났는가?

그토록 명확하고 체계적이라면 어떤 이론이라도 인정받을 만했다. 마치 신이 "질서가 있으리라!"라고 말하자 논리적 경험주의가 있게 된 것만 같았다. 그러나 그 질서란 피상적이고 의도적이었음이 밝혀지게 되었고, 그 때문에 논리적 경험주의는 상당히 다른 무엇으로 매우 빠르게 진화되었다. 마음 과학에 대한 개념과 환원주의에 대해서 제기되는 현대의 많은 반론들은 **논리적 경험주의자 자신들에 의한** 과학 개념에 근거하고 있으므로, 논리적 경험주의 중심 개념도 새로운 철학으로 자연스럽게 그 거처를 옮기게 되었음을 아는 것이 중요하다. 더구나 이 새로운 철학이 논리적 경험주의로부터 계승한 것은 과학에 대한 '경애심'이었으며, 이론은 경험적 증거에 의해 시험되어야만 한다는 '신념'이었다.

사실상 논리적 경험주의의 모든 것이 변모되었다. '의미이론', '유의미성의 기준', '정당화 이론', '이론과 관찰의 구분', '정초에 대한 요구', '환원이론', 그리고 심지어 '설명이론'까지 어느 정도 변화되었다. 논리적 경험주의자들이 '과학 그 자체에 관하여', '역학에 관하여', '방법론과 역사' 등에 관하여 더욱 엄밀한 연구를 하던 중에, 그리고 그 거대한 도식에서 빠뜨리고 있었던 구체적인 예를 제시하려던 중에 스스로의 잘못을 발견하기 시작했다. 어떻게 그렇게 되었는가 하는 이야기는 흥미롭지만, 나는 꼭 필요한 정도만 논의하겠다. (Suppe 1977와 Morick 1972의 논문을 참조.)

칼 포퍼(Karl Popper)는 논리적 경험주의자의 주류에 해당되지 않는 사람으로서, 과학 지식이 '확증'과 '검증'에 의해 축적된다는 생각을 거부했다. 과학에 대해 놀라울 만치 다른 역학적 구도를 가지고(1935, 1963), 그는 가설들이 오직 **반증**(falsification)**에 견디어낼** 때에만 받아들일 만한 가치가 있다고 주장했다. 그의 관점은 압도적이면서도 단순하다. '가설에 대한 사례에서 확증을 찾아내는 일'은 너무나 손쉽기 때문에, 이것을 옳은 방법론이라고 여길 수 없다는 것이다. "모든 식물들은 유성 생식한다"와 같은 단순한 가설을 생각해 보자. 만약 내가 필요한 것이 단지 확증할 수 있는 사례뿐이라면, 나는 정원에서 '654개의 (프랑스) 국화 모두가 유성 생식하며, 953개의 제비꽃 모두가 유성 생식한다'는 등의 사실들을 발견할 수 있다. 그래서 충분한 실증 사례들을 가졌다고 주장하려 하겠지만, 그럼에도 불구하고 어느 식물학자도 이에 동의하지 않을 것이다. 왜냐하면 '확증시키지 못하는' 사례를 찾기 위해 노력하지는 않았기 때문이다. 즉 반례(counterexamples)가 될 수 있을 만한 경우를 찾지 않았기 때문이다. 어떤 가설을 채택하기 전에 나는 많은 다른 종류의 꽃 피는 식물들을 시험해 보았어야 했다. 잔디와 양치 식물들도 시험했어야 했고, 일반적으로 말해서 나는 내 가설이 '틀릴 수 있을 가능성'을 혹독하게 시험했어야 했다.

다른 가설을 생각해 보자. "(뇌의) 브로카 영역(Broca's area)이 말을 하게 한다"는 가설을 확증하기 위해 브로카 영역의 손상과 언어 상실 사이에 어떤 실증적 관계를 찾아내는 것만으로는 충분하지 않다. 브로카 영역이 손상된 환자들 중 언어 상실을 일으키지 않은 환자들이 있는지 찾아보아야만 하고, 다른 영역이 손상되어 언어 상실을 일으킨 환자들이 있는지도 찾아보아야만 한다. '틀릴 수 있음'을 고려하지 않는 것은 '검증하는' 경우들을 수집하는 일과 달리 중요한 의미를 갖는다. 만약 과학자가 확증 사례들을 발견함에 따라 가설들을 수락한다면, 엄청나게 많은 가설들을 믿는 결과가 생겨날 것이고, 따라서 엄청나게 많은 가설들의 사멸 또한 뒤따르게 될 것임을 포퍼는 주장한다. 반면에 만약 과학자가 반증이라는 혹독한 시험에 견디는 가설을 선택한다면 그는 가설을 참이나 확증된 것으로서가 아니라, 지금까지 가장 유용한 것으로 받아들인 것이라고 할 수 있다. 이와 같이 완전히 색다른 정당화 구도를 가졌었기 때문에, 포퍼는 과학의 역학과 구조뿐 아니라, 전반적으로 지식에 대해서도 아주 다른 견해를 갖게 되었다.

나아가서 포퍼는 "과학자들이 높은 가능성으로 설명할 수 있는 가설을 공식화하는 데 노력을 경주해야 한다"는 가정에 동의하지 않았다. 그보다 그는 가설이란 오직 대담한 경우에 관심을 갖게 되며, 다시 말해서 그럴듯하지 않고 틀릴 것으로 여겨질 경우에 관심을 갖게 된다고 한다. 왜냐하면 혹독한 시험을 거쳐 반증에 견디어낼 경우에 승리자가 되며, 그런 가설이 의미심장하기 때문이다. 안전한(즉 가능한) 가설들은 싸구려이며, 가장 안전한 것은 논리적 진리들뿐이다. 만약 일차적으로 과학이 찾는 것이 어떤 진리의 모습이라면, 과학은 논리적 정리들을 끌어내는 데에 매달려야 할 것이다. 그러나 문제는 우리가 그런 안전성을 어느 곳에서도 구할 수 없다는 점이다. "거대한 질량에 의해서 기하학적 공간이 휘어진다"라는 아인슈타인의 가설은 당시의 시간 이론에서 보면, 그 입증 가능성이 상당히 낮았다. 만약 아인슈타인의 가설이 옳다면 일식 중에 어떤 별이 어떤 위치에서 보일 것이고, 만약 틀린다면 다른 위치에서 보일 것이다. 그 가설은 반증하는 시험에 견디어냄으로써 상당히 의미심장하게 되었다.

콰인(Quine 1953, 1960)에 의해 우리는 과학적 탐구의 원동력에 대한 이해가 극적으로 깊어지게 되었다. 실험이 진행되는 중에 그 결과를 해석하는 일이 보기보다 훨씬 복잡하며, (논리적 경험주의의 바람과 반대로) 가설에 대한 반증은 쉽지 않고, 논리학은 우리에게 단지 조언자일 뿐이다. 콰인은 뒤햄(Pierre Duhem, 1861~1916)의 초기 저서에 대단히 고무되었다. 뒤햄은 가설들이 전체 이론의 그물망(network)과 독립적으로 실험될 수 없으며, 그래서 '엄격한 실험'이라는 발상은 일반적으로 짐작되기보다 훨씬 혼란된 것이라고 주장했다. 콰인은 뒤햄의 논의에 고무되어, 논리적 경험주의자들의 '설명이론'과 '확증이론' 그리고 '환원이론'에서 근본 함축을 찾아냈다. 뒤햄이 느끼기에 실험 결과에 대한 해석은 실제로 단순한 논리적 원리들의 적용 이상으로 보였다.

> 진실로 실험적인 논증이 그다지 엄격하거나 절대적 가치를 갖지 못한다. 실험이 그 구실(논증)을 할 수 있는 조건들이란 우리가 지금까지 언급하고 짐작했던 것보다 훨씬 더 복잡하다. 그 결과에 대한 평가는 훨씬 더 미묘해서 조심해야 한다. (1914; tr. Philip Weiner 1953:185)

우리가 어떤 가설을 실험하거나 관찰 결과를 연역하기 위해 어떤 이론을 사용할 경우, 예상된 사건에 대한 반증은 곧 그 가설이 거짓임을 함축한다고 추측하는 경향이 있다. 그래서 엄격한 실험 구조에 대한 교과서적 지침은 다음과 같다. 만약 가설 H와 보조가설 A가 참이라면, 관찰 결과 O가 일어날 것이다. 그 상황에서 관찰 결과 O가 일어나지 않는다면, 가설 H는 거부된다.

일어나야 할 시험 결과 O의 실패는 가설 H에 대한 반증이 아니라, 그 보조가설의 반증으로도 잘 설명된다는 점을 뒤햄은 보았다. 실험으로 틀렸음을 말해 주는 것은 하나 혹은 여러 보조가설 A이며, 가설 H가 아닐 수 있다. 그 논리가 우리에게 가르쳐줄 수 있는 것은 오직 우리들의 가정 어느 곳인가에 오류가 숨어 있다는 것뿐이다. 즉 연역 논리는 우리들이 참이라고 믿는 가정들 중에 어느 것이 잘못인지 말해줄 수 없다. 더구나 가장 단순한 실험조차 참이라고 가정되는 무수한 법칙들과 이론들로 이루어진 그물망을 가지고 있다. 그래서 시험 결과 O가 실패되는 경우, 아마 지목되어야 할 것은 그 배경 그물망의 어느 부분일 수 있다. 뒤햄이 주장했듯이 우리는 "실험을 하나의 고립된 가설보다 전체 가설 집단과 관련시켜야 한다. …"(tr. Philip Weiner 1953:187). 예상된 결과가 실패하는 경우 이론 그물망 안에 있는 무엇인가가 바뀌어야만 하겠지만, 무엇이 바뀌어야 할지 실험이 우리에게 가르쳐주는 것은 아무것도 없다.

다음 예를 생각해 보자. 행성들의 궤도, 가속도, 행성의 질량과 태양의 질량에 관한 뉴턴 법칙과 보조가설들을 이용하여, 천문학자들은 새로 발견된 행성인 천왕성(Uranus)의 궤도를 예측했다. "만약 N(뉴턴 법칙)과 A_1 … A_n(보조가설들)이라면, O(관찰)이다." 그들의 보조가설들 중에 하나는 단지 그 부근에 다른 행성이 없다는 것이었다. 그런데 천왕성의 예상 궤도가 관찰 결과 O와 일치하지 않았다. 따라서 관찰 결과 O는 거짓이었다. 그렇게 되면, 천문학자들은 뉴턴 법칙이 거짓이었다고 결론지었을 수도 있었다. 그러나 실제로 그들은 그와 달리 보조가설들 중에서 오류를 찾아냈다. 정확히 말해 "다른 천체가 없다"는 그 보조가설을 수정했다. 앞서의 생각과 달리 그들은 천왕성의 궤도를 관찰한 사실에 근거하여 틀림없이 그 궤도에 영향을 미칠 만큼 다른 천체가 천왕성 가까이 있을 것으로 예측했다. 마침내 천문학자들은 예측했던 바로 그 장소에서 행성인 해왕성(Vulcan)이 관측되었다. 이 마지막 관측은 처음의 보조가설들 중 하나가 거짓이었음을 밝힌 셈이다.

그러나 다음 예를 비교해 보라. 현대 천문학자들은 뉴턴 법칙들과 태양의 크기 그리고 다른 행성들의 크기, 속도, 궤도에 관한 보조가설들에 근거하여 수성(Mercury)의 궤도에 관해, 정확히 말해서 세차 운동량(amount of precession)을 예측했다. "만약 N(뉴턴 법칙)과 A_1 … A_n(보조가설들)이 참이라면 P(관찰)이다." 여기서 P는 수성의 궤도를 가리키며, 그 보조가설들 중에 하나는 "그 근처에 특별한 천체가 없다"는 것이었다. 그 예상은 다시 빗나갔고 궤도 P는 관찰되지 않았다. 그러나 대신에 다른 궤도 P′가 발견되었다.

앞서 보조가설을 수정함으로써 성공했으므로 천문학자들은 가상적으로 해왕성이라는 또 다른 행성을 다시 예상했다. 그러나 치밀하게 천체를 조사했음에도 불구하고 그것을 발견하지 못했다. 그래서 결국 어떤 천문학자들은 "그 잘못이 보조가설에 있지 않고 뉴턴 법칙에 있다"는 당시로서는 생각할 수도 없을 가능성을 가지고 장난했다. 그러나 아인슈타인의 일반상대성이론이 그 구도를 바꿔놓을 때까지 과학자들은 그 염려스러운 가능성을 깔아뭉개고, 보조가설들의 잘못을 찾는 공허한 노력을 계속했다. 결국 새로운 이론은 새로운 계산방식을 필요로 했으며, 원래의 보조가설들 위에 특수상대성이론이 결합해서 관찰된 궤도 P′가 설명될 수 있었다. 가설 연역적 설명의 구조에서 보자면 이것은 일반상대성이론을 증명하는 중대한 시험이었다. 뒤햄주의자(콰인) 관점이 시사하듯이, 두 경우 모두 예측의 실패가 무엇이 잘못이었는지 말해 주지 않았으며, 단지 이론의 그물망 어느 곳에 결함이 있음을 말해 줄 뿐이었다.

콰인-뒤햄 논제에서 보면, 하나의 가설이 거짓으로 밝혀지는 결정적인 실험 같은 것은 결코 없다. 한 가설에 대한 시험은 절대적일 수 없으며, **배경 가정들에 상대적**이다. 우리가 하나의 가설을 시험하는 데에 '확연한 사실'로 선택한 것은, 단지 상대적으로 그 배경 가정들에 의해서 사실적 진술이 된다. 그리고 그 가정들이 의심된다면, 그 가정들과 상관 있는 '사실들' 역시 의심될 것이다. 지구 중심설의 관점에서 보면, 지구가 움직이지 않는다는 것은 하나의 '사실'이다. 즉 '관찰가능한 사실'이다. 그러나 코페르니쿠스가 옳다면, 그 사실 자체는 재고되어야 했다.

콰인의 관점에 의하면, 혹자의 이론 중에 변화되어야 할 것이 무엇인지 엄밀히 결정해 주는 어떠한 기계적 방법이나 논리학도 없다. 그래서 어느 가설이든 원리적으로 방어될 수 있으며, 이론적 그물망 내에서 적당한 수정을 함으로써 잘못을 바로 잡을 수 있다. 그리고 이론체계를 수정할 수 있는 한 어떤 문장도 잘못과 수정으로부터 안전하게 보호될 수도 있다.[11] 또한 역으로 어떠한 문장도 수정되지 않는 특

11) [역주] 실험 결과가 총체적 이론의 기대와 다를 경우에 과학자들은 그 총체적 이론 내의 핵심 부분은 바꾸지 않고, 단지 보조가설만을 수정함으로써 중심

별한 인식적 속성을 갖지 못한다(Quine 1960). 따라서 골지(Golgi)와 라몬 이 카할(Ramón y Cajal)과 같은 합리적인 과학자들에게조차 대단히 많은 양의 자료 축적이 있었으면서도 오히려 서로 의견이 다를 수 있어서, '신경세포가 연속적인 망상체(net)를 형성하는지 아닌지'와 '신경세포들에 영양분이 공급되는 배경 가정들이 중요한지'에 관해서 서로 다른 의견을 가지고 있었다. 왜냐하면 골지로서는 이 문제가 중심 위치를 차지하는 것이었고, 그래서 수상돌기가 혈관(blood vessels) 이외의 조직들과 연락을 취한다는 가설을 수정하고 싶지 않았다. 반면에 라몬 이 카할은 영양분 공급에 관한 설명을 그 부차적인 것으로 생각한 듯하다. 그래서 그는 기꺼이 수상돌기 연결이 바로 뉴런 연결이라고 해석했다.

실험에서의 예측 실패는 곧 용의자 검거의 실패를 말한다. 콰인-뒤헴 논제에서 보면, 실험은 이론의 그물망을 총체적으로 시험하며, 예측이 실패할 경우 어느 곳이 수정되어야 할지는 형식 논리학만으로 결정될 수 없다.

그러나 그렇다면 또 다른 질문이 제기된다. 우리는 이론의 그물망 내에 합리적 수정을 어떻게 **해야 할** 것인가? 어떻게 잘못된 곳을 지적할 수 있겠는가? 명백히 실제 과학 연구에는 다양한 생각들이 참여하게 된다. 즉 만약 어떤 가설이 이미 훌륭하게 설명해 내고 있고, 그에 대체할 만한 다른 이론이 없다면, 과학자들은 그것을 수정해야 한다는 생각에 저항감을 가질 것이다. 반대로 만약 이론의 그물망 내에 핵심적 특성을 갖는 부분을 수정해야만 하는 상황에서 어쩔 수 없이 다른 부분에 대한 수정을 상당히 할 수밖에 없는 상황이라면, 과학자들은 기꺼이 수정을 하려 할 것이다. 과학자들은 기대했던 결과를 얻지 못하는 경우 그 대안을 결정하기 위해, '단순성', '이론의 통합', '현존하

가설은 안전하게 보호할 수 있다.

는 이론의 성공', '교체하는 이론의 유용성' 등등을 중요하게 고려해야 한다.

이런 것들은 실제 연구 활동 중에 얻어진 경험들이며, 물론 지금까지 논의한 맥락에서 보면 그 경험들이란 꽤 모호하다고 하지 않을 수 없다. 그렇지만 '실제로 과학 연구를 어떻게 해야 하는가'라는 규범적 질문을 우리가 다루지 못할 것은 아니지 않겠는가? 실험 결과에 대해 결정을 내리게 하는 옳은 원리는 무엇일까? 그리고 그 원리들을 따르면 참인 이론에로 인도될까? 실험 결과를 받아들일 때 우리는 언제 혁명적이어야 하며, 언제 보수적이어야 하는가? 만약 우리가 항상 혁명적이라면 그동안 과학 지식의 성과들을 전혀 축적해 오지 못했을 것이며, 반대로 우리가 언제나 보수적이었다면 갈릴레오, 다윈, 아인슈타인 등등에 의한 과학 혁명을 성취하지 못했을 것이다. 때로는 관찰 판단 그 자체를 수정하는 것이 합리적일 수 있으며, 때로는 '본 것'을 어느 그물망 내의 이론에 비추어 재해석하는 것이 합리적일 수도 있다. 그래서 누군가가 신경세포를 관찰하고는 특정 부분이 수상돌기와 연락을 취하는 것으로 보아서 그것이 혈관일리 없다고 판단할 수도 있으며, 자신이 생각했던 뉴런의 특징이 실제로는 착색하는 과정에서 생긴 인공 물질이었다는 식으로 결론을 내릴 수도 있다. 콰인이 지적했듯이, 극단적으로 말해서, 꼬리가 개를 흔들고 있는 것일 수도 있다. 비록 어느 실험자라도 잘 알고 있는 사실이라 할지라도, 때로는 그런 엉뚱한 생각이 어떤 의미에서 더 합리적일 수 있다. 왜냐하면 실제 바쁜 실험실에서 법석을 떨다 보면 관찰 판단이란 것이, 마치 철학자의 관찰 이론 내에서처럼, 결코 그렇게 세심하거나 나무랄 데 없는 것이 아니기 때문이다.

요약해서 말하자면, 콰인-뒤헴 논제가 주어졌을 때 과학철학자들 앞에 나타나는 곤경은 다음과 같다. 어떻게 과학 방법론을 규정할 것인가? 다시 말해서 어떻게 정당화되지 못한 수정과 정당화된 수정을 구분할 수 있겠는가? 과학 탐구에서 합리적 절차를 원리적으로 어떻게 제시할 것인가? 이런 것들은 명백히 논리경험론의 체계에서는 풀릴 수 없는 문제들이었다. 한 가지 관점은 그 대답이 선험적으로 숙고하거나 혹은 언어 분석에 의해서는 발견될 수 없으며, 적절한 경험적 탐구를 통해서 발견될 수 있을 거라는 전망이다. 만약 심리학, 과학사 그리고 신경과학에 의하여 '뇌가 어떻게 인식 혹은 인지 수행을 하는지' 알게 된다면, 우리는 '그 수행의 효과를 어떻게 극대화시킬 수 있을지'에 관련한 이론도 터득하게 될 것이며, 마침내 '과학 탐구의 합리성을 어떻게 극대화할 수 있겠는가' 하는 방법까지 제시하게 될 것이다. 내 생각으로는 이것이 콰인 견해의 핵심에 해당된다(1969). 이런 관점은 철저하게 자연주의적이며, 내가 발견한 거역할 수 없는 관점이다. (이에 관련된 세부적인 논의를 9장과 10장에서 참조.)

콰인-뒤헴 논제가 주는 또 다른 중요한 결과는 다음과 같다. 이미 우리가 어떤 믿음들을 가지고 있는 상황에서 기대하지 않았던 어떤 사건을 관찰하게 된다면, 우리가 수정해야 할 것은 규범적으로 '과학'이라 칭하는 것뿐 아니라 '상식적 믿음'까지도 포함하게 된다. 우리 지식은 상호 관련된 전체이며, '과학적 믿음'과 '비과학적 믿음'으로 구분하려는 인식적 신조를 버려야 한다. 아인슈타인이 언급했듯이 "과학 전체는 일상적인 생각을 정제한 것 이상이 아니다."(1949:55)

같은 맥락에서 콰인은 '과학'이란 '자각하고 있는 상식'이라고 했다. 명백히 상식은 지식의 축적 과정에서 수정되게 마련이다. 우리는 '지구가 편평하다'거나, '생명체의 존재는 어떤 지성적 설계자, 즉 신의 존재를 예시한다'거나, '우주는 하나의 범선이다'라고 혹은 '열은 뜨거운 물체에서 차가운 물체로 이동하는 일종의 유동체이다'라고 더 이상 믿지 않는다. 외부의 대상, 색깔, 열, 운동 등등에 관하여 우리가 상식적 믿음의 체계라고 부르는 것들은 기껏해야 감각으로부터 얻어낸 빈약한 입력에 대하여 뇌가 이론화하기 위해 사용하는 몇몇의 가설들에 불과하다. 이따금 선별적으로 고안된 새 이론들이 기존 이론들의 자리를 대체하기도 한다. 왜냐하면 그것들이 더 나은 방식으로 설명하고 예측하기 때문이다. 원시적인 이론들은 세련된 이론들에게 자리를 내어준다. 그리고 새로이 등장한 이론들이 일상생활에 통용됨에 따라 상식의 자리를 차지하게 될 것이다. 인간 뇌는 그러한 원시적인 이론들을 사용하여 더욱 포괄적이고 강력한 이론으로 길을 열어, 현상 뒤에 있는 실재를 발견할 수 있었다는 점은 놀랄 만하다. (이에 관한 더욱 충분한 논의는 7장, 9장, 10장을 참조.)

콰인은 심지어 '지식을 획득한다는 것이 무엇인지', 그리고 '설명, 정당화 그리고 확증의 본성이 무엇인지', 즉 '과학 작업 그 자체의 본성이 무엇인지'에 관한 인식론적 확신조차도 수정되고 바로 잡을 수 있다는 것이다. 뇌가 어떻게 작동하는지 우리가 알게 되면, 뇌가 '이론화한다', '합리적이다', '이해한다'는 것이 어떤 것인지도 알게 될 것이다. 우리는 현재의 인식론적 개념들을 바꾸거나 변화시킬 뇌 작용의 일반적 원리들을 발견하게 될 것이다.

이런 의미에서 결코 **제1 철학**이란 없다. 모든 과학이 따라야 할 진리, 과학과 인식론에서의 총체적 철학 원칙은 결코 존재하지 않는다. 콰인이 지적하듯이 과학 이론의 수락 여부를 판정할 아르키메데스의 받침점은 결코 존재하지 않는다. 이렇게 콰인은 "신성불가침한 제1 철학이 있다"는 견해를 버리고(1960:3), 노이라트(Neurath)가 제시한 은유를 받아들이도록 제안한다. "과학은 배와 같으며, 우리는 배 안에 타고 있으면서 널빤지를 하나씩 잇대어 고쳐 짓고 있다. 철학자와 과학자들은 한 배에 타고 있다."

의미검증이론에 무슨 일이 일어났는가?

의미검증이론(verification theory of meaning)에 의하면 '비관찰 어휘의 의미는 그 어휘를 담고 있는 일련의 경험으로부터 주어진다'는 것이었다. 출발점에서부터 이 견해는 문제점을 안고 있었다. 어떤 경험이 상상되긴 하지만, 그 내용이 아직 발명되지 않은 기술에 의존한 경우를 가정해 보자. 이 경우에도 경험이 의미를 주겠는가? 아직 확립되지 않았거나 상상도 되지 않은 물리학을 가정해 보자. 혹은 어떤 별일도 아닌 사소한 예상이 어긋난 경우를 가정해 보자. 그런 경우에도 (하지도 않은) 경험이 의미를 변화시킬까? 어떤 문장이 '단지 내일 우리가 겪게 될' 경험만을 포함하고 있다고 가정해 보자. 아직 일어나지도 않은 그런 경험이 그 문장에서 의미를 구성하는 요소가 될까? 이렇게 얼마든지 곤란한 질문을 던질 수 있다. 더구나 가장 중요한 이론적 어휘들이 경험적 결과에 의해서가 아니라, 그 어휘들로 구성된 다른 '이론들에 의해서' 암암리에 정의되는 경우가 있다. '힘의 장'(force field), '에너지', '전자파'와 같은 어휘들은 그 대표적인 사례들이다. 이 경우 '의미'란 '그 어휘들을 담고 있는 이론의 어떤 기능'이었다. 그리고 이 경우에 '조작적 정의'는 가소로운 것이다. 비록 '지성', '합리성', '학습'과 같은 표현들이 아직은 물리학 용어들처럼 그 어휘들을 담는 엄밀한 이론들을 갖지 못함에도 불구하고 의미를 부여하기 위해 조작적 정의를 받아들인다는 것은 잘못이다. 물론 이런 표현들을 담고 있는 신경생물학과 심리학적 이론들이 발전하게 되면, 따라서 그 의미들도 더욱 엄밀해질 것이다. (7장을 참조.)

위와 같은 비판이 의미검증이론에 입힌 상처는 분명 혹독한 것이었지만, 결정적인 약점이 드러나게 된 것은 콰인-뒤햄 논제를 적용해서이다. 콰인은 "경험적 결과란 전체 이론적 그물망에 의한 결과이며, 단지 개별 문장에 의한 것이 아니다"는 점을 지적했다. 어떤 가설에 대한 경험적 결과를 결정하려면 임의의 조건과 배경 이론을 명시해야만 한다. 배경 이론은 우리가 그 가설을 사용할 수 있게 정당화해 주며, 마찬가지로 더 넓은 배경 이론은 그 가설을 구성하는 어휘들을 제공한다. 전압계와 같은 독특한 측정기구의 사용 혹은 전자현미경과 같은 관찰 도구의 사용을 정당화하는 '기초 이론' 역시 분석해 볼 필요가 있다. 만약 어떤 가설이 일련의 **관련된** 결과를 예측했다가 어긋나게 되면, 우리는 다른 어떤 문장들보다도 그 가설이 거짓이라고 생각할 것이다. 그러나 앞서 보았듯이 그 경험적 결과가 어떠한 것이든 연역 논리학 자체만 가지고 어떤 문장의 진위를 결정할 수 없다. 콰인의 견해를 부언하자면, 경험적 진술들은 '오직 그 문장에만 관련된다'고 주장할 만한 경험적 결과를 갖지 않는다. 전체 이론들이 경험적 결과들을 소유하고 있으며 의미의 기초 단위가 된다. 결코 '어휘'나 '문장' 그리고 '그물망의 어느 하위 부분'도 '의미의 단위'가 아니다. 관찰문장이 자연에 대한 설명으로 인정받기 위해서는 '이론적 그물망이 **하나의 전체로써** 관찰 기반을 지지해야' 하지만, 그 그물망 내에 인정되는 모든 문장이나 어휘가 다 그렇진 않다(전체 이론적 그물망의 지지를 받아야 하는 것은 아니다).

이론적 어휘들의 '의미'란 그 어휘들이 참여하는 법칙과 이론들의 그물망이 갖는 어떤 '기능'이다. 그래서 그 법칙을 수정하거나 바로잡게 되면, 그 법칙에 포섭된 어휘들의 의미 또한 바뀌게 된다. 심지어 지금까지 정의에 의해 구성되었던 문장들조차, 어긋난 예측이나 새로운 경험적 자료를 처리하려면 수정될 수밖에 없다고 콰인은 주장한다. (그 예로 Paul M. Churchland 1979 참조.) 두 종류의 진리(오직 의미만으로 참이 되는 문장과 사실에 의해 참이 되는 문장) 사이에, 그리고 두 종류의 지식(의미에 관한 지식과 사실에 관한 지식) 사이에 고착되고 연결될 수 없는 틈바구니를 인정했던 경험주의자들의 원칙은 결국 경험주의자들의 독단이었음이 밝혀졌고, 우리 자신이 벗어나기 위해 최선을 다해야 할 독단이기도 했다(Quine 1953). 그렇게 그물망 의미이론(network theory of meaning)이 탄생하였다. (8장과 9장 참조.)

경험적 정초에 무슨 일이 일어났는가?

논리적 경험주의 입장에서 보았을 때, 관찰문장이 갖는 본성과 그 인식론적 역할은 문제없어 보였다. 경험을 통해 알게 된 관찰문장이란 지식 구조에 있어 '주어진' 기초이며, '관찰을 통해 알게 된 것'이므로 명백히 '오직 관찰에 기초해서 정당화된다'고 생각되었다.

반면에 이론문장은 의미와 정당화에서 결정적인 문제점이 있다고 생각되었다. 그런데 콰인-뒤햄 논제는 "이론의 일관성과 설득력을 극대화하기 위하여 이따금 관찰 차원의 문장들이 불가피하게 수정되는 경우가 발생한다"고 지적했다. 즉 개진된 새로운 이론의 요구에 의해 그 기초(관찰문장)의 모습도 바뀌게 된다. 만약 과학이란 커다란 구조물 아래 지지하고 있는 기초 문장이 수정될 수밖에 없다면, 그 기초 문장이 더 이상 과학의 기초로서 어떤 역할을 하지 못할 것은 너무나 당연하다.

콰인-뒤햄 논제가 함축하는 것을 보기 전, 많은 철학자들은 그동안 의심하지 않았던 '관찰문장'을 검토하였다. 파이어아벤트(Paul Feyerabend 1963a), 핸슨(N. R. Hanson 1967), 헤세(Mary Hesse 1970) 등과 같은 과학철학자들의 연구는 각별히 영향력이 있었다. 헤세의 언급에 따르면, 관찰문장이 지식의 확고한 기초가 되려면, 이론문장이 오락가락할 경우에도 그 밑에 지지하는 관찰문장은 이론문장으로부터 독립적이어야 한다고 생각했다. 그래서 그녀는 '관찰문장이 실제로 독립적인지', '독립적 관찰언어가 존재할 수 있는지' 검토하게 되었다.

검토를 시작하자마자 논리적 경험주의는 '무엇이 관찰문장인지' 명확한 정의조차 내리지 않았음이 밝혀졌다. 그래서 관찰문장이란 "관찰을 통해 알게 된 문장"이라고 정의해 보았다. 그러나 그러한 정의는 순환적이다. "경험을 통하여 직접 알려진"도 역시 좋지 않아 보였다. "관찰 술어란 경험 세계에 직접 적용할 수 있는 것"이란 정의는 '관찰 술어가 이론으로부터 자유로울' 때만 무방하다.

그 논지는 다음과 같다. 화자의 이론 안에 배어 있는 지식이 자기에게 2차적 본성[12]이 되기만 하면, 이론적 술어는 직접 (즉 비추론적으로) 세계에 적용된다. 숙련된 지질학자는 '빙하작용'이란 어휘를 특정한 지질학적 특성에 바로 적용한다. 신경학자는 추론 단계를 거치지 않고 어떤 환자가 파킨슨병(Parkinson's disease)을 앓고 있음을 바로 볼 수 있다. 능숙한 농부는 배나무의 고사병(fire blight)을 바로 볼 수 있다. 천문학자는 스펙트럼의 적색 편위(red shifts)를 바로 볼 수 있고, 물리학자는 거품 상자(방사선의 궤적을 추적하는 원자핵 실험장치) 안에서 알파 입자(alpha particles)를 볼 수 있다.

동전의 반대 측면은 다음과 같다. 비록 처음엔 관찰 술어가 세계 안에 있는 속성에 직접 관련되어 알려진다 하더라도, 그 의미는 그러한 속성에 연관된 법칙들로부터 독립되어 있지 않다. 여기에 헤세가 주장한 두 결론이 있다.

(1) 술어를 경험적 상황에 직접 결부시키려 할 때, (불가피하게) 무엇을 관련된 상황에 대한 적절한 예라고 해야 할지 정확히 말하기 어렵다. 상황이란 항시 복잡다양하고, 유사성은 전이적 관계가 아니며, 따라서 배움의 패러다임은 흔히 잘못 선택되곤 한다.

(2) 따라서 어느 술어에 대한 적용도 (한 특징의 발생을 다른 특징의 발생과 연관시키는) 대략적인 일반화와 법칙들에 의해 제한될 수밖에 없다.

말을 처음 배우는 어린아이가 '개'란 단어를 로버라는 개 근처에서

12) 사람에게 일차적 본성과 이차적 본성은, '타고난 본성'과 '학습을 통해 형성된 것'으로 구분하면 되겠다. 따라서 이 문장의 의미는 "우리가 어떤 지식을 일단 배우기만 하면, 우리는 그것을 바로 알아볼 수 있다"는 뜻이다. 복잡한 추론을 통해서 배웠다고 하더라도 그 과정과 상관없이 직관적으로 알아본다는 말이다.

듣고서, '그 단어'를 그 상황의 '다른 것'에 결부시키는 경우를 가정해 보자. 예를 들어 '그 개 자체'와 결부시킬 경우, '이 방안에 있는 개' 혹은 '저녁 식탁에서의 개'와 결부시킬 경우, 혹은 '개임'이나 개의 '꼬리'나 개의 '짖음'이나 심지어는 '털이 많은 것'에 결부시킬 경우를 상상해 보라. '개'라는 단어는 명백히 단지 초기 학습에 의해서가 아니라, 다른 문맥에서 그 단어를 들을 때 어린아이가 획득하는 부차적인 정보를 통해서, 표준 쓰임에 맞는 더욱 근접한 정의를 내리게 된다. 그 어린아이는 개에 대해서 빠뜨릴 수 없는 일반화들을 가지고 다시 분류하려 할 것이다. 조잡한 예가 되겠지만, 만약 그 아이가 "개는 식탁 긁기를 좋아한다"라는 말(상황 설명)을 듣게 된다면, 그 아이는 '꼬리를 흔드는 털 난 부분'에 '개'란 말을 적용했던 분류법을 버리게 될 것이다.

어른들도 유사한 사례를 경험한다. 어느 초보 신경과학자가 현미경을 통해 처음 관찰할 때, 그는 단지 혼란스러움만을 얻게 될 것이다. 무엇이 인공물이며 무엇이 세포인지를 가리기 어려울 것이다. ("저것이 내형질 세망endoplasmic reticulum, 소포체인가?") 그렇지만 이론을 알고 관찰하면, 이내 종말 팽대부(end bulb)라는 것을 보지 못할 리 없다. 만약 내가 무엇을 종말 팽대부로 본다면, 나는 '관련된 부차적 속성들을 모두 아는 것'임을 주목하라. 즉 그것이 축삭(axon) 말단에 있으며, 시험을 통해 그것이 시냅스 소포(synaptic vesicles)를 가지고 있음을 알게 되고, 전자현미경으로 들여다보면 시냅스를 발견하게 될 것이다. '종말 팽대부'란 기술적 어휘를 '현미경으로 보인 것'에 사용하는 것이 '순수한' 관찰이라 할 수 없다. 그 관찰 과정은 대상에 대해 적용할 수 있는 엄청나게 많은 일반화를 함축하기 때문이다. 그렇게 무수히 많은 이론들의 함축은 '코요테'(coyote: 북미 늑대)이든, '붉음'이든, '시냅스 소포'이든 '기술적 어휘'를 '관찰'에 연결시킬 때 나타나는 일반적 특성이다.

이 논점은 다음과 같은 점을 깊이 고려해서 나왔다. 언어를 배울 때 어느 정도 '지칭'에 의존해서(단어를 언급하고 대상을 가리킴으로써) 배우기 때문에, 그리고 그때 지칭은 모든 해석을 망라하지 못하고 오직 하나만을 의도할 뿐이므로, 언제나 재해석이 되거나 재분류될 여지를 남겨두고 있다. 빈번히 그런 재분류는 일반화에서 비롯되므로, 비록 통속적 일반화일지라도 그 (지칭된) 술어들은 이론을 벗어나서 생각될 수 없고, 따라서 이론으로부터 독립적이지 않다.

둘째, 재분류 또한 '새로 획득된' 일반화에 근거해서 일어난다. 고래들은 처음에 물고기와 같이 분류될 수 있었지만, 새로운 지식은 그것을 포유동물로 재분류하게 했다. 다른 예를 들어보자. 어린아이가 '연소'(burning)에 관해 배우고, '타고 있는 물질은 뜨겁다'는 것을 배운다. 그리고 '녹슨다'는 것을 배우고, 이어서 '못은 타지 않지만 자주 만지면 녹슨다'는 것도 배운다. 그러던 어느 날 '산화'(oxidation)의 본성을 알게 되면, '연소'는 뜨겁고 '녹스는' 것은 차갑지만, '연소된다'는 것과 '녹슨다'는 것을 같게 분류할 것이다.

'통증'이란 단어는 처음에 퉁퉁 부은 손가락에 적용시킬 수 있겠지만, 점차 그 범위를 넓혀 추운 겨울에 발에서 느끼는 느낌, 덜 익은 사과를 많이 먹었을 때 위에서의 느낌, 뜨거운 것에 데인 피부의 느낌, 극도로 큰 소리, 전기 쇼크, 두통, 사랑을 상실했을 때 등등에도 적용시킬 것이다. 그 감각들이 다른 상황에서도 아주 똑같이 느껴진다는 뜻인가? 명백히 아니다. (Churchland and Churchland 1981 참조.) 이론에 따라 재분류된다 함은 어휘들의 의미가 이론에 독립될 수 없음을 함축할 뿐이다. 헤세가 강조했듯이 '언어를 배운다'는 것은 곧 '그 언어를 배운 상황과 동일하지 않은 상황에서도 그 어휘를 적용시킬 수 있다'는 것을 말하므로, 어휘의 재분류가 있으며, 관찰 어휘들은 수정되게 마련이다.

관찰술어의 의미가 그 어휘를 표출하는 법칙에 독립적이지 않다는 견해에 동의함에도 불구하고, 관찰술어에는 '주관적 경험' 혹은 **'감각질'**(quale)[13]에 부착된 견고한 핵이 있는 것 같다. '따뜻하다'라는 말은 경험자가 믿는 일반화에 따르는 고정된 어떤 의미를 갖겠지만, 그 의미 중 일부는 따뜻함 자체에 대한 주관적 경험이다. 그 외의 것들을 거짓이라 여기더라도 '따뜻하다'는 말이 의미하는 **그 느낌**을 나 자신은 여전히 안다고 생각될 수 있다.

폴 처칠랜드(Paul M. Churchland 1979)는 위와 같은 생각이 유혹적이긴 하지만 사실 그렇지 않다고 주장한다. 관찰 어휘의 동시 적용을 생리학과 심리학이 설명해 낼 수 있을 것이며, 그렇게 되면 감각질 신조가 갖는 매력이 무엇일지도 설명된다. (8장 참조.) 그러나 의미의 일차적인 기초 결정권자는 법칙들의 그물망이다. 이 점을 지적하기 위해 폴 처칠랜드가 제시한 예를 보자. 어떤 유인원이 적외선 파장을 감각할 수 있는 눈을 갖게끔 진화되었다고 가정해 보자. 그렇게 되면, 그들은 시각으로 온도를 볼 수 있어서, 따뜻한 것은 흰 회색으로, 뜨거운 것은 흰색으로, 시원한 것은 회색으로, 차가운 것은 검은색으로 감지할 것이다. 우리가 '뜨겁다'고 하는 경우에 그들은 '크린'이란 말을 사용한다고 가정해 보자. 그들이 끓고 있는 주전자는 크린이고 얼음 조각은 전혀 크린이 아니라고 생각하는 경우를 가상해 보자. 이런 경우에 '크린'은 '뜨거움'을 의미하는가 아니면 '흰'을 의미하는가?

만약 우리가 '크린'이 '뜨거움'을 의미한다는 전제하에서 번역한다면, 그 유인원은 마치 우리들처럼 열과 온도에 관해 똑같은 과학 법칙을 지지함이 밝혀질 것이고, 우리와 거의 똑같은 지각 식별을 갖는다고 밝혀질 것이다. 즉 얼음 조각은 차갑고 끓고 있는 주전자는 뜨겁다고. 만약 우리가 그들과 협력할 필요가 있게 되어서, 그들의 언어를 번역할 경우를 상상해 보자. 그러면 우리는 의심 없이 '크린'을 '뜨거

13) [역주] '감각질'(quale)이란 경험이 가능하기 위해 대상으로부터 주관에 최초로 주어진 주관적 느낌, 즉 순수한 감각자료를 말한다.

움'으로 번역하고 '흰'으로는 번역하지 않을 것이다. 왜 그런가? 우리는 의사소통을 위해 번역을 필요로 하며, 우리의 가장 큰 관심은 정보 교환에 있기 때문이다. 예를 들어 바로 그들이 물을 끓게 하는 성질을 감지할 때, 그것이 나의 '감각질'과 같은지 관심이 없으며, 무엇이 물을 끓게 하는 '성질'을 갖는지 관심을 갖기 때문이다.

우리는 감각질에 근거한 번역을 더 좋아하겠지만, 그렇게 된다면, 그 유인원이 갖는다고 여기는 믿음이 우리 믿음과 달리 매우 기이하게 여길 것이다. 그 번역에서 얼음 조각은 검고, 흰 것이 지글거리다가, 강물에 집어넣었더니 회색으로 변했다고 그들은 생각하고, (물론 우리들은 뜨거운 것이 지글거리다가 차갑게 되었다고 생각할 것이지만) 회색인 사물이 햇빛의 열로 희게 되었으며, 또 흰 사물이 아프게 살을 데는 원인이 된다고 생각할 것이다. 진실로 그들은 기묘한 방식으로 사물들을 믿고 있다고 생각될 것이다. 그들이 "그건 크린이야, 크린!"이라고 소리쳐 경고할 때, 우리는 "그건 흰색이야 흰색!"으로 알게 된다. 그렇게 되면 우리는 주위에서 위험스런 흰 대상을 볼 수 없어서 살을 데이고 말 것 같다. 번역의 효과를 극대화하기 위하여 우리는 그들과 우리 사이의 경험 차이를 무시할 것이다. 그리고 그들도 또한 그러할 것이다. 왜냐하면 만약 그들이 우리의 믿음을 감각질에 근거해서 번역하게 된다면, 그들은 우리가 체계적이지만 괴상한 믿음을 갖고 있다고 묘사할 것이기 때문이다. 이야기를 마무리하자면, 의미를 결정하는 데에는 '감각질'보다 '법칙'이 더 중요하다는 사실이다.

과학과 지식의 경험적 기초는 절대적이거나 영원한 것이 아니며, 단지 총체적 지식의 그물망 내에서 상대적일 뿐이다. '이론'이 진화하고 변화함에 따라 '관찰 가능한 지식의 기초' 역시 진화하고 바뀔 수 있다. 진화하는 이론의 압력에 의해 여하한 관찰문장이라도 틀린 것으로 판정될 수 있다. 이런 자각을 통해서 철학자들은 경험주의자들이 전통적으로 가지고 있었던 지식의 구조에 관한 개념이 틀렸음을 마침내 인정하게 되었다.

지금까지 우리가 보아왔듯이, 논리적 경험주의가 겪었던 진짜 실질적인 진화는 반과학주의 철학자들의 손에 의해서보다는 과학에 깊은 관심을 가지고 참여하였던 철학자들에 의한 탐구 결과였다. '확증이론', '정당화 이론', '의미이론', '인식론적 기초에 관한 이론', 그리고 '과학 자체 구조에 관한 이론' 등등은 모두 그 바닥이 파헤쳐지고 말았고, 비록 지금도 명확성과 엄격함이 존경된다 하더라도, 논리적 경험주의는 이제 일반적으로 붕괴되었다고 믿어지고 있다. (그럼에도 불구하고 '환원이론'과 '설명이론'은 각자 설 땅을 보존하고 있는데, 7장에서 따로 논의될 것이다.)

그 붕괴 후에 남은 교훈은 이렇다. 논리적 경험주의자들은 자신들의 모든 구도를 통합하는 도구로서 논리학을 이용했지만, 이제 일부 철학자들은 '논리학의 역할'에 대해 의문을 가지게 되었다. 아마도 그런 생각은 억측되었던 것이며, 현대 수리논리학의 아름다움과 체계성이 우리를 옆길로 인도했었고, 그 근본 잘못은 우리가 지식을 '문장들의 논리적 관계로 이해할 수 있다'는 가정과, '정신 과정을 논리적 변형 모델로 이해할 수 있다'는 가정에 있었다. 아마 '인지'를 근본적으로 '명제논리 조작'으로 이해하지 않게 될 것이다. 오히려 어떤 종류의 조작이 있는지 알기 위해 아마 우리는 뇌 자체를 이해해야만 할 것이다(10장). 분명 철학자들과 신경과학자들은 실제로 한 배를 타고 있다.

5. 마음 이론에 대한 함축

'의미'와 '사실'이 명확히 구분된다는 생각은 모든 부류의 경험주의자들이 가졌던 신조였다. 그런데 그 신념이 소멸되자, '철학적 문제 해결은 의미 분석에 있다'는 가정까지 사라지게 되었다. 이 사건을 이해하기 위해 우선 처음에 '개념을 명료화하려 했던' 곳으로 따라가 보아야 할 것 같다. '정신의 참된 본성'에 관한 해답을 얻기 위해서, 혹은 '정신적인 것이 어떻게 물질적인 것과 다른지'에 관한 해답을 얻기 위해서, 혹은 '심리철학의 문제는 단지 의미론적 오해였음'을 보여주기 위해서, 심리철학에서 특별히 선호되었던 방법은 정신에 관해 언급되고 있는 '상식적' 개념들을 '분석하는' 작업이었다. 이것이 1940년대에서 1970년대까지 심리철학의 주된 접근방식이었으며, 비록 어떤 철학자들(예를 들면 스마트J. J. C. Smart와 파이어아벤트)은 따르지 않았다고 하더라도, 그 외의 철학자들(예를 들면 케니 Anthony Kenny와 맥긴 Colin McGinn)은 아직까지 개념 분석을 신봉하고 있다.

내가 이해하는 범위에서 말하건대, 그 '분석'은, 인식할 수 있는 것은 무엇인지, 상상될 수 있는 것은 무엇인지, 문제시된 어휘는 어떤 의미로 사용된 것인지를 분석함으로써, 문제시된 단어들을 '사람들이 일상적으로' 어떻게 사용하는지 사례들을 조사 수집함으로써, 혹은 '개념들'에 대한 사례들을 조사 수집함으로써 진행되었다. 심리상태와 과정에 대한 철학적 이론뿐 아니라, 경험적 이론 역시 '일상적 용례'와 일치하는지 분석되었다. 예를 들어 '통증', '믿음', '지각'과 같은 '심리상태가 뇌 상태와 실제로 동일하다'는 생각에 대한 비판으로, 뇌 상태는 (짐작컨대) 어떤 '시간'과 '장소'에 있는 뇌 내부에 나타난 것이지만, (예를 들어 토마토 수프를 '원함'과 같은) 심리상태에 대해 우리들은 특정한 '공간적' 위치에 있는 것으로(즉 눈 뒤에 몇 인치 떨어져 있다는 식으로) 말하지는 않는다는 주장이다.

우리들은 불에 덴 통증에 관하여 말하거나 참인 믿음에 관하여 말하지만, 결단코 '뇌 상태가 불에 데었다'거나 '뇌 상태가 참'이라고 말하는 것은 도저히 이해(납득)될 수 없다고 주장한다. 우리들의 심리상태에 대한 개념은 뇌 상태에 대한 개념과 근본적으로 다르기 때문에 '심리상태가 곧 뇌 상태'라고 말하는 것은 이해될 수 없다는 주장이다. 옥스퍼드 철학자들에 의해서 오랜 동안 형식화되어 온 이런 식의 논의는 그곳에서조차 시들해졌다. 그러나 아직 발전적으로 진척되고 있기도 한데, 그에 대한 예가 맥긴(McGinn 1982)이 환원과 마음에 대해 쓴 최근의 저작에서 발견된다.

> '정신적 개념'이란 너무나 직관적이기 때문에 어떤 '물리적 개념'도 지칭된 마음의 본질적 특성을 규정할 수 없음이 당연하다. 다시 말해서 정신적 개념은 정신 현상의 본성을 이미 가지고 있어서 물리적 개념이 그 역할을 대신하기에 전혀 적합하지 않은 것 같다. … (p.19)

이런 식의 논리 전개가 용납되지 않는 이유는 다음과 같다. 첫째, 가설이 특정 사람에게 이해되는지 안 되는지는 그 사람이 가진 배경 믿음과 가정들에 달려 있다. 따라서 이원론자에게 이해되지 않는 것이 물리주의자에게는 이해될 수 있다. '용례'나 '직관'은 일반적으로 가정되듯이 일률적이거나 원리적이지 않다. 파이어아벤트는 아마도 그 방법론에 대한 가장 혹독한 비판자였으며, 그는 현란한 논쟁을 피하고 곧바로 그 일반적 가정의 심장부로 파고 들어갔다.

> 많은 사람들의 기본 개념들이 서로 다를수록 규칙성을 밝혀내기 어렵다. 그래서 용례를 분석하는 일은 10년 전쯤에 옥스퍼드 철학이 그랬던 것처럼 강력한 신화로 확고히 규합된 사회에서나 잘 통할 수 있을 것이다. (1963a:192 (Morick))

둘째, '어떤 것이 인지될 수 있는지' 혹은 '상상될 수 있는지'는 개인이 갖는 믿음의 그물망과 개인의 상상력으로부터 독립적이지 않다. 갈릴레오(Galileo)에게는 '지구가 태양 주위를 도는 여러 행성들 중의 하나'라는 것을 인지하는 일이 쉬웠지만, 그를 중상 모략한 자들에게는 '터무니없고 인지 불가능한' 것이었다. 짐멜바이스(Semmelweis)는 맨 눈으로는 볼 수 없는 아주 작은 생명체가 질병을 일으킨다고 상상할 수 있었지만, 다른 이들은 그것을 인지 불가능한 웃기는 일로 여겼다. 마찬가지로 (물리적 상태로 규정될 수 없는) 정신적 개념들이 있는지(위의 맥긴의 주장처럼) 없는지는 심리상태가 뇌 상태라고 믿는 것이 가능한지 불가능한지에 달려 있다. 왜냐하면 그것이 **가능하다는** 지식체계를 가진 **사람들의** 심리상태와 심적 속성들에 대한 '개념'과 '직관'은 맥긴의 것과 상당히 다르기 때문이다. 어떤 개념에 대해 한 사람이 가진 직관은 그 개념이 적용된다고 믿어지는 실제 경험적 본성에 대해서 아무것도 결정할 수 없다. 파이어아벤트는 '관용어'에 호소하여 진리 여부를 파악하는 일이 불충분함을 아래와 같이 지적한다.

> … 널리 통용되고 있는 '관용어'로 표현되는 사고 체계가 빈약하다는 것을 지적하기 위해, 그것을 '사실'과 비교하는 것은 충분하지 않다. 상당히 많은 사실들이 그 관용어로 형식화되어 있고, 따라서 이미 편견되어 있기 때문이다. 또한 특정 용어를 말하는 사람에게조차, **경험에 근거해서**, 이해되지 않는 많은 사실들이 있으며, 그 사실은 오직 다른 용어를 끌어들일 경우에만 납득될 수 있다. (1963b:145 (Borst))

'심적 과정이 뇌 작용과 일치한다'는 신경생물학적 가설을 비판하는 공통된 철학적 술책은, 그런 가설을 '일관성 없다'고 낙인찍어 버리거나, 혹은 '범주 오류'에 걸려 넘어지는 것으로 딱하게 쳐다보는 것이었다. 그래서 '뇌가 기억하거나 지식을 갖거나 혹은 언어 기호를 사용한다'는 발상에 대해서 '한 영역에 적절한 범주를 전혀 다른 영역에도 적용하려는 개념적 오류'라는 형틀을 씌워 자주 웃음거리로 만들어왔다.[14] 그러나 한 사람의 범주 오류가 다른 사람에게는 우주의 본성에 관한 심오한 이론일 수 있으며, '범주 적용이 적합한지 아닌지'는 그

14) 이런 종류의 열정이 현저하게 냉각되기는 했지만, 결코 사라지지 않았다. 최근에 Anthony Kenny(Master of Balliol College, Oxford)는 Richard Gregory가 시각 체계에 관하여 언급하면서 오류를 범했다고 냉소했다(Kenny 1984).

사람의 경험적 '믿음'과 '이론적 상상력'에 깊이 의존한다(Rorty 1965).

뇌에 관한 진실을 얻기 위해 중요한 일은, 일반인들이 거리에서 "기억은 사람이 하는 것이지 뇌가 하는 것이 아니야"라는 말에 있지 않으며, 그보다 "뇌가 기억한다"라고 말해야 할지 말아야 할지, 즉 경험적 사실이 주어졌을 때 '뇌가 기억한다'는 가설이 '합리적인지 아닌지'에 있다. 관습적 용례란 아마도 인류학적으로 관심이 될 뿐, 실재의 본성에 대해서는 그다지 결정적이지 않다.

그 (관용어 분석) 방법에 대한 좀 더 일반적인 비판은 다음과 같다. 정상적인 과학 발전에서 한 이론이 변화하면 따라서 언어 의미도 변화하게 된다. 따라서 어떤 가설이 발전하여 그 의미를 변화시킬 경우, 이것 **자체가** 그 가설에 대한 결함은 아니다. 다만 우리가 어떤 오래된 신조들을 낡은 것으로 뒤로 제쳐두게 된다면, 그 오래된 의미들도 낡은 것으로 뒤로 제쳐두게 되는 것이다. 그래서 (극히 일상적으로 옳다고 보이는 것이) 고대인의 귀에 이상하게 들릴 수 있다. 왜냐하면 고대인들의 귀는 당시 이론에 익숙하기 때문이다.

이론이 진보하기 위해서는 마땅히 그에 따른 어느 정도의 의미 변화가 예상되며, 관찰문장이 수정되면 명백히 관찰 어휘들의 의미 또한 변화하게 된다. 갈릴레오를 혹평했던 자들은 지구가 움직인다고 말하는 것이 모순이라고 생각했다. '지구는 정지해 있다'는 내용이 진정 단어 '지구' 의미의 한 부분을 이루고 있었다고 하더라도, 지구가 움직인다는 증거를 획득함에 따라 사람들은 그 의미를 바꿀 이유를 갖게 되었다. 앞서 언급한 바와 같이 '믿음의 수정'과 '의미의 수정'을 선명하게 나눌 수 없다. '어떤 새로운 이론이 갖는 어휘가 오래된 이론이 갖는 어휘와 같은 의미를 유지하지 못할 경우, 새 이론의 신뢰도가 떨어진다'고 생각하는 것은 지독히 보수적이다. 왜냐하면 그런 주장은 '기존 상황의 유지를 경험적 정확성보다 먼저 고려해야 한다'는 것을 함축해야 하기 때문이다. 파이어아벤트는 다음과 같이 지적한다.

동의어로부터 나온 논의가 이론이나 관점을 심의한다. '세계를 모방하는' 능력에 의해서가 아니라, 선호되는 '다른 관점을 기술하는 어휘'를 모방하는 능력에 의해서이다. (1963a:187 (Morick))

파이어아벤트는 '관용어'의 신성함에 대해서, 경험주의자의 '의미이론'에 대해서, '이론'과 '관찰' 사이에 그리고 '사실'과 '해석' 사이의 절대적 구분과 관련한 규약적 교훈에 대해서 묵과할 수 없었다. 나아가서 그는 근본적으로 다른 깔끔한 과학과 상식에 관한 청사진을 제시했고, 우리가 심리상태나 과정을 언급할 때 그리고 일반적으로 마음에 대해 언급할 때 사용하는 모든 '관용어'가 아마 오해된 것이거나 경험적으로 건전하지 못한 것일 수 있다는 견해를 가지게 되었다. 우리가 인간을 이해하거나 설명하려 할 때 늘 사용하고 있는 총체적 개념들은, 우리 내부에서 일어나고 있는 과정을 기술하기 위해 사용되는 관찰 언어까지 포함하여, 철저하게 검토되어야 한다고 결론지었다. 관용어를 분석함으로써 우리가 믿는 것에 관한 어떤 것을 알 수 있으나, "그 믿음의 진리성에 대한 질문만은 대답할 수 없다"고 했다(1963b: 144 (Borst)).

칸트와 같이 파이어아벤트는 내적 세계에 관한 이해가 외부세계에 관한 이해보다 더 기초적이거나, 특권을 갖거나, 직접적인 것이 아님을 인식했다. 내적 생활에 대한 우리 이해는 심리상태와 과정을 이해하기 위해 쓰이는 개념에 의해 중재되기 때문이다. 반면에 그는 칸트와 달리 정신적 개념들의 총체적 구조가 체계적으로 개선되고 수정될 수 있다고 생각했다. (Roty 1965와 Paul M. Churchland 1979, 1981 참조.) 어느 신조가 얼마나 훌륭한 본성을 갖는지는, 언어 분석만이 독점적으로 손댈 수 있는 문제가 아니며, 과학이 발견해야 할 문제이다. 심리상태나 과정들을 기술하는 관찰문장들은 현존하는 이론에 상대적일 뿐, 근본적으로 어떠한 절대적 근거도 갖지 못한다.

논리적 경험주의자가 갖는 '경험 기초 이론'과 '의미이론'의 파괴는 심리철학에서 심각한 함축을 가져다주었다. 철학자들은 현재 통용되고 있는 단어의 의미를 고쳐야 한다는 고민으로부터, 그리고 상상의 제한으로부터도 해방되었다. 현재의 의미 때문에 과학의 발견을 제한하는 일이 비생산적임을 보았다. 심리학, 신경과학, 인공지능 등의 연구에서 경험적 발견이 '심적 언어'를 주조하고, 구체화시키고, 아마 변형까지 시킬 수 있다는 사실을 철학자들이 볼 수 있게 되었다.

심리철학의 새로운 발전이라는 자연주의적 경향은 퍼스와 제임스의 실용주의와 동족이면서도(전체적으로 그리고 상세하게는 명백히 다르겠지만), 여러 형태에서 경험주의 정신과 동족이기도 하다. 우리 자신의 본성을 발견하기 위해서는 '자신'을 과학적 방법과 수단으로 이해되는 자연 속의 '유기체'로 봐야만 한다. 인간 과학에 대한 흄의 열망은 결정적으로 다음과 같이 현대와 연결된다.

> 내가 보기에 분명한 것으로, 마음에 대한 본질은 외부 사물에 대한 본질과 똑같이 알 수 없기 때문에, 주의 깊고 엄밀한 실험에 상관없이, 그리고 (서로 다른 환경들과 상황들에서 얻어지는) 개별적 관찰 결과를 보지 않고, 마음의 능력과 성질에 대한 개념을 얻으려는 것은 똑같이 불가능한 일이다. (1739:서론)

참고도서

Ayer, A. J. ed. (1959). *Logical positivism*. New York: Free Press.

Butterfield, Herbert (1968). *The origins of modern science 1300-1800*, Toronto: Clarke, Irwin and Co.

Descartes, René (1949). *Les Passions de l'âme*. English translation in E. S. Haldane and G. R. T. Ross (1911). *The philosophical works of Descartes*. 2 vols. Reprinted (1968). Cambridge: Cambridge University

Press.

Feyerabend, Paul K. (1981). *Philosophical papers*. Vols. 1 and 2. Cambridge: Cambridge University Press.

Hume, David (1739). *A treatise of human nature*. Modern edition by L. A. Selby-Bigge (1888) Oxford: Clarendon Press.

James, William (1907). *Pragmatism: A new name for some old ways of thinking*. New York: Longmans, Green. (Reprinted in Frederick Burkhardt and Fredson Bowers, eds. (1975). *Pragmatism and the meaning of truth*. Cambridge, Mass.: Harvard University Press.)

Kant, Immanuel (1781). *Kritik der reinen Vernunft*. 2nd. ed. (1787). Translated and edited by N. Kemp Smith (1929). *Immanuel Kant's critique of pure reason*. Reprinted (1964). London: Macmillan.

Kuhn, Thomas S. (1962). *The structure of scientific revolutions*. 2nd ed. (1970). Chicago: University of Chicago Press.

Peirce, Charles Sanders (1931-1935). *The collected papers of Charles Sanders Peirce*, vols. 1～6, ed. Charles Hartshorne and Paul Weiss. Cambridge, Mass.: Harvard University Press.

Plato. *Plato: The Collected Dialogues*. (1961). Ed. Edith Hamilton and Huntington Cairns, eds. New York: Bollingen Foundation.

Popper, Karl R. (1963). *Conjectures and refutations: The growth of scientific knowledge*. New York: Basic Books. (2nd ed. (1965). New York: Harper and Row.)

Quine, W. V. O. (1953). *From a logical point of view*. Cambridge, Mass.: Harvard University Press.

Quine, W. V, O. (1969). Epistemology naturalized. *In Ontological relativity and other essays*, 69～90. New York: Columbia University Press.

7 장
환원과 심신(Mind-Body) 문제

… [형이상학적 체계]는 이미 관찰된 지식들을 검토하기 위한 유일한 수단이므로 관찰에 근거해서 비판될 수 없다.
파이어아벤트(Paul K. Feyerabend, 1963)

1. 서 론

나는 앞장을 결론지으며 논리적 경험주의가 가지고 있었던 중요 강령들이 수정됨으로써 심리철학에 미치는 함축에 대해 예고했다. 그 논리적 경험주의 변화는 마음-뇌에 대한 탐구에서 '심적 상태와 과정' 그리고 '그 원인과 결과들'의 본성을 **경험적으로** 탐구해야 한다는 자연주의적 개념을 발전시켰다. 자연주의(naturalism)는 '어떤 제 1 철학도 없다'는 명제를 충실히 따른다. 자연주의적 접근은 우리로 하여금 불가피하게 마음-뇌의 통합이론을 탐구하도록 하며, 그 통합이론 내에서 심리학적 상태와 과정은 신경계 상태와 과정으로 설명될 것으로 전망한다. 그 전망의 실현 가능성과 관련하여 다음과 같은 근본적인 질문이 가능하다. 심적 상태와 과정이 과연 뇌 상태와 과정으로 **환원**될 수 있을까? 누구나 환원주의자가 될 수 있을까?

모든 학자들이 심적 상태가 뇌 상태로 환원될 것으로 기대하는 것은 아니다. 내가 아는 바에 따르면, 오히려 그 반대로 많은 철학자들과 인지과학자들, 대부분의 인공지능 연구가들, 적지 않은 신경과학자들과 생물학자들 그리고 일반적으로 신학자들은 환원의 가능성을 부정한다. 단지 부정하는 것이 아니라, 전혀 터무니없다고 한다. 그런데 엄밀히 말해서 그들이 거부하고 있는 것이 무엇이며, 또 **환원이란 무엇인가**? 이 장과 다음 두 장에서의 내 목적은 환원주의자 전략에 대한 반박을 알아보고 평가하는 데 있다. 이것이 나의 핵심 과제이다. 만약 환원주의가 희망 없는 주장에 불과하다면, 심적 상태와 과정을 뇌 상태와 과정으로 설명하려는 노력은 바보짓이 분명하다. 만약 환원주의 전략이 실제로 불합리한 것이라면, (철학적 질문은 놔두고라도) 신경과학이 심리학 연구에 적절한 것인지조차 의심될 것이다.

8장에서 나는 이원론자들과, 심적 상태는 물리적 상태와 달라서 환원 불가능한 속성들을 가지고 있다고 생각하는, 사람들에 의해 제기되는 반론을 생각해 볼 것이다. 9장에서는 (기능주의자 운동에 동참하는) 현대 철학자들이 제기하는 반환원주의자 논증을 검토해 볼 것이다. 이 시점에서 나는 환원과 환원이 아닌 것을 언급함으로써 그 두 장(8장, 9장)의 토대로 삼으려 한다.

2. 이론간 환원

'환원'(reduction)이란 단어는 각종 문헌에 광범위하게 사용되며, 어떤 경우에는 '환원주의'(reductionism)란 말이 모욕 내지 남용되는 용어로 사용되기도 한다. 이따금 '행동주의'(behaviorism)와 동의어로 사용되기도 하며(그 경우 모호함에 모호함을 더하게 된다), 혹은 다양한 분야에서 '유물론'(materialism), '부르주아 자본주의'(bourgeois capitalism), '실험주의'(experimentalism), '생체실험주의'(vivisectionism), '공산주의'(communism), '군국주의'(militarism), '사회생물학'(sociobiology), '무신론'(atheism) 등과 같은 뜻으로 사용되기도 한다. '환원주의'란 말이 다양하게 쓰이는 만큼 그 의미가 애매하므로 이 용어를 검토하는 일에 반대할 사람은 없을 것이다. 사람들은 동의하지 않는 일에 그저 수긍할 수 없기 때문이다. 어찌하여 '환원주의'라는 말이 그렇게 난잡하게 쓰이게 되었는지 밝히려 한다면, 이것은 내 능력 밖의 일이며, 그렇게 적당하지 못한 개념을 갖는 단어를 사용하지 않는 편이 차라리 나을 듯싶다. 그럼에도 불구하고, 우리가 피할 수 없는 딜레마는 '환원'이란 말이 특정한 의미로 바르게 사용되기도 하기 때문에 앞으로 깊이 있게 논의하지 않을 수 없다는 점이다. 우리는 전통적으로 이 단어를 과학과 과학철학의 문헌에 적절히 사용해 왔으며, 더 적절하게 사용할 다른 단어도 없었다. 그래서 나는 '환원'이란 말을 내가 의도하는 의미로 규정하여 오해를 막으려 한다.

여기서 말하는 '환원'이란 우선적으로 **'이론들 사이의 관계'**를 말한다. 아주 간단히 말해서, 하나의 **환원되는** 이론 T_R은 다른 기초 이론 T_B와 어떤 관계를 갖는다. '어떤 현상 P_R이 다른 현상 P_B로 환원된다'는 진술은 '전자의 현상을 특징짓는 **이론**이 후자의 현상을 특징짓는 **이론**으로 환원된다'는 더욱 기본적인 주장에서 파생된다.

이 관점을 확대 해석하기 전에 미리 해둘 말이 있다. '이론간 환원'의 본성을 명확히 규정하기 위해, 그리고 심리학 이론들을 신경과학으로 환원하기 위해, 쟁점인 '신경생물학 이론'과 '심리학 이론'에 초점을 맞춰 논의를 전개하고 싶지만, 논란의 여지가 덜한 곳에서부터 논의를 시작하는 편이 현명할 듯싶다. 그렇지 않으면 명확성을 잃을 뿐만 아니라, '선결문제 요구의 오류'에 빠질 수도 있기 때문이다. 또한 이론간 환원에 관한 논의가 특정 경우에만 적용되지 않고 '일반적인' 과학적 환원에 적용되도록 논의하기 위함이다. 더구나 심리학 이론을 신경생물학 이론으로 환원하려는 일이 성공할지 어떨지는 고사하고, 환원을 주장할 만한 튼실한 신경생물학 이론이 아직 존재하지도 않은 지금의 해석 단계에서, 신경과학의 환상을 소개하는 것은 단지 혼란만을 가중시킬 것이다. 반면에 '물리학'과 '화학' 그리고 '유전학'에서 한 이론이 다른 이론으로 환원된 좋은 본보기들이 있으며, 따라서 (역사가와 과학철학자들에 의해 실제로 두 이론이 상호 이론적으로 환원되었음이 밝혀진) 그 예들을 과학사 속에서 끌어내어 논의하는 것이 바람직하다. 물리학, 화학, 생화학에서의 그 예들을 검토해 봄으로써 '환원'이 무엇인지 잘 분석해 볼 수 있을 것이다. 상호 이론적 관계와 환원의 역동성(활력)을 살펴본 후, 우리는 '심리학 이론들이 궁극적으로 신경생물학 이론들로 환원될 수 있을지'에 관한 문제를 다시 펼쳐 볼 것이다.

환원은 이론들 사이의 관계이므로, 한 현상이 다른 현상으로 환원되는 것은 그 관련 '이론'이 환원됨으로써 가능하다고 말할 수 있다. 예를 들어 '빛'이 '전자파'로 환원된다고 주장하는 것은 (a) 광학 이론이 전자파 이론으로 환원된다는 것을 의미하며, (b) '빛이 전자파와 같다'는 주장이 합당하게끔 '광학 이론이 환원된다'는 것을 뜻한다. 다시 말해서 '빛이 전자파로 환원될 수 있는가'라는 질문의 경우, 그 근본 문제는 '광학 이론이 실제로 전자파 이론으로 환원될 수 있는가'이다. 그래서 심적 상태가 뇌 상태로 환원될 수 있을지 의문을 제기할 때, 그 의문은 우선 '심적 상태의 본성에 관련된 어떤 이론'이 실제로 '뉴런 집합체(neural ensembles)가 어떻게 작동하는지 기술하는 이론'으로 환원될 수 있을지 묻는 문제로 볼 수 있을 것이며, 그 다음으로는 이론 T_R 내의 '심적 상태들'이 이론 T_B 내의 '신경세포 상태들'과 동일한지 여부를 묻는 문제로 볼 수 있다. 환원적 관계를 명확히 함으로써 환원에 관련한 상당히 많은 혼돈을 피할 수 있다고 생각한다.

이론간 환원의 성과는 설명의 통일(explanatory unification)이며, 과학에서의 통일성은 바람직한 것이다. 만약 한 이론이 다른 이론으로 설명되고 환원될 수 있다면, 그렇게 기술된 현상에 대해 우리 이해가 크게 강화되기 때문이다. 예를 들어 광학 이론을 전자파 이론으로 환원시킨 결과 우리는 광학 법칙들이 왜 그러한지 이해하게 되었으며, 어떻게 빛이 움직이며 그것이 무엇인지에 대한 우리 이해도 더불어 증진되었다.

이론간 환원의 또 다른 중요한 결과는 존재론적 단순화(ontological simplification)이다. 존재론은 '어떤 존재와 속성들이 존재하는가'[1]를 다룬다. 이론간 환원의 결과로 서로 다른 두 이론의 법칙들로 규정되는 두 종류의 서로 다른 현상들이 있다고 생각되었던 곳에, 사실은 양쪽 이론들에 의해 기술되는 **한** 종류의 현상만이 있음이 밝혀지게 된다.

예를 들어 19세기 중엽에 '빛'과 '전자파 효과'는 아주 다른 종류의

1) [역주] 서양철학사에서 오랜 세월 동안 철학자들을 괴롭혀 온 문제 중의 하나가 바로 존재론의 문제이다. 과학자들이 경험적 관찰에 의존해서 학문을 연구한다고 한다면, 반대로 철학자들은 현상에 대한 (눈에 보이지 않는) 본질을 파악할 수 있다고 생각해 왔다. 왜냐하면 이 세계에는 우리의 오감을 초월해서 존재하는 것들이 있기 때문이다. 예를 들어 일상적인 말로 '국가'는 눈에 보이지 않지만 존재하는 대상을 가리키며, 자연과학에서 사용하는 '엔트로피'도 만질 수 없지만 하나의 존재를 가리키는 말이며, 수학에서 다루는 '수' 역시 없는 것을 가리키는 말일 수 없어 보였기 때문이다. 그렇다면 '사랑'이나 '용'과 같은 단어 역시 우리 모두 객관적으로 그 의미를 아는 어떤 존재를 가리키는 말로 인정해야만 하는지 의심되었다. 다음의 예를 보자. 누군가 "용은 존재하지 않아" 혹은 "에너지를 절약하자"라고 말할 경우, 두 언명에 대해 같은 원칙을 적용한다면, 용은 실제로 존재하지 않지만 어떤 점에서 존재함을 인정해야 한다. 그렇지 않으면, 볼 수 없는 용이 존재하지 않듯이 볼 수 없는 에너지도 존재하지 않아야 한다. 그렇지만 분명 '용'은 존재하지 않는 가공의 대상을 가리키는 말이며, '에너지'나 '엔트로피' 혹은 '뉴턴 법칙'과 같은 것은 볼 수 없고 만질 수 없지만 과학적 존재를 가리키는 말로 인정해야 할 듯싶다. 때문에 '용'과 같이 용어들이 존재를 가리키지 않도록 어떻게 선별적으로 환원 내지 제거시켜야 할지 고심하지 않을 수 없었다. (Russell의 "On Denoting", Quine의 "On What there is?" 참조) 그리고 이에 대한 언어적 고찰은 러셀의 술어논리(predicate logic) 탄생에 중요한 동기가 되었다.

현상이라는 가정이 널리 퍼져 있었다. 19세기 말엽에 광학 법칙들은 전자 이론 법칙들로 환원되었고, 우리는 빛이 곧 전자파임을 이해하게 되었다. 그때서야 비로소 광학 법칙들을 이해했다는 의미에서 우리들은 처음으로 빛이 무엇인지 알게 된 것이다.

존재론적 단순화는 한 이론을 다른 이론으로 환원시켜서가 아니라, 다른 이론으로 제거시킴으로써 또한 이루어질 수 있다. 예를 들어 열에 대한 '칼로리 이론'이 '열역학 이론'에 의해 제거된 것은, '칼로리'를 '분자 운동 에너지'와 동일화시켜서가 아니라, '칼로리와 같은 것은 결코 없다'는 주장에 의해 존재론적 단순화를 이루었기 때문이다. 존재론적 단순화, 즉 존재한다고 생각하는 것에 관련한 단순화는 환원의 전형적 특징이며, 그 단순화는 '환원'과 '동일화' 혹은 '제거'를 통해서 이루어질 수 있을 것이다. 단순화가 하나의 형태를 취하는 방식에 대해 간단히 언급해 보자.

환원이 이론들 사이의 관계이기에 우리는 그 관계를 지금 규정할 필요가 있다. 어떤 조건 아래서 '하나의 이론이 다른 이론으로 환원된다'고 말할 수 있겠는가? 논리적 경험주의자들이 제시하는 대답의 난점은 T_R을 T_B로 '환원시킨다'는 것은 곧 T_R을 T_B와 함께 어떤 조건들로부터 '**논리적으로 이끌어낼** 수 있어야 한다'는 것이었음을 상기해 보자. 그럴 수 있기 위한 조건들로 '상황을 규정하는 주변 조건들', '가설들에 대한 제한', '유사점' 등과 함께 '교량원리들'(bridge principles)이 중요하였다. 논리적 경험주의가 제시한 바와 같이 T_R의 법칙으로 이해되는 속성들을 T_B의 법칙으로 이해되는 속성들과 연결시키는 것은 교량원리들의 기능이다. 직설적으로 표현해서 교량원리들은 '환원된 이론 내의 속성들'과 더욱 '기초적 이론 내의 속성들'을 **동일화**시킨다.

이러한 논리적 경험주의자들의 주장은 환원과 관련하여 흔히 주장되었던 선명치 못한 직관을 좀 더 명확히 한 쾌거였다. 이론들을 기초적인 것들로 관련지음으로써, '존재 혹은 속성들이 어떻게 환원될 수 있는지에 관련한' 수많은 형이상학적 난처함과 얼룩들이 간단히 세탁되었다. 그럼에도 불구하고 경험주의적 기초와 의미에 관한 논리적 경험주의자들의 주장이 전도된 것과 같이 이론간 환원의 운명도 그러했다. 역사가들과 과학철학자들이 과학의 원동력을 시험했던 바대로, 그들은 자신들을 부추기는 데 근거했던 명제, 즉 '과학은 지식을 순조롭게 축적하는 질서 정연한 증식이다'라는 신화의 덫으로부터 스스로 벗어날 필요가 있음을 알게 되었다. 그들은 과학이 생각보다 훨씬 소용돌이치는 사건이며, 이따금 한 이론이 다른 이론에 의해 완전히 뒤집히기도 한다는 점을 보았기 때문이다. 명백히 '과학적 혁명'은 '옳은 이론이 무엇인지', '이론에 대한 시험을 거부하는 사실이 무엇인지' 그리고 '설명되어야 할 것은 무엇인지'에 관한 기존의 가정들을 한꺼번에 쓸어버려야 했다. (특히 Kuhn 1962과 Feyerabend 1962를 참조.) 심지어 올바른 것으로 축적되고 인정되었던 사례들이 세밀한 검사에 의해 놀라 자빠질 정도로 무질서한 것들이었음이 밝혀지는 일도 있었다. 정말로 과학사에는 논리적 경험주의자들의 환원적 패턴에 꼭 맞는 예가 하나도 없었으며, 특수한 경우조차도 꼭 맞지는 않았다. 그 점은 누가 아무리 억지를 쓰고 보완해서 주장하려 해도 소용없는 명백한 사실이다(Hooker 1981).

이론들이 기초 이론들로부터 연역될 수 있기 위해서는 어쩔 수 없이 수정되고 정정되어야 한다. 물론 수정되고 나면 그것을 옛 이론들 자체라고 할 수 없으며, 기껏 옛 이론들에 대한 **수정된 해석** 정도로 보아야 한다. 이론들이 연역 가능하도록 하기 위해서는 얼마나 많은 수정과 보완이 따라야 하는지는 말할 필요도 없다. (예를 들어 광학 이론이 전자기 이론으로 환원되는 경우처럼) 어느 이론들은 환원되기 위해 상대적으로 적은 수정만을 요구하지만, 상당히 많은 수정이 요구되는 경우 낮은 차원의 것들은 거의 아무것도 남지 않으며, 아주 익숙한 일반화만이 겨우 잔류할 수 있다. 연소에 대한 '플로지스톤 이론'

(Phlogiston theory)과 신경계 질환에 대한 '악령 이론'(demonic possession theory)이 그 예가 될 수 있다.[2] 그 경우에는 매우 철저한 수정이 요구되기 때문에 옛 이론에서 정당하다고 여겨졌던 존재들이 새 이론의 존재론에 의해 전적으로 뒤바뀌게 된다. 따라서 기존의 이론이 잘 유지되는 환원이 이루어지기도 하지만, 어떤 경우에는 기존의 이론과 그 주변의 잡다한 것들을 함께 대거 교체해 버리는 환원이 이루어지기도 한다.

만약 옛 이론들이 새 이론들로부터 논리적으로 연역될 수 있기 전에 그 이론들에 대한 수정부터 있어야 한다는 사실을 받아들인다면, 논리적 경험주의자들이 가지고 있었던 환원 개념은 바뀌어야 한다. 특히 '교량원리들이 항상 요구된다'는 생각은 물론, '그 교량원리들이 옛 이론 내의 현상들을 새 이론 내의 현상들과 관련시킨다'는 생각 또한 바뀌어야 할 것이다. 이것은 심리학과 신경과학이 서로 환원된다는 생각에 대단히 중요한 변화를 줄 것이다. 옛 이론이 크게 수정되어야 할 경우 교량법칙들은 형식적으로 배제된다. 우리는 플로지스톤을 산소와 일치시킬 수 없으며, 중풍 걸린 환자에 붙어 있다고 말했던 악마를 도파민(dopamine)[3] 결핍과 동일시할 수도 없다. 엄격한 형식적(논리적) 이유가 없는 만큼, 우리는 그렇게 생각할 수도 있었을 것이나 그래서는 아무런 이론적 유용성도 없다. 반대로 그러한 동일화는 새 이론들의 역할에 대한 오해를 남길 수 있다. 오히려 우리는 플로지스톤이나 악마와 같은 것은 결코 존재하지 않는다고 말한다. 따라서 그와 같은

2) [역주] 플로지스톤 이론을 주장하는 사람들에 의하면, 연소는 플로지스톤의 방출에 의해서 일어나며, 재는 연소 후 남은 물질이라고 한다. 이런 주장은 연소는 탄소와 산소의 결합, 즉 산화작용이라는 이론에 의해 폐기되었다. 또한 발작 증세나 뇌졸중에 의한 신경계 질환이 악마의 마술에 의해 일어난다고 믿어졌던 시기도 있었다.

3) [역주] 도파민(dopamine)은 일종의 호르몬이며, 중추신경계에서 뉴런의 신경전달물질이다. 이것의 결핍은 신경계 질환의 원인으로 알려져 있다.

경우에 교량원리들이 해야 할 역할이란 아무 것도 없다.

상호 관계들(교량원리들)이 유용하게 꾸며대는 경우에, 새로운 이론 내의 속성들이 옛 이론의 **수정된 번역** 내의 속성들과 필적된다. 그렇지만 옛 이론의 수정된 번역 내의 변모된 속성들은 결코 본래의 이론이 가지고 있었던 속성들과 흡사한 것 이상이 아니다.[4] 따라서 여기에서 까다로운 문제가 나오는데, 옛 이론의 수정이 상대적으로 적을 경우 '옛 이론 내의 현상들이 환원되는 이론 내의 형상들과 틀림없이 같다'고 언제나 주장하기 쉽다는 점이다.

이런 시각에서 바라보는 과학적 구도는 우리 논의에서 아주 중요하다. 왜냐하면 마음-뇌 통합이론의 가능성에 대한 많은 대표적 반론들은 ('의식', '믿음', '욕망' 등등의) '심적 상태에 관해 상식적 이해가 **옳다**'는 가정에 근거하여 '신경 상태와 심적 상태 사이에 어떠한 동일화도 없다'고 종종 주장되어 왔다. 어떤 의미에서 그런 주장은 논리적 경험주의의 유산처럼 보일 수 있다. 논리적 경험주의는 '직접 경험'을 '주어진 것'으로 이해했고, 그래서 그것을 거대한 지식의 '확실한 기초'로 인용했다. 환원은 환원된 이론의 개정과 수정을 포함하며, 철저한 제거까지 일어날 가능성이 있다는 점에서 보면, '심적 상태에 대한 우리 이해가 근본적으로 옳다'는 확신을 조금 완화할 필요가 있다. 신경생물학적 이론의 미래 진화를 이해하기 위해, 우리는 과학철학자들이 어떻게 논리적 경험주의자들의 생각들을 개선해 왔는지 잠시 돌아보자.

환원에 대한 논리적 경험주의자의 주장이 무리한 것이거나 틀렸다

4) [역주] 여기서의 이야기는 아래와 같이 이해된다. "옛 이론의 속성들이 교량원리들에 의해 새로운 이론의 속성들로 환원되었다"는 논리적 실증주의자들의 환원적 설명은 사실상 꾸며댄 날조라 할 수 있다. 옛 이론이 새로운 이론으로 바뀌는 경우 그 옛 이론은 불가피하게 수정되며, 따라서 새로운 이론에 의해 설명된 옛 이론의 속성들은 이미 그 수정된 이론에 의해 수정된 것이기 때문이다. 다만 옛 이론이 사용하던 용어를 새로운 이론이 다시 사용할 뿐이다.

면, 이론간 환원의 조건을 어떻게 규정해야 할까? 대충 다음과 같다. 새 이론 T_B는 (환원되어야 할) 이론 T_R의 **유사** 법칙 T_R*를 구성한다. 그래서 유사 이론 T_R*은 특별 조건을 주는 문장(예를 들어 '마찰 없는 표면'과 '완전한 탄성'과 같은)과 환원하는 이론 T_B로부터 논리적으로 연역될 수 있다. 그 유사 이론은 옛 이론의 표현을 새 이론의 표현으로, 즉 옛 이론의 법칙들을 새 이론의 문장들(그러나 필연적 **법칙**이 아닌)로 표현할 수 있도록 구성된다. 이런 조건 아래서 옛 이론은 새 이론으로 환원된다. 환원이 성공적으로 성취되어 새 이론이 옛 이론을 설명할 수 있을 때에 비로소 옛 이론이 왜 그러했었는지 이해되며, 옛 이론이 난감하게 된 이유도 설명된다. (이에 대한 상세한 논의는 Paul M. Churchland 1979 그리고 Hooker 1981, Patricia S. Churchland 1982를 참조.)

잠시 본론에서 벗어나서 환원에 비형식적 조건도 있음을 지적하고 넘어가야겠다. 예를 들어 T_B가 여타의 성취된 과학에 어울리며, T_B가 참임을 믿을 이유가 있어야 한다. 더구나 T_R이 적용되었던 **영역**에도 T_B가 적용되어야 한다. 그런데 내가 당장 지적하고 넘어가야 할 것은 "한 이론이 다른 이론보다 합리적으로 선호될 조건들은 이제 분명히 사라졌다"는 점이다(Kuhn 1962). 더구나 마음-뇌가 이론을 구성할 때 하는 일이 무엇이며 마음-뇌 작용의 합리성이 실제로 어디에 근거하는지 더욱 상당히 완벽한 설명을 줄 때까지, 그 조건들을 잘 알 수 없다는 것이 내 견해이다. 그래서 명백히 비록 이론간 환원에 대한 내 설명이 어떤 합리성 이론에 의해 보완되어야 하기에, 신경과학과 심리학이 마음-뇌 기능에 관한 더 완전한 이론을 양산할 때까지 우리가 가진 초보적 합리성으로 해결해야 한다.

어느 정도 혹은 얼마나 가깝게 옛 이론이 유사하게 비쳐질지는 경우에 따라 다를 수 있는데, 이것은 그 옛 이론이 얼마나 많은 정도로 수정될 필요가 있는지에 달려 있기 때문이다. 대부분의 광학 이론은 보존될 수 있는 반면, 고전 열역학은 단지 적은 부분만이 보존될 수 있었고, 열과 온도에 대한 칼로리 이론은 대부분 유지될 수 없었다. 만약 환원이 말끔하게 이루어진다면, 대부분의 T_R의 원리들은 T_B와 유사하다는 의미에서 속성들을 가리키는 어휘들을 짝 맞추기가 있을 수 있으며, 동일성도 주장될 수 있을 것이다. 쉽게 말해서 꼭 맞는 유사성이란 환원된 이론의 속성 P_R이 기초 이론 내의 속성 P_B와 같은 정도의 인과적 힘을 갖는다는 것을 의미한다.

옛 이론 내의 존재나 속성들이 새 이론 내의 존재나 속성들과 동일성을 주장할 만큼 충분히 유사하게 꼭 맞아떨어지는지 결정은 형식적 기준에 의해서가 아니라 실용적이고 사회적인 다양한 평가에 의해 영향 받는다. 핵심 연구원의 변덕스러움, 옛 이론의 용어를 사용함으로써 생기는 혼란의 정도, 과거에 가지고 있었던 사고 습관을 간직하고 싶은 혹은 버리고 싶은 열망, 그 이론을 공개할 수 있는 기회, 동일성을 주장함으로써 보존할 것인지 아니면 근본적으로 대체할[5] 것인지를 결정하게끔 학자들에게 주는 매력 등등에 영향을 받기 때문이다. 사실상 나는 '환원된 이론과 환원하는 이론이 속성들의 동일성을 선언할 만큼 서로 충분히 유사한지' 결정할 기준을 세우는 일은 그리 문제되지 않는다고 생각한다(Patricia S. Churchland 1982).

따라서 과학에서의 통일화는, 교차 이론적 동일화(cross-theoretic identification)에 의한 순탄한 환원과, (교차 이론적 동일화가 어려워 옛 이론 내의 개념을 개정해야 하는) '삐걱거리는' 환원, 그리고 (결코 어떠한 교차 이론적 동일화도 없는) 철저한 소거를 포함하는 모습을 모두 담고 진화하였다.[6] '플로지스톤', '칼로리 액체', '염화암모늄의

5) 데넷(Dennett)은 그의 책(1978b) 서문에서 가상의 심리학적인 예로 '피로'에 대한 논의를 부각시켰다.

6) [역주] 광학 이론이 전자파 이론으로 환원되고 나서, '특정한 광선'은 곧 '특정한 전자파'이며 '특정한 전자파'는 곧 '특정한 광선'이라는 식으로 교차 이론적 동일화(cross-theoretic identification)가 일어났다. 이에 비해 뉴턴 역학

혼' 그리고 '악마'의 예는 그 속에 배어 있는 이론도 제거되며, 어떠한 교차 이론적 동일화도 이루어지지 않았다.

심적 상태를 뇌 상태로 환원하려는 논의에 특히 주목해야 할 것은, 상호 이론적 통일화(intertheoretic unification)가 이루어진다고 해서 반드시 (어떤 상태와 사물들에 대한) 교차 이론적 동일화가 이루어지는 것은 아니라는 점과, 환원은 환원되는 이론을 실질적으로 수정한다는 점이다. 마음-뇌에 대한 통일된 이론이 (현재 인식되는 '심적 상태'가 마치 현재 인식되는 '뇌 상태'의 유형과 동일하다는) '말끔한 환원'을 요구한다고 짐작하겠지만, 그러나 이런 방식의 동일화를 이루겠다는 생각은 오히려 신경과학 내의 이론적 발달을 상당히 저해할 뿐이다. 왜냐하면 그런 생각은 오직 하나의 환원만이 적합하다는 것을 함축하며, 동시에 결코 다양한 여러 유형의 환원 관계를 허락하지 않음으로써, 심지어 교체 가능성조차 생각할 수 없게 하기 때문이다.

왜냐하면 그런 주장은 오직 연금술만이 보존 환원(retentive reduction)되거나, 칼로리 이론만이 보존 환원될 것이라고 기대하는 것과 다를 바 없기 때문이다. 그런 요구는 환원된 이론이 보존될 것을 주장한다는 점에서 지나치게 보수적이다. 동시에 그런 기대는 지나치게 담대한데, 사실상 보존 환원만이 남을 것이기 때문이다.

더구나 명백히 이론들은 서로 정보를 제공하고 수정하면서 공진화한다(Wimsatt 1976a). 만약 어떤 이론의 역사에서 그 이론이 더 높은 차원의 것을 환원할 수 없다면, 환원이라는 목적에 도달할 수 있도록 성장하고 성숙해야 할 것이다. 그런 중에 한 이론 내의 발견이나 의문이 다른 이론들을 수정 또는 발달시키거나 실험을 제시하며 서로 환

이론이 아인슈타인의 특수상대성이론으로 환원되었을 때, '물체의 고유한 성질'로 이해되었던 '질량'이 '에너지로 바뀔 수 있는' 개념으로 수정되었다. 또한 플로지스톤 이론이 산화 이론으로 환원되고 나서, 타는 물질인 '플로지스톤'이란 존재에 대응하는 것이 없어 제거되었으며, '탄소'가 산소에 의해 산화된다고 말하게 되었다.

원의 목적을 달성하도록 진화해 갈 것이다. 전달(고전)유전학(transmission genetics)과 분자(현대)유전학(molecular genetics)이 그런 공진화의 보기가 된다. 분자유전학 자체를 완전하게 전달유전학으로 환원할 수 없지만, 분자유전학 내의 이론적 발달은 부분적으로 전달유전학의 결과와 가설들에 의해 인도될 수 있으며, 반대로 그러한 전달유전학 연구는 분자유전학에서 제기된 의문에 의해 고무되기도 한다. 양자의 공진화 과정에서 전달유전학이 초기에 규명했던 줄에 매달린 구슬 같은 '유전인자'(genes)란 존재하지 않음이 명백해졌으며, 전달유전학의 일반화들이 분자유전학에서의 발견을 진척시켰다고 할 수 있다. (특히 Philip Kitcher 1982와 9장을 참조.)

9장에서 이론들의 공진화에 대해 더욱 상세히 논의될 것이며, 그러한 상호 영향에 대한 초기 징표를 '기억'에 관한 연구에서 신경생물학자들과 심리학자들 그리고 신경학자들이 서로 정보를 주고 서로를 수정하는 가운데 발견할 것임을 우리는 보게 될 것이다. 그리고 10장에서 나는 비록 초보적 단계이기는 하지만 '주의집중(attention)의 본성'에 관련한 신경생물학적 그리고 심리학적 가설들의 공진화의 예를 보여줄 것이다. '신경생물학에서 나온 환원적 가설들'과 '심리학에서 나온 행동 관찰' 모두는 '정보가 어떻게 기억되며 검색 시스템이 어떻게 작동하는지' 그리고 '서로 어떻게 수정하고 서로 어떻게 정보를 제공하는지' 밝혀내려는 더 넓은 계획에 꼭 필요하다. 물론 기억에 관한 심리학은 결코 기억에 관한 신경생물학으로 환원되지 않을 것이며, 전달유전학도 분자유전학으로 (비록 서로 공진화한다고 하더라도) 환원되지는 않을 것이다. 그렇지만 지금 환원이 일어나지 않는다고 해서 결코 미래에도 환원이 일어나지 않을 것이라고 주장하는 것은 오류이며, 그렇게 기대하는 것조차 무모하다.[7] (유전학에 관한 예는 9장에서

7) 환원에 관한 더 이상의 논의에 대해서는 특별히 Hooker(1981), Wimsatt (1976a, 1976b), Philip Kitcher(1982) 참조.

더욱 상세히 논의될 것이다.)

양쪽 이론들 모두에서의 수정과 확장은 이론들의 점진적인 공진화 발달 과정에서 흔히 있는 일이며, 그러한 상호 보완은 아마도 궁극적으로 통합된 이론체계로 나타날 것이다. 그리고 마침내 환원된 이론들은 환원하는 이론들에 의해 속성들과 법칙들 그리고 존재들에 대한 설득력을 얻을 것이다. 어쨌든 크릭(Francis Crick)이 (대화 중에) 언급했듯이, 우리가 조만간 한 이론을 다른 이론으로 쉽사리 설명할 수 있게 되면, 정말로 흥미진진한 과학들 대부분이 사라져 버릴 것이다. 다시 말해서 모델을 만드는 고무적인 일, 대담하게 펼쳐보는 상상의 나래, 벽을 허무는 실험들, 짜 맞추고 개정하고 혁신적 생각을 하는 일들이 머지않아 끝날 것이다.

분명 이것은 (과학 이론들이 아직 불완전한 현시점에서) 과장일 뿐이며 그저 흥밋거리 정도로 생각될지 모르지만, 그럼에도 불구하고 이론들이 환원을 통해 (통합되는 과정에서) 공진화한다는 점을 강조한 점에서는 옳다. 논리적 경험주의자들은, 이론들의 진화 역사 속에서 최종 산물에만 관심을 집중하였기에, 이론이 다양하게 진화할 수 있음을 보지 못했다. 전형적으로 이론이 진화하는 과정에서 환원의 고리가 만들어지고, 범주론과 존재론에서의 큰 수정이 불가피하게 일어난다는 점을 제대로 보지 못했다.

이따금 한 이론이 다른 이론으로 완전하게 환원되지 못하는 경우가 있는데, 그렇게 할 수 있는 적절한 수학이 마련되지 못한 때문이다. 그래서 양자역학은 단지 가장 단순한 원자의 거대 속성만을 설명하는데 성공했으며, 앞으로 더욱 진보할 수 있을지는 수학적 발달에 달려있다. 어떤 사람들은(예를 들어 Popper 1977) 그런 환원이 대단히 많이 이루어지길 기대하기도 하지만, 내가 보기에는 심리학과 신경과학에 대한 환원 전략을 만족시킬 어느 중요한 교훈도 아직 나타나지 못한 것 같다. 양자역학의 경우에, 그 수학적 한계로 인해서 더욱 복잡한 원자들의 거대 속성들이 기괴한 의미에서 창발적임을 함축하지 않으며, 단지 수학적 해법을 기다리며 근사치에 만족해야 하는 상황에 있음을 함축할 뿐이다. 하여튼 적절한 수학이 발달될 것인지는 미해결된 문제이며, 포퍼의 언급 이후 양자역학에 의해 더 많은 환원이 성취되어 왔다. 중요한 점은 환원적 논증의 윤곽이 제자리를 찾았다는 점이다. 끝으로, 신경과학 내의 환원적 프로그램에 적용될 수학이 없다고 해서 그 환원적 프로그램을 멈추게 할 어떤 근거도 없음을 지적하고자 한다.

나는 신경과학과 심리학의 이론적 통일이 **현재 이해되는** 심적 상태를 **현재 이해되는** 신경 상태로 **보존 환원**할 수 있다고 생각하지 않기 때문에, 한 이론이 다른 이론으로 대체되는 몇몇의 예를 간결하게 들어보는 것이 유용할 것이다. 고전 역학(classical mechanism: CM, 뉴턴 역학)은 아인슈타인의 특수상대성이론(special theory of relativity: STR)에 자리를 물려주었다. 이런 이론적 발전은 일반적으로 환원의 예로 인정되며, 얼핏 보아 보존 환원을 이룩한 경우라고 여겨질 수 있다. 요컨대 그 두 이론들이 '질량', '운동', '가속도' 등등 공통의 소재를 가지고 있다는 점이 지적 될 수 있다.

하여튼 한 이론 내의 현상이 다른 이론 내에서도 유지되고 동일하게 보이는 것은 기만이며, 두 이론이 상당히 다르기 때문에 특수상대성이론(STR)은 고전 역학(CM)에 대한 보존 환원이라고 하기보다 교체라고 해야 한다. 이 점을 이해하기 위해 '질량'을 생각해 보자. 고전 역학 내에서 인식되는 질량$_{CM}$은 존재의 본질적 속성이다. 질량$_{CM}$은 관찰자의 상대 속도에 따라 다르지 않다. 그러나 특수상대성이론의 질량$_{STR}$은 전적으로 다르다. 한 존재와 수많은 좌표계 사이의 관계인 것이다. 특수상대성이론의 질량$_{STR}$은 그 대상에 대해 상대적으로 다른 속도를 갖는 관찰자마다 서로 다른 값을 얻게 된다.

만약 특수상대성이론이 옳다면 질량$_{CM}$과 같은 것은 결코 없다. 역으로 만약 고전 역학이 옳다면 질량$_{STR}$과 같은 것도 결코 없다. 사물의 '본성적 속성들'은 사물들 사이의 '관계'가 아니다. 아니, 그럴 수도 없다고 해야 할 것이다. 결국 이 말이 의미하는 바는 질량$_{CM}$은 질량$_{STR}$과 같을 수 없다는 점이다. 물론 '운동량'이나 '에너지' 등에 대해서도 비슷한 지적이 있을 수 있다(Feyerabend 1962).

그래서 위의 사례는 법칙들의 전체 이론적 구조가 환원하려는 이론으로 재구성되는 예가 된다. 고전 역학의 법칙들은 특수상대성이론의 법칙들로부터 연역될 수 없는데, 다음의 두 가지 이유에서이다. (1) 고전 역학의 법칙들은 특수한 조건에서만 '유지'된다. 그래서 만약 우리가 고전 역학과 유사한 어느 것을 특수상대성이론으로부터 연역해야 한다면, 이러한 제한 조건들이 담고 있는 (거짓) 가정들을 부가해야만 한다. 그리고 (2) 고전 역학의 용어가 '본성적 속성들'을 표현하는 반면에, 특수상대성이론에서 그에 대응하는 용어들은 모두 **관계**를 표현한다. 이런 사실에 비추어 볼 때 결코 고전 역학은 특수상대성이론으로부터 연역될 수 없다. (거짓 가정들을 부가하여) 특수상대성이론으로부터 논리적으로 연역할 수 있는 것이란 고전 역학(CM) 법칙들과 **유사한** CM*이며, 그 유사 고전 역학은 특수상대성이론의 상대화된 용어들로 여전히 표현된다. 이런 연역적 설명이 특수상대성이론의 용어로 CM*의 유사 법칙들을 설명하는 한에서만, 고전 역학을 설명하는 것이다.

STR + 제한하는 가정들

↓ (논리적 함의 entail 관계)[8]

CM*

(동형이종 isomorphic 관계)

CM

---

8) [역주] 이 책의 5장 주 2) 참조

좀 더 엄격히 말해서, 위의 환원은 왜 고전 역학이 전에 고전적 한계 내에서 성공적이었는지 설명해 주며, 어떻게 특수상대성이론이 고전 역학에 의해서 수행된 설명과 예측하는 역할을 '물려받아' 새로운 힘을 갖게 되었는지 보여준다. 바로 이 점이 체계적인 상호 이론적 동일 진술문들이 없음에도 불구하고, 여전히 성공적인 이론간 환원으로 왜 인정받을 수 있는지 말해 주고 있다.

지금 위의 논의에 대한 의문스러운 점들이 조금 더 남아 있다. "질량 그 자체는 무엇이며, 자연에 존재하는 현상은 무엇인가? 분명 질량$_{CM}$은 질량$_{STR}$과 같지 않다. 그러나 질량 그 자체는 질량$_{STR}$로 환원되는가 아닌가?" 우리는 이 질문에 답하기 위해 질문한 사람이 '질량'이라는 말로 의미하는 것이 무엇인지를 알아야 한다. "글쎄, 그것은, 한 물체가 다른 물체보다 밀치기 힘들거나, 어떤 것이 다른 것보다 무거운 것처럼, 사물들이 서로 다르게 갖는 속성이야"라는 식으로 말하는 경우를 가정해 보자. 그 대답 속에는 사실상 정리되지 못한 한 이론, 어쩌면 빈약한 이론이 제시되고 있음을 주시하라. 그리고 질량이 무엇인지에 관한 그의 믿음은 불가피하게 어떤 신통치 않은 일반화들에 매달려 있다. 그런 단어를 사용하는 것을 보면 조야하든 아니든 간에 어떤 도식과 적용 규칙을 가지고 있음에 틀림없기 때문이다.

이 단계에서 인식론의 문제, 즉 '경험적 기초', '이론' 그리고 '관찰'에 대한 논의가 도움이 될 것이다. 하나의 현상, 즉 질량을 이론과 독립해서 이해될 수 있다고 가정하는 것은 환상이다. '생생한 사실들', '중립적인 관찰', '이론 독립적 세계'로의 접근 그리고 '절대적인 정초'는 논리적 경험주의와 함께 이미 파산했다(6장 참조). 그러한 맥락에서 보자면, 그 사람이 '질량'에 대해 말한 것은 사실상 자신이 가지고 있는 '이론으로 규정된' 것이었다. 그래서 그의 처음 질문은 결국 다음과 같이 된다. "질량$_{DT}$를 규정하는 빈약한 이론(dinky-theory: DT)은 질량$_{DT}$를 질량$_{STR}$과 동일화하듯이 특수상대성이론(STR)으로 환원되는가?" 그에 대한 대답은 명백하게 "아니다"이다. 왜냐하면 그의 빈약한 이론 내의 질량은 하나의 속성이지 관계가 아니기 때문이다. 특수상대성이론이 옳다고 가정한다면, 자연에는 그가 말한 질량이란 개념에 대응하는 어떤 것도 없으며, 같은 이유로 고전 역학에서의 인식에 대응하는 것도 없다. 특수상대성이론이 말하는 바는 자연에 있는 것은 상대적인 질량, 즉 특수상대성이론 내에서 기술된 질량이다.

환원되도록 하는 것은 이론들이며, 우리가 이론을 만들고 그 이론들이 나타났다 사라지는 동안에 우주의 사물들은 그 어떤 역할을 담당한다. 그러므로 "질량 그 자체는 환원되는가?"와 같은 질문은 의미가 없다.

두 번째 예 또한 이론의 교체를 보여주는데, 교체될 것은 **통속 이론**(folk theory)이다. 그런 예가 마음-뇌의 논의에 적절한 주제가 되는 까닭은 아래와 같다. 신경과학과 심리학이 이론적으로 통합될 가능성을 거부하는 상례적인 이유는 바로 '정신활동'을 '일상적 직관'에 의존한 개념으로 바라보기 때문이며, 흔히 그런 '직관적 개념 체계'가 '관찰'에서 '자명하게' 참으로 인정되기 때문이다. 그리고 그 체계가 '신경과학 내의 어느 이론으로도 환원될 수 없다'고 자주 주장되기 때문이다. 이에 관한 나의 전략은 아래와 같다. 나는 어느 개념 체계가 직관적 '관찰' 체계이든 아니든 상관없이, 그것에 닥쳐올 운명에 관심을 갖는다. 만약 어느 개념 체계가 환원될 수 없다면, 그것이 부정확하여 교체되거나 아니면 순탄하게 환원될 수 없어 크든 작든 수정되어야 한다. 심지어 '관찰할 수 있는' 개념들도 수정되거나 제거될 수 있으며, '직관적 체계'나 '통속 이론'은 새로 개정된 형태로 환원되거나 철저하게 제거되어 더 이상 그 체계를 주장할 수 없게 될 수도 있다. (심적 상태나 과정에 대한 우리들의 직관적 이해가 **통속 이론**을 통해서 이해되고 있음을 7장 3절에서 상세히 논의할 것이다.)

뉴턴의 고전 역학은 그 자체가 아리스토텔레스의 원시적 운동이론에 대한 혁명적 도전이었다. 아리스토텔레스의 역학이론에서 중심이 되는 지혜는 다음과 같다. 만약 운동을 유지하도록 지속적으로 힘이 작용된다면(필요충분조건으로),[9] 사물은 계속 운동할 것이다. 둥근 공을 밀다 중단하면 멈출 것이고, 그 공에 충분한 힘이 다시 가해지면 다시 움직이기 시작할 것이며, 그 힘이 작용하는 한 운동을 지속할 것이다. 그렇지만 발사된 물체의 운동은 그 이론이 갖는 난점을 보여준다. 예를 들어 투석기로부터 발사된 돌은 투석기를 떠나서, 투석기에 가해진 힘을 벗어난 후에도, 계속 운동하기 때문이다.

아리스토텔레스의 이론에 따르면, 투석기의 외적인 힘이 더 이상 작용하지 않으면 물체는 수직으로 떨어져야 한다. 중세의 물리학자들은 투석기에 의해 물체에 내재적인 힘이 작용되었다고 가정함으로써 투사운동의 문제를 풀려고 시도했다. 돌은 투석기로부터 풀려나서도 계속 운동한다. 왜냐하면 운동을 지속하도록 **추진력**(impetus)이 주어졌기 때문이다. 그렇다면 왜 물체는 언젠가 떨어져야 하는가? 그 이론에 따르면, 내재적인 힘이 서서히 소멸되며, 그렇게 되면 물체의 무게 때문에 떨어진다. 또 그 이론은 직선운동과 회전운동 사이의 근본적인 차이를 전혀 설명하지 못한다. 모두 단지 운동일 뿐이므로, 그 이론이 주장하는 대로 물체에 '회전하는 추진력'이 주어진다면, 줄 끝에 매달려서 돌고 있는 물체는 당연히 줄에서 풀려난 후에도 회전운동을 계속해야 할 것이 아닌가?

그것이 투사 물체의 추진력 이론(impetus theory)이며, 갈릴레오가 물체의 궤도를 밝혀낼 때까지 물리학을 지배하던 이론이었다. 물론 그 이론은 결국 뉴턴에 의해 치유되었다. 그 사례는 다음과 같은 여러 이

9) [역주] 필요충분조건이란, 전자이면 후자가 연역되고, 후자이면 전자가 연역되는 쌍조건(biconditional)을 말한다. 따라서 위 문장을 설명하자면 다음과 같다. 어떤 물체에 계속 힘이 작용하면, 반드시 그 물체는 운동을 계속하며, 반대로 그 물체가 운동을 계속하고 있다면, 반드시 그 물체에 힘이 계속 작용하고 있기 때문이다.

유로 중요하다. 첫째, 추진력 이론이 뉴턴 이론으로 순조롭게 환원되지 못하여, 뉴턴 이론에 의해 유지되지 못하고 틀렸기에 교체되고 말았다. 하나의 역학이론으로서 추진력 이론은 감을 잡을 수 없을 정도로 철저하게 잘못 인식되었던 이론이었다. 아리스토텔레스의 핵심 원리와는 대조적으로, 뉴턴의 제 1 법칙은 직선운동하는 물체에 힘이 작용되지 않는 한 직선운동을 계속할 것이라고 말한다. 즉 힘이란 물체를 **가속**할 때에만 필요할 뿐이며 일정한 운동을 유지하기 위해서 필요되지 않는다. 뉴턴 이론에서 추진력과 같은 것은 **결코** 없다. 즉 고전 역학 내에 추진력과 일치하는 어떤 것도 없다. 운동량이 아마도 추진력을 대신할 것처럼 보이지만 운동량은 **힘**의 종류가 아니며, 반면에 추진력은 일종의 힘이었다.

부가하자면 추진력 이론에서 '운동 중인 것'과 '정지된 것'을 구분했지만, 뉴턴 역학은 '일정한 속도로 운동하는(즉 정지해 있거나 속도가 변하지 않는) 것'과 '변화하는 속도로 운동하는(즉 가속되거나 감속되는) 것'을 구분하고 있다. 게다가 추진력 이론이 직선운동과 직선에서 이탈한 운동의 차이를 보지 못한 것은 불행이었다. 휘어진 추진력에 의한 곡선운동이란 뒤죽박죽으로 틀린 것이었음을 쉽게 알 수 있으며, 확실한 사례를 관찰하였다는 흔들림 없었던 주장이란 사실은 우리가 믿는 만큼만 본 대표적인 경우로 여겨진다.

다음 두 번째 이유도 흥미 있다. 고전 역학에 대해 전혀 알지 못하는 많은 사람들뿐 아니라, 지금의 20세기에도 여전히 적지 않은 사람들이 일상적으로 믿고 행동하는 성향은 추진력 이론과 유사하다. 맥클로스키(McCloskey)의 연구(1983)에서 발견된 사실로, 움직이는 물체에 관한 학생들의 '행동'과 '언어적 예측과 설명'은 모두 뉴턴 이론보다는 아리스토텔레스 이론에 가깝다. 피험자인 대학생들에게 걸어가면서 골프공을 떨어뜨려 정지된 목표물에 맞추도록 지시했다. 그들은 전형적으로 공을 놓으면 수직으로 떨어질 것으로 생각했으며, 심지어 어떤 학생들은 공이 뒤로 떨어질 것이라고 생각하기도 했다. 그래서 그들은 표적 바로 위에 올 때까지, 심지어는 그것을 지나서도 손에 쥐고 있던 공을 놓지 않았다. 다른 실험에서는 얼음판 위에서 (아이스하키에 쓰이는) 퍽을 놓기 전에 팔로 회전시키다가 미끄러지게 함으로써 그 퍽을 곡선운동 시키려 했다. 게다가 그들은 '추진운동'을 '물체에 부여된 힘'으로 설명했고, 중력이 제거되어도 그 힘은 운동을 지속시키다가 서서히 소멸된다고 설명했다. 그 설명은 뉴턴 이론보다 중세 물리학적 경험담에 더 가깝다. 고전 역학에 대해 이미 잘 알고 있었던 학생들 중에서도 추진력 이론에 맞추는 경향이 있었는데, 예를 들어 '운동량'을 '운동의 원인'으로 해석했는데, 실제로는 '운동량'을 옛 이론에서의 '추진력'과 똑같이 사용했다.

그 실험에서 사람들 대부분은 과학자들과 달리 일종의 **통속 물리학**(folk physics) 혹은 맥클로스키가 **'직관적 물리학'**(intuitive physics)이라고 칭한 것에 빠져 있음을 보여준다. 물론 누구도 자신이 운동과 관련해서 가지고 있었던, (즉 운동을 설명하고 예측하는 데에 어떤 역할을 하는) 믿음들을 하나의 이론으로 표현하지는 않았더라도 그가 통속 이론을 갖고 있다고 인정하지 않을 수 없다. 그 믿음들이 의식적인 이론적 연구를 통해서 얻은 것이 아니더라도, **그 믿음들이 익숙하게 사물의 운동을 설명하고 예측하는 데 이용되는 만큼, 의도적으로 구성된 이론과 같은 역할을 한다.** 아마도 통속 이론은 자신의 모국어를 배울 때 획득되거나, 그 이론을 처음 대하면서 생긴 뇌의 어떤 내적 체계일 것이다. 그 기원이 무엇이든 간에 통속 이론은 뉴턴 법칙을 모르는 사람들에게는 자명하고, 관찰 가능하며 참인, 즉 단단한 바위와 같은 상식으로 보인다. 더구나 초기 추진력 이론가들처럼, 일상적인 사람들은 현재 우리가 발사체로서 '불가능한 궤도'로 알고 있는 것을 관찰하였다고 생각한다. (McCloskey, Caramazza, and Green 1980, Clement 1982 참조.)

뉴턴 이론에 친숙하지 않은 사람에게는, 아리스토텔레스 물리학의 핵심 원리가 직관적으로 절대 명확한 것으로 여겨질 것이며, 뉴턴의 제 1 법칙이 오히려 반직관적이고 기이한 것으로 여겨질 것이다. 다만 추진력 이론과 뉴턴 이론이 결과를 서로 다르게 어떻게 예측하는지 경험적으로 보여준다면, 그리고 뉴턴 법칙들이 앞의 추진력 이론이 왜 잘 적용되었는지 설명해 낼 수 있으며 동시에 더 많은 현상들까지도 설명해 낼 수 있음을 보여준다면, 비로소 뉴턴 법칙들이 낡은 독단의 뿌리와 가지를 뽑아내고 잘라내기 시작할 것이다. 일단 새로운 이론이 이차적 본성[10]이 되기만 하면, 관찰은 포기된 옛 체계가 아닌 새 이론 체계 내에서 이루어질 것이다. 옛 이론이 완전히 격퇴되지 않는다면, 여전히 새 이론을 옛 이론에 억지로 짜 맞추는 경향이 있게 된다.

위의 예는 심적 상태를 뇌 상태로 환원하려는 논의를 펼치는 데에 몇 가지 유용한 면을 보여준다. 첫째, 환원적 발전에서 한 이론이 다른 이론을 교체하거나, 틀렸음을 밝힐 수 있다. 둘째, 교체되거나 틀린 것으로 밝혀질 대상은 바로 **통속 이론**이며, 그 통속 이론 내에서 사람들은 관찰했다. 셋째, 통속 이론이 '자명함'에도 불구하고 그것이 잘못 인식된 것임을 논증할 수 있다. 넷째, 새롭게 획득된 이론이 우리에게 친숙해진다면, 새 이론도 옛 통속 이론처럼 일상적으로 당연하게 사용할 것이다. 예를 들어 맥클로스키의 피험자들이 추진력 이론을 사용했듯이 숙달된 기술자는 뉴턴 역학을 손쉽고 직관적으로 사용한다. 한 이론을 일상적으로 사용함으로써 추론 단계를 자연스럽게 축소할 수 있으며 어색한 연역 추론을 거치지 않고도 투사물의 궤도를 예측하게 된다. 휘두르는 팔에서 풀려난 퍽이 곡선 궤도로 운동하지 않을 것임을 바로 (직관적으로) 알 수 있다. 즉 뉴턴 방식으로 (의식적으로) 추론하지 않고서도 바로 알 수 있다. 그래서 이와 달리 생각하는 사람들

10) [역주] 이 책 6장 주 12) 참조.

에 대해 그들은 막연히 기이하다고 여길 것이다.

위의 이야기와 관련된 사실은, 한 이론이 경쟁하는 이론에 의해 교체되고 난 후에도 마치 옛 이론이 거짓이 아닌 것처럼, 계속해서 그 이론에 의존해서 현상들을 이해하는 사람들이 일부 있다는 점이다. 다시 말해서 운동을 뉴턴 원리에 의해 생각하게끔 분명히 교육되지 않는다면, 사람들은 추진력 이론을 채택하는 경향을 갖는다. 그렇지만 그런 경향을 보이는 사람들이 있다고 해서 옛 이론이 새 이론에 비해 틀리지 않았음을 의미하는 것은 아니다. 단지 일부 사람들은 그것이 틀렸음을 알지 못하거나 관심 두지 않고 있음을 의미할 뿐이다. 새 이론을 도입하여 옛 이론을 환원하는 일과 환원하는 (새로운) 이론을 우리의 '가슴과 마음으로' 받아들이는 일은 별개이다.

통속 열역학에 대해서도 유사한 논의를 전개할 수 있다. '열'과 '온도'에 관한 엉성한 이론이 고전 열역학에 의해 교체되었고, 그것은 다시 순조롭지는 않았지만 통계 열역학으로 환원되었다. (Paul M. Churchland 1979 참조.) 어느 정도 같은 이야기가 자연의 설계(design)[11]에 관한 통속 이론에 대해서도 언급될 수 있으며, '눈의 작용에 대해 밝혀진 조직' 혹은 '복제의 본성'을 지성의 설계자로 설명할 수 있을지 의심스럽다. 그 이론은 생물학과 진화론에 의해 교체되고 말았다.

무엇이 통속 이론이며 무엇이 (특정 문화에서 폭넓게 수용되는) 후속 발달 이론인지 명확하게 구분할 수 있는 것은 아니다. 연금술의 많은 개념들과 생각들이 통용되었음에도 불구하고 통속 화학으로 생각되지 않을 수 있으며, 반면에 날씨와 계절에 관한 정령 숭배 이론

11) [역주] 대단히 조화롭게 작용하는 자연을 보면, 자연을 설계한 지성적 존재가 반드시 존재해야 한다는 논증을 '설계에 의한 논증'(argument from design)이라 한다. 특히 인간의 눈과 같은 신체 기관이 감탄스러울 정도로 정교하게 조직되어 있으며, 신비롭게 새 생명을 탄생시키는 현상을 보면 분명 신의 설계 '의도'가 있다는 신학적 해석이다. 이것을 '신 존재의 목적론적 논증'이라고도 한다.

(animisistic theory)이 통속 기상학으로 여겨질 수도 있다. 나는 '진정한 과학 이론', '준과학 이론', '보완된 통속 이론', '통속 이론' 등 여러 계층을 구분할 엄격한 기준을 제시하지 않겠다. 이론들이란 결국 자연 현상이며, 이론들이 진화함으로써, '사람들이 표현하고자 하는 의미가 무엇인지', '어떻게 생각하는지', '세계를 어떻게 보는지' 등이 변화된다. 어떤 이론들은 방언 속에 슬그머니 끼어 들어가고, 다른 이론들은 소수 전문가 집단에서만 사용된다. 또 어떤 이론들은 기꺼이 어린애들에게 채택되면서도 그들의 부모들에게는 언제나 낯설게 비치기도 한다. 태양 중심설이나 진화론과 같은 이론들은 광범위한 형이상학을 붕괴시키지만, 세균이론과 같은 이론들은 광범위한 형이상학에 손상을 주지 않는다. 어떤 이론들은 전쟁이나 이민, 전염병, 기근 혹은 자연재해 등에 의해 멈춰지기도 한다.

새로운 이론이 옛것을 대체하게 되면, **설명되어야 할 것**이 새로운 모습으로 바뀐다. 피설명항(explananda)에 대한 앞서의 견해는 소멸되고, 새로운 이론적 체계 내에서 인식된 새로운 피설명항이 연구의 대상이 된다. 예를 들어 프톨레마이오스 이론(Ptolemaic theory)에서 지구는 회전하는 천구(celestial sphere)를 가진 우주의 중심이며, 지구 둘레를 천구가 회전하는 모습이 마치 거대하고 회전하는 농구공 안에 들어 있는 작은 완두콩과 같다. 실제로 천구는 움직이지 않는 지구 주위를 회전하는 것이 관찰될 수 있다고 생각되었으며, 그런 사실을 그대로 보여주는 관찰도 얻을 수 있었다. 따라서 프톨레마이오스 이론을 옹호하는 자들은 "무엇이 천구를 회전시키는가?"라고 질문을 던져야 했고, 그 회전 장치에 대한 잡다한 가설들이 개진되고 토의되었다. 그러나 뉴턴 이론에서는 천구와 그 움직임을 설명하려는 장치는 전적으로 배제되었으며, 그런 주장은 잘못 인식된 틀린 것이었다.

그래서 뉴턴 이론은 '무엇이 천구를 움직이게 하는가'라는 문제를 복잡한 기어(톱니바퀴)와 풀리(벨트로 돌아가는 바퀴) 또는 그 외의 것을 동원해서 설명하려 들지 않았다. 그 질문(피설명항) 자체가 잘못된 생각이라고 거절했다. 결코 천구와 같은 것은 없으며, 따라서 '무엇이 그것을 움직이게 할지'와 같은 의문도 없다. 더구나 누구도 천구의 움직임을 관찰할 수 없다. 왜냐하면 뉴턴 이론 내에서는 별들의 분명한 움직임도 지구 운동과 관련해서 설명되기 때문이다. 물론 지구가 고정되어 있다는 그럴듯해 보이는 자명한 자료도 뉴턴 이론에 의해 틀린 것으로 밝혀졌다. 그러므로 한 이론 내의 관찰 자료는 승리한 새로운 이론에 의해 수정될 수 있음을 알 수 있다.

전에 있었던 많은 이론들이 지닌 피설명항도 같은 운명을 겪을 수밖에 없다. 하비(Harvey)는 '동물의 정신(spirit: 혼백)이 어떻게 심장에 들어가는지' 설명하려 하지 않았으며, 그 대신 "심장은 피 순환을 위한 일종의 펌프"라고 말했으며, '심장이 펌프처럼 어떻게 움직이는지' 설명하려 했다. 현대 생물학자들은 '혼백이 어떻게 생명체들을 살아있게 하는지' 설명하려 하지 않으며, 그보다는 '정보가 어떻게 DNA 내부에 기억되는지' 설명하려 한다(Feyerabend 1963a 참조).

경쟁 이론들 사이의 대립으로 인하여 (주목받았던) 이론 내의 결함과 단점 그리고 오해가 드러나게 되는데, 만약 그런 대립이 없다면 (지배하는 패러다임에 귀속된) '피설명항', '방법', '자명한 자료들'은 그저 당연한 것으로 받아들일 수밖에 달리 방법이 없을 것이다. 그 이유로 파이어아벤트는 가능한 경쟁 관계의 많은 이론들을 꽃피우라고 권고한다. 그리고 새로운 이론이 명백한 것과 설명될 필요가 있는 '사실'에 관한 우리들의 개념을 포함하여 낡은 개념들을 완전히 수정한다는 겸손한 생각을 계속 불태우라고 권고한다.

위의 이야기가 궁극적으로 마음-뇌 통합이론의 논쟁과 관련되는 이유는 다음과 같다. 우리들이 직관적 심리학 체계를 가지고 얻어낸 '명백한 것'과 '관찰된 것'이란 단지 '명백하다'거나 '관찰할 수 있다'는 것에 의해 전적으로 옳다고 주장하지 못한다. 우리가 보아왔듯이 직관적 체계나 관찰 개념까지도 과학이 발전함에 따라 바뀔 수 있다. 지금까지 우리들은 위와 같이 감성에 호소하는 면이 적은 예들을 우선 살펴봄으로써, '우리 자신을 이해하기 위한', '관찰을 위한', '설명을 위한', '행동을 예측하기 위한' 자신들의 '직관적' 개념 체계가 수정되거나 심지어 제거될 수 있음을 비로소 바라볼 수 있게 되었다.

솔직히 말해서 내가 언급한 '과학적 설명이론'은 논리적 경험주의자들이 만들어낸 연역 법칙적(DN) 모델의 '수정된 형태'임을 부언하고자 한다(6장과 E. Nagel 1961을 참조). 다만 그 모델에서 다음과 같은 두 가지를 수정하였다. (1) 이론간 환원은 연역 법칙적 설명의 예가 되며, 연역 법칙적 설명에서 설명될 것은 단일 사건이 아니고, 하나 혹은 여러 법칙들이다. 이론간 환원이 논리적 경험주의자의 개념에서 빗겨간다는 점에서, 연역 법칙적 설명이론에도 수정이 불가피하다. 특히 설명이론은 (논리적 경험주의자들이 말한 바와 같이) '피설명항'이 '연역되기'보다는 '재구성되도록' 수정되어야 하며, 따라서 그 모델도 변화될 수밖에 없다. 앞서 이론간 환원에 관한 논의에서 살펴보았듯이, 연역되는 것은 옛 법칙 자체가 아니라 옛 이론의 재구성 판이거나 그와 '유사한 것'이다. 따라서 설명되는 것 또한 옛 법칙 자체는 아니며, 그와 '유사한 것'이다. (2) 모든 법칙들이 보편적 일반화를 갖는 것이 아니며, 어떤 법칙들은 통계적 일반화를 갖기도 한다. 그래서 포섭 법칙들(covering laws)이 확률적인(probabilistic) 경우에도 그것이 설명 가능하도록 기초 모델이 확장되어야 한다. 이런 점은 이 책에서 제기된 논제에 중요한 역할을 하지 않는다. 그러나 그것이 어떻게 작동하는지 살펴보는 것은 나름대로 의미가 있다. 관심 있는 독자들은 살몬의 책(Salmon 1971)을 참조하도록 하라. (내가 여기서 자세히 설명할 수 없었던 설명의 연역 법칙적 모델과 관련해서 대단히 많은 상세한 설명은 Nagel 1961과 Rescher 1970가 설득력 있게 논의한 바 있다. 그리고 그 모델에 대한 많은 반론들에 대한 대답과 관련된 최근의 많은 논문을 보려거든 Cupples 1977를 보라.)

내가 연역 법칙적 설명을 선호한다고 해서, 그 방법론 모델에 대한 맹신도가 되려는 것은 아니다. 다만 그 이론으로 이론간 환원의 중요한 경향을 논의할 수 있기를 기대한다. 따라서 환원과 설명을 위한 구조는 커민스(Cummins 1983)가 기술한 설명 형태를 다룰 수 있어야 한다. 그 책에서 어떤 차원의 조직이 갖는 **능력**은 더 낮은 차원의 조직이 갖는 능력으로 설명된다. 내가 그 책에서 주요하게 발견한 점은 환원이 **설명**을 포함한다는 것과, 환원은 '피설명항'을 알려줄 기술(description)까지도 **수정**할 수 있다는 점이다.

하여튼 나는 그 설명이론이 일시적일 수밖에 없다고 생각한다. 왜냐하면 뇌 기능 이론들이 성숙함에 따라서 '뇌가 하고 있는 것이 무엇인지', '뇌가 설명에 적절한 것으로 무엇을 선택하게 될지', '어떤 이해를 얻을지' 등등을 우리가 더 깊게 알게 될 것으로 기대하기 때문이다. 그리고 우리들은 그와 같은 더 깊은 이해를 통해서, 설명이란 일반적으로 **문장들** 사이의 **논리적** 관계라고 규정하는 패러다임을 넘어갈 수 있을 것으로 확신하기 때문이다(9장과 10장을 참조). 나아가서 나는 설명을 (문장과는 아주 다른) '인지 구조들 사이의 관계'라고 규정하는 가설을 내놓는다. 실제로 그 연역 법칙적(DN) 모델에서 몇 개의 단점들이 분명히 드러난 만큼, 그와 아주 다른 패러다임(Van Frassen 1980과 Cummins 1983)이 요구되고 있다. 간단히 말해서 신경과학이 성숙해 가면서 그것이 인지 활동에 대한 우리 개념을 상당히 변화시킬 것이며 따라서 우리 인식론도 크게 변화될 것이다.

3. 심적 상태와 통속 심리학

신경생리학 이론으로 환원될 것은 어느 이론일까?

앞선 논의의 핵심은 '심적 상태가 뇌 상태로 환원될 수 있을지' 문제를 다루기 전에 실질적인 문제, 즉 '한 이론이 다른 이론으로 환원될 수 있을지' 문제를 우선 검토하자는 것이었다. 그렇다면 이제 어느 이론이 이론간 환원에 적절한지 알아볼 차례이다. 이런 중대한 논의가 환원에 관련된 논제에서 빠졌던(그 예를 Sperry 1980, MacKay 1977, Eccles 1977에서 볼 수 있다) 이유는 이 논제의 핵심이 무엇인지 그리고 증거로 채택될 수 있는 예가 어떤 것인지조차 알지 못했기 때문이다. 이런 상황에서 환원에 관련된 논의가 아무 결실도 맺지 못하면서 어설픈 은유나 마구잡이 직관의 틈바구니에서 쓸모없이 소란만 피우다 말 것이라 염려하지 않을 수 없었다.

그러면 어떤 이론이 신경생리학 이론으로 환원될 수 있을까? 그것은 '상위차원의 심적 상태와 과정들' 그리고 '그것들이 행동을 일으키는 인과적*[12] 상호 연결'을 기술하는 일반화들의 통합체일 것이다. 그런 연구는 넓게 말해서 과학적 심리학(scientific psychology)의 영역이며, 지난 수백 년 동안 각별히 '기억', '학습', '지각', '발달', '언어사용' 등등의 기능들에 대한 중요한 일반화(법칙)들을 발견하려는 지대한 연구 노력들이 있었다. 그렇지만 어느 방면으로 보아도 분명한 사실은, 비록 어떤 일반화들을 발견해 왔다고 하더라도, 아직 일반화들의 통합체, 즉 '지각', '학습', '기억', '문제 해결', '환경에 대한 인지적 대응(cognitive mapping)' 등등을 중재하는 심리학적 상태와 과정에 대해 설명해 줄 포괄적 이론이 존재하지 않는다는 점이다. 아직 유기체들의 인지 능력과 감각운동 능력에 대해 심리적 차원에서 이해하

---

12) [역주] 원인과 결과의 관계를 가리키는 '인과적 관계'란 용어를 이 책에서는 두 가지 의미로 사용하고 있다. 흔히 철학자들은 우선 물리적 현상들 사이에서 볼 수 있는 '인과적 관계'를 '논리적 관계'와 구분한다. 그러면서도 여기처럼 심적 상태들 간에 혹은 심적 상태가 행동을 일으킨다고 말하는 문맥에서도 '인과적 관계'가 있다고 말한다. 후자는 전자보다 덜 엄밀한 의미로 사용되는 것으로 보인다. 따라서 역자는 엄밀한 '물리적 인과관계'와 구별되는 후자를 '인과적*'이라고 표시하겠다.

지 못하는 많은 문제들이 남아 있다. 따라서 앞으로 상당히 많은 연구가 이루어져야 하며, 그런 점에서 신경생리학 이론으로 환원될 후보자는 미래의 이론들임이 분명하다. 심리적 상태와 행동 사이의 인과적* 연결을 통합하는 설명이 이제 곧 고안될 것이다.

과학적 심리학이 아직 완성되지 않은 상태이지만, 그렇다고 심리학자들에 의해 제안된 수많은 일반화들과 발견들을 신경생리학적 일반화들로 미래에 환원할 수 있을지 묻는 질문이 분명 의도적인 것은 아니다. 그 예로 다음 일반화들을 생각해 보자.

1. 학습 과정 중에 '조건된 자극'이 '조건되지 않은 자극'과 '1보다 낮은 가능성'으로 관련되면, '학습된 반응 R'의 소멸은 더욱 느리게 일어난다.
2. 유기체에게 만약 '조건된 자극 K'가 '조건되지 않은 자극 L'과 동시에 혹은 더 늦게 주어진다면, 그 유기체는 '조건된 자극 K'에 대한 반응 R을 학습하지 않는다.
3. 만약 두 개의 막대 불빛이나 두 원형 불빛과 같은 두 자극을 적절한 시간 간격으로 연속해서 보여준다면, 그 모습은 공간에서 한 물체가 움직이는 것처럼 지각된다.
4. 언어를 배우기 전 어린애들은 인간의 모든 자연 언어에서 나온 모든 발음을 구분하는 반응을 보이지만, 한 언어를 이미 배운 어린아이들은 오직 자신들이 배운 언어 내에서 찾아낸 발음들만을 구분할 수 있다.
5. 만약 밝은 색깔의 사각형과 어두운 색깔의 사각형을 가지런히 놓는다면, 경계선의 밝은 색깔이 어둡게 보인다. (2장에서 논의된 마하 띠 Mach band)

이런 식의 도표를 백과사전만큼 늘릴 수 있을 것이며, 내가 문제삼는 것은 그런 일반화들에 대한 신경생리학적 환원 가능성이 결코 거부감을 주지 않을 것이라는 점이다. 그러한 일반화들 또는 그와 유사한 일반화들이 어떻게 참일 수 있을지 '뇌에 기초한 설명'이 점차 나타날 것으로 거의 기대된다. 예를 들어 미로(T-mazes)에서 길을 찾는 쥐의 학습이 신경생리학적으로 설명될 수 있으며, 해마(hippocampus)와 소뇌(중간위치핵 interpositus nuclei)에 관한 연구는 이미 그런 기대에 부응하고 있다(Olton, Becker, and Handelmann 1979, McCormick 1984).

그렇다면 환원 가능성에 관련해서, '환원 전략이 반드시 상향적(bottom-up) 전략을 의미한다'거나, 또는 '이론간 환원에 의해 상위차원 이론이 시들어버리거나 혹은 쓸모 없거나 혹은 불신될 것이다'라고 추정될 수도 있다. 이런 염려는 실제로 단지 허깨비에 지나지 않으므로 나의 환원을 위한 구도에 들어설 어떤 여지도 없다.

이론간 환원에 관한 내 주장은 다음과 같다. 한 이론이 다른 이론으로 **설명될** 때 그것이 바로 환원이 이루어진 것임을 상기하도록 하라. 이 말은 '환원된 이론이 하여튼 존재하지 않는다'는 혹은 '환원된 이론이 기술하는 현상은 존재하지 않는다'는 주장을 함축하지 않는다. 그 반대로 만약 환원이 순조롭게 잘 이루어진다면, 환원된 이론 혹은 환원된 현상은 생물학 이론이라는 더 큰 도식 내에서 더욱 확고한 위치를 차지하게 된다. 만약 환원 중에 주요한 수정이 있게 되면, 설명과 예측 역할을 계속 담당할 수정된(환원된) 이론 역시 실체에 관한 더 큰 도식 내에 놓인다. 오직 하나의 이론이 다른 이론에 의해 제거되는 경우에만(필요조건으로) 그 이론은 버림받게 된다.

강조되어야 할 것은 어떤 이론간 환원도 본질적으로 '구성적'(compositional) 탐구 전략[13]을 함축하지 않는다는 점이다. '구성적 전략'이

---

13) [역주] 구성적 전략 역시 일종의 환원적 작업이다. 수학적으로 그리고 논리적으로 세계를 설명할 수 있을 거라는 기대는 과거 데카르트 이래 현대 논리실

란 거대 속성에 대해 탐문하기 전에 먼저 미시적 속성에 관한 모든 것을 알아야 한다는 것이다. 상위차원의 능력이 하위차원의 능력이나 구조에 의해서 설명될 것이라는 주장은 충분히 설득력을 가지고 있지만, **발견**의 순서는 **설명**의 순서와 같지 않다. 발견의 문제로서, 상위차원과 하위차원 이론들의 공진화는 고립된 상향적 전략보다 더 생산적임이 틀림없다.

그런데 과학적 심리학에서의 1부터 5까지와 같은 일반화가 미래에 환원될 가능성이 없지 않으며, 논란의 여지가 없다면, 무엇이 문제가 되는가? 이론간 환원의 본성에 관한 이야기에서 반환원주의자들의 (앞서 언급한) 허깨비를 쓸어버리고 난 후에도, 이론간 환원에 대한 반론의 여지가 남아 있는가? 그 대답은 명백히 "그렇다"이다. 그 반론들은 다소 복잡하지만, 실질적인 논점은 두 가지로 모아진다. 첫 번째 것은 다음과 같다. "심적 상태에 관한 일상적 이해가 (어느 심리학 이론의 타당성을 검토하는) 관찰 근거를 제공하기 때문에, 다양한 근거에서 이것은 신경생리학으로 환원될 수 없다. 게다가 우리 상식적 이해의 구조적 특성은 수정 불가능하며 이상하게 될 수 없다." 이런 결론의 근거는 매우 다양한데, 상식 체계가 참이라는 일반적 느낌(sense)[14]을 지지하는 논의는 8장에서 집중적으로 논의될 것이다.

두 번째로 관심 되는 점은 '표상'(representations)과 (표상을 다루는) '계산'(computations)의 본성과 관련한다. 간단히 말해서 인간의 인지

증주의자들까지 가졌던 신념이었다. 그러나 (6장에서 설명하고 있듯이) 그 난점은 절대 자명하고 확실한 어떤 요소적 지식들을 과연 우리가 얻을 수 있느냐는 우려에서 나온다. 저자는 콰인(Quine)의 전체론(holism) 구도에서 그런 환원주의를 거절하고 이론간 환원을 주장하고 있다. 이런 조망에서 인지과학 또한 여러 학문들의 종합적이고 상호 이론 보완적 발전이 불가피하다는 주장이다.

14) [역주] 일반적으로 상식 체계가 참이라고 '생각'하지만, 이런 생각은 어떤 확고한 근거를 가지고 논리적으로 추론한 것이 아니므로 사실 의식적 '생각'이라 할 수 없다. 그저 상식이 참이라는 '느낌'(sense)을 가진 것에 불과하다.

이론들이 표상과 표상들 사이의 **이행**(transitions)에 대한 특성을 규정하지 못한다면, 그 인지 이론들은 근본적으로 미숙한 것이다. 만약 인지가 '계산'을 포함한다면, 그것은 '표상에 대한 작용'을 포함한다. 지금까지 표상의 특성은 (심적 상태들에 관한) 우리들의 '일상적 이해' 속에 나타난 표상 개념에 의존하였다. 그런데 이런 특성은 환원에 저항하는 개념이므로, 표상에 관계된 일반화들은 신경생리학적 일반화들로 환원될 수 없다. 표상을 언급하는 일반화들의 예가 '사회심리학', '언어학', '지각심리학', '인지심리학' 등에서 발견될 수 있다. 그 예로 니스벳과 로스(Nisbett and Ross 1980)에게서 나온 다음의 일반화들을 생각해 보자.

6. '무엇이 사건이나 행동을 일으키는지'에 관한 추론은 활용 가능한 정보의 구체성과 상상 가능성에 의해 강하게 영향 받는다.
7. 정서적으로 심각한 문제에 대해 한 의견을 가지면, 상충하는 증거도 마치 지지하는 증거처럼 취급되고, 처음 증거에 기초한 '인상'은 나중에 제시된 일관성 없는 증거에도 살아남고, '믿음' 역시 증거에 근거한 전반적인 불신에도 살아남는다.

혹은 발달언어학으로부터 나온 다른 종류의 일반화를 생각해 보자.

8. 어린이들이 언어를 배울 때 흔히 불규칙 동사를 (그 불규칙 동사를 규칙화한 예를 들은 경험이 없음에도) 규칙화하는 시기가 있다. 예를 들어 그들은 'came' 대신 'camed', 'gave' 대신 'gived', '상상되지 않는다'(isn't supposed to) 대신 '안 상상된다'(supposen't)라는 식으로 말하곤 한다.

통합이론에 대한 저항은, 1에서 5까지와 같은 **태도**의 일반화 때문이 아니며, 표상에 항시 붙어 다니는 일반화 때문이다. 인간의 정보처리에 표상작용이 중요한 부분이라면(나는 그렇다고 생각하지만), 지금 논의하고 있는 쟁점은 특별히 중요하다. 왜냐하면 인간이나 다른 유기체의 인지 능력을 언급하는 과학적 심리학의 미래 발달과 관련되기 때문이다. 더구나 위의 반환원주의자 논증은 폭 넓은 '신경과학과 심리학의 통합이론'의 문제뿐만 아니라, **심리학** 차원에서의 통합이론의 문제와도 관련된다. 그 이유는 다음과 같다. 만약 1에서 5까지의 일반화와 그 유사 일반화들이 신경생리학 이론으로 환원되지만 6에서 8까지 혹은 그와 유사한 것들은 그렇지 않다고 한다면, 이것은 심리학적 상태와 과정 차원에서 이론의 붕괴를 예언하기 때문이다.

'통합 구상을 반대하는 주장이 옳은지 그른지' 밝히는 일 또한 중요하다. 왜냐하면 지금의 쟁점이 '우리가 어떻게 연구해야 할지'와 관련되기 때문이다. 만약 통합이론이 불가능하고, 그래서 '인지', '지각' 등이 결코 신경생리학 이론으로 설명될 수 없다면, 그것은 우리의 장기적 연구목표와 연구전략에 더 직접적으로 영향을 미칠 것이다. '버려야 할 직관적 지식들은 어떤 것이며 가꾸어야 할 것은 어느 것인지, 그리고 포기되어야 할 탐구 전망은 어느 것이고, 영양을 공급해야 할 것은 어떤 것인지' 등등은 '우리가 이론간 환원의 논제를 어떻게 결론 내릴지'에 따라서 실질적으로 영향 받게 된다. 만약 반환원주의자들의 주장이 옳다면, 신경생물학적 탐구는 아마도 '인지', '지각', '학습' 등의 연구에 상당히 부적절하다. 심리학을 신경생리학으로 이론간 환원하려는 입장에 반대하는 이 두 노선은 방법론적인 결단을 내려야만 할 것이므로, 주의 깊게 검토될 필요가 있다. 나는 환원 전략에 반대하는 어느 노선에 의해서도 설득되지 않을 것이며, 그 이유를 8장과 9장에서 설명해 볼 작정이다.

환원주의를 반대하는 모든 논증들은 (사람들이 이론간 환원이 무엇인지 혼동하지 않는다는 가정하에) 실질적으로 '우리의 일부 상식 체계가 옳고 환원 불가능하다'고 지적한다. 따라서 그런 논증들의 건전성에 대한 논란은 '상식 체계', '상식 체계와 과학적 심리학의 관계' 그리고 '상식 체계의 인식론적 지위'에 초점을 맞추어야 한다. 이 단원에서 나는 이런 논의의 핵심적 의미, 즉 심적 상태와 과정을 이해하는 '상식'이 **옳을 수 있는지** 알아보려 한다. 8장과 9장에서 나는 우리의 상식 체계를 정의하는 범주와 기초적 일반화가 모두 개선되어야 할 것임을 논의함으로써, 그런 주장을 더욱 강화시킬 것이다. 십중팔구 그것(상식)들은 수정되어야만 한다. 과학적 이론들의 공진화 논제는 모든 나의 논의에 있어 총체적 배경이 될 것이다.

무엇이 통속 심리학인가?

나는 지금까지 심적 상태와 과정을 이해하는 상식 체계의 정확한 의미를 제시하지 않은 채 언급해 왔다. 나는 이것을 간결하게 '통속 심리학'(folk psychology)이라 칭할 것이다. 이것은 정밀하지 않은 개념들과 일반화들 그리고 인간 행동을 설명하고 예측하는 데 대표적으로 사용하는 주먹구구식 방법을 말한다. 통속 심리학은 상식적 심리학이며, 우리는 그런 (전래되어 온) 심리적 지식에 의해 '행동'이 '믿음', '욕망', '지각', '기대', '목표', '감각' 등등의 결과라고 설명한다. 다시 말해서 우리는 이런 상식적 일반화들을 가지고 '심적 상태'를 '다른 심적 상태'나 '지각' 혹은 '행동' 등과 연결지어 생각한다. 그런 손쉬운 일반화들은 심적 상태와 과정을 지칭하는 특성을 가지고 있고, 심적 활동에 대한 '사실'을 제한하며, '피설명항'을 규정한다. 통속 심리학은 '직관적 심리학'이며, 이것으로 우리는 우리 자신에 관한 개념들을 손쉽게 꾸며댄다. 철학자들의 분석에 따르면, 행위에 대한 통속 심리학적 설명은 중요하게 **믿음**과 **욕망**이란 개념들을 포함하고 있다. 물론 다른 요소들도 있겠지만, 이 두 요소는 너무 중요하므로 언급하지 않고 그냥 지나칠 수 없다.

그 이론이 어떻게 작용하는지에 대한 실례로, '존(John)이 왜 전기 스위치를 올렸는지' 설명하는 간단한 경우를 살펴보자.

(1) "그는 『미들마치』(*Middlemarch*: 조지 엘리엇 George Eliot의 심리 소설)가 그의 책상 위에 있는지 확인하고 '싶었는데', 가장 좋은 방법은 불을 켜고 보는 것이라고 '믿었으며', 불을 켜기 위해 스위치를 올려야 한다고 '믿었다'. 그래서 그는 전기 스위치를 올렸다."

일상적으로 이렇게까지 명확하게 말할 필요는 없다. 실제로 이렇게 말하는 것은 우스꽝스러울 수 있으며, 오히려 생략하는 편이 훨씬 훌륭한 설명일 수 있다. 그 상황에서는 그저 "그는 『미들마치』가 책상 위에 있는지 알고 싶어 했다"라고만 해도 된다. 왜냐하면 그 이외의 것들은 이해된 것으로 간주할 수 있기 때문이다. 만족할 정도로 장황한 설명이 필요할지도 모르지만, 그런 것들은 너무 명백해서 우리 모두가 인정하는 사실로 받아들일 수도 있다. 서로 아주 잘 아는 두 사람 사이에서는 너무 말이 없어서 다른 사람이 이해하기 어려울 수도 있다(John Fowles의 *Daniel Martin*의 대화를 예로 보라). 이따금 어린 아이들이나 문화에 친근하지 않은 사람들에게는 상당한 정도로 명확한 설명이 필요할 수도 있다. 심지어 설명 (1)도 아주 명확한 것이 아닐 수 있다. 왜냐하면 설명에는 일반화들이 필요하며, 일반화들은 가려 있어 눈에 띄지 않기 때문이다. 특별한 경우에는 비록 일반화들이 분명하고 명백하게 보이더라도(일반적으로 이해되어 있다는 생각에서) 어김없이 언급되지 않은 일반화들이 배경에 있다. 비록 낮은 수준이긴 하지만, 그런 종류의 일반화는 다음과 같은 것이다.

(2) "어떤 사람이 어떤 상태 s를 일으키기 원할 때마다, **그리고** 그의 행위 p가 상태 s를 일으키는 행위라고 믿을 때마다, **그리고** 그가

행위 p를 할 수 있다고 믿을 때마다, **그리고** 그가 행위 p를 할 수 있을 때마다, 상충하는 욕망이나 선호된 전략이 없다면, 그는 행위 p를 할 것이다.”

‘가열된 구리의 팽창’ 혹은 ‘등뼈를 다쳐 등뼈가 휘어지는 현상’에 규칙성을 주장하는 일반화들처럼 이런 일반화도 당연히 규칙성을 갖는다. 이것은 ‘사람들이 왜 그렇게 행동하는지’ 이유에 관한 일상적 추론에 이용될 수 있어 보인다. 여기에서 ‘그 일반화가 정확한지’ 그리고 ‘그것이 개선될 여지가 있는지’는 쟁점이 아니다. 쟁점은 (그 배경 일반화들이 난해함을 감추고 있지 않다면) ‘인간 행동을 일상적 설명으로 잘 그려낼 수 있다’는 주장에 있다. 우리가 어느 정도 현상을 이해하고 설명하는 것이 가능하다는 점에서 통속 심리학은 7장 2절에서 논의된 통속 물리학과 유사하다.

통속 심리학이 갖는 일반화의 그물망(network of generalization)은 극히 풍부하고 복잡하게 나타나며, 개인마다 그 이론적 그물망도 의심할 여지없이 다양하다. 헨리 제임스(Henry James)는 ‘인간이 왜 그러그러하게 행동하는지’에 관하여 사람들이 많은 일반적 믿음을 함께 가지고 있음을 짐작함에도 불구하고, 어니스트 헤밍웨이(Ernest Hemingway)보다 분명 복잡한 심리적 이론을 채용했다. 인간 행동에 대한 상식적 이론에 나타난 일반화를 묘사하는 한 가지 방법은, 암묵적으로 ‘이해된’ 배경 가정들을 들춰내게끔 압력을 가해 행위에 대한 설명을 확장하도록 노력하는 일이다. 이것은 통속 물리학을 설명하는 데 이용된 방법과 유사한데, 예를 들어 많은 사람들은 닉슨의 워터게이트 사건 은폐 기도가 깨졌음을 알 수 있다고 생각했다. 왜 그런가? 다음과 같이 말할 수 있다. 그것이 논의되었을 때 그는 그 방 안에 있었기 때문이다. 이것이 왜 적절한 설명일 수 있는가? 대략적으로 말해서, 만약 어떤 사람 x가 정상적인 청각을 가지고 있고, 다른 사람이 x와 가까운 곳에서 정상적인 음성으로 p를 말한다면, 그리고 x가 그 언어를 안다면, x는 p를 듣기 때문이다. 마찬가지로 우리는 다음과 같은 결론을 내린다. 어떤 사람이 누워 있었다, 왜냐하면 다른 사람에게 발견되었을 테니까(환한 대낮에 정상적인 시각을 가진 사람이 2미터쯤 떨어져서 서 있다면 그럴 것이므로). 또한 어떤 사람이 금고 안에 돈이 들어 있다고 믿었다(그렇지 않았으면 왜 그는 금고 자물통을 애써 부수고 열었겠는가?). 포더(Forder 1981)는 다른 예를 제시했다. "a가 F임을 보는 것이 a가 F임을 믿을 근거가 된다. 즉 p인 진술은 정상적으로 p라는 믿음을 인과*한다. 어떤 사물이 붉다는 믿음은 그 사물이 색을 갖는다고 추론할 정상적인 이유이다."(p.25) (배경 일반화에 관한 더욱 많은 논의를 Paul M. Churchland 1970, 1979에서 볼 수 있다.)

이런 일반화들이 지극히 소탈(단순하고 솔직)하다고 생각하는 사람들은 '통속 심리학이 본질적으로 옳다'고 여기는 반환원주의자 논변을 꼼꼼히 따져볼 필요가 있다. 그런 일반화들은 누구나 아는 것들이지만, 이것이 통속 심리학이 갖는 일반적 특징이며, 그 일반화들이 소탈함을 조금도 함축하지 않는다. 반면에 아무리 통속적이라 하더라도, 이해의 구조로써 통속 심리학은 매우 복잡하다. 더구나 통속 심리학은 과학적 심리학의 출발선이며, 만약 과학적 심리학이 통속 심리학을 수정하고 개선해야만 할 경우, '그(통속 심리학의) 체계가 어떻게 구성되어 있으며, 수정될 수 있을지, 어느 정도까지 수정이 가능할지' 알 필요가 있다.

'우리의 심리적 개념들은 배경 이론의 매듭이며, 인간 행동에 관한 우리의 설명이 그 배경 이론의 체계 내에서 진행된다'는 시각은 주로 셀라스(Sellars 1963)와 파이어아벤트(Feyerabend 1963b, 1963c)에게서 나왔다. 그 통찰은 심리철학에 깊은 영향을 주었다. 그 '이론'은 (인식론과 과학철학 내에 관련된 업적과 함께) 마음에 관한 우리의 상식적 믿음으로써 심적 개념의 본성을 새롭게 이해하게 했고, 일부 당황스런 전통적 문제들을 다룰 수 있게 했으며, 그중 일부는 환원되어야 할 것들이다.15) 이제 이런 시각이 환원에 관한 문제 그리고 심신 문제(mind-body problem)와 관련해서 어떻게 도움이 되는지 논의하기에 앞서, 우선 예비 쟁점부터 다뤄야 할 것 같다.

통속 이론의 기원

셀라스와 파이어아벤트 논제가 제기하는 탐구 방향은 다음과 같다. 사람들이 어떻게 통속 심리학을 얻을 수 있었는가? 그리고 처음에 그것을 어떻게 가지게 되었는가? 우리는 뉴턴 이론이나 분자유전학을 배우는 방식으로 통속 심리학을 배우진 않았으며, 통속 심리학의 일반화를 애써 의도적으로 이용하지도 않는다.

통속 심리학 이론의 어떤 것들은 '우리가 언어를 배울 때' 혹은 '동료들과 함께 지내는 가운데' 무의식적으로 획득될 수 있다. 그중 어떤 것들은 (예를 들어 "나쁜 소식을 전하는 사람은 그 자신이 바로 미움의 대상이 될 수 있다", "사람들은 잘난 체하는 사람을 좋아하지 않는다" 등과 같이) 아마 실제로 옛 속담의 교훈을 분명히 담고 있을 수 있으며, 어떤 것들은 (예를 들어 "바라보는 상대방 눈동자의 크기는 그 사람이 얼마나 친절한지 신뢰에 영향을 미친다" 등과 같이) 더욱 최근 정보를 전달할 수도 있다. 개별적으로 통속 심리학을 갖게 된 '병인'(etiology)은 아마도 통속 물리학과 통속 열역학 등을 알게 된 병인과 상당히 유사할 것이다. 왜냐하면 지금 우리는, 마음-뇌가 통속 심리학과 통속 물리학을 포함한 어떤 통속 이론들의 싹을 선호하고 '양육'하는 본유 성향(innate disposition)을 갖는다고 추측할 뿐이다.

그 이론이 어디에서 왔는지에 대해, **호모 하빌리스**(homo habilis)16)

15) 좀 더 많은 논의를 다음에서 참조. Chihara and Fodor(1965), Dennett (1978b), Paul M. Churchland(1979, 1984), Stich(1983).

16) [역주] 최초의 직립원인으로 믿어지는 약 170만 년 전의 화석 인류. 고대에

뉴턴이 동굴 입구에서 웅크리고 앉아 있는 것을 상상해 보고, 인간 행동을 어떻게 설명해야 할지 골몰하면서, 턱뼈와 딸기주스로부터 통속 심리학의 근본 원리를 밝혀내겠다는 것은 명백히 설득력이 없다. 통속 물리학, 통속 열역학, 그리고 물질에 대한 통속 이론의 시작은 아득한 과거의 안개 속에 가려져 있으며, 턱뼈와 딸기주스 이론은 그 어느 것에 대해서도 그럴듯한 것일 수 없다.

셀라스는 원시 인류가 내적 상태를 공표 발화(overt speech) 형태로 나타냄으로써 통속 심리학을 형성하기 시작했다는, 일종의 '그냥 그렇다'는 식의 이야기를 했다. "토끼가 있다"라고 큰 소리로 말할 때 자신의 내부 상태와 유사한 상태를 남들도 갖는다고 말하는 것이 어떤 점에서 유용하다는 점을 발견하게 되었다는 식이다. 그래서 사람들 각자에게 감춰진 혹은 내적인 발화 상태가 있다고 여겨지며, 각자 **사고**(thought)[17]를 가지고 있다고 생각하게 되었다. 그러나 이런 이야기는 논리적인 면을 강조한 만큼 인류학적으로는 그다지 합리적이지 못하다. 셀라스의 논점은 믿음과 욕망은 **p라는 믿음**이고 **p라는 욕망**이므로, 그런 표현들의 논리 또한 'p'에 대한 발화의 논리와 중요하게 관련되어 있다는 것이다.[18]

통속 심리학, 통속 물리학 및 다른 이론들의 특징을 규명하는 데에 중요한 점은 자의적으로 구성된 그것들의 기원이 아니라, 설명과 예측을 하는 **이론으로서의 역할**에 있다. 이런 맥락에서 통속 심리학과 통

인류의 언어가 어떻게 시작되었으며, 나아가서 인간이 어떻게 심적 상태를 갖게 되었는지, 그저 고대인들의 뼈 조각으로 추정하겠다는 것은 무모하다는 이야기이다.

17) [역주] 전통적으로, 일상적으로, 혹은 철학에 있어서조차, 우리가 말한 문장에 대응하는 어떤 심적 상태가 있다는 믿음이 있었으며, 이것을 '명제'(proposition)라고 한다. 그런 믿음 때문에 심신 이원론자들은 마음의 상태가 신경생리학으로 환원될 수 없다고 생각하게 되었고, 처칠랜드는 이런 잘못된 통속적 믿음이 반환원주의를 지탱한다고 생각한다. 때문에 이를 논박하고 있다.

18) 비언어적 동물들도 유비에 의해 믿음과 열망을 갖는다고 할 수 있다.

속 물리학은 이론으로 불릴 만하다. 비록 '일상적 지식에 관한 기원'과 '어떻게 개인들이 그런 지식을 갖게 되었는지' 만족스럽게 알지 못하더라도, 이에 관한 우리들의 무지는 '위의 정의에서 보면 이론으로 보아야 한다'는 주장을 논박하지 못한다. 왜냐하면 이 주장은 인식론적 상태와 그 지식의 기능에 관한 것이지, 기원과는 상관없기 때문이다.

통속 심리학과 합리성

명제태도(propositional attitude)는 (내용을 규정하는) **명제**에 의존해서 규정되는 심적 상태(mental state)이다. 존스(Jones)가 '매는 쥐를 먹는다'는 믿음을 가질 경우, "매가 쥐를 먹는다"는 명제는 그 믿음의 내용 혹은 믿음의 '대상'을 규정한다. 즉 그 명제의 내용이 그의 믿음이 무엇인지 규정한다. 존스는 매가 쥐를 먹는 것을 **염려할** 수도 있고, 매가 쥐를 잡아먹기를 **희망할** 수도 있으며, 혹은 매가 쥐를 먹을 것을 **기대하거나, 바라거나,** 그런지 **의심할** 수도 있다. 이 모든 각각의 경우에 명제태도의 **내용**을 결정하는 것은 "매가 쥐를 먹는다"는 명제이다. (이에 비하여, '쑤신다', '간지럽다', '가렵다' 등은 명제태도가 아니다.) 우리는 명제태도들 사이의 논리적 관계를 그 내용 문장들 사이의 논리적 관계로 도표화(체계화)시킬 수 있다. '매가 쥐를 먹는다'는 존스의 믿음과 '레너드(Leonard)는 매이다'는 존스의 믿음은 '레너드가 쥐를 먹는다'는 믿음을 **함의**한다.

'행동이 그 행위자의 믿음과 욕망에 비추어 어떻게 합리적일 수 있는지', 그리고 '그 행동을 합리적으로 만들어주는 믿음과 욕망의 내용이 어디에 있는지' 밝힘으로써 인간 행동에 관한 설명이 이루어진다. 예를 들어 스미스는 그의 송아지를 도살해야만 하는 이유를 다음과 같이 말할 수 있다. "사료 값은 오르고 쇠고기 시장은 불경기이다. 이익을 내자면, 지출이 소득을 초과하지 말아야 한다. 따라서 나는 내 송아지를 당장 도살해야만 한다." 그런데 위의 문장에서 "사료 값이 오른다”를 “나는 페르마(Fermat)의 마지막 정리(theorem)를 결코 입증할 수 없다”로 대체해 보라, 그러면 그 송아지를 도살하겠다는 결정은 결코 심적 상태의 내용에 비추어 합리적이지 않은 것이 된다.

핵심은 심적 상태 내용과 의사 결정 내용 사이의 관계에 ‘비추어 합리성’이 있다는 것이며, 일부 철학자들은 물리학, 생물학 그리고 다른 분야의 ‘과학적 설명’으로부터 ‘지향적 행동에 대한 설명’을 **절대적**으로 구분해야 한다고 주장한다. 그 견해에 따르면, 비록 심리학적 설명이 연역 법칙적 패턴을 따르기는 하지만, 중요한 것은 ‘포섭 법칙들’(covering laws), ‘초기 조건들’(initial conditions), ‘피설명항’(explanandum) 사이에 연역적 관계가 성립되지 않는다는 점이다. 즉 설명 역할을 하는 것은 심적 상태 내용들 사이의 관계에 의한 내적 합리성이다.

특히 그 각별한 관계는 “통속 심리학 내의 설명은 인과적 설명이며, 통속 심리학의 일반화들도 인과적 설명이다”는 주장을 반박하는 근거로 인용되어 왔다. 그 반대로 통속 심리학 일반화들은 인과적이지 않으며, 그 일반화들이 갖는 설명 역할의 형태는 유일하게 인과에 ‘대립되는 의미로서’ 합리적이라는 주장이다(그 예로 Dray 1963 참조). 즉 인간 행동을 일으키는 것은 원인이 아니라 ‘이성’이며, 우리는 행동에 대해 적합한 **합리성**(rationale)을 발견하고 이해하는 것이지, **인과적 조건**(causal condition)을 발견하고 이해하는 것이 아니라는 주장이다. 그리고 이런 생각은 종종 반환원주의자들의 논의를 위한 기초가 되어 왔다.

그들이 인간 행동에 대한 설명으로 ‘믿음과 욕망에 관한 진술이 행동에 관한 진술과 합리적 관계로 연결된다’는 것을 본 것은 전적으로 옳다. 단지 잘못은 믿음과 욕망이 행동을 ‘일으키지 않는다’는 추론에 있다. 좀 더 일반적으로 말해서, 사건들을 명시하는 진술문들 사이의 ‘합리적 관계’가 사건들 사이의 ‘인과적(물리적) 연결’과 상관없다거나,

혹은 어느 정도 상반된 것으로 보는 것은 잘못이다. 이것을 연역 논리 프로그램을 수행하는 컴퓨터로 직접 보여줄 수 있으며, 프로그램에서 컴퓨터는 '논리'와 '인과*'에 의해 관련된 상태들로 작동된다. 실제로 프로그램은 정확히 고안되었기 때문에 기계적인 상태들 사이에 어떤 '인과적 관계'가 있다면, 그 상태를 기술하는 진술문들 사이에도 적절한 '논리적 관계'가 있다고 보아야 한다.[19)]

더구나 '태도'(attitudes)의 '내용 혹은 대상'을 규정하는 '추상적 혹은 형식적 관계'가 단지 심리학에만 유일하게 적용되는 속성은 아니다. 아이러니컬하게도 심리적 법칙들과 그 밖의 과학 분야의 법칙들 사이에 상당한 유사점이 있다. 숫자적 태도(numerical attitudes)를 포함한 법칙들이 있으며, 그 태도들 사이에 수학적 관계가 유지된다. 벡터 태도(vectorial attitudes)를 포함한 법칙들이 있으며, 그 태도들 사이에 대수학적 관계가 유지되는 등등이 있다. 일단 그 유사점을 보기만 하면 흥미롭게도 통속 심리학과 다른 과학의 이론들 사이의 유사점을 부정하기보다는 찬성할 듯싶다. 아래를 보라.

숫자적 태도	**명제태도**
x …는 n $_{kg}$ 의 질량을 갖는다	… p 를 믿는다.
…는 n $_{coul}$ 의 전하량을 갖는다.	… p 를 원한다.
…는 n $_{k}$ 의 온도를 갖는다.	… p 를 지각한다.
…는 n $_{j}$ 의 에너지를 갖는다.	… p 를 희망한다.
등등.	등등.

(명제나 숫자 같은) 추상적 대상에 대해 태도를 규정할 수 있듯이, 서로 다른 상태들 사이에 (논리적이며 수학적인) 추상적 관계(합리적

19) [역주] 여기에서 저자는 '물리적 인과관계'와 '논리적 관계'를 엄격히 구분할 필요를 느끼지 않음을 볼 수 있다.

관계)를 법칙(인과적* 관계)으로 규정할 수 있다. 이 장의 첫머리에 언급했던 일반화들을 회상해서 비교해 보라. 다음 예를 살펴보자.

9. 어떤 물체 x가 질량 m을 갖고, x가 힘 f를 얻으면, x는 f / m으로 가속된다.
10. 어떤 가스가 체적 V와 질량 m을 가지며, 압력 P가 주어졌을 때, 매우 높은 압력과 밀도가 아닌 조건이라면, 그 온도는 PV / mR가 된다. (여기서 R은 기체상수이다.)

내가 여기에서 강조하려는 것은, 추상적 대상들 사이의 추상적 관계를 드러내는 일반화에서 특별히 심리적이거나, 신비하거나, 비인과적인 어떤 것도 결코 없다는 점이다. 통속 심리학의 일반화들이 그렇고, 물리학과 화학 내의 일반화들 역시 그렇다. 명제태도 대상들 사이의 관계에 '비추어 합리적'이라고 해서, 심리적 설명이 '비인과적' 설명이라고 단언할 수는 없다(역시 9장을 보라).

끝으로 명제들과 (그것들을 규정하는) 논리적 관계가 인상적으로 강력한 구조를 형성하고 있으며, 통속 심리학이 명제들을 추상적 대상들에 대한 자신의 영역으로 개발하는 한, 통속 심리학은 그 구조의 힘을 물려받는다는 점을 보아야 한다. 다시 말해서 통속 심리학은 '명제들의 논리 체계'에서 나온 바로 그 '체계성'을 **심리학의 부분**으로 계승한다(Foder 1975 참조). 현대논리학의 발달과 그 논리를 수행하는 전자 장비들을 만들어냄에 따라 더욱 호소력을 갖는 이 견해는 마음에 관해 '논리주의' 개념을 탄생시켰다. 그 개념에 의하면, 마음이란 근본적으로 문장을 계산하는 장치이며, 감각 변형기로부터 입력으로 문장들을 받아들여서 그것들에 논리적 조작을 한 후 출력으로 다른 문장들을 내보낸다.

통속 이론과 자기 앎(self-knowledge)

우리 자신과 다른 사람들이 어떤 심리상태를 갖는다는 점에서 '우리가 통속 심리학의 지배를 받는다'는 가설이 유지될 것처럼 보인다. 왜냐하면 **우리 자신**이 심리상태를 갖는다는 점을 (범주 체계와 개념 체계의 중재 없이) 직접 관찰할 수 있어 보이기 때문이다. 다른 사람들이 어떤 믿음을 가지며 지각한다는 사실은 이론과 추론에 의해 '중재되어' 아는 것일 수 있지만, 누구든 **자신의 심적 상태에 대한 앎은 분명히 어떤 간섭도 없이 직접 안다**고 주장해도 될 것 같아 보인다. 자신의 심적 상태를 재인(recognition)[20]하기 위해 어떤 이론이 끼어들 필요가 없다. 적어도 그럴 것 같아 보인다.

그렇지만 직접성에 대한 인상(impression)[21]이 액면 그대로 파악된 것일 수 없다. 우선 첫째로, 외부세계에 대한 지식도 내부(심적) 상태에 대한 지식만큼 직접 알 수 있을 것처럼 보인다. 내가 창밖을 내다볼 때 (나는 의도적인 분류나 추론 혹은 번개처럼 빠른 추론을 알아채지 못하기 때문에) 나무를 직접 보는 것 같으며, 내가 컴퓨터보다 크다는 것도 직접 아는 것 같지만, 나는 단지 '내적 성찰로부터 오는 자료와 관련지어' 나무를 보는 것이다. 이따금 본 것을 혼돈할 경우 조

---

20) [역주] 철학자들은 "우리가 아는 것을 어떻게 알아보는가(recognize)?" 혹은 "어떻게 인식하는가?"란 질문을 던졌다. 예를 들어 플라톤은 "우리가 어떻게 삼각형을 그것으로 알아볼 수 있는가?"란 질문을 했으며, 아리스토텔레스는 "우리가 어떻게 개를 그것으로 알아볼 수 있는가?"와 같은 질문을 했다. 이렇게 'recognition'이란 말은 '인식'이라고 번역될 수 있다. 그렇지만 이 말은 사실 심리학적으로 '이미 알고 있는 것을 알아본다(확인한다)'는 의미를 갖는다. 그렇다면 'recognition'에 대해서 '인식'보다 '재인'이란 말이 더 정확한 사용이다.

21) [역주] 여기에서 '인상'(impression)이란 말은, 일상적으로 "나는 그 사람에 대한 인상이 좋지 않아"라고 말할 경우에 사용되는, '어떤 정서적인 느낌'이란 뜻으로 사용되지 않았다. 흄(David Hume)이 사용한 철학적 용어로 "지각함에 있어 순수한 느낌"이란 의미로 이해하면 된다.

금이라도 추론해야 하며, '내가 진실로 원하는 것'이 무엇인지 알기 위해 혹은 현재 나의 불편한 느낌이 당황스런 것인지, 화난 것인지, 좌절감인지 결정하기 위해 약간이라도 추론해야 한다.

직접성에 대한 순수한 인상과 관련해서, '외부 지각'도 내부 지각만큼 직접적인 것으로 보인다. 그러나 인지에 개념적 구조를 채용한 증거를 내성하지(introspect: 반성적으로 알지) 못한다고 해서 어떤 개념 구조도 채용되지 않았다고 할 수는 없다. 외부세계를 지각할 때 분명히 우리는 직접성에 대한 내성적 인상이 정확하다(옳다)고 확신할 수 없다. '복잡한 정보처리'와 '패턴 재인'(pattern recognition) 그리고 '개념화'는 분명 겉으로 보기에 단순하고 '직접적인' 지각 판단처럼 보인다. 일정한 크기를 지각하는 경우를 생각해 보자. 손가락과 멀리 있는 나무를 비교할 때 시각적으로 손가락이 나무보다 큰 넓이를 차지하지만, 나무의 시각 인상이 엄지손가락의 시각 인상보다 크게 보인다. 지각 판단은 계산하는 시간과 추론하는 시간을 알아채지 못할 만큼 마땅히 '직접적'이다. 그럼에도 불구하고 판단을 가능하게 하는 정보처리는 사실 난해하고 복잡하게 이루어진다.

'직접성'을 거부하기 어려운 이유는 단순히 '직접적'이란 말이 무엇을 의미하는지 알기 어렵다는 점에 있다. 만약 그것이 의미하는 것이 '하부인지과정에 의해 중재되지 않은'이라면 위 논제는 분명 잘못된 것이다. 또 '인지과정에서 중재되지 않은'을 의미한다고 해도 역시 확실히 틀린 논제가 된다. 만약 누가 "행글라이더를 타고 날기를 좋아합니까?"라고 물었을 때 존이 잠시 생각한 후에 "네"라고 대답한다면, 우리는 그 대답을 (알고 있는 신경생물학과 심리학 지식에 근거해서) '고도로 체계적이고 복잡한 연속적인 마음-뇌 작용이 존이 원하는 것을 우리에게 말하도록 한 것'으로 생각할 수 있다.

'심적 상태에 대한 재인이 (다소 순수한 관찰이며) 인지적 해석에서 자유롭다'는 직관(생각)은 앞서 논리적 경험주의자들의 주장을 무너뜨린 논의와 같은 입장에 놓인다. 그 결론은 '결코 독립적 관찰 언어는 없다'는 것이었다(6장 4절을 참조). 즉 모든 관찰 어휘들은 개념 체계 내에 묶이며, 따라서 다른 관찰 어휘나 이론 어휘들과 상호 관련된다. 모든 관찰 어휘들은 적어도 그것들을 담고 있는 일반화들로부터 의미가 주어진다(Hesse 1970, Paul M. Churchland 1979). 내적 상태를 재인하는 데에 이용된 관찰 술어들도 외부세계를 기술하는 데 쓰인 관찰 술어들처럼 이론과 상호 관련되어 있다. 심적 술어들을 사용하는 방식을 배우는 것은 단적으로 옳은 적용 조건들을 규정하는 적절한 일반화들을 배우는 것을 포함한다.

'개'라는 말을 배우는 것이 개들에 관한 일반화를 배우는 것을 포함하는 것처럼, '고통'(pain)이란 말을 배우는 것은 '굶기', '망치로 엄지 손가락을 내려 침', '눈덩이를 맨손으로 오랫동안 들고 있음', '머리끄덩이가 당겨짐', '너무 많은 사탕을 먹었음', '벤 상처' 등등이 모두 고통을 준다는 일반화를 배우는 것을 포함한다. '염려스럽다', 'p를 원하다', '실망스럽다', 'a를 좋아하다', 'p를 믿는다'와 같은 (명제태도를 나타내는) 표현들도 마찬가지이다. 그 (말을 적용하는) 일반화들은 (직조된 것으로) 통속 심리학의 일반화가 **참**임을 보여줄 수 없으며, 단지 통속 심리학의 **일반화이다**는 것을 말해 줄 뿐이며, 그런 일반화들 덕분에 내재된(우리가 이미 알고 있는) 범주들이 암묵적으로 정의된다. 그런 일반화들이 참인지 아니면 크게 잘못 인식된 것인지, 혹은 크게 수정되어야 할 것인지 아니면 약간만 고쳐도 될 것인지는 별개의 문제이다.

적용 조건들이 실제로는 매우 다양하고 느낀 감각들마다 매우 다름에도 불구하고 그것들을 '고통'이라고 부른다는 사실 역시 주시하자(Churchland and Churchland 1981). 그런 학습을 가능하게 하는 어떤 내적 메커니즘이 아마 있겠지만, 심적 상태에 대한 재인에는 분명히 이미 학습된 어떤 요소들도 있다. 내부 상태들에 대한 재인은 단지

(외적이 아닌) 내적으로 가리켜지는 일종의 지각이며, 그런 (심적 상태를 재인하는 데 적용된) 관찰 술어들이라고 특별한 지위를 누릴 수 없다. 더구나, 예를 들어 "지적 만족감을 느낀다"는 술어처럼, 삶의 한 경지에서 깊은 추론에 의해 적용된 술어 같은 것들도 점차 일상적으로 사용되고, 그래서 그 규칙에 대한 적용을 배우지 않고도 사용되기에 이를 것이다.

전통적으로 그러한 내성적 이해를 가정하게 된 이유는, 지식 구조의 기초를 찾겠다는 인식론적 열광주의로부터 나온 것으로, '자신이 갖는 심적 상태에 대한 재인이 틀릴 수 없다'는 가정에 근거한다. 반면에 '외부세계를 지각하거나 심적 상태를 다른 것들로 귀속시키려 하는 데에는 오류가 있을 수 있다'는 것은 상식적으로 인정되어 왔다. 이제 만약 "내감(inner sense)은 실제로 잘못을 범하지 않는다"는 말을 참으로 가정한다고 하더라도, 그 말이 '어떠한 이론(범주 체계)도 채용되지 않았다'는 것이 추론되지 않음을 주목해야 한다. 그(내감의) 놀라운 정확성은 참인 이론들을 내적 지각에 정확하게 적용하기 때문이다. 그러나 전통적인 견해는 그 이상을 요구했고, 그래서 누구도 **틀릴 수 없다**고 (단지 운이 좋아서가 아니라 지속적으로 오류를 범하지 않는다고) 주장해 왔다. 만약 우리가 틀릴 수 없다면 그것은 직접성에 대한 증거가 된다고 생각되었다.

그러나 문제는 우리가 틀릴 수 있으며, 실제로 자주 틀린다는 점이다. 종종 우리 행동은 명백히 거부하고 싶은 욕망이나 명백히 부인하고 싶은 믿음에 의해서 일어날 수도 있다. 우리는 정신병에 걸리지 않았는데도 이따금 선택과 판단의 원인을 잘못 알고, 우리 행동에 의한 영향을 잘못 지적할 수도 있다(Nisbett and Ross 1980, Gazzaniga and LeDoux 1978). 극도로 차가운 감각을 열의 감각으로 착각할 수 있으며, 꿈속의 고통이 (깨어난 후) 실제 고통이 아니었음을 아는 경우도 있다. 그리고 일반적으로 결과에 대한 기대에 의해서 심적 상태를 잘못 지각할 수도 있다(Paul M. Churchland 1985).

비록 우리가 내적 상태를 '범주 체계에 제한된' 믿음이나 열망으로 이해한다고 하더라도, 그리고 심지어 범주 체계의 적용에서 잘못될 수 있음을 동의한다고 하더라도, **앎 그 자체는 직접적으로 이해된 것**이라고 가정될 수 있으며, 그래서 여전히 **범주 체계의 도움 없이 이해한다**고 가정될 수 있다. 더구나 앎의 절대적 기초에 열광하는 자들은 그들이 원하는 것을 발견해 낼 수도 있다. 왜냐하면 우리는 이미 안 것을 잘못 알 리 없을 것이기 때문이다. 이것이 바로 우리 정신생활에서 직접 완벽하게 인식하는 어떤 영역이 있음을 제안하는 데카르트 식의 허풍이라고 하겠다.

데카르트 주장과 그 주장이 '자아'와 '자기 지식'과 관련하여 함축하는 의미에 대해 오랫동안 상당한 논란이 있었다. 세계에 대한 거의 모든 자신의 믿음이 의심될 수 있음을 보고, 데카르트는 이성적으로도 도저히 의심할 수 없는 경우를 발견했다. 그의 말을 옮긴다면, "내가 생각한다(내가 의식한다)는 것을 나는 이성적으로 의심할 수 없다." 따라서 "나는 생각한다, 고로 존재한다."(Cogito ergo sum) 이 장의 논제는 하나의 이론적 구조 내에서 자신의 심적 상태와 다른 사람의 심적 상태를 이해할 수 있는지의 문제이다. 이 논제에서 중요한 것은 데카르트주의자들이 '우리 내부에서 일어나고 있는 것은 직접적으로 우리에게 나타난다'는 것을 보여주는 데 실패한다는 점이다. 그들은 자신이 갖는 심적 상태에 어떤 범주 체계나 이론이 적용되지 않음을 보여주지 못한다.

그 이유를 살펴보자. 첫째, (반복되는 이야기이지만) 앎이란 신경생물학적으로 무엇이든 뇌의 작용과 활동의 결과이다. 이 점은 명백하다.[22] 둘째, 만약 뇌의 활동에 인지적 범주 체계가 어떤 역할을 한다

---

22) 이것은 이원론자가 아닌 한에서 논란의 여지가 없다. 이 문제는 8장에서 다루어질 것이다.

면, 그 사실은 내 의도와 부합한다. '인지적'(cognitive)이란 말을 **적절하게** 이해해 볼 때, '자신이 의식하고 있음'을 아는 것은 '의식'(awareness)이란 개념을 인지적으로 이용하는 셈이다. 이것도 명백히 논란의 여지가 전혀 없다.[23] 셋째, 관련된 이론체계와 구조가 개념 적용을 아주 잘해서, "뇌가 '내가 안다'는 (내용의) 상태에 있을 때에는 자신이 안다는 것이 언제나 참이다"는 주장은 데카르트 논지와 부합한다. 그러나 이것은 단지 뇌가 작용하는 방식 중에 하나의 우연적 사실일 뿐, 선험적 철학으로부터 도출되는 필연적 사실은 아니다.

반면, 우리 모두가 인정할 수 있는 사실로, (예를 들어 뇌가 혼수상태에 있을 경우처럼) '자신이 의식하고 있다'는 것이 거짓이면서, 뇌가 '나는 안다'라는 내용의 상태에 있을 수 있다. 그런 경우는 갑작스럽고 극심한 정신 충격에 대한 뇌의 축적된 반응일 것이다. 나는 그런 일이 일어나지 않거나 일어날 수 없다고 확신할 수 없다. 그저 편안한 사변적 직관은 (아마도 다른 어느 경우처럼) 경험적 사실의 본성에 대해 얼마든지 오해할 수 있다. 그 편안한 직관에 따르면, '만약 어느 사람이 장님이라면 그는 자신이 장님임을 인식하지 못할 수 없으며, 만약 누가 세계에 관한 정확한 지각판단을 할 줄 안다면 그는 틀림없이 지각적으로 안다'고 가정하는 것이 당연할 듯싶다. 그럼에도 우리가 (5장 6절에서) 살펴본 바와 같이 그 가정은 신경생리학적 자료가 주어지면 틀릴 수 있다. 그 편안한 가설은, 뒤에 감춰두어 접근할 수 없는 '이성'의 진리만 떠들지 말고, 세계로부터 나온 증거에 마음을 열어야 한다.

이쯤에서 이 논의를 중단하려는 깊은 이유가 있는데, 그것은 '앎'의

23) '적절한 이해'란 말로 내가 의도하는 바는 '우리는 인지활동을 언어적으로 중재된 활동에 국한하지 않는다'는 점이다(9장과 10장 참조). 만약 누가 아는 것을 안다는 것은 '앎'이나 '의식함'과 같이 언어적으로 구속된 술어들을 포함한다는 것은 논란의 여지가 없다.

의미를 제공하는 통속 이론이 상급 이론(superior theory)으로 대체될 가능성이 있기 때문이다. 따라서 '추진력'과 같은 것이 결코 없듯이, '앎'과 같은 것도 결코 없다고 밝혀질 수 있다. 이 말은 '앎'이 기상천외하다는 뜻이 아니다. 마치 '추진력'이란 개념을 채용함으로써 발판을 확보하고 그 덕분에 세계 안에 무엇이 있을 수 있고 움직이는 것도 있었듯이, 우리가 현재 '앎'이란 개념을 채용하여 발판을 확보함으로써, 어떤 감시 메커니즘 혹은 마음-뇌 안에 작동하는 '무엇'이 있을 수 있음을 알게 되는 것이다. 우리가 앎을 잘못 알고 있을 수도 있고, 통속 심리학은 정신 작용에 대한 혼란스러운 이론이라서, 새롭고 좋은 이론이 더 만족스러운 설명을 줄지도 모른다. 그것(앎)이 무엇일까? 글쎄, 우리가 현재 '앎'이라 규정하는 것이 무엇이든 간에, 어쩌면 틀릴지도 모르며, 미래에 나올 이론은 아주 다른 방식으로 규정할지도 모른다.

요약하자면, 내성적 능력은 정신 활동을 이해하는 '이론'에 대한 상식적 이론과 무관하지 않다. 자신의 심적 상태에 대한 자신의 이해는 개념 체계를 이용한 인지적 과정이다. 인지적 과정의 본성, 그 가소성의 정도, 그리고 인지적 과정에서의 표상의 본성과 역할은 인지신경생물학(cognitive neurobiology)에 의해 경험적으로 밝혀질 것이다. 더구나 개념적 혹은 이론적 체계에 대한 이해는 아직 개략적인 수준에 불과하며, 그 자체는 인지신경생물학에 의해 수정되고, 확장되거나, 마침내 대체될 수도 있다. 나는 그(정신 활동을 이해하는) '이론'에 대한 (상식적) 이론이, 인식론적 제한으로부터 그리고 심리철학의 제한으로부터, 우리 자신을 벗어나게 할 (단지) 잠정적 이해라고 생각한다. 신경과학과 과학적 심리학이 선별적으로 정보처리의 본성에 대해 더 많은 이해를 주게 되면, 우리가 '이론화한다는 것이 무엇인지' 이해하게 될 것이며, 따라서 우리의 미숙한 이해도 성숙될 것이다. 궁극적으로 노이라트(Neurath)가 암시하는 바를 다시 회상하자면, 우리가 탄 배의 갑판 그 자체가 변모할 것이다. 이 말은 '이론'에 대한 이론에 철학적 결함이 있음을 의미하지 않는다. 단지 '뇌가 이론을 만든다는 것이 무엇인지'에 대해 결코 많이 알지 못함을 솔직히 시인할 뿐이다.

통속 심리학과 비물리적 마음

끝으로, 심적 술어들의 '이론'에 대한 이론에 반대하여, '만약 심적 상태가 비물리적 마음 상태라면, 이것에 대한 접근(인식)은 분명 이론에 중재되지 않은 직접적인 것이다'는 논증이 있을 수 있다. 그러나 간단히 말해서 그 논증은 틀린 결론을 내리고 있다. 비록 마음이 틀림없이 비물리적이라고 하더라도, 그 상태와 과정에 대한 인식은 이론을 통해서 가능하며, 그 속에는 수많은 무의식적 심적 추론과 과정 그리고 무수히 많은 무의식적 믿음과 욕망들이 포함되어 있을 것이다. 더구나 비물리적인 마음이 '실수'를 하거나 '거짓 이론들'을 가질 수 있으며, 그 거짓 이론은 자신의 마음 상태에 관한 것이며 그 마음 상태들이 어떻게 상호 작용하는지에 관한 것일 수 있다. 비물리적이라는 그 자체가 결코 직접성이란 특권을 함축하지 않는다. "마음이 어떤 종류의 실체인가?"라는 존재론적 질문과 "마음이 어떻게 자신을 아는가?"라는 인식론적 질문은 구별되어야 한다.

4. 결 론

이론간 환원은 기본적으로 이론들 사이의 관계이다. 한 이론 T_1을 다른 이론 T_2로부터 끌어낼 수 있다면, T_1은 T_2로 환원된다고 말할 수 있다. 다시 말해서 한 현상 P_1을 규정하는 이론이 다른 현상 P_2를 규정하는 이론으로 환원될 수 있다면, "P_1은 P_2로 환원된다"고 말해진다. 과학에서의 환원이 복잡하지 않은 교차 이론적 동일성을 갖는 순조로운 환원일 경우는 드물다. 환원되는 과학은 불완전하여 덜커덩거리기 때문에, 환원되는 과학으로의 다양한 수정이 불가피하다. 간혹 불가피하게 대단히 혹독한 개정이 이루어질 경우, 그 후보 이론은 완전히 교체되었다고 보는 편이 나을 것이다.

따라서 신경과학자들은 지금의 탐구 단계에서 미래 통속 심리학 일반화가 환원될 세부 사항까지 억지로 상상하지 말아야 하며, '신경생물학적 상태'와 **통속 심리학 내에서 규정된** '심리적 상태'를 동일시하려 들지 말아야 한다. 앞으로 동일성을 얻게 될 수도 있지만, 그렇지 못할 수도 있기 때문이다. 그럴지 어떨지는 **경험적** 문제이지 **선험적** 문제는 아니다. 주목해야 할 것으로, (환원되는 이론에서의 속성을) 보존할 의도가 없는 환원에 동일성이 꼭 필요하지 않다. 따라서 통속 심리학을 수정하거나 교체할 어떤 이유도 찾을 수 없다고 신경과학자들이 미리 말하지 않는 한, 그런 동일성들을 밝히려는 연구계획을 세우지 말아야 한다.

'심리학 이론이 궁극적으로 신경생물학 이론으로 설명된다'는 마음-뇌 통합이론을 시사하는 환원주의자 계획에 대한 반박은 다음 두 요소로부터 나온다. (1) '과학적 심리학 내의 일부 일반화들은 환원을 거부하는 본성을 갖는다'는 확신과, (2) '통속 심리학이 실질적으로 옳으며, 본질적으로 신경생물학으로 환원될 수 없다'는 확신이다. 과학적 심리학 내의 일반화들, 대표적으로 인지심리학과 사회심리학 내의 일반화들이 문제점을 안고 있다. 그리고 그것들은 '믿음'과 '추론' 혹은 일반적으로 '명제 표현'들을 언급한다. 이런 (문제점을 안고 있는) 일반화들이 통속 심리학에서 나온 표상 이론에 의존하고 있는 한, 위 두 형태의 반론은 공통적 요소를 지니고 있다.

비록 통속 심리학이 아주 친밀하고 명백해 보이며, 통속 심리학의 범주들이 관찰에 적용된다고 하더라도, 통속 심리학은 이론체계임이 분명하며, 따라서 그 체계의 타당성이 의문시되고 평가될 수 있다. 지나치게 분명해 보인다고 해서, 명백하게 적용될 수 있다고 해서, 내성적으로 적용될 수 있다고 해서, 심지어는 내재적이라고 해서 통속 심리학의 타당성이 보장될 수는 없다. 만약 우리가 통속 심리학이 인식론적 특권을 가지고 있지 않다는 점을 본다면, 그리고 그것이 수정되고 개정될 수 있음을 인정한다면, 그 일반화와 범주들이 올바르게 수정되고 보완될 수 있다는 점 또한 알게 될 것이다. 진정 과학적 심리학 내의 기본 주장들은 개정될 수 있으며 심지어 대체될 수도 있다.

일단 통속 심리학이 과학적 개선에서 면제되지 않는다는 점을 인식한다면, 다음과 같은 가능성 또한 볼 수 있을 것이다. 신경과학으로 환원되어야 할 것은 (현존하는 통속 심리학의 '진리'로부터 한참 진화될) '과학적 심리학의 일반화들'이다. 더구나, 8장과 9장에서 논의하게 될 것이지만, 그런 일반화들은 신경생물학과 더불어 오랜 기간 진화되어 나타날 것이다. 그 진화될 과학적 심리학 이론들이 종국에는 환원될 것이며, 결국은 통속 심리학과 근본적으로 다른 모습, 즉 그 범주의 윤곽조차 다른 모습이 될 것이다. 다시 말해서 환원을 위해 충분히 숙성된 그 심리학적 일반화들은 아마 통속 심리학에서의 현재 일반화들에 비해 상대적으로 더 풍부하면서도 본질적으로 수정될 것이다. 만약 그것이 심리학과 신경과학의 공진화에 의해서 설정된 방향이라면, 미래의 과학 역사가들은 통속 심리학이 신경생물학으로 자연스럽게 환원되었다기보다는 크게 교체되었다고 생각하게 될 것이다.

나는 위와 같이 통속 심리학의 운명이 결정될 것임을 강조하려는 것은 아니며, 단지 '통속 심리학이 통속 물리학보다 인식론적 특권을 누리지 못하며,' '통속 심리학의 범주체계가 통속 물리학의 범주체계보다 더 신성시되거나 더 선험적 헌신을 하지 않는다'는 점을 일단 인정하기만 하면, 우리는 통속 심리학의 명백함과 신성함에 호소함으로써 우리를 유혹하는 거창한 논의로부터 빠져 나올 수 있음을 환기시키려는 것뿐이다.

이제 나는 (앞서 언급한) '환원주의 계획에 반대하는 두 줄기의 주장이 통속 심리학에 대해서 환원될 수 없고 옳은 무엇을 보여줄 수 있을지' 결정해야겠다. 그들의 논증은 환원 불가능성을 방어하기에 충분하지 않다. 왜냐하면 한 이론이 환원 불가능하다면 그 이론이 근본적으로 잘못되어 전폭적으로 교체될 경우뿐이기 때문이다. '통속 심리학은 그 경험적 정당성에 대해 평가될 수 있으며, 그래서 그 정당성이 빈약할 경우 경험적 탐구에 의해 개선될 수 있다'는 것이 이 장에서 밝혀졌다고 가정하면, 범주가 관찰에 적용될 수 있고 명백해 보인다고 해서 그것만으로 환원 불가능성을 방어하기에는 역시 충분하지 않다. 그런 만큼 통속 심리학 이론이 불충분하고 틀렸을 가능성이 열려 있다. 게다가 위 (두 확신에서 나온) 논의의 주장들은 '통속 심리학의 일반화들과 범주들이 올바르다'는 가정에 도움이 되지도 못한다. 8장에서는 '주관적 경험의 본성'에 관련된 논의가 초점이 될 것이며, 9장에서는 '표상의 본성 이론'에 기초한 논의를 검토하고 평가할 것이다.

참고도서

Churchland, Paul M. (1979). *Scientific realism and the plasticity of mind.* Cambridge: Cambridge University Press.

Feyerabend, Paul K. (1981). *Philosophical papers*. Vols. 1 and 2. Cambridge: Cambridge University Press.

Hooker, C. A. (1981). Towards a general theory of reduction. Part I: Historical and scientific setting. Part II: Identity in reduction. Part III: Cross-categorial reduction. *Dialogue* 20:38～59, 201～236, 496～529.

Kuhn, Thomas S. (1962). *The structure of scientific revolutions*. 2nd ed. (1970). Chicago: University of Chicago Press.

Wimsatt, William (1976). Reductive explanation: a functional account. In *PSA* 1974 (Proceedings of the Philosophy of Science Association), ed. R. S. Cohen, C. A. Hooker, A. C. Michalos, and J. W. van Evra, 671～710. Dordrecht, Holland: D. Reidel.

8 장
심리상태는 신경생물학적 상태로 환원될 수 없는가?

우리는 모든 차원에서 자신의 내성에 의해 현혹된다.
크릭(F. H. C. Crick, 1979)

1. 서 론

"마음-뇌가 어떻게 작용하는지 설명해 줄 어떤 통합이론도 고안되지 못할 것이며, 적어도 일부 심리 현상만은 영원히 신경과학에 의해 환원될 수 없다"고 결론 내리는 학자들이 '심리학', '신경과학', '철학' 등 여러 분야에 걸쳐 있다. 7장에서 보여준 환원에 대한 해명에도 불구하고, 그들은 다음과 같은 의견을 여전히 주장할 것이다. 뇌 연구를 통해서 많은 것들을 설명할 수 있겠지만, 우리가 어떻게 배우고, 기억하고, 말하고, 문제를 해결하는지 등등에 관해 납득할 만한 설명을 하지 못할 것이다. 어떤 획기적인 발견이 이루어진다고 하더라도, '주관적 경험', '의식', '추론', '시각적 환영'과 같은 것들은 신경과학이 설명할 수 있는 영역이 아니다. 환원 가능성을 부정하는 여러 논증들을 하나로 묶기는 거의 불가능하며, 환원이 왜 불가능하다는 것인지 회의론을 집약하는 일 또한 쉽지 않지만, 다음과 같이 한 마디로 말할 수는 있다. 그 논증들 중 일부는 극도로 혼동된 것들이며, 나머지는 '신봉하고 있는 직관을 선호한다'는 표현에 불과한 논증들이다.

그런 회의론이 옳은지 밝히기 위해 나는 이 장과 다음 장에서 특히 선동적이며 도전적인 논증들을 검토하겠다. 우선 매우 일반적인 두 종류의 논증을 구별할 필요가 있다. 첫째 유형은 내가 '쩔쩔매는 회의론자'(boggled skeptics)라고 부르는 자들로부터 나왔다. 그 주장에 따르면, 너무 많은 신경세포와 그 세포들의 결합으로 구성되어 끔찍스러울 정도로 복잡하기 때문에 뇌를 이해하겠다는 것은 희망에 불과하다고 한다. 쩔쩔매는 회의적 비관의 논거는 십중팔구 다음과 같다. 인간 뇌는 자신의 똑똑함에 비해 훨씬 복잡하므로 신경과학에 의해서 '뇌가 어떻게 작동하는지' 신비를 풀어낼 기대를 가질 수 없다는 것이다. 두 번째 유형은 원리적으로 이유를 찾으려는 자들에게서 나왔다. 말하자면 '주관적 경험의 본성'에 관계해서 그리고 '일부 심리상태들은 의미와 의도를 가지고 있다'는 사실로부터 회의적 구실을 끌어낸다. 이런 유형의 논증을 제시하는 사람들을 나는 '원리적 회의론자'(principled skeptics)라고 부르겠다. (Patricia S. Churchland 1980a 참조.)

쩔쩔매는 회의론자들의 예측이 옳을 수도 있다. 그렇지만 그들이 내세우는 것은 단지 예상에 불과하다는 점을 주목해야 하며, 그들은 경험적 세계의 본성에 관심을 가지고 있으며, 경험적 사실의 문제인 우리의 뇌가 어떤 경험적 현상들을 설명하기에 충분한 이론을 발명할 만큼 똑똑한지 관심 갖는다는 점도 주목해야 한다. 다시 말해서 쩔쩔매는 회의론자가 옳은지는 경험적으로 결정될 문제이다. 그런 한 적어도 그들은 비관적인 예측을 정당화할 어떤 경험적 증거를 가지고 있지 않다. 우리가 지금 말할 수 있는 것은 인간의 뇌가 그 복잡함보다도 더 똑똑해 보인다는 점이다.

신경과학이 어렵다고 해서 불가능하다는 것은 아니며, 무지(無知: 알지 못한다)를 가지고 '알 수 없다'[1])고 논증하는 것은 성급하다. 과학과 기술은 '알 수 없는 것'과 '알려지지 않은 것'에 관해 흔히 혼동된 예언을 해왔다. 특정 기술과 이론을 가진 연구원이 해결할 수 없었던 문제가 다른 기술과 이론을 가진 연구원에 의해 해결될 수 있었다. 쩔쩔매는 회의론자가 '신경과학이 그 분야에서 아직 해결하지 못한 문제를 끝내 해결할 수 없다'고 장담할 수 있는가? 지난 20여 년 동안 뇌를 탐구하는 개선된 기술 방법은 이전의 연구원들이 깜짝 놀랄 만한 탐구 성과들을 이루어냈다. 따라서 앞으로 나올 새로운 기술이 무엇을 보여주고 무엇을 발견해 낼지 예측할 수 없으며, 이런 점에서 신경과학의 진보도 다른 과학에서처럼 예측 불가능하다. 따라서 쩔쩔매는 회의론자가 보류한 실천적 함축(불가능하다는 주장)을 신경과학이 제거한다면(가능함을 보여준다면), 그들의 논증은 틀린 것이 될 것이다. 비록 통과할 수 없는 벽이 가로막고 있더라도, 신경과학이 갈 수 있는 한에서 마음대로 나아갈 수 있다. 쩔쩔매는 회의론자에 대해 나는 더 이상 직접적인 논의를 하고 싶지 않은데, 이 책 전체가 그 염세적 예측을 재고하도록 간접적으로 시사하기 때문이다.

내가 **원리적 회의론자**로 함께 분류한 논증들은 실제로 아주 다양하지만, 대략 두 상반된 입장으로 집약할 수 있다. 첫째는 '물리적인 어느 것으로도 환원될 수 없는 심적 차원이 분명히 존재한다'는 견해로부터 나온 것들이다. 이 견해는 다시 두 입장으로 나뉘는데, 우선 그 심적 차원의 존재가 실제로 비물리적 '마음'이나 '영혼' 같은 독립된 **심적 실체**(mind-substance)라는 '실체 이원론'(substance dualism)과, 그 존재가 '물리적 뇌의 비물리적' **속성**이라는 '속성 이원론'(property dualism)이다. 그 기본 논제는 다양하게 논의될 수 있겠지만 대부분 참담할 정도로 혼동된 것들이며, 그런 논증들이 나오게 된 주된 동기는 심적 생활의 두 국면, 즉 '사고', '추론', '이해' 등에 대한 '주관적 경험'과 '논리적 본성'에 관련되어 있다. 실체 이원론과 속성 이원론이

1) [역주] 논리학 교과서에서는 이것을 '무지에 의한 논증의 오류'라고 한다.

가장 대표적인 것들은 아니라고 할지라도 가장 잘 알려진 반환원주의자들의 입장이며, 분명히 환원주의에 대한 회의적 입장으로서 가장 평범한 입장이기도 하다. 가장 그럴듯해 보이는 이 두 형태의 이원론들이 이 장에서 논의의 초점이다.

환원주의에 대한 원리적 회의론을 지지하는 두 번째 패턴의 논증들은 조금 다른 기반을 갖는다. 그 발원지는 '심리학 일반화들은 신경과학 일반화들에 비해 **창발적**(emergent)이며, 심리상태와 과정은 신경과학에 대해 **독립적** 연구 영역을 갖는다'는 가설이다. 그런데 이 입장은 이원론을 거부하며, '의식'과 '주관적 경험'에 관련한 문제를 단호히 버린다. 명백히 이 입장은 이원론을 거부함에도 불구하고 이원론을 취하고 있는 셈이다. 그 지배적인 동기는 '추론'과 '이해' 그리고 '문제해결' 등을 해결하는 논리적 본성에 초점을 맞추고 있다. 이 견해의 주창자는 논리적 경험주의자의 고무에 힘입어 '인지'를 현대 논리학의 문장-논리적 구조에 맞춰 연구한다. '표상'은 어느 정도 '문장' 같은 것이며, '계산'은 다소 '논리' 같은 것이라고. 그렇게 **논리적** 작용으로 설명되는 인지는 신경 구조에 근거한 **인과적** 작용으로 설명될 수 없다는 것이다.2) 따라서 심리학의 일반화들은 창발적이며, 독립적으로 탐구되어야 한다는 주장이다. 이 두 번째 견해는 반환원주의적 감상에

2) [역주] 대부분 심리철학자들은 '마음의 작용'과 '물리적 작용'을 구분한다. 물리적 작용에 인과성(causality), 즉 필연적 관계가 있다(즉 물리 법칙들은 엄밀성을 갖는다)고 생각하며, 반면에 우리 마음의 작용은 그렇지 않다고 한다(엄밀한 법칙을 말할 수 없어 보인다). 또한 다른 관점에서 마음의 작용은 논리적 관계를 가지며, 물리적 작용은 인과적 관계를 갖는 것으로 보기도 한다. 그런데 전통적으로 논리적 지식은 필연성을 가지며, 경험적 지식은 우연적 특성을 갖는다고 생각해 왔다. 그렇다면 그 주장들을 다시 정리해 보자. 사고 작용은 인과성이 없는, 즉 필연성을 갖지 못하지만, 논리적이라는 점에서 필연성을 갖는다. 물리적 작용은 인과성을 갖는다는 점에서 필연성을 갖지만, 경험적 지식이 우연적이란 점에서 필연성이 없다. 역자는 서양철학자들의 이런 혼란스러움을 어떻게 정리해야 할지 모르겠다.

젖어 있는 대부분의 현대 철학자들과 심리학자들로부터 공감을 얻고 있다. 그런 지지를 얻는 논변들은 넓게 보아 사실상 **기능주의자**(functionalist)로 파악되며, 9장에서 자세히 논의될 것이다.

2. 실체 이원론

심리학 이론을 신경과학으로 환원하려는 프로그램에 저항하는 하나의 노선은 마음이 뇌와 동일하지 않은 비물리적 실체라고 생각하는 사람들에게서 나온 것이다. 그들은 '지각', '사고', '느낌' 등등의 심리상태들이 모두 뇌와 다른 실체의 상태라고 가정한다. 물론 그 실체는 신체가 온전할 경우 뇌와 인과적으로 상호 작용한다고 생각되지만, 신체와 독립적인 것으로 규정되는 만큼 뇌가 사라진 후에도 존속한다.

그런 가정에서 보면, 심리학 이론을 신경과학 이론으로 환원시키려는 생각이 너무 성급한 것 같다. 왜냐하면 심리학 이론은 심적 실체(mind-substance)의 상태와 과정에 대한 이론이지만, 신경과학 이론은 물질적 실체(material substance)의 상태와 과정에 대한 이론이기 때문이다. 그 실체들은 제각기 다른 법칙과 속성을 갖기 때문에, 뇌에 대한 탐구를 통해서 '마음'과 '마음의 활동'에 대한 지식을 얻을 수 없으며, 마음에 대한 탐구 역시 뇌가 어떻게 작동하는지 어떤 정보도 제시하지 못한다.

마음이 '믿음', '욕망', '감각'과 같은 심리상태들을 담고 있는 비물리적 실체라는 가정에 대한 증거는 무엇일까? 데카르트는 추론과 언어에 대한 인간의 능력에 특별히 감동했으며, (비록 그가 기계론자일지라도) 기계 장치가 추론 규칙을 따르고 창조적으로 언어를 사용할 수 있게 고안될 수 있다고는 상상할 수 없었다. 그렇다면 어느 기계장치가 데카르트의 상상을 고무시켰던 패러다임인가? 시계나 분수대와 같은 기계장치였다. 우리 기준에서 보면, 17세기의 가장 정교한 시계 장치라도 (사실 좀 복잡하긴 하지만) 크루즈 미사일의 항로를 안내하거나 화성 상공에 떠 있는 우주선의 활동을 통제하는 일을 수행하는 현대 부호조작기계인 컴퓨터와 비교될 수 없다. 현대 컴퓨터의 출현으로 "추론이 비물리적 실체를 나타낸다"는 데카르트 주장의 상당 부분이 사라졌다(Dennett 1978b, 1986). 그럼에도 불구하고 (우리가 앞으로 9장에서 검토하겠지만) '추론', '추론에 사용된 문장들의 **의미 있음**', '추론에 이용된 문장들 사이의 **논리적** 관계' 등등이 물리주의자 어휘로 설명될 수 없다는 논제는 현대 철학자들에 의해 환원주의를 반대하는 근거로 채택된다. 그런 현대적 논증이 겉으로 보기에 새롭고 영리해 보이지만, 그 동기적 직관은 데카르트주의와 다를 바 없다.

실체 이원론자들 앞에 놓인 까다로운 난제는 근본적으로 다른 두 종류의 실체들 사이에 일어나는 상호 작용의 본성과 관련된다. 영혼 같은 것은 물질적 속성을 전혀 지니지 못하여 공간적으로 연장될 수 없으며, 따라서 '두 실체가 어느 곳에서 어떻게 상호 작용하는지'와 관련된 질문이 나온다. 그 질문이 데카르트를 가로막았을 때, 그의 불충분한 대답은 '영혼'(animal spirits)이 두 종류의 실체들 사이를 중재하며, 그 미묘한 상호 작용이 송과선(pineal gland)에서 일어난다는 것이었다. 그러나 그가 말하는 생기는 아무리 미세하더라도 물질적인 것이며, 따라서 문제는 여전히 남는다. 이를테면 마음이 전자나 자기장에 영향 받을 수 있는가? 데카르트에게는 명백히 그렇지 않았다. 왜냐하면 만약 그렇다고 한다면 정신은 물질과 공통 속성을 갖는 셈이 되며, 근본적으로 물질과 다른 실체인 정신은 그 자격을 상실할 위기에 몰리기 때문이다.

전통적인 입장에 따르면, 본질적으로 다른 두 종류의 항목이 마음과 뇌가 상호 작용하는 곳(그곳이 어디이든)에서 교환되는데, 이것은 감성(sensation)과 의지(volition)이다. 뇌는 감성을 마음으로 보내 지각할 수 있게 한다고 생각되었다. 반면에 마음은 의지를 뇌로 보내고, 그러면 뇌는 그 의지를 운동 효과로 전환한다고 생각되었다. '추론', '의식', '도덕감', '정서' 등등을 포함한 마음의 상위기능들은 뇌와 독립된 기능이며, 지각은 그런 기능에 참여하는 범위에서 제외된다고 생각되었다. 지각은 어느 정도 감각에 의존하므로, (마음의 상위기능에서) 제외되었다. 그 상위 심적 작용이 뇌의 물리적 작용과 독립적이라는 생각은 사실상 실체 이원론자 가설의 존재 이유인데, 왜냐하면 그런 심적 기능들은 물질적 용어로 설명할 수 없어 보였기 때문이다. 사람들이 비물리적 마음으로 삶을 영위한다면, 추론과 의식 그리고 그런 종류들은 비물질적 설명에 따라야 하며, 그렇게 하는 것이 뇌에 근거한 설명보다 훨씬 쉬워 보였다. 추론과 의식에 관련된 그 논제는 (가장 최근에 만들어진 것을 포함하여) 모든 반환원주의자들의 논증에 여러 종류의 가면을 쓰고 다시 나타남을 우리 모두 목격할 것이다.

추론과 의식이 독립적이라는 가정이 실체 이원론자를 매혹시켰던 것처럼, 동시에 이것은 실체 이원론자의 신뢰감을 실추시키는 고질적이고도 괴로운 문제이기도 하다. '추론', '의식', '도덕감', '종교적 느낌', '정치적 확신', '미적(美的) 판단', '정서', 심지어 고질적인 '기질' 등 모든 것들은, 뇌가 약물과 교육 등으로 영향 받는다면, 어쩔 수 없이 영향 받게 된다. 신경학과 신경약리학에 대해 더 많이 알수록, 전통적 가설이 주장했던 문제의 기능들이 그다지 독립적이지 않다는 증거가 더 많이 수집될 것이다. 물질주의자 가설에 따르면, 그 관찰된 상호 의존성은 명백히 기대되었던 것이며, 분명히 이원론자 가설을 난처하게 한다.

비물리적 마음과 물리적 뇌 사이에 상호 작용의 본성을 설명하려는 최근의 가설들은 데카르트 제안보다 별로 진전된 것이 없다. 엑클레스(Eccles 1977, Eccles and Robinson 1984)가 그 문제를 강력히 주장했지만, 그 상호 작용에 대한 그의 이론은 단지 은유에 지나지 않는다. 그의 설명 흐름도(flaw diagram)는 본질적으로 '마음'이란 박스(box)와

'인간 뇌의 언어 영역'을 나타내는 박스를 연결하는 수많은 화살표로 구성되어 있다. 화살표를 배열하는 그 연구 후에도 여전히 남는 질문은 다음과 같다. 그 상호 작용 방식이 무엇이며, 비물리적 마음이 어떻게 뇌 상태를 변화시킬 수 있는가, 그리고 그 역은 어떤가? 불가피하게 도달하는 결론은 결국 그 화살표 배열이 (비물질적 실체가 송과선이라는 경계 영역에서 정교하면서도 신비스런 '영향'을 미친다는 데카르트의 생기 개념만큼이나) 불합리한 설명이라는 것이다.

근본적으로 서로 다른 두 실체들이 어떻게 상호 작용하는지 해답을 제시하지 못하는 것이 실체 이원론이 틀렸음을 함의하지(entail) 않는다. 왜냐하면 더 많은 연구를 통해 해답을 구할 가능성이 있기 때문이다. 그러나 그 해답을 찾을 지침이나 진지한 계획이 없다는 것은 그 가설이 호소력이 없음을 의미한다. 또한 이런 결핍은 그 가설이 해결하려는 문제들이 사실상 가짜 문제들(pseudo-problems)이라고 추측하게 하며, 이 점에서 지금은 폐기된 문제들(즉 어떻게 심장이 생기를 만들어낼 수 있는지, 어떻게 정자 속에 있는 작은 난쟁이가 그 안에 더 작은 난쟁이를 담고 있으며 그것은 또 더 작은 난쟁이를 담고 있는 정자를 담을 수 있는지)과 어쩌면 유사한 입장에 있다.[3] 그와 같은 문제들에 대해, 지금 우리가 아는 바와 같이, 그 현상들 자체가 근본적으로 잘못 기술된 것이었으며, 따라서 상응하는 문제들은 존재하지 않으므로 해결할 필요도 없게 되었다.

다음의 더 큰 어려움은 실체 이원론이 그럴듯해 보이는 것까지 없애버리며, 그것은 진화론적 생물학에서 나왔다. 인간은 초기 포유동물로부터 진화했고, 인간과 침팬지는 같은 조상으로부터 나왔으며, 그

3) [역주] 인간이 계속해서 자손을 어떻게 탄생시킬 수 있는지에 대해 '정자 속에 다음에 탄생될 축소된 인간이 들어 있다'고 생각된 적이 있었다. 그런데 자손이 계속해서 태어나기 위해서는 그 정자 속에 다시 축소된 사람이 들어 있어야 한다는 식의 설명이 요구된다.

혈통을 단세포 생명체에까지 거슬러 올라가 추적할 수 있다는 사실을 짐작하기만 해도, 영혼 같은 것이 도대체 어디로부터 온 것인지 반문하지 않을 수 없다. 모든 유기체가 영혼을 가지고 있는가? 만약 어떤 유기체가 그런 실체를 가지고 있지 않다면, 어떻게 다른 유기체들은 그것을 가질 수 있었을까? 영혼이 물리적인 것으로부터 진화될 수 있는가? 만약 인간만이 마음을 갖는다고 한다면, 그 실체는 어디로부터 왔는가? 신학적인 대답은 물리적 뇌와 달리 비물리적 마음은 진화의 산물이 아니며, 약 8만 년(혹은 어떤 계산에 의하면 6천 년) 전에 최초로 신의 계시에 의해 뇌에 주어졌다는 것이다. 그렇다면 명백히 인간마다 뇌에 비물리적 마음을 집어넣는 초자연적 존재의 계시가 계속 존재해 왔어야 하지 않겠는가?

실체 이원론에 찬성하는 대가가 너무 커 보이는데, 왜냐하면 (현대 진화론적 생물학에 의해 밝혀진) 지적 발달에 대한 그럴듯하고 통일된 이야기에 임의적으로 예외를 두어야 하기 때문이다. 실체 이원론 가설로부터 나온 보완적 설명으로 얻을 것이 거의 없어 보인다. 만약 침팬지와 원숭이가 마음을 갖지 않는다면, 그들이 '배우고', '지각하고', '느끼고', '문제를 해결하는' 것은 뇌의 기능으로 설명된다. 그런데 그들이 그러하다면 우리 인간들은 왜 안 된다는 것인가? 마음의 존재에 대한 확고한 증거를 제시하지 못하는 실체 이원론은 호소력을 상실한다.

또한 실체 이원론 가설은 의식의 통일(자아의 통일)을 설명할 수 있다고 가정되며, 물질주의자 가설로는 설명될 수 없다고 한다(Eccles 1977). 그러나 그런 식의 추론은 훨씬 신빙성이 없어 보이는데, 그 가설이 설명하려는 현상(의식의 통일)이 무엇인지 분명하지 않으며, 그 가설이 '잘못 규정된' 그 현상을 어떻게 설명해 낼지도 분명하지 않기 때문이다.

우선 그(의식의 통일) 현상을 생각해 보자. 그러면 다음과 같은 의문이 즉각 제기된다. 무의식의 심리상태가 (그들이 말하는) 의식의 통일에 어울릴 수 있을까? 인지과학에서 전제하고 있는 모든 무의식 과정이 그런 구도에 적합할까? 분리-뇌의 결과는 어떤가?[4] 혹은 맹시력(blindsight)의 결과는 어떤가?[5] 혹은 (정신분열증 환자의) 분열된 개성의 경우는 어떤가? 뇌가 느린-파동 수면(slow-wave sleep)일 때 혹은 REM(빠른 안구운동) 수면일 때는 어떠한가? 의식의 통일에 대한 이런 식의 질문은 너무 많아서 의식의 통일이 분명하고 문제없는 현상이라고 인정할 수 없다.

과거 논문(1983)에서 나는, 마치 추진력이 자연종(natural kind)이 아니듯이, 의식도 (통속 심리학에서 규정하는 것과 같은) 자연종이 아니라고 주장했다. 예를 들어 '보석'과 '폐석'의 범주는 자연종의 경계가 되지 못한다. **무언가** 작용하고 있다는 것을 인정하더라도, 통속 심리학의 일반화들과 범주들이 그(의식의 통일) 현상을 정당화시키지 못하며, 합리적으로 설명하지도 못한다. 이미 증거를 통해 밝혀진 것으로, 의식은 단일 유형의 뇌 과정이 아니며, 만약 우리가 의식을 불빛처럼 켜졌다 꺼졌다 하는 것으로 여기고, 그것이 켜져 있을 때 정신생활 내용을 비춰볼 수 있다고 생각한다면, 큰 실수를 범하는 것이다. 이미 잘 아는 바와 같이, 잠재의식 경험이 '의식'에 영향을 주어 문제에 도움을 주는 경우도 있다. 전혀 '주의집중하지' 않고도 우리는 순간적으로 수많은 아주 복잡한 활동을 한다. 또 EEG 측정(뇌파검사)을 통해서 알아보면, REM 수면 중의 뇌 활동은 다른 수면 중일 경우보다 훨씬 깨어 있는 뇌 활동에 가깝다. 우리가 아는 바와 같이, 실제로 장님인 사람(맹시력 환자)이 자신이 맹인임을 자각하지 못하는 경우가

4) [역주] 이 문장은 다음과 같은 의미로 이해된다. "분리-뇌(split-brain) 피검자의 생각도 그들이 말하는 의식의 통일에 해당될까?" 4장 참조.

5) [역주] 이 문장은 다음과 같은 의미로 이해된다. "맹시력 환자의 경우 보지 못하는 것을 본다고 믿는데, 이것이 그들이 말하는 의식의 통일에 어울릴까?" 5장 참조.

있다. 측두엽(temporal lobe)이 손상된 일부 환자들은 복잡한 인지 기술을 배울 수 있음에도 불구하고, 그러한 기술을 발휘하고 있을 때에조차 자신이 그런 손상을 입었다는 사실을 전혀 알지 못한다.[6] 명백히 뇌는 뇌 자신의 과정을 감지하는 수많은 메커니즘을 가지고 있으며, '앎' 혹은 '의식'에 대한 통속 심리학적 범주들은 그 메커니즘에 의해 파악된다. 따라서 신경생물학과 신경심리학이 뇌의 메커니즘과 기능을 엄밀히 조사한다면 범주들은 재해석될 것이다.

실체 이원론에게 물어볼 두 번째 질문은 "통속 심리학 가설이 (그 현상이 무엇이든) 그 현상을 어떻게 설명하는가?"이다. 다시 말해서 비물리적 마음이 어떻게 의식의 통일을 이뤄내는가? 비물리적 마음이 다른 시간에 일어난 경험들을 어떻게 통합하는가? 만약 **하나의** 실체가 겪는 경험이기 때문에 비물리적 마음이 경험들을 통합할 수 있다고 대답한다면, 그런 식의 대답은 유물론자(materialist)에게도 똑같이 적용되어, **하나의** 뇌가 겪는 경험이기 때문이라고 대답할 수 있다. 만약 "비물리적 마음이 통합되고 통합하는 본성을 갖기 때문이다"라고 단지 대답한다면, 그 **설명**이 의도하고자 했던 의미를 상실한다. "그것은 그냥 그렇다"고 말하는 것과 같다. 더구나 그런 시시한 말은 유물론자도 똑같이 할 수 있어서, "뇌가 경험을 통합하는 본성을 갖는다"라고 대답할 수 있다. 그래서 각자의 주장들은 서로 비기며, 어느 쪽 가설도 우리 이해를 위해 더 개선된 것이 아니다. 따라서 이원론자는 '자신들의 가설이 의식의 통일을 설명할 수 있지만, 유물론자의 가설은 그럴 수 없다'고 주장할 수 없다.

비슷한 논의가 비물리적 마음과 자유의지에 관련해서 나올 수 있다. 이원론자는 '인간이 어떻게 자유의지를 갖는지' 자신의 가설이 설명할 수 있다고 확신한다. 그 예에서도 역시 '그 현상이 무엇인지' 혹은 '이

6) 앞서 언급한 논문(1983)에서 나는 그런 예와 함께 다른 예들에 대해서 아주 상세히 다루었다.

원론이 그것을 어떻게 설명하는지' 분명하지 않다. 이원론자 가설은 '비물리적 마음은 본성적으로 자유롭게 활동한다'고 주장한다. 그렇지만 그런 설명은 우리를 납득시키지 못한다. 앞서와 같이 이원론자가 (장기에서) 장군을 부를 때마다, 유물론자도 똑같이 멍군을 부를 수 있다. 결국 서로 비기기 때문에 이원론자가 결코 어떤 장점도 주장할 수 없다(자유의지에 관한 최근의 논의를 Dennett 1984b에서 참조).

이원론자가 확신하는 두 가지 포석은 '인지의 논리적 의미 차원'과 '의식의 특질'(qualities of consciousness)[7)]이다. 이런 문제들은 이원론을 지지하는 철학자들에게 각기 다른 방식으로 영향 주었으며, 따라서 각각 다른 점에 더 비중을 둔다. 한 무리는 느낀 경험의 본성을 가장 중요한 **난점**으로 선택함으로써, 다른 문제에 대해서는 유물론의 편을 드는 경향이 있다. 어쩌다가 그들은 '논리적 의미 차원이 결국 신경생물학에 의해 인과적으로 설명될 수 있다'고 기대한다. 왜냐하면 그 철학자들에게는 '추론'이 (앞서 언급한 실체 이원론자의 경우처럼) 방해되지 않기 때문이다. 즉 '인지의 논리적 의미 차원은 근본적으로 비인과적이다'는 생각이 반박될 수 있기 때문이다. 두 번째 무리는 그들과 상반된 견해를 갖는다. 그들은 환원주의자들처럼 '의식'과 '느낀 경험 특질'이 궁극적으로 신경생물학적 어휘로 설명될 수 있다고 생각한다. 그러나 이들로서 대단히 중요한 **난점**은 '인지의 논리적 의미' 차원에 있다. 그들은 환원주의자 전략이 극복할 수 없는 점이 바로 여기에 있다고 생각한다.[8)] 그러므로 환원주의자는 그들 각각에 대해 (서로 상반

---

7) [역주] 우리는 감각 경험을 통해 느끼는 생생한 느낌 자체를 떠올릴 수 있다. 손가락이 바늘에 찔렸을 때 그 생생한 느낌만은 나 자신만이 갖는 주관적인 느낌이며, 비물리적인 것으로 생각되기 쉽다. 그 생생한 느낌인 '감각 특질'을 '감각질'(qualia)이라고 앞서 지적했다. 마찬가지로 우리는 주관적으로 '생생한 느낌'을 떠올릴 수 있다. 이를테면 장기에서 졌을 때 안타까운 느낌과 같은 것은 비물리적인 것으로 생각되기 쉽다. 이것을 '의식 특질' 혹은 '심적 감각질'이라고 칭해야 할 것이다.

되는) 상대방의 논증을 적용시키는 논의를 전개하여 양쪽 진영 모두를 공략해 왔다.

비록 현대 물리학과 생물학에서 심적 실체에 대한 일관성 있는 설명을 찾아냄으로써 실체 이원론의 문제가 절망적인 상황이 되더라도, 그런 이원론자의 직관적 생각은 상당히 버틸 수 있을 것처럼 보인다. 그들의 직관적이고 일반적인 전략은 선명한 **실체**라는 신천옹(albatross)을 포기하고 대신에 환원 불가능성에 대해 집착한다. 그래서 주관적 경험에 관심 갖는 철학자들은 '주관적 경험'이 환원될 수 없는 **속성**을 갖는다고 주장하며, '논리적 의미의 차원'에 관심을 갖는 철학자들은 인지 **이론**의 환원 불가능성을 주장해 오고 있다. 지금까지 발견된 가장 복잡한 형태의 반환원주의 논증은 서로 조화를 이루지 못하는 그 두 무리들이며, 특히 그 두 입장은 임시방편적인 응수를 몇 마디 던져서 간단히 제압되지 않는 면이 있다.

8장 3절에서 '주관적 경험', '의식' 혹은 그와 유사한 것들의 본성에

8) 실체 이원론에 대한 하나의 논증(Eccles 1977 참조)은 벤자민 리벳(Benjamin Libet)과 그 밖의 다른 사람들로부터 얻은 신경생리학적 결과들로부터 이끌어낸 것이다. 그 논증이 특별히 흥미로운 것은 아마 유일하게 객관적 경험 자료들에 근거한 논증이기 때문이다. 에클리스(Eccles)와 리벳(Libet)의 실험 자료에 따르면, 심적 사건은 그것에 반응하는 인과적 뇌 상태보다 시간적으로 앞선다는 것을 알 수 있다고 한다. 그들이 판단에 따르면, 이것은 비물리적 마음이 경험보다 시간적으로 앞서는 것으로 아주 잘 설명된다고 한다. 만약 그들이 본 대로 심적 사건과 물리적 대응이 함께 일어나지 않는다면, 그것들은 동일한 것일 수 없다고 해야 할 것이다.
그러나 나는 리벳의 논문을 분석하고 다음과 같은 결론에 도달하였다. 그 자료들에 대한 해석은 정당성이 없으며 더 단순하고 더 직선적인 해석이 요구된다. 간단히 말해서 심리상태가 뇌 상태와 확연히 구분된다고 결론지을 어떤 근거도 나는 찾을 수 없었다. 실험 장치들과 그 자료에 대한 해석은 너무 복잡해서 여기에 언급할 수 없으므로 나는 리벳과 나의 불일치 점에 대해서 다음과 같은 읽을거리를 지적한다. (Patricia S. Churchland 1981a, 1981b와 Libet 1981.)

서 제기되는 논변들을 다뤄보겠다. 8장 4절에서는 정신생활의 '논리적 유의미성'이 '비인과적'이며 신경생물학적 설명으로 해결될 수 없다는 두 번째 무리의 논변들을 검토하겠다.

3. 속성 이원론과 주관적 경험

주관적 경험의 본성은 많은 사람들에게 너무 분명하고 특이하게 보이기에 환원주의를 반박하는 대표적 명분으로 반복해서 등장한다. 주관적 경험에서 나온 논증이 가장 강력하며, 망령스런 실체에 뒤엉켜 나뒹구는 실체 이원론자들에 의해서가 아니라, 속성 이원론자들에 의해서 그 강력한 힘을 발휘한다. 여러 속성 이원론자들에 의해 발전된 가설들마다 차이가 있지만, 그들이 공동으로 확신하는 핵심은 다음과 같다. 설령 마음이 뇌의 작용임을 인정하더라도, 주관적 경험은 뇌와 뇌의 속성에 비추어 창발적이라는 주장이다. 그 논변에 따르면, 주관적 경험이란 유일하며 환원될 수 없는 심적 성질(character)과 특질(quality)을 갖는다.

그 논변에 '어느 속성이 창발적이다'는 개념이 등장하므로 '창발성'에 대한 설명이 요구된다. 일반적으로 어느 속성이 '창발적인지 아닌지'는 두 이론 사이에 혹은 두 개념 체계 사이에 유지되는(혹은 유지되지 못하는) 환원적 관계와 관련된다. 구체적으로 말해서, 내재적 이론 T_1에 의해 규정되는 속성 P는 명시적으로 환원하는 이론 T_2의 속성에 비해 아래와 같을 경우 **창발적**이다.

1. P가 실례를 가지며,
2. 동시에 P가 T_2에서 인식되는 어느 속성이나 혹은 복합적 특징으로 구현되며, 그렇지만 그럼에도 불구하고
3. P가 T_1에 의해 가정되거나 정의할 수 있는 어느 속성으로 환원될

수 없다. (Paul M. Churchland 1985)

7장에서 개괄된 이론간 환원에 대한 언급에서 주시한 바와 같이, 어느 한 '속성'이 다른 '속성'으로 환원될 수 있을지 여부는, 문제시된 속성을 규정하는 '이론'이 다른 속성을 규정하는 '이론'으로 환원될 수 있는지에 달려 있다. 만약 한 이론 내의 어느 속성이 더 기초적인 이론 내의 어느 속성과 같지 않거나 이해될 수 없는 인과적* 힘을 갖는다면, 그 속성은 기초 이론에 비하여 창발적이라고 생각된다. 따라서 주관적 경험에서 나타난 질적 특징이 물리적 뇌에 대하여 창발적이라고 주장하는 것은, 결국 그런 심리적 속성을 이해하거나 기술하기 위한 상식적 개념 체계가 미래의 신경과학으로 환원될 수 없음을 주장하는 셈이다.

따라서 어느 속성이 창발적인지 아닌지는 단순히 그 속성을 관찰함으로써 말할 수 없으며, 또 그 속성이 다른 속성에 비하여 창발적인지 아닌지 비교 검토함으로써 말할 수도 없는데, 그럼에도 확신에 찬 임시방편적 이론가들은 내성적 환상에 빠져 길을 헤매고 있다(E. Nagel, 1961 역시 이 점을 지적했다). 두 속성이 실질적으로 다르다고 주장하는 상식적 직관은 미래의 이론간 환원이 '그 두 속성이 실제로 동일하다'고 말할 수 있을지 없을지 장담할 수 없다. 빛은 전자기파와 완전히 다른 줄 알았지만 전자기파임이 밝혀졌다. 고열을 갖는 것은 고평균 분자운동에너지(high mean molecular kinetic energy)를 갖는 것과 완전히 다른 줄 알았지만 기체의 높은 온도는 그 구성 분자의 고평균 운동에너지임이 밝혀졌다. '어떤 속성이 다른 속성에 비교해서 창발적이다'라고 단지 주장하는 것이 '그 속성을 다른 속성으로 환원할 수 없다'는 **독립적** 증거가 되지 못함을 주시할 필요가 있다. 그것은 마치 '어떤 속성이 환원될 수 없기 때문에 그것이 환원될 수 없다'고 말하는 것과 같다.

'창발적 속성'이란 말은 신경과학 문헌에서도 사용되는데, '그물망 속성'(network property)이라는 아주 다른 의미로 사용된다. 망막의 개별 세포들 자체만으로는 사물의 움직임을 감지하지 못하지만, 그것들이 집단적으로 구성됨으로써 사물의 움직임을 감지할 수 있게 되는 망막세포 집단을 생각해 보라. 움직임을 감지하는 기능적 속성은 그 회로 내의 개별 신경세포에 대해 '창발적'이라고 기술될 만하다. 그렇지만 그 기능적 속성은 확실히 신경물리학적 그물망 속성으로 환원될 수 있다. 만약 우리가 그 그물망을 이해하기만 하면 환원적 논의는 끝난다. 비록 이런 이야기가 '창발성'(데넷 Dennett은 '순수한 창발성' innocent emergence이라고 했다)에 대한 유용한 의미를 제공하지만, 명백히 환원주의를 반대하는 속성 이원론자의 논변이 의도한 의미와는 거리가 멀다. 따라서 스페리(Sperry 1980)가 "심리상태는 창발적이다"라고 주장할 때, 단지 심리상태가 그물망 속성이라는 것뿐 아니라, 심리상태가 환원될 수 없음도 주장하는 셈이다.

'주관적 경험이 뇌 상태로 환원되지 않는다'는 주장은 사실 그 내면을 들여다보면 '심리학이 신경과학으로 환원되지 않을 것이다'는 입장이며, 더욱 구체적으로 말해서 '주관적 경험은 뇌 상태와 같을 수 없으므로 신경과학으로 환원되지 않을 것이다'라고 주장하는 것이기에, 이론간 환원이란 더욱 넓은 체계 내에서 이해되어야 한다. 그들이 주장하는 바는 뇌 상태가 주관적 경험과 인과적으로 연결되어 있고, 연속된 의식의 흐름을 제공하지만, 경험 **그 자체**는 유일한 것으로 신경활동과 관련된 과정과 동일한 것으로 볼 수 없다는 입장이다. 속성 이원론자들은 실체 이원론자들과 달리 (경험이 내재된, 경험을 하는) 비물리적 실체가 있다고 믿지 않는다. 그보다 그들은 '주관적 경험은 뇌에 의해 산출되며 역으로 뇌에 영향을 줄 수 있다'고 주장한다. 그러나 뇌의 '물리적 속성'과 '주관적 경험 자체'가 동일할 수 없다는 입장이다. 그런 입장에서 보면 '슬픈 느낌이 이러이러한 뉴런 집합체의 신경 구성이다'라고 말할 수 없다.

이해를 돕기 위해 비유하자면, (액체 상태의) '물의 **푸른색**은 H_2O 분자의 미시물리학에 비해 창발적 속성이다'라고 흔히 주장되는데, 그런 주장은 '그런 분자들의 액체 모임이 미시물리학 정보에 의해 우리가 푸른색이라고 부르는 특별한 질적 성질이다'라고 기대하거나 추론할 수 없기 때문이다. 틀림없이 푸른색이 H_2O 분자들의 모임에 의해 정연하게 나타나겠지만, 그 자체는 H_2O가 모인 미시물리학적 속성에 **추가적으로** 나타나는 자존적이며 환원되지 않는 속성이라고 한다. 한마디로 그것이 바로 창발적이라는 것이다.

위의 추론의 잘못을 앞서 개괄한 이론간 환원에 대한 언급에 비추어 비교적 손쉽게 보여줄 수 있다. 그 한 가지 지적은 환원이 '어떤 옛 개념 체계에서 인정되었던 환원된 속성을 새로운 환원하는 이론으로부터 **연역하거나** 또는 **예측할 수** 있음을 요구하지 않는다'는 점이다. 옛 개념 체계는 문화적으로 독특하고 대단히 다양하다. 무지한 문화적 배경을 가졌던 시대의 사람들이 자신들의 설명 범위 내에서 복잡한 현상들을 어쩌다 어떻게 인식할 수 있었는지 새 이론이 반드시 설명해야 할 책무는 없다. 옛 개념들을 환원시키려 할 경우 새 이론이 하는 것은 환원되는 속성들의 (주장된) 인과적 힘을 체계적으로 **모방하는** 속성들이 존재함을 의미하는 것 이상도 이하도 아니다.

논의 중인 예로 돌아가서, H_2O 분자의 미시물리학은 그 액체가 **약 0.46μm 파장의 전자기파가 선별적으로 분산할 것임**을 함의한다(entail)(논리적으로 추론된다). 그 복합적 속성은 강력한 인과적 힘으로 푸른색을 증명해 보인다(적어도 물이라는 용액에 대해서 뚜렷하다). 미시물리학적 속성이 푸른색 효과를 만드는 것처럼, 인간의 관찰에도 똑같은 효과를 준다. 그리고 인간이 아닌 장치에도 같은 효과를 미친다(예를 들어 그것이 프리즘을 투과하여 같은 분광 위치에 푸른색으로 나타난다). 이런 지평에서 사물의 푸른색이 0.46μm 파장의 전자기파를 선별적으로 분산(반사, 발광)하는 경향과 동일하다고 생각하는 것은 합리적이다. 인간은 수천 년 동안 그 속성의 본성을 알지 못하면서도 시각적 선별력을 가져왔던 것이다. 그러므로 물이 푸른색을 갖는다는 것은 결코 창발적 속성이 아니다. 오히려 반대로 그것이 순조롭게 환원되며, 그 환원적 설명은 다른 색깔에 대해서도 정합적 체계로 나타난다. (나는 여기에서 최근의 색에 대한 새로운 이론이 주장하는, '색은 하나의 파장이 아니라 세 개의 임계 파장을 사물이 반사함에 의해서 나타난다'는 견해를 무시하겠다. 이 새로운 주장은 훨씬 복잡하지만, 그것이 주는 환원적 교훈은 결국 마찬가지이기 때문이다.)

따라서 우리는 성공적 환원에 대한 강한 조건을 불가능하다고 성급하게 결론 내리지 말아야 하며, 아래와 같은 이론간 환원의 주안점 또한 잊지 말아야 한다. 새 이론적 체계는 친근한 옛 이론적 개념과 평등하며, 탁월하게 높은 차원의 것이 아니다. 따라서 신경과학이 여타 과학들보다 더 엄격한 환원적 전형을 제시할 것으로 기대하지 말아야 한다. 왜냐하면 신경과학이 환원해야 할 개념들은 상식이란 깊은 참호를 파놓고 있기 때문이다.

더구나 과학사의 현 단계에서 주관적 경험이 뇌의 상태나 과정과 잘 일치되고 설명되지 않는 것은 사실이다. 그런 한에 있어서 주관적 경험이 지금은 뇌 상태로 환원되지 않는다. 그럼에도 불구하고 현재 과학 수준에서 신경과학 이론이 심리학을 결코 환원할 수 없음을 함의하진 않는다. 예를 들어 18세기까지 열역학은 독립 과학이었으며, 온도 역시 환원되지 않는다고 말하는 것이 참이었다. 그렇지만 그 말이 열역학이 더욱 기초이론으로 환원되지 않음을 함의하지 않았으며, 온도가 창발적 속성임을 함의하지도 않았다. 진실로 19세기 후반에 열역학은 통계역학으로 환원되는 개가를 올렸다. 그 후 (기체의) 온도는 더 이상 창발적이 아닌 것이 되었으며, 평균 분자운동에너지와 동일한 것이 되었다.

속성 이원론자들은 주관적 경험이 창발적이라고 말하면서, 통속 심리학이 단지 지금에만 신경과학의 환원에서 비켜간다는 것만이 아니라 앞으로도 그럴 것이라고 주장하고 싶어 한다. 원리적으로 그렇다는 주장이다. 그 주장은 분명 심리학이 신경과학으로 아직 환원되지 않는다고 말하는 것보다 강한 주장이지만, 결국 그 평가는 산산조각 나고 말 것이다. 속성 이원론자들은 (주관적 경험이 뇌의 상태와 동일시되는 방식으로) 신경과학이 심리학을 결코 환원하지 못할 것이라는 입장을 어떻게 방어할 수 있는가?

그들의 주된 논거는 주관적 경험의 특별한 본성에 대한 반성에서 나왔다. 그러나 그 반론은 항상 명확하거나 잘 정의된 것들이 아니며, '신경과학이 결코 심리학을 환원할 수 없다'는 예측을 정당화하는 그 주관적 경험이란 것이 도대체 무엇인지 말하지도 못한다. 그 논증은 이따금 무엇이 상상될 수 있고 없는지에 관해, 혹은 심지어 무엇이 (자신들에게) 바람직하며 그렇지 못한지에 대해 혼동된 직관을 사용한다. 이런 주제의 다양한 형태 모두를 여기에서 분류하는 일은 불가능하기 때문에 그들을 개별적으로 분석해서 가장 강하고 일관성이 있는 주장만 선택하여 나의 논의를 진행하는 것이 바람직할 것이다. 네이글(Thomas Nagel)의 고전적인 논문(1974)과 잭슨(Frank Jackson)의 고전적인 논문에서 나온 최근의 논문(1982)[9]에서 그 논지를 발췌하였다. 그들의 논증을 분석하고 비판하기 위해 나는 폴의 두 저작(Paul M. Churchland 1984, 1985)의 연장선에서 이야기를 풀어나가려 한다.

내적으로 알기 / 관점을 갖기

네이글로서는 내부에서 자신의 '생각', '느낌', '감각'을 아는 능력,

9) 비평적으로 혹은 동정적으로 이런 관점에 대해 탐구했던 다른 사람들이 있다. Robinson(1982), Campbell(1983), Margolis(1978), Dennett(1978b, 그 무렵의 다른 논문들), Shoemaker(1981).

즉 내성적 능력을 갖는다는 것이 특별해 보였다. 우리의 경험은 통증에 대해 느낀 특질(quality)이나 붉은 색깔을 지각한 성질과 같은 어떤 틀림없는 현상적 성질을 갖는다. 따라서 우리는 주관적 관점을 갖는다. 이것이 '감각'이나 '느낌' 등과 같이 우리가 내성적으로 접근할(알) 수 있는 경험의 질적 성질(qualitative character) 혹은 **감각질**(qualia)이며, 네이글의 견해에 따르면 이것은 신경세포의 상태로 환원되지 않는다. 그 심리상태들은 환원에 저항한다. 왜냐하면 그것에 대한 내성적 접근(앎)은 신경과학을 통한 외적 접근(앎)과는 본질적으로 다른 성질이며, 또 본질적으로 다른 정보를 산출하기 때문이다. 이 입장은 상당히 관심을 끌게 하지만, 여전히 성가시게 모호한 면이 있다. 그 주장이 어떻게 나오게 되었는지 정확히 알아보기 위해 좀 더 엄밀한 해석을 내릴 필요가 있다.

(A)
(1) 나의 감각질(qualia)은 내성에 의해 알 수 있다.
(2) 나의 뇌 상태 속성들은 내성에 의해 알 수 없다.
따라서,
(3) 나의 감각자료 $\neq$ 나의 뇌 상태의 속성.

첫 번째 논증에 찬사를 보내는 두 번째 논증 역시 농담같이 들린다.

(B)
(1) 나의 뇌 상태 속성은 다양한 외적 감각으로 알 수 있다.
(2) 나의 감각질은 다양한 외적 감각으로 알 수 없다.
따라서,
(3) 나의 감각질 $\neq$ 나의 뇌 상태의 속성.

이 논증의 일반적 형식은 다음과 같다.

(1) a 는 F이다
(2) b 는 F가 아니다
따라서,
(3) a $\neq$ b

라이프니츠(Leibniz) 법칙이 말해 주는 것은 'a와 b가 서로 공통적으로 모든 속성을 가질 때 오직 그럴 때에만(if and only if 필요충분조건), a = b'이다. a = b일 경우, a가 붉다면 b도 붉고, a의 무게가 10파운드이면, b의 무게도 10파운드이다. 만약 a가 붉고, b가 붉지 않다면, a $\neq$ b이다. 논증 (A)와 (B)에서 전제들이 참이면 뇌 상태와 심리상태의 동일성이 성취되지 않는다. 그러나 그 전제들이 참일까?

논증 (A)부터 따져보자. 자신의 감각질을 내성으로 알 수 있다는 첫째 전제에 대해 이견이 없다. 왜냐하면 감각질은 내성에 의해 알려지는 감각 특질(sensory qualities)로 규정될 수 있으며, 내성을 통해 알 수 있음을 부인하지 않기 때문이다. 반면에 내 뇌 상태의 속성은 내성에 의해 알 수 없다는 두 번째 전제는 매우 곤란해 보인다. 우선 문제가 되는 것은 그 전제가 '심리상태가 뇌 상태와 같은지 다른지'라는 **선결문제**를 요구하고 있다는 점에 있다. 만약 우리가 그 전제를 왜 참이라고 생각하는지 그 정당성을 묻기만 하면, 이 점을 쉽게 알아챌 수 있다.

그 논점은 다음과 같다. **만약 실제로** 심리상태와 뇌 상태가 같다면, 내가 심리상태를 성찰할 때 나는 그것과 동등한 뇌 상태를 성찰하게 된다. 말할 것도 없이, 나는 내 심리상태를 뇌 상태로 **기술하지** 않겠지만, 내가 뇌에 관해 알고 있는 정보에 의존해서 기술할 것이다. 그렇지만 심리상태가 실제로 뇌의 어떤 상태와 동등한지 아닌지에 의존해서 기술하지는 않을 것이다. 그 동일성은 내가 세계에 관해 알고 있는 지식과 별개로 세계에 대해 사실일 수 있다. 예를 들어 존스(Jones)가 아스피린(aspirin)을 삼켰을 때 그는 아세틸살리실산(acetylsalicylic acid)을 삼킨 것이다. 그가 자신에 대해 그렇다고 생각하든 안 하든 간에 그렇다. 오이디푸스(Oedipus)가 조카스타(Jocasta)에게 키스했을 때, 그는 자신의 어머니에게 키스한 것이다. 그가 자신이 그렇다고 생각하든 안 하든 간에 그렇다. 간단히 말해서, 그 동일성은 우리가 그렇다는 사실을 발견한 적이 없다고 하더라도 인정될 수 있다. 두 번째 전제의 문제는 다음과 같다. '감각에 대한 내성적 앎이 뇌 상태에 대한 내성적 앎일 수 없다'는 주장의 정당성을 단지 '심리상태가 뇌 상태와 같지 않다'는 가정에서 구하고 있다. 그 주장은 명백히 **증명해야 할 것을 전제**하고 있는 셈이다. 따라서 **선결문제 요구의 오류**를 범하는 논증이다. (비록 내가 (A)를 예로 들어 설명했다고 하더라도 똑같은 비판이 (B)에도 적용된다.)

위의 논증이 안고 있는 다른 문제점은 더 기묘한 것으로, 그중에 하나는 서로 다르다고 주장하는 속성들의 성격을 면밀하게 검토 비교하여 (A)와 (B)에 유사한 논증을 구성해 보면 잘 알 수 있다. 아래 논증을 생각해 보자.

(C)
(1) 스미스는 히틀러(Hitler)가 대량 학살자라고 믿는다.
(2) 스미스는 아돌프 쉬클구루버(Adolf Schicklgruber)가 대량 학살자라고 믿지 않는다.
따라서,
(3) 아돌프 쉬클구르버 $\neq$ 아돌프 히틀러.

그러나 알다시피 '아돌프 쉬클구르버 = 아돌프 히틀러'이므로 위의 논증은 옳지 않다.

앞서 주장된 논증에서 P의 자리를 차지하는 속성이 '존스가 무엇을 믿고 아는 것'과 관련한 복잡한 속성으로 대치하면 일반적 논증 형식의 다른 보기를 만들 수 있다.

(D)

(1) 아스피린은 존스에게 두통을 없애주는 약이라고 알려져 있다.

(2) 아세틸살리실산은 존스에게 두통을 없애는 약이라고 알려져 있지 않다.

따라서,

(3) 아스피린 ≠ 아세틸살리실산.

다음의 마지막 예는 앞서 주장된 논증과 아주 유사하다.

(E)

(1) 온도는 물질적 대상의 특징으로 나에게 직접적으로 이해된다.

(2) 평균 분자운동에너지는 물질적 대상의 특징으로 나에게 직접적으로 이해되지 않는다.

따라서,

(3) 온도 ≠ 평균 분자운동에너지.

이런 논증들은 모두 오류를 범하고 있다. 왜냐하면 '어떤 것으로 인식된 것'이나 '어떤 것이 있다고 믿어진 것'은 모두 물체 자체의 '본래적 특징'(genuine feature)이라 할 수 없고, 어떤 기술 아래 이해된 혹은 어떤 태도 아래 생각된 물체의 특징이기 때문이다. '질량을 가지고 있음'이 물체의 속성일 수 있지만, 어떤 물체가 질량을 가지고 있다고 '스미스에게 생각된 것'은 물체의 본래적 속성이 아니다. 이런 기묘한 속성은 자신의 사고 간섭이 반영된 '의도적 속성'(intentional property)이다. (B)에서 속성은 다양한 외적 감각에 의해서 알려질 수 있는 것이며, (A)에서 속성은 내성에 의해 나에게 알려질 수 있는 것이다. 양자 모두 '사고에 의존하는' 속성들을 보여주는 전형적인 예이다.

논증 (C), (D), (E)는 모두 오류를 범하고 있다. 왜냐하면 그 논증들은 모두 의도된 속성들을 마치 대상의 본래적 속성들로 다루고 있기 때문이다. 이런 유형의 오류를 **'의도적 오류'**(intentional fallacy)라고 한다. '내성에 의한 감각질과 뇌 상태가 동일하지 않다'고 논증하려 했던 논증들은 (C)에서 (E)까지의 논증과 명백히 유사하다. 결론적으로 그 논증들은 모두 오류를 범하고 있으며, 심리상태와 뇌 상태의 비동일성은 (A)나 (B)에서와 마찬가지로 성립할 수 없다.[10)]

앞선 논증들의 마지막 난점은 심리상태와 뇌 상태의 비동일성에 대한 논증을 아래와 같이 조금 다르게 해석할 경우 더 잘 보인다.

자신의 감각을 알기: 잭슨 논증(Jackson's Argument)

두 번째 논증의 전략을 다시 한 번 이야기하자면, 자신의 심리상태를 내성적으로 알 경우와 내성적이 아닌 방식으로 알 경우의 차이점이 바로 '심리학이 본질적으로 신경과학으로 환원될 수 없다'는 주장의 기초를 구성하고 있다. 잭슨(Frank Jackson 1982)은 그 차이를 분명히 보여주기 위해 다음과 같은 상상력을 발휘한다. 메리(Mary)는 전

10) 철학적 논리학의 구분을 이용하여 그 난점을 다음과 같이 간단히 요약해 보일 수 있다. 전제의 문장들은 명료하거나 불명료하거나 하다. 만약 명료하다면, 두 번째 전제는 순환논증의 오류를 범하게 된다. 그리고 만약 불명료하다면, 그 속성들은 외연적이 아니며, 라이프니츠의 법칙이 적용되지 않는다. 그리고 그 논증은 오류를 범하게 된다. 결국 어느 경우든 오류이다. 나는 논증 (A)와 (B)에 대한 호소가 명료하게 혹은 불명료하게 이해될 수 있는지 의문스럽다. 마치 하나의 바늘은 한 쪽 해석을 찌르고, 다른 해석은 네커(Necker) 입방체(10장 9절 참조)처럼 초점을 맞춰서 의도적으로 해석하기 쉽다. 그래서 그 진행은 비판 사이에서 진퇴양난에 빠진다.

생애를 통해서 색깔이라고는 오직 '흰색', '회색', '검은색'만 있는 환경에서 보호받으며 양육된 신경과학자이다. 외부세계에 대한 정보는 언제나 흑백 텔레비전을 통해 전달되었다. 그런데 그녀가 뇌에 대해 그것이 어떻게 작동하는지 모든 것을 알게 되는 경우를 상상해 보자. '사고', '느낌', (색깔을 포함한) '지각'의 본성을 설명하는 완전한 신경과학을 그녀가 알게 되었다고 상상해 보자. (물론 이 모든 것들이 그럴 법하지 않지만 그렇다고 가정해 보자.)

위의 가정이 의미하는 바는 다음과 같다. 그녀가 뇌에 대해 그리고 시각 기관에 대해 알 수 있는 모든 것을 알게 되더라도, 그녀의 동아리 친구들이 붉은 토마토를 본 경험의 본성에 관해 알고 있는 것을 그녀는 알지 못할 것이라고 한다. 다시 말해서 어떤 사람이 붉은 토마토를 보았을 때, 신경세포가 어떻게 작동하는지에 관한 모든 것을 알겠지만, 그녀는 결국 유토피아 신경과학을 가진 것에 불과하다. 그녀가 알지 못하는 것은 바로 **'붉음을 본다'는 것이 무엇인지**이다. 그 특정한 경험을 갖는 것이 무엇인지 여전히 알지 못할 것이다. 결론적으로 그녀의 유토피아 신경과학은 무언가 알려주지 못하는 것이 있는데, 그것이 바로 신경과학에 의해 파악될 수 없는 심리학적인 무엇임을 함축하며(뜻을 포함하며 imply), 역으로 심리학은 신경과학으로 환원될 수 없음을 함축한다.[11)]

위의 논증을 좀 더 단순하게 아래와 같이 형식화시켜 볼 수 있다.

(F)

(1) 메리는 뇌 상태와 속성들에 대해 알 수 있는 모든 것을 안다.

(2) 그것이 메리가 감각이나 속성에 관해 알 수 있을 모든 것을 아는 것과는 다르다.

---

11) 이와 유사한 해석을 H. Robinson(1982)에서 볼 수 있다.

따라서,

(3) 감각과 그 속성 $\neq$ 뇌 상태와 그 속성.

위 논증은 매우 흥미로운데, 본질적으로 심리상태는 사적(자신만 아는 private)이며 현상적 특징으로 설명되지 않는다는 점을 아주 명쾌하게 직관하고 있다. 그럼에도 불구하고, 나는 여전히 그 논증에 동의하지 않으며, 내가 왜 동의하지 않는지 설명해 보겠다.

우선 첫째로, (A)와 (B)의 논증에 문제가 되었던 의도적 오류가 논증 (F)의 전제에도 따라왔는지 의심해 볼 필요가 있다. 물론 이와 다른 더 심각한 비판을 찾아낼 수 있을지도 모른다. 폴 처칠랜드(Paul M. Churchland 1985)와 데이비드 루이스(David Lewis 1983)의 주장에 따르면, 두 전제에서 "무엇에 관해 안다"라는 표현이 서로 다른 의미로 사용되었다. 하나는 '개념을 다룬다'는 의미로 사용되었으며, 그것은 마치 전자기파에 대해 이론적으로 교육을 받고 '전자기파'라는 개념을 사용할 줄 아는 경우와 동일하다. 다른 것은 '전언어적(pre-linguistic) 이해를 갖는다'는 의미로 사용되었으며, 그것은 마치 '전자기파'라는 표현을 사용할 수 없다고 하더라도 일상적으로 망막에 자극된 전자기파에 관해 아는 경우와 동일하다. 후자의 의미는 어떤 차별화된 내적 성향을 포함한다. 만약 위 논증에서 첫째 전제에서 "무엇에 관해 안다"라는 말이 첫째 의미로 사용되고, 둘째 전제에서는 둘째 의미로 사용되었다면, 위 논증 (F)는 **애매어의 오류**(fallacy of equivocation)에 빠진 셈이다.

그 요지는 다음과 같다. 만약 세계를 아는 방식이 적어도 두 가지 있다면, 한 방식을 통해서 아는 것과 다른 방식을 통해서 아는 것이 동일할 수 없다. 우리는 임신을 책에 쓰인 의학 이론을 통해 알 수 있고, 직접 임신을 경험함으로써 알 수도 있다. 어린애를 가져본 경험이 없는 산부인과 의사가 아는 임신의 신체 변화는 전문교육을 받지 못한 임신한 사람이 경험하는 신체 변화와 아주 동일하다. 그들 모두가 임신에 관해 안다고 할 수 있다. 유추해 보면, 붉은색을 보는 현상에 대해 신경물리학적으로 알 때 메리가 갖는 지식의 대상과 토마토를 집으면서 알게 되는 심리상태는 꼭 같은 것일 수 있다. 물론 마치 산부인과 의사의 임신에 관한 모든 앎이 임신하는 것이 아닌 것처럼, 메리가 붉은색을 지각하거나 경험하는 것에 관한 모든 신경물리학 지식을 안다고 해서 그 색을 지각하는 것은 아니다. 그러나 명백히 '메리의 지식이 붉은색을 지각하게 하지 못한다'고 말하는 것은 비동일성을 지지하는 논증이 더 이상 될 수 없다. 그런데 도대체 그들은 왜 그런 (엉터리) 생각을 하게 되었을까?

그들의 논증에는 검토해야 할 것이 더 남아 있다. 첫째 전제는 논증을 위해 단지 그저 선택할 필요가 있었기에 그것에 관해 논란을 벌이고 싶지 않다. 반면에 둘째 전제는 얼핏 보기에 그럴듯해 보였으며, 높은 신뢰감과 명백함을 갖는다고 가정되고 있지만, 그 전제가 바로 그들의 논증을 지탱하거나 무너지게 할 수 있는 기초이며, 따라서 좀 더 면밀한 검토가 필요하다.

다시 검토해 보면 명백히 논쟁을 끌어들일 여지가 있다. 왜냐하면 그 둘째 전제는 우리가 알고 이해하는 한계를 훨씬 넘어서는 어떤 확신을 요구하기 때문이다. 메리가 뇌에 관해 '모든 것을 안다'고 할 때, 그녀가 알게 되거나 이해하게 될 것을 우리는 어떻게 이해할 수 있는가? **모든 것**이란 실로 대단한 양이며, 그것이 의미하는 것은 (우리가 터무니없는 상상의 날개를 펼쳐서 알 수 있는 그 어떤 것보다도 근본적으로 다른) 뇌에 대한 깊은 이해를 메리가 갖게 되었음을 의미한다.

그래서 그 전제를 아래와 같이 말할 수도 있다. 메리가 현존하는 신경과학에 관한 모든 정보를 알게 되더라도, 그녀는 색깔을 경험한다는 것이 무엇인지 결코 알 수 없을 것이며, **절대적으로** 모든 지식을 갖는다고 하더라도 역시 마찬가지이다. 이런 가정을 속성 이원론자들이 선택하는 것은 오히려 자신들에게 이롭지 못하다. 왜냐하면 모든 것을 안다는 것은 질적으로 다른 것이며, 그 전제가 부정하는 이론을 받아들이게 하기 때문이다. 첫째, 어쩌면 유토피아 신경과학은, 현대 물리학이 아리스토텔레스 물리학을 바라보듯이, 현재의 신경과학을 바라볼 가능성이 있다. 따라서 '모든 지식을 갖는다고 하더라도 직접 경험하는 것이 될 수 없다'는 주장이 성립되지 않을 수 있다. 둘째, 다음과 같이 가정해 보자. 메리는 어떤 기술자가 뉴턴 물리학을 받아들이는 방식으로 이론을 받아들이고, 그 개념과 이론들을 이용해서 자신의 심리상태에 관한 내성적 판단을 일상적으로 내린다. 오직 뉴턴 물리학을 통해서 세계를 '보는' 기술자처럼, 메리도 유토피아 신경과학을 통해서 그녀 내부의 세계를 '본다'. 아마 그 신경과학은 그녀가 얼마나 효과적으로 이론을 받아들이는지도 말해 줄 것이다. 결국 그 전제는 우리에게 **완전한** 신경과학을 설명하고 있는 셈이다.

직관과 상상 가능성은 명백히 우리 믿음에 의존하므로, 우리가 아주 무지할 경우 우리 직관도 따라서 소박할 것이다. 사고 실험(Gedanken-experiment)이란 이론 과학의 산물이지만, 그 실험이 인정받는 과학과 아주 다른 것이라면, 그 핵심 직관은 반대자의 것보다 그리 나을 것이 없다. 따라서 과연 자신의 논변에 도움이 될지 의심스럽다.

더구나 전제 (2)에 기초하는 직관에 반하는 직관이 얼마든지 가능할 뿐만 아니라, 그 직관의 뼈대에 살이 붙을 수도 있다. 메리가 붉은 토마토를 볼 때 무엇을 볼 수 있는지 우리가 결코 알 수 없다고 단정할 이유가 전혀 없다. 다음과 같은 실험을 상상해 보자. 만약 처음 그녀에게 붉은 물체를 보여주고, 그녀가 그것을 붉은 물체로 인식할 수 있는지 살펴보자. 그녀가 신경 조직에 대해 알아야 할 **모든 것**을 절대적으로 아는 상황이라면, 아마 그녀는 자신의 유토피아 신경과학을 내성적으로 사용함으로써, 즉 '그녀가 유토피아 신경과학을 통해 안 것이 붉은 감각을 인지하는 것과 동일하다'고 인정되는 '그녀의 O패턴(O patterns)에서 감마 상태(gamma state)를 갖는다'고 말할 수 있을 것이다. 따라서 그 근거에서 그녀가 붉은색을 인지할 수 있다고 말할 수 있다.

내 논점은 다음과 같다. 메리가 붉음을 지각할지 못 할지는 명백히 경험적인 문제이며, 단지 우리들이 알지 못한다는 이유를 들어 '그녀도 붉은색을 지각하지 못할 것이다'라고 확신에 찬 주장을 할 수 없다. 선결문제 요구의 오류는 차지하고라도, 이것이 왜 불가능한지에 대한 어떠한 선험적 이유도 없다. 내가 아는 바 그녀가 만약 뇌 상태에 관련한 모든 것들을 안다면 상상으로라도 붉은색을 만들어낼 것이다. 누구도 그런 상상의 경험에 대해 경험적으로 불가능하다고 확신할 수 없다. 심적 감질(mental qualia)이 뇌 상태와 동일하지 않기 **때문에** '메리가 자신의 신경과학을 통해 내성적 판단을 할 수 없다'는 믿음을 주장하는 것은 명백히 순환논증의 오류에 빠져 있다.

물질에 관해 모든 것을 아는 연금술사는 자신이 알 수 있는 것과 알 수 없는 것을 어떻게 대답할 수 있는가? 중세에 살았던 수사(monk)가 생물학에 관해 알아야 할 것들을 모두 안다면 자신이 알 수 있거나 없거나 하는 것을 어떻게 결정할 수 있는가? 아마 그는 생물학에 대해 알아야 할 것을 모두 안다고 할지라도 당신은 여전히 생기(vital spirit)의 본성을 알지 못한다고 주장할 것이다. 과연 그런가? 아직 우리는 완전한 생물학을 갖지 못했다. 그렇지만 우리들은 그 수사보다 더 많이 안다. 우리들은 (a) 생기와 같은 것은 존재하지 않으며, (b) DNA가 바로 생명체의 '비밀'이고 지구상에 사는 모든 생물들이 가지고 있음을 안다.12)

잭슨에 대한 대답의 핵심은 그가 전제 (2)를 위한 독립적 증거를 확

12) 사고 실험이 보여주는 것, 즉 어떻게 우리의 영웅이 유토피아 신경과학을 이용하여 자신의 마음-뇌 상태를 내성할 수 있을 것인지에 대하여, Paul M. Churchland(1985) 참조.

보해야 한다는 점이다. 명백히 그 전제가 자명하지 않기 때문이다. 그 전제는 선험성에 근거해서 방어할 수 없다. 그 참은 경험적으로 결정될 문제이기 때문이다. 그리고 동시에 경험에 근거해서도 방어될 수도 없다. 왜냐하면 지금까지 얻은 자료가 전제 (2)를 부정하는 경우를 만들 수도 있기 때문이다. 따라서 나는 그 전제가 어떻게 방어될 수 있을지 모르겠다.

결 론

실체 이원론이든 속성 이원론이든 하여튼 이원론자 논제는 '인간들이 내성 능력을 가지고 있으며', '의식할 수 있고', 또 '자신의 경험을 성찰하는 능력을 가지고 있음'을 단지 주목하고 인지하기만 해도 옹호될 수 있다고 주장한다. 그렇지만 환원주의자들이 그런 관찰들을 거부할 것으로 생각하는 것은 잘못이다. 오히려 그들은 통속 심리학에서 규정하는 '경험', '앎', '믿음', '지각', '느낌' 등등이 특정한 뇌 상태와 동일하다는 환원을 마음에 품을 수 있다. 그런 환원은 상호 이론적 전망의 최종 결과로 이루어질 것이며, 그렇게 된다면 그 환원은 심리상태나 의식의 존재를 우리가 지금 인지하듯이 명확히 아는 환원일 것이다. 왜냐하면 광학 이론이 전자기 이론으로 환원되었다고 해서 이제 '빛이 존재하지 않는다'고 말하는 사람은 아무도 없기 때문이다. 오히려 빛은 전자기파라고 말한다. 그리고 누구도 광학 법칙이 이제 쓸모없거나 신뢰를 잃었다고 말하지도 않는다. 그런 문맥에서 보면, 뇌 상태를 인과적으로 일으키는 심리상태에 관해 말하는 것이 충분히 좋은 의미를 갖는다는 점을 주목해야 한다. 왜냐하면 심리상태는 뇌 상태이기 때문이다(Sperry 1980, Eccles 1977). 그렇다고 해서 스페리가 제시한(1980) 것처럼 특별한 인과 개념이 요구되는 것은 아니다.

대신에 환원주의자는 마음에 다음과 같은 환원을 그리고 있을지도 모른다. 상당히 진보된 과학적 심리학은 상당히 진보된 신경과학으로 환원될 것이며, 이런 맥락에서 심리학에서 바라보는 심리상태와 본성에 대한 현재의 개념들은 어느 정도 수정될 것이다. 이런 시각에서 보면, 우리가 **지금 인식하는** 심적 현상은 우리가 **지금 인식하는** 뇌 상태와 동일하지 않다. 이 말은 마치 아리스토텔레스 물리학을 뉴턴 물리학으로 덜커덩거리게 환원했던 것과 비유된다. '추진력'이 뉴턴 이론에서 재인식되므로 결코 뉴턴 이론에 이와 동일한 것은 없다. 환원주의자는 심적 현상의 존재를 전혀 부인하지 않는다. 오히려 우리들이 지금 그 현상을 잘못 인식하거나 이해하고 있을 수 있기 때문에, 환원주의자는 더 풍부하고 포괄적이며 좋은 이론이 나올 수 있음을 전망한다. 한편 어느 심리학 이론이라도 얻을 수 있다는 점에서, 환원주의자는 심적 현상에 대해 이야기하는 것이 적절함을 인정하며, 최종의 환원을 위해 심리학적 탐구의 필요성을 적극 지지한다(9장 참조). 같은 맥락에서, 분자유전학자는 최종의 환원을 위해 전달(고전)유전학 연구가 필요함을 적극 지지할 것이다.

물론 상당히 진화되고 변형된 심리학조차 상당히 진화된 신경과학으로 환원되지 않는 경우가 경험적으로 가능하다. 그럴 경우 심적 현상이 새롭게 인식된다고 하더라도, 심적 현상이 신경 현상에 비해 창발적이라고 인정될 수 있다. 그러나 지금 그렇게 바퀴가 굴러갈 것으로 장담할 수 있는가? 내 생각에 심리학이 영원히 신경과학의 환원적 열망 너머 멀리 있다고 기대하는 것은 너무 성급해 보인다. 앞서 언급한 바와 같이, 단지 심적 현상을 관찰했다고 해서 누구도 명백히 '어떤 이론간 환원도 예정되어 있지 않다'고 장담할 수 없다.

그럼에도 불구하고, 심리학이 신경과학으로 환원되지 않는다는 가설을 방어하는 강력한 논증들은 여전히 깊이 검토될 여지를 남기고 있다. 그런 논증들은 여전히 속성 이원론자의 입장에서 (경험의 현상적 특성에 초점을 맞추거나 주관적 관점에 초점을 맞추기보다) 심리상태가 의미 차원을 가지며 심적 과정이 어느 정도 논리적이라는 사실에 초점을 맞춘다. 8장 4절에서는 그런 주장에 초점을 맞춰 검토할 것이다.

4. 지향성과 이론간 환원

우리의 정신세계에서 신경과학이 설명해야 할 것이 단지 '의식적 앎'만이 아니다. 생각의 **표상적** 본성 또한 전적으로 물리적 기계의 능력 너머에 있어 보이기 때문이다. 인간이 **사고할** 수 있는 것은 단지 지금 이곳에서 일어난 것만이 아니라, 죽어서 없어진 것, 아직 존재한 적도 없었던 것, 심지어 '영구기관'(perpetual motion machines)이나 '둥근 원과 면적이 같은 정사각형을 그리는 방법'과 같은 불가능한 것들까지 가능하다.

그리고 인간은 어느 정도 합리적이며, 그래서 우리 생각은 논리적으로 일관성 있고 상호 연결된 체계를 형성한다. 우리는 추론을 이끌어내고, 수학적 증명을 구성하며, 엘레우시스(Eleusis) 수열(1, 1, 2, 3, 5, 8, 13, …)을 나열하는 규칙 같은 자료들의 패턴을 발견하거나, 행성운동을 설명하는 이론을 찾아내기도 한다. 우리는 어떤 증거가 가설과 모순되는지 알며, 한 경험적 현상을 설명하는 데 적절한 가설을 생각할 수도 있다. 우주의 기원(origin)이나 종(species)의 기원을 설명하는 이론을 찾아낼 수 있으며, 비행기를 어떻게 만들어야 날 수 있는지 알아낼 수도 있다.

반면에 물리적 기계장치가 복잡하고 섬세하게 만들어진다고 하더라도, 결코 그것들이 표상하고 추론하는 놀라운 능력을 가진 것은 지금까지 없었으며, 앞으로 아무리 발전한다고 하더라도 물리적 장치가 그런 능력을 갖는 일은 영원히 없을 것이다. 왜냐하면 사고는 독특한 **심적** 능력이기 때문이다. 따라서 표상된 생각이 아주 복잡한 물리적 장치의 산물일 수 없으며 정신적 산물임에 틀림없다고 생각된다. 그 독특한 인간의 성취는 단지 인간 뇌가 극도로 복잡하다는 것만으로는 설명되지 않으며, 우리가 심적으로 독특한 내적 상태를 갖는다는 가설에 의해서만 설명될 수 있어 보인다.

정확히 말해서 위의 논제가 어떻게 방어되는가? 어떤 물리적 기계도 표상적 상태를 가질 수 없다고 어떻게 증명할 수 있는가? 그 논증들을 들춰내어 따져보려면 우선 일반적으로 표상적 상태가 무엇인지 더욱 세밀하게 살펴볼 필요가 있다.

철학자들은 전통적으로, **사고**(thought)가 심리상태 자체로부터 '외부에 있는 무엇에 대해서'란 의미에서, 생각이 '무엇에 대함'(aboutness)을 갖는다고 말해 왔다. 내 컴퓨터가 아인슈타인의 낡은 책상 위에 놓여 있다는 '믿음'은 내 컴퓨터에 대한 것이며 공간적으로 아인슈타인이 사용했던 '책상과 내 컴퓨터와의 관계에 대한' 믿음이다. 중세 철학자들은 사고의 '무엇에 대함' 차원에 상당히 기만되어, 그리고 '생각'과 통증 같은 '다른 상태'와의 차이를 이해하려고 '사고'를 그 자체가 아닌 무엇을 '의도함'으로 기술했다. (아인슈타인이 상상력이 풍부했다는 '사고'는 아인슈타인에 **관한** 것이지만, 통증은 그저 '통증'에 지나지 않는다.) 결론적으로 말해서, '무엇에 대함'을 갖는 속성이 **지향성**(intentionality)을 갖는 속성으로 기술되기에 이르렀다. 철학자들이 사용하는 '지향성'(무엇에 대함)은 따라서 전문적인 용어로 쓰인 것이며, '지향적'(intentional)이란 말을 '의도(고의)적'(deliberate)을 뜻하는 일상적 쓰임과 혼동하지 말아야 한다.

'지향성'이라는 개념이 갈피를 잡을 수 없게 사용되고 있음을 더욱 잘 인식함에 따라 그 개념에 대한 많은 연구가 있었다. 어떤 믿음이 존재하는 무엇에 대한 믿음이라면, 이 세계에 '그 믿음에 상응하는 대상이 있다'고 말하는 것은 솔직해 보인다. 그러나 예를 들어 스미스(Smith)가 칼로리(caloric)는 사물을 뜨겁게 하는 액체라고 **믿을** 경우, 혹은 산타클로스(Santa Claus)가 그에게 장난감을 가져다 줄 것으로

믿는 경우, 혹은 어느 누구도 발견한 적이 없는 골드바하(Goldbach)의 억측13)에 대한 증거가 있다고 믿는 경우에는 (그 믿음의 대상이 존재한다는 주장이) 그다지 솔직해 보이지 않는다. 브렌타노(Brentano)와 마이농(Meinong)과 같은 어떤 철학자들은 추상적이지만 실재하는(real) 대상의 세계가 '사고의 대상'이라고 가정함으로써 문제를 해결하려 했다. 러셀(Russell)과 같은 다른 철학자들은 그런 잘못된 생각을 치료하기란 질병을 치료하기보다 힘들며, 적어도 쉬운 일은 아니라고 생각했다.

전형적인 지향적 상태는 'x가 p를 믿는다', 'x가 p를 원한다', 'x가 p를 생각한다', 'x가 p를 일으킬 의도를 갖는다' 등과 같은 **명제태도**(propositional attitude)이다. 앞서 논의한 바와 같이, 명제태도의 특징은 어떤 생각을 정확히 표현하는 문장에 의해 규정된다는 점이다. 만약 스미스가 처칠(Churchill)에 북극곰이 산다고 믿으면, "처칠에 북극곰이 산다"는 문장은 스미스가 갖는 믿음과 동일하다. 달리 말해서 동일성을 규정하는 문장이 스미스 믿음의 **내용**을 규정한다. 따라서 내용문장(content sentence)이 의미를 가지며, 명제태도는 내용과 의미를 갖는 특징이 있다. 개별 상태가 어느 의미를 갖는지는 그 상태가 '믿음', '열망', '희망' 등등에 의해서 그리고 관련된 '내용문장'에 의해서 규정된다. 좀 더 일반적으로 말해서 표상적 상태는 의미를 갖는 상태이다.

'무엇에 대함'과 사고의 대상에 관련한 지향성 문제는 현대에 와서 '표상적 상태가 내용을 갖는지 혹은 의미를 갖는지'와 관련된 더욱 일반적인 질문으로 바뀌었다. 지향성이 물리주의자들과 이원론자들 사이

---

13) [역주] 골드바하는 1742년에 스위스 수학자 오일러(Leonhard Euler)에게 보내는 편지에서 다음과 같은 주장을 하였다. (1) 모든 짝수들은 두 개의 소수의 합으로 표현할 수 있다. (2) 2보다 큰 모든 자연수는 세 개의 소수의 합으로 표현할 수 있다. 그런데 사실상 이 두 주장이 옳은지 알아보기 위해서, 모든 수를 증명해 볼 수는 없으므로, 이 두 억측은 예상을 주장한 것으로 보아야 한다.

에 논쟁거리가 되었을 때, 그 견해 차이는 '물리적 상태가 내용을 갖는 것이 가능한지 아닌지', 그리고 '물리적 상태가 표상적 상태일 수 있는지 아닌지' 문제와 관련된다. 그래서 바람직한 언어 의미이론을 찾는 일은 가장 중요한 문제가 되었다. '사고가 어떻게 의미를 가질 수 있으며', '언어적 요소들이 어떻게 의미를 갖는지' 묻는 질문은 철학자들로 하여금 상당히 많은 연구를 하게 했다. 그 문제가 완전히 해결된 것은 아니지만, 안개 속에서 돌연히 나타난 **그물망의미이론**(network theory of meaning)은 가장 강력하고 포용력 있는 이론으로 등장했다(이 단원을 계속 보라). 우리 목적에 도움이 되는 그 이론의 중요한 특징을 지적하자면, 비록 독자적 바탕을 가짐에도 불구하고, 물리주의 이론이 심리상태나 과정을 설명할 수 있음을 밝힌 점에 있다. 실제로 그 이론은 이원론과 물리주의 모두와 양립 가능하지만, 특히 물리주의와 양립 가능하다는 점에서 주목해야 할 것은, 심리상태가 의미를 갖는다고 하더라도, 물리주의 이론이 마음-뇌에 대해 접근 가능함을 보여준다는 사실에 있다.

'추론하고' '의미 있게 생각하는' 능력이 우리에게만 주어진 것인지, 아니면 그런 능력이 너무나도 비범하여 어떤 기묘한 물리적 장치라도 할 수 없을 것 같은 유일한 능력이 존재함을 함축하는지는 여전히 철학적으로 반성해 볼 주제이다. 좀 더 포괄적이고 명확한 논의를 해보면 그런 직관의 형태는 매우 다양하게 나타난다. 그중 한 입장은 내가 이미 7장 3절에서 잘못을 지적했던 것으로 '**이성적**(논리적/합리적)으로 관련된 상태들이 **인과적**으로 서로 관련됨'을 부정하는 것이다. 가장 최근의 논의는 '의미 있는 추론이 갖는 특별한 본성에 비추어' 인지심리학이론이 신경생물학이론에 비해 창발적이라는 입장을 주장한다(9장 참조). 이 장에서는 포퍼(Karl Popper 1972, 1977)에게서 나온 유력한 주장에 초점을 맞추겠다. 그는 사고 능력이 근본적으로 비물리적이며 창발적이라는 생각에서 의미와 논리에 대한 '차원'의 직관에 관심을 기울인다. 포퍼는 명제태도가 **의미론적** 차원을 가지며 명제의 대상은 **추상적** 본성을 갖는다고 생각했다.

포퍼와 지성(Intelligibilia)의 세계

환원주의에 반대하는 포퍼 주장의 핵심은 다음과 같다. 추상적이며 비물리적인 대상의 세계가 존재하며, 우리는 그런 대상과 상호 작용함으로써 추론하고, 정리(theorem)로부터 증명을 발견하고, 물리적 이론에 대한 귀결을 찾아내고, 언어를 사용하며, 수학과 양자역학 혹은 괴델(Gödel)의 불완전성 결과에 대해 생각한다. 그는 이 추상적 대상의 영역을 '세계 3'이라 부르며, 그 세계의 거주자에는 '정수'와 '무리수'와 같은 수의 대상들과 그 대상들 사이의 관계, 수학적 대상들, 논리적 대상들과 이들 사이의 관계, 과학 이론과 골드바하의 억측이 가져올 (아직 발견되지 않은) 귀결, 물리학이나 신경과학에서 이론들의 (아직 밝혀지지 않은) 결과 등등이 포함된다. 또한 책이나 악보와 같은 '구체화된' 대상들도 여기에 속한다. 포퍼는 물리 법칙을 확증시켜 주는 물리적 세계를 '세계 1'이라 칭하고, 이와 구분해서 심적 사건이나 과정은 '세계 2'에 속한다고 주장한다.

포퍼 주장에 따르면, 세계 3은 마음 속의 생각, 말 행동 성향, 뇌의 (신경세포가 얽힌) 연결 등과 독립된 자존적 실재로서 존재한다. 세계 3은 세계 2나 세계 1에 속하지 않는다. 포퍼의 이런 추론은, 논리학 법칙들은 '인간이 어떻게 추론하는지' 혹은 '전문 논리학자들이 어떻게 추론하는지'를 경험적으로 일반화한 것이 아니다'는 관점에서 나왔다. 포퍼의 입장에 따르면, **논리학 법칙들은 마땅히 그래야만 하는** 것과 관련된 규범 혹은 기준이며, 그런 법칙들의 타당성은 논리학자들이 인정한다는 사실로부터 나온 것이 아니다. 오히려 그것들이 **타당하기 때문에 논리학자들이 그 법칙들을 받아들이는 것이며**, 그 타당성은 세계 3의 대상들 사이의 세계 3의 관계라는 독립적 문제이다. 더구나 어느 추론들은 누가 그 추론을 이끌어낸 적이 있는지 없는지 사실과 무관하게, 심지어 그 명제들을 생각한 적이 있는지 없는지 사실과 무관하게 타당하다. 포퍼의 시각에서 보면, 이것은 논리적 체계라는 실재적 존재와 지성의 세계 3을 가정함으로써만 설명될 수 있다.[14)]

위의 입장이 어떻게 이론간 환원의 논증에 버티는가? 다음과 같은 방법에서이다. 포퍼는 심리상태와 과정의 영역인 세계 2가 세계 1에 속할 수 없음을 보여주는 데 초점을 맞추어 아래와 같은 논증을 펼친다.

(1) 세계 3은 세계 1의 변화를 일으킬 수 있다. 예를 들어 어떤 사람이 화학적 에너지를 기계 에너지로 전환하는 증기기관을 제작하기 위해 어느 이론을 사용할 경우가 그렇다.

(2) 그러나 세계 3이 세계 1에 '직접' 영향 미칠 수 없으며, 단지 세계 2의 중재를 통해서만 가능하다. 즉 추상적 대상들은 사고 과정에 의해 '포착되고' 다루어지지 않고서는 물리적 세계에 변화를 일으킬 수 없다. 세계 2의 이런 과정은 물리적 과정일 수 없다. 왜냐하면, 비물리적인 어떤 것만이 비물리적인 지성의 세계 3과 상호 작용할 수 있기 때문이다.

따라서,

(3) 세계 2는 세계 1에 속할 수 없으며, 이것은 심리상태가 물리적 상태일 수 없음을 함축한다.

포퍼의 확신에 따르면, 물리주의는 세계 3의 존재와 양립 가능하지 않으며, 환원주의자의 유일한 방어는 그 영역이 실재함을 부정하는 것이다. 그러나 나는 그 전략을 취하지 않겠다. 비록 내가 (규칙, 법칙 등의) 규범적 개념들이 상당히 혼동되었음을 발견하더라도, 혹은 내가

14) 이런 질문들에 대한 다른 견해는 Stich and Nisbett(1980) 참조.

세계 3을 가정함에 의해 결국 곤란해짐을 보게 되더라도, 포퍼 주장에 대한 나의 반론은 그의 세계 3을 논박하는 데에 있지 않다. 오히려 내가 보기에 그의 잘못은 전제 (2)에서 '오직 비물리적인 것만이 지성의 세계 3과 상호 작용할 수 있다'는 주장에 있다. 그 주장의 한 난점은 **선결문제를 요구**한다는 데 있다. 포퍼도 인정했을 것으로, 신경 집합체와 같은 분명히 물리적인 것이 그런 상호 작용을 **할 수** 있다. '이론은 사고의 중재 없이 기술(technology)을 낳을 수 없다'는 주장은 '사고가 **비물질적임**'을 밝혀주지 못하며, '사고가 기술을 위해 **필요함**'을 말할 뿐이다. 포퍼의 이런 생각에 대해 물리주의자들은 다음과 같이 말할 수 있다. 이론은 뇌의 중재 없이 기술을 낳을 수 없다.

위 주장은 대단히 강력한데, 어떻게 작동하는지 매우 잘 이해하는 순수한 물리적의 체계의 보기, 즉 정리를 증명해 내고, 등식을 풀고, 수학적 법칙과 논리적 법칙들을 이행하며, 경우에 따라서는 과거로부터 배우고 따라서 자신의 규칙을 수정할 수 있는 컴퓨터가 존재하기 때문이다. 컴퓨터는 회로와 프로그램을 가지고 있으며, 연속된 물리적 상태들을 수행함에 의해 연속된 기능적 상태를 수행하는데, 그것은 마치 (삼단논법에서) 두 전제로부터 연역적 추론을 이끌어내는 것과 같다. '기능적 상태'란 말로 내가 의미하는 것은 입력 상태와 출력 상태 그리고 다른 내부의 기능적 상태를 갖는 인과적 관계를 말한다(9장 참조). 그 기계의 작동은 회로망 차원에서 또는 그것이 계산하고 있는 기능적 차원에서 설명될 수 있다(Dennett 1978a). 만일 논리적 추론 수행에서 컴퓨터가 세계 3의 추상적 대상과 상호 작용한다면, 포퍼의 두 번째 전제는 뿌리째 흔들리고, 그의 주장은 실패로 돌아간다. 논리적 추론을 수행함에 있어 컴퓨터가 세계 3과 상호 작용을 이해하지 못한다고 간주된다면, 포퍼가 '추론에 세계 3의 추상적 대상과 상호 작용이 있어야 한다'는 자신의 핵심 가정이 오류가 된다.

게다가 정리(theorem)를 증명하는 것과 같은 심적 과정을 수행하는 일이 마치 당면 과제에서 그와 똑같은 정리를 증명하는 기능적 과정을 수행하는 컴퓨터와 같다는 점을 생각해 보라. 정당하게 평가해서 그 두 과정은 서로 동일하다. 바로 이런 가능성에서 철학자들(Putnam 1967, Fodor 1975, Dennett 1978b)은 **기능주의**(functionalism)로 알려진 철학적 이론을 발전시켰다. 기능주의 주장에 따르면, 우리의 심리학적 상태의 본성은 감각 입력과 행동 출력을 매개하는 상태들의 내적 시스템에 참여하는 높은 차원의 인과적* 역할의 기능이다.

그 주장에 따르면, 심리상태는 뇌의 **기능적** 상태이며, 마치 컴퓨터의 기능적 상태가 전자 기계에 대한 것이라면, 심리상태는 뇌의 신경기계(neural machine)에 대한 것이다. 심리상태가 어떤 비물리적 실체의 기능적 상태**일 수** 있겠지만, 동시에 그것이 뇌의 기능적 상태라는 것은 그 이상의 의미를 갖는다. 컴퓨터의 기능적 상태는 전자회로에 의해서 이해되고 수행된다. 마찬가지로 심리상태는 신경 재료에 의해 이해되고 수행된다. 기능적 기술(description)과 하드웨어 기술의 차이는 어느 **수준**의 기술이 적절한지에서의 차이이지, 기술되는 것이 물리적 상태인지 혹은 비물리적 상태인지의 차이가 아니다. 어떤 차원에서 보면 심리상태에 대한 기술은 물리적 상태에 대한 기능적 기술이다(Dennett 1978a와 1981, Lycan 1981a와 1981b 참조).

컴퓨터에서 임의의 출력을 설명하기 위해 우리는 그것이 수행한 프로그램과 입력 그리고 출력을 산출하게 한 기능적 단계를 설명한다. 적절한 기술 차원에서, 컴퓨터는 자신이 이용하는 정리들을 증명해 낸다. 말하자면, 이중부정(double negation)의 규칙이나 전건긍정 삼단논법(modus ponens)의 규칙[15]을 증명한다. 인간도 그 정리를 증명하는 데에 같은 단계를 수행할 것이다. 이제 인간 뇌가 수행하는 프로그램

---

15) [역주]

$\sim(\sim P) \equiv P$ (이중부정)

$[(P \rightarrow Q) \cdot P] \rightarrow Q$ (전건긍정 삼단논법)

을 부분적으로 기술하는 단편적 이론인 통속 심리학에 대해 생각해 보자. 뇌가 수행하는 프로그램과 우리가 현재 통속 심리학에서 기술하려는 프로그램은 분명 우리가 컴퓨터 과학에서 고안한 어느 것보다 훨씬 복잡한 것이다. 그리고 뇌의 경우 그 내부에서 무슨 일이 일어나는지 기계적 차원에서 기술할 수 있는 신경과학적 이론을 아직 우리가 가지고 있지 못하며, 물론 통속 심리학이 근본적으로 그 프로그램을 바르게 기술하고 있는지도 모를 일이다. 그렇지만 비물리적 가설들에 달려가 매달리지 않으면서 순전히 물리적 기계의 규칙을 가지고 제어된 행위를 어떻게 설명할 수 있는지 컴퓨터가 좋은 예를 제공하고 있다. (기능주의에 대해서는 9장에서 충분히 논의될 것이다.)

더구나 포퍼는 자신의 주장을 방어함에 있어 '비물리적 상태가 지성과 상호 작용한다'고 보는 것이, '신경 상태가 그럴 수 있다'고 보는 것보다 설득력이 있다고 생각한 듯하다. 그런 상호 작용에 관련해서 달리 대안이 없다면 그런 이해가 바람직한 생각일 수도 있겠다. 그러나 분명히 말하지만, 마음이 제3 영역의 대상들을 '포착한다'고 말하는 것이 결코 이론적으로 진보한 것이 아니다. 왜냐하면 이미 앞서 지적한 바와 같이, 공리적 비물리적 상태가 어떻게 신경 상태와 상호 작용할 수 있는지 설명하는 일도 똑같이 곤란하기 때문이다.

포퍼는 컴퓨터가 논리적 수행을 하는 것에 대해서, "컴퓨터는 인간 마음에 의해 고안되었으며, 따라서 컴퓨터와 그 논리적 법칙들은 모두 세계 3에 속한다"(1977:76)고 강하게 응수한다. 그러나 그 주장은 하나의 반박으로 성립될 수조차 없다. 물리적 기계인 컴퓨터가 세계 3의 대상과 상호 작용하는가 못하는가? 만약 한다면, 뇌는 왜 아닌가? 또 포퍼는 컴퓨터의 기능적 상태가 사실상 물리적 상태일 수 없음을 의미하지 않았는가? 그의 대답은 기능주의 이론의 논점을 완전히 놓치고 있는데, 기능주의 이론에 따르면 심리상태는 상위차원의 기능적 기관에서 기술된 상태이면서 뇌에서 수행된 상태이기 때문이다. 만약 컴퓨터와 같은 명백한 물리적 시스템이 규칙과 절차를 따를 수 있고, 수학적 법칙들을 수행할 수 있으며, 인간이나 기계가 전에 한 번도 추론한 적이 없는 결론을 이끌어낼 수 있다면, 규칙과 논리적 법칙들을 따르는 시스템의 능력에 대해 단지 비물리적 메커니즘을 가정할 필요가 없다는 것은 당연하다.

하지만 여전히 다음과 같은 주장이 있을 수 있다. 우리 뇌는 지금도 진화하고 있지만, 컴퓨터는 만들어진 것이란 점에서 다르다. 그러나 그 차이점이 우리의 기능적 상태가 물리적 상태인지 아닌지에 관한 문제에 적절할까? 우리 뇌가 진화하지 않는다고 가정해 보자. 다른 은하계로부터 어떤 초월적 지성이 지구를 탐지하는 어떤 특별한 장치로 땜질하듯이 지구를 수선해 가고 있다고 가정해 보자. 혹은 어떤 사람들이 믿는 것처럼, 우리 마음-뇌가 신에 의해 설계되었다고 가정해 보자. 그렇다면 우리는 자신의 기능적 상태를 어떻게 기술해야 할까? 포퍼의 이론을 수용하는 자는 일관성을 유지하기 위해 마치 컴퓨터처럼 우리의 뇌도 세계 3의 대상이라고 주장해야만 할 것이다. 하지만 이렇게 되면, 우리가 물리적 세계와 상호 작용해 낸다는 것은 완전히 미궁에 빠지게 되거나, 우리의 심리상태를 물리적 상태로 보아야 한다. 그 중 어느 것도 포퍼의 도식에 맞는 대답이 아니다.

끝으로 포퍼의 논증에 대한 더욱 단순한 반증이 있다. 만약 명제태도가 추상적 존재와 관계함으로 그것들이 물리적 상태가 아니라는 그의 주장이 옳다면, 이와 똑같은 논증으로서, '질량', '온도', '전하량'(charge) 등과 같이 전적으로 물리적 속성인 것들도 물리적이 아니라는 주장이 가능하게 된다. "…는 *n*킬로그램의 질량을 갖는다", "…는 *n*의 절대온도를 갖는다", "…는 *n*쿨롬(coulombs)의 전하량을 갖는다" 등의 수의 태도와 벡터 태도에 관한 7장 3절의 논의를 끌어들여 보자. 형식적 존재들에 한정되었던 추상적 관계들을 드러내는 경험 법칙들은 그 상태가 명제태도인 심리학에서 발견될 뿐만 아니라, 수의 태도인 물리학에서도 발견된다. 예를 들어 "임의의 *x*, *m*, *f* 에 대해, 만약 어떤 물체 *x*가 질량 *m*을 가지고 있을 경우 *x*에 힘 *f* 가 가해지면, *x*는 *f* / *m*의 가속도를 갖게 된다"는 법칙을 생각해 보자. 그러면 분명히 수의 태도는 세계 3의 추상적 대상, 즉 수로 채워졌으며, 포퍼에 따르면 오직 수의 태도가 비물리적일 경우에만 그 대상들과 상호 작용할 수 있다. 그래서 '질량', '온도', '전하량' 그리고 '전형적인 물리량'은 일반적으로 비물리적 속성이어야만 한다. 분명히 우리는 이런 결론을 인정하지 말아야 한다. 그러나 만약 우리가 명제태도에 관련해서 포퍼의 결론을 따르게 되면 어떻게 그것을 피할 수 있을지 대단히 난감한 문제가 아닐 수 없다.16)

지향성: 내재적이고 파생적인

다음과 같이 매우 단순한 논증을 생각해 보자.

(1) 만약 명제태도의 지향성이 물리적 속성이라면, 진정한 지향성을 갖는 컴퓨터를 만드는 일이 틀림없이 가능하다.

(2) 그러나 인간의 명제태도를 모방하려는 어떠한 컴퓨터도 진정한 지향적 상태를 갖지 못한다.

(3) 따라서 명제태도의 지향성은 물리적 속성이 아니다.

어떤 상태가 지향성을 갖는다는 것은 근본적으로 위에서 언급한 의도에서 '의미' 혹은 '내용'(혹은 '무엇에 대함')을 갖는 것임을 상기하자.17)

---

16) 나는 이 논의에 있어 폴 처칠랜드(Paul M. Churchland)에게서 도움을 받았다.

17) 이 논의는 설(Searl 1980)의 논증과 겉으로 보기에 유사하지만, 중요하게 다른 점이 있다. 내가 이해하는 바로는, 설의 논증은 전제 (2)(즉 가장 상위차원의 구성만이 갖는 마음-뇌 능력을 흉내내는 어떤 컴퓨터 모델도 충족될 수

두 번째 전제에 이 논증의 무게가 실려 있기 때문에, 그것을 좀 더 자세히 살펴볼 필요가 있다. 하여튼 아무리 컴퓨터의 행동 출력이 정교하고 **그 출력이 사람의 행동에 아무리 유사하다고 할지라도**, 그 어떤 언어적 출력도 의미를 갖지 않는다. 이 주장을 검토하기 위해 자신과 상당히 유사한 행동 양식을 갖는 로봇을 만들었다고 가정하자. '보고', '듣고', '냄새 맡는' 등의 감각기관을 가지며, 또 동작 장치를 가졌다고 가정하자. 그 내부 장치는 내 뇌를 사소한 점까지 모방해야만 하겠지만, 그것은 경험적 탐구에 의해 결정될 경험적 문제이다. 각자의 내부 체계가 서로 충분히 유사해서 우리 행동 양식이 포퍼와 내가 그렇듯이 서로 충분히 유사하다고 그저 가정해 보자. 그 로봇이 음성장치를 갖고 있으며, 만약 휴스턴 우주 센터(Houston Space Center)로부터 나오는 아침 뉴스를 파악할 수 있도록 훈련된 시각장치를 가져서, "우주선이 오늘 아침 착륙했습니다"라는 말로 확인되는 어떤 내적 상태로 들어갈 수 있으며, 로봇이 당신의 사무실에 들어와서 "우주선이 오늘 아침 착륙했습니다"라고 말한다고 가정해 보자.

위의 논의를 계속하면 다음과 같은 문제와 마주친다. 겉보기와 달리 로봇의 발화는 **우리**가 그 의미를 갖기 때문에 비로소 의미를 갖는다고 생각될 수 있다. 즉 우리 자신이 "우주선이 오늘 아침 착륙했습니다"라고 말할 때 의미하는 것과 같은 의미로 우리가 그것을 **해석**하기 때문이다. 우리 해석의 은총이 없다면, 로봇의 말과 그 내적 상태는

없다)에 상당한 무게를 두고 있다. 설은 물리주의자이며, 그의 논증이 반박하려는 것은 직접적으로 환원주의에 맞춰진 것이 아니라, 그가 인공지능(AI)과 인지심리학의 '형식적 모델'이라고 부르는 것에 맞춰져 있다. '형식적'이란 말로 의미하는 것에 무엇을 포함시키고 배제할 것인지는 분명하지 않지만, 만약 '순수한 형식적'이란 표현이 '문장적'이란 표현에 거의 일치한다면, 우리들이 어느 정도 동의할 수 있는데, 왜냐하면 나는 '문장적 패러다임'에 비판적이기 때문이다(9장 참조). 그렇지만 만약 일치하지 않거나 거의 그렇지 않다면, 아마 일부 나의 반박이 설의 논증을 흔들 것이다.

결코 의미를 가질 수 없다. 우리는 그 내적 상태가 바로 '우주선이 오늘 아침에 착륙했다'라고 말할 때의 생각(사고)이라고 말하고 싶겠지만, 분명 우주선에 관한 어떤 상태는 우리 해석에 의해서만 표현되는 사고인 점에 주목해야 한다. 그 내적 상태들은 그저 기계 상태일 뿐이며, 아무것도 표현하지 못하고 아무것도 의미하지 않는다. 간단히 말해서 로봇 출력의 의미는 우리 의미로부터 **유도된** 것이며, 따라서 그 상태의 지향성은 우리 상태의 지향성인 것이다. 그에 비해서 '우주선이 오늘 아침에 착륙했다'는 **나의** 사고는 유도된 의미가 아니라 내재적 의미(intrinsic meaning)를 갖는다. 즉 나의 내적 상태가 의미를 갖기 위해 다른 사람이 그것을 해석해야 할 필요가 없으며, 내가 의미를 부여한다. 위 논증은 이런 주장을 담고 있다.

그러나 위 논증은 많은 점에서 혼동하고 있다. 첫째, 생물학적 인간 상태가 의미와 지향성을 어떻게 가질 수 있는지 알아야 한다는 점과 관련된다. 좀 더 명확히 하기 위해 "그 우주선이 오늘 아침에 착륙했습니다"라는 내 말의 의미를 생각해 보자. 그 말로 내가 의미한 것이 무엇인지 그리고 당신과 내가 같은 것을 의미하는지 어떤지는 명백히 내가 믿는 그 이외의 것들과 복잡하게 얽혀 있으며 의존되어 있다. 예를 들어 만약 내가 '우주선'이 '바나나'이며 '착륙한다'를 '믹서기에 집어넣는다'로 믿는다면, 내가 의미한 것은 (아나운서) 월터 크론킷(Walter Cronkite)이 "우주선이 오늘 아침에 착륙했다"고 말할 때 의미하는 것과 다를 것이다. 내가 믿는 것은 상당히 다른 것이기 때문이다. 당신의 배경 믿음이 나의 것과 매우 다른 한에서 우리가 사용하는 말의 의미도 따라서 다를 것이다. 우리가 믿음들을 공유하는 한에서 우리의 의미도 공유될 수 있기 때문이다. 만약 천체에 관한 내 배경 이론이 프톨레마이오스(Ptolemaic) 입장을 지지하고, 당신의 배경 이론은 코페르니쿠스(Copernican) 입장을 지지한다면, 우리는 '행성'이란 말을 서로 상당히 다른 의미로 사용하는 것이 된다. (프톨레마이오스 이론에서 행성은 천구에 고정되지 않은 별이며, 코페르니쿠스 이론에서 행성은 별이 아니라 태양 주의를 도는 차가운 천체이며, 지구도 일종의 행성에 불과하다.)

어떤 사람이 발화(말)를 통해 의미하는 바는 그 자신이 가진 관련 '믿음'에 의존한다. 그리고 그 믿음의 '내용'은 (밀랍으로 된 커다란 공내부에서 만들어진) 어느 표현을 통해서 그가 의도한 '기능'인 것이다(Quine 1960). 개인에게 어느 표현의 의미는 그 표현이 자신의 내적 표상의 이치(economy)가 담당하는 기능이다. 즉 그 표현이 감각입력과 행동출력에 어떻게든 관련하는 기능이며, 내적 구조를 가지고 추론적 혹은 계산적 역할을 하는 기능이다. 섬세하게 말해서, 그것이 '**그물망의미이론**'(network theory of meaning) 혹은 '**전체론적 이론**'(holistic theory) 혹은 '**개념역할 이론**'(conceptual-role theory)이다(Paul M. Churchland 1979, Rosenberg 1974, Field 1977 참조). 번역이란 외국인의 표현과 자신의 표현 사이에 지도를 그려 가는 문제이며, 따라서 외국인의 표현들 사이에 유지되는 형식적이고 실질적인 추론의 그물망은 바로 우리 자신들 사이에 유지되고 있는 그물망에 아주 밀접하게 반영된다. 어쩌면 표상의 이치들이 아주 달라서 번역이 가능하지 않는 경우도 있을 것이다.

따라서 한 표현이 무엇을 의미하는지는 표현하는 사람의 내적 표상 **시스템**의 추론적/계산적 역할(인지적 이치)의 기능이란 의미에서, 의미는 **관계적**이다. 그렇다고 어떤 사람이 특정 의미를 갖는 경우 누군가 자신의 표현을 해석하고 번역할 경우에만 그 표현이 의미를 갖는다고 말하는 것은 아니다. 이 말은 독립된 표현들이 기묘하게 의미를 갖는 것이 아니며, 심성이 어떤 발화에 대해 어떻게 해서든 신비롭게 고유한 의미를 부여할 수 없음을 함축한다. 그리고 의미는 심리상태의 본래적 특성이며, 어떤 심리상태가 폭 넓은 표현적 체계와 상관없이 의미를 갖는다는 주장에 반대한다. 더구나 이 말은 단어의 의미는 참인

일련의 대상들이고 문장의 의미는 그것을 참으로 만드는 상태들과 같다고 말하는 의미이론에 대립한다.[18]

의미이론에 대한 배경 설명은 이 정도로 간결하게 끝내고, 처음에 제기한 중심 문제로 관심을 돌려보자. 우리 자신의 행동과 아주 흡사한 로봇이 의미를 가질 수 있는가, 아니면 좀 더 일반적으로 말해서 'p'를 표현하는 상태를 가질 수 있는가? 그 전제가 제시한 것처럼 내 출력행동을 모방하기 위해 로봇은 내 자신의 것에 견줄 만한 내적 표현 체계와 계산 체계를 가져야만 한다. 결국 나의 내적 이치 안에 있는 요소들에 견줄 만큼 기능하는 요소들을 가져야만 한다. 그러나 만약 그 내적 이치의 요소들이 내 자신의 것과 아주 흡사하다면, 그리고 만약 그 역할이 나의 이치에 있는 것들을 그대로 반영한다면, 그것들이 의미를 갖기 위해 그 밖에 더 무엇이 필요한가?

'로봇의 내적 상태가 진정한 의미를 갖지 못한다'고 주장하기 위해서는 임의적으로 '어떤 유용한 목적도 없다'는 식의 이중 기준을 설정해야 한다. 이렇게 멍에를 씌우는 일은 바로 독단이 아닐 수 없다. 로봇이 표현을 통해 무엇을 의미하는지는 (나와 같이) 로봇이 내적 표상의 이치로 표현하는 역할의 기능이다. 만약 내가 그 표상적 체계와 나의 것 사이에 지도를 그려 나갈 줄 알게 된다면, 나는 그 발화를 번역할 수 있게 된다. 그런 일은 어쨌든 모든 사람들이 다른 사람에게 지향성을 할당할 때 하는 일이다. 이 말은 '로봇의 내적 상태는 내가 그것을 해석할 경우에만 의미를 갖는다'고 말하려는 것은 아니다. 왜냐하면 결국 그 표상의 이치 요소는 내가 그 로봇과 마주하든 안 하든 서로 관계하는 객관적인 것으로, 추론적 혹은 계산적 관계를 갖기 때문이다.

만약 그 로봇 안에 작은 소년이 숨어서 그 효과를 만들어내는 사기

---

18) 더욱 발전된 논의는 Paul M. Churchland(1979), Stich(1983) 참조. 다른 입장의 논의는 Dretske(1981) 참조.

임이 드러난다면, 그 지향성은 파생되었다고 보아야 한다. 왜냐하면 그 로봇은 추론을 이끌어내는 자신의 표상 체계를 갖지 못하기 때문이다. 반면에 만약 그것이 전자 회로망 뇌를 갖고 그 행동출력이 그 뇌 안에 있는 복잡한 내적 표상 체계의 산물이라면, 그 발화는 내가 한 것처럼 의미를 갖는다고 인정해야 한다.

그 로봇이 인간과 다른 방식으로 '보고', '냄새 맡으며', '그 뇌가 실리콘 피코 칩(silicon pico-chips)으로 되어 있다'는 사실은 결국 그것이 '무엇을 믿는지 안 믿는지', '무엇을 원하는지 안 원하는지', '들은 것을 이해하는지 못하는지', 즉 일반적으로 말해서 '그 상태가 지향성을 갖는지 못 갖는지' 문제와는 관련이 없다. 홉스테터(Douglas Hofstadter)가 (대화 중에서) 지적했듯이, 만약 다르게 보고 다른 신체 구조를 갖는 것이 지향성을 결정하는 데 그렇게 중요하다면, 일관성 있게 다음과 같은 논의가 상상될 수 있다. 남성들에게만 있고 여성들은 갖지 못하는 본질적이며 **실재적** 지향성이 있다고 상상할 수도 있다. 그래서 여성들은 단지 '여성 지향성'을 가질 수 있으며, 역으로 남성들은 여성들이 갖지 못하는 **실재적** 지향성을 가지고 있다고 주장할 수도 있을 것이다. 그들은 다만 '남성 지향성'을 갖는다고 말이다.

끝으로 포퍼의 주장에 대해 언급했던 것처럼, '우리 인간들이 실제로 비범한 지성을 산출한다'는 발견은 '우리가 믿음과 열망 그리고 생각을 (실제로) 가지고 있는지 어떤지'에 조금도 영향을 미치지 못하며, '우리의 발화가 어떤 것을 (실제로) 의미하는지 어떤지'에도 아무런 영향을 미치지 못한다. 한 시스템 내의 표상적 주제들 사이의 복잡한 추론적 계산 관계는 궁극적으로 그 시스템이 무엇으로 되어 있든 전혀 상관없다. 그러나 반환원적 주장이 옳다면, 우리의 인종적 기원에 관련해서 발견된 사실로 비추어 볼 때 결국 우리가 **실재적** 지향성을 가지고 있지 않다고 결론을 내려야 한다. 그보다 우리가 사실상 어느 결론도 내릴 수 없었으므로, 반환원주의는 우리들이 '결론을 내리도록' 도와주었어야 한다.

결국 로봇이 지향적 상태를 갖는지 아닌지 문제는 무엇보다도 그 상태에 대한 내적 정보 그물망이 얼마나 복잡한지에 달린 문제이며, 그 감각 기관과 작동 요소에 달려 있는 문제이기도 하다. 그러나 여기에 두 가지 짚고 넘어갈 것이 있다. 첫째, 그 복잡함이 충분한지 아닌지 엄밀하게 말할 기준이 없으며, 그 표상적 상태 시스템이 어떻게 세계와 필연적으로 연결되는지 말할 수 있는 어떤 기준도 없다는 점이다. 만약 그 내적 정보 그물망이 남자 어른처럼 복잡하다면 충족되겠지만, 만약 그것이 우렁이나 자동 온도 조절장치처럼 단순하다면 충족되지 못할 것이다. 이렇게 극단적인 경우에서는 분명하겠지만, 그 중간 영역에서는 훨씬 덜 분명하다. 따라서 어느 정도의 어떤 것이 지향적 상태를 갖는지 아닌지 결정하는 일은 그것이 우리와 얼마나 닮았는지 문제에 전적으로 달려 있다. 즉 유사성이 크면 클수록 우리는 그것이 지향적 상태를 갖는다고 더 말하기 쉬울 것 같다. 그것은 우리가 단지 그 시스템이 표현하는 것을 알기 때문이 아니라, 우리가 알지 못하기 때문이며, 따라서 우리는 어떤 가정을 찾게 되고, 동시에 패러다임의 설정자가 된다. 정보처리에 대한 확고한 이론도 없기 때문에 내적 그물망이 얼마나 복잡해야 하는지 엄격한 기준이 있을 수 없으며, 진정한 의미를 갖는 것이 되기 위해서 그물망이 세계와 어떻게 만나야 하는지에 대한 정확한 기준도 있을 수 없다.[19)]

따라서 여기에서 말하는 불명확성은 부분적으로는 이론적 미성숙을 말한다. 어떤 것이 단백질과 아미노산인지 정확히 규정하는 이론적 정의는 있다. 왜냐하면 화학 이론이 잘 발달되었기 때문이다. 유기체들

19) 내적 상태가 그 내용을 갖는지 아닌지는 인지 기관(cognitive organisms)이 정보처리를 어떻게 하는지 기술하는 일반화를 통해서 밝혀낼 수 없기 때문에, 사실 마음-뇌에 대한 과학으로 대답을 줄 수 있을지 그리 분명하지 않다. 이런 입장을 지지하는 논증은 Stich(1983) 참조.

이 갖는 표현의 본성에 관한 더 발달된 경험적 이론이 나타날 때까지 상당한 정도의 엄격한 기준은 유보되어야 한다. 사실 우리는 유기체들이 어떻게 표현하는지 많이 알지 못하며, 어떤 방식으로 표현하는지, 혹은 우리의 표상 시스템이 갖는 개념이 자연종인지조차 알지 못한다. 그리고 심지어 우리가 좀 더 알면 알수록, 마치 '종'(species)에서의 경우처럼, 그 불명확성은 어쩔 수 없는 몫일 수 있다. 미성숙된 정의를 만들어냄으로써 정확성을 강요하는 것은 어느 누구도 설득하지 못한다. 내 생각에 우리에게 그리 도움을 주지 못하는 통속 심리학적 범주로 의미를 분석하는 일은 더 이상 반복하지 말아야 한다(특히 Dennett 1986 참조).

5. 맺는말

이 장에서 언급된 이론간 환원을 거부하는 입장들은 '심리상태는 물리적 상태가 아니다'는 공통된 주장을 담고 있다. 왜냐하면 '그것이 비물리적 실체가 갖는 상태이기' 때문이며, 혹은 '그것이 신경 상태와 과정으로 설명될 수 없다'는 의미에서 뇌의 뚜렷한 비물리적 상태이기 때문이라는 주장이었다. 이런 반대 입장들 중 어느 것도 나를 압도하지 못하는 듯싶다. 그런데 반기를 드는 것은 이원론자들만이 아니다. 놀랍게도 아마 몇몇의 물리주의자들은 폭넓은 물리주의자 개념 체계를 가지고 그들 자신 스스로 반환원주의적 주장을 지금까지 내놓고 있다. 비록 이원론의 문제에 대해 뚜렷하게 일치하지 않는 점들이 있긴 하지만, 그 새로운 주장들은 옛 주장들과 일치하는 개념을 가지고 있다. '심리상태는 의미를 가지며', 동시에 '심리상태들 사이에 논리적 관계가 성립되기' 때문에 환원적 프로그램은 영원히 장애 받는다는 주장이다. 그런 이원론은 실체 이원론이 아니라 '이론 이원론'(dualism of theory)이다. 그러나 '이원론'보다 '반환원주의'(anti-reductionism)란 말이 더 세련된 표현이다. 이런 이유로 '암묵적 이론 이원론'(implicit dualism of theory)과 '수반적 속성 이원론'(entailed dualism of properties)은 무시하겠다. 그 반환원주의 논증들은 아마 포퍼의 변이종보다 더 난해하다고 할 수 있다. 그렇지만 그것이 근거하는 동기는 '지향성이 환원될 수 없다'는 공통된 신념으로부터 나온다. 나는 이러한 논의를 9장에서 집중적으로 다룰 생각이다.

참고도서

Biro, J. I., and R. W. Shahan, eds. (1982). *Mind, brain, and function.* Norman, Okla.: University of Oklahoma Press.

Churchland, Paul M. (1984). *Matter and consciousness: A contemporary introduction to the philosophy of mind.* Cambridge, Mass.: MIT Press.

Churchland, Paul M. (1985). Reduction, qualia, and the direct introspection of brain state. *Journal of Philosophy* 82:8～28.

Dennett, Daniel C. (1978). *Brainstorms: Philosophical essays on mind and psychology*. Montgomery, Vt.: Bradford Books. (Reprinted (1984) Cambridge, Mass.: Mit Press.)

Flanagan, Owen J., Jr. (1984). *The science of the mind.* Cambridge, Mass.: MIT Press.

Jackson, Frank(1982). Epiphenomenal qualia. *Philosophical Quarterly* 32: 127～136.

Nagel, Thomas (1974). What is it like to be a bat? *Philosophical Review* 83:435～450.

Popper, Karl R. (1977). Part I of *The self and its brain*. Berlin: Springer-International.

Stich, Stephen P. (1983). *From folk psychology to cognitive science: The case against belief.* Cambridge, Mass.: MIT Press.

9 장
기능주의자 심리학

우리가 더 많은 정보를 얻게 됨에 따라서 '마음' 혹은
'심적 활동'이란 단일 개념이 '뇌 과정의 여러 활동 양태들'이라는
더 나은 다른 기술적 개념으로 바뀔 것이다.
영(J. Z. Young, 1978)

1. 서 론

이제 우리는 환원주의 프로그램에 반대하는 가장 미묘한 논증에까지 이르렀다. 그 입장은 기본적으로 통속 심리학과 과학적 심리학에 양다리를 걸치면서, 동시에 전형적으로 통속 심리학적 범주에 대한 **분석**과 마음-뇌의 정보와 정보처리의 일반적 본성에 대한 **경험적 이론**에도 관심을 갖는다. 그 강력한 논지는 다음 세 기본 입장을 갖는다. (1) 심리상태를 규정하는 통속 심리학 범주들은 근본적으로 옳다. (2) 통속 심리학적 범주들이 **지향적** 상태(intentional states)와 **논리적** 과정(logical processes)을 규정하며, 본질적으로 마음의 과학에 대한 연구와 그 진화하는 이론에 개입한다. (3) 심리학적 차원의 기술(description)에 필수적인 통속 심리학적 차원의 범주들은 신경생물학적 차원에서 기술된 범주들로 환원되지 않는다.

위 논지는 과학적 심리학, 혹은 적어도 과학적 심리학의 일부 핵심

영역만은 결코 신경생물학으로 환원되지 않을 것이라고 예측한다. 과학적 심리학의 관련 영역을 탐구한 결과 신경생물학은 심리학적 정보처리에 대한 적절한 이론 발견에 아주 부적절하다는 예측이다.

위의 반환원주의자 논제의 가장 많은 변종들 중 컴퓨터 은유가 관심을 끄는 여러 이유가 있다. 그 이유들 중 하나는 컴퓨터가 (꽤 분명한) 여러 차원으로 기술될 수 있다는 점이다. 그 기계는 기초적인 세 기술 차원, 즉 '의미론적 차원', '구문론적 차원', '기계론적 차원'을 갖는다고 생각될 수 있다. 예를 들어 그 기계는 의미론적 차원에서 '어떤 목적을 가지며', '사각형의 넓이를 계산하고', '(장기 두는 프로그램에서) 차를 희생시킬 줄 알고', '전제로부터 결론을 추론하는' 등등으로 기술될 수 있다. 구문론적 차원에서 '코드의 본성과 기호 체계', '접근(access) 원리' 등등이 기술된다. 기계론적 차원은 '구조에 대한 본성'과 관련되며, 따라서 '그 기계의 물리적 능력과 제약'과 관련된다. 그런 관점에서 인지정보처리 이론은 (구문론적 차원의 논리 규칙과 통제 원리에 따르는) 의미론적 차원의 역학이론이다. 반면에 신경생물학은 이것들 중 어느 차원에도 들지 않으며, 구조적/기계론적 차원과 관련될 뿐이다. 마음-뇌 차원에 관련된 이런 가설은 '어떤 연구 전략이 생산적이며', '신경과학이 심리학 연구에 적절한지 어떤지'에 대한 특정 판단에 이미 강하게 편향되어 있다.

컴퓨터 은유가 더 관심을 끄는 다른 이유는 '기호 조작'과 '계산' 개념이 컴퓨터 과학 내에 잘 정의되어 있으며, 그 중심 (경험적) 가설은 '인지'가 일종의 '계산'이라는 것이다. 이 가설은 일반적으로 '추론'이 '인지정보처리'의 본보기라는 생각에 근거한다. 이것이 의미하는 바는 넓게 보아서 '인지'는 '기호 조작'이며, 따라서 기호들 사이의 '논리적 관계'가 인지정보처리에 중요하다는 것이다. 현대 논리학은 '추론'을 '논리적 체계'(연역 논리, 귀납 논리, 양상 논리, 이론-결정 논리 등등)로 이해하도록 크게 기여했다. 따라서 우리는 적절한 논리적 관계에 따르는 컴퓨터를 프로그램하여 인지과정을 연구할 수 있다. 그리고 '문제를 풀고', '패턴을 구분하고', '질문에 답하는' 것과 같은 복잡한 출력을 얻기 위해 어떤 기호 조작이 필요한지 밝혀낼 수 있었다. 이런 시각에 대해 반환원주의 입장에서는 '인지적으로 적절한 **논리적** 기호 조작'과 '그 일을 수행하는 기계의 물리적 상태들 간의 (인지적으로 적절하지 못한) **인과적** 관계'를 근본적으로 대조하고 싶어 한다(특별히 Pylyshyn 1984 참조).

위의 입장을 요약하자면, '마음'이란 본질적으로 문장과 같은 표상에 작용하는 '논리 규칙'으로 제어되는 '**순차적**(serial) 기계'이다. 이런 연구 전망은 상당한 호소력을 갖는다. 왜냐하면 논리학과 컴퓨터 과학의 강력한 체계성이 입력과 출력 사이에 일어나는 내적 과정의 본성에 관한 난제를 해결할 기대를 제공하기 때문이다. 그 기대는 긍정적이고 모험심이 많은 논리학자들, 심리철학자들, 인공지능 연구자들 그리고 인지심리학자들 모두가 함께 갖는 전망이기도 하다.

이 장에서 나는 반환원주의자 논증이 어느 점에서 틀렸으며, '고립주의자(isolationist) 연구 이데올로기'를 왜 피해야 하는지 보여줄 참이다. 나아가서 나는 '인지를 추론과 동일시하고', '일반적으로 표상을 문장으로 본뜨려 하는' 이론에 철퇴를 가하려 한다. 나는 '추론'을 어떤 '내적 과정'으로 설명할 수 있음을 의심하지 않는다. 내가 의심하는 바는 "일반적으로 '인지'는 '추론'과 같은 것이며, 문장 같은 '기호들'은 '표상의 양태'이다"라는 가설이다. 나는 '고립 연구 이데올로기' 대신에 심리학, 컴퓨터 모델링, 신경생물학이 중심 역할을 하는 '공진화적 접근'을 추천한다. 그리고 나는 10장에서 그 존경할 만한 '문장 논리 패러다임'의 자리에 (표상과 계산이 상당히 다른 방식으로 인식되는) 새 이론적 구조 모습을 그려볼 참이다.

2. 기능주의 마음 이론에서의 반환원주의

기능적 유형과 구조적 구현

기능주의 주장의 핵심은 '심리상태가 폭넓은 정보처리 체계 내에 추상적인 인과적* 역할로 정의된다'는 논제이다. 임의의 심리상태는 주변(환경) 입력, 다른 내적 상태들, 출력 등과 관련된 추상적인 인과적* 관계로 규정된다. 이런 맥락에서 통증(pain)을 느낀다고 함은, 몸을 웅크리고 우는 행동, 피부가 데는 외부 입력, 그 통증을 제거하려는 열망, 그 통증의 원인과 평온을 찾으려는 믿음 등등과 같은 다른 내적 상태들과 인과적*으로 관련된다. 배우자를 찾으려는 목표를 갖는 것은 복잡한 종류의 열망 그리고 믿음과 관련되어 다양한 종류의 계획과 행위를 촉발하며, 풍부하고 복잡한 방식의 지각 상태들과 관련된다(Putnam 1967, Fodor 1975, Lycan 1981b).[1)]

일반적으로 말해서, '기능적 종'(functional kind)이란 그것의 역할이나 관계와 관련되어 규정되는 것이지, 그것들이 구현되는 물질적 구조와 관련되어 규정되는 것은 아니다. 엔진의 특정 부분이 밸브를 들어 올리는 것은 어떤 입력이 주어졌을 때 그에 대한 출력을 갖는(즉 그 밸브를 들어 올리는) 것이다. 그것은 다양한 물리적 고안 장치로 구현될 수 있다. 이를테면 캠축을 회전시키는 장치나 유압 장치 같은 것일 수 있다. 좀 더 쉬운 예를 들면, '쥐덫'은 일종의 기능적 종인데, 물리적으로 다른 장치들이라도 그 기능을 똑같이 수행할 수 있다. '스프링으로 된 덫', '상자에 가두는 덫', '줄이 움직이면 모래 자루가 떨어지는 설치', '심지어 고양이나 쥐를 잡아먹게 양육된 쥐'까지 모두 그 기

1) 환원주의에 반대하는 스페리(Sperry, 1976, 1980)의 논증들이 나에게 혼란을 주기는 하지만, 내가 보기에 심리상태에 대한 그의 개념은 그 무엇보다도 기능주의자에 더 동조적이다. 그의 논증들은 이 절(9장 2절)과 다음 절(9장 3절)에서 생각될 논점과 아주 유사성을 갖는 것으로 보인다.

능을 수행할 수 있다. '양철 스프링' 혹은 '나무 상자'를 갖추어야 한다고 말하는 것이 쥐덫을 특별히 설명하는 것은 아니다. 비록 쥐덫이나 밸브를 들어올리는 장치가 모두 물리적 도구들이고 그것의 모든 구현(이행)이나 '사례'(token)들이 물리적 장치이긴 하지만, 쥐덫이 되거나 밸브를 들어올리는 장치가 되는 것은 모두 일종의 기능적 종이지, 물리적 종은 아니다.

기능주의에 따르면, 심리상태와 과정은 기능적 종이다. 기능주의자들은 '우리의 심리상태가 신경적인 것으로 구현'되며, (이원론자들이 주장하듯이) '정신적인 것으로 구현되지 않는다'고 주장하는 점에서 전형적으로 물리주의 편에 선다. 우리는 한(기능적) 기술(description) 차원에서 지각, 믿음, 열망, 행동 사이의 '인과적*이고 논리적인 관계'를 이야기할 수 있으며, 구조적 차원에서 '뉴런의 격발 주파수(spiking frequencies)', '흥분 패턴' 등등을 말할 수 있다. 그 체계가 기능적 구성(functional organization)을 갖는 것은 뉴런들이 그렇게 하도록 편성된 때문이며, 물리적 하부구조는 기능적 상부구조를 뒷받침한다. (우리 심리의) 기능적 구성은 우리의 뉴런 '잡동사니'로 실현된다. 마찬가지로 컴퓨터가 덧셈을 하고 평방근을 구하는 것은 켜짐-꺼짐(on-off) 스위치가 그러하게 편성된 때문이며, 컴퓨터 프로그램은 전자적 '무엇'으로 실현된다. 따라서 기능주의자 이론은 (거의 그럴 수밖에 없듯이) 물리주의자이다. 그런데 물리주의 원리를 계승함에도 불구하고, 기능주의는 전형적으로 환원주의를 거부하고 신경과학을 무시해 왔다. 왜 그런가?

그것은 단순히 기능주의자들이 '심리상태가 물질로 실현될 수 없다'고 가정하기 때문이 아니다. 오히려 그들은 심리상태 유형(type)이 **너무 많은** 다른 물질로 실현되기 때문에 환원 모형에 적절치 않다고 본다. 기능주의자들이 보기에, 환원적 전략이 성공하려면 하나의 심리상태가 하나의 물질상태와 동일해야 하는데, 그 동일성이 있을 것 같지 않다. 그 이유는 다음과 같다. 하나의 동일 인지적 구성(cognitive organization)은 다양한 방식과 다양한 물질로 실현 혹은 구현될 수 있다. 따라서 기능적 유형(functional type)과 구조적 유형(structural type) 사이에 일대일 대응관계가 성립될 수 없다. 인지적 구성은 프로그램을 수행하는 컴퓨터의 계산적 구성과 같으며, 계산 처리(computational process)는 논리적 혹은 (적어도) 의미론적 체계를 가지고 있어서, 기호들을 (기계 내부의 '물리적 발생원인' physical etiology의 함수로서가 아니라) 그 의미들의 기능(함수 function)으로 조작한다. 따라서 같은 프로그램이 다른 기계에서도 운영될 수 있다(Putnam 1967, Pylyshyn 1984). 기능주의자에 따르면, 통증은 임의의 뉴런 집합체 P에 의해 틀림없이 일어나며, 짝을 찾는 목적의 상태는 테스토스테론(남성 호르몬)과 틀림없이 관련된다는 식으로 인지적 구성을 규정할 수 없다는 주장이다. 지금까지 이야기는 기능주의자를 지나치게 단순화시키긴 했지만, 논점만은 분명하다.

일상적으로 우리는 다음과 같이 상상해 볼 수 있다. 만약 다른 혹성에 진화된 생명체가 있는데, 그것이 우리 인간과 아주 다른 물리적 구조를 가지면서, 인간과 상당히 유사한 인지적 구성을 갖는 일이 가능하다고 하자. 예를 들어 우리가 탄소에 근거한 생명체인 반면, 그것들은 실리콘에 근거한 생명체라고 가정해 보자. 그런 동물이 어느 목적을 갖는 것이 우리가 어느 목적을 갖는 것과 기능적으로 아주 유사하긴 하지만, 그 목적 상태는 (비록 물리적 구조 내에 틀림없이 그 상태를 내재하고 있다고 하더라도) 뉴런 n-m이 그러그러하게 반응하는 경우와 동일할 수 없다. 또는, 조만간 우리가 인간과 같은 기능의 로봇을 만들 수 있게 되어, 그것이 어느 목적과 믿음 그리고 통증을 가지며, 문제를 해결하고, 볼 줄 알며, 주위를 돌아다닐 줄 안다고 가정하자. 그 로봇이 정보처리하는 내부는 **뉴런** 물질이 아니라 마이크로 칩이며, 따라서 그 인지적 구성은 개별 뉴런의 구성과 동일할 수 없다.

왜냐하면 그 구성 물질은 뉴런이 아니며, 그 인지적 이치(economy)가 전자로 구현되기 때문이다. 우리가 앞으로 살펴보겠지만 위와 같은 생각은 아주 그럴듯해 보이지만 사실 순환논증의 오류를 범하는 동시에 상당히 의심쩍은 가정에 근거하고 있음을 알 수 있다. 다시 말해서 어느 차원에서 생물학이 상관없다는 것인지 알게 될 것이다.

여하튼 위 가상의 예에 대해 실제로 정당화할 필요는 없다. 왜냐하면 서로 다른 종들이 기능적으로 동일한 상태를 갖지만 뉴런의 (구조적인) 차이가 있는 것이 분명하기 때문이다. 바늘두더지(echidna)와 (남아메리카에 사는) 야크(yak)는 모두 '통증'을 갖거나 짝을 찾는 '목적'을 갖지만, (비록 그 상태를 뒷받침하는 뉴런의 변화 혹은 과정이 상당히 다르더라도) 동일한 기능적 상태를 갖는다. 침팬지와 고릴라와 같이 상당히 밀접한 관계가 있는 종들 사이에서도 그 점은 아마 마찬가지일 것이다. 그러나 이런 논의를 계속 밀고 나가면, 기능적으로 동일한 상태에 있는 두 **인간** 사이에도 세세한 구조적 차이를 무시할 수 없다. 29에 45를 더하는 **나의** 뉴런 변화는 아마도 다른 사람의 것과 동일하지 않을 것이다. 어떤 속셈 잘하는 신동이나 수학자 혹은 어린아이 또는 어떤 노점상인이 계산할 경우의 뇌 내부 변화들이 서로 다를 수 있기 때문이다. 진정 나 자신도 29 더하기 45를 계산할 때마다 그 계산은 다른 뉴런 변화에 의해 실현되는 것이며, 그것은 내 뇌가 하는 일이라서 누구도 모른다. 우리는 두 개의 컴퓨터가 서로 다른 구조를 가지면서도 동일한 유형의 기능을 할 수 있음을 잘 알고 있다. 예를 들어 두 개의 컴퓨터가 하드웨어나 기계어(어셈블리 언어 assembly language)가 꽤 다른데도 불구하고 베이직(BASIC)으로 쓰인 같은 프로그램을 실행할 수 있다(Fodor 1975).

따라서 기능주의자 주장에 의하면, 기능적 상태 유형과 구조적 상태 유형의 동일성은 실현 가능성이 없으며, 환원이 그 동일성을 요구하기 때문에 환원 그 자체도 마찬가지이다. 그럼에도 불구하고 그들은 물리주의 원리들을 결코 떼어버리지는 않는다. 왜냐하면 물리주의 주장은 기껏 '기능적 상태 유형의 임의의 **예**(유형의 실례)는 물리적인 것으로 실현된다'는 주장에 불과하며, 그 점을 기능주의자도 동의하고 지지한다. 따라서 자신들의 입장에 대해 다음과 같이 설명한다. 물리적 상태는 심리상태에 대한 **실례**(token)이지 **유형**(type)은 아니라는 주장이며, 따라서 환원주의에 반대한다(Putnam 1967, Dennett 1978b).

환원주의 프로그램에 대한 이런 공략은 **다중예화 가능성**(multiple instantiability) 혹은 **다중실현 가능성**(multiple realizability)으로부터 나온 논증이다. 기능적 상태는 다양하게 예화 가능하며, 그 물리적 구현(physical implementation)의 범위는 너무 다양해서 우리는 그것을 자연종(natural kind)의 모습이라고 기대할 수 없다는 입장이다. '심리상태가 뇌 상태와 동일하다'는 이론이 주는 의미와 별개로, 위 논증은 아래와 같은 방법론적 목적에서 전개되었다.

만약 심리상태와 과정이 기능적 종이라면, '인지적으로 숙련된 유기체들이 어떻게 문제를 해결하고, 생각하고, 추론하며, 자신을 지성적으로 훌륭히 처신하는지' 이해하는 데 필요한 것은 그 기능적 구성이다. 그런데 신경계에 대한 연구는 바로 이 기능적 구성의 본성을 밝혀내지 못할 것이며, 오직 기능적 구성의 실현, 즉 일종의 실례에 대한 '무엇'만을 밝혀낼 수 있다. 신경과학은 그 기능적 도식보다는 기계적인 실현에만 초점을 맞추고 있어서, '학습', '지성', '문제 해결', '기억' 등등에 관련된 질문에 대답할 적절한 기술 차원과 거리가 멀다. 구조적으로 세세한 사항들에 대한 지식은 물론 수선(repair)을 위해서 중요하고, 또 그 정도까지는 명백히 신경과학이 의학적 중요성을 갖기는 하지만, 구조적 이론은 기능적 가설과 기능적 모델을 밝혀주지 못할 것이다. 노골적으로 말해서, 우리는 구조적 이론을 통해 마음이 어떻게 작용하는지 알아내지 못할 것이다. 반면에 인지심리학은 그에 적절한 기술 차원에 초점을 맞추며, 인공지능에 대한 연구와 관련하여 우리의 기능적인 인지적 이치에 대한 이론을 고안하는 최선의 전략을 구성한다. 이상이 위 논증의 핵심이다.

필리쉰(Pylyshyn 1980)이 생각하기에 연구 작업은 다음과 같이 두 갈래로 나뉜다. 인지과학자들은 기능적·인지적 이론을 찾아낼 것이며, 신경과학자들은 그 인지적 '프로그램'을 실례화하며, 그것에 근거하는 물리적 장치에 관한 문제를 해결할 수 있다. 그 견해에 대한 극단적 해석에 따르면, 인지과학자나 철학자들은 신경과학적인 구체적 작업에 대해 그다지 알 필요가 없다. 왜냐하면 기능적 구성이 뇌에서 예화되는 방식은 우리의 인지적 이치가 작용하는 방식과 상당히 거리가 먼 **별개의** 문제이기 때문이다. 필리쉰의 주장에 따르면, 컴퓨터에 관련된 문제는 오직 연산방식(algorithm)과 기호조작에 특권이 부여된 (기능적) 차원에 해당된다(1980:111). 그는 "컴퓨터 연구에서 그것이 실현되는 물리적 장치의 속성들에서 기호 처리과정(symbolic process)의 본성을 분리해서 연구하는 일이 가능하며, 어떤 점에서는 필수적이다"고 말한다(p.115).

위의 관점에서, 신경과학은 인지과학의 계산적 문제 연구에 부적절하다. 신경과학은 '개별 인지 과정의 계산 모델이 신경 구조에서 실제로 이행되는지 아닌지' 가리는 일과 같은 구현의(이행적) 논의에만 적절하다. 따라서 계산적(기능적) 심리학은 (독자적인 어휘와 자신만의 질문 영역을 가진) **독립** 과학으로 인식되며, 그 대답을 (필리쉰의 말에 따르면) "그런 과정들이 실행되는 장치들의 물질적/하드웨어 속성을 고려하지 않고서도 얻어낼 수 있다."(p.115) 심지어 실제 펌프와 풀리(벨트를 돌리는 바퀴)에 관해서는 정신생활의 화신으로 생각하지 않을수록 더 좋다고 생각된다. 왜냐하면 그렇게 하는 것은 오히려 기능적으로 제안된 연구에 혼란을 줄 뿐이기 때문이다.

누가 위의 연구 이데올로기의 극단적 해석을 실제로 따를지 의심스럽지만, 분명히 온순한 해석은 동정심을 살 만하다. 반면에 그 입장은 심리학의 독립성을 주장할 이론적 근거가 있다는 생각에서 이따금 인지과학 프로그램에서 신경과학이 무시되도록 허가 내지 조장하기도 한다. 이런 시각이 얼마나 큰 영향력을 행사할지 평가하기 어렵지만, 일부 철학자들은 여전히 신경과학을 진지하게 연구하는 동료들에 대해서 기능적 기술과 구조적 기술 사이에 상이점을 잘 간파하지 못한 연구자로 내려보기도 한다. 기능주의는 이제 인지과학자들뿐 아니라 많은 철학자들에 의해서도 지지받는 우세한 심리 이론이기 때문에, 그 방법론적 관점을 심각하게 생각해 보아야 한다. 그렇다고 하더라도 기능주의자들 사이에, 뇌 기능 이론이 심리학적 기능 이론에 적절한지 아닌지 가리는 논제를 포함해서, 상당히 많은 논제에서 다양하고 중대한 견해 차이가 있다. 그 방법론적 관점과 다른 목소리가 여러 분야에서 나타나고 있는데, 인지심리학(예를 들어 McClelland and Rumelhart 1981, Posner, Pea, and Volpe 1982)에서, 철학(예를 들어 Enç 1983, Hooker 1981, Paul M. Churchland 1981)에서, 그리고 컴퓨터과학(예를 들어 Anderson and Hinton 1981)에서, 그리고 나 또한 그 반대편에 속해 있다. 왜냐하면 나는 반환원주의 논증과 그 연구 이데올로기가 모두 이론적으로 정당화되지 못하며, (패러다임을 고려해 볼 때) 거기에 발을 들여놓는 것 자체가 현명치 못하다고 생각하기 때문이다. 이제부터 그 이유를 보여줄 참이다.

3. 환원주의 항변

앞서 개괄한 반환원주의 견해가 틀릴 수밖에 없었던 중요한 두 원천이 있다. 첫째는 '이론간 환원'의 본성에 대한 배경 가정과 관련된 오류이며, 둘째는 '차원' 개념과 관련된 오류이다. 즉 얼마나 많은 차원들이 있으며, 그 차원들의 본성은 무엇이고, 우리가 그것들을 어떻게 알 수 있으며, 그것들은 서로 어떤 영향을 주고받는지 문제이다.

이제 그 오류의 근원을 따져보자.

이론간 환원과 기능주의

기능주의자들은 '환원되는 이론의 속성들이 물리적인 것으로 **유일하게** 실현되지 않을 경우 이론간 환원이 잘 이루어지지 않는다'고 가정하는 것 같다. 환원주의에 반대하는 그 가정은 중요하며, 인지심리학[2)]의 독립성을 위한 방법론적 주장을 띄우는 가정이기도 하다. 그러나 그 가정이 정당화되는가?

그 주장을 검토하는 한 방식은, 그 가정이 과학사에서 환원적 패러다임의 경우와 상충되는지, 아니면 오히려 어울리는지 살펴보는 일이다. '온도'는 열역학 용어이며, 열역학과 분자 이론이 상호 발전함에 따라 '기체 온도'는 그 구성분자들의 '평균운동에너지'로 환원되었다. 다시 말해서 고전 '이상기체 법칙'에 대한 수정된 번역(version)이 특정 가정들과 함께 '통계역학'으로부터 유도되었다. 이와 비슷한 몇몇의 특징들은 지금 논의에 아주 적합한 예이다. 환원된 것은 (그저) 온도가 아니라 '기체의 온도'임을 주시하라. 기체의 온도는 그 구성 분자의 평균운동에너지**이지만**, '고체의 온도'는 다르다. '플라스마(plasma: 고도로 전리된 가스)의 온도'는 분자들의 운동 에너지와 상관없는데, 플라스마가 (분자들로 구성되지 않고) 해리된(dissociated) 원자들로 구성된 고에너지 상태이기 때문이다. 반면에 과도전자파(transient electromagnetic radiation)를 포함한 '진공의 온도'는 또 다르다(Paul M. Churchland 1984와 Enç 1983가 이 점을 지적했다). 그리고 어쩌면 위의 방식으로 규정할 수 없는 아직 발견되지 않은 어떤 상태의 온도가 있을지도 모른다. 열역학 내의 초기 환원은 특정 영역

---

2) 혹은 어쩌면 인지심리학의 일부 영역일 수도 있다. 여기에서 어떤 범주들과 일반화들이 쟁점이 되는지 분명하진 않지만, 적어도 필리쉰(Phlyshyn)과 포더(Foder)의 의도는 인지심리학 전체를 포함한다.

의 현상(기체의 온도)과 관련되지만, 이것은 진실한 환원이다. 이런 영역 상대성(domain-relativity)은 열역학이 독립적 과학임을 의미하지 않으며, 물리학으로부터 독립적임을 의미하지도 않는다. 오히려 반대로 미립자 물리학과 열역학의 상호 발전은 물리학과 열역학 모두에게 가장 중요하다.

위 논제에서 기능주의자 가정을 유념한다면, '온도는 분명 물리적 구조로 다양하게 실현되는 기능적 속성이다'는 가정에서 환원주의 선택을 보류해야 할 것 같다. 그럼에도 불구하고, 환원하는 이론 내의 술어들이 특정 영역에 관련되는 경우 이제 위의 가정은 우리가 환원이라 부르는 것에 대해 단지 억지 주장 같아 보인다(Cummins 1983와 비교). 당연히 그 가정은 한 이론을 다른 이론으로부터 유도해 내는 것에 대해, 그리고 그 과학의 독립성에 대해 함축하는 것이 전혀 없다. '무엇이 기능주의 이론에 적합하며 또 적합하지 않은 것은 무엇인지' 방법론적 비평을 논리 정연하게 설명하지도 않는다. 단지 말뿐인 억지로서 그것은 반박될 여지가 있으며, 그렇다고 어떤 유용성을 뚜렷이 가지고 있는 것도 아니다.

변증법적으로 말해서, 열역학 이론 내의 환원을 거절하는 것은 기능주의자들에게도 결코 이롭지 않다. 왜냐하면 심리학이 여타 과학들과 아주 다르다고 말할 근거를 상실하기 때문이다(Enç 1983).[3] 만약 심리학이 열역학보다 더 딱한 처지가 아니라면, 환원주의자는 기꺼워할 수 있다. 아무튼 심리학에 대한 환원이 다른 어느 과학에서의 이론간 환원보다 더 어렵다고 생각하지 말아야 한다(Richardson 1979, Paul M. Churchland 1984 참조).

3) [역주] 이 말은 다음과 같이 이해된다. 여타 학문들이 모두 환원되지 않는다면, 심리학이 환원되지 않는 점이 별로 특별한 일이 되지 못할 것이다. 그렇지만 기능주의자들은 심리학 이외의 것들은 환원이 가능하다고 주장하고 싶어 할 것이다.

열역학의 예에서 나온 주된 관점에 의하면, 환원은 **어떤 영역의 현상에 상대적인** 환원이다. 비록 이것이 '다중예화 가능성'이라 불리고 '기능주의'라는 검은 베일을 두르고 있더라도, 여타 과학에서도 흔히 볼 수 있는 정상적인 일에 불과하다. 열역학의 예에서처럼, 만약 인간 뇌와 전자의 뇌가 모두 일종의 인지적 구성을 보여준다면, 우리는 두 다른 영역-상대적 환원(domain-relative reduction)을 이룰 수 있다. 혹은 충분한 시간이 흘러 이론적으로 상당한 공진화가 이루어진 후에, 어쩌면 척추동물의 목표(의도)와 고통에 대해서는 어떤 환원적 설명을 하면서도, 무척추동물에 대해서는 다른 식으로 설명하게 될지도 모른다. 단지 본질적으로 그리고 그 자체로 하드웨어가 다르다는 사실은 '인간들의 심리가 마침내 신경과학 용어로 설명될 수 있을지', '심리학 이론들을 구성하는 데에 신경과학으로부터 좋은 정보를 얻어낼 수 있을지' 그리고 '심리학이 자주적인 독립 과학인지' 설명해 주지 않는다. '환원이 영역에 상대적이다'는 주장은 '그 환원이 가짜 혹은 될 뻔했던 환원임'을 의미하지 않으며, '심리학이 신경과학으로부터 방법론적으로 분리되어 있음이 정당화된다'는 의미도 아니다.

에니(Enç 1983)는 열역학의 경우로부터 더 발전된 관점을 이끌어내었다. 두 부피의 가스들이 같은 온도일 수 있지만 (비록 그 평균값이 같은 동안에도) 그 구성 분자들의 산란 속도는 매우 다를 수 있다. 일관성을 유지하기 위해, '두 경우에 **가스의 온도**가 다르게 실현되기' 때문에 기능주의자들은 (그들의 주장해 왔듯이) '통계역학으로 환원된다'는 것을 여전히 부인해야 한다. 반면에 그들이 이 점에 대해서는 환원을 인정하면서도 심리학에 대한 환원 가능성을 보류하고 싶다면, 종들(kinds) 간에 혹은 개별자들(individuals) 간에 하드웨어 차이보다 더 많을 것을 기대해야 한다.

어쩌다 운이 좋아 우리가 **인간** 심리학을 신경과학으로 (영역-상대적) 환원해 낸다면, 그 사건이 '심적 종(mental kind)은 기능적 종

(functional kind)이다'는 논제에 무엇을 해줄까? 아무것도 없다. 왜냐하면 그 논제는 반환원주의자 논증과 별개의 것으로, 다중예화 가능성으로부터 나온 논증이 무너지고 난 후에도 남는 논제이기 때문이다. '심리상태'를 더 넓은 정보처리 시스템에서의 '추상적이며 인과적* 역할'로 동일시 여기는 그 논제는 기능주의를 기능주의로 만드는 핵심 개념이며, 환원 가능성 질문에 전적으로 중립적이다. 기능주의자들이 환원을 거절하지 않는다면, 아주 비관적인 기능주의자라 할 수 있다. 하여튼 기능주의가 살아서 숨쉴 수 있는지 의문과 별개로 기능주의자들은 흔히 다음과 같은 것들을 내세운다. '심리상태의 기능적 특성', '심리학의 환원 불가능성', '심리학이 더 기초 과학에 (어느 정도) 독립적임' 등이다. 결국 '기능주의'란 말은 전형적으로 이러한 주장들 전체와 (온당치 않지만) 부합한다.

이 단원의 요지는 (아주 일반적인 것으로) 이론간 환원은 상위차원의 이론이 갖는 '술어'와 환원되는 이론이 갖는 '술어'를 일대일로 대응하는지에 달려 있지 않다는 점이다. 반환원주의자들은 아마도 이런 일반적인 사실을 인정하면서도 가까운 장래에 그 구체적인 경우들이 환원되지 않을 것임을 계속 주장하고 싶을 것이다. 그렇게 주장하는 가운데, 그들은 '뉴런 차원의 설명'과 '기능-계산적 차원' 사이에 근본적 차이점을 지적하며, 심리학적 술어들의 다중예화 가능성은 너무 풍부하고 다양하며 임의적이어서, 그 경우는 열역학과 통계역학의 예와 같을 수 없다고 지적할 것이다. 한 마디로 그들은 심리학이 특별하다고 주장한다.

마음-뇌의 구성 차원

'분명 여러 구성적 차원들이 **있다**'는 반환원주의자들의 인식에는 논란의 여지가 없다. '부호처리 메커니즘(coding machanism), 즉 검색 장치를 제안하는 이론'보다 '해부학적 구조가 학습에 대해 어떤 도움을 주는지에 관한 이론'이 더 정교하게 다듬어진 이론이며, 이것보다 '상호 활동적 그물망 구조가 어떻게 학습 가능한지에 관한 이론'은 더 정교하게 다듬어진 이론이고, 이것보다 '학습이 이루어지는 동안 세포 핵과 시냅스가 변화한다는 이론'이 더 정교하게 다듬어진 이론이다. 다만 논란이 되는 것은 '폰 노이만 컴퓨터(Von Neumann computer)에 적합한 삼차원 모델이 생물학적 뇌에도 적합하다'는 가정이다. 그리고 '일에도 어느 정도 역할 분담이 있어야 한다'는 주장 역시 논란의 여지가 없다. 다시 말해서, 베이컨(Bacon) 이래 어느 누구도 모든 지식을 자신의 연구 영역으로 삼지 못했다. 정말로 헬름홀츠 이후로 심지어 신경과학 전체만이라도 자신의 연구 영역으로 삼을 수 있는 학자는 없었다. 그럼에도 불구하고 유감스러운 점은 세 차원 모델에 근거한 분할 연구 이데올로기이다.

지금까지 논의한 바와 같이, 컴퓨터 유비는 '마음-뇌가 세 차원의 구성, 즉 의미론적, 구문론적, 기계론적 차원을 갖는다'는 가정에 근거한다. 다시 말해서 **내용적** 차원, **계산적** 차원, **구조적 구현** 차원이 있다는 것이다. 이런 컴퓨터 유비와 관련해서 생각해 봐야 할 문제는 (우리가 이미 뇌에 관해 발견해서 알고 있는 복잡성에 근거해서 생각해 볼 때) 뇌에는 가장 꼭대기 차원과 세포 내 역학적 차원 사이에 분명히 **많은** 차원의 구성들이 있다는 점이다(Lycan 1981a 참조). 비록 지금까지 꼭 세 개만 발견했다 하더라도, 신경생물학적 이론(10장에서 보여줄)은 그런 구성의 기술을 규명하는 방식에 대해 이의를 제기한다. '얼마나 많은 차원들이 있으며, 그것들이 어떻게 기술되어야 할지' 경험에 앞서 미리 결정하지 말아야 한다. 무엇이 어떤 구성 차원들을 결정하는지 우리는 단지 전이론적으로(pretheoretically) 대략적인 육감을 가질 뿐이며, 분명 그것은 수정될 수 있다.

대략적으로 우리는 신경세포의 구성 차원들을 '세포막'(membrane), '세포'(cell), '시냅스'(synapse), '세포 집단'(cell assembly), '신경회로'

(circuit), '행동'(behavior) 등으로 분류할 수 있다. 그리고 각 차원마다 더 세부적인 토대로 분류할 수 있다. 그런데 만약 뉴런들이 어떤 모듈(module)을 구성하여, 각 세포들이 어쩌면 여러 구분되는 '정보처리 모듈' 내에 어떤 역할을 담당하게 되고, 나아가서 만약 그 모듈 자체 또한 더 높은 차원의 '메타-모듈'의 구성원이 된다면, 다시 말해서 구성원으로서 어떤 다양하게 분업된 직무를 담당하거나, 혹은 몇 개의 세포 집단이나 모듈이 일시적인 구성원을 가지거나, 혹은 어떤 일시적인 존재를 갖는다면, 아마 우리들은 앞서 대략적으로 분류했던 것과 충돌하는 기술 차원을 발견할지도 모른다.

어느 차원을 분류하는 다른 예비적인 방식은 '이용된 연구방법'에 따라 구분하는 것이다. 그 방식은 구성 차원을 정의하는 좀 엉성한 방식이긴 하겠지만, 실제로 어느 차원이 있는지 충분히 알 때까지 유용할 수도 있다. 예를 들어 '학습'과 '기억'에 대한 연구에서 다소 정교하게 다듬어진 서로 다른 많은 방법들을 구별할 수 있다. 칸델과 그 연구원들(Hawkins and Kandel 1984)이 채택했던 세포적 접근은 '시냅스전(presynaptic) 신경전달물질이 반복적으로 방출되는 모형'을 보여주며, 그것보다 어떤 의미에서 높은 차원의 것으로 린치(Lynch)와 그 연구원들(Lee et al. 1980)이 제시한 '행동의 가변성에 관련해서 시냅스 수의 변화와 시냅스의 형태학적 모형'이 있으며, 다시 이것보다 (아주 조금) 높은 차원의 것으로 그리너와 그 연구원들(Greenough, Juraska and Volkmar 1979)이 연구한 '미로 훈련에서 수지상돌기가 가지를 뻗는 효과에 대한 연구'가 있다. 그 다음 더 높은 차원으로 버거(Berger)와 라담(Latham) 그리고 톰슨(Thompson)이 이룩한 '해마(hippocampus)에 대한 다세포 연구'가 있으며, 이것보다 약간 더 높은 차원으로 프리맨(Freeman 1979)에 의한 '후각망울(olfactory bulb)에 대한 세포집단 연구'가 있는데, 이 연구에 8 × 8 전극 배열(electrode array)과 대전된 응답 전위를 평균 내는 기술이 이용되었다. 또한 여기에서 다시 위로 노테봄(Nottebohm 1981)의 '카나리아(새) 뇌의 "울새" 세포핵들(songster nuclei)의 계절적 변화에 대한 연구', 혹은 졸라-모건과 스콰이어(Zola-Morgan and Squire 1984)에 의한 '인간 건망증에 대한 동물 모델 연구'로 올라갈 수 있다. 반면 다른 차원에서는 저니간(Jernigan 1984)과 볼페(Volpe 1983) 등에 의한 '뉴런 영상 기술(neural imaging techniques, CBF, PET)을 이용한 신경 조직 위축(neural tissue atrophy)과 기억 수행 사이의 상관관계에 대한 연구들'이 있다. 끝으로 '인간 건망증에 대한 신경학적 연구'(Weiskrantz 1978, Squire and Cohen 1984), '어떻게 벌들이 꽃들을 기억하는지와 같은 병인학적 연구'(Gould 1985), '대학생들의 기억 용량과 기술에 대한 신경학적 연구'(Norman 1973, Tulving 1983) 등등이 있다. 이것은 분명 한 관점에서만 연구 단계를 거슬러 올라간다는 점에서 너무 성급한 쿡(Cook) 선장의 판단[4]과 비슷하지만, 앞으로 더욱 여유 있는 여행을 통해 이런 생각은 강화될 것이다.

위의 여러 차원의 연구들은 단지 컴퓨터의 세 차원에 대한 유비에 따라 나열된 것이 아니며, 억지로 끼워 맞출 어떤 의도를 가지고 있지도 않다. 더구나 컴퓨터 연구 차원에서도 역시 우리는 '기억 용량의 본성'에 관련한 질문들과, 그 용량을 뒷받침하는 '처리과정에 관련한' 질문들, 그리고 그 '물리적 장치'에 대한 문제들로 구분이 가능하다. 심지어 **세포** 연구 차원에서도 세포를 입-출력 모습을 갖는 '기능적 단위'로 볼 수 있기도 하며, 특정한 '역동성'을 갖는 것으로, 혹은 어떤 단백질과 다른 하부세포 구조 내의 어떤 '구조적 구현'으로 볼 수도 있다는 것이 내 지적이다.

4) [역주] 1770년 영국의 탐험가 제임스 쿡(James Cook)은 남쪽 대륙을 발견하기 위해 항해를 하여 오스트레일리아를 발견하고 처음에 이것을 그들이 찾던 남쪽 대륙으로 '성급하게' 판단했다. 그곳에서 그는 깡충깡충 뛰는 개처럼 생긴 동물을 가리키며 원주민에게 물으니, 원주민이 그의 말을 알아듣지 못해 "몰라"(캥거루)라고 하는 말을 듣고 그 동물의 이름을 '캥거루'로 불렀다고 한다.

위 지적이 의미하는 것은 뇌에 대해 '기능'과 '구조' 사이에 단일 선택만이 있는 것이 아니며, 심리학자들은 '기능'을 다루고 신경과학자들은 '구조'를 다룬다고 억지로 우기지 말아야 한다는 점이다. 더 낮은 차원의 연구에 비유하면 신경과학자들의 연구가 기능적이라 할 것이며, 더 높은 차원에 비유해서는 상대적으로 구조적이라 할 수 있다. 따라서 '해마에서 다세포 응답 양태'에 대한 톰슨(Thompson)의 작업은 아마도 '건망증 있는 사람의 인지 능력'에 대한 스콰이어(Squire)의 작업에 비해 상대적으로 구조적이라 하겠지만, '시냅스 형태학의 가변성'에 대한 린치(Lynch)의 연구에 비해서는 상대적으로 기능적이라 할 것이다. 유용성을 고려해 볼 때 '구조'와 '기능'의 구분은 절대적이 아니고 **상대적**이다. 그러므로 어떤 획일적 연구 이데올로기에 대한 지지는 온당치 않다.

게다가 아마 누구라도 짐작하겠지만 '물리적 구현은 다양할 수 있으나 그 능력에서는 여전히 동일하다'는 말이 어느 차원의 구성에서 그렇다는 것인지 그저 단순히 말할 수 있는 것이 아니다. 간단히 말해서, 만약 우리가 완전한 인지신경생물학을 갖는다면, 인간의 뇌와 동일한 능력을 갖는 컴퓨터를 만들기 위해 어쩌면 뉴런과 아주 흡사하게 행동하는 구조적 요소들을 이용할 수 있다. 비록 그 인공물이 뉴런과 달라서 미토콘드리아(mitochondria)나 리보솜(ribosomes)이 없어도 되겠지만, '활동 전위'(action potentials)와 '등급 전위'(graded potentials)를 모두 가질 수 있으며, 시냅스 수정 가능성에 대한 충분한 목록, 즉 수지상돌기의 성장에 대한 충분한 레퍼토리를 가질 수 있다. 그러나 우리가 지금 아는 한 뉴런의 가변성을 효과적으로 모방하려면, 심지어 어떤 하부 세포 구조에 대해서도 매우 가깝게 모방할 수 있어야 한다.

보통 언급되지 않지만, 독립 이데올로기를 신뢰하는 또 다른 가정이 있어 그것을 살펴볼 필요가 있다. 그 가정은 신경과학이 '물리적 장치, 즉 뇌 자체를 이해하려 하기 때문에' 기능적 구성에 관한 **이론**을 산출해 내지 못할 것이라는 예측이다. 우리가 이미 살펴본 바와 같이 기능과 구조의 구분은 '심리학이 기능적 분석을 하며 신경과학은 구조적 분석을 한다'는 단순한 생각을 지지하지 않으며, 단일 세포 차원들 사이에 그리고 인지심리학적 연구 차원들 사이에 분명히 많은 구성적 차원들이 있다. 특히 강조하고 싶은 것으로, 신경과학자들이 '뉴런이 정보를 어떻게 저장하는지', 혹은 '세포 집단들이 어떻게 인식해 내고 감각운동조절(sensorimotor control)에 영향을 주는지'에 관심을 두는 것은 곧 '신경-역학에 관련된', 즉 '정보'와 '뇌가 어떻게 정보처리하는지'에 관심 갖는 일이라는 점이다. 그러면서 그들은 골몰하여 이론을 만들어낸다. 좀 충격적이겠지만, 심지어 '표상과 계산처리에 관한 이론'까지 제안한다. 만약 형식화된 '표상'이 '문장' 같은 것이 아니라고 해서, 그리고 형식화된 '변환'(transformation)이 '추론'과 유사하지 않다고 해서, 그 이론은 '기능적 이론이 아니다', '진짜 이론이 아니다', 혹은 '더 높은 차원의 이론에 적절하지 않다'는 것을 의미하지 않는다. 인지심리학 내에 '기능적'인 것이 무엇인지 명료하게 보여주는, 그 이론화의 몇 가지 예를 10장에서 보여줄 참이다. 그런 진정한 '**신경 기능적**(neurofunctional) 이론화'가 있다는 사실은 분명 두 번째 가정을 뒤집을 가장 좋은 반박이다.[5)]

따라서 내 일반적 결론을 말하자면, '어느 차원이 기능적이며 어느 차원이 구조적인지 우리가 알 수 있으며, 따라서 마음-뇌에 대한 기능적 규정을 알 경우 뉴런은 무시되어도 좋다'는 가정은 지극히 소박한 생각이다. 위의 지적은 '다양한 예화 가능성에 관련하여 반환원주의자들에 의해 끊임없이 제기되는' 사고-실험에 대해 내가 앞서(9장 2절에

5) [역주] 이 말은 다음과 같이 이해된다. 신경과학자들이 마음-뇌의 '기능적' 역할을 이론화하는 예를 본다면, '신경과학자들이 단지 물리적 기능에만 관심을 두기 때문에 기능적 연구에 성과를 거둘 수 없으며, 기능적 역할에 대한 연구는 인지심리학자들만의 독자적 연구 영역이다'라고 주장할 근거가 사라진다.

서) 왜 경고했는지 납득시켜 준다. 그럼에도 불구하고 반환원주의자들은 '세 차원 가설'뿐만 아니라 '인지적 차원에 적절한 범주들과 일반화들이 특별하다'는 점에 근거해서 인지심리학의 독립성을 여전히 주장할 수 있다. 그런 주장이 정말 그런지 알아보아야 하겠지만, 그러한 범주들은 깨질 수 없을 정도로 이론적으로 완전무결하며, 물리적 범주들로 환원될 수 없다고 그들은 믿고 있다. 나는 9장 5절에서 이 논제를 개괄하고 비판할 것이지만, 그 근거 마련을 위해 인지심리학의 독립 이데올로기와 경쟁하는 '공진화 연구 이데올로기'를 우선 설명하겠다.

4. 공진화 연구 이데올로기

연구 작업의 역할 분담

기능주의자들의 연구 이데올로기에 따르면, '인지심리학의 역할'은 마음-뇌가 특정한 인지 역량을 가짐으로써 어떤 '프로그램'을 운영하는지 결정하는 일이며, 반면에 '신경과학의 역할'은 실제로 뇌가 그 가설적 프로그램을 수행하는지 어떤지 밝혀내는 일이다. 더구나 그 이데올로기에 따르면, 신경생물학적 자료가 마음-뇌가 운영하는 인지 '프로그램'이 무엇일지 밝혀내는 일에 적절치 않으므로 인지심리학이 신경과학으로부터 **독립적**이어야 한다는 주장이다.

나는 그런 독립 이데올로기에 반대하며 공진화적 발달(co-evolutionary development) 이데올로기를 선호하는 배경을 아래와 같이 다섯 가지로 지적한다.

1. 우리의 '심적' 상태와 과정은 '뇌'의 상태와 과정**이다**(제 8 장).
2. 인간의 신경계는 단순한 신경계로부터 진화하였다.
3. 뇌는 연구 가능한 대상으로서 가장 훌륭한 정보처리 장치(pro-

cessor)이다. '적응 가능성', '가소성', '응답 적절성', '운동조절' 등등의 문제에서 뇌가 하는 일에 버금가는 어떤 프로그램도 고안된 적이 없다. 심지어 수준이 낮은 쥐의 뇌 정도에 근접한 것도 없었다. 만약 뇌가 그 일을 어떻게 하는지 밝혀낼 수만 있다면, 우리는 뇌가 하는 일을 컴퓨터가 어떻게 모방해 낼 수 있을지 알아낼 수 있을 것이다.

4. 신경과학자들이 '기억과 학습의 본성', '학습 중에 발생하는 세포 변화', '신경세포 시냅스 변화', '환경에 따른 학습 장애 효과' 등등의 문제들을 해결한다면, 인지과학자들이 신경과학자들이 발견한 것들을 '의도적으로' 무시하면서 '기억'과 '학습'을 이해하려 드는 것은 잘못이다.

5. 근본적 **종**(kind)을 규정하는 어떤 차원의 범주들도 수정될 수 있으며, 그 수정의 이론적 근거는 어느 차원의 연구로부터도 나올 수 있다.

철학자들은 이따금 **원리적으로** 무엇이 가능하다고 주장하기를 좋아하며, 같은 맥락에서 '원리적으로 신경과학의 개입 없이 심리학이 기능주의자 인지 이론을 개척할 수 있다'고 주장된다. 그러나 그 주장이 참인지 나는 알 수 없으며, 그런 주장을 어떻게 평가해야 할지도 모르겠다. 짐작컨대 다른 많은 철학적 사고-실험들도 결점을 가지고 있을 것이다. 즉 생각은 많은 반면 실험은 충분하지 않다. 내 입장은 분명한데, 이론들이 서로 돕는 공진화를 통해서 서로를 풍요롭게 해왔음을 과학사 속에서 본다. 특히 한 학문의 분야로써 심리학은 고립적 방법론을 채택하는 한 적어도 아무것도 얻지 못할 것이다. 나는 잠시 문제에서 벗어나는 예를 통해 '경쟁하는 연구 이데올로기', 즉 '연구의 공진화'를 아래에서 설명하려 한다. 그래서 '기억'과 '학습'에 대한 연구의 경우에도 '심리학이 공진화의 이데올로기를 왜 선호해야 하는지'

지적하려고 한다.

공진화적 발달의 장점

이론들이 서로 조화롭게 발전하여 도움되는 경우를 특히 '열역학'과 '통계역학'의 경우에서 잘 볼 수 있다. '온도'와 '평형 상태' 그리고 '엔트로피의 본성'에 대한 우리의 이해가 거시와 미시 양 차원에서의 새로운 발견들로 인해 확장되고 수정되어 왔다. 그 양자 사이의 공진화에 대한 후커(Hooker)의 간결한 요약은 깔끔하다.

> 첫째, 통계역학의 수학적 발달은 (대응하는) 열역학적 속성들과 법칙들의 기초를 구성하려는 노력에 의해 상당한 영향을 받아왔다. 예를 들어 '볼츠만(Bolzmann)의 엔트로피'와 '열역학적 엔트로피'의 불일치는 '깁스(Gibbs) 엔트로피' 발달을 도왔으며, 평균 통계량과 열역학적 평형값을 연결시키려는 노력은 '에르고(ergodic: 열의 일당량) 이론'의 발달을 도왔다. 그럼에도 열역학은 그 자체가 통계역학 구조에 '역으로' 다시 도입되어 이론적으로 보강되는 과정을 겪었다. 예를 들어 다양한 '엔트로피들'이 역으로 열역학에 도입되었으며, 그 엔트로피들 사이의 차이가 깁스 역설(Gibbs paradox) 해결에 기초가 되었다. 좀 더 일반적으로 말해서, (고전 역학의) 일은 이제 열역학을 (현대 역학의) 일반 통계이론으로 전환하는 데 도움이 되고 있으며, 반면에 전통의 개념적 역할을 유지하면서도, 결과적으로 비평형 과정(non-equilibrium processes)의 적절한 범위를 확장시킬 희망을 주었다. (1981:49)

위와 같은 공진화의 유용성은 여러 학문들의 발달 과정에서도 볼 수 있는데, 물리학과 화학의 발달 과정에서, 천문학과 역학의 발달 과정에서, 전염병 이론과 미생물학의 발달 과정에서, 고전 유전학과 분자유전학의 발달 과정에서, 최근에는 비평형 열역학과 생물학의 발달 과정에서, 면역학과 유전공학의 발달 과정에서도 역시 볼 수 있다. 그러한 예들을 통해 알 수 있는 유용성은 한 차원에서 발견된 사실들이 다른 차원에서도 더 나은 실험과 수정을 가져다주었으며, 그것은 다시 새로운 탐구를 위한 질문과 수정 그리고 새로운 생각을 유도하였다.

고전 유전학과 분자유전학의 예는 사실 내가 보여주고자 하는, 즉 '공진화가 환원을 유도한다'는 생각과 상충하는 예라고 논박될 수 있다. 앞으로 언급하겠지만, 분자유전학은 유전자를 구조적 기초로 환원하는 데 성공하지 못했으며, 앞으로도 결코 그렇지 못할 것이라는 잘 합리화된 회의론이 있다(특히 Hull 1974 참조). 그렇지만 이 경우에 대하여 더 자세히 살펴볼 필요가 있는데, 심리학과 신경생물학의 경우와 비교되기 때문이다.

환원과 공진화

고전 유전학(classical genetics)에서 유전자(gene)는 '유전 전달', '돌연변이' 그리고 '재결합'의 단위이다. 고전 이론에서 유전자가 하는 역할은 어떤 입력(수태시킴)이 주어지면 어떤 출력(체질적 특성)이 왜 나타나는지 설명해 주는 것이었으며, 이것들은 본질적으로 '인과적' 속성으로 규정되었다. 그런 측면에서 유전자는 '기능적' 속성이다. 반면에 분자유전학(molecular genetics)의 관심은 생명체의 어느 구조적 메커니즘이 체질적 특성을 일으키는 유전자인지 확인·발견하려는 데 있다. 처음에는 염색체(chromosome) 단편들을 발견하고, 점차 나중에는 DNA의 연쇄 고리를 규명할 것으로 기대했다. 그러나 그 물질은 매우 복잡하며, 많은 구조적 요소들과 생화학적 조건들이 유전적 특성을 결정한다는 사실이 밝혀졌다. 그렇다고 해서 복잡하다는 사실 자체가 환원을 좌절시키진 않으며, 다만 실망시키는 점은 DNA 구조상의 차이가 '보상하는 생화학적 환경 때문에 항상 형질의 차이로 나타나지 않는다'는 사실의 발견이다. 뒤집어 말해서, 같은 DNA 기반이 생화학적 환경 차이로 인하여 다른 체질적 특성을 낳는다. '기능적으로' 특징지어진 유전자들과 '구조적으로' 특징지어진 유전자들이 일대일로 대응할 것이라는 기대와 다르게, 고전 유전학의 유전자들과 분자유전학의 유전물질 사이에 **다수 대(對) 다수** 관계가 존재한다는 것이다. 지금까지 알아본 바와 같이, 위의 사실은 다수 대 (무한한) 다수 관계만큼이나 상당히 곤혹스럽다. 필립 키처(Philip Kitcher)는 이것을 다음과 같이 표현한다. "유전자에 대한 분자생물학은 결코 있을 수 없으며, 오직 유전물질에 대한 분자생물학만이 있을 뿐이다."(1982:357)

중요한 점은 '유전학에서의 환원은 가능 근거가 없다'고 생각하여 환원을 거부하는 사람들도 '전달유전학(transmission genetics: 고전 유전학)에 의해 기술된 입-출력 현상을 분자유전학이 설명할 수 없다'고 주장하려 하지 않으며, 더구나 전달유전학이 독립적 과학이라거나, 분자유전학은 전달유전학을 설명하기에 부적절하다고 주장하려 하지 않는다는 사실이다. 오히려 그들은 그 반대를 주장함으로써 전형적으로 환원주의자에 동조한다. 그런데 그 불일치는 '분자 이론의 구조적 단위'와 '그램분자 이론의 기능적 단위' 사이에 일대일로 대응시키려는 데에 시사하는 바가 있다. 이 논점은 신경과학에서 환원주의자 프로그램의 행보가 심리학적 범주들이 신경생물학적 범주와 일대일로 대응하지 못할 가능성으로 인해 가로막혔다고 생각하는 사람들에게 핵심적으로 중요하다. 그러나 환원주의자 관점에서 보면, 그 가능성이 심리학적 범주들을 파괴하거나 재구성하는 것만큼 환원에 그다지 큰 장애가 되지 못한다. 정말 '기억'에 대한 통속 심리학적 범주에 파괴의 징조가 이미 있었다(4장 1절 참조). 환원주의자들의 방향이 왜 합리적인지 그 이유를 보여주기 위해 나는 이 논점을 더 깊이 탐구하려 한다.

> 발전기들의 집단 G를 생각해 보자. 발전기들 각각은 60Hz의 교류전기를 생산한다. 그러나 10%의 주파수 유동이 있다. 간단히 말해서 그 발전기들의 주파수 변동은 10%이다. 그러나 발전기들이 서로 알맞게

연결되므로 그 집단의 주파수 변조는 그런 특징을 보이지 않는다. 통계적으로 일부 발전기들의 평균 출력이 갑자기 떨어지더라도 나머지 발전기들이 그것을 보정하고, 반대로 출력이 갑작스럽게 증가하는 발전기들의 출력은 나머지 발전기들에게 흡수된다. 입력과 출력에 있어서 전체 시스템은 마치 주파수에서 대단히 신뢰성을 갖는, 혹은 (관리 기술자들의 말에 따르면) 상당히 강력한 단일 '가상 조절기'(virtual governor)를 갖춘 하나의 발전기처럼 기능한다. '신뢰성 f를 갖는 가상 조절기를 갖는다'는 속성은 시스템 전체의 속성이며, 결코 요소들의 속성은 아니다. 그 전체 시스템이 요소들로 환원될 수 있겠는가? "그렇다"라고 할 수도 "아니다"라고 할 수도 있다. 왜냐하면, 그 시스템의 작동을 기계적인 것으로 이해할 경우 그 시스템의 속성은 '개별 발전기들이 모여 시스템의 구조가 규정되는 방식으로' 연결 규칙에 의해 나오기 때문이다. 그럼에도 불구하고 그 시스템 전체의 성질은 구성원인 개별 발전기들만의 규칙에 의해 수반되지 않는다. 이런 의미에서 개별 발전기들의 속성이 '환원적으로' 전체 시스템의 속성은 **아니다**. 즉 그 시스템 **구조**의 속성이 **개별** 발전기로부터 나온 속성이라고 할 수 없다. 그러나 존재론적 관점에서 보면 개별 구성원들과 별개인 시스템이란 존재할 수 없으며, 반면에 물리적으로 인식해 본다고 하더라도 개별 구성원들 간에 물리적 관계를 뛰어 넘는 시스템이 존재할 수 없다. 후자의 관점은 "가상 조절기는 **무엇인가**", (개별 요소 발전기들에 대해 실재의 real 조절기는 분명 실제의 actual 물리적 장치여야 하지만) "가상 조절기는 어디에 있단 말인가" 등등의 질문을 던지게 되면 확연히 납득된다. 이런 질문에 대해 있는 그대로 대답하자면 결코 가상 조절기 같은 것은 없으며, 그렇다고 '그것'이 시스템 전체 쪽에 더 가까이 있다고 할 수도 없다. (이것이 바로 기술자들이 그것을 '가상 조절기'라고 칭하는 이유이다.) (Hooker 1981:508)

앞의 사례에서 살펴본 바와 같이 유전자는 개별 발전기의 '구성원'보다 '가상 조절기'에 가깝다. 그런 유전학의 입장을 설명하는 한 방법은, "유전자는 DNA 속의 무엇인가" 혹은 "유전자가 도대체 어디에 있는가"라는 질문이 **규정하는 의미에서**, '정말 어떤 유전자도 존재하지 않는다'고 말하는 것이다. '단일 구조적 단위(유전자)가 있다'는 가정은 포기되어야 한다. 오히려 '조건들과 메커니즘의 복합 집단이 있으며' (그 집단 중 일부는 가장 상위차원보다 낮은 어느 차원의 기능으로 규정될 수 있다), DNA 단편들은 그 집단과 뚜렷하게 관련되지만, 유일한(배타적) 관계는 아니다.

만약 그(집단-단편, 거시-미시) 관계에서 미시 쪽이 DNA 모습 이상의 것들, 즉 생화학적 주위 환경 같은 것들을 포함할 수 있다면, 다수 대 다수로 엉켜 있는 것이 일대일 양태로 분해될 수 있다. (물론 그렇지 못하다면, 유전 체계의 거시 속성이 생화학적 속성으로 설명되지 못하지만, 어느 편의 논리도 틀린 것은 아니다.) 더구나 유기체에서 발견된 구성 차원이 결정되면, 그 부분적인 설명은 '아마 더 낮은 차원의 메커니즘으로 다시 설명될 수 있는' 중간 범위의 입-출력 함수에 대한 규정을 포함할 것이다. 그 관계의 거시 쪽에 대해 말하자면, 시스템 전체에 대한 혹은 내적 다양한 차원의 하부시스템에 대한 입-출력 특성은 상위차원의 발견에서처럼 분자에 의해 변경 내지 수정될 수 있음이 분명하다. 예를 들어 체질적 특성이 무엇인지에 대한 규정은 이론 중립적이 아니며, 고전 유전학과 분자유전학 모두를 더 깊게 이해함에 따라 달리 해석될 여지가 있다(예를 들어 Benzer의 개정본 1957; Philip Kitcher 1982, Hull 1974의 토론을 참조).

대략적으로 말해서, 적절히 진화된 거시유전학 이론으로 기술된 입-출력 효과가 분자들의 행동으로 설명될 수 있다면, 환원은 여전히 성취될 것으로 보아야 한다. 후커(Hooker)에 따르면, 필요되는 것은 진화된 전달유전학의 (일반적으로 참인 문장인) 법칙들이 환원하는 이론의 정리들로 '묘사되어야' 한다는 점이다. 좀 더 구체적으로 말해서, 이 요구는 (1) 초기의 거시차원 입력은 초기의 메커니즘 상태라고 밝혀져야 하고, (2) 최종의 거시차원 출력은 최종의 메커니즘 상태라고 밝혀져야 하며, (3) 모든 거시차원의 입력 대 출력 함수에 대해서 메커니즘 집단이 대부분 적절한 입-출력 상태와 관계해야 한다(1981: 516).[6)]

그런 환원이 나타난다면 주시해야 할 것으로, 만약 우리가 멘델(Mendel) 이론(그의 법칙들과 그가 말하는 '유전인자' factor, 즉 유전자와 '우성' dominance에 대한 규정들)을 환원되거나 교체될 이론으로 생각한다면, 그 환원은 광범위한 수정을 의도하게 된다. 달리 말해서 전달유전학과 분자유전학이 공진화한다면, 과학의 미래 역사가들은 아마 '환원된 것은 **진화된** 거시이론 T*이며, 그것은 진화된 미시이론 M*에 의해서 불가피하게 존속되었고, 환원은 순탄했으며, 거시차원 속성들이 미시차원의 복합 조건들로 설명된다'고 말하고 싶어 할 것이다. 그런 시각은 언뜻 보기에 환원에 앞서 이론들이 공진화했다는 역사적 사실을 인식하지 못하여 좀 왜곡된 듯하다. 하지만 이를 다시 들여다보면, 결국 전달유전학과 분자유전학의 공진화 결과로 멘델 유전학의 인과적 지지기반이 상당히 수정되어 거시와 미시 이론이 근접한 환원적 통합체로 이해되는 중요한 부산물을 얻는 셈이다.

심리학과 신경과학의 공진화와 환원적 전망을 보는 것보다 유전학의 경우에 훨씬 문제될 것이 없다.[7)] 후커의 유전학에 대한 분석을 통해 아래의 세 가지 논제가 다시 제기된다. (1) 입-출력 속성들이 항상 단일 메커니즘에 의해 구성되진 않지만, 다양한 메커니즘들이 조화된 결과로 설명되고, 그것들 중 어느 것이 거시차원 속성을 구현하는지 적절히 규명할 수 없다. (2) 이런 경향으로 인하여 그(유전) 체계 내에 더 많은 차원의 메커니즘이 있을수록 입-출력 사이에 더 복잡한 경로

6) 이것은 단지 필요한 규정만을 부분적으로 발췌한 것이다. 완전한 후커(Hooker)의 설명을 Hooker(1981), part III에서 참조. 나머지가 중요하지 않다는 것이 아니지만, 여기에 소개할 필요를 느끼진 않는다.

7) 대립하는 견해의 논의를 보려면 Patricia Kitcher(1980, 1982)를 보라.

가 있게 된다. 그리고 (3) 이런저런 요소들 사이의 입-출력 함수와 입-출력 법칙에 대한 특성은 하위차원의 발견에 알맞게 수정될 것이다.

기억과 학습에 대한 공진화적 탐구

심리학과 신경과학의 공진화한 결과는 일부 심리상태 유형들이 (추정된 인과적* 속성이란 점에서 통속 심리학으로 규정된) '가상 조절기'라고 밝혀질 전망이다. 그런 일이 이미 통속 심리학의 중심부에서 상호 연결된 두 범주들('기억'과 '학습')에서 일어나고 있다는 것은 철학적으로 상당히 흥미롭다. 통속 심리학 내에 규정된 범주인 '기억'은 적어도 가상 조절기만큼 좋지 않다.

앞서(4장 1절) 지적했듯이 '학습'은 단일 종류의 일로 규정되지 않으며, '습성화'(habituation), '민감화'(sensitization), '각인'(imprinting), '일견 학습'(one-trial learning), '고전적 조건화'(classical conditioning), '도구적 조건화'(instrumental conditioning),[8] '위치 학습'(place-learning) 등등과 같이 다양한 종류로 구분된다. 그런 것들이 가소성(plasticity: 가변성)의 '기반'이라고 가정해 보면, 그 목록이 속칭 '상위 학습'(higher learning)을 포함하도록 확장될 수 있으며, 또한 반대로 그 일반적 범주들은 기초 신경 시스템을 갖는 수많은 명확한 집단들로 나뉠 수도 있다. 지각운동 기술(perceptual-motor skills)은 어느 차원에서 보면 순수한 인지적 기술(purely cognitive skills)과 다를 수 있으며, 언어 학습을 지원하는 메커니즘은 면식 재인(facial recognition)이나 인지적 대응(cognitive mapping)을 뒷받침하는 메커니즘과 다를 수 있다. 그리고 그에 대한 연구들은 인간 정신생활에 있어 '조절'이라는 상식적 개념과 '의식'의 역할에 대해 심각한 문제를 제기한다. '기억'이나 '학습'과 같은 통합된 통속 심리학 범주들의 미래 이론은 아마도 황량할 것이다. 왜냐하면 그런 것들의 입출력 현상 자체가 다시 기술

8) [역주] 이 책 4장 주 7), 8), 9) 참조.

되고, 재분류될 것이 분명하기 때문이다. 그리고 상호 연결된 범주들, 즉 '의식', '앎', '주의집중'과 같은 것들은 아마 그 자체가 진화하여 조만간 근본적으로 다르게 변형될 것이다.

더구나 기억과 학습에 관한 연구는 모든 차원의 연구에 공진화적 호혜를 보여주는 좋은 예이다. "신체 내부 메커니즘에 대한 지식이 행동의 가소성을 이해하는 데 아무런 도움이 되지 않을 것이다"라고 제한하는 스키너(Skinner)의 독단과 결별하고, 최근의 전자 미시 연구방법을 이용함으로써 (지난 20여 년 간) 기억과 학습 분야는 동시에 많은 차원의 신경계 능력에 대한 생산적 연구의 본보기가 되었다. 연구는 상하 그리고 넓게 서로 영향을 미친다. 내가 비록 대단한 관련 문헌에 대한 비평을 내놓지는 못하겠지만, 학제 간 연구 프로그램의 본성을 실증해 줄 몇 개의 예를 제시하려 한다.

세포와 분자 차원에서, 칸델(Kandel)과 그 연구원들(1976, Hawkins and Kandel 1984)은 무척추동물인 아플리시아(*Aplysia Californica*, 2장 3절 **그림** 2.26 참조)에 대한 연구에서 '습성화', '민감화', '고전적 조건화' 등등에 관한 많은 신경생물학적 기초들을 발견했다. 그 발견들은 가소성에 대한 신경생리학적 기초를 이해하는 데 초석이 되었으며, (회의론에도 불구하고) 기억과 학습을 신경생리학적으로 언급할 수 있게 되었다는 점에서 진정 주목할 만하다. 퀸과 그 연구원들(Quinn and Greenspan 1984)은 돌연변이 초파리(Drosophila)가 왜 학습할 수 없는지 설명하는 기초를 찾았고, 그래서 '특정 유전자'와 학습에 인과적 역할을 하는 것으로 알려진 '어느 효소' 사이에 관련이 있음을 발견했다. 어린 새끼의 각인(imprinting)에 관한 신경생물학적 기초가 서서히 주목받게 되었으며(Horn 1983), 포유동물의 뇌에 '고전적 조건화'에 기초하는 신경회로가 있으며(McCormick 1984), 카나리아 새의 노래 학습에 기초되는 신경회로가 있다는 것(Nottebohm 1981)도 주목받고 있다.

인간의 중측두엽(medial temporal lobe), 편도(amygdala), 해마(hippocampus)를 외과적으로 절개하면, 수술 후 일어난 사건들에 대해서 심각한 기억상실증을 유발한다는 발견(Scoville and Milner 1957: 아래 논의 참조)은 동물 모델에서 그 구조들의 역할에 대한 심도 있는 연구를 유도했다. 그 연구는 다양한 측면에서 제한된 장애를 유발시킨 후 잔류 능력에 대한 복합 실험을 포함하며, 어떤 경우에는 해마의 특정 영역에 대한 기록도 포함한다.

최근의 실험 중 버거(Berger)와 톰슨(Thompson) 그리고 그 연구원들의 발견에 따르면, 훈련 후 해마의 행동 반응에서 일종의 세포 표상(cellular representation)이 나타나며, 그 '표상'은 고전적 조건화의 훈련 단계에서 형성된다(Berger and Thompson 1978, Berger, Latham and Thompson 1980). 학습된 반응의 수행 실험에서 '수행'이 행동반응 시작에 '앞서' 나타난다. 그런데 흥미롭게도 해마의 손상이 고전적 적응을 방해하지 않았으며, 오히려 소뇌의 중간연결 신경핵(interpositus nuclei)의 손상은 고전적 적응을 방해했다. 뇌의 연결로와 연결에 대한 해부학적 연구는 그 효과를 설명하는 가설의 기초를 구성했으며, 그 가설은 인간의 해부학적 연구와 동물 모델의 해부학적 연구에 중요하다. 집서(Zipser 1985)는 무척추동물 아플리시아에 적용되는 몇 가지 원리들을 이끌어내어, 이것에서 고전적 조건화 동안에 해마의 학습을 설명하는 이론적 모델을 개발해 냈다. 척추동물 신경계는 무척추동물 신경계에 비해 훨씬 복잡하지만, 무척추동물 아플리시아 연구는 척추동물의 뇌에서 '습성화', '민감화' 그리고 '고전적 조건화'에 대한 뉴런 원리를 연구할 수 있게 하는 가설의 골격을 제공했다.

코사코프(Korsakoff)의 환자에게서 발견된 건망증 증후군(amnesic syndrome: 이들의 지적 능력 저하는 여러 해 동안 알코올 남용과 관련된다)과 알츠하이머 환자(이 환자들은 전기 감전 치료를 받아왔다) 그리고 종양(tumors)이나 다른 손상을 입은 환자들은 수행 차원과 그들이 겪는 병리학적 측면에서 심도 있게 비교 연구되어 왔다. 그 결과 중요한 차이점들이 드러났는데, 그 자료들은 일부 신경생리학자들에게 다음과 같은 점을 암시해 주고 있다. 상위차원의 '장기 학습과 기억'에 관여하는 명확한 생리학적 시스템이 적어도 두 개 이상 있다.

위 가설을 지지하는 증거에 따르면, 그 두(기억과 학습) 능력이 분리되지 않으며, 그 점을 가장 분명히 보여주는 예를 밀러(Milner)의 환자 H.M.씨에게서 볼 수 있다. H.M.씨는 고질적인 간질을 제어하기 위한 마지막 수단으로 27세에 수술대에 올랐다. 그 수술은 중측두엽과 해마의 구조에서 좌우 뇌 연결을 절단하는 시술을 포함했다(**그림** 3.3, **그림** 3.5 참조) (Scoville and Milner 1957). 수술 후 실험을 통해 예측하지 못한 결과들이 발견되었는데, H.M.씨는 심각한 선행성 건망증(anterograde amnesia)을 가지게 되었다. 수술 후에 일어난 어느 사건도 가상적으로 회상하지 못하게 되었다. 스코빌(Scoville)과 밀러의 관찰에 따르면, 그 환자는 어떤 일이 일어나자마자 바로 모든 그 기억을 잊는다. 점심으로 언제 무엇을 먹었는지 기억하지 못하며, 매일 만나는 병원의 의료진을 기억하지 못하고, 화장실을 어떻게 이용하는지도 기억하지 못했다. 심지어 자신이 좋아하는 삼촌이 죽었다고 듣고도 회상하지 못해, 매번 삼촌의 죽음에 대해 듣고 새롭게 슬픔에 빠지곤 했다. 지능(IQ)은 수술 전에 평균을 약간 넘는 수준이었으며, 수술 후에도 같았다. 반면에 H.M.씨는 아주 좋은 역행성 기억(retrograde memory)을 가지고 있었는데, 특히 일 년 전 일어난 사건이나 수술 후 '어느 정도 지난' 사건들은 잘 기억했으며, 그의 어린 시절에 일어난 사건들을 쉽게 회상해 냈다. 게다가 자신의 인생에 무엇이 아주 잘못되었는지 이해하며 다음과 같이 말했다.

> 지금 나는 이상하다. 내가 뭔가 잘못하거나 잘못 말하지 않았는가? 보다시피 지금 이 순간 나에게 모든 것이 분명하다. 그렇지만 방금 전에

무슨 일이 있었는가? 그 점이 나를 두렵게 한다. 마치 꿈에서 깨어났을 때처럼, 나는 기억하지 못한다. (Milner 1966:115)

H.M.씨는 앞선 일의 기억에 심각한 결함이 있지만, 특정한 종류의 학습에는 기억 능력이 있음이 발견되었다. 예를 들어 그가 거울 추적 과제(mirror tracing task)를 배울 수 있음을 밀러(Milner 1966)가 보여주었고, 코킨(Corkin 1968)은 그가 회전 따라가기(rotary pursuit)나 손으로 선 따라가기(manual tracking)를 배울 수 있음을 보여주었다. 비록 이런 성과들이 단지 인지적이지 못한 감각 자극 기술에 불과하다고 생각될지라도, H.M.씨가 하노이 탑 퍼즐(Tower of Hanoi puzzle, **그림** 4.1)을 정상적인 수준으로 숙달하기도 했다. 그 퍼즐이 주어지기만 하면 H.M.씨는 최적 횟수에 풀어낼 수 있었으며, 중간 어느 곳에서 시작하더라도 계속할 수 있었다(Cohen and Corkin 1981). 그 일은 상당히 지적인 성취이다.

더욱 당혹스런 점으로, 그는 퍼즐을 하도록 요청받을 때마다, 그것을 어떻게 하는지 배운 것을 회상하지 못했으며, 심지어 전에 해본 적이 있는지조차 회상하지 못했다. 다시 말해서 그는 자신이 말로 보고(설명)할 수 있는 그 퍼즐에 대해 전혀 의식적 인식을 갖지 못했다. 최적 횟수로 퍼즐을 푸는 것을 보고, H.M씨에게 그 기술(skill)을 설명해보라고 하면, '자기는 퍼즐을 능숙하게 잘하며, 이런 정도는 아주 쉽다'는 등으로 둘러대며 대답을 회피했다. 그는 감탄할 정도로 '인지-운동 기술'을 획득하며, (그 기술을 우리에게 **말해 줄** 수만 있다면) 그 퍼즐은 언제나 완벽한 묘기였다. 따라서 여기에 '조절'(control)이 항상 문제가 되는데, H.M.씨는 연속적이고 지성적인 일을 착수하고 또 성공적으로 완성해 낼 수 있기 때문이다. 그럼에도 그는 자신이 그런 지식을 '가지고 있거나' '주어진 일에 활용하는 중임'을 자각하지 못한다. 만약 H.M씨가 자신의 기술을 전혀 의식하지 못한다면, 퍼즐을 풀기 위해 필요한 긴 연속 단계들을 신경계가 어떻게 수행하는지 놀라울 뿐이다. 어느 의미에서, H.M.씨의 일부 '신경계'는 무엇을 하고 있는지 알고 있으며, 관련된 복잡한 의도를 가지고 있지만, 'H.M.씨'는 그렇지 못하다. H.M.씨는 자신이 하는 일을 어떻게 생각할까? 그래서 '조절'이 의문된다. (Warrington and Weiskrantz 1982 참조.)

위와 같이 예상치 못했던 능력의 분리로 인하여 일부 신경심리학자들은 두 기억 시스템(각각에 심리학적 근거가 있는)을 전제하게 되었다. H.M.씨가 상실한 능력과 유지하는 능력을 구별할 기준으로 스콰이어와 코헨(Squire and Cohen 1984)은 다음과 같이 제안했다. 기술적 기억(descriptive memory)은 '언어로 회상을 보고하는 능력'이며, 절차적 기억(procedural memory)은 '기술(skill)을 드러내 보여주는 능력'이다. 그렇게 구분 짓는 방법이 어느 정도 유용하긴 하지만, 스콰이어와 코헨의 제안은 어디까지나 예비적이고 분명치 못한 분류법(taxonomy)이며, 정말 기억의 종류가 두 가지인지도 확실치 않고, 그 두 기억 능력의 범위와 본성에 대해서는 더 많은 연구가 필요하다.

동물 모델 연구는 기억 요소들에 대해 확증적으로 구분하려는 경향이 있지만(Weiskrantz 1978, Mishkin and Petri 1984, Zola-Morgan 1984), '해부학적 구조가 관찰된 장애(결핍)를 설명해 줄지' 그리고 '동물모델이 인간의 경우를 어느 정도 해명해 줄지' 해석의 문제가 남는다. 구분되는 기억 시스템에 관여하는 해부학적 구조가 있는지 밝혀내기 위해, 그리고 기억상실증 환자들이 어느 능력을 유지하며 어느 능력을 상실하는지 밝혀내려면 그 환자들을 어떻게 실험해야 할지, 즉 '더 나은 실험방법을 제안하기 위해' 해부학적 연구는 중요하다. PET(단층촬영)와 대뇌혈류 사진은 현재 논란이 되는 일부 쟁점들을 해소시켜 줄 수 있다. (스콰이어의 두 시스템 가설에 대한 해석과 관련해서 주의 깊은 논의가 있다. 앞으로 언급할 Weiskrantz 참조.)

물론 심리학자들은 정상인의 학습과 기억에 관한 방대한 양의 자료도 수집한다. 예를 들어 '학습 곡선', '기억상실 곡선', '도움 없는 회상(unaided recall), 손짓 도움 회상(cued recall), 재인(recognition) 등의 구별', '관심 집중의 역할' 등등이 다른 차원의 탐구에 상당히 유용하게 이용되어 왔다. 일부 심리학자들은 '두 시스템' 가설을 짜 맞추기도 했지만, 신경심리학자들과는 아주 다르게 영역을 나눴다. 툴빙(Tulving 1972, 1982)은 '이야기 기억'(episodic memory)과 '의미 기억'(semantic memory)을 구분하였으며(그중 어느 것도 인지적 기술 cognitive skill을 포함하지 않는다), 킨스번과 우드(Kinsbourne and Wood 1975)는 그 구분을 기억상실증 연구에 이용하였다. 다른 이들(Noman and Rumelhart 1970)은 '항목(item)에 대한 기억'과 '문맥(context)에 대한 기억'을 구분했으며, 이런 아주 특이한 분류법 역시 기억상실증에 걸린 사람들에 대한 자료를 해석하는 데 활용되었다(Huppert and Piercy 1976).

위의 다중 시스템 가설들은 '정상인에 대한 폭넓은 시험'을 유도하였고, '기술'(skills)에 대한 새로운 연구(Kolers 1975, Rumelhart and Norman 1982)와 '다양한 종류의 기억에서 의식의 역할'에 대한 연구(Posner 1984, Poulos and Wilkinson 1984) 등등에 자극을 주었으며, 그런 연구들의 목적은 '기억과 학습이란 두 능력의 본성이 무엇인지', 그리고 '그런 능력들이 실제로 있는지', '그 밖에 다른 능력들을 체계적으로 설명해 줄 이론적 정당화가 있는지' 알아보기 위한 노력이기도 하다. 기억과 학습에 관한 연구에서 충격적인 것은 그 학제적(interdisciplinary) 성격에 있다. 한 차원에 대한 연구자들은 언제나 '유용한 실험을 고안하거나' 혹은 '기억-학습 분류를 다시 편성하는 데' 도움이 될 수 있는 다른 분야의 결과들을 기대했으며, 또 이따금 찾아내기도 했다.

기억과 학습에 관한 그런 학제적 연구가 주는 한 가지 희망은, 아플리시아의 '습성화'처럼 상대적으로 아주 단순한 가소성에 대해 생물학에 기초한 설명이 신경생물학적으로 다른 종류들의 학습을 설명하기 위한 발판으로, 그리고 인간에서의 습성화와 다른 종류의 가소성 모두에 관한 신경생물학적 설명을 위한 발판으로 활용될 수 있다는 점이다. 학습의 종류에 대한 현재의 분류가 (모든 차원에 관한 연구가 지속됨에 따라서) 앞으로 전혀 예측하지 못했던 방식으로 재정립될 수도 있다. 더 높은 차원의 학습이 관련된 한 우리는 결코 피설명항(explananda)이 무엇인지 아직 확신할 수 없다. 예를 들어 우리는 H.M.씨에게 '유지된 능력'과 '상실된 능력'을 규정할 원리적 방법을 가지고 있지 않다.

따라서 심리학의 독립성을 주장하는 사람들에게 주는 하나의 대답은 다음과 같다. 학습과 기억을 연구하려는 인지심리학자가 '동물 모델', '경로 연구', '임상적 사례들', '병아리의 각인', '카나리아의 노래 학습', '아플리시아의 습성화' 등등을 염두에 두지 않는 것은 분명 멍청한 일이다. 우리는 아는 것이 너무 적어 '무엇이 관련되지 않았는지' 조차 알지 못한다. 학습과 기억은 지적 행동과 긴밀히 관련된 멋진 능력이 아니며, 어느 것들과 마찬가지로 인지심리학이 밝혀야 할 문제일 뿐이다.

공진화와 환원 그리고 인지신경생물학

일부 기능주의자들이 '입출력 작용이 중간이나 하위차원의 단일 메커니즘으로 구현될 수 없다'고 지적한다고 해서, 우리가 '입출력 작용에 대해 완전히 새로운 개념을 받아들일 것이다'라고 혹은 '신경과학이 그 중간 차원의 본성과 구성에 대해 설명해 줄 것이다'라고 기대하는 경향은 거의 없다(그 예로 Cummins 1983을 참조). 오히려 그들은 인지 차원의 능력이 잘 규정되어 있으며, 따라서 그 연구 방향은 상위차원으로부터 하위차원으로 이루어질 것으로 짐작하는 경향이 있다. 그렇지만 우리가 기억과 학습의 경우에서 보았듯이, 범주 정의는 최선의 것이 아니며, '기억'은 '추진력'과 같은 운명에 처해 있다.

심리학과 신경과학의 공진화는 마치 산 양쪽에서 서로 마주보며 터널을 뚫는 것에 비유되는 것으로 쉽게 생각할 수도 있다. 그렇지만 그 비유는 잘못이다. 왜냐하면 공진화는 이보다 훨씬 더 상호 영향을 미치므로, 동료 이론들의 요청에 따라 한 이론이 수정되고 새로운 개념을 받아들일 가능성을 포함하기 때문이다. 신경과학과 심리학은 서로에게 도움이 된다. 대략적으로 말해서 신경과학은 신경 시스템이 무슨 일을 하는지 알아야 하므로, 심리학을 필요로 한다. 다시 말해서, 시스템의 입출력 속성들에 대한 상위차원에서의 해명을 필요로 한다. 또한 같은 이유로 심리학도 신경과학을 필요로 한다. 시스템이 하는 것이 무엇인지 알아야 하기 때문이다. 즉, '더 낮은 차원의 해명이 임의의 입출력 이론을 지지하는지' 알아야 하고, '입출력 이론을 어떻게 수정할 것이며', '가장 상위 아래 차원의 과정을 어떻게 규정할지'도 알 필요가 있기 때문이다. 심리학은 단지 입출력 가설들에만 의존해서 시스템이 무엇을 하는지 알 수 없다. 왜냐하면 명백히 그런 가설들은 갑자기 어떤 것을 '가상 조절기'라고 몰아세울 수 있기 때문이며, 더욱 나쁜 것은 입출력 작용들이 완전히 잘못 인식된 것으로 가정할 수도 있기 때문이다. 더욱 나쁜 것은 그 가설들이 입출력 현상을 설명할 때, 통속 심리학에 깊이 빠져 잘못된 개념에 의존할 수도 있기 때문이다. 신경과학과 심리학이 공진화할수록, 양자는 **통속** 심리학을 점점 덜 필요로 할 것이다. 공진화 과정을 좀 더 가깝게 비유하자면, 두 암벽 등반가가 서로 등을 마주 대고 벽에 발을 버티면서 넓은 굴뚝을 오르는 경우와 같다고 할 수 있겠다.

'마음-뇌가 무엇을 하는지'는, 입출력 기능 차원에서 시스템을 기술한다고 해도, 단지 유기체의 행동을 바라보아 알 수 있는 '관찰'의 문제가 아니다. 그보다 상당히 '이론적인' 문제이다. 그 전체 기획이 진행되기 위해서는 초기 이론이 꼭 필요한데, (노골적으로 말해서) 바로 그 초기 이론은 통속 심리학이다. 하지만 우리가 통속 심리학을 넘어서, 신경과학과 심리학이 공진화하게 된다면, 그 초기 이론의 이곳저곳에서 조금씩 수정되다가 마침내 전체가 수정되고 말 것이다. (통속 심리학의 허약함을 논증하는 더 자세한 논의는 9장 5절을 참조.)

신경과학과 심리학의 공진화적 발달은 불가피하게 두 분야가 환원적으로 접근할 수밖에 없음을 의미한다. 심리학 이론과 가설이 신경기능적·구조적 가설과 상충할 경우, 심리학 이론과 가설은 어쩔 수 없이 시험되고 수정되어야 하는 한, 그리고 그 수정이 하위차원 이론과의 합의로 이루어지는 한, 심리학 이론으로 기술된 '능력'과 '과정'은 마침내 신경과학 이론으로 설명될 것이다. (물론 신경과학 내에서도 수정과 재구성이 있게 될 것이다.) 만약 통속 심리학에서 규정된 어떤 능력이 신경과학의 결정에 따라 '가상 조절기'임이 드러난다면, 공진화적 전략은 (신경 기능적 차원에서 아주 확실하게 보이는 것에 의존하여) 그 능력을 수정해서 기술하도록 유도할 것이다. 새롭게 기술된 그 능력은 그것을 유발시킨 신경 기능적 이론으로 설명될 것이다. 명백히 이 관점은 상당히 복잡한 과정을 지나치게 단순하게 보는 점이 있긴 하지만, 나는 이 관점의 일반적 특징을 따를 참이다. 핵심적으로 말해서, '이론적으로 주고받는 것이 있다면, 두 과학이 서로에게 도움이 될 것이다'라고 기대한다.

물론 아무리 철저한 환원이 이루어진다고 하더라도 여전히 남는 것이 있을 것이며, 잘 이루어진 환원적 통합을 가로막는 아주 다양한 요소들도 있을 수 있다. 첫째, 실질적인 어려움으로, 역병이나 전쟁 등에 의해 연구가 중단되는 일이다. 둘째, 마음-뇌가 어떤 작용을 하는지 이해하는 문제가 어쩌면 유한한 우리 능력을 넘어서는 것일지 모른다. 결국 뇌는 그 현명함보다 훨씬 복잡해서 신경과학과 심리학의 환원적 통합은 영원히 우리의 접근을 거부할 **가능성**이 있기 때문이다. 그 가능성을 **믿지** 않는다고 하더라도, 어디까지나 그 가능성만은 인정해야 한다. 셋째, 그것과 관련해서, 우리가 어쩌면 그 일을 해낼 만한 '수학'을 갖지 못할 수도 있다. 그 예상과 관련하여 냉정한 예로 화학적 속성들을 양자역학 속성으로 환원한 예가 있는데, 그 환원은 그냥 보기에 아주 말끔했지만, 무엇보다도 가장 단순한 경우조차 '실제 환원에 필요한 수학이 없었기 때문에' 가로막히고 말았다. 그러나 어떤 형이상학적 의미에서도 화학적 속성들이 **창발적**으로 보이지 않으며, 새로운 수학적 돌파구가 마련되면 그 문제는 해결될 것이다. (7장 3절의 논의를 참조.)

넷째, 본질적으로 심리학이 신경과학으로 환원될 수 없을 가능성이 있다. 다음을 비유하여 생각해 보라. '광학 이론'과 '소립자 역학이론'이 공진화하였음에도 광학 이론이 소립자 역학이론으로 환원되지 않았으며, 앞으로도 그렇게 되지 않을 것이다. 왜냐하면 빛은 전자기파이므로 '광학 이론'이 '전자기파 이론'으로 대신 환원되었기 때문이다. 그렇게 광학과 소립자 역학은 분리된 노선을 걸었다. 심리상태들이 '신경 기능 체계나 신경 구조 역학으로 설명할 수 없는' 어떤 속성들을 가질 가능성은 선험적으로 다룰 수 없는 경험적인 문제이다.

그렇지만 빛의 경우를 심리상태와 과정의 경우에 비유하는 일이 적절치 않다고 생각될 수도 있다. '역학이 광학을 환원할 것이란' 기대는 '**물질의 기초 속성**이 역학적이라'는 믿음으로 양육되어, '물질의 기초 속성 또한 전기적'이라고 밝혀짐에 따라 건잡을 수 없게 되었다. 심리학의 경우에도 똑같은 일이 벌어지려면 '어느 정도 정신의 기초 속성이 물질적'이라고 밝혀져야 하는데, 그에 대한 아주 작은 단편적 증거도 아직 없다. 게다가 심리학은 어떤 다른 기묘하고 예상도 못한 방식으로 환원에 저항할 것이다. 과학에는 언제나 놀라운 일이 벌어지기 때문이다. 심리학이 신경과학과 공진화가 잘되고도 '본질적으로 환원되지 않을 경험적 가능성이 있음'을 인정하는 것은 단지 아주 순수한 가능성만을 인정하는 것이다. 심리학이 환원되지 못할 것이라고 가정하는 일이 결코 모순은 아니라는 지적일 뿐이다. 그렇다고 심리학이 환원되지 않을 **긍정적 이유**가 상상된다는 것은 아니며, 심리학을 고립시키는 방법론이 지혜롭다고 인정하려는 것은 더욱 아니다.

'이론들의 공진화에 대한 장점'을 주장하는 것이 '어느 것이든 특정 연구방법을 따라야 한다'고 주장하는 것은 아니며, '모든 연구원들이 다른 분야의 연구원들이 매달리고 있는 문제를 알 필요가 있다'고 주장하는 것은 더욱 아니다. 더구나 그렇게 **할 수** 있는 것도 아니다. 독립 논제에 대한 강한 해석은 '심리학'이 자신의 독자 노선을 가는 가운데 '신경과학의 발견이나 부당성 증명에 대해 본질적으로 고립되어 있다'는 주장이다. 그러나 과학이 진화한다는 전제에서 보면, 심리학과 신경과학은 상대방의 발견에 의해 서로 어느 차원의 부당성이 증명되거나 개정될 수 있다. 같은 주제를 가지고 탐구할 경우, 예를 들어 '학습', '기억', '주의집중', '지각' 등등에 대해 연구할 때, 각자는 다른 편의 연구에 마음을 열어야 한다. 일반적으로 과학은 정직한 만큼 수용성이 있기 때문에, 심리학이 신경과학으로부터 부당하다고 논박되지 않을 정도로 멀리 떨어져 있다는 생각은 잘못이다. '과학이 막 솟아오르는 짧은 기간 고립된다'는 생각과 '**원리적으로** 고립된다, 즉 끝까지 고립될 것이다'는 생각은 아주 다른 것이다.

과학의 통합을 주장하는 것은 청교도적 단정함을 위해서가 아니며, 이데올로기의 주도권을 위해서도 아니고, 과거 실증주의자의 열변을 위해서도 아니며, 단지 **이론의 정합성**이 "문장에서부터 시작하여 위로 올라가 모든 크기의 인식적 단위들에 대한 믿을 가치의 원리적 기준"(Paul M. Churchland 1980)이기 때문이다. 한 이론이 여타 과학들과 일관성을 갖지 못할 경우 그 확실성의 발판이 의심받게 되며, 그 신뢰 또한 시계추처럼 흔들리게 된다. 그래서 일단 어느 이론이 전투력을 상실하고 변명을 늘어놓게 되면, 우리는 그 이론에 대해 어떤 호의도 줄 수 없게 된다(Oppenheim and Putnam 1958, Feyerabend

1963a, 1963b). (상반된 견해로 Fodor 1974, 1975를 참조.)

독립 논제에 버팀목이 되는 가정은 '표상과 계산의 문장-논리적 모델에 결함이 없으며, 그것들이 절대 환원될 수 없다'는 생각과 관련한다. 따라서 '학습'과 '기억' 능력들을 구분하기 위한 새로운 선이 그어질 수 있음은 인정한다. 그럼에도 '표상'과 '계산'을 특징짓는 기초 이론체계가 건전하여 신경과학에 의해 수정되거나 환원되는 일이 생기지 않을 것이라고 주장한다. 9장 5절에서 나는 그런 견해를 구체적으로 살펴볼 것이며, 6절에서 그 견해와 상반된 논의를 펼치겠다. 그 반박의 근거로 '문장 패러다임에 문제가 있음'을 보여주고, 나아가서 '공진화 이데올로기를 선호할 만한 이유가 분명히 있음'을 보여줄 것이다.

5. 표상과 환원

기능주의자들이 환원적 프로그램을 거부하는 입장은 '기능'과 '구조'의 구분에 근거하며, 또한 '**논리적/의미** 관계'와 '**인과적** 관계'의 구분에도 근거한다. 우리가 여러 번 살펴본 바와 같이 그들의 주장에 따르면, 심리적 상태란 논리적·의미적 관계를 갖는 무엇이다. 심리적 상태는 표상을 가지며, 따라서 심리적 상태 변화는 표상을 조작하는 규칙들에 의해 설명 가능하다. 이와 같이 한편으로는 '인지 과정'과 다른 한편으로는 '기호 조작'과 '규칙에 따름'을 서로 연결시킴으로써, 전통적인 인공지능(AI) 연구와 인지심리학은 상호 인정하는 면이 있다.

'믿음', '열망', '목표', '희망', '생각', '의지', '기대', 기타 등등은 행동을 설명하기 위해 언급되는 심리상태들이며, 그것들이 심리학에서 없어서 안 될 것들이지만 신경과학에서는 알 수 없는 것들이라는 생각이다. 그 이유는 위의 심리상태들이 (**인과적 상호연결** 시스템과 대립되는) **의미론적 정합** 시스템을 형성하기 때문이다. 조금 앞(8장)에서 사용했던 용어로 말해서 심리상태들은 **내용**(content)을 가지며, 따라서 **지향적**이다. 그것들은 무엇에 **관한** 것들이며, 세계에 대하여 참이거나 거짓일 수 있고, 서로 '함의'(entailment)와 '모순'(contradiction)과 같은 논리적 관계로 나타내어진다. 따라서 환원론자 프로그램에 반대하여 그들은 아래와 같이 주장한다. 인간 행동에 대한 심리학적 설명은 본질적으로 '표상적 상태는 사람이 갖는 무엇'이라는 생각에 의존하며, 그 설명이 '심리상태 내용들 사이의 규칙적 관계를 밝혀낼 수 있다. 심리상태들은 논리적 · 의미론적 관계로 규정되며, 심리상태들 사이의 전이는 표상들 사이의 논리적 관계로 결정되므로, 그 상태들은 특별하다. **논리적 관계는** (물리적인) **인과적 관계로 환원될 수 없다**. 다시 말해서 심리학 이론은 독립적이며 분명히 환원적 전망 가능성이 없다고 한다.9)

우리는 이미 논리적 관계의 특별함에 관련하여 포퍼(Popper)의 상식적 직관을 검토하였고, 그 기준에 대해서도 비판해 보았다(8장 4절). 그런데 위의 해석은 더 깊이 있는 논의를 필요로 하며, 포퍼 논증의 약점을 피하고 있기도 하다. 위 해석이 남다른 점은 심리상태들이 인과적*으로 상호 작용한다는 점을 부정하지 않지만, 심리학적 설명과 과학적 인지심리학을 발전시키는 데 필요한 것은 논리적 관계와 의미론적 표상이라는 주장이다. 그런 생각을 방어함에 있어 '심리학 이론의 범주들이 신경생물학 범주들을 마음대로 분류할 것이며', 그런 점에서 심리학 이론의 범주들이 **무한히 많은** 수의 **임의로** 관련된 신경생물학 범주들 위에 최고의 지도를 그릴 것이라고 주장된다. 이런 의미에서 심리학의 일반화들은 신경생물학 이론에 비추어 '창발적'이라 한다.

---

9) 이런 논증과 비슷한 생각이 아마 스페리(Sperry 1976, 1980)에게 영향을 미쳤을 것이다.

논리적 관계와 생물학적 관계

다음과 같이 더 구체적인 논의를 해보자. 예를 들어 '스미스(Smith)가 자신의 말을 왜 쏘았는지' 설명하는 가운데, 아마 '그의 말의 다리가 부러졌으며', '언제나 말의 다리가 부러지면, 오직 그 말을 죽이는 일밖에 달리 방도가 없다'고 믿었기 때문이라고 말할 것이다. 스미스 행동은 자신의 '믿음들'과 그것들 사이의 '논리적 관계'에 의해 이해된다. 좀 더 분명히 말해서, 말을 죽여야 했던 스미스의 결정은 "어느 말이라도 다리가 부러지면, 오직 할 수 있는 일이 그 말을 죽이는 것뿐이다"와 "이 말은 다리가 부러졌다"라는 두 믿음의 내용으로부터 '논리적으로' 따라 나온다. 여기에서 그 믿음의 표상 상태들을 생리학적으로 구현한 '인과적 관계'는 그것이 무엇이든 그 설명에 도움되지 못한다. 오히려 도움되는 것은 그의 '믿음', '열망', '의지' 그리고 기타 등등의 **내용들** 사이의 논리적(형식적) 관계들이다. 심리상태들은 다른 심리상태들과의 인과적* 관계 속에 있지만, 포더(Fodor)가 말한 것처럼 "심적 표상들은 그것들의 '형식적' 속성들로 인하여 그 인과적* 역할을 갖는다."(1981:26) 우리는 심리상태들 사이의 원인 관계를 오직 그 표상들 사이의 관계를 통해 파악한다. 이처럼 반환원주의자의 논의에 핵심은 '규칙'과 '표상'으로부터 나온다.

위의 논점은 기계 비유에도 적용된다. 예를 들어 전자계산기와 같은 전자 기호조작 장치를 생각해 보자. 그 계산기가 숫자 27을 어떻게 보여줄 수 있는지 설명하려면, 입력(9, ×, 3)과 수학의 곱셈 규칙을 들어 설명한다. 한편 계산하는 행동을 설명하기 위해 필요한 것은 계산하는 사람의 '표상'과 그 표상 조작 '규칙들'에 대한 이해이다. 기계적으로 전달되는 것은 그 상태 변화의 기초가 되는 전자사건이 전혀 아니다. 즉, 전자사건은 어느 사건에 일어난 현상을 설명하지 못한다(Fodor 1975). 전자사건에 대한 기술(description)은 유용할 수 있지만, '계산기가 숫자 27을 왜 표시해야 하는지' 그 이유를 설명하지 못한다. 필리쉰(Pylyshyn)의 말에 따르면, “우리들은 기계가 의도된 분야의 기호들을 ‘해석함으로써’ 무언가를 ‘왜 하는지’ 설명한다. 물론 이것은 (엄격히 말해서) 사람들이 자신이 한 일을 어떻게 (그리고 왜) 하는지 기술하는 중에 하는 일이다.” 따라서 주장되는 바, 환원에 장애가 되는 것은 사실상 심리상태의 ‘지향성’이다. 즉 ‘심리상태가 내용을 갖는다’는 사실이다. 왜냐하면 ‘지향적 차원의 설명’은 근본적으로 ‘표상과 내용에 무관한 차원의 설명’과 다르기 때문이다. 물론 후자(표상과 내용에 무관한 차원)의 설명도 상당히 쓸모는 있겠지만, 심리적 생활의 표상적 차원을 정당하게 다룰 수 없다.

그러나 위의 논의가 틀린 이유가 정확히 무엇일까? 그 잘못된 이유의 핵심 주장은 다음과 같다. 심리학 이론의 범주들은 신경생리학 이론의 범주들과 근본적으로 다르게 분류되므로, 결과적으로 신경생리학 일반화들은 표상이 가리키는 차원을 기술할 중요 관계를 **놓칠** 것이다. 아무래도 심리학적 범주들은 신경생리학적 범주들의 수많은 잡동사니를 정리해 줄 것이며, 관련된 신경생물학적 범주들은 ‘심리학적 범주들의 자연종(natural kind)을 형식화하지 못한다’는 점에서 **필시** 잡동사니이다. 따라서 신경생물학적 설명은 표상에 대해 심리학이 할 수 있는 설명을 하지 못할 것이다(Pylyshyn 1980, Fodor 1981). 포더의 말에 따르면, “우리는, … 신경학적(물리적) 이론의 용어로 형식화될 수 없는 심리상태에 관한 경험적 일반화들이 있음을 염두에 두기 때문에, 기능주의자 편에 설 수밖에 없다. (따라서 심리학의 독립을 주장한다.) …”(1981:25) 이 주장을 가장 잘 이해하는 방법은 필리쉰이 보여주는 예들을 직접 살펴보는 일이다.

한 여자가 ‘자신의 집에 불이 났다’고 믿고, 소방서에 전화 거는 상황을 가정해 보자. ‘불이 났다’고 믿는 것은 일종의 표상을 갖는 것이며, 누구든 ‘그녀의 집에 불이 났다’고 믿으면 그 표상을 갖게 된다. 만약 그 믿음의 결과로 소방서에 전화했다면, 우리도 똑같이 그녀가

'행동'한 까닭을 '이해'할 수 있다. 그런데 그 공동의 표상에 기초가 되는 생리학적 상태들은 무수히 다양할 수 있다. '그 건물에 불이 났다'고 다양한 방식으로 믿을 수 있기 때문이다. 즉 그녀가 연기 냄새를 맡거나, 연기를 보거나, 불꽃을 보거나, 뜨거운 벽을 만져보고, "불이야!"라는 고함 소리를 듣고서, 혹은 연기 감지기의 경보 소리를 듣는 등등 아주 많은 방식으로 알 수 있다. '불이 났다'는 표상을 갖게 하는 그 독특한 방법들은 명확한 생리학적 인과적 관계를 갖는다. 왜냐하면 적어도 서로 다른 감각 수용기들이 작용하기 때문이다. 이런 점에서 심리학적 범주들은 신경과학적 범주들과 다르게 분류되거나 대치된다.

신경생리학적 실현들이 서로 다르기 때문에, 신경생리학의 일반화들은 그 각각의 예들의 유사점, 즉 '그 건물에 불이 났다'고 믿는 상황을 설명할 수 없다. '왜 119에 전화했는지'에 대한 신경생리학적 설명들은 **서로 다를 것이며,** 반면에 심리학적 설명은 모든 경우들을 망라해서 추상적 ('의미론적' 일관성이 있는) 유사성을 정당화할 수 있으며, '공동의 믿음'을 언급함으로써 그 행동을 설명할 것이다. 요약하자면, 행동을 설명해 낼 힘이 있는 특정 일반화들은 신경과학에 의해 얻어낼 수 없으며, 심리학 이론에 의해 확보될 수 있다(Pylyshyn 1980, Fodor 1981). 따라서 신경과학은 심리학 이론으로 규정된 현상들을 설명하지 못할 것이다. 그래서 환원이 불가능하며, 인지심리학의 독립성이 인정된다는 주장이다.[10)]

위와 같은 주장에 대해 두 방향에서 이야기를 시작해 보자. (1) 환

10) 이 논제에 대한 다른 해석으로, '의미가 물리적 상태로 환원될 수 없다'는 결론도 있다. 그렇지만 나는 여기서 가장 일관성이 있고, 설득력 있는 현재의 해석을 선택했다. 데이비슨(Davidson 1970)은 가장 특별히 반환원주의 논의를 제기하였으며, 그의 저작이 철학 문헌에 폭 넓게 논의되었음에도 불구하고, 나는 데넷(Dennett 1978b), 포더(Fodor 1975, 1981), 필리쉰(Pylyshyn 1984)을 더 분명하고 깊이가 있는 논의로 본다.

원에 반대하는 위의 논증들은 결코 '표상이 비물리적 상태라는' 주장에 의존할 수 없다. 포퍼(Popper)가 지향성(intentionality)으로부터 논증을 이끌어낸(8장 4절) 것에 반해서, 위의 입장은 '모든 경우의 심리 상태들이 물리적으로 구현된다'고 단언한다. (2) 위의 논증이 가장 설득력을 얻는 것은 '심리학적 상태들이 문장태도(sentential attitudes: '믿음', '욕망', '생각' 등등)를 갖는다'는 주장이다. 그렇지만 위의 논증은 '기억', '많은 종류의 학습', '감각 상태', '의식', '주의집중', '패턴 인식', '형상 인식', '감성', '습관', '인지 기술' 등등에 대해서는 그리 잘 설명하지 못한다. 그 이유는 후자의 경우들에 적절한 의미적 혹은 논리적 표상들을 어떻게든 규정할 어떤 이론도 없으며, 그 경우들을 다른 경우들에 관계시킬 어떤 이론(손에 잡히는 통속 이론까지는 아니라도)도 없기 때문이다. 반면에 문장태도들의 경우에는 그 (의미적 표상을 규정할) 이론이 분명하다. 즉 문장에 의해 내용이 규정되고, 문장들 사이의 관계가 (아래에서 보겠지만) 논리학에 의해 규정되기 때문이다. 이런 생각을 위의 논증에 적용해 보면, 위의 논증은 일반적으로 '심리학의 독립성을 방어하자'는 의도가 아니라, 개별적으로 '**명제태도** 심리학의 독립성을 방어하려는' 의도로 짐작된다.

한편, 필리쉰(Pylyshyn 1980, 1984)은 "인지심리학은 전체적으로 문장태도 심리학을 모델로 연구되어야 한다"고 주장한다. 이 주장은 위 논의의 영역을 상당히 넓히려는 의도를 가지고 있다. 그래서 나는 가능한 한 자유롭게 인지심리학의 독립성을 저지하기 위해 그 제안을 검토할 것이며, 문장태도 이론을 그 주장의 중심핵으로 여길 것이다. 이런 결정은 불가피하게 영역을 만족스럽지 못하게 나누는 점이 있다. 왜냐하면 자신들이 인지 영역을 연구한다고 생각하는, 특히 '학습'과 '주의집중'에 대해 연구한다고 생각하는 많은 심리학자들은 자신들의 영역이 신경과학에서 분리되지 않기를 바라기 때문이다. 또 명백히 그런 생각은 자신들의 연구 영역이 **인지신경과학**(cognitive neuroscience)이라고 생각하는 학자들을 괴롭힐 것이다. (예를 들어 Patricia Goldman-Rakic, Michael Gazzaniga.) 그렇지만 인지과학의 얼마나 많은 부분이 문제가 되는지 모호하다는 점을 인정하면서, 논의를 진행해 보자.

독립성과 환원 불가능성에 대하여

지향성에서 나온 위의 논증이 보여주는 것은 '인지심리학이 독립적일 수밖에 없다'거나, 혹은 '인지심리학이 신경과학으로 환원될 수 없다'는 주장이 아니다. 그보다는 다만 인지심리학의 훌륭함을 주장하고 싶어 한다. 따라서 만약 그들의 생각이 '인지심리학이 연구될 가치가 있으며, 마음-뇌가 어떻게 작용하는지 이해하기 위해 필수 불가결한 분야임'을 주장하는 논의로 받아들인다면, 나는 기꺼이 그들의 생각에 형평성이 있다고 생각하고, 결코 공격할 생각이 없다. 그러나 그들은 계속해서 환원 불가능성과 독립성에 더 무게를 실어 주장하고 있고, 그런 주장들은 자신들의 전제들이 지지하는 범위를 넘어선다. 자신들의 연구 범위를 지나치게 과대 포장하고 있다는 점이 분명하지 않아 보이는 것은 많은 철학자들이 이들의 주장에 동조하며 심리학의 독립성을 지금도 확신하기 때문이다. 사실 철학 내에 (나와 같이) 그 독립성을 반대하며, 상호 의존성을 지지하는 의견은 소수에 불과하다.

나는 그들 주장에 대한 대응 공격으로 '심리상태들 간의 논리적 관계가 신경생물학적 상태들 간의 인과적 관계로 설명될 수 없다'는 중심 개념을 공략할 생각이다. 내가 보기에 그들 견해가 근본적으로 미신이며, 설득력 있는 주장도 아니다. 그들 논증의 근거는 (1) '정신 활동의 논리적-의미 차원은 본성적으로 설명될 수 없다'는 고풍스러운 철학적 전통에서 나왔으며, (2) '신경과학 연구는 한계가 있다'는 정당화되지 못한 가정에서 출발한다. 다시 말해서 '신경과학 내에 어떤 이론적 설명도 가능하지 않다'거나, 아니면 '신경과학은 단일 신경세포의 상호 작용을 설명하는 차원을 영원히 넘어설 수 없다'거나, 혹은 '신경과학 연구 자체가 너무 어려워 앞으로도 우리가 발견해 낼 것이 없다'는 식의 주장이다. 그들 주장은 신경과학이 단세포에 관한 관찰을 넘어 세포집단(cell assemblies)의 정보처리에 대해서, 그리고 그 세포집단의 집단적 정보처리에 대해서 뿐만 아니라, 그 상위 집단의 정보처리에 대해서 이론화가 시도되고 있음을 간과하고 있다. 따라서 나는 이에 관련된 중심 논증을 10장에서 보여줄 참이다. '신경과학 내에 어떤 이론화가 이루어지는지', 그리고 더욱 중요한 것으로 '신경생물학이 **표상과 계산**에 대해 어떤 이론화를 할 수 있는지' 입증해 보일 것이다.

첫째, 일반적 관점에서 보면 지향성에서 나온 논증은 사실 '복수 실현 가능성'(multiple instantiability)에서 나온 특별한 경우의 주장이며(9장 3절 참조), 복수 실현 가능성 논증이 증명하거나 증명하지 못한 것들에 관련해서 앞서 살펴본 '관찰'과 '언급'이 여기에 모두 관련된다. 그리고 우리가 앞서 살펴본 바와 같이 '이론들이 공진화함으로써 풍부해진다'는 주장은 이론들의 독립성과 환원 불가능성을 주장하는 이데올로기를 크게 무력화시킨다.

자연주의자(naturalist)들의 주장은 다음과 같다. '그 건물에 불이 났다'고 믿는 모든 사람들의 머릿속에 공동의 심리학적 상태가 정말 나타난다면, 곧 **어떤 적절한 차원의** 생리학적 기관에서도 그것을 찾아낼 수 있을 것이며, 그 공동의 심리상태가 공동의 신경생물학적 구성에 대응한다고 기대할 근거가 된다. 어쨌든 인간의 머리는 모두 뇌로 채워져 있으며, 공동의 진화 과정을 겪었다. 그것들은 실리콘밸리(Silicon Valley)나 미쯔비시(Mitshbishi)에서 만든 것과 완전히 다른 제품이 아니다. 따라서 심리학 차원이 그와 관련된 생리학 차원으로 설명될 수 없는 것이 아니라면, 뇌 안에 무슨 일이 일어나는지 신경생물학으로 분명 설명할 수 있게 될 것이다. 왜냐하면 알 수 없을 것이라는 주장에 대한 아무런 증거도 없으며, 반환원론자들도 그런 이상한 견해를 끌어안고 싶지 않을 것이기 때문이다.

다음을 생각해 보라. 적절한 차원의 구성에 대하여 (미래의) 어느 신경생물학 이론은 뇌 내부의 표상과 계산 문제를 설명해 줄 수 있지만, 표상은 문장 같은 것이 아니며 계산도 추론 같은 것이 아니라 (말하자면) 잘 구성된 뉴런들의 배열에 의해 수행되는 일종의 수학적인 무엇이라고 말해 줄 그런 신경생물학 이론을 상상해 보라. 그런 이론이 심리학 차원의 상태들 간에 논리적 관계와 의미 관계들을 설명하지 못할 것이라고 생각해야만 하는 이유가 있는가? 어떻게 철학자들은 선험적으로(a priori) 그럴 수 없는지 알 수 있는가? 그들은 어떤 특별한 지식에 근거해서 그렇게 생각할까? 가당치도 않게 추론과 문장태도를 우상 숭배하는 철학적 전통으로 인해 논리학이야말로 내적 과정의 모델이라고 숭배하는 결과를 낳았다. 그런 모습을 보여주는 통속 심리학에 대해 숭배에 가까울 정도로 집착했기 때문에 그리고 신경과학에 대한 무지함으로 인해서 자연주의자 프로그램을 희망 없는 애처로운 것으로 여긴다.

신경과학이 뉴런 집단에 의해서 어떻게 정보가 저장되고 처리되는지 기능적 문제들을 다룰 수 있는 한에서, 그 과학은 단세포 차원 위의 조직 차원도 다루는 것이다. 그러므로 적절한 **신경기능적**(neurofunctional) 차원에서 임의의 유형(type)의 심리적 상태들이 공동의 신경기능적 속성을 갖는 것으로 밝혀질 것이다. 가장 상위 심리학 차원의 구성에 공통성이 존재한다고 전제한다면, '그 건물에 불이 났다'는 믿음을 가지게 될 때마다, 그 구성의 계층 어느 곳에 있는 신경 **집합체**가 특별하고 규정 가능한 모습을 갖는 것으로 밝혀질 수 있을 것이다. 한편 '그 건물에 불이 났다'고 믿는 그 '심리상태'가 '가상 조절기'와 유사할 수 있으며, 그 뉴런의 조건들이 다양한 뉴런들의 조직화로 나뉘어 설명될 수 있다. 그 사건 속에서 거시 이론과 거시적 기술(description)의 재수정이 도출될 수 있으며, 유전학의 경우에 비추어 과학적으로 상상해 볼 때 결국 신경생리학적으로 개인적 믿음과 같은 것은 존재하지 않는다고 판결이 날지도 모른다. 즉, 신경생리학적으로 단지 (일종의) 정보 흐름(information fermenphorylation)만이 존재할 뿐이라고 밝혀질 수도 있다. 어느 해석을 따르든 지금의 논의에서 중요한 점은 미시 차원의 방편에 의해 거시 차원의 결과가 설명될 것이므로, 거시 차원의 범주들이 미시 차원의 작동에 의해 설명될 것이라는 전망이다. 그런 설명이 이루어지는 한에서 환원적 통합이 성취될 것이다.

더구나 '믿음'과 '욕구'에 관련한 통속 심리학 범주가 과학의 손에 의해 산산 조각날 증거가 있으며, '가상 조절기'나 '학습'과 '기억'의 운명처럼 통속 심리학 범주들이 하위차원에 대해 결코 일원적 설명을 제시하지 못할 것이다. 그 한 가지 중요한 이유가 스티치(Stephen Stich 1983)의 저작으로부터 나왔는데, '믿음', '욕구' 등을 통속 심리학 체계 내에 기술하는 방법 자체, 즉 누군가가 믿는다고 말한 것에 근거한 기술에 문제가 있다. 그 문제를 좀 더 구체적으로 말하자면, 어떤 '믿음'에 대한 기술은 '문맥'과 관련하며, 그 사람의 '관심'과 '의도' 그리고 '잡다하게 고려해야 할 것들'에 의존한다. 더구나 주어진 심리상태 내용을 규정하는 데에 다양한 기준들이 서로 다르게 적용될 수 있다. 이따금 서로 다른 기준들이 '누군가의 믿음이 무엇인지'에 대한 질문에 서로 다르게 대답할 수 있다. 그래서 그 믿음을 나타내는 통속 심리학은 그 내용에 대해 단일하고 통일된 그리고 잘 다듬어진 개념을 갖지 못하며, 오히려 엉성한 편대를 이뤄 오락가락 비행하는 모호한 개념들을 가지고 있다는 것이 바로 내 첫째 지적이다. 통속 심리학이 평범한 일상생활에서 그저 하는 일들은 다 무방하다. 그러나 만약 누군가의 '명제태도의 내용'과 같은 것들이 결코 '없는 것들'이라면, 인지심리학이 '신경생물학을 제쳐두고 단독으로 명제태도를 찾아야 한다'는 연구 기획은 앞으로의 연구를 상당히 훼방하는 셈이다.

둘째, 심리상태 내용을 규정하기 위해 통속 심리학 내에 흔히 여러 기준들이 제기되는데, 그 기준들은 어느 심리상태가 다른 심리상태, 자극, 행동과 상호 작용함에 대해 **인과적* 역할을 설명하기에 부적절하다.** 주목해야 할 것은 바로 '진리', '대상', '의미' 등 의미론적 특징들이다. 만약 우리가 찾는 것이 믿음과 욕구에 대한 인지의 인과적* 역할을 똑 떨어지게 말해 줄 심리학 일반화라면, 통속 심리학의 기준들은 아주 부적절한 내용 규정을 내놓을 것이다. 데넷(Dennett 1981)이 말한 바와 같이 뇌는 의미론적 기관이 아니라 구문론적 기관이다. 대략적으로 말해서, 뇌는 한 상태에서 다른 상태로 진행할 때 앞선 상태들의 인과적 속성으로써 기능하지, 그 상태가 '무엇에 관함'으로써 혹은 세계에 대하여 진리인 '무엇을' 표상하는지 안 하는지에 따라서 기능하지 않는다. 환원 문제가 관련된 한에서 결국 이것이 의미하는 바는 믿음과 욕구에 대한 통속 심리학 개념들을 상당히 수정하고 재구성해야 한다는 점이다. 그렇지만 문장태도를 구문론적으로 비유하여 과학적 심리학에서 연구할 수는 있을 것이며, 그 비유가 인지신경생물학과 기하학적으로 딱 들어맞는 일도 가능할 수도 있다(10장 3~6절 참조). 물론 그렇다고 하더라도, 그렇게 새롭게 규정된 상태들과 그 상태들 사이의 관계들은 방금 논의된 이유들로 인해 신경생물학으로 환원될 것으로 기대된다.

의미론적 문제들은 이미 잘 알려진 곤란한 문제들을 안고 있으며, 그 항아리 뚜껑을 열어 퀴퀴한 냄새들이 다 빠져나가도록 하는 일 외에 달리 방도가 없다. 의미론적 문제에 대한 스티치(Stich)의 일격은 '통속 심리학이 신경생물학으로 순탄하게 환원될 가능성'을 중요하게 시사하며, 마찬가지로 '표상 상태들이 어떻게 인지과학 내에서 이해될 수 있는지'도 시사하는 점이 있다. 만약 스티치가 옳다면, (사실 나는 그가 옳다고 생각하는데) 통속 심리학 범주인 명제태도는 산산조각날 것이 분명하다. 그러므로 반환원주의자들이 (자신들의 통속 심리학이란 표식을 모두 갖춘 채) 통속 심리학 범주들이 환원될 수 없다고 기치를 올리는 것은 경험의 성실성을 외면하면서 환원을 방어하려는 황당한 모습이 아닐 수 없다.

교정 환원과 통속 심리학

만약 환원이 순탄하게 이뤄질 경우 최상위 이론에 대한 교정이 상대적으로 적게 요구되겠지만, 그렇지 않고 덜컹거리는 환원이 있을 경우 더 큰 개념적 교정이 요구될 것이다. 그렇지만 환원과 교정에도 불구하고, 유전자 담론과 마찬가지로 믿음에 관한 담론도 지속적으로 유용한 역할을 갖는다. 단지 몇 시간의 담론에서 뿐만이 아니라 긴 여정의 연구에 있어서도 그렇다(뉴턴 역학과 특수상대성이론 참조). 이런 전망은 반환원주의자가 독립성을 항변할 빌미를 줄 수도 있겠지만, 그렇다고 그들의 목적을 위해 어떤 도움도 되지 않을 것이다. 단지 이런 관점은 개념적 유용성에 관한 실천적 관찰에 불과하며, 진정 분명히 지지하는 입장은 다양한 차원에서의 연구가 이루어져야 한다는 것이며, 그중에 심리상태를 기술하는 연구도 포함된다. 이런 관점은 환원주의자 목표와 완전하게 일관성을 유지하며, 그 목청은 크지만, 독립을 외치는 소리와는 현격히 다르다.

다시 교정 문제로 돌아가서, 강조하지만 반환원주의자들이 인정하는 심리학 범주들이란 **이론**에 관한 범주들이며, 그런 맥락에서 그 범주들을 담고 있는 심리학 이론이 바로 통속 심리학이다. 마음-뇌 기능에 관한 통속 심리학 이론이 얼마나 훌륭한지, 또 얼마나 많은 개념적 교정이 요구될지, 그 평가는 경험에 맡겨야 할 문제이다. 아래와 같은 특별한 경우를 생각해 보라. 만약 통속 심리학 범주들이 신경과학 범주들과 근본적으로 다르게 분류된다면, 그리고 만약 통속 심리학이 신경과학으로 결코 설명되지 못한다면, 그것은 통속 심리학이 잘못 이해된 이유일 수 있다. 그리고 그 투사(반환원론자)들에겐 당황스럽겠지만, 통속 심리학이 신경과학에 비추어 환원되지 않을 이유가 통속 심리학이 이미 쓰러져 죽어버린 오류이기 때문일 가능성이 있다.

아직 미성숙된 이론에 대해 독립성을 주장하려면, 그 대가로 성숙된 이론으로 가는 여정에 반드시 강력한 교정 압력으로부터 자신을 보호해야 한다. 또한 강력히 교체를 요구하는 이론으로부터 독립성을 주장하려면, 그 대가로 자신을 부정하는 증거들로부터 자신을 지켜내야 하며, 경쟁하는 이론이 제기하는 설명과 실험으로부터 자신을 차단해야만 한다. 첫 번째 상황의 한 예로 초기에 열역학이 기계학으로부터 독립을 승낙받기 위하여 공진화의 이익을 거절하고 말았던 일을 상기해보라. 두 번째 예로서 만약 17세기 물리학자들이 '아리스토텔레스 물리학이 뉴턴 물리학에 대해서 독립적'이라고 주장했더라면, 그래서 아리스토텔레스학파의 물리학자가 되어 버렸다면 아마 상당히 멍청하다고 인정되었을 것이다. 그러므로 **마땅히** 인지심리학이 주장해야 할 것은 독립성과 환원 불가능성이 아니다.

컴퓨터 비유는 아주 조심해서 다뤄야 하는데, 앞서 살펴본 바와 같이 컴퓨터 과학으로부터 채용한 차원에 대한 이론은 뇌 구성 차원을 어설프고 적절하지 못하게 규정해 왔다. 이런 이유 말고도 그 문제를 조심해서 다뤄야 할 이유가 더 있다. 우리는 휴대용 계산기의 경우에, '어떤 일반화들이 그 작동을 설명해 주며', '어떤 범주들이 적용되는지' 그리고 '어떤 규칙들을 따르는지' 알고 있다. 우리는 계산기가 '연산 규칙들'에 따라 조작되고, 그럼으로써 '수'를 표현할 수 있도록 정교하게 만들었다. 우리들이 그렇게 만들었으므로 계산기의 기호조작 능력이 이해되고, 적용된 일반화들도 그렇게 제작되었기에 이해된다. 반면에 인간 뇌는 말 그대로 통속 심리학 일반화들이 구현되도록 만들어진 것이 아니다. 그 (통속적) 일반화들이 우리의 내적 과정을 과연 올바로 기술하는지 문제는 경험적 탐구에 맡겨져야 한다. 진화된 기관으로써 우리 자신들뿐 아니라 다른 유기체 경우에도 '무엇이 참된 일반화인지' 그리고 '어떤 범주들이 적용되는지' 이제 알아봐야 한다. 발견의 문제로서 우리가 아직 연구해야 할 것은 '우리 뇌가 어떻게 기호를 처리하며', '어떤 기호들을 다루는지' 문제이다. 그것을 알아내기 위해 우리는 '기호 조작이 어떻게 진화했는지'도 연구해야 하며, '그것이 더욱 단순한 신경계에서 어떻게 성취되는지(혹은 신경계 어느 곳에서 성취되는지)' 여전히 탐구해야 할 것들이 많이 남아 있다. (컴퓨터 비유가 우리를 잘못 인도한 측면에 대한 좀 더 깊은 논의는 10장 참조.)

통속 심리학은 이전의 다른 통속 이론들처럼 많은 차원에서 오해된 것일 수 있으며, 다양한 차원의 발견에 의해 압력을 받아 발전할 것으로 기대될 수도 있다. 심지어 설명되어야 할 것의 특징에 대한 규정조차 수정될 수 있다. 신경과학에 의해 단적으로 설명될 수 없고, 오직 지향적 심리학에 의해서만 설명될 수 있는 현상의 영역은 지향적 심리학에 의해 규정된 영역일 뿐이다. 그것을 바꾸고 그 영역에 대한 기술 또한 바꿔야 한다. 명백히 언제나 더 새로운 이론은 낡은 이론이 주는 설명을 신봉하지 않는다(7장 참조). 어쩌면 신경과학이 통속 심리학으로 규정된 현상을 설명해 내지 못할 수도 있다. 마치 뉴턴 물리학이 '무엇이 수정구(crystal spheres 천구)를 돌리는지' 설명하지 못하고, 현대 생물학이 '생기(vital spirits)가 어떻게 만들어지는지' 설명하지 못한 것처럼 말이다. 신경과학이 원리적으로 심리학 일반화들을 판결할 수 없다는 지적은 두 방향에서 잘못되었다. 그 하나는 통속 심리학을 지나치게 고결한 것으로 믿는 것이며, 다른 하나는 이론들의 공진화에 대한 가치를 평가절하한 것이다.

심리학 이론화에 문장태도가 중요한가?

'문장태도'와 '논리적 추론'은 독립을 방어하는 사람들과 공진화와 상호 의존을 주장하는 사람들 사이에 불협화음을 일으키는 중심 역할을 담당한다. 그렇지만 문장태도가 통속 심리학 또는 인지심리학에 정말로 그렇게 중요할까? 그들 이론이 철저히 교정된다고 해서 진정 그렇게 대단한 혁명이라고까지 할 수 있을까?

위 두 질문에 대한 대답으로 "그렇다"가 메아리친다. '믿음', '욕구', '생각', '의지' 등등은 언제나 입력과 출력 사이를 매개하며, 동시에 행동을 일으키는 결정적 역할을 한다고 여겨왔다. 더구나 다소 일찍 도착한 메아리는 표상들과 표상들 사이에 변화를 지배하는 규칙들에 대해 체계적으로 이론화할 수 있게 하는 무엇으로써, 오직 우리가 가진 것은 문장태도라는 대답이다. 일상적으로 인간 행동을 설명하는 데 이용되는 대부분의 일반화들은 문장태도들과 그 상호 작용임을 보여준다. 문장태도를 이론적 전제로 삼는 것의 장점은 무의식적 과정에 그것들이 어떤 역할을 담당할 것이며, 그럼으로써 인지 연구에 어떤 결말을 줄 기대를 갖게 하는 점이다. 게다가 그것들을 가지고 연역 논리를 탐구할 수 있을 뿐만 아니라, 귀납 논리와 의사결정 논리가 내적 상태에 의해 이끌리는 규칙들을 이론화하는 작업에 활용할 수 있을 것이다. 그러므로 문장태도 이론을 떼어내면 우리 행동을 설명할 방도가 전혀 없으며, 우리 내부에서 무슨 일이 일어나는지 알 방도도 전혀 없다고 한다. 포더(Fodor 1975)는 불굴의 투지로 그 상황을 다음과 같이 말한다. "그것이 우리들이 가지고 있는 유일한 이론이다."

어떤 이론이 문장태도 심리학을 추켜세운다고 문제될 것이 없으며, 과학적 심리학을 연구하기 위해 문장태도의 근거를 알아보고 다듬어 보겠다는 노력도 상당히 이해해 줄 만하다. 따라서 이론들이 공진화하게 되어 그 기반이 심각하게 교정될 것이라는 제안이 그리 유쾌한 소리는 아닐 것이다. 그렇지만 "그것이 우리들이 가지고 있는 유일한 이론이다"라는 식으로 어떤 이론을 진리라고 방어하지 못한다는 점 또한 당연하다. (일부 공상적 아리스토텔레스학파 사람들이 대략 1400년에 "그것이 우리가 가지고 있는 유일한 이론이다"라고 한 말과 비교해 보라.) 대안이 없다는 주장이 의미하는 바는 선택의 여지없이 그 가용한 이론을 사용해야 한다는 것인데, 그렇게 주장하는 것은 곧 그 말의 허위성을 드러내고 있는 일이며, 동시에 더 좋은 경쟁 이론을 구성하도록 노력해야 함을 드러내는 일이기도 하다. (계속해서 교정해야 한다는 주제곡을 하프harp로 연주하자는 견지에서) 이론의 상호 의존성 주장은 마침내 다음 질문을 하도록 한다. "문장태도 심리학이 교정될 것이라는 전망이 진지한가 아니면 부질없는 생각인가? 다시 말해서 그럴 것이라는 전망에 어떤 실질적 근거가 있는가, 아니면 그저 뜬구름 잡는 생각에 불과한가?"

우리는 이미 앞에서 스티치(Stich)의 연구를 통해 '믿음', '욕망' 등등의 통속 심리학 범주들이 실질적으로 교정되어야 한다고 제안하는 이유들을 살펴보았다. 더군다나 '추론'과 표상 같은 '문장'이란 정보처리에 관한 이론에서 기껏해야 아주 작은 역할밖에 못할 것이며, 통속 심리학에 아주 근본적인 교정이 있게 될 것이라고 예상하는 실질적 이유들이 있다. 이런 문제들은 다음에 논의될 것이다.

6. 정보처리와 문장 패러다임

문장 선언

만약 아래의 신조에 따른다면 '정보처리 이론이 **문장적**(sentential)'이라고 할 수 있다(Patricia S. Churchland 1980b).

1. '믿음'이나 '욕구'와 같은 인지의 내적 상태가 내용을 가지며, 그 내용은 문장으로 확인된다. 그 확인은 '사람(뇌)의 상태'와 '관련된 문장' 사이에 유지되는 '동형이질'(isomorphism)로 인해서 가능하다고 추측된다.
2. 인지적 상태들 사이의 (이론적으로 중요한) 관계는 논리학 원리에 의해 규정될 수 있다. 그 관계는 앞서 언급한 동형이질로 인해 알 수 있다. (따라서 논리학의 다양한 이론들은 인지과학자들에게

다양하게 주목받는다.)

3. 내적 상태들 사이의 이행(transition)은 그 상태들과 동일한 문장들 사이에 유지되는 논리적 관계에 의해 일어나며, 그 관계는 가장 똑바른 경우 귀추적(abductive)이고 연역적인(deductive) 추론으로 구성된다. 역시 동형이질에 의해서이다.

4. 한 시스템의 인지적 미덕(합리성)에 대한 평가는, (상태 이행에 허락된 이론, 즉 논리학 이론이 이상적으로 그래야 한다고 지시한 대로) 그 시스템이 성공적으로 수행하는 정도에 의해 이루어진다.

문장 이론(sentential theory)은 '내적 상태가 내용을 갖는 것이 어떻게 가능한지' 설명해 줄 이론을 필요로 한다. 왜냐하면 관련된 구조 동일성이 체계적으로 성취되는 일이 우연히 일어난다고 가정하는 것이 임의적이기 때문이다. 포더의 이론(Fodor 1975, 1981)에 따르면, 문장태도(혹은 명제태도)는 '관계상태'이며, 그 관계를 만드는 것은 '유기체가 **사고언어**(language of thought)로 표현한' 문장이다. 만약 스미스가 '갈매기 알이 맛있다'는 생각을 가지면, 자신의 사고언어 문장, 즉 "갈매기 알이 맛있다"라는 문장을 떠올린다. 확장해서 말하자면, '정보처리'는 '표상조작'이며, '표상'은 사고언어에 대한 '기호'(symbol)이다. 간단히 말해서 '생각함'이란 문장물림(sentence-crunching)[11]이며, 기계에 비유하자면 '기호 조작'을 통해 의도한 '의미'가 보장된다.

인지과학 내에 인지적 표상에 관한 상당히 엉성한 대화가 이뤄지고 있다. 그리고 그런 대화 속에 표상의 '본성'과 '지위'에 관한 질문은 편리한 대로 모호하게 남겨두고 있다. 포더의 이론은 일반적으로 '문장' 혹은 '표상' 가설들 속에 분명하지 않게 언급된 것이 무엇인지 명확히 밝힌다. 강조하자면, 많은 인지심리학자들은 문장 이론을 지지하지 않고 있으며, 표상에 대한 비문장 이론(nonsentential theory)의 발

11) [역주] 톱니바퀴가 서로 맞물려 회전하듯 문장들이 논리적으로 연결된 것.

달을 기대하면서 인지 능력에 대한 탐구를 진행하고 있다.

지금까지 말한 것은 단지 정보처리에 관한 '문장 이론'의 중요한 특징만을 간단히 스케치한 것에 불과하다. 그렇지만 더 정교한 논점과 전공 내부의 쟁점들은 잠시 미뤄두겠다.

인지와 문장물림

문장 패러다임을 구성하는 가정들이 그럴듯해 보이는가? 그 가정들이 인지 활동에 대한 일반적 접근 방법에서 아주 심각한 결함을 가지고 있음을 보게 될 것이다. 언어는 사회적 기술(social art)이며, 언어 행동으로 대화가 가능하다. 우리가 언어적 기술(linguistic skill)을 획득했기에 인지 목록들을 늘려나갈 수 있었으며, 그런 기술이 많은 인지 능력을 구성하고 확장함에 따라 더 많은 항목들을 확보할 수 있었을 것이다. 반면에 모든 우리의 인지 활동, 즉 '지각', '패턴 재인', '태아의 인지 활동' 등등이 (문장 조작으로 구성된다는 의미에서) 언어 같은 것이라는 생각은 도저히 믿을 수 없다.

언어 행동은, 개인들 사이에 복잡한 교류를 통해서 유기체가 이용할 수 있는 정보가 되었기에, 진화의 산물로 인정한다는 측면에서 생각해 보면, 인지를 문장물림이라고 열광적으로 주장하는 것은 전혀 '진화'를 염두에 두지 않은 것이다. 문장물림은 분명 진화론적 도식에서 인지적 후발주자이며, 틀림없이 앞서 존재했던 '비문장 인지적 조직'으로 직조한 것이거나, 혹은 (누군가 밝혀내겠지만) 앞서 채용된 '비문장 구조'로부터 진화된 것임에 틀림없다. '그 아래까지 모두' 문장물림이라는 것은, 그런 (비문장의) 인지가 '과거에도 모두' 문장물림이었음을 의미하거나(이런 주장을 받아들이기 어렵다), 문장물림이 초기 종족으로부터 전혀 인지적 세습을 받지 않았음을 의미할 수도 있다(이런 주장 역시 뇌가 진화했다는 점에서 받아들이기 어렵다).

문장 패러다임에 대해 반대하는 글들은 몇 가지 뚜렷한 문제를 제기하는데, 이것을 다음 절에서 간단히 살펴보겠다.

하부언어 재난(The Infralinguistic Catastrophe)

문장 패러다임이 갖는 문제점은 언어 능력을 전혀 갖지 못한 유기체의 지적 행동을 보면 알 수 있다. 잘못된 판정에 의해서 혹은 어떤 악의에 의해서 정신병원 같은 보호시설에 수감된, 언어 능력을 전혀 갖지 못한 귀먹은 농아의 경우를 생각해 보자. 그가 보호시설에서 탈출했는데, 그러기 위해 그는 정교한 계획과 속임수 그리고 절차를 가져야 했으며, 그 탈출로 보아 그는 어느 기준에서도 지적이라고 생각하지 않을 수 없다. 침팬지가 원하는 것을 얻으려 하거나, 원하는 곳으로 가려는 행동은 똑똑하게 언어를 사용하는 인간의 행동처럼 명백히 지적(intelligent)이다(Menzel 1974). 정글의 나뭇잎으로 우산을 만드는 오랑우탄은 '편안함'의 문제에 대한 지적 해답을 가지고 있다. 문어(octopi)가 음식물을 저장한 유리병에서 먹을 것을 꺼내기 위해 병뚜껑을 열고, 짧은꼬리원숭이(macaque)가 흙이 묻은 감자를 바닷물에 씻고, 까마귀(rook)가 침입자로 보이는 것들에게 돌을 떨어뜨리는 등의 모든 행동들은 어느 정도 지적인 해결임을 보여준다(Griffin 1984). 언어를 갖지 못한 어린애들이 자기 동무들의 언어를 배우는 것은 기념비적이라고 할 만한 인지적 특징이다.

실질적인 '비문장적 표상'을 쉽게 인정하는 입장에서 다음과 같은 두 가지 대답이 가능하다. (1) 하나는 하부언어를 갖는 유기체(infra-linguistic organism)의 행동은 '진정한' 인지적 산물이 아니라는 주장이다. 이 견해에 따르면 걸음마 단계의 언어 학습은 의도한 의미에서 사실상 인지적이지 않다. (2) 다른 하나는 문제의 행위가 인지적이므로, 하부언어를 갖는 유기체가 사고언어를 가지고 있으며, 그 속에서 그들이 추론하고 문제를 해결하는 등등을 한다는 주장이다(Fodor 1975).

결국 첫째 대안은 '인지적' 과정을 '문장물림' 과정으로 규정한다. 따라서 인지란 본질적으로 문장물림이라는 것은 **정의에 의해** 참일 수 있겠지만, 반면에 그 선택은 지성을 뒷받침하는 대단히 많은 정보처리가 그 특별한 의미에서 인지적인지 아닌지 문제를 남겨둔다.

둘째 대안은 축소된 신뢰성에 어려움이 있다. 그것은 오랑우탄, 어린애 그리고 모든 그 밖의 것들도 사고언어, 즉 '심적 언어'(Mentalese)를 갖는다는 가정에 대한 정당화를 찾아내야만 한다. 그 심적 언어 속에서 그들이 가설을 세우고, 증거를 시험하며, 연역적 추론을 이끌어 내는 등등을 한다고 말이다. 포더(Fodor 1975)의 분석에 따르면, 심적 언어는 구문과 의미론 그리고 명확한 어휘를 갖는 완결된 언어이다. 진정 이것이 그럴 수만 있다면 확실히 문장물림에 대한 방편이 된다. 포더 자신이 이끌어낸 추가적인 어려움은 '어떻게 어린애가 심적 언어를 사용하여 동료들의 언어를 배우는지' 문제와 관련된다. 만약 어린애가 '영어 한 토막'을 '심적 언어의 개념'과 관련지을 수 있다는 가정에 의해 영어를 배울 수 있다면, 그 어린애는 오직 심적 언어가 관련된 영어 개념만을 배울 수 있다. 이 말은 '실재하는' 개념 학습 같은 것이 없음을 의미하며, 그런 점에서 새로운 개념들 전체가 개념 목록에 들어 있음을 의미한다.

이런 결론은 '심적 언어 가설'(Mentalese hypothesis)의 귀류법을 어기는 것으로 도저히 받아들일 수 없다. 왜냐하면 위 주장이 다음과 같은 것을 함축하기 때문이다. 과학적 혁명에 의해 진화해 온 새로운 개념들, 예를 들어 '원자', '힘의 장', '쿼크'(quark), '전기 대전', '유전자' 등등과 같은 개념들은 사고언어 속에서 이미 있어야 한다. 심지어 수렵 채집하는 선사시대의 사고언어 속에도 말이다. 그런 생각을 갖는 것은 극히 곤란한 일이며, 심지어 언어적으로 뛰어난 인간에 있어서도 사고언어와 같은 어떤 것이 있다고 가정하는 것조차 받아들이기 어렵다. 현대 과학의 개념들은 그것을 담고 있는 이론들에 의해 정의되며,

그 무엇일지라도 '원초의 개념적 원자'에 의해서 의미가 규정된 것은 아니다. 심적 언어가 마련되어 있다고 가정하는 것은 곧 어떻게 해서든 (기적적으로) 심적 언어 속에 간직해 온 이론들이 마련되어 있음을 가정하는 것과 같다. 이것은 옳지 않다. (충분한 논의를 Patricia S. Churchland 1980b에서 참조.) 만약 그렇지 않다면, '최초로 언어를 배우는 일'이 어떻게든 성취될 수 있는 한에서 '사고언어의 문장물림'에 의한 것은 아닐 것이다. 완전히 다른 무엇이 작용하는 것이다.

암묵적 지식의 문제

철학적 분석을 해보면, 통속 심리학 내의 '믿음'이란 개념은 심각한 이론적 결함을 가지고 있어서, 만약 이 문제를 바로잡도록 통속 이론이 수정되지 않는다면, 철저한 교정만이 기대될 뿐이다. 철학적 분석을 한 이론의 내적 일관성을 검토하는 것으로 이해해 볼 때, 그 검토 결과 일부 아주 혼란스런 점이 드러난다. '암묵적(tacit) 믿음'이 바로 그런 경우이다. (특별히 Dennett 1975, 1984a, Lycan 앞으로 출간될 책 참조.)

스미스(Smith)가 믿는 것들 중 일부는 '지금 당장' 생각하는 것일 수 있으며, 그가 마음속으로 자신에게 "내 화분에 물을 주어야겠어"라고 말할 때가 그런 경우이다. 다른 것들은 지금 마음속으로 말한 것이 아니라, '과거'에 말했던 것들로, 예를 들어 그가 출근 중에 운전하면서 "플린 플론(Flin Flon)은 북극곰들의 이동 경로에 있다"라고 말한 것이다. 그 이외에 스미스가 믿는 것으로 무엇이 있을까? 글쎄, 그를 탐구함으로써 그의 믿음의 범위를 우리가 결정한다고 가정해 보자. 그러자면 우리는 그에게 다음과 같이 물어야 한다. "북극곰의 이동 경로에 모자내과병원(Medicine Hat)이 있는가?" 그가 아니라고 대답하면, 우리는 그가 믿는 항목들 중 우리가 물었던 것에 대한 부정을 첨가할 수 있다. 그런데 우리는 그에게 탈라핫세(Tallahassee)와 달라스

(Dallas) 등등에 대해 왜 같은 질문(북극곰의 이동 경로에 있는지)을 하지 않을까? 북극곰이 모래나, 소금 혹은 스파게티로 만들어지지 않았는지 왜 묻지 않는가? 다시 말해서 그 믿음의 항목에 첨가해서 묻지 않는 이유가 무엇인가? 7보다 큰 모든 숫자 n이 무엇인지 왜 묻지 않으며, 그가 북극곰이 n미터보다 작다고 믿는지 왜 묻지 않는가? 그가 만약 이런 질문들에 대해 매번 그렇다고 대답하게 되면, 그 대답들 역시 그의 믿음의 항목에 추가될 수 있다. 감당할 수 없는 곤란은 겸손한 스미스가 지금 수없이 많은 믿음으로 신뢰를 받고 있다는 점이다.

철학자들은 수많은 믿음들을 모두 벌여놓지 않기 위해 통속 심리학의 원천에 대해 토론으로 밝혀내려 노력해 왔다. '암묵적' 믿음이란 실제로 믿고 있기는 하지만 명시적으로 밝힐 수 없는 믿음이다. 그렇다면 문제는 누군가 암묵적 믿음으로 'P'를 실제로 가질 조건들을 (그 조건이 우리 모두가 무한한 믿음들을 갖는다고 인식될 정도로까지 그렇게 넓지 않은 경우에) 어떻게 규정할 수 있는가이다. 그래서 암묵적 믿음의 문제가 척 보기에 손쉽게 보이지만, 도저히 해결할 수 없음을 알게 된다.

단호한 해결은 암묵적 믿음들을 간단히 무시하는 것이다. 그러나 그런 해결은 한 사람의 믿음의 결과가, 아주 명백한 결과라고 할지라도, 그 사람의 믿음이 아닌 것이 되어 버리는 문제가 발생한다. 예를 들어 스미스는 '모든 사람은 죽을 것이다'라고 믿으며, '트루도(Trudeau)가 사람'이라고 믿는다. 그렇지만 다른 일들로 바쁘다. 물론 그가 '트루도가 죽을 것이다'라는 결론을 이끌어내는 데 전혀 지장은 없다. 이것은 명백히 그의 믿음의 결과이며, 누군가가 묻기만 하면 그는 즉각 동의할 것이고, 만약 우리들이 적당한 상황을 만들어 그의 행동을 유발한다면, 그는 행동을 통해 어떤 인과적* 역할을 알아볼 수도 있다. (프레리 prairie[북미] 사회주의자인 스미스가 야당 대회에 참석하여, 오타와 Ottawa 자유당원이 "트루도는 영원하다"라고 하는 말을 듣는다고 가정해 보자. 언제나 솔직하게 말해 온 스미스는 주저하지 않고 "트루도는 죽을 것이다"라고 소리칠 것이다.) 이런 상황을 생각해 보면, 스미스는 암묵적 믿음들을 가지고 있으며, '트루도는 죽을 것이다'라고 항상 믿는다고 말하는 것이 당연하다. 따라서 그런 단호한 해결은 받아들이기 곤란해 보인다.

스미스가 동의하는 문장들 중 진정한 암묵적 믿음, 즉 인과적* 효과가 실제로 있는 것과 그렇지 않은 것들을 원리적으로 나눌 방법을 찾겠다고 한다면 그것은 말도 되지 않는 소리이다. '유추-연역추론 메커니즘'(extrapolator-deducer mechanism)을 가정해서, 이 메커니즘이 스미스가 (실제로) '트루도는 죽을 것이다'라고 어떻게 믿는지, 저장되어 있는 다른 믿음들로부터 추론함으로써 설명한다고 하자. 그렇지만 이런 설명은 또 다른 문제를 안고 있다. 스미스의 모든 믿음들로부터 나온 **모든** 결과들이 그가 믿는 것들이라고 할 수 있겠는가? 슬프게도 아니다. 왜냐하면 어느 누구도 그런 모든 결과에 동의하지는 않으며, 일부는 동의했던 것들임에도 불구하고 수학의 공식에서처럼 심지어 인식조차 되지 않을 수 있기 때문이다. 누구라도 스미스 믿음의 모든 **분명한** 결과들을 그가 암묵적으로 믿은 것으로 여기지 않을 것인데, 왜냐하면 무엇이 분명한지는 그것을 믿는 사람이 누구인가에 달린 문제이며, 일정한 기준도 없기 때문이다. 괴델(Gödel)에게 분명한 것이 나에게 분명하지 않을 수 있다(Field 1977). 더구나 우리 모두가 비합리적일지 모르지만, 경우에 따라서는 우리가 믿는 '명백한' 결과들을 보지 못하는 경우가 있을 수 있다(Nisbett and Ross 1980). 그 반대급부로 스미스가 동의하는 일부 이미 알려진 결과들조차 즉석에서 물었을 경우 암묵적 믿음으로 인정되지 못할 수 있다. 그렇지만 그 상황이 지나고 나서 유추-연역추론 메커니즘은 기계적으로 생산해 낼 수 있다(특별히 Lycan 앞으로 출간될 책 참조).

더구나 유추-연역추론 메커니즘이 어떻게 작동할지 자세히 들여다

보면, 더욱 곤란한 문제들이 있음을 알게 된다. 저장된 믿음들 중 어떤 것이 특별한 질문에 대한 답으로 추론하기에 적절한지 그 메커니즘이 어떻게 **알겠는가**? 어떤 질문에 무엇이 적절한지에 관련한 자신만의 믿음을 그 메커니즘이 저장하고 있는가? 그것을 다룰 수 있는 더 높은 수준의 유추-연역추론 메커니즘이 또 있는가? 그렇다면 **그것의** 믿음은 무엇일까?(Dennett 1975 참조) 많은 경우의 예들을 보면, 유추-연역추론 메커니즘의 입력이 무엇인지 혹은 입력과 출력의 연결이 어떤지 분명하지 않다. 내 앞에 있는 컴퓨터에 어떤 단어를 입력한 10초 후 폭파되지 않을 것이라고 내가 믿는다고 말할 경우를 가정해 보자. 하지만 작든 크든 내 말로 구현되기 전에는 믿음이라고 할 수 없고, 따라서 다른 믿음들로부터 연역될 수 있어야 한다. 어떤 식으로? 그 컴퓨터가 결코 폭파되지 않을까? (나는 내가 그것을 믿는지 알지 못한다.) 그 회사 컴퓨터가 결코 폭파되지 않을까? 그 컴퓨터는 단지 다음과 같은 경우에 폭파된다. 어떤 상황? 나는 정말 전혀 모른다(Dreyfus 1979, 1981 참조).

암묵적 믿음의 문제를 내적으로 해결하지 못하는 이유로, 문제 자체의 진술에 영향을 주는, 무언가 구조적인 오류가 틀림없이 있을 것이다. 그런 까닭에 지식을 저장할 때 문장(믿음)으로 저장한다는 가정이 유지될 수 없다고 여겨진다. 그런 가정을 버리고, 우리는 암묵적 지식이 그저 암묵적 믿음의 덩어리가 아니라고(그냥 아니라고) 생각을 전환해 볼 수 있다. 어떤 경우에는, 예를 들어 맥베스(Macbeth)가 죽으면서 한 정확한 독백이 기억 속에 각인될 때처럼, 문장들이 저장될 수도 있겠지만, 축어적인 저장이 규칙보다 예외로 일어날 수 있다.

저장된 것은 일반적으로 명령에 따라 언어로 부호화된 무엇이지만, 인식적으로 적용되기 위해 언어로 부호화될 필요는 없다. 따라서 명시적으로 동의한 문장이나 묵언으로 나타낸 문장들 역시 일반적으로 문장처럼 저장되지 않는다. 만약 그런 정보가 어떤 문제를 해결하는 과정에서 무의식적으로 사용되거나 혹은 배경 가정이 되는 경우에, 우선 문장으로 부호화되어야만 한다고 가정할 어떤 이유도 없다. 이따금 행동에 영향을 주거나 문제 해결에 도움을 주는 배경 가정들은 상당한 노력을 들일 경우에 언어로 나타날 수 있지만, 그렇지 않으면 아마 전혀 언어로 나타나지 않을 것이다. 예를 들어 사회적 지식이나 혹은 농부들의 '소에 관한 지식', 나무꾼들의 '숲에 관한 지식'12)을 생각해 보라. 그러면 문장 표상과 문장 조작의 영역은 문장 패러다임이 추측한 것보다 훨씬 제한된 것으로 보인다. 이제 다른 종류의 표상 구조들을 전제할 필요가 있다. 따라서 전형(prototype) (Rosch 1973), 이미지(image) (Kosslyn 1975), 프레임(frame) (Minsky 1975)과 같은 비문장 표상들에 관심을 가져야 한다. (역시 10장 참조.)

지식 접근(knowledge access)의 문제

한 유기체가 사용하지 않을 지식을 저장하는 것은 자원의 낭비이며, 이 말은 적절한 (저장된 지식) 단편들이 적절한 시기에 활용될 수 있어야 함을 의미한다. 움직이는 유기체들이 생존과 번식에 성공하려면, 도망하고, 싸우고, 먹이를 구하고, 번식하는 등등을 위해 저장된 정보를 잘 이용해야 한다. 수놈 큰사슴(bull moose)이 발정기에 저장된 정보가 계발되지 않은 채 있다면, 암놈 큰사슴(female moose)이 어떻게 생겼는지 제대로 알아보지 못한다. 그리고 그 정보가 생득적인지 아니면 획득된 것인지 문제에도 관심을 기울여야 한다. 내가 보기에 이런 점들은 크게 문제될 것이 없다. 그런데 문제가 되는 것은 '정보처리 시스템이 저장된 수많은 정보들 중 관련된 문제를 해결하는 데 무엇이 적절한지 어떻게 단번에 아는지'이다. 만약 정보처리 시스템이 저장된 모든 정보들에 접속한다면 정보의 바다 속에 빠져 빠른 결단을

---

12) 이런 생각은 Dreyfus(1979, 1981)에 의해 심도 있게 연구되었다.

내리지 못해 정보를 계속 검색하느라 굶어 죽을 것이며, 만약 적절한 정보를 사용할 줄 모른다면 환경이 그 유기체에게 어떤 대가를 줄 것이다. 앞에서 살펴본 바와 같이 이와 유사한 문제가 퍼스(Peirce)를 상당히 괴롭혔는데, 그가 안고 있었던 문제는 '인간들이 어떤 사건을 설명하기 위해 어떻게 적절한 가설들을 번개같이 떠올릴 수 있는가'라는 형태의 질문이었다.

적절한 (지식) 접근의 문제를 처음 대하면 단지 철학자들의 호기심에서 나온 것처럼 보이지만, 많은 문제점을 안고 있다. 이것을 인공지능(AI)에 관련해서 가장 분명히 볼 수 있는데, 문제는 로봇이 저장된 지식을 이용하여 세계와 상호 작용할 수 있도록 어떻게 프로그램해야 하는가이다. 데넷(Dennett 1984a)이 언급한 예를 생각해 보자. 로봇의 임무는 생존하는 것이며, 로봇이 필요로 하는 여분의 배터리는 곧 터지도록 시한폭탄이 장치된 방 안에 있다. 그 배터리가 수레 위에 있으며, 따라서 로봇은 방 안으로 들어가 수레를 끌고 밖으로 나온다고 가정해 보자. 그런데 폭탄이 폭파되어 배터리와 로봇 모두가 파괴된다. 그 폭탄 역시 수레 위에 있었기 때문이다. 분명히 로봇은 이런 사실을 알았지만, 그 행동의 결과를 분명히 간파하지 못했다. 따라서 로봇의 프로그램은 문제를 해결하도록 개선되어야 한다. 이제 프로그램을 수정하고, 다시 한 번 실험해 보자. 이번에 로봇은 방 안으로 들어가, 수레를 끌고 나온 다음, 그 행동의 결과들을 알아보기 시작하는데, 예를 들어 '바닥에서 바퀴가 회전하면서 열이 발생한다', '수레를 끌고 나와도 벽의 색깔은 변하지 않을 것이다'와 같이 일말의 결과들도 알아보았으며, 로봇이 이런 결과들을 검토하는 동안 폭탄은 폭파되고 말았다.

아마 그 결함은 로봇이 적절한 결과와 적절하지 않은 결과들을 구분했어야 했으며, 따라서 적절한 결과들을 번개같이 알아내는 메커니즘이 필요하다는 점이다. 우리 부모님들은 우리에게 다음과 같이 말씀하실 것이다. "상식적으로 생각해 봐. 벽의 색깔은 문제가 되지 않잖

아. 폭탄이 여전히 수레 위에 있어." 그렇지만 우리 부모님들의 충고를 로봇이 알아듣도록 어떻게 번역해 주어야 할까? 로봇이 따라야 할 지침을 저장해 줄까? 즉 만약 폭탄으로부터 배터리를 멀리 떼어놓으려 할 때, 폭탄과 배터리가 모두 같은 수레 위에 있다는 점을 명심하고, 그 밖의 모든 것들은 관계없는 것들이라고? 이 지침은 너무 좁고 동시에 너무 넓다. 왜냐하면 사실상 많은 다른 것들도 관련되어 있기 때문이다. 예를 들어 만약 근처에 물이 있다면 그곳에 배터리를 놓지 말고, 만약 근처에 사과 주스가 있다면, 그곳에 배터리를 놓지 말고, 불에 놓지 말고, 너 자신도 폭탄 가까이 있지 말며, 만약 폭탄 스위치를 끌 수 있다면, 그렇게 하고, 기타 등등. 더구나 그 지침이 인간 지식을 흉내낸다면 너무 좁다. 왜냐하면 수레 위에 폭탄과 어린 아기가 함께 있는 상황에서 무엇을 해야 할지 명시적인 지침을 가지고 있지 않지만 우리는 특유하게 잘 행동할 것이기 때문이다.

한편 우리가 로봇에게 훨씬 일반적인 지침을 준다고 가정해 보자. "만약 배터리 가까운 곳에 위험한 물체가 발견되면, 충분한 거리로 그것을 떼어놓도록 하라." 그런데 더 많은 것들이 여전히 필요하다. 예를 들어 위험한 물체로 어떤 항목들이 있는지, '가깝다'는 정도가 얼마나 가까운 경우를 말하는지 그리고 '충분한' 거리가 얼마나 먼 거리를 의미하는지. 더구나 거리 측정은 위험한 물체가 어떤 것인가에 따라 달라져야 하며, 심지어 위험한 물체에 대한 판단은 그 주변에 다른 어떤 것들이 있는지에 관련한다. 1미터는 날카로운 칼로부터 충분히 떨어진 거리이며, '오두막 안'은 곰으로부터 충분히 멀리 있는 것이고, 2발짝은 사그라지는 모닥불에서 충분히 떨어져 있는 것이지만 활활 타오르는 모닥불에게서는 충분한 거리가 아니다.

로봇이 바보가 되지 않도록 이런 것들을 어떻게 가르칠 것인지는 아주 어려운 수수께끼이며, 인공지능(AI) 연구에서 **'프레임 문제'**(frame problem)라고 부른다(McCarthy and Hayes 1969).[13] 어떻게 인간들은 바보가 되지 않도록 통제되는가? 우리들이 가지고 있는 '상식' 혹은 '지성'은 무엇으로 구성되어 있는가? 감각적 행동에 대해 로봇이 안고 있는 문제를 풀어보려고 노력하면 할수록, 우리의 행동은 저장된 지식의 명시적인 문장 안내문(sentential instruction)으로 유도되지 않음이 분명하다(Dennett 1984a). 우리 지식이 문장으로 저장된다고 규정하는 전략은 이제 버려야 한다. 우리가 지식을 가지고 있지만 그 지식이 일련의 문장들로 구성되어 있지는 않다. 우리는 위험한 물체들이 무엇인지 그리고 그것에서 얼마나 멀리 어린애를 떼어놓아야 할 것인지에 관한 상세한 목록 없이 어린애를 움직일 줄 안다. 우리의 '적절한 접속기계'는 불완전하다. 왜냐하면 우리는 때때로 발이 걸려 넘어지기도 하며, 그래서 금지법(tort law)은 그런 불완전한 예들로 가득 차 있기 때문이다.14) 우리에게 언제나 적당한 일들이 적당한 시간에 일어나지 않는다. 그럼에도 불구하고 전반적으로 우리는 생존하고, 번식하며, 많은 일들을 해낸다.

아무튼 신경계는 지식 접근의 문제를 해결해 왔다. 일단 그 해법을 알기만 한다면, 우리는 그것이 우리가 상상해 왔던 것과 어떻게 다른지 놀라운 눈으로 바라볼 것이며, 심지어 우리가 그 문제 자체를 소박하게 오해했음도 볼 것이다. 물론 이 문제는 남은 인지 연구를 계속 진행하기 위해서도 꼭 필요한 것으로 결코 사소하다고 할 수 없다. 이것은 한 생명체가 어떻게 지성적으로 행동할 수 있는지 설명하는 문

13) 내가 이해하는 바에 따르면, 인공지능(AI)에서 '프레임 문제'(frame problem)는 훨씬 제한된 문제를 말한다. 따라서 나는 더 일반적인 문제에 대한 이름으로 '지식 접근'(knowledge access)이란 말을 선택했다. 내 목적을 위해 그 차이는 그다지 중요하지 않다. 인공지능(AI)에서 프레임 문제에 대한 연구 자체를 분명한 쟁점으로 끌어들이는 일이 중요하기 때문이다.

14) [역주] 이 문장은 다음과 같이 이해된다. "사회적인 각종 금지법들은 수많은 조항들을 가지고 있는데, 이것은 사실 인간이 그만큼 불완전한 존재이기 때문일 것이다."

제와 관련하며, 따라서 '학습', '기억', '주의집중', '문제 해결', '마음-뇌가 그 외에 다른 어떤 종류의 똑똑함을 가지는지'에 관련한 의문들을 해결하는 핵심 문제이기도 하다.

심지어 상대적으로 단순한 신경계들조차 과거 경험에 비추어 자신들의 행동을 수정한다는 점에서 그것들은 지식 접근의 문제를 해결하고 있다. 복잡하게 진화된 신경 시스템들은 그 지식 사용의 문제를 복잡하게 해결할 것이다. 어떻게 그럴 수 있는지 알아보기 위한 방법은 단순한 신경계에서 '학습', '기억', '지식 사용' 등등이 어떻게 되는지 연구하는 것이며, 자연(Nature)이 실제로 그 문제를 어떻게 해결하는지 알아보는 것이다. 이렇게 낮은 수준에서 찾아낸 해답은 당연히 복잡한 신경계를 이해하기 위한 보기이다. 따라서 '각인하기'(imprinting)과 '노래학습' 같은 동물 행동의 본성에 대해 많이 연구하는 동물 행동학자들(ethologists)과, 그 행동을 일으키는 메커니즘을 찾는 신경과학자들(Kandel 1976, Horn 1983, Nottebohm 1981)이 어떻게든 그 문제를 밝혀낼 것이다.

행동학과 신경과학의 공진화는 이미 잘되고 있으며, **'신경행동학'**(neuroethology)이란 이름 아래 연구가 진행되고 있다는 점에서 어느 정도 두 분야가 통합되었다고 할 수 있다. (그 예로 Horn 1983, Nottebohm 1981, Hoyle 1984 참조.) 단순한 신경계들이 지성을 보여주지 못한다고 불평한다면 이것은 너무 성급하다. 왜냐하면 우리가 지식 사용의 문제를 해결하기 전까지 무엇이 지성인지 아직 안다고 말할 수 없기 때문이다. 하여튼 지성에 등급이 있다면, 낮은 차원에 대한 이해는 높은 차원을 이해하기 위해 필수적이다.[15] (이 점을 10장에

15) 멘젤(Menzel 1983)이 "어떤 동물들도 단순하지 않다"라고 말했을 때, 그는 분명히 옳기 때문에, 내가 '단순한 신경계'라는 말로 의미하는 것은 호모사피엔스(Homo sapiens)보다 종족유전학적으로 낮은 유기체를 의미한다. 따라서 그 용어는 분명 상당히 복잡한 뇌를 포함한다. 붉은털 원숭이(Rhesus monkey) 뇌는 우리의 뇌와 크게 다르지 않지만, 훨씬 연구 가능하다. 아플리

서 보게 된다.)

암묵적 지식의 문제와 지식 접근의 문제는 서로 관계 없지 않으며, 이 문제들은 '하부언어(infralinguistic) 문제'와 '문장 패러다임'이 건전하지 못하다고 (고무적으로) 판정한다. 문장주의자들(sententialists)이 '만약 인지가 일반적으로 문장들의 조작이 아니라면, 무슨 일이 일어나고 있는지 우리가 알 수 없다'는 주장은 당연히 옳다. 내가 보기에 이 조건문의 전건(antecedent)은 피할 수 없으며, 나의 연역추론 메커니즘이 제대로 작동하고 있으므로, 나는 진정 무슨 일이 일어나고 있는지 알지 못한다고 결론을 내린다. 그렇지만 한 학문이 아직 **미성숙 상태**(*statu nascendi*)에 있으며 앞으로 발전을 기대해 본다면, 그런 주장이 나를 좌절시킬 수 없다. 19세기에 있었던 생기론자들(vitalists)의 다음 주장을 비교해서 생각해 보라. 만약 생기(vital spirit) 같은 것이 전혀 없다면, 살아 있는 생명체를 살아 있게 하는 것이 무엇인지 전혀 알 수 없으며, 그것을 살아 있지 않은 것과 구별하지 못할 것이다. 결국 생화학이 그 모든 생각을 뒤집어놓았다.

제거적 유물론(Eliminative Materialism)

통속 심리학에 가까이 다가가 여타 이론들을 평가하듯이 그 이론적 설득력에 대해 일단 평가해 보기만 하면, 그것이 기대보다 훨씬 더 통속적으로 어리석고, 물러 터졌으며, 좁은 소견을 가진 것으로 보인다. 그렇게 다가가기 위한 첫 걸음은, 통속 심리학이 자신과 남들에게 분명하게 관찰되며 상당히 분명하고 친근하더라도, '통속 심리학이 하나의 이론임'을 직시하는 데에서 출발해야 한다. 통속 심리학이 하나의 이론인 한에서, 한 이론이 실제로 얼마나 훌륭한지는 경험적인 문제이며, 선험적으로 답할 수 있는 성질의 것이 아니다. 만약 어떤 이론이

시아(*Aplysia Californica*) 신경계는 원숭이 신경계에 비해 훨씬 덜 복잡하지만, 그럼에도 아주 복잡한 것이 사실이다.

결함을 갖는다고 판정되면, 단지 '명백하다'는 이유로 교정과 교체로부터 보호받지 못한다.

다른 통속 이론들처럼 통속 심리학도 나름의 장점이 없지 않으며, 어떤 특정 영역에서는 예측에 상당히 성공하기도 한다. 적어도 지금까지 생존해 온 만큼 훌륭하다고 할 수 있다. 다른 한편 만약 통속 심리학이 다른 여타 통속 이론들과 상관없이 본질적으로 옳다고 평가된다면, 이는 경이로운 일이다. 마음-뇌는 극도로 복잡하며, 따라서 원시적 통속 이론이 뇌의 본성을 설명할 올바른 이론체계의 등불을 밝힐 것 같지 않은 것은 그 본성을 '운동', '불', '열', '날씨', '삶', '질병', '하늘', '별' 등등에 의해 설명하지 못할 것이기 때문이다. 비록 통속 심리학이 어느 정도 '축조된' 것이라면, 통속 물리학이 그랬듯이, 본유적으로 그 이론이 참이거나 적절함을 보증하지 못하며, 교정으로부터 면제시키지 못한다.

앞으로 보여주겠지만, 일반적으로 생각해서 통속 심리학이 많은 차원에서 오해된 것임을 가정하게 하는 구체적인 근거들이 더 있다. 문장 패러다임이 점점 더 문제가 될수록 그 대안으로 무엇이 있을지 관심이 모아진다. 이런 상황에서는 척 보기에 한심하고 덧없어 보이는 새로운 이론들이 알을 깨고 몸부림치며 날아오를 준비를 하게 된다. (10장 참조.)

'제거적 유물론'의 이름으로 내가 갖는 관점의 의미는 아래와 같다.

1. 통속 심리학은 한 이론이며,
2. 한 이론이 적절하지 못하다고 함은 필연적으로 그 이론이 교정되거나 교체될 것임을 함의한다. (따라서 '제거적' eliminative이다.)
3. 궁극적으로 통속 심리학을 교체할 것은 '성숙된 신경과학의 개념체계'가 될 것이다. (따라서 '유물론' materialism이다.)

(위와 같은 입장을 가진 철학자로 Feyerabend 1963b, 1963c, Rorty 1970, Paul M. Churchland 1981, Stich 1983 참조. 그리고 이 입장과 가까운 신경과학자로 Young 1978, Crick 1979 참조.)

제거적 유물론이 바라보는 입장에 따르면, 문장태도는 우리의 인지적 경제(cognitive economy)에 중요한 역할을 하지 못한다. 그런 태도는 기껏 제한적이며 피상적인 역할밖에 할 수 없다. 분명히 어느 정도 문장물림이 있지만, 그것이 인지 활동을 구성하지 못한다. 후커(Hooker)에 따르면, “언어는 분명 (더욱 풍부하게 일반화시킨) 대뇌피질의 과정을 피상적으로 추상화한 것이며, 사회적 목적을 위해 혀와 손을 움직이도록 촉발하는 규약적 응축이다.”(1975:217) 문장은 언어적 존재이며, 언어는 근본적으로 대화의 수단이다.

대화의 구조가 인지적 구조의 모델이라고 생각하는 것이 얼마나 편협한지 보여주기 위한 예로 ‘혹등고래’(humpbacked whales)가 의사소통을 ‘멜로디’로 한다는 점을 들어보자. 고래들이 ‘멜로디태도’ 이론을 가지며, 그로 인해서 상대의 행동을 설명하고 예측한다고 가정해 보자. 그 경우 특정 멜로디태도를 갖는 행동이 분명 ‘멜로디물림’이란 모델로 이해된다. 그 태도의 내용은 특정한 멜로디로 규정되고, 고래의 ‘내적 음악의 악보’ 내의 멜로디와 특정 관계에 놓일 때, 고래는 특정 ‘멜로디태도’를 갖는다. 고래의 사물들에 대한 도식 내에 내적 인지 과정이란 본질적으로 멜로디물림이며, 문제 해결은 멜로디연결 혹은 ‘응응거림’이라고 여겨진다. 고래들의 일부 인지가 실제로 멜로디물림으로 되어 있을 수 있겠지만, 그것은 기껏해야 아주 작은 부분만 그럴 것이다. 대부분의 인지는 우리 인지가 이해되는 것과 같은 방식으로 이해될 것이며, 문자물림이나 멜로디물림으로 이해되지는 않을 것이다. (좀 더 분명한 이해를 돕기 위해 다른 예를 들자면, 어느 유기체가 이마에 있는 색깔 반점으로 모자이크함으로써 자신들의 대화를 소통한다고 가정해 보자. 그들은 ‘모자이크 태도’ 이론을 가질 것이며,

그들의 인지 또한 본질적으로 '모자이크 물림'의 문제로 보일 것이 아닌가? 그 비법이 확실해 보인다.)

그러나 비록 통속 심리학이 상당히 혼동된 이론이라고 할지라도, 어떻게 그것이 교정될 것이며 그 이론을 교체할 이론이 어떤 것일지 분명하지 않다. 분명히 적절한 다른 이론이 나타나서 설명에 대한 부담을 벗을 때까지 통속 심리학을 버릴 수는 없다. 오해된 이론이라고 할지라도 이론이 아주 없는 것보다는 나을 것이기 때문이다. 하여튼 통속 심리학과 그 개선된 계승자 모두 앞서 설명했던 공진화의 시나리오에 중요한 요소가 될 것이다.

우리가 알고 사랑하는 통속 심리학을 변형시키겠다는 전망은 적지 않은 반박을 불러일으켜 왔다. 그중 일부는 이미 방어했지만, 다른 것들은 이제부터 하나씩 방어해 볼 참이다. 아주 인기 있는 한 반박은 제거적 유물론이 자기 모순이라는 주장이다. 그 주장의 논거는 다음과 같다. 제거주의자는 자신이 말한 것을 믿어야 하며, 그가 믿는 것은 '믿음 같은 상태는 결코 존재하지 않는다'이다. 그런데 어떤 믿음도 존재하지 않는다면 제거주의자는 자신이 말한 것을 믿을 수 없어야 한다. 반대로 제거주의자가 자신이 말한 것을 믿는다면, 믿음이 실제로 존재해야 한다. 제거주의자는 자신의 주장을 할 수 없을 때에만 오직 그 입장을 주장할 수 있으므로 자기 모순이다.

제거주의자가 소박하게 주장하는 바는 통속 심리학이 한 이론으로서 심각히 불충분하다는 점이다. 바로 이런(통속적) 이론체계 내에 구속되어 우리는 제거주의자가 '어떤 믿음도 존재하지 않는다'고 믿는다고 기술할 수밖에 없다. 그렇지만 그것은 통속 이론이 틀림없이 참이어서가 아니라, 우리는 제거주의자가 비평하려는 통속적 체계 내에 갇혀 있어 어떤 다른 체계도 이용하지 못하기 때문이다. 만약 제거주의자의 비평이 옳고, 그래서 만약 낡은 통속적 체계가 교정되고 교체된다면, 새로운 용어를 사용함으로써 제거주의자의 비판이 더 정교하여 아무 모순 없도록 다시 진술될 수 있을 것이다. (예를 들어 새로운 제거주의자는 아마도 다음과 같이 천명할 수 있을 것이다. "나는 믿음을 새로 입력한다(gronkify)."16) 여기에서 '새로 입력함'이란 말은 성숙된 새로운 이론으로 규정된 신경생리학적 어휘이다.) 어쩔 수 없이 통속 심리학에 대한 비평에 통속 심리학을 이용해야 하는 이런 과학적 상황이므로 '통속 심리학이 틀림없이 참이다'고 단정하는 것은 어리석다. 이 지적이 보여주는 바는 통속 심리학이 **현재에** 유일하게 이용되는 이론이란 것뿐이다.

유사한 방식으로 19세기 한 생물학자가 생기 이론이 잘못된 인식이라고 비평했음을 생각해 보라. 그는 '결코 생기와 같은 것은 없으며, 살아 있는 것과 살아 있지 않은 것들을 구별해 줄 다른 기준을 찾아내야 한다'고 제안했다. 다음과 같이 뜬구름 잡는 생기론의 방어를 상상해 보라.

> 반생기론자(anti-vitalist)는 결코 생기 같은 것은 존재하지 않는다고 말한다. 이런 주장은 자기 모순이다. 그렇게 말하는 사람은 자신이 그런 주장을 할 수 없을 경우에만 주장할 수 있다. 왜냐하면 만약 그 주장이 참이라면, 그렇게 말하는 사람이 생기를 갖지 않으므로 **죽어** 있어야 한다. 그러므로 그 주장이 거짓일 경우에만 그의 주장이 의미 있게 된다. (Patricia S. Churchland 1981d)

여기에서 생기론은 제거주의자를 공략할 때와 아주 똑같은 잘못을 저지른다. 생기론은 한 이론에 대한 **유일한 활용성**과 그 이론의 **진리**를 잘못 동일하게 보고 있다. 나는 깊고 넓은 참호로 둘러쳐진 이론에

16) [역주] 여기에서 '새로 입력한다'(gronkify)란 말은 컴퓨터에서 데이터나 프로그램을 삭제하고 새것으로 설치한다는 의미로 사용되었다. 따라서 "통속적 믿음을 제거한다"라는 말을 "통속적 믿음을 새로 입력한다"라고 하면 위에서 지적된 자기 모순을 피할 수 있다는 것이 저자의 지적이다.

대한 거대한 비판이 아직 새로 교체될 이론을 활용하지 못하는 이유로 자기 모순이라고 해야 할지 의심스럽다. 그 이유는 다음과 같다. 활용 가능한 이론은 설명해야 할 것을 규정할 뿐 아니라, 설명하는 자신을 규정하기도 한다. 다시 말해서 설명되어야 할 현상은 가용한 이론의 어휘, 예를 들어 '수정구, 즉 천구의 회전', '악마에게 홀림', '열 전달', '의식의 본성' 등등으로 규정된다. 그러므로 아직 **낡은 이론체계 내에** 있으면서도, 낡은 이론 전체를 싹 쓸어내겠다는 비판이 기이하게 들릴 수 있다. 그러나 기이하든 아니든 그런 비판은 한 이론을 수정하기 위한 시운전에서 필수적 역할을 담당한다.

끝으로, 어떤 혁명적 이론이 나타나 뇌에 관한 우리 이해가 아무리 바뀌더라도, 문장 패러다임이 계속 생존할 것이라는 반박이 있을 수 있다. 왜냐하면 그것이 '책임', '칭찬', '비난'에 관련된 우리의 도덕적 개념들과 연계해서 유익하고 본성적인 모습이기 때문이다. 나는 이에 대한 응답으로 이론적 혁명이 사회적으로 미치게 될 결과가 실제로 어떤 모습이 될지 **예측하는** 일이 지금 논의의 핵심인지 우선 지적해야겠고, 이런 문제에 대한 예측에 있어 일단 뒤로 물러서겠다.

그렇지만 그와 똑같은 옷을 입고 나타났던 반박을 우주의 지구 중심설과 인류 기원의 창조론에서 찾아볼 수 있음을 지적하는 것은 유용하다. 그런 이론들은 기독교주의에 유용하고 당연하며 중요한 요소들이라는 바탕에서 버텨왔다. 만약 지구 중심설이 틀렸다면, 만약 창조론이 틀렸다면 성경의 중요한 구절이 말 그대로 참이 될 수 없으며, 동시에 우주에서 인간의 개념과 위치가 바뀌어야 할 것인데도 말이다.

새로운 물리학과 생물학이 두 이론을 어느 정도 그렇게 만들었으며, 기독교 힘을 무너뜨렸고, 인간 자신들에 대한 이해와 우주에 대한 이해를 제자리로 돌려놓았다. 그렇지만 그 일이 아마 그렇게 나쁜 일은 아니었다고 생각한다. 적어도 새롭게 발견될 뇌의 기능에 더욱 친밀하게 우리 도덕적 개념을 변화시키는 것 역시 그다지 나쁘지 않다고 생각해 봄직 하지 않을까? 그 일이 그런지 아닌지는 내가 감 잡을 수 없을 정도로 복잡한 문제이겠지만, 분명 닫혀 있는 문제는 아니다. 과거 기독교 교설이 '질병'에 대한 도덕적 의미에 관련해서 그리고 '마취'나 '면역' 그리고 '피임'에 대한 도덕적 경건함에 관련해서 가졌던 생각들을 지금 우리들이 바라보듯이 미래의 세대들에게도 지금의 도덕과 법률 협회가 덜 발달된 원시적 미신으로 비쳐질 것들임을 생각해야 한다(White 1896).

7. 결 론

9장의 목표는 기능주의자들의 반환원주의 논증을 무너뜨리려는 것이었다. 심리상태들이 기능적 상태일 수 있지만, 이것이 통속 심리학에 근거해서 기능적인 면을 규정하는 것이 옳음을 함축하지 않는다. 일반적으로 생각하든 구체적으로 살펴보든 그렇지 않다.[17] 그리고 심리학이 신경과학으로 환원될 수 없음을 함축하지도 않는다. 따라서 심리학의 독립을 외쳐보았자 별수 없다. 심리학은 동물 행동학과 신경과학의 공진화적 발전으로부터 도움받을 입장에 있다. 왜냐하면 어느 정도 공동 연구 영역이 있으며, 문장 패러다임은 근본적인 결점을 갖기 때문이다. 이제 정보처리의 본성에 관한 그리고 정보를 담는 구조의 본성에 관한 새로운 이론들이 절실히 요구된다. 다음 장에서 단세포 수준을 넘어 뉴런의 **시스템**에서 '표상'과 '계산'에 관한 이론화를 꽤하려는 시도들에 관한 논의를 전개할 것이다.

---

17) 나는 여기서 심리상태에 대한 기능주의자들이 갖는 흥미로운 문제들을 빠뜨리고 있다. 그것은 감각질(qualia)과 의식(conciousness)에 대한 기능주의자들의 분석이 제공하는 핵심 문제들이다. 이 논제에 대한 논의를 다음에서 참조하라. Block(1978), Churchland and Churchland(1981), Shoemaker(1981), Lycan (1981a), Paul M. Churchland(1985), Dennett(출판예정)

참고도서

Churchland, Paul M. (1981). Eliminative materialism and the propositional attitudes. *Journal of Philosophy* 78:67～90.

Churchland, Paul M. (1984). *Matter and consciousness: A contemporary introduction to the philosophy of mind*. Cambridge, Mass.: MIT Press.

Dennett, Daniel C. (1975). Brain writing and mind reading In *Language, mind and knowledge*, ed. K. Gunderson. (Minnesota Studies in the Philosophy of Science 7.) Minneapolis: University of Minnesota Press. (Reprinted in D. C. Dennett (1978). Brainstorms. Cambridge, Mass.: MIT Press.)

Dennett, Daniel C. (1984). Cognitive wheels: The frame problem of artificial intelligence. In *Minds, machines, and evolution*, ed. C. Hookway, 129～151 Cambridge: Cambridge University Press.

Fodor, Jerry A. (1981). *Representations*. Cambridge, Mass.: MIT Press.

Fodor, Jerry A. (1985). Fodor's guide to mental representation: The intelligent auntie's vade-mecum. *Mind* 94:76～100.

Lycan, William G. (1981). Form, function and feel. *Journal of Philosophy* 78:24～50.

Pylyshyn, Zenon (1984). *Computation and cognition*. Cambridge, Mass.: MIT Press.

Stich, Stephen P. (1983). *From folk psychology to cognitive science: The case against belief*. Cambridge, Mass.: MIT Press.

제 3 부

신경철학(Neurophilosophy)의 전망

10 장
뇌 기능 이론

지금 우리가 연구하고 있는 방향은 기초 신경생물학과 행동 과학을 하나의 운영 체계로 어떻게 통합할 수 있는지 알아내려는 것이다.
도미니크 퍼퓨라(Dominick Purpura, 1975)

1. 서 론

신경계 구조에 대해 엄청나게 많은 것들이 밝혀졌다. 그런데도 여전히 신경계가 어떻게 작동하여, 동물들이 먹이를 보거나 잡게 하며, 과실을 구했던 장소를 기억하게 하는지 알지 못한다. 우리는 이제 막 개별 뉴런의 작용을 이해하기 시작했을 뿐이다. '세포막의 성질', '축삭 격발의 속성', '시냅스의 현상'과 '그 연결 패턴', '세포들 사이의 전달 물질', '신진대사' 그리고 '뉴런의 발생 이동과 발달'에 관한 것 정도이다. 분명 아직 대답을 얻지 못한 질문들이 산적해 있으며, 그 질문들에 대한 해답의 돌파구를 발견하지 못했지만, 이미 뉴런은 장막에 가려진 비밀은 아니다. 신경과학자들은 (돌출된 질문들에 대답하기 위해) 최소한 어떤 연구를 해야 할지 확신하고 있으며, 대략 어떤 대답을 얻어낼지 밑그림을 그리고 있다. 반면에 뉴런 집단이 어떻게 작동함으로써 올빼미로 하여금 지그재그로 뛰는 쥐를 잡도록 하는지, 동물들이 시각으로 대상을 어떻게 인지할 수 있는지 등을 설명하는 '이론'의 문제는 아주 다르다. 이 점에 대해 폭넓게 인정되는 이론체계가 아직 없으며, 심지어 '감각운동조절'이나 '지각' 혹은 '기억'을 설명할 이론이 무엇일지 개념 정립조차 되어 있지 않다.

흔한 생각으로, 뇌 기능을 **이론화**하겠다는 것은 별로 좋은 생각이 아니며, 시간 낭비라고 생각될 수 있다. 심지어 '철학적' 차원의 연구라도 그렇게 생각될 수 있다. 신경과학학회에 참석한 신경과학자들 중 한 사람을 뽑아 자기 분야 내에서 이론의 역할에 대해 묻는다면, 아마 아래와 같은 이야기 중의 하나 혹은 모두를 듣게 될 것이다. (1) "뇌 구조에 관해 아직 상세히 알지 못하므로 이론화할 시기가 되지 않았다." (2) "이론화에 이용될 것들이 너무 추상적이고, 아직 실험조차 되지 않았으며, 실험 신경과학에 적절하지 않은 면도 있다." (3) "그런 우스꽝스런 연구에 대한 지원금을 누가 주겠는가?" ((1)에 대한 상세한 해석은 Selverston 1980에서 참조.)

아마 누구라도 위와 같은 정서에 동감하지 않을 수 없을 것이다. 무엇을 연구하려면 연구 지원금을 끌어와야 하며, 결과물도 얻어내야만 한다. 그리고 적어도 실험하는 경우 기술과 방법 그리고 절차가 아주 분명해야 한다. 예를 들어 해부하고, 전극을 꽂고, 신경전달물질을 뿌리는 등 분명해야 한다. 그렇지만 그 연구가 이론을 만드는 것이라면, 실망스럽게도 그 기술과 방법들은 형체가 없다. 의지하고 따라야 할 어떤 지침이나 잘 갈고 닦는 방법은 없고, 단지 "좋은 아이디어를 내놓아 보라"는 공허한 권유가 있을 뿐이다. 더구나 (아이디어를 제시한다고 하더라도) 그 아이디어를 시험하는 방법을 알려줄 이론을 잘 이해하기 위해 시간과 노력을 들여야 하며, 그것을 실험하는 데에는 더욱 많은 시간과 노력을 들여야 하는 실질적 부담도 있다. 만약 그 이론에 대한 실험이 실패로 끝날 경우(흔히 그렇듯이 성숙된 패러다임이 없어서 그런 것인데도) 경력에 치명적이다. 그래서 "이론화하는 일은 이론가들에게나 맡겨라"라고 말하는 것을 결코 불합리하다고 할 수만은 없다.

그렇지만 이론의 가치는 실험 연구를 추진하고 구성하는 데 있으며, 그리하여 좋은 이론은 중요한 실험 결과를 얻어내도록 문을 열어준다. 이론을 회피하면 자료 수집이 무작위로 이루어지고, 그렇게 모아진 자료는 사소한 것일 가능성이 뻔하다. 이것은 현재 신경과학의 상황으로 볼 때 쓸데없는 걱정이 아니다. 왜냐하면 수많은 과학자들도 지적하듯이, 많은 연구 제안들이 결코 진정한 가설들에 의해 추진되지 않았기 때문이다. 일부 연구는 중요한 결과를 기대할 만한 커다란 연구 계획에 의해서가 아니라, 단지 그 연구자들이 어떤 기술을 익혔기 때문에 추진되는 경우가 종종 있다. 그러나 그렇게 되면, 언제나 얻을 수 있는 측정치만을 더 많이 얻을 뿐이다. 연구방법이 다른 것들을 제치고 연구 계획을 구성하고 주도하는 꼴이다. 그런 식의 연구를 제안하는 정당성은 '아마-어쩌면'이라는 2박자이다. 즉 "만약 …라면, '아마' … 일 것이고, 그래서 내 결과는 '어쩌면' 중요할 것이다."

그렇게 추진된 연구 결과란 거대한 자료들의 축적에 불과하며, 그 적절성은 신만이 알 것이다. '모든 연구 결과들이 다 중요하다'거나 '중요함이 밝혀질 것이다'라는 생각은 **귀납론자 오류**(inductivist fallacy)의 한 보기이다. 귀납론자 전략에 따르면 반드시 먼저 모든 자료들을 모은 후에만 이론을 얻을 수 있다. 물론 그런 방식으로 과학적 발전이 이루어지는 경우도 드물게 있기는 하지만, 그보다 마음속에 특정 '의문'을 가지고 자연에 접근할 때에 더 많은 발전이 이루어지며, 그 의문은 특정 가설을 암암리에 전제하고 나온 것이다(Popper 1935, 1963). 크릭(Crick)과 왓슨(Watson)이 DNA 분자 구조를 어떻게 알아냈는지 생각해 보자. 분명히 우선 모든 자료들을 수집하여 그것들이 저절로 한 곳으로 모아지도록 하지 않았으며, 한 가설을 만들어보고 그 가설에 맞는 증거를 폐허 속에서 찾아보았으며, 다시 다른 가설을 꿈꾸고 실험하기를 계속하여 적절한 것을 찾을 때까지 창의적으로 반복해 나아갔다. 무작위로 자료를 수집하는 모험으로 모아진 수많은 자료들은 쓸모 없을 것이다. 그래서 지난 신경과학 단체 모임에서 보여준 연구자들의 간결한 보고들 중에 적어도 몇 개는 '아마-어쩌면' 2박자를 뻔뻔스럽게 보여주는 헛수고들이다.

일반적으로 가장 좋은 실험이란 그 결과가 중요한 정보를 줄 수 있어야 하지만, 그런 실험을 기획하려면 올바른 질문을 던질 줄 알아야 한다. 선택한 이론체계가 일관성과 풍부한 설명력을 더 많이 가질수록, 자연에 대해 올바른 질문을 던질 가능성이 더 크다. 일단 한 이론체계가 성숙되면 그 '이론'과 '실험'이 공생하면서 서로 풍성하게 해주는데, 이론이 좋을수록 좋은 질문이 실험을 유도할 것이다. 물리학과 유전학은 '이론'과 '실험'이 잘 공생해 온 예이다.

더구나 '실험'이 '이론적 가정들'로부터 완전히 무관할 수 없다. 다른 실험들을 제치고 특정 실험을 선택하는 이유가 있는 한, 틀림없이 그 '실험'을 지배하는 어떤 '가설'이 있을 것이며, 그 가설 덕분에 그 실험을 하게끔 유도한 질문이 왜 좋은지, 그리고 그 실험이 왜 더 고려할 가치가 있었는지 설명된다. 예를 들어 "그 실험 결과는 뇌가 어떻게 작동하는지 설명해 줄 더 큰 그림을 그리는 데 틀림없이 중요한 의미가 있을 것이다"라는(Kuhn 1962) 식으로 말이다. 비록 엉성하고 모호하더라도 '배경 가정', '직관', '끼워 맞춘 예비 개념' 등등이 결집된 그 자체가 실험 연구를 납득시켜 줄 '이론적 배경'이다. 따라서 '어떤 이론도 필요하지 않은 것'이 아니라, 좋은 이론, 즉 '시험 가능하고' '일관성이 있으며' '풍성하게 가지를 뻗은' 이론이 필요한 것이다. 따라서 충실하게 시험될 이론이 아니라면 수정되고 도태될 것이다. (이 논점은 신경과학에서 결코 주시받지 못한 채 사라질 수 없다. 그 예로 다음의 주석서를 참조. Selverston 1980, 특히 Calabrese 1980, Hoyle 1980, Lent 1980 참조.)

세 번째로 더욱 분명하고 적절한 논점이 있다. 이론은 자료로부터 저절로 떠오르지 않는다. 만약 뉴런 집단이 어떻게 운동을 조절하는지 설명하려 한다면, 그 구조가 어떻게 작동하는지 설명해 줄 '기능적' 이해가 필요하다. 분명히 그 구조의 세부 사항들을 아는 것도 아주 중요하지만, 비록 그것들에 대해 알게 된다고 하더라도, **뉴런 집단이 어떻게 작용하는지** 설명해야 하는 문제가 여전히 남는다. 그리고 그 집단의 기능은 참여 뉴런에 관한 자료만으로 밝혀낼 수 없는 이유는, 그 밖에 다른 요소 뉴런들 사이의 상호 작용은 비선형(nonlinear)[1]적으로 작용하기 때문이다. 뉴런 집단이 하는 일이 무엇인지 모르지만, 하여튼 그 구성 요소들이 하는 것과 같아 **보이지** 않으며, 또 단순히 구성 요소들이 하는 일의 합도 아닐 것이다. (Bullock 1980, Davis 1980을 참조.)

그렇다고 입력과 출력의 뉴런 집단에 대한 응답 형태 사이의 수학적 관계를 규정하는 일이 실제적인 자료를 무시하고서 할 수 있는 것도 아니며, 오히려 그것에서 영감을 받아야 한다. 이론이란 자료에 대한 '해석'이다. 다시 말해서 이론은 단지 수집된 자료들에 대한 일반화가 아니다. 더구나 이론화에 앞서 완전한 자료 수집이 있어야 한다는 생각을 버려야 한다. 예를 들어 뉴런 혹은 그 집단이 하는 일과 관련된 구조적 형태 사이에 관련이 있는지 없는지는 사실상 뉴런 집단의 기능을 설명해 줄 '이론' 아래서 '인식'될 수 있기 때문이다. 예를 들어 만약 당신이 DNA를 유전 물질이라고 생각하지 않는다면, 핵산(nucleotides)의 조직이 형질 결정에 관계된다고 생각지도 않을 것이다.

비록 신경과학 내에 이론을 만들려는 노력이 아직 없지만, 이론을

---

1) [역주] '뉴런이 비선형적으로 활동한다'는 것은 '출력이 입력의 크기에 비례하여 반응하지 않고, 입력에 대해 출력이 선택적으로 활동한다'는 뜻이다. 10장 주 23) 참조.

만들 필요성에 대한 인식은 커지고 있다. 만약 신경과학이 '뇌가 어떻게 작동하는지'에 대해 실질적인 설명을 시도한다면, 신경과학이 이론화에 무관심하지 않았음을 반영하는 것이다. 신경과학은 이론을 구성해야만 한다. 신경과학은 해부학과 약물학보다, 그리고 개별 뉴런에 대한 생리학보다 더 많은 이론을 구성해야 한다. 심지어 뉴런들의 연결 패턴 못지않은 많은 이론을 구성해야 한다. 우리에게 필요한 것은 하부 조직에 관한 작은 규모의 모델이며, 더욱 필요한 것은 뇌 전체의 기능에 관한 큰 규모의 이론이다.

그 이론을 만들 연구자의 핵심 배경은 '어떤 난쟁이도 없다'는 원칙이다. 뇌 안에서 텔레비전 스크린을 '보며', 내부 음성을 '듣고', 국소대응도(topographic map)를 '해독하고', '사리 분별을 하며', '행동을 결정하는' 난쟁이는 결코 없다. 단지 뉴런과 그 연결만이 존재할 뿐이다. 우리가 사물을 볼 수 있는 것은 '개별적으로 장님이며 멍청한' 뉴런들이 적절한 방식으로 결집되어 있기 때문이다. 분명히 신경과학에 조금만 관심을 가져도 난쟁이 가설에 대한 유혹을 뿌리칠 수 있다. 그러나 놀랍게도 '난쟁이' 혹은 적어도 '난쟁이 냄새'가 우리의 뇌 기능에 관한 생각을 자주 혼란스럽게 한다.

난쟁이 편견이 현재에도 지속되고 있는 것은 여전히 '통속 심리학'이 복잡한 행동에 대해 생각할 수 있는 이론적 체계를 제공하고 있기 때문이다. 이 점을 경계하지 않으면 통속 심리학 자체가 뇌 기능에 관한 우리 생각 속에 슬며시 들어온다. 우리는 여전히 편안하게 '자아'(self)라는 모델에 기반해서 '지각', '생각', '조절' 등등을 이해하고 있다. '아주 영리한 자아'가 '지각하고', '생각하며', '조절한다'고 말이다. 명심해야 할 것은 뇌의 영리함은 자아의 영리함에 의해 설명되지 않으며, 뉴런 기계, 즉 뇌의 기능에 의해 설명된다는 점이다. (Crick 1979 참조.)

대략적으로 말해서 우리가 해야 할 것은 뇌의 똑똑함을 동등하게 똑똑한 난쟁이로 설명한다면, 그 난쟁이 속에 있는 다른 난쟁이로 다시 설명해야 하는 무한 퇴행에 빠지므로, 그런 설명 말고 아주 적절하게 조화를 이룬 수많은 멍청이(뉴런)들로 설명하자는 것이다(Dennett 1972a, 1978b). 물론 자신의 '똑똑함'이 '잘 조화를 이룬 멍청이의 산물'이라는 사실이 조금 충격적이기는 할 것이다. 신경세포 구성의 구조와 관련해서 냉정하게 생각해 보면, 수많은 뇌의 상태와 과정을 설명해 줄 체계적이고 합리적인 어떤 이론도 아직 보이지 않는다.

2. 이론을 찾아서

이론이라고 칭할 만한 것이 있는가? 정말로 설득력 있고 실험 가능하며 이미 알려진 신경 구조로부터 어떻게 분자 효과(molar effect)[2]가 나타나는지 알려줄 이론이 있는가? 아니, 다소 욕심을 줄여서, 아직 이론으로 인정되지 못하더라도 앞으로 성장할 가능성이 있어 보이는 이론적 접근이라도 있는가?

위 질문에 대해 성급한 대답부터 먼저 하자면, '창의적이며 지적인 수많은 작업이 수많은 장소에서 현재 진행되고 있다'는 말로 대신할 수 있다. 하지만 각양각색의 후보들 중에서 가장 훌륭하게 성장할 이론이 무엇인지 고르기 어렵다. 더구나 내가 찾는 것이 무엇인지 개념을 분명히 정립하지 못한 상태이고, 그것이 나타나게 되더라도 알아볼 수 있을 것이라는 확신도 없다. 일반적으로 말해서 나는 어딘가에 '갈릴레이 조합'(Galilean combination) 같은 것이 있는지 살펴볼 뿐이다. 즉 올바른 '단순성'과 '통일성' 그리고 무엇보다도 **'수학화'**(mathematization)된, 반드시 충분히 성장한 이론은 아니더라도, 그것이 이론적 성장 가능성을 기약해 줄 설명을 찾고자 한다.

---

2) [역주] '원자단위'를 '객체 뉴런'으로 본다면, 뉴런들의 조합이 만드는 효과, 즉 '인지작용'을 '분자효과'라고 할 수 있다.

뇌 기능 이론에 다가가서 그 문제점들을 파악하기까지 나는 수많은 시행착오를 겪어야 했다. 첫째, 어떤 것을 이론이라고 하기에, 실제로 그에 걸맞는 명료함을 가진 줄 알고 살펴보았더니 단지 비유에 지나지 않았다. 이미 잘 알려진 예로 반 히르덴(Van Heerden 1963)이 처음 부각시킨 것은 "뇌 정보 저장이 홀로그램(hologram)과 같다"는 제안이었다(Pribram 1969 참조). 정보가 신경 덩어리에 분산 저장되는 것을 보면, 뇌는 홀로그램과 **같다**고 생각해 볼 수 있겠다. 그렇지만 '뇌에 정보가 어떻게 저장되고 꺼내어질 수 있을지'는 홀로그램 아이디어를 통해 설명될 것 같지 않다. 비록 그 비유를 구체화시키려는 노력이 상당히 진척되기는 했지만(Longuet-Higgins 1968의 예를 참조), 자료가 '저장되고', '꺼내어지고', '삭제되는' 등등의 정보 처리에 대해 아직 만족할 만한 대답을 주지 못하고 있다. 또한 홀로그램을 다루는 수학으로는 뉴런 집단을 설명할 수학을 얻지 못할 것으로 보인다. 그럼에도 불구하고 그 비유는 뇌 기능에 대한 병렬처리 모델의 탐구를 장려하는 측면이 있기는 하다. (10장 5절 참조.)

요즈음 흔히 뇌를 컴퓨터와 비유해서 생각하는 경향이 있다. 현 시대에 컴퓨터가 과학 기술의 경이로 받아들여지고 있음을 가늠해 볼 때, 컴퓨터가 뇌와 꼭 일치하지 않는다고 하더라도 그렇게 비유하는 것은 어쩌면 당연하다. 그렇지만 단지 **극히** 추상적인 의미에서만 뇌는 컴퓨터와 비슷하다. 즉, 뇌와 그 전자 기계 모두에게 출력은 입력에 대한 함수이며, 입력에 대한 내적 과정이다. 그러나 이런 관점은 지나치게 추상적으로 단순화하여, 입력과 출력 사이의 시스템에 대한 편견을 제공하는 면이 있다. 그 **유사성**의 관점은 '우리가 컴퓨터에 관한 어떤 사실들을 발견하게 되면 뇌 기능의 원리도 알게 될 것'이라는 기대를 갖게 하지만, 사실 그 기대는 아주 곤란하며, 컴퓨터 비유가 우리 연구에 얼마나 도움이 될지 장담할 수 없다. 오히려 뇌와 표준직렬(standard serial) 전자 컴퓨터 사이에 아주 다른 점들이 있으며(10장 9

절 참조), 그런 점에 비추어 뇌 기능에 관련한 컴퓨터 비유는 확실히 우리를 잘못 인도한다. (Von Neumann 1958과 Rosenblatt 1962의 논쟁을 참조하라.) 그 가장 치명적인 가정은 신경계를 컴퓨터 하드웨어와 비유하고, 신경계의 '인지 소프트웨어'에 해당되는 것이 무엇일지 알려고 한다는 점이다. 그렇게 하드웨어와 소프트웨어의 구분을 뇌에 적용시키려는 발상은 또 다른 이원론의 가면을 쓰고 있다. 하여튼 뇌와 컴퓨터가 어떤 점에서 같으며 또 어떤 점에서 다른지는 사소한 문제이며, 뇌와 컴퓨터에 관한 세부적인 지식 없이는 그 문제의 결론이 나지 않을 것이다. 비유는 이론을 세우도록 촉매 작용을 하지만 비유가 곧 이론은 아니다.

둘째, 척추동물 신경계 내의 투사경로(projection paths)를 묘사하는 흐름도(flowcharts)를 종종 이론으로 규정하곤 한다. 그것이 이론이라면 해부학 이론들과 관련되어야 하며, 이따금은 생리학까지 보강될 필요가 있다. 흐름도는 각 단계마다 어떤 일이 일어나는지 대략적으로 기술할 수 있지만, 임의의 입력으로부터 출력되는 결과까지 실제 과정을 설명하는 것은 아니다. 예를 들어 소뇌(cerebellum)의 회로도(circuit diagram)는 소뇌가 어떻게 조화롭게 작동하는지 설명하는 이론이라고 가르쳐지고 있지만, 실제로 그런 장치는 존재하지 않는다. (이 예와 관련해서 다음 절에 소상히 논의된다.) 회로도는 종종 거대한 실험적 탐구의 밑그림을 그리게 하며, 그 회로도가 뇌 기능의 속성을 이해하는 데 필수적이긴 하지만, 회로도가 곧 뇌 기능의 이론은 아니다.

셋째, 어떤 이론을 얻는 데 중요한 요소들의 목록 자체가 이론으로 제시되는 경우가 간혹 있다. 그렇지만 목록 자체가 입력과 출력 사이에 어떤 과정이 이루어지는지에 대한 이론일 수 없다. 물론 그 목록이 '어떤 점에서는 뇌가 스스로를 조직화할 줄 알며', '거대한 병렬 시스템을 갖추고 있으며', 또한 '뇌의 기능들은 각각 따로 분리될 수 없고 뇌 전체에 분산되어 있다'는 등등의 항목들을 포함할 수도 있겠다. 그렇지만 이런 종류의 목록을 이론에 포함시킬 수는 없고, 단지 그 항목들을 한 이론의 그릇에 담을 수 있을지 고려할 정도는 된다. 과거에 난쟁이 이론에 대한 반대가 금지되었던 것처럼, 그 항목들 또한 어느 진지한 이론이라도 자신들을 인정하도록 억지로 유도할 가능성이 있다. 또는 그 항목들을 옛날 말로 '미래 이론화를 위한 서설(prolegomena)'이라 부를 수도 있다. (다음을 계속 보라.)

넷째, 크릭의 말에 따르면, 우선 해결해야 할 문제와 나중에 해결해야 할 문제를 구분하는 일이 아주 중요하다. 왜냐하면 어느 누구라도 신경계의 복잡함에 경악할 지경이므로, 문제들을 손이 미치는 거리에 놓아두고 다음과 같이 물을 필요가 있다. 모든 것들을 통합적으로 설명해 줄 대답은 무엇일까? 신경계가 반드시 해야 하는 기초적인 일은 무엇일까? 이런 질문에 대한 대답이란 추측에 지나지 않는다 하더라도, 맹목적 추측이 아닌 연구를 통한 추측인 것이다. 어느 이론가라도 다음과 같은 희망을 가질 것이다. 만약 신경계가 어떻게 작동하는지 알려줄 기초 원리들을 발견하게 된다면, 그 기초 원리들로부터 진화되어 정교하게 다듬어진 원리들이 다른 (신경계의) 작용들도 설명해 줄 것이다. 따라서 '단순화', '이상화', '근사성' 등등은 그 기반에서 나올 이론을 얻기 위해 불가피하며, 바로 나머지 문제들을 해결해 줄 단순화, 즉 로제타석(Rosetta stone)[3]을 찾는 일이 필요하다. 물리학, 화학, 유전학, 지질학 등에서의 단순화 모델들은 그 기반 위에 극도로 복잡하게 보이는 것들에 대한 명쾌한 분석을 가능하게 해주고 있다. "이론을 단순화, 통일화하려는 완강한 유혹"에 반대하는 라몬 이 카할(Ramón y Cajal)의 경고를 너무 마음속 깊이 담아둘 필요는 없다. 만약 어느 이론이 바른 길로 들어섰다면, 그 초기의 단순화가 훨씬 포괄적인 전개를 이루어내겠지만, 그렇지 않을 경우에는 쪼그라들어 사그

---

3) [역주] 로제타에서 발견된 비석이다. 이것이 이집트 상형문자의 단서가 되어 여러 이집트 글들을 해독할 수 있게 되었다.

라지고 말 것이다.

이론적 탐구에 지침이 되는 질문은 다음과 같다. 입력이 주어졌을 때, 뉴런 같은 구조 내의 어느 조직이 출력을 생산하는가? 어느 입력과 출력이 관심되느냐에 따라 각기 다른 선택이 이루어질 수 있다. 예를 들어 '운동조절', '시각', '입체 영상', '기억' 혹은 '공간 관계 학습' 중에 어느 것을 연구의 출발점으로 선택할 수 있다. 우리는 시각(visual perception)에 대해 설명해 줄 것으로 '심리학적 지각', '생리학적 망막', '외측무릎핵'(lateral geniculate nuclei), '시각반응 피질영역' 등등에 관하여 아주 많이 안다. 다만 우리가 알지 못하는 것은 다양한 해부학적 단계마다 '출력을 어떻게 규정할 것인지'이다. 한편 운동조절에 대한 설명은 그와 상반된다. 우리는 '출력'인 '운동 행위'가 무엇인지 알며, '소뇌의 조직 구조'와 '운동 피질' 그리고 '뇌의 다른 운동 관련 부분들'에 관하여 아주 많이 알고 있다. 그렇지만 '운동 구조에 주어지는 입력을 기능적으로 어떻게 규정할 것인지' 알지 못한다. 따라서 이론가들마다 각자의 예감에 따라 다른 장소를 파들어 갈 수밖에 없다.

아주 일반적으로 말해서 우리는 입력과 출력 사이에 일어나는 '과정'을 파악해야 한다. 모든 차원의 '조직'에 대한 이론을 고안하고자 한다. 만약 '망막에 비친 빛의 패턴으로부터 시각 표상이 어떻게 그려지는지' 이론화할 수 있다면, 분명히 "밝기 반응 요소들은 오직 간상체(rod)와 추상체(cone)이다"와 같은 잘 다듬어진 사실과 "뇌 피질에 엄청난 수의 국소 대응도가 있다"와 같은 조금 덜 다듬어진 신경에 관한 사실, 그리고 "다양한 정도의 조명(밝기)에서도 색 지각이 가능하다"와 같은 심리학적 사실 등등에 대해서도 이해할 수 있을 것이다. '특별한 신경학적 손상을 받으면 시각 장애가 발생한다'는 사실이 있다. 예를 들어 하부측두엽피질(inferior temporal cortex) 양측이 손상된 원숭이는 시각 재인 검사에서 선택적 장애가 발생하지만, 후두정엽피질(posterior parietal cortex)이 손상된 원숭이는 경계 구역 분별에 선택적 장애가 발생한다(Mishkin, Ungerleider, and Macko 1983).

한편, 실시간 제약(real-time constraints) 또한 존재한다. 달리 말해서 신경계가 무엇을 성취하기 위해 소요되는 시간은, 신경전도 속도와 시냅스 전달 시간이 걸리는 관계로, 입력과 출력 사이에 처리되어야 한다고 짐작되는 수많은 단계를 가정하는 데 한계를 설정한다. 예를 들어 시각 재인 시험에서 사람이 반응하는 데 500밀리 초 정도의 시간이 소요되는데, 그 시간으로는 입력과 출력 사이에 처리되어야 할 단계가 대략 100시냅스 단계를 넘지 말아야 한다. 따라서 시각 재인을 위해 대략 300에서 1,000단계의 순차처리단위(serial processing unit)가 필요하다는 가설은 옳지 않다. 이런 사실로 미루어 인간의 뇌는 범용 전자계산기와 다른 거대한 병렬 기계라고 추론된다(Feldman and Ballard 1982, Brown 1984). 핵심적으로 말해서 순차처리 프로그램에서 100단계란 거의 할 수 있는 일이 없다 할 정도로 작은 단계에 불과하다. 그것은 분명히 우리 뇌가 일상적으로 처리하는 것과 같은 엄청나게 복잡한 종류의 일을 처리하기에 턱없이 적은 수이다. 따라서 이런 실시간 단축을 생각해 보면 순차 프로그램을 모델로 '인간의 뇌가 어떻게 운용되는지'를 연구하겠다는 생각은 접어진다.

뒤에서 나는 현재 진행되고 있는 몇 가지 작은 이론적 탐험들을 보여줄 것이다. 그 이론적 탐험들은 '무엇을 얻어낼 수 있으며, 금맥을 찾아낼 곳이 어디인지'에 대해 서로 다른 의견을 가지고 있다. 일반적으로 신경과학자들에 의한 이론적 접근은 컴퓨터 과학에 종사하는 사람들로부터 '계산적으로 빈약하다'는 비난을 받는다. 반대로 신경생물학자들은 대부분 컴퓨터 과학 실험실에서 나온 이론들을 '신경생물학적으로 빈약하다'고 개탄해 한다. 뉴턴이 물리학을 위해 기여했던 것처럼 신경과학을 위해 기여할 이론적 접근이 아직 없는 한, 우리는 모두 빈약하다고 할 수 있다. 언제나 그렇듯이, 과학자들 사이에 자신의 '단순화'(가설)는 '잠정적으로 허용된' 것으로 간주하면서도, 남의 것은 치명적인 결함을 가지고 있다고 보는 경향이 있다. 자신의 전문 분야에서는 황금을 찾게 될 것으로 확신하면서도, 다른 이론이 땅을 파는 일은 바보짓으로 여긴다. 게다가 만약 어떤 이론이 아주 거대한 욕심을 갖는다면 그것을 '뜬구름 잡는 것'이라며 몰아세우기도 한다. 한편 어느 이론이 폭이 좁고 너무 전문적인 경우에는 '별것 아닌 것'이라는 딱지를 붙여버리기 일쑤이다.

이제 나는 세 가지 아주 다른 이론적 예를 보여줄 참이며, 그 이론들이 어떤 장점을 가지고 있으며, 왜 중요한 의미를 갖는지도 보여주겠다. 그 각각은 아직 매우 불안전한 연구 진행 상태에 있긴 하지만, '단순화'를 만들어내고 있으며, 많은 중요한 부분에서 성과를 거두고 있기도 하다. 그 이론적 접근에 대해 공감을 가지고 바라본다면, 그 이론적 접근이 나름대로의 한계가 있기는 하겠지만, 그 (착상된) 중심 아이디어가 강력하고, 유용하며, 무엇보다도 개척적인 실험정신을 담고 있음을 볼 수 있을 것이다. 그것을 설명하려는 나의 입장은 다음과 같이 아주 단순하다. 만약 누구든 공감하는 자세를 취한다면 무언가 배울 기회를 갖겠지만, 흠집을 내려 든다면 아무런 소득 없이 절망에 빠질 것이다.

세 가지 예들이 거대한 이론적 돌파구를 열어주게 될지는 차치하고라도, 적어도 그 예들을 통해 신경과학에서 중요한 이론적 문제점들이 무엇인지 볼 수는 있을 것이다. 예를 들어 아래와 같은 의문을 가져야 하는 이유를 납득할 것이다. 비문장적 표상은 어떤 모습일까? 거대한 병렬 시스템이 어떻게 '감각운동조절', '패턴 재인', '학습' 등등을 해낼 수 있는 걸까? 어떻게 단세포 차원을 넘어 세포 집단의 본성까지 알아낼 수 있을까? 그리고 상위차원의 가설들과 하위차원의 가설들 사이의 공진화적 교환이 어떻게 일어날 수 있을까? 그 예들은 모두 신경계 기능에 딱 들어맞는 새로운 개념들을 창안하고 완성시키려 하며, 동시에 미시 현상들을 통해서 거시 현상들을 설명하려 한다. 내가 이런 자세를 가지고 있는 한, 어쩌면 중요한 작업을 놓칠 수도 있을 것이다. 그렇지만 제한된 지면을 고려해서도 그대로 밀고 나가겠다.

보기들 중 두 개는 본질적으로 신경생물학적 구도에서 비롯되었다. 첫 번째 것은 '감각운동조절'이라는 기초적인 문제에 초점을 맞추고 있으며, '신경계의 계산 구조'를 이해하기 위한 일반적 틀을 제공한다. 이런 접근은 펠리오니스(Andras Pellionisz)와 리나스(Rodolfo Llinás)에 의해 비롯되었는데, 그들의 이론은 넓은 영역을 통합하여 체계화시키려 하는 관계로, 나는 다소 많은 지면을 할애해서 논의하고자 한다. 둘째는 크릭(Francis Crick)에 의한 것으로, 심리학적 가정에 의한 관심집중 메커니즘을 신경생물학적으로 설명하려 한다. 그것에 대해 폭을 좁혀 간단명료하게 논의할 것이다. 세 번째 접근은 앞선 두 논의들 사이에서 토론되어야 할 것으로, 인공지능(AI)이라는 더욱 넓은 분야의 발전으로 탄생해서, **'연결주의'**(connectionism)라는 이름 아래 진행되고 있으며, **병렬분산처리**(parallel distributed processing: PDP)의 모델이기도 하다. 연결주의 연구자들은 신경 시스템에서 사용되는 계산적 작동을 알아내려 하며, 그 전략은 병렬분산처리 시스템을 가진 컴퓨터 모델을 이용하여 그물망 같은 배열을 이루는 뉴런 같은 요소들로부터 적절한 거대 현상을 발생시키려는 것이다. 앞선 두 접근들과 달리 이 이론적 접근은 근본적으로 컴퓨터 과학에 기초하고 있다. 그렇지만 표준 인공지능(standard AI) 연구와 달리 신경생물학에 관한 정보를 가지고 그 바탕에서 연구되고 있다.

3. 텐서그물망 이론

신경세포 작용으로 인지(cognitive)를 설명할 수 있다는 새로운 '신경인지'(neurocognitive) 패러다임의 가능성과, 학문적 발전을 위해 뇌의 '기능'에 대한 가설과 '구조'에 대한 가설이 서로 협력할 필요가 있다는 기능적 가설과 구조적 가설 간의 '공진화'에 관련하여 던져주는 철학적 교훈이 있기에, 다음과 같은 질문으로 '텐서그물망 이론'(tensor network theory)에 관한 논의를 시작하는 것이 좋겠다. 무엇이 처음 텐서그물망 이론을 탄생시켰는가, 그리고 어떻게 해서 '위상공간'(phase space)과 '좌표조절'(coordinate transformation)이란 일반적 개념이 서서히 모습을 갖춰 나가게 되었는가?

이 논의의 출발점은 그 이론이 시작된 곳, 즉 소뇌(cerebellum)이다. 다소 과장해서 말하자면, 소뇌의 미세 조직에 관해 거의 모든 사실들이 밝혀졌다. 소뇌는 뉴런 형태의 종류가 많지 않고(수입섬유 incoming fibers 둘을 합해서 다섯 종류), 그 각각의 형태는 뚜렷하게 구분되며, 특징이 유사한 것들끼리 연대적으로 잘 집결되어 있기 때문에, 신경해부학자들의 실험적 연구에 희망을 주었다(**그림** 2.4). 소뇌 피질의 출력은 한 형태의 세포, 즉 푸르키니에 세포(Purkinje cell)에서만 나오고, 입력은 단지 두 가지의 아주 다른 세포 시스템인 이끼섬유(mossy fibers)와 오름섬유(climbing fibers)를 통해서만 받는다. 소뇌가 이렇게 탐구 가능한 것은 뉴런 집단 각각을 선명하게 구별할 수 있어서 전기생리학적 속성을 규명할 수 있고, 이끼섬유와 오름섬유의 입력에 대한 푸르키니에 세포 출력의 본성을 구체적으로 연구할 수 있다. 소뇌의 신경세포의 개체 수는 거대한 배열을 이루어 대략 10^{10} 정도이며, 그 신경세포들의 연결 또한 엄청난 수가 아닐 수 없다. 그럼에도 불구하고 소뇌의 기초 구조에 관한 지식을 통해서 정보전달에 참여한 세포들의 연결 통로와 그 연결 패턴을 설명하는 도식적 연결 모형도(schematic wiring diagram)를 그릴 수 있었다(**그림** 10.1). 따라서 우리의 첫째 관심은 미세조직 차원을 이해하는 일이다.

그런데 소뇌가 신경계 '기능'에 정확히 어떤 기여를 하는지 잘 알려져 있지 않다. 기껏 알려진 것은 소뇌가 운동조절에 중요한 역할을 하며, 따라서 신체 전체의 움직임에서 어떤 중요한 역할을 한다는 점이

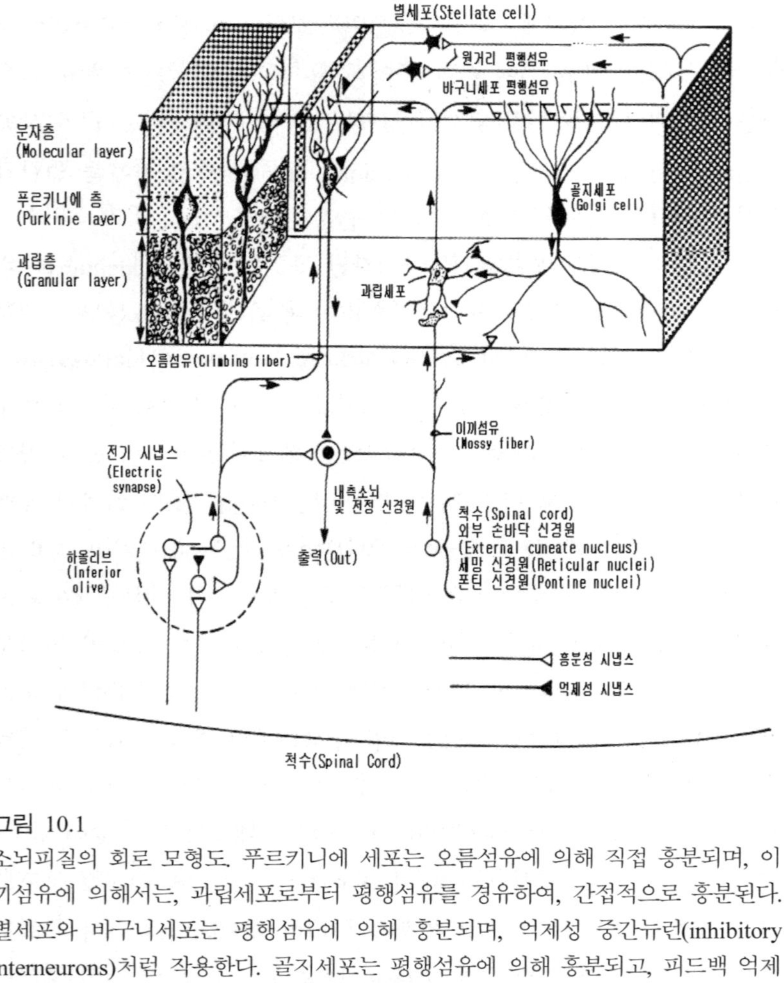

그림 10.1

소뇌피질의 회로 모형도. 푸르키니에 세포는 오름섬유에 의해 직접 흥분되며, 이끼섬유에 의해서는, 과립세포로부터 평행섬유를 경유하여, 간접적으로 흥분된다. 별세포와 바구니세포는 평행섬유에 의해 흥분되며, 억제성 중간뉴런(inhibitory interneurons)처럼 작용한다. 골지세포는 평행섬유에 의해 흥분되고, 피드백 억제(feedback inhibition)로 과립세포에 반응하며, 오름섬유와 이끼섬유 측부에 의해 흥분되면, 전방위 억제(feedforward inhibition)로 과립세포에 작용한다. 푸르키니에 세포의 출력은 소뇌 내 세포와 전정뇌 핵에서 억제된다. (Ghez and Fahn (1981). Ch.30 of *Principles of Natural Science*, ed. E. R. Kandel and J. H. Schwartz, pp.334～346. Copyright 1981 ⓒ by Elsevier Science Publishing Co., Inc.)

다. 소뇌의 역할로 코를 부드럽게 만질 수 있으며, 날아가는 파리를 잡아챌 수도 있으며, 또 눈덩이를 던져 지나가는 차를 맞출 수 있다. 그런 종류의 일을 할 수 있으려면 신경계는 아주 복잡해야 한다. 예를 들어 날아가는 공을 잡을 때 야구 선수는 공의 탄도를 추정하여, 그 공이 떨어질 것으로 예상되는 장소로 뛰어가며, 그동안에도 공에서 눈을 떼지 말아야 한다. 그렇게 그는 뛰면서, 동시에 시각으로 공을 추적해야 하며, 몸의 균형을 유지하면서 공을 낚아챌 장소로 이동해야 하고, 마침내 그 공을 받아내야만 한다.

소뇌 손상 환자는 마치 신체 여러 부분의 동작들을 차례로 하나씩 생각해서 움직이는 듯한 운동 분해증(decomposition of movement)을 보여준다. 표적을 지나치거나, 표적에 못 미치며, 틀린 방향으로 팔을 움직이는 등등은 소뇌 손상 환자들에게 나타나는 전형적인 측정이상(dysmetric: 정확한 거리측정을 못해서 목표한 곳에 손과 발이 가지 못하는) 징후이다. 또한 그들은 팔을 휘두르는 것과 같은 빠른 움직임을 잘 알아채지 못한다. 걸음걸이에서도 장애가 있어 특히 불안정한 큰 걸음을 걷는다. 손상된 영역에 따라서 언어동작의 장애, 즉 구음장애(dysarthria)를 보여주기도 한다. 따라서 야구와 같은 경기는 물론 할 수 없다.

소뇌가 활동하지 않는 환자라도 여전히 자발적으로 움직일 수 있다는 점에서, 소뇌가 신체적 활동을 위해 꼭 필요한 것은 아니다. 그렇지만 조절을 잘하고, 시점을 잘 맞추며, 정확한 동작을 하기 위해서 소뇌는 필수적이다. 발달 초기에 나타나는 소뇌 손상은 신경계의 가변성으로 인해 다소 보완된다. 따라서 어린 시기에 소뇌 반구가 손상된 어린아이는 소뇌의 더 많은 내측(medial) 구조, 즉 편엽소절엽(flocculonodular lobe)과 충부(vermis)까지 손상되지 않는 한, 상당히 좋은 운동 발달을 보일 것이다. 그렇지만 그 구조들까지 손상되거나 소뇌 전체가 기능하지 않는 어린아이라면 운동실조(ataxic), 즉 운동조절에 결함을 갖게 되며, 측정이상 상태로 남게 된다.

인간에게 소뇌의 진화 정도는 대뇌의 복잡함이나 크기와 비교해 뚜렷하다. 신체의 크기로 비교하자면 인간은 침팬지보다 큰 소뇌를 가지고 있으며, 침팬지는 말이나 개보다 큰 소뇌를 가지고 있다. 이런 사실로 보아 인간이 운동조절에서 탁월하게 다재다능할 수 있음을 누구라도 예상할 수 있을 것이다. 아주 작은 예로 우리들은 수영할 줄 알고, 장대높이뛰기를 할 줄 알며, 나무를 기어오를 수 있고, 칼을 사용할 줄 알며, 언어를 말할 줄 알고, 휘파람을 불 수 있으며, 그림을 그릴 수 있고, 스케이트를 탈 줄 알며, 악기를 연주할 줄도 안다. 이 각각을 성취할 수 있다는 것은 근육신경조절 능력이 놀라운 정도로 복잡한 일을 해낼 수 있음을 의미한다.

소뇌가 그런 기적과 같은 일을 해낼 수 있기 위해서 소뇌에 어떤 입력이 주어져야 할까? 운동근육과 거의 모든 곳으로부터 주어지는 입력, 즉 대뇌피질로부터 오는 거대한 입력과 함께, 다른 뇌의 영역으로부터 오는 운동제어 입력도 받아야 한다. 그리고 소뇌는 모든 종류의 감각 수용기로부터 주어지는 구심성 입력(afferent inputs) 또한 받는다. 일부 대뇌피질로부터 오는 입력들은 운동 명령을 대략적으로 지정하며, 소뇌는 그것을 섬세하게 조율하여 세밀한 명령을 내리는 것으로 알려져 있다. (이것에 관해서 다음에 소상히 밝히겠다.) 만약 소뇌가 없다면 대뇌피질이 내리는 운동 명령이 소뇌의 조율을 받지 못한 상태에서 척수로 전달될 것이다.

지금 우리가 소뇌가 무엇을 하는지 일반적 양태에 관해 많이 안다면, 그리고 정교하게 연결된 구조에 관해 많이 알고 있다면, 소뇌가 자신의 일을 **어떻게** 하는지 설명할 수 있을 것이다. 다시 말해서 세포집단이 어떻게 운동을 조율하는지 틀림없이 말할 수 있을 것이다. 그 세세한 사항들을 활용할 수 있기만 하면, 어떻게든 그것에 관한 이론이 나올 것이라고 기대하는 사람으로선 소뇌가 부담스러울 것이다. 왜냐하면 아직 알지 못하는 것은 소뇌가 운동조절에서 어떤 역할을 하는지 설명해 줄 거대한 '기능적 기술(description)'과 '연결 모형도'를 중재하는, 즉 '기능'을 설명하는 일이기 때문이다. 이런 인식론적 상황이 다양한 분야의 연구자들로 하여금 실효성 있는 이론적 초안을 찾아내도록 독려하였다(예를 들어 Braitenberg and Onesto 1961, Marr 1969, Ito 1970).

펠리오니스와 리나스의 탐구는 뇌(특히 소뇌)에서 정보처리가 병렬로 이루어진다는 가정에서 출발하였다. 만약 수많은 정보들이 그 교환통로를 통해 동시에 전달된다는 의미에서 소뇌가 병렬 구조를 갖는다고 생각한다면, 그 계산처리가 병렬 구조에 적절해야 한다고 가정하는 것은 당연하다. 따라서 그들은 계산처리가 어떻게 되는지 이해하기 위해 거대한 뉴런 **배열** 내의 행동 **패턴**에 관해 알 필요가 있다고 생각하였다.

소뇌 뉴런들에 대한 '연결 모형도'는 입력과 출력의 연결을 상당히 도식적으로 기술한다는 점에서 유용하다. 그렇지만 그 연결 모형도는 전형적으로 한둘의 개략적 뉴런들과 그 연결을 보여줄 뿐이며, 그것은 사실상 수많은 세포 배열의 일원에 불과하다. 다시 말해서 편리성을 위한 그림 속에는 거대한 병렬 네트워크의 본성에 대한 설명이 생략되어 있다. 만약 도식적 뉴런들이 거대한 층 속의 모든 뉴런들을 충실히 대변한다면, 다시 말해서 본질적으로 그 시스템이 중복되어 있다면, 나머지 뉴런들을 생략하여도 아무 문제될 것이 없다. 그렇지만 배열 내의 '전체적 연결 패턴' 자체가 '배열이 정보를 어떻게 처리하는지' 알아내는 데에 아주 중요하다면, 우리들은 편리함 때문에 생략한, 즉 그 시스템을 이해하기 위해 꼭 필요한 구체적 사항들을 누락한 만큼의 대가를 감수해야 한다.

실제로 배열 내의 뉴런들은 '임의의 수입뉴런과의 시냅스 연결 수(집적화 convergence)'에서, '뉴런이 뻗는 가지의 수(분기화 divergence)'

에서, '시냅스 형태학(morphology)'과 기타 여러 요소들에 따라 다르다. 텐서그물망 이론에서 중요시 여기는 예로, 수입평행섬유들 다발을 따라 다르게 연결된 푸르키니에 세포 집단들은 서로 다르게 출력되며, 그 차이가 체계적으로 나타난다(Pellionisz, Llinás, and Perkel 1977). 적어도 그 경우에 도식적으로 그려진 뉴런들이 배열 내의 모든 뉴런의 충실한 대표자가 아니며, 펠리오니스와 리나스가 주장한 바와 같이, 그 차이는 결코 사소하다 할 수 없으며 오히려 그 배열이 내놓는 출력의 본성을 알기 위해 꼭 필요하다. 그들의 생각처럼, 그 차이점들을 좀 더 잘 이해하려면, 병렬 구조가 수행하는 기능에 관한 가설을 찾아보아야 한다.

일단 이렇게 출발점을 정한 후에 해야 할 일은 뉴런 배열들 사이의 활동 패턴에 관해 더 많은 것을 찾아내는 것이다. '다중인접세포들'로부터 '동시적 세포 내' 기록을 얻어내기에는 기술적 제약이 있어서, 펠리오니스와 리나스는 더 많은 패턴을 다른 곳에 적용하기 위해 컴퓨터로 개구리 소뇌 일부를 모델링하였다(Pellionisz, Llinás, and Perkel 1977). 그들은 세포 연결과 형태학에 관한 지식을 동원하여 많은 수의 세포(8,285개의 푸르키니에 세포, 168만 개의 과립세포, 16,820개의 이끼세포)를 '육성하는' 컴퓨터 프로그램을 개발하였고, 그럼으로써 컴퓨터 속의 가상 소뇌가 실제 활동을 모의로 보여주도록 만들었다. 그렇게 함으로써 특정 입력세포 집단을 활성화시켜 거대한 응답세포 집단의 활동 패턴을 탐구할 수 있었다.

물론 그 모델은 단지 해부학적 · 생리학적 자료에 제한된 모델일 뿐이며, 그것을 가지고 소뇌가 어떻게 작동하는지 직접 실험 가능한 탄탄한 결론을 끌어낼 수는 없다. 그럼에도 불구하고 그 모델은 귀중한 고안 장치가 아닐 수 없는데, 단세포 기록을 통해서는 볼 수 없는, 거대한 (가상의) 뉴런 집단의 **행동 패턴**을 보여주기 때문이다. 그 모델은 도식적 연결 모형도와 단일 세포 기록의 한계를 넘어, 시스템의 병렬적 본성을 탐구할 이론을 생각하게 한다. 따라서 계산 가능한 **결론**을 이끌어내지 못한다고 하더라도 적어도 **시험 가능한 계산적 가설**을 싹트게 할 수는 있다.

일단 뉴런 배열들의 '연결'이 '임의의 입력으로부터 출력을 어떻게 산출하는지' 설명하는 데 중요하다는 확신을 얻기만 한다면, 그 분야의 탐구자들은 입력 배열과 출력 배열 사이의 관계를 규정할 방법을 틀림없이 찾아낼 수 있을 것이다. 컴퓨터 모의실험이 만들어내는 패턴들과 소뇌들이 감각운동조절을 위해 밝혀내야 할 문제들에 관해 여러모로 궁리하던 끝에 펠리오니스와 리나스는 소뇌 세포 그물망이 입력에 대해 하는 일을 텐서(tensor)를 이용하여, 즉 하나의 벡터를 다른 벡터로 변환하기 위해 사용하는 일반화된 수학적 함수로 (그 준거 기준이 무엇을 포함하든지 관계없이) 규정할 수 있다는 생각을 하였다. 그 기초적인 수학적 통찰이 보여주는 점은, 만약 소뇌에 주어지는 입력이 한 좌표계의 벡터로 구성되고 출력은 다른 좌표계의 벡터로 구성된다면, '텐서가 한 벡터에서 다른 벡터로 대응하는(사상하는 mapping) 혹은 변환(transformation)되는 효과'를 발휘한다는 점에 있다. 어느 텐서 행렬(matrix)이 임의의 입력과 출력 사이에 조화를 이루도록 '변환을 어떻게 통제하는지'는 그 준거 기준의 필요에 따라서 결정될 경험적인 문제이다. 그리고 그 '행렬'은 입-출력 배열 사이의 '연결 관계'에 의해 수행된다.

이에 관해 단계적으로 검토해 보자. 벡터는 기하학적으로 특정한 좌표계(준거 기준)에서 화살 선분으로 표현된다. 벡터의 여러 요소들은 적절한 좌표축들과의 관련된 값으로 결정된다(**그림** 10.2). 만약 입력 뉴런의 그물망 내에 있는 각각의 뉴런들이 좌표계의 축으로 규정된다면, 개별 뉴런의 입력(격발 주파수 spiking frequency)은 그 축의 한 점으로 규정되며, 전체 뉴런 배열의 입력은 그 공간에서 하나의 벡터로 주어질 수 있다. 마찬가지로 뉴런 배열의 출력 또한 출력 뉴런 집단에 의해 규정된 공간 내에 하나의 벡터로 규정될 수 있다. (그 기본 개념들에 대한 소개를 Jordan 1986에서 참조하라.)

펠리오니스가 관찰한 바에 의하면, 입력 벡터와 출력 벡터가 주어질 경우 입력 뉴런들과 출력 뉴런들 사이의 연결 관계는 마치 (수학적으로) 행렬로 계산되듯이, 입력 벡터가 출력 벡터로 변환된다. 다시 말해서 뉴런 배열의 활동 패턴에서 나타나는 규칙성은 '그 배열이 **행렬 곱셈**을 하고 있다'는 가설대로 나타났다. 특히 병렬입력섬유의 동일한 빔(beam)의 다른 위치에 자리 잡고 있는 푸르키니에 세포 집단들의 반응 양태가 체계적으로 다른 것은 행렬 곱셈의 결과로 설명될 수 있었다(**그림** 10.2).

지금까지 벡터 행렬 수학은 수많은 어수선한 것들을 정열하고 다듬기 위한 방법으로서 대단히 편리한 것 같지만, 소뇌의 감수성이 벡터 행렬 분석에 비해 더 깊은 기능적 '실재'를 반영하고 있다고 가정해보라. 이런 생각을 가지고, 펠리오니스는 더욱 더 그 가설을 밀고 나아갔다. 뉴런 집단의 활동이 단지 수학적 편리성을 위해 벡터로 그려지기보다는, 그 집단이 '실제로' 좌표계를 표현하며, 신경계의 기초 **기능적** 문제는 한 좌표계를 다른 좌표계로 변환하는 데 있다고 가정해보라. 그 좌표조절 시스템을 무엇이라 해야 할까? 글쎄, 그것을 임의의 세포 집단이 '표상하는 시스템'이라고 규정할 수 있을 것이다.

우선 시각(visual)이나 후각(olfactory) 혹은 전정(vestibular) 입력 배열로 설정된 좌표계가 있을 것이며, 운동 출력 배열로 설정된 다른 좌표계가 있을 수 있다. 정말 감각운동조절(sensorimotor control)에서의 기초적 계산 문제는 한 좌표계(즉 시각 좌표계)로부터 다른 좌표계(즉 운동 좌표계)로 진행하는 '기하학적' 문제와 **같다**. 따라서 뉴런들의 배열을 벡터 대 벡터 변환을 수행하는 것으로 해석할 수 있다. 감각운동조절은 뉴런 배열이 '실제로 하는 일', 즉 '신경계가 풀어야 할 계산 문제'는 근본적으로 '기하학적 문제'와 **같다**. 이런 생각은 단지 소뇌에

$$V = (3,\ 2)$$

$$M = \begin{bmatrix} 6 & 4 & 3 \\ -2 & -5 & 1 \end{bmatrix}$$

$$\begin{aligned} V' = M \cdot V = \ & (3 \cdot 6) + (2 \cdot -2) = 14 \\ & (3 \cdot 4) + (2 \cdot -5) = 2 \\ & (3 \cdot 3) + (2 \cdot 1) = 11 \end{aligned}$$

$$V' = (14,\ 2,\ 11)$$

그림 10.2
위에서와 같이 2 × 3 행렬, 즉 두 줄과 세 행인 단순한 경우를 생각해 보자. 벡터를 (3, 2)로 하자. 곱셈 값을 찾기 위해 벡터의 첫째 요소를 첫째 줄 첫 행의 행렬 숫자를 곱하라. 벡터의 둘째 요소를 둘째 줄 첫 행의 행렬 숫자를 곱하라. 그 계산 결과로 생긴 벡터의 첫째 요소를 얻기 위해 두 계산 값을 더하라. 행렬의 두 번째 줄과 세 번째 줄을 두 번째 요소와 세 번째 요소를 구하기 위해 반복하라.

만 적용되지는 않을 것이며 더 넓은 영역에도 잘 적용될 것으로 생각된다.[4)]

'텐서'는 좌표계의 측정 규준과 차원에 관계없이 벡터를 다른 벡터로 변환하기 위한 **일반화된** '수학적 함수'이다. 만약 감각운동조절의 기초 기능을 한 좌표계로부터 다른 좌표계로 변환하는 것으로 본다면, 텐서 변환이야말로 신경계가 하는 일이다. 따라서 제안된 가설은 '임의의 입력 집단과 출력 집단 사이의 연결 관계는 물리적으로 텐서를

---

4) 표상을 좌표공간에서 벡터로 표현하고, 벡터 대 벡터 변환 계산을 보여준 것이 결코 펠리오니스(Pellionisz)와 리나스(Llinás)만은 아니며, 그들이 처음도 아니다. 초기 적용은 피츠와 맥쿨로(Pitts and McCulloch 1947)를 보라. 또한 그 벡터-행렬 접근은 로젠블라트(Rosenblatt 1962)가 지각 작용에 이용했다. 최근의 예를 코호넨(Kohonen et al. 1977), 앤더슨과 모저(Anderson and Mozer 1981) 그리고 발라드(Ballard 1986)에서 볼 수 있다. 펠리오니스-리나스 접근의 훌륭한 면은 벡터로부터 텐서 분석을 추상적으로 형식화하고 그것을 표상적 개념으로 일반화했다는 점에 있다.

수행한다'는 주장이다.

일반적으로 감각운동조절을 기하학적으로 규정하고, 신경의 기능적 능력을 기하학적으로 규정한다고 해서, 이것을 지금 당장에 억지로 강요하거나 설득하려는 것은 아니다. 단지 중요한 개념적 전환을 해보자는 요청일 뿐이다. 이 현상학적 각본은, 마치 첫 장면부터 일반적 원리를 명확히 따르는 의미를 모아서 꽃을 이해하려는 것처럼 혼동하고 있으며, 이해되기 어려운 것으로 보일 수 있다.5) 지금 논의에서 세부적인 가설들은 일단 접어두자. (위의 가설을 구체적으로 어떻게 실현할 수 있을지 문제는 일단 미뤄두고 이야기를 계속하자.) 내 이야기에 대한 이해를 위해, 나는 폴(Paul M. Churchland)과 내가 고안한 아주 단순한 창작물, 즉 극단적으로 단순한 감각운동 문제를 해결해야 하는 창작물에 대한 만화 이야기로 이야기를 풀어나가려 한다.6) 다음 설명에서 나는 그 만화 이야기를 펠리오니스와 리나스가 제기한 뇌의 기하학적 문제와 그 기하학적 해결의 밑그림으로 이용하고자 한다. 이것을 가지고 우리는 다시 신경계, 특히 소뇌의 문제로 돌아갈 것이다. 그렇지만 우선 그 전에 철학적 이야기를 간단히 하고 넘어가야겠다.

순수하게 하향적(top-down) 설명방식을 설득할 의도에서 작성된 논문들에 따르면, 우선 '마음-뇌가 **무엇을** 하는지' 밝혀내고 다음으로 '마음-뇌가 기술된 기능을 어떻게 수행하는지' 밝혀내야 한다는 주장

---

5) [역주] 이 이야기는 아래와 같이 이해된다.
감각운동조절 현상을 설명하려는 위의 가설은 마치 그 가설에만 맞는 데이터만을 모아 그 현상을 설명하려는 것처럼 혼란스럽고 쉽게 납득하기 어려워 보일 것이다.

6) 그 문제에 대한 오해를 줄이기 위해 나의 만화 창작물에 대한 컴퓨터 구현이 결코 컴퓨터 과학에 대한 공헌을 의도한 것이 아님을 강조해야겠다. 그것은 단지 그 문제를 단순화시켜서 펠리오니스와 리나스가 말한 기초 원리를 이해하기 쉽게 독자적으로 고안한 것뿐이다. 명백히 훨씬 복잡한 로봇 장치가 인공지능(AI) 실험실에서 만들어졌다. 하여튼 펠리오니스-리나스의 접근이 기본적으로 옳다면, 그것이 로봇에 대해 시사하는 면이 있을 것 같다.

이다. 어떤 면에서 보면, 마음-뇌 기능에 관한 어느 '이론화' 작업도 하향적 설명 방식에 근거하고 있으며, 그렇지 않다면 이론화로 보기 어려울 뿐만 아니라, 그저 자료 수집에 불과하다 할 것이다. 그렇지만 만약 '하향적'이라는 말이 담고 있는 내용이 단지 '순수한' 뜻으로만 이해되고 이론화가 수행 차원의 자료에 의해 상당히 제한되고 깊이 연관된다는 정도로 이해된다면, 그런 기획에 '하향'이란 말을 사용하는 것은 결정적으로 혼동한 것이다.7)

텐서그물망 이론에서 감각운동조절을 '기능적 본성'에 관련해서 바라보는 시각은 '세포 집단'을 '벡터 행렬'로 기술하려는 의도에서 비롯된 것이지만, 역으로 그 '벡터 행렬'을 기술하는 **구조적** 세부 사항들을 갖춘 거대한 데이터 뱅크(data bank)에 의존한 컴퓨터로 모의실험을 하는 것이 가능하다. 간단히 말해서 상위차원의 기능적 가설이 하위차원의 기능적 가설에 의해 제안될 수 있었으며, 하위차원의 가설은 본질적으로 (더 하위차원의) 구조에 관한 생각을 받아들인 결과물이다. 이것은 하향적 설명을 순수하게 추구하는 학자들이 충고한 발견의 순서와는 정확하게 반대이다. 그저 비꼬자는 것은 아니며, 다만 '어떤 것이 **무엇**을 하는지' 알아보기 전에 (무언가가) '**어떻게** 작동하는지' 예를 제시하는 텐서그물망 이론의 개념적 창조를 보라.

나는 굳이 이 점을 지나치게 강조하고 싶은 것은 아니며, '기능적 능력과 구조적 수행 사이에 어떤 구분도 없다'는 식으로 극단적인 주

7) [역주] 이 말은 다음과 같이 쉽게 풀어서 설명된다.
뇌를 연구하기 위해서는 마음에 대한 이론을 먼저 연구하고 나서 그 이론이 제안하는 세부 구체적 연구가 뒤따라야 한다는 하향적 연구방법이 흔히 제안된다. 만약 이런 주장이 말 그대로 상위차원의 기능과 관련된 하위차원의 자료만에 관심을 가져야 한다는 주장으로 이해된다면, 이것은 심각한 혼동에서 비롯된 것이다. 왜냐하면 상위차원의 이론 자체가 옳지 않을 경우 그 연구는 그 오류의 늪에서 벗어날 길이 없기 때문이다. 오히려 하위차원의 생리학적 연구 자료들이 상위차원의 심리학적 이론에 대해서 틀렸음을 지적할 가능성도 충분히 있다.

장을 할 의도도 없다. 그렇지만 순수한 하향적 연구방법론을 무력화시키고, 동시에 인지 신경생물학에 대한 공진화적 연구방법을 추켜올리려 의도함을 분명히 밝힌다.

4. 텐서가 감각운동조절에서 무엇을 하는지에 관한 만화 이야기

아주 단순한 게(crab)와 같은 동물 로저(Roger)가 사는 만화 세계가 있다. 그것은 외부의 사과 위치를 감지하는 한 쌍의 눈(eye)과 같은 장치를 가지고 있으며, 각각의 눈은 회전할 수 있으므로 사과를 망막의 중심(와 fovea)에 맞출 수 있다. 그 눈은 왼쪽이나 오른쪽으로 90도 회전할 수 있다. 또한 로저는 팔과 같은 장치를 가지고 있는데, 두 개의 관절로 상박과 하박(팔뚝)이 나눠지고, 상박은 통제부 중앙에 연결되어 있다. 그 팔은 사과를 접촉하는 데 사용된다(**그림** 10.3). 비록 개념적으로는 로저가 3차원을 갖지만, 컴퓨터에서 구현되므로 그 행동은 높이에 관계없이 단지 2차원적이다. 간단히 말해서 로저의 세계에는 평지만 있다. **그림** 10.3의 b는 위에서 설명한 세계를 보여준다.

사과는 외부 공간의 한 위치에 있으며, 우리는 그 공간을 '2차원적 외부 유클리드 공간'(2-D external Euclidean space)이라 부를 것이다. 외부 공간의 사과 위치는 한 쌍의 좌표축의 좌표로 규정될 수 있다. 또한 그 위치를 **시각위상공간**(visual phase space), 즉 **로저 감각장치 좌표시스템의 위치**로 표현할 수도 있다. 우리는 로저의 시각위상공간을 어떻게 결정할 수 있을까? 각각의 눈이 회전할 수 있어 눈 위치는 정면 방향에서 눈이 돌아간 각도로 규정할 수 있다(**그림** 10.3 참조). 정면 위치를 90으로 설정하는 것이 가장 편리하겠다. 따라서 모든 눈의 위치는 수평축과 망막의 중심선(fovea line)이 이루는 각도로 규정된다. 예를 들어 사과가 외부 공간(1.2, 10.8)에 있다고 가정해 보자. 사과를 보기 위해 눈이 회전하게 되면, 왼쪽 눈의 수직 방향과 망막의

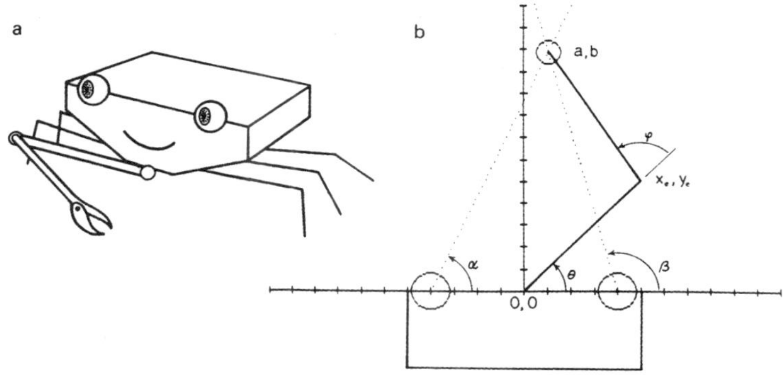

그림 10.3
감각운동 좌표(sensorimotor coordination) 문제. (a)와 (b)는 회전할 수 있는 눈과 펼칠 수 있는 팔을 가진 게처럼 생긴 로봇을 보여준다. 그것의 눈은 어림하는 각도(α, β)로 표적을 삼각 측량하며, 팔은 각도(Θ, φ)로 어림해야만 표적에 닿을 수 있다. (Paul M. Churchland(앞으로 출판될 책)에서 인용)

중심선이 이루는 각은 65도(α)이며, 오른쪽 눈도 같은 방식으로 105도 각도(β)를 이룬다. 따라서 로저의 시각위상공간에서 사과의 위치는 각각의 눈의 위치를 각도로 파악하여 (65, 105)로 결정된다.

로저의 시각공간은 곧 **위상공간**(phase space)이며, 그 공간에서 사과 위치는 두 눈의 회전각, 즉 알파(α)와 베타(β)가 모아져 삼각형을 이루는 회전각으로 표현된다. 좌표계(coordinate system)가 위상공간을 규정하므로, 여기에서 '위상공간의 위치'는 단지 표현된 물리적 시스템의 전체 조건(global condition)을 가리킨다. 위상공간들은 좌표축의 숫자(2, 3, 50, 10000 등등)가 하는 역할과 그 축의 각도(즉 각각이 직각 또는 수평과 이루는 각도)가 하는 역할에 따라 달라질 것이다. '초공간'(hyperspace)이란 3차원 이상의 위상공간이며, 여기에서 말하는 '위상공간'은 유클리드 공간(Euclidean)일 수도 있지만 반드시 그래야 하는 것은 아니다. 예를 들어 '리만 공간'(Riemannian)일 수도 있는데, 그럴 경우 그 공간에서 삼각형이 그리는 내각을 180도로 맞출 필요는 없다. (주의 : '위상공간' phase space이란 어휘는 고전역학에서 6차원의 특정한 좌표 공간을 가리키는 데 사용되었다. 3차원은 '공간'을 나머지 3차원은 '운동량'을 지칭했다. 그렇지만 내가 여기에서 사용할 때는 '좌표공간' coordinate space이나 '상태공간' state space이란 아주 일반적인 의미를 갖는다. 역시 Suppe 1977를 참조.)

사과가 어느 위치에 있든 로저의 시각위상공간에는 사과에 '대응하는' 위치가 있다는 점을 주시하라. 따라서 우리는 로저의 시각 벡터 (65, 105)가 실제 세계의 사과 위치를 표현한다(**표상한다** represent)고 할 수 있으며, 사과가 '실제 세계에 있는 장소'(즉 외부 좌표계에 기술된 장소)와 '시각위상공간 장소'(즉 **그림** 10.4의 a와 같이 한 쌍의 눈 각도 좌표로 규정된) 사이에 체계적 관계가 성립한다.

로저가 2차원 '시각공간'에서 물체 위치를 표현할 수 있는 것과 똑같이, 2차원 '운동공간' 내에서 팔 위치를 표현할 수 있다. 이것은 아주 중요한데, 두 위상공간이 아주 다르기 때문이다. 우리는 로저의 운동위상공간을 어떻게 규정할 수 있을까? 그의 운동장치에 적절한 축을 규정하면 된다. 운동위상공간에서의 팔 위치는 '표준위치'에서 어긋난 두 개의 각도로 규정될 수 있다. 상박이 수평인 경우를 위치 0으로 정한다면, 상박 축에서 위치 45는 상박이 수평에서 45도 떨어진 위치를 표시하게 된다(**그림** 10.3). 마찬가지로 하박의 위치 0은 하박을 상박에서 똑바로 펼쳤을 경우의 위치, 즉 상박과 같은 위치가 된다. 또한 하박 축에서 78.5의 위치는 하박이 상박의 연장선, 즉 상박의 위치로부터 시계 반대 방향으로 78.5도 회전된 경우를 나타낸다. 따라서 이제 우리는 로저 팔의 운동위상을 종합적 위치로, 즉 두 개의 각도 (45, 78.5)로 제시할 수 있다. 더구나 우리는 로저의 하박이 사과를 건드리는 순간 팔의 위치를 규정함으로써 사과 위치도 표현할 수 있다. '감각위상공간'과 '운동위상공간'은 로저의 '뇌'에 표현(표상)되며, 각각 '감각장치'와 '운동장치'의 특성을 반영한다(**그림** 10.4).

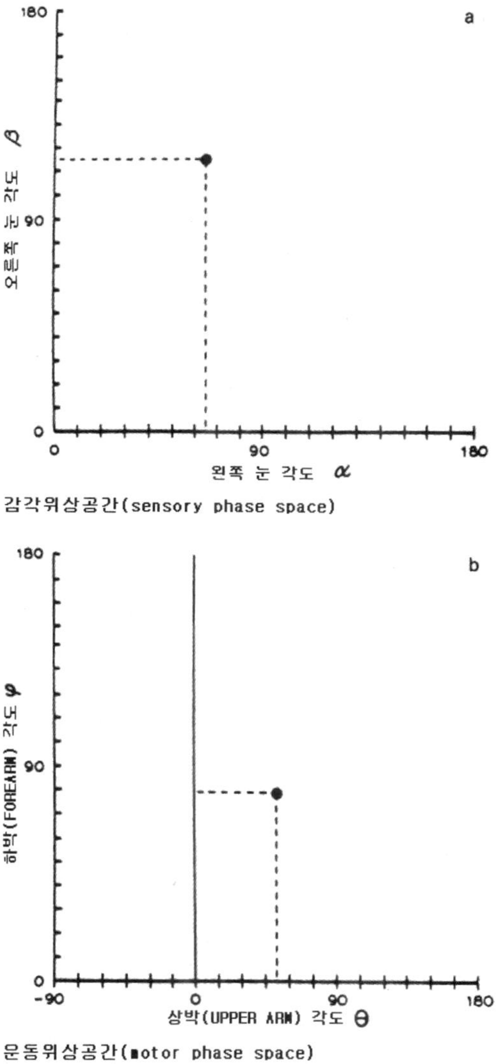

그림 10.4

게(crab)의 감각 시스템과 운동 시스템 각각의 모습은 대응하는 위상공간의 적절한 점 (a)와 (b)로 표현될 수 있다. 게는 감각위상공간의 점으로부터 운동위상공간의 점으로 변환할 함수를 필요로 한다. (Paul M. Churchland(앞으로 출판될 책)에서 인용)

이제 로저의 행동에 대해 논의해 보자(**그림** 10.5). 사과를 감지한 눈은 그 위치를 다음과 같이 알려줄 것이다. “사과 위치는 (55, 85).” 만약 로저의 팔이 그 명령(55, 85)을 따르도록 되어 있다면, 그의 팔은 그 명령에 따라 상박은 55에, 그리고 하박은 85에 위치되도록 실행한다고 가정해 보자. 그렇다면 일을 망치게 된다. 왜냐하면 그 팔이 위치한 곳에 사과가 없기 때문이다. **다시 말해서 시각공간에서 본 사과의 위치는 운동공간에 있는 사과의 위치와 다르다. 그림** 10.5의 a에서 이 점을 잘 보여주고 있다. 만약 사과 위치가 시각공간에서 (55, 85)

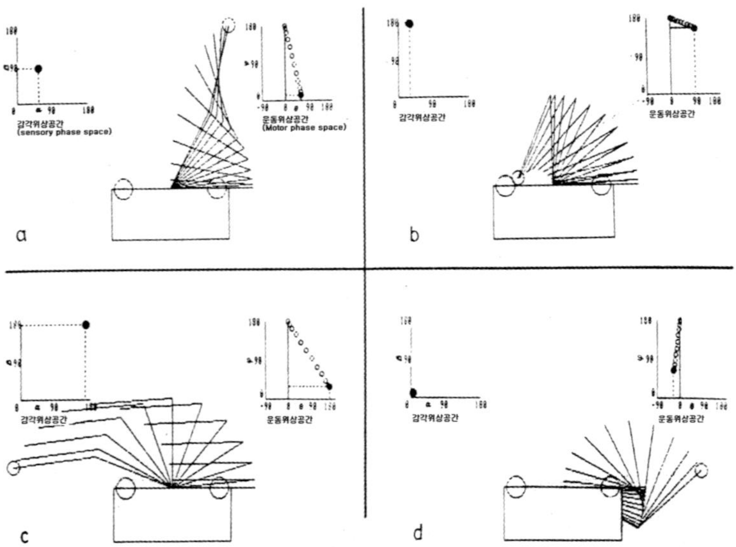

그림 10.5
연속적인 좌표로 나타낸 게(crab). 이 컴퓨터 시뮬레이션에서 감각위상공간 위치는 입력으로 도입되며, 운동위상공간 위치는 출력으로 계산된다. 팔의 운동 모습은 운동위상공간에서, 팔이 접혀진 휴식 지점(0, 180)에서 그 표적 지점을 향해, 일직선을 그린다. 각각의 예에서 오른쪽 위의 삽입 그림을 보라. 그 위치는 팔이 표적물과 실재 공간에서 물리적 접촉으로 놓인 곳이다. (Paul M. Churchland(앞으로 출판될 책)에서 인용)

라면, 운동공간에서는 (62, 15)이다. 따라서 로저에게 시각공간의 좌표에 대응하는 운동공간의 좌표를 가르쳐줄 무엇이 있어야만 한다. 만약 로저가 사과가 있는 장소로 팔을 옮기려 한다면, 사과에 접촉할 위치를 알아야만 한다. 그리고 **그림** 10.5는 로저의 팔이 가슴에 있던 출발위치로부터 움직여야 할 운동위상공간에서의 경로를 보여준다. 다시 말해서 자신의 관절에게 시각공간에 있는 사과 위치에 근거해서 운동공간 내에 움직여야 할 위치를 가르쳐줄 무엇이 있어야 한다. 로저는 시각공간의 목표물 위치가 주어지면 운동공간의 위치를 규정해 주는 수학적 함수, 즉 **좌표를 변환**시켜 줄 무엇을 필요로 한다. **그림** 10.5는 목표물이 놓인 위치에 따라 팔이 각기 다르게 동작해야 함(b, c, d)을 보여준다. '수학적 함수'는 '감각공간에서 포착된 목표물의 위치'에 기초해서 '운동공간에서 목표물의 위치'를 계산해 내야 한다.

이제 로저에게 요구되는 수학적 함수를 그림으로 설명해 보자. **그림** 10.6의 a는 로저의 감각 혹은 시각 위치의 위상공간을 보여주며, 격자선은 로저의 (팔이 미치는 범위 내에서) 눈이 향하는 위치에 대응하는 위상공간을 표현한다. **그림** 10.6의 b는 로저의 운동위상공간을 보여주며, 휘어진 곡선의 격자는 로저의 동작과 일치한다. 그 그림들의 의미는 아래와 같다. 감각위상공간에서의 각각의 점들마다 운동위상공간에서 대응하는 점들이 있으며, 그 점들은 로저의 팔이 삼각 측량한 목표물에 닿는 위치를 결정한다. 만약 우리들이 감각위상공간의 전체 격자 위치를 생각한다면, 물론 운동위상공간에서도 그것에 대응하는 격자 위치가 있다. 이것이 우리가 **그림** 10.6에서 본 모습이다. 그런데 운동위상공간에서의 격자 모양은 원래 감각 격자 모양과 달리 **변형**되었다. (삼각형과 직각 사각형은 변형된 모양에서 본래 위치를 파악하도록 덧붙여졌다.) 따라서 '좌표변환 함수'를 '감각위상공간에서의 점들에 대응하는 운동위상공간에서의 점들을 올바른 레지스터(Proper register)로 옮겨주는 변환'으로 생각해도 좋겠다. 여기에서 '올바른 레지스터'

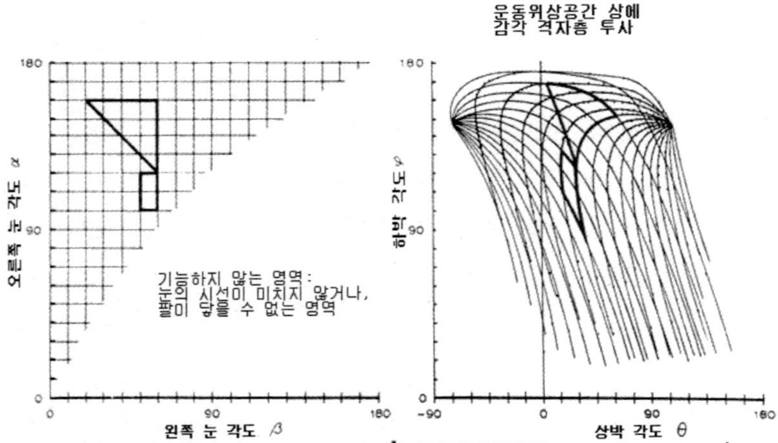

a 감각위상공간(sensory phase space) **b** 운동위상공간(motor phase space)

그림 10.6

그래프로 표현된 좌표변환. (a)의 격자는 게의 팔이 도달할 수 있는 감각위상공간의 일련의 점들을 표현하며, 삼각 측정된 대상에 대응한다. (a)에 있는 각각의 점들에 대해서, 운동위상공간의 대응 위치는 (b)에 해당된다. (b)에 있는 전체 대응하는 점들은 게의 기능을 함수로 나타냄으로써 계산된 위상공간 좌표들에 대한 전체적 변환을 나타낸다. 심하게 일그러진 삼각형과 직사각형들은 각각의 공간에 대응하는 지점을 보여준다. (Paul M. Churchland(앞으로 출판될 책)에서 인용)

란 로저의 눈이 삼각 측량한 곳에 그의 팔이 체계적으로 도달할 수 있음을 의미한다.

여기에서 요구되는 변환은 로저의 감각장치와 운동장치의 섬세한 움직임까지 잘 나타내도록 해야 한다는 점이다. 만약 그의 눈이 더 먼 곳을 보거나 팔 동작이 다른 곳으로 나아간다면 그 변환은 수정되어야 할 것이다.

따라서 감각공간에서의 점이나 벡터들이 운동공간에서의 점이나 벡터로 바뀌는 방식에 대한 검토가 필요하다. 분명히 사과에 대한 감각위치와 운동위치 사이에 체계적인 관계가 설정되어야 한다. 그렇지 못하면 로저는 자신이 감각한 것을 붙잡지 못할 것이기 때문이다. '한

공간에서의 벡터를 다른 공간에서의 벡터로 바꿔 그린다'는 것은 '한 공간에서의 좌표를 다른 공간에서의 좌표로 변환한다'는 것을 의미한다. 일반적으로 (비유클리드 기하학 공간을 포함하여) 좌표 변환을 '텐서'라고 부르기 때문이다. 펠리오니스와 리나스는 실제 동물의 하부-신경시스템이 데카르트 식의 수직교차 축을 갖는 공간으로 제한할 필요가 없으며, 텐서가 적절하다고 주장한다. 우리 만화 이야기의 논점은 단지 좌표변환 원리를 밝혀보자는 것뿐이므로, 충분한 설명이 가능한 복잡한 경우를 이야기할 필요는 없다.

이 만화 이야기에서 실제 공간에서의 사과 위치는 **일정**하지만, 시각 시스템과 운동 시스템의 표현 방식들은 서로 다르며, 좌표변환 장치는 일정한 위치에 도달하기 위해 해야 할 것을 '동작 시스템'(effector system)에 지시할 것이다. 기하학적으로 말해서 좌표변환은 하나의 위상공간을 어떻게 **변형시켜서** 다른 위상공간에 있는 물체에 접근해야 하는지를 말해 준다. 한 대상이 다른 좌표계에서 다르게 표현됨에도 불구하고, 신경계로 하여금 언제나 바로 그 대상을 '표현할 수 있게 하는 수단'이 바로 '텐서'이다. 따라서 이야기를 정리하자면 **'표상'(표현)이란 위상공간에서의 '위치'이며, '계산'이란 위상공간들 사이의 '좌표변환'이다.**

그러나 감각위치를 올바르게 운동위치로 변환하는 좌표변환 장치를 갖춘다고 하더라도, 로저는 근본적으로 너무 단순하여 실제 치열한 생물 세계에 존재할 가능성이 없다는 점을 생각하라. 심지어 가장 저급한 신경계들조차 로저의 시스템보다 훨씬 복잡하고 섬세하다. 로저는 2차원 세계를 갖지만 우리들은 4차원 시·공간의 세계를 갖는다. 실제 생물의 뇌가 4차원인 시·공간의 세계에서 생존하기 위해 해결해야 하는 감각운동조절은 만화 이야기를 통해서 언급된 단순한 좌표변환보다 훨씬 정교하게 다듬어져야 한다는 점은 분명하다. 더구나 로저는 자신의 몸을 움직이지 않으며, 자세와 균형을 유지해야 하는 문제도 가지고 있지 않다. 하는 일이란 시각으로 사과의 위치를 파악하고 그것을 건드리는 것이 전부이다. 그는 다른 포식자들로부터 도망가거나 숨지도 않으며, 둥지를 만들거나 구멍을 파지도 않고, 심지어 만진 사과를 씹어 삼키지도 않는다. 또한 비록 로저가 두 위상공간(구심성 위상공간과 원심성 위상공간)을 갖는다고 할지라도, (실제 신경계는 다수의 매개 위상공간들을 갖는다고 짐작되기 때문에) 이것은 실제 신경계와는 다른 비현실적인 배열에 불과하다. 그럼에도 불구하고 펠리오니스와 리나스가 접근했던 의도는 다음과 같다. 실제 세계의 유기체가 해결해야 하는 감각운동 문제는 로저가 해결해야 하는 것과 근본적으로 똑같은 문제, 즉 서로 다른 위상공간들 사이에서의 좌표변환 문제로 생각할 수 있다. 그리고 로저의 만화 세계에서 찾아낸 해결 방향은 실제 세계에서 진화된 유기체의 뇌가 문제를 해결하는 특성을 잘 보여준다.

로저는 너무 단순하여, 근육이나 근육을 움직일 뉴런도 가지고 있지 않다. 그가 팔을 움직일 때 그 동작은 마치 컴퓨터가 브라운관(CRT) 스크린에서 선을 그리는 것과 같다. 실제 게가 발톱을 움직일 때의 동작은 뉴런에 의해 근육을 당기는 정교한 조율에 의해서이다. 실제 게가 먹이를 찾을 때 감각운동조절에 어떤 일이 일어나는지 조금 더 구체적으로 생각해 보자. 게가 먹음직한 생선 덩어리에 관심을 가졌다고 가정해 보면, 그리로 움직여서, 그것을 발톱으로 움켜쥐고, 입으로 가져갈 것이다. 게는 여섯 개의 다리를 다루어야 하고, 각각의 다리는 세 개의 관절을 가지며, 각 관절은 적어도 두 개의 근육으로 조정되며, 각 근육들은 많은 근육 세포들로 구성되어 있고, 그 속에는 아주 많은 뉴런들이 분포되어 있다. 만약 가로챈 먹이가 움직이기라도 하면, 문제는 아주 복잡해진다. 그러나 이것도 로저의 경우와 같은 수학적 기초 개념을 이용하면 해결할 수 있다.

만약 게의 팔을 위상공간으로 규정하고, 그와 관련된 일련의 근육들도 위상공간으로 규정하면, 각각의 근육들의 '위치'는 그 공간의 축 위치로 표현되며, '벡터'는 근육들의 수축 정도에 의해 결정된다. 이보다 더 높은 차원의 위상공간은 근육에 분포된 운동 뉴런들로 규정되는데, 각각의 뉴런들에게는 하나의 차원이 주어지고, 격발 주파수(firing frequency)는 그 축을 따라 한 점으로 표현될 수 있다. 골격 위상공간에서 위치들 사이에, 근육 위상공간에서 위치들 사이에, 그리고 뉴런 위상공간에서 위치들 사이에도 체계적인 관계들이 성립할 것으로 생각된다. 그 중심 생각은 아주 단순하다. 근육들은 나름의 방식대로 수축될 것이고, 따라서 관절들도 나름의 방식대로 움직일 것인데, 그렇다면 그 운동 패턴은 단위 근육의 뉴런 활동 패턴에 의해서 제어될 것이다.

동물의 '운동 시스템'이 근육 동작을 조절하는 데 뉴런들을 사용해야 한다면, 그래서 관절 동작을 조절해야 한다면, 운동 뉴런들, 근육세포들 그리고 관절들 각각의 위상공간들 사이에 체계적인 관계를 갖도록 발달되었을 것이다. 운동 시스템이 그런 관계를 갖지 못하는 동물은 어느 것이든 온전하게 움직이지 못했을 것이며, 생존기간이 짧았을(멸종되었을) 것이다. 텐서그물망 이론의 전망을 가지고, 연결된 세포 집단들 사이의 기능적 관계를 알아보는 것은 곧 그 세포 집단들에 적절한 위상공간의 성질을 탐구하는 것이다. 다시 말해서 세포 집단들의 기하학을 결정하는 것이며, 임의의 공간에서 고정 위치에 대한 '표상'으로부터 다른 위상공간의 '표상'으로 변환을 (우리가 알도록) 결정하는 것임을 의미한다. 따라서 우리는 관절 위상공간의 기하학을 앎으로써 운동 뉴런 위상공간도 알 수 있을 것이다.

물론 같은 논점이 구심성 말단(afferent end)의 문제를 해결하는 데에도 적용된다. 로저는 감광성 뉴런들(photosensitive neurons)을 가지고 표적이 어디에 있는지 탐지하지 않는다. 반면에 실제 눈을 가진 유기체들은 다르다. 그럼에도 위치를 위상공간으로 표상하고, 좌표변환으로 계산하는 기본 원리가 적용될 수 있다. 다시 말해서 실제 유기체에서 망막뉴런들이 한 위상공간으로 규정되고, 전정뉴런들(vestibular neurons) 또한 한 위상공간으로 규정될 수 있다. 만약 유기체가 먹이를 구하고 도망치는 등을 하도록 구심성 시스템이 역할을 하려면, '구심성 위상공간'이 '원심성 위상공간'의 좌표를 조율할 수 있어야 한다. '감각위상공간'은 '운동위상공간'과 다르다. 구체적으로 말해서 감각위상공간은 '세계에 있는 대로'의 표상이라면, 운동위상공간은 '신체'의 표상이다. 만약 뉴런 시스템이 어떤 위치를 표현해야 할 경우 (동물들이 먹이를 잡아채려면 그렇게 해야만 하는데) 텐서는 효율적으로 감각 표상을 운동위상공간의 출력 표상으로 변환시킨다. '구심성'과 '원심성' 사이의 위상공간이 발달됨에 따라서 그 도움을 받는 감각운동조절도 진화되었으리라 상상해 볼 수 있다. 만약 텐서 방정식이 한 준거기준(frame of reference)에 잘 적용되기만 하면, 하나의 공간이 다른 공간과 어떻게 관련하는지 그리고 공간이 차원적으로 어떻게 다른지에 상관없이, 모든 경우에 잘 적용될 것이다. 이런 점에서 보면, 구별되는 뉴런 층들마다의 독특한 연결 구조는 특정 종의 유기체들이 독특한 조건들에 알맞은 텐서 변환을 효과적으로 할 수 있도록 진화되었다고 일반적으로 이해할 수 있다.

그렇다면 살아 있는 유기체에서 시각공간이나 운동공간과 같은 위상공간에서 위치를 표현하는 것은 뉴런 배열들이며, 좌표변환을 하는 것은 뉴런그물망이다. 어느 뉴런그물망이 좌표변환을 수행하는 데 적절한지 알아보기 위해, 벡터 대 벡터라는 단순한 도식적 변환에서 논의를 시작하는 것이 좋을 듯하다. a, b, c, d의 4차원 입력이 x, y, z의 3차원 출력값으로 변환되는 시스템을 생각해 보자. 그 입력은 4차원 위상공간의 한 점으로 간주되거나, 혹은 관련 위상공간에서의 벡터로 (그 정점이 네 개의 입력 요소로 규정되는) 간주될 수 있을 것이다. 마찬가지로 출력은 3차원 위상공간에서의 한 점이나, 혹은 출력값에 의해 결정된 하나의 벡터로 간주된다.

입력 벡터가 행렬 곱셈에 의해 출력 벡터로 변환된다는 점을 생각해 보자. 그 수학적 기능은 **그림** 10.7에서 보여주는 도식에 의해 상당히 단순하게 실현될 수 있다. 그 층은 세 개의 중요한 구조, 즉 평행입력섬유들, 수용세포들의 축색돌기 분지, 그 세포들의 출력 x, y, z를 담당하는 축삭들로 구성되어 있다. 평행섬유들은 흥분 입력을 활동전위(action potentials) 형태로 전달하며, 변수 a, b, c, d는 네 섬유들 각각의 '순간 격발 주파수'에 의해 결정된다. 평행섬유들 각각은 세 수상돌기 분지 각각에 시냅스 접촉을 이룬다. 뉴런마다 극파(spike) 발생 출력주파수는 (1) 모든 수입신호로부터 받는 입력자극주파수에 의해, 그리고 (2) 입력되는 연접 시냅스 연결의 본성에 의해 결정되는데, 이것은 축삭소구(axon hillock)[8]로부터의 거리나, 수용기 영역의 크기 등등과 같은 요인들을 포함한다. 그 값들은 **그림** 10.7의 행렬 숫자들로 표현된다. 그러므로 뉴런 연결이 행렬을 구현한다. 신호들은 축삭소구들 각각에서 합산되고, 극파로 분출된다. 따라서 출력 벡터는 x, y, z라는 세 출력 주파수로 나타난다. 이렇게 입력 벡터들은 행렬 곱셈에 의해 출력 벡터로 변환된다.

비록 모델의 뉴런 배열이 매우 도식적이긴 하나, 어떻게 만들어야 할지는 별로 어려운 문제가 아니다. 예를 들어 위상공간에서 '차원성'(dimensionality)은 뉴런들의 수가 늘어남에 따라서 증가될 것이며, 필요시에 뉴런 형태가 '쌍을 이룸으로써' 군더더기를 정리할 수 있을 것이며, 그 행렬은 시냅스 연접들의 변화나 수용기의 확장을 통해 가소성(유연성)을 가지게 될 것이다. 게다가 그런 형태의 뉴런 배열과 유사한 어떤 것이 소뇌피질에 실제로 존재한다. 펠리오니스와 리나스는 평행섬유들로 밀집된 조직과 소뇌피질에 있는 푸르키니에 세포들에

8) [역주] 뉴런에서 축삭소구의 모습과 격발 전도에 관해서 **그림** 2.14 참조.

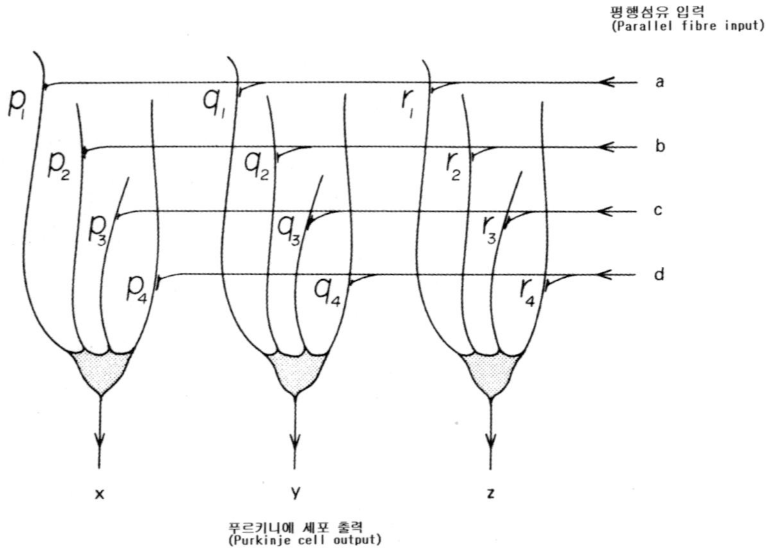

그림 10.7
뉴런에 의해 수행된 행렬 곱셈에 의한 좌표변환. 입력 벡터(a, b, c, d)는 네 격발 주파수(spiking frequency)에 의해 물리적으로 표현되며, 그 각각의 격발 주파수는 입력 경로의 기준 격발 주파수보다 높거나(양수) 낮다(음수). 각각의 입력 요소들은 모든 출력 세포들과 시냅스 접합을 이루며, 각각의 시냅스 연결의 가중치(weight)는 추상적 행렬에 대응하는 효과를 낸다. 각각의 세포는 입력 자극들을 합산하여, 그에 비례한 주파수 극파(spike)를 출력 축삭(axon)으로 방출한다. 그렇게 하여 출력 벡터(x, y, z)가 얻어진다. (Paul M. Churchland(앞으로 출판될 책)에서 인용)

대해 깊이 생각하고, 그 기초 작동 원리가 벡터 대 벡터 변환이라고 생각하였다. (**그림** 10.2를 다시 참조.) 일련의 수입평행섬유들은 하나의 벡터를 규정하며, 그 평행섬유들의 연결 인터페이스와 푸르키니에 축삭들은 하나의 행렬을 규정하며, 푸르키니에 세포들의 축삭들은 적절하게 변환되어 출력 벡터를 규정한다(**그림** 10.8).

실제 소뇌에서는 중요한 다른 문제점들을 가지고 있다. 예를 들어 (푸르키니에 세포들 각자와 다수의 시냅스 접촉을 이루는) 수입오름섬

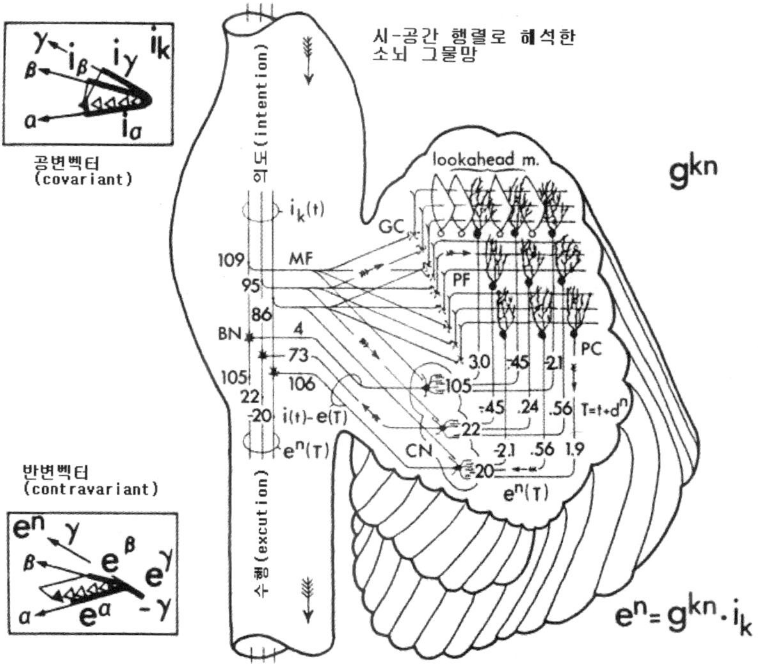

그림 10.8

운동 초공간(hyperspace)의 시 · 공간 행렬 텐서로 동작하는 소뇌 모형도. 이 그림은 소뇌 입력을 공변 벡터(covariant vector)로 표현하며, 소뇌 그물망은 그것을 반변 출력 벡터(contravariant output vector)로 변환한다. 축약용어. GC: 과립세포(granule cells), MF: 이끼섬유(mossy fibers), PF: 평행섬유(parallel fibers), PC; 푸르키니에 세포(Purkinje cells), CN: 소뇌핵(cerebellar nuclei), BN: 뇌간핵(brain stem nuclei). 'ik(t) 운동 의도 요소들'은 '시간-점 t'를 가리키고, 'en(t) 운동 수행 요소'는 '시간-점 T'를 가리키며, T = t + dn. 푸르키니에 세포와 소뇌핵 사이 배열의 행렬 요소는 협동 효과를 보여주는데, 그 협동 효과에 의해서 이끼섬유 정보가 곱셈되어 수행 벡터 요소를 만들고, 그 수행 벡터는 소뇌 신경절에 도착한 푸르키니에 축삭의 격발 주파수 종합으로 표현된다. en = (105, 22, -20)T. 평행섬유 빔(beam)을 따라 푸르키니에 세포 배열은 '시간적 전방위 모듈'을 표현하는데, 이것은 일부 과다한 푸르키니에 세포가 그 입력의 일차 혹은 이차 시간 지연을 파생시킴을 의미한다.

유들의 역할이 무엇인지, 그리고 소뇌 핵에 있는 세포들의 기능이 무엇인지 아직 알지 못한다. 그러나 펠리오니스와 리나스는 이런 것들이 위상공간 표상과 벡터 대 벡터 변환이라는 기본적인 골격에서 조율될 수 있다고 생각했다(Pellionisz and Llinás 1982). 만약 소뇌가 텐서 변환을 수행한다면, 그 다음은 '한 위상공간에 주어진 벡터가 다른 위상공간의 벡터로 어떻게 변환되는지' 그 위상공간들의 성격을 규정하는 문제가 남는다. 그에 대한 대답은 운동피질과 소뇌가 실제로 무엇을 하는지에 관한 경험적 사실에 달려 있지만, 적어도 임상적, 생리학적, 해부학적 자료에 근거해서 대략적인 대답을 알 수 있다.

대략 그 비밀은 다음과 같다. 대뇌피질로부터 들어온 입력이 어떤 행동을 해야 할지 **일반적** 방식으로 지정한다. 예를 들어 내 소뇌에 "오른손으로 **그것**(사과)을 집어라"라는 '의도'(intention)가 입력된다고 가정해 보자. 그 입력 '의도' 벡터는 (보거나 들은 **것**을 만지도록) 감각운동 좌표 시스템 내에서의 위치를 지정한다. 그러나 그 의도 벡터는 (어떻게 표적의 위치를 파악하여 그 목표물을 잡아 챌 수 있을지 분명히 말해 줄) 운동공간에서의 그래프를 지정하지 못한다. 소뇌는 그 의도 벡터를 하나의 수행 벡터로 변환하는 일을 하고, 그 수행 벡터는 운동 뉴런들을 조율하여 정확하고 자연스러우며 연속적으로 근육이 수축되도록 좌표를 조절할 것이다. 그것은 모든 근육들이 행동에 적절하도록 신체의 현재 상황에 맞춰 좌표를 조절할 것이다. 내 신체의 현 상태, 즉 팔을 똑바로 뻗치고 있든, 머리 위로 쳐들고 있든, 등 뒤로 돌려놓았든, 손가락으로 같은 쪽의 귀를 만지고 있었든, 반대쪽의 귀를 만지고 있었든, 아니면 발가락을 만지고 있었든 어느 상태에서도 나는 내 코를 만질 수 있다. 그것도 단 한 번에 자연스럽고 우아하며 빠른 동작으로 말이다. 그리고 손가락이 목표물 가까이 다가가서 동작이 끝날 무렵 손가락 동작 속도를 늦추려 할 경우를 제외하고는 피드백(feedback)이 반드시 필요하지도 않다. 종종 동작이 너무 빨라서 피드백할 수 없는 경우도 있겠는데, 예를 들어 바이올린 연주자가 취하는 손가락 동작의 경우, 혹은 손에서 미끄러져 떨어지는 계란을 잡으려는 경우가 그렇다. 왜냐하면 그런 경우에는 뉴런들의 전도 속도가 너무 느려서 피드백 정보를 다음 동작 명령에 사용하도록 전달할 수 없으며, 그럼에도 그 동작은 연속적으로 일어난다. 그것이 어떻게 그럴 수 있는지 좌표변환으로 설명할 수 있다.

피드백 없이도 운동에서의 연속 동작을 이뤄낸다는 증거들을 동물이나 임상 연구에서 찾아볼 수 있다. 구심성 장애(deafferentation)는 해당 신체 부위의 모든 구심성 뉴런들이 자신들의 입력을 중추신경계(CNS)로 전달할 수 없게 한다. 그런 장애는 피부 구심성뿐만 아니라 근육과 관절 구심성에서도 일어날 수 있다. 원숭이 실험에서 발견된 바에 따르면, 구심성 장애가 있는 팔을 이용하여 물건을 만지고, 움켜쥐며 걷는 데 아주 능숙하며, 더구나 새로운 동작을 배울 수도 있다(Taub 1976). 인간에게 드문 구심성 장애는 운동 뉴런이 있는 말초 감각 신경장애에 의해 일어나는데, 그런 환자가 여전히 많은 운동 기술을 발휘할 수 있다. 예를 들어 시각적 피드백이 없이도 자신의 코를 만질 수 있으며, 엄지손가락으로 나머지 손가락을 차례로 접촉할 수 있고, 지시에 따라서 원이나 사각형을 그릴 수 있으며, 8자 모양을 그려낼 수도 있다. 분명히 이런 경우에 그는 전혀 피드백의 도움을 받지 않고 연결된 동작을 수행할 수 있었다. 게다가 놀랍게도 그런 환자는 새 차를 구입하고서, 차의 운전을 배울 수 없음에도, 그리고 옛 차를 운전하던 습관을 교정해야 함에도 불구하고, (옛 차의 운전법에 의존하여) 기어를 변속하며 운전할 수 있었다(Marsden, Rothwell, and Day 1984). 다루기 힘들고 특별한 클러치였음에도 불구하고 그 일에 별로 어려움이 없었다.

소뇌 운동조절을 위해 제안된 일반적 원리는 입력 '의도' 벡터가 텐서를 통해서 섬세하고 연속적인 근육 세포 활동을 위해 수행 벡터로 변환된다는 것이다. 소뇌가 바르게 기능하지 못하면, '수행' 벡터보다 '의도' 벡터가 직접 척수로 운동명령을 전달해야 하므로 근육조절이 완벽하지 못하며, 타이밍을 맞추지도 못한다. 손가락이 지나치게 움직이거나 덜 움직이며, 그 동작은 섬세하지도 부드럽지도 못한다. 이것은 마치 로저가 목표물을 붙잡는 데 시각공간 좌표를 직접 사용하였기에 더듬대는 동작을 하는 것과 별로 다르지 않다. 물론 소뇌는 다른 일들은 잘 수행할 수 있는데, 이것은 마치 소뇌가 운동조절을 위한 하나의 거대 연결 행렬로만 되어 있지 않고, 여러 행렬의 집합과 계층으로 구성되어 있는 것과 같다. 물론 이 가설은 우리들에게 '기초 작동 원리'가 '텐서 변환'임을 가르쳐주고 있다.

'텐서그물망 가설'은 뉴런그물망이 일반적으로 입력 벡터를 출력 벡터로 변환하는 연결성 행렬(connectivity matrix) 기능을 수행함을 보여준다. 따라서 그 가설에는 두 가지 중요한 기본 입장이 있다. 첫째, 뉴런 집합체들의 '좌표시스템'은 서로 다른 '준거 기준들'을 규정하는데, 그것들은 서로 체계적으로 관련되어 있다. 둘째, 뉴런그물망의 병렬적 본성을 만드는 개별 뉴런들은 소속된 뉴런 배열에서 벡터를 결정하는 요소들이며, 그 뉴런 배열들 사이의 연결 구조는 텐서 행렬을 결정한다. 병렬 신경시스템의 특성을 정당화시킴으로써 우리는 그것들이 감각운동조절에서 어떻게 텐서 변환을 사용하는지 알 수 있다.

텐서그물망 접근이 실제로 하나의 이론적 골격을 제공할 것이며, 그 이론적 배경을 바탕으로 뇌의 어느 곳에서 어떤 기능이 이루어지는지 밝혀질 것이라는 생각은 너무 새로운 아이디어라서 신경과학 내에서도 그것에 대한 평가가 저마다 다를 수 있다는 점 또한 놀랄 일은 아니다. 어떤 신경과학자들은 '마음대로 상상한' 발상이라고 의심하기도 하며, 어떤 학자들은 그런 생각이 실험적으로 무엇을 구현할 수 있을지, 그리고 그 아이디어가 실제로 큰 이론으로서 무엇을 제안할 수 있을지에 대해서도 신뢰하지 않는다. 반면에 다른 학자들은 아주 열광적으로 환영하기도 하는데, 그들은 그 가설을 자신의 실험적 연구에 적용할 수 있을 것이라는, 그리고 말 그대로 그들이 가지고 있던 자료를 가설로 제안할 수 있다는 전망을 갖는다.

물론 그 실현에 대해 펠리오니스와 리나스가 아무리 확신을 가지고 있다 하더라도, 텐서그물망 이론이 틀린 것으로 판정될 가능성은 있다. 그것을 알려줄 본질적 문제는 위 이론이 실험적 결과를 설명하고 예측하는 데 효험이 있는지에 달려 있다. 단적으로 말해서 그 이론을 진지하게 받아들여서 자료를 검토하고 활용해 보아야 한다. 그 이론은 실험 결과들을 종합할 수 있어야 하며, 일관된 설명을 제시해야 하고, 시험 가능해야 하며, 종국에는 실험되어야 한다.

우리들은 이미 소뇌의 운동조절 기능에 관하여 조야하지만 그 이론의 설득력을 분석해 보았다. 그러나 펠리오니스와 리나스의 가설이 갖는 설득력을 좀 더 자세히 살펴볼 필요가 있으며, 그러자면 생산적인 결과를 보여주는 다른 분야에 초점을 맞춰보는 것도 필요하겠다. 따라서 이제는 단순하고 시간이 고려되지 않은 평면 세계의 로저 이야기를 떠나서 신경원 영역(neuronosphere)으로 눈을 돌려보자.

5. 텐서그물망 이론과 전정시각반사

시선제어(gaze control)는 ‘망막에 상 맺기(image-slip)’, ‘목 근육 수축’, ‘눈동자 동작조절근육 수축’, ‘내이(inner ear) 전정기관(vestibular apparatus)의 유동액 움직임’ 등등 많은 요소들을 포함하는 아주 복잡한 일이다. 전정시각반사(Vestibulo-Ocular Reflex: VOR)는 시선제어의 한 측면에만 관여한다. 물론 실제로는 다른 측면들과 독립적이지 않지만, 이 문제를 논의하는 시점에서는 독립된 것으로 보는 것이 유용하다.

전정시각반사(VOR)는 뉴런 배열에 의해 유기체가 머리를 움직이더라도 한 물체를 계속 쳐다볼 수 있게 한다. (만약 그 유기체가 올빼미라면 모든 방향을 볼 수 있다.) 그러자면 머리 움직임을 정교하게 보완하도록 눈이 회전되어야 하는데, 머리가 오른쪽으로 회전하면 눈은 왼쪽으로 회전함으로써 고정된 물체를 계속 추적한다. 우리의 전정시각반사가 얼마나 잘 기능하는지 알아보는 아주 간단한 방법이 있다. 우선 머리를 고정한 상태에서 눈앞으로 손을 뻗어 그 손을 앞뒤(혹은 좌우)로 빠르게 흔들어 보라. 그러면서 시선을 손에 맞춰 시각적으로 또렷한 이미지를 보도록 노력해 보라. 그러나 실제로는 흐릿한 이미지를 보게 될 것이다. 이번에는 반대로 손을 고정한 상태에서 머리를 앞뒤(혹은 좌우)로 아주 빠르게 움직이면서 손을 바라보라. 그 손의 이미지는 앞서의 경우와 달리 또렷한 이미지로 분명하게 보이는 것을 경험하게 된다. 이런 효과가 바로 전정시각반사이다.[9)]

전정시각반사는 어떻게 작용하는가? 우선 뉴런의 구조가 어떻게 되어 있는지 알아볼 필요가 있다. 중요 요소들을 구조적으로 살펴보면 다음과 같다. 첫째, 귓속의 전정기관에는 삼반규관(semicircular canals)이 있으며, 이것은 세 개의 반규관(canals)으로 구성되어 있다. 세 반규관들이 서로 정확히 직각을 이루는 것으로 알려져 있지만, 종족에 따라서 그렇지 않을 수도 있다. 둘째, 눈동자는 회전 운동을 할 수 있도록 외부에 여섯 개의 근육을 가지고 있다. 기본적으로 전정시각반사 시스템 회로가 전정수용기(vestibular receptors)에서 눈동자의 근육으로 연결되면서 세 단계의 일을 수행한다. 즉 세 단계 뉴런 연결을 갖는다. 각 단계는 다음과 같이 구성된다. (1) 전정수용기 세포로부터 오는 입력 신호에 반응하는 뉴런이 있고, (2) 이것이 전정세포 뉴런(2차 전정 뉴런)과 시냅스 연결되며, (3) 이 시냅스 연결은 다시 근육의 안구운동 뉴런(oculomotor neurons)으로 연결된다(**그림** 3.9). 여기에서는

9) [역주] 달려가면서 날아오는 표적(공)을 또렷이 바라볼 수 있는 것도 전정시각반사 덕분이다.

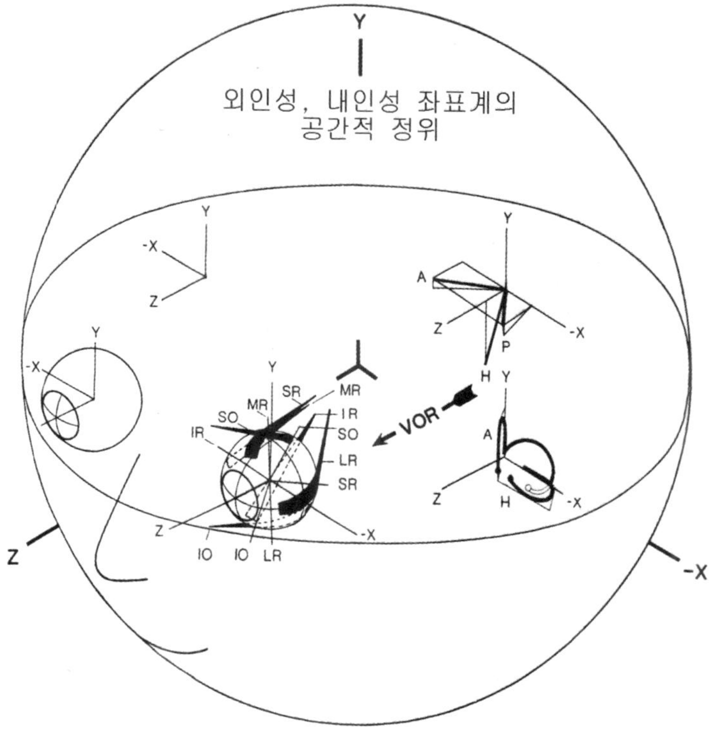

그림 10.9

전정삼반규관(A: anterior, P: posterior, H: horizontal)은 세 회전축으로 규정된다. 운동 시스템에서 눈동자 회전축은 외측안구근육들(LR: 외직근 lateral rectus, MR: 내직근 medial rectus, SR: 상직근 superior rectus, IR: 하직근 inferior rectus, SO: 상수평 superior oblique, IO: 하수평 inferior oblique)의 수축에 상응한다. 전정삼반규관과 외측안구근육의 회전축들은 중추신경계(CNS)가 머리 움직임을 측정하고 보상하는 시선이동을 위한 두 준거기준이 된다. (Pellionisz(1985). In *Adaptive Mechanisms in Gaze Control*, ed. A. Berthoz and G. Melvill Jones. Copyright ⓒ 1985 by Elsevier Science Publishing Co., Inc.)

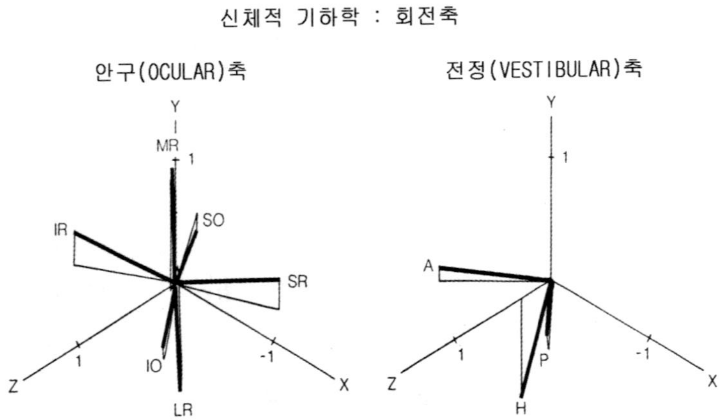

	LR	MR	SR	IR	SO	IO
X	-0.015	-0.012	-0.867	0.856	0.571	-0.633
Y	-0.999	0.999	0.294	0.319	-0.171	0.102
Z	-0.023	0.013	-0.403	0.407	-0.803	0.767

data from Volkmann (1869)

	H	A	P
X	0.000	0.674	-0.674
Y	-0.927	0.155	0.155
Z	0.374	0.722	0.722

data from Blanks et al. (1975)

그림 10.10
중추신경계(CNS) 기능에 내재된, 전정 행렬과 안구근육 행렬로 규정된 전정시각 반사(VOR)의 감각 좌표계와 운동 좌표계. 단위회전축의 삼차원 XYZ 공간에서 개별 안구근육수축이 나타내는 방향은 왼쪽의 그림이며, 이것은 3차원 공간에서 안구동작이 주어진 근육 활동과 어떻게 상대적인지 보여준다. 두 시각에서 조합된 삼반규관의 흥분성 활동축들은 오른쪽 그림이다. 따라서 이 두 준거 기준들은 신경계가 시각조절을 성취한 것과 같은 기능을 갖도록 위상공간을 제한한다. 3차원 축의 방향을 지각하기 위해, XYZ 평면에 그 수직적 투영(orthogonal projection)이 표시되어야 한다. 위의 숫자 값들은 해부학적 자료에 기초되었다. (Pellionisz (1985). In *Adaptive Mechanisms in Gaze Control*, ed. A. Berthoz and G. Melvill Jones. Copyright ⓒ 1985 by Elsevier Science Publishing Co., Inc.)

오직 하나의 뉴런으로 각 단계를 묘사했지만, 실제로는 각 단계가 거대한 뉴런 배열로 되어 있다고 생각해야 한다.

이 시스템이 문제를 해결하려면 머리 움직임을 보완하기 위해 눈동자 근육을 어느 정도 수축해야 할지 알아내야 한다. 만약 우리가 이 문제를 텐서로 해결하려 한다면, 그 형식은 다음과 같을 것이다. 그 시스템이 (머리를 움직이는 동안에도) 특정 물체를 주시하려 한다는 점에서, 새로운 '머리위치 벡터'가 새로운 '근육위치 벡터'로 변환되어야 한다. 반규관마다 하나의 차원이 주어지므로 그 시스템의 입력 공간은 3차원이며, 각 반규관의 축을 따라 적절한 점은 '임의의' 위치로부터의 각도로 결정된다(**그림** 10.9). 따라서 머리가 임의의 위치에서 벗어나면, 그 움직임을 전정 위상공간에서의 연속된 점들로 기술된다. 결국 우리는 그 연속된 점들에 대응하는 근육 위상공간 내의 '보정하는' 연속된 점들을 찾아내야 한다. 만약 그 전정 좌표들이 눈동자 근육의 움직임을 규정하는 데에 그대로 사용된다면, 눈동자는 결국 틀린 위치를 향할 것이다. 마치 로저(Roger)의 팔이 시각 좌표를 운동위치 좌표로 변환하지 않았을 경우 틀린 방향을 향하는 것과 같다. 간단히 도표를 통해서 알아보면, 머리가 수평으로만 움직일 경우에 '좌우 흔들림'은 '상하 움직임'이나 '기울어짐'에 비해 분명히 다르게 입력된다.

근육 위상공간은 여섯 개의 외안근육(extraocular muscles)을 갖기 때문에 6차원적이며, 그 근육 벡터는 각 근육들의 축 위의 점들로 구성된다. 그 축에 있는 근육들은 각각의 기준 위치, 즉 눈동자가 똑바로 머리 앞을 향할 때의 위치로부터 수축되는 정도를 함수로 나타낸다. 실험 데이터를 이용하여 근육 수축과 눈동자 회전을 표현할 수 있었으며(Volkmann 1869), 전정반규관마다 흥분성 감각축(excitatory sensitivity-axes)을 기술할 수 있었다(Blanks et al. 1975). 그렇게 데이터를 얻어내기만 하면, 머리 회전에 따른 전정 위상공간과 안구운동 위상공간을 기술하는 일이 가능하다. 이 설명은 **그림** 10.10에서 보여주는 계량적 기술에 근거하고 있다.

텐서그물망 이론에 따르면 전정 벡터가 안구운동 벡터로 텐서 변환된다. 펠리오니스와 리나스의 가설은 세 개의 시냅스 차원들마다 텐서 변환이 있음을 지적한다. 그중 마지막 시냅스 차원에서는 운동전(premotor) 벡터가 운동 벡터로 변환되어, 근육들이 근육 위상공간 내의 어느 위치를 향해야 할지, 즉 근육들이 각각 얼마나 수축해야 할지를 지시하게 된다(**그림** 10.11). 머리 위치가 주어지면 그에 따른 눈동자 위치가 어느 곳을 향해야 하는지 설명할 수 있으므로, 우리는 필요한 텐서 변환을 결정할 수 있다. 그 다음에 우리는 한발 물러서서, 각 단계마다 그 참여 뉴런들이 무엇을 해야 하는지도 밝힐 수 있을 것이다. 그리고 다시 위 가설에서 밝힌 바대로 그 뉴런들이 실제로 작동하는지도 실험할 수 있을 것이다. 물론 뉴런과 관련해서 더 많은 것들이 발견됨에 따라 위 가설 또한 수정되고 교정될 것이며, 따라서 이론과 실험 연구는 공진화될 것이다.

펠리오니스는 이론적 검토를 통해 가설들을 시험할 수 있는 예를 다음과 같이 보여준다. 전정기관은 선호된 위치, 즉 고유위치(eigen-position)를 분명 가져야 한다. 그 위치에서 출력 벡터는 입력 벡터와 단지 크기에서만 다를 뿐이므로, 텐서 변환은 단순할 것이다. 비록 종족에 따라 수학적 위치가 다르다고 하더라도, 실제로 있음을 확인할 수 있을 것으로 생각했다. 인간 머리에서 '최선의' 위치는 약간 위쪽으로 21도가 되고, 토끼는 24도로 생각되었고, 실제로 그렇다는 점이 밝혀졌다.

그러므로 텐서그물망 이론의 입장에서 다음과 같은 생각을 하게 된다. 틀림없이 '전정 위상공간'과 격발 주파수로 머리 위치를 표현하는 '뉴런들' 사이에 '체계적 관계'가 있을 것이다. 다시 말해서 전정반규관 위상공간과 전정뉴런 위상공간 사이에 어떤 체계적 관계가 있어야 하며, 마찬가지로 '눈동자 근육들'과 '시각 뉴런들' 사이에도 어떤 체

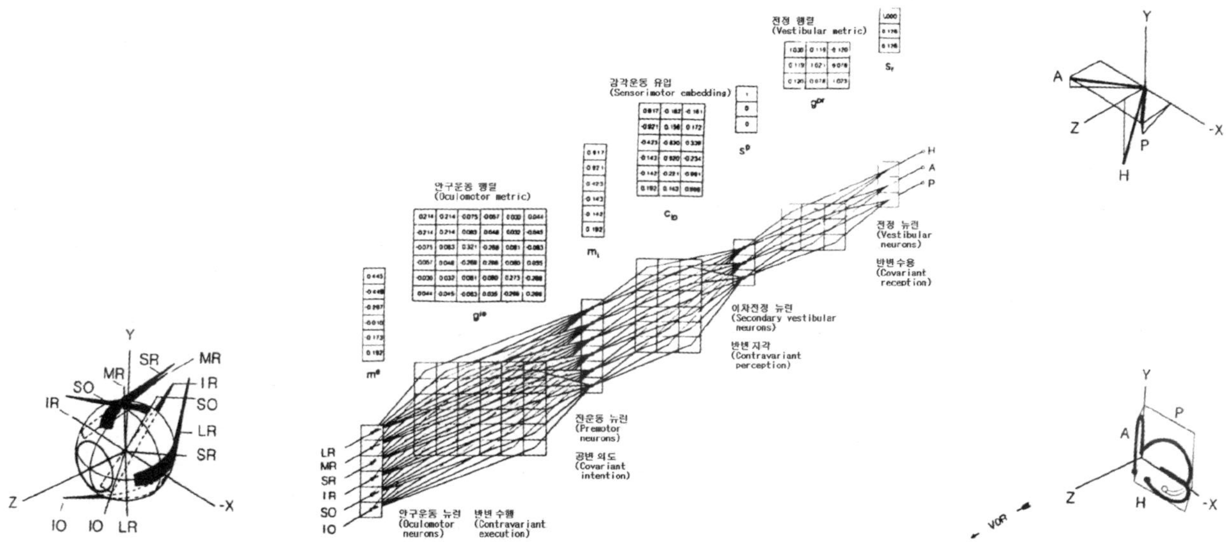

그림 10.11

전정시각반사(VOR) 감각운동 변환과 그(벡터와 그물망의) 수학적 함축에 대한 텐서 해결. 세 시냅스 연결마다 적절한 변환을 가지고 있다. 그 결과는 '3차원 공변 벡터 s_r(오른쪽 위)'을 '6차원 반변 외부시각 벡터 m^e(왼쪽 아래)'로 변환이다. 이 예에서 전정 입력 벡터는 최대 수평 자극의 경우에 대응하며, 그 수치값은 기본 격발률에서 편차값을 나타낸다. 이 예의 도식은 어느 주어진 전정 입력으로부터 나타나는 어느 안구근육 계산에도 이용될 수 있다. 위 그림에서 그 연속적 변환을 렌즈처럼 규정한 점이 인상적이다. (Pellionisz(1985). In *Adaptive Mechanisms in Gaze Control*, ed. A Berthoz and G. Melvill Jones. Copyright ⓒ 1985 by Elsevier Science Publishing Co., Inc.)

계적 관계가 있어야 한다. 만약 우리들이 감각과 운동 위상공간에 관하여 어떤 가설들을 제안하게 된다면, 우리들은 이것들을 통해 뉴런의 수행에 관한 섬세하게 다듬어진 가설들을 제안할 수 있을 것이며, 그 가설들을 실험하여 실제로 뉴런이 어떻게 하는지 알아볼 수 있을 것이다. 이것이 실험적 탐구를 위한 구상이다.

그 가설이 컴퓨터 모의실험에서 얼마나 잘되는지 알아봄으로써 더욱 진보된 방식으로 실험해 볼 수 있다. 그 해결책을 위해 전정시각반사와 목근육 조절을 포함한 시선제어에 대한 펠리오니스의 컴퓨터 모델(1985)은 상당히 고무적이다. 그 실험에서 전정 벡터와 시각운동 벡터 요소들은 실제 자료에 근거해서 규정되었다. 바로 이런 컴퓨터 모델의 한 가지 장점은 그 모델 내에 경험적으로 제어된 뉴런의 구조와 전자생리학적 속성이 주어진다면, 뉴런 배열이 입력에 대해 텐서 변환을 수행할 수 있을지 그 모델을 통해 이론을 실험할 수 있다는 점이다. 만약 아주 정교하게 다듬어진 컴퓨터 모델 실험을 통해 얻어낸 대답이 "아니다"라면, 뇌 자체를 통해서 얻어낸 대답도 "그렇다"가 되기 어려울 것이다. 그렇지만 펠리오니스와 리나스는 컴퓨터 모델을 통해 전정시각반사 뉴런 배열이 '공변 벡터를 반변 벡터로 변환시킬 수 있다'는 대답을 얻어낼 가능성을 보여준다. 다시 말해서 '뉴런 배열의 연결'과 '전자생리학'이 바로 그와 같은 기능(변환)을 수행한다.

처음부터 지적했듯이 전정시각반사는 위에서 3단계로 규정한 것보다 훨씬 복잡한 문제이다. 반사작용을 도식적으로 가상해서 기술한 것처럼 다른 부분의 뉴런 활동으로부터 고립된 회로란 있을 수 없다. 셰링턴(Sherrington)의 관찰(1906)에 따르면, "단순한 반사작용은 아마 지나치게 추상화한 개념일 것인데, 왜냐하면 신경계의 모든 부분들이 서로 연결되어 있으며, 그 어느 부분도 다양한 다른 부분에 영향을 주고받지 않으면서 반응할 수 없기 때문이다. …"

우선 전정뉴런세포들은 소뇌와 연결되어 눈의 '단속적 움직임'

(saccadic movement)[10]을 제어한다. 게다가 모든 사물들이 추적되는 것이 아니므로, 그 추적 반응에는 관심과 동기 등에 따라서 다르게 작용하는 요소들이 틀림없이 있다. 머리를 움직이는 목 근육 또한 중요한 요소이며, 그 근육 움직임이 피드백(feedback)된다. 그리고 행동출력이 시각과 연결되어 있다는 것 역시 알려진 사실이다. 또한 전정시각반사는 눈에서 분광기(prism) 변화를 조절할 수 있기 때문에 어느 정도 가변적이다(Gonshor and Jones 1976).

이런 복잡한 요소들은 텐서그물망의 체계 내에서 설명될 수 있으며, 위치에 근거한 도식을 가지고 다른 특징의 요소를 어떻게 연구할 것인지 전망해 볼 수 있다. 이런 맥락에서 펠리오니스는 개구리 신경계를 도식적으로 스케치했는데, 그것에서 '텐서그물망 이론이 어떻게 표상을 얻어낼 수 있으며, 초기 감각입력으로부터 최종 운동출력을 어떻게 계산해 낼 수 있을지' 대략적인 그림을 제공한다(**그림** 10.12, **그림** 10.13). 그 그림에서 시각과 청각 수용기로부터 오는 수용 벡터들은 텐서 변환을 통해 (좌우 눈을 동시에 움직이는 기능을 조절하는) 상구(superior colliculus)에서 통합된다. 이를 통해 서로 다른 감각특성(modalities)[11]마다 서로 다른 위상공간의 축을 가지고 있음을 알 수 있다. 다중감각특성 위상공간(multimodal phase space)에서의 한 위치는 다양한 축의 요소들에 의해 결정되며, 따라서 지각된 것은, '눈에 보인 대로의 대상'이나 '들은 대로의 대상'에 반대되는 의미에서, '통합된 객관적 표적'이라 할 수 있다.

그 스케치에서 더 많은 요소들을 상상해 볼 수 있는데, '감각피질'(sensory cortex)은 표적으로 달려들어야 할지 말아야 할지를 결정하

---

10) [역주] '단속적 움직임'(saccadic movement) 혹은 '단속운동'이란 피드백이 없이 감각에 대한 반응으로 순간적으로 일어나는 동작을 말한다. 따라서 감각과 거의 동시에 무의식적으로 운동이 일어난다.

11) [역주] 우리 신체는 여러 종류의 감각기관을 가지고 있으며, 그 기관마다 다른 감각특성(modality)을 수용한다.

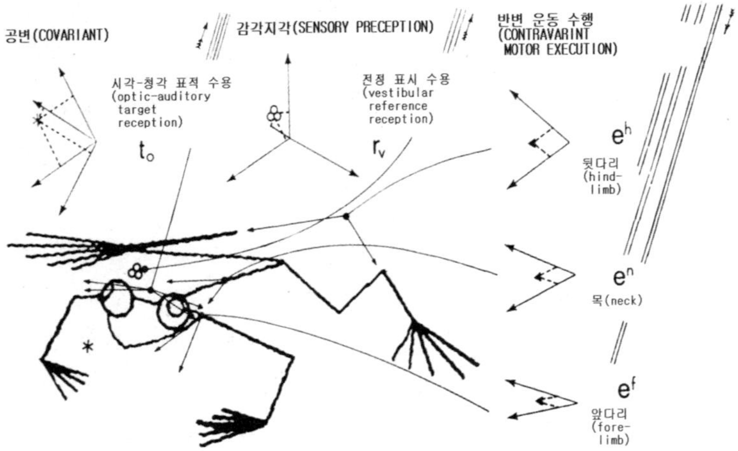

그림 10.12

다중감각-다중운동 변환이 개구리 중추신경계(CNS), 추측컨대 덮개(tectum)의 뉴런그물망에서 수행되는 태생의 준거기준에 대한 기호적 묘사. 개구리 중추신경계는 몇 개의 감각특성으로부터 정보를 수집하며, 구(colliculus)의 좌표화된 감각출력을 다른 시각운동반응으로 변환한다. 이 좌표화 문제가 복잡한 것은, 파리를 낚아채기 위해 개구리는 '시각', '청각', '전정시스템'으로부터 좌표화된 입력을 이용해야만 하며, 낚아채는 일을 위해서 표적에 대한 '신체전체 단속운동'을 포함하여, '뒷다리 근육'을 움직여야 하고, '목과 앞발 근육'으로 머리를 안정시켜야 하기 때문이다. (Pellionisz 1983b)

며, '전정소뇌'(vestibulo cerebellum)는 그러기 위해 어떤 자세를 취해야 할지를 결정하고, '운동피질'(motor cortex)은 그 표적을 잡기 위해 달려드는 신체적 형태를 규정하는 벡터를 전달하며, 소뇌는 (뒷다리 관절, 목, 앞다리 관절과 같은) 신체 부분들이 표적에 집중하기 위해 출발점에서 어떤 자세를 취해야 할지 벡터 대 벡터 변환을 한다. 이렇게 그 모델은 각 단계마다 텐서그물망 이론의 기초 원리를 수행한다. 따라서 '표상'은 위상공간에서의 '위치'이며, '계산'은 텐서에 의한 '좌표변환'이다. 물론 이 모델은 분명 지나치게 도식적인 면이 있으며, 실제 개구리를 컴퓨터로 모의실험하거나 생리학적 이해로 접근하기에는

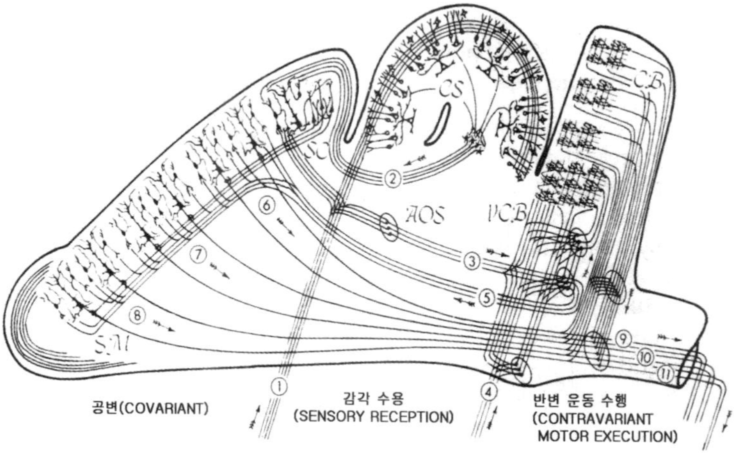

그림 10.13
그림 10.12에서 기술된 바와 같이 가설된 좌표변환 수행을 묘사하는 양서류의 중추신경계(CNS) 뉴런그물망의 특징을 상당히 도식적으로 나타낸 그림. 약어: CS 상구(a.k.a. 시각개(optic tectum)), VCB 전정소뇌(vestibulocerebellum), AOS 부속 시각계(accessory optic system), SC 감각피질(sensory cortex), SM 감각운동피질(sensorimotor cortex) (Pellionisz 1983b에서)

아직 먼 이론이다. 따라서 누구라도 이 도식적 모델이 모든 중요한 것들을 상세히 설명해 줄 것으로 오해하는 사람은 분명 없을 것이다. (가변성과 그물망 수정 가능성 modifiability에 관한 논의는 10장 7절로 미뤄둘 참이다.)

그동안 이 도식이 갖는 전망에 대해 강조해 온 바와 같이 이번에도 나는 이 이론의 현 수준에 관해 결코 불길한 예감을 가지고 있지 않다는 점을 지적하고 싶다. 거대한 이론에는 언제나 경험적 자료를 통해 검증하는 절차가 남아 있다. 그렇지만 동시에 위와 같은 일반적 구상은 연구 프로젝트와 프로그램을 탄생시킬 만큼 충분히 '크고 과감하며 야심을 가지고' 있다. 바로 이런 점이 '갈릴레이 조합'(Galilean combination)의 본질적 요소이다.[12] 전정시각반사에 관한 연구가 1차로 고려되고, 양서류 신경계(amphibian nervous system)의 도식은 2차로 고려될 사항이다. (즉 이론적 구상이 있고 난 후에 검증이 뒤따를 일이다.) 물론 양쪽이 다 필수적이다. 그러나 어느 이론이라도 회피하기 어려운 다음과 같은 비판, 즉 그 이론의 전망은 불충분한 실험적 기초 자료를 가지고 제안된 안이한 생각이라는 비판과 함께, 그 이론이 설명하는 것은 실험적 작업이 감당할 수 없을 정도로 광범위하다는 비판이 제기될 수 있다.

6. 위상공간 샌드위치

텐서그물망에 대한 더욱 풍부한 논증을 2차원 위상공간들 사이에서 일어나는 좌표변환에서 찾아볼 수 있다. 폴(Paul M. Churchland)이 (앞으로 출판될 책에서) 제안한 바에 따르면 관련 위상공간들이 2차원적일 경우 뉴런은 스스로 패턴을 만들어 위상공간을 표현하는 실제의 물리적 대응도(physical map)를 구성할 수 있다. 만약 인접한 두 뉴런 격자층(neuronal grids)이 행렬 형태를 이루어 적절한 기록을 서로 전달한다면, 즉 공간적으로 인접한 두 격자층 내에 서로 대응하는 지점들이 수직 연결을 이룬다면 필요한 좌표변환을 직접 할 수 있을 것이다. 더구나 그런 격자층, 즉 경제 공학적으로 정당화된 격자층 각각은 표상된 공간들의 이웃 관계를 보여주는 국소형태 조직(topographical organization)[13)]을 가질 것이다. 따라서 이 가설이 갖는 장점은 신경계의 많은 영역을 차지하고 있는 회색질(gray matter)과 그것들을 무수

12) [역주] 학문 연구에 있어 이론적 구상의 기본 원리는 '단순하여' '포괄적 설명'이 가능하고, '수학적'이어서 계량적 '실험이 가능해야' 한다. 이런 요건을 텐서 연결망 이론이 충족하고 있다.

13) [역주] '국소형태 조직'(topographical organization)이란 '국소 대응도'(topographical map)를 구성하는 조직이란 뜻으로 이해하면 되겠다. 국소 대응도에 대해서는 3장 4절 참조.

히 연결시키는 수직 교차층(vertical cross-laminar)이 바로 국소형태 조직의 예로 잘 맞아떨어지며, 동시에 설명의 근거를 제공한다는 점이다.

이 가설은 펠리오니스와 리나스가 제창한 이론적 접근보다 훨씬 포괄적 설득력을 갖는다. 그 가설의 배경을 좀 더 자세히 들여다보면 다음과 같다.

> 만약 우리 로저(Roger: 10장 4절에서 언급된)가 감각위상공간과 운동위상공간이라는 두 내적 표상(표현)[14]을 갖는다고 가정해 본다면, 다음과 같은 배열이 원하는 (텐서) 변환을 해낼 수 있다. 감각위상공간이 신호전달섬유의 물리적 격자층에 표현되며, 그 격자층이 그림(10.14)과 같이 실제 공간에서 행렬을 이룬다고 가정해 보자. 운동위상공간은 신호전달섬유의 두 번째 격자층에 표현되며, 그 격자층은 비변형 수직배열(undeformed orthogonal array)에 의해서 행렬을 이룬다고 가정해 보자. 첫 번째 격자층은 두 번째 격자층 위에 포개어 있고, 그림(10.14)처럼 두 격자층이 아주 많은 짧은 수직섬유들로 연결되며, 감각 격자층의 각 정점마다 위에서 그 아래 운동 격자층 가장 가까운 정점으로 연결된다고 생각해 보자.
>
> 그 시스템의 기능은 다음과 같을 것이다. 각각의 두 눈이 향한 위치에 따라서 신호가 (관련 방사지점 radial point으로부터 감각 격자층으로 연결된) 적절한 다발의 특정 섬유로 내려간다. 따라서 통합 눈 위치는 단일 좌표 교차점에 통합 자극에 의해 신뢰성 있게 기록된다.
>
> 아래 격자층에서, 좌표 교차점에 도달한 자극은 적절한 두 운동섬유를 따라 외부로 전달되며, 그 각각은 표적 관절(target limb)이 적절한 각도를 이루도록 할 것이다. 상하 양 격자층 사이의 수직 연결은 '앤드 게이트'(and-gates)나 '한계 스위치'(threshold switches)로써 기능하며, 따라서 관련 감각 교차점이 양쪽 교차섬유에 의해 동시에 자극될

---

14) [역주] 여기에서 '표상'(representation)이란 말은 단지 '세계에 대응하는 표현'이란 의미를 갖는다. 따라서 전통적으로 철학에서 사용해 온 의미, 즉 '문장의 내용에 상응하는 무엇'과 다르다. 따라서 '표현'이란 말로 번역하는 것도 나쁘지 않다고 생각된다.

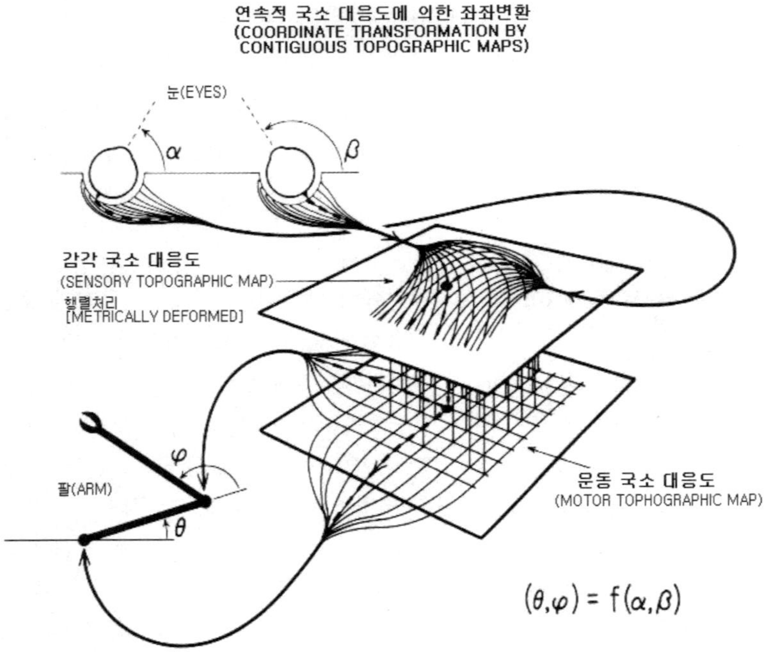

그림 10.14
물리적으로 이행된 좌표변환. 통합 눈 위치는 동시 자극에 의해 상위 대응도(map)의 단일 교차점에 등록된다. 앤드-게이트(and-gates)처럼 활동하는 수직 연결은 정확히 그 위치로부터 아래의 운동 대응도로 신호를 내려 보낸다. 그럼으로써 양 교차운동섬유 외부로 활동이 유도되며, 그 신호를 담은 섬유들에 적절하게 각 팔 관절이 각도를 맞출 수 있다. (Paul M. Churchland 앞으로 출판될 책)

경우 오직 그곳에서만 수직 연결을 통해서 자극 신호가 운동 격자층으로 내려 보내진다. 그런 시스템은 두 격자층의 조밀도와 수직 연결의 밀집도만큼 정확히 필요한 좌표변환을 '계산'할 것이다. 상위 대응도가 앞서 기술한 바와 같은 방식으로 **행렬처리**하기 때문에, 감각공간의 한 교차점은 운동공간의 교차점에 적절하게 기록될 수 있다. 그렇게 해서 눈이 향한 곳에 팔이 멈추게 될 것이다. 즉 게의 눈이 삼각법으로 포착한 정확한 지점에 게의 팔이 도달할 것이다. (Paul M. Churchland 앞으로 출판될 책)

위 생각이 기하학적 본성을 분명히 반영한다는 이유를 들어 폴은 그것을 **'위상공간 샌드위치** 가설'(phase-space sandwich hypothesis)이라고 부른다. 스스로 공간적 대응도를 조직할 줄 알며, 층을 이루어 그 대응도가 적절한 기록을 할 수 있어서, 뉴런들은 '가장 단순한 방식으로' **2차원 대 2차원의 어느 변환도 수행**할 것이다. 그런 한에서 위의 원리는, 어느 특성을 갖는 위상공간 변환이든, 그리고 그 표상된 특성이 '내적'이든 '외적'이든 상관없이, 아주 일반적으로 적용될 수 있다.

만화의 경우에서 감각공간과 운동공간이 서로 한 위상공간 샌드위치로 직접 연결되지만, 실제 뇌에서는 입력 감각공간과 출력 운동공간 사이에 수많은 간섭 위상공간들이 있을 것으로 예상되며, 감각특성(sensory modality)마다 서로 다른 위상공간들이 존재할 것으로 예상된다. 그중에 어떤 간섭 위상공간들은 실제 모습보다 아주 추상화될 수도 있다. 그림과 같이 기본적 생각은 아주 단순하지만, 그 생각이 신경조직에서 이행되려면, 당연히 복잡한 요소들이 있을 것이다. (Paul M. Churchland 앞으로 출판될 책)

신경계의 어떤 부분이 실제로 어느 정도 위상공간 샌드위치의 모습을 닮았는지 그 증거를 (특별히 하등 동물의 경우에 시각개 optic tectum라고 부르는) 상구(superior colliculus)에 대한 연구에서 찾아볼 수 있다. 중뇌(midbrain)의 윗부분은 두 둔덕으로 나뉘어 있는데, 그중 위쪽에 있는 것이 상구이다(3장 2절 참조). 표적을 추적하는 데 중요하다고 알려진, 상구는 층 구조를 가지고 있으며, 가장 상부 층은 망막으로부터 입력을 받고 국소형태적으로 망막에 대응하도록 조직되어 있다. 하부 층은 운동출력을 외안근(extraocular muscles)으로 보내며, 국소형태적으로 대응도를 구성하고 있어서, 시각세포의 자극이 눈동자를 움직이도록 하여, 중첩된 시각 층에 자극된 세포에 의해 표현된 시각영역의 바로 그 부분을 맞출 수 있게 한다. 이것은 다음과 같이 생각된다. 마치 망막국소 대응도(retinotopic map)와 외안근(extraocularmuscle) 대응도가 잘 기록되는 결과 망막 대응도가 (직접 혹은 여러 단계를 거쳐) 수직 연결된 운동 뉴런을 흥분시켜 눈동자를 움직여서 처음 발견한 시야 내에 있는 표적을 추적한다(**그림** 10.15). 물론 이런 개략적 설명은 문제를 지나치게 단순화한 점이 있다. 포유동물의 상구는, 고도로 집적된 거대하고 복잡한 시스템으로, 시각피질과 전뇌시각영역(frontal eye fields)으로부터 입력을 받기도 한다는 점에서 그렇다. 그럼에도 불구하고, 이 가설은 위상공간 샌드위치가 근본적으로 상구에서 어떤 일을 하는지 기초적 이해를 줄 수 있으며, 더욱이 그 가설 자체가 화려한 변신으로 도로를 개척하는 일에 비유할 수 있으며, 임시방편적 발명일 수 있다. 또한 그 생각은 아주 거대하고 복잡한 계산처리의 핵심 문제에 대해 단순하게 계산할 수 있는 방식을 보여줄 수 있다는 점에서도 유용하다.

상구에는 수많은 간섭 층들이 있으며, 그중에 '동물이 어떤 소리를 듣고 그것을 추적하게 하는' 청각 대응도(auditory map) 층도 있을 것이다. 어떤 동물에게는 '더듬이가 감각한 것을 추적하게 하는' 더듬이 대응도(whisker map) 층을 갖는 경우도 있을 것이다. 쉽게 짐작할 수 있듯이, 목근육도 표상(표현)될 수 있어서, 경우에 따라서는 머리와 눈동자 모두를 움직여서 표적을 추적해 낼 수 있을 것이다. 층들이 적절하게 국소 대응도를 만들고, 서로 수직 연결을 이루기 때문에, 원리적으로 위상공간 변환은 아주 단순하고 빠르게 수행된다. 그리고 그 계산 원리에 대한 접근은 신경발생학(neurogenesis) 연구를 통해 가능할 것으로 보인다.

그 변환을 수행하는 기하학적 기술이 이해되기만 한다면, 변환이 일어나는 위상공간을 표상하는 대응도가 어떻게 만들어지는지 알아낼 수도 있을 것이다. 공간적으로 대응도들이 서로 다르다고 하더라도, 우리는 대응도들을 통해서 위상공간 샌드위치의 원리를 밝혀낼 수 있을 것이며, 그런 한에서 섬유들이 대응도를 어떻게 연결하여 적절한

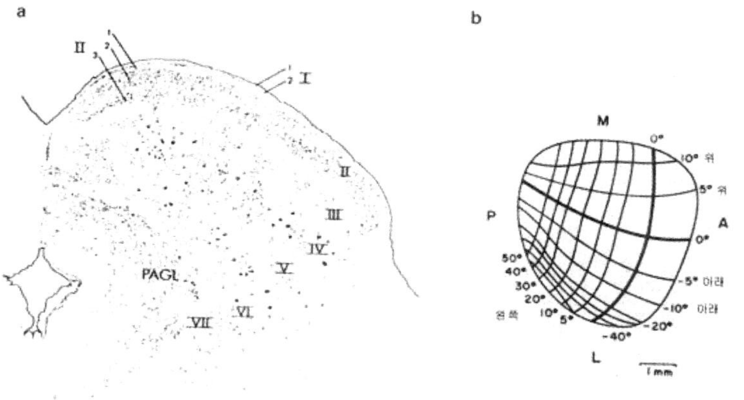

그림 10.15

(a) 층판 조직(laminar organization)을 보여주는 고양이 상구 절개부분에 대한 니슬 염색된(Nissl-stained) 그림. 점들은 상구 뉴런들의 세포체를 나타낸다. (Kanaseki Sprague 1974) (b) 망막국소 대응도(retinotopic map): 고양이 우측 상구의 표면층 위에, 직각 좌표로 나타낸, 시각반구를 행렬 처리한 국소 대응도. 약어: M 중부(medial), L 외측(lateral), P 후부(posterior). (Schiller 1984)

관계를 이뤄내는지도 밝혀낼 수 있을 것이다. 나아가서 우리가 어떤 피질영역(cortical area)이 대응도에 관여하는지 알아낸다고 할지라도 그곳에 어떤 **위상공간**이 표현되는지에 관련된 더 많은 그리고 더 어려운 문제들이 있을 것임을 지적하지 않을 수 없다. 신경계가 복잡한 만큼 신경좌표축(neuroaxis) 깊숙한 곳에 있을 위상공간은 훨씬 추상적일 것이다. 코니쉬(Konishi)는 (앞으로 나올 책에서) 그 추상적 대응도를 '중앙종합 대응도'(centrally synthesized maps)라고 부른다. 이 대응도 역시 (움직이는 물체를 추적하기 위한 '계산'에 이용되는) '실제' 공간을 표현하는 층을 하나 더 얻는 것으로 간단히 해결될 수 있음을 주목하라(**그림** 10.16과 **그림** 10.17).

신경계가 본질적으로 '국소 대응도'와 '관계유지 상호연결'(relation-preserving interconnections)의 특성을 가지고 있다는 발견(3장)은 그

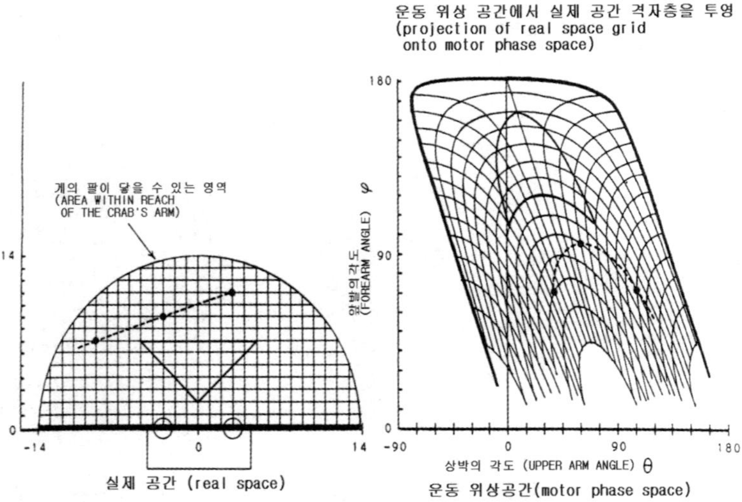

그림 10.16
실제 공간 좌표를 운동위상공간으로 변환. (a)에서 삼반규관 격자는 게의 팔이 도달할 수 있는 실제 공간 안에 있는 점들의 집합을 나타낸다. (b)에서 분리된 격자는 운동위상공간 내에 대응하는 점들을 나타낸다. 커다란 삼각형은 연습에 대한 것이며, 세 직선 점들은 게 앞에 등속 운동으로 움직이는 물체를 표상한다. (Paul M. Churchland 앞으로 출판될 책)

기능적 신비를 풀어줄 구성적 열쇠가 될 것으로 오래 전부터 보아왔다. 위상공간 샌드위치 가설은 해부학적 사실들과 계산 이론들 사이에 적절한 관련성을 찾을 가능한 방법이다.[15] 강조하건대 그 가설은 감각

15) 마이클 알비브(Michael Arbib)가 내게 지적한 바와 같이 '위상공간 샌드위치 모델'과 1947년에 피츠와 맥쿨로(Pitts and McCulloch)에 의해 고안된 상구(superior colliculus)의 '분산 운동조절 모델' 사이에 유사점이 있다. (역시 Arbib 1981을 참조.) 처칠랜드(Churchland) 모델에서 중심 역할을 하는 것은 '위상공간 개념'과 한 위상공간의 지점들이 다른 위상공간의 지점들에로 '위치 좌표변환'이다. 따라서 국소적으로 그려진 표면에서의 상대적 변형은 적절한 변환을 일으키는 데에 중요하다. 그러나 분명히 피츠와 맥쿨로는 '신경계의 병렬적이고 분산된 본성'과 '상구 층판의 국소 대응도'를 그들의 독창적 모델의 핵심 요소로 만들었다.

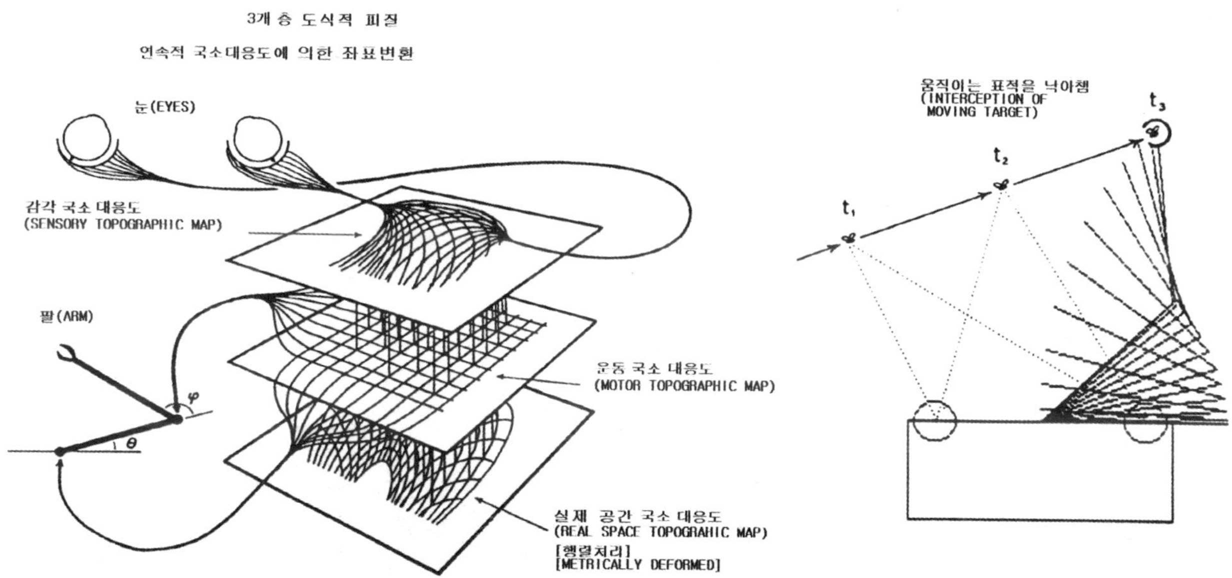

그림 10.17

'실제 공간'을 행렬로 변형시킨 국소 대응도(topographic map)가 로봇 게(crab)의 피질 하부 층에 추가되어 있으며, 상부 층에서 수직 연결되어 있다. 이 층은 게에게 실제 공간의 대상 위치에 대한 내적 표상을 제공한다. 실제 공간에서 두 연속 지점(t_1, t_2)이 주어지면, 세 번째 층에 새겨진 예측 특성이 같은 선상에 세 번째 지점(t_3)을 그릴 수 있다. 하부 대응도에서 나온 이 지점에 대한 신호는, 운동 대응도에 백업(back up)시켜서, 움직이는 표적 파리를 잡도록 팔을 이동할 것이다. (Paul M. Churchland 앞으로 출판될 책)

운동 계산(sensorimotor computations)이 수행되는 오직 한 가지 방식을 제시한 것에 불과하며, '행렬 곱셈', '승자 전체 갖기 전략', 그리고 '오류수정 전략' 등과 같은 다른 계산 원리도 등장할 여지가 있다. 신경계가 어쩌면 속임수와 장치를 혼합해서 사용하는 것일 수도 있으며,16) 따라서 위상공간 샌드위치는 단지 많은 계산 원리들 중 하나에 불과할 수도 있다.

7. 텐서그물망 이론의 다른 문제 해결

텐서그물망 이론이 뇌 기능에 대해 해결해야 할 많은 문제들이 아직 산재해 있다. 아마 그중 가장 현안이 되는 것은 '학습'에 관한 것으로, 텐서그물망 접근이 학습의 가소성(plasticity) 문제를 어떻게 해명할 수 있을지 문제이다. 펠리오니스와 리나스(1985b)는 텐서그물망 이론이 능히 이 문제를 해결할 수 있음을 지적했다. 그들의 말에 따르면, 넓은 의미에서 '학습'이란 뉴런 집단의 기하학이 수정됨으로써, 조금씩 유사구조 관계(homeomorphic relationship)에 근접해 가는 '과정'(process)이다. 이 해석에 따르면, 기하학은 피드백을 통해서 더욱 신뢰성 있는 표상(표현)을 얻을 수 있도록 수정된다. 기하학의 수정은 참여 뉴런들의 다양한 차원들이 연쇄적으로 수정됨으로써 이루어진다. 펠리오니스는 그 점을 아래와 같이 도식화했다.

> 신경 그물망이 갖는 계량적 텐서(metric tensors)는 상수를 통해서 혹은 공통 벡터 표현을 통해 서로 영향을 미치는데, 바로 이런 방식으로

16) [역주] 마술사는 눈속임을 위해 관중의 시선을 엉뚱한 곳으로 유도하거나 교묘한 장치를 만들어 사용하기도 한다. 그런 맥락에서 이 문장은 아래와 같이 이해된다. "신경계 원리에 대한 우리의 탐구 가설은 어쩌면 엉뚱한 곳을 바라보고 있을 수 있으며, 혹은 신경계는 그 가설이 생각하지도 못한 특별한 기능적 구조를 가지고 있을 가능성도 있다."

그 행렬 텐서들은 서로를 구성하고, 발생시키고, 변화시킨다. (1983a: 206)

따라서 그는 층으로 포개진 기하학이 계층을 이루어 서로에게 영향을 미치며 동시에 외부 기하학에도 영향을 줄 것으로 상상했다.

가변성과 학습에 대해서 위의 지나칠 정도의 일반적 해석은 펠리오니스와 리나스의 최근 논문(1985b)에 근거한 것이다. 그 논문에서 그들은 특별한 문제, 즉 소뇌를 어떻게 '조율'(tuning)하여 (상위운동 중추에서 나온) '운동의도 벡터'를 (근육으로 최종 보내는) '운동수행 벡터'로 바르게 변환시킬 수 있는지에 대해 언급했다. 이 문제에 대하여 펠리오니스와 리나스는 (실제 운동수행에 관련하여 피드백 형식을 제공하는) 공변자기감수 벡터(covariant proprioception vector)가 변환하고 있는 소뇌 행렬(transforming cerebellar matrix)로 반복해서 어떻게 피드백할 수 있는지 보여준다. 그 피드백을 수없이 반복함으로써 소뇌 행렬은 유사 자기 벡터(eigenvectors)의 동질성을 갖는 상태로 이완된다. 그런 상태에서 소뇌 행렬은 **올바르게** 좌표 변환한다. 나아가서 그들의 주장에 따르면, 그들의 초기 이론에서는 소뇌 기능에 관련하여 아무 역할도 하지 않았던, 소뇌의 오름섬유가 특별한 연결 방법을 만들어내며, 그 연결을 통해서 반향적 피드백(reverberative feedback)이 소뇌 그물망의 벡터변환 속성을 수정시킨다. 그런 '이완'(relaxation) 과정은 인공지능(AI)을 연구하는 연결주의자들에 의해 제안된 '이완' 계산규칙(relaxation algorithms)과 일치하는 점이 있다. (이에 관련된 연결주의자들의 작업에 대해서는 10장 9절에서 다루겠다.)

이런 접근은 '새로운 운동기술 학습이란 본질적으로 기존의 운동 프로그램을 수정하고 조화시키는 것이다'라는 일반적 가설과도 잘 맞아떨어진다. 이 입장에서 바라보면, 뇌 발달은 (피드백이 있든 없든 간에) 평범한 성숙 과정을 통해서 특정한 운동 프로그램을 성장시킬 것이다. 이미 익힌 기술을 새로운 기술로 만들기 위해 수정시켜 새롭게 연결한다는 것은 운동학습에 있어 기본이다. 이것은 새로운 기술이 다름 아닌 옛 (원자적) 기술(old skill-atoms)의 재구성에 불과하다는 의미가 아니다. 왜냐하면 진정한 새로움이 보이기 때문이다. 스케이팅은 단지 한발씩 미끄러지는 것에 불과한 것이 아니다. 오히려 이것은 새로운 기술을 배움이란 새로운 운동 프로그램을 산출하기 위해 익숙한 기술로 오류를 수정해 낸다는 점을 의미한다. 예를 들어 장대높이뛰기를 학습하던 중에 우리는 이미 가지고 있던 기술들인 '뜀뛰기', '움켜쥐기', '몸을 밀어내기' 등등을 조합하여 부드럽고 새로운 연결동작을 얻어낼 때까지 오류를 수정한다. 피드백이 하는 중요한 일은 오류 수정이다.

앞으로 텐서그물망 이론 내에서 학습을 상세하게 설명하는 일이 가능하게 될지, 그리고 피드백(feedback: 되먹임)과 피드포워드(feed-forward: 전방위)[17] 메커니즘에 관해 분자적 수준에서 이미 알고 있는 것들을 앞으로 밝혀낼 수 있을지 두고 지켜볼 일이다. 아마 텐서그물망 접근 방법은 과학자들이 이미 머리털을 세우고 연구하고 있는 신경원의 학습에 대한 다른 접근 방법들과 더불어 좋은 결실을 맺을 것이다. 마치 기억과 특성 재인(feature recognition)을 통합하는 병렬모델처럼 말이다(Rumelhart and Zipser 1985, Willshaw 1981, Kohonen, Oja, and Lehtiö 1981). 또한 학습과 재인에 대한 병렬모델 전략은 벡터 행렬 접근을 이용하기 때문에 그 일부 연구는 '운동기술 학습' 문제를 '위상공간 변화'로 해석하는 데 직접 이용될 수 있다. (이 점에 대한 더욱 자세한 내용은 10장 9절을 보라.)

명백히 수많은 다양한 유형의 과정들에 대해 '학습'이란 관용적 용어를 사용하고 있다. 지금 알아본 바와 같이, 그중 일부 과정들은 펠

17) [역주] 실행에 옮기기 전에 결함을 예측하여 이루어지는 제어.

리오니스와 리나스가 전망했던 방식으로 이해될 수 있을 것이지만, 다른 과정들은 아주 다른 원리를 적용해서, 어쩌면 기하학적 분석을 덧붙이거나, 아니면 서로 다른 원리들을 통합 적용함으로써 이해될 수 있겠다. '벡터 행렬 이론'은 '운동학습과 특정 종류의 재인'에 대하여 좋은 해명을 주겠지만, 인간들이 갖는 '어느 유형의 인지학습'에 대해서는 그렇지 못할 수도 있다.

따라서 이제껏 기호조작으로 분석해 낼 수 없다고 여겨온 '개념 획득'(concept acquisition)의 과정들이 어쩌면 고도로 추상화된 위상공간 내의 기하학적 도형의 '수정'이라고 이해될 수 있다. 나아가서 지금까지 엄격히 '인지적 능력'이라고 생각해 왔던 것도 어쩌면 전형적인 '운동기술'과 근본적으로 동일한 것임이 밝혀질 가능성이 높다. 그 예로 심한 기억상실증 환자들이 새로운 운동기술을 배울 수 있을 뿐만 아니라 아주 복잡한 (명시적 인지) 퍼즐(예를 들어 하노이 탑 퍼즐과 같은 것)을 어떻게 풀어야 하는지 알고 있다는 점을 들 수 있다. (4장과 9장에서의 논의 참조.)

학습만이 아니라 행동 출력을 일으키는 데 중요한 다른 요소들, 즉 '배고픔', '목마름', '격려', '성적관심', '주의집중' 등등에 대해서도 검토가 있어야 하겠다. 나는 분명히 그런 특징들을 위상공간 체계로 설명**할 수 없다**고 해야 할 어떤 증거도 찾아볼 수 없지만, 그것이 어떻게 되는지 사실적 증거를 갖고 있는 것도 아니다.

지금까지 텐서그물망 이론이 할 수 있는 장점을 강조했지만, 구체적 가설을 시험하는 문제가 당연히 남아 있다. 그 이론을 실험할 새로운 방법이 신경과학과 그 관련 분야에 대해 잘 아는 실험 신경과학자들에 의해서 발견되었다. 컴퓨터 모델링이 첫 번째 방법이 되겠지만, 만약 우리가 뉴런 배열이 텐서그물망 가설에 잘 맞는지 알아낸다면, 입력 뉴런, 평행섬유, 푸르키니에 세포 등등의 큰 배열집단 반응 형태에 대해 엄밀하고 구체적인 내용을 얻을 방법도 밝혀질 것이다.

현재로서는 실제의 뉴런으로 뉴런에 대해 연구하는 실험이 가능하지 않은데, 그 실험은 다수의 인접 세포들에 대한 **동시적** 기록을 필요로 하며, 그것이 가능하려면 중요 기술 개발이 있어야 하기 때문이다. 많은 실험실에서 이 문제를 해결하려고 노력하는 중에 있으며, 뉴욕주립대학의 리나스 실험실은 24개의 인접 세포들로부터 동시에 기록할 수 있는 기술을 개발하기도 했다(Bower and Llinás 1983). 비록 그것이 획기적인 업적이긴 하지만, 그보다 훨씬 많은 수의 문제를 극복해야 한다.

초기 단계에서 어떤 이론에 대해 확신을 가지려면 그 이론이 설명하려는 현상에 대해 설득력이 있는지, 생물학, 유전학, 물리학, 화학 등등의 다른 과학의 어느 이론들과도 잘 어울리는지, 통합적 설명을 할 수 있는지, 그리고 그 이론 자체가 단순하면서도 논리 정연한지도 고려해야 한다. 유감스럽게도 어느 이론이 논리 정연한지는 그만두고, 바른 길로 가고 있는지만이라도 말해 줄 어떤 형식적 절차도 알지 못하며, 기껏 알 수 있는 최선의 지표란 (이론을 만드는 과정에서) '그 이론이 중요한 문제에 대한 만족할 만한 대답을 얻어낼 것이며 오랜 세월 알 수 없었던 문제를 해결할 것이다'라고 다른 과학자들이 믿을지 단지 상상해 보는 것뿐이다. 내가 보기에 위의 이론이 탄생하기 위해 그런 과정은 있었다(Peterson et al. 1985, Gielen and Van Zuylen 1986, Larry Jordan의 실험실에서 진행된 '운동' locomotion에 대한 연구). 그러나 더욱 많은 연구를 지켜보아야 한다.

어느 경우에나 한 이론이 탄생하는 초기 단계에서는 임시방편적인 면이 있으며, 어느 초기 이론이라도 "어때 보여요?"라는 자신 없는 질문의 늪에서 허우적댈 수밖에 없다. 그러나 텐서그물망 이론은 내가 앞서 지적한 바와 같이 '단순성'과 '통합된 원리' 그리고 '수학화'라는 갈릴레이 조합(Galilean combination)을 가지고 있다. 그렇다고 그런 점이 곧 그 이론의 옳음을 보여주는 것은 아니며, 단지 하나의 거대하며 야심에 찬 비옥한 이론이며, 긴 안목을 가지고 바라보았을 때 신경과학 연구에 도움을 줄 특이한 이론이라고 말할 수 있을 뿐이다.[18]

8. 운동조절이 심리상태에 대해 무엇을 설명해 줄까?

당연히 있어야 했을 다음과 같은 철학적 논의를 아직 하지 않은 점에 대해 이상하다 생각했을 것이다. 철학자가 감각운동조절 문제를 통해 그려지는 한 이론의 일반적 모습에 대해 관심을 갖는 이유가 무엇일까?

그 대답을 '인간의 마음-뇌가 더 단순한 신경계로부터 진화해 왔다'는 생각에서 찾아볼 수 있다. 만약 우리가 갖는 운동조절 기능을 신경계의 기초 기능으로 규정한다면, 그 관점에서 신경계가 점차 복잡한 구조를 가지게 된 것이 감각 정보에 기초한 행동조절을 위해 더욱 민감한 수단이 필요했기 때문이라고 이해할 수 있다. 부족한 자원을 가지고 서로 경쟁하는 유기체들로서 훌륭한 운동조절은 일종의 프리미엄이며, 더 복잡한 운동조절 기관을 갖춘 신경계는 그렇지 못한 신경계보다 대단히 유리할 것이다. 예를 들어 운동조절 기능은 생명체로 하여금 둥지를 만들 수 있게 하고, 나무 사이를 잘 피해서 날아다닐 수 있게 하고, 위험을 경고할 수 있게 하며, 막대를 찔러 넣어 물의 깊이를 아는 학습도 가능하게 한다. 이 모든 것들이 운동조절 기능을 다듬고 개선해 온 결과이다.

운동조절의 기초 원리들이 어떻게 다듬어지고 개선되어 복잡한 시스템이 되었는지 알아보기 위해 진화의 단계를 돌아보는 것은 바람직한 연구 방향이었다. 이제 우리는 관심을 돌려, 상위 기능을 알아보자.

---

18) 텐서 연결망 이론에 대한 비판적 논의를 알비브와 아마리(Arbib and Amari 1985)에서 볼 수 있으며, 그에 대한 대답을 펠리오니스와 리나스(Pellionisz and Llinás 1985b)에서 볼 수 있다.

만약 펠리오니스와 리나스가 발견한 것들이 올바른 일반적 원리들이라면, 아니 대강만이라도 맞는다면, 그것이 하나의 시작이며 적절한 출발점이 될 수 있다. 만약 우리들이 '인지'라고 말하는 복잡한 행동이 감각운동조절을 통해 초보적인 문제를 해결하는 수준으로부터 어떻게 진화해 왔는지 알아낼 수 있다면, 그것을 통해서 인지의 본성과 역학이 무엇인지도 알아낼 기본적 구상을 세울 수 있다.

보통 철학자들은 '인지를 가능하게 하는 뇌의 과정'과 '운동조절에 기여하는 뇌의 과정'이 전혀 다른 범주라고 가정한다. 그 가정은 운동조절 연구를 통해 인지 연구가 가능하다는 입장에 동조하지 못하게 하는 면이 있다. 그러나 만약 우리가 진화론적이고 신경생물학적인 관점에서 문제를 바라본다면, 그 가정은 우리의 상상력을 구속하는 소박한 생각임이 드러난다. 그 가정과 같은 맥락에서 본다면 물리학에서 어떤 법칙들은 지구에 잘 맞고, 다른 법칙들은 천구에 잘 맞는다는 주장도 가능할 것 같다.[19)]

분명히 상위 기능은 하위 기능과 다르며, 물리학 법칙 자체가 천체는 아니다. 그렇다고 해서, '지각'과 '기억' 그리고 그 밖의 것들에 대한 '심리학적 탐구' 역시 부적절하다고 주장할 수 없음은 말할 필요도 없다. 9장에서 논의된 공진화적 전략은 '여러 차원에 대한 연구를 통해서 호혜적 도움을 받을 수 있으며, 동시에 모든 차원에 대한 연구 진척이 이루어질 것'이라는 전망을 준다. 그런데, 만약 우리들이 기초 인지 원리를 알려고 한다면, 인지과정이 전형적인 진화를 통해 출현했음을 이해해야 하며, 따라서 감각운동조절에서 그 기원을 찾아보아야 한다. 그러므로 원리적으로 감각운동조절이 무시되어야 한다는 일부 철학자들의 관점은 포기되어야 하며, 오히려 그것이 '지성적 행동'의 기초 원리임을 이해할 필요가 있다.

---

19) 이 논제에 대하여 Piaget(1971)를 보라.

더구나 텐서그물망 이론은 "문장(sentential) 표상 이론과 인지 이론을 주창하며, 그 이론 이외에 다른 대안이 없다"고 말하는 사람들(Fodor 1975, 1981)에게 하나의 대답을 준다. 그들의 교훈에 따르면, 오직 유일한 '표상' 이론은 '문장적'이어야 한다. 표상함에 대한 문장 패러다임을 비판하려면, 당연히 다른 대안을 제시해야만 하는 부담을 안게 되며, 암묵적으로라도 그 패러다임과 경쟁할 이론이 어떤 것인지 말할 수 없다면 비판의 입을 다물어야 한다. 앞에서 텐서그물망 이론이 뇌가 '감각운동조절' 문제를 어떻게 계산적으로 해결하는지 그 '**계산적** 힘'을 보여주었다. 그런데 그 이론은 뇌가 '어떻게 **표상하는지**'에 대해서도 해결 방향을 제시할 가능성이 높다는 점을 주목할 필요가 있다.

텐서그물망 이론이 문을 활짝 열었으며, 우리는 그 문을 통해 근본적으로 다른 패러다임을 보기 시작했다. '**표상**'이란 (심지어 상당히 추상적 차원의 표상 역시) '**위상공간에서의 점**'으로 해석되며, '위상공간들 사이의 변환'은 '텐서 변환'으로 이루어진다. 비록 '일부 인지활동이 논리학 규칙에 따르는 문장적 표상들의 조작으로 이해될 수 있다'고 하더라도, 많은 인지과정들은 그렇지 않아 보이기 때문이다. 문장적 표상에 기초하는 과정 자체는 분명 본성적으로 비문장적(non-sentential)이다. 이제 남은 과제는 '비문장적으로 표상한다'는 것이 무엇일지 밝혀내는 일이며, 이것 또한 텐서그물망 이론을 통해 밝혀질 것이다. 종국에 이런 생각이 옳지 않다고 밝혀진다고 하더라도, 그 방향으로 연구해 볼 가치는 있다.

마음의 문을 열고 '인지적 표상'이 '텐서그물망 가설'을 통해 어떻게 이해될 수 있을지 자유로운 사색의 길로 들어서 보자. 우선 얼굴 재인(recognizing faces)의 문제를 생각해 보고, 그 다음에 구분되는 단어들이 (영어에서) 연음(phonemic string)되는 경우에 우리가 어떻게 재인하는지 깊이 생각해 보자. 그 놀라운 두 재인은 우리가 큰 노력없이 쉽게 성취하지만, 문장적으로 분석하기란 거의 불가능하다. 반면에 새로운 접근 방법을 받아들이면 아래와 같이 전망해 볼 수 있다. 면식 재인(facial recognition)은 '재인에 적절한 특성을 갖는' 많은 차원들로 이루어진 특성위상공간(feature phase space)을 통해 가능하다. 개별 특성들에 반응하는 각 뉴런들이 좌표공간의 축이 되며, 그 뉴런들의 활동 차원이 연합되어 위상공간에서 한 지점을 결정한다.

간단히 말해서 한 뉴런이 얼굴에서 눈 크기를 감각하고, 다른 뉴런은 눈 모양을 감각하고, 또 다른 뉴런은 두 눈의 간격을 감각하고, 또 다른 뉴런은 코의 길이를 감각하고, 또 다른 뉴런은 입의 넓이를 감각하는 식으로 가정해 보자. 어쩌면 면식 위상공간은 수백 개의 각기 다른 차원들을 포함하며, 따라서 하나의 얼굴이 그 위상공간에서 특정 점으로 나타날 것이다. 더구나 그 시스템은 그다지 정확성을 필요로 하지 않아서 같은 얼굴에 대해 얻어진 두 개의 표상들이 위상공간에 가리키는 지점은 '대략적'으로만 같을 것이다. 입력 반응 패턴에 따라 위상공간에서 그 얼굴 위치는 달라지며, 따라서 특정 반응 패턴이 얻어지는 것은 하나의 얼굴이 표상되는 것이다. 그렇지만 그런 해석이 '할머니 뉴런'이 존재한다고 말하는 것은 아니며, 일련의 뉴런들이 할머니의 표상에 공변하는 '반응 패턴'이 존재한다고 말하는 것이다.

위상공간은 (감각격자와 운동격자의 형태에서 쉽게 알아볼 수 있는) 행렬을 가지고 있으며, 위상공간 표상은 그 안에 (분명히 지적할 수 있는) 위치들 사이의 행렬 관계를 통해 구현된다. 위상공간에 주어진 한 지점이 다른 지점들에 비해 특정 지점에 '정확한 수치로' 더 가까울 수 있다. 위상공간이 면식 재인에 관여할 경우 유사한 얼굴들은 비슷한 구역을 점유할 것이며, 그와 달리 아주 다른 얼굴들은 비교적 떨어진 곳을 점유할 것이다. 이것이 바로 어떻게 우리가 5년 동안 헤어져 있었던 사람을 쉽게 인식할 수 있으며, 처음 보는 사람(은행 직원이)을 통해서 어떻게 특정 사람(베시 아줌마 Aunt Bessie)을 상기할 수 있는지, 어떻게 비슷하게 닮은 것들을 지각할 수 있는지 설명해 주는 단서이다. 어느 특징은 다른 것들에 비해 강한 인상을 주기 때문에, 그것을 반영하는 위상공간의 기하학은 왜곡될 것이다. 예를 들어 눈은 주근깨보다 더 중요하게 보이며, 따라서 아인슈타인(Einstein)이 주근깨 치료를 받았는지 아닌지 상관없이 그의 사진을 쉽게 알아볼 수 있지만, 그의 눈이 바뀐다면 얼굴을 재인하기 훨씬 힘들게 된다. 어쩌면 이런 것들이 바로 만화가들이 찾는 것들이다. 놀라운 것은 우리가 상대 얼굴에서 낙담한 표정을 인식할 수 있다는 점인데, 이것 역시 위상공간 모델로 쉽게 설명될 수 있어 보인다. 부분적인 특징이 얼굴 위상공간의 특정 인물을 나타내는 것으로 규정될 수 있다. 예를 들어 링컨(Lincoln)은 광대뼈가 튀어나온 얼굴 윤곽을 가지고 있으며, 히틀러(Hitler)는 홀쭉한 얼굴 윤곽에 콧수염을 하고 있다는 식으로 규정이 가능하다. 이런 점은 뇌의 아주 작은 손상이 쉽게 보상될 수 있으면서도, 위상공간에서의 작은 부분의 손실로 특정 나이의 특정 사람을 왜 알아보지 못하게 되는지 짐작하게 해준다. (예를 들어 전쟁 종식 후에도 처칠 Churchill을 알아보는 데 어려움이 없었던 것처럼 말이다.)

위상공간의 특정 영역에 전형적 얼굴이 표시된다고 가정해 보자. 좀 더 구체적으로 말해서, 전형적 여성 얼굴이 표시된다고 가정해 보자. 전형적 모습에 대한 진지한 연구가 어느 정도 이미 있었다(Rosch 1973, Rosch and Lloyd 1978). 얼굴 재인에 가담한 일부 특징들은 위상공간에서 표현된 전형적 모습과 다를 수 있으며, 특정 문화에서의 기초 전형에 대한 다양한 모습에 관한 학습은 동류 훈련(peer practice)에 따라 위상공간의 관련 영역을 수정시킬 것이다. 얼굴의 방향이 얼굴 재인에 중요할 수 있으며, 따라서 아인슈타인의 사진은 오른쪽에서 상향으로 보여줄 때 잘 인식될 수 있지만, 위에서 아래로 보여준다면 알아보기 쉽지 않다(Rock 1983). 이것은 전형적인 사람 얼굴에서 눈은 사등분선 위쪽에 있으며, 입은 사등분선 아래쪽에 있기 때문이라고 설명된다.

연음을 연결된 단어로 재인하는 것에 대해에서도 비슷한 이야기가 가능하다. 일련의 뉴런들은 선명하게 음소 특징을 감각할 수 있으며, 그 다양한 음소 특징들만큼 많은 축으로 구성된 좌표 시스템이 있다고 생각해 보라. 그러면 임의의 연음이 위상공간에서 한 점으로 표현된다. 의사소통 중 위상공간의 특정 (흩어진) 부분은 밀집된 곳으로 분류될 것이며,[20] 따라서 전형적인 영어 (단어) 연음의 하부공간을 형성할 것이다.[21]

색깔 감각 역시 위상공간 표상 모델을 정당화시켜 줄 또 다른 영역이다. 우리가 사물을 바라볼 때, 신비스럽게도 다양한 조명 아래서 항상 같은 색깔로 보인다. 랜드(Land 1977)의 연구에 따르면, 색깔 지각은 복사에너지가 광학 수용기(photo receptors)에 각인되어 나타나는 것이 아니라, 세 파장 아래서 사물들의 '밝기'가 계산되어 나타나는 기능이다.

색깔 시각에 반응하는 광학 수용기는 추상체(cones)이며, 추상체는

---

20) [역주] '위상공간의 특정 부분이 밀집된 곳으로 분류된다'는 말은 아래 그림과 같이 '공간이 구분됨으로써 위상공간이 전형적인 특성들을 구분할 수 있게 한다'는 말이다.

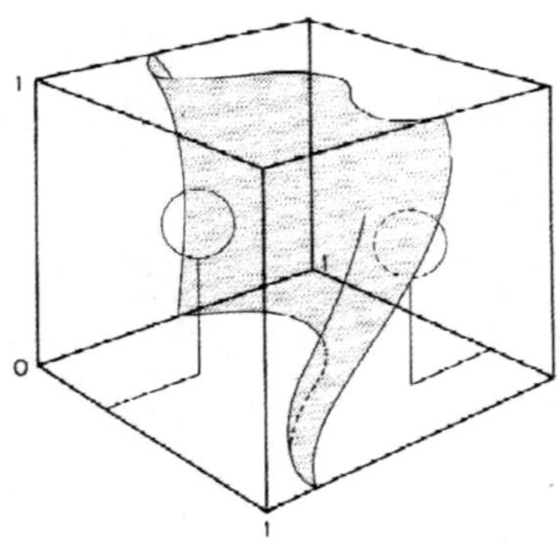

(Paul M. Churchland 1989, 이 책에서 '다음에 출판될 책'으로 소개되어 있다.)

21) 이 예를 레이 잭켄도프(Ray Jackendoff)가 내게 제안했다.

각기 다른 유형의 세 가지 시각색소(visual pigment)를 가지고 있어 특정한 빛 파장에 따라 다르게 감각한다. 장파 추상체(long-wave cones)는 450나노미터(nanometers: 10억 분의 1미터) 파장의 빛을 가장 잘 감각하며, 중파 추상체(middle-wave cones)는 큰 범위를 감각하여 535나노미터에서 가장 잘 감각하고, 단파 추상체(short-wave cones)의 감각 영역은 중파 추상체의 영역과 장파 추상체의 영역에 부분적으로 중첩되며, 565나노미터에서 가장 잘 감각한다.

시각 시스템(visual system)의 계산 문제는 '수용기에 유입된 빛의 값에서 반사율(reflectance efficiency 밝기)의 값을 어떻게 얻을 수 있는지'이다.[22] 시각 시스템의 표상(표현) 문제는 '임의의 세 쌍 반사율 값이 단일 색깔 표상(표현)을 어떻게 산출하는지'이다. 이 문제는 간단히 기하학적으로 해결될 수 있다.

일단 시각 시스템이 세 파장 각각에 대한 반사율 값을 얻으면, 주어진 색깔 지각은 세 반사율 값들 사이의 관계에 의해 결정된다. 그러나 랜드(Land)가 발견해 낸 것으로(1977:120), 특정 색깔이 3차원 색상 공간(color space)에 하나의 점으로 표상(표현)될 수 있다는 것은 놀라운 일이다. 색상 공간의 '세 좌표축'들은 세 파장 각각의 '밝기' 혹은 '반사율 값'이다. 우리가 볼 수 있는 색깔은 어느 것이라도 색상 공간에서 한 장소를 차지하고 있으며, 각 세 쌍의 반사율은 시각 시스템에 의해 계산되어 특정 색깔이 된다. 색상 공간은 하나의 행렬을 가지기

22) 맥컬럼, 펠리오니스 그리고 리나스(McCollum, Pellionisz and Llinás 1983)가 시각 시스템이 어떻게 계산 문제를 해결할 수 있는지를 설명하는 텐서 가설을 제안했다. 그 초기 가설이 갖는 난점은 그 가설이 망막 차원에서 온전하게 다뤄지는 계산을 보여주는 일인데, 반면에 랜드와 그 연구원들(Land et al. 1983)로부터 나온 자료는 포유동물에서 대뇌피질이 색상 항상성(color constancy)을 위해 필요하다는 것을 보여준다. 그럼에도 불구하고 '그 계산이 망막에 의해 수행되는지 아닌지' 혹은 '더 높은 차원에서 수행되는지 아닌지'에 관한 계산 문제는 텐서그물망 접근을 이용하여 단순하게 풀 수 있음을 주목할 필요가 있다.

때문에, '노랑 색조'끼리는 서로 '푸른 색조'보다 더 가까우며, 아주 어두운 색깔들은 가장 낮은 차원의 코너에서 발견되고 아주 밝은 색깔들은 반대쪽의 가장 높은 차원의 코너에서 발견된다.[23)]

곧 밝혀지겠지만, 위상공간이 색깔을 지각하는 실질적 주체는 신경 위상공간이며, 그 축이 바로 세 파장에 대한 반사율 값에 관련된 정보들을 나르는 뉴런의 세 성향이다. 따라서 색깔 지각을 위한 **표상(표현) 문제**를 다음과 같이 말할 수 있다. 색깔은 3차원 뉴런 위상공간에서 점으로 표현된다.

색깔 지각에 관련된 가설에 따라 다음과 같이 전망할 수 있다. '미각'과 '후각', 그리고 그 지각들의 신경 주체도 아마 위와 같은 일반적 구상으로 언급될 수 있다. 인간의 미각 시스템은 맛을 구분하는 네 가지 유형(단맛, 짠맛, 신맛, 쓴맛)의 수용기가 있겠지만, 우리는 엄청나게 많은 수의 맛 종류를 구별할 수 있다. 그 수용기들 자체는 축삭(axons)을 가지고 있지 않지만, 시냅스를 통해 다음 단계의 뉴런으로 정보를 전달한다. 그러면 그 뉴런들이 서로 특별히 연결되어 수용기

23) [역주] 색깔이 위상공간에서 어떻게 표현될 수 있는지 아래 그림에서 알아볼 수 있다.

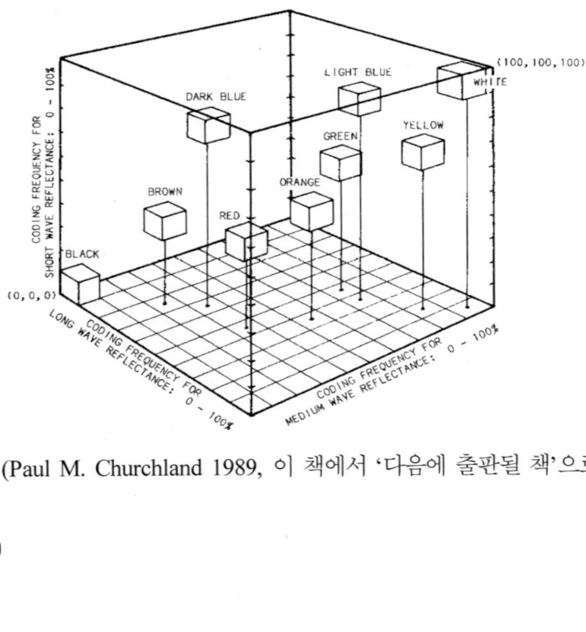

(Paul M. Churchland 1989, 이 책에서 '다음에 출판될 책'으로 소개되어 있다.)

유형을 발휘하도록 반응한다. 물론 그 반응은 다른 수용기 유형에서 일어나는 활동에 미미하게 영향을 받기도 한다. 만약 수용기후 뉴런(postreceptor neuron) 유형 각각이 4차원 위상공간에서 하나의 축을 구성한다고 생각한다면, 그 축들에 표시된 뉴런 활동은 4차원 위상공간에 한 위치를 규정한다. 맛 위상공간(taste phase space)에서 서로 다른 여러 위치는 관련 뉴런들의 다양한 활동에 의해 결정될 것이다.

예를 들어 짠맛 수용기와 단맛 수용기가 흥분되고 쓴맛과 신맛 수용기는 흥분되지 않았을 경우를 가정해 보자. 관련 수용기후 뉴런들의 활동은 뉴런의 맛 위상공간에서 특정 위치를 지정할 것인데, 그 위치는 단지 쓴맛 수용기 흥분으로 결정된 위치나 쓴맛과 신맛 그리고 단맛의 수용기의 흥분으로 결정된 위치와 다를 것이다. 또한 흥분된 정도는 맛 위상공간 내에 또 다른 해답을 제시한다. 홍옥 사과(Jonathan apples) 맛은 위상공간 내의 한 위치가 될 것이며, 그것은 압생트(absinthe: 양 쑥 맛이 나는 술) 맛으로 결정된 위치와 다를 것이며, 맥킨토시 사과(McIntosh apples)의 미묘하게 다른 맛으로 결정된 위치와도 미세하게 다를 것이다. 오렌지 맛은 위상공간에서 겨자 맛보다 포도 맛에 더 가까울 것이다. 이와 유사한 개념적 접근이 후각에도 적용될 듯싶다. 만약 인간의 후각 시스템(olfactory system) 역시 수많은 종류의 냄새들을 식별할 수 있다고 하더라도, 분명 제한된 (아마 다섯) 유형의 수용기에 의존할 것으로 짐작된다.

특질 공간(quality spaces)은 결코 새로운 개념이 아니며, 신경 차원에서 규정된 위상공간을 인지 차원에서 규정된 특질 공간과 관련시켜 논의하려는 이 시점에 특히 언급할 가치가 있다. 원형 이론(prototype theory)(Tosch 1973, Rosch and Mervis 1975)의 기본 논제는 많은 개념들이 (필요충분조건으로) 적용되는 목록(list) 모델에 근거해서 이해되기보다는, 축적된 '원형'이나 '초점 예'(focal examples)로 이해되어야 한다는 주장이다. 이런 관점에서 보면 재인과 지각은 원형에 유사한 것을 짝 맞추는 일이다. 행동 자료를 통해서 살펴보면, 피검자들은 대상을, 예를 들어 '새'나 '식물' 혹은 '색깔' 등으로, 분류하는 일에 있어 행렬로 수행한다. 이를테면 '지빠귀'(robins)는 당연히 '닭'보다는 '새'로 분류되며, 나아가서 '당근'은 '무'로 분류되기보다 '채소'로 분류되겠지만 '양상추'보다는 '무'로 분류될 것이다. 원형 이론을 이용하여 이런 자료들을 해석해 보면, '지빠귀'는 닭보다 새의 위상공간에서 더 중심부에 위치하며, '당근'은 (양상추보다 더 중심부에 위치한) 무보다 채소의 위상공간에서 더 중심부에 위치한다.

미래의 탐구에 의해 밝혀질 일이지만, 인지적 특질 공간(cognitive quality spaces) 내의 물리적 실체는 (적절한 차원의 조직에 있는 뉴런에 의해 규정된) 위상공간의 용어로 이해될 수 있으며, 거꾸로 이런 생각은 인지적 특질 공간의 본성에 관련된 새로운 통찰을 준다. 적어도 **비명제적** 인지이론(nonpropositional cognitive theory)이 신경의 표현과 신경의 계산에 관한 기하학적 이론과 딱 들어맞는다는 점을 시사한다.

위의 주장이 더욱 힘을 발휘하는 이유는 **병렬모델**(parallel modeling) 학파(10장 9절 참조)에서의 인공지능(AI) 연구가 벡터 행렬 접근법을 이용하여 '시각 재인'(Hinton and Sejnowski 1983a)과 '단어 재인'(McClelland and Rumelhart 1981) 그리고 '기억'(Willshaw 1981)을 모델링하는 데 상당히 성공을 거두고 있기 때문이다. 그 모델들에서 계산의 기초는 병렬로 배열된 이진 상태(binary state) 뉴런 같은 요소들이며, 그것들은 시냅스와 같은 연결을 가지고 있고, 그 연결의 가중치는 그물망이 학습함에 따라서 변화한다. 표상을 **기호**와 동일시 여기는 순차적 기계 프로그램이 관습적 인지를 구현하는 것과 달리, 이 모델에서 표상은 일련의 유닛들(units)에 분산된 **활동 패턴**이다. 그 활동 패턴의 변환은 '역치'(threshold)로 혹은 비선형적 작용(nonlinear operation)[24]에 의해서 나타나는 '행렬 곱'으로 성취된다.

끝으로 위의 기하학적 접근법은 명제논리로 인지 문제를 해결하려는 접근법과 아주 다르며, 그것에 흡수되지도 않을 것이다. 위상공간을 기하학적으로 분석하는 위의 전략은 논리학과 언어의 '구조'와 '관계'를 모의 시험할 수 있는 정도로 강력하다. 일부 논리학자들(Van Fraassen 1970, 1972, Van Fraassen and Hooker 1976)은 언어 구조와 언어 구조들 사이의 논리적 관계가 하나의 기하학적 체계에서 단순하고 화려하게 다룰 수 있음을 보여주고 있다. 예를 들어 '명제'는 **논리적** 위상공간의 '하부공간'(subspaces)으로 그리고 '추론'은 '벡터 대 벡터 변환'으로 모의 시험된다. 후커(Hooker)는 그 점에서 통합된 인지신경생물학을 전망했으며, 그 전망 속에서 '논리학'과 '명제태도'는 위상공간에서의 '벡터'와 '행렬'로 규정할 수 있으며, 따라서 마땅히 표상과 계산에 대한 더욱 폭넓은 기하학적 이론이 필요하다고 전망했다. 그 전망에서 보면, 문장적 태도와 추론을 다루는 심리학이 신경생물학으로 부드럽게 환원되어야 할 것으로 보인다.

그런 환원이 성취될 수 있을지 없을지 문제는 분명 경험에 부쳐 봐야 할 것이지만, 후커의 생각은 그 일반적 구상이 우리들로 하여금 논

---

24) [역주] 아래 왼쪽 그림은 뉴런 연결이 어떤 계산규칙으로 계산될 수 있는지 보여주고 있으며, 오른쪽 그림은 그 계산이 역치(threshold) 혹은 비선형(non-linear)으로 선택될 수 있음을 보여준다.

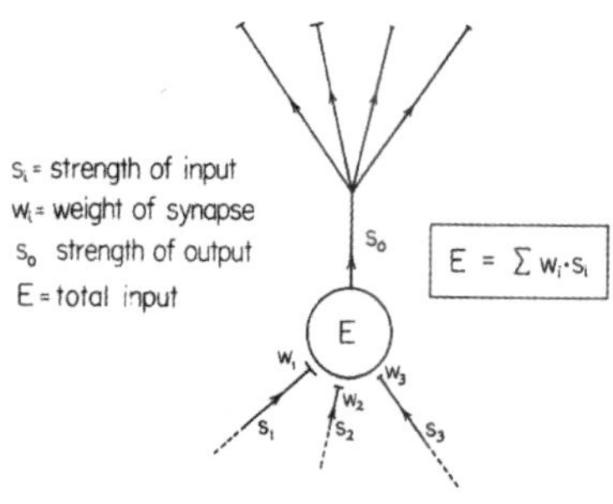

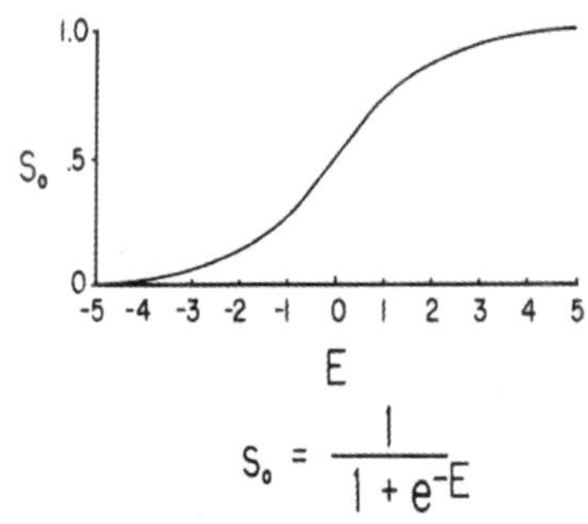

(Paul M. Churchland 1989, 이 책에서 '다음에 출판될 책'으로 소개되어 있다.)

리학과 언어의 구조와 관계를 받아들이게 하며, 위의 기하학적 개념은 하부인지(subcognitive) 영역과 명제태도의 관계에 대한 모델을 개발하도록 유도한다. 따라서 명제 패러다임은 기하학적으로 재해석되어야 한다.

그런데 논리학과 논리적 구조를 기하학적으로 규정할 수 있다는 주장의 힘과 화려함을 인정한다고 하더라도, 그 주장의 예상대로 통속심리학이 **부드럽게** 환원될 것이라는 주장만은 쉽게 받아들이기 어렵다는 생각이 있을 수 있다. 그 중요한 이유 중 하나를 스티븐 스티치(Stephen Stich, 1983)의 저작에서 찾아볼 수 있는데, 그의 주장에 따르면 (이미 9장 5절에서 언급된 바와 같이) '믿음'이나 '욕망'과 같은 통속 심리학적 범주들이 내적 결함을 가지고 있어서, 과학적 심리학에 사용되기 위해서는 재구성되어야 한다. 스티치의 입장은 과학적 심리학이 기껏해야 그런 범주들을 재구성한 **유사물들**을 이용할 것이라는 주장이다. 따라서 만약 어느 문장적 표상들이 후커가 전망하는 방식에 따라 환원되어야 한다면, 그 환원된 것은 통속 심리학적 범주들을 재구성한 유사물에 불과하다는 주장이다.

이 절에서 나는 다소 철학적 논의를 펼치고 있으며, 그런 점에서 다소 이론적으로 풍선을 띄우는 점이 있다. 그 풍선을 가능성에서 실현단계로 띄워 나르기 위해서는 많은 힘겨운 경험적 충격이 불가피하다는 점을 나는 기꺼이 인정한다. 그렇지만 이 절의 주된 목적은 '감각운동조절 이론과 관련지어 심리상태나 인지과정에 대한 철학적 논의를 할 수 없다'고 짐작하는 사람들에 대해 하나의 대답을 제시하려는 것이다. 나는 그 점에 대해 다음과 같이 간단히 대답한다. 감각운동조절의 기초 원리에 대해 하나의 이론을 생각해 본 결과 우리는 새롭고 강력한 패러다임을 보기 시작했으며, 그 패러다임 속에서 우리는 마음-뇌의 수행이 계산과정(처리과정 process)임을 이해할 수 있고, 따라서 폭넓은 유기체 차원에서 어떻게 마음-뇌가 표현될 수 있는지도 이해할 수 있다. 다차원적 위상공간은 일반적 표상에 대해 강력한 설명 방식이 될 수 있으며, 표상을 문장적으로 바라보는 이론은 이제 명백히 우스운 이야기에 불과한 것으로 더 이상 인정되기 어렵다. 그리고 이 절에서 철학적 논의를 펼치는 또 다른 이유는 마음-뇌에 대해 하나의 통합이론의 일반적 모습을 그려 보여주려는 것이다.

이 절에서 나는 '텐서그물망 이론'을 공정하게 경청하고 동시에 두드러진 흠집도 보고 있다는 점에서 나름대로 균형을 잃지 않으려 노력했다. 그러나 분명히 다른 사람들은 이런 내 노력을 미덕으로 바라볼 수도 있겠지만 결점으로 바라볼 수도 있어서, '그렇게 생각이 없나?'고 반문할 수도 있다. 그렇지만 내가 이렇게 철저히 검토하려는 이유는 특별한 이론을 방어하려는 목적만큼이나 '내가 왜 하나의 이론에 그렇게 집착하는지', 그리고 '뉴런 집단(neuron ensembles)에 대한 이론이 도대체 어떤 모습일지' 두 의미를 모두 전달하고 싶기 때문이다. 어떤 학자는 텐서그물망 이론이 충분히 발달되지 못했다는 중요한 지적을 할 수도 있으며, '시각', '학습' 등에 대한 컴퓨터 모의실험 접근법 연구에도 같은 지적을 할 수 있다. 따라서 뉴런과 같은 요소들로 만들어진 생물학적 신념에 기초한 실험이 이루어져야 한다. 그런 병렬모델 연구는 텐서그물망 연구뿐만 아니라 신경계 기능에 대한 전망 있는 모의실험과 서로 연결된다는 점에서도 흥미가 있다. 따라서 나는 다음 절에서 병렬 모의실험에 관련된 간결한 논의를 하려고 한다.

9. 뉴런 계산 병렬모델

뇌를 가진 생물의 '인지과정'을 '순차적 모델'(sequential models)로 모의실험하는 것에 대해서 인공지능(AI) 학회 내에 대해 불만이 증가하고 있다. 순차적 모델이 대단히 유력하긴 하지만, '패턴 재인'과 '지식의 저장이나 복구'와 같은 기초 인지과정을 모의실험해 오면서 계속

실망을 준 것도 사실이다. 루멜하트(Rumelhart)[25]가 지적했듯이, 전통적 인공지능(AI)은 인간이 아주 어렵게 해결하는 '장기 두기'나 '이론-증명하기'와 같은 문제들을 아주 쉽게 잘 해결한다. 그렇지만 우리에게 손쉬운 '지각 재인'이나 '언어 이해'와 같은 문제에 대해서는 전통적 접근 방법이 성공할 것으로 기대하는 사람은 거의 없다. 한 관점에 따르면, 전통적 모의실험은 '아무리 많은 보완책을 추가하더라도' 결코 문제를 잘 해결할 수 없으며, 그것은 전통적 모의실험이 신경계를 다루는 생물학에 전혀 어울리지 않을 뿐만 아니라, 우리가 아는 정보처리장치로서 가장 탁월한 본보기는 바로 신경계이기 때문이다.

컴퓨터와 신경계의 **차이점**을 언급하자면, 전통적 컴퓨터의 기억은 마치 도서관처럼 각각의 자료 조각들을 '기억장소'라는 특정한 공간에 저장하며, 그 각각의 자료들은 저장 번지(address)를 검색하는 중앙처리장치(central processor)에 의해서만 수정될 수 있다. 그런데 인간의 기억은 유기적으로 완전히 다르게 구성되어 있다. 예를 들어 인간의 기억은 부분적 혹은 부족한 자극으로부터, 나머지 기억들을 '재구성'할 수 있으며, 저장된 정보 조각들 사이의 연합 관계는 정보의 **위치**를 고려하기보다 **내용**을 고려하는 면이 있다.

뇌의 기억 기능이 손상된 효과를 살펴보면, 신경계의 정보저장 원리가 컴퓨터에 이용된 원리와 다른 것을 알 수 있다. 각각의 자료들이 어떤 정확한 위치에 저장된다면, 특정 조직의 손상이 특정한 기억 손실로 나타나야 한다. 예를 들어 처칠(Churchill)에 관한 사실들 혹은 노래 「그린슬리브즈」(Greensleeves)의 음조에 관한 나의 기억이 특정한 위치에 저장된다면, 그 위치의 뉴런이 파괴될 경우 그 노래를 부르는 능력도 사라져야 하며, 제 2 차 세계대전 동안 영국 수상이 누구였는지 회상할 수 있는 능력도 파괴되어야 할 텐데, 크림 전쟁(Crimean

25) 대화 중에서, 그리고 McClelland, Rumelhart, and Hinton(1986)을 참조.

War) 동안 영국 수상이 누구였는지 나의 회상과 그 노래의 가사 "진흙탕, 진흙탕, 영광스런 진흙탕"(Mud, Mud, glorious Mud)이란 기억은 손상되지 않은 채 남는다. 뇌신경의 손상이 특정한 자료 손실을 가져오는지 의심스럽기까지 하다. 그보다는 뇌신경의 손상이 전반적인 기억 감소를 일으킨다. 신경조직은 라슐리(Lashley)의 예상보다 더 많은 특이성을 갖지만, 개별 뉴런이 아주 특이하여 한 항목(item)에만 반응하도록 조율되어 있어서 그 이외에는 반응하지 않을 것이라는 그의 생각이 미심쩍기까지 하다. 따라서 연결주의자 모델들은 '**분산된** 원리'를 고안하고 이용하는 측면이 있으며, 그 원리는 '여러 요소들이 한 자극 범위에 선택되며,[26] 할머니 세포와 같은 것은 결코 없음을' 의미한다(Anderson and Mozer 1981).

'인지적 기술(cognitive skills) 습득'과 '예행연습의 중요성'은 결정적으로 컴퓨터 기억 비유를 난감하게 만드는 면이 있으며,[27] 마찬가지로 '기억 고착의 역학'과 코사코프(Korsakoff)의 환자의 '건망증 발달 패턴'에서 오래된 기억일수록 더 잘 보존된다는 점에서도 그렇다. 다소 불명확한 의미지만, 정보저장은 여러 뉴런들 사이의 연결성(connectivity)의 기능이다. 이것은 뇌 기억을 '개별 기호들이 특정 번지를 가진 특정 장소에 저장되는' 모델로 이해하는 것이 근본적으로 잘못임을 의미한다(Anderson and Hinton 1981). 결론적으로 위의 차이점은 뇌를 컴퓨터와 동일시하는 비유를 깎아 내리는 면이 있다. 그

---

26) [역주] 앞서 설명된 바와 같이, 맛 자극에 여러 감각 수용기의 요소들은 물론 뇌 피질의 여러 요소들이 관여한다는 이론이 있었다. 그와 같이 특정 단순한 기억을 위해서 뇌의 여러 피질들이 관여할 것이라 짐작된다.

27) [역주] 인간이 어떤 기술(skill)을 습득해야 할 경우 반복 훈련이 필요하다. 이 점은 반복 연습 혹은 훈련을 통해 뇌가 더욱 잘 계산 처리할 수 있도록 시냅스 연결 상태가 변화된 때문으로 이해된다. 그렇지만 재래식 컴퓨터는 단 한 번의 기억으로 실수 없는 동작을 유도한다. 이런 점에서 인간의 뇌와 재래식 컴퓨터는 뚜렷하게 다르다.

리고 컴퓨터 비유로 정당화된 움막에서 시도하는 많은 모의실험 연구들이 방향을 잘못 잡고 있음을 의미한다.

컴퓨터 비유가 잘못되었음을 '실시간 제약'(real-time constraints)과 관련해서 확인할 수 있다. 신경계의 신호전달속도가 컴퓨터의 신호전달속도에 비해 상당히 느리지만, 뇌는 복잡한 일을 수행하는 데에 전자 장치보다 엄청나게 빠르다. 인간 뇌는 '언어'와 '비언어' 인식에 있어 어느 컴퓨터보다도 비교할 수 없을 정도로 빠르다. 맥클랜드(McClelland)는 다음과 같이 말한다.

> 만약 뇌의 시냅스 수에 대한 지금의 평가가 거의 정확하다면, 1초 동안에 인간 뇌에서 할 수 있는 정보처리를 오늘날 가장 빠른 컴퓨터가 모의실험하려면 수년 내지 수십 년 걸려야 할 것이다. (출판되지 않은 논문:22)

펠드먼(Feldman)과 발라드(Ballard)는 뇌의 모델링 제약이 '100단계 규칙'이라는 시간적 한계를 의미한다며, 아래와 같이 설명한다.

> 가장 분명한 핵심적 자원은 시간이다. 계산 속도가 수백 분의 1초인 뉴런들이 복잡한 행동을 불과 수십 분의 1초 내에 해내는 것에 대해 설명이 필요하다(Posner 1978). 이것은 **아주 복잡한 행동이 100단계보다 짧게 이루어져야 한다**는 것을 의미한다. 현대의 인공지능과 모의실험 프로그램들이라면 수백만 단계를 필요로 하는 일이기 때문이다. (1982:206)

뇌의 (잘 알고 있는) 병렬 구조와 (대략 아는) 분산된 정보저장의 본성은, 우리가 인지 기능을 더욱 잘 이해하려면, '순차적 고정관념'을 버려야 함을 시사한다. 이런 생각은 상호 연결된 뉴런 같은 요소들이 한 정보를 동시적으로 처리하여 패턴 재인이나 학습과 같은 일을 어떻게 성취해 낼 수 있는지 이해시켜 준다. 앤더슨(Anderson)과 힌턴(Hinton)은 기억에 관련하여 자신들의 입장을 아래와 같이 적었다.

> 만약 우리들이 항목들을 검색하는 기초 방법이 '번지'(address)라는 생각을 포기한다면, 우리들은 시스템의 병렬 계산을 이용하여 상호 연결된 요소들이 '내용-중심 기억'(content-addressable memory)을 하도록 할 수 있을 것이다. (1981:10)

전통적 모의실험 연구에서 중요한 신조는 '계산처리는 순차적'이며, 그 계산이 **인지**과정을 처리하기 위해서 '기호들을 조작해야 한다'는 것이었다(Pylyshyn 1984). 병렬모델 전략, 즉 '연결주의'는 위 두 신념을 거부한다. 앞서 주시한 바와 같이, 전통적 모델에서 '표상'은 '기호'인 반면에, 병렬모델에서 '표상'은 그물망에 걸쳐 분산된 '활동 패턴'이다. 앤더슨과 힌턴은 다음과 같이 말한다.

> 이 모델에서 기초 개념은 **상태 벡터**(state vector) 개념으로, 시스템 내에 '일반적 활동 표상'은 시스템을 구성하는 일련의 요소들에 동시적으로 나타나는 '활동 패턴'으로 지정된다. (1981:17)

'상태 벡터' 개념은 운동조절에서 '위상공간 표상'과 관련해서 앞서 논의된 친숙한 개념이다.

펠드먼(Feldman)과 발라드(Ballard)는, 연결주의자 선언문이라고 할 만한, 연결주의자 원리에 대한 선언에서 새로운 접근법을 다음과 같이 규정한다.

> 연결주의의 근본 전제는 개별 뉴런들이 **많은 양의 기호 정보들을 전달하지 않는다**는 것이다. 대신에 뉴런들은 많은 수의 유사한 유닛들(units)이 **적절히 연결됨으로써** 계산처리한다. 이것은 컴퓨터 과학과

인지심리학에서 널리 이용된 (지성에 대한) 전통적 컴퓨터 모델과 첨예하게 대립된다. (1982:208)

같은 관점을 표현한 것으로, 말스버그(Von der Malsburg)와 윌쇼(Willshaw)가 말하는 연결주의자 모델은 아래와 같다.

컴퓨터 용어로 **'프로그램'은 국소 상호 작용**(local interactions)**의 구조 속에 존재하며**, 그 계산 결과는 전체 정렬 상태(globally ordered state)인데, 이 상태는 병렬 계산으로 성취된 것이며, 작은 수정에 저항한다. (1981:83 재인용.)

연결주의자들은 많은 인공지능 연구에서 특히 하향적 접근 성향을 외면해 왔으며, 이제는 요소들이 그물망의 전체 효과를 산출하기 위해 어떻게 상호 교류하는지 설명해 줄 원리를 찾고 있다. 그런데 두(하향적 · 상향적) 접근 방식은 모든 면에서 언쟁할 필요가 없다. 왜냐하면 순차적 모의실험들이 전부는 아니라도 어느 유형의 인지활동 혹은 어느 차원의 인지기관에 적절할 수 있기 때문이다. 더구나 인지과정을 모의실험할 수 있는 순차적 프로그램을 개발하는 과정에서 알게 된 문제점들, 전략들, 교훈들이 있으며, 병렬모델 개발자들은 병렬모델이 유용하다는 점을 입증하도록 순차적 프로그램을 개발해야 하기 때문이다. 병렬모델 연구자들이 무엇을 하려는지 조금 더 알아보자. 다음 논의의 핵심은 '우리가 어떻게 보는가'에 관한 문제이다.

전체(Global) 효과와 국소(Local) 상호 작용

한 유기체가 무엇을 보려면 신경계가 외부세계로부터 들어오는 무엇이 있어야 한다. 어느 가설이라도 '뇌가 어떻게 시각을 가질 수 있지' 설명하려면 '시각 시스템의 입력으로 망막에 들어온 빛이 2차원 배열을 이룬다'는 근본적인 사실을 고려해야 한다. 뇌는 그 자극 배열을 가지고 외부세계의 무엇이 수용된 빛 패턴에 대응하는지 해석해 내야 한다. 물론 뇌 내부에는 그 배열을 '새'(bird) 패턴이나 '파인애플' 패턴으로 알아볼 누구도 없다. 단지 상호 활동하는 뉴런그물망이 있을 뿐이며, 그 상호 연결 결과로 2차원 배열에 대한 해석인 전체 효과가 산출된다. 그것이 마술이 아니라면 반드시 메커니즘이 있어야 한다. 따라서 문제는 '뇌가 어떤 원리에 의해 대상을 재인하는지' 찾아내는 일이다.

비록 그 일이 신경생물학에 깊이 관련하여 발전하고 있긴 하지만, 병렬모델 전략은 여전히 '하향적 방법'으로 지칭되곤 한다(그 예로 Marr and Poggio 1976을 참조). 이것은 주로 마(Marr)의 영향 때문이다. 그의 말에 따르면, 누구든 우선 어떤 문제(시각 재인 문제) 해결을 위한 '계산적 도식'을 찾아내야 하며, 그 다음에 뇌가 그 도식을 실제로 '수행하는지' 그리고 '어떻게 하는지' 알아보는 것이 유용하다. 그런데 그 원칙을 따르는 학자는 단지 마(Marr)뿐이 아니다. 일부 성공적인 병렬모델들은 신경생물학에 의해 분명히 고무되고 강요되는 면이 있다. (그 예로 Hinton and Sejnowski 1983a, 1983b, 1986을 보라.)

그럼에도 이따금 신경생물학적으로 고무되고 강요된 모델들이 '하향적 방법'으로 규정되기도 하는데, 그것은 아마도 그 동기적 질문이 "그물망 N에 있는 뉴런과 같은 요소들이 '어떻게 상호 작용하여' 전체 효과 E를 산출하는가?"와 같은 식이기 때문일 것이다. 아마 위 질문은 다른 종류의 질문, 즉 "그물망 N에 있는 뉴런들이 '계산규칙 A를 따름에 의해서' 전체 효과 E를 산출하는가?"와 대비된다. 그렇게 대비해서 보면, 첫째 질문을 '하향적 방법'(top-down), 두 번째 것을 '상향적 방법'(bottom-up)이라 부를 수 있을 것이다. 비록 위 대비가 충분히 명확하기는 하지만, 내가 보기에 그 호칭은 잘못되었다는 느낌이다. 나는 두 유형의 질문 사이의 비교를 '하향적 방법 대 상향적 방법'으로 부르기보다는, 첫째 것을 '이론 고안(theory-devising) 질문'으로, 두 번째 것을 '이론 실험(theory-testing) 질문'으로 부르고 싶다.

'하향적 방법'이 하나의 전략으로 쓸 만한 것인지의 판정은 그 전략이 '뇌가 학습에서 정보처리를 어떻게 수행하는지'에 대해 관심을 갖는지 안 갖는지에 달려 있다. 첫째 질문을 '하향적 방법'으로 부른다고 해서 곧 그 호칭이 중요한 의미를 갖는 것은 아니다. 왜냐하면 연결주의자들이 묻는 질문 "어떻게 할 수 있는가?"는, 고전의 하향적 컴퓨터 모델(예를 들어 Schank and Abelson 1977)과 다른 방법으로, 뉴런의 구조와 생리학을 고려한 것이다. 그런데 어떤 용어를 사용해야 할 것인지에 관한 논의, 즉 하향적·상향적 대비는 논점과 별로 관계없는 듯싶다. '병렬모델'을 입력과 출력 사이에 간섭하는 뇌 정보 처리에 관한 이론으로 보는 것이 차라리 나을 것이며, '어떻게 거시적 효과가 미시적 구조로 산출되는지'에 관한 이론으로 보는 것이 좋겠다.

병렬모델 주제에는 여러 변이 종들이 있다. 예를 들어 단순연합기억(simple associative memory)에 관한 '선형모델'(linear models)(Kohonen, Oja, and Lehtio 1981)과 '비선형모델'(nonlinear models)(Hinton 1981)이 있다. 일부 병렬모델에서는 번지지정 메커니즘(addressing mechanism)이 하드웨어 연결(Fahlman 1981)로, 그리고 다른 병렬모델에서는 데이터가 '시냅스' 가중치의 수정으로 저장되는 활동 패턴(Hinton 1981)으로 교체되었다. 또 다른 병렬모델에서는 계산처리가 '행렬 곱'이라는 주장(Kohonen, Oja, and Lehtio 1981)도 있고, '이완계산규칙'(relaxation algorithm)이라는 주장(Marr and Poggio 1976, Hummel and Zucker 1980)도 있다. '요소 통합'(unifying element)은 그 '구조(병렬처리/순차처리)'에서, '자료저장 방법'에서 그리고 '표상의 본성'에서도 전통적 컴퓨터와 대비된다.

병렬 접근방법이 왜 흥미로운지 알아보기 위해 하나의 예를 들어 설명하는 것이 좋겠다. 힌턴과 세흐노브스키(Hinton and Sejnowski 1983a, 1986)의 시각 재인에 관한 최근 연구를 보자(Ballard, Hinton, and Sejnowski 1983). 이것을 예로 들어보려는 까닭은 내가 보기에 '시각 재인'에 관한 연구가 '기억'과 '학습'에 대한 연구보다 실제로 더욱 성과가 있었으며, 동시에 훨씬 신경생물학에 가깝다는 생각이 들기 때문이다. 어쩌면 누구라도 그렇다고 짐작할 수 있겠지만, '시각'에 대한 뉴런 기제(neural substrate)가 '기억'에 대한 뉴런 기제보다 더 잘 이해되기 때문이다. 기억 모델을 만든 자신들은 대견해했지만, 세흐노브스키가 언급한 바와 같이 그 기억모델들은 '어색한 추상화'에 불과하다. 예를 들어 코호넨(Kohonen)이 그 기억모델들을 보고 이렇게 썼다. "그 모델이 기억에 닮았다는 것은 마치 장난감 글라이더가 새와 닮았다고 하는 것과 같다. 엄밀히 말해서 글라이더가 날 수 있다고 하지만 새와 같은 역동성과 우아함을 갖지는 못했다."(p.203) 그럼에도 불구하고 상위기능에 대한 연구는 중요하다. 왜냐하면 적어도 그것은 '학습', '기억', '지식 단위 결정'과 같은 문제들을 어떻게 말해야 할지 예를 보여주기 때문이며, 새로운 패러다임에서 상당한 정도로 그 문제들을 해결하기 때문이다. (특별히 McClelland and Rumelhart 1981에 의해 고안된 '독서 이론'을 보고, Rumelhart and Zipser 1985에 의해 개발된 '학습 이론'을 참조하라.)

힌턴-세흐노브스키의 시각 재인 시스템에서 그물망은 두 세트의 2진 유닛(binary unit)으로 구성되는데, 외부세계로부터 입력을 받아들이는 '검출기'(detector), 그것에 연결된 유닛 그리고 다른 비감지 유닛을 연결하는 '유닛'이다. 그 시스템이 하는 일은 검출기의 이미지 배열을 해석하는 것이다. 하나의 유닛이 '참'인 상태에 있게 된다면(참 = 1, 거짓 = 0), 이것은 그 시스템이 표현한 가설에 대한 일종의 득표로 이해된다. 최종의 가설이 그 이미지에 의해서 그리고 다른 가설들에 의해서 적절하게 결정된다. 그렇게 다른 가설들과 광범위한 득표 경쟁 후에 승리하는 가설이 나타난다. 최고의 가설을 찾는 이런 유형의 절차를 '**협동탐색**'(cooperative search)이라 한다.

반면에 어느 모델에서는 탐색 절차가 유닛들의 가설이 참일 가능성을 표현하도록 유닛들의 수를 결정하는데, 힌턴-세흐노브스키 모델은 약간 다르다. 만약 주어진 가설이 0.8의 개연성을 갖는다면, 그 가설을 표현하는 유닛은 '참'인 상태에 대해 0.8의 개연성을 갖는다. 그런 의미에서 그 모델이 어느 문제를 회피할 특징에서 '확률론적'(stochastic)이다(아래를 계속 보라). 두 유닛 사이의 관계는 시냅스 '가중치 부여' 문제이며, 그 가중치 부여는 '가설들 사이의 억제'를 의미한다는 점을 주시하라. 분명히 시냅스 가중치가 변화된다면, 가설들 사이의 관계도 따라서 변화되어, 그 시스템이 학습하게 된다. 다시 말해서 하나의 가설은 관련된 유닛들의 개연성을 '참'인 상태가 되도록 변화시킴으로써, 특정 이미지를 얻을 더 높은 개연성을 획득한다.

이완: 최고 가설 탐색

이완(relaxation)에 대한 일반적 설명은 다음과 같다. 그물망은 국소 상호 작용에 의해 전체 효과를 내는데, 국소의 유닛들은 이웃 유닛들의 반응을 알고서 그 유닛들이 어떻게 반응하는지에 따라 자신들의 반응을 조절한다. 유닛 집단은 단순한 규칙에 따라 반복적으로 반응을 수정함으로써 마침내 그물망 전체가 안정된 최적 상태로 '이완'된다. 만약 그 연결이 대칭적이고, 갱신(update)이 비동기적(asynchronous)으로 이루어진다면, 작동해야 할 시스템은 안정된 모습으로 이완될 것이다. 사실상 그 최종 상태는 시스템이 자극에 의해 제기된 문제를 해결한 결과인 셈이다. 따라서 이런 협동탐색 개념에서 문제가 되는 것은, 상호 작용하는 유닛들의 시스템이 최적 응답으로 이완할 수 있게 하는, 유닛들 사이의 연결 가중치 정도를 찾아내는 일이다.

일단 검출기가 자극에 의해 활성화되면, 일정 범위의 연결 유닛들이 활성화되고, 이것은 본질적으로 특정 범위의 가설들이 '경쟁함'을 의미한다. 일부 유닛들은 특정 유닛들을 활성화시키면서 다른 유닛들을 억제한다. 그렇게 그 시스템은 '득표'라는 상호 작용에 의해 덜 개연적인 가설들로부터 더 개연적인 가설들로 변화한다. 양립할 수 없는 가설들은 더 개연적인 것이 승리할 때까지 경쟁할 것이다. 개연성이 적은 가설들은 주파수를 감소시킴으로써 '참'인 상태가 될 것이며, 따라서 연결 유닛들에 영향력을 감소시킬 것이다. 가설들 사이의 개연성 관계에 대한 일반적 성격은 베이스 정리(Bayesian)로 설명된다.

그림 10.18은 협동탐색을 위한 아주 단순한 억제 그물망을 보여주는데, 그 그물망은 입력에 가장 알맞은 가설을 찾아 사물의 방향을 규정한다. 각각의 유닛들은 네커 입방체(Necker cube)의 꼭지점에 관심을 갖는 가설이며, 양립할 수 없는 가설들은 네거티브(negative)로 연결되고, 일치하는 가설들은 포지티브(positive)로 연결된다. 이 시스템에서 가중치는 두 네거티브 입력들이 세 포지티브 입력들과 균형을 이루도록 안배되어 있다. 즉 각각의 유닛들은 포지티브로 연결된 세 이웃들과 네거티브로 연결된 두 경쟁자를 가지며, 각각의 유닛은 자극으로부터 하나의 포지티브 입력을 받는다. 이 시스템이 어떻게 작동하는지 알아보기 위해 모든 유닛들이 꺼져 있다고 가정해 보자. 그러면 한 유닛에 포지티브 값(입력)이 주어진다. 결국 이 시스템은 안정 상태로 갈 것이며, 한 쪽 하부그물망(subnetwork)의 모든 유닛들이 활성화되고, 다른 쪽 하부그물망의 모든 유닛들이 꺼진다. 이것은 시스템이 우측대면 네커 입방체(right-facing Necker cube) 또는 좌측대면 네커 입방체(left-facing Necker cube)를 그리는 선을 해석하도록 이완된다고 이해될 수 있다. **그림** 10.19는 그물망이 첫 번째로 활성화되는 유닛이 어떤 것인지에 따라서 서로 다르게 이완되는 세 가지 상태를 보여준다. 이 만화 그물망은 단지 시각 시스템이 '사물의 방향 문제'(object orientation problem)를 어떻게 해결한다고 생각해야 하는지를 보여주려는 것이 아니다. 그보다는 그물망이 협동탐색을 위해 어느 근본 원리를 사용하는지 가장 단순하게 보여주는 예이다.

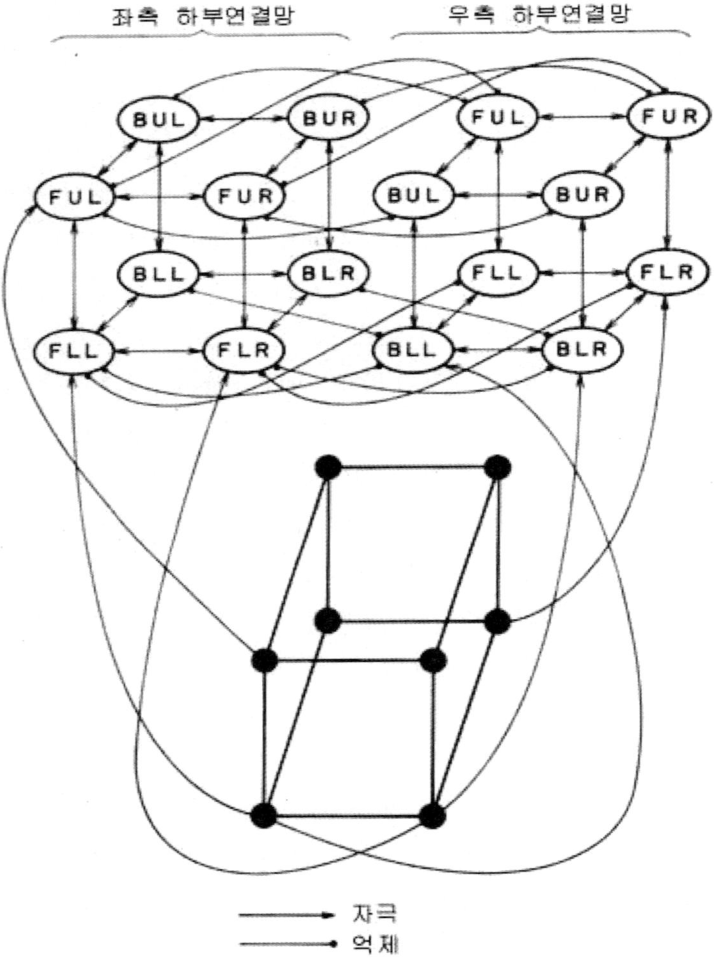

그림 10.18

네커 입방체(Necker cube)를 지각하는 데 사용된 제어 일부를 표상하는 단순 그물망. 약어: B back, F front, L left, R right, U upper, L lower. 그물망의 각 유닛은 네커 입방체를 그리는 선 내의 정점과 관련한 가설들을 나타낸다. 그물망은 두 상호 연결 하부그물망(subnetwork)으로 되어 있으며, 각각은 두 가능한 해석들에 대응한다. (Rumelhart et al.(1986). In *Parallel Distributed Processing: Explorations in the Microstructure of Cognition*. Vol. 2: *Applications*, ed. J. L. McClelland and D. E. Rumelhart. Cambridge, Mass.: MIT Press)

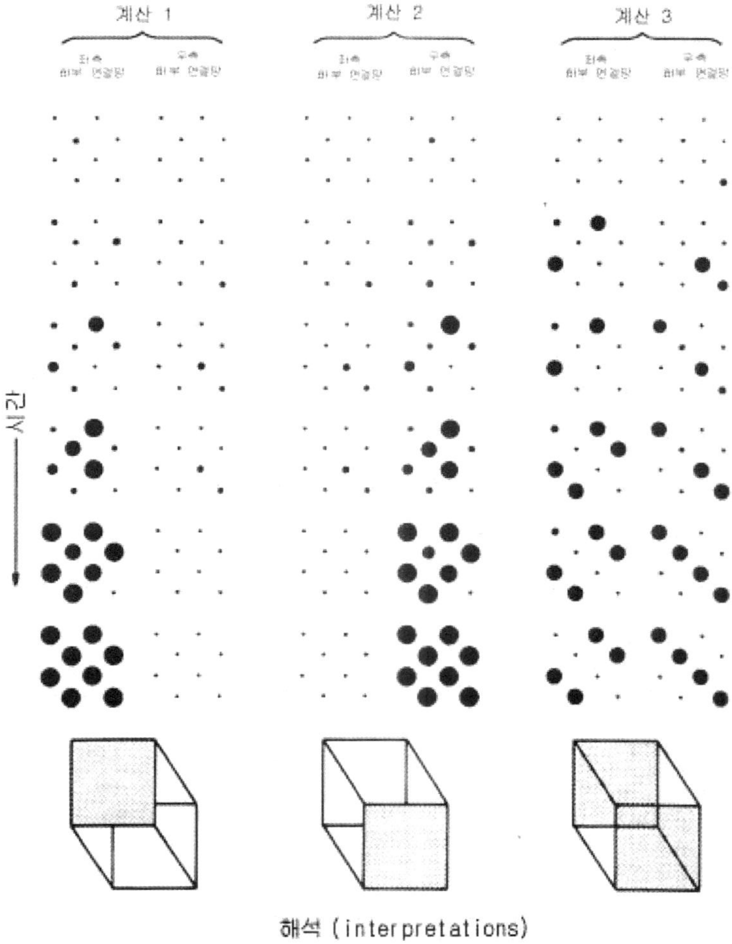

그림 10.19

그림 10.18에서 보여준 그물망에 기초한 세 가지 다른 모의실험 운영. 원의 크기는 각 유닛들의 활동 값을 가리킨다. 유닛들은 하부그물망(subnetwork)의 모양에 따라 정렬되며, 각 원들은 입력을 받는 입방체의 꼭지점에 대응하는 위치를 보여준다. 그 상태들은 6초마다 갱신됨을 보여준다. (Rumelhart et al.(1986). In *Parallel Distributed Processing: Explorations in the Microstructure of Cognition*. Vol. 2: *Applications*, ed. J. L. McClelland and D. E. Rumelhart. Cambridge, Mass.: MIT Press을 수정 인용)

만약 어느 그물망의 유닛들이 가설들로 해석된다면, 유닛들 사이의 '연결'은 가설들 사이의 '억제'로 해석될 수 있다. 시스템에 들어오는 입력 또한 하나의 억제로 생각될 수 있으며, 따라서 시스템이 어떤 입력에 의해 자극되면, 그 시스템이 이완하여 만드는 국소 최적 상태는 가능한 많은 억제 요소들을 만족시키는 상태가 될 것이다. 커크패트릭, 겔라트 그리고 베키(Kirkpatrick, Gelatt and Vecchi 1983)는 협동탐색과 열역학 사이에 상당한 관련이 있는 만큼, 그물망과 그 행동이 에너지 분산 모델로 해석될 수 있다고 한다. 그 중심 개념은 '그물망이 가설들 사이에 좋은 결합을 찾는 일'은 마치 '어느 물리적 시스템이 최소 에너지 상태로 안정되는 것'과 같은 모델로 이해할 수 있다.

좀 더 자세히 설명하자면, 커크패트릭과 연구원들은 금속들을 '풀림하는'(annealing) 것과 아주 딱 들어맞는 적절한 비유를 보여준다. 가열된 금속에 적당한 냉각 순서를 주면 바라는 결정 구조를 만들도록 적절히 풀림 된다. 금속이 냉각되는 것과 같은 이해에서, 고도로 비개연적 상태들은 결국 에너지가 분산되고 시스템이 전체 에너지 최소값(global energy minimum)을 찾는(이완되는) 것처럼 더욱 개연적인 상태로 바뀐다. 협동탐색에서 시스템이 풀림과 비슷한 모습을 보여주는 것은, 같은 의미에서 그 부분이 국소 에너지 최소값(local energy minima)을 찾는 것과 같으며, 그 시스템이 점차 가장 개연적인 응답, 즉 전체 에너지 최소값을 찾는 것과 동일하다는 말이다.

이런 열역학 비유의 본질적 시사점을 비켜놓고라도 그 부분적 가치는 모델을 만드는 사람에게 도움을 주어, 열역학에서의 '법칙', '개념', '평형' 등등을 응용하여 병렬 그물망에서 새로운 특징과 원리들을 찾아내고 창조하게 할 것이라는 기대이다. 다시 말해서 그것은 속칭 '자유를 위한 체계성의 전체 차원'(whole dimension of systematicity for free)[28]을 의미하며, 이 체계성은 한 탐구 방향을 제시한다. 그런데 열

28) 다른 이론으로부터 도입된 체계성에 대한 가치를 표현하는 이 방법은 제리

역학의 비유가 호소하는 것은 그 이상이다. 그 비유가 제시하는 바는 '에너지'란 개념이 물리학을 위해 한 것과 같이 뇌 이론을 위해 '어떤 일을 해줄' 한 개념을 찾을 수 있을 가능성이다.

힌턴과 세흐노브스키(1983a)는 그 비유를 다음과 같이 표현한다. 시스템의 임의의 상태가 연합된 '에너지'(associated energy)를 갖는다고 가정하고, 높은 에너지 상태는 그 억제가 깨진 정도이며, 낮은 에너지 상태는 그 억제가 만족된 정도라고 가정하자.[29] 그렇다면 협동탐색은 열역학 용어로 시스템이 에너지 최소화된 냉각 상태를 찾는 것으로 이해될 수 있다. 따라서 높은 온도는 시스템이 많은 노이즈(noise)를 갖는 것에 비유되며, 냉각은 승리하는 가설(신호 signal)의 출현에 비유된다. 힌턴과 세흐노브스키의 말에 따르면, "… 에너지 최소화를 위해 시스템은 억제 요소들을 만족시킬 범위를 최대화한다."(1983a:449) 탐색 유닛들 사이의 연결이 대칭적이며, 비동시적으로 갱신(update)된다고 짐작해 보면, 사실상 시스템은 국소 에너지 최소값으로 안정될 것이다.

힌턴과 세흐노브스키는 열역학 비유를 이용하여 결정론적 시스템(deterministic system)에서 한 유닛의 기여에 의한 에너지 최소화 규칙을 아래와 같이 표현한다. "**만약 다른 유닛들로부터 그리고 시스템 밖으로부터 들어온 너의 전체 입력이 너의 역치(threshold)를 넘어선다**

포더(Jerry Fodor)로부터 빌려왔다.

29) "시스템의 전체 에너지는 다음과 같이 정의된다.

$$E = -\frac{1}{2} \sum\sum_{i \neq j} w_{ij}\ s_i s_j - \sum_{i} \eta_i s_i$$

n_i 가 i 번째 유닛에 대한 외부 입력이며, w_{ij} 는 j 번째로부터 i 번째 유닛으로 연결 강도(시냅스 가중치)이며, s_i 는 부울의 진리값(boolean truth value)(0 혹은 1)이고, 0_i 는 역치(threshold)이다."(Hinton and Sejnowski 1983a: 449)

면 그 참인 상태를 채택하라." (이 모델이 무엇을 할 수 있는지 그림 10.20을 예로 보라.) 하나의 그물망은 이미지 배열에 의해 활성화된 가설들로부터 최적 조합 가설을 만들어내는 하나의 메커니즘이라는 이 설명은 단순하며 우아하다. 또한 이 설명은 물리적 세계가 유닛들의 상호 활동 속에 새겨진다고 가정하게 한다. (물론 아닐 수도 있지만) 예를 들어 한 표면 위에 인접한 두 지점은 같은 반사율을 갖는다는 것이 납득될 만하다.30) 그런 정보는 유닛 집단의 시냅스 가중치에 새겨질 수 있다. (물리적 세계가 신경계에 새겨질 수 있다는 가정과 관련해서, Gibson 1968, Ullman 1979 참조.)

시스템이 통계적이든 아니든 국소 최소값으로 안정되긴 하지만, 협동탐색에 대한 결정론적 해석이 갖는 결함은 '유닛의 에너지 수준 변화는 언제나 내려가며, 결코 올라가지 않는다'는 점이다. 결론적으로 말해서 이따금 시스템이 **국소** 최소값에 고착되어 **전체** 최소값에 도달하지 못할 가능성이 있다. 아니 그보다, '가설과 억제'를 빌어 말하자면, 가설들의 조합이 경쟁 중에 단편 유닛들에 의해 너무 쉽게 이루어질 수 있어, **총체적으로** 더 좋은 가설들의 조합이 허락되지 않아 투표에 패함으로써 초기에 다른 가설을 허락할 수 있다는 점이다.

열역학적 비유는 개연성 전략을 암시한다. 서로 다른 냉각 절차는 풀림 과정에서 서로 다른 분자 조직들을 조성하는데, 그중 일부는 **전체** 에너지 최소값을 갖는 결정구조를 형성하며, 다른 것들은 그렇지 않다. 전체 에너지 최소값을 갖는 풀림을 이루려면, 점진적 절차가 필요하다. 이해가 되도록 말하자면, 그 절차는 시스템에 노이즈를 추가하는 것에 비유되는데, 노이즈를 줌으로써 시스템이 국소 최소값에 고착된 냉각절차를 어떻게 개선해야 할지 알아낼 방법을 찾아내게 된다.

---

30) [역주] 이런 까닭에 동일 표면의 여러 지점들은 사실상 서로 다른 반사율을 갖는다고 하더라도 우리는 그 인접 지점들의 반사율을 비슷한 것으로 인지하여, 그 지점들이 동일 표면 내의 것들로 인식될 수 있다는 가정이다.

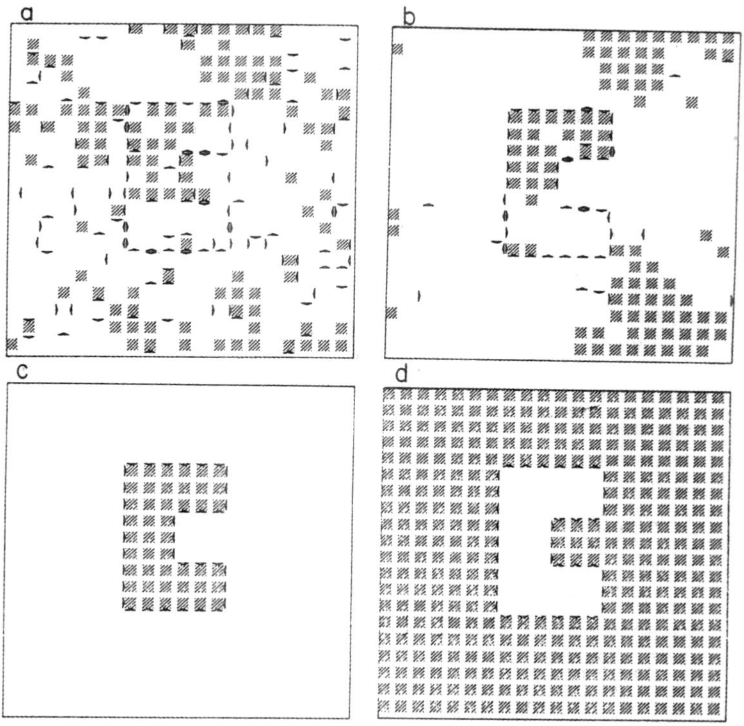

그림 10.20
이 모형도는, 그물망이 지면에서 특성(figure)을 식별하는 문제를 해결하듯이, 모의실험된 풀림의 세 연속 단계를 보여준다. (빗금 사각형 ▨은 특성 유닛 figure units이며, 삼각형 ▲은 모서리 유닛 edge units이다.) 모서리들이 연속적으로 그리고 특성들은 내적으로 연결되는, 물리적 억제는 계산규칙(algorithm)에 따른다. (a)는 그물망이 '높은 온도'임을 보여주며, 그럴 경우 특성 유닛들과 모서리 유닛들은 형태 없는 패턴을 보인다. (b)에서 그물망이 '중간 온도'로 '냉각'되었으며, 특성 유닛들이 그것들에 일관성을 이루는 방향으로 모서리 유닛들을 이동시킴으로써 더 많은 형태가 나타난다. (c) '낮은 온도'에서 국소적 비일관성이 해소되며, 전체 그물망은 올바른 해결로 '결정화'되어, 특성들이 빈 바탕에 검은 글자 'C'를 만든다. (d)에서 관심의 중심은 밖으로 전이되어 특성-기반 반전을 일으킨다. (세흐노브스키의 호의에 감사한다. Sejnowski and Hinton 앞으로 출판될 책)

요동(fluctuation), 즉 노이즈는 시스템이 표면적인 최소값을 탈피하도록 하며,[31] 그렇게 해서 잠시 후 더 낮은 최소값으로 되어 시스템이 더 잘 안정될 것이다(Ackley, Hinton, and Sejnowski 1985).

따라서 확률론적 해석의 장점은 상태들이 이따금 더 상위차원의 에너지 상태로 뛰어오를 수 있다는 점이다. 다시 말해서 상대적으로 비개연적 가설들이 경우에 따라서 재고될 수 있다. 이 효과를 얻기 위해 힌턴과 세흐노브스키는 메트로폴리스와 연구원들(Metropolis et al. 1953)에 의해 고안된 평균 에너지 분산에 관련된 계산규칙을 수정하여 이용했다. 그 보정 효과는 **노이즈**가 결정 규칙에 추가된다는 점이다. 따라서 경우에 따라서 하나의 유닛은 이웃 가설들에서 힘을 얻는 가설들과 거의 일관성을 갖지 않는 가설을 채택하며, 국소적으로 개연성이 없는 가설이 돌연히 다른 이웃 가설들과 어떻게 어울리는지에 따라서 전체적 상태를 획득한다. 이렇게 문제를 바라보는 시각에서 보면, 시스템의 노이즈는 그 시스템에서 부수적이며 무시되는 속성이 아니며, 그 효과 기능에 중요하다. 만약 이런 생각이 옳다면, 뉴런의 응답에 대한 개연적 본성은 중요한 기능을 갖는다. 힌턴과 세흐노브스키(1983)는 다음과 같이 말한다.

---

31) [역주] 냉각과정에서 국소 에너지 최소값(a)에 고착된 상태를 탈피하기 위해서 요동을 줌으로써 그 상태를 벗어나 전체 에너지 최소값(b)에 도달할 수 있다. 이 설명을 아래 그림에서 알아볼 수 있다.

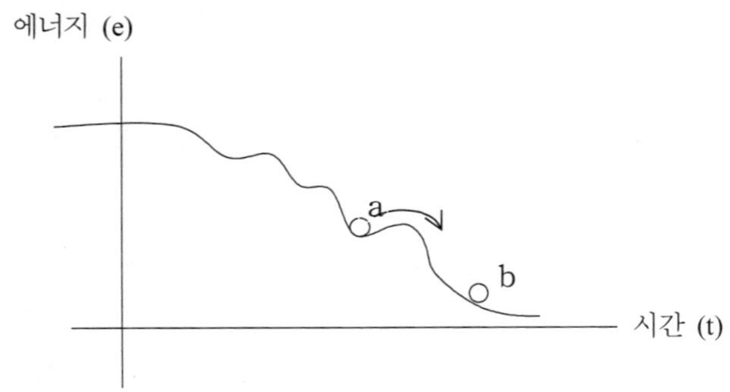

우리가 제시하는 바는, 요동이 의도적으로 뉴런 신호들에 더해짐으로써, 그물망 폐쇄를 피하여 원치 않는 국소 최적화(local optima)를 막아, 효율적 학습을 위한 선형 조건을 제공할 수 있다는 점이다. 신경계에서 노이즈 문제는 '보완된 경험적 탐구'와 '더 나은 이론적 분석'을 위해 논의할 만하다. (p.5)

노이즈에 관련한 가설들은 또 다른 철학적 이유로도 흥미롭다. 마크 윌슨(Mark Wilson)이 (사적 대화에서) 언급한 것처럼 만약 어느 학자가 심리학이 신경과학에 대해서 독립적이어야만 하며, 뉴런 구조의 세부사항들이 인지 기능을 이해하기에 부적합하다는 견해를 갖는다면, 그 학자가 놓치는 부분은 바로 그물망의 노이즈 문제이다.32) 그리고 또한 노이즈 문제는 인지과정을 충분히 설명해 내기 위해서도 중요하게 고려되어야 한다.

실제 신경계가 이런 방식으로 작동할까?

최적 가설로 이완한다는 것이 패턴 재인과 기타 등등을 수행하는 '한' 방식일 수 있겠지만, 과연 그것이 뇌의 방식일까? 우선 고려해야 할 사항으로, 프로그램을 수행하는 기계가 병렬 구조를 가지고 있고, 유닛들이 뉴런과 비슷하기 때문에, 힌턴-세흐노브스키 모델은 뉴런 연결을 모의실험하도록 거대하게 본떠 만든 연결을 갖는다는 점에서, 놀라울 정도로 생물학적 방식을 따르고 있다는 점을 상기해 보라. 그러면 이완은 단지 패턴 재인을 수행하는 '한' 방식, 즉 '구닥다리 방식'이 아니다. 좀 더 정확히 말해서 이완은 단순한 유닛들이 병렬로 구성되어

32) [역주] 심리학의 독립성을 주장하며, 마음이 결코 신경망의 작용으로 환원될 수 없다고 주장하는 사람들은 심리적 현상은 물리적 현상처럼 규칙적으로 말하기 어렵다는 점을 지적한다. 그러나 신경망에 노이즈가 개입한다는 점을 고려한다면, 심리적 판단이 왜 물리적 규칙성과 다르게 보이는지도 신경생물학적(물리적)으로 이해될 여지가 있다. 이 점을 이해한다면 심리적 현상이 물리적 현상과 다른 특이성을 보인다고 고집 부리기 어렵다는 이야기이다.

시냅스 가중치와 같은 풍부한 교차-승인 전위(rich cross-talk potential)와 상호 활동 억제(interaction constraints)에 의해서 '패턴 재인'을 수행하는 방식인 것이다.

패턴 재인과 같은 뇌 기능에 관해 하나의 이론을 제공하는 이 모델은 잘 다듬어진 '해부학적 · 생리학적 자료들'과 '상위차원 심리학적 자료들'을 설명할 수 있어야 한다. 텐서그물망 이론의 경우에서와 같이 이 모델이 '그 자료들(해부학적, 생리학적, 심리학적)'을 어떻게 잘 통합적으로 설명하며, 그 모델이 어떻게 실험될 수 있으며 또한 새로운 경험적 실험을 제안하기에 충분한지 따져볼 필요가 있다. 엄밀히 말해서 병렬모델 전략이 아주 최근에 거둔 결실이며, 따라서 지금까지 우리가 본 것이란 단지 시작에 불과하다는 점을 명심해야 한다. 우리가 알아낸 것은 '시각 시스템이 어떻게 기능하는지에 관한 이론'이거나 심지어 '시각 시스템의 한 측면이 어떻게 기능하는지에 관한 이론'이라기보다는, '시각 현상에 대한 이론으로 이끌 하나의 시도'에 불과하기 때문이다.

시각 시스템에 관한 해부학적 · 생리학적 사실들이 어느 정도 이 모델을 지지하고 있으며, 따라서 이런 사실을 다음과 같은 연구에까지 확장시킬 충분한 가치가 있다. '망막의 중심-주변 구성'(center-surround organization), '독특한 속성을 가진 X, Y, 그리고 W 신경절세포 경로', '독특한 피질 영역의 망막위상 대응도', 그리고 '특징적 원주 구조(columnar architecture)와 연결 패턴' 등등이다. 일부 연구자들은 이미 그런 방향으로 연구를 진행하고 있기도 하다. 예를 들어 주커와 휴멜(Zucker and Hummel 1983)의 주장에 따르면, 이완 모델은 'X-경로의 과정'과 '망막 세포의 중심-주변 구성'을 모두 충실하게 설명한다.

시각에 관한 어떤 심리학적 특성은 컴퓨터 시각 모델로 해명이 곤란하다. 예를 들어 '주관적 윤곽선'(subjective contours)[33]이 그 수수

33) [역주] 다음 그림을 보고 사람 얼굴로 상상하거나 화분 모양으로 상상해 낼

께끼인데, 2차원 이미지 배열에는 '주관적 모서리'(subjective edge)나 '감각된 색상 대비'에 대응하는 것이 전혀 없기 때문이다. 어쩌면 그런 특징들은 마(David Marr)가 주장한 바와 같이 하위차원 시각 모델의 결과는 아닐 것이며, 록(Irvin Rock 1983)이 주장한 바와 같이 본질적으로 더 상위 장치의 관여를 포함할 것이다. 마(1982)는 자신의 컴퓨터 모델에서 '주관적 윤곽선'을 '모서리 채움'(edge fill-in)이란 부분적 표준 처리(standard process)로 이끌어낼 수 있다고 희망했지만, 록은 많은 경우의 주관적 윤곽선을 그런 방식으로 다룰 수 없을 것이며, '특징-기반(figure-ground) 식별'이 필요할 것이라고 지적했다. 그런 식별은 아마 하위차원 모델의 문제를 해결하기 위해서 상위차원 '가설'을 필요로 할 것이다. 헤이트, 페터한스 그리고 바움가르트너(von der Heydt, Peterhans and Baumgartner 1984)에 의한 최근의 발견에 따르면, '주관적 윤곽선 지시'에 의해 활성화되는 영역 18의 세포들이 있으며, 게다가 명시적인 상위차원의 기능이 신경생물학적으로 탐구될 수 있으며, 이런 사실은 연결주의자들에게 용기를 준다. 많은 다른 특성들로부터 록(Rock)은 '크기 항상성'(size constancy)이나 '방향 항상성'(orientation constancy)과 같은 '지각에서의 지성'을 암시받았다.

수 있다. 따라서 단절된 그림으로 연결된 전체 모양을 그려낼 능력에 관한 문제가 제기된다. 사실 이 그림은 역자에게 앉아 있는 개의 모습으로 보이기도 한다.

비록 마의 특별한 컴퓨터 시각 모델이 이런 논박에 취약한 듯이 보이지만, 힌턴-세흐노브스키 모델(Hinton-Sejnowski model)은 유연성을 가져서, 시각에서 상위차원 가설들의 간섭을 조정할 것이다. 다음과 같은 상상도 가능할 수 있겠다. 시각 시스템에 여러 단계의 이완이 있어서, 한 차원에서 지지된 가설이 상위차원에서 거절되거나, 지침(instruction)에 의해 그 데이터를 되돌려 보내 갱신하도록 할 수 있으며, 특정한 제약에 의해 더 나은 가설을 창출할 수도 있다고 말이다. 다시 말해서 이완 과정은 점점 더 넓은 범위의 '가설들'을 몰아낼 수 있으며, 그 과정의 통계적 본성은 '초기에 납득되지 않았던' 가설들의 조합이 승리하도록 할 것이다. 물론 이런 설명은 '시각이 종종 하향 제어(descending control)에 따른다'는 견해와 양립 가능하다.

그런데 최근 논문에서 세흐노브스키와 힌턴(앞으로 출판될 논문)이 제안한 바에 따르면, 만화 이야기는 그물망이 '최적 가설'로 이완됨으로써 '특징-기반 문제'를 어떻게 풀 수 있는지 보여준다. 그 모델은 '상실된 선 조각들'(missing line segments)이 채워질 수 있도록 고안되어있으며, '주의집중함'(attentional spotlight)으로써 그물망이 (어떤 특징이며 어떤 기반인지 규정하는) 새로운 가설로 이완된다. ('주의집중함'에 대해서 Crick 1984와 10장 10절 참조.) 얼굴/꽃병의 경우를 특징-기반 애매함으로 다루는 그 모델의 성공은, 적어도 일부 특징-기반 해법이 협동탐색 역량 내에서 꽤 쓸만함을 보여준다.

그 모델이 얼마나 신경생물학적 모습을 따르는지에 관한 문제가 기초 유닛들의 연결에 관련해서 제기된다. 그 모델은 단순한 2진 유닛들을 채용하지만, 실제 뉴런들은 단순한 켜짐-꺼짐(on-off) 유닛들이 아님을 상기해 보라. 뉴런은 탈분극에 의해 증가되고 과분극에 의해 감소될 수 있는 동시 격발률(spontaneous firing rate)을 갖는다. 그 격발 주파수는, 입력 뉴런들에 의해 유도되는 전류 변화와는 별도로, 굉장히 많은 종류의 요소들에 영향받을 수 있다(2장 참조). 세포외적 환경,

뉴런의 최근 행동 경력 그리고 개별 뉴런들의 내재적 속성들이 모두 격발 모습에 관련될 것이다. 또한 시냅스후 영역(postsynaptic regions)에 유도된 등급전압(graded potentials)은 단순한 컴퓨터 모델로는 파악될 수 없는 복잡한 모습을 갖는다(Freeman 1975). 따라서 그 모델의 단순한 유닛들이 실제로 존재하는 훨씬 복잡한 뉴런 유닛과 유사하다 할 수 있을지 문제가 된다.

위 문제에 대한 낙관적 대답은 다음과 같다. 협동탐색에 채용된 2진 유닛들의 그물망은 상당히 로저(Roger)의 만화 이야기와 유사한데, 그 물망이 '단순화하고', '추상화하며', '근사치를 찾는다'는 점에서 그렇다. 그러나 그 기초 조직 원리가 옳다면 사람들은 그 만화 이야기를 실제 이야기에 아주 가깝게 만들려고 할 것 같다. 게다가 힌턴이 (개인적 대화에서) 지적한 바에 따르면, 만약 누군가 뉴런의 출력을 아주 짧은 시간대(몇 밀리 초 정도)로 잡는다면, 뉴런은 실제로 통계적 2진 장치이다. 긴 기간 동안의 격발률이 근본적이라는 생각은 '뉴런들의 조화가 협동탐색과 같은 유용한 무엇을 한다'는 가정에 어울릴 것 같지 않다. 왜냐하면 투표하고 나서 재투표하기에 충분한 시간이 주어지지 않기 때문이다.

더구나 그 모델이 충분히 빠를지 분명하지 않다. 이완 연구방법은 상당한 호소력을 갖지만, 교차-승인, 투표하고, 재투표하기에 시간이 걸린다. 앞서 지적했던 것을 다시 지적하자면, 만약 재인 반응이 자극 후 500밀리 초에 발생한다면, 이것은 단지 대략 20개의 시냅스 전달을 위한 시간에 불과하다. 그리고 만약 재인 반응 시간이 1000밀리 초의 잠복기(latency)를 갖는다면, 단지 약 40개의 시냅스 전달을 위한 시간이 된다. 더구나 반응 잠복기에는 단지 입력을 분류하는 교감성 결정(consensual decision)에 도달하는 소요 시간뿐만이 아니라, 운동 반응을 발동하고 실행할 시간까지 포함해야 한다. 힌턴이 (개인적 대화에서) 지적한 바와 같이 여전히 100밀리 초 내에 약 20번의 (개별 격발) 반복을 위한 시간도 필요하기 때문에, 아마 시간 제약은 문제도 아니다. 나는 이런 모델들이 너무 **느리다**는 것을 지적하려는 것이 아니며, 단지 속도가 주요 관심사임을 언급할 뿐이다.

끝으로 우리는 '패턴 재인', '기억' 혹은 '학습'에 대한 연결주의자 모델에 대해서 다음과 같은 질문을 던지고 싶어 할 수도 있다. 제안된 해답이 '감각운동조절이라는 기초적인 문제에 대한 뇌의 해법'이란 더욱 폭넓은 이야기에 어떻게 적합할 수 있겠는가? 대략적으로 말해서 뇌는 패턴 재인을 '그 자체 목적을 위해' 하진 않을 것이며, 뇌에 의해 성취되는 패턴 재인의 본성은 '어떻게 뇌가 운동조절을 성취하는지' 그 역할의 문맥에서 이해되어야 한다. 진화의 산물인 '패턴 재인'은 '운동조절'을 뒷받침한다. 그런 점에서 '패턴 재인'에 대해서 통용되는 것은 '학습'과 '기억'에 대해서도 역시 통용된다. 패턴 재인이 감각운동조절 이야기의 **'결말'**(목적)이 아니며, 단지 운동조절 목적을 위한 '수단'이기에 우리는 시각 모델을 갖는 연결주의자들에게 다음과 같이 묻지 않을 수 없다. **그 다음에 무엇을 설명할 수 있을까?** 유기체가 어떻게 움직이는지에 관한 이론을 의도하는 이완 계산규칙(relaxation algorithm)의 결과는 어떤가? 그 결과가 운동조절에 사용될 수 있는 그런 것일까?

내가 이런 질문을 던지는 것은 연결주의자들이 이런 문제들을 의식하지 않고 있다거나 혹은 그런 문제에 대답할 수 없을 것임을 의미한다는 뜻에서가 아니다. 그보다 만약 우리들이 운동조절을 패턴 재인을 이해하는 문맥에서 접근하지 않는다면, 생물학적으로 적합하지 못한 해법을 탄생시킬 위험을 안게 된다는 점을 의미한다. 물론 컴퓨터는 먹이를 먹고, 둥지를 짓고, 짝을 짓거나 숨을 줄도 모른다. 따라서 빈둥거리며 패턴 재인을 전개할 여유가 있으며, 운동성의 문제에 대해 철저히 무관심할 수 있다. 그러나 이빨과 발톱으로 피를 흘리며 거친 세계에서 살아가야 하는 뇌는 그런 순수한 사색적 사치를 누릴 수 없다. 따라서 내 이야기의 핵심은, 진화가 감각 처리(sense processing)와 운동조절 문제를 동시에 해결하는 한에서, 진화와 동시적 해결을 위한 목적을 흉내내도록, 우리의 이론을 꾸미는 것이 유익함을, 아니 **필수적임**을 알아야 한다는 것이다. (Llinás 앞으로 출판될 책, Foss 1986을 참조.)

10. 주의집중 작용에 대한 신경생물학

우리가 논의하고 있는 이론적 발달을 보여주는 마지막 예가 갖는 중요 연구 목적은 **시각** 주의집중을 일으키는 신경생물학적 메커니즘인데, 창시자는 크릭(Francis Crick 1984)이다. 우선 그 모험적인 이론적 배경부터 이해하는 것이 필요하겠다.

시각에 관련된 근본적인 어려움은 '서로 다른 영역의 피질 세포들이 특정 차원의 물리적 자극에 반응하도록 전문화된 것으로 보인다'는 사실로부터 제기된다. 어떤 영역의 세포들은 운동에 극도로 반응하며, 다른 세포들은 특정한 방향의 선(lines)에 반응하고, 또 다른 세포들은 같은 종류의 얼굴에 반응하며, 또 다른 세포들은 색깔에 반응하고, 또 다른 세포들은 입체시각 불균형에 반응한다(3장 참조). 다시 말해서 지각 특성들이 시각 피질(visual cortex) 주변 여기저기에 국소적으로 분산되어 배열된 것처럼 보인다. 반면에 우리 지각은 결코 그렇게 분리된 것으로 나타나지 않는다. 우리는 '달리는 검은 개' 혹은 '떨어지는 노란 공'과 같은 통일된 합성물을 본다. 따라서 우리에게 보인 것이 노란 공인 경우처럼 '노란'과 '둥근'이란 특정한 속성들을 결합할 신경적 방법이 있어야 한다고 추론하지 않을 수 없을 것 같다.

그 난제에 어려움을 가중시키는 중요한 요소가 있다. 비록 우리들이 무한한 수의 특정 조합을 지각할 수 있다고 하더라도, 그러한 조합들마다 대응하는 특정 세포들이 '고정된 연결을 이루고'(hardwired) 있을 수는 없을 것이다. 왜냐하면 그것들에 대한 신경 하드웨어(hardware)가 충분하지 못하기 때문이다. 따라서 크릭의 제안에 따르면, 자극 속성들의 특정한 결합을 표현하기 위해서 세포들이 '일시적으로' 연합(associations)되어야 하며, 그 각각의 연합은 특정 차원의 속성들을 나타낸다. 연합은 일시적인 것이어서, 일련의 세포들이 어떤 경우에는 '노란 공' 조합에 참여하기도하고, 다른 경우에는 '노란 상자' 조합에 참여하는 등등이 있을 수 있다.

그래서 우선 짐작할 수 있는 것으로, 시각 시스템이 일련의 적절한 세포들을 (어떤 방법으로든) '일시적으로' 결합시켜, 지각 조합(perceptual combinations)을 만들어낼 수 있을 것이며, 그럴 경우 그 연합이 동물들의 행동에 어떤 '하향지배 효과'(downstream effect)를 낼 것으로 기대할 수 있다. 그러나 모든 결합들이 그렇게 되는 것은 아닐 것이다. 특별한 생물학적 의미에서 어떤 것은 유전적으로 고정된 연결을 이루고 있을 수 있으며, 다른 것들은 (예를 들어 단어를 지각하게 하는 피질 간 결합은) '반복 학습'을 통해서 영구적 세포 집단을 이룰 수 있을 것이다. 많은 수의 그런 영구적으로 연합된 세포 집단이 있다고 인정한다고 하더라도, 지각된 결합을 표현하는 많은 연합은 틀림없이 일시적으로 이루어져야 할 것이다.

그런 배경에서, 우리가 알고 싶은 것은 '신경계가 어떻게 그 연합을 성취하는지'이며, 그리고 여기에 대답할 수 있다면 '우리가 어떻게 보는지'에 관한 난제에 조금 접근할 수 있을 것 같다. 정신물리학(psychophysics)에서 얻은 일부 실험 자료는 '지각된 결합'(perceived conjunction)을 지원하는 과정에 대한 단서를 제공하는 듯이 보인다. 트레이스먼과 연구원들(Anne Treisman 1980, 1982)이 발견한 바에 따르면, 어떤 장면이 아주 빠르게 보여지거나, 혹은 그 장면에서 분리될 수 있는 요소들이 제시되면, 피검자들은 속성들에 대한 환상적 결합을 지각한다.

예를 들어 '붉은 모자를 쓰고 검은 드레스를 입은' 한 여성의 사진을 순간적으로 보여주면, 대략 피검자들의 절반은 그 반대 결합, 즉 '검은 모자를 쓰고 붉은 드레스를 입은' 여자를 보았다고 보고한다. 혹은 다른 실험에서 '녹색 H와 붉은 T'를 빠르게 보여줄 경우 대략 절반 정도의 피검자들은 '붉은 H와 녹색 T'를 보고한다. 또한 트레이스먼이 발견한 바에 따르면, 제시된 카드에서 단일 특징, 즉 H-모양을 찾는 피검자는 그 항목들의 수와 관계없이 대략 같은 시간이 걸리지만, 색깔-모양 결합, 즉 녹색 H 탐색 시간은 그 배열의 항목들 수만큼 늘어난다. 대략적으로 말해서 그 특징이 '무심코 한 대답'이었지만, 그 결합을 찾는 일에는 항목마다 약 50～70밀리 초의 '주의 깊은 검색'이 필요하다. (Julesz 1980를 참조.)

위의 심리학적 자료가 시사하는 바는, '무심코 한 대답'은 '주의하지 않은 결과'이지만, '결합 지각'(conjunction perception)은 항목들에 대한 '주의 깊은 검색 결과'라는 점이다. 따라서 트레이스먼은, 찾고자 하는 항목이 발견될 때까지 한 항목에서 다음 항목으로 옮겨가는, 일종의 '주의 깊은 탐색'이 있다고 추측했다. 그 주의 깊은 탐색은 신경계가 이용하는 '유일한' 주의집중 메커니즘은 아니다. 예를 들어 사람의 눈이 말초 시각을 단속적으로 움직일 경우 혹은 큰 소리가 들리는 곳이나 밝은 빛을 볼 수 있다고 기대하는 영역을 향해 머리를 움직일 경우 역시 주의집중 효과가 분명히 있기 때문이다. (이런 현상들에 대한 신경생물학적 탐구에 대한 논평을 Rizzolatti 1983에서 참조.)

특별한 의미에서 주의집중 탐색이 있다고 짐작하고서, 크릭은 '신경계가 어떻게 탐색 작용 효과를 낼 수 있을지' 의문을 제기했다. 이런 사실은 우리들이 심리학적 기능을 아주 잘 이해한다는 것을 의미하지 않으며, 단지 그 실제 구조를 찾을 필요가 있음을 의미한다는 점을 알아야 한다. 오히려 신경생물학적 과정의 본성을 고려함으로써, 우리들은 주의집중 과정의 본성에 관한 새로운 질문들을 제기할 수 있다. 우리가 앞으로 보게 되겠지만, 비록 유치한 것일지라도 이것은 신경생물학적 가설과 심리학적 가설 사이의 공진화의 좋은 예가 될 것이다.

주의집중 탐색에 대한 크릭 가설의 중심 생각은 '탐색 가설들이 신경조직에서 무엇을 요구하는지'에 대한 반성에서 나온 것이며, '어떻게 생긴 단편 구조물이 그 요구조건을 만족시킬 적절한 속성을 갖는지'에 대한 고려에서 나온 것이기도 하다. 그래서 그의 생각은 '연결 패턴', '세포들의 반응 속성' 그리고 '생리학적 신호처리에 대한 시간 제약' 등에 관련된 신경생물학적 자료를 알고 바로 고무되었다.

크릭은 시상(thalamus)의 망상복합체(reticular complex)가 주의집중 탐색을 조절하는 후보자이며, 주로 그 까닭은 (1) 그 망상 복합체가 기저시상(dorsal thalamus)과 피질시각영역(cortical visual areas) 사이의 아주 특별한 수직적 연결 경로상에 있고, 따라서 전략적으로 '샘플'(sample) 활동성을 시험하고 '그 활동이 일어날 곳'을 결정할 위치에 있기 때문이며, 그리고 (2) 그곳의 뉴런들은 시상 뉴런으로 광범위한 억제성 측부(inhibitory collaterals)를 투사하여, 시상 뉴런들이 '가장 큰 활동성이 있는' 좁은 시상 영역을 선택하도록 하기 때문이다(**그림** 10.21).

시상 자체 내의 많은 뉴런들은 놀라운 반응 모습을 가지고 있다는 것이 리나스와 얀센에 의해 발견되었다(Llinás and Jahnsen 1982). 만약 짧은 과분극에 이어서, 시상 뉴런들이 탈분극되면, 그 뉴런들은 짧은 활동성 집단격발로 반응하며, 이어서 휴지상태(resting state)로 돌아가고 나서 80∼150밀리 초 동안 다시 집단격발하지 않는다. 따라서 하나의 가능한 설명은, 망상복합체 뉴런들이 시상 뉴런들에게 과분극 격발을 보냄으로써 입력 활동성(incoming activity)에 반응하지만, 시상 뉴런들이 시각 자극에 의해 연속적으로 탈분극되면 망상복합체 뉴런들은 빠르게 격발 준비상태(mode)로 돌아간다. 만약 그런 연결선이 옳다면, 적절한 인접 시상 세포들은 일단 주변 세포들이 그치기만 하

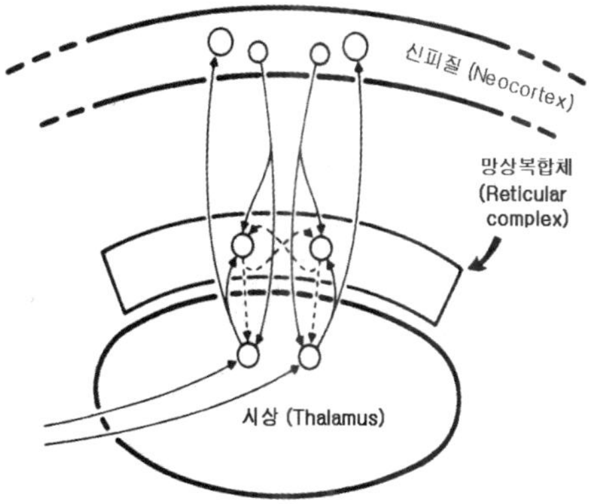

그림 10.21
망상복합체(reticular complex)의 주요 연결 그림, 상당히 도식적으로 그렸고, 정확한 축척이 고려되지 않았다. 실선은 흥분성 축삭을 나타내며, 점선은 억제성 축삭(GABAergic axon)을 나타낸다. 화살표는 시냅스를 나타낸다. (Crick 1984)

면 집단격발 준비상태로 들어갈 것이며, 이 반응은 계속해서 그 순서대로 일어날 것이다.

왜 이런 사실들이 흥미로운지 곧 보게 될 것이다. 크릭이 시사하는 바는, 세포들의 일시적 연합(세포 집단)을 형성하도록 하는 중요 원리가 뉴런들의 높은 활동 수준과 정확한 시점에서 일치한다는 점이다. 우선 대략적으로 보면, 높은 활동성이 동시적으로 발생한다는 것은 세포들이 속성 결합(property conjunctions)을 표현하는 연합을 형성하기 위해 필수적이다. 크릭은 말스버그(Christoph von der Malsburg 1981)의 몇 가지 생각을 이용하여, 그 연합을 위한 물리적 기초는 두 세포 집단이 연결됨으로써 시냅스의 일시적 수정이 일어난다는 가설을 만들었다. 그는 필요되는 모습으로 수정되는 시냅스를 '말스버그 시냅스'(Malsburg synapses)라고 불렀다. 말스버그 시냅스가 실제로 존재하는지 어떤지, 그리고 짧은 시간 동안 어떻게 시냅스 수정이 일어날 수 있는지는 알지 못하며, 따라서 이런 문제는 아직 해결되지 않았다.

크릭의 가설에서 시상 세포들의 연속적 집단격발 활동은 탐색작용이며, 그 집단격발 반응 효과는 그 정교한 시간 일치로 인해서 일시적인 세포 집단을 형성하게 한다. 간단히 말해서 크릭의 가설은 다음 네 기초 요소들을 합친 것과 같다(1984:4588).

(1) 주의집중 탐색은 시상의 망상복합체에 의해 조절된다.
(2) 주의집중 탐색에 의한 결과는 하부 활동성 시상 뉴런들의 빠른 격발 발생으로 표현된다.
(3) 주의집중 탐색에 의해 발생된 연결은 말스버그 시냅스(Malsburg synapses)에 의해 중재되며, 특별히 그 시냅스에 빠른 집단격발 활동으로 중재된다.
(4) 연결은 세포 집단으로, 특히 다른 피질 영역의 세포들의 집단으로 표현된다.

따라서 '녹색 H와 붉은색 T'로 구성된 자극이 제시되었을 때, 만약 시상 탐색이 상호 활동된 뉴런 무리를 선택하기에 충분한 시간이 주어지고, 이 무리의 뉴런들이 일시적 시냅스 수정을 이루어 활동을 확장하게 된다면, 그래서 그렇게 지각된 연합을 표현한다면, 피검자는 그것을 그대로 볼 것이다. 결론적으로 '환상적 연결'은 본질적으로 노이즈(noise)이다. 즉 시상 탐색(thalamic searchlight)이 작용하여 관련된 세포 집단을 형성하기에 '불충분한' 시간이 주어질 경우 지각에서 발생하는 노이즈이다.

크릭은 그 이론이 물론 많은 곳에서 부정확하며 많은 경험적 문제들이 아직 대답되지 않았음을 즉시 지적해 냈다. 예를 들어 그의 말에 따르면, '시상 뉴런들이 세포 집단을 어떻게 형성할 수 있으며', 혹은 '정확히 어느 피질 영역의 뉴런들이 지각 연결을 표현하는 데 개입하는지' 알지 못한다. '망상복합체 뉴런들과 시상 뉴런들 사이의 관계가 실제로 그 가설이 규정한 대로인지' 역시 알지 못한다. 만약 시상이 탐색 작용에 효과를 미친다면, 적어도 두 개의 탐색(시상반구 hemithalamus마다 하나씩)이 있어야 하며, 분명 시각 이외에 다른 감각유형들(modalities)을 위한 탐색도 있어야 할 것이다. (Deutsch 1984과 청각의 환상적 연결을 생각해 보라.) 심리학적 실험이 이런 문제와 관련될 수 있다. 더 깊은 질문이 시각집중 과정에서 '상구(superior colliculus)의 역할'과 '일시적 세포 연합의 하향지배 효과(downstream effect)'에 관련해서 제기된다. (선조외 피질 extrastriate cortex의 단일 세포에서 '선택적 관심집중 효과'에 대한 연구로 Moran and Desimone 1985를 참조.)

명백히 크릭의 가설은 신경생물학적·심리학적 질문을 불러일으키며, 그래서 그 가설의 첫 문장은 결실 많은 공진화 변화의 시작에 불과할 것이다. 분명히 지금의 단계에서는 완결에 가까운 어느 것도 기대할 수 없지만, 어쩌면 그 가설이 충분히 결실을 얻어낼 실험적 잠재력을 가지고 있으며, 큰 범위의 문제에 대해 충분히 건전한 정의를 내릴 수 있으므로, 어떤 공진화의 미덕이 그것에서 나타날 것이다. 물론 심리학적 탐색 가설과 크릭의 신경생물학적 설명 모두가 아주 틀린 것일 수 있지만, 모두 탐구할 만한 가치를 뚜렷하게 가지고 있다. 이미 전망해 볼 수 있는 것으로, 주의집중과 시각에 대해 연구하는 심리학자들과 마찬가지로 신경생리학자들은 그 가설의 예측, 제시하는 전망 등등을 실험하는 경기를 시작했다.

11. 결론으로 한 마디

이 장의 계획은 단지 '어떻게 거대 현상이 신경 현상으로 산출되는지' 신경과학 이론으로 내가 인정할 수 있는 **존재의 유형**(type of thing)을 샘플로 제공하겠다는 것이었다. 여러 보기들 중에 나의 선택은 자의적으로 이루어졌으며, 어떤 방향이 각별히 희망을 줄 수 있을지 내 특유의 육감과 편견이 불가피하게 반영되었다. 다른 육감과 편견을 가진 연구자들은 아마 나름대로 다른 방향으로 이끌리는 자신들을 발견할 것이다. 비록 바람직할지라도 여러 이론적 접근들을 망라해서 조사하여 보여주는 일은 내가 감당할 수 있는 일은 아니다. 한 가지 조사라도 그 능력과 한계를 알려면 오래 동안 한 이론을 가지고 만지작거리고 뜯어 맞추는 일을 해야만 한다. 더구나 하나라도 완벽히 이루어질 경우 그 자체로 믿기 어려울 정도로 거대한 양이 된다.[34]

참고도서

Ballard, D. H. (1986). Cortical connections and parallel processing: Structure and function. *Behavioral and Brain Sciences* 9/1.

Braitenberg, Valentino (1984). *Vehicles*. Cambridge, Mass.: MIT Press.

Churchland, Paul M. (forthcoming). Cognitive neurobiology: A computational hypothesis for laminar-cortex. *Biology and Philosophy* 1:25～51.

Crick, F. H. C. (1979). Thinking about the brain. *Scientific American* 241:219～232.

Feldman, J. A. and D. H. Ballard (1982). Connectionist models and their properties. *Cognitive Science* 6:205～254.

Hinton, Geoffrey E., and James A. Anderson, eds. (1981). *Parallel models of associative memory*. Hillsdale, N.J.: Erlbaum.

Llinás, Rodolfo R. (forthcoming). "Mindness" as a functional state of the brain. In *Mind matters*, ed. C. Blakemore and S. Greenfield. Oxford: Basil Blackwell.

34) 논의되어야 했을 다른 이론가들의 업적은 다음과 같다. Michael Arbib(1981, 1982), Valentino Braitenberg(1984), Gerald Edelman(1978), Walter Freeman (1975), Günter Palm(1982), Christoph von der Malsburg(1973, 1981).

McClelland, James L., and David E. Rumelhart (1986). *Parallel distributed processing: Explorations in the microstructure of cognition*. Vol. 2: *Applications*. Cambridge, Mass.: MIT Press.

Pellionisz, Andras (1984). Coordination: A vector-matrix description of transformations of overcomplete CNS coordinates and a tensorial solution using the Moore-Penrose generalized inverse. *Journal of Theoretical Biology* 110:353～375.

Pellionisz, Andras, and Rodolfo R. Llinás (1985). Tensor network theory of the metaorganization of functional geometries in the central nervous system. *Neuroscience* 16:245～273.

Rumelhart, David E., and James L. McClelland (1986). *Parallel distributed processing: Explorations in the microstructure of cognition*. Vol. 1: Foundations. Cambridge, Mass.: MIT Press.

11 장
맺는말

내 희망은 다음과 같다. 과학 언어로 우리 자신을 설명하려는 것은
서로의 대화와 협력에 힘을 실어줄 것이며,
심지어 그 효용성까지 가져다줄 것이다.
영(J. Z. Young, 1978)

역사적으로 지금은 뇌 과학과 행동 과학이 엄청난 관심을 끌고 있는데, 이제 우리들이 마음-뇌에 관하여 적지 않은 정도로 포괄적인 과학적 이해를 얻어낼 시기에 들어섰기 때문이다. 커다란 지배 패러다임인 통합 체계와 같은 이론들이 출현하기 시작했으며, 그 이론들은 진화할 것이고, 의심할 여지없이 연구 기획과 우리 자신에 관해 생각하는 바로 그 방법 모두를 구성해 낼 것이다. 이 혁명은, 통속적 지식(folk knowledge)의 '영원한 진리'를 뒤집을 힘을 가졌다는 점에서, 적어도 코페르니쿠스 혁명(Copernican revolution)과 다윈 혁명(Darwinian revolution)에 버금가는 것이다. 이미 분명한 것으로 '기억', '학습' 그리고 '의식'과 같은 몇몇의 뿌리 깊은 통속 심리학의 중심 개념들은 산산조각이 나거나 아니면 좀 더 적절한 다른 범주들로 교체될 것이다.

과학과 인문학이 분명 서로 다르다고 가정하는 사람들은 그런 미래에 대한 전망에 대해서 무관심하게 그저 바라볼 수 있다. 어쩌면 그들은 통속 이론에 대한 개정과 신경생물학적-심리학적 이론의 등장이 우

리가 가지고 있는 인간성을 치유할 수 없을 정도로 상실시킬 것이라고 생각할 수도 있다. 그렇지만 다른 사람은 그것을 다른 방식으로 볼 수도 있다. 그것이 어떤 상실이기는 하겠지만, 우리 인간성에 본질적인 어떤 것이 아니라, 단지 친근하고 낡아빠진 어떤 것에 대한 상실이라고 생각될 수 있다. 그런 점에서 어쩌면 그것은 비록 이차적 본성이긴 하지만 우리가 이해하지 못하도록 우리 시야를 가려 온 어떤 것을 버리는 것일 수 있다.

따라서 어쩌면 그 소득은 우리 자신에 대한 이해가 상당히 증진되는 것이며, 가장 깊은 의미로 우리 인간성에 대한 상실이라기보다는 공헌이라고 할 수 있다. 더구나 버려지는 것은 아마 어떤 통속 가정들과 미신들일 것이며, 이런 것들은 공정하고 품위를 가지고 바라볼 때 비-인간적인 것으로 보이는 것들이다. 그리고 바라건대 버려야 할 것 중에는 마음-뇌에 대한 어떤 만연하고 끔찍스런 질병도 포함될 수 있다.

이런 것들을 우리에게서 몰아내는 것은 분명히 인본주의와 과학의 정신이다. 어떻든 과학이 인본주의에 반대 입장에 서는 것으로 바라보는 것은 잘못이다. 오히려 인본주의적 원리를 끔찍스럽게 외면하는 것은 과학적 지식에 대한 정치적이고 기업가적인 남용에 있다. 그리고 분명히 우리들은 신경과학 지식에 대한 유사한 남용을 막아야 한다.

이 책의 일차적 목적은 신경과학이 철학에 문제가 된다는 점을 보여주는 데 있다. 나는 이런 입장을 지지하는 논의로 다음 세 일반적 노선을 개진해 왔다. (1) 심리 과정은 뇌 과정이다. (2) 신경과학과 심리학의 상호-진화로 나타날 이론체계는 통속 심리학보다 우수하다. (3) 신경계의 구조와 구성에 대해 상세하게 알지 않고서 마음-뇌에 대한 올바른 이론을 전혀 고안할 수 없을 것이다.

상호 관련된 논제는 철학이 신경과학에 문제가 된다는 점이다. 이 점에서 나의 전략은 명확한 논증보다는 은연중에 예를 보여주는 것이

나을 것으로 생각해 왔다. 그럼에도 불구하고, 내 생각의 핵심은 진행되고 있는 연구가 개관적 전망을 가져야 그 직접적 연구 목적이 의미를 갖기 때문에 신경과학에 철학이 있어야 한다는 점이다. 그런 개관적 전망은 학문적 영역을 넘어서면서도 관련 학문들로부터 정보를 얻고, 지배하는 패러다임의 완결성을 시험하고, 대안을 검토한다는 점에서, 곧 철학이라고 할 수 있다. 적어도 그것이 바로 철학하는 하나의 전통 방식이다. 그러나 이런 종류의 철학이 여타 과학에 대해서 오만스럽게 권위적인 선험적 학문은 아니다. 여타의 과학들 내에서 수영하는 것과 같으며, 따라서 경험적 발견과정으로써 수정될 입장에 있다.

더구나 신경과학의 발견들은 의심할 여지없이 철학에서 사랑받아 왔던, 정통의 주인이 가진 모든 인식을 바꿔놓을 것이다. 이변이 일어나지 않는 한 그리고 옹고집만 버린다면, 우리들이 뇌가 '학습하고', '이론을 만들고', '알게 되고', '표상하는' 것이 실제로 무엇을 의미하는지 발견함에 따라서 특히 인식론의 모습을 바꿔놓을 것이다. 심지어 신경과학은 우리에게 실질적인 두 가지, 즉 과학과 수학이 우리 종(인간)들에게 어떻게 가능할 수 있는지 가르쳐줄 수 있다.

그것은 바로 뇌가 뇌를 탐구하는 것이다. 즉 뇌가 이론화할 때에 자신이 무엇을 하는지 이론화하며, 뇌가 무엇을 발견할 때에 자신이 무엇을 발견하는지 밝혀주는, 그리고 지식에 의해 영원히 변화되고 있는, 바로 그 뇌를 탐구하는 것이다.

참고문헌

Ackley, David H., Geoffrey F. Hinton, and Terrence J. Sejnowski (1985). A learning algorithm for Boltzmann machines. *Cognitive Science* 9:147～169.

Adams, R. D., and M. Victor (1981). *Principles of neurology*. 2nd ed. New York: McGrawHill.

Akil, Huda, S. J. Watson, E Young, M. E. Lewis, H. Khachaturian, and J. M. Walker (1984). Endogenous opioids: Biology and function. *Annual Review of Neuroscience* 7:223～255.

Allen, Max (1983). Models of hemispheric specialization. *Psychological Bulletin* 93:73～104.

Allman, John (1977). Evolution of the visual system in early primates. *Progress in Psychobiology and Physiological Psychology* 7:1～53.

Allman, John (1982). Reconstructing the evolution of the brain in primates through the use of comparative neurophysiological and neuroanatomical data. In *Primate brain evolution*, ed. E. Armstrong and D. Falk, 13～28. New York: Plenum.

Allman, John, and Jon Kaas (1971). Representation of the visual field in striate and adjoining cortex of the owl monkey (*Aotus trivirgatus*). *Brain Research* 35:89～106.

Altman, Joseph (1972). Postnatal development of the cerebellar cortex in the rat. *Journal of Comparative Neurology* 145:353～397.

Anderson, James A., and Geoffrey E. Hinton (1981). Models of information processing in the brain. In G. E. Hinton and J. A. Anderson, eds. (1981), 9～48.

Anderson, James A., and Michael C. Mozer (1981). Categorization and selective neurons. In G. E. Hinton and J. A. Anderson, eds. (1981), 213～236.

Angevine, J. B., Jr., and C. W. Cotman (1981). *Principles of neuroanatomy*. New York: Oxford University Press.

Arbib, Michael (1981). Perceptual structures and distributed motor control. In *Handbook of physiology: The nervous system II*, ed. V. B. Brooks, 1449～1480. Bethesda, Md.: American Physiological Society.

Arbib, Michael (1982). Modelling neural mechanisms of visuomotor coordination in Frog and Toad. In *Competition and cooperation in neural nets*, ed. S. Amari and M. Arbib, 342~370. Berlin: Springer-Verlag.

Arbib, Michael, and Shun-Ichi Amari (1985). Sensorimotor transformations in the brain (with a critique of the tensor theory of cerebellum). *Journal of Theoretical Biology* 112:123~155.

Asanuma, H. (1975). Recent developments in the study of the columnar arrangement of neurons within the motor cortex. *Physiological Review* 55/2:143~156.

Asanuma, H., and I. Rosen (1972). Topographical organization of cortical efferent zones projecting to distal forelimb muscles in monkey. *Experimental Brain Research* 14:243~256.

Aserinsky, E., and N. Kleitman (1953). Regularly occurring periods of eye motility, and concomitant phenomena during sleep. *Science* 118:273~274.

Atkinson, R. C., and R. M. Shiffrin (1968). Human memory: A proposed system and its control processes. In *The psychology of learning and motivation*, vol. 2, ed. K. W. Spence and J. T. Spence. New York: Academic Press.

Auburtin, S. A. E. (1861). Reprise de la discussion sur la forme et le volume du cerveau. *Bulletin du société d'anthropologie de Paris* 2:209~220. (Excerpted and translated in E. Clarke and C. D. O'Malley (1968), 492~494.)

Ayer, A. J., ed. (1959). *Logical positivism*. New York: Free Press.

Ballard, D. H. (1986). Cortical connections and parallel processing: Structure and function. *Behavioral and Brain Sciences* 9/1.

Ballard, D. H., Geoffrey E. Hinton, and Terrence J. Sejnowski (1983). Parallel visual computation. *Nature* 306/5938:21~26.

Bantle, J. A., and W. E. Hahn (1976). Complexity and characterization of polyadenylated RNA in the mouse brain. *Cell* 8:139~150.

Barker, C. F., and R. E. Billingham (1977). Immunologically privileged sites. *Advances in Immunology* 23:1~54.

Barlow, Horace B. (1972). Single units and sensations: A neuron doctrine for perceptual physiology? *Perception* 1:371~394.

Barr, Murray L. (1974). *The human nervous system: An anatomical viewpoint*. 2nd ed. New York: Harper and Row.

Bartholow, R. (1874). Experimental investigation into the functions of the human brain. *American Journal of Medical Sciences* 67:305~313.

Bell, Charles (1823). Second paper on the nerves of the orbit. *Philosophical Transactions of the Royal Society* 113:289~307.

Bellugi, Ursula, Howard Poizner, and Edward S. Klima (forthcoming). *What the hands reveal about the brain*. Cambridge, Mass.: MIT Press.

Benzer, Seymour (1957). The elementary units of heredity. In *The chemical basis of heredity*, ed. W. McElroy and B. Glass, 70~93. Baltimore: The

Johns Hopkins University Press.

Berger, T. W., R. I. Latham, and R. F. Thompson (1980). Hippocampal unit-behavior correlations during classical conditioning. *Brain Research* 193:483～485.

Berger, T. W., and R. F. Thompson (1978). Identification of pyramidal cells as the critical elements in hippocampal neuronal plasticity during learning. *National Academy of Sciences of the United States of America. Proceedings. Biological Sciences* 75:1572～1576.

Berkeley, George. *The Works of George Berkeley* (1948～1957). 9 vols. Ed. A. A. Luce and T. E. Jessop. London: Nelson.

Berker, Ennis A. (1985). Principles of brain function in neuropsychological development of hydrocephalics. Doctoral dissertation, University of Michigan, Ann Arbor.

Berlin, Charles I. (1977). Hemisphere asymmetry in auditory tasks. In S. Harnad et al., eds. (1977), 303～323.

Berlucchi, Giovanni, and James M. Sprague (1981). The cerebral cortex in visual learning and memory, and in interhemispheric transfer in the cat. In F. O. Schmitt, F. G. Worden, G. Adelman, and S. G. Dennis, eds. (1981), 415～440.

Bianchi, Leonardo (1895). The functions of the frontal lobes. (Translated from the original ms by A. de Watteville.) *Brain* 18:497～522. (Excerpted and translated in Clarke and O'Malley (1968), 544～545.)

Biro, J. I., and R. W. Shahan, eds. (1982). *Mind, brain, and function*. Norman, Okla.: University of Oklahoma Press.

Bisiach, Edoardo, Erminio Capitani, Claudio Luzzatti, and Daniela Perani (1981). Brain and conscious representation of outside reality. *Neuropsychologia* 19: 543～551.

Bisiach, E., and C. Luzzatti (1978). Unilateral neglect of representational space. *Cortex* 14:129～133.

Bisiach, E., D. Perani, C. Papagno, and A. Berti (unpublished). Unawareness of disease following lesions of the right hemisphere: Anosognosia for hemiplegia and anosognosia for hemianopia.

Bjorklund, Anders, and Ulf Stenevi (1977). Reformation of severed hippocampal cholinergic pathway in the adult rat by transplanted septal neurons. *Cell Tissue Research* 185:289～302.

Bjorklund, Anders, and Ulf Stenevi (1984). Intracerebral neural implants: Neuronal replacement and reconstruction of damaged circuitries. *Annual Review of Neuroscience* 7, 279～308.

Blakemore, Colin (1977). *Mechanics of the mind.* Cambridge: Cambridge University Press.

Blakemore, Colin, and Susan Greenfield, eds. (in press). *Mind matters*. Oxford: Basil Blackwell.

Blanks, R. H. I., I. S. Curthoys, and C. H. Markham (1975). Planar relationships of the semicircular canals in man. *Acta Otolaryugolica* 80:185～196.

Block, Ned (1978). Troubles with functionalism. In *Perception and cognition. Issues in the foundation of psychology*, 261～325. (Minnesota Studies in the Philosophy of Science 9.) Minneapolis: University of Minnesota Press. (Reprinted in N. Block, ed. (1981). *Readings in the philosophy of psychology*, 268～305. Cambridge, Mass.: Harvard University Press.)

Bloom, F. E. (1980). Neuropharmacology and the adaptive regulation of receptor sensitivity: An overview. *Neurosciences Research Program Bulletin* 18/3:429～435.

Bodian, R. (1967). Neurons, circuits, and neuroglia. In *The neurosciences: A study program*, ed. G. C. Quarton, T. Melnechuck, and F. O. Schmitt, 6～24. New York: Rockefeller University Press.

Bogen J. E., E. D. Fisher, and P. J. Vogel (1965). Cerebral commissurotomy: A second case report. *Journal of the American Medical Association* 194:1328～1329.

Bonin, G. von, ed. (1960). *Some papers on the cerebral cortex*. Springfield, Ill.: Charles C. Thomas.

Boolos, George S., and Richard C. Jeffrey (1974). *Computability and logic*. Cambridge: Cambridge University Press.

Bower, J., and R. Llinás (1983). Simultaneous sampling of the responses of multiple, closely adjacent, Purkinje cells responding to climbing fiber activation. *Society for Neuroscience Abstracts* 9:607.

Bradshaw, J. L., and N. C. Nettleton (1981). The nature of hemispheric specialization. *Behavioral and Brain Sciences* 4/1:51～63.

Braestrup, Claus, and Mogens Nielsen (1980). Multiple benzodiazepine receptors. *Trends in Neurosciences* 3:301～303.

Braitenberg, Valentino (1984). *Vehicles*. Cambridge, Mass.: MIT Press.

Braitenberg, V., and N. Onesto (1961). The cerebellar cortex as a timing organ. Discussion of an hypothesis. *Proceedings of the 1st Annual Conference on Medical Cybernetics*, 1～19. Naples: Giannini.

Brazier, Mary A. B. (1982). The problem of neuromuscular action: Two 17th century Dutchmen. In *Historical aspects of the neurosciences*, ed. F. C. Rose and W. F. Bynum, 13～22. New York: Raven.

Brazier, Mary A. B. (1984). *A history of neurophysiology in the 17th and 18th centuries*. New York: Raven.

Broadbent, D. E. (1970). Stimulus set and response set. Two kinds of selective attention. In *Attention: Contemporary theory and analysis*, ed. D. Mostofsky,

51～60. New York: Appleton-Century-Crofts.

Broca, Pierre-Paul (186l). Remarques sur le siège de la faculté du langage articulé; suivies d'une observahon d'aphémie (perte de la parole). *Bulletin de la société anatomique de Paris* 36:330～357. (Translated as "Remarks on the seat of the faculty of articulate language, followed by an observation of aphemia" in G. von Bonin, ed. (1960), 49～72.)

Broca, Pierre-Paul (1863). Localisation des fonctions cérébrales: Siège du langage articulé. *Bulletin de la Société d'anthropologie*. Paris 4:200～202.

Brodmann, Korbinian (1909). *Vergleichende Lokalisationlehre der Grosshirurinde in ihren Prinzipien dargestellt auf Grund des Zellenbaues*. Leipzig: J. A. Barth.

Brookshire, R. H., and L. E. Nicholas (1984). Comprehension of directly and indirectly stated main ideas and details in discourse by brain-damaged and non-brain-damaged listeners. *Brain and Language* 21:21～36.

Brown, C. M. (1984). Computer vision and natural constraints. *Science* 224:1299～1305.

Bryden, M. P. (1982). *Laterality: Functional asymmetry in the intact brain*. New York: Academic Press.

Buchsbaum, M. S., J. Cappelletti, R. Ball, et al. (1984). Positron emission tomographic measurement in schizophrenia and affective disorders. *Annals of Neurology (Supplement)* 15:S157～S165.

Buchsbaum, M. S., and R. J. Haier (1978). Biological homogeneity, symptom heterogeneity, and the diagnosis of schizophrenia. *Schizophrenia Bulletin* 4:473～475.

Buchsbaum, M. S., D. H. Ingvar, R. Kessler, et al. (1982). Cerebral glucography with positron tomography. *Archives of General Psychiatry* 39:251～259.

Bullock, T. H. (1980). Reassessment of neural connectivity and its specification. In *Information processing in the nervous system*, ed. H. M. Pinsker and W. D. Willis, Jr., 199～220. New York: Raven.

Bullock, T. H. (1984). Comparative neuroscience holds promise for quiet revolutions. *Science* 225:473～478.

Bullock, T. H., and G. A. Horridge (1965). *Structure and function in the nervous systems of invertebrates*. San Francisco: W. H. Freeman.

Bullock, T. H., R. Orkand, and A. Grinnell (1977). *Introduction to nervous systems*. San Francisco: W. H. Freeman.

Bunge, Richard P. (1968). Glial cells and the central myelin sheath. *Physiological Review* 48:197～251.

Burklund, C. W., and Aaron Smith (1977). Language and the cerebral hemispheres. *Neurology* 27:627～633.

Butterfield, Herbert (1968). *The origins of modern science 1300～1800*. Toronto:

Clarke, Irwin and Co.

Calabrese, Ronald L. (1980). Invertebrate central pattern generators: Modeling and complexity. (Commentary on Selverston 1980.) *Behavioral and Brain Sciences* 4/3:542～543.

Campbell, Keith (1983). Abstract particulars and the philosophy of mind. *Australasian Journal of Philosophy* 61:129～141.

Campion, J., R. Latto, and Y. M. Smith (1983). Is blindsight an effect of scattered light, spared cortex, and near-threshold vision? *Behavioral and Brain Sciences* 6:423～486.

Carew, T. J., E. T. Walters, and E. R. Kandel (1981). Classical conditioning in a simple withdrawal reflex in *Aplysia Californica. Journal of Neuroscience* 1:1426～1437.

Carnap, Rudolf (1928). *Der logische Aufbau der Welt.* Berlin: Weltkreis-Verlag. (Translated by R. A. George (1967). *The logical structure of the world.* London: Routledge and Kegan Paul.)

Carnap, Rudolf (1932). Überwindung der Metaphysik durch logische Analyse der Sprache. *Erkenntnis* 2:219～241. (Translated by A. Pap as The elimination of metaphysics through logical analysis of language. Reprinted in A. J. Ayer, ed. (1959). *Logical positivism*, 60～81. New York: Free Press.)

Carnap, Rudolf (1950). Empiricism, semantics and ontology. *Revue internationale de philosophie* 4:20～40. (Reprinted (1956) in *Meaning and necessity*, 2nd ed., 205～221. Chicago: Chicago University Press.)

Chihara, C. S., and Jerry Fodor (1965). Operationalism and ordinary language: A critique of Wittgenstein. *American Philosophical Quarterly* 2:281～295.

Chomsky, Noam (1965). *Aspects of the theory of syntax*. Cambridge, Mass.: MIT Press.

Christensen, B., H. Krausz, R. Perez-Polo, and W. D. Willis, Jr. (1980). Communication among neurons and neuroscientists. In *Information processing in the nervous system*, ed. H. M. Pinsker and W. D. Willis, Jr., 339～359. New York: Raven.

Church, Alonzo (1936). An unsolvable problem of elementary number theory. *American Journal of Mathematics* 58:345～363.

Churchland, Patricia Smith (1980a). A perspective on mind-brain research. *Journal of Philosophy* 77/4:185～207.

Churchland, Patricia Smith (1980b). Language, thought, and information processing. *Nous* 14:147～170.

Churchland, Patricia Smith (1981a). On the alleged backwards referral of experiences and its relevance to the mind-body problem. *Philosophy of Science* 48:165～181.

Churchland, Patricia Smith (1981b). The timing of sensations: Reply to Libet.

Philosophy of Science 48:492～497.

Churchland, Patricia Smith (1981c). How many angels.... ? (Commentary on Puccetti 1981.) *Behavioral and Brain Sciences* 4/1:103～104.

Churchland, Patricia Smith (1981d). Is determinism self-refuting? *Mind* 90:99～101.

Churchland, Patricia Smith (1982). Mind-brain reduction: New light from the philosophy of science. *Neuroscience* 7/5:1041～1047.

Churchland, Patricia Smith (1983). Consciousness: The transmutation of a concept. *Pacific Philosophical Quarterly* 64:80～95.

Churchland, Paul M. (1970). The logical character of action explanations. *Philosophical Review* 79:214～236.

Churchland, Paul M. (1975). Two grades of evidential bias. *Philosophy of Science* 42:250～259.

Churchland, Paul M. (1979). *Scientific realism and the plasticity of mind.* Cambridge: Cambridge University Press.

Churchland, Paul M. (1980). Critical notice: Joseph Margolis: *Persons and minds: The prospects of nonreductive materialism. Dialogue* 19:461～469.

Churchland, Paul M. (1981). Eliminative materialism and the propositional attitudes. *Journal of Philosophy* 78/2:67～90.

Churchland, Paul M. (1984). *Matter and consciousness: A contemporary introduction to the philosophy of mind.* Cambridge, Mass.: MIT Press.

Churchland, Paul M. (1985). Reduction, qualia, and the direct introspection of brain states. *Journal of Philosophy* 82:8～28.

Churchland, Paul M. (forthcoming). Cognitive neurobiology: A computational hypothesis for laminar cortex. *Biology and Philosophy* 1:25～51.

Churchland, Paul M., and Patricia Smith Churchland (1981). Functionalism, qualia, and intentionality. *Philosophical Topics* 12:121～145. (Reprinted in J. I. Biro and R. W. Shahan, eds. (1982), 121～145.)

Clarke, Edwin, and C. D. O'Malley (1968). *The human brain and spinal cord: A historical study illustrated by writings from antiquity to the twentieth century*. Berkeley and Los Angeles: University of California Press.

Clement, John (1982). Students' preconceptions in introductory mechanics. *American Journal of Physics* 50:66～71.

Clemes, S., and W. Dement (1967). The effect of REM sleep deprivation on psychological functioning. *Journal of Nervous and Mental Disorders* 144:485～491.

Cohen, N. J., and S. Corkin (1981). The amnesic patient. H. M.: Learning and retention of cognitive skill. *Society for Neuroscience Abstracts* 7:517～518.

Constantine-Paton, Martha (1981). Induced ocular-dominance zones in tectal cortex. In F. O. Schmitt, F. G. Worden, G. Adelman, and S. G. Dennis, eds.

(1981), 47~67.

Constantine-Paton, Martha, and Margaret I. Law (1982). The development of maps and stripes in the brain. *Scientific American* 247/6:62~70.

Cooper, J. R., F. E. Bloom, and R. H. Roth (1982). *The biochemical basis of neuropharmacology*. 2nd ed. New York: Oxford University Press.

Corkin, Suzanne (1968). Acquisition of motor skill after bilateral medial temporal-lobe excision. *Neuropsychologia* 6:255~265.

Cornsweet, Tom N. (1970). *Visual perception*. New York: Academic Press.

Cowan, W. Maxwell (1978). Aspects of neural development. In *International review of physiology*. Vol. 17: *Neurophysiology III*, ed. R. Porter, 149~191. Baltimore: University Park Press.

Cowan, W. Maxwell (1979). The development of the brain. *Scientific American* 241/3:112~133.

Cowan, W. Maxwell (1981). Keynote to *The organization of the cerebral cortex*. In F. O. Schmitt, F. G. Worden, G. Adelman, and S. G. Dennis, eds. (1981), xi~xxi.

Cowey, A. (1981). Why are there so many visual areas? In F. O. Schmitt, F. G. Worden, G. Adelman, and S. G. Dennis, eds. (1981), 395~413.

Coyle, J. T., D. L. Price, and M. R. DeLong (1983). Alzheimer's disease: A disorder of cortical cholinergic innervation. *Science* 219:1184~1190.

Craik, F. I. M. (1984). Age differences in remembering. In L. R. Squire and N. Butters, eds. (1984), 3~12.

Craik, F. I. M., and R. S. Lockhart (1972). Levels of processing: A framework for memory research. *Journal of Verbal Learning and Verbal Behavior* 11:671~684.

Crick, F. H. C. (1979). Thinking about the brain. *Scientific American* 241:219~232.

Crick, F. H. C. (1984). Function of the thalamic reticular complex: The searchlight hypothesis. *National Academy of Sciences of the United States of America. Proceedings. Biological Sciences* 81:4586~4590.

Crick, F. H. C., and Graeme Mitchison (1983). The function of dream sleep. *Nature* 304/5922:111~114.

Critchley, Macdonald (1962). Speech and speech-loss in relation to the duality of the brain. In *Interhemispheric relations and cerebral dominance*, ed. V. B. Mountcastle, 208~213. Baltimore: The Johns Hopkins University Press.

Critchley, MacDonald (1979). *The divine banquet of the brain*. New York: Raven.

Crow, T. J., A. J. Cross, Eve C. Johnstone, and F. Owen (1982). Two syndromes in schizophrenia and their pathogenesis. In F. A. Henn and H. A. Nasrallah, eds. (1982), 196~234.

Crowe, Raymond R. (1982). Recent genetic research in schizophrenia. In F. A. Henn and H. A. Nasrallah, eds. (1982), 40～60.

Cummins, Robert (1983). *The nature of psychological explanation*. Cambridge, Mass.: MIT Press.

Cupples, Brian (1977). Three types of explanation. *Philosophy of Science* 44:387～408.

Davidson, Donald (1970). Mental events. In *Experience and theory*, ed. L. Foster and J. W. Swanson, 79～101. Amherst, Mass.: University of Massachusetts Press.

Davis, J. M., and D. L. Garver (1978). Neuroleptics: Clinical use in psychiatry. In *Handbook of psychopharmacology*, vol. 10, ed. L. L. Iverson, S. D. Iverson, and S. H. Snyder, 129～164. New York: Plenum.

Davis, William J. (1980). Neurophilosophical reflections on central nervous pattern generators. *Behavioral and Brain Sciences* 3:543～544.

Dawkins, Richard, and John Krebs (1978). Animal signals: Information or manipulation? In *Behavioral ecology: An evolutionary approach*, ed. J. R. Krebs and N. B. Davies, 282～309. Oxford: Basil Blackwell.

Deiters, Otto F. K. (1865). *Untersuchungen über Gehirn und Rückenmark des Menschen und der Säugethiere*. (Posthumous.) Braunschweig: Vieweg. (Excerpted and translated in E. Clarke and C. D. O'Malley (1968), 67～70.)

Déjerine, J. (1892). Contribution à l'étude anatomoclinique et clinique des différentes variétés de cécité verbale. *Cormptes rendus des séances de la Société de Biologie et de ses filiales* 4:61～90.

De Lacoste-Utamsing, C., and R. L. Holloway (1982). Sexual dimorphism in the human corpus callosum. *Science* 216:1431～1432.

Dennett, Daniel C. (1975). Brain writing and mind reading. In *Language, mind and knowledge*, ed. K. Gunderson. (Minnesota Studies in the Philosophy of Science 7.) Minneapolis: University of Minnesota Press. (Reprinted in D. C. Dennett (1978b).)

Dennett, Daniel C. (1978a). Artificial intelligence as philosophy and as psychology. In *Philosophical perspective on artificial intelligence*, ed. M. Ringle. New York: Humanities Press and Harvester Press.

Dennett, Daniel C. (1978b). *Brainstorms: Philosophical essays on mind and psychology*. Montgomery, Vt.: Bradford Books. (Reprinted (1984). Cambridge, Mass.: MIT Press.)

Dennett, Daniel C. (1979). On the absence of phenomenology. In *Body, mind, and method: Essays in honor of Virgil Aldrich*, ed. D. Gustafson and B. Tapscott, 93～113. Dordrecht, Holland: D. Reidel.

Dennett, Daniel C. (1980). The milk of human intentionality. (Commentary on Searle 1980.) *Behavioral and Brain Sciences* 3:428～430.

Dennett, Daniel C. (1981). Three kinds of intentional psychology. In *Reduction, time, and reality*, ed. R. Healey, 37～61. Cambridge: Cambridge University Press.

Dennett, Daniel C. (1982). Notes on prosthetic imagination. *New Boston Review*, June:3～7. (Reprinted, with revision, as "The imagination extenders" in *Psychology Today*, December 1982:32～39.)

Dennett, Daniel C. (1983). Intentional systems in cognitive ethology: The "Panglossian Paradigm" defended. *Behavioral and Brain Sciences* 6:343～390.

Dennett, Daniel C. (1984a). Cognitive wheels: The frame problem of artificial intelligence. In *Minds, machines, and evolution*, ed. C. Hookway, 129～151. Cambridge: Cambridge University Press.

Dennett, Daniel C. (1984b). *Elbow room: The varieties of free will worth wanting*. Cambridge, Mass.: MIT Press.

Dennett, Daniel C. (1986). Can machines think? In *How we know*, ed. M. Shafto, 1～26. San Francisco: Harper and Row.

Dennett, Daniel C. (forthcoming). Quining qualia. In *The Intentional Stance*. Cambridge, Mass.: MIT Press.

Descartes, René (1644). *The principles of philosophy*. English translation in E. S. Haldane and G. R. T. Ross (1911). *The philosophical works of Descartes*. 2 vols. Reprinted (1968). Cambridge: Cambridge University Press.

Descartes, René (1649). *Les Passions de l'âme*. English translation in E. S. Haldane and G. R. T. Ross (1911). *The philosophical works of Descartes*. 2 vols. Reprinted (1968). Cambridge: Cambridge University Press.

Descartes, René (1664). *Traité de l'homme*. Paris: Angot. French text with English translation in Thomas Steele Hall (1972). *Treatise on man*. Cambridge, Mass.: Harvard University Press.

Desimone, R., T. D. Albright, C. G. Gross, and C. Bruce (1984). Stimulus-selective properties of inferior temporal neurons in the macaque. *Journal of Neuroscience* 4:2051～2062.

Desmedt, J. E., ed. (1979). *Cognitive components in cerebral event-related potentials and selective attention*. Basel: Karger.

Desmedt, John E., Julien Debecker, and Donald Robertson (1979). Serial perceptual processing and the neural basis of changes in event-related potentials components and slow potential shifts. In J. E. Desmedt, ed. (1979), 53～79.

Deutsch, Diana (1984). Memory for nonverbal information: A link between behavioral and physiological studies. In L. R. Squire and N. Butters, eds. (1984), 45～54.

DeVoogd, T. J., and F. Nottebohm (1981). Sex differences in dendritic morphology of a song control nucleus in the canary: A quantitative Golgi study. *Journal of Comparative Neurology* 196:309～316.

Dewan, E. M. (1976). Consciousness as an emergent causal agent in the context of control system theory. In *Consciousness and the brain*, ed. G. Globus, G. Maxwell and I. Savodnik, 181～198. New York: Plenum.

Dijkgraaf, S. (1967). Biological significance of lateral line organs. In *Lateral line detectors*, ed. P. Cahn, 83～95. Bloomington: University of Indiana Press.

Dismukes, R. K. (1980). What is a modulator? *Neurosciences Research Program Bulletin* 183:390～394.

Donchin, E. (1975). Brain electrical correlates of pattern recognition. In *International symposium on signal analysis and pattern recognition in biomedical engineering*, ed. G. F. Inbar, 199～218. New York: Wiley.

Donchin, E., G. McCarthy, M. Kutas, and W. Ritter (1983). Event-related potentials in the study of consciousness. In *Consciousness and self-regulation*, vol. 3, ed. G. E. Schwartz and D. Shapiro, 81～121. New York: Plenum.

Dray, William (1963). The historical explanation of action reconsidered. In *Philosophy and history*, ed. S. Hook, 105～135. New York: New York University Press.

Dretske, Fred I. (1981). *Knowledge and the flow of information*. Cambridge, Mass.: MIT Press.

Dreyfus, Hubert L. (1979). *What computers can't do*. 2nd ed. New York: Harper and Row.

Dreyfus, Hubert L. (1981). From micro-worlds to knowledge representation: AI at an impasse. In *Mind design*, ed. J. Haugeland, 161～204. Cambridge, Mass.: MIT Press.

Du Bois-Reymond, Emil (1849). *Untersuchungen über thierische Elektricität*. Vol. 2. Berlin: Reimer. (Excerpted and translated in E. Clark and C. D. O'Malley (1968), 197.)

Duhem, Pierre (1914). *La théorie physique: Son object, sa structure*. Paris: Rivière et Cie. (Translated (1953) by Philip Weiner as *The aim and structure of physical theory*. Princeton, N.J.: Princeton University Press. Reprinted (1962). New York: Atheneum.)

Duncan-Johnson, C. C., and E. Donchin (1977). On quantifying surprise: The variation of event-related potentials with subjective probability. *Psychophysiology* 14:456～467.

Eccles, John C. (1977). Part II of *The self and its brain* (Popper and Eccles 1977), 225～406.

Eccles, John C., M. Ito, and J. Szentágothai (1967). *The cerebellum as a neuronal machine*. New York: Springer-Verlag.

Eccles, John C., and Daniel N. Robinson (1984). *The wonder of being human.* New York: Free Press.

Edelman, Gerald M. (1978). Group selection and phasic reentrant signalling: A theory of higher brain function. In *The mindful brain*, G. M. Edelman and V. B. Mountcastle, 51～100. Cambridge, Mass.: MIT Press.

Edelman, Robert (1984). The clinicians's guide to the theory and practice of NMR scanning. *Discussions in Neurosciences* 1/1:9～48.

Ehrhardt, A. A., and S. W. Baker (1974). Fetal androgens, human CNS differentiation, and behavior sex differences. In *Sex differences in behavior*, eds. R. C. Friedman, R. M. Richart, and R. L. van de Wiele, 33～51. New York: Wiley.

Einstein, Albert (1949). Autobiographical notes. In *Albert Einstein: Philosopher-Scientist*, ed. P. Schilpp, 3～95. Evanston, Ill.: The Library of Living Philosophers.

Enç, Berent (1983). In defense of the identity theory. *Journal of Philosophy* 80:279～298.

Fahlman, Scott (1979). *NETL: A system for representing and using real-world knowledge*. Cambridge, Mass.: MIT Press.

Fahlman, Scott (1981). Representing implicit knowledge. In G. E. Hinton and J. A. Anderson, eds. (1981), 145～159.

Feder, H. H. (1984). Hormones and sexual behavior. *Annual Review of Psychology* 35:165～200.

Feindel, W., R. S. J. Frackowiak, D. Gadian, P. L. Magistretti, and M. R. Zalutsky, eds. (1985). Brain metabolism and imaging. *Discussions in Neurosciences* 2/2 (special issue).

Feldman, J. A. (1985). Connectionist models and their applications: Introduction. *Cognitive Science* 9:1～2 (special issue).

Feldman, J. A., and D. H. Ballard (1982). Connectionist models and their properties. *Cognitive Science* 6:205～254.

Feldman, Robert S., and Linda F. Quenzer (1984). *Fundamentals of neuropsychopharmacology*. Sunderland, Mass.: Sinauer.

Ferraro, P., A. Guidotti, B. Conti-Tronconi, and E. Costa (1984). A brain octa decaneuropeptide generated by tryptic digestion of DBI (Diazepam Binding Inhibitor) functions as a proconflict ligand of benzodiazepine recognition sites. *Neuropharmacology* 23:1359.

Ferrier, David (1876). *The functions of the brain*. London: Smith, Elder.

Ferner, David (1890). *The Croonian lectures on cerebral localisation*. London: Smith, Elder.

Feyerabend, Paul K. (1962). Explanation, reduction, and empiricism. In *Minnesota studies in the philosophy of science*, vol. 3, ed. H. Feigl and G.

Maxwell, 28～97. Minneapolis: University of Minnesota Press. (Reprinted in P. K. Feyerabend (1981). *Philosophical papers*, vol. 1, 44～96. Cambridge: Cambridge University Press.)

Feyerabend, Paul K. (1963a). How to be a good empiricist: A plea for tolerance in matters epistemological. In *Philosophy of science, the Delaware seminar*, vol. 2, ed. B. Baumrin, 3～39. New York: Interscience. (Reprinted in H. Morick, ed. (1972), 164～193.)

Feyerabend, Paul K. (1963b). Materialism and the mind-body problem. *The Review of Metaphysics* 17:49～66. (Reprinted in C. V. Borst, ed. (1970). *The mind/brain identity theory*, 142～156. London: Macmillan.)

Feyerabend, Paul K. (1963c). Mental events and the brain. *Journal of Philosophy* 60:295～296.

Feyerabend, Paul K. (1981). *Philosophical papers*. Vols. 1 and 2. Cambridge: Cambridge University Press.

Field, Hartry (1977). Logic, meaning, and conceptual role. J*ournal of Philosophy* 74:379～408.

Field, Hartry (1978). Mental representation. Erkenntnis 13:9～61. (Reprinted in N. Block, ed. (1981). *Readings in the philosophy of psychology*, vol. 2, 78～114. Cambridge, Mass.: Harvard University Press.)

Fine, Michael, Donald A. Keefer, and George R. Leichnetz (1982). Testosterone uptake in the brainstem of a sound-producing fish. *Science* 215/4537:1265～1267.

Flanagan, Owen J., Jr. (1984). *The science of the mind*. Cambridge, Mass.: MIT Press.

Flourens, Pierre (1824). Recherches expérimentales sur les propriétés et les fonctions du système nerveux dans les animaux vertébrés. (Translated as "Investigation of the properties and the functions of the various parts which compose the cerebral mass" in G. von Bonin, ed. (1960), 3～21.)

Fodor, Jerry A. (1974). Special sciences. *Synthese* 28:77～115. (Reprinted in J. A. Fodor (1981).)

Fodor, Jerry A. (1975). *The language of thought*. New York: Crowell. (Paperback edition (1979). Cambridge, Mass.: Harvard University Press.)

Fodor, Jerry A. (1981). *Representations*. Cambridge, Mass.: MIT Press.

Fodor, Jerry A. (1985). Fodor's guide to mental representation: The intelligent auntie's vade-mecum. *Mind* 94:76～100.

Forel, August-Henri (1887). Einige hirnanatomische Betrachtungen und Ergebnisse. *Arch. Psychiat. NervKrankh*. 18:162～198. (Excerpted and translated in E. Clarke and C. D. O'Malley (1968), 105～109.)

Foss, Jeffrey (1986). Abstract solutions vs. neurobiologically plausible problems. (Commentary on Ballard 1986.) *Behavioral and Brain Sciences* 9.

Foulkes, D. (1966). *The psychology of sleep*. New York: Scribner's.

Fox, Jeffrey L. (1984). PET scan controversy aired. *Science* 224:143～144.

Freed, W. J. (1983). Functional brain tissue transplantation: Reversal of lesion-induced rotation by intraventricular substantia nigra and adrenal medulla grafts, with a note on intracranial retinal grafts. *Biological Psychiatry* 18/11: 1205～1267.

Freeman, Walter (1975). *Mass action in the nervous system*. New York: Academic Press.

Freeman, Walter (1979). Nonlinear dynamics of paleocortex manifested in the olfactory EEG. *Biological Cybernetics* 3:21～37.

Frege, Gottlob (1952). *Translations from the philosophical writings of Gottlob Frege*, trans. and ed. P. Geach and M. Black. Oxford: Basil Blackwell.

Fritsch, G., and E. Hitzig (1870). Über die elektrische Erregvarkeit des Grosshirns. *Archiv für Anatomie, Physiologie und Wissenschaftliche Medizin*. (Translated as "On the electrical excitability of the cerebrum" in G. von Bonin, ed. (1960), 73～96.)

Furshpan, E. J., and D. D. Potter (1959). Transmission at the giant motor synapses of the crayfish. *Journal of Physiology* 145:298～325.

Gainotti, Guido, Carlo Caltagirone, and Gabriele Miceli (1983). Selective impairment of semantic-lexical discrimination in right-brain-damaged patients. In E. Perecman, ed. (1983), 149～167.

Galaburda, Albert M., and Marek-Marsel Mesulam (1983). Neuroanatomical aspects of cerebral localization. In A. Kertesz, ed. (1983b), 21～61.

Galambos, Robert, and Steven A. Hillyard, eds. (1981). *Electrophysiological approaches to human cognitive processing*. (Based on a work session of the Neurosciences Research Program, 1981.) *Neurosciences Research Program Bulletin* 20:141～265.

Galen. *Galen on anatomical procedures. Translation of the surviving books with introduction and notes*. (1956). C. Singer. London: Oxford University Press.

Gall, Franz Josef (1812). *Anatomie et physiologie du système nerveux en général, et du cerveau en particulier*. Vol. 1. Paris: Schoell. (Excerpted and translated in E. Clarke and C. D. O'Malley (1968), 476～480.)

Gardner, Howard, Hiram H. Brownell, Wendy Wapner, and Diane Michelow (1983). Missing the point: The role of the right hemisphere in the processing of complex linguistic material. In E. Perecman, ed. (1983), 169～191.

Gazzaniga, Michael S. (1970). *The bisected brain*. New York: Appleton-Century-Crofts.

Gazzaniga, Michael S. (1975). Brain mechanisms and behavior. In *Handbook of psychobiology*, ed. M. S. Cazzaniga and C. Blakemore, 565～590. New York: Academic Press.

Gazzaniga, Michael S. (1983). Right hemisphere language following brain bisection: A twenty year perspective. *American Psychologist* 38/5:525～537.
Gazzaniga, Michael S. (1984a). Advances in cognitive neurosciences: The problem of information storage in the human brain. In G. Lynch, J. L. McGaugh, and N. M. Weinberger, eds. (1984), 78～88.
Gazzaniga, Michael S., ed. (1984b). *Handbook of cognitive neuroscience*. New York: Plenum.
Gazzaniga, Michael S. (1985). *The social brain: Discovering the networks of the mind*. New York: Basic Books.
Gazzaniga, Michael S., Joseph E. Bogen, and Roger W. Sperry (1962). Some functional effects of sectioning the cerebral commissures in man. *National Academy of sciences of the United States of America. Proceeding. Biological Sciences* 48:1765～1769.
Gazzaniga, Michael S., and Joseph E. LeDoux (1978). *The integrated mind*. New York: Plenum.
GazzaniPa, Michael S., and Charlotte S. Smylie (1984). What does language do for a right hemisphere? In M. S. Gazzaniga, ed. (1984b), 199～209.
Gazzaniga, Michael S., and R. W. Sperry (1967). Language after section of the cerebral commissures. *Brain* 90:131～148.
Geschwind, Norman (1965). Disconnexion syndromes in animals and man. *Brain* 88:237～294, 585～644.
Ghez, Claude, and Stanley Fahn (1981). The cerebellum. In E. R. Kandel and J. H. Schwartz, eds. (1981), 334～346.
Gibson, J. J. (1968). What gives rise to the perception of motion? *Psychological Review* 75:335～346.
Gielen, C. C. A. M., and E. J. van Zuylen (1986). Coordination of arm muscles during flexion and supination. *Neuroscience*.
Glees, P., and J. Cole (1950). Recovery of skilled motor functions after small repeated lesions of motor cortex in macaque. *Journal of Neurophysiology* 13:137～148.
Gleitman, Henry (1981). *Psychology*. New York: Norton.
Goldman, P. S., H. T. Crawford, L. P. Stokes, et al. (1974). Sex-dependent behavioral effects of cerebral cortical lesions in the developing rhesus monkey. *Science* 186:540～1542.
Goldman-Rakic, P. S. (1981). Development and plasticity of primate frontal association cortex. In F. O. Schmitt, F. G. Worden, G. Adelman, and S. G. Dennis, eds. (1981), 69～97.
Goldman-Rakic, P. S. (1984). Modular organization of the prefrontal cortex. *Trends in Neurosciences* 7/11:419～424.
Golgi, Camillo (1883). Recherches sur l'histologie des centres nerveux. *Archs.*

ital. Biol., 3:285～317. (Excerpted and translated in E. Clarke and C. D. O'Malley (1968), 92～96.)

Golgi, Camillo (1908). La doctrine du neurone. In *Les Prix Nobel en 1906*. Stockholm: P. A. Norstedt & Söner. (Excerpted and translated in E. Clarke and C. D. O'Malley (1968), 96.)

Goltz, F. L. (1892). Der Hund ohne Grosshirn. Siebente Abhandlung über die Verrichtungen des Grossilinis. *Pfügers Arch.* 51:570～614. (Excerpted and translated in E. Clarke and C. D. O'Malley (1968), 560～565.)

Gonshor, A., and G. Melvill Jones (1976). Extreme vestibulo-ocular adaptation induced by prolonged optical reversal of vision. *Journal of Physiology* 256:381～414.

Gordon, Harold W. (1980). Right hemisphere comprehension of verbs in patients with complete forebrain commissurotomy: Use of the dichotic method and manual performance. *Brain and Language* 11:76～86.

Gorski, R. A. (1979a). Nature of hormone action in the brain. In *Ontogeny and reproductive hormone action*, ed. T. H. Hamilton and W. A. Sadler, 371～392. New York: Raven.

Gorski, R. A. (1979b). Long-term hormonal modulation of neuronal structure and function. In F. O. Schmitt and F. G. Worden, eds. (1979), 969～982.

Gorski, R. A., J. H. Gordon, J. E. Shyrne, and A. M. Southam (1978). Evidence for a morphological sex difference within the medial preoptic area of the rat brain. *Brain Research* 148:333～346.

Gould, James L. (1985). How bees remember flower shapes. *Science* 227:1492～1494.

Goy, Robert W., and Bruce S. McEwen (1977). *Sexual differential of the brain*. (Based on a work session of the Neurosciences Research Program.) Cambridge, Mass.: MIT Press.

Goy, Robert, W., John E. Wolb, and Stephen G. Eisele (1977). Experimental female hermaphroditism in rhesus monkeys: Anatomical and physiological characteristics. In *Handbook of sexology*, ed. J. Money and H. Muspah, 139～156. Amsterdam: Elsevier/Excerpta Medica.

Greenough, W. T., J. M. Juraska, and F. R. Volkmar (1979). Maze training effects on dendritic branching in occipital cortex of adult rats. *Behavioral and Neural Biology* 26:287～297.

Griffin, Donald R. (1984). *Animal thinking*. Cambridge, Mass.: Harvard University Press.

Gross, C. G., C. E. Rocha-Miranda, and D. B. Bender (1972). Visual properties of neurons in inferotemporal cortex of the macaque. *Journal of Neurophysiology* 35:96～111.

Grossberg, Stephen (1982). *Studies of mind and brain*. Dordrecht, Holland: D.

Reidel.

Grünbaum, A. S. F. (see Leyton, A. S. F.)

Hannover, Adolph (1840). Die Chromsäure, ein vorzügliches Mittel bei den mikroskopischen Untersuchungen. *Archiv für Anatomie, Physiologie und wissenschaftliche Medizin*, 549～558. (Excerpted and translated in E. Clarke and C. D. O'Malley (1968), 60～61.)

Hansen, J. C., and S. A. Hillyard (1983). Selective attention to multidimensional auditory stimuli. *Journal of Experimental Psychology: Human Perception and Performance* 9:1～19.

Hanson, N. R. (1967). Observation and interpretation. In *Philosophy of science today*, ed. S. Morgenbesser, 89～99. New York: Basic Books.

Hardy, G. H. (1940). *Ramanujan*. London: Cambridge University Press.

Harlow, J. M. (1868). Recovery from the passage of an iron bar through the head. *Massachusetts Medical Society Publications* 2:327～347.

Harnad, Stevan, R. W. Doty, L. Goldstein, J Jaynes, and G. Krauthamer, eds. (1977) *Lateralization in the nervous system*. New York: Academic Press.

Harrington, Anne (1985). Nineteenth-century ideas on hemisphere differences and "duality of mind." *Behavioral and Brain Sciences* 8/4:617～659.

Harvey, Paul H., and Montgomery Slatkin (1982). Some like it hot: Temperature-determined sex. *Nature* 296:807～808.

Hawkins, Robert D., and Eric R. Kandel (1984). Steps toward a cell-biological alphabet for elementary forms of learning. In G. Lynch, J. L. McGaugh, and N. M. Weinberger, eds. (1984), 385～404.

Hebb, D. O. (1939). Intelligence in man after large removals of cerebral tissue: Report of four left frontal lobe cases. *Journal of General Psychology* 21:73～87.

Hebb, D. O., and W. Penfield (1940). Human behavior after extensive bilateral removals from the frontal lobes. *Archives of Neurology and Psychiatry* 44:421～438.

Hecaen, Henri, and Martin L. Albert, eds. (1978). *Human neuropsychology*. New York: Wiley.

Heilman, Kenneth M. (1979). Neglect and related disorders. In K. M. Heilman and E. Valenstein, eds. (1979), 268～307.

Heilman, Kenneth M., Gregory Howell, Edward Valenstein, and Leslie Rothi (1980). Mirror-reading and writing in association with right-left spatial disorientation. *Journal of Neurology, Neurosurgery, and Psychiatry* 43:774～780.

Heilman, Kenneth M., and Edward Valenstein, eds. (1979). *Clinical neuropsychology*. New York: Oxford University Press.

Heilman, Kenneth M., Robert R. Watson, Edward Valenstein, and Antonio R.

Damasio (1983). Localization of lesions in neglect. In Andrew Kertesz, ed. (1983b), 471～492.

Heimer, Lennart (1983). *The human brain and spinal cord: Functional neuroanatomy and dissection guide*. New York: Springer-Verlag.

Heimer, Lennart, and Martine J. Robards, eds. (1981). *Neuroanatomical tract-tracing methods*. New York: Plenum.

Held, Hans (1897). Beiträge zur Structur der Nervenzellen und ihrer Fortsätze. Zweite Abhandlung. *Arch Anat. Physiol. (Anat. Abt.)*, 204～294. (Excerpted and translated in E. Clarke and C. D. O'Malley (1968), 119～120.)

Helmholtz, Hermann L. F. von (1850). Vorläufiger Bericht über die Fortpflanzongsge-schwindigkeit der Nervenreizung. *Archiv für Anatomie, Physiologie und wissenschaftliche Medizin*, 71～73. (Translated in W. Dennis (1948). *Readings in psychology*, 197～198. New York: Appleton-Century-Crofts.)

Hempel, Carl (1945). A definition of "degree of confirmation." *Philosophy of Science* 12:98～115.

Hempel, Carl (1965). *Aspects of scientific explanation*. New York: Free Press.

Henn, Fritz, A., and Henry A. Nasrallah, eds. (1982). *Schizophrenia as a brain disease*. New York: Oxford University Press.

Heritage, Aileen S., and Walter Stumpf (1980). Brain catecholamine neurons are target sites for sex hormones. *Science* 207/4437:1377～1379.

Hesse, Mary (1970). Is there an independent observation language? In *The nature and function of scientific theories*, ed. R. Colodny, 36～77. Pittsburgh: University of Pittsburgh Press.

Heuser, J. E., and T. S. Reese (1979). Synaptic vesicle exocytosis captured by quick-freezing. In F. O. Schmitt and F. G. Worden, eds. (1979), 573～600.

Hillyard, S. A., G. V. Simpson, D. L. Woods, S. van Voorhis, and T. Munte (1984). Event-related brain potentials and selective attention to different modalities. In *Neural integration? at basic and cortical levels: IBRO conference*, ed. F. Reinoso, 395～414. New York: Raven.

Hillyard, S. A., and M. Kutas (1983). Electrophysiology of cognitive processing. *Annual review of psychology* 34:33～61.

Hinton, Geoffrey E. (1981). Implementing semantic networks in parallel hardware. In G. E. Hinton and J. A. Anderson, eds. (1981), 161～187.

Hinton, Geoffrey E., and James A. Anderson, eds. (1981). *Parallel models of associative memory*. Hillsdale, N.J.: Erlbaum.

Hinton, Geoffrey E., And Terrence J Sejnowski (1983a). Optimal perceptual inference. *Proceedings of the IEEE Conference on computer vision and pattern recognition* (Washington, D.C., June 1983), 448～453. Silver Spring, Md.: IEEE Computer Society Press.

Hinton, Geoffrey E., And Terrence J Sejnowski (1983b). Analyzing cooperative computation. In *Proceedings of the 5th annual conference of the Cognitive Science Society*, Rochester, N.Y.

Hinton, Geoffrey E., and Terrence J. Sejnowski (1986). Learning and relearning in Boltzmann machines. In D. E. Rumelhart and J. L. McClelland, eds. (1986).

Hirano, Asao, and Herbert M. Dembitzer (1967). A structural analysis of the myelin sheath in the central nervous system. *Journal of Cell Biology* 34:555～567.

His, Wilhelm (1888). Über die embryonale Entwickelung der Nervenbahnen. *Anat. Anz*. 3:499～505. (Excerpted and translated in E. Clarke and C. D. O'Malley (1968), 103～104.)

Hitzig, G., and G. T. Fritsch (1870) Über die elektrische Erregbarkeit des Grosshirns. *Archiv für anatomie, Physiologie und wissenschaftliche Medizin*, 300～332. (Translated as "On the electrical excitability of the cerebrum" in G. von Bonin, ed. (1960), 73～96.)

Hodgkin, A. L., and A. F. Huxley (1952). A quantitative description of membrane current and its application to conduction and excitation in nerve. *Journal of Physiology* 117:500～544. (Reprinted in C. D. Barnes and C. Kircher, eds. (1968). *Readings in neurophysiology*, 205～249. New York: Wiley.)

Holtzman, Jeffrey D., and Michael S. Gazzaniga (1982). Dual task interactions due exclusively to limits in processing resources. Science 218:1325～1327.

Hooker, C. A. (1975). Systematic philosophy and meta-philosophy of science: Empiricism, Popperianism, and realism. *Synthese* 32:177～231.

Hooker, C. A. (1981). Towards a general theory of reduction. Part I: Historical and scientific setting. Part II: Identity in reduction. Part III: Cross-categorial reduction. *Dialogue* 20:38～59, 201～236, 496～529.

Hopfield, J. J., D. 1. Feinstein, and R. G. Palmer (1983). "Unlearning" has a stabilizing effect in collective memories. *Nature* 304:158～159.

Horgan, Terrence, and James Woodward (1985). Folk psychology is here to stay. *Philosophical Review* 44:197～226.

Horn, G. (1983). Information storage in the brain: A study of imprinting in the domestic chick. In *Advances in vertebrate neuroethology: Proceedings of a NATO Advanced Study Institute*, ed. J.-P. Ewart, R. Capranica, and D. J. Ingle, 511～541. New York: Plenum.

Hoyle, Graham (1980). Expectation and achievement in analysis of motor program generation: Commentary on Selverston. *Behavioral and Brain Sciences* 3:552～553.

Hoyle, Graham (1984). The scope of neuroethology. *Behavioral and Brain*

Sciences 7:367～412.

Hrdy, Sarah Blaffer (1981). *The woman that never evolved.* Cambridge, Mass.: Harvard University Press.

Hubel, D. H., and T. N. Wiesel (1965). Receptive fields and functional architecture in two non-striate visual areas (18 and 19) of the cat. *Journal of Neurophysiology* 28:229～289.

Hubel, D. H., and T. N. Wiesel (1968). Receptive fields and functional architecture of monkey striate cortex. *Journal of Physiology* 195:215～243.

Hubel, D. H., and T. N. Wiesel (1972). Laminar and columnar distribution of geniculocortical fibres in the macaque monkey. *Journal of Comparative Neurology* 146:421～450.

Hubel, D. H., and T. N. Wiesel (1977). Functional architecture of macaque visual cortex. *Proceedings of the Royal Society of London. Series B* 198:1～59.

Hubel, D. H., T. N. Wiesel, and S. LeVay (1977). Plasticity of ocular dominance columns in monkey striate cortex. *Philosophical Transactions of the Royal Society of London* 278/961:377～409.

Hughes, John, T. W. Smith, 1-1. W. Kosterlitz, et al. (1975). Identification of two related pentapeptides from the brain with potent opiate agonist activity. *Nature* 258:577～579.

Hull, David (1974). *Philosophy of biological science.* Englewood Cliffs, N.I: Prentice-Hall.

Hume, David (1739). *A treatise of human nature.* Modern edition by L. A. Selby-Bigge (1888). Oxford: Clarendon Press.

Hume, David (1748). *Enquiry concerning human understanding.* Modern edition by L. A. Selby-Bigge (1894). *Hume's enquiries.* Oxford: Ciarendon Press.

Hummel, R. A., and S. W. Zucker (1980). On the foundation of relaxation labelling processes. *Technical Report 80-7.* Montreal: Computer Vision and Graphics Laboratory, McGill University.

Huppert, F. A., and M. Piercy (1976). Recognition memory in amnesia patients: Effect of temporal context and familiarity of material. *Cortex* 12:3～20.

Ingvar, D. H. (1982). Mental illness and regional brain metabolism. *Trends in Neurosciences* 5/6:199～203.

Ito, M. (1970). Neurophysiological aspects of the cerebellar motor control system. *International Journal of Neurology* 7:162～176.

Iverson, Leslie L. (1979). The chemistry of the brain. *Scientific American* 241/3:134～149.

Iverson, Leslie L., and Martin M. Rosser (1984). Human learning and memory dysfunction: Neurochemical changes in senile dementia. In G. Lyncil, J. L. McCaugh, and N. M. Weinberger, eds. (1984), 363～367.

Jackson, Frank (1982). Epiphenomenal qualia. *Philosophical Quarterly* 32:127~136.

Jackson, J. Hughlings (1864). Loss of speech with hemiplegia on the left side, valvular disease, epileptiform convulsions affect the side paralyzed. *Medical Times Gazette* 2:166. (Reprinted in James Taylor, ed. (1932). *Selected writings of John Hughlings Jackson*. 2 vols. London: Staples Press.)

Jackson, J. Hughlings (1875). *Clinical and physiological researches on the nervous system.* (Contains a reprinting of "On the anatomical and physiological localisation of movement in the brain," first published in *Lancet* 1873,i:84~85.) London: Churchill.

Jackson, J. Hughlings (1881). Remarks on dissolution of the nervous system as exemplified by certain post-epileptic conditions. *Medical Press and Circular* 1:329. (Reprinted in James Taylor, ed. (1932). *Selected writings of John Hughlings Jackson*. 2 vols. London: Staples Press.)

James, William. *Pragmatism: A new name for some old ways of thinking.* New York: Longmans, Green. (Reprinted in Frederick Burkhardt and Fredson Bowers, eds. (1975). *Pragmatism and the meaning of truth.* Cambridge, Mass.: Harvard University Press.)

Jernigan, Terry L. (1984). The study of human memory with neuro-imaging techniques. In L. R. Squire and N. Butters, eds. (1984), 258~265.

Jolly, Alison (1972). *The evolution of primate behavior*. New York: Macmillan.

Jones, E. G. (1981). Anatomy of cerebral cortex: Columnar input-output organization. In F. O. Schmitt, F. G. Worden, G. Adelman, and S. G. Dennis, eds. (1981), 199~235.

Jordan, M. I. (1986). An introduction to linear systems. In J. L. McClelland and D. E. Rumelhart, eds. (1986).

Jouvet, M. (1967). Neurophysiology of the states of sleep. *Physiological Review* 47:117~177.

Julesz, Bela (1980). Spatial nonlinearities in the instantaneous perception of textures with identical power spectra. *Philosophical Transactions of the Royal Society of London. Series B* 290:83~94.

Junge, Douglas (19B1). *Nerve and muscle excitation.* 2nd ed. Sunderland, Mass.: Sinauer.

Kaas, J. H., R. J. Nelson, M. Sur, and M. M. Merzenich (1979). Multiple representations of the body within the primary somatosensory cortex of primates. *Science* 204:521~523.

Kass, J. H., R. J. Neslon, M. Sur, and M. M. Merzenich (1981). Organization of somatosensory cortex in primates. In F. O. Schmitt, F. G. Worden, G. Adelman, and S. G. Dennis, eds. (1981), 237~261.

Kanaseki, T., and J. M. Sprague (1974). Anatomical organization of pretectal nuclei and tectal laminae in the cat. *Journal of Comparative Neurology* 158:319~337.

Kandel, Eric R. (1976). *Cellular basis of behavior: An introduction to behavioral neurobiology*. San Francisco: W. H. Freeman.

Kandel, Eric R. (1979). Small systems of neurons. *Scientific American* 241/3:66~76.

Kandel, Eric R. (1981a). Synaptic transmission I: Postsynaptic factors controlling ionic permeability. In E. R. Kandel and J. H. Schwartz, eds. (1981), 63~80.

Kandel, Eric R. (1981b). Synaptic transmission II: Presynaptic factors controlling transmitter release. In E. R. Kandel and J. H. Schwartz, eds. (1981), 81~90.

Kandel, Eric R. (1981c). Somatic sensory system III: Central representation of touch. In E. R. Kandel and J. H. Schwartz, eds. (1981), 184~198.

Kandel, Eric R., and James H. Schwartz, eds. (1981). *Principles of neural science*. New York, Amsterdam, Oxford: Elsevier/North-Holland.

Kant, Immanuel (1781). *Kritik der reinen Vernunft*. 2nd ed. (1787). Translated and edited by N. Kemp Smith (1929). *Immanuel Kant's critique of pure reason*. Reprinted (1964). London: Macmillan.

Kelley, Darcy B. (1980). Auditory and vocal nuclei in the frog brain concentrate sex hormones. *Science* 207/4430:553~555.

Kelly, Dennis D. (1981). Physiology of sleep and dreaming. In E. R. Kandel and J. H. Schwartz, eds. (1981), 472~485.

Kelly, James P. (1981a). Visual system II: Anatomy of the central visual pathways. In E. R. Kandel and J. H. Schwartz, eds. (1981), 226~235.

Kelly, James P. (1981b). Vestibular system. In E. R. Kandel and J. H. Schwartz, eds. (1981), 406~418.

Kemeny, J. G., and O. Oppenheim (1956). On reduction. *Philosophical Studies* 7:6~17.

Kenny, Anthony (1984). *The legacy of Wittgenstein*. Oxford: Basil Blackwell.

Kertesz, Andrew (1983a). Issues in localization. In A. Kertesz, ed. (1983b), 1~20.

Kertesz, Andrew, ed. (1983b). *Localization in neuropsychology*. New York: Academic Press.

Kety, S. S. (1978). The biological roots of mental illness: Their ramifications through cerebral metabolism, synaptic activity, genetics, and the environment. *Harvey Lecture* 71:1~22.

Kety, S. S., D. Rosenthal, P. H. Wender, F. Schulsinger, and B. Jacobsen (1975). Mental illness in the biological and adoptive families of adopted individuals who have become schizophrenic: A preliminary report based on psychiatric interviews. In *Genetic research in psychiatry*, ed. R. R. Fieve, D. Rosenthal, and H. Brill, 147~165. Baltimore: The Johns Hopkins University

Press.

Kimura, D. (1967). Functional asymmetry of the brain in dichotic listening. *Cortex* 3:163～178.

Kinsbourne, Marcel (1971). The minor cerebral hemisphere as a source of aphasic speech. *Archives of Neurology* 25:302～306.

Kinsbourne, Marcel (1974). Lateral interactions in the brain. In *Hemisphere disconnection and cerebral function*, ed. M. Kinsbourne and W. L. Smith, 239～259. Springfield, Ill.: Cllarles C. Thomas.

Kinsboume, Marcel (1977). Hemi-neglcct and hemispheric rivalry. In *Hemi-inattention and hemispheric specialization. Advances in neurology*, ed. E. A. Weinstein and R. P. Friedland, 41～49. New York: Raven.

Kinsbourne, Marcel (1980). Brain-based limitations on mind. In *Body and mind: Past, present and future*, ed. R. Rieber, 155～175. New York: Academic Press.

Kinsbourne, Marcel (1982). Hemisphere specialization and the growth of human understanding. *American Psychologist* 37:411～420.

Kinsbourne, Marcel, and Elizabeth Warrington (1963a). The localizing significance of limited simultaneous visual form perception. *Brain* 86:697～705.

Kinsbourne, Marcel, and Elizabeth Warrington (1963b). Jargon aphasia. *Neuropsychologia* 1:27～37.

Kinsbourne, Marcel, and Elizabeth Warrington (1964). Observations on color agnosia. *Journal of Neurology, Neurosurgery, and Psychiatry* 27:296～299.

Kinsbourne, Marcel, and F. Wood (1975). Short-term memory processes and the amnesic syndrome. In *Short-term memory*, ed. D. Deutsch and J. A. Deutsch, 257～291. New York: Academic Press.

Kirkpatrick, S., C. D. Gelatt, and M. P. Vecchi (1983). Optimization by simulated annealing. *Science* 220:671～680.

Kitcher, Patricia (1980). How to reduce a functional psychology? *Philosophy of Science* 47:134～140.

Kitcher, Patricia (1982). Discussion: Genes, reduction, and functional psychology. *Philosophy of Science* 49:633～636.

Kitcher, Philip (1982). Genes. *British Journal for the Philosophy of Science* 33:337～359.

Kitcher, Philip (1984). 1953 and all that: A tale of two sciences. *Philosophical Review* 93:335～373.

Klima, Edward, and Ursula Bellugi (1979). *The signs of language*. Cambridge, Mass.: Harvard University Press.

Koenigsberger, L. (1906). *Hermann von Helmholtz*. English translation by F. A. Welby (1965). New York: Dover.

Koester, J. (1981). Resting membrane potential. In E. R. Kandel and J. H.

Schwartz, eds. (1981), 27～35.

Kohonen, Teuvo, Pekka Lehtio, P. Rovamo, J. Hyvarinen, K. Bry, and L. Vainio (1977). A principle of neural associative memory. *Neuroscience* 2:1065～1076.

Kohonen, Teuvo, Erkki Oja, and Pekka Lebtiö (1981). Storage and processing of information in distributed associative memory systems. In G. E. Hinton and J. A. Anderson, eds. (1981), 105～143.

Kolata, Gina (1979a). Report: New drugs and the brain. *Science* 205/4408:774～776.

Kolata, Gina (1979b). Report: Sex hormones and brain development. *Science* 205/4410:985～987.

Kolata, Gina (1982). Report: Grafts correct brain damage. *Science* 217/4557:342～344.

Kolb, Bryan, and Ian Q. Whishaw (1980). *Fundamentals of human neuro-psychology*. San Francisco: W. H. Freeman.

Kolb, Bryan, and Ian Q. Whishaw. (1984). Decortication abolishes place but not cue learning in rats. *Behavioral Brain Research* 11/2:123～134.

Kolers, Paul (1975). Specificity of operation in sentence recognition. *Cognitive Psychology* 7:289～306.

Konishi, Masakazu (forthcoming). Centrally synthesized maps of sensory space. *Trends in Neurosciences*.

Konishi, Masakazu, and Mark E. Gurney (1982). Sex differentiation of brain and behavior. *Trends in Neurosciences* 5/1:20～23.

Kosslyn, Stephen M. (1975). Information representation in visual images. *Cognitive Psychology* 7:341～370.

Krebs, J. R., and N. B. Davies, eds. (1978). *Behavioral ecology: An evolutionary approach*. Sunderland, Mass.: Sinauer.

Kuffler, S. W., J. G. Nicholls, and A. R. Martin (1984). *From neuron to brain: A cellular approach to the function of the nervous system*. 2nd ed. Sunderland, Mass.: Sinauer.

Kuhn, Thomas S. (1962). *The structure of scientific revolutions*. 2nd ed. (1970). Chicago: University of Chicago Press.

Kühne, Willy (1862). *Über die peripirerischen Endorgane der motorischen Nerven*. Leipzig: Engelmann. (Excerpted and translated in E. Clarke and C. D. O'Malley (1968), 75～77.)

Kummer, Hans (1968). *Social organization of Harmadryas baboons*. Chicago: University of Chicago Press.

Kupfer, D. J., and F. G. Foster (1972). Interval between onset of sleep and rapid eye movement sleep as an indicator of depression. *Lancet* 2:684～686.

Kupfer, D. J., and F. G. Foster (1975). The sleep of psychotic patients: Does it all look alike? In *The biology of the major psychoses: A comparative analysis*, ed. D. X. Freedman, 143~164. New York: Raven.

Kutas, M., and S. A. Hillyard (1980). Reading senseless sentences: Brain potentials reflect semantic incongruity. *Science* 207:203~205.

Kutas, M., and S. A. Hillyard (1984). Event-related potentials in cognitive science. In M. Gazzaniga, ed. (1984b), 387~409.

Kutas, M., G. McCarthy, and E. Donchin (1977). Augmenting mental chronometry: The P300 as a measure of stimulus evaluation time. *Science* 197:792~795.

La Mettrie, Julien Offray de (1748). *L'Homme machine*. (Published anonymously.) Leyden: Luzac. (Translation into English by E. Luzac and G. Smith (1750), London, and G. C. Bussey (1912), Chicago.)

Land, Edwin (1977). The retinex theory of color vision. *Scientific American* 237:108~128.

Land, Edwin H., David H. Hubel, Margaret S. Livingstone, S. Hollis Perry, and Michael M. Burns (1983). Colour-generating interactions across the corpus callosum. *Nature* 303:616~618.

Larsen, T. Andreo, and Donald B. Calne (1982). Recent advances in the study of Parkinson's disease. (Review.) *Trends in Neurosciences* 5/1:10~12.

Lashley, Karl S. (1933). Integrative functions of the cerebral cortex. *Physiological Review* 13:1~42.

Lashley, Karl S. (1937). Functional determinants of cerebral localization. *Archives of Neurology and Psychiatry* 38:371~387.

Lassen, N. A., D. H. Ingvar, and E. Skinhoj (1978). Brain function and blood flow. *Scientific American* 239:62~71.

Lee, K. S., F. Schottler, M. Oliver, and G. Lynch (1980). Brief bursts of high-frequency stimulation produce two types of structural change in rat hippocampus. *Journal of Neurophysiology* 44:247~258.

Lent, Charles M. (1980). On neuronal nihilism: Commentary on Selverston. *Behavioral and Brain Sciences* 3:555~556.

Levy, J. (1982). Mental processes in the nonverbal hemisphere. In *Animal mind-human mind*, ed. D. R. Griffin, 57~73. Berlin: Springer-Verlag.

Levy, J., and M. L. Reid (1976). Variations in writing posture and cerebral organization. *Science* 194:337.

Levy-Agresti, J, and R. W. Sperry (1968). Differential perceptual capacities in major and minor hemispheres. *National Academy of Sciences of the United States of America. Proceedings. Biological Sciences* 6:1151.

Levy, J., C. Trevarthen, and R. W. Sperry (1972). Perception of bilateral chimeric figures following hemisphere disconnection. *Brain* 95:61~78.

Lewis, David (1983). Postscript to "Mad pain and Martian pain." In

Philosophical papers, vol. I, 122~130. New York: Oxford University Press.

Leyton (Grünbaum), A. S. F., and C. S. Sherrington (1917). Observations on the excitable cortex of the chimpanzee, orangutan, and gorilla. *Quarterly Journal of Experimental Physiology* 11:135~222. (Reprinted in G. von Bonin, ed. (1960). 283~396.)

Libet, Benjamin (1981). The experimental evidence for subjective referral of a sensory experience backwards in time: Reply to P. S. Churchland. *Philosophy of Science* 48:182~197.

Libet, Benjamin, E. W. Wright, Jr., B. Feinstein, and D. K. Pearl (1979). Subjective referral of the timing for a conscious sensory experience: A functional role for the somatosensory specific projection system in man. *Brain* 102:191~222.

Lindsay, Peter H., and Donald A. Norman (1977). *Human information processing*. 2nd ed. New York: Academic Press.

Llinás, Rodolfo R. (1975). The cortex of the cerebellum. *Scientific American* 232/1:56~71.

Llinás, Rodolfo R. (1979). The role of calcium in neuronal function. In F. O. Schmitt and F. G. Worden, eds. (1979), 555~571.

Llinás, Rodolfo R. (1981). Electrophysiology of the cerebellar networks. In *Handbook of physiology*. Vol. 2: *The nervous system, Part II*, ed. V. B. Books, 831~876. Bethesda, Md.: American Physiological Society.

Llinás, Rodolfo R. (1982). Calcium in synaptic transmission. *Scientific American* 247:56~65.

Llinás, Rodolfo R. (1984a). Comparative electrobiology of mammalian central neurons. In *Brain slices*, ed. R. Dingledine, 7~42. New York: Plenum.

Llinás, Rodolfo R. (1984b). The squid giant synapse. In *Current topics in membranes and transport*. Vol. 22: *The squid axon*, ed. A. Kleinzeller and P. F. Baker, 519~546. New York: Academic Press.

Llinás, Rodolfo R. (1984c). Rebound excitation as the physiological basis for tremor: A biophysical study of the oscillatory properties of mammalian central neurones *in vitro*. In *Movement disorders: Tremor*, ed. L. J. Findley and R. Capildeo, 165~182. London: Macmillan.

Llinás, Rodolfo R. (1984d). Possible role of tremor in the organization of the nervous system. In *Movement disorders: Tremor*, ed. L. J. Findley and R. Capildeo, 475~477. London: Macmillan.

Llinás, Rodolfo R. (forthcoming). "Mindness" as a functional state of the brain. In *Mind matters*, ed. C. Blakemore and S. Greenfield. Oxford: Basil Blackwell.

Llinás, Rodolfo R., R. Baker, and C. Sotelo (1974). Electronic coupling between neurons in the cat inferior olive. *Journal of Neurophysiology* 37:560~571.

Llinás, Rodolfo R., and R. Hess (1976). Tetrodotoxin-resistant dendritic spikes in avian Purkinje cell. *National Academy of Sciences of the United States of America. Proceedings. Biological Sciences*. 73:2520～2523.

Llinás, Rodolfo R., and D. E. Hillman (1969). Physiological and morphological organization of the cerebellar circuits in various vertebrates. In *Neurobiology of cerebellar evolution and development*, ed. R. Llinás, 43～73. Chicago: American Medical Association.

Llinás, Rodolfo R., and H. Jahnsen (1982). Electrophysiology of mammalian thalamic neurons in vitro. *Nature* 297:406～408.

Llinás, Rodolfo R., and M. Sugimori (1979). Calcium conductances in Purkinje cell dendrites: Their role in development and integration. In *Progress in Brain Research*. Vol. 51: *Development and chemical specificity of neurons*, ed. M. Cuenod, G. W. Kreutzberg, and F. E. Bloom, 323～334. Amsterdam: Elsevier.

Llinás, Rodolfo R., and M. Sugimori (1980). Electrophysiological properties of in vitro Purkinje cell somata in mammalian cerebellar slices. *Journal of Physiology London* 305:171～195.

Longuet-Higgins, H. C. (1968). The non-local storage of temporal information. *Proceedings of the Royal Society of London. Series B* 171:327～334.

Lycan, William G. (1981a). Form, function and feel. *Journal of Philosophy* 78: 24～50.

Lycan, William G. (]981b). Toward a homuncular theory of believing. *Cognition and Brain Theory* 4:139～159.

Lycan, William G. (forthcoming). Tacit belief. In *Belief*, ed. R. J. Bogdan. Oxford: Oxford University Press.

Lynch, Gary, James L. McGaugh, and Norman M. Weinberger, eds. (1984). *Neurobiology of leanl ing and memory*. New York: Guilford.

McCarthy, J, and P. Hayes (1969). Some philosophical problems from the standpoint of Artificial Intelligence. In *Machine intelligence*, vol. 4, ed. B. Meltzer and D. Michie, 463～502. New York: Harper and Row.

McClelland, James L. (unpublished). Models of perception and memory based on principles of neural organization. Carnegie-Mellon University, Pittsburgh, Pa.

McClelland, James L., and David E. Rumelhart (1981). An interactive activation model of the effect of context in letter perception. Part I: An account of basic findings. *Psychological Review* 88:375～407.

McClelland, James L., and David E. Rumelhart (1986). *Parallel distributed processing: Explorations in the microstructure of cognition*. Vol. 2: Applications. Cambridge, Mass.: MIT Press.

McClelland, James L., David E. Rumelhart, and Geoffrey E. Hinton (1986). The appeal of parallel distributed processing. In D. E. Rumelhart and J. L.

McClelland, eds. (1986). Cambridge, Mass.: MIT Press.

McCloskey, Michael (1983). Intuitive physics. *Scientific American* 248/4:122～130.

McCloskey, Michael, Alfonso Caramazza, and Annamaria Basili (forthcoming). Dissociations of number system processes. In *Mathematical disabilities: A cognitive neurophysiological perspective*, ed. G. Eeloshe and X. Seron. Hillsdale, N.J.: Erlbaum.

McCloskey, Michael, Alfonso Caramazza, and Bert Green (1980). Curvilinear motion in the absence of external forces: Naive beliefs about the motion of objects. *Science* 210/4474:1139～1141.

McCollum, G., A. Pellionisz, and R. Llinás (1983). Tensorial approach to color vision. *Journal of Theoretical Neurobiology* 2:23～28.

McComick, David (1984). Cerebellum: Essential involvement in a simple learned response. Doctoral dissertation, Stanford University.

McDowell, Fletcher (1979). Cerebrovascular diseases: Section fourteen. In *Textbook of medicine*, ed. Paul B. Beeson, Walsh McDermott, and James B. Wyngaarden, 777～801. Philadelphia: Saunders.

McEwen, Bruce S. (1976). Interaction between hormones and nervous tissues. *Scientific American* 235/1:48～58.

McEwen, Bruce S., Carl J. Denef, John L. Gerlach, and Linda Plapinger (1974). Chemical studies of the brain as a steroid target tissue, In F. O. Schmitt and F. G. Worden, eds. (1974), 599～620.

McGinn, Colin (1932). *The character of mind.* Oxford: Oxford University Press.

MacKay, D. M. (1978). Selves and brain. *Neuroscience* 3:599～606.

McKeever, Walter F. (1979). Handwriting posture in left handers. *Neuropsychobiology* 17:429～444.

McKeever, Walter F. (1981). On laterality research and dichotomania. (Commentary on Bradshaw and Nettleton 1981.) *Behavioral and Brain Sciences* 4/1:73～74.

MacVicar, B., and F. E. Dudek (1980). Dye-coupling between CA3 pyramidal cells in slices of rat hippocampus. *Brain research* 196:494～497.

Magendie, F. J (1822a). Expériences sur les fonctions des racines des nerfs rachidiens. *J. Physiol. Exp. Path., Paris* 2:276～279. (Excerpted and translated in E. Clarke and C. D. O'Malley (1968), 300.)

Magendie, F. J. (1822b). Expériences sur les fonctions des racines des nerfs qui naissent de la moelle épinière. *J. Physiol. Exp. Path., Paris* 2:366～371. (Excerpted and translated in E. Clarke and C. D. O'Malley (]968), 301～302.)

Magistretti, Pierre J., John H. Morrison, and Floyd E. Bloom, eds. (1984). *Nervous System Development and Repair. Discussions in Neurosciences* 1/2

(special issue).
Makowski, Lee, D. L. D. Caspar, W. C. Phillips, and D. A. Goodenough (1977). Gap junction structures. II: Analysis of X-ray diffraction data. *Journal of Cell Biology* 74:629～645.
Margolis, Joseph (1978). *Persons and minds: The prospects of nonreductive materialism*. Dordrecht, Holland: D. Reidel.
Marr, David (1969). A theory of cerebellar cortex. *Journal of Physiology* 202: 437～470.
Marr, David (1982). *Vision*. San Francisco: W. H. Freeman.
Marr, David, and T. Poggio (1976). Cooperative computation of stereo disparity. *Science* 194:283～287.
Marsden, C. D., J. C. Rothwell, and B. L. Day (1984). The use of peripheral feedback in the control of movement. *Trends in Neurosciences* 7:253～257.
Marshall, John C. (1981). Hemispheric specialization: What, how, and why. (Commentary on Bradshaw and Nettleton 1981.) *Behavioral and Brain Sciences* 4/1:72～73.
Marx, Jean L. (1982). Transplants as guides to brain development. *Science* 217/ 4557:340～341.
Mateer, Catherine A. (1983). Localization of language and visuospatial functions by electrical stimulation. In A. Kertesz, ed. (1983b), 153～183.
Matsui, Takayoshi, and Asao Hirano (1978). *An atlas of the Human brain for computerized tomography*. Tokyo/New York: Igaku-Shoin.
Mayer, D. J. (1975). Pain inhibition by electrical stimulation: Comparison to morphine. *Neurosciences Research Program Bulletin* 13:94～100.
Mazziotta, J. C. (1985). PET scanning: Principles and applications. *Discussions in Neurosciences* 2:9～47.
Mazziotta, J. C., M. E. Phelps, R. E. Carson, and D. E. Kuhl (1982). Tomographic mapping of human cerebral metabolism: Auditory stimulation. *Neurology* 32:921～937.
Mendelson, Wallace B., J. Christian Gillin, and Richard Jed Wyatt (1977). *Human sleep and its disorders*. New York: Plenum.
Menzel, E. W. (1974). A group of young chimpanzees in a one-acre field. In *Behavior of nonhuman primates*, vol. 5, ed. A. M. Schrier and F. Stollnitz, 83～153. New York: Academic Press.
Menzel, E. W. (1983). Parlez-vous baboon, Bwana Sherlock? (Commentary on Dennett 1983.) *Behavioral and Brain Sciences* 3:371～372.
Merzenich, M. M., and J. F. Brugge (1973). Representation of the cochlear partition on the superior temporal plane of the macaque monkey. *Brain Research* 50:275～296.
Merzenich, M. M., and J. H. Kaas (1980). Principles of organization of sensory-

perceptual systems in mammals. *Progress in Psychobiology and Physiological Psychology* 9:1～42.

Metropolis, N., A. Rosenbluth, M. Rosenbluth, A. Teller, and E. Teller (1953). Equation of state calculations for fast computing machines. *Journal of Chemical Physics* 6:1087.

Miczek, Klaus A., M. L. Thompson, and L. Shuster (1982). Opioid-like analgesia in defeated mice. *Science* 215/4539:1520～1522.

Milner, Brenda (1966). Amnesia following operation on the temporal lobes. In Amnesia, ed. C. W. M. Whitty and O. Zangwill, 109～133. London: Butterworth.

Milner, B., S. Corkin, and H.-L. Teuber (1968). Further analysis of the hippocampal amnesic syndrome: 14-year follow-up study of 11. M. *Neuropsychologia* 6:215～234.

Milner, B., and M. Petrides (1984). Behavioral effects of frontal-lobe lesions in man. *Trends in Neurosciences* 7/11:403～407.

Milner, B., and T. Rasmussen (1966). Evidence for bilateral speech representation in some non-right handers. *Transactions of the American Neurobiological Association* 91:306～308.

Minsky, Marvin (1975). Frame-system theory. In *Theoretical issues in natural language processing*, ed. R. Schank and B. Nash-Webber, 118～130. (Reprinted in P. Johnson- Laird and P. Wason, eds. (1977). *Thinking: Readings in cognitive science*, 355～376. Cambridge: Cambridge University Press.

Mishkin, Mortimer, and Herbert L. Petri (1984). Memories and habits: Some implications for the analysis of learning and memory. In L. R. Squire and N. Butters, eds. (1984), 287～296.

Mishkin, Mortimer, Leslie G. Ungerleider, and Kathleen A. Macko (1983). Object vision and spatial vision: Two cortical pathways. *Trends in Neurosciences* 6:414～417.

Mohr, J. P. (1973). Rapid ameliorization of motor aphasia. *Archives of Neurology* 28:77～82.

Mooney, R. D., B. G. Klein, M. F. Jacquin, and R. W. Rhoades (1984). Dendrites of deep layer, somatosensory superior collicular neurons extend into superficial laminae. In *Abstracts: Society for Neuroscience. 14th Annual Meeting* 10:158.

Moran, Jeffrey, and Robert Desimone (1985). Selective attention gates visual processing in the extrastriate cortex. *Science* 229:782～784.

Morgan, M. J. (1981). Hemisphere specialization and spatiotemporal interactions. (Commentary on Bradshaw and Nettleton 1981.) *Behavioral and Brain Sciences* 4:74～75.

Morick, Harold, ed. (1972). *Challenges to empiricism*. Belmont, Calif.: Wadsworth.

Morrell, Joan I., and Donald W. Pfaff (1981). Autoradiographic technique for steroid hormone localization: Application to the vertebrate brain. In *Neuroendocrinology of reproduction*, ed. Norman T. Adler, 519～531. New York: Plenum.

Mountcastle, Vernon (1957). Modality and topographic properties of single neurons of cat's somatic sensory cortex. *Journal of Neurophysiology* 20:408～434.

Mountcastle, Vernon (1979). An organizing principle for cerebral function: The Unit module and the distributed system. In F. O. Schmitt and F. G. Worden, eds. (1979), 21～42. (Reprinted in G. M. Edelman and V. B. Mountcastle (1978). *The mindful brain*, 7～50. Cambridge, Mass.: MIT Press.)

Müller, Johannes (1835). *Handbuch der Physiologie des Menschen für Vorlesungen*. Vol. 1, bk. 3, sec. 4. Coblenz. (Excerpted in E. Clarke and C. D. O'Malley (1968), 205～206.)

Myers, P. S. (1978). Analysis of right-hemisphere communicating deficits: Implications for speech pathology. In *Clinical aphasiology: Conference proceedings*, ed. R. H. Brookshire. Minneapolis: BRK.

Myers, P. S., and C. W. Linebaugh (1981). Comprehension of idiomatic expressions by right-hemisphere damaged adults. In *Clinical aphasiology: Conference proceedings*, ed. R. H. Brookshire, 254～261. Minneapolis: BRK.

Myers, R. E., and R. W. Sperry (1958). Interhemispheric communication through the corpus callosum: Mnemonic carry-over between the hemispheres. *Archives of Neurology and Psychiatry* 80:298～303.

Naeser, A. M., M. Alexander, N. Helm-Estabrooks, et al. (1982). Aphasia with predominantly subcortical lesion sites. *Archives of Neurology* 39:2～14.

Nagel, Ernest (1961). *The structure of science*. New York Harcourt, Brace, and World.

Nagel, Thomas (1974). What is it like to be a bat? *Philosophical Review* 83:435～450.

Neher, E., and C. F. Stevens (1979). Voltage-driven conformational changes in intrinsic membrane proteins. In F. O. Schmitt and F. C. Worden, eds. (1979), 623～629.

Neisser, Ulric (1966). *Cognitive psychology*. New York: Appleton-Century-Crofts.

Neuburger, Max (1897). *Die historische Entwicklung der experimentellen Gehirn- und Rückenmarksphysiologie vor Flourens*. Stuttgart: Ferdinand Enke Verlag. (English translation by Edwin Clarke (1981). *The historical development of experimental brain and spinal cord physiology before Flourens*. Baltimore: The Johns Hopkins University Press.)

Neurath, Otto (1932). Protokollsätze. *Erkenntnis* 3:204~214. (Translated by G. Schlick and reprinted as "Protocol sentences" in A. J. Ayer, ed. (1959). *Logical positivism*. New York: Macmillan.)

Nicholls, l G., and D. A. Baylor (1968). Specific modalities and receptive fields of sensory neurons in the CNS of the leech. *Journal of Neurophysiology* 31:740~756.

Nicoll, Roger A. (1982). Neurotransmitters can say more than just "yes" or "no." *Trends in Neurosciences* 5:369~374.

Nisbett, Richard, and Lee Ross (1980). *Human inference: Strategies and shortcomings of social judgement*. Englewood Cliffs, N.J.: Prentice-Hall.

Norman, D. A. (1969). *Memory and attention: An introduction to human information processing*. New York: Wiley.

Norman, D. A. (1973). Memory, knowledge, and the answering of questions. In *The Loyola symposium on cognitive psychology*, ed. R. Solso, 135~165. Washington, D.C.: Winston.

Norman, D. A., and D. E. Rumelhart (1970). A system for perception and memory. In *Models of human memory*, ed. D. A. Norman. New York: Academic Press.

Northcutt, R. Glenn (1977). Nervous system (vertebrate). In *McGraw-Hill encyclopedia of science and technology*, vol. 9, 90~96. New York: McGraw-Hill.

Nottebohm, F. (1981). Laterality, seasons and space governing the learning of a motor skill. *Trends in Neurosciences* 4/5:104~106.

Ojemann, George A. (1983). Brain organization for language from the perspective of electrical stimulation mapping. *Behavioral and Brain Sciences* 6/2:189~230.

O'Keefe, J., and L. Nadel (1978). *The hippocampus as a cognitive map*. Oxford: Clarendon Press.

Olton, D., J. T. Becker, and G. E. Handelmann (1979). Hippocampus, space, and memory. *Behavioral and Brain Sciences* 2:313~365.

Oppenheim, P., and H. Putnam (1958). Unity of science as a working hypothesis. In *Minnesota studies in the philosophy of science*, vol. 2, ed. H. Feigl et al., 3~36. Minneapolis: University of Minnesota Press.

Palm, Günther (1982). *Neural assemblies: An alternative approach to artificial intelligence*. Berlin: Springer-Verlag.

Patterson, Paul H., and Dale Purves, eds. (1982). *Readings in developmental neurobiology*. Cold Spring Harbor, N.Y.: Cold Spring Harbor Laboratory.

Paupardin-Tritsch, D., and H. M. Gerschenfeld (1975). 2-hydroxytryptamine as a synaptic transmitter of excitation and inhibition. In *Golgi centennial symposium proceedings*, ed. M. Santini, 487~501. New York: Raven.

Peirce, Charles Sanders (1931～1935). *The collected papers of Charles Sunders Peirce*, vols. 1～6, ed. C. Hlartshorne and P. Weiss. Cambridge, Mass.: Harvard University Press.

Pellionisz, Andras (1983a). Brain theory: Connecting neurobiology to robotics. Tensor analysis: Coordinates to describe, understand and engineer functional geometries of intelligent organisms. *Journal of Theoretical Neurobiology* 2:185～211.

Pellionisz, Andras (1983b). Sensorimotor transformations of natural coordinates via neuronal networks: conceptual and formal unification of cerebellar and tectal models. In *Proceedings of workshop on visuormotor coordination in frog and toad.* (Organized by R. Lara and M. Arbib.) Computer and Information Science: University of Massachusetts Technical Report 83～19.

Pellionisz, Andras (1984). Coordination: A vector-matrix description of transformations of overcomplete CNS coordinates and a tensorial solution using the Moore-Penrose generalized inverse. *Journal of Theoretical Biology* 110: 353～375.

Pellionisz, Andras (1935). Tensorial aspects of the multidimensional approach to the vestibulo-oculomotor reflex and gaze. In *Adaptive mechanisms in gaze control*, ed. A. Berthoz and G. Melvill Jones, 231～296. Amsterdam: Elsevier.

Pellionisz, A., and R. Llinás (1979). Brain modeling by tensor network theory and computer simulation. The cerebellum: Distributed processor for predictive coordination. *Neuroscience* 4:323～348.

Pellionisz, A., and R. Llinás (1982). Space-time representation in the brain. The cerebellum as a predictive space-time metric tensor. *Neuroscience* 7:2249～2970.

Pellionisz, A., and R. Llinás (1985a). Cerebellar function and the adaptive feature of the central nervous system. In *Adaptive mechanisms in gaze control*, ed. A. Berthoz and G. Melvill Jones, 223～232. Amsterdam: Elsevier.

Pellionisz, A., and R. Llinás (1985b). Tensor network theory of the meta-organization of functional geometries in the central nervous system. *Neuroscience* 16:245～273.

Pellionisz, A., R. Llinás, and D. H. Perkel (1977). A computer model of the cerebellar cortex of the frog. *Neuroscience* 2:19～36.

Penfeld, Wilder, and Herbert Jasper (1954). *Epilepsy and the functional anatomy of the human brain*. Boston: Little, Brown and Co.

Penfield, Wilder, and Lamar Roberts (1959). *Speech and brain mechanism*. Princeton, N.J.: Princeton University Press.

Perecman, Ellen, ed. (1983). *Cognitive processing in the right hemisphere*. New

York: Academic Press.

Perenin, M. T., and M. Jeannerod (1978). Visual function within the hemianopic field following early cerebral hemidecortication in man. I. Spatial localisation. *Neuropsychologia* 16:1~13.

Perenin, M. T., J. Ruel, and H. Hecaen (1980). Residual visual capacities in a case of cortical blindness. *Cortex* 16:605~612.

Perry, Elaine K., and Robert H. Perry (1982). The cholinergic system in Alzbeinter's disease. *Trends in Neurosciences* 5:261~262.

Peterson, B., J. Baker, C. Wickland, and A. Pellionisz (1985). Relation between pulling directions of neck muscles and their activation by the vestibulocollic reflex: Tests of a tensorial model. *Society for Neuroscience Abstracts* 11:83.

Pfaff, Donald W. (1980). *Estrogens and brain function*. New York: Springer-Verlag.

Pfaff, Donald, W., and Bruce S. McEwen (1983). Actions of estrogens and progestins on nerve cells. *Science* 219:808~814.

Pflug, B., and R. Tolle (1971). Therapy of endogenous depression by sleep deprivation: Practical and theoretical consequences. *Nervenarzt* 42:117~124.

Phelps, Michael E., David E. Kubl, and John C. Mazziotta (1981). Metabolic mapping of the brain's response to visual stimulation: Studies in humans. *Science* 211:1445~1448.

Phelps, Michael E., and John C. Mazziotta (1985). Positron emission tomography: Human brain function and biochemistry. *Science* 228:799~809.

Piaget, Jean (1971). *Insights and illusions of philosophy*. Translation by Wolfe Mays. New York: World Publishing Co.

Picton, T. W., and S. A. Hillyard, H. I. Krausz, and R. Galambos (1974). Human auditory evoked potentials. I. Evaluation of components. *Electroencephalography and Clinical Neurophysiology* 36:179~190.

Pitts, W. H., and W. S. McCulloch (1947). How we know universals: The perception of auditory and visual forms. *Bulletin of Mathematical Biophysics* 9:127~147.

Plato. Plato: *The collected dialogues*. (1961). Ed. Edith Hamilton and Huntington Cairns. New York: Bollingen Foundation.

Popper, Karl R. (1935). *Logik der Porschung*. Vienna: Springer-Verlag. Translated (1959) as *The logic of scientific discovery*. London: Hutchinson. (Reprinted (1965). New York: Harper Torchbooks.)

Popper, Karl R. (1963). *Conjectures and refutations: The growth of scientific knowledge*. New York: Basic Books (2nd ed. (1965). New York: Harper and Row.).

Popper, Karl R. (1972). *Objective knowledge*. Oxford: Clarendon Press.

Popper, Karl R. (1977). Part I of *The self and its brain* (Popper and Eccles

1977), 3～223.

Popper, Karl R., and John C. Eccles (1977). *The self and its brain* (Parts I and II). Berlin: Springer-International.

Poritsky, Raphael (1969). Two and three dimensional ultrastructure of boutons and glial cells in the motoneuronal surface of the cat spinal cord. *Journal of Comparative Neurology* 135:423～452.

Posner, Michael I. (1978). *Chronometric explorations of the mind*. Hillsdale, N.J.: Erlbaum.

Posner,. Michael I. (1984). Selective attention and the storage of information. In G. Lynch, J. L. McGaugh, and N. M. Weinberger, eds. (1984), 89～101.

Posner, Michael I., Roy Pea, and Bruce Volpe (1982). Cognitive-neuroscience: Developments toward a science of synthesis. In *Perspectives on mental representation*, ed. J. Mehler, E. Walker, and M. Garrett, 69～85. Hillsdale, N.J.: Erlbaum.

Poulos, Constantine X., and D. Adrian Wilkinson (1984). A process theory of remembering: Its application to Korsakoff amnesia and a critique of context and episodicsemantic theories. In L. R. Squire and N. Butters, eds. (1984), 67～82.

Pribram, Karl (1969). The neurophysiology of remembering. *Scientific American* 220:73～86.

Puccetti, Roland (1981). The case for mental duality: Evidence from split-brain data and other considerations. *Behavioral and Brain Sciences* 4/1:93～99.

Purkyně, l. E. (1837). *Bericht über die Versammlung deutscher Naturforscher und Ärzte in Prag im September, 1837*. This report of the paper presented by Purkyně has been reprinted in his *Opera selecta*. (Excerpted and translated by E. Clarke and C. D. O'Malley (1968), 53～56.)

Purpura, Dominick P. (1975). Introduction and perspectives. In *Golgi centennial symposium: Perspectives in neurobiology*, ed. M. Santini, xiii～xvii. New York: Raven.

Putnam, Hilary (1967). The nature of mental states. In *Art, mind and religion*, ed. W. H. Capitan and D. D. Merrill, 37～48. Pittsburgh: University of Pittsburgh Press. (Original title was "Psychological predicates.") (Reprinted in D. M. Rosenthal, ed. (1971), 150～161.)

Pylyshyn, Zenon (1980). Computation and cognition: Issues in the foundation of cognitive science. *Behavioral and Brain Sciences* 3/1:111～134.

Pylyshyn, Zenon (1984), *Computation and cognition*. Cambridge, Mass.: MIT Press.

Quine, W. V. O. (1953). Two dogmas of empiricism. In *From a logical point of view*. Cambridge, Mass.: Harvard University Press.

Quine, W. V. O. (1960). *Word and object*. Cambridge, Mass.: MIT Press.

Quine, W. V. O. (1969). Epistemology naturalized. In *Ontological relativity and other essays*, 69~90. New York: Columbia University Press.

Quinn, William G., and Ralph J. Greenspan (1984). Learning and courtship in Drosophila: Two stories with mutants. *Annual Review of Neuroscience* 7:67~93.

Raichle, Marcus E., and Michel M. Ter-Pogossian (1984). Letter in reply to Fox: PET scan controversy. *Science* 224:934.

Raisman, G., and P. M. Field (1973). Sexual dimorphism in the neuropil of the preoptic area of the rat and its dependence on neonatal androgen. *Brain Research* 54:1~29.

Rakic, Pasko (1975). Cell migration and neuronal ectopias in the brain. *Birth Defects: Original Article Series* 11:95~129.

Rakic, Pasko (1981). Developmental events leading to laminar and areal organization of the neocortex. In F. O. Schmitt, F. G. Worden, G. Adelman, and S. G. Dennis, eds. (1981), 7~28.

Ramón y Cajal, Santiago (1888). Estructura del cerebelo. *Gac. méd. Catalana* 11:449~457. (Excerpted and translated in E. Clarke and C. D. O'Malley (1968), 111~113.)

Ramón y Cajal, Santiago (1908). Structure et connexions des neurones. *Les Prix Nobel en 1906*, 1~25. Stockholm: P. A. Norstedt & Söner. (Excerpted and translated in E. Clarke and C. D. O'Malley (1968), 128~129.)

Ranson, Stephen W., and Sam L. Clark (1959). *The anatomy of the nervous system*. Philadelphia: Saunders.

Rasmussen, T., and B. Milner (1977). The role of early left-brain injury in determining lateralization of cerebral speech functions. *Annals of the New York Academy of Science* 299:355~369.

Rehfeld, Jens F. (1980). Cholecystokinin. *Trends in Neurosciences* 313:65~67.

Reichardt, Werner E. (1981). Introduction to *Theoretical approaches in neurobiology*, ed. W. E. Reichardt and T. Poggio, 1~4. Cambridge, Mass.: MIT Press.

Remak, Robert (1838). *Observationes anotomicae et microscopicae de systematis nervosi structura*. Berlin: Reimer. (Excerpted and translated in E. Clarke and C. D. O'Malley (1968), 51~52.)

Rescher, Nicholas (1970). *Scientific explanations*. New York: Free Press.

Richards, Whitman (1973). Visual processing in scotomata. *Experimental Brain Research* 17:333~347.

Richards, Whitman (1983). Is hindsight better than blindsight? (Commentary on Campion, Latto, and Smith 1983.) *Behavioral and Brain Sciences* 6:461.

Richardson, Robert (1979). Functionalism and reductionism. *Philosophy of Science* 46:533~558.

Rizzolatti, Giacomo (1983). Mechanisms of selective attention in animals. In *Advances in vertebrate neuroethology*, ed. J.-P. Ewart, R. R. Capranica, and D. J. Ingle, 261～297. New York: PLenum.

Robinson, D. A. (1972). Eye movements evoked by collicular stimulation in the alert monkey. *Vision Research* 12:1795～1808.

Robinson, Howard (1982). *Matter and sense: A critique of contemporary materialism*. Cambridge: Cambridge University Press.

Rock, Irvin (1983). *The logic of perception*. Cambridge, Mass.: MIT Press.

Roffwarg, H. P., J. N. Muzio, and W. C. Dement (1966). Ontogenetic development of the human sleep-dream cycle. *Science* 152:604～619.

Rorty, Richard (1965). Mind-body identity, privacy, and categories. *Review of Metaphysics* 19:24～54. (Reprinted in D. M. Rosenthal, ed. (1971), 174～199.)

Rorty, Richard (1970). In defense of eliminative materialism. *Review of Metaphysics* 24:112～121. (Reprinted in D. M. Rosenthal, ed. (1971), 223～231.)

Rosch, E. (1973). On the internal structure of perceptual and semantic categories. In *Cognitive development and the acquisition of language*, ed. T. Moore, 111～144. New York: Academic Press.

Rosch, E., and B. B. Lloyd, eds. (1978). *Cognition and categorization*. Hillsdale, N.J.: Erlbaum.

Rosch, E., and C. Mervis (1975). Family resemblances: Studies in the internal structure of categories. *Cognitive Psychology* 7:573～605.

Rose, Clifford F., and W. F. Bynum (1982). *Historical aspects of the neurosciences*. New York: Raven.

Rosenberg, Jay (1974). *Linguistic Representation*. Dordrecht, Holland: D. Reidel.

Rosenberg, Roger N. (1980). Genetic variation and neurological disease. *Trends in Neurosciences* 3/6:144～148.

Rosenblatt, Frank (1962). *Principles of neurodynamics*. Washington, D.C.: Spartan Books.

Rosenthal, D. M., ed. (1971). *Materialism and the mind-body problem*. Englewood-Cliffs, N.J.: Prentice-Hall.

Rubens, Alan B., and D. Frank Benson (1971). Associative visual agnosia. *Archives of neurology* 24:305～316.

Rumelhart, David E., and Donald A. Norman (1982). Simulating a skilled typist: A study of skilled cognitive-motor performance. *Cognitive Science* 6:1～36.

Rumelhart, David E., and James L. McClelland (1986). *Parallel distributed processing: Explorations in the microstructure of cognition*. Vol. 1: *Foundations*. Cambridge, Mass.: MIT Press.

Rumelhart, D. E., P. Smolensky, J. L. McClelland, and G. E. Hinton (1986).

Schemata and sequential thought processes in PDP models. In J. L. McClelland and D. E. Rumelhart, eds. (1986).

Rumelhart, David E., and David Zipser (1985). Feature discovery by competitive learning. *Cognitive Science* 9:75～112.

Russell, Bertrand (1914). On the nature of acquaintance. In *Logic and knowledge* (1956), ed. R. Marsh, 127～174. London: Allen and Unwin.

Russell, Bertrand (1924). Logical atomism. In *Logic and knowledge* (1956), ed. R. Marsh, 321～343. London: Allen and Unwin.

Russell, Bertrand, and A. N. Whitehead (1910～1913). *Principia mathematica.* 3 vols. Cambridge: Cambridge University Press.

Sacks, Oliver (1985). The twins. *New York Review of Books* 32:16～20.

Salmon, Wesley (1971). *Statistical explanation and statistical relevance.* Pittsburgh: University of Pittsburgh Press.

Saunders, J. B. de C. M., and C. D. O'Malley (1950). *The illustrations from the works of Andreas Vesalius.* Cleveland: The World Publishing Co.

Schank, Roger, and Robert Abelson (1977). *Scripts, plans, goals and understanding.* Hillsdale, N.J.: Erlbaum.

Schiller, P. H. (1984). The superior colliculus and visual function. In *Handbook of physiology. Section I: The nervous system*, ed. I. Darian-Smith, vol. 3, 457～504. Bethesda, Md.: American Physiological Society.

Schiller, P., and M. Stryker (1972). Single-unit recording and stimulation in superior colliculus of the alert rhesus monkey. *Journal of Neurophysiology* 35:915～924.

Schlick, Moritz (1936). Meaning and verification. *Philosophical Review* 46:339～369.

Schmitt, F. O., and F. G. Worden, eds. (1974). *The neurosciences: Third study program.* Cambridge, Mass.: MIT Press.

Schmitt, F. O., and F. G. Worden, eds. (1979). *The neurosciences: Fourth study program.* Cambridge, Mass.: MIT Press.

Schmitt, F. O., F. G. Worden, G. Adelman, and S. G. Dennis, eds. (1981). *The organization of the cerebral cortex.* Cambridge, Mass.: MIT Press.

Schwartz, James H. (1981). Chemical basis of synaptic transmission. In E. R. Kandel and J. H. Schwartz, eds. (1981), 106～120.

Scoville, W. B., and B. Milner (1957). Loss of recent memory after bilateral hippocampal lesions. *Journal of Neurology, Neurosurgeny, and Psychiatry* 20:11～21.

Searle, John R. (1980). Minds, brains, and programs. *Behavioral and Brain Sciences* 3/ 3:417～457.

Searle, John R. (1983). *Intentionality: An essay in the philosophy of mind.* Cambridge: Cambridge University Press.

Sejnowski, Terrence J. (1981). Skeleton filters in the brain. In G. E. Hinton and J. A. Anderson, eds. (1981), 189～212.

Seinowski, Terrence J., and Geoffrey E. Hinton (forthcoming). Separating figure from ground with a Boltzmann machine. In *Vision, brain, and cooperative computation*, ed. M. Arbib and A. R. Hanson. Cambridge, Mass.: MIT Press.

Sellars, Wilfrid (1963). *Science, perception and reality*. London: Routledge and Kegan Paul.

Selverston, Allen I. (1980). Are central pattern generators understandable? *Behavioral and Brain Sciences* 4/3:535～571.

Shepherd, Gordon M. (1983). *Neurobiology*. New York: Oxford University Press.

Sherman, Murray S., and Peter D. Spear (1982). Organization of visual pathways in normal and visually deprived cats. *Physiological Reviews* 62/2:738～855.

Sherrington, C. S. (1906). *The integrative action of the nervous system*. New Haven, Conn.: Yale University Press.

Shoemaker, Sydney (1981). Functionalism, qualia, and intentionality. *Philosophical topics* 12:93～118. (Reprinted in J. I. Biro and R. W. Shahan, eds. (1982). *Mind, brain, and function* 93～118. Norman, Okla.: University of Oklahoma Press.)

Sigworth, Frederick J, and Erwin Neher (1980). Single Na+ channel currents observed in cultured rat muscle cells. *Nature* 287:447～449.

Smith, Aaron (1966). Speech and other functions after left (dominant) hemispherectomy. *Jounral of Neurology, Neurosurgeny, and Psychiatry* 29:467～471.

Smith, Aaron (1972). Dominant and nondominant hemispherectomy. In *Drugs, development, and cerebral function*, ed. W. L. Smith, 37～68. Springfield, Ill.: Charles C. Thomas.

Smith, Aaron (1984). Early and long-term recovery from brain damage in children and adults: Evolution of concepts of localization, plasticity and recovery. In *Early brain damage*, Vol. 1, ed. C. R. Almli and S. Finger, 229～324. New York: Academic Press.

Snyder, Solomon 11. (1976). The dopamine hypothesis of schizophrenia: Focus on the dopamine receptor. *Journal of American Psychiatry* 133:197～202.

Snyder, Solomon H. (1980). Brain peptides as neurotransmitters. *Science* 209/4460:976～983.

Sokoloff, Louis (1981). The relationship between function and energy metabolism: Its use in the localization of functional activity in the nervous system. *Neurosciences Research Program Bulletin* 19:159～210.

Sokoloff, Louis (1984). *Metabolic probes of central nervous system activity in experimental animals*. Sunderland, Mass.: Sinauer.

Sousa-Pinta, A. (1973). The structure of the first auditory cortex (Al) in the cat.

Light microscopic observations on its organization. *Archives Italiennes de biologie* 111:112～137.

Spencer, Herbert (1855). *The principles of psychology*. London: Longman, Brown, Green & Longman.

Sperry, R. W. (1963). Chemoaffinity in the orderly growth of nerve fiber patterns and connections. *National Academy of sciences of the United States of America. Proceedings. Biological Sciences* 50:703～710.

Sperry, R. W. (1974). Lateral specialization in the surgically separated hemispheres. In F. O. Schmitt and F. G. Worden, eds. (1974), 5～19.

Sperry, R. W. (1976). Mental phenomena as causal determinants in brain function. In *Consciousness and the brain*, ed. G. Globus, G. Maxwell, and I. Savodnik, 163～177. New York: Plenum.

Sperry, R. W. (1980). Mind-brain interaction: Mentalism, yes; dualism, no. *Neuroscience* 5:195～206.

Sperry, R. W. (1982). Some effects of disconnecting the cerebral hemispheres. *Science* 217/4566:1223～1226.

Sperry, R. W., and Michael Gazzaniga (1967). Language following surgical disconnection of the hemispheres. In *Brain mechanisms underlying speech and language*, ed. C. Millikan and F. Darley, 108～115. New York: Grune & Stratton.

Spitzer, Nicholas C., ed. (1982). *Neuronal development*. New York: Plenum.

Spokes, E. G. S. (1981). The neurochemistry of Hutltington's chorea. *Trends in Neurosciences* 4/5:115～118.

Sprague, J. M., J. Levy, A. DiBerardino, and G. Berlucchi (1977). Visual cortical areas mediating form discrimination in the cat. *Journal of Comparative Neurology* 172:441～448.

Springer, Sally P. (1977). Tachistoscopic and dichotic-listening investigations of laterality in normal human subjects. In S. Harnad et al., eds. (1977), 325～336.

Springer, Sally P., and Georg Deutsch (1981). *Left brain, right brain*. San Francisco: W. H. Freeman.

Squire, Larry R., and Nelson Butters, eds. (1984). *Neuropsychology of memory*. New York: Guilford.

Squire, Larry R., and Neal J. Cohen (1984). Human memory and amnesia. In G. Lynch, J. L. McGaugh, and N. M. Weinberger, eds. (1984), 3～64.

Stent, Gunther S., and William B. Kristan, Jr. (1981). Neural circuits generating rhythmic movements. In *Neurobiology of the leech*, ed. K. I Muller, J. G. Nicholls, and G. S. Stent, 113～146. Spring Harbor, N.Y.: Cold Spring Harbor Laboratory.

Stich, Stephen P. (1978). Beliefs and subdoxastic states. *Philosophy of Science*

45:499～518.

Stich, Stephen P. (1983). *From folk psychology to cognitive science: The case against belief.* Cambridge, Mass.: MIT Press.

Stich, Stephen P., and Richard E. Nisbett (1980). Justification and the psychology of human reasoning. *Philosophy of Science* 47:188～202.

Stone, Jotiathan (1983). *Parallel processing in the visual system.* New York: Plenum.

Stone, Jonathan, and Bogdan Dreher (1982). Parallel processing of information in the visual pathways. *Trends in Neurosciences* 5/12:441～446.

Suga, N. (1977). Amplitude spectrum representation in the Doppler-shifted CF processing area of the auditory cortex of the mustache bat. *Science* 196:64～67.

Suppe, Frederick (1977). The search for philosophic understanding of scientific theories. In *The structure of scientific theories*, ed. F. Suppe, 3-232. Urbana, Ill.: University of Illinois Press.

Sur, M., M. Merzenich, and J. H. Kaas (1980). Magnification, receptive field area and "hypercolumn" size in areas 3b and 1 of somatosensory cortex in owl monkeys. *Journal of Neurophysiology* 44:295～311.

Sutton, S., P. Teuting, J. Zubin, and E. R. John (1967). Information delivery and the sensory evoked potential. *Science* 155:1436～1439.

Swammderdam, Jan (1737 and 1738). *Biblia nature.* Published posthumously by H. Boerhaave. Amsterdam: Severinus. Translated into English by T. Flloyd (1758). London.

Swets, J. A., W. P. Tanner, and T. G. Birdsall (1964). Decision process in perception. In *Signal detection and recognition by human observers*, ed. J. A. Swets, 3～57. New York: Wiley.

Szabo, T. (1974). Anatomy of the specialized lateral line organs of electroreception. In *Handbook of sensory physiology*, vol. III/3, ed. A. Fessard. New York: Springer-Verlag.

Szentágothai, J. (1975). The "module concept" in cerebral cortex architecture. *Brain Research* 95:475～496.

Szentágothai, J. (1979). Local neuron circuits of the neocortex. In F. O. Schmitt and F. G. Worden, eds. (1979), 399～415.

Tarski, Alfred (1944). The semantic conception of truth and the foundations of semantics. *Journal of Philosophy and Phenomenological Research* 4:341～375.

Taub, Edward (1976). Movement in nonhuman primates deprived of sensory feedback. *Exercise Sport Science Review* 4:335～374.

Taylor, Charles (1971). Interpretation and the sciences of man. *Review of Metaphysics* 25:1～32, 35～45. (Reprinted in Charles Taylor (1985). *Philo-*

sophy and the human sciences: Philosophical papers, vol. 2. Cambridge: Cambridge University Press.)

Taylor, P. A., and T. W. Stone (1981). Neurotransmodulatory control of cerebral cortical neuron activity. In F. O. Schmitt, F. G Worden, G. Adelman, and S. G. Dennis, eds. (1981), 347～357.

Ter-Pogossian, Michel M., Marcus E. Raichle, and burton E. Sobel (1980). Positronemission tomography. *Scientific American* 243:171～181.

Thompson, R. F. (1967). *Foundations of physiological psychology*. New York: Harper and Row.

Thompson, Richard F. (1975). *Introduction to physiological psychology*. New York: Harper and Row.

Toran-Allerand, Dominique C. (1978). Gonadal hormones and brain development: Cellular aspects of sexual differentiation. *American Zoologist* 18:553～565.

Tranel, Daniel, and Antonio R. Damasio (1985). Knowledge without awareness: An autonomic index of facial recognition by prosopagnosics. *Science* 228: 1453～1454.

Treisman, A. M. (1969). Strategies and models of selective attention. *Psychological Review* 76:282～299.

Treisman, A. M., and G. A. Gelade (1980). A feature integration theory of attention. *Cognitive Psychology* 12:97～136.

Treisman, A. M., and H. Schmidt (1982). Illusory conjunctions in the perceptions of objects. *Cognitive Psychology* 14:107～141.

Trevarthen, C. (1970). Experimental evidence for a brain stem contribution to visual perception in man. *Brain, Behaviour and Evolution* 3:338～352.

Truman, James W. (1984). Cell death in invertebrate nervous systems. *Annual Review of Physiology* 7, 171～188.

Tulving, Endel (1972). Episodic and semantic memory. In *Organization of memory*, ed. E. Tulving and W. Donaldson. New York: Academic Press.

Tulving, Endel (1983). *Elements of episodic memory*. Oxford: Clarendon Press. (Precis with commentaries and replies in *Behavioral and Brain Sciences* (1984), 7:223～268.)

Turing, A. M. (1937a). On computable numbers, with an application to the Entscheidungsproblem. *Proceedings of the London Mathematical Society* 42:230～265.

Turing, A. M. (1937b). Computability and lambda-definability. *Journal of Symbolic Logic* 2:153～163.

Ullman, Shimon (1979). *Interpretation of visual motion*. Cambridge, Mass.: MIT Press.

Uttal, William R. (1973). *The psychobiology of sensory coding*. New York: Harper and Row.

Valenstein, Elliot S. (1973). *Brain control*. New York: Wiley.

Van Essen, David C., and Jolln H. R. Maunsell (1983). Hierarchical organization and functional streams in the visual cortex. *Trends in Neurosciences* 6:370～375.

Van Fraassen, Bas C. (1970). On the extension of Beth's semantics of physical theories. *Philosophy of Science* 37:325～338.

Van Fraassen, Bas C. (1972). A formal approach to the philosophy of science. In *Paradigms and paradoxes*, ed. R. Colodny, 303～366. Pittsburgh: University of Pittsburgh Press.

Van Fraassen, Bas C. (1980). *The scientific image*. Oxford: Clarendon Press.

Van Fraassen, Bas C., and C. A. Hooker (1976). A semantic analysis of Niels Bohr's philosophy of quantum theory. In *Foundations of probability theory, statistical inference and statistical theories of science*, vol. 3, ed. W. L. Harper and C. A. Hooker, 221～241. Dordrecht, Holland: Reidel.

Van Heerden, P. J. (1963). Theory of optical information in solids. *Applied optics* 2:393～400.

Van Wagenen, W., and R. Herren (1940). Surgical division of commissural pathways in the corpus callosum. *Archives of Neurology and Psychiatry* 44:740～759.

Vendler, Zeno (1984). *The matter of minds*. Oxford: Clarendon Press.

Vesalius, Andreas (1543). *The Epitome of the De Humani Corporis*. Brussels. Reproduced in J. B. de C. M. Saunders and C. D. O'Malley (1950).

Vignolo, Luigi A. (1983). Modality specific disorders of written language. In A. Kertesz, ed. (1983b), 357～369.

Virchow, Rudolf (1856). *Gesammelte Abhandlungen zur wissenschaftlichen Medizin*. Frankfurt: Meidinger. (Excerpted and translated in E. Clarke and C. D. O'Malley (1968), 86～87.

Vogel, G. W., S. Thurmond, P. Gibbons, et al. (1975). REM sleep reduction effects on depression syndromes. *Archives of General Psychiatry* 32:765～777.

Volkmann, A. W. (1869). Zur Mechanik der Augenmuskeln. *Ber. sachs. Gesamte. Akad. Wiss*. 21:28～69.

Volpe, B. T., P. Herscovitch, M. E. Raichle, M. S. Gazzaniga, and W. Hirst (1983). Cerebral blood flow and metabolism in human amnesia. *Journal of Cerebral Blood Flow and Metabolism* 3:5.

Volpe, Bruce T., John J. Sidtis, and Michael S. Gazzaniga (1981). Can left-handed writing posture predict cerebral language laterality? *Archives of Neurology* 38:637～368.

Von Békésy, G. (1960). *Experiments in hearing*. New York: McGraw-Hill.

Von der Heydt, R., E. Peterhans, and G. Baumgartner (1984). Illusory contours and cortical neuron responses. *Science* 224:1260~1262.

Von der Malsburg, Christoph (1973). Self-organizing of orientation sensitive cells in the striate cortex. *Kybernetik* 14:85~100.

Von der Malsburg, Christoph (1981). Internal report 81-2. Göttingen, F. R. G.: Department of Neurobiology, Max-Planck-Institute for Biophysical Chemistry.

Von der Malsburg, Christoph, and David Willshaw (1981). Cooperativity and brain organization. *Trends in Neurosciences* 4:80~83.

Von Neumann, John (1958). *The computer and the brain*. New Haven, Conn.: Yale University Press.

Waber, D. (1976). Sex differences in cognition: A function of maturation rate? *Science* 192:572~573.

Wada, J. (1949). A new method for the determination of the side of cerebral speech dominance. A preliminary report on the intracarotid injection of sodium amytal in man. *Medical Biology* 14:221~222.

Wada, J., and T. Rasmussen (1960). Intracarotid injection of sodium amytal for the lateralization of cerebral speech dominance. Experimental and clinical observations. *Journal of Neurosurgery* 17:266~282.

Waldeyer-Hartz, H. W. G. von (1891). Über einige neuere Forschungen im Gebiete der Anatomie des Centralnervensystems. *Dt. med. Wschr*. 17:1213~1218, 1244~1246, 1267~1269, 1287~1289, 1331~1332, 1352~1356. (Excerpted and translated in E. Clarke and C. D. O'Malley (1968), 114~117.)

Warrington, Elizabeth K. (1979). Neurophysiological evidence for multiple memory systems. In *Brain and Mind*, Ciba Foundation Symposium (new series). 69:153~185. Amsterdam: Elsevier, Excerpta-Medica, North-Holland.

Warrington, Elizabeth K., and L. Weiskrantz (1982). Amnesia: A disconnection syndrome? *Neuropsychology* 20:233~248.

Weinstein, Edwin A., and Robert L. Kahn (1955). *Denial of illness*. Springfield, Ill.: Charles C. Thomas and Oxford: Basil Blackwell.

Weisblat, D. A., and W. B. Kristan, Jr. (1985). The development of serotonin-containing neurons in the leech. In *Model neural networks and behavior*, ed. A. I. Selverston, 175-190. New York: Plenum.

Weiskrantz, L. (1978). A comparison of hippocampal pathology in man and other animals. In *Functions of the septo-hippocampal system*. Ciba Foundation Symposium (new series) 58:373~406. Amsterdam: Elsevier, Excerpta-Medica, North-Holland.

Weiskrantz, L. (forthcoming). On issues and theories of the human amnesic syndrome. In *Memory Systems of the Brain: Animal and Human Cognitive Processes*, ed. N. M. Weinberger, J. L. McGaugh, and G. Lynch, 380~415. New York: Guilford.

Weiskrantz, L., and A. Cowey (1967). A comparison of the effects of striate cortex and retinal lesions on visual acuity in the monkey. *Science* 155:104～106.

Weiskrantz, L., E. K. Warrington, M. D. Sanders, and J. Marshall (1974). Visual capacity in the hemianopic field following a restricted occipital ablation. *Brain* 97:709～728.

Wender, P. H., D. Rosenthal, and S. S. Kety (1974). Crossfostering. *Archives of General Psychiatry* 30:121～128.

Wernicke, C. (1874). Der aphasische Symptomenkomplex. Breslau: Cohn & Weigert.

White, Andrew Dickson (1896). *A history of the warfare of science with theology*. Vol. 2. Reprinted (1978). Gloucester, Mass.: Peter Smith.

Whitehouse, Peter J., Donald L.. Price, Robert G. Strubble, et al. (1982). Alzheimer's disease and senile dementia: Loss of neurons in the basal forebrain. *Science* 215/ 4537:1237～1239.

Willshaw, David (1981). Holography, associative memory, and inductive generalization. In G. E. Hinton and J. A. Anderson, eds. (1981), 83～104.

Wilson, D. H., A. G. Reeves, M. S. Gazzaniga, and C. Culver (1977). Cerebral commissurotomy for the control of intractable seizures. *Neurology* 27:708～715.

Wimsatt, W. (1976a). Reductive explanation: A functional account. In *PSA 1974* (Proceedings of the Philosophy of Science Association), ed. R. S. Cohen, C. A. 1 looker, A. C. Michalos, and J. W. van Evra, 671～710. Dordrecllt, Flolland: D. Reidel.

Wimsatt, W. (1976b). Reduction, levels of organization, and the mind-body problem. In *Consciousness and the brain*, ed. G. Globus, G. Maxwell, and 1. Savodnik, 199～267. New York: Plenum.

Witelson, S. F. (1976). Sex and the single hemisphere: Specialization of the right hemisphere for spatial processing. *Science* 193:425～427.

Wittgenstein, Ludwig (1922). *Tractatus logico-philosophicus*. Modern edition with translation by D. F. Pears and B. F. McGuiness (1961). London: Routledge and Kegan Paul.

Wood, C. C. (1978). Variations on a theme by Lashley: Lesion experiments on the neural model of Anderson, Silverstein, Ritz and Jones. *Psychological Review* 85:582～591.

Wood, C. C. (unpublished). Brain macropotentials, brain mechanisms, and cognitive processes: A critique. Colloquium presentation for the Society for Philosophy and Psychology, Chicago 1981.

Wood, C. C., and Truett Allison (1981). Interpretation of evoked potentials: A neurophysiological perspective. *Canadian Journal of Psychology* 35:113～

135.

Young, J. Z. (1978). *Programs of the brain*. Oxford: Oxford University Press.

Zaidel, Eran (1975). A technique for presenting lateralized visual input with prolonged exposure. *Vision Research* 15:283～289.

Zaidel, Eran (1978). Auditory language comprehension in the right hemisphere following cerebral commissurotomy and hemispherectomy: A comparison with child language and aphasia. In *Language acquisition and language breakdown: Parallels and divergences*, ed. A. Caramazza and E. Zurif, 22 9～275. Baltimore: T he Johns Hopkins University Press.

Zangwill, O. L. (1975). Excision of Broca's area without persistent aphasia. In *Cerebral localization*, ed. K. J. Zulch, O. Creutzfeld, and G. C. Galbraith, 258～263. Heidelberg and New York: Springer-Verlag.

Zipser, David (1985). A theoretical model of hippocampal learning during classical conditioning. *Behavioral Neuroscience*.

Zola-Morgan, S. (1984). Toward an animal model of human amnesia: Some critical issues. In L. R. Squire and N. Butters, eds. (1984), 316～329.

Zola-Morgan, S., and L. R. Squire (1984). Preserved learning in monkeys with medial temporal lesions: Sparing of motor and cognitive skills. *Journal of neuroscience* 4:1072～1085.

Zollinger, R. (1935). Removal of left cerebral hemisphere. *Archives of Neurology and Psychiatry* 34:1055～1064.

Zucker, Steven W., and Robert A. Hummel (1983). Receptive fields and the reconstruction of visual information. *Technical report no. 83-17*. Montreal: Computer Vision and Robotics Laboratory, Department of Electrical Engineering, McGill University.

찾아보기

[ㄴ]

[ㄷ]

[ㄹ]

[ㅁ]

[ㅂ]

[ㅇ]

[ㅈ]

[ㅊ]

[ㅋ]

[ㅌ]

[ㅍ]

[ㅎ]

지은이 _ 패트리샤 S. 처칠랜드(Patricia Smith Churchland)

1943년 출생. 컬럼비아 대학, 피츠버그 대학, 옥스퍼드 대학 등에서 공부하였으며, 매니토바 대학, 프린스턴 대학 등에서 강의하였다. 현재는 남편 폴 M. 처칠랜드(Paul M. Churchland)와 함께 샌디에이고 캘리포니아 주립대학(UCSD)에서 철학과 교수로 재직 중이며, 남편에 이어 철학과 학과장을 맡고 있다. 또한 설크 연구소(Salk Institution)의 연구교수이기도 하다.

인지과학(Cognitive Science) 철학자이자 신경철학자로서 현재 가장 탁월한 학자로 인정받고 있으며, '생리학', '뇌해부학', '인지심리학', '철학'을 통합한 연구를 통하여 전통적 철학문제인 '지식', '과학', '언어', '마음'에 대해 새롭게 해명하고 있다. 남편과 함께 하는 그녀의 연구 방향은 '철학', '심리학', '연결주의', '신경과학'을 통합하려는 것이다. 그들은 인지과학에 대해 관심을 가지고 있으며, 구체적으로는 '신경과학철학'(Philosophy of Neuroscience), '심리철학'(Philosophy of Mind), '과학철학'(Philosophy of Science), '환경윤리학'(Environmental Ethics) 등에 대해 관심을 가지고 연구한다. 현대 철학자들은 처칠랜드 부부의 철학에 대해 '신경철학'(Neurophilosophy) 혹은 '신경계산주의'(Neurocomputationalism)라고 한다.

대표 저서로 *Brain-Wise: Studies in Neurophilosophy*(2002), *The Computational Brain*(1999, Patricia S. Churchland and Terrence J. Sejnowski) 등이 있으며, 그 외에 많은 저서와 논문들이 있다.

홈페이지 http://philosophy.ucsd.edu/Faculty/psc.html

옮긴이 _ 박제윤

인하대학교 공과대학을 졸업하였고, 동 대학 교육대학원 석사, 철학과 대학원 석사, 철학과 박사과정을 수료하였다. 인하대에서 과학철학과 논리학을 강의하고 있다. 현재 처칠랜드 연구와 함께, 과학에 도움이 되는 철학교육에 관심을 가지고 있다.

주요 논문으로 「기술이론에서의 존재론적 의미」, 「신경철학의 배경과 전망」 등이 있다.

뇌과학과 철학

·

2006년 2월 10일 1판 1쇄 인쇄
2021년 9월 5일 1판 4쇄 발행

지은이 / 패트리샤 처칠랜드
옮긴이 / 박 제 윤
발행인 / 전 춘 호
발행처 / 철학과현실사
서울시 종로구 대학로 12길 31
전화 579-5908
등록 / 1987년 12월 15일 제300-1987-36호

ISBN 89-7775-568-9   03470
값 28,000원